AF666046

Sensoren in Wissenschaft und Technik

Ekbert Hering · Gert Schönfelder
(Hrsg.)

Sensoren in Wissenschaft und Technik

Funktionsweise und Einsatzgebiete

3., erweiterte und aktualisierte Auflage

Hrsg.
Ekbert Hering
Heubach, Baden-Württemberg, Deutschland

Gert Schönfelder
Dresden, Deutschland

ISBN 978-3-658-39490-5 ISBN 978-3-658-39491-2 (eBook)
https://doi.org/10.1007/978-3-658-39491-2

Die Deutsche Nationalbibliothek verzeichnet diese Publikation in der Deutschen Nationalbibliografie; detaillierte bibliografische Daten sind im Internet über http://dnb.d-nb.de abrufbar.

Planung/Lektorat: Reinhard Dapper
Springer Vieweg ist ein Imprint der eingetragenen Gesellschaft Springer Fachmedien Wiesbaden GmbH und ist ein Teil von Springer Nature.
Die Anschrift der Gesellschaft ist: Abraham-Lincoln-Str. 46, 65189 Wiesbaden, Germany

Vorwort

Im Zeitalter des Internets, in dem alle Informationen in mehr oder weniger guter Qualität im Netz zugänglich sind und die Unternehmen viele Informationen in Bild und Text zur Verfügung stellen, ein umfassendes Werk über Sensorik zu verfassen, ist eine besondere Herausforderung. Wir haben ein Buch geschrieben von Praktikern für Praktiker und von Wissenschaftlern für die Studierenden und angehenden Wissenschaftler der technischen, biologischen und medizinischen Fakultäten. Unser Ziel war es, das Gebiet der Sensorik umfassend darzustellen und auch deren Randgebiete wie Schnittstellen sowie Sicherheits- und Energieaspekte mit abzuhandeln. Die Fülle an Informationen haben wir strukturiert gegliedert sowie übersichtlich, kompakt und anschaulich aufbereitet. Zusammen mit einem Netzwerk aus Hochschulen und Industrie haben wir die Kompetenzen zusammengebracht, die dieses Werk in der Breite und in der Tiefe einzigartig dastehen lassen. Auf diese Weise ist es für Studierende wie für den Praktiker gleichermaßen ein wertvolles Lehrbuch, ein umfassendes Nachschlagewerk und eine wichtige Orientierungshilfe in der Vielfalt der Anwendungs- und Einsatzmöglichkeiten der Sensoren.

Dieses Werk hat national und international eine große Zustimmung erfahren. Viele Lehrende und Studierende aus den Hochschulen und Universitäten unterschiedlicher Fakultäten setzen dieses Buch zur Aus- und Weiterbildung ein. Für die Praxis ist es ebenfalls ein sehr nützliches Lehr- und Nachschlagewerk für das Verständnis von Sensoren und deren gezielten und erfolgreichen Einsatz. Wegen seiner Universalität wurde es im Jahre 2022 ins Englische übersetzt und wird im angelsächsischen Raum ebenfalls erfolgreich eingesetzt.

Das vorliegende Werk gibt einen umfassenden Überblick über die Sensoren physikalischer, chemischer, klimatischer, meterologischen sowie biologischen und medizinischen Größen. Nach einer Einführung in Kap. 1 werden im zweiten Kapitel die physikalischen Effekte besprochen, die zur Sensornutzung herangezogen werden. In den folgenden 11 Kapiteln werden die Einsatzbereiche der Sensoren vorgestellt: Die Erfassung geometrischer Größen wie Weg und Winkel (Kap. 3), mechanische Messgrößen (Kap. 4), zeitbasierte Größen (Kap. 5), thermische Sensoren (Kap. 6), Sensoren für elektrische und magnetische Messgrößen (Kap. 7), optische und akustische Messgrößen (Kap. 8 und 9), Sensoren für klimatische und meterologische Zwecke

(Kap. 10), Sensoren in der Chemie (Kap. 11) sowie in der Biologie und Medizin (Kap. 12), Messung von ionisierender Strahlung (Kap. 13) sowie fotoelektrische Sensoren in Kap. 14. Die elektrischen Ausgangssignale müssen verarbeitet werden und die Sensoren müssen kalibriert werden, um die Sensorsignale wahrheitsgetreu zu messen (Kap. 15). Die Interfaces zur Weiterleitung und Weiterverarbeitung sowie die Vernetzung verschiedener Sensorspielen spielen eine ganz wichtige Rolle (Kap. 16). Sicherheitsaspekte bei Sensoren werden in Kap. 17 und Messfehler und Messgenauigkeiten werden in Kap. 18 abgehandelt. Neu aufgenommen wurde in Kap. 19 die Entwicklung von energiearmen Sensoren. Die Energieeffizienz spielt vor allem bei einer großen Zahl eingesetzter Sensoren (z. B. bei IoT-Technologien) eine bedeutende Rolle. Alle Kapitel wurden aktualisiert und, falls erforderlich, auch korrigiert. So ist die dritte Auflage wieder auf dem neuesten und aktuellen Stand.

Nach jedem Kapitel sind Hinweise auf weiterführende Literatur oder Internetadressen angegeben. Damit wird es dem Leser möglich, weitere detailliertere Informationen zu erhalten.

Dieses umfassende Werk zu erarbeiten, war uns eine große Freude und Herausforderung zugleich. Unser Dank gilt an dieser Stelle Herrn *Reinhard Dapper* vom SpringerVieweg Verlag. Er hat uns in jeder Hinsicht unterstützt und uns in vielen Entscheidungen freie Hand gelassen. Ein solches umfangreiche Werk ansprechend zu gestalten sowie den Inhalt gut zu präsentieren, hat in dankenswerter Weise das Unternehmen *FROMM MediaDesign* ausgezeichnet umgesetzt. Für die professionelle und freundliche Unterstützung danken wir Frau *Angela Fromm.*

Bei der Erstellung des Werkes haben über 20 Unternehmen und noch viel mehr Fachexperten aus der Industrie und den Hochschulen mitgewirkt. Deren Kompetenz ist es zu verdanken, dass wir dem Leser ein übersichtliches, kompaktes und klar strukturiertes Werk vorstellen können. Von Industrieseite ist dabei besonders Herr Dipl.-Ing. *Albert Feinäugle* vom Unternehmen *Balluff GmbH* zu nennen. Er hat es meisterhaft verstanden, die vielen Experten seines Unternehmens für einen Beitrag in diesem Werk zu begeistern. Sein besonderes Engagement möchten wir hier ausdrücklich lobend und dankend erwähnen. Den vielen anderen Mitautoren aus Industrie und der Wissenschaft möchten wir ebenfalls herzlich danken. Einen ganz besonderen Dank möchten wir unseren Ehefrauen und Kindern abstatten, die auf viele schöne und gemeinsame Tage verzichten mussten. Zu manchen Zeiten hat uns das Werk völlig in Beschlag genommen, und wir mussten mit all unserer Kraft die Qualität dieses Werkes sicherstellen. Ohne die Geduld unserer Familien, ihre moralische Unterstützung und ihr großes Verständnis wäre dieses Werk nicht entstanden.

Wir hoffen, dass dieses Buch für die Studierenden, die wissenschaftlich Arbeitenden und für die Praktiker in der Industrie eine wertvolle Informations- und Orientierungsquelle darstellt. Gerne nehmen wir Kritik und Verbesserungsvorschläge entgegen.

Heubach und Dresden
September 2022

Ekbert Hering
Gert Schönfelder

Inhaltsverzeichnis

Autorenverzeichnis

Prof. Dr. rer. pol. Dr. rer. nat. Ekbert Hering Hochschule Aalen (Rektor i. R.) www.htw-aalen.de

Dr. Gert Schönfelder Prignitz Mikrosystemtechnik, Wittenberge www.prignitz-mst.de

Prof. Dr. Hartmut Bärwolff Hochschule Köln www.gm.fh-koeln.de

Stefan Basler ehemals SICK STEGMANN GmbH

Dr. Karl-Ernst Biehl PIL Sensoren GmbH www.pil.de

Burkhardt Thomas Balluff GmbH, Neuhausen a. d. F. www.balluff.com

Dr. Engel Thomas Carl Zeiss IMT GmbH, Oberkochen www.zeiss.de

Feinäugle Albert Balluff GmbH, Neuhausen a. d. F. www.balluff.com

Dr. Sorin Fericean Balluff GmbH, Neuhausen a. d. F. www.balluff.com

Dr. Forkl Alexander Balluff GmbH, Neuhausen a. d. F. www.balluff.com

Dr. Giebeler Carsten Pyreos Ltd, Edinburgh (UK) www.pyreos.com

Prof. Dr. Ulrich Guth Kurt-Schwabe-Institut für Messtechnik, Meinsberg www.ksi-meinsberg.de

Hahn Bernhard Balluff GmbH, Neuhausen a. d. F. www.balluff.com

Ernst Halder Novotechnik Messaufnehmer OHG, Ostfildern www.novotechnik.de

Christopher Herfort PIL Sensoren GmbH www.pil.de

Stefan Hubrich Novotechnik Messaufnehmer OHG, Ostfildern www.novotechnik.de

Robert Krah Krah&Grote Messtechnik, Otterfing www.krah-grote.com

Thomas Kubasta Balluff GmbH, Neuhausen a. d. F. www.balluff.com

Prof. Dr. Martin Liess Hochschule RheinMain, Rüsselsheim www.hs-rm.de

Prof. Dr. Lothar Michalowsky Universität Göttingen www.uni-goettingen.de

Jürgen Reichenbach SICK AG, Freiburg www.sick.de

Dr. Michael Röbel Deutz AG, Köln www.deutz.de

Stefan Sester Novotechnik Messaufnehmer OHG, Ostfildern www.novotechnik.de

Dr. Elfriede Simon Siemens AG, München www.siemens.com

Gerd Stephan ehemals Quantum Hydrometrie Gesellschaft für Mess- und Systemtechnik, Berlin www.quantum-hydrometrie.de

Dr. Stefan Vinzelberg Atomic Force F&E GmbH, Mannheim www.atomicforce.de

Prof. Dr. Winfried Vonau Kurt-Schwabe-Institut für Messtechnik, Meinsberg www.ksi-meinsberg.de

Dr. Roland Wernecke Dr. Wernecke Feuchtemesstechnik GmbH, Potsdam www.dr-wernecke.de

Dr. Andreas Wilde Fraunhofer Institut für Integrierte Schaltungen Dresden www.eas.iis.fraunhofer.de

Frank Winkens Balluff GmbH, Neuhausen a. d. F. www.balluff.com

1 Sensorsysteme

Ekbert Hering

Um das tägliche Leben mit seinen Aufgaben zu meistern, muss der Mensch die ihn umgebenden Prozesse beeinflussen können, d. h. er muss sie nach seinen Zielen steuern können. Um dies zu ermöglichen, muss der aktuelle Istzustand erfasst, deren Informationen ausgewertet und die Maßnahmen ergriffen werden können, die zur Zielerreichung dienen. Die Elemente, mit denen die *Erfassung der Messgrößen der Umwelt* möglich ist, sind die Sensoren. Sie bilden damit die Voraussetzung für alle Veränderungen und Entwicklungen im natürlichen oder technischen Umfeld der Menschen. Unterschiedliche Effekte in Physik, Chemie, Biologie und Medizin ermöglichen eine Vielfalt an Sensoren und Anwendungsmöglichkeiten. Diese werden in diesem Werk umfassend dargestellt, ohne jedoch dem Anspruch an Vollständigkeit zu genügen.

1.1 Definition und Wirkungsweise

Das Wort „Sensor" stammt aus dem Lateinischen (sensus: Sinn) und bedeutet *Fühler.* Abb. 1.1 zeigt die Wirkungsweise von Sensoren.

Ein Sensor dient zur quantitativen und qualitativen Messung von physikalischen, chemischen, klimatischen, biologischen und medizinischen Größen. Wie Abb. 1.1 zeigt, besteht der Sensor aus zwei Teilen: dem *Sensor-Element* und der *Auswerte-Elektronik.* Die zu messenden, *nicht elektrische Eingangsgrößen* werden im Sensor-Element durch naturwissenschaftliche Gesetze in ein *elektrisches Ausgangs-Signal* gewandelt. In einer *Auswerte-Elektronik* werden diese Ausgangssignale durch Schaltungselektronik oder auch Softwareprogramme so bearbeitet, dass ein *Sensor-Ausgangssignal* entsteht, das

E. Hering (✉)
Heubach, Deutschland
E-Mail: Ekbert.Hering@htw-aalen.de

E. Hering und G. Schönfelder (Hrsg.), *Sensoren in Wissenschaft und Technik,*
https://doi.org/10.1007/978-3-658-39491-2_1

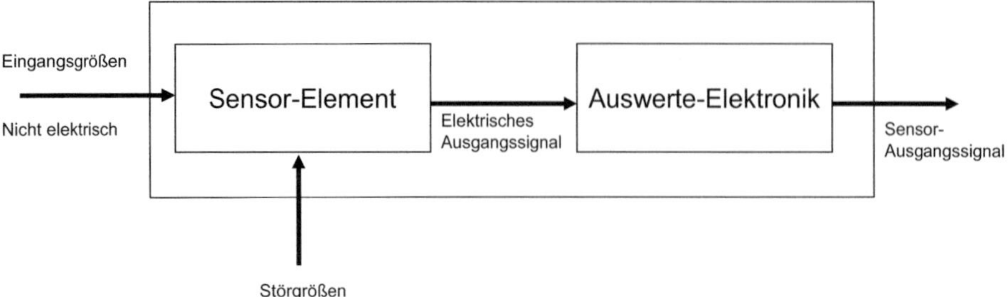

Abb. 1.1 Wirkprinzip von Sensoren

zu Steuerungs- oder Auswertezwecken zur Verfügung steht. Dabei können die äußeren Störgrößen, die ein Sensor-Element beeinflussen, rechnerisch berücksichtigt werden (z. B. Berücksichtigung der Temperaturabhängigkeit oder Linearisierung von nicht linearen Zusammenhängen). Dies besorgt in der Regel ein Mikroprozessor. Die fortschreitende Miniaturisierung erlaubt es zunehmend, dass beide Teile, das Sensor-Element und die Auswerte-Elektronik, in einem einzigen Sensor untergebracht sind. Diese *intelligenten* Sensoren werden auch als *smart sensors* bezeichnet.

1.2 Einteilung

Wird die Umwandlung der Messgröße in eine elektrische Größe ohne äußere Hilfsspannung vorgenommen, dann sind dies *aktive Sensoren* (z. B. wird beim piezoelektrischen Effekt der Druck direkt in eine elektrische Größe verwandelt, siehe Abschn. 2.1). *Passive Sensoren* hingegen benötigen zur Umwandlung eine äußere Hilfsspannung (z. B. bei der Messung von Abständen durch Ultraschallsensoren).

Eine weitere Einteilung kann durch die *naturwissenschaftlichen Gesetze* erfolgen, welche die Eingangsgröße in ein elektrisches Ausgangssignal wandeln. Diese Gesetze sind ausführlich in Kap. 2 des Werkes dargestellt.

Eine Einteilung kann aber auch durch die zu *messenden Größen* selbst erfolgen (z. B. Messen geometrischer Größen wie Länge oder zeitliche Größen wie Frequenzen). Dies ist in den Kap. 3 bis 14 nachzulesen.

Die Digitaltechnik spielt für die weitere Verarbeitung der Sensor-Ausgangssignale eine immer wichtigere Rolle. Deshalb erwartet man häufig *digitale* Sensor-Ausgangssignale. Dies wird oft dadurch realisiert, dass Analog–Digital-Wandler (A/D-Wandler) in die Auswerte-Elektronik des Sensorsystems integriert werden.

Werden aus den Messwerten realer Sensor-Elemente mittels Software die gewünschten Messgrößen errechnet, dann spricht man von *virtuellen* Sensoren. Diesen liegen ein umfangreiches *mathematisches Rechenmodell* oder auch *empirisch erfasste Zusammenhänge* zugrunde (z. B. das subjektive Hörempfinden). Da solche Rechner heute sehr platzsparend unterzubringen, kostengünstig herzustellen und in rauen Industrieumgebungen problemlos einsetzbar sind, werden die virtuellen Sensoren überall dort eingesetzt, wo es gilt, Kosten zu sparen, die naturwissenschaftlichen Zusammenhänge nur empirisch vorliegen oder in Anwendungsfällen, in denen reale Sensoren zerstört oder zu schnell verschleißen würden (z. B. in Kernkraftwerken).

2 Physikalische Effekte zur Sensornutzung

Ekbert Hering, Thomas Kubasta, Frank Winkens, Martin Liess, Winfried Vonau, Ulrich Guth und Karl-Ernst Biehl

2.1 Piezoelektrischer Effekt

2.1.1 Funktionsprinzip und physikalische Beschreibung

Werden bestimmte Materialien durch Einwirkung von äußeren Kräften oder Drücken *verformt,* dann entsteht eine *elektrische Spannung.* Wie Abb. 2.1 zeigt, verschieben die Kraft bzw. der Druck die Ladungen im Inneren des Materials. Die Schwerpunkte der positiven und negativen Ladungen fallen nicht mehr zusammen. Dadurch entsteht eine

E. Hering (✉)
Heubach, Deutschland
E-Mail: Ekbert.Hering@htw-aalen.de

T. Kubasta
Balluff GmbH, Bensheim, Deutschland

F. Winkens
Ludwigshafen, Deutschland
E-Mail: frank.winkens@onlinehome.de

M. Liess
Hochheim am Main, Deutschland
E-Mail: Martin.Liess@hs-rm.de

W. Vonau
Kurt-Schwabe-Institut für Mess- und Sensortechnik e. V. Meinsberg, Geringswalde, Deutschland
E-Mail: WV1@gmx.de

E. Hering und G. Schönfelder (Hrsg.), *Sensoren in Wissenschaft und Technik,*
https://doi.org/10.1007/978-3-658-39491-2_2

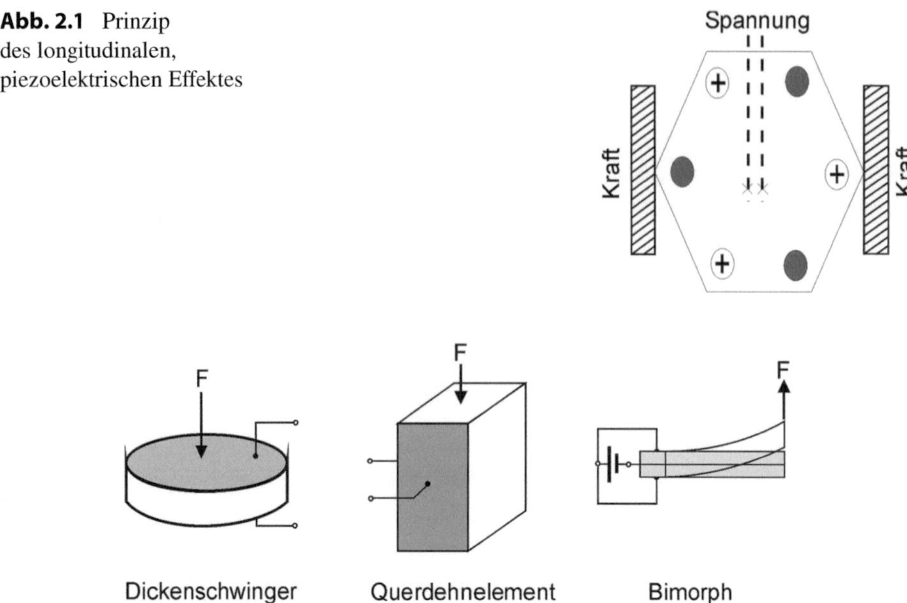

Abb. 2.1 Prinzip des longitudinalen, piezoelektrischen Effektes

Abb. 2.2 Die drei Prinzipien des piezoelektrischen Effektes

elektrische Polarisation ***P***. An der Oberfläche der Materialien sammeln sich Ladungen, sodass eine *elektrische Spannung* gemessen werden kann.

Je nachdem, welche Richtung die Vektoren Kraft ***F***, die Polarisation ***P*** und der Oberflächen-Normalenvektor **n** zueinander einnehmen, gibt es drei Kategorien des piezoelektrischen Effektes (Abb. 2.2):

Im umgekehrten Fall (*inverser piezoelektrischer* Effekt) wird durch Anlegen einer elektrischen Spannung der Kristall verformt. Wenn dies Wechselspannungen sind, dann führen piezoelektrische Körper *mechanische Schwingungen* aus. Diese können in Spannungsrichtung (longitudinale Schwingungenl, *Dickenschwinger*) oder senkrecht zur Spannungsrichtung (transversale Schwingungen, *Querdehnelement*) erfolgen. Im Folgenden wird nur der *direkte piezoelektrische Effekt* behandelt.

U. Guth
TU Dresden, Fachrichtung Chemie und Lebe nsmittelchemie, Professur für Physikalische Chemie, insbesondere Mess- und Sensortechnik i.R., Dresden, Deutschland
E-Mail: HansUlrichGuth@gmx.de

K.-E. Biehl
PIL Sensoren GmbH, Hanau, Deutschland
E-Mail: dr.kbiehl@t-online.de

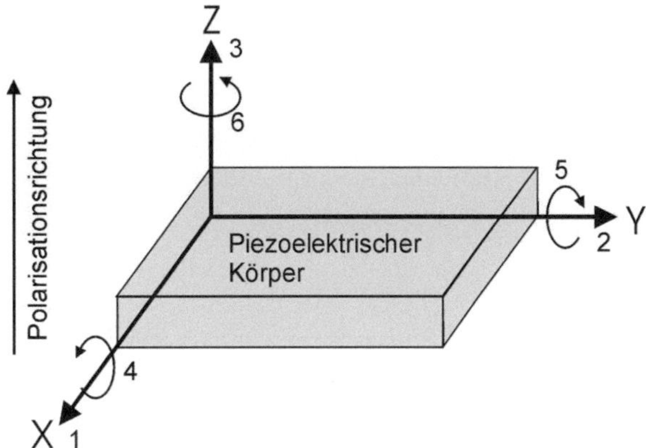

Abb. 2.3 Koordinatensystem zur Beschreibung des piezoelektrischen Effektes

Abb. 2.3 beschreibt den piezoelektrischen Effekt im Raum. Durch eine Kraft ***F*** entsteht eine Ladungs-Verschiebung in Längsrichtung (l: 1, 2, 3) und im Winkel um die Achsen (l: 4, 5, 6). Die Polarisationsrichtungen seien k: 1, 2, 3. Die Kraft ***F*** bewirkt dann eine Ladungsverschiebung ***Q***, für die gilt:

$$Q = d_{kl}\, F,$$

wobei d_{kl} der *piezoelektrische Koeffizient* ist.

Zwischen Polarisation ***P*** und der Spannung σ gilt:

$$P = \mathrm{e}\, \sigma,$$

wobei e der *piezoelektrische Dehnungskoeffizient* ist und für σ gilt:

$$\sigma_{\mathrm{ji}} = \frac{F_{\mathrm{i}}}{A_{\mathrm{j}}},$$

wobei *A* die Fläche und ***F*** die Kraft bezeichnet. Die Richtung der Kraft ist mit den Indizes i (1,2,3) und die Richtung der Fläche mit den Indizes j (1,2,3) bezeichnet. Der piezoelektrische Effekt ist *temperaturabhängig* und teilweise stark nichtlinear.

Eine konstante Kraft, die keine zusätzliche geometrische Änderung des Körpers verursacht, bewirkt keinen piezoelektrischen Effekt. Beim piezoelektrischen Effekt ist also nur die *zeitliche Änderung* der Kraft proportional zum gemessenen Strom. Wird über diesen Strom nach der Zeit integriert, so erhält man die verschobene Ladung ($Q = \int I(t)\mathrm{d}t$), die nach obiger Gleichung proportional zur Kraftänderung ist. Durch eine spezielle Schaltungselektronik können aber auch quasistationäre Vorgänge von einigen Minuten gemessen werden.

2.1.2 Materialien

Nur in *nicht leitenden Materialien* tritt der piezoelektrische Effekt auf. Diese Materialien dürfen kein Symmetriezentrum besitzen, weil sonst keine Verschiebung der Ladungen möglich ist. (Bei einer Punktspiegelung wird der Kristall in sich selbst übergeführt). Bei den Materialien unterscheidet man:

- *Piezoelektrische Kristalle*
  Dazu gehören der α-Quarz (SiO_2), Turmalin, Lithiumniobat ($LiNbO_3$), Lithium-Tantalat ($LiTaO_3$), Gallium-Orthophosphat ($GaPO_4$), Bariumtitanat ($BaTiO_3$: BTO) und Blei-Zirkonat-Titanat (Pb,O,Ti/Zr: PZT). Diese Kristalle haben sehr geringe piezoelektrische Koeffizienten; dafür zeigen sie aber eine höhere Temperaturstabilität, geringere Verluste und eine kleinere Hysteresekurve.
- *Piezoelektrische Keramiken*
  Die meisten piezoelektrischen Materialien werden synthetisch hergestellt. Typische Vertreter sind Blei-Zirkonat-Titanate (PZT). Sie kristallisieren, wie Abb. 2.4 zeigt, in einer *Perowskit-Kristallstruktur* aus.
- *Sonstige piezoelektrische Materialien*
  Es ist möglich, piezoelektrische Dünnschichten, wie Zinkoxid (ZnO) oder Aluminiumnitrid (AlN), durch die Halbleitertechnologie als Dünnschichten auf Silicium abzuscheiden. Ebenfalls im Einsatz befindet sich Polyvinylidenfluorid (PVDF).

Tab. 2.1 zeigt den piezoelektrischen Koeffizienten ausgewählter Materialien.

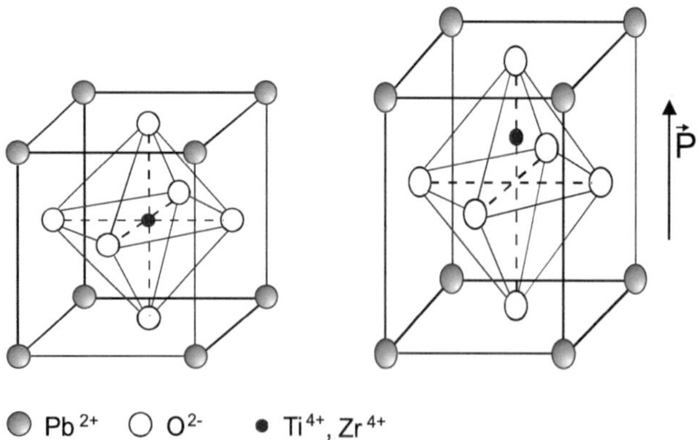

Abb. 2.4 Perowskit-Struktur der piezoelektrischen Keramiken

Tab. 2.1 Piezoelektrischer Koeffizient ausgewählter Materialien

Material	Piezoelektrischer Koeffizient d_{ij}	Wert in pC/N
Lithium-Niobat	d_{22}	0,67
Turmalin	d_{33}	1,83
Quarz	d_{11}	2,3
Lithium-Tantalat	d_{33}	9,2
PVDF-Folie	d_{13}	23
PZT-Keramik	d_{33}	593

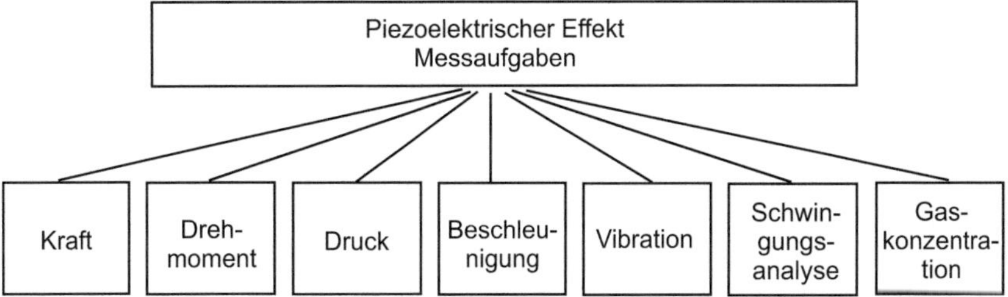

Abb. 2.5 Anwendungsfelder piezoelektrischer Materialien

2.1.3 Anwendungen

In Abb. 2.5 sind die wichtigsten Anwendungsfelder zusammengestellt. Die konkreten Anwendungen werden im Kap. 3 ausführlich dargestellt.

Piezoelektrische Materialien werden darüber hinaus in vielen Spezialanwendungen eingesetzt, von denen hier nur wenige genannt werden können:

- Einspritzdüsen für Dieselmotoren,
- Druckköpfe in Tintenstrahldruckern,
- Mikro- und Nano-Positioniersysteme und
- Mikroskopie (Rasterelektronen-, Rasterkraft- und Rastertunnelmikroskope).

2.2 Resistiver und piezoresistiver Effekt

2.2.1 Funktionsprinzipien und physikalische Beschreibung

Der *resistive* Effekt beschreibt die Abhängigkeit des spezifischen elektrischen Widerstandes ρ eines Leiters von der mechanischen Spannung σ ($\sigma = F/A$, wobei F die Kraft

Abb. 2.6 Leiter unter mechanischer Spannung

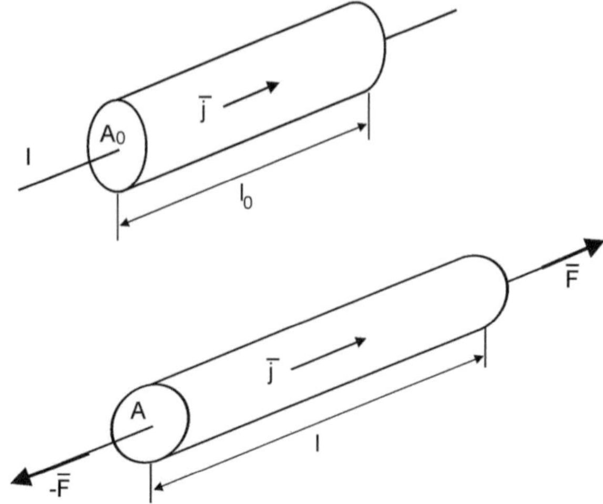

ist die auf die senkrechte Fläche A wirkt). Bei Metallen ist der *spezifische elektrische Widerstand* ρ *unabhängig von der Spannung* σ, wie Abb. 2.6 zeigt.

Der elektrische Widerstand R eines metallischen Leiters der Länge l_0 und dem Querschnitt A lautet

$$R = \rho \frac{l_0}{A_0}.$$

Das bedeutet:

- Der Widerstand wird größer, wenn die Länge zunimmt (R proportional zu l_0).
- Der Widerstand wird kleiner, wenn der Querschnitt zunimmt (R proportional zu $1/A_0$).

Das heißt, wenn ein elektrischer Leiter gedehnt wird, d. h., wenn seine Länge zunimmt und gleichzeitig sein Querschnitt abnimmt, dann steigt der elektrische Widerstand. Wird das Material im elastischen Bereich beansprucht, dann gilt dieses auch umgekehrt: Wird ein elektrischer Leiter gestaucht (Verkürzung der Länge und Erhöhung des Querschnitts), dann nimmt der elektrische Widerstand ab. Diese Effekte werden bei *Dehnmess-Streifen* (DMS) ausgenutzt (Abschn. 4.3).

Wirkt eine mechanische Spannung auf den metallischen Leiter, so gilt:

$$\sigma = \mathrm{E} \frac{\Delta l}{l} = \mathrm{E}\, \varepsilon,$$

wobei E der Elastizitätsmodul und $\Delta l/l$ die relative Längenänderung (*Dehnung* ε) ist.

Wirkt eine Kraft F auf die Leiterfläche A, so gilt für den Widerstand R_F entsprechend:

$$R_\mathrm{F} = \rho \frac{l_\mathrm{F}}{A_\mathrm{F}}.$$

Die Widerstandsänderung errechnet sich dann zu:

$$\frac{\Delta R}{R} = \mathrm{k}\frac{\Delta l}{l} = \mathrm{k}\varepsilon,$$

wobei bei gleichem Volumen k etwa 2 ist (der Faktor k steht für die *Empfindlichkeit*). Dieser Effekt wird *resistiver Effekt* genannt und hängt lediglich von der Änderung der geometrischen Größen Länge und Querschnitt ab. Er findet seine Anwendung in *Dehnmess-Streifen* (*DMS,* Abschn. 4.3). Bei Halbleitern hingegen, wie beispielsweise Silicium, verändert sich der spezifische elektrische Widerstand ρ bei Anlegen einer Spannung σ (*piezoresistiver Effekt* (Abschn. 2.2.3)). Der Grund liegt darin, dass mechanische Spannungen die Beweglichkeit der Ladungsträger und die Besetzungswahrscheinlichkeiten der Leitungs- und Valenzbänder beeinflussen.

2.2.2 Resistiver Effekt und dessen Anwendung durch Dehnmess-Streifen (DMS)

Am häufigsten werden *Folien-DMS* eingesetzt. Auf einer dünnen Kunststoff-Folie (meist aus Polyimid) wird ein hauchdünner Widerstandsdraht (3 µm bis 8 µm dick) mäanderförmig als *Messgitter* aufgebracht und mit elektrischen Anschlüssen versehen (Abb. 2.7). Meistens besitzen die DMS auch noch eine Kunststoff-Folie auf der Oberfläche, damit das Messgitter mechanisch geschützt ist. Für die unterschiedlichsten Einsatzbereiche können die verschiedensten Geometrien eingesetzt werden (Abb. 2.7). Für jeden Einsatzbereich werden die DMS entsprechend optimiert.

Tab. 2.2 zeigt die k-Faktoren verschiedener DMS Werkstoffe.

Die Widerstandsänderung ΔR einer handelsüblichen DMS ist relativ klein. Bei einem DMS von 120 Ω und einer Dehnung um 1/1000 beträgt die Widerstandsänderung $\Delta R = 0{,}24\ \Omega$. Mit entsprechenden Messvorrichtungen können diese Änderungen gut bestimmt werden. Ein DMS wird entweder durch *Punktschweißen* (eher selten) oder

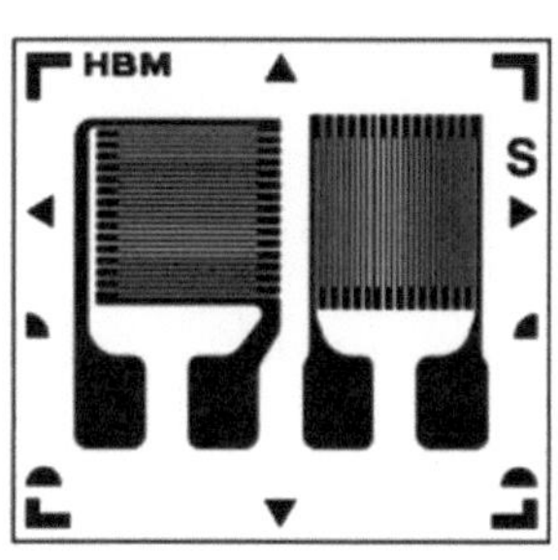

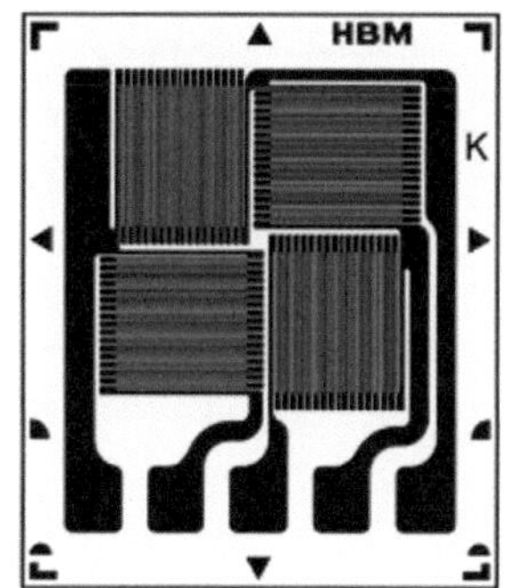

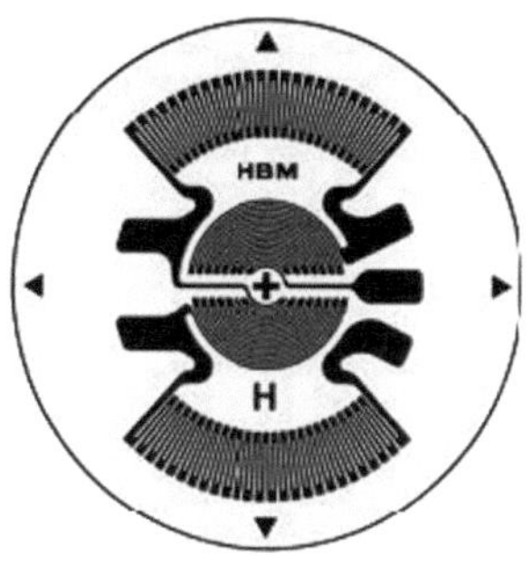

Abb. 2.7 Folien-DMS unterschiedlichster Geometrien. (Werkfoto: HBM)

Tab. 2.2 Empfindlichkeiten (k-Faktoren) verschiedener DMS-Werkstoffe

Bezeichnung	Zusammensetzung	k-Faktor
Konstantan	54Cu, 45Ni, 1Mn	2,05
Karma	73Ni, 20Cr, Rest Fe und Al	2,1
Nichrome V	80Ni, 20Cr	2,2
Chromol C	65Ni, 20Fe, 15Cr	2,5
Platin-Wolfram	92Pt, 8 W	4,0
Platin	100Pt	6,0

durch *Kleben* an der Anwendung befestigt. Je nach Temperatur werden *heiß-* oder *kalthärtende Klebstoffe* eingesetzt. Dazu zählen im Wesentlichen Cyanoacrylate, Methylmethacrylate und Epoxidharze. Das Einsatzgebiet wird häufig durch die Temperaturbeständigkeit der Klebstoffe bestimmt.

Die Widerstandsänderung ΔR wird meist durch eine *Wheatstonesche Brückenschaltung* bestimmt (Abb. 2.8).

In den vier Zweigen der Brückenschaltung befinden sich die Widerstände R_1 bis R_4. An den Punkten 2 und 3 wird eine *Brückenspeisespannung* U_B angelegt, die zu einer *Brückenausgangsspannung* U_A führen kann. Die Spannungen U_A und U_B teilen sich in den beiden Brückenteilen R_1 und R_2 sowie R_3 und R_4 folgendermaßen auf:

$$\frac{U_A}{U_B} = \frac{R_1}{R_1 + R_2} - \frac{R_4}{R_3 + R_4}.$$

Für den Fall, dass alle Widerstände gleich groß sind, ($R_1 = R_2 = R_3 = R_4$), ist die Brücke *abgeglichen,* d. h. $U_A = 0$, und es gilt: $R_1/R_2 = R_3/R_4$.

Wenn sich die Widerstände ändern, so tritt eine Ausgangsspannung U_A auf. Ist zusätzlich die Änderung relativ klein ($\Delta R_i << R_i$), wie es bei den DMS der Fall ist, so gilt:

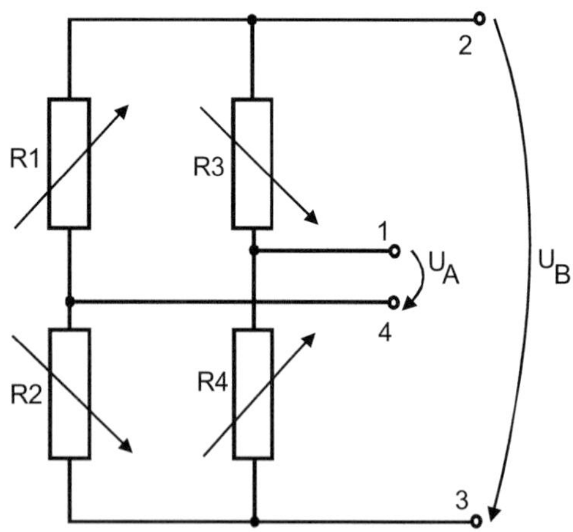

Abb. 2.8 Wheatstonesche Brückenschaltung

Abb. 2.9 Anwendungsgebiete der DMS-Biegebalken. (Werkfoto: HBM)

$$\frac{U_A}{U_B} = \frac{1}{4}\left(\frac{\Delta R_1}{R_1} - \frac{\Delta R_2}{R_2} + \frac{\Delta R_3}{R_3} - \frac{\Delta R_4}{R_4}\right).$$

$$\text{Mit}\frac{\Delta R}{R} = \mathrm{k}\,\varepsilon\ \text{gilt}: \frac{U_A}{U_B} = \frac{\mathrm{k}}{4}(\varepsilon_1 - \varepsilon_2 + \varepsilon_3 - \varepsilon_4).$$

Das bedeutet: Es subtrahieren sich die Änderungsbeiträge benachbart liegender DMS, wenn sie gleiches Vorzeichen haben. Bei verschiedenem Vorzeichen addieren sie sich.

Anwendungen

Nach Abb. 2.9 unterscheidet man bei den Anwendungen zwei Hauptgebiete:

- Aufnehmer für die *mechanischen Messgrößen:* Masse, Kraft, Drehmoment und Druck (Kap. 4) und
- Möglichkeiten der *experimentellen Analyse.* Diese Analysen finden sowohl in Forschung und Entwicklung zur Optimierung von Werkstoffen und deren Einsatzbereiche Eingang, als auch in der Praxis in den Branchen Automobilbau, Luft- und Raumfahrt, im Schienenbereich sowie im Bauwesen (z. B. Setzungen oder geodynamische Kontrollmessungen im Tunnelbau). Häufig dienen Spannungsanalysen dazu, die Spannungs-Simulationen mit Finiten Elementen experimentell zu überprüfen.

2.2.3 Piezoresistiver Effekt und dessen Anwendung durch Silicium-Halbleiter-Elemente

Wegen der AnisotropieAnisotopie des Si-Kristalls sind die Änderungen des spezifischen elektrischen Widerstandes auch stark richtungsabhängig. Dies beschreibt der *Tensor* der *piezoresistiven Konstanten:*

Tab. 2.3 Piez or esistive Konstanten in Abhängigkeit von der Richtung und der Dotierung (bei Raumtemperatur: $T = 300$ K)

	ρ in Ωcm	π_{11} in 10^{-11} Pa^{-1}	π_{12} in 10^{-11} Pa^{-1}
p-Si	7,8	6,6	−1,1
n-Si	11,7	−102	53,4

$$\begin{Bmatrix} r_1 \\ r_2 \\ r_3 \end{Bmatrix} = \begin{Bmatrix} \pi_{11} & \pi_{12} & \pi_{12} \\ \pi_{12} & \pi_{11} & \pi_{12} \\ \pi_{12} & \pi_{12} & \pi_{11} \end{Bmatrix} \cdot \begin{Bmatrix} \sigma_1 \\ \sigma_2 \\ \sigma_3 \end{Bmatrix}.$$

Es sind r_i die Änderungen des spezifischen elektrischen Widerstandes: $r_i = \Delta\rho_i/\rho_i$ und π_{ij} die *piezoresisitiven Konstanten.* Diese hängen von der Kristallrichtung, der Dotierung (n-Typ oder p-Typ) und von der Temperatur ab. Tab. 2.3 zeigt die Werte für Raumtemperatur.

Als groben Richtwert kann man bei Silicium erwarten, dass bei einer Spannung σ von 1 GPa die Änderung des spezifischen elektrischen Widerstandes $\Delta\rho/\rho$ etwa 10 % beträgt.

Materialien

Das wichtigste Material ist Silicium. Folgende Parameter bestimmen, wie bereits erwähnt, die Eigenschaften des piezoelektrischen Effektes:

- Dotierungsart (p- oder n-Dotierung),
- Dotierungsdichte und
- Kristallrichtung und Temperatur.

Die Belastungsfälle Zug und Druck, Biegung und Torsion sowie deren Überlagerungen ergeben Belastungsfälle, die in kartesischen Koordinaten als Zug- und Schubspannungen darstellbar sind (Abschn. 4.3).

Die Messzellen bestehen im Wesentlichen aus vielen, auf einem Silicium-Chip aufgebrachten Widerständen. Ihr Einsatzbereich liegt bei einer Temperatur zwischen −50 °C und +150 °C. Bei höheren Temperaturen wird die *SOS-Technik* (SOS: Silicon on Saphire) eingesetzt, bei der die Widerstände auf einem Isolator (in diesem Fall ein Saphir) aufgebracht werden und nicht in das Siliciumsubstrat eindiffundiert sind.

Ist der Tensor der piezoresistiven Konstanten bekannt, dann können *Membrane* in den Chip integriert werden. Ort und Richtung der Widerstände und Membrane relativ zur Kristallrichtung im Silicium-Chip bilden den Sensor. Durch Druck oder durch Spannung wird die Membrane ausgelenkt, wodurch sich eine Widerstandsänderung ergibt. Weil die Halbleiterwiderstände stark temperaturabhängig sind, wird in der Regel eine Beschaltung zu einer *Wheatstoneschen Brücke* vorgenommen (Abb. 2.8). Abb. 2.10

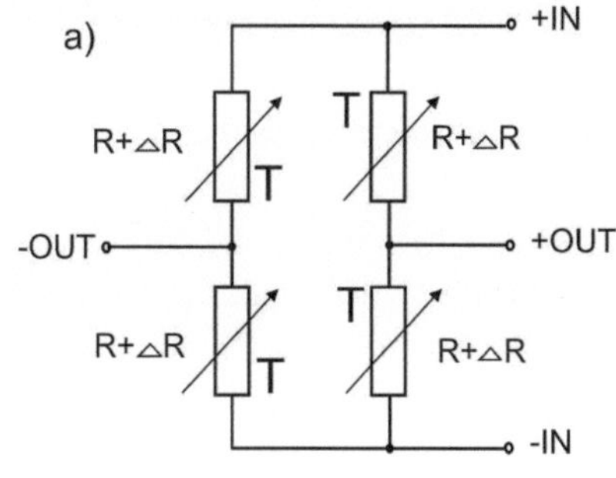

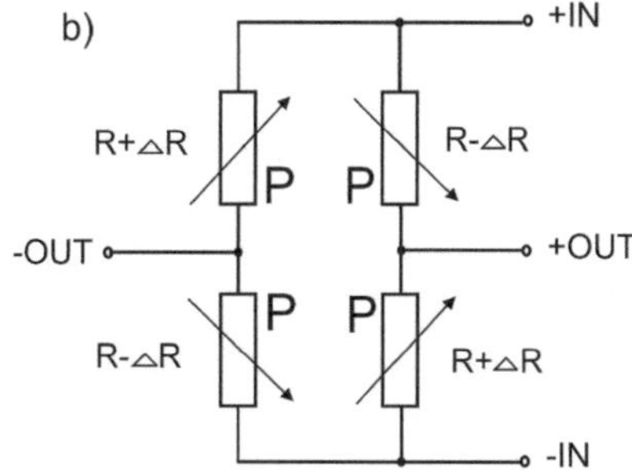

Abb. 2.10 Wheatstonesche Brückenschaltung **a**) zur Kompensierung der Temperatur; **b**) zur Messung des Druckes

zeigt, wie der Einfluss der Temperatur kompensiert werden kann (Teilbild a)) und wie ein äußerer Druck vom Sensor als Änderung des Widerstandes gemessen werden kann.

Die Brückenschaltung bietet folgende, in der Praxis häufig verwendete Möglichkeiten:

- vier Widerstände im Randbereich der Membrane (z. B. messen zwei Radialspannungen und zwei Tangentialspannungen),
- vier Widerstände im Zentrum der Membrane und
- je zwei Widerstände im Randbereich und zwei im Zentrum der Membrane.

Anwendungen

Der piezoresistive Effekt wird zur Messung von *Druck, Kraft, Drehmoment* und *Dehnung* (Kap. 4) verwendet. Silicium-Sensoren haben folgende Besonderheiten:

- *höhere Genauigkeit* als andere Materialien und Methoden, insbesondere die der Dehnmess-Streifen (DMS; Abschn. 2.4),
- sehr kostengünstige Herstellungsweise (etwa 10-mal günstiger als Dünnfilmsensoren oder DMS)
- Begrenzung der maximalen messbaren Kraft auf 1 GN und
- begrenzte Verformbarkeit, da Silicium ein sprödes Material ist.

2.3 Magnetoresistiver Effekt

2.3.1 Funktionsprinzip und physikalische Beschreibung

Wird an einen Werkstoff, durch den ein Strom fließt, ein äußeres Magnetfeld angelegt und es ändert sich dadurch der elektrische Widerstand, so liegt ein magnetoresistiver Effekt vor. Die Stärke des magnetoresistiven Effektes $\Delta R/R$ wird durch den Quotienten aus der Änderung des Widerstandes $(R(H)-R(0))$ und des Widerstandes ohne Magnetfeld $R(0)$ beschrieben:

$$\frac{\Delta R}{R} = \frac{R(H) - R(0)}{R(0)}.$$

R(H): elektrischer Widerstand in einem Magnetfeld *H*.

Abb. 2.11 zeigt eine Übersicht. Magnetoresistive Effekte gibt es in nicht magnetischen und in magnetischen Materialien.

Bei nicht magnetischen Materialien müssen Elektronen beweglich sein. Wirkt ein äußeres Magnetfeld $B = \mu_0 H$ (μ_0: magnetische Feldkonstante $= 4\pi \cdot 10^{-7}$ (Vs)/(Am), *H:* magnetisches Feld) auf die elektrische Ladung *Q,* die sich mit der Geschwindigkeit $\boldsymbol{v}$ bewegt, dann entsteht die *Lorentz-Kraft* $\boldsymbol{F}_\mathrm{L}$. Diese wirkt senkrecht zu dem Vektor der Geschwindigkeit *v* und senkrecht zum Vektor des magnetischen Flusses $\boldsymbol{B}$, sodass gilt:

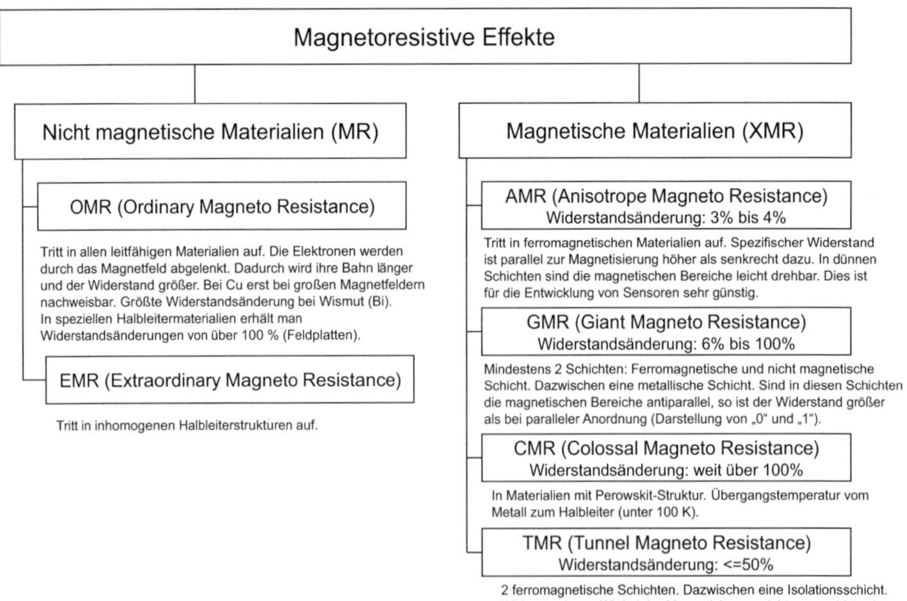

Abb. 2.11 Übersicht über magnetoresistive Effekte

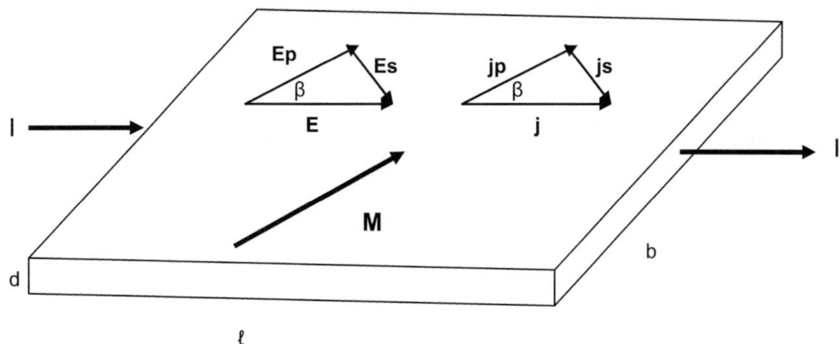

Abb. 2.12 Abhängigkeit des Widerstandes vom Winkel zwischen Magnetisierung und Stromfluss

$$\boldsymbol{F}_{\mathrm{L}} = Q(\boldsymbol{v} \times \boldsymbol{B}).$$

Diese Lorentz-Kraft bewirkt, dass die Elektronen abgelenkt werden. Deshalb wird ihr Weg durch das Material länger und damit steigt der Widerstand an. Bei Metallen merkt man die Änderung des Widerstandes erst bei großen Magnetfeldern; bei Halbleitern wegen der höheren Beweglichkeit der Elektronen bereits bei geringen Magnetfeldern. Bei magnetischen Materialien treten, wie Abb. 2.12 zeigt, unterschiedliche Effekte auf.

AMR (Anisotrope Magneto Resistance)

In ferromagnetischen Materialien existieren Kristallbereiche mit gleicher Magnetisierung $\boldsymbol{M}$, die *Weiss'schen Bezirke*. Fließt ein Strom $\boldsymbol{I}$ durch einen Körper mit der Länge l, der Breite b und der Dicke d, so ergeben sich folgende Zusammenhänge (für den Fall, dass das elektrische Feld $\boldsymbol{E}$ parallel zur Stromdichte $\boldsymbol{j}$ ist (Abb. 2.12):

$$E = E_{\mathrm{p}} \cos\beta + E_{\mathrm{s}} \sin\beta \text{ sowie } j_{\mathrm{p}} = j\cos\beta \text{ und } j_{\mathrm{s}} = j\cos\beta.$$

(Index p: parallel und Index s: senkrecht)

Nach dem Ohmschen Gesetz gilt:

$$E_{\mathrm{p}} = \rho_{\mathrm{p}} j_{\mathrm{p}} \text{ und } E_{\mathrm{s}} = \rho_{\mathrm{s}} j_{\mathrm{s}} \ (\rho : \text{spezifischer elektrischer Widerstand}).$$

Werden obige Zusammenhänge berücksichtigt, so ergibt sich:

$$E(\beta) = j\rho_{\mathrm{s}}\left(1 + \frac{\rho_{\mathrm{p}} - \rho_{\mathrm{s}}}{\rho_{\mathrm{s}}}\cos^2\beta\right).$$

Die Winkelabhängigkeit des Widerstandes $R(\beta)$ errechnet sich dann folgendermaßen:

$$R(\beta) = \frac{l}{b\,d}\rho_{\mathrm{s}} + \frac{l}{b\,d}\left(\rho_{\mathrm{p}} - \rho_{\mathrm{s}}\right)\cos^2\beta.$$

Durch weitere Berechnungen und unter Berücksichtigung, dass die y-Komponente der Magnetisierung M_y dieselbe Richtung wie das äußere Magnetfeld H hat (Vektor

$\boldsymbol{H} = 0, H_y, 0$), ergibt sich für die Abhängigkeit des longitudinalen Widerstandes $R(H_y)$ vom angelegten Magnetfeld Hy:

$$R(H_y) = \frac{l}{b\,d}\rho_s\left(1 + \frac{\rho_p - \rho_s}{\rho_s}\left[1 - \left(\frac{H_y}{H_k}\right)^2\right]\right) \text{ für } |H_y| \leq H_k \text{ und}$$

$$R(H_y) = \frac{l}{b\,d}\rho_s \text{ für } |H_y| > H_k.$$

(H_k: kritisches Magnetfeld, d. h. alle Weiss'schen Bezirke sind in Richtung des äußeren Magnetfeldes ausgerichtet (umgeklappt)).

Die Kennlinie des Widerstandes in Abhängigkeit vom Magnetfeld ist, wie obige Formel zeigt, quadratisch. Um diese Kennlinie zu linearisieren, werden auf das Material in einem Winkel von 45° (zur Stromrichtung I, die meist parallel zur Längskante des Materials ist) metallische Schichten (z. B. Al auf Permalloy) aufgedampft *(Barber-Pole-Anordnung)*. Dadurch wird die Stromrichtung I um 45° gegen die Widerstandsachse gedreht. Diese Kennlinie ist dann für $H_y << H_k$ linear und weist folgenden Zusammenhang auf:

$$R(H) = R_0 + \Delta R\frac{H_y}{H_k}\sqrt{1 - \left(\frac{H_y}{H_k}\right)^2}.$$

Abb. 2.13 zeigt den Zusammenhang. Links ist die Barber-Pole-Anordnung gezeigt. Auf dem rechten Bild beschreibt die durchgezogene Kennlinie die quadratische Abhängigkeit des Widerstandes. Die gestrichelt gezeichnete Kennlinie ist wegen der Barber-Pole-Anordnung linear (innerhalb der oben angegebenen Grenzen).

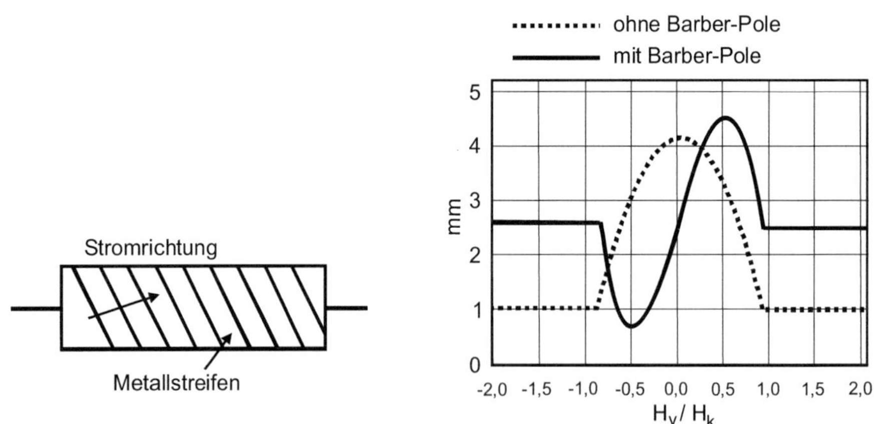

Abb. 2.13 AMR-Sensor in Barber-Pole-Struktur (links). Kennlinie ohne Barber-Pole (durchgezogen) und mit Barber-Pole (gestrichelt)

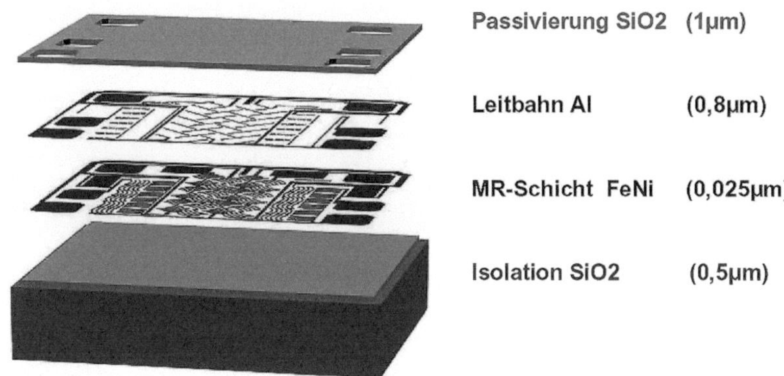

Abb. 2.14 Typischer Aufbau eines AMR-Sensors. (Quelle: Sensitec)

GMR (Giant Magneto Resistance)

Der GMR-Effekt ist ein quantenmechanischer Effekt zwischen dünnen ferromagnetischen und nicht magnetischen Schichten. Die Elektronen drehen sich um sich selbst. Deshalb haben sie einen Eigendrehimpuls, den *Spin.* Dieser wirkt wie ein kleiner Magnet. In ferromagnetischen Materialien sind die Spin-Magnete nach außen magnetisch wirksam. In Schichten mit paralleler Magnetisierung des Ferromagnetikums bewegen sich die Elektronen nahezu ungehindert über die Schichten hinweg *(geringerer Widerstand).* Weisen die Schichten *antiparallel* ausgerichtete Spins auf, so werden die Elektronen bei der Bewegung durch die Schichten stark gestreut *(größerer Widerstand).* Diesen Effekt zeigt Abb. 2.15.

Der Aufbau eines GMR-Bauelementes besteht beispielsweise aus drei dünnen Schichten von etwa 2 nm Dicke. Zwischen zwei ferromagnetischen Schichten (z. B. Fe) liegt eine metallische Schicht, die man *Spacer* nennt (z. B. Cr). In Abb. 2.15 ist der Weg eines Elektrons durch die Schichten gestrichelt dargestellt. Bei der antiparallelen Anordnung wird das Elektron wesentlich mehr gestreut und legt einen längeren Weg zurück. Dies hat eine größere Widerstandsänderung zur Folge. Für den Fe/Cr-GMR-Sensor gilt, dass das Widerstandsverhältnis $\Delta R/R$ bei Raumtemperatur etwa 20 % höher ist und bei Heliumtemperatur (4,2 K) etwa 80 % höher liegt.

Höhere Widerstandsänderungen erreicht man dadurch, dass die beiden ferromagnetischen Schichten unterschiedlich sind *(Spin-Valve-Prinzip):* eine Schicht ist *magnetisch weich* (leichte Ausrichtung der Elementarmagneten in einem Magnetfeld) und eine *andere* ist *hartmagnetisch* (Ausrichtung der Elementarmagnete erst mit höheren magnetischen Feldstärken). Die Schichtsysteme nach dem Spin-Valve-Prinzip arbeiten wie *Spin-Ventile:* Sie lassen bei einer parallelen Magnetisierung die Elektronen schneller durch (Ventil ist auf) als bei einer antiparallelen (Ventil geschlossen). Eine höhere Widerstandsänderung kann auch durch eine Multilayer-Anordnung erreicht werden (Abb. 2.16).

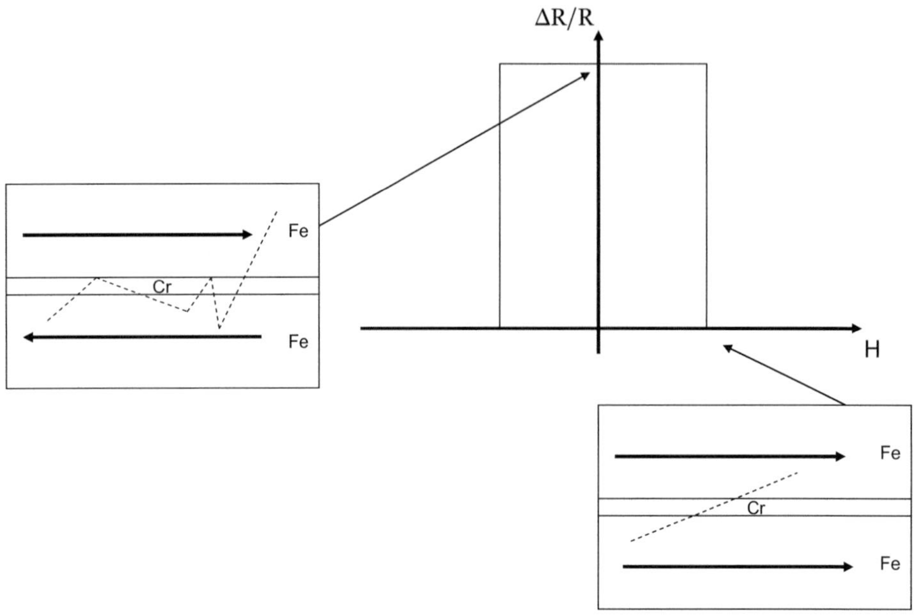

Abb. 2.15 Aufbau eines GMR-Sensors und Wirkungsweise des GMR-Effektes

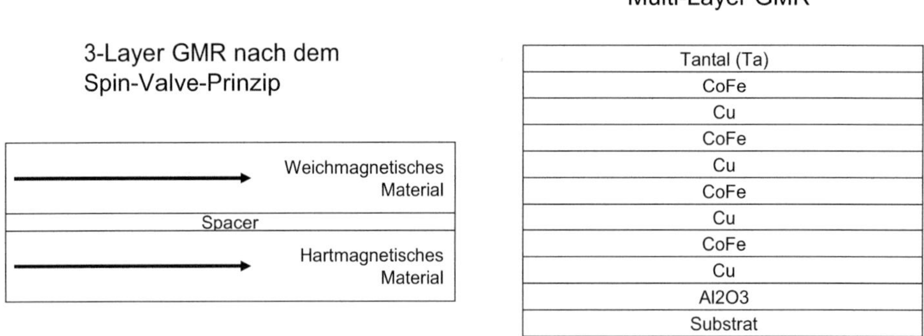

Abb. 2.16 Drei-Lagen-GMR nach dem Spin-Valve-Prinzip (links) und Multilayer-GMR (rechts)

Tab. 2.4 zeigt die wesentlichen Unterschiede in den Eigenschaften von AMR- und GMR-Sensoren.

Tab. 2.4 Unterschiede zwischen AMR- und GMR-Sensoren

Eigenschaft	GMR	AMR
Größe	Sehr klein	Klein
Kosten	Hoch	Niedrig
Empfindlichkeit	Hoch	Hoch
Ausgangssignal	Sehr gut	Gut
Temperaturstabilität	Sehr gut	Gut
Leistungsverbrauch	Sehr gering	Mittel

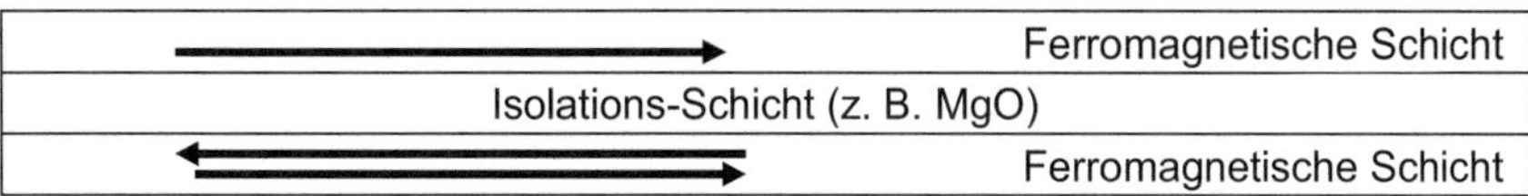

Abb. 2.17 Prinzipieller Aufbau eines TMR-Sensors. (In der unteren Schicht ist das Elektron samt Spin getunnelt)

CMR (Colossal Magneto Resistance)

Durch spezielle Materialien mit Perowskit-Struktur entstehen Übergänge vom Metall zum Halbleiter. Dadurch werden sehr große Widerstandsänderungen möglich (bis über 1000).

TMR (Tunnel Magneto Resistance)

Zwei ferromagnetischen Schichten sind durch eine *Isolationsschicht* getrennt. Durch diese Isolationsschicht können die Elektronen *tunneln,* wobei ihr Spin in Betrag und Richtung gleich bleibt (Abb. 2.17). Die Schichtdicken betragen dabei üblicherweise etwa 100 nm. Im Regelfall treten Widerstandsänderungen bis 50 % auf. Im Labor sind bereits Widerstandsänderungen bis 1000 beobachtet worden. Allerdings sind die Anwendungen noch nicht marktreif.

2.3.2 Vorteile der XMR-Technologie

In Tab. 2.5 sind die Vorteile der XMR-Technologie in einer Übersicht zusammengestellt.

Tab. 2.5 Vorteile der XMR-Technologie

Bereiche	Vorteile
Einsatzmöglichkeiten	Hohe Sensorwiderstände (> 1 kΩ): • Einsatz in batteriebetriebenen Systemen • Einsatz in Low-Power-Systemen Leseköpfe in Magnetspeichern Automobilbranche: • Sicherheit (z. B. ESP, ESR, ARS, ABS, Airbag) • Fahrerassistenz-Systeme • Motormanagement (z. B. NO_2-Sensor, λ-Sonde) • Komfortfunktionen (z. B. Temperatur, Feuchte)
Berührungsloses Messverfahren	Kein mechanischer Verschleiß des Mess-Systems Keine Kapselung wegen Umwelteinflüssen nötig
Dünne Schichten	Einsatz bei höheren Temperaturen Vorteile bei Raumfahrtprojekten (Abschirmung der kosmischen Strahlung; Miniaturisierung, geringes Gewicht) Herstellung auf Si-Wafern. Dadurch sehr kleine Bauelemente und Integration der Systemelektronik
Geringe Fehler	Unterdrückung homogener Fremdfelder Ausgleich von Nichtlinearitäten der Magnetfelder Hohe Reproduzierbarkeit Selbstdiagnose des Sensors (Überwachung der Ausgangsamplituden durch die Summenformel: $\sin^2\alpha + \cos^2\alpha = 1$) Keine Temperaturabhängigkeit der Amplitude Hohe Genauigkeit
Kosten	Günstige Herstellkosten der mechanischen Komponenten und der Führungen Günstige Herstellkosten bei Massenproduktion in Zusammenhang mit Si-Wafer
Flexibilität	Entwicklung und Anpassung für bestimmte Anwendungen durch Wahl der Schichtstrukturen („Spin-Engineering")
Robust	Unempfindlich gegen Staub, Feuchtigkeit und Öl Einfache Justierung

2.3.3 Anwendungen der XMR-Technologie

In Tab. 2.6 sind die wesentlichen Einsatzfelder in einer Übersicht zusammengestellt.

Im Folgenden werden einige spezielle Anwendungen vorgestellt.

Tab. 2.6 Einsatzbereiche der XMR-Technologie. (Sortiert nach häufigstem Einsatz)

Bereiche	Messaufgabe
Geometrisch	1. Winkel
(Abschn. 3)	2. Neigung
	3. Füllstand
	4. Längen- und Positionsmessung
Dynamisch	1. Drehzahl
(Abschn. 5)	2. Strömung
	3. Durchfluss
Thermisch	1. Temperatur
(Abschn. 6)	2. Füllstand
	3. Energie
Elektrisch	1. Strom
(Abschn. 7)	2. Magnetfeld
Festplattenlaufwerke	Schreib-Lesekopf-Systeme

Winkelmessung

(Siehe Abb. 2.18)

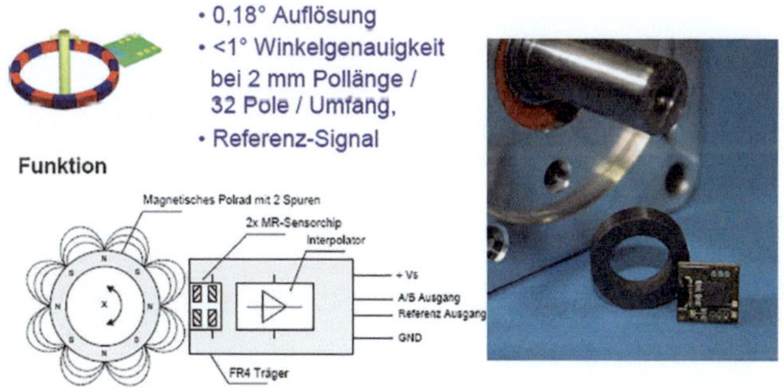

Abb. 2.18 Winkelsensor. (Werkfoto: Sensitec)

Längenmessung

(Siehe Abb. 2.19)

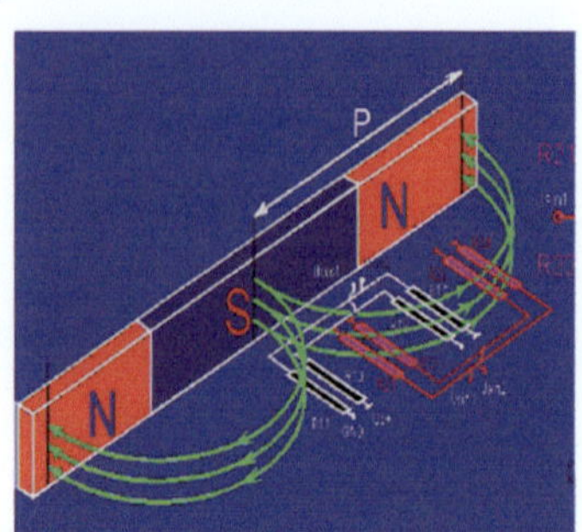

Abb. 2.19 Längensensor. (Werkfoto: Sensitec)

Drehzahlmessung

(Siehe Abb. 2.20)

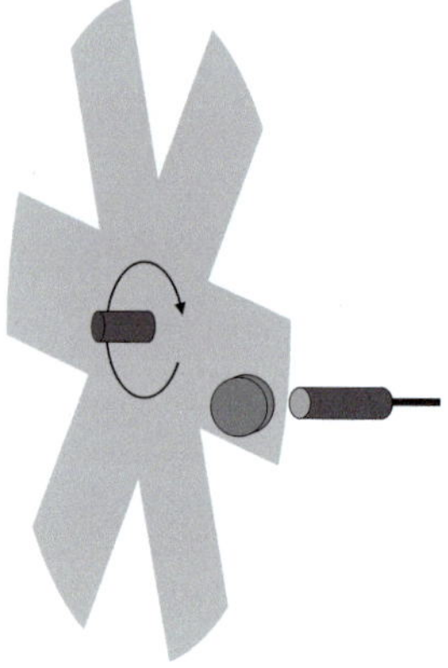

Abb. 2.20 Drehzahlsensor. (Werkfoto: Sensitec)

Strom-Messung
(Siehe Abb. 2.21)

Messaufgabe: Potentialfreie Strommessung von 1A bis kA

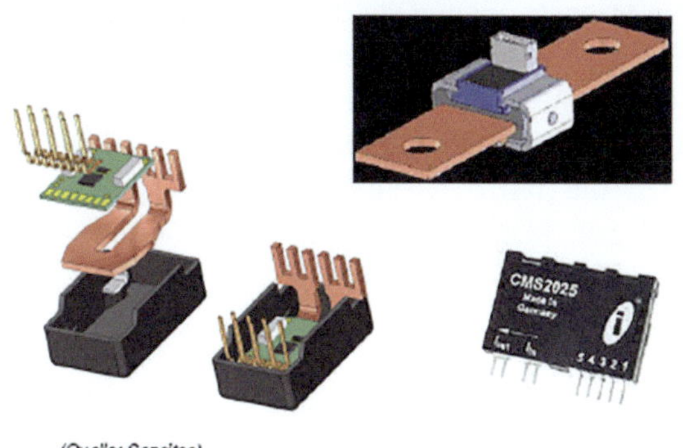

Abb. 2.21 Stromsensor. (Werkfoto: Sensitec)

Schreib-Leseköpfe mit dem GMR-Effekt
(Siehe Abb. 2.22)

Lesevorgang mit GMR-Sensoren

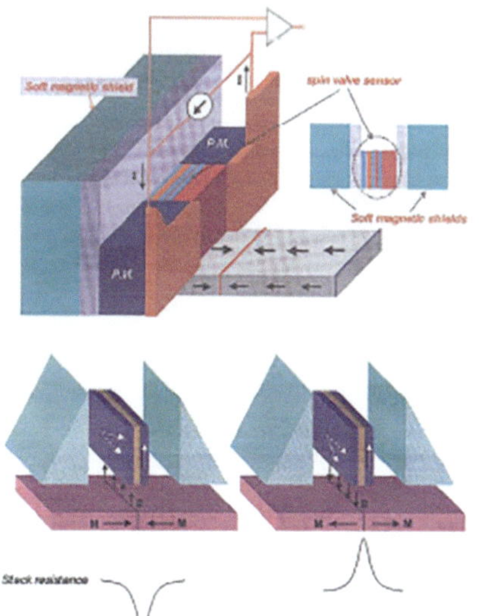

- GMR-Sensor ist senkrecht zur Oberfläche der HD-Disk und zur Scanrichtung orientiert
- er sieht ein Magnetfeld nur an der Grenze zwischen zwei benachbarten entgegengesetzt magnetisierten Bereichen der HD-Disk
- Magnetisierung der weichmagnetischen Schicht der GMR-Sensoren liegt für den magnetfeldfreien Fall parallel zur Disk-Oberfläche

Abb. 2.22 GMR-Effekt für die Schreib-Leseköpfe. (Quelle: IBM)

2.4 Magnetostriktiver Effekt

2.4.1 Funktionsprinzip und physikalische Beschreibung

Wird in ferromagnetischen Materialien ein lineares Magnetfeld angelegt, so kommt es zur Längenänderungen $\Delta l/l$. Dieser Effekt wird *Magnetostriktion* genannt. Bei einer *Längenvergrößerung* liegt eine *positive* Magnetostriktion vor, bei einer Verkürzung eine *negative* Magnetostriktion. Die Längenänderungen liegen im Allgemeinen zwischen $-3 \cdot 10^{-5}$ bei Nickel und $+5 \cdot 10^{-5}$ (das entspricht bei einem 1 m langen Stab eine Längenvergrößerung um 50 µm) bei Eisen. Wie Abb. 2.23 zeigt, kommt die Längenänderung dadurch zustande, dass sich die ferromagnetischen Bereiche *(Weiß'sche Bezirke)* in Richtung des außen angelegten Magnetfeldes drehen. Das Volumen des Körpers bleibt dabei konstant. Es gilt für die *elastische Verformung* ε*:*

$$\varepsilon = \Delta l/l = \kappa^* \cdot H/\mathrm{E},$$

wobei κ^* die Magnetostriktionskonstante, H die magnetische Feldstärke und E der Elastizitätsmodul des Stabes ist.

Abb. 2.24 zeigt noch andere Effekte der Magnetostriktion. Ein lineares Magnetfeld bewirkt eine Längen- oder Volumenänderung, wie dies Abb. 2.23 zeigt. Dieser Effekt wird nach seinem Entdecker auch *Joule-Effekt* genannt. Befinden sich die magnetostriktiven Materialien in einer Spule, durch die ein Wechselstrom fließt, so ändert sich die Länge mit der Frequenz des Wechselstromes. Dadurch lassen sich *Ultraschallwellen* erzeugen. In Umkehrung des Joule-Effektes lassen sich durch Längen- oder Volumen-

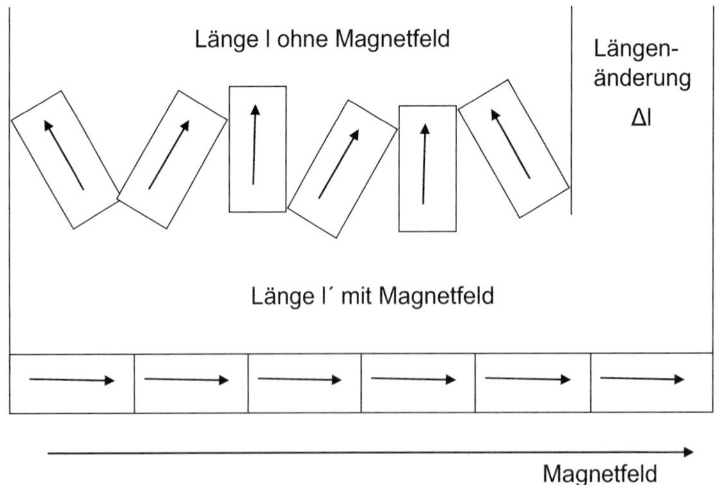

Abb. 2.23 Erklärung der Magnetostriktion durch die Längenänderung

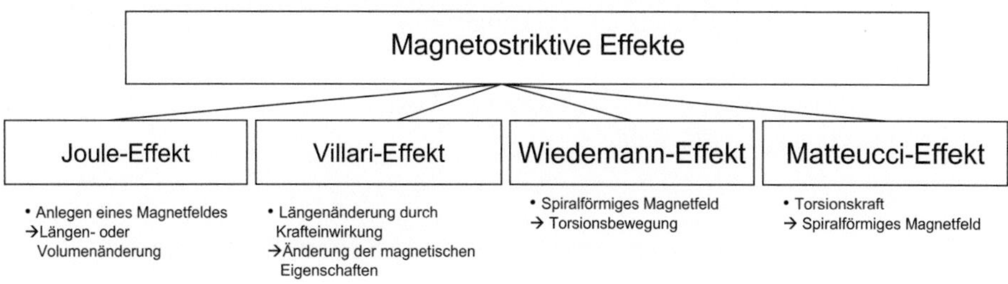

Abb. 2.24 Effekte der Magnetostriktion

Tab. 2.7 Magnetostriktion verschiedener Materialien

Material	Maximale Längenänderung $\Delta l/l\ 10^{-6}$	Effekt
$Fe_{90}Al_4$	24	Joule
$Fe_{84}Al_{16}$	86	Joule
$Fe_{60}Co_{40}$	147	Joule
$Fe_{83}Ga_{17}$	207	Joule
$FeTb_{0,3}Dy_{07}Fe_2$ (Terfenol-D)	1600	Joule
$Fe_{55}Pd_{45}$	148	Wiedemann
$Fe_{70}Pd_{30}$	12.000	Wiedemann
NiMnGa	50.000	Wiedemann

änderungen magnetische Felder verändern *(Villary-Effekt)*. Bei einem *spiralförmigen* Magnetfeld findet eine *Torsionsbewegung* statt *(Wiedemann-Effekt)*. Diese *Torsionswelle* pflanzt sich mit einer Geschwindigkeit von 2800 m/s fort. Im umgekehrten Falle bewirkt eine Torsionsbewegung ein spiralförmiges Magnetfeld *(Matteucci-Effekt)*.

In Tab. 2.7 sind die Materialien und ihre magnetostriktiven Effekte zusammengestellt.

2.4.2 Vorteile der magnetostriktiven Sensor-Technologie

Der Einsatz magnetostriktiver Sensoren hat folgende Vorteile:

- Berührungslos und damit verschleiß- und wartungsfrei sowie lange Lebensdauer.
- Absolute Messung; d. h. kein Anfahren von Referenzmarken.
- Hochgenaue Messung (bis zu 1 µm).
- Messung in Echtzeit.
- Viele Positionen gleichzeitig und unabhängig messbar (bis zu 20 Positionen).
- Hohe Wiederholgenauigkeit (bis zu 0,001 % oder 4 µm).
- Sehr gute Störfestigkeit (Schockfestigkeit, vibrationsunempfindlich).
- Unempfindlich gegen extreme Temperaturen.

- Unempfindlich gegen Schmutz und Feuchtigkeit.
- Schnelle Installation ohne Kalibrierung.
- Breites Einsatzspektrum (Medizintechnik, Maschinen- und Anlagenbau, mobile Arbeitsmaschinen, Verkehrsmittel).

2.4.3 Anwendungen der magnetostriktiven Sensor-Technologie

Abb. 2.25 zeigt, welche physikalischen Größen mit magnetostriktiven Sensoren gemessen werden können.

Zur Weg- Positions- und Füllstandsmessung wird der *Wiedemann-Effekt* ausgenutzt: Ein spiralförmiges Magnetfeld erzeugt eine Torsionswelle, die mit einer Geschwindigkeit von 2800 m/s durch den Stab läuft. Die Zeit zwischen dem Senden und dem Empfang der Welle wird gemessen. Nach der Beziehung: Weg = Geschwindigkeit · Zeit wird der Weg errechnet. Abb. 2.26 zeigt die prinzipielle Anordnung. Der Sensor besteht aus folgenden vier wesentlichen Bestandteilen:

- Wellenleiter als Messelement,
- Positionsgebender Permanentmagnet,
- Torsionsimpulswandler und
- Sensorelektronik.

Mit diesen Sensoren können auch Geschwindigkeiten gemessen werden.

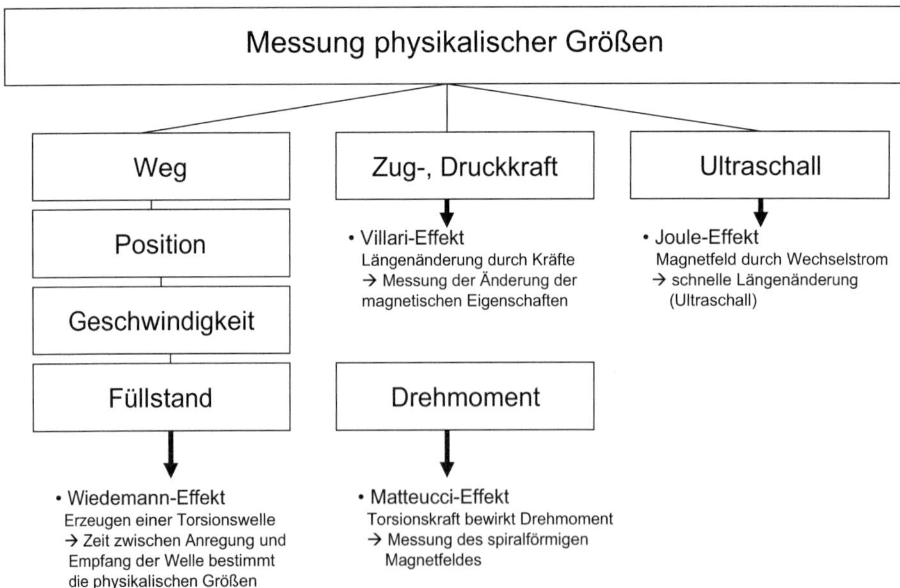

Abb. 2.25 Messung physikalischer Größen mit magnetostriktiven Sensoren

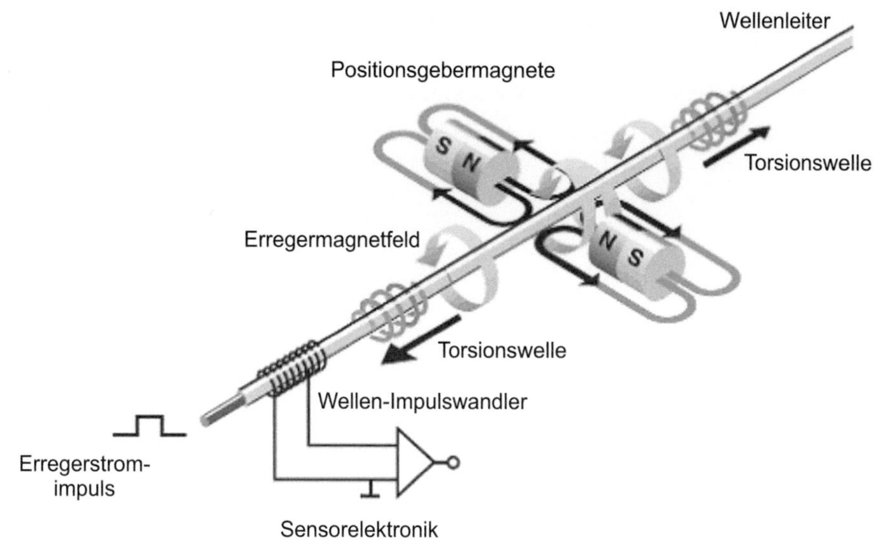

Abb. 2.26 Aufbau eines magnetostriktiven Sensors zur Positionsbestimmung. (Werkfoto: Balluff GmbH)

Tab. 2.8 Einsatzbereiche magnetostriktiver Sensoren

Bereiche	Messaufgabe
Umformtechnik	• Einsatz bei Schmiedepressen, da schockfest
	• Wegüberwachung bei Hammerpressen
Verfahrenstechnik	• Erfassung von Weg und Geschwindigkeit von Kolbendosierpumpen
Handhabungstechnik	• Überwachen des Klemmhubs von Spannsystemen
	• Überwachen der Schweißpunktstärke von Schweißzangen
Kunststofftechnik	• Multipositionsmessung bei Schließeinheiten von Spritzgussmaschinen
Mobilhydraulik	• Positionsbestimmung von Auslegern von Baggern und Raupen
	• Elektrohydraulische Weichenverstellungen des Schienennetzes ohne Servicearbeit
	• Lenkung von Sportbooten
Medizintechnik	• Erfassen des Hubs einer Injektionseinheit zur feinsten Dosierung in der minimal-invasiven Chirurgie

Mit dem *Villari-Effekt* können *Zug-* und *Druckkräfte* gemessen werden (Abschn. 4.2 und 4.4). Die Kräfte bewirken eine Längenänderung, die wiederum das magnetische Feld verändert. Für die Messung des *Drehmomentes* (Abschn. 4.5) wird der *Metteucci-Effekt* herangezogen. Die Torsionskraft bewirkt ein spiralförmiges Magnetfeld, das zur Auswertung herangezogen wird. Mit dem Joule-Effekt können Messungen mit Ultraschall vorgenommen werden. Tab. 2.8 zeigt einige Einsatzbereiche.

2.5 Effekte der Induktion

2.5.1 Funktionsprinzip und physikalische Beschreibung

Folgende induktive Effekte spielen bei den Sensoren eine wichtige Rolle:

- Induktionsgesetz und
- Verhalten der Induktivität von Spulen im Wechselstromkreis.

Induktionsgesetz
Das Induktionsgesetz lautet:

$$U_{\text{ind}} = -\frac{\mathrm{d}\Phi}{\mathrm{d}t}.$$

Das bedeutet: Jede zeitliche Änderung des magnetischen Flusses Φ durch eine Fläche A, die von einer Randlinie s begrenzt wird, induziert eine Spannung. Der magnetische Fluss Φ durch eine Fläche A ändert sich, wenn

- der Wert (Betrag oder Richtung) des die Fläche A durchdringenden Magnetfeldes sich zeitlich ändert oder
- sich die vom Magnetfeld durchsetzte Fläche A sich zeitlich ändert.

Der magnetische Fluss ist die Summe aller durch ein Flächenstück d$\boldsymbol{A}$ hindurchgehenden magnetischen Feldlinien, welche durch die magnetische Flussdichte $\boldsymbol{B}$ beschrieben werden. Somit gilt:

$$\Phi = \int \boldsymbol{B}\,\mathrm{d}\boldsymbol{A}.$$

Die *Spule* spielt als Bauelement eine wichtige Rolle. Sie ist ein kreisförmig aufgewickelter elektrisch leitender Draht, durch den ein Strom geschickt wird (Abb. 2.27). Dadurch entsteht eine magnetische Flussdichte B, die bei einer langen Spule über den gesamten Querschnitt konstant ist und folgendermßen beschrieben werden kann:

$$B = \mu_0 \mu_r \frac{N\,I}{\ell}.$$

Dabei ist N die Windungszahl der Spule, I die Stromstärke, welche die Spule durchfließt, ℓ die Länge der Spule, μ_0 die magnetische Feldkonstante ($\mu_0 = 4\pi \cdot 10^{-7}$ (Vs)/(Am) $\approx$

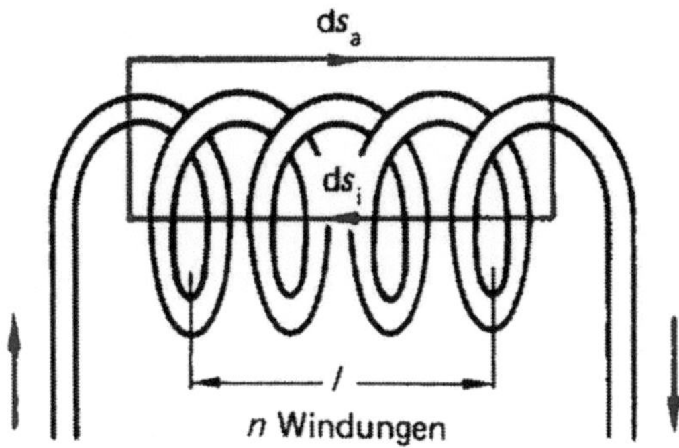

Abb. 2.27 Magnetfeld einer stromdurchflossenen Spule

1,257 · 10^{-6} (Vs)/(Am)) und μ_r die relative Permeabilität (gibt den Beitrag der Materie zum Magnetfeld an).

Mit dieser Formel ergibt sich für den magnetischen Fluss innerhalb der Spule:

$$\Phi = \int \boldsymbol{B}\, \mathrm{d}\boldsymbol{A} = B \cdot A = \mu_0 \mu_\mathrm{r} \frac{\mathrm{N}I}{\ell} A = L \frac{1}{\mathrm{N}}.$$

Man bezeichnet den Ausdruck $\mu_0 \mu_r \frac{\mathrm{N}^2}{\ell} A$ als *Induktivität L* einer Spule.

Es gilt also: $L = \mu_0 \mu_r \frac{\mathrm{N}^2}{\ell} A = \frac{\mathrm{N}^2}{R_\mathrm{magn}}$.

Der magnetische Widerstand R_magn ist ein Maß für die Durchlässigkeit eines Materials für den magnetischen Fluss und ist definiert als:

$$R_\mathrm{magn} = \frac{\ell_m}{\mu_0 \mu_\mathrm{r} A}.$$

Abb. 2.28 zeigt eine stromdurchflossene Spule, welche einen U-förmigen Eisenkern magnetisiert. Ein bewegliches, elektrisch leitendes Plättchen (Joch) befindet sich in einem Abstand *s* (Luftspalt) des Magneten.

Der magnetische Widerstand R_m hat nach Abb. 2.28 zwei Anteile, den magnetischen Widerstand beim Durchgang durch den *Eisenkern* R_m1 und den magnetischen Widerstand im *Luftspalt* R_m2. Es gilt:

$$R_m = R_{m1} + R_{m2} = \frac{\ell_\mathrm{Fe}}{\mu_0 \mu_\mathrm{Fe} A} + \frac{2s}{\mu_0 \mu_\mathrm{Luft} A}.$$

Die relative Permeabilität μ_Fe ist sehr groß und μ_Luft ist etwa 1. Deshalb kann der erste Ausdruck vernachlässigt werden und es ergibt sich für die Induktivität *L*:

$$L = \frac{\mu_0 A\, \mathrm{N}^2}{2\, s}.$$

Das bedeutet aber, dass die Induktivität nicht linear zur Luftspaltbreite ist. Man erreicht eine Linearisierung dadurch, dass man zwei Spulen in *Differenzialschaltung* betreibt. Dann wird die Änderung des Weges Δs proportional zur Spannungsänderung ΔU. Mit

	elektrischer Stromkreis	magnetischer Stromkreis
Skizze		
Ursache	elektrische Spannung U in V	magnetische Spannung $\Theta = \oint \boldsymbol{H} d\boldsymbol{s} = NI$ in A
Wirkung	elektrische Stromstärke I in A $I = \frac{U}{R_1 + R_2} = \frac{U}{R_{ges}}$	magnetischer Fluss ϕ in Wb $\phi = \frac{NI}{R_{m1} + R_{m2}} = \frac{\Theta}{R_{mges}}$ (4.238)
Ohm´sches Gesetz	$R = \frac{U}{I}$	$R_m = \frac{\Theta}{\phi}$ (4.239)
Widerstand	$R = \frac{l}{\varkappa A}$ in Ω	$R_m = \frac{l}{\mu_0 \mu_r A}$ in $\frac{A}{Wb}$ (4.240)
Leitfähigkeit	$\varkappa$ in $\frac{A}{Vm}$	$\mu_0 \mu_r$ in $\frac{Wb}{Am}$

Abb. 2.28 Vergleich des elektrischen mit dem magnetischen Stromkreis. (Quelle: Hering, Martin, Stohrer, Physik für Ingenieure, 10. Auflage)

dieser Schaltung werden Wege induktiv gemessen (Wegsensoren, Abschn. 3.1.1). Diese Sensoren werden auch *LVDT* (Linear Variable Differential Transformer, Abschn. 3.1.1.4) – Sensoren genannt.

Wie bereits oben erwähnt, wird bei der Änderung eines Magnetfeldes eine Spannung induziert. Dies kann zur Messung der Drehzahl n (nach dem Generatorprinzip) verwendet werden. Bei konstanter Winkelgeschwindigkeit ω ($\omega = d\varphi/dt$; wobei φ der Drehwinkel ist) wird der Anker sinusförmig vom Feld des Permanentmagneten mit der magnetischen Flussdichte B durchdrungen. Dadurch wird folgende Spulenspannung u_S induziert:

$$u_S = K_G (B \sin(\omega t)) \frac{d\phi}{dt}.$$

K_G ist eine Konstante, die vom Generator abhängt.

Für den Scheitelwert der sinusförmigen Spannung $\hat{u}_S$ gilt mit $\omega = 2\pi n$:

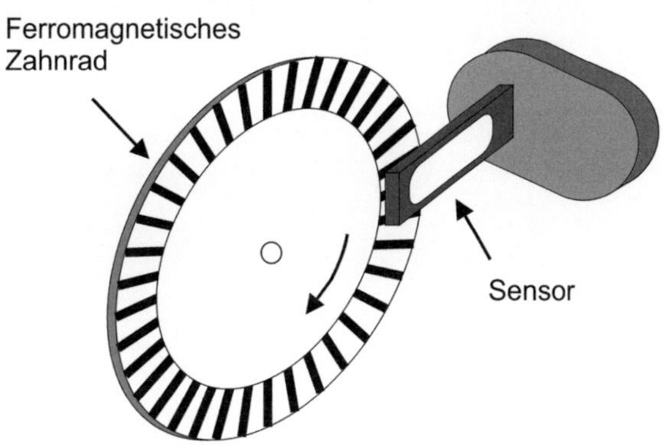

Abb. 2.29 Ferromagnetisches Zahnrad im Feld einer Spule

$$\hat{u}_S = 2\pi \mathrm{K_G} B\, n.$$

Damit lässt sich durch den Scheitelwert der induzierten Spannung die *Drehzahl* bestimmen (Abschn. 5.6).

Eine andere Möglichkeit, Drehzahlen oder Frequenzen mit dem Induktionsprinzip zu bestimmen besteht darin, ein ferromagnetisches Zahnrad entlang einer Spule oder eines Dauermagneten zu bewegen. Wie Abb. 2.29 zeigt, dreht sich ein ferromagnetisches Zahnrad mit Z Zähnen mit einer Winkelgeschwindigkeit ω. Oberhalb dieses Zahnrades befindet sich ein Permanentmagnet in einer Spule mit N Windungen. Kommt die Zahnspitze in die Nähe des Magneten, dann wird die magnetische Flussdichte maximal (B_{max}); zwischen den Zähnen ist sie minimal (B_{min}). Der magnetische Fluss durch die Spule hat näherungsweise einen sinusförmigen Verlauf. Für diesen Fall gilt für den magnetischen Fluss B:

$$B = \left(\frac{B_{\max} + B_{\min}}{2}\right) + \left(\frac{B_{\max} - B_{\min}}{2}\right) \sin(Z\,\omega t) = B_0 + \hat{B} \sin(Z\,\omega t).$$

Die induzierte Spannung u_{ind} in der Spule mit dem Querschnitt A beträgt nach dem Induktionsgesetz dann:

$$u_{\mathrm{ind}} = N\,\hat{B}\,A\,Z\,\omega \cos(Z\,\omega t).$$

Die induzierte Spannung ist in ihrer Amplitude und Frequenz proportional zur Drehzahl. Diese Anordnung dient als Sensor für die Messung von Drehzahlen oder Frequenzen. Dieser Sensor benötigt keine Hilfsenergie und ist äußerst robust sowie unempfindlich gegen Verschmutzungen und Temperaturschwankungen.

Erzeugung von Wirbelströmen in elektrisch leitenden Materialien

Mit diesem Effekt kann ein kontaktloser Positionssensor gebaut werden. Abb. 2.30 zeigt den Aufbau. Der Stator besteht aus einer Sender- und Empfängerspule. Der Rotor ist eine Leiterschleife mit einer bestimmten Geometrie. Er lässt sich durch ein Stanzteil aus einem elektrisch leitfähigen Material oder durch ein Leiterplattenelement realisieren.

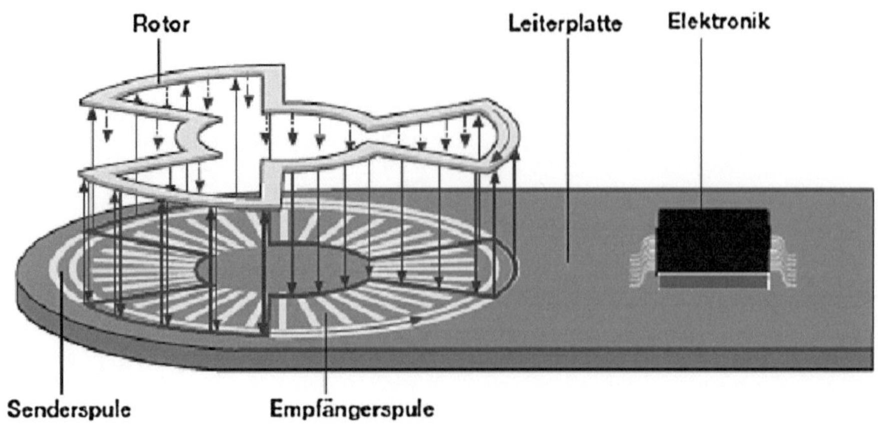

Abb. 2.30 Kontaktloser Positionssensor. (Werkfoto: Hella)

Durch die Senderspulen fließt ein Wechselstrom. Dieser erzeugt ein elektromagnetisches Feld, welches den Rotor beeinflusst. Dort entsteht ebenfalls ein Wechselstrom, der ein elektromagnetisches Feld erzeugt. Dadurch werden in den Empfängerspulen Spannungen induziert, die von der Position des Rotors abhängig sind. Eine Elektronik wertet diese Spannungen aus und kann daraus sowohl die Position, als auch den Winkel bestimmen.

Elektromagnetische Schwingkreise

Bei diesem Verfahren werden die Energieverluste durch induzierte Wirbelströme gemessen. Der Sensor besteht aus einem *LC-Schwingkreis* (Abb. 2.32 links), der von einem Oszillator angeregt wird. Die Spule des Sensorelementes erzeugt ein hochfrequentes elektromagnetisches Feld, das an der *aktiven Fläche* des Ferritkernes austritt. Dieses elektromagnetische Feld wirkt über einen räumlich begrenzten Bereich *(aktive Schaltzone)*. Nähert sich ein metallisches Objekt *(Schaltfahne)* der aktiven Schaltzone, so werden dort Wirbelströme induziert, welche die Schwingungen stark dämpfen. Unterschreitet die Schwingungsamplitude durch diese Dämpfung einen bestimmten Wert, so spricht ein Komparator an und gibt über die Endstufe ein Ausgangssignal aus. Abb. 2.31 zeigt den Aufbau des Sensors.

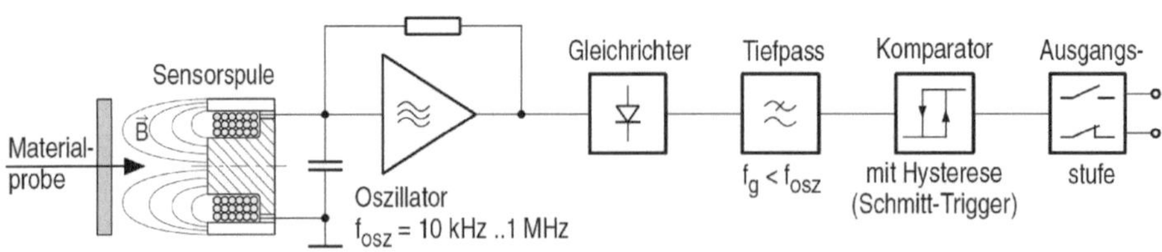

Abb. 2.31 Aufbau eines induktiven Sensors. (Lehrmaterial Fachhochschule Düsseldorf)

Der Sensor hat in dieser Bauweise nur zwei Zustände und wirkt daher wie ein Ein-Aus-Schalter:

- ungedämpfte Schwingung mit großer Amplitude und
- gedämpfte Schwingung mit sehr kleiner oder keiner Amplitude.

Diese Betriebszustände können leicht in ein elektrisch auswertbares Signal (Strom, Spannung, Frequenz) umgewandelt werden.

Diese Sensoren werden in der Praxis häufig als *Näherungs-* oder *Endschalter* eingesetzt (Abschn. 3.4.1). Die Sensoren sind für maschinenbauliche Anwendungen oft in Schrauben integriert. Die Vorteile dieses Sensors sind, dass er *berührungslos* und nach einer einmaligen Einstellung *verschleißfrei* in *rauer Industrieumgebung* zuverlässig mit *hoher Reproduzierbarkeit* arbeitet. Von Vorteil ist auch, dass das hochfrequente elektromagnetische Feld keine messbare Erwärmung und keine magnetische Beeinflussung hervorruft.

In der Norm DIN EN 50010 sind die Kenngrößen festgelegt. Vor allem die Abstände zwischen der aktiven Fläche und der Normplatte sind wichtig. Nach DIN EN 50010 wurde Folgendes festgelegt (Abb. 2.32):

- Der *Schaltabstand* s ist der Abstand zwischen der *aktiven Fläche* des Näherungsschalters und der *Normmessplatte* (festgelegt in DIN EN 50010).
- Der *Bemessungsschaltabstand* s_n ist die Kenngröße des Sensors. Davon leiten sich folgende Größen ab:
  - *Realschaltabstand* s_r Es gilt: $0{,}9\ s_n \leq s_r \leq 1{,}1\ s_n$.
  - *Nutzschaltabstand* s_u. Es gilt: $0{,}81\ s_n \leq s_u \leq 1{,}21\ s_n$.
  - *Gesicherter Schaltabstand* s_a. Es gilt: $0 \leq s_a \leq 0{,}81\ s_n$.

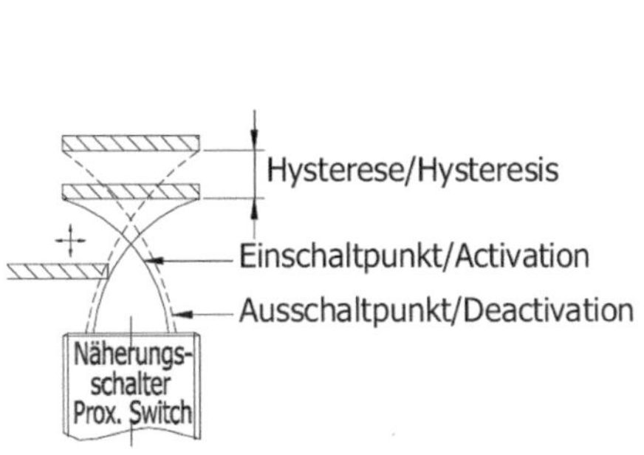

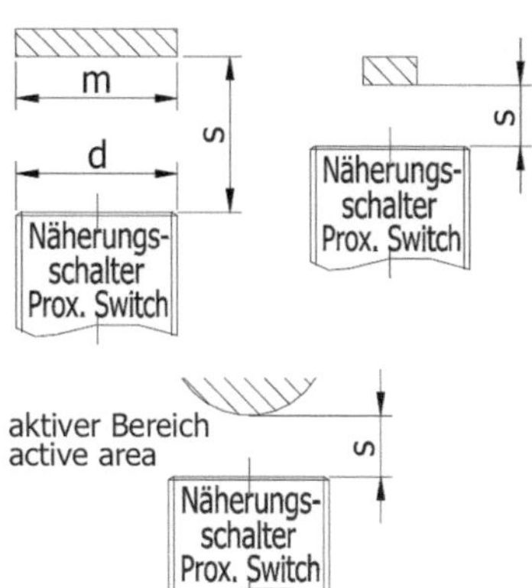

Abb. 2.32 Schaltabstände nach DIN EN 50010

2.5.2 Vorteile der induktiven Sensor-Technologie

Induktive Sensoren bieten folgende Vorteile:

- berührungslos,
- verschleiß- und wartungsfrei,
- schweißfest,
- hohe Schaltfrequenzen (bis 18.000 Hz),
- hohe Präzision der Schaltungen,
- hohe Wiederholgenauigkeit (< 1 %),
- Geringe Temperaturdrift (< 0,06 %/°C)
- hohe Betriebssicherheit,
- großer Messbereich (von 0,5 mm bis 1,1 m),
- hohe Linearität (0,3 % vom Endwert),
- hohe Temperaturbeständigkeit (−60 °C bis +200 °C),
- hohe EMV-Festigkeit,
- lange Lebensdauer,
- geringer Stromverbrauch,
- lernfähig und programmierbar,
- kostengünstig und
- unempfindlich in Industrieumgebung (Vibration, Staub, Feuchtigkeit, Reinigungsmittel, Kühlschmiermittel, Schneid- und Schleiföle).

2.5.3 Anwendungen der induktiven Sensor-Technologie

In Tab. 2.9 sind die wesentlichen Einsatzfelder in einer Übersicht zusammengestellt. In der Automatisierungstechnik werden die induktiven Sensoren eingesetzt, um die FertigungsProzesskosten zu senken und die Verfügbarkeit der Anlagen zu erhöhen. Dadurch wird die *Produktivität* in der Fertigung gesteigert.

In Abb. 2.33 sind Einbaubeispiele für Schrauben mit induktiven Sensoren zusammengestellt.

Tab. 2.9 Einsatzbereiche induktiver Sensoren

Bereiche	Messaufgabe
Automobilbranche	• Drehzahlerfassung (z. B. an Kurbelwelle und Getriebe, von 0 rpm bis 3000 rpm) • Stellung der Drosselklappe • Impulsgeber für Zündung • Niveausensor (z. B. Fahrwerksregelung, Leuchtweitenregelung) • Elektronische Fahr-Assistenten – Lenkwinkel (steer by wire) – Fahrpedalgeber (E-Gas, Fahrerwunsch) – Bremspedalgeber (E-Bremse)
Maschinenbau/Automatisierungstechnik	• Erkennung unterschiedlicher Materialien • Erkennung von Werkstücken unterschiedlicher Größe • Positionierung und Positionskontrolle von Werkstücken oder Teilen (z. B. Chipmontage) • Abstandsmessung (z. B. von Werkzeugen) • Breiten- und Dickenmessung von Folien und Rollen • Spalt- und Distanzmessung • Messen der Verformung einer Gussform • Zugspannungsregelung • Messung anormaler Vibrationen • Steuern von Öffnen und Schließen (z. B. von Pressformen) • Hochgeschwindigkeitsmessungen (40.000 Abtastungen/Sekunde) in der Fertigungslinie (z. B. Exzentrizität einer Walze, Parallelität eines Festplattenlaufwerkes) • Positionserkennung und -steuerung von Roboterarmen
Nahrungsmittel-/Pharmazeutische Industrie	• Prüfen des Dosenvakuums • Messung der Vibrationen einer Füllmaschine • Erkennung von zugeführten Papier- und Kunststofftüten
Verfahrenstechnik	• Leitfähigkeitsmessung • Durchflussmessung
Sonder-Einsätze	• Unterwassereinsatz (bis 500 m Wassertiefe) • Einsatz bei hohen Drücken, extremen Umgebungsbedingungen, hohen mechanischen Beanspruchungen • Magnetfeldfeste Sensoren

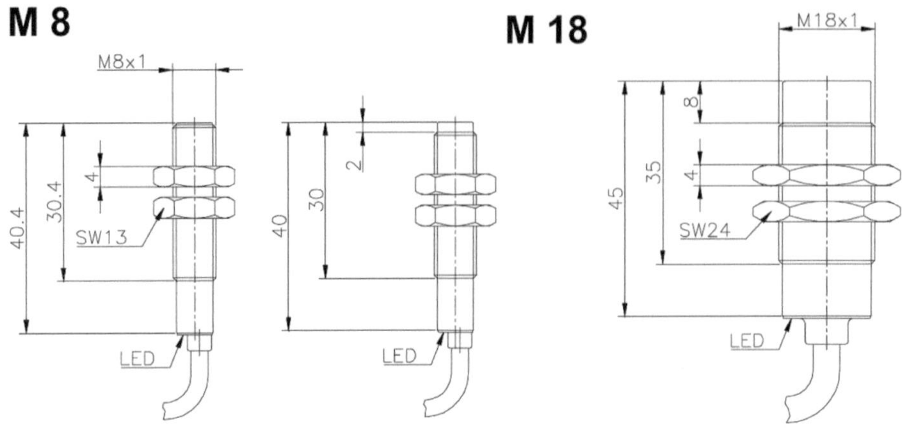

Abb. 2.33 Beispiele für induktive Sensoren als Schrauben. (Quelle: Katalog Dietz Sensortechnik)

2.6 Effekte der Kapazität

2.6.1 Funktionsprinzip und physikalische Beschreibung

Folgende kapazitive Effekte spielen bei den Sensoren eine wichtige Rolle:

- Zusammenhang der Kapazität mit elektrischen und geometrischen Größen im Gleichstromfall und
- Verhalten der Kapazität im Wechselstromkreis.

2.6.1.1 Kondensator und Kapazität

Kondensatoren sind zwei gegeneinander isolierte, entgegengesetzt geladene Leiteroberflächen beliebiger Geometrie, zwischen denen eine Spannung U herrscht. Die *Kapazität* C gibt an, wie groß die Ladungsmenge Q ist, die bei einer Spannung U auf den Kondensatoroberflächen gespeichert werden kann. Es gilt also:

$$C = \frac{Q}{U}. \text{ Die Einheit ist Farad}[F].$$

Sind die beiden Leiteroberflächen sich gegenüberstehende stehende Platten mit der Fläche A im Abstand d, dann liegt ein *Plattenkondensator* vor. Dessen Kapazität errechnet sich zu:

$$C = \varepsilon_0\, \varepsilon_r \frac{A}{d},$$

Tab. 2.10 Permittivitätszahlen verschiedener Materialien

Material	Permittivitätszahl ε_r
Vakuum, Luft	1
Holz (je nach Feuchte)	2 bis 7
Paraffin, Petroleum, Terpentinöl, Trafoöl	2,2
Papier, Polyethylen, Polypropylen	2,3
Weichgummi, Polystyrol	2,5
Zelluloid	3
Polyester, Plexiglas	3,3
Quarzglas	3,7
Hartgummi, Ölpapier, Press-Span	4
Porzellan, Hartpapier, Quarzsand	4,5
Glas, Poliamid	5
Marmor	8
Al_2O_3	12
Alkohol	26
Ta_2O_5	27
Wasser	81
Keramik (NDK: niederer Dielektrizitätskoeffizient)	10 bis 200
Keramik (HDK: hoher Dielektrizitätskoeffizient)	10^3 bis 10^4

wobei ε_0 die elektrische Feldkonstante ist ($\varepsilon_0 = 8{,}854 \cdot 10^{-12}$ (A s)/(V m) und ε_r die materialabhängige Permittivitätszahl (Dielektrizitätszahl, Dielektrizitätskoeffizient) ist. In Tab. 2.10 sind die Permittivitätszahlen verschiedener Werkstoffe zusammengestellt.

Nach der Formel für einen Plattenkondensator kann die Kapazität *C* durch folgende Maßnahmen beeinflusst werden (Abb. 2.34):

1. Veränderung des *Plattenabstandes d.* Die Beziehung zur Kapazität ist nicht linear (Abb. 2.34a)). Durch geeignete Schaltungen (z. B. Differenzial-Kondensator) kann sie linearisiert werden (Abb. 2.34b)).
2. Veränderung der *aktiven Fläche A* (Fläche, auf der die elektrischen Feldlinien enden). Diese Beziehung zur Kapazität ist linear (Abb. 2.34c)).
3. Veränderung des *Dielektrikums,* d. h. der Permittivitätszahl ε_r. Die Kapazität des Kondensators hängt davon linear ab (Abb. 2.34d)). Die Änderung der Permittivitätszahl kann mit einer Längenänderung verknüpft werden. In diesem Fall wird ein zusätzliches Medium zwischen die Kondensatorplatten geschoben. Je nach Stellung ergibt sich eine mittlere Permittivitätszahl. Zu dieser verhält sich die Kapazi-

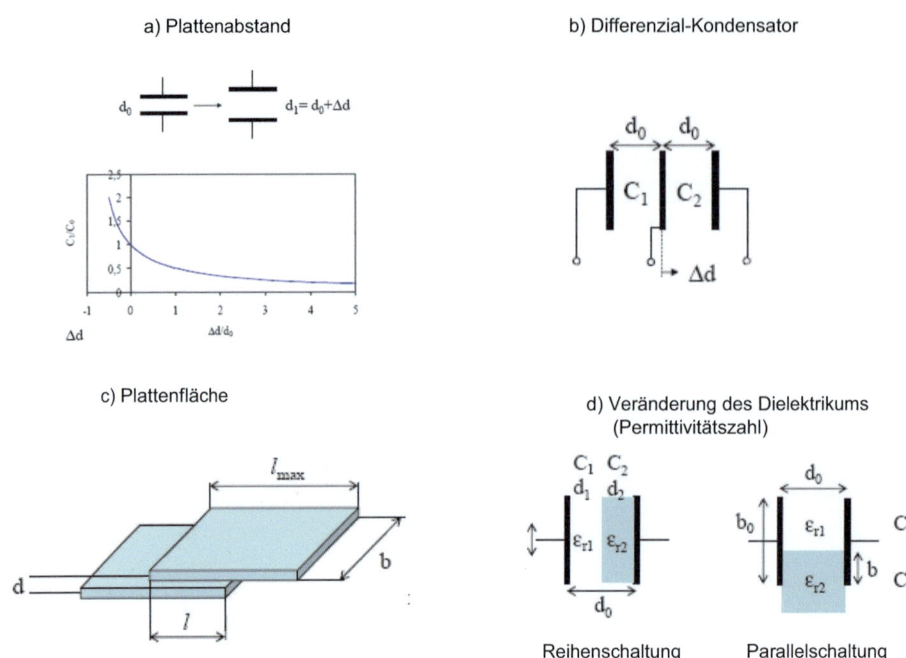

Abb. 2.34 Kapazität eines Plattenkondensators **a**) Änderung des Plattenabstandes; **b**) Schaltung als Differenzial-Kondensator; **c**) Änderung der Fläche; **d**) Änderung des Dielektrikums

tät linear. So werden *Füllstände* bestimmt. Sind die Flüssigkeiten nicht leitend, dann kann man zwei Elektroden einbringen. Die gemessene Permittivitätszahl ist dann abhängig vom Anteil der Flüssigkeit und der Luft im Kondensatorspalt.

Mit dem Prinzip des *Differenzial-Kondensators* (Abb. 2.34b)) kann der Einfluss des Abstandes auf die Kapazität *linearisiert* werden. Zudem kann er auch *Beschleunigungen* erfassen: Zwischen den beiden Kondensatorplatten befindet sich in der Mitte eine bewegliche Elektrode, welche die seismische Masse darstellt. Bei einer Beschleunigung ändern sich die Abstände um Δd ($d_0 + \Delta d$ oder $d_0 - \Delta d$). Dadurch ändern sich auch die beiden Kapazitäten C_1 und C_2 gegenläufig. Diese Kapazitätsänderung wird detektiert und misst die *Beschleunigung* (Abb. 2.44).

Sensoren, die auf der Änderung der Permittivitätszahl ε_r beruhen, können Folgendes bestimmen:

- Art des Materials (z. B. Papier, Holz, Metall, Kunststoff, Keramik),
- Zählen der Anzahl von Objekten unterschiedlicher Materialien,
- Bestimmung des Feuchtegehaltes von Materialien (z. B. von Luft: ein Polymer-Dielektrikum absorbiert das Wasser in der Luft und verändert so die Permittivitätszahl),

- Messung der Schichtdicke von Materialien (Reihenschaltung der Kapazitäten nach Abb. 2.34d)),
- Füllstandsmessung von festen, flüssigen und pulverförmigen Stoffen. Je nach Höhe des Füllstandes ändert sich die Permittivitätszahl (Parallelschaltung der Kapazitäten nach Abb. 2.34d)).
- Eine Füllstandsmessung kann direkt medienberührend (Tauchsonden) oder indirekt berührungslos durch Behälterwandungen aus nicht leitfähigem Material erfolgen.

Bei den *Füllstandsmessung*en ist es wichtig, zwischen einem *nicht leitenden* und einem *leitenden* Füllgut zu unterscheiden. Abb. 2.35 zeigt das Schema für die berührungslose Messung eines nicht leitenden Füllgutes. Die Elektroden bestehen aus einer messenden Elektrode (*aktive* Elektrode) und einer zweiten Elektrode auf Erdpotenzial *(Erdelektrode)*. Die Erdelektrode ist kreisförmig um die aktive Elektrode angeordnet. Wie Abb. 2.35 zeigt, befindet sich ein Teil des elektrischen Feldes (dargestellt als gestrichelte Linien) im Dielektrikum der Gefäßwand und ein Teil innerhalb des Gefäßes. Wenn das Füllgut beide Elektroden erreicht hat, dann macht sich durch das Füllgut die größere Permittivitätszahl ε_r bemerkbar. Die Kapazität steigt und der vorher eingestellte Schwellenwert wird überschritten. Der Sensor löst ein Signal aus, welches das Erreichen des Füllstandes anzeigt.

Voraussetzung für diese Messung ist, dass das Füllgut einen ε_r-Wert > 2 aufweist, und der Schwellenwert der Kapazität für das Auslösen des Sensorsignales voreingestellt wird. Die kapazitiven Veränderungen sind meist sehr gering (10^{-14} F bis 10^{-13} F). Deshalb benötigt man häufig eine große aktive Fläche, die ab Bauform M18 gegeben ist. Abb. 2.36a zeigt einen Füllstandssensor, wie er typischerweise in der chemischen und Lebensmittelindustrie als Tauchsensor eingesetzt wird.

Abb. 2.36b zeigt ein innovatives Produktbeispiel für eine berührungslose Füllstandmessung durch Behälterwände.

Befinden sich in dem Behälter *elektrisch leitende* Flüssigkeiten, dann liegen Verhältnisse wie in Abb. 2.37 vor.

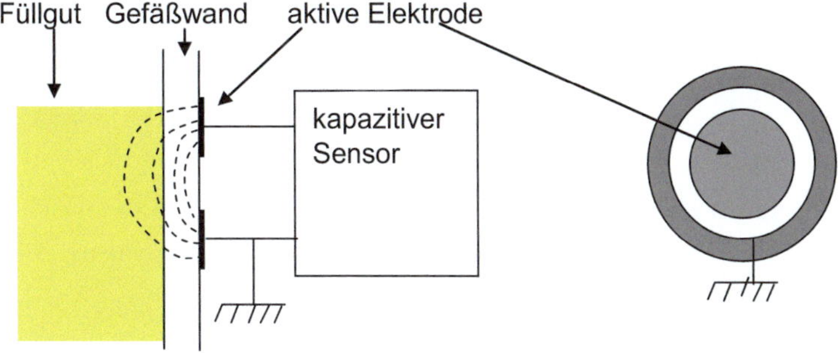

Abb. 2.35 Schema für eine Füllstandsmessung bei einem nicht leitenden Füllgut

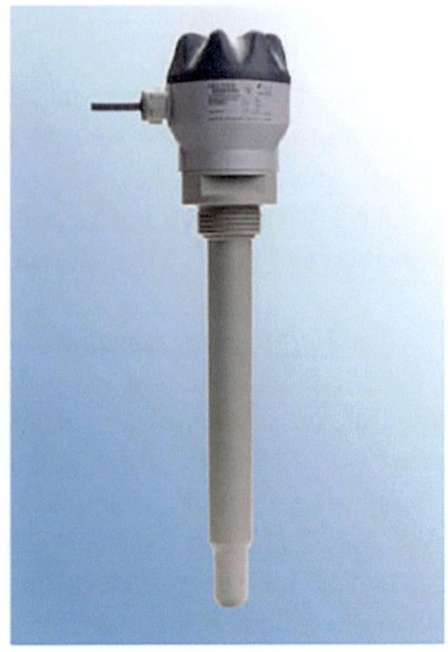

Abb. 2.36 **a** Füllstandssensor (Werkfoto: EasyTeach). **b** Füllstandssensor. (Produktblatt Balluff)

Das *leitende Füllgut* stellt in diesem Fall die *zweite Kondensatorplatte* dar. Die Behälterwand ist das Dielektrikum. Im Leerzustand ist die zweite Kondensatorplatte so weit von der Messelektrode entfernt, dass man praktisch keine Grundkapazität misst. Im Vollzustand entsteht ein idealer Plattenkondensator (Abb. 2.37b). Die Kapazität ist deutlich höher als im Leerzustand ($0{,}5 \cdot 10^{-12}$ F bis $3 \cdot 10^{-12}$ F). Dadurch sind auch Wandstärken der Behälter bis 15 mm möglich (für nicht leitende Materialien nur bis zu 5 mm). Das große Problem ist die Messung des Füllstandes von elektrisch leitenden Materialien, wenn bei Entleeren des Füllgutes an der Innenwand des Behälters Reste des Füllgutes als Film oder sonstigen Anhaftungen hängen bleiben. In diesem Fall werden Kapazitäten gemessen, welche die Füllstände nicht richtig wiedergeben. Um die Füllstände trotzdem richtig zu messen, wird neben der Kapazität auch der *Leitwert* gemessen. Der Leitwert ist groß bei Befüllung mit der ganzen Flüssigkeit. Sind nur noch Reste (z. B. an den Außenwänden) vorhanden, dann sinkt der Leitwert deutlich ab. Durch die Kombination von Kapazitäts- und Leitwertmessung können problemlos *reale Befüllungszustände* von *Anhaftungen* an der Behälterwand unterschieden werden. Die entsprechenden Messungen erfolgen mit oszillatorischen oder fremdgesteuerten Mess-Schaltungen (Abschn. 2.6.1.2).

2.6.1.2 Kapazität im Wechselstromkreis

Befindet sich eine Kapazität C im Wechselstromkreis mit der Frequenz ω dann ergibt sich ein imaginärer Blindwiderstand X_C zu:

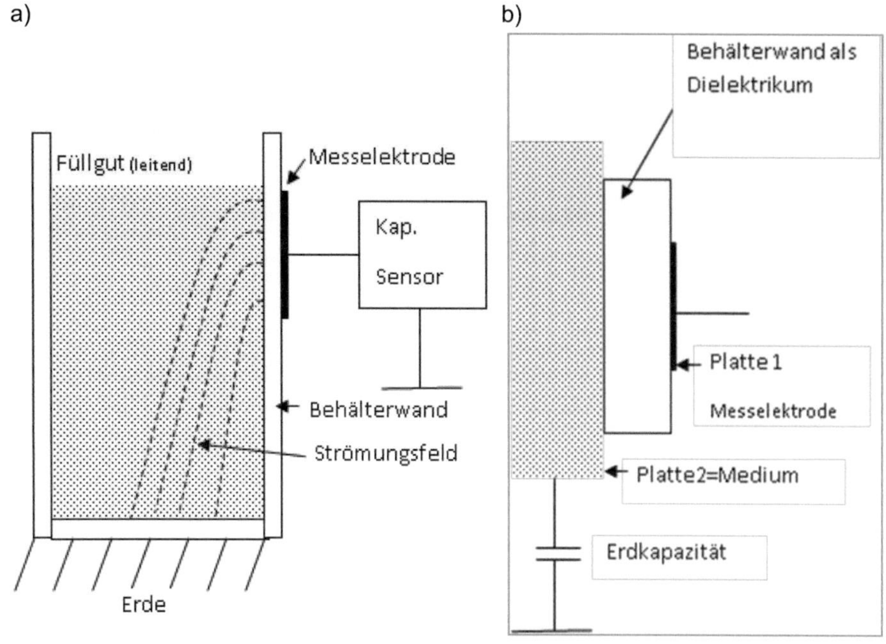

Abb. 2.37 **a und b:** Schema für eine Füllstandsmessung bei einem leitenden Füllgut

$$X_C = -j\frac{1}{\omega C}.$$

Mit $C = \varepsilon_0\, \varepsilon_r \frac{A}{d}$ ergibt sich:

$$X_C = -j\frac{d}{\omega \varepsilon_0\, \varepsilon_r A} = \text{Konstante} \cdot d.$$

Das bedeutet, dass sich der Blindwiderstand proportional zum Abstand d ändert.

Ein einfaches Sensorkonzept besteht aus einem RC-Oszillator, einer Elektrodenanordnung als Aufnehmer, einem Komparator und einer Ausgangsstufe (Abb. 2.38).

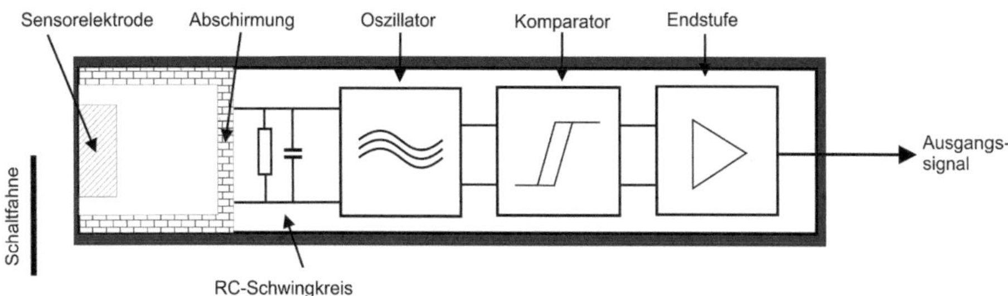

Abb. 2.38 Aufbau eines kapazitiven Sensors im Wechselstromkreis

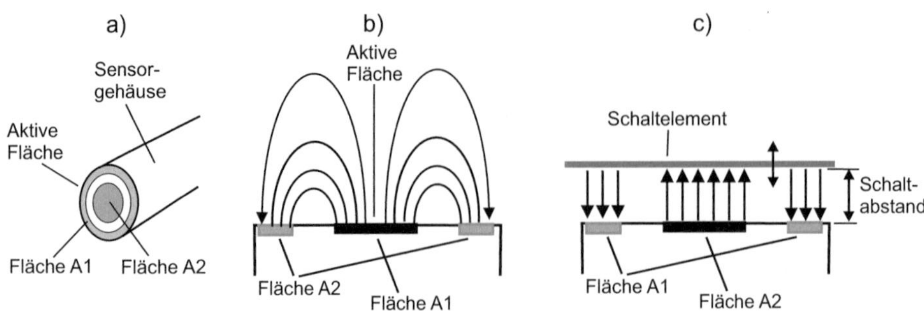

Abb. 2.39 Funktionsweise eines kapazitiven Sensors **a**) mechanischer Aufbau; **b**) offener Kondensator; **c**) Kondensator mit Schaltfahne: Schaltvorgang bei Anwesenheit eines Betätigungselementes. (Quelle: Hering, Gutekunst, Martin, Kempkes: Elektrotechnik und Elektronik für Maschinenbauer)

Die Schwingbedingung des RC-Oszillators wird durch das Messobjekt gesteuert. Nähern sich Metalle oder nicht metallische Materialien der aktiven Zone (Bereich, in dem das hochfrequente Sensorfeld wirkt), dann bewirkt dies eine Kapazitätserhöhung und der *RC-Oszillator* beginnt zu *schwingen.* Ein Komparator erkennt dies und sendet ein Signal an die Ausgangsstufe. Wird der Sensor als Näherungsschalter eingesetzt, dann ergibt sich ein einfacher Schalter: Bei großer Entfernung ist die Amplitude gering (keine Schwingung) und bei geringer Entfernung ist die Amplitude groß (schwingender Zustand). Eine Abschirmung innerhalb der Elektrodenanordnung minimiert den Einfluss ungewollter Grundkapazitäten z. B. zwischen Sensorelektrode und Metallgehäuse und bündelt die Feldlinien in Richtung der aktiven Zone.

Die Schaltfrequenz charakterisiert die max.Geschwindigkeit mit welcher der Sensor schnellen Änderungen des Schaltelementes (Objekt oder Füllstand) folgen kann, z. B. beim Zählen von Objekten. Sie beträgt typisch 5–10 Hz bei Füllstandsensoren und 100 Hz bei Objekterkennungssensoren.

Abb. 2.39 zeigt den mechanischen Aufbau eines kapazitiven Sensorelementes (Abb. 2.39a)). Ist kein Objekt (Schaltfahne) in der Nähe des Kondensators, dann ist der Kondensator *offen* (Abb. 2.39b)). Kommt ein Objekt (Schaltelfahne) in seine Nähe, dann ändert sich die Kapazität proportional zu ε_r und umgekehrt proportional zum Abstand zur aktiven Fläche (Abb. 2.39c)). Der Abstand, in dem der RC-Oszillator schwingt, d. h. der Sensor schaltet, nennt man *Bemessungsschaltabstand* s_n.

Nicht metallische Materialien haben stets einen geringeren Bemessungsschaltabstand zur Folge. Diesen nennt man den *gesicherten Schaltabstand* s_a. Er wird durch empirisch ermittelte Korrekturfaktoren bestimmt ($s_a = \text{Korrekturfaktor} \cdot s_n$). Tab. 2.11 zeigt einige Werte.

Der gesicherte Schaltabstand kapazitiver Sensoren ist von folgenden Faktoren abhängig:

- *Durchmesser* des Sensors.
- *Material* des angenäherten Körpers.

Tab. 2.11 Korrekturfaktoren für nichtmetallische Schaltelemente

Material	Korrekturfaktor
Metall, Wasser	1
Holz (je nach Feuchte)	0,2 bis 0,7
PVC	0,6
Glas	0,5
Öl	0,1

- *Abmessungen und Form* des angenäherten Körpers.
- *Einbauart* (bündig oder nicht bündig).

Bündig: Feldliniencharakteristik: geradeaus, keine Seitenempfindlichkeit. Haupteinsatz: Objekterkennung.

Nicht bündig: Feldliniencharakteristik: kugelförmig, Seitenempfindlich. Haupteinsatz: direkte Füllstandsmessung (eintauchend).

Ein kapazitiver Sensor muss meist auf die jeweilige Anwendung justiert werden. Dazu dient ein Einstellelement, z. B. ein Potenziometer oder eine Einlerntaste mit dem die entsprechende Empfindlichkeit bzw. Schaltabstand eingestellt wird. Bei intelligenten Sensoren kann der Messwert kontinuierlich auch digital, z. B. über eine IO-Link-Schnittstelle ausgelesen werden.

Bei kapazitiven wie bei induktiven Sensoren ist der Einschaltpunkt beim Annähern p_a verschieden vom Ausschaltpunkt beim Entfernen p_e. Dies wird *Schalthysterese H* genannt und wird in Prozent des Nennschaltabstandes s_n angegeben. Es gilt für die Schalthysterese *H*:

$$H = \frac{p_a - p_e}{s_n} \cdot 100 \,\text{in}\,\%.$$

Die im vorigen Abschnitt erwähnte Problematik, bei leitenden Materialien reale Befüllungszustände von Rückständen oder Anhaftungen an Wänden zu unterscheiden, wurden sogenannte *Smart-Level-Technologien* entwickelt. Mit dem Sensor wird es möglich, den Unterschied des elektrischen Widerstandes des Füllstandes vom elektrischen Widerstand der Anhaftung berührungslos zu erkennen. Die Anhaftung hat einen höheren elektrischen Widerstand als das Füllgut. Abb. 2.40 zeigt die Anordnung für die *Smart-Level 15* Technologie (Messung der spezifischen Leitfähigkeit bis 15 mS/cm).

Es sind in dieser Schaltung zwei Elektroden (Mess- und Kompensationselektrode) und zwei elektrische Felder (aktives Feld und Kompensationsfeld) zu betrachten (Abb. 2.40a)). Das aktive Feld misst die Kapazität C_F zwischen aktiver Elektrode und Erde, d. h. den Füllstand. Das elektronisch erzeugte Kompensationsfeld wirkt als Gegenfeld (Abb. 2.40b)). Dadurch wird beispielsweise die nicht leitende Behälterwand kompensiert. Die Schaltung zeigt Abb. 2.40c). Die Amplitude der Schwingungen wird durch die beiden Kapazitäten C_{komp} und C_F gegenläufig beeinflusst. Das Ausgangs-

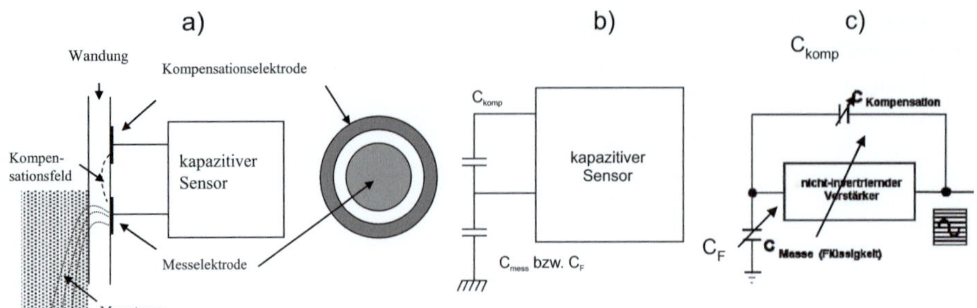

Abb. 2.40 Anordnung zur Messung des elektrischen Widerstandes der Anhaftung und des Füllgutes

signal Schwingung (Füllstand leer) oder Nullsignal (Füllstand voll) werden ausgewertet und auf diese Weise die Befüllung genau angegeben. Betauungseffekte, Anhaftungen und Flüssigkeitsfilme sowie Verschmutzungen werden ausgeblendet. Die Arbeitsfrequenz liegt bei etwa 6 MHz und liegt damit etwa 6-mal höher als bei einer kapazitiven Standardmessung (1 MHz).

Abb. 2.41 zeigt die Unabhängigkeit der Füllstandsmessung von äußeren Störeinflüssen (Abb. 2.41a)) und den SmartLevel-Sensor zur Temperatureinstellung in der Mischbatterie in den Waschräumen des Airbusses A 380.

Die *Smart-Level 50 Technologie* ist eine konsequente Weiterentwicklung der Smart-Level 15 Technologie und ergänzt das Anwendungsspektrum auf leitfähigere Medien bis zu 50 mS/cm (daher die Bezeichnung Smart-Level 50). Hiermit ist es erstmals möglich, exkorporales Blut berührungslos zu erfassen.

Dieses Verfahren arbeitet mit *steilen Signalflanken.* Dabei wird die Messkapazität C_f durch einen steilen Spannungsabfall in wenigen ns entladen. Durch die steile Spannungsänderung $\mathrm{d}U/\mathrm{d}t$ entstehen selbst in kleinsten Messkapazitäten hohe, kurzzeitige Pulsströme. Schon kleinste Widerstandserhöhungen R_f im Messpfad reduzieren den Puls-

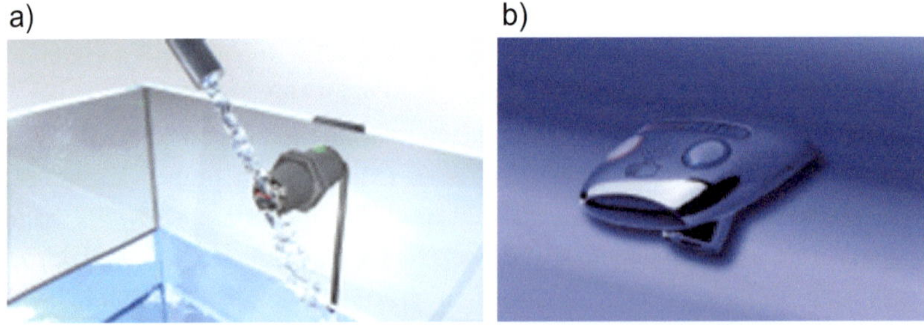

Abb. 2.41 **a**) Messung des Füllstandes unabhängig von äußeren Störeinflüssen; **b**) SmatLevel-Sensor in einer Mischbatterie in den Toiletten im Airbus 380. (Werkfoto: Balluff GmbH)

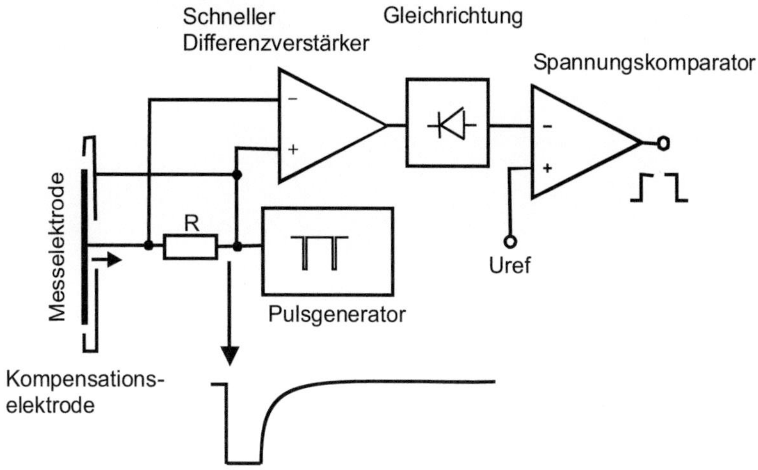

Abb. 2.42 Blockschaltbild Smart-Level 50

strom deutlich. Leitwertunterschiede zwischen kompaktem Füllgut und Anhaftungsfilm können deshalb noch besser unterschieden werden. Abb. 2.42 zeigt das Blockschaltbild für die Smart-Level 50 Technologie.

Die hohen Pulsströme im Messpfad verursachen an dem Shuntwiderstand *R* entsprechende Spannungspulse. Diese werden durch einen schnellen Verstärker angehoben und in einer Spitzenwertgleichrichtung zu einer proportionalen Gleichspannung umgeformt. *Unterschreitet* diese einen *voreingestellten Schwellenwert* U_{ref} (Empfindlichkeitseinstellung), so gibt der Sensor ein Schaltsignal ab.

Die Wiederholfrequenz der Pulse ist gering (etwa 500 kHz). Dadurch sinkt die Störaussendung (wichtig für die Medizintechnik) bei gleichzeitig höherer Störfestigkeit (EMV). In den steilen Flanken sind höchste Frequenzanteile enthalten. Dadurch können noch Rückstände von Flüssigkeiten mit einem 3fach höheren Leitwert als bei der Smart-Level 15 Technologie vom echten Vollzustand unterschieden werden.

In Abb. 2.43 zeigt typische Eigenschaften eines nicht bündigen kapazitiven Sensors (Datenblatt).

Von den vielen Anwendungen zeigt Abb. 2.44 die kapazitive Messung von Beschleunigungen (Abschn. 5.8).

zeigt typische Eigenschaften eines nicht bündigen kapazitiven Sensors (Datenblatt).

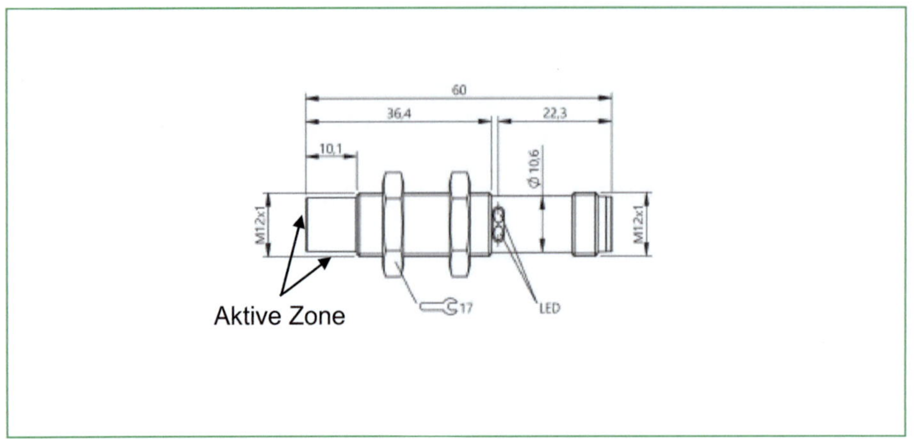

Allgemeine Merkmale
Baureihe M12
Grundnorm IEC 60947-5-2
Lieferumfang Mutter M12x1 (2x)
Montageanleitung
Sensitivität Schaltabstand teachbar
Zulassung/Konformität CE
cULus
EAC
WEEE

Anzeige/Bedienung
Betriebsspannungsanzeige ja
Funktionsanzeige ja

Elektrische Merkmale
Bemessungsbetriebsspannung Ue DC 24 V
Bemessungsbetriebsstrom Ie 100 mA
Bemessungsisolationsspannung Ui 75 V DC
Bereitschaftsverzug tv max. 50 ms
Betriebsspannung Ub 12...30 VDC
Gebrauchskategorie DC-13
Lastkapazität max. bei Ue 220 nF
Leerlaufstrom Io max. bei Ue 15 mA
Restwelligkeit max. (% von Ue) 10 %
Schaltfrequenz 100 Hz
Spannungsfall statisch max. 2 V

Schnittstelle
Schaltausgang Gegentakt Schließer (NO)

Umgebungsbedingungen

Elektrischer Anschluss
Anschluss M12x1-Stecker, 4-polig, A-codiert
Kurzschlussschutz ja
Verpolungssicher ja
Vertauschmöglichkeit geschützt ja

Erfassungsbereich/Messbereich
Hysterese H max. (% von Sr) 15 %
Messbereich 0.5...8 mm
Nennschaltabstand Sn 8 mm
Temperaturdrift max. (% von Sr) 20 %
Wiederholgenauigkeit max. (% von Sr) 2 %

Funktionale Sicherheit
MTTF (40 °C) 96.6 a

Material
Aktive Fläche, Material PEEK
Deckelmaterial PA 12
Gehäusematerial Edelstahl (1.4404)

Mechanische Merkmale
Abmessung Ø 12 x 60 mm
Anzugsdrehmoment 8 Nm
Baugröße M12x1
Einbau nicht bündig

Gewinde (A) M12x1

Lagertemperatur -25...80 °C
Schutzart IP67
Umgebungstemperatur -10...80 °C
Verschmutzungsgrad 2

Anschlussbild Steckerbild

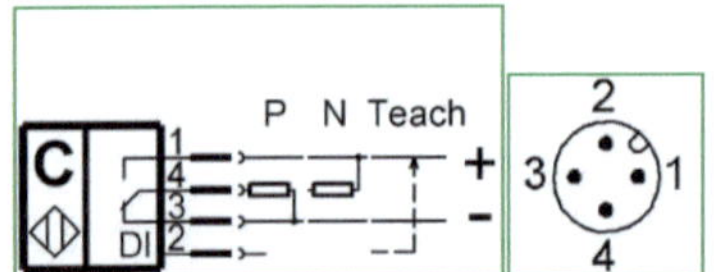

Abb. 2.43 Typische Eigenschaften kapazitiver Sensoren. (Datenblattauszug Quelle: Balluff GmbH)

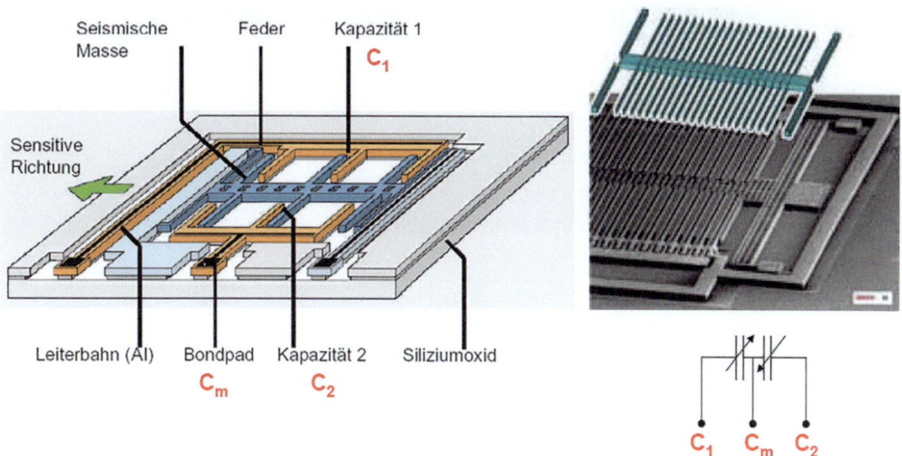

Abb. 2.44 Kapazitive Messung der Beschleunigung. (Werkfoto: BOSCH)

2.6.2 Vorteile der kapazitiven Sensor-Technologie

Kapazitive Sensoren bieten folgende Vorteile:

- berührungslos,
- kontaktlos,
- verschleiß- und wartungsfrei,
- rückwirkungsfrei,
- robust und zuverlässig,
- prellfreies Ausgangssignal,
- schweißfest,
- hohe Wiederholgenauigkeit (2 % bis 5 % vom Realschaltabstand),
- geringe Temperaturabweichung (± 0,02 mm/°C),
- hohe Temperaturstabilität ($5 \cdot 10^{-6}$/K),
- hohe Betriebssicherheit durch Verschmutzungskompensation,
- hohe Linearität (bis 0,01 % vom Endwert),
- höchste Auflösung im Nanometerbereich (0,01 nm),
- hohe EMV-Festigkeit,
- lange Lebensdauer,
- geringer Stromverbrauch,
- lernfähig und programmierbar sowie
- kostengünstig, da einfache Bauweise.

Kapazitive Sensoren weisen jedoch auch folgende Nachteile auf:

- Beeinträchtigung im Industrieeinsatz durch Staub und Feuchtigkeit (kann aber meist kompensiert werden) und
- kleine Schaltabstände (1 mm bis maximal 50 mm).

2.6.3 Anwendungen der kapazitiven Sensor-Technologie

Die Standard-Anwendungen beziehen sich im Wesentlichen auf folgende vier Gebiete:

1. Füllstandskontrolle,
2. Stapelhöhenkontrolle,
3. Anwesenheitskontrolle und Objekterkennung
4. Inhaltskontrolle.

In Tab. 2.12 sind einige Einsatzfelder und Anwendungen in einer Übersicht zusammengestellt.

Tab. 2.12 Einsatzbereiche kapazitiver Sensoren

Bereiche	Messaufgabe
Maschinenbau/Automatisierungstechnik	• Erkennung unterschiedlicher Materialien (leitende und nicht leitende Materialien) durch Wandungen aus Glas oder Kunststoff hindurch • Erkennung von Werkstücken unterschiedlicher Größe • Erkennen von Stapelhöhen (z. B. Papier, CD) • Positionierung und Positionskontrolle von Werkstücken oder Teilen (z. B. Chipmontage) • Erkennung des Fehlens von Teilen (Anwesenheitskontrolle) • Abstandsmessung (z. B. von Werkzeugen) • Wegmessung • Überwachung von Materialstärken • Kontrolle der Breite von Stanzteilen • Messung von Abweichungen von der Rundheit • Spalt- und Distanzmessung • Messung von Beschleunigungen • Messung von Vibrationen • Steuern von Öffnen und Schließen (z. B. von Pressformen) • Zählaufgaben für Metalle und Nichtmetalle
Lebensmittel-/pharmazeutische und chemische Industrie/Medizintechnik	• Füllstände fester (z. B. Pellets, Kunststoff-Granulate, PVC, Glas, Pulver, Grafit, Schüttgut) und flüssiger Substanzen (Hydrauliköle, Wasser, Säuren, Laugen, Desinfektionsmittel, Blut, hochviskose Medien wie Leime, Pasten und Klebstoffe) • Messung der Vibrationen einer Füllmaschine • Druck in Behältern
Halbleiterindustrie	• Kontrollieren von Füllständern von Säuren beim Bearbeiten von Wafern und Solarzellen • Anwesenheitskontrolle Wafer
Sonder-Anwendungen	• PC-Touchpads • Portable Media-Player • Handys • Feuchtigkeit

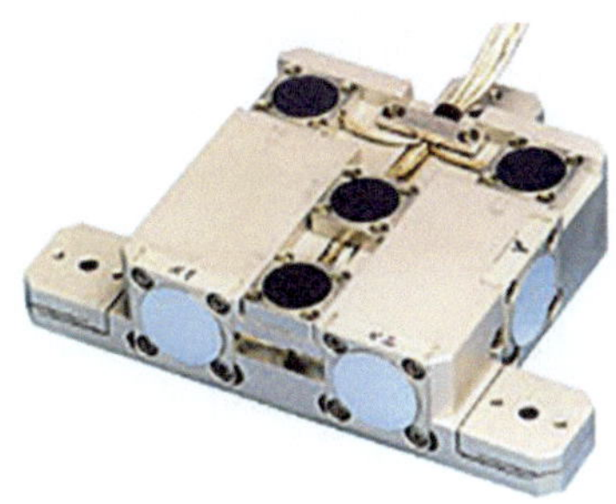

Abb. 2.45 Kapazitive Positionssensoren. (Werkfoto: Physik Instrumente (PI))

Abb. 2.45 zeigt kapazitive Sensoren, wie sie für ein ultra-präzises 6D-Nanopositioniersystem in der Rastermikroskopie eingesetzt werden.

2.7 Gauß-Effekt

2.7.1 Funktionsprinzip und physikalische Beschreibung

Der *Gauß-Effekt* gehört zu den *galvanomagnetischen Effekten.* Diese treten auf, wenn sich *stromdurchflossene* Plättchen von Leitern oder Halbleitern in einem *Magnetfeld* befinden. Dieses Magnetfeld darf nicht parallel zur Stromrichtung sein, sondern muss senkrechte Komponenten aufweisen. Beim Gauß-Effekt erhöht sich der elektrische Widerstand mit wachsender magnetischer Flussdichte $\boldsymbol{B}$. Dies rührt daher, dass eine *Lorentz-Kraft* wirkt, welche die Elektronen ablenkt und diese deshalb einen größeren Weg durch das Material zurücklegen müssen. Abb. 2.46a) zeigt, dass die Elektronen ohne Magnetfeld gerade durch den Leiter laufen. Wirkt ein Magnetfeld mit der magnetischen Flussdichte $\boldsymbol{B}$, dann verläuft die Bahn der Elektronen zick-zack-förmig. Der Weg der Elektronen wird länger und dadurch wird auch der Widerstand größer.

Die Erhöhung des Widerstandes wird durch die Gleichungen für die *Lorentz-Kraft* $\boldsymbol{F}_L$ und für das *Ohmsche Gesetz* ermittelt.

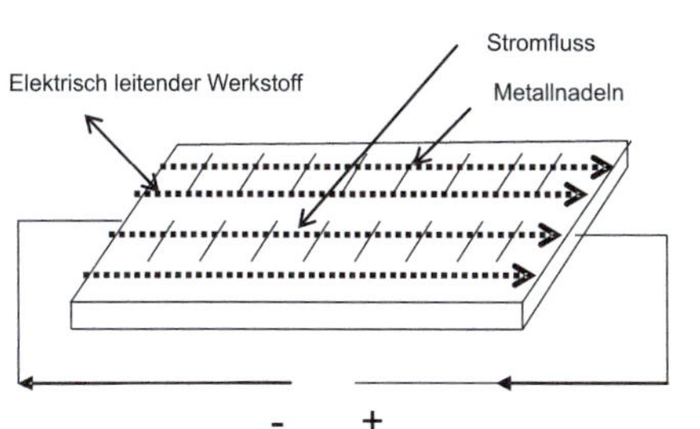

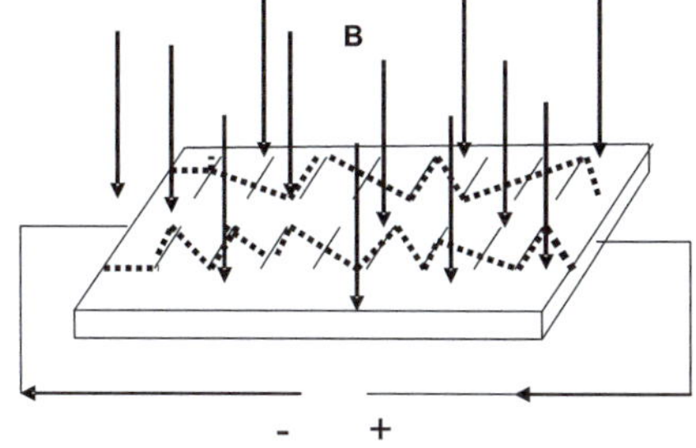

Abb. 2.46 Entstehung des Gauß-Effektes **a**) ohne Magnetfeld; **b**) mit Magnetfeld

Die Lorentzkraft ist diejenige Kraft, die auf eine Ladung q wirkt, wenn diese sich mit einer Driftgeschwindigkeit $\boldsymbol{v}$ durch einen Leiter bewegt, der einem magnetischen Fluss $\boldsymbol{B}$ ausgesetzt ist. Für die Lorentzkraft $\boldsymbol{F}_{\mathrm{L}}$ gilt:

$$\boldsymbol{F}_{\mathrm{L}} = q(\boldsymbol{E} + \boldsymbol{v} \times \boldsymbol{B}).$$

Dabei ist $\boldsymbol{E}$ die elektrische Feldstärke.

Für das Ohmsche Gesetz gilt die allgemeingültige Formulierung:

$$j = \sigma\, E.$$

Dabei ist $\boldsymbol{j}$ die elektrische Stromdichte und σ die elektrische Leitfähigkeit. Für diese kann für den mikroskopischen Bereich auch geschrieben werden:

$\sigma = q\, n\, \mu$, wobei q die Ladung der Teilchen, n die Teilchendichte und μ die Beweglichkeit der Teilchen beschreibt. Die Ladungsdichte ρ ist das Produkt aus der Ladung q und der Teilchendichte n, sodass gilt: $\rho = q\, n$. Dadurch ergibt sich für die elektrische Leitfähigkeit σ:

$$\sigma = \rho\, \mu.$$

Die elektrische Stromdichte $\boldsymbol{j}$ kann auch geschrieben werden:

$$\mathbf{j} = \rho\, \boldsymbol{v}.$$

Für das Ohmsche Gesetz gilt dann:

$$\rho\, \boldsymbol{v} = \rho\, \mu\, \boldsymbol{E}.$$

Damit gilt für die Driftgeschwindigkeit $\boldsymbol{v}$:

$$\boldsymbol{v} = \mu\, \boldsymbol{E}.$$

Die Kraft $\boldsymbol{F}$, die in einem elektrischen Feld $\boldsymbol{E}$ auf eine Ladung q wirkt, ist: $\boldsymbol{F} = q\, \boldsymbol{E}$ oder $\boldsymbol{E} = \boldsymbol{F}/q$. Damit ergibt sich für die Teilchengeschwindigkeit $\boldsymbol{v}$:

$$\boldsymbol{v} = \mu\, \boldsymbol{F}\big/q.$$

Damit ergibt sich für die Lorentz-Kraft $\boldsymbol{F}_{\mathrm{L}}$ in Koordinatenschreibweise:

$$\boldsymbol{F}_{\mathrm{L}} = q\left[\begin{pmatrix} E_{\mathrm{x}} \\ 0 \\ 0 \end{pmatrix} + \begin{pmatrix} v_{\mathrm{x}} \\ v_{\mathrm{y}} \\ 0 \end{pmatrix} x \begin{pmatrix} 0 \\ 0 \\ B_{\mathrm{z}} \end{pmatrix}\right] = \mathrm{q}\begin{pmatrix} E + v_{\mathrm{y}}\, B \\ -v_{\mathrm{x}}\, B \\ 0 \end{pmatrix}.$$

Werden diese Ergebnisse in die Formel für die Driftgeschwindigkeit $\boldsymbol{v}$ eingesetzt, so erhält man für die Driftgeschwindigkeit in x- und in y-Richtung:

$$\begin{pmatrix} v_{\mathbf{x}} \\ v_{\mathrm{y}} \end{pmatrix} = \mu \begin{pmatrix} E + v_{\mathrm{y}}\, B \\ -v_{\mathrm{x}}\, B \end{pmatrix}.$$

Es ist $v_{\mathbf{x}} = \mu\, E + \mu\, v_{\mathbf{y}}\, B$ und $v_{\mathrm{y}} = -\mu\, \upsilon_{\mathrm{X}}\, B$.

Daraus ergibt sich für die Driftgeschwindigkeit in x-Richtung:

$$v_x = \mu E - v_x \mu^2 B^2 \text{ oder}$$

$$v_x = \frac{\mu E}{1 + \mu^2 B^2}.$$

Verringert sich die Driftgeschwindigkeit, so muss sich die Stromdichte verkleinern und bei gleichbleibendem elektrischen Feld $\boldsymbol{E}$ auch die elektrische Leitfähigkeit σ verkleinern. Da aber der elektrische Widerstand R reziprok zur elektrischen Leitfähigkeit σ ist ($R = 1/\sigma$), vergrößert sich der elektrische Widerstand R auf:

$$R(B) = R_0(1 + \mu^2 B^2).$$

Der Widerstand erhöht sich also quadratisch zum B-Feld (Abb. 2.47).

2.7.2 Anwendung des Gauß-Effektes

Der Gauß-Effekt findet seine Anwendungen zum einen in der Bestimmung von *Magnetfeldern* und in der *Feldplatte*. Sie ist eine der häufigsten Anwendungen. Der elektrische Widerstand R hängt vom magnetischen Fluss $\boldsymbol{B}$ ab, wie oben gezeigt wurde. Deshalb kann der elektrische Widerstand durch ein Magnetfeld gesteuert werden. Es liegt ein *MDR* (magnetic dependent resistor) vor. Abb. 2.48 zeigt den Aufbau und Funktionsweise einer Feldplatte.

Die Feldplatte besteht aus einer Keramikplatte, auf der mäanderförmig eine dünne Halbleiterschicht aus gut leitendem Indiumantimonid (InSb) aufgebracht ist. Eingebettet in diesen Halbleiter sind nadelförmige Bereiche aus metallischem Nickelantimonid

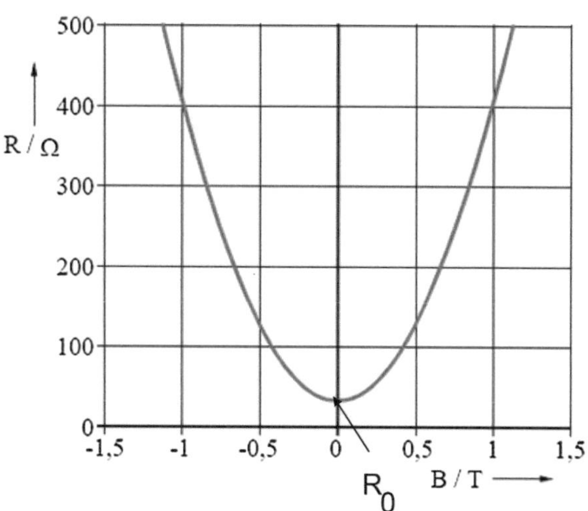

Abb. 2.47 Änderung des elektrischen Widerstandes in Abhängigkeit des magnetischen Flusses B

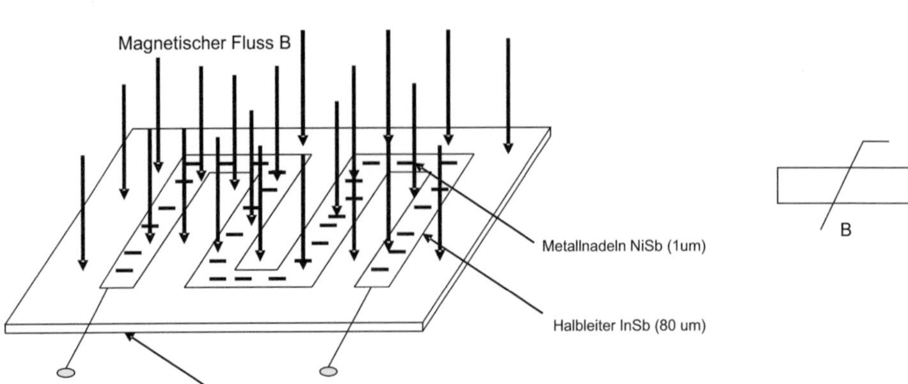

Abb. 2.48 Feldplatte (MDR) **a**) Aufbau; **b**) Schaltzeichen

(NiSb). Diese Nadeln sind parallel zu den Anschlusskanten der Feldplatte ausgerichtet (Abb. 2.48a)).

Liegt eine Spannung an der Feldplatte, so fließt ein geradliniger Strom, der vom Widerstand abhängig ist. Die parallel zur Stromrichtung eingebetteten metallischen Nadeln haben keinen Einfluss. Der Widerstandsbereich bewegt sich zwischen 10 Ω und 1 kΩ. Wirkt ein Magnetfeld mit der magnetischen Flussdichte B senkrecht zum Stromfluss, so werden die Ladungsträger (in diesem Fall die Elektronen von InSb) wegen der Lorentz-Kraft seitlich abgelenkt. Der Ablenkwinkel wird *Hallwinkel* genannt und beträgt bei InSb bei einer magnetischen Flussdichte von 1 T etwa 80°. Die abgelenkten Ladungsträger treffen auf die metallisch leitenden Nadeln. Diese wirken wie ein Kurzschluss und die Ladungsträger werden in Leitungsrichtung abgelenkt. Dadurch bewegen sich die Ladungsträger zick-zack-förmig durch das Material (Abb. 2.46b)). Diese Bahnverlängerung hat einen erhöhten Widerstand zur Folge (Anstieg bis auf das Zwanzigfache).

Als Basismaterial kommen Halbleiter mit *hoher Ladungsträgerbeweglichkeit* zum Einsatz. Dies sind im Wesentlichen neben InSb auch InAs, Si und GaAs. Der elektrische Widerstand der Halbleiterwerkstoffe ist auch temperaturabhängig. Die genannten Basiswerkstoffe haben einen *negativen Temperaturkoeffizienten.* Oftmals werden die Halbleiterwerkstoffe noch mit Tellur dotiert, um die Widerstandsänderung dem Einsatzfall anzupassen. In Tab. 2.13 sind einige Kennwerte für Feldplatten zusammengestellt.

Mit dem Gauß-Effekt lassen sich Sensoren bauen, die Magnetfelder, Ströme, Winkel, Positionen und Drehgeschwindigkeiten bestimmen (wie bei den Hall-Sensoren auch, Abschn. 2.8).

Tab. 2.13 Grenz- und Kennwerte von Feldplatten

Größe	Wert
Ausgangswiderstand R_0 $(B=0)$	10 Ω bis 10 kΩ
Temperaturbeiwert	$\alpha = -0{,}004\ \mathrm{K}^{-1}$
Maximale Betriebstemperatur	$T_{\max} \approx 95\ °\mathrm{C}$
Zulässige Höchstbelastung	$P_{\max} \approx 0{,}5\ \mathrm{W}$

2.8 Hall-Effekt

2.8.1 Funktionsprinzip und physikalische Beschreibung

Der *Hall-Effekt* gehört, wie der Gauß-Effekt, zu den *galvanomagnetischen Effekten.* Diese treten auf, wenn sich stromdurchflossene Plättchen von Leitern oder Halbleitern in einem Magnetfeld befinden. Dieses Magnetfeld darf nicht parallel zur Stromrichtung sein, sondern muss senkrechte Komponenten aufweisen. Abb. 2.49 zeigt die Entstehung des Hall-Effektes. Durch eine leitende Platte der Breite b und der Dicke d fließt in x-Richtung ein Strom I_x. Senkrecht dazu wirkt ein Magnetfeld B_z. Auf jedes Elektron wirkt dann eine *Lorentz-Kraft* $\boldsymbol{F}_L$:

$$\boldsymbol{F}_\mathrm{L} = -q\, v_\mathrm{x}\, B_\mathrm{z}$$

(q: Ladung, v_x: Geschwindigkeit der Ladungsträger in x-Richtung).

Die Lorentzkraft verschiebt die Ladungsträger in y-Richtung. Es entsteht, wie Abb. 2.49 zeigt, in diesem Fall an der linken Stirnseite ein Elektronenüberschuss (– Ladungen) und an der rechten ein Elektronenmangel (+ Ladungen). Dadurch wird ein elektrisches Gegenfeld $\boldsymbol{F}_{el}$ aufgebaut:

$$\boldsymbol{F}_\mathrm{el} = -q\, E_\mathrm{y}.$$

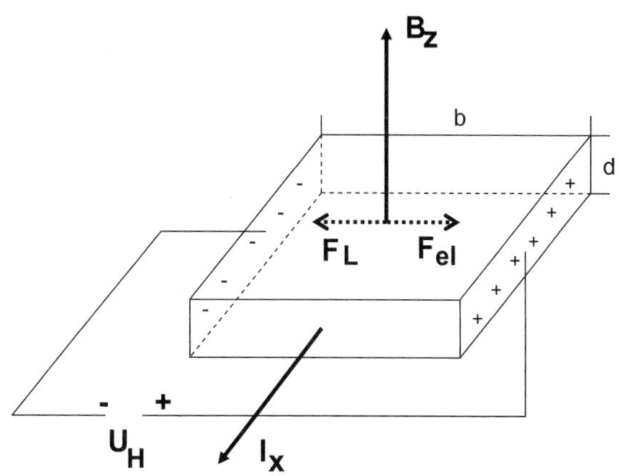

Abb. 2.49 Entstehung des Hall-Effektes

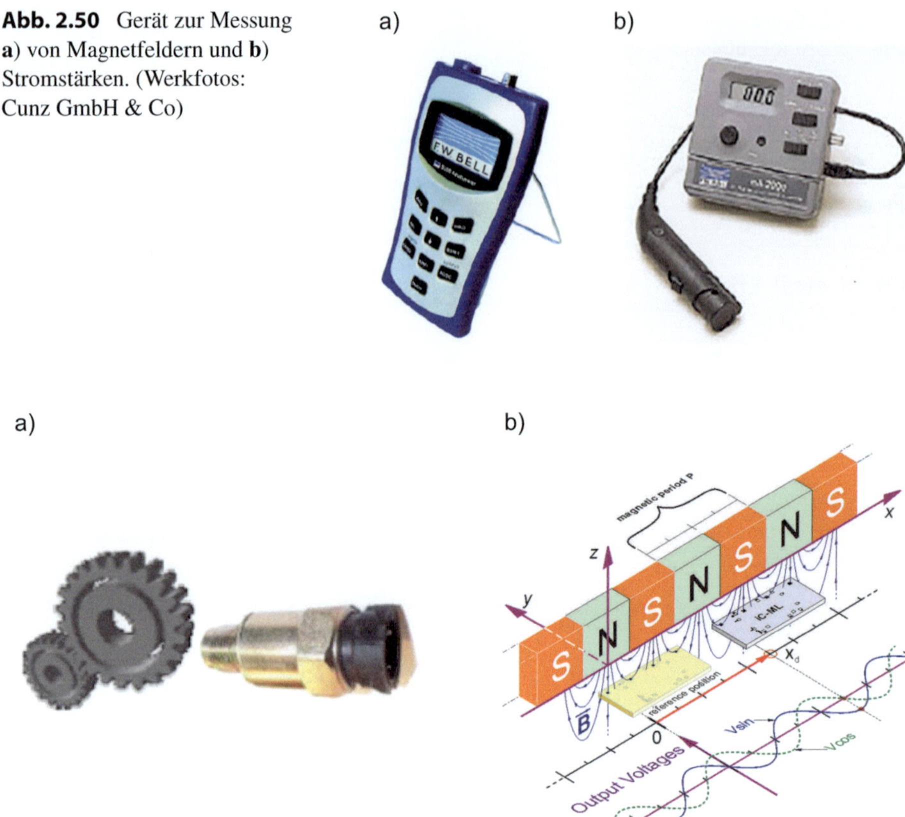

Abb. 2.50 Gerät zur Messung **a**) von Magnetfeldern und **b**) Stromstärken. (Werkfotos: Cunz GmbH & Co)

Abb. 2.51 Prinzip der Zahnradsensoren **a**) Stellungsgeber von Nocken- und Kurbelwelle, Raddrehzahlgeber und Kilometerzähler; **b**) Entstehung der Hallspannungs-Signale. (Werkfoto: ICHaus)

(E_y: Elektrische Feldstärke in y-Richtung).

Der Lorentz-Kraft wirkt die elektrische Kraft so lange entgegen, bis ein Gleichgewicht herrscht. Es gilt:

$$-q\, E_{y.} = -q\, v_x\, B_z.$$

Es ist $E_y = U_y/b$. In y-Richtung entsteht eine Spannung U_y, die *Hall-Spannung* U_H genannt wird. Für diese Hallspannung gilt:

$$U_H = v_x\, B_z\, b.$$

Die Geschwindigkeit der Ladungsträger v_x hängt von der Stromdichte j_x folgendermaßen ab:

$$j_x = n\, e\, v_x$$

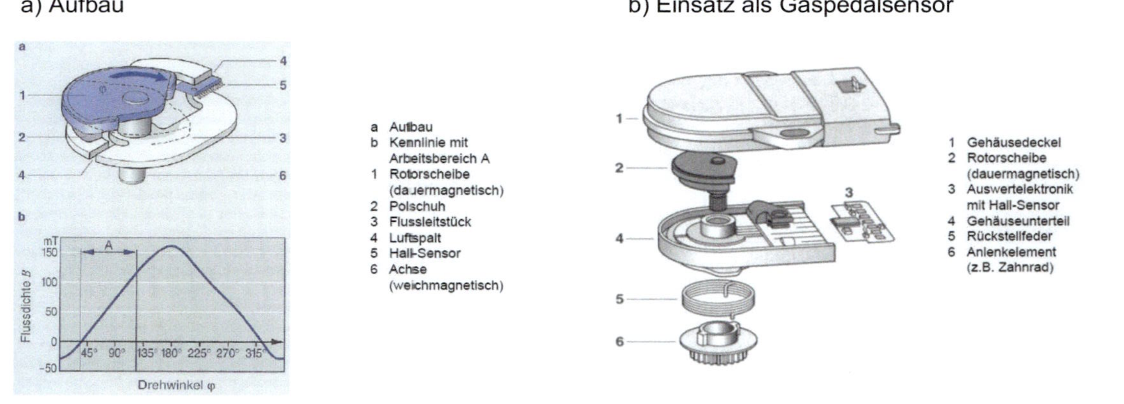

Abb. 2.52 Hall-Winkelsensor **a**) Prinzipieller Aufbau; **b**) Einsatz als Gaspedalsensor. (Werkfoto: BOSCH)

(n: Anzahl der Elektronen pro Volumen; e: Elementarladung: $e = 1{,}602 \cdot 10^{-19}$ As). Es ist dann:

$$U_H = \frac{1}{n\,\mathrm{e}} j_x B_z b.$$

Der Faktor 1/(n e) wird Hall-Koeffizient A_H genannt. Es ist also:

$$A_H = \frac{1}{n\,\mathrm{e}}.$$

Somit kann geschrieben werden:

$$U_H = A_H j_x B_z b.$$

Für die Stromdichte gilt: $j_x = I_x/(b \cdot d)$. Damit wird obige Gleichung:

$$U_H = \frac{A_H B_z}{d} I_x = R_H I_x.$$

Der Ausdruck ($A_H \cdot B_z$)/d ist der *Hall-Widerstand* R_H. Dieser ist keinesfalls der gemessene elektrische Widerstand eines Hall-Elementes. Er ist vielmehr das Verhältnis der Querspannung (Hallspannung) U_H zum elektrischen Strom I_x.

Die Hall-Spannung U_H steigt mit dem magnetischen Fluss B_z *linear* an, sie ist *umgekehrt proportional* zur vorzeichenbehafteten *Ladungsträgerdichte* n und ist *unabhängig* vom *spezifischen elektrischen Widerstand.* Tab. 2.14 zeigt die Werte der Hall-Koeffizienten einiger Materialien.

Aus dieser Tabelle ist erkennbar, dass die *Halbleiter* einen vergleichsweise *hohen Hall-Koeffizienten* aufweisen. Dies hängt damit zusammen, dass die Beweglichkeit der Ladungsträger höher ist. Aus diesem Grund wird der Hall-Effekt auch sehr oft mit Halbleiterbauelementen in CMOS-Technik realisiert. Mit diesen Elementen können auch Temperaturabhängigkeiten kompensiert und die Signale digital aufbereitet und ausgewertet werden.

2.8.2 Anwendung des Hall-Effektes

Wird ein Hall-Sensor von einem Strom durchflossen und wirkt senkrecht darauf ein Magnetfeld, dann ergibt sich die Hallspannung U_H. Diese ist proportional zum Produkt aus Stromstärke I_x und magnetischem Fluss B_z. Das bedeutet, bei bekannter Stromstärke kann der magnetische Fluss bestimmt werden. Wird das Magnetfeld durch eine stromdurchflossene Spule erzeugt, dann kann potenzialfrei die Stromstärke in dieser Spule ermittelt werden. Eine hohe Hallspannung U_H entsteht dann, wenn in einem Halbleiter die Ladungsträgerdichte klein und deshalb die Geschwindigkeit der Ladungsträger groß ist. Hall-Sensoren sind in *Chips integrierbar.* Dort kann eine Temperaturkompensation erfolgen sowie eine Signalverstärkung. Diese Chips mit integrierten Hall-Sensoren

Tab. 2.14 Hall-Koeffizienten A_H iniger Materialien

Werkstoff	A_H in 10^{-11} m^3/C
Elektronenleiter	
Kupfer (Cu)	−5,5
Gold (Au)	−7,5
Silber (Ag)	−8,4
Natrium (Na)	−25
Caesium (Cs)	−28
Löcherleitung	
Cadmium (Cd)	+6
Zinn (Sn)	+14
Beryllium	+24,4
Halbleiter	
Wismut (Bi)	$-5 \cdot 10^4$
Silicium (Si) und Germanium (Ge)	10^8 bis 10^{10}
Indium-Antimonid (InSb)	$-2{,}4 \cdot 10^7$
Indium-Arsenid (InAs)	-10^7

dienen unter anderem zur Steuerung von elektrischen Antrieben (z. B. des Antriebs von Diskettenlaufwerken). Als typische Bauformen werden eingesetzt:

- Rechteckform,
- Kreuzform und
- Schmetterlingsform.

Folgende Anwendungen sind wichtig:

- Magnetfeldmessung,
- Strommessung,
- berührungslose und kontaktlose Signalgeber,
- Bestimmung der Lage von bewegten Teilen (Position),
- Erfassung von Bewegungen (Geschwindigkeit und Beschleunigung) und
- Messung von Schichtdicken.

In der Automobilindustrie finden Hall-Sensoren eine vielfältige Verwendung. Beispiele hierfür sind:

- Bestimmung der Stellung von Pedalen (z. B. des Bremspedals),
- Steuerung der Zündzeitpunkte,
- Erkennung der Position eines Gurtschlosses oder eines Handbremshebels oder

Abb. 2.53 Typische Bauformen von Hall-Sensoren

- Messung der Drehzahl von Motoren.

Hall-Sensoren sind relativ unempfindlich gegen Flüssigkeiten und Schmutz, allerdings nicht gegen äußere magnetische Felder. Gegenüber induktiven Sensoren haben Hall-Sensoren folgende Vorteile:

- Es werden Rechtecksignale gesendet, die direkt elektronisch auswertbar sind. Sie müssen nicht, wie bei induktiven Sensoren, erst aufbereitet werden.
- Die Signalspannung ist von der Drehzahl unabhängig. Dadurch können sehr langsame und sogar statische Zustände detektiert werden.

Die folgenden Bilder zeigen einige Anwendungen.

Abb. 2.53 zeigt verschiedene Ausführungsformen, wie sie typischerweise für eine Zustandserkennung (z. B. Auf – Zu bei Fensterhebern), Annäherungsmeldungen, Zutrittskontrollen oder Füllstandsmessungen eingesetzt werden.

Zur Auswahl und zur richtigen Dimensionierung von Hallsensor-Systemen können *3D-Feld-simulationen* nach der Finite Element Methode (FEM) durchgeführt werden. Diese erlauben die präzise Berechnung der elektrischen und magnetischen Größen zur optimalen Auslegung entsprechender Hall-Sensoren. Abb. 2.55 zeigt die Ergebnisse einer Simulation zur Auslegung von Hallsensor-Systemen für die Drehzahlmessung mit einem ferromagnetischen Zahnrad.

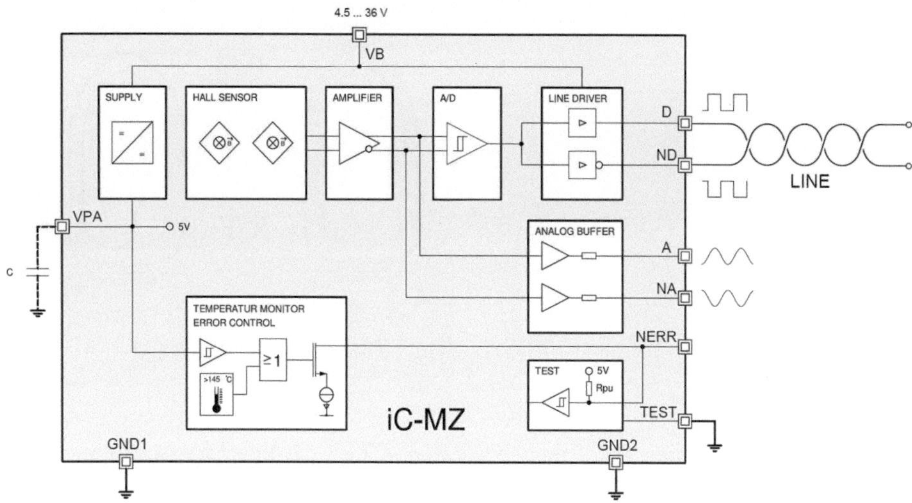

Abb. 2.54 Hallsensoren als ICs: Chipbelegung und Blockschaltbild. (Werkfoto: iC-MZ von IC-Haus)

Abb. 2.55 3D-Simulation zur optimalen Auslegung von Hallsensor-Systemen. (Quelle: SSG Semiconductor Systems GmbH)

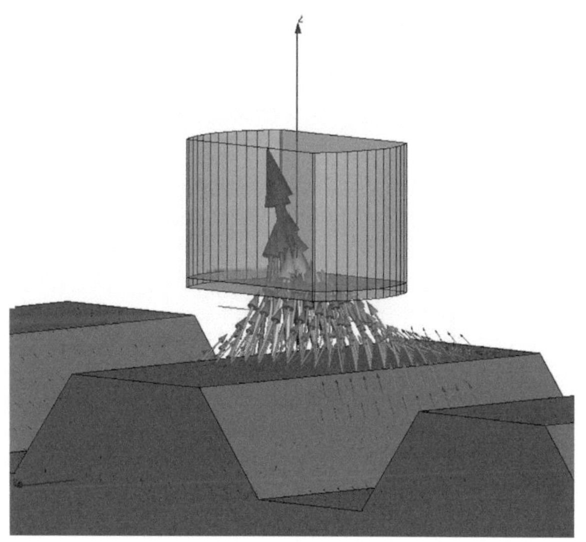

2.9 Wirbelstrom-Effekt

2.9.1 Funktionsprinzip und physikalische Beschreibung

Wird eine Spule von einem elektrischen Wechselstrom gespeist, so entsteht ein *magnetisches Wechselfeld.* Dringt dieses in ein *elektrisch leitendes* Material ein, so entsteht nach dem *Induktionsgesetz* ein *Strom* (Abb. 2.56). Diese in sich geschlossenen,

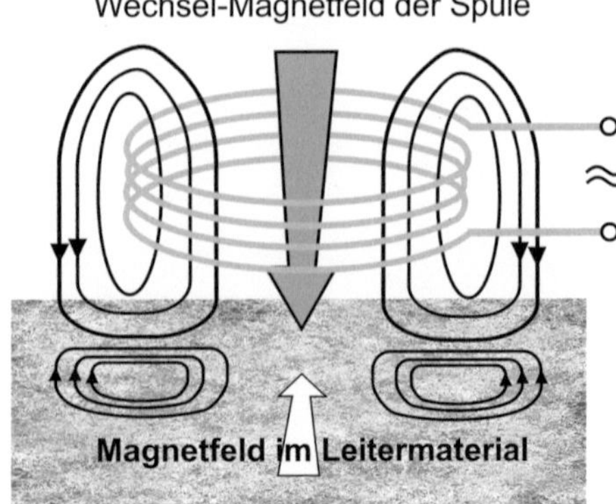

Abb. 2.56 Entstehung des Wirbelstrom-Effektes

kreisförmigen Stromlinien nennt man *Wirbelstrom,* weil die Induktionsstromlinien wie Wirbel in sich geschlossen sind. Die Wirbelströme erzeugen wiederum ein Magnetfeld, welches dem ursprünglichen Magnetfeld der stromdurchflossenen Spule nach der *Lenzschen Regel* entgegenwirkt und die Bewegung hemmt.

Der Wirbelstrom-Effekt entsteht nicht nur, wenn das Magnetfeld ein Wechselfeld ist (wie in Abb. 2.56 dargestellt und für Sensoranwendungen üblich), sondern auch, wenn ein *Magnet* sich *bewegt* oder das *leitende Material bewegt* wird.

2.9.2 Anwendung des Wirbelstrom-Effektes

Folgende Anwendungen sind wichtig:

- Geometrische Größen (Kap. 3)
  - Position, Weg, Verschiebung, Abmessung, Ausdehnung, Auslenkung, Spiel, Schmierspalt, Spalten (Luftspalt, Schmierspalt), Teilung (z. B. Zahnradprofile).
- Dynamische, zeitbasierte Größen (Kap. 5)
  - Schwingungen (z. B. Lager, Welle), Drehzahl (bis 400.000 rpm), Kollektor-Rundlauf, Lage von bewegten Teilen.
- Sonstiges
  - Schlag, Verschleiß, Schichtdicken, Leitfähigkeit,
  - Korrosion,
  - Rissprüfung,
  - Sortieren nach Materialeigenschaften und
  - Bestimmung des Ferritgehaltes.

Wirbelstromverfahren werden in vielen Branchen erfolgreich eingesetzt, als Beispiele:

- Maschinenbau,
- Automobilbranche,
- Metallhalbzeugindustrie,

a)

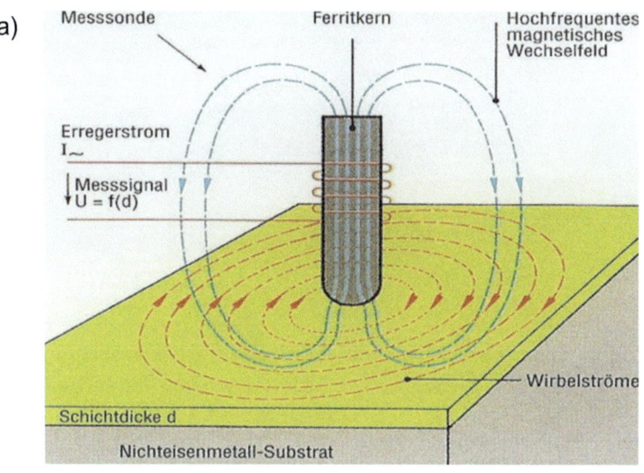

b)

Bauform	Bezeichnung	Messbereich
	ETA3.3H	0-1200 μm
	FAW3.3	0 1200 μm
	EAl3.3-150	0-800 μm
	EA9	0-3,5 mm
	EA30	0 20 mm
	ETD3.3	0-800 μm

Abb. 2.57 Schichtdickenmessung **a**) Prinzip; **b**) Bauformen der Sonden. (Quelle: Helmut Fischer)

- Flugzeugindustrie,
- Chemie-, Kesselbau- und Kraftwerksindustrie,
- Gießerei- und Schmiedeindustrie und
- Wartungsindustrie.

Wirbelstromsensoren weisen folgende Vorteile auf:

- Messung an statischen und rotierenden Objekten;
- berührungslose und verschleißfreie Messung, häufig eingesetzt für die Online-Qualitätssicherung;

Abb. 2.58 **a**) Prüfung von rotierenden Wellen auf Unwucht, Unrundheit, Radial- oder Axialschlag und Vibration (Quelle: Waycon); **b**) Zahnradprüfung (Quelle: Waycon); **c**) Maschinenüberwachung (Quelle: Waycon)

- unempfindlich gegen Flüssigkeiten und Schmutz, d. h. geeignet für raue industrielle Umgebungen;
- unbeeinflusst von nicht metallischen Medien;
- schnelle Bewegungsänderungen (bis 35 kHz) sowie
- hohe Auflösungen bis zu 100 nm.

Die folgenden Bilder zeigen einige Anwendungen.

Mit der Anordnung nach Abb. 2.58 können Relativbewegungen zwischen Welle und Sensor gemessen werden. Werden zwei Sensoren um 90° versetzt angeordnet, dann kann man die Unrundheit und den Radialschlag messen.

Abb. 2.58b) zeigt die Möglichkeiten, Verzahnungen oder Nutwellen zu messen oder Aufschluss über ausgefallene Zähne oder den Verschleiß zu geben.

Mit Wirbelstromsensoren kann man den Zustand dauernd laufender Maschinen überwachen. Dies ist wichtig, um den Verschleiß zu erkennen und eventuelle Wartungs- oder Reparaturzeiten festzulegen.

Eine Mess-Spule wird von einem hochfrequenten Strom durchflossen. Dadurch entstehen Wirbelströme auf den Segmentscheiben, die auf einer Welle angebracht sind. Durch ein Drehmoment ändern sich die Überdeckungen der Scheiben und dadurch tritt eine Impedanzänderung der Spule auf, die ein Maß für das Drehmoment darstellt. Die Impedanz Z errechnet sich nach folgender Formel:

$$Z = \frac{\hat{U}}{\hat{I}} = \frac{U_{\text{eff}}}{I_{\text{eff}}} = \sqrt{R^2 + X_{\text{L}}^2}.$$

Dabei sind $\hat{U}$ und $\hat{I}$ die Amplituden der Wechselspannung $u(t)$ und des Wechselstromes $i(t)$, U_{eff} und I_{eff} die Effektivwerte, R der ohmsche Anteil des Wechselstromwiderstandes und X_{L} die *Reaktanz*, d. h. der Blindanteil des Wechselstromwiderstandes der Spule.

Die Messbereiche des Drehmomentes reichen von 1 Nm bis 1 kNm bei einer Genauigkeit von 0,5 % (Abschn. 4.5).

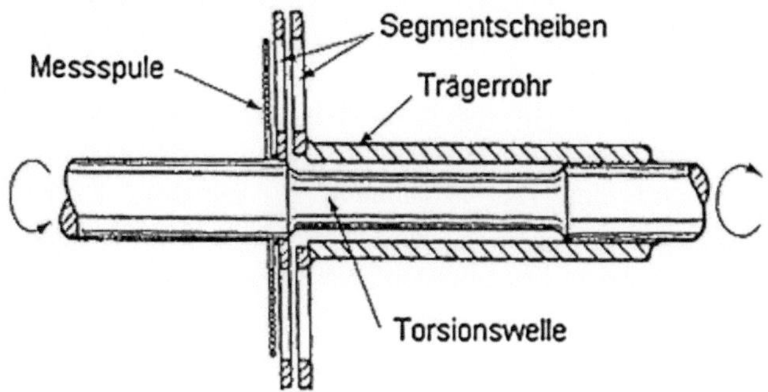

Abb. 2.59 Drehmomentmesser. (Quelle: Tschan)

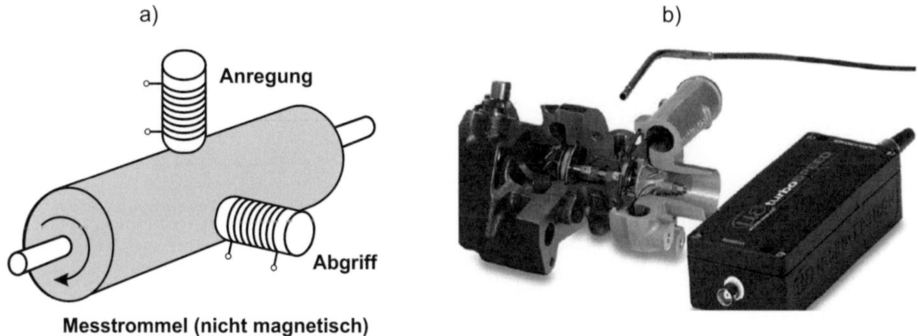

Abb. 2.60 Prinzipien von Drehzahlmessern **a**) Mess-Spannung proportional zur Drehzahl (Quelle: Tränkler); **b**) Zählung der Schaufelimpulse (Quelle: Mikro-Epsilon)

Auf einer zylindrischen Welle aus gut leitendem, nicht magnetischem Material (meist Kupfer oder Aluminium) werden senkrecht zu seiner Drehachse eine Erreger- und eine Empfängerspule angebracht, die 90° gegeneinander versetzt sind (Abb. 2.60a)). An der Erregerspule liegt eine konstante Spannung (5 V bis 100 V) mit konstanter Frequenz (50 Hz bis 500 Hz).

Dadurch entstehen Magnetfelder, die an der Oberfläche des Rotors Wirbelströme induzieren. Bei einer Drehbewegung entsteht eine transformatorische Kopplung zwischen Erreger- und Empfängerspule. Die sinusförmige Mess-Spannung an der Empfängerspule ist der Drehzahl proportional.

Im zweiten Fall (Abb. 2.60b)) durchfließt ein hochfrequenter Wechselstrom eine im Sensorgehäuse eingegossene Spule. Bei Annäherung einer Turboladerschaufel entsteht wegen der Änderung des Wirbelstromes ein elektrischer Impuls. Ein Controller zählt diese Impulse und rechnet an Hand der Schaufelzahl die Drehzahl aus.

2.10 Thermoelektrischer Effekt

Werden verschiedene Leiter an beiden Enden elektrisch verbunden (z. B. durch Schweißen) und diese Enden unterschiedlichen Temperaturen (T_{AB}, T_{BA}) ausgesetzt (Abb. 2.61), dann wird eine *Thermospannung* U_{th} messbar, die proportional zum Temperaturunterschied $\Delta T = T_{BA} - T_{AB}$ ist. Dieser Effekt wird *Seebeck-Effekt* genannt. Er hat bei Metallen folgende Ursache: Die Wärmeenergie eines Leiters ist zu einem gewissen Anteil in der Schwingungsenergie der Atome und zu einem weiteren Anteil in der kinetischen Energie des freien Elektronengases gespeichert. Die *kinetische Energie* des Elektronengases führt zur *Thermodiffusion* der Elektronen im Leiter. Besteht ein Temperaturgradient, ist die Elektronendichte im Gleichgewicht an der warmen Seite geringer als an der kalten Seite. Der daraus resultierende *Potenzialunterschied* ist für verschieden Leiter unterschiedlich und ergibt die *Thermospannung* eines Kontaktpaars. Relevant für die Funktion von Thermoelementen ist also die Tatsache, dass die beiden elektrisch verbundenen Leiter eine *unterschiedliche Thermodiffusion* aufweisen. Klassisch betrachtet ist der theoretische *Seebeck-Koeffizient* S'_A eines Materials A:

$$S'_A = -\frac{1}{3 \cdot e} \cdot \frac{d}{dT} \cdot \left\langle \frac{1}{2} m v^2 \right\rangle \tag{2.1}$$

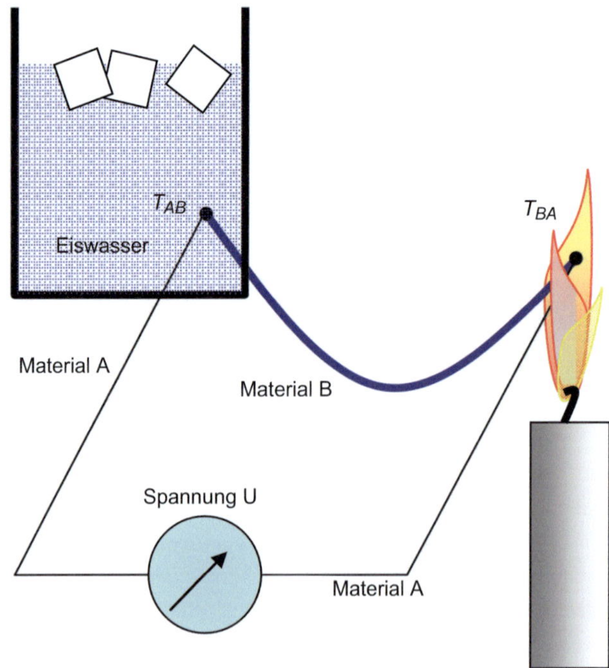

Abb. 2.61 Anwendung eines Thermopaars zur Temperaturmessung

$\langle \frac{1}{2} m v^2 \rangle$: mittlere kinetische Energie der Elektronen
S'_A: theoretischer Seebeck-Koeffizient des Materials A
e: Elementarladung (e = 1,6021 · 10^{-19} As)
T: Temperatur

Der Seebeck-Koeffizient setzt zwei unterschiedlich elektrisch leitfähige Materialien voraus. Als Referenzmaterial wird *Platin* genommen.

Elektronen verhalten sich als *Fermi-Teilchen,* jedoch nicht klassisch. Daher haben sie zu einem Großteil eine temperaturunabhängige kinetische Energie, während einige Elektronen mit kinetischen Energien nahe der Fermienergie eine temperaturabhängige Wärmeenergie aufweisen. Im einfachsten Fall gilt für den Seebeck-Koeffizienten bei einer energieunabhängigen freien Weglänge:

$$S'_A = -\frac{\pi^2 k_B}{2e} \cdot \frac{k_B T}{E_F} \tag{2.2}$$

k_B: Boltzmann-Konstante ($k_B = 1{,}38\ 10^{-23}$ J/K)
E_F: Fermi-Energie

Es wird deutlich, dass der Seebeck-Koeffizient materialabhängig ist.

Haben die beiden Kontaktstellen im Stromkreis unterschiedliche Temperaturen, entsteht zwischen den Metallen kurzzeitig ein *Diffusionsstrom,* der eine entgegengesetzt wirkende *Thermospannung* U_{th} aufbaut. Abb. 2.61 zeigt schematisch den Versuchsaufbau. Für die Thermospannung gilt:

$$U_{th} = \int_{T_{AB}}^{T_{BA}} S_{AB}(T)\, dT. \tag{2.3}$$

Dabei ist:
T_{AB}: Geringere Temperatur
T_{BA}: Höhere Temperatur ($T_{AB} < T_{BA}$)
S_{AB} (T): Temperaturabhängiger Seebeck-Koeffizient zwischen Material A und Material B.

Die temperaturabhängige Proportionalitätskonstante S_{AB} (T) wird *Seebeck-Koeffizient, differenzielle Thermokraft* oder *Thermospannung* genannt und hängt von den beiden Materialien ab. Sie ist positiv, wenn im Stromkreis der Thermostrom (konventionelle Stromrichtung) an der kälteren Kontaktstelle vom Leiter A zum Leiter B fließt. Sie wird experimentell aus der Änderung der integralen Thermospannung mit der Temperatur bestimmt:

$$S_{AB} = \frac{dU(T_{AB})}{dT_{AB}}. \tag{2.4}$$

Dabei entspricht dT einer infinitesimal kleinen Erwärmung der Kontaktstelle AB bei konstanter Temperatur der anderen Kontaktstellen im Stromkreis. Die differenzielle

Thermospannung setzt sich aus zwei virtuellen Einzelspannungen zusammen, die sich jeweils aus der Größe der *Thermodiffusion* in den Materialien ergeben:

$$\mathrm{S_{AB}}(T) = \mathrm{S_A}(T) - \mathrm{S_B}(T). \tag{2.5}$$

In p-Halbleitern ist sie positiv und in n-Halbleitern negativ und vom Betrag her umso größer, je geringer die Ladungsträgerdichte in dem Material ist. Laut Definition ist der differenzielle Seebeck-Koeffizient für Platin Null. Deshalb kann man anhand zweier Kontaktstellen zwischen einem Platindraht und einem zu beschreibenden Draht die Thermospannung des zu beschreibenden Materials bestimmen. Die folgende Liste zeigt beispielhaft die Thermospannungen verschiedener Materialien gegenüber Platin bei Kontaktstellen von 0 °C und 100 °C:

- Platin: 0,0 mV
- Konstantan: −3,2 mV
- Nickel: −1,9 mV
- Wolfram: 0,7 mV
- Kupfer: 0,7 mV
- Eisen: 1,9 mV
- Nickelchrom: 2,2 mV

Zwei Thermoelemente aus Kupfer-Konstantan (100Cu–45Ni55Cu) liefern also eine Spannung von 0,7 mV + 3,2 mV = 3,9 mV, wenn sich der eine Kontakt auf 0 °C und der andere Kontakt auf 100 °C befindet. Thermospannungen für bestimmte Thermopaare sind nach DIN EN 60584 genormt. Tab. 2.15 zeigt die Einsatzbereiche und die Eigenschaften von StandardLegierungen für Thermoelemente.

Die differenzielle Thermospannung zeigt bei geringen Temperaturen eine *lineare Abhängigkeit* und hat am absoluten Nullpunkt den Wert Null (Abb. 2.62). Bei höheren Temperaturen nimmt die differenzielle Thermospannung immer mehr ab. Zur Bestimmung der Thermokraft nach Gl. (2.3) muss dann über den gewünschten Temperaturbereich integriert werden.

Der Seebeck-Effekt eignet sich einerseits zur Messung von *Temperaturunterschieden* zwischen zwei Punkten, bzw. zur Messung von *Temperaturen,* wenn eine bekannte Referenztemperatur zur Verfügung steht. Andererseits eignet er sich aber auch zur Messung von *Materialeigenschaften,* wenn ein Temperaturunterschied vorgegeben wird. So kann man anhand des Vorzeichens der Thermospannung mit einfachen Mitteln schnell erkennen, ob ein Halbleiter eine Elektronen- oder eine Löcherleitung aufweist.

Eines der wenigen Beispiele, bei denen der Seebeck Effekt nicht zur Messung einer Temperatur, sondern zur Messung einer Materialeigenschaft verwendet wird, ist folgendes: Ein Verfahren zur Bestimmung von Verunreinigungen in der Luft beruht auf elektrisch leitfähigen chemisch empfindlichen Schichten. Die *Chemisorption* (Anhaften von Molekülen auf einer Oberfläche aufgrund eines (partiellen) Ladungsaustausches zwischen Molekül und Oberfläche) der Verunreinigungen beeinflusst die Ladungsträgerkonzentration im Material. Diese modifiziert die Fermienergie und damit die

Tab. 2.15 Standard-Legierungen für Thermoelemente. (Quelle: DIN EN 60584-1)

Typ	Materialien	Temperatur Bereich °C für Dauerbetrieb	Temperatur Bereich °C für Kurzzeitbelastung	Bemerkungen
K	Nickel-Chrom/Nickel-Aluminium „Chromel/Alumel“	0 bis +1100	−180 bis +1300	Gebräuchlichster Sensor. Gut geeignet für oxidierende Atmosphäre
J	Eisen/Kupfer-Nickel „Eisen/Konstantan“	0 bis +700	−180 bis +800	Gut geeignet für trockene und reduzierende Atmosphäre
N	Nickel-14,2 % Chrom-1,4 % Silicium/Nickel -4,4 % Silicium-0,1 % Magnesium „Nicrosil/Nisil“	0 bis +1100	−270 bis +1300	Relativ neu. Hohe Stabilität
R	Platin-13 % Rhodium/Platin	0 bis +1600	−50 bis +1700	Hohe Temperaturen. Wird im keramischen Hüllrohr verwendet
S	Platin-10 % Rhodium/Platin	0 bis +1600	−50 bis +1750	Hohe Temperaturen. Wird im keramischen Hüllrohr verwendet
B	Platin-30 % Rhodium/Platin-6 % Rhodium	+200 bis +1700	0 bis +1820	Sehr hohe Temperaturen. Wird immer im hochreinen keramischen Hüllrohr verwendet
T	Kupfer/Kupfer-Nickel „Kupfer/Konstantan“	−185 bis +300	250 bis +400	Sensor für tiefe bis kryogene Temperaturen. Stabilität in Anwesenheit von Wasser
E	Nickel-Chrom/Kupfer-Nickel („Chromel/Konstantan“)	0 to +800	−40 to +900	Hohes Signal

differenzielle Thermospannung des Materials (Gl. (2.3)). Durch deren Messung kann also die *Konzentration* der *Verunreinigungen* bestimmt werden. Dabei wird einem Thermopaar mit mindestens einem chemisch empfindlichen Leiter ein bekannter Temperaturunterschied vorgegeben und die Thermospannung gemessen. Diese ist – bei

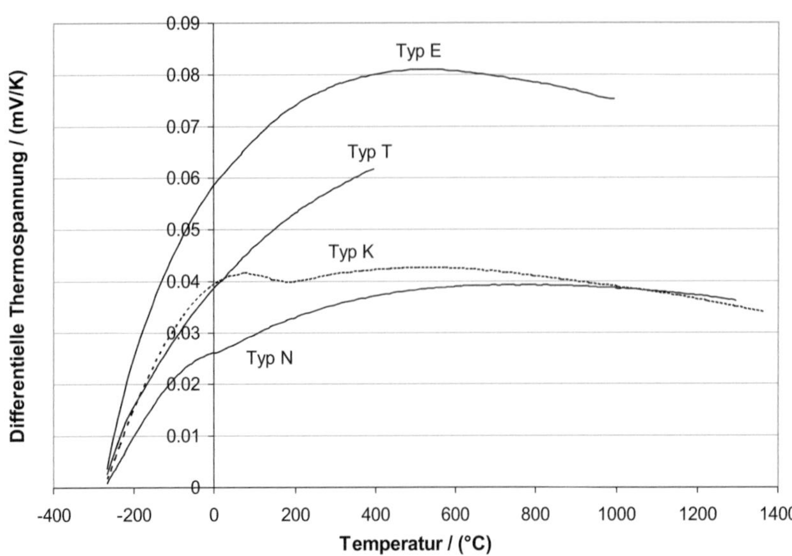

Abb. 2.62 Differenzielle Thermospannung in Abhängigkeit der Temperatur für verschiedene Thermopaare

vorgegebenem festem Temperaturunterschied – abhängig von der Konzentration der nachzuweisenden Gasmoleküle. Bei der praktischen Anwendung sind Thermoelemente meist relativ niederohmig. Im Allgemeinen erhält man sehr geringe Spannungen. Bei der Vorverstärkung solcher Spannungen benutzt man daher Verstärker mit niedrigen Offsetspannungen. Gut geeignet sind *Chopper-* oder *chopperstabilisierte* Verstärker, die als integrierte Schaltkreise angeboten werden.

Eine Möglichkeit, die Ausgangsspannung des Sensors zu erhöhen und damit Temperaturunterschiede empfindlicher zu messen, ist die Hintereinanderschaltung mehrer Thermoelemente zu einer *Thermosäule.* Abb. 2.63 zeigt einen Sensor, der als Thermosäule arbeitet. Diese misst den Temperaturunterschied auf der Oberfläche des Bauteils zwischen Zentrum und Peripherie. Die einzelnen Thermoelemente (knapp 100) sind in der Peripherie deutlich sichtbar.

Der Sensor für die *Wärmestrahlung* nach Abb. 2.63 besitzt eine dünne Membran in der Mitte des Chips, die mit einem Infrarot-Absorber beschichtet ist. Diese erwärmt sich durch Wärmestrahlung. Eine Kette aus hintereinandergeschalteten Thermoelementen (Thermosäule) misst den Temperaturgradienten zwischen der Membran in der Mitte und in der Peripherie des Chips und bestimmt dadurch die empfangene Wärmestrahlung. Die peripheren Thermoelemente sind auf dem Bild sichtbar. Die zentralen Elemente sind vom Absorber verdeckt.

Abb. 2.63 Anwendung des thermoelektrischen Effektes in einem Wärmestrahlungssensor. (Werkfoto: PerkinElmer Optoelectronics)

2.11 Thermowiderstands-Effekt

2.11.1 Funktionsprinzip und physikalische Beschreibung

Der elektrische Widerstand eines Materials hängt von der Zusammensetzung des Materials, von der Homogenität des kristallinen Zustandes und vor allem von der Temperatur ab. Legt man an *isotopen* Materialien eine Spannung an, so entsteht eine elektrische Feldstärke, welche die Elektronen beschleunigt. Die Streuung der Elektronen an den schwingenden Atomen, den Störstellen im Material und an deren Korngrenzen führt dazu, dass ein Widerstand den Strom begrenzt. Für *Metalle* und *Metall-Legierungen* gilt zwischen dem elektrischen Widerstand R und der Temperatur T folgender nicht linearer Zusammenhang:

$$R(T) = R_0\left(1 + \mathrm{a}(T - T_0) + \mathrm{b}(T - T_0)^2\right)$$

mit

R_0: Widerstand bei der Bezugs-Temperatur T_0 (meist 20 °C, aber auch 0 °C)
a, b: Materialkoeffizienten.

Wird b = 0 gesetzt, so beschreibt die *Steigung* der *Widerstandskennlinie* den *Temperaturkoeffizienten* a. Es gilt: $\mathrm{d}R(T)/\mathrm{d}T = \mathrm{a}\,R_0$, womit sich a errechnet zu:

$$\mathrm{a} = R_0(\mathrm{d}R(T)/\mathrm{d}T).$$

Der Temperaturkoeffizient a ist stark abhängig von der Art des Metalls oder der Metall-Legierung (a = 3,89 · 10^{-3} K^{-1} bei Platin und a = 0,02 · 10^{-3} K^{-1} bis 0,05 · 10^{-3} K^{-1} bei

Tab. 2.16 Temperaturabhängigkeit des Temperaturkoeffizienten a für Pt 100

Temperatur in °C	Widerstand R in Ω	Temperaturkoeffizient a in 10^{-3}/K
−40	84,21	3,96
−20	93,13	3,95
0	100,00	3,90802
20	107,80	3,89
40	115,54	3,86
100	138,50	3,80

Chromnickel). Der Temperaturkoeffizient a ist aber auch von der Temperatur T abhängig, wie Tab. 2.16 für Pt 100 zeigt.

Der Koeffizient b spielt erst bei Temperaturen über 100 °C eine Rolle und kann aus den Datenblättern für die Sensoren entnommen werden.

Platin (Pt) spielt bei der Temperaturmessung mit dem Thermowiderstands-Effekt eine besondere Rolle (Abschn. 6.1). Pt ist sehr *widerstandsfähig* gegenüber chemisch aggressiven Substanzen, hat einen *hohen Schmelzpunkt* ($T = 1772$ °C) und einen *sehr hohen spezifischen elektrischen Widerstand* ($\rho = 9{,}81 \cdot 10^{-6}$ Ωcm). Die Zahl hinter der Bezeichnung Pt gibt den Wert des Widerstandes in Ω bei $T = 0$ °C an. So bedeutet:

Pt 100: Widerstand von 100 Ω bei 0 °C oder
Pt 1000: Widerstand von 1000 Ω bei 0 °C.

Übliche Pt-Widerstände sind: Pt 100, Pt 200, Pt 500, Pt 1000 und Pt 10.000.

Hergestellt werden die Pt-Widerstände entweder als Drähte oder als dünne Schichten. In Abb. 2.64 Mitte ist die Struktur der Widerstandsbahn zu erkennen. Das rechte Bauteil misst 2,1 mm × 1,3 mm (Bauform 0805).

Widerstandsthermometer können in unterschiedlichen Temperaturbereichen eingesetzt werden, wie Tab. 2.17 zeigt.

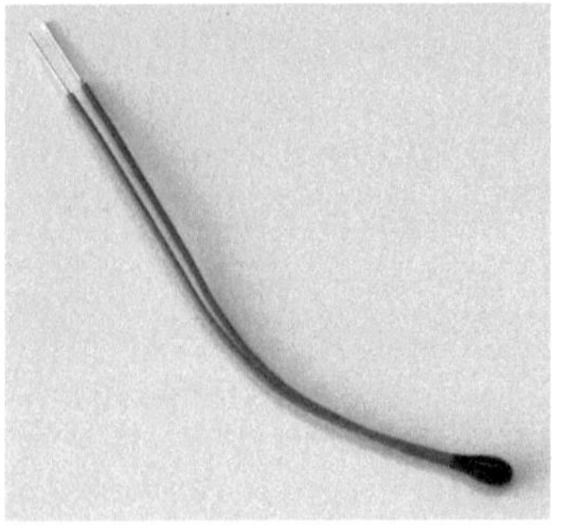
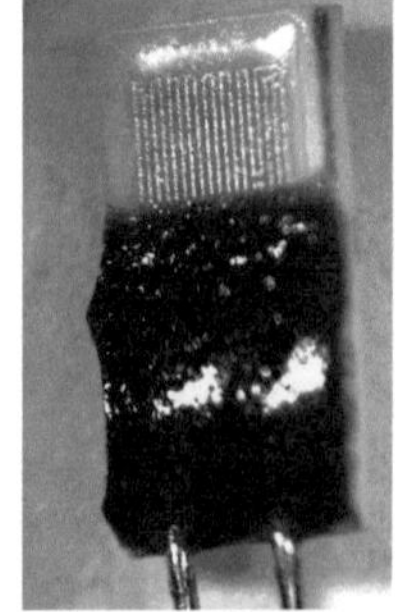

Abb. 2.64 Bauformen gängiger Pt-Widerstände

Tab. 2.17 Bevorzugte Temperatur-Einsatzbereiche von Widerstandsthermometern

Material	Temperatur-Einsatzbereich
Platin (Pt)	−220 °C bis +1000 °C
Nickel (Ni)	−60 °C bis +180 °C
Kupfer (Cu)	−50 °C bis +150 °C

Thermische Ansprechzeiten

Für den Einsatz von Thermowiderstands-Sensoren in Dünnschichttechnologie spielen die *thermischen Ansprechzeiten* eine wichtige Rolle. Darunter versteht man die Zeit, die vergeht, bis ein Platinsensor auf eine stufenförmige Temperaturänderung mit einer Änderung des Widerstandes reagiert hat, die einem bestimmten prozentualen Anteil der Temperaturänderung entspricht. In DIN EN 60751 werden die Änderung der Zeiten für eine 50 %-ige ($t_{0,5}$) bzw. 90 %-ige ($t_{0,9}$) Änderung für Wasser- und Luftströme von 0,4 m/s bis 2,0 m/s empfohlen. Die Werte für andere Medien lassen sich mit dem VDI/VDE-Handbuch 3522 umrechnen. Genaue Werte für die thermischen Ansprechzeiten finden sich in den Datenblättern der Sensorhersteller.

Selbsterwärmung und Mess-Strom

Der durchfließende Strom erwärmt den Platin-Dünnschichtsensor. Der Messfehler der Temperatur ΔT ergibt sich aus: $\Delta T = P \cdot \mathrm{S}$. Dabei ist P die Verlustleistung ($P = I^2R$) und S der *Selbsterwärmungs-Koeffizient* in K/mW. Die Werte für S sind in den Datenblättern der Sensor-Hersteller zu finden. Der Messfehler hängt neben dem thermischen Kontakt zwischen Sensor und umgebenden Medium sehr stark vom Stromfluss durch den Sensor ab. Die Hersteller empfehlen, je nach Messbereich, folgende Stromstärken (Tab. 2.18):

2.11.2 Vorteile der Sensorik mit dem Thermowiderstands-Effekt

Die Pt-Widerstände werden in vielen Bereichen der Technik eingesetzt, weil sie

- sehr genau sind,
- eine hohe Stabilität in thermischer, mechanischer und klimatechnischer Hinsicht aufweisen (typischerweise beträgt nach 5 Betriebsjahren bei 200 °C die Abweichung 0,04 %),

Tab. 2.18 Mess-Ströme für Pt-Sensoren. (Empfehlung: Heraeus)

Messbereich in Ω	Bereich der Mess-Ströme
100 Ω	0,3 mA bis max. 1,0 mA
500 Ω	0,1 mA bis max. 0,7 mA
1000 Ω	0,1 mA bis max. 0,3 mA
2000 Ω	0,1 mA bis max. 0,3 mA
10.000 Ω	0,1 mA bis max. 0,25 mA

- schwingungs- und stoßfest sind (Schwingungen: 10 Hz bis 2 kHz und Bescheunigungs-Stöße bis 100 g),
- eine hohe Hochspannungsfestigkeit aufweisen (< 1000 V bei 20 °C und > 25 V bei 500 °C),
- die Kennlinien standardisiert sind,
- resistent gegenüber Umwelteinflüssen sind (Klima, Feuchte, aggressive Chemikalien),
- eine hohe Langzeitstabilität aufweisen (mehrere tausend Messzyklen) sowie
- schnell und fehlerfrei ihre Signale weiterverarbeiten können.

2.11.3 Einsatzgebiete

Zur besseren Kennzeichnung verschiedener Sensorfamilien und deren Einsatzbereiche werden bei Pt-Dünnschichtsensoren oft *Farbcodes* eingesetzt, wie an einem Beispiel Tab. 2.19 zeigt.

Ein Beispiel für eine Sensorcodierung zeigt Abb. 2.65.

Tab. 2.19 Farbcodierung. (Quelle: Heraeus Sensor Technology GmbH)

Bereich	Temperaturbereich in °C	Farbe
Fixierung	Cryo (C) (ab −200 °C)	Hellblau
	Low (L) (bis 400 °C)	Hellblau
	Medium (M) (bis 600 °C)	Blau
	High (H) (ab 600 °C)	Weiss
	Widerstandswert in Ω	
Mäanderabdeckung	Pt 100	Transparent
	Pt 500	Rosa
	Pt 1000	Blau
	Pt 10.000	Opak

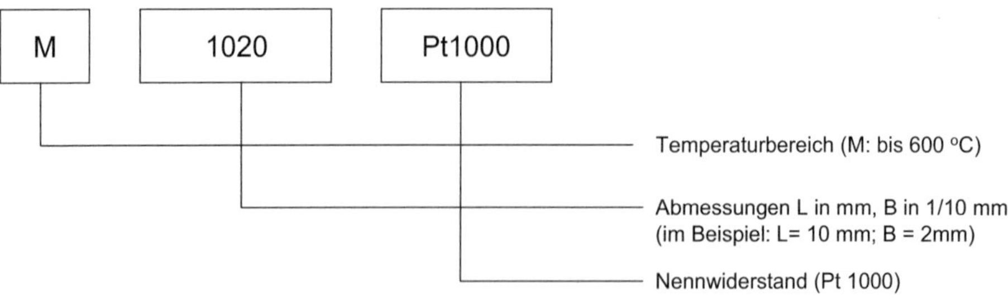

Abb. 2.65 Codierung von Sensoren. (Quelle: Heraeus Sensor Technology GmbH)

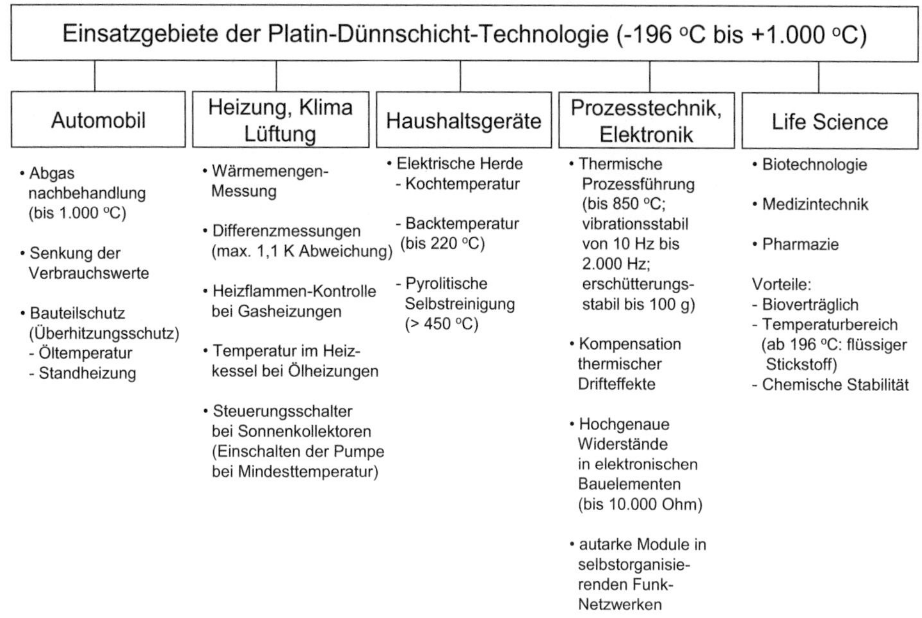

Abb. 2.66 Übersicht über die Anwendungsfelder der Pt-Dünnschicht-Sensoren

Abb. 2.66 zeigt den vielfältigen Einsatz von Pt-Dünnschicht-Sensoren und einige wichtige Anwendungsgebiete.

2.12 Temperatureffekte bei Halbleitern

2.12.1 Funktionsprinzip und physikalische Beschreibung

Neben den metallischen Sensoren für die Temperatur gibt es auch Sensoren zur Temperaturmessung aus *halbleitenden, polykristallinen Keramiken.* Diese Sensoren werden *Thermistoren* genannt (Abschn. 6.1). Die Effekte werden durch die elektrischen und magnetischen Eigenschaften der Materialien bestimmt. Dabei spielt die *Curie-Temperatur* eine wichtige Rolle. *Unterhalb* dieser sind die *magnetischen Eigenschaften* der Materialien maßgebend. Wird die Curie-Temperatur überschritten, dann spielen die magnetischen Effekte kaum eine Rolle. Wenn in diesen Werkstoffen, wie bei Metallen (Abschn. 2.11), der Widerstand bei steigender Temperatur zunimmt, sind es Werkstoffe mit *positivem Temperatur-Koeffizienten.* Man nennt sie *Kaltleiter* oder *PTC-Widerstände* (PTC: *Positive Temperature Coefficient*). Werkstoffe, bei denen der Widerstand bei zunehmender Temperatur abnimmt, haben einen *negativen Temperatur-Koeffizienten.* Diese Werkstoffe heißen *Heißleiter* oder *NTC-Widerstände* (NTC: *Negative Temperature*

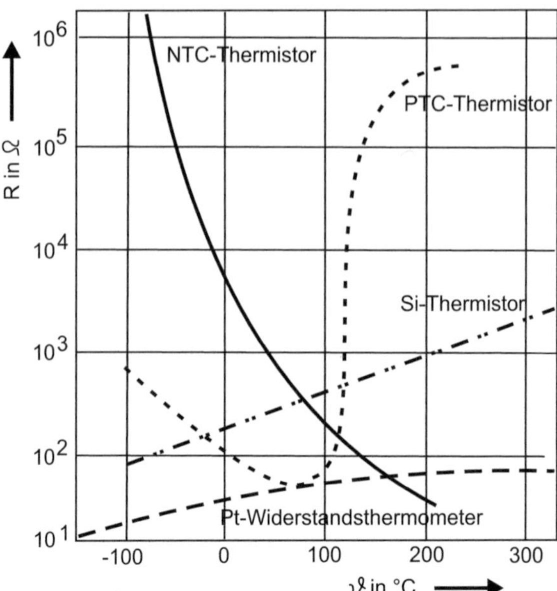

Abb. 2.67 Widerstands-Temperatur-Kennlinien verschiedener Widerstände. (Quelle: Hesse, Schnell: Sensoren für die Prozess- und Fabrikautomation, Vieweg + Teubner, 2009)

Coefficient). Abb. 2.67 zeigt die Kennlinien der verschiedenen Widerstände. Es ist erkennbar, dass Pt und Si annähernd lineare Kennlinien mit positivem TemperaturKoeffizienten aufweisen. Die *halbleitenden Keramikwiderstände* sind grundsätzlich viel stärker temperaturabhängig, d. h. der Temperaturkoeffizient A ist *wesentlich höher* (bis zu 50-mal größer als bei Metallen). Der PTC-Widerstand zeigt in einem bestimmten Temperaturbereich ein *S-förmiges* Verhalten. Im Bereich des Wendepunktes kann deshalb die Kennlinie mit guter Näherung *linearisiert* werden. Beim NTC-Widerstand fällt der Widerstand mit steigender Temperatur exponentiell ab.

2.12.2 Kaltleiter (PTC-Widerstände)

PTC-Widerstände bestehen aus *Titanatkeramik.* Die gängigsten Materialien sind Bariumtitanat ($BaTiO_3$) oder Strontiumtitanat ($SrTiO_3$). Zur Herstellung werden Bariumcarbonat und Titan(IV)-Oxid zusammen mit anderen Materialien, welche die gewünschten elektrischen und thermischen Eigenschaften bestimmen, gemahlen, gemischt und bei hohen Temperaturen (1000 °C bis 1400 °C) gesintert. Abb. 2.68 zeigt das Schaltzeichen und die typische Kennlinie. Weitere Eigenschaften sind in DIN 44080 beschrieben. Das Schaltzeichen zeigt als Rechteck den Widerstand. Die schräge Linie bedeutet, dass der Widerstand variabel ist und die gerade Linie in der Fortsetzung zeigt an, dass der Widerstandsverlauf nicht linear ist. Der Widerstand ist, wie die Bezeichnung „+T" ausdrückt, positiv von der

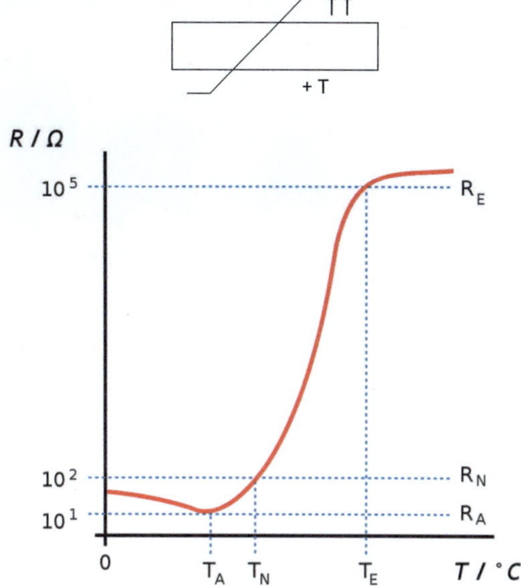

Abb. 2.68 Schaltzeichen (oben) und Kennlinie von PTC-Widerständen nach DIN 44080 (unten)

Temperatur abhängig. Oben rechts sind zwei Pfeile in dieselbe Richtung nach oben zu sehen. Sie besagen, dass bei steigender Temperatur der Widerstand ebenfalls steigt.

Physikalische Zusammenhänge

Die Kennlinie weist zwei Abschnitte auf. Bei niedrigen Temperaturen *unterhalb* der *Curie-Temperatur* (die magnetischen Eigenschaften sind maßgebend) nimmt die Ladungsträgerdichte bei steigender Temperatur zu, d. h. der *Widerstand nimmt ab* (wie bei den NTC-Widerständen). *Oberhalb* der Curie-Temperatur (magnetische Eigenschaften spielen keine wesentliche Rolle mehr) wirken die vielen, isolierend wirkenden Korngrenzen des Sintermaterials mit steigender Temperatur stark *widerstandserhöhend.* Für diesen Bereich gilt folgender Zusammenhang zwischen Temperatur und Widerstand $R(T)$:

$$R(T) = R_{\mathrm{N}} \cdot \exp\left(\mathrm{A}(T - T_{\mathrm{N}}\right).$$

Dabei ist:

R_N: Nennwiderstand bei der Nenntemperatur T_N
T_0: Bezugstemperatur (meist 25 °C)
A: Temperaturkoeffizient in K^{-1}
Exp (x) steht für e^x.

Die Temperatur im Wendepunkt der steil ansteigenden Kennlinie wird *Nenn-Ansprechtemperatur* genannt. Der Wert für den Temperaturkoeffizienten an dieser Stelle beträgt beispielsweise $A = 0{,}16\ K^{-1}$. Sein Wert ist also etwa 40-mal größer als bei metallischen Widerständen.

Abb. 2.69 Bauformen von PTC-Widerständen. (Werkfoto Polyswitch)

Vorteile und Anwendungsgebiete

Diese Widerstände haben die Vorteile, dass sie kostengünstig zu fertigen sind, kleine Abmessungen haben und sehr schnell auf Temperaturänderungen reagieren (wesentlich höherer Temperaturkoeffizient als bei Metallen). Abb. 2.69 zeigt die üblichen Bauformen von PTC-Widerständen.

Die PTC-Sensoren werden meist für folgende Aufgaben eingesetzt:

- Temperaturkompensation,
- Temperaturwächter, d. h. Schutz vor thermischer Überlastung (von 60 °C bis 190 °C in Schritten von jeweils 10 °C),
- Überstromsicherung (ein hoher Strom erzeugt im Kaltleiter einen höheren Widerstand, der den Strom wiederum begrenzt).

2.12.3 Heißleiter (NTC-Widerstände)

Heißleiter sind halbleitende, polykristalline Keramiken, bei denen mit *zunehmender Temperatur* der *Widerstand sinkt.* Abb. 2.70 zeigt das Schaltzeichen und die Kennlinien von NTC-Widerständen. Das Schaltzeichen ist ähnlich zum PTC-Widerstand mit folgenden Unterschieden: Der Widerstand ist, wie die Bezeichnung „-T" ausdrückt, negativ von der Temperatur abhängig, d. h. bei steigender Temperatur sinkt der Widerstand. Dies zeigen auch die beiden gegenläufigen Pfeile oben rechts. Weitere Eigenschaften sind in DIN 44070 beschrieben.

Viele NTC-Widerstände haben eine sogenannte *Spinell-Struktur* und sind nach folgende Strukturformel aufgebaut: $A^{2+}\ B^{3+}{}_2\ O^{2-}{}_4$. Dabei sind A zweiwertige und B dreiwertige Metalle. Die Sinter-Keramik aus Mischoxiden besteht meist aus Eisenoxid

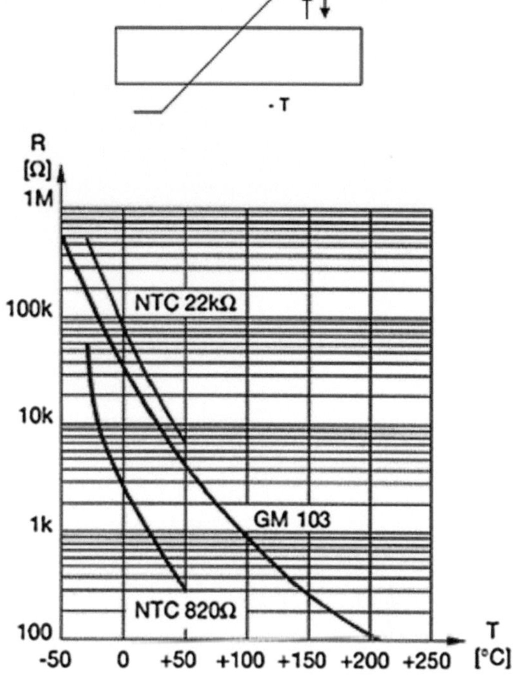

Abb. 2.70 Schaltzeichen (oben)und Kennlinie von NTC-Widerständen nach DIN 44070 (unten)

(Fe_2O_3), Magnesiumdichromat ($MgCr_2O_4$) und Bariumnitrat. Der negative Widerstand bei steigender Temperatur kommt folgendermaßen zustande: Bei höherer Temperatur werden mehr Ladungsträger freigesetzt, wodurch der Widerstand sinkt.

Der Widerstand $R(T)$ hängt folgendermaßen von der Temperatur T ab:

$$R(T) = R_{\mathrm{N}}\, e^{\mathrm{B}\left(\frac{1}{T}-\frac{1}{T_{\mathrm{N}}}\right)}.$$

Dabei sind:

R_N: Nennwiderstand bei der Nenntemperatur T'_N (meist 25 °C)
B: Materialkonstante (von 2900 K bis 3950 K).

Aus obiger Formel folgt für den Temperaturkoeffizienten A als Steigung der Temperatur-Widerstands-Kennlinie: $A = -(B/T^2)$. Tab. 2.20 zeigt einige Werte.

Es ist zu berücksichtigen, dass beim Pt-Widerstand (Tab. 2.21) die Bezugstemperatur bei 0 °C liegt, während die Bezugstemperatur beim NTC-Widerstand und beim PTC-Widerstand 25 °C beträgt. Der Temperatur-Widerstandsverlauf kann näherungsweise auch mit der *Steinhart-Hart-Gleichung* (Kap. 6) beschrieben werden. Danach gilt:

$$1/T = \mathrm{a} + \mathrm{b}\ \ln(R) + \mathrm{c}\ \ln^3(R).$$

Tab. 2.20 Temperaturabhängigkeit des Temperaturkoeffizienten A für den NTC-Widerstand B3920/2K mit $R_0 = 2\ \mathrm{k\Omega}$, $T_0 = 293$ K und B = 2600 K

Temperatur in °C	Widerstand R in Ω	Temperaturkoeffizient A in 10^{-3}/K
−40	19.651	−48
−20	8134	−41
0	3831	−35
20	2000	−30
40	1134	−26
60	688,8	−23

Tab. 2.21 Kennwerte ausgewählter pyroelektrischer Materialien bei Raumtemperatur (20 °C)

Material	Pyroelektrischer Koeffizient k_p in 10^{-4} C K^{-1} m^{-2}	Permittivitätszahl ε_r	Curie-Temperatur in °C
Triglycinsulfat (TGS)	3,5	30	49
Lithium-Tantalat ($LiTaO_3$)	2	45	618
Barium-Titanat ($BaTiO_3$)	4	1000	120
Blei-Zirkonat-Titanat (Pb (Zr,Ti)O_3)	4,2	1600	340
Bleititanat ($PbTiO_3$)	2,3	200	470
Polyvinylidenfluorid-Folie (PVDF)	0,4	12	80

Dabei sind a, b und c Koeffizienten, die das Verhalten des NTC-Widerstandes beschreiben.

Vorteile und Anwendungsgebiete

Die Vorteile sind dieselben wie bei den PTC-Widerständen. Abb. 2.71 zeigt dieselben Bauformen wie bei den PTC-Widerständen. NTC-Widerstände spielen in der Praxis eine wesentlich größere Rolle als PTC-Widerstände. Die Anwendungsbereiche sind sehr vielfältig. Um die Bauteile schnell und sicher klassifizieren zu können, kennzeichnet der erste Buchstabe den Anwendungsfall. Es bedeuten:

- F : Fremdgeheizte NTC-Widerstände,
- K : Temperaturkompensation,
- M : Temperaturmessung,
- R : Regelung von Spannungen.

Abb. 2.71 Bauformen von NTC-Widerständen

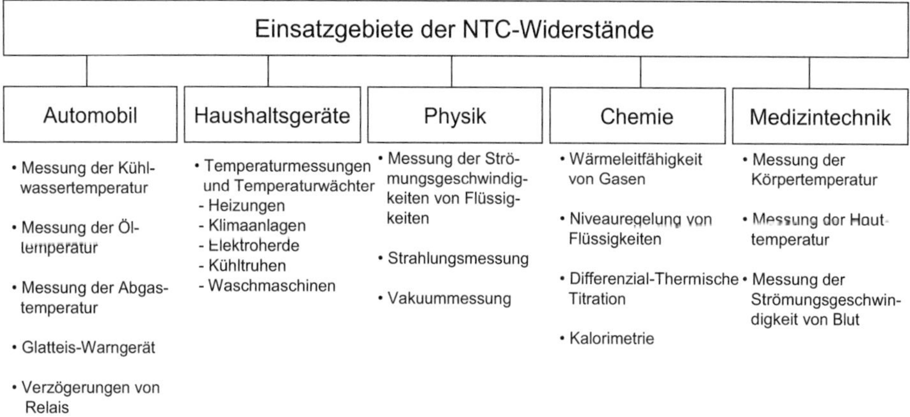

Abb. 2.72 Wichtigste Einsatzgebiete von NTC-Widerständen

NTC-Widerstände werden meist für Schutz- und Kompensationsaufgaben eingesetzt. In Abb. 2.72 sind die wichtigsten Einsatzgebiete zusammengestellt.

2.13 Pyroelektrischer Effekt

2.13.1 Funktionsprinzip und physikalische Beschreibung

In pyroelektrischen Materialien ändert sich bei *Temperaturänderungen* (Abkühlung oder Erwärmung) die *elektrische Polarisation* P_{el}. Dadurch entstehen *Oberflächenladungen,* weshalb an den gegenüberliegenden Flächen ein positiver elektrischer Pol (*analoger* Pol) und ein negativer elektrischer Pol (*antiloger* Pol) erzeugt werden (Abb. 2.73). Die dadurch entstehende Spannung kann abgegriffen werden. Der pyroelektrische Effekt tritt dadurch auf, dass wegen der Temperaturänderung sich der *Abstand der Gitterionen*

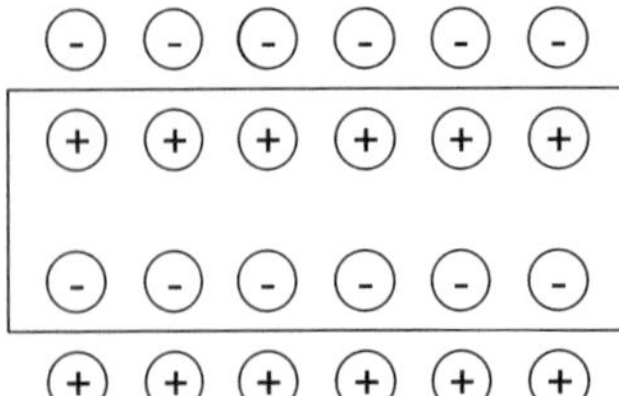

Abb. 2.73 Prinzip des pyroelektrischen Effektes

verändert (ähnlich wie beim piezoelektrischen Effekt, bei dem die Ursache Kräfte oder Drücke sind, Abschn. 2.1). Diese Abstandsänderung der Gitterionen bewirkt zweierlei (Voraussetzung: die Richtung der elektrischen Polarisation P zeigt in Richtung der Kristallachse):

1. *Längenänderung* (bei Erwärmung eine Ausdehnung) in der Achse der pyroelektrischen Kristalle, welche die gleiche Richtung wie die elektrische Polarisation aufweist.
2. Änderung der *elektrischen Polarisation* mit der Temperatur.

Beide Effekte wirken in gleicher Richtung und verstärken sich deshalb.

Die Änderung der elektrischen Polarisation ΔP mit der Temperaturänderung ΔT lässt sich wie folgt beschreiben:

$$\Delta P = \mathrm{k_p} \cdot \Delta T,$$

wobei $\mathrm{k_p}$ der *pyroelektrische Koeffizient* ist. Er wird in C $\mathrm{K^{-1} m^{-2}}$ gemessen und beschreibt die *pyroelektrische Empfindlichkeit.*

Ein pyroelektrischer Sensor besteht aus einem pyroelektrischen Plättchen mit einer metallisierten Ober- und Unterseite der Fläche *A*, an denen die elektrischen Anschlüsse angebracht sind. Erwärmt man das Plättchen um die Temperatur ΔT, dann entsteht an den gegenüberliegenden Flächen ein Ladungsunterschied ΔQ. Es gilt:

$$\Delta Q = \mathrm{k_p} \cdot A \cdot \Delta T.$$

Mit elektrischen Schaltungen analog zum piezoelektrischen Effekt (Abschn. 2.1) errechnet sich die pyroelektrische Kapazität C_p für ein Plättchen mit der Dicke *d,* der Fläche *A* und der Permittivitätszahl ε_r zu:

$$C_p = \varepsilon_o \cdot \varepsilon_T \cdot A/d \text{ (elektrische Feldkonstante } \varepsilon_0 = 8{,}854187817\,\mathrm{C} \cdot \mathrm{V}^{-1}\mathrm{m}^{-1}).$$

Damit gilt für die Spannung ΔU:

$$\Delta U = \frac{\Delta Q}{C_p} = \mathrm{k_p} \cdot A \cdot \Delta T \cdot \frac{d}{\varepsilon_0 \varepsilon_r A} = \frac{\mathrm{k_p}}{\varepsilon_0 \varepsilon_r} \cdot d \cdot \Delta T.$$

Für ein Sensorplättchen der Dicke $d = 15\,\mu\mathrm{m}$ aus Litium-Tantalat (($LiTaO_3$)) mit einer Permittivitätszahl ε_r von 45 und einem pyroelektrischen Koeffizienten von $\mathrm{k_p} = 2 \cdot 10^{-4}$ $\mathrm{CK^{-1}m^{-2}}$ ergibt sich bei einer Temperaturänderung von $\Delta T = 1$ K eine Spannung von 7,5 V.

Die entstehenden Oberflächenladungen werden normalerweise durch entsprechende Ladungsträger aus der Umgebung neutralisiert. Besonders empfindlich reagieren die Pyrosensoren daher auf zeitliche und räumliche Veränderungen der Strahlungsintensität. Bevorzugtes Einsatzgebiet sind daher beispielsweise Bewegungs- oder Feuermelder (Abschn. 2.14).

Da pyroelektrische Materialien auch piezoelektrische Eigenschaften aufweisen, reagieren sie besonders empfindlich auf mechanische Spannungen oder Vibrationen. Hier empfängt der Pyrosensor *piezoelektrische Störsignale.* Diese Störungen werden üblicherweise dadurch kompensiert, dass zwei mechanisch gekoppelte Sensoren elektrisch gegeneinander geschaltet werden. Eine weitaus bessere, aber wesentlich aufwendigere Möglichkeit besteht darin, dass mehrere pyroelektrische Schichten (2n Schichten) in Stapelanordnung aufgebracht werden. Die elektrische Polarisation steht senkrecht zur Schichtebene und die Polarisationsrichtung unterscheidet sich von Schicht zu Schicht um 180 Grad. Es sind 2n + 1 Elektroden jeweils zwischen den Schichten und an den Außenseiten des Stapels angeordnet. Durch diese elektrisch symmetrische, aber mechanisch asymmetrische Anordnung der Schichten, werden auch die piezoelektrischen Störsignale kompensiert, die nicht linear sind.

2.13.2 Materialien

Piezoelektrische Materialien müssen permanente elektrische Dipole besitzen, welche durch Temperaturänderungen beeinflusst werden. Als Materialarten kommen feste und flüssige Kristalle, Keramik und polymere Kunststoffe infrage. Alle pyroelektrischen Materialien zeigen auch den piezoelektrischen Effekt (Abschn. 2.1), aber nicht alle piezoelektrischen Materialien zeigen den pyroelektrischen Effekt (z. B. ist Quarz nicht pyroelektrisch).

Bei den Materialien unterscheidet man:

- *Pyroelektrische Kristalle*
  Dazu gehören Turmalin, Lithium-Tantalat ($LiTaO_3$), Bariumtitanat ($BaTiO_3$: BTO) und Blei-Zirkonat-Titanat (Pb,O,Ti/Zr: PZT).
- *Pyroelektrische Keramiken*
  Die meisten pyroelektrischen Materialien werden synthetisch hergestellt. Typische Vertreter sind Blei-Zirkonat-Titanate (PZT).
- *Pyroelektrische, polymere Kunststoffe*
  Der am häufigsten eingesetzte Werkstoff ist Polyvinylidenfluorid (PVDF).

Tab. 2.21 zeigt die Kennwerte einiger pyroelektrischen Materialien.

2.13.3 Anwendungen

Abb. 2.74 zeigt die Anwendungsfelder von pyroelektrischen Sensoren.

Der pyroelektrische Effekt findet derzeit im Haushalts- und Sicherheitsbereich seine hauptsächliche Anwendung bei *Bewegungsmeldern.* Ein Mensch mit einer Körpertemperatur von 36 °C erzeugt nach dem Wienschen Verschiebungsgesetz ($\lambda_{max} \cdot T = \text{konstant} = 2898\ \mu\text{m K}$) bei einer maximalen Energieabstrahlung eines schwarzen Körpers eine Wärmestrahlung mit der Wellenlänge von etwa 10 µm. Den schematischen Aufbau zeigt Abb. 2.75a) und ein fertiges Bauteil eines Bewegungsmelders Abb. 2.75b). Bei Bewegungsmeldern wird die *Wärmestrahlung* (IR-Strahlung) von Objekten im Bereich von −20 °C bis +200 °C berührungslos gemessen. Die Messungen laufen sehr schnell ab (im Bereich ms), sodass auch sehr schnelle Temperaturverläufe detektiert werden können. Die Pyrosensoren können auch als IR-Feuermelder eingesetzt werden. Diese Pyrosensoren werden auch als *Passiv-Infrarot-Sensor* (PIR) bezeichnet. Das Wort „Passiv" bedeutet, dass nur abgestrahlte Wärmeenergie „empfangen", aber nicht ausgestrahlt wird.

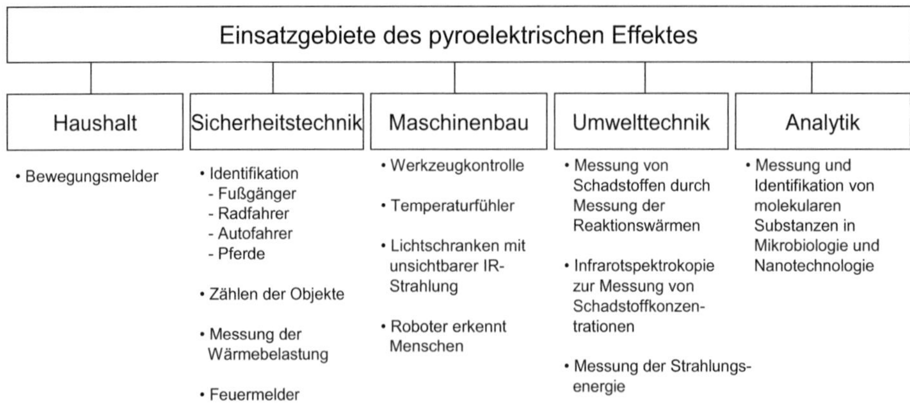

Abb. 2.74 Anwendungsfelder pyroelektrischer Sensoren

a)

Aufbau eines Pyrosensors mit zwei Pyroelementen (Werkfoto: Sensitec)

b)

Pyrosensor und zweiteilige Fresnellinseals Bewegungsmelder (PIR 13: Quelle: ELV Elektronik AG)

Abb. 2.75 Pyrosensoren als Bewegungsmelder **a**) Aufbau eines Pyrosensors mit zwei Pyroelementen (Werkfoto: Sensitec); **b**) Pyrosensor mit vorgeschalteter Fresnellinse als Bewegungsmelder (Werkfoto: PIR 13 von ELV Elektronik AG)

Ein *Zwei-Elemente-Sensor* nach Abb. 2.75a) eignet sich besonders gut zur *Bewegungserfassung*. Dadurch, dass sie nebeneinander liegen, kann eine besonders gute Unterscheidung zwischen Hintergrund und vorbeilaufenden Personen unterschieden werden. Nur wenn die Sensorelemente abweichende Wärmestrahlung aufnehmen, wird ein Effekt detektiert. Die vom Objekt abgestrahlte Wärme wird durch eine Fresnel-Linse auf das Sensorelement fokussiert, dort mit einer Referenzwärmequelle verglichen und entsprechend detektiert und verstärkt. Um den Beobachtungsbereich des Sensors zu vergrößern, werden mehrere Linsen vorgeschaltet, wie dies in Abb. 2.76 dargestellt ist. Die Linsen werden so angeordnet, dass sie Licht aus verschiedenen Zonen erfassen können.

In Abb. 2.75b) wird eine vorgeschaltete Fresnel-Linse gezeigt, die aus 17 einzelnen Linsen besteht. Damit wird ein Erfassungsbereich von mindestens 90 Grad ermöglicht. Bewegt sich eine Personen durch die einzelnen Zonen, dann werden auf den beiden Sensorflächen unterschiedliche Ladungsdifferenzen erzeugt. Es wird möglich, eine Bewegung über einen großen Bereich und in relativ großer Entfernung (etwa 4 m) zu erfassen. Die Linsen müssen Bildeigenschaften im Bereich der Wärmestrahlung aufweisen. Moderne Pyrosensoren erreichen eine Bandbreite von 3,3 kHz bei einem Spektralbereich von 1,8 μm bis 23 μm.

Pyrosensoren sind *thermische Detektoren* und sind deshalb auch geeignet, Wärmeenergie unabhängig von der Wellenlänge der auftreffenden Strahlung zu messen. Der koaxiale Aufbau der Wärmedetektoren macht diese weitgehend unempfindlich gegen elektromagnetische Strahlung (Abb. 2.77). Die schwarze Absorptionsschicht ermöglicht eine gleichmäßige Absorption im Bereich der Wellenlängen von 185 nm bis 25 μm.

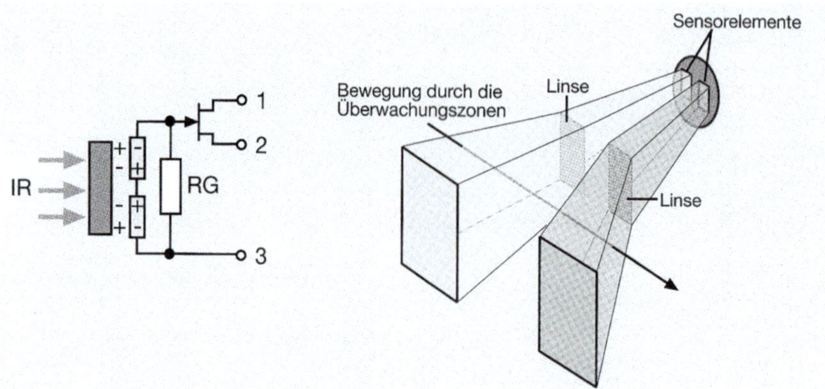

Abb. 2.76 Aufbau eines Zwei-Element-Pyrosensors und die Wirkung von vorgeschalteten Linsen. (Werkfoto: PIR 13 von ELV Elektronik AG)

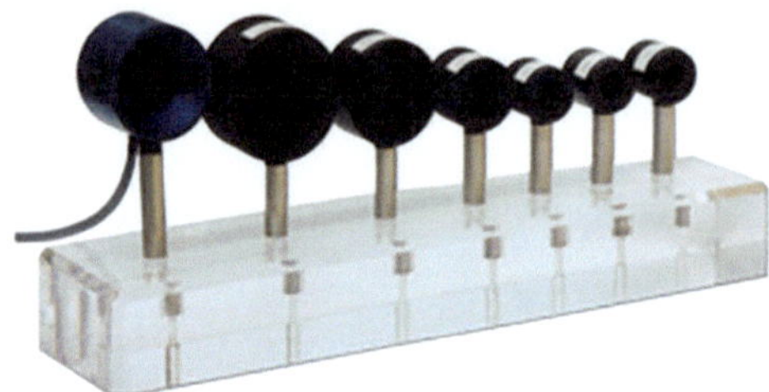

Abb. 2.77 Energiemessköpfe. (Werkfoto: Sensorund Lasertechnik Dr. W. Bohmeyer)

Wiederholfrequenzen über 100 Hz sind möglich. Je nach Größe der Absorptionsschicht und Sensormaterial sind bestimmte maximale thermische Belastungen möglich. Diese Wärmedetektoren erlauben Energiemessungen zwischen 1 µJ und 2 J, bei einer maximalen Leistungsdichte von 8 MW/cm^2 für einen Impuls von 10 ns.

Bei chemischen Reaktionen können *Reaktionswärmen* auftreten. Eine Messung dieser Wärmemenge erlaubt eindeutige Rückschlüsse auf die an der Reaktion beteiligten Substanzen und ihre Konzentrationen. Diese Methode wird erfolgreich zur Messung von *Konzentrationen* beispielsweise von Sauerstoff und Wasserstoff sowie NO_x-Konzentrationen und anderen Schadstoffen angewandt.

Besonders erfolgversprechend sind *künstliche Nanostrukturen,* die auf biologisch basierten Oberflächen (S-Layer: Surface Layer) aufgebracht werden können. Ideal dazu sind bakterielle Membranproteine als Basis-Layer. Auf ihnen können definiert regelmäßig angeordnete, nano-metergroße Metalle (z. B. Platin) abgeschieden werden. Abb. 2.78 zeigt einen möglichen Aufbau. Die Funktionsflächen liegen dabei in der Größenordnung von 100 µm × 100 µm. Die aufgebrachten pyroelektrischen Detektor-

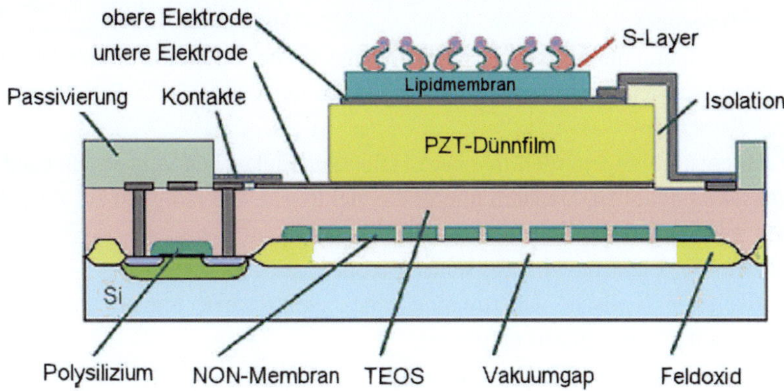

Abb. 2.78 Pyroelektrisches Detektorarray auf der Basis mikrobiologischer Substanzen. NON: Nitridoxidnitrid, TEOS: Tetraoxysilan; PZT: Bleizirkontitanat. (Quelle: Wolfgang Pompe, Institut für Werkstoffwissenschaft TU Dresden)

strukturen betragen im Durchmesser 2 nm bis 30 nm bei einer extrem hohen Packungsdichte von größer als 10^{12} pro cm^2.

2.14 Fotoelektrischer Effekt

2.14.1 Funktionsprinzipien und physikalische Beschreibung

Der fotoelektrische Effekt beschreibt folgendes Phänomen: Ein *Lichtquant,* d. h. ein Photon, wird von einem *Elektron absorbiert.* Dadurch wird das Elektron aus seiner *Bindung gelöst.* Dabei muss die *kinetische Energie* des Photons mindestens so groß wie die *Bindungsenergie* dieses Elektrons sein. Wie Abb. 2.79 zeigt, werden folgende Arten von Fotoeffekt unterschieden:

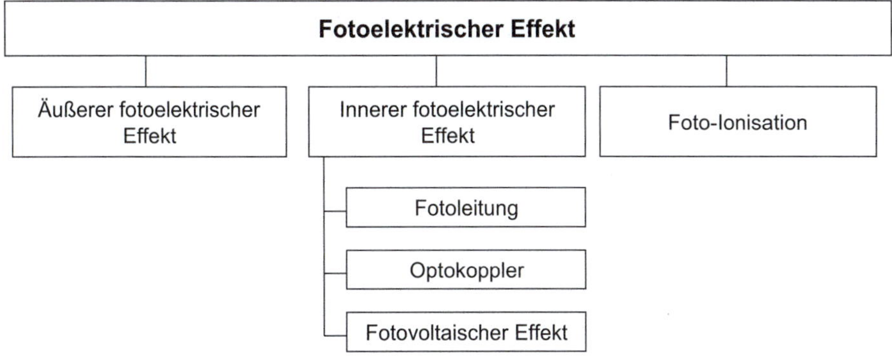

Abb. 2.79 Arten des fotoelektrischen Effektes

- *Äußerer Fotoeffekt*
  Durch Bestrahlung mit kurzwelliger elektromagnetischer Strahlung (z. B. Licht) werden Elektronen aus Metalloberflächen herausgelöst. Dadurch entsteht ein *Fotostrom.*
- *Innerer Fotoeffekt*
  Bei Lichteinstrahlung werden in einem Halbleiter Elektronen vom Valenzband in das *Leitungsband* gehoben. Dadurch nimmt die elektrische Leitfähigkeit zu. Zwei Effekte werden dabei unterschieden:
  - *Fotoleitung* (Elektron wird aus seiner Bindung gelöst).
  - *Optokoppler* (optische Übertragung eines elektrischen Signals zwischen zwei galvanisch getrennten Stromkreisen).
  - *Fotovoltaischer Effekt* (Ladungstrennug).
- *Fotoionisation*

Äußerer Fotoeffekt

Abb. 2.80 zeigt den Effekt. Die Energie einer Lichtquelle wird in einzelnen Lichtquanten transportiert, den *Photonen.* Jedes emittierte Elektron wird von einem Photon ausgelöst (Abb. 2.80a)). Dieses Photon gibt seine Energie an das emittierte Elektron ab. Die einzelnen Photonen können mit einem *Fotomultiplier* bestimmt werden (Abschn. 14.3.1, Abb. 14.4).

Die Abhängigkeit der kinetischen Energie E_{kin} der emittierten Fotoelektronen von der Frequenz f des eingestrahlten Lichtes stellt eine Gerade dar, deren Gleichung wie folgt lautet:

$$E_{kin} = \mathrm{h} \cdot f - W_A.$$

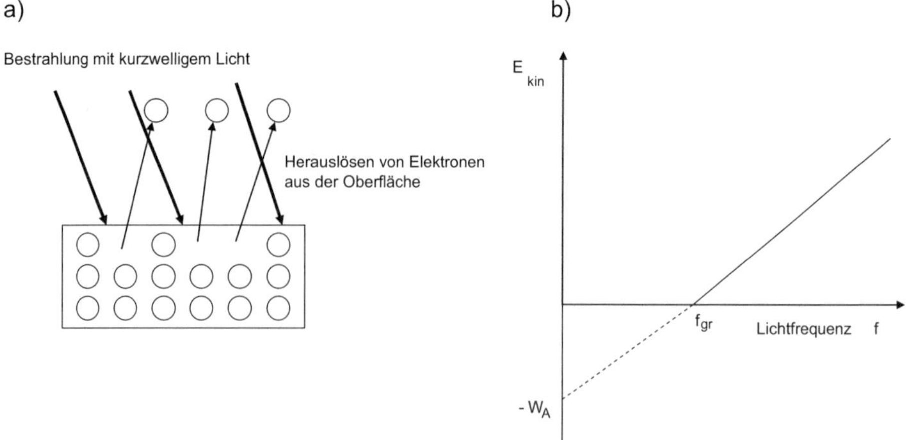

Abb. 2.80 Äußerer fotoelektrischer Effekte **a**) Prinzip **b**) Kinetische Energie der emittierten Fotoelektronen in Abhängigkeit von der Frequenz des eingestrahlten Lichtes

Wie Abb. 2.80b) zeigt, ist dabei h die Steigung der Geraden, $-W_A$ der Achsenabschnitt und der Nulldurchgang entspricht der Grenzfrequenz f_{gr}. Diese Gleichung ist nach dem Energiesatz folgendermaßen zu deuten:

Die Energie des Photons E_{ph},ist h f. Dabei ist h das *Planck'sche Wirkungsquantum* (h = 6,626 · 10^{-34} Js = 4,136 · 10^{-15} eVs. Sie ist die Steigung der Geraden in Abb. 2.80b). Damit ein Elektron austreten kann, muss eine *Austrittsarbeit* W_A aufgebracht werden. Dann steht für das Elektron die oben ausgeführte kinetische Energie E_{kin} zur Verfügung und es ist:

$$E_{kin} = E_{ph} - W_A.$$

Damit erklärt sich auch die *Grenzfrequenz* f_{gr}. Das Elektron wird nur emittieren, wenn die Photonenenergie E_{pk} größer ist als die erforderliche Austrittsarbeit W_A. Im Grenzfall gilt:

$$\mathrm{h} f_{gr} = W_A.$$

Diese Zusammenhänge bedeuten, dass

- die *kinetische Energie* der emittierten Elektronen (Fotoelektronen) nicht von der Intensität des eingestrahlten Lichtes abhängt, sondern nur von der *Frequenz.*
- Die Fotoemission kommt zum Erliegen, wenn die Lichtfrequenz einen unteren Grenzwert f_{gr} erreicht.
- Erhöht man die Intensität des Lichtes, dann nimmt zwar der Strom der emittierten Fotoelektronen zu, aber nicht deren kinetische Energie.

Da die Energie der Photonen E_{ph} proportional zur Frequenz f des Lichtes ist, muss sie umgekehrt proportional zur Wellenlänge λ sein, sodass gilt:

$$E_{ph} = \mathrm{h} \cdot f = (\mathrm{h} \cdot \mathrm{c}) / \cdot \lambda.$$

Für das Produkt aus den beiden Naturkonstanten schreibt man gewöhnlich h′ = h · c (h′ = 1,24 eVμm), sodass für die Photonenenergie gilt:

$$E_{ph} = \mathrm{h}' / \lambda.$$

Einzelne Photonen können mit dem Fotomultiplier bestimmt werden (Abschn. 14.3, Abb. 14.4).

Innerer Fotoeffekt: Fotoleitung

Die Fotoleitung kann bei *Halbleitern* beobachtet werden. Ein auftreffendes Photon löst ein Elektron aus seiner Bindung. Dadurch wird es im Material beweglich, es tritt aber nicht aus dem Material aus. Fotoleitung bedeutet in diesem Fall, dass die Lichtenergie der Photonen die elektrische Leitfähigkeit erhöht. Dieser Effekt kann im *Bändermodell* folgendermaßen erklärt werden: Durch die Absorption eines Photons wird ein Elektron vom Valenzband in das energetisch höher gelegene Leitungsband gehoben, es entsteht

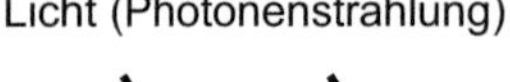

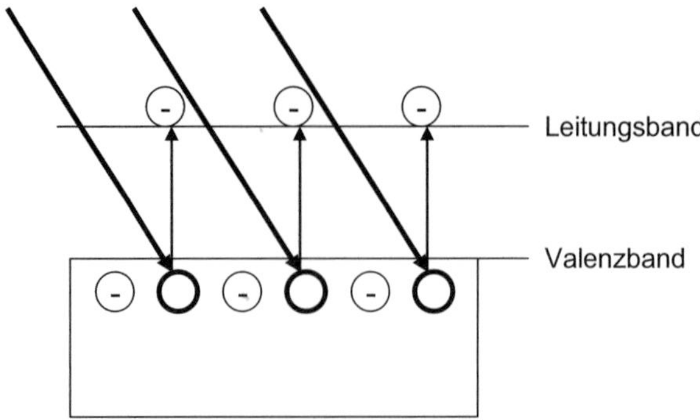

Abb. 2.81 Erklärung der Fotoleitung mit dem Bändermodell

ein *Elektronen-Loch-Paar* mit dem Effekt, dass mehr elektrische Ladungsträger zur Verfügung stehen (Abb. 2.81). Die Energie der Photonen muss dazu mindestens so groß wie Energielücke E_g zwischen Leitungs- und Valenzband sein:

$$E_{\text{ph}} \geq E_{\text{g}}.$$

Mit dem obigen Zusammenhang der Photonenenergie E_{ph} mit der Wellenlänge λ ($E_{ph} = (hc)/\lambda = 1{,}24\ \mu meV/\lambda$) für die Wellenlänge λ:

$$\lambda \leq (\text{h c})/E_{\text{g}} \leq 1{,}24\,\mu\text{meV}/E_{\text{g}}.$$

Das bedeutet, dass die elektrische Leitfähigkeit ab der Bandlückenenergie E_g deutlich ansteigt.

Innerer Fotoeffekt: Optokoppler

Ein Optokoppler überträgt ein *elektrisches Signal* zwischen *zwei galvanisch getrennten* Stromkreisen. Dazu befinden sich in einem Optokoppler zwei Bauelemente in einem Gehäuse: ein *lichtemittierendes* Element (meist eine Leuchtdiode, LED) und ein *lichtempfangendes* Element (meist ein Fototransistor). Weitere Ausführungen siehe Abschn. 14.4.

Innerer Fotoeffekt: Fotovoltaischer Effekt

Strahlt Licht auf den pn-Übergang eines Halbleiters, so findet eine Ladungstrennung statt. Die Elektronen wandern zum n-Kontakt und die Löcher zum p-Kontakt. Die *Solarzelle* hat an der Oberfläche ein Gitter dünner Kontaktfinger, die den erzeugten Fotostrom ableiten. Abb. 2.82 zeigt den Aufbau einer Solarzelle. Wegen des hohen Reflexionsgrades der Halbleiter besitzt die Oberfläche der Solarzelle stets eine Antireflexschicht.

Im Kurzschlussbetrieb fließt durch die Solarzelle ein Fotostrom I_K, der proportional zur eingestrahlten Leistung Φ_e ist, sodass gilt:

$$I_{\text{K}} \sim \Phi_{\text{e}} = E_{\text{e}}A \ (E_{\text{e}} : \text{eingestrahlte Photonenenergie}; A; \text{Fläche}).$$

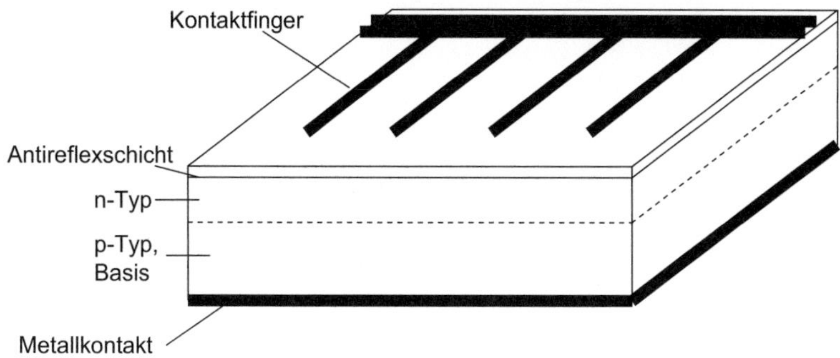

Abb. 2.82 Aufbau einer Solarzelle für den fotovoltaischen Effekt

Fotoionisation

Tritt ein Lichtstrahl (Photonenstrom) auf Atome oder Moleküle, so können eine oder mehrere Elektronen aus dem Atom- oder Molekülverband geschlagen werden, sodass die zurückbleibenden Atome oder Moleküle Ionen darstellen (geladene Teilchen). Gibt ein Photon seine ganze Energie an ein Elektron ab, dann wird dies in der Kernphysik als Fotoeffekt bezeichnet. Absorbiert das Elektron nur ein Teil der Photonenenergie und wird die restliche Energie als Photon geringerer Frequenz bzw. größerer Wellenlänge wieder emittiert, dann ist dies der *Compton-Effekt.*

Der *Wirkungsquerschnitt* σ für die Fotoionisation ist folgendermaßen abhängig von der Ordnungszahl Z und der Photonenenergie E_{ph}:

$$\sigma \sim Z^5 E_{\text{ph}}^{-7/2}.$$

Weil der Wirkungsquerschnitt σ proportional der fünften Potenz der Ordnungszahl Z ist, absorbieren Materialien mit hohen Ordnungszahlen besonders gut Röntgen- und γ-Strahlen (z. B. Blei mit $Z = 82$).

Wie die negative Potenz bei der Photonenenergie zeigt, nimmt mit steigender Photonenenergie E_{ph} der Wirkungsquerschnitt σ ab. Dies jedoch nur solange auch Elektronen zur Ionisation zur Verfügung stehen. Sobald die Photonenenergie die Bindungsenergie der nächst höheren Elektronenschale erreicht, erhöht sich schlagartig der Wirkungsquerschnitt, der dann mit zunehmender Photonenenergie wieder abnimmt, bis die nächste Elektronenschale erreicht wird. Dieser *kammartige* Verlauf des Wirkungsquerschnitts σ von der Photonenenergie E_{ph} zeigt Abb. 2.83.

2.14.2 Fotoelektrische Sensorelemente

Der innere Fotoeffekt bietet die häufigsten sensorischen Anwendungen (Tab. 2.22).

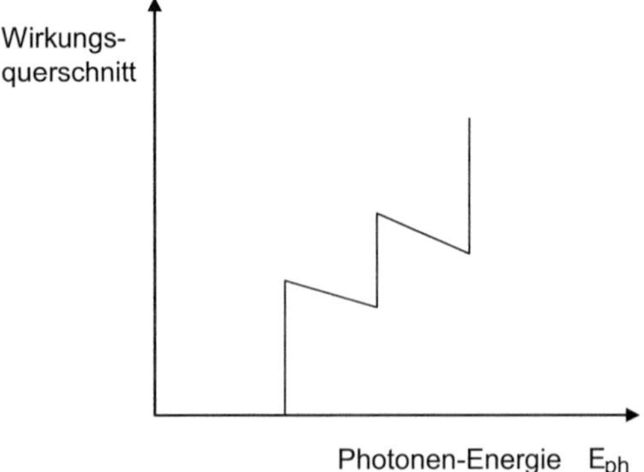

Abb. 2.83 Wirkungsquerschnitt σ in Abhängigkeit von der Photonenenergie E_{ph}

Tab. 2.22 Fotoelektrische Elemente auf der Grundlage des inneren Fotoeffektes

Innerer Fotoeffekt	Beschreibung
Fotoelement	Aktiver Zweipol (benötigt keine Spannungsquelle), liefert bei Bestrahlung eine Spannung (hängt logarithmisch von Bestrahlungsstärke ab)
Fotodiode	Benötigt Hilfsspannung, liefert bei Bestrahlung einen Strom, der linear zur Beleuchtungsstärke ist
Fotolawinendiode (Avelange-Foto-Diode, APD)	Eine hohe Sperrspannung (zwischen 6 V und 10 V) verursacht eine Stoßionisation in der Sperrschicht. Dadurch tritt eine lawinenartige Vervielfachung der Leitungselektronen statt. Die Verstärkung beträgt 1:10^5. Deshalb steigt die Stromstärke steil an. Es ist der Nachweis sehr geringer Leistungen (10^{-12} W) und eine Frequenzauflösung bis hin zu GHz (10^9 Hz) möglich
Fotowiderstand	Bei Bestrahlung verändert sich der Ohmsche Widerstand
Fototransistor	Benötigt Hilfsspannung, liefert bei Bestrahlung einen Strom, der linear zur Beleuchtungsstärke ist. Empfindlichkeit 100- bis 500-fach größer als bei der Fotodiode
Fotothyristor	Schaltspannungen sind wesentlich höher als beim Fotowiderstand, Fotodiode und Fototransistor

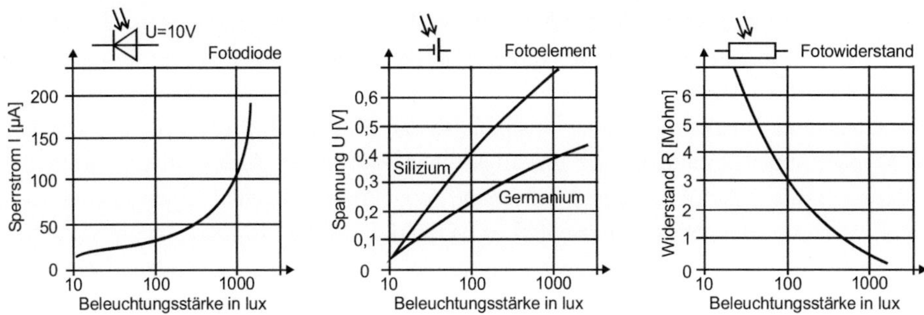

Abb. 2.84 Halbleitende Fotoelemente und die Abhängigkeit der elektrischen Eigenschaften von der Beleuchtungsstärke. (Quelle: Hesse, Schnell: Sensoren für die Prozess- und Fabrikautomation, 4. Auflage, Vieweg + Teubner 2009; Abb. 2-66)

Abb. 2.84 zeigt die verschiedenen halbleitenden Fotoelemente und die Abhängigkeit der elektrischen Eigenschaften von der Beleuchtungsstärke.

2.14.3 Fotoelektrische Sensorelemente

Abb. 2.85 zeigt die Anwendungsbereiche von fotoelektrischen Sensoren.

Fotomultiplier

Er besteht aus einer *Fotokathode* und einem nachgeschalteten *Sekundärelektronenvervielfacher* (SEV, Abschn. 14.3.1). Die Photonen treffen auf die Fotokathode und

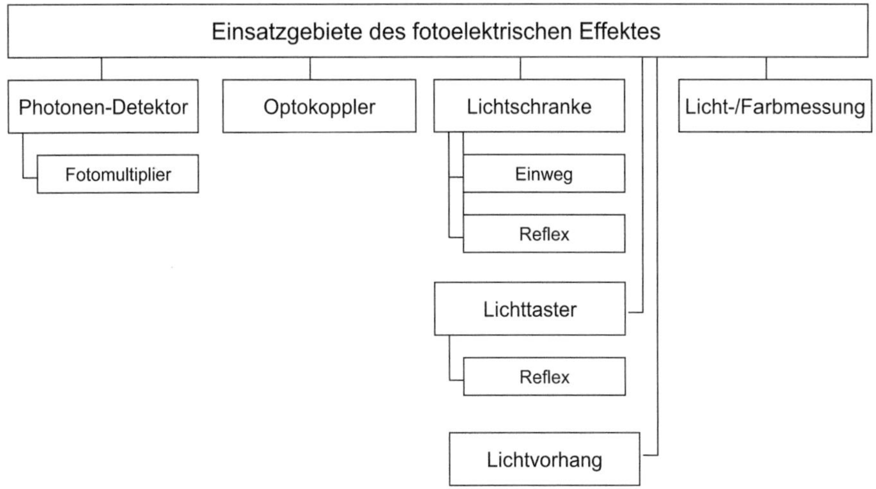

Abb. 2.85 Anwendungen fotoelektrischer Sensoren

schießen Elektronen frei. Diese treffen auf weitere Elektroden (Dynoden), bei denen ebenfalls Elektronen herausgelöst werden. Deshalb nimmt die Zahl der freigesetzten Elektronen von Dynode zu Dynode *lawinenartig* zu. Um dies zu erreichen, wird eine Hochspannung angelegt, die über Spannungsteiler so verteilt wird, dass von Dynode zu Dynode eine Beschleunigung der Elektronen stattfindet. Zum Schluss treffen die Elektronen auf eine Anode und erzeugen in einem Widerstand einen Spannungsabfall, der das Mess-Signal darstellt. Der Verstärkungsfaktor wächst exponentiell mit der Anzahl der Dynoden. Typische Fotomultiplier haben etwa 10 Dynoden. Werden an jeder Dynode pro auftreffendes Elektron 5 weitere herausgeschlagen, dann entstehen zum Schluss 5^{10} Elektronen (etwa 10 Mio.). Abb. 2.86b) zeigt einen 80 mm langen Fotomultiplier. Auf der linken Seite ist das Eintrittsfenster und in der Mitte sind die an Isolierkörpern befestigten Dynoden zu sehen.

Fotomultiplier dienen zur Messung schwacher Lichtsignale, bis hin zu einzelnen Photonen. Sie werden bei der Detektion von Elementarteilchen oder auch zur Messung kosmischer Strahlung eingesetzt.

a)

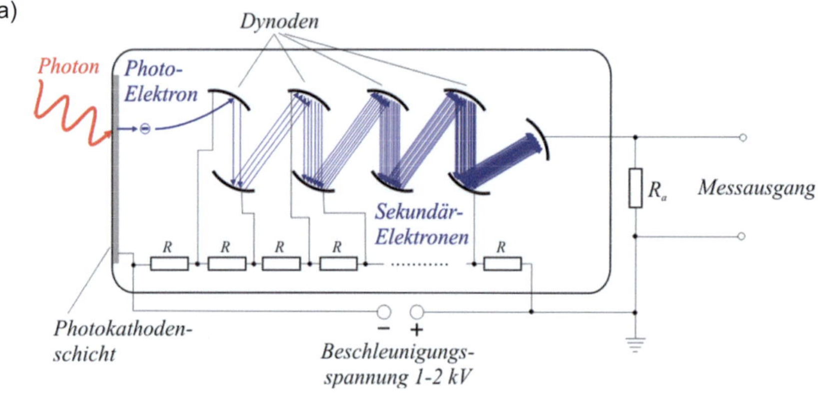

b)

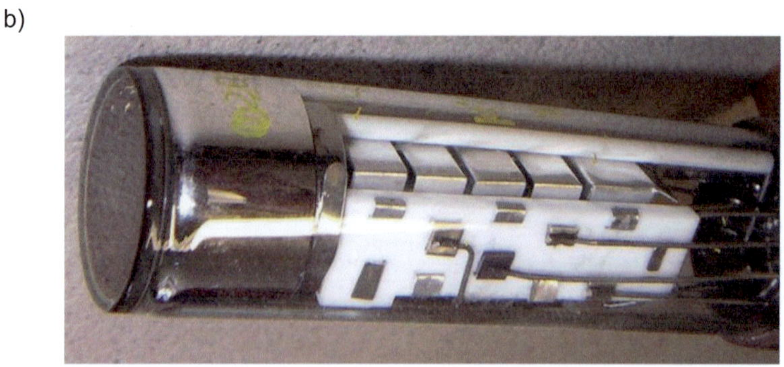

Abb. 2.86 Fotomultiplier **a**) Funktionsweise; **b**) Bauelement. (Foto: Ulf Seifert)

Optokoppler

Wie in Kap. 14 ausführlich erläutert, überträgt der Optokoppler ein elektrisches Signal, wenn Eingangs- und Ausgangsstromkreise galvanisch getrennt sind. Aktor (z. B. LED) und Detektor (z. B. Fototransistor) befinden sich in einem Bauteil. Abb. 2.87a) zeigt das Schaltsymbol und die Funktionsweise. Wird der Schalter links oben geschlossen, dann leuchtet die LED. Dieses Leuchtsignal wird von einem Fototransistor registriert und als elektrisches Signal weitergegeben. Abb. 2.87b) zeigt ein geschlossenes Bauteil als Solid State Relay (SSR) und Abb. 2.87c) mit offenem optischem Strahlengang. Das linke Bauteil stammt aus einem Videorecorder und das rechte aus einem Drucker.

Folgende Kennwerte sind für Optokoppler typisch:

- *Isolationsspannung* (üblich: 1,4 bis 4 kV; bis maximal 25 kV),
- *Isolationswiderstand* (sehr hoch, bis 10^{13} Ω),
- *Sperrspannungen* (Sendediode: 5 V; Empfänger: Fototransistor: 30 V bis 50 V; Fotothyristoren: bis 400 V),
- *Grenzfrequenz* (höchste Arbeitsfrequenz: 50 kHz bis 200 kHz; Fotodiode bis 10 MHz) und
- *Schaltzeiten* (Fototransistor am langsamsten: im Bereich ms).

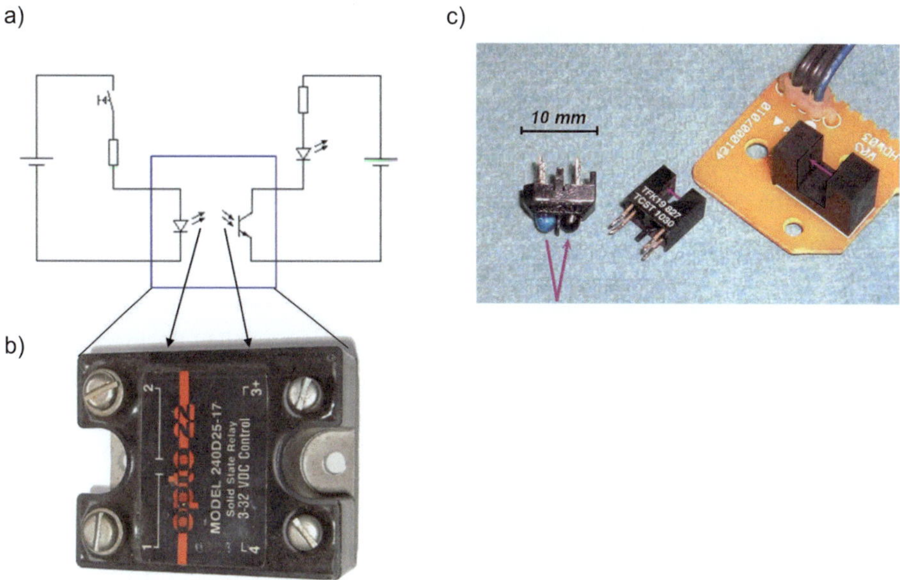

Abb. 2.87 Optokoppler **a**) Funktionsweise **b**) Geschlossenes Bauteil (Quelle: Martin Broz); **c**) Bauteile mit offenem optischen Strahlengang (Gabelkoppler und Reflexkoppler; Quelle: Ulf Bastel)

Optokoppler weisen folgende Vorteile auf: *Digitale* und *analoge* Signale sind übertragbar, *kleine* Abmessungen, *keine störenden Induktivitäten* (Magnetfelder), *geringe Koppelkapazitäten* und *kein mechanischer Verschleiß* (d. h. extrem viele Schaltzyklen).

Optokoppler werden meistens dort eingesetzt, wo Stromkreise elektrisch voneinander getrennt sein müssen. Typische Anwendungsgebiete sind daher:

- *Netzwerkkarten* und *Schnittstellenkarten* in Rechnern (verbundenen Geräte haben unterschiedliche Spannungen und müssen daher elektrisch getrennt werden).
- *Schutzvorkehrungen* in Baugruppen vor Überspannungen und Störimpulsen (z. B. bei Industriesteuerungen, bei SPS oder in medizinischen Geräten); wird der Eingangsteil (LED) zerstört, dann bleibt der Ausgangsteil geschützt und nur der Optokoppler muss ausgewechselt werden.
- In *Schaltnetzteilen* die Übertragung von Steuerinformationen vom Sekundär- zum Primärteil.
- *Ansteuerungen* von Schaltungsteilen, die unterschiedliche Spannungen aufweisen.

Lichtschranken

Bei *Einweg-Lichtschranken* (Abschn. 3.4, Tab. 3.4-1) sind *Sender* und *Empfänger* räumlich und optisch *getrennt* (DIN 44030). Wird der Lichtstrahl zwischen Sender und Empfänger durch ein Objekt unterbrochen, dann schaltet der Ausgang. Ein Vorteil besteht darin, dass kein Mindestabstand zwischen Sender und Empfänger erforderlich ist. Bei Laserlicht ist eine hohe Auflösung möglich (Objekt bis 0,1 mm groß). Dann ist allerdings die Einweg-Lichtschranke auch für kleine störende Objekte empfindlich (z. B. wenn eine Fliege in den Lichtstrahl fliegt). Ein weiterer Vorteil liegt in der sehr hohen Schaltgeschwindigkeit. Ein Einsatz ist bis zu 100 m möglich; allerdings sind in der Praxis Entfernungen bis 10 m üblich.

Bei *Reflex-Lichtschranken* sind Sender und Empfänger in *einem Gehäuse* untergebracht (Abb. 2.88b)). Ein Reflektor reflektiert das ausgesendete Licht. Wird der Lichtstrahl zwischen Sender und Empfänger durch ein Objekt unterbrochen, dann schaltet der Sensor. Die Reflex-Lichtschranke lässt sich besser einstellen als die Einweg-Lichtschranke, weil der Reflektor entsprechend groß ausgelegt werden kann. Üblicherweise liegen die Abstände zwischen Empfänger bis zu 5 m. Mit speziellen Polarisationsfiltern kann sichergestellt werden, dass auch blanke Metallteile und gläserne Oberflächen als Objekte erkannt werden.

Mit einer *positionsempfindlichen Fotodiode* (PSD: position sensitive device) können nach dem Prinzip der *Triangulation* auch *Entfernungen* gemessen werden. Abb. 2.89a) zeigt das Prinzip. Es ist eine Berechnung in einem Dreieck (daher: Triangulation). Von zwei verschiedenen Positionen aus wird der Messpunkt P angepeilt. Ist der Abstand d zwischen den Positionen bekannt, dann können aus den Winkeln α und β die Koordinaten des Messpunktes P berechnet werden. Allgemein gilt in einem Dreieck: Von zwei Punkten einer Geraden, deren Abstand bekannt ist, lassen sich durch Winkelmessungen die Koordinaten beliebiger Punkte im Raum bestimmen. Wird ein Lichtstrahl schräg

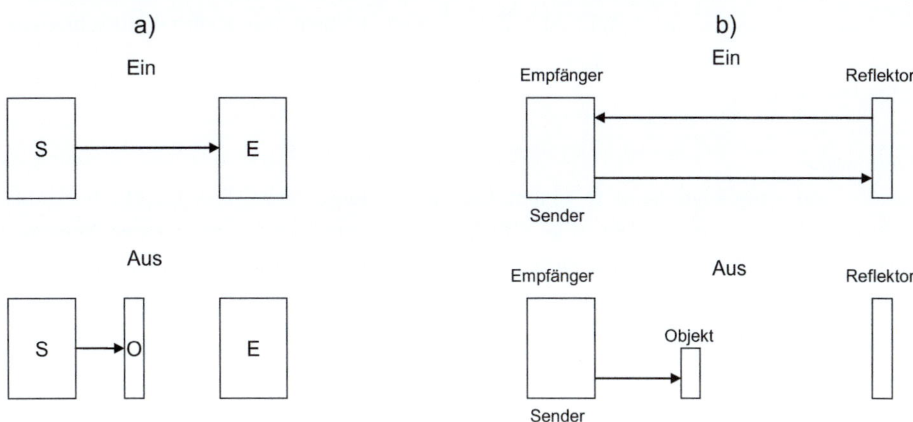

Abb. 2.88 Lichtschranke **a**) Einweglichtschranke; **b**) Reflektorlichtschranke

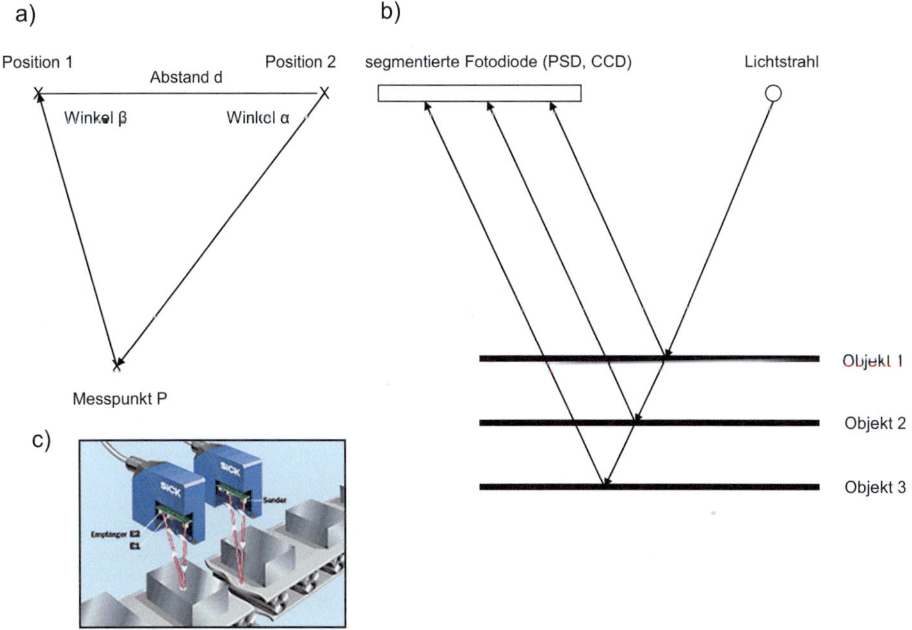

Abb. 2.89 Triangulation **a**) Prinzip; **b**) Abstandsmessung mit einer PSD; *c*) Sensor zur Unterscheidung von Objekten auf einem Transportband. (Werkfoto: Sick)

ausgesandt und von einem Objekt reflektiert, dann trifft, je nach Position des Objektes, der reflektierte Strahl beim Detektor eine andere Stelle (Abb. 2.89b)). Aus dieser Stelle werden die Koordinaten des Abstandes des Objektes errechnet. Voraussetzung dafür ist, dass eine *PSD* eingesetzt wird, die den Fotostrom genau an der Eintreff-Stelle des reflektierten Strahles misst. Wie Abb. 2.89c) zeigt, können mit Reflex-Lichtschranken nach dem Triangulationsprinzip verschiedene Objekte auf einem Transportband unterschieden werden.

Lichttaster

Sender und Empfänger sind in einem Gehäuse untergebracht. Das Objekt wirkt als Reflektor. Erreicht das Objekt eine definierte Entfernung, dann schaltet der Ausgang. Diese Sensoren arbeiten auch nach dem Prinzip der Triangulation. Die Messung erfolgt nur aufgrund der Entfernung und nicht wegen der Reflexionseigenschaften. Deshalb haben Form und Oberflächenbeschaffenheit des Objektes keinen Einfluss auf die Tastentfernung. Abb. 2.90 zeigt die Wirkungsweise. Setzt man eine 2-Segment-Fotodiode ein, so wird eine sichere Objekterkennung möglich.

Bei der *Triangulation* wird der Winkel zwischen dem ausgesandten und dem reflektierten Lichtstrahl gemessen. Ein zu erkennendes Objekt und ein Hintergrund reflektieren das Licht unter verschiedenen Winkeln, wenn sie räumlich voneinander getrennt sind. Der Taster wird auf die Entfernung des abzutastenden Objektes eingestellt. Dann werden alle Teile, die sich hinter dem eingestellten Schwellwert für die Tastweite des Objektes befinden, sicher ausgeblendet. Dies ist das Prinzip der *Hintergrundausblendung* HGA.

Fällt der reflektierte Lichtstrahl auf das *Segment A*, dann *erkennt* der Sensor das Objekt. Bei Segment B wird das Objekt nicht erkannt (Abb. 2.90a)).

Liegen *Objekt* und *Hintergrund* sehr *nahe* beieinander oder ist das Objekt glänzend oder uneben, dann eignet sich die *Vordergrundausblendung* (VGA). Fällt der reflektierte Lichtstrahl auf das Segment B, dann registriert der Sensor „kein Objekt vorhanden" (Abb. 2.90b)). Deshalb kann die Vordergrundausblendung nur bei vorhandenem Hintergrund richtig funktionieren.

Das Licht kann bei Lichtschranken und Lichttaster auch über *Lichtwellenleiter* zum Lichtempfänger oder Reflektor geführt werden. Dies ist für Anwendungen in schwierigen räumlichen Gegebenheiten oder rauen industriellen Umgebungen sehr interessant.

a)

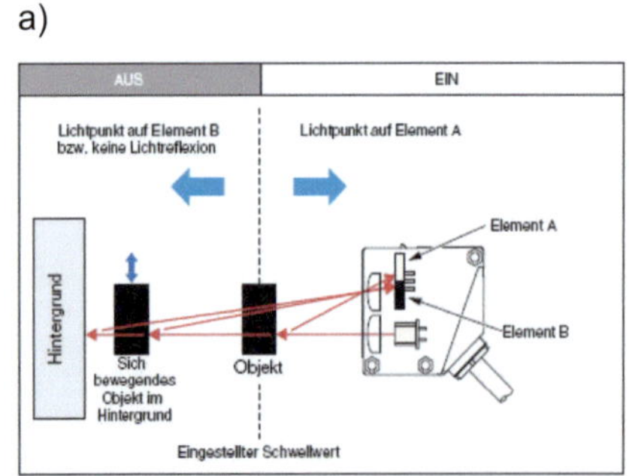

b)

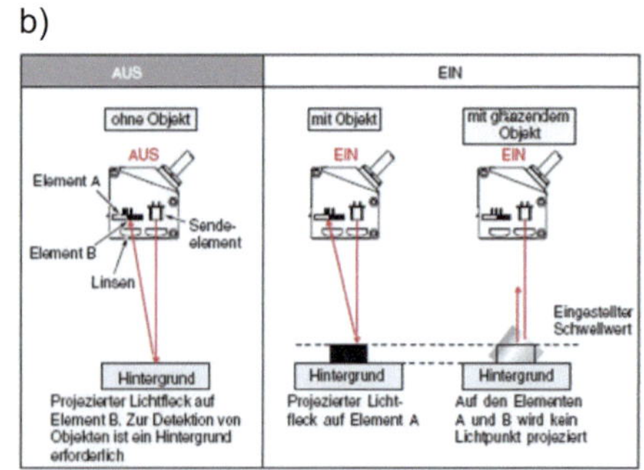

Abb. 2.90 Lichttaster **a**) mit Hintergrundausblendung; **b**) mit Vordergrundausblendung. (Werkfotos: Samsung)

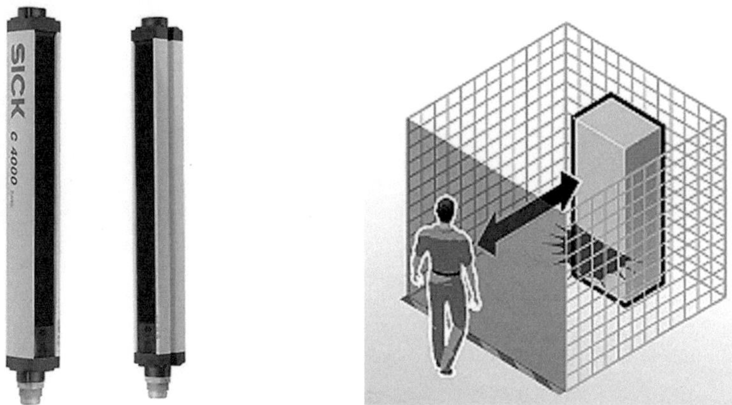

Abb. 2.91 Lichtvorhang **a**) Bauteile; **b**) Anwendung. (Werkfotos: Sick)

Lichtvorhang

Werden einzelne Lichtschranken in Reihen angeordnet, dann entstehen *Lichtgitter* oder *Lichtvorhänge.* Abb. 2.91 zeigt die Bestandteile eines Lichtgitters (Abb. 2.91a)) und eine Sicherheitsanwendung (Abb. 2.91b)). Für den Einsatz im Schutzbereich gelten im Wesentlichen die internationalen Sicherheitsnormen: EN ISO 13849, EN ISO 13855 und EN ISO 13857 sowie die Europanormen EN 292, EN 294, EN 954-1, EN 1050 und EN 61496. Für die Auslegung sind folgende Punkte zu berücksichtigen:

- *Auflösung.* Sie beträgt beim *Fingerschutz* 14 mm und beim *Handschutz* 30 mm.
- *Schutzfeldhöhe.* Ein Über- oder Untergreifen darf nicht möglich sein. Genauere Bestimmungen sind in der Norm EN 294 niedergelegt.
- *Reichweite.* Sie hängt von der Auflösung ab. Für den Fingerschutz beträgt sie in der Regel bis 9 m und für den Handschutz bis 30 m.
- *Ansprechzeit.* Sie hängt von der Auflösung ab. Die normale Ansprechzeit liegt bei 60 ms.

Mit Lichtvorhängen können auch *Messungen* vorgenommen werden. Durch die *winkelabhängigen Reflexionen* kann man auf den Verlauf von *Konturen* schließen.

Lichtmessung

Bei der Lichtmessung spielt das *Helligkeitsempfinden* des Auges (je nach Wellenlänge) eine wichtige Rolle. Ein Maß für den Helligkeitseindruck ist der *Lichtstrom.* Er wird in lm (Lumen) gemessen (Abschn. 8.2). Für die praktischen Anwendungen spielt die *Beleuchtungsstärke* die wichtige Rolle. Sie ist ein Maß für den Lichtstrom pro m^2 und wird in lx (Lux: 1 lx = 1 lm/m^2) gemessen. Die beleuchtungstechnischen Vorschriften für Büros, Fabrikhallen, Schulen, Bildschirmarbeitsplätzen und ähnlichen Bereichen werden im Fachnormenausschuss Lichttechnik (FNL) erarbeitet. Europäische Vorschriften werden durch das CEN/TC (CEN:

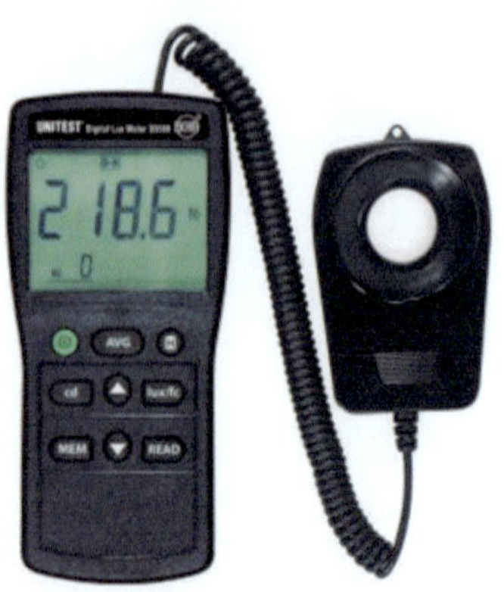

Abb. 2.92 Lichtmessung mit Luxmeter (Werkfoto: Beha Amprobe)

Europäisches Komitee für Normung; TC: Technisches Komitee). Für den Bereich „Licht und Beleuchtung" gilt die Norm CEN/TC 169. Für die Beleuchtung mit künstlichem Licht ist die DIN 50356:2006-11 maßgebend (Beleuchtung mit künstlichem Licht; Teil 6: Messung und Bewertung). Die wichtigsten Messgeräte sind die Luxmeter (Abb. 2.92).

Farberkennung

Die Farbsensoren arbeiten meistens nach dem *Dreibereichsverfahren.* Sie senden Licht (rot, blau, grün) auf die zu prüfenden Objekte, bestimmen aus den reflektierten Strahlen die Farbanteile. Liegen die Farbanteile innerhalb einer festgelegten Toleranz, dann wird der Farbwert erkannt und eine Schaltung ausgelöst. Abb. 2.93a) zeigt einen Farbsensor bei einer Bauteilprüfung und Abb. 2.93b) die Anwendung bei der Positionierung einer Dose. Ausführliche Informationen sind in Abschn. 8.4 nachzulesen.

Abb. 2.94 zeigt die Anwendungsgebiete des fotoelektrischen Effektes. Vor allem im Bereich des Maschinenbaus, der Automatisierungstechnik und Robotik sowie in

Abb. 2.93 Farbsensoren **a**) Bauteile; **b**) Anwendung für die Positionierung. (Werkfotos: SICK)

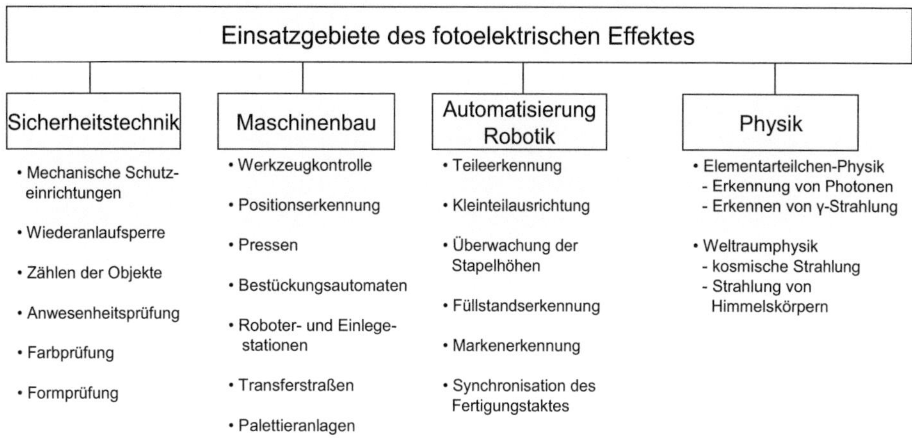

Abb. 2.94 Anwendungsgebiete des fotoelektrischen Effektes

der Sicherheitstechnik, aber auch bei der Bestimmung von Elementarteilchen oder kosmischer Strahlung spielen die fotoelektrischen Sensoren eine wichtige Rolle.

2.15 Elektrooptischer Effekt

2.15.1 Funktionsprinzip und physikalische Beschreibung

Elektrooptische Effekte treten allgemein dann auf, wenn *elektrische Größen* Auswirkungen auf *optische Eigenschaften* haben (z. B. Umwandlung von elektrischer Energie in Licht oder umgekehrt). Im hier vorliegenden speziellen Fall versteht man unter dem elektrooptischen Effekt die *Änderung der Brechzahl n* bei Anwesenheit eines elektrischen Feldes $\boldsymbol{E}$. Es gilt dann folgender Zusammenhang:

$$n(\boldsymbol{E}) = n_0 + \mathrm{r} \cdot \boldsymbol{E} + \mathrm{K} \cdot \boldsymbol{E}^2,$$

wobei gilt:

n_0: Brechzahl ohne elektrisches Feld
r: elektrooptische Konstante
K: Kerr-Konstante.

Es ist darauf hinzuweisen, dass die Konstanten r und K im Allgemeinen *Tensoren* sind, d. h. in verschiedenen Raumrichtungen unterschiedliche Werte aufweisen. Dies liegt in der Symmetrie der Kristalle begründet. Es gibt aber immer eine bevorzugte Richtung. Für diese Richtung sind die Konstanten maßgebend.

Obige Gleichung beschreibt zwei Effekte:

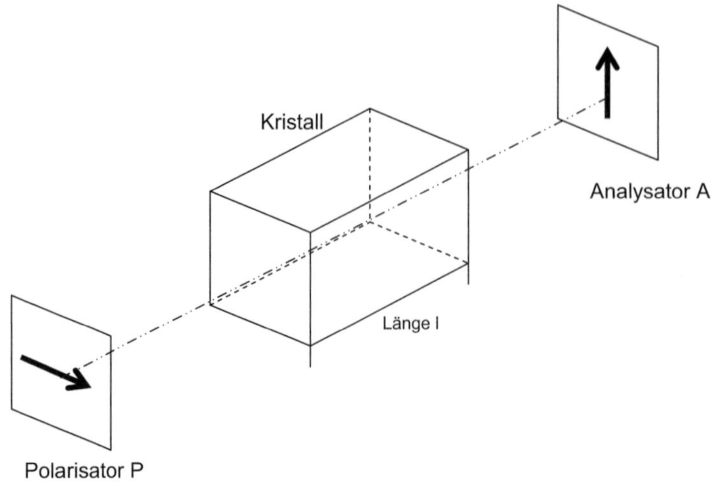

Abb. 2.95 Prinzip der Lichtmodulation in einer Pockels-Zelle

$$\textit{Pockels-Effekt}: n(\boldsymbol{E}) = n_0 + \mathrm{r} \cdot \boldsymbol{E}$$

Es ist K = 0, d. h. der Effekt ist *linear* abhängig von der elektrischen Feldstärke ***E***.

$$\textit{Kerr} - \textit{Effekt}: n(\boldsymbol{E}) = n_0 + \mathrm{K} \cdot \boldsymbol{E}^2.$$

Es ist r = 0. Der Kerr-Effekt zeigt eine *quadratische* Abhängigkeit des Brechungsindexes von der elektrischen Feldstärke ***E***.

In Abb. 2.95 ist die Lichtmodulation bei einer Pockels-Zelle dargestellt.

Die Pockels-Zelle nach Abb. 2.95 besteht aus einem Kristall, auf dessen Stirnseiten ein transparenter Metallfilm aufgebracht wird. Vor ihm ist ein Polarisator P und hinter ihm ein Polarisations-Analysator A angebracht, der eine Polarisation um 90 Grad vollständig durchlässt. Wird eine Spannung U und damit ein elektrisches Feld E in longitudinaler Richtung angelegt, dann wird der Kristall *doppelbrechend.* Das hat zur Folge, dass die ordentliche und außerordentliche Welle, deren Schwingungsrichtung senkrecht aufeinander stehen, mit *verschiedenen Geschwindigkeiten* durch den Kristall laufen. Am Kristallende kommen daher zwei Wellen mit einem *Gangunterschied* Δ an. Die Überlagerung ergibt *elliptisch polarisiertes* Licht, das vom Analysator A nicht vollständig zurückgehalten werden kann. Je nach Polarisationsrichtung wird das Licht mehr oder weniger durchgelassen. Bei einem Gangunterschied von einer halben Wellenlänge ($\Delta = \lambda/2$) ergibt sich wieder linear polarisiertes Licht. Es ist gegenüber der ursprünglichen Polarisationsrichtung um 90 Grad gedreht und wird daher durch den Analysator komplett durchgelassen.

Mit dem Pockels- und auch dem Kerr-Effekt können *Phasen-* und *Amplitudenmodulationen* vorgenommen werden. Damit ist es auch möglich, mit dem elektrooptischen Effekt Informationen durch Licht zu übertragen.

2.15.2 Materialien

In Tab. 2.23 sind die Unterschiede des Pockels- und Kerr-Effektes zusammengestellt. Tab. 2.24 zeigt die Werkstoffe und ihre Eigenschaften von Pockels-Zellen, Tab. 2.25 von Kerr-Zellen. Hingewiesen werden muss, dass die entsprechenden Konstanten Ausprägungen in verschiedenen Raumrichtungen aufweisen, also Tensoren sind. In den Tabellen wird nur die wichtigste Richtung ausgewählt.

2.15.3 Anwendungen

Abb. 2.96 zeigt die Anwendungsbereiche von elektrooptischen Sensoren. Elektrooptische Zellen können Licht *trägheitslos* schalten. Dadurch sind vor allem Anwendungen in der *Hochgeschwindigkeitsfotografie* (z. B. Echtzeitaufnahmen von molekularen Bewegungen oder Atomschwingungen) oder bei der Lichtmodulation im Tonfilm und im Bildfunk interessant. Im militärischen Bereich sind vor allem eine schnelle und zuverlässige *Objekterkennung* (z. B. Raketen) und *Objektklassifizierung*

Tab. 2.23 Vergleich des Pockels- und des Kerr-Effektes. (Quelle: Hering, Martin, Stohrer, Physik für Ingenieure, 10. Auflage, Springer Verlag)

Eigenschaften	Pockels-Effekt	Kerr Effekt
Erklärung	Piezoelektrische Kristalle ohne Symmetriezentrum werden im elektrischen Feld doppelbrechend	Optisch isotropisches Material wird im transversalen elektrischen Feld doppelbrechend
Abhängigkeit vom elektrischen Feld $\boldsymbol{E}$	$\lvert n_0 - n_e \rvert = r \cdot \boldsymbol{E}$	$\lvert n_0 - n_e \rvert = K \cdot \boldsymbol{E}^2$
Gangunterschied Δ nach Durchlaufen der Länge ℓ	$\Delta = r \cdot \ell \cdot E \cdot n_0^3$	$\Delta = K \cdot \ell \cdot E^2 \cdot \lambda$
Geometrie	Elektrisches Feld $\boldsymbol{E}$ meist in longitudinaler Richtung (auch transversal möglich)	Elektrisches Feld $\boldsymbol{E}$ senkrecht zur Ausbreitungsrichtung des Lichtes
Typische Feldstärke für den Gangunterschied $\Delta = \lambda/2$	$U \approx 4$ kV (longitudinale Zelle von KD-P (deuteriertes Kaliumhydrogenphosphat)	$E \approx 10^6$ V/m
Modulationsfrequenz	Modulierbar bis über 1 GHz	Bis etwa 200 MHz

Tab. 2.24 Brechzahl n_0 und elektrooptische Konstante r in Materialien mit dem Pockels-Effekt

Material	**Brechzahl n_0**	**Elektrooptische Konstante r in 10^{-12} m/V**
Quarz	1,54	1,4
Galliumarsenid (GaAs) ($\lambda = 10{,}6\ \mu m$)	3,3	1,51
Zinksulfid (ZnS) ($\lambda = 600$ nm)	2,36	2,1
Ammoniumdihydrogenphosphat $(NH_4)H_2PO_4$ (ADP) ($\lambda = 546$ nm)	1,48	8,56
Kaliumdihydrogenphosphat KH_2PO_4 (KDP)	1,51	11
Kaliumdihydrogenphosphat deuteri-siert KH_2PO_4 (KD*P)	1,51	24,1
Lithiumtantalat ($LiTaO_3$)	2,18	30,5
Lithiumniobat ($LiNbO_3$)	2,29	30,9

Tab. 2.25 Kerr-Konstante in ausgewählten Materialien

Material	Kerr-Konstante K
(20 °C; $\lambda = 589$ nm)	in 10^{-12} m/V^2
Stickstoff (N_2) bei Normalbedingungen	$4 \cdot 10^{-6}$
Sonstige Gase	10^{-3}
Schwefelkohlenstoff (CS_2)	0,036
Wasser (H_2O)	0,052
Nitrotoluol ($C_7H_7NO_2$)	1,4
Nitrobenzol ($C_6H_5NO_2$)	2,4

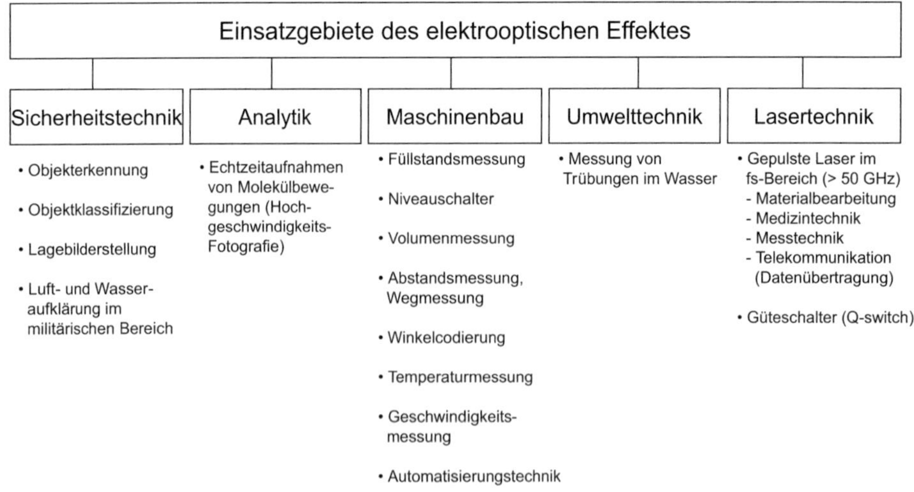

Abb. 2.96 Anwendungsfelder elektrooptischer Sensoren

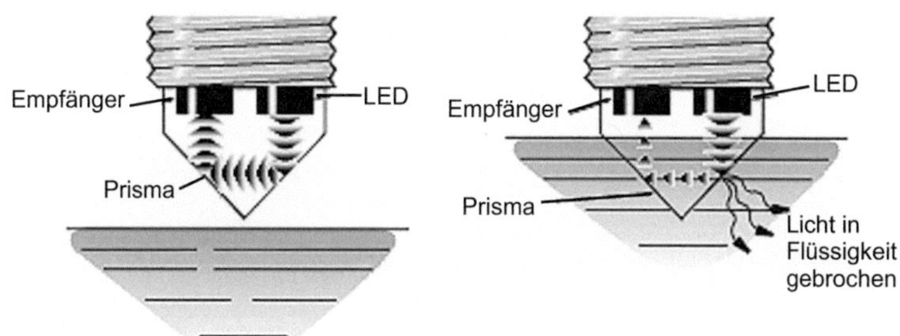

Abb. 2.97 Füllstandsmessung mit einem elektrooptischer Sensor. (Werkfoto: Meyer Industrie-Elektronik GmbH – Meyle)

(Freund/Feind; Rakete, Flugzeug, U-Boot) möglich. Deshalb spielt dieser Sensortyp für die Aufklärung zu Wasser und in der Luft eine wichtige Rolle.

Im Maschinenbau ist ebenfalls eine Fülle von Anwendungen denkbar, vor allem in der Automatisierungs- und Fertigungstechnik (z. B. Bearbeitung mit ultrakurzen Laserimpulsen). Abb. 2.97 zeigt eine Füllstandsmessung mit einem elektrooptischen Sensor. Dieser besteht aus einem Infrarot-LED und einem Lichtempfänger. Solange die Spitze nicht in die Flüssigkeit eingetaucht ist, wird das Licht innerhalb des Sensors zum Empfänger reflektiert. Steigt der Flüssigkeitsstand und umgibt die Spitze, dann wird Licht in der Flüssigkeit gebrochen, sodass nur ein Teil des Lichtes den Empfänger erreicht. Dieser Lichteinfall wird detektiert und elektronisch ausgewertet, um entsprechende Maßnahmen einzuleiten (z. B. Alarm oder Abschaltung).

Um äußerst intensive Laserimpulse im Bereich von femto-Sekunden ($fs = 10^{-15}$ s) zu erhalten, müssen Laserpulse, die eine höhere Intensität aufweisen, verstärkt werden. Abb. 2.98 zeigt eine solche Anordnung. Ein Laserstrahl hat eine *gaußförmige Intensitätsverteilung*, d. h. im mittleren Bereich ist die Strahlungsintensität am größten und lässt dann an den Rändern nach. Die Brechzahl eines Kerr-Elementes ist abhängig von der Lichtintensität. Deshalb wird intensives Licht stärker fokussiert als nicht intensives. Die intensiven Laserimpulse sind auch wesentlich kürzer. Es stellt sich folgender Effekt ein: Das *intensive Laserlicht* in der Mitte wird *stärker fokussiert.* Eine Blende stellt sicher, dass nur dieses intensivere Licht durchgelassen wird und durch einen Spiegel wieder zurückreflektiert wird. In den nächsten Läufen wird es weiter fokussiert, sodass *immer intensivere* und *kürzere Laserimpulse* entstehen. Auf diese Weise kann man Laserimpulse im fs-Bereich erzeugen. Die Verstärkung hat dann ein Ende, wenn das Material (Blende, Spiegel, Kerr-Linse) zerstört wird.

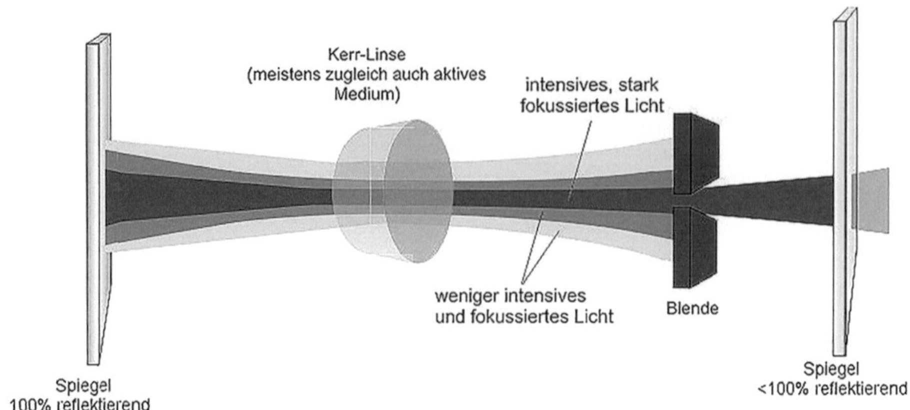

Abb. 2.98 Selbstfokussierung von Laserstrahlen durch eine Kerr-Linse. (Foto: Forschungszentrum Dresden-Rossendorf)

2.16 Elektrochemische Effekte

2.16.1 Funktionsprinzip und Klassifizierung

Wenn eine *chemische Reaktion* mit einem *elektrischen* Strom verknüpft ist (Verbindung von Stoff- mit Ladungstransport), so ist dies ein *elektrochemischer Vorgang,* welcher für *elektrochemische Sensoren* nutzbar sein kann. Man unterscheidet oft zwischen *potenziometrischen, amperometrischen und konduktometrischen* bzw. *impedimetrischen* Sensoren. Zuweilen werden auch auf den Prinzipien der *Coulometrie und der Voltammetrie arbeitende* Messanordnungen einbezogen. Neuerdings empfiehlt man auch eine Unterteilung in voltammetrische und potenziometrische Sensoren sowie chemisch sensibilisierte Feldeffekt-Transistoren und potenziometrische Festkörperelektrolyt-Gassensoren. Abb. 2.99 zeigt eine häufig genutzte Übersicht über die elektrochemischen Sensoren. Vor allem die Potenziometrie und die Amperometrie spielen für eine Reihe von *Biosensoren* (Kap. 12) als Grundelemente eine wesentliche Rolle. Mit potenziometrischen Sensoren ist man unter anderem in der Lage, die Aktivitäten spezieller Ionen zu bestimmen. Man spricht in diesen Fällen von *ionenselektiven* Elektroden, die auch als *Feldeffekttransistor* realisiert werden können (ISFET: Ionensensitiver Feldeffekttransistor).

2.16.2 Potenziometrische Sensoren

Der potenziometrischen Sensorik, bei der es um die Messung einer *Potenzialdifferenz* zwischen einer Mess- und einer Bezugselektrode geht, liegt die für die physikalische Chemie fundamentale *Nernst'sche Gleichung* zugrunde, die in ihrer allgemeinen Form

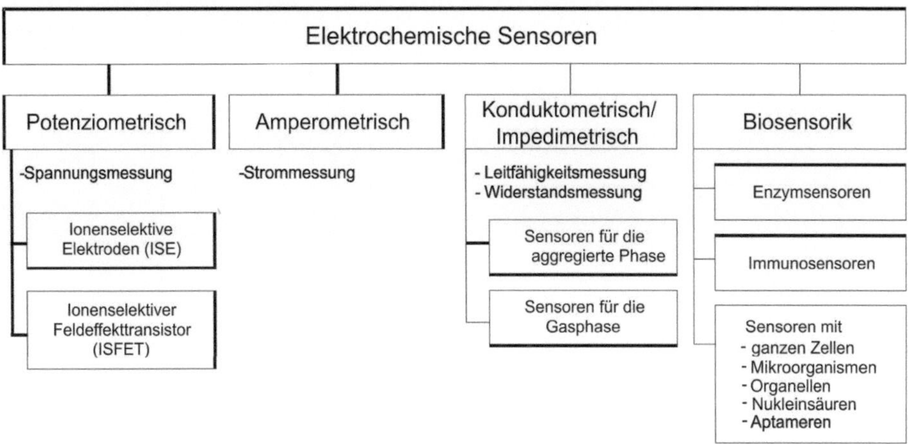

Abb. 2.99 Übersicht über elektrochemische Sensoren

in Gl. (2.6) formuliert ist. $\Delta_R G$ bzw. $\Delta_R G^\ominus$ stellen dabei die Änderung der freien Enthalpie bzw. deren Wert für den Standardzustand in Bezug auf die durch Gl. (2.7) gegebene Reaktion, an der k Stoffe $A_i \ldots A_k$ beteiligt sind, dar. R ist die allgemeine Gaskonstante (R = 8,314 Ws mol^{-1} K^{-1}), T die Temperatur, $\{a_i\}$ die auf die Standardaktivität bezogene Aktivität des Stoffes i und v_i der stöchiometrische Koeffizient des Stoffes i in der Reaktionsgleichung.

$$\Delta_R G = \Delta_R G_\ominus + RT \ln \prod_{i=1}^{k} \{a_i\}^{v_i} \tag{2.6}$$

$$v_1 A_1 + v_2 A_2 + \ldots \rightarrow \ldots + v_{k-1} A_{k-1} + v_k A_k. \tag{2.7}$$

Bezieht man die sogenannte *elektromotorische Kraft E* enthaltende Gl. (2.8) in die Betrachtungen ein, die zum Ausdruck bringt, dass die elektrische Energie ein Vielfaches (z) der einem Äquivalent entsprechenden Ladungsmenge von 96.493 C/val (= 1 F) ist, so gelangt man unter der Voraussetzung $U = -E$ (U: Zellspannung) zu der für den Spezialfall der potenziometrischen Sensorik gebräuchlichen Gl. (2.9) mit der Standardspannung $U^\ominus$ (Spannung, die sich für 1 mol/1 des zu analysierenden Spezies ergibt) und der Aktivität der elektrochemisch zu bestimmenden chemischen Komponente a_x.

$$\Delta_R G = zFE \tag{2.8}$$

$$U = U_\ominus + \frac{RT}{zF} \ln a_x. \tag{2.9}$$

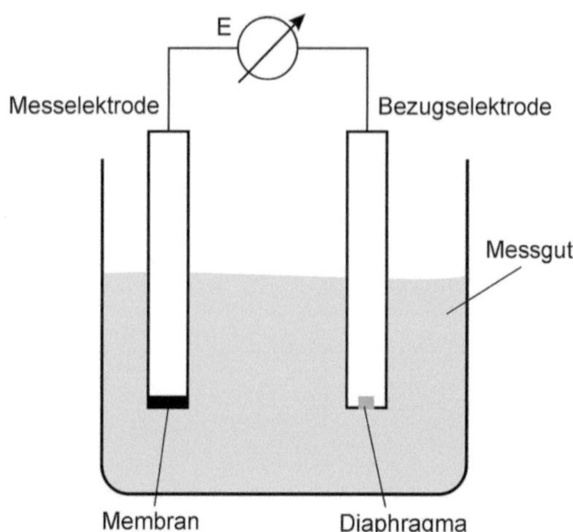

Abb. 2.100 Schema einer potenziometrischen Messkette

Potenziometrische Sensoren kommen für eine Reihe von Analyten zum Einsatz und dies sowohl im Normal- als auch im Hochtemperaturbereich, wozu im Kap. 11 spezielle Ausführungen gemacht werden. Einen Schwerpunkt bildet dabei die *Ionenanalytik.* Aus der in Abb. 2.100 gezeigten schematischen Darstellung einer potenziometrischen Messkette für diesen Einsatzzweck ist ersichtlich, dass die ionenselektive Membran das Kernstück dieser Sensorart darstellt. Die potenziometrischen Messungen müssen mit Messwertverstärkern ausgeführt werden, die extrem hohe Eingangswiderstände ($R_E > 10^{12}\ \Omega$) besitzen und eine möglichst geringe Strombelastung ($I < 10^{-12}$ A) aufweisen.

Man unterscheidet zwischen *Festkörper-* und *Flüssig-* oder *Gelmembranen.* Erstgenannte sind aus amorphen Materialien bzw. aus schwerlöslichen Salzen in Form von Ein- und Polykristallen zusammengesetzt. Letztere basieren auf organischen Verbindungen, wobei zwischen flüssigen und Gelmembranen eine enge methodische Verwandtschaft besteht. In beiden Fällen werden dieselben ionenaktiven Lösungen verwendet; zur Verbesserung der Handhabbarkeit werden zur Bildung der *Gelmembran* lediglich geeignete *organische Hochpolymere* zugesetzt. Somit wird im Vergleich zu flüssigen Membranen vorteilhafterweise eine mechanisch stabilere Grenzfläche Membran/Probe erhalten, das Potenzial der Messelektrode ist weniger strömungsabhängig und die Elektrodenwartung ist einfacher. Demgegenüber ist das Angebot an ionenaktiver Substanz geringer, was die Lebensdauer des Sensors einschränkt. Des Weiteren ist keinerlei Regenerationsvermögen der Membran bei einer „Vergiftung" mit Störionen in hoher Konzentration gegeben. *Störioneneinflüsse* stellen generell ein Problem bei der Messung mit ionenselektiven Elektroden dar. So gibt es praktisch überhaupt keinen potenziometrischen Sensor, der vollkommen selektiv auf nur ein einziges Spezies reagiert, wobei es bei den einzelnen Membranmaterialien signifikante Unterschiede in Bezug deren Querempfindlichkeit gegenüber chemisch ähnlichen Komponenten gibt. Diesem Umstand trägt die *Nikolskij-Gleichung* (Gl. (2.10)) Rechnung, welche eine Erweiterung der

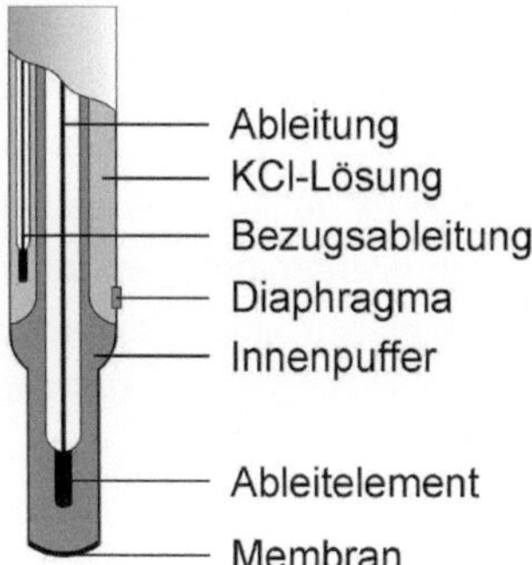

Abb. 2.101 Schema einer Glaselektrodeneinstabmesskette, bestehend aus Indikatorelektrode in konstruktiver Einheit mit der (äußeren) Bezugselektrode. (Hier: Ag/AgCl, Cl^-)

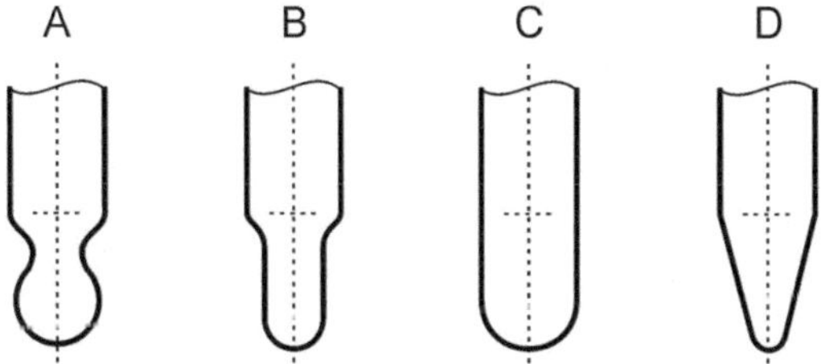

Abb. 2.102 Ausführungsformen von Glasmembranen

Nernst'schen Gleichung darstellt und den potenzialbildenden Einfluss der Aktivitäten des zu detektierenden Ions i mit der Wertigkeit z sowie des Störions j mit der Wertigkeit m beschreibt. Die Größe k_i repräsentiert den Selektivitätskoeffizienten.

$$U = U_{\ominus} + \frac{RT}{z\,F} \ln a_i + k_i a_j^{\frac{z}{m}}. \tag{2.10}$$

Bei den potenziometrischen Sensoren für den Normaltemperaturbereich dominiert seit längerer Zeit die im Jahre 1906 erstmals beschriebene *pH-Glaselektrode* in der Ausführungsform nach Abb. 2.101. Aus dem Grunde wird ihre Funktionsweise als potenziometrischer Sensor etwas ausführlicher dargestellt werden. Wie aus dem schematischen Aufbau in Abb. 2.101 zu erkennen ist, dient als sensitives Element eine dünne (0,1 mm bis 0,2 mm dicke) Oxidglasmembran, die in der Praxis je nach Applikationszweck in unterschiedlicher Geometrie gestaltet sein kann (Abb. 2.102). Eine mögliche Glaszusammensetzung beinhaltet 72 Ma % SiO_2, 22 Ma % Na_2O und 6 Ma % CaO.

Im Innern der Glaselektrode befindet sich eine Lösung mit bekannter H_3O^+-Konzentration *(Pufferlösung)*. In diese taucht die innere Referenzelektrode als Ableitelement ein; die Glaselektrode selbst taucht in die Messlösung ein. Die äußere

Referenzelektrode steht mit der Probelösung über ein Diaphragma (z. B. poröse Keramik, verdrillte Platindrähte oder Glasschliff) in Verbindung und vervollständigt die potenziometrische Messkette. An den Oberflächen der Glasmembran bilden sich Quellschichten aus, in die sich H_3O^+-Ionen ein- und auslagern können. Im Idealfall herrschen im Falle der Übereinstimmung von Innenpuffer- und Messlösung an den Phasengrenzflächen zwischen beiden Quellschichten und den korrespondierenden Lösungen vollkommen identische Verhältnisse. Für das dann vorliegende System *innere Referenzelektrode* (B_i)*//Innenpuffer/Quellschicht-Glas-Quellschicht/Messlösung//äußere Referenzelektrode* (B_a) sollte im Falle eines symmetrischen Messkettenaufbaus ($B_i = B_a$) gemäß der die *pH*-Definition ($pH = -\lg a_{H_3O^+}$) enthaltenden Gl. (2.11) ein Potenzial von 0 V gemessen werden. In der Realität sind jedoch äußere und innere Quellschicht in der Regel nicht völlig gleich aufgebaut. Gründe hierfür sind beispielsweise die *Alkaliverdampfung* auf der äußeren Glasmembranoberfläche während der glasbläserischen Elektrodenherstellung, die unterschiedliche Vorgeschichte der *Auslaugschichten,* große Unterschiede der *osmotischen Drücke* zwischen Messlösung und Innenpuffer sowie *elektrochemische Blockierungen* an Glasoberflächen durch Adsorbate (z. B. Korrosionsprodukte des Glases). Dies führt zur Ausbildung von *Gegenpotenzialen* und äußert sich im Auftreten einer *Asymmetriespannung* (U_{as}'), welche in Gl. (2.12) Berücksichtigung findet (k: Steilheit der Glaselektrodenmesskette).

$$U = U(\mathrm{B_i}) - U(\mathrm{B_a}) + \frac{2{,}3\mathrm{R}T}{\mathrm{F}}\mathrm{pH_i} - \frac{2{,}3\mathrm{R}T}{\mathrm{F}}\mathrm{pH_a} \tag{2.11}$$

$$U = \mathrm{k}\frac{2{,}3\mathrm{R}T}{\mathrm{F}}\left(\mathrm{pH_i} - \mathrm{pH_a}\right) + U'_{\mathrm{as}}. \tag{2.12}$$

Für die praktische Anwendung bedeutet dies, dass vor dem Einsatz der Sensoren stets eine *Kalibrierung* erfolgen muss, um die Abweichungen vom theoretischen Verhalten gerätetechnisch zu kompensieren.

Zu den potenziometrischen Sensoren gehören auch die auf dem Prinzip des *Feldeffekttransistors* basierenden *ionenselektiven Feldeffekttransistoren* (*ISFET*). Gemessen wird die Veränderung der Größe der Raumladungszone zwischen Source S und Drain D, die durch die Ionenkonzentration der Messlösung verursacht wird. Abb. 2.103 zeigt den schematischen Aufbau.

Anstelle des elektrischen Kontaktes am Gate wird eine ionensensitive Schicht aufgebracht, die im Falle der pH-Wert-Messung beispielsweise aus Si_3N_4, Al_2O_3 oder Ta_2O_5 besteht. Sie kommt direkt mit der Messlösung in Berührung. An die Referenzelektrode, die ebenfalls in die Messlösung eintaucht, wird eine Spannung angelegt. Die Ionenkonzentration in der Messlösung erzeugt am Kontakt zwischen der Messlösung und der ionensensitiven Schicht nach der Nernst'schen Gleichung ein zusätzliches Potenzial (U_{GS}: Gate-Spannung, U_{DS}: Drain-Spannung). Dieses beeinflusst die Raumladungszone zwischen Source und Drain. Dadurch entsteht ein Drainstrom I_D, der gemessen wird und

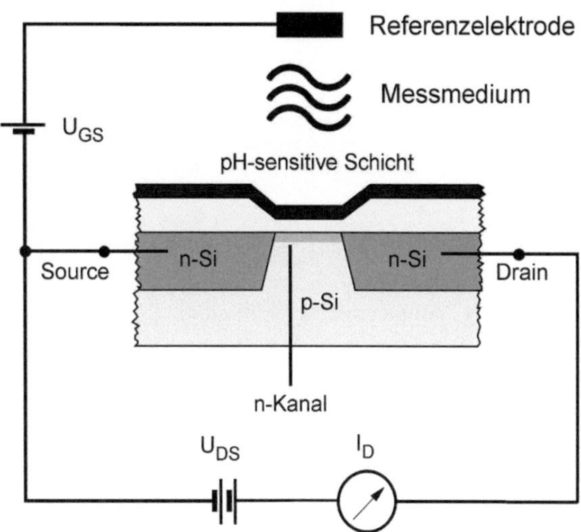

Abb. 2.103 Aufbau eines ionensensitiven Feldeffekttransistors. (ISFET)

proportional zu der Ionenkonzentration der Messlösung ist. Der Vorteil dieser Sensoren besteht in der *geringen Baugröße,* der *leichten Veränderbarkeit* der *Sensitivität,* der *mechanischen Stabilität* und den *geringen Kosten* aufgrund der hohen Stückzahlen. Auf die biochemischen Anwendungen wird in Kap. 12 eingegangen.

2.16.3 Amperometrische Sensoren

Amperometrische Sensoren, die es meist in Gestalt von 2- oder 3-Elektroden-Anordnungen gibt, messen den *Strom,* der durch eine elektrochemische Reaktion des Analyten entsteht. Zu diesem Zweck wird an den Sensor eine konstante Spannung (Polarisationsspannung) angelegt und dieser Strom gemessen. Die an der Messelektrode wirksame Polarisationsspannung setzt sich bei einer 2-Elektroden-Anordnung aus der äußeren Spannung und der Spannung der Gegenelektrode zusammen. Bei einer 3-Elektroden-Anordnung entfällt der Beitrag der Gegenelektrode. Als über ein amperometrisches Messgerät oder über einen Potenziostaten zu realisierende Polarisationsspannung wird ein Wert gewählt, der sich im Bereich des Plateaus des Diffusionsgrenzstromes für das jeweils konkrete System befindet. Abb. 2.104 zeigt das Schema eines Sauerstoffsensors.

Der Strom ist ein Maß für die Reaktionsgeschwindigkeit der Reaktionen in der Elektrode. Er ist der *Konzentration* direkt proportional und besitzt eine *kurze Ansprechzeit,* weil die Elektrode nicht im thermodynamischen Gleichgewicht mit dem Analyten sein muss. Zudem lässt sich dieser Sensortyp relativ einfach und damit auch kosten-

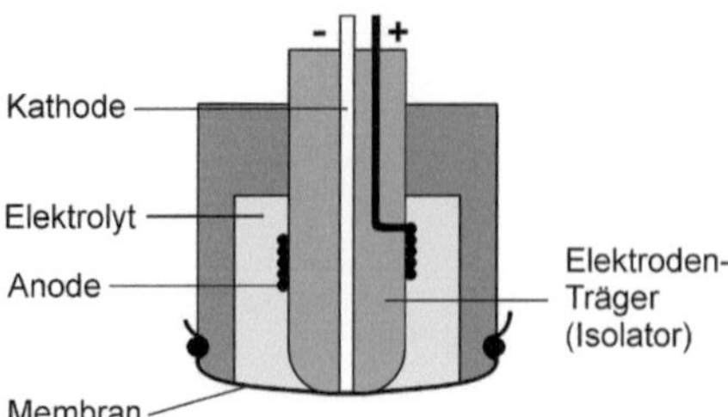

Abb. 2.104 Amperometrischer Sensor in 2-Elektroden-Ausführung

günstig *miniaturisieren.* Amperometrische Sensoren sind prinzipiell *wenig selektiv,* da bei ein und derselben Polarisationsspannung häufig unterschiedliche elektrochemische Reaktionen ausgelöst werden können. Die Selektivität wird daher in den meisten Fällen durch zusätzliche, nachfolgend aufgeführte zwei Maßnahmen erreicht:

1. Vorschaltung von Filterschichten, die nur bestimmte Spezies an die Elektrodenoberfläche gelangen lassen, um dort umgesetzt zu werden *(permselektive Membrane* bzw. *Monoschichten* mit *intermolekularen Kanälen);*
2. Anbringung von *selektiv* wirkenden *Katalysatoren* auf der Oberfläche der Elektroden, die unter mehreren möglichen chemischen Reaktionen nur die gewünschte bevorzugen.

Abb. 2.104 zeigt den schematischen Aufbau einer 2-Elektroden-Anordnung eines (membranbedeckten) amperometrischen Sensors, der von *Clark* insbesondere für die Sauerstoffmessung vorgeschlagen wurde. Er besteht aus einer Platinkathode, einer Silberanode und einer KOH-Lösung als Elektrolyt. Bei der chemischen Reaktion wird an der Kathode Sauerstoff zu OH^- reduziert, und an der Anode bilden sich Silberionen (Gln. (2.13) und (2.14)).

$$O_2 + 2H_2O + 4e^- \rightarrow 4OH^- \tag{2.13}$$

$$4Ag + 4Cl^- \rightarrow 4AgCl + 4e^-. \tag{2.14}$$

Entscheidend ist eine *gaspermeable Membran,* die häufig aus einer PTFE-Folie besteht. Dieses Material ist stark hydrophob, sodass das Wasser die Poren nicht durchdringen kann, sondern nur das Gas. Die Membran trennt den Sensor von der Messlösung und ist unmittelbar vor der Arbeitselektrode angebracht. In Abb. 2.105 ist ein kommerzieller *Clark-Sensor* dargestellt.

Abb. 2.105 Amperometrischer Sauerstoffsensor nach Clark

2.16.4 Konduktometrische und impedimetrische Sensoren

Die Konduktometrie befasst sich mit der Messung der *Leitfähigkeit* von Medien. Sie kommt dadurch zustande, dass Substanzen mit ionogener oder stark polarer Bindung in geeigneten Lösungsmitteln durch elektrolytische Dissoziation Kationen und Anionen bilden. Diese sind in der Lage, den elektrischen Strom zu leiten. Die Leitfähigkeit setzt sich additiv aus den Einzelleitfähigkeiten aller in der Lösung vorhandenen Ionen zusammen. Damit ist es in solchen Fällen nicht möglich, mittels Leitfähigkeitsmessung eine bestimmte Ionenart zu identifizieren. Man ermittelt den Widerstand der Lösung.

Auch die *Leitfähigkeit* oder die *Impedanz* eines (Sensor-)Materials können die Messgrößen von Sonden sein (Taguchi- oder Figaro-Sensor), worauf in Abschn. 11.3.4 näher eingegangen wird.

2.16.5 Anwendungsbereiche

Elektrochemische Sensoren sind in der Lage, *Konzentrationen* von Substanzen in *Boden, Wasser* und *Luft* zu messen. Damit spielen sie vor allem in folgenden Anwendungsfeldern eine wichtige Rolle:

- Umweltdiagnostik,
- Prozesskontrolle und -steuerung und
- Sicherheit am Arbeitsplatz.

Der Sensortyp wird häufig auch in der Lebensmitteltechnologie und in der Medizintechnik verwendet. Es ist ebenfalls in vielen Fällen eine Überwachung der gesetzlich vorgeschriebenen *Arbeitsplatz-Grenzwerte* (AGW) und der *biologischen Grenzwerte* (BGW) möglich, welche die früheren *MAK-Grenzwerte* (MAK: Maximale Arbeitsplatz-Konzentration) ersetzen.

Beispielhaft zeigt Tab. 2.26 hierfür eingesetzte Gassensoren, ihre typischen Messbereiche und ihre Anwendungsgebiete.

Tab. 2.26 Wichtige Gassensoren, Messbereiche und Anwendungsfelder. (Quelle: Honold Umweltmesstechnik)

Sensor	Messbereich	Anwendungsfeld
AsH_3 (Arsin)	0 ppm bis 1 ppm	AGW-Überwachung, Halbleiterindustrie
C_4H_{10} (Butan)	0 ppm bis 1000 ppm	AGW-Überwachung, Lackiererei
Cl_2	0; 5 ppm bis 50 ppm	AGW-Überwachung, Gaswäscher, Wasserbehandlungsanlagen, Schwimmbäder, kontinuierliche Überwachung bei hohen Cl_2-Konzentrationen
ClO_2	0 ppm bis 1 ppm	AGW-Überwachung bei der Papierherstellung, in Schwimmbädern und Abwasserbehandlungsanlagen
CO	0; 500 ppm bis 1000 ppm	AGW-Überwachung in Tunneln, Bergwerken, Parkhäusern
CO_2	0 ppm bis 5000 ppm	AGW-Überwachung, Lebensmitteltechnologie, Getränketechnik
$COCl_2$	0 ppm bis 1 ppm	Personenbezogene AGW-Überwachung, stationäre Überwachung in der chemischen Industrie
F_2	0 ppm bis 1 ppm	Lecksuche
GeH_4	0 ppm bis 50 ppm	Halbleiterindustrie
H_2	0; 1 % bis 4 %	AGW-Überwachung, Brennstoffzellen
H_2S	0; 30 ppm bis 5000 ppm	AGW-Überwachung, Bodenluftmessung, Deponiegasüberwachung, keine Reaktion von H_2 mit ungesättigten Kohlenwasserstoffen bei 40 °C bis 60 °C
HBr	0 ppm bis 30 ppm	AGW-Überwachung, Lecksuche, Pharmaindustrie
HCl	0 ppm bis 30 ppm	AGW-Überwachung, Lecksuche, Pharmaindustrie
HCN	0 ppm bis 30 ppm	AGW-Überwachung, Goldminenüberwachung
HF	0 ppm bis 10 ppm	AGW-Überwachung, Lecksuche, Halbleiterindustrie
NH_3	0; 100 ppm bis 1000 ppm	AGW-Überwachung, Lecksuche, Kühlhäuser, Kompressoren
NO	0; 100 ppm bis 500 ppm	AGW-Überwachung, medizinische Anwendungen
NO_2	0 ppm bis 50 ppm	AGW-Überwachung, medizinische Anwendungen
O_2	0; 1 %vol bis 100 %vol	AGW-Überwachung, Bodenluftmessung, Deponiegasüberwachung
O_3 (Ozon)	0 ppm bis 1 ppm	AGW-Überwachung
SO_2	0 ppm bis 2 ppm	AGW-Überwachung, Lebensmitteltechnologie, Textilindustrie
SiH_4 (Silan)	0 ppm bis 50 ppm	AGW-Überwachung, Halbleiterindustrie

2.17 Chemische Effekte

2.17.1 Physikalisch-chemische Wechselwirkungen von Gasen mit Oberflächen

Gase stehen mit kondensierten Phasen (Flüssigkeiten und Festkörper) in beträchtlicher *Wechselwirkung.* Durch *Diffusion* und *Strömung* gelangen sie aus dem Gasvolumen an die Oberfläche von kondensierten Phasen, können sich in diesen lösen oder werden an deren Oberflächen mehr oder weniger stark gebunden. Nach Art der Kräfte, die zwischen dem Gaspartikel und der Oberfläche wirken, unterscheidet man zwischen *Physisorption* und *Chemisorption.*

Welche der Mechanismen wirksam ist, hängt von der Art des Gases und des Festkörpers ab. Zum Beispiel wird Sauerstoff an Goldoberflächen hauptsächlich physisorbiert (Abb. 2.106, rechts)

$$O_2(g) \xrightarrow{Au} O_2(ad), \tag{2.15}$$

während unter gleichen Bedingungen bei einer Temperatur von $\vartheta > 500\,°C$ an Platin die chemische Bindung im Sauerstoffmolekül aufgebrochen und Sauerstoff also chemisorbiert (Abb. 2.106, links) wird:

$$O_2(g) \xrightarrow{Pt} 2\,O(ad). \tag{2.16}$$

Bei der Physisorption sind relativ *schwache Dispersionskräfte,* die *van-der-Waals'schen Kräfte,* bei der Chemisorption echte *chemische Bindungen* aufgrund *elektrostatischer Wechselwirkungen* wirksam. Sorbierte (sowohl ad- wie auch chemisorbierte) Teilchen können miteinander oder auch mit anderen Gaspartikeln chemisch reagieren; die entstandenen Reaktionsprodukte können teilweise oder vollständig desorbiert werden. Bei hohen Temperaturen beobachtet man eine chemische Reaktion des Gases mit daraus gebildeten Ionen im Festkörper.

Im Folgenden werden die einzelnen Erscheinungen, die zum tieferen Verständnis von Sensormechanismen notwendig sind, phänomenologisch behandelt und die zur

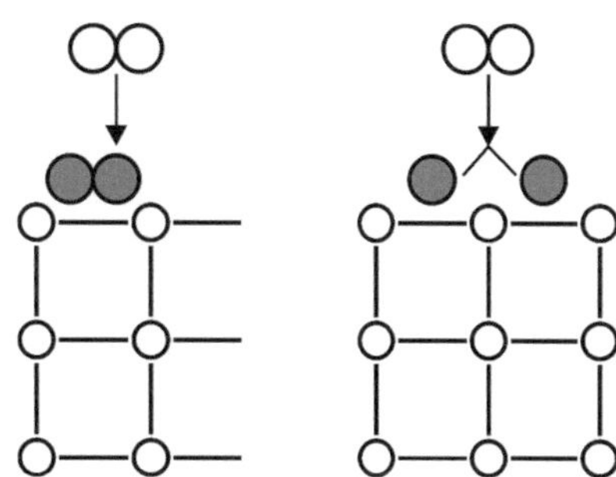

Abb. 2.106 Chemisorption (links) und Physisorption (rechts) von molekularem Sauerstoff an einer Festkörperoberfläche

Tab. 2.27 Wechselwirkungen Gas – kondensierte Phase. (MWG: Massenwirkungsgesetz)

Art der kondensierten Phase	Gas – Flüssigkeit		Gas – Festkörper			
Räumliche Ausdehnung	Volumen		Oberfläche		Volumen	
Beschreibung	Keine Reaktion mit Flüssigkeit	Reaktion mit Flüssigkeit	Adsorption	Chemisorption	Lösung im Festkörper-Gas in Polymer	Aufnahme und Abgabe von Gas unter Defektbildung
Gesetz	HENRYsches Gesetz	HENRYsches Gesetz, MWG	LANGMUIR-, FREUNDLICH-BET-Isotherme	LANGMUIR-FREUNDLICH-Isotherme	HENRYsches Gesetz	MWG
Beispiel	O_2/H_2O	CO_2/H_2O	O_2/Au	O/Pt	O_2 in Polyethylen	O_2/Oxid
Energetischer Effekt in kJ/mol	20 bis 35		< 50	70 bis 100	30 bis 50	100

ihrer Beschreibung verwendeten physikalisch-chemischen Gesetze aufgeführt. Eine Übersicht über die hier diskutierten Wechselwirkungen, ihre Einordnung sowie die sie beschreibenden Gesetze wird in Tab. 2.27 gegeben.

2.17.2 Gaslöslichkeit (Absorption)

Gase lösen sich in Flüssigkeiten, aber auch in Kunststoffen nach Maßgabe des Gaspartial-drucks. Je höher dieser ist, umso größer ist die Konzentration des gelösten Gases. Für konstante Temperatur gilt die *Nernst'sche Gleichung* in folgender Formulierung:

$$a_{\mathrm{xb}} = \mathrm{K_H} p_{\mathrm{gas}}, \tag{2.17}$$

wobei a_{xb} die Molenbruchaktivität ($a_{\mathrm{xb}}=x_{\mathrm{b}}\mathrm{f}_{\mathrm{x}}$) darstellt. Der Index b steht für den gelösten Stoff. K_H ist die *Henry-Konstante* und f_x der konzentrationsabhängige *Aktivitätskoeffizient.* In idealen Lösungen, in denen die gelösten Teilchen in großer Verdünnung vorliegen, beispielsweise permanente Gase wie N_2 oder Ar in Wasser, kann man näherungsweise die Aktivität (die thermodynamisch wirksame Konzentration) der Konzentration gleichsetzen und man erhält mit a_xb » xb:

$$\mathrm{x_b} = \mathrm{K_H} p_{\mathrm{gas}}. \tag{2.18}$$

Der Molenbruch des gelösten Stoffes ist seinem Partialdruck in der darüber befindlichen Gasphase proportional. Für die Henry-Konstante K_H ergibt sich bei konstanter Temperatur ein konstanter Wert.

$$\frac{x_b}{p_{gas}} = \text{const} = K_H(T). \tag{2.19}$$

Diese Löslichkeitskonstante K_H wird in verschiedenen Einheiten und unter verschiedenen Bedingungen angegeben, beispielsweise in $cm^3g^{-1}\,atm^{-1}$ oder mgl^{-1}. Die Löslichkeit permanenter Gase ist gering und nimmt mit steigender Temperatur ab. Die Sättigungskonzentration beispielsweise von Sauerstoff in Wasser beträgt bei Umgebungsluft und 20 °C unter Normaldruck (101.325 Pa) 9,08 mg O_2/l. Die Temperaturabhängigkeit der Sättigungskonzentration von Luftsauerstoff in Wasser ist im Abb. 2.107, links gezeigt.

Leicht lösliche Gase, wie die Anhydide CO_2, SO_2, H_2S oder NH_3, reagieren dagegen chemisch mit Wasser. Die CO_2-Konzentration beträgt etwa nur 1/10 von der der Sauerstoffkonzentration, obwohl der Sauerstoffpartialdruck etwa 557-mal (21.177 Pa/38 Pa) größer als der des CO_2 ist. Bei der Lösung von CO_2 können sich Säure-Basen-Gleichgewichte einstellen, die mit dem Massenwirkungsgesetz (MWG) beschrieben werden. Das Henry'sche Gesetz gilt in diesem Falle nur eingeschränkt. Am Beispiel des Systems CO_2 H_2O erhält man:

$$CO_2 + H_2O \rightleftarrows H^+ + HCO_3^- \tag{2.20}$$

$$HCO_3^- \rightleftarrows H^+ + CO_3^{2-} \tag{2.21}$$

$$K_1 = \frac{[H^+][HCO_3-]}{[CO_2]} \tag{2.22}$$

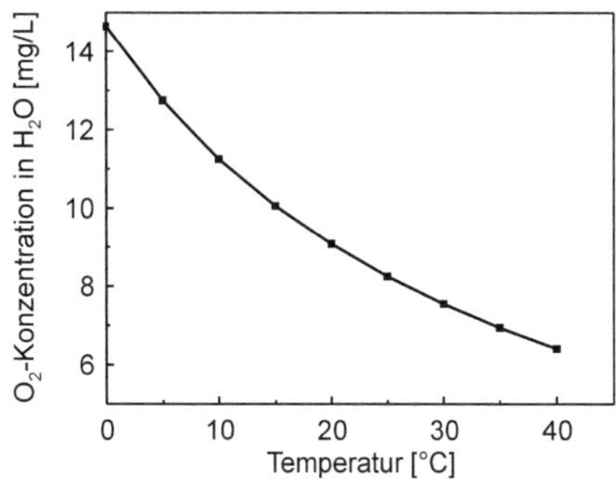

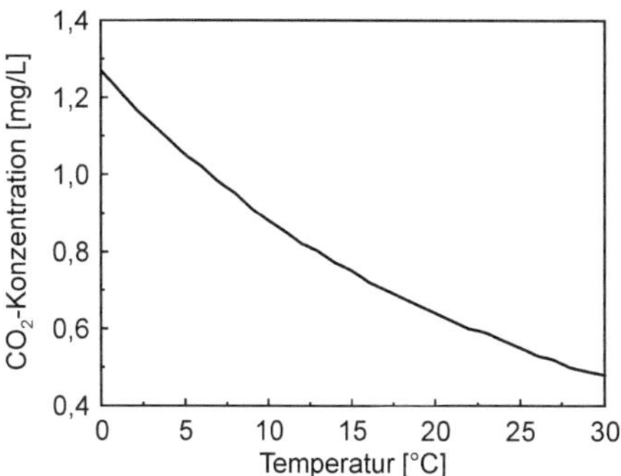

Abb. 2.107 Temperaturabhängigkeit der Sättigungskonzentration von Sauerstoff [$p(O_2) = 21.177$ Pa, links] und von CO_2 [$p(CO_2) = 38$ Pa, rechts] im System Wasser-Luft

$$K_2 = \frac{[H^+][CO_3^{2-}]}{[HCO_3^-]}. \tag{2.23}$$

Die Gleichgewichtskonstanten und deren negative dekadische Logarithmen (pK-Werte) betragen für $K_1 = 4{,}3 \cdot 10^{-7}$ mol/l ($pK_1 = 6{,}36$) und für $K_2 = 5{,}61 \cdot 10^{-11}$ mol/l ($pK_2 = 10{,}25$) bei 25 °C. An Hand der quantitativen Behandlung der Gleichgewichte lässt sich zeigen, dass ungebundenes „freies" CO_2 in Lösung nur bei einem pH-Wert < 4,3 vorliegt (Abb. 2.108).

Die Angabe der Gaskonzentration hat in diesen Fällen nur zusammen mit dem pH-Wert einen Sinn. Es ist leicht vorstellbar, dass CO_2 in realen Systemen wie in Oberflächen- und Seewasser mit einer Vielzahl natürlich vorkommender Säure-Base-Systeme reagieren kann, die dann Senken oder auch Quellen für dieses Gas darstellen. Deshalb ist die Interpretation von Messungen gelöstem CO_2 schwierig. Oberflächenwasser enthält meist weniger als 10 mg/L CO_2, das aus der Atmosphäre und von biologischen Prozessen stammt. Grundwasser kann Konzentrationen bis zu 100 mg/L CO_2 aufweisen. Für die Temperaturabhängigkeit der Sättigungskonzentration von Luft-CO_2 in Wasser erhält man eine abfallende Kurve (Abb. 2.107, rechts).

2.17.3 Gastransport zur Festkörperoberfläche

Zum Verständnis von Gasreaktionen an den Oberflächen von Festkörpern sind Kenntnisse der Gesetze des Gastransports aus einem Gasvolumen an die Oberfläche und durch poröse Körper notwendig. Transportgleichungen lassen sich im Allgemeinen wie folgt formulieren:

$$\text{Strom} = \text{empirischer Koeffizient} \cdot \text{Fläche} \cdot \text{treibende Kraft.}$$

Im Falle des Stoffstroms gilt:

$$\text{Stoffstrom} = \text{empirischer Koeffizient} \cdot \text{Fläche} \cdot \text{Gradient der treibenden Kraft.}$$

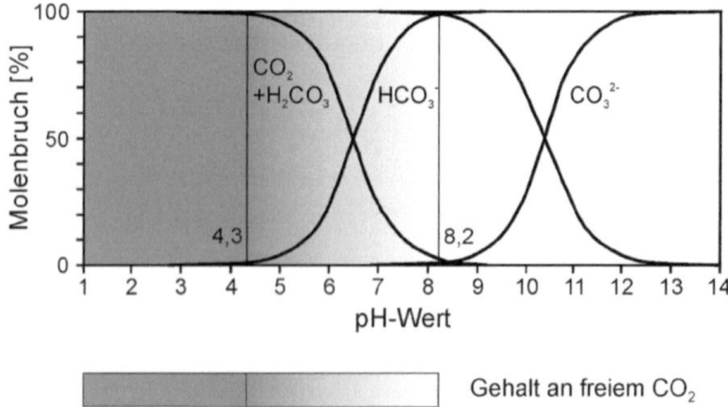

Abb. 2.108 Freies und gebundenes CO_2 in Wasser in Abhängigkeit vom pH-Wert

Die Diffusion wird durch die *Fick'schen Gesetze* beschrieben. Für den stationären Fall, für einen zeitlich und örtlich konstanten Gradienten gilt das *1. Fick'sche Gesetz:*

$$j_\mathrm{b} = -\frac{\mathrm{d}n_\mathrm{b}}{\mathrm{d}t} - \mathrm{D_b} \cdot A \cdot grad\,\mu_\mathrm{b}. \tag{2.24}$$

Der Stoffstrom j_A erfolgt nach Maßgabe des Gradienten des chemischen Potenzials des Stoffes b. D ist der Diffusionskoeffizient. Das negative Vorzeichen resultiert daraus, dass der Stofftransport dem Gradienten entgegengesetzt ist, diesen also abbaut. Da das chemische Potenzial vom Partialdruck oder der Konzentration (genau der Aktivität) des jeweiligen Stoffes abhängt,

$$\mu_\mathrm{b} = \mu_\mathrm{b}^\mathrm{o} + \mathrm{R}T \ln p_\mathrm{b} \text{ oder} \tag{2.25}$$

$$\mu_\mathrm{b} = \mu_\mathrm{b}^\mathrm{o} + \mathrm{R}T \ln c_\mathrm{b}, \tag{2.26}$$

kann man auch den Gradienten des Partialdrucks oder der Konzentration einsetzen und erhält für den Fall der Diffusion in eine Raumrichtung:

$$j_\mathrm{b} = -D_\mathrm{b} \cdot A \cdot \frac{\mathrm{d}p_\mathrm{b}}{\mathrm{d}x}. \tag{2.27}$$

Näherungsweise lassen sich die differenziellen Größen durch Differenzen ersetzen:

$$j_\mathrm{b} = -D_\mathrm{b} \cdot A \cdot \frac{\Delta p_\mathrm{b}}{l}. \tag{2.28}$$

Dabei wird eine lineare und konstante Partialdruckdifferenz in der Diffusionslänge l angenommen. Erfolgt die Diffusion dagegen in alle drei Raumrichtungen, so muss man

$$\boldsymbol{j} = -D\nabla c = \text{grad } c \text{ ansetzen.}$$

Dabei ist $\nabla = \frac{\partial}{\partial x} + \frac{\partial}{\partial y} + \frac{\partial}{\partial z}$ der Nabla-Operator.

Bei den meisten Diffusionsvorgängen ist der Gradient weder zeitlich noch räumlich konstant. Für diesen Ansatz gilt das 2. *Fick'sche Gesetz:*

$$\frac{\mathrm{d}c}{\mathrm{d}t} = \mathrm{D}\frac{\mathrm{d}^2 c}{\mathrm{d}x^2}. \tag{2.29}$$

In diesem wird die Änderung des Gradienten (2. Ableitung) berücksichtigt. Infolge des Stofftransports baut sich der Konzentrationsunterschied immer mehr ab; der Gradient wird also immer kleiner. Das *zweite Fick'sche Gesetz* ist nur unter Annahme bestimmter Randbedingen analytisch nicht immer einfach lösbar.

Für praktische Belange versucht man allerdings Bedingungen zu schaffen, die mit dem 1. Fick'schen Gesetz zu behandeln sind. Von Bedeutung ist die Berechnung des *Diffusionsstroms* an einer Strom durchflossenen Elektrode unter der Annahme, dass jedes elektrochemische Spezies, das die Elektrode erreicht, auch umgesetzt wird. Dann kann man für die *Grenzstromdichte* $i_{d,lim}$, die in weitem Bereich unabhängig von der Spannung ist, schreiben:

$$i_{\mathrm{d,lim}} = -\mathrm{z_b D_b}\frac{\mathrm{c_b}}{\delta}. \tag{2.30}$$

Dabei ist z_b die Anzahl der umgesetzten Ladungen, D_b der Diffusionskoeffizient, c_b die Konzentration in der Lösung und δ die Diffusionslänge, innerhalb derer die Konzentration linear abfällt Gl. (2.30).

2.17.4 Adsorption und Chemisorption

Zur Beschreibung der Adsorption an Oberflächen wird ein dynamischer Vorgang zwischen den Molekülen angenommen, die adsorbiert werden und denen, die desorbiert werden. Im Gleichgewicht sind die Geschwindigkeiten der Ad- und Desorption gleich. Wie viel an der Oberfläche adsorbiert wird, ist vom Partialdruck abhängig. Bei kleinen Partialdrücken beobachtet man zunächst einen proportionalen Anstieg, der bei höheren Drücken, wenn sich zunehmend eine monomolekulare Adsorptionschicht ausbildet, in einen druckunabhängigen Bereich mündet. Dieses Verhalten wird durch die *Langmuirsche Adsorptionsisotherme* ausgedrückt:

$$\Theta = \frac{v_\mathrm{B}}{v_\mathrm{m}} = \frac{k_1 p_\mathrm{b}}{1 + k_2 p_\mathrm{b}}. \tag{2.31}$$

Θ ist der Bedeckungsgrad – das Verhältnis des adsorbierten Gasvolumens zum Gasvolumen, das für die Ausbildung einer totalen Bedeckung notwendig ist. Ist der Druck klein gegenüber 1, also $k_2 p_b < 1$; dann wird der Nenner 1 und die Funktion beschreibt den linearen Anstieg der Oberflächenkonzentration mit dem Druck. Gilt dagegen $k_2 p_b >> 1$, so kann man die 1 im Nenner vernachlässigen und man erhält einen konstanten druckunabhängigen Wert. Das Verhalten zwischen den beiden Grenzzuständen wird nur unzureichend durch die Langmuir-Isotherme wiedergegeben. Die Isotherme nach der *Freundlich-Gleichung* (2.32) spiegelt gerade diesen Bereich gut wider.

$$v = kp^{1/n} \quad n > 1. \tag{2.32}$$

Zur Beschreibung der Physisorption in einer Multischicht, einem Kondensat, wird die Isotherme nach *Brunauer, Emmet und Teller (Bet)* verwendet:

$$\frac{p}{v(p_0 - p)} = \frac{1}{v_\mathrm{m} c} + \frac{c - 1}{v_\mathrm{m} c}\frac{p}{p_0}. \tag{2.33}$$

Dabei ist p_0 der Dampfdruck des flüssigen Adsorptionsmittels und p der Dampfdruck im Gleichgewichtszustand. Diese Isotherme ist die Grundlage der sehr häufig verwendeten Geräte zur Bestimmung von Oberflächen von Pulvern *(BET-Methode).*

2.17.5 Reaktionen mit adsorbierten Spezies

Zwischen den physisorbierten und chemisorbierten Teichen an der Festkörperoberfläche und Gasen können nach Maßgabe der katalytischen Aktivität und der Temperatur auch chemische Reaktionen stattfinden. Mithilfe kinetischer Untersuchungen lassen sich *zwei Mechanismen* unterscheiden. Wenn zunächst *beide Reaktionspartner* an der Oberfläche adsorbiert werden und zwischen diesen dann die Reaktion erfolgt, spricht man vom *Langmuir–Hinshelwood-Mechanismus.* Ist der Reaktionspartner dagegen ein *Gas,* das mit einem adsorbierten Teilchen reagiert, so handelt es sich um den *Eley–Rideal-Mechanismus.* Diese Betrachtungen spielen eine große Rolle, um die Vorgänge an heißen Sensoroberflächen beispielsweise von HalbleiterGassensoren zu verstehen, die in einem Multigas-Komponentensystem betrieben werden.

2.17.6 Reaktion des Gases mit dem Festkörper

Neben der reinen physikalischen Lösung können Gase auch chemisch mit dem Festkörper reagieren und die Zusammensetzung der Oberfläche und des Festkörpervolumens punktuell bei Erhalt der Kristallstruktur verändern. Dadurch entstehen gegenüber dem geordneten Gitter *Fehlstellen* (Defekte), welche die elektrischen Eigenschaften des Festkörpers erheblich beeinflussen. Diese Phänomene treten bei höheren Temperaturen auf ($\vartheta > 450$ °C) und können zu chemischen Gleichgewichten zwischen Gas und Festkörper führen.

Um die Funktionsweise von Festkörpersensoren verstehen zu können, ist eine kurze Einführung in die Fehlordnung von Festkörpern sinnvoll. Mit *Fehlordnungsmodellen* lassen sich die elektrische Eigenschaften, aber auch die Diffusion im und durch den Festkörper erklären. Dabei spielen die Punktfehlordnungen die größte Rolle.

Exemplarisch sei auf die Wechselwirkung zwischen einem Oxid und dem Sauerstoff aus der umgebenden Gasphase näher eingegangen.

Ist der Sauerstoffpartialdruck über dem Oxid klein, so erfolgt ein Sauerstoffausbau aus dem Festkörper unter Bildung von Überschusselektronen e′ (Abb. 2.109, rechts). Im anderen Fall kann man den Sauerstoffeinbau bei Bildung von Defektelektronen h (von engl. holes) beobachten (Abb. 2.109, links). Im Zinnoxid wird bei Temperaturen von

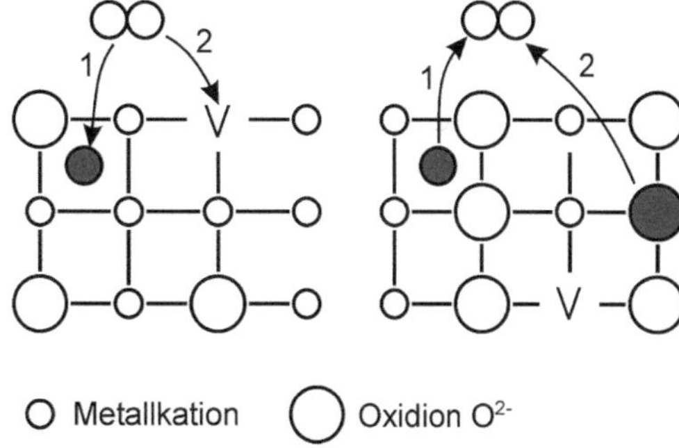

Abb. 2.109 Einbau (links) und Ausbau (rechts) von gasförmigem Sauerstoff (schematisch). Ein- und Ausbau auf oder vom Zwischengitterplatz 1 und auf oder von regulären Oxidplätzen 2

> 450 °C und kleinem Sauerstoffpartialdrücken das Zinnoxid partiell reduziert. Unter Erhalt des SnO_2-Gitters (Rutilstruktur) wird nur ein wenig Sauerstoff ausgebaut, und es entstehen Überschusselektronen, die man sich lokalisiert als Sn^{3+} vorstellen kann. Nach einer von *Kröger* und *Vink* eingeführten relativen Notation kann man für $Sn^{3+}_{Sn^{4+}}$ auch $Sn'_{Sn} = e'$ schreiben. Als Index steht das Ion, das ursprünglich auf diesem Gitterplatz vorhaben war, hier *Sn,* und im Exponent die Ladung. Das reduzierte Sn^{3+} hat eine positive Ladung weniger als das ursprünglich vorhandene Sn^{4+}. Diese stellt dann, relativ zum ungestörten Oxid, eine negative Ladung dar. Durch den Sauerstoffausbau entstehen Sauerstoff- oder Oxidionenleerstellen, die mit V_O (von engl. *vacancies*) bezeichnet werden. Diese sind, da zwei negative Ladungen fehlen, zweifach positiv geladen ($V_O^{\circ\circ}$).

$$2Sn + O_O^x \xrightarrow{T,p_{O_2}} 2Sn'_{Sn} + V_O^{\circ\circ} + \frac{1}{2}O_2. \tag{2.34}$$

Verkürzt nur auf die Oxidionen $O^{2-} = O_O$ (*x* bedeutet: keine Ladungsänderung gegenüber dem Normalzustand; x wird meist weggelassen) lässt sich formulieren:

$$O_O^x \xrightarrow{T,p} 2e' + V_O^{\circ\circ} + \frac{1}{2}O_2(gas). \tag{2.35}$$

Mit dem Massenwirkungsgesetz erhält man:

$$K_{p,c,x} = \frac{[e']^2 [V_O^{\circ\circ}] p_{O_2}^{1/2}}{x_{O_O}}. \tag{2.36}$$

Wenn der Molenbruch für die normalen Oxidionen als konstant angesehen wird (der Sauerstoffausbau beträgt bei 1000 K nur etwa 0,001) und die Konzentration der Oxidionenleerstellen ebenfalls konstant ist, dann erhält man:

$$[e'] \propto \sigma \propto \text{const} \cdot p_{O_2}^{\frac{1}{4}}. \tag{2.37}$$

Im Fall variabler Leerstellenkonzentration führt eine Äquivalenzbetrachtung der Ladungsträger dazu, dass die Konzentration der Oxidionenleerstellen halb so groß wie die der Überschusselektronen

$$[V_O^{\circ\circ}] = \frac{[e']}{2} \text{ ist, zu}$$

$$[e'] \propto \sigma \propto const \cdot p_{O_2}^{-\frac{1}{6}}. \tag{2.38}$$

Die elektrische Leitfähigkeit σ ist das Produkt aus der Elementarladung e, der Konzentration der Ladungsträger *c* und ihrer Beweglichkeit *u:*

$$\sigma = \mathrm{e}\, c\, u. \tag{2.39}$$

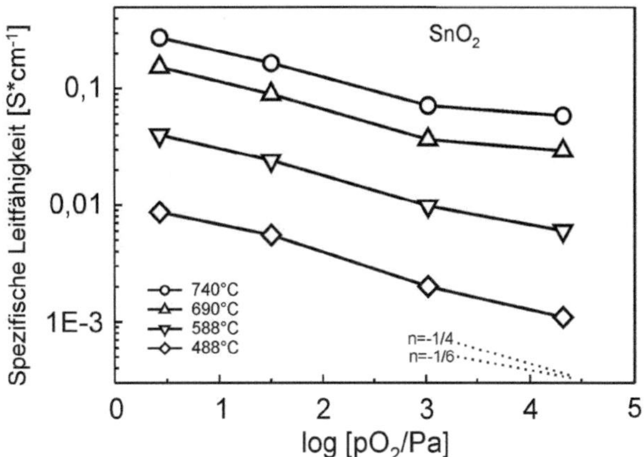

Abb. 2.110 Abhängigkeit der elektrischen Leitfähigkeit von SnO_2 vom Sauerstoffpartialdruck. (Prof. Dr. U. Guth, KSI Meinsberg)

Die elektrische Leitfähigkeit, die proportional zur Konzentration der Überschusselektronen ist, nimmt also mit der 4. oder 6. Wurzel des Sauerstoffs ab oder, je kleiner der Sauerstoffpartialdruck ist, umso größer wird die Leitfähigkeit. Das steht in Übereinstimmung mit der Vorstellung der partiellen Reduktion des SnO_2. Experimentell werden beide Abhängigkeiten gefunden, wie aus Abb. 2.110 zu sehen ist.

Umgekehrt entstehen durch den Sauerstoffeinbau in ein Oxid, beispielsweise auf Zwischengitterplätze (Symbol i), Defektelektronen h° (von engl. *holes*):

$$\frac{1}{2}O_2 + \mathrm{V_i} \xrightarrow{\mathrm{p,T}} \mathrm{O_O''} + 2\,\mathrm{h^\circ} \tag{2.40}$$

$$K_{p,c,x} = \frac{[h^\circ]^2 \left[O_O''\right]}{x_{V_i} p_{O_2}^{1/2}}. \tag{2.41}$$

Da Konzentrationen freier Zwischengitterplätze sich praktisch nicht ändern, erhält man bei konstanter Oxidionenkonzentration auf den Zwischengitterplätzen

$$\left[h^\circ\right] \propto \sigma \propto \mathrm{const} \cdot p_{O_2}^{\frac{1}{4}}. \tag{2.42}$$

Sind letztere nicht konstant, so folgt aus der Ladungsäquivalenz $\frac{[h^\circ]}{2} = \left[O_i''\right]$:

$$\left[h^\circ\right] \propto \sigma \propto \mathrm{const} \cdot p_{O_2}^{\frac{1}{6}}. \tag{2.43}$$

Die Erzeugung der elektronischen Defekte lässt sich auch mithilfe des Bändermodells verstehen, wenn man delokalisierte Überschuss- oder Defektelektronen annimmt. Gitterdefekte verursachen außer den hier geschilderten elektrischen Effekten Verzerrungen in ihrer unmittelbaren Umgebung, was durch eine veränderten Ionenradius und der Wirkung der veränderten Ladung auf die Nachbarionen erklärbar ist.

2.17.7 Die Mischphasenfehlordnung

Neben den hier behandelten Fehlordnungen, die aufgrund der thermodynamischen Bedingungen Temperatur und Partialdruck entstehen und deshalb häufig auch als *intrinsische Fehlordnungen* bezeichnet werden, sind auch solche von großer Bedeutung, die durch die gezielte Wahl der Zusammensetzungen von Mischphasen erzeugt werden. Die *Mischphasenfehlordnung* wird auch als *extrinsische Fehlordnung* bezeichnet, da man diese von außen durch die Wahl der chemischen Zusammensetzung erzeugt.

Am Beispiel des stabilisierten ZrO_2, das als Festelektrolyt in *Lambdasonden* verwendet wird, soll dieser Fehlordnungstyp näher erläutert werden. Mischt man dem Zirconiumoxid ein Oxid eines zwei- oder dreiwertigen Metalls wie CaO, MgO oder Y_2O_3 zu und tempert diese Mischung bei Temperaturen > 1200 °C, so wird innerhalb der Grenzen der Löslichkeit das zwei oder dreiwertige Metallion anstelle des vierwertigen Zr-Ions in den Festkörper eingebaut. Das im Vergleich zum vierwertigem Zr^{4+}-Ion zweiwertige Ca^{2+}- oder dreiwertige Y^{3+}-Ion benötigt nicht zwei Oxidionen ($2O^{2-}$), sondern im Falle von Ca^{2+} ein und für Y^{3+} nur 3/2 Oxidionen (3/2 O^{2-}). Bei gleicher Gitterstruktur bleiben deshalb O^{2-}-Positionen unbesetzt. Die Einbaugleichungen, die zu der hier geschilderten chemischen Fehlordnung führt, kann man wie folgt formulieren:

$$CaO \xrightarrow{ZrO_2} Ca''_{\mathrm{Zr}} + O^x_O + V^{\circ\circ}_O \tag{2.44}$$

$$Y_2O_3 \xrightarrow{ZrO_2} 2Y'_{Zr} + 3O^x_O + V^{\circ\circ}_O. \tag{2.45}$$

Ca''_{Zr} bedeutet: Ein zweiwertiges Ca^{2+}-Ion sitzt auf einem Zr^{4+}-Platz. Da ersteres nur zwei positive Ladungen besitzt, also zwei weniger als das Zr^{4+} hat, fehlen zwei positive Ladungen. Somit ist diese Fehlstelle formal zweifach negativ geladen.

Chemisch lässt sich die Zusammensetzung von solchen Phasen durch die Formeln

$$(ZrO_2)_{0{,}84}(CaO)_{0{,}16} = Zr_{0{,}84}Ca_{0{,}16}O_{1{,}84} \quad \text{und} \tag{2.46}$$

$$(ZrO_2)_{0{,}84}\left(YO_{1{,}5}\right)_{0{,}16} = Zr_{0{,}84}Y_{0{,}16}O_{1{,}92}. \tag{2.47}$$

wiedergeben. In beiden Fällen ist das Kationengitter vollständig (0,84 + 0,16 = 1), das Anionen-also Sauerstoffionengitter dagegen unvollständig besetzt. Die Fehlstellenmenge beträgt im ersten Fall 2 – 1,84 = 0,16 mol und im zweiten 2 – 1,92 = 0,08 mol. Insgesamt muss die Elektro-neutralität gewährleistet sein, d. h. in der Ladungsbilanz müssen gleich viele positive und negative Ladungen vorhanden sein. Weil diese Beimengungen das

ZrO_2, das beim Erhitzen in reiner Form mehrere Phasenübergange (monoklin-tetragonal-kubisch) durchläuft, über einen weiten Temperaturbereich (von Raumtemperatur bis 1500 °C) phasenstabil (kubische Fluoritphase) machen, bezeichnet man diese Mischphasen auch als *stabilisiertes Zirconiumoxid* (abgekürzt: YSZ engl. für *yttria stabilized zirconia;* die Endung -ia bedeutet Oxid des jeweiligen Metalls).

Die Leitfähigkeit von stabilisiertem ZrO_2 ist proportional der Konzentration der Sauerstoffleerstellen und der Beweglichkeit der Oxidionen über diese Leerstellen:

$$\sigma = z F c_{V_O^{\circ\circ}} u_{O_O}. \tag{2.48}$$

Da die Beweglichkeit exponentiell von der Temperatur abhängt, ist auch die elektrische (ionische) Leitfähigkeit durch eine Exponentialfunktion darstellbar:

$$\sigma_{\text{ion}} = \text{Const} \cdot \exp\left[-\frac{E_{\text{a}}}{RT}\right]. \tag{2.49}$$

Mit den ermittelten Werten für ZrO_2 mit einer Dotierung von 8 mol- % Y_2O_3 erhält man:

$$\sigma_{\text{ion}} = 1{,}63 \cdot 10^2 \exp\left[-\frac{0{,}79eV}{kT}\right]. \tag{2.50}$$

Bei 1000 °C beträgt somit die Ionenleitfähigkeit etwa $0{,}1\ \Omega^{-1}\ \text{cm}^{-1} = 0{,}1$ S/cm und liegt damit in der Größenordnung der Leitfähigkeit verdünnter anorganischer Säuren bei 25 °C.

Intrinsische Fehlordnungen entstehen im Gegensatz dazu durch *entropische Effekte.* Mit zunehmender Temperatur verlassen Teilchen ihre Gitterplätze und wandern in Zwischengitterplätze *(Frenkel'sche Fehlordnung)* oder an die Oberfläche des Festkörpers *(Schottky'sche Fehlordnung).* So leitet festes Na_2CO_3 bei Temperaturen > 300 °C den elektrischen Strom, weil Natriumionen Zwischengitterplätze besetzen.

$$Na_2CO_3 \rightarrow 2Na_i^\circ + 2V'_{Na} + CO^x_{3_{CO3}}. \tag{2.51}$$

Festen Carbonaten sind bei höheren Temperaturen (> 350 °C) Festelektrolyte, mit denen man galvanische CO_2-Sensoren aufbauen kann.

2.18 Akustische Effekte

2.18.1 Definition und Einteilung des Schalls

Schall ist die Ausbreitung von *lokalen Druckschwankungen.* Diese können sich, im Gegensatz zu elektromagnetischen Wellen, nur in Materie ausbreiten und sind *Longitudinalwellen* (Schallgeschwindigkeit ist in Richtung der Druckschwankungen). Je nach Schallfrequenz werden die Schallbereiche folgendermaßen eingeteilt:

- *Infraschall:* nicht hörbarer Bereich bis zu 16 Hz,
- *Hörbarer Schall:* von 16 Hz bis 20 kHz,
- *Ultraschall:* 20 kHz bis 1 GHz und
- *Hyperschall:* ab 1 GHz.

2.18.2 Charakterisierung akustischer Wellen

Die akustischen Wellen breiten sich mit einer Schallgeschwindigkeit c aus. Ihre Wellenlänge λ ergibt sich aus dem Produkt aus der Frequenz *f* und der Schallgeschwindigkeit c, sodass gilt:

$$\lambda = \mathrm{c} \cdot f.$$

Die Schallwellen können beschrieben werden als *periodische Änderungen* der *Geschwindigkeit* und des *Druckes* der Teilchen. Teilchengeschwindigkeit u_T und Druck p_T setzen sich zusammen aus dem statischen Anteil u_S, p_S und dem sich periodisch ändernden Anteil *u* und *p*. *u* wird auch als *Schallschnelle* bezeichnet. Daher gilt:

$$u_\mathrm{T} = u_\mathrm{S} + u \text{ und}$$

$$p_\mathrm{T} = p_\mathrm{S} + p.$$

Die Schallschnelle *u*(*x*,*t*) und die periodischen Druckänderungen *p*(*x*,*t*) lassen sich durch harmonische Wellen in Abhängigkeit des Ortes *x* und der Zeit *t* wie folgt beschreiben:

$$u(x,t) = \mathrm{u}_0 \ \sin\,(\mathrm{k}x - \omega t) \text{ und}$$

$$p(x,t) = \mathrm{p}_0 \ \sin\,(\mathrm{k}x - \omega t)$$

mit

u_0: Amplitude der Schallschnelle
p_0: Druckamplitude
ω: Kreisfrequenz: $\omega = 2\,\pi/T = 2\,\pi f$
k: Wellenzahl:$\mathrm{k} = 2\,\pi/\lambda = \omega/\mathrm{c}$
T: Periodendauer: $T = 1/f$.

Der Quotient aus Schalldruck und Schallschnelle ist die *akustische Impedanz* Z_a. Sie ist in einer ebenen Welle eine Konstante:

$$Z_\mathrm{a} = p/u = \rho\ \mathrm{c}.$$

2.18.3 Schallgeschwindigkeit in idealen Gasen

Die *Abstandsmessung* mit Ultraschall basiert auf einer *Laufzeitmessung* eines Schallpulses. Eine genaue Kenntnis der Schallgeschwindigkeit ist für die Messungen unabdingbar. Die Schallgeschwindigkeit in idealen Gasen ist abhängig von

- der Temperatur T,
- der relativen Luftfeuchte und
- Druck (sie ist nicht abhängig vom statischen Druck).

Abhängigkeit von der Temperatur
Für die Schallgeschwindigkeit für ideale Gase gilt:

$$c = c_0(1 + T/273{,}15\,°\mathrm{C})^{1/2}.$$

Die Schallgeschwindigkeit c ist proportional zur *Wurzel der absoluten Temperatur T.* Die Schallgeschwindigkeit von Luft beträgt nach dieser Gleichung: 331,5 m/s. Näherungsweise gilt dann:

$$c \approx (331{,}5 + 0{,}6\,\delta/°\mathrm{C})\ \mathrm{m/s}\ (\text{mit } \delta \text{ als Temperatur in } °\mathrm{C}: \delta = T - 273{,}15\ \mathrm{K}).$$

Abb. 2.111 zeigt den Zusammenhang.

In Tab. 2.28 sind die Schallgeschwindigkeiten (aus der Formel berechnet und gemessen) anderer Gase zusammengestellt.

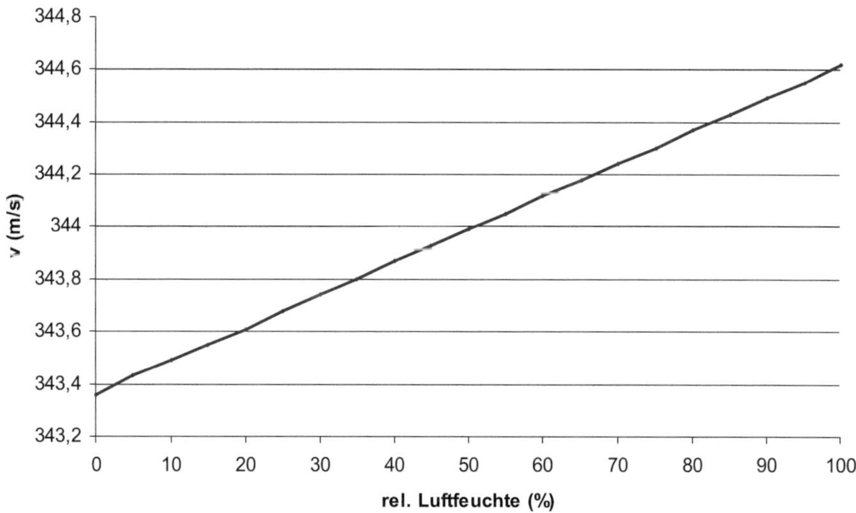

Abb. 2.111 Abhängigkeit der Schallgeschwindigkeit von der Temperatur für Luft

Tab. 2.28 Schallgeschwindigkeit in verschiedenen Gasen

Gas	c bei 20 °C in m/s	c Messungen in m/s
Luft	344	343
Wasserstoff	1307	1280
Sauerstoff	308	316

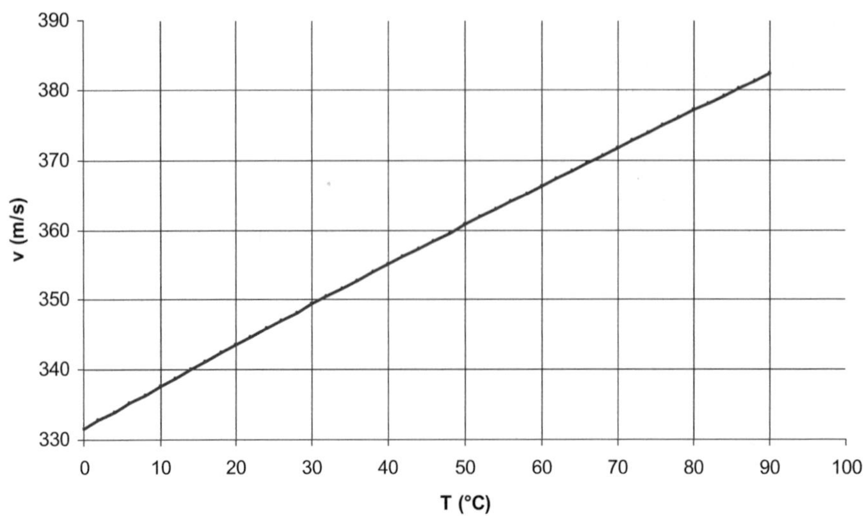

Abb. 2.112 Abhängigkeit der Schallgeschwindigkeit von der relativen Luftfeuchte bei 20 °C

Abhängigkeit von der relativen Luftfeuchte

Mit zunehmender Luftfeuchte *erhöht* sich die Schallgeschwindigkeit. Diese Abhängigkeit zeigt Abb. 2.112.

Abhängigkeit vom Druck

Die Schallgeschwindigkeit ist in idealen Gasen *nicht* vom statischen Druck abhängig. Der Luftdruck p und die Dichte ρ sind bei gleicher Temperatur proportional zueinander: Der Quotient p/ρ ist eine Konstante.

2.18.4 Intensität oder Schallstärke

Mit *Intensität I* bezeichnet man die mittlere Leistung <*P*>, die auf eine Fläche *A* abgestrahlt wird, die senkrecht zur Ausbreitungsrichtung der Welle steht. Dann gilt:

$$I = \langle P \rangle / A.$$

Weitere Rechnungen ergeben:

$$I = {}^1\!/_2 p_0^2 / Z_A = {}^1\!/_2 p_0 \, u_0 = {}^1\!/_2 Z_A \, u_0^2$$

mit

p_0: Amplitude des Druckes
Z_A: akustische Impedanz.

2.18.5 Absorption von Schall in Luft

Die Intensität I einer Schallwelle nimmt mit dem zurückgelegten Weg x ab. Diese *Dämpfung* ist abhängig von der verwendeten Schallfrequenz. Je *höher* die Frequenzen der Schallwellen sind, um so *mehr verkürzt* sich ihre Reichweite. Für die Intensität I in Abhängigkeit von der Entfernung x der Schallquelle gilt:

$$I(x) = \mathrm{I}_0 \cdot \mathrm{e}^{-\alpha \mathrm{x}} = \mathrm{I}_0 \cdot \exp\left(-\mathrm{a}f^{*^2} x\right).$$

Der Absorptionskoeffizient a ist proportional dem Quadrat der Schallfrequenz f^2, sodass gilt:

$$\alpha = \mathrm{a} f^2 \quad \text{mit dem Proportionalitätsfaktor a.}$$

Abb. 2.113 zeigt dieses Verhalten in Abhängigkeit von der Frequenz über eine Strecke von einem Meter. Die Intensität I an der Schallquelle hat den Wert: I_0, die Intensität im Abstand von einem Meter I.

Die Dämpfung von Schall in Luft ist stark vom *Luftdruck* abhängig. Bei höherem Luftdruck nehmen die Schallabsorption ab und die Reichweite der Sensoren zu.

2.18.6 Reflektion und Transmission

Trifft eine Schallwelle, die sich in Luft ausbreitet, auf eine Grenzschicht zu einem anderen Medium, so geht ein Teil der Welle durch diese Schicht in das andere Medium (wird *transmittiert*) und der andere Teil wird *reflektiert*. Es gilt:

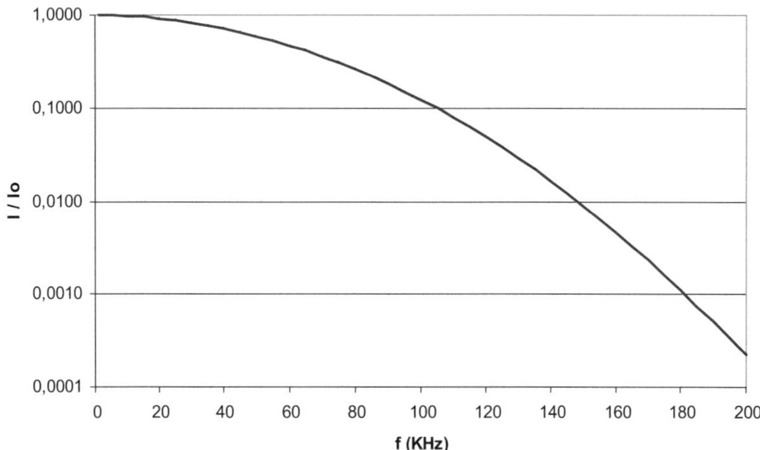

Abb. 2.113 Abhängigkeit der Intensität I von der Frequenz über eine Strecke von einem Meter

$$u_r = r\,u \text{ und}$$
$$u_t = t\,u.$$

mit

u_r: Schallschnelle der reflektierten Welle
u_t: Schallschnelle der Schallwelle im anderen Medium
r: Reflektionsfaktor
t: Transmissionsfaktor

Da keine Energie und damit Intensität verloren gehen kann, muss gelten:

$$r + t = 1.$$

Für den Reflektionsfaktor r gilt:

$$r = (Z_L - Z_M)/(Z_L + Z_M).$$

Damit gilt für das Verhältnis Intensität der reflektierten Schallwelle I_r zu der auf die Grenzfläche auftreffenden Schallwelle I:

$$I_r/I = ((Z_L - Z_M)/(Z_L + Z_M))^2.$$

Akustische Impedanzen und der daraus berechnete Anteil der Intensität der reflektierten Wellen, die von Luft auf die Grenzfläche treffen zeigt Tab. 2.29. Aus Tab. 2.29 ist ersichtlich, dass – außer in Luft – bei Wasser und in Feststoffen fast die gesamte Intensität an den Grenzflächen reflektiert wird. Der Anteil, der durch die Grenzfläche in das andere Medium gelangt, ist in diesen Fällen vernachlässigbar.

Tab. 2.29 Intensität reflektierter Schallwellen

Medium	Akustische Impedanz Z_a	Reflektierte Intensität I_r
	kg/s m^2	Luft – Medium
Luft 20 °C	$4{,}142 \cdot 10^2$	0,000 %
Wasser 20°	$1{,}484 \cdot 10^6$	99,888 %
Holz Fichte	$2{,}860 \cdot 10^6$	99,942 %
Aluminium	$1{,}377 \cdot 10^7$	99,988 %
Eisen	$3{,}866 \cdot 10^7$	99,996 %
Piezokeramik	$1{,}865 \cdot 10^7$	99,991 %

2.19 Optische Effekte

2.19.1 Physikalische Effekte

Die Optik beschäftigt sich mit den Eigenschaften des Lichtes, wie es das Auge wahrnimmt. Das Licht kann zum einen als *elektromagnetische Welle* verstanden und zum anderen als *Teilchenstrom* von *Photonen* interpretiert werden. Die Einteilung der Bereiche von elektromagnetischen Wellen zeigt Abb. 2.114.

Sichtbares Licht ist eine sichtbare elektromagnetische Welle im Bereich der Wellenlänge von $\lambda = 380$ nm bis $\lambda = 780$ nm. Dies entspricht einem Frequenzbereich von $f = 3{,}84 \cdot 10^{14}$ Hz bis $f = 7{,}89 \cdot 10^{14}$ Hz. Licht breitet sich im Vakuum mit einer konstanten Geschwindigkeit aus, der *Lichtgeschwindigkeit* c ($c = 299{,}792458 \cdot 10^{6}$ m/s, etwa 300.000 km/s). Für den Zusammenhang zwischen der Lichtgeschwindigkeit c, der Wellenlänge λ und der Frequenz f gilt:

$$c = \lambda \cdot f.$$

$$c = \lambda \cdot f.$$

Die elektromagnetische Strahlung wird nach Abb. 2.114 in folgende weitere Bereiche unterteilt:

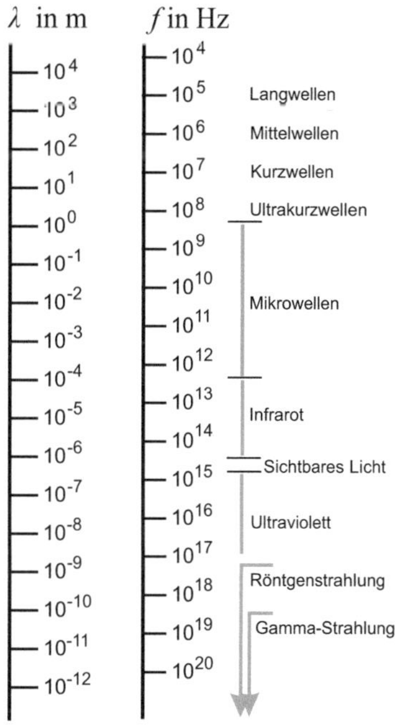

Abb. 2.114 Einteilung elektromagnetischer Strahlung. (Quelle: Hering, Martin, Stohrer: Physik für Ingenieure, 12. Auflage, Springer Verlag)

- Wellenlängen kleiner als das sichtbare Licht (oder höhere Frequenzen)
  - *UV-Licht* (Ultraviolettes Licht: zwischen $f = 10^{15}$ Hz und $f = 10^{17}$ Hz),
  - *Röntgenstrahlung* (Frequenzen $f > 10^{17}$ Hz) und
  - *γ-Strahlung* (Frequenz $f > 10^{19}$ Hz.
- Wellenlängen größer als das sichtbare Licht (oder geringere Frequenzen)
  - *Infrarot* (Wärmestrahlung: Frequenzen f bis 10^{13} Hz),
  - *Mikrowellenstrahlung* (Frequenzen f bis 10^9 Hz) und
  - *Radiofrequenzen* (Frequenzen f ab 10^9 Hz bis $f = 10^5$ Hz.

In Abb. 2.115 sind die Eigenschaften für Licht als *Welle* und Licht als Teilchenstrom *(Photonenstrom)* zusammengestellt.

Eine elektromagnetische Welle kann *absorbiert* oder *reflektiert* werden. Bei der Absorption verschwindet wird das Licht völlig und es herrscht Dunkelheit. Auf einer *spiegelnden Fläche* wird der Lichtstrahl *reflektiert.* Dabei liegen der einfallende Strahl, das Einfallslot (Flächennormale beim Auftreffpunkt) und der reflektierte Strahl in einer Ebene und es gilt: *Einfallswinkel = Ausfallswinkel.* Diese Eigenschaft ist ein wichtiges Prinzip in der *geometrischen Optik* und erklärt die Bildentstehung bei gekrümmten Flächen (z. B. Parabolspiegel). Ist der Einfallswinkel größer als 90°, dann wird das Licht total reflektiert, d. h. der einfallende Strahl wird in diesem Medium gehalten. Dies ist das Prinzip des *Lichtwellenleiters* (LWL). Er besteht aus vielen Glasfasern, die einen großen Einfallswinkel ermöglichen. Das Licht wird bis zu 20.000-mal pro Meter Glasfaser total reflektiert und damit durch die Glasfaser transportiert.

Abb. 2.116 zeigt den Effekt der *Brechung.*

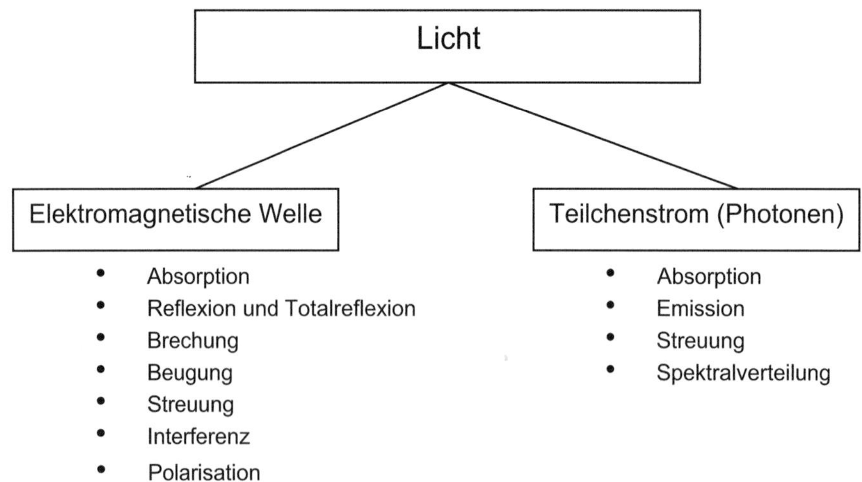

Abb. 2.115 Eigenschaften des Lichtes als Welle und Teilchen

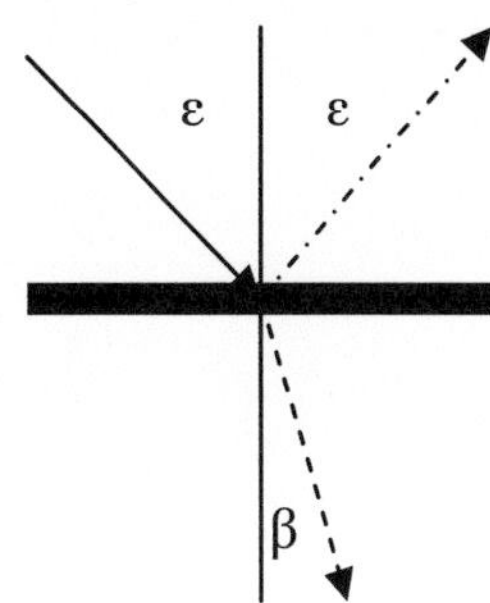

Abb. 2.116 Brechung eines Lichtstrahls

Trifft ein Lichtstrahl unter einem Winkel ε auf eine Grenzfläche zwischen einem optisch dünneren und einem optisch dichteren Medium, so gibt es neben einem reflektierenden Strahl (strichpunktiert in Abb. 2.116) mit dem gleichen Ausfallswinkel ε auch einen *gebrochenen* Strahl, der einen Winkel β zur Lotrechten einschließt. Dabei gilt:

$$\sin(\varepsilon)/\sin(\beta) = \text{konstant}\,.$$

Die Lichtgeschwindigkeit c' in Materie ist immer kleiner als die Lichtgeschwindigkeit im Vakuum c. Das Brechungsgesetz lautet dann:

$$\sin(\varepsilon)/\sin(\beta) = \mathrm{c}/c'.$$

Das heißt, dass das Verhältnis der Sinuswerte von Einfalls- und Brechungswinkel gleich dem Verhältnis der beiden Lichtgeschwindigkeiten ist. Als *Brechungsindex n* eines Materials bezeichnet man den Quotienten aus der Lichtgeschwindigkeit im Vakuum c_0 und der Lichtgeschwindigkeit c im betreffenden Material. Es gilt:

$$n = \mathrm{c}_0/\mathrm{c}.$$

In obige Gleichung eingesetzt, ergibt sich das *Snellius'sche Brechungsgesetz:*

$$\sin(\varepsilon)/\sin(\beta) = n'/n.$$

Der Brechungsindex hängt von der Wellenlänge (Farbe) des Lichtes ab und von der Temperatur. Tab. 2.30 zeigt die Brechzahlen einiger Materialien.

Auf der Brechung des Lichts beruhen alle optischen Abbildungen, die mit Linsen realisiert werden. Die Instrumente dazu sind vor allem Fotoapparate, Fernrohre und Mikroskope.

Der Wellencharakter des Lichtes zeigt sich auch bei den *Interferenzen.* Schwingen zwei Wellen (z. B. Sinuswellen) in *gleicher Phase,* so *verstärken* sich die Wellentäler und Wellenberge. Sind die beiden Welle um 180° *phasenverschoben,* dann *löschen* sich Wellentäler und Wellenberge gegenseitig. Auf diese Weise entstehen Muster von hellen und dunklen Streifen, die *Interferenzmuster.* Aus den Abständen der Muster kann man mit *Interferometern* physikalische Größen bestimmen (z. B. Atomabstände oder Gitter-

Tab. 2.30 Brechzahlen gasförmiger, flüssiger und fester Stoffe

Material	Brechzahl n
Luft	1,0003
Kohlendioxid (CO_2)	1,0045
Wasser	1,333
Ethylalkohol	1,362
Benzol	1,501
Eis	1,310
Quarzglas	1,459
Flintglas F 3	1,613
Bariumoxid	1,980
Diamant	2,417

abstände, Winkel, Längen und Brechzahl). In Abschn. 3.1.2.8 wird die interferometrische Längenmessung ausführlich erläutert. Auch in optischen Drehgebern (Abschn. 3.2.1) spielen Interferenzmuster eine wichtige Rolle.

Licht ist eine *elektromagnetische Welle.* Es breiten sich die *elektrische Feldstärke* E und die *magnetische Feldstärke* H in Lichtgeschwindigkeit aus. Die beiden Feldvektoren stehen dabei senkrecht aufeinander. Beim natürlichen Licht breiten sich kurze Wellenzüge aus, die in verschiedenen Richtungen weisen. Da im statistischen Mittel jede Schwingungsrichtung vertreten ist, kann man keine Richtungsabhängigkeit der Schwingung feststellen. Durch einen *Polarisator* kann man beispielsweise die elektrische Feldstärke zwingen, nur in eine Richtung zu schwingen. Stellt man senkrecht dazu einen *Analysator* auf, so tritt kein Licht durch diesen hindurch. Mit polarisiertem Licht können Materialoberflächen und deren Eigenschaften studiert werden (z. B. Korngrößen bestimmter Einschlüsse festgestellt werden).

Wie Abb. 2.115 zeigt, kann Licht auch als Teilchenstrom, dem *Photonenstrom* beschrieben werden. Jedes Photon hat eine Energie von $E_{ph} = h \cdot f$. Dabei ist h das *Plancksche Wirkungsquantum* ($h = 6{,}626 \cdot 10^{-34}$ Js) und f die Frequenz. Trifft ein Photonenstrahl auf eine Werkstoffoberfläche, so können entweder *Elektronen frei* werden (*äußerer Fotoeffekt*) oder nicht. In diesem Fall wird die Photonenenergie absorbiert und die im Material befindlichen Elektronenzustände werden energetisch angehoben (*innerer Fotoeffekt*). Welcher Effekt eintritt, hängt von der *Austrittsarbeit* W_A ab. Es gelten folgende Zusammenhänge:

- *Äußerer Fotoeffekt:* $h \cdot f \geq W_A$ (die Photonenenergie ist größer als die Austrittsarbeit).
- *Innerer Fotoeffekt:* $h \cdot f < W_A$ (die Photonenenergie ist kleiner als die Austrittsarbeit).

Tab. 2.31 zeigt die Höhe der Austrittsarbeit W_A und die entsprechenden *Grenzwellenlängen* λ_{gr} einiger Materialien.

Tab. 2.31 Austrittsarbeit und Grenzwellenlänge einiger Werkstoffe

Werkstoff	Austrittsarbeit W_A in eV	Grenzwellenlänge λ_{gr} in nm
Cs_3Sb	0,45	2,755
GaAs-Cs	0,55	2,254
Cs	2,14	2,254
Ru	2,16	574
Ka	2,30	539,1
Na	2,75	450,9
Li	2,90	427,5

In Abschn. 2.14 werden die Zusammenhänge und ihre Anwendungen in der Sensortechnik ausführlich behandelt, insbesondere die Wirkungsweise von Fotoelementen wie Fotodiode, Fototransistor und Fotothyristor (Tab. 2.24 und Abschn. 14.4.3). Die Anwendung von Halbleiter-Laser Dioden zur Abstands- und Wegmessung wird in Abschn. 3.1.2 ausführlich erläutert. Eine besonders wichtige Anwendung einer Diode dient der Positionsbestimmung (PSD: Position Sensitive Device, Abschn. 3.1.2.2, Abb. 3.1.2-5).

2.19.2 Aufbau optischer Sensoren

Die optischen Sensoren bestehen prinzipiell aus einem *Sender* und einem *Empfänger*. Beide sind über ein *Übertragungsmedium* miteinander verbunden. Tab. 2.32 zeigt die verschiedenen Möglichkeiten in diesem Bereich.

Als Sender spielen *Laser* eine immer größere Rolle. Abb. 2.117 zeigt die Wirkungsweise eines Lasers. In Abb. 2.117a) wird gezeigt, wie ein Photon mit der Energie $E_{ph} = h \cdot f$ absorbiert wird. Dadurch wird ein Elektron vom Energiezustand E_1 auf den Energiezustand E_2 gehoben. Bei einer *spontanen* Emission fällt ein Elektron vom Zustand E_2 auf den Energiezustand E_1. Dabei wird die Photonenenergie $E_{ph} = h \cdot f$ frei. Bei der *stimulierten* oder

Tab. 2.32 Aufbau optischer Sensoren

Sender (Lichtquellen)	Übertragungs-Medium	Empfänger
Weißes Licht (Sonne, Glühbirne)	Vakuum	Fotodiode (Punktdiode, Flächendiode, Quadrantendiode)
Laser	Luft	Fototransistor
Leuchtdioden (LED)	Fluid	Fotothyristor
	Festkörper	CMOS-Bildsensoren
	Glas	CCD-Array (Zeilen, Matrix)
	Lichtwellenleiter (LWL)	

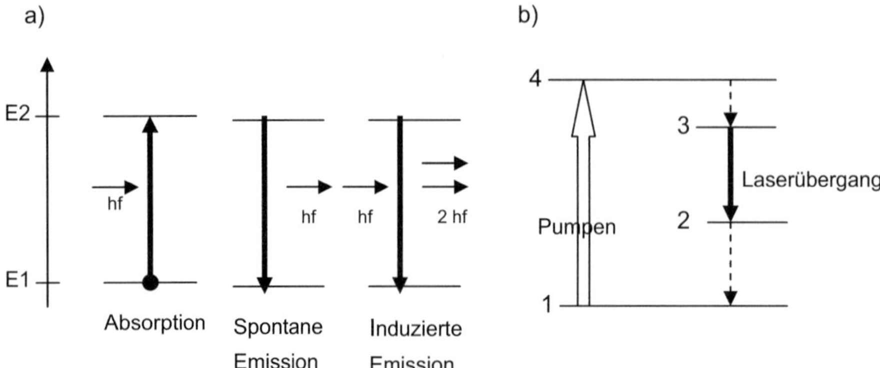

Abb. 2.117 Wechselwirkung zwischen Photonen und Energiezuständen **a**) Absorption und Emission; **b**) Laserprinzip

induzierten Emission stimuliert ein Photon mit der Energie $E_{ph} = h \cdot f$ ein Elektron zu einem Übergang von E_2 nach E_1. Dabei wird ein Photon erzeugt, welches das erste verstärkt.

Nach diesem Prinzip arbeitet ein Laser (LASER: Light Amplification by Stimulated Emission of Radiation: Lichtverstärkung durch stimulierte Emission von Strahlung). Beim realen Laser sind drei oder vier Energieniveaus beteiligt, wie Abb. 2.117b) zeigt. Die gestrichelten Linien sind strahlungslose Übergänge. Der Laser hat die Eigenschaft, dass er eine Lichtquelle mit einer *kohärenten Strahlung* darstellt. Damit der Laser dauernd leuchten kann, müssen immer Photonen hochgepumpt werden.

In Abb. 2.118 sind einige wichtige Lasertypen zusammengestellt. Die Laser spielen in der Logistik vor allem bei der automatischen Identifikation (z. B. beim Barcode oder beim Laserscanner) eine bedeutende Rolle (Abschn. 3.4.5 und 3.4.6).

Der Fotoeffekt als wichtiger physikalischer Effekt, der die optischen Signale in elektrische umwandelt, wurde bereits in Abschn. 2.19.1 behandelt. Wichtige Detektoren optischer Signale sind die *CMOS-Bildsensoren* und die *CCDs* (CCD: Charged Coupled Device).

Bei den CMOS-Bildsensoren sind die Fotodioden in einer Zeile oder in einer Matrix angeordnet und können als *Pixel* adressiert werden. Dort können entsprechenden Informationen ein- oder ausgelesen werden (Abschn. 14.4 und 14.5).

Die Ladungsverteilung auf einer Fläche kann mit den CCD-Sensoren abgebildet und ausgelesen werden (Abschn. 14.5).

2.19.3 Kategorien optischer Sensoren

Abb. 2.119 zeigt eine Einteilung der optischen Sensoren.

Die wichtigsten Sensortypen sind:

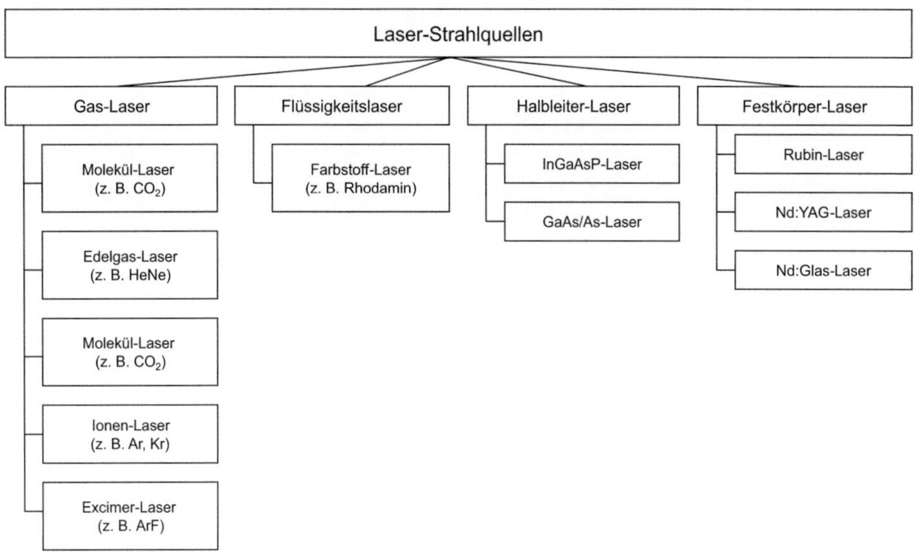

Abb. 2.118 Gebräuchliche Lasertypen. (Quelle: Hering, Martin: Photonik)

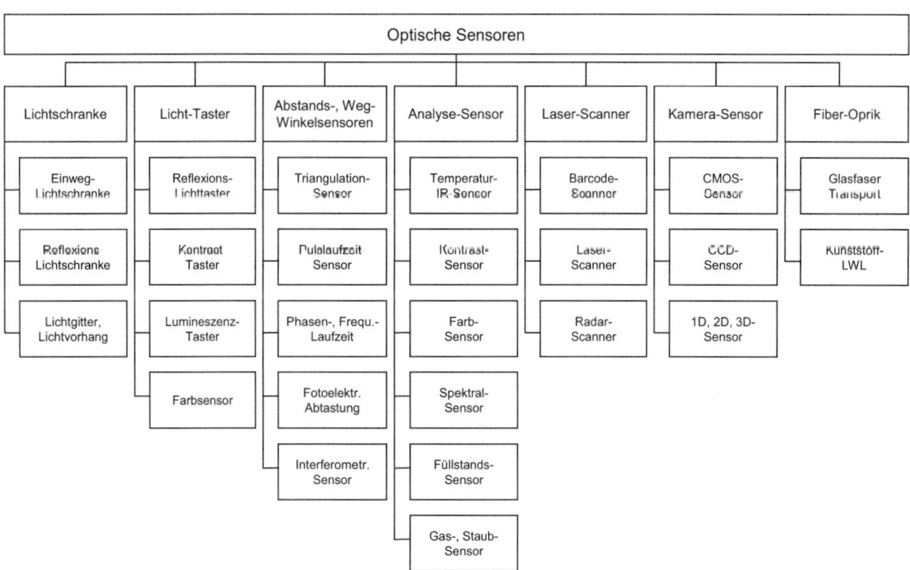

Abb. 2.119 Einteilung optischer Sensoren

- *Einweg-Lichtschranke:* Es sind Sender und Empfänger getrennt. Ein Lichtstrahl wird ausgesendet und in der Regel von einer Fotodiode registriert. Die Lichtschranke schaltet, wenn der Lichtstrahl durch ein Objekt unterbrochen wird (Abschn. 2.14).

- *Reflexions-Lichtschranke:* Sender und Empfänger sind in einem Gehäuse. Detektiert wird der reflektierte Strahl. Die Reichweiten sind kürzer als bei der Einweg-Lichtschranke. Dafür sind diese Lichtschranken wegen des geringeren Verkabelungs- und Justieraufwandes wesentlich kostengünstiger (Abschn 2.14).
- *Lichtgitter, Lichtvorhang:* Bei einem Lichtgitter sind mehrere Einweg-Lichtschranken aneinandergereiht. Alle Sender und alle Empfänger sind jeweils in einem gemeinsamen Gehäuse untergebracht (Abschn. 2.14).
- *Lichttaster:* Der Lichtstrahl wird nicht von einem Reflektor zurückgespiegelt, sondern von einem Objekt. Der von diesem reflektierte Strahl wird gemessen und ausgewertet. Ein wichtiges Anwendungsfeld sind die *Lumineszenz-Taster.* Man kann Lumineszenzfarbstoffe in Klebern, chemische Substanzen oder auf Festkörper aufbringen (z. B. als Etikette). Mit bloßem Auge sind diese Markierungen nicht sichtbar. Mit UV-Licht bestrahlt, erkennt der Sensor die Markierung. Bei hochwertigen Markenartikeln kann eine solche Kennung aufgebracht werden, um die Echtheit der Objekte zu erkennen.
- *Abstands-, Weg- und Winkelsensoren:* Die Funktionsprinzipien und die Anwendungen dieser Sensoren sind ausführlich in Abschn. 3.1 und 3.2 beschrieben.
- *Analyse-Sensor:* Mit optischen Sensoren könne sehr viele Mess- und Identifikationsaufgaben gelöst werden. Ein großes Anwendungsfeld bietet die Messung von Temperaturen und Temperaturfeldern durch die *Infrarot-Strahlung* (Kap. 6). Mit *Spektralsensoren* können schädliche Chemikalien oder Stäube nachgewiesen werden. Dies ist vor allem in der *Umwelt-Analytik* wichtig. Die Analyse-Sensoren dienen auch zur Farberkennung oder als Füllstandsanzeige (Abschn 2.14, Abb. 2.81).
- *Laser-Scanner* dienen zur Identifikation von Objekten (Abschn. 3.6).
- *Kamera-Sensoren:* Sie dienen zur Erfassung und Auswertung von Bildinformationen und beruhen auf der CMOS- oder CCD-Technologie (Abschn. 14.4 und 14.5). Diese Sensoren sind auch in der Lage, Positionen (1D), Flächen (2D) oder räumlich ausgedehnte Objekte (3D) zu identifizieren und zu messen (Abschn. 3.4.5 und 3.4.6).
- *Fiber-Optik:* Die optischen Informationen können mit Glasfaser-Lichtwellenleitern (LWL) oder Kunststoff-LWL an die Stelle transportiert werden, an denen sie problemlos und sicher ausgewertet werden können.

2.19.4 Anwendungsfelder optischer Sensoren

Die Anwendungsfelder optischer Sensoren sind sehr vielfältig, wie Abb. 2.120 zeigt. Eine große Rolle spielen sie vor allem in der Sicherheitstechnik, auf dem Gebiet der Qualitätssicherung, der Logistik, der Messtechnik sowie der Chemie- und Umweltanalytik.

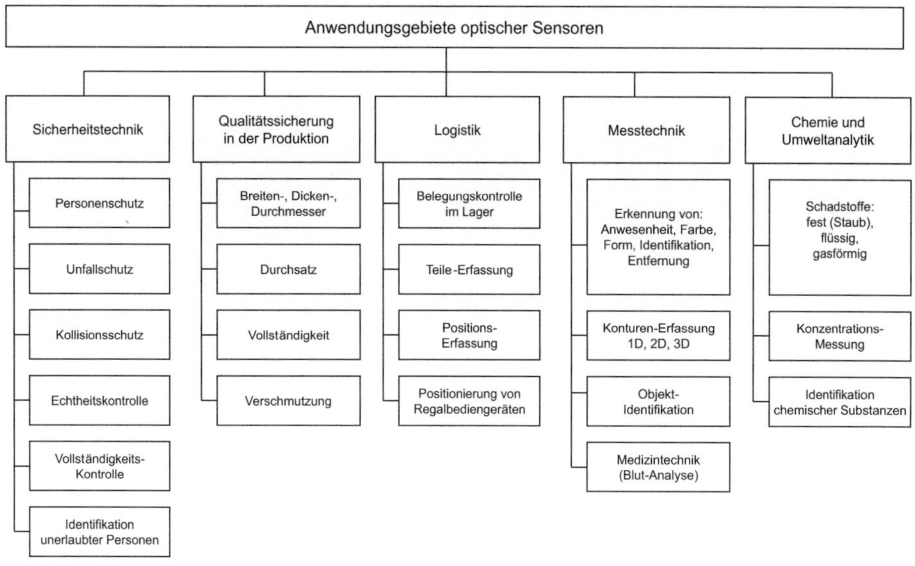

Abb. 2.120 Anwendungsgebiete optischer Sensoren

2.20 Doppler-Effekt

2.20.1 Funktionsprinzip und physikalische Beschreibung

Bewegen sich eine Quelle, die eine Welle mit der Frequenz f_Q aussendet, relativ zu einem Beobachter, so empfängt dieser eine Frequenz f_B, die von f_Q verschieden ist. Diese *Frequenzverschiebung* wird *Doppler-Effekt* genannt. Folgende Bewegungskonstellationen gibt es:

- Beobachter bewegt sich, die Quelle ruht,
- Quelle bewegt sich, der Beobachter ruht und
- Beobachter und Quelle bewegen sich.

Beobachter bewegt sich, die Quelle ruht

Abb. 2.121 a zeigt die Zusammenhänge. Bewegt sich ein Beobachter mit der Geschwindigkeit v_B auf die Quelle zu, so nimmt er die aufeinanderfolgenden wellenförmigen Verdichtungen in schnellerer Folge wahr. Der zeitliche Abstand T_B der auftreffenden Wellen verkürzt sich. Es gilt:

$$T_B = \lambda/(c + v_B)$$

mit

λ: Wellenlänge der Welle,
c: Geschwindigkeit der Welle,
v_B: Geschwindigkeit des Beobachters auf die Quelle zu.

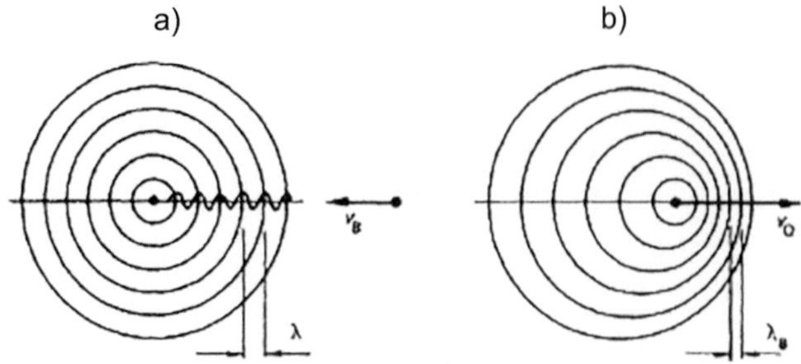

Abb. 2.121 Prinzip des Doppler-Effektes **a**) Ruhende Quelle, bewegter Beobachter **b**) Bewegte Quelle, ruhender Beobachter. (Quelle: Hering, Martin, Stohrer: Physik für Ingenieure, 10. Auflage, Springer Verlag)

Der Beobachter nimmt dann die Frequenz f_B wahr:

$$f_B = ((c + v_B)/\lambda.$$

Da gilt: $c = \lambda \cdot f_Q$, wird vom Betrachter folgende *höhere* Frequenz f_B wahrgenommen:

$$f_B = f_Q(1 + v_B/c).$$

Bewegt sich der Beobachter mit der Geschwindigkeit v_B von der Quelle weg, dann erniedrigt sich die Frequenz zu:

$$f_B = f_Q(1 - v_B/c).$$

Quelle bewegt sich, der Beobachter ruht

In Abb. 2.121b) ist zu sehen, wie sich das Wellenfeld einer nach rechts laufenden Schallquelle verändert. Der Abstand der Wellenberge wird auf der Vorderseite geringer (die Wellenlänge λ_B wird kleiner und auf der Rückseite größer.

Strömt die Welle auf den Beobachter zu, dann gilt:

$$f_B = f_Q/\left(1 - v_Q/c\right).$$

Entfernt sic h sich Welle vom Beobachter, so gilt:

$$f_B = f_Q/\left(1 + v_Q/c\right).$$

Beobachter und Quelle bewegen sich

Wenn sich sowohl der Beobachter, als auch die Quelle bewegen, dann gibt es je nach Bewegungsrichtung mehrere Möglichkeiten der Frequenzverschiebung (Tab. 2.33). Die angegebenen Formeln gelten nur, wenn sich der Beobachter *radial* auf die Quelle zu bzw. sich von ihr fort bewegt. Erfolgt die Bewegung auf einem zur Quelle

Tab. 2.33 Frequenzverschiebungen

Quelle	Beobachter	Beobachtete Frequenz
•	←•	$f_B = f_Q\left(1 + \frac{v_B}{c}\right)$
•	•→	$f_B = f_Q\left(1 - \frac{v_B}{c}\right)$
•→	•	$f_B = \frac{f_Q}{1-\frac{v_Q}{c}}$
←•	•	$f_B = \frac{f_Q}{1+\frac{v_Q}{c}}$
•→	←•	$f_B = f_Q\frac{c+v_B}{c-v_Q}$
←•	•→	$f_B = f_Q\frac{c-v_B}{c+v_Q}$
←•	←•	$f_B = f_Q\frac{c+v_B}{c+v_Q}$
•→	•→	$f_B = f_Q\frac{c-v_B}{c-v_Q}$

konzentrischen Kreis, so findet kein Doppler-Effekt statt. Für beliebige Bewegungen müssen in die obigen Formeln die entsprechenden *Radialkomponenten* der Geschwindigkeit v_B eingesetzt werden.

Die Doppler-Frequenz f_B lässt sich allgemein folgendermaßen formulieren:

$$f_B = f_Q\left(\frac{c \pm v_B}{c \mp v_Q}\right).$$

Es ist v_B die Geschwindigkeit des Beobachters und v_Q die Geschwindigkeit der Schallwelle. Das obere Vorzeichen gilt für die Bewegung aufeinander zu und das untere Vorzeichen für die Entfernung von Beobachter und Sender.

Aus der obigen Formel ist zu erkennen, dass es keinen Doppler-Effekt gibt, wenn $v_B = -v_Q$ ist. Dies ist der Fall, wenn sich Beobachter und Sender in dieselbe Richtung mit derselben Geschwindigkeit relativ zum Medium bewegen, oder wenn sich das Medium bewegt, aber Beobachter und Sender in Ruhe sind. Dies ist der Fall, wenn ein Wind weht. Dabei tritt kein Doppler-Effekt auf.

Doppler-Effekt des Lichtes (Doppler-Effekt ohne Medium)

Die Ausbreitung von Licht als *elektromagnetische Welle* bedarf es *keines Übertragungsmediums,* Deshalb gelten die obigen Formeln nicht. Für die Doppler-Frequenzverschiebung sind nur die *Relativgeschwindigkeiten v* von Beobachter und Quelle maßgebend.

Bei einer Annäherung gilt:

$$f_B = f_Q\sqrt{\frac{c+v}{c-v}}.$$

Dabei ist c die Vakuum-Lichtgeschwindigkeit ($c = 2{,}99792458 \cdot 10^8$ m/s). Wenn sich Beobachter und Quelle entfernen, gilt:

$$f_B = f_Q\sqrt{\frac{c-v}{c+v}}.$$

Bewegen sich Beobachter und Quelle in einem Winkel α zueinander, so ergibt sich die Frequenz für den Beobachter f_B zu:

$$f_B = f_Q \frac{\sqrt{1 - \frac{v^2}{c^2}}}{1 - \frac{v}{c}\cos\alpha}.$$

Setzt man für α = 0°, so erhält man für den *longitudinalen* Doppler-Effekt obige Formeln. Für α = 90° wird cosα = 0, sodass für den *transversalen* Doppler-Effekt folgende Formel gilt:

$$f_B = f_Q \sqrt{1 - \frac{v^2}{c^2}}.$$

Der transversale Dopplereffekt kann bei Geschwindigkeiten weit unterhalb der Lichtgeschwindigkeit c vernachlässigt werden.

2.20.2 Anwendungsbereiche

Bei Echos von akustischen oder elektromagnetischen Signalen ist der Doppler-Effekt zu beobachten. Abb. 2.122 zeigt eine Übersicht über die Anwendungen. Sie werden im Folgenden kurz beschrieben.

Astronomie

Der Doppler-Effekt wird in der Astronomie als *Rotverschiebung* beobachtet. Man unterscheidet zwei Arten:

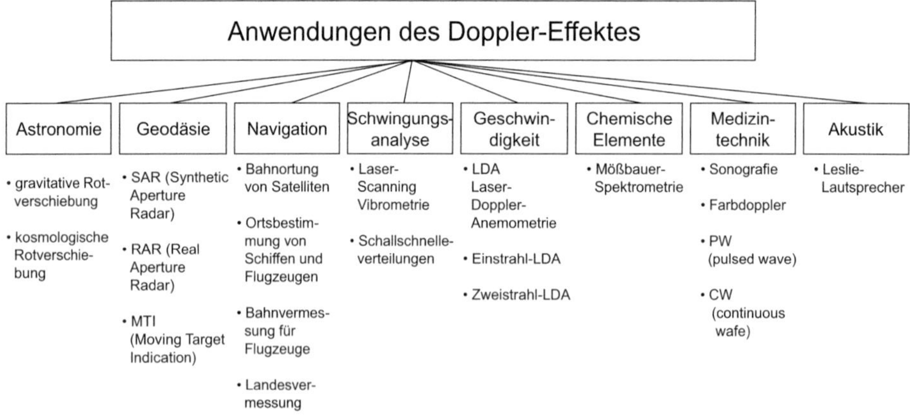

Abb. 2.122 Übersicht über die Anwendungen des Doppler-Effektes

- *Gravitative Rotverschiebung*
  Nach der allgemeinen und speziellen Relativitätstheorie von Einstein hat die *Gravitation* Einfluss auf die Sendefrequenz. Wird Licht vom Gravitationszentrum weg, also nach oben ausgestrahlt, dann misst man eine *geringere* Frequenz. Anders ausgedrückt, wird der *zeitliche Abstand* zwischen dem Beginn und dem Ende des Signals größer. Dies beschreibt die *Zeitdilatation* in der Relativitätstheorie. Auswirkungen hat dies für Uhren. Die Zeit bei Satelliten und die Zeit auf der Erde sind verschieden. Dies muss entsprechend berücksichtigt werden.
- *Kosmologische Rotverschiebung*
  Das Licht von Galaxien ist in den meisten Fällen nach Rot verschoben. Dies bedeutet, dass sich die Galaxien *von der Erde entfernen,* d. h. dass das Weltall sich ausdehnt. Die Geschwindigkeit der Ausdehnung kann mit dem Doppler-Effekt berechnet werden.

Geodäsie (Landvermessung)
Die Landvermessung von Flugzeugen, Raumfähren oder Satelliten aus geschieht durch *abbildende Radarmessungen.* Dabei wird unterschieden zwischen dem *SAR (Synthetic Aperture Radar)* und dem *RAR (Real Aperture Radar).* Beide Radare haben gegenüber optischen Messungen folgende Vorteile: Sie sind unabhängig von Tag und Nacht sowie von Witterungseinflüssen wie Nebel, Regen oder Schnee. Das SAR ist dem RAR vorzuziehen, da es eine höhere Auflösung besitzt.

Bei SAR bewegt sich senkrecht zur Strahlrichtung eine Antenne, deren Position bekannt ist. Bei der *synthetischen Apertur* ersetzen viele kleine Antennen eine große Antenne. Das Zielgebiet wird unter verschiedenen Blickwinkeln angestrahlt. Aus den Echowerten des DopplerEffektes werden Bilder erzeugt, aus denen ein Abbild der Landschaft errechnet werden kann.

Mit dem Doppler-Effekt der Radarstrahlen können auch bewegte Objekte in der Landschaft erkannt und deren Bewegungsrichtung und Geschwindigkeit ermittelt werden. Diese Methode wird *MIT (Moving Target Indicator)* genannt.

Navigation
Mit sogenannten *Doppler-Navigations-Satelliten* können die Orte von anderen Satelliten, von Flugzeugen und Schiffen bestimmt werden. Die Genauigkeit liegt bei wenigen Metern. Ein Einsatz ist ebenfalls als Landeshilfe in Flughäfen oder auch bei der Landesvermessung denkbar.

Schwingungsanalyse
Ein Laserstrahl trifft auf einen schwingenden Bereich. Das rückgestreute Licht weist einen Doppler-Effekt auf. Aus der Doppler-Frequenz lassen sich *berührungslos* Weg und Geschwindigkeit der Schwingungen berechnen. Zum Einsatz kommen sogenannte *Laser-Doppler-Vibrometer.* Es lassen sich die Schwingungsverhältnisse sowohl in Mikrostrukturen, als auch bei schnell ablaufenden Prozessen analysieren. Diese Geräte

kommen in der Produktion und der Qualitätssicherung zum Einsatz, aber auch bei Schwingungsuntersuchungen im Maschinen-, Automobil- und Flugzeugbau.

Geschwindigkeitsmessung

Komponenten der Geschwindigkeiten von Partikeln in Flüssigkeiten und Gasen können berührungslos durch die *LDA (Laser-Doppler-Anemometrie)* gemessen werden. Dazu wird der Laserstrahl in zwei Teilstrahlen aufgeteilt. Ein Teilchen, das sich bewegt, erzeugt ein Streulicht und damit einen Doppler-Effekt. Werden beide Strahlen wieder zusammengefügt, so entsteht ein Streulichtsignal. Seine Frequenz ist nach dem Doppler-Effekt proportional zur Geschwindigkeit. Setzt man drei Laser-Doppler-Geräte ein, so kann man alle drei räumlichen Komponenten der Geschwindigkeit bestimmen. Es kommen *Einstrahl-Laser-Doppler-Systeme* und *Zweistrahl-Laser-Doppler-Systeme* zum Einsatz. Die Einstrahl-Systeme kommen in der Medizintechnik zum Einsatz (z. B. bei der Bestimmung der Geschwindigkeit des Blutflusses), für die Strömungsmesstechnik werden ausschließlich Zweistrahl-Systeme eingesetzt. Diese müssen nicht kalibriert werden, weil sie auf einer Differenzmessung beruhen.

Bestimmung chemischer Elemente

Die *Mößbauer-Spektroskopie* setzt neben dem Mößbauer-Effekt auch den Doppler-Effekt ein. Ein Gammastrahler wird mechanisch bewegt und damit eine *hyperfeine* Modulation erzeugt. Mit dieser modulierten Gammastrahlung ist es möglich, die in einer Probe enthaltenen Elemente und deren elektronische Eigenschaften zu analysieren. Mit einer solchen Miniatursonde wurde Wasser auf dem Mars nachgewiesen.

Medizintechnik

In der Medizintechnik spielt bei der *Sonografie* der Doppler-Effekt im Ultraschallbereich die wichtige Rolle. Mit einem *Farbdoppler* kann die Strömung des Blutes gemessen werden. Die Farbe „Rot" zeigt an, dass das Blut sich auf die Schallsonde zu bewegt. Bei der Farbe „Blau" bewegt sich das Blut von der Sonde weg. Beim *PW-Doppler* (PW: puls wave) arbeitet der Schallkopf *abwechselnd* als Sender und Empfänger. Er wird für Gefäßuntersuchungen eingesetzt. Abb. 2.123 zeigt ein tragbares Sonografiegerät.

Ein CW-Doppler (CW: Continuous Wave) hat einen Schallkopf, der gleichzeitig als Sender und Empfänger arbeitet. Er wird hauptsächlich bei Herzuntersuchungen (z. B. Untersuchung der Funktion der Herzklappen) eingesetzt, weil er auch hohe Geschwindigkeiten messen kann.

Akustik

Sich bewegende Lautsprecher *(Leslie-Lautsprecher)* erzeugen eine *Modulation* der Tonhöhe nach dem Doppler-Effekt. Das Ohr nimmt diese Schwebung als *Vibrato* wahr. In einer Ham-mond-Orgel sind solche rotierende Leslie-Lautsprecher eingebaut. Sie geben dem Instrument seinen unverwechselbaren Klang.

Abb. 2.123 Tragbarer Ultraschall-Sonograf. (Werkfoto: SIEMENS)

Weiterführende Literatur

Albrecht, H.E., Borys, M., Damaschke, N., Tropea, C.: Laser Doppler and Phase Doppler Measurement Techniques. Springer, Berlin (2003)

Ashcroft, N.W., Mermin, N.D.: Solid State Physics, International Edition. Saunders College, Philadelphia (1976) (Kap. 1, S. 24–25 und Kap. 13, S. 253–261)

Atkins, P.W., de Paula, J., Bär, M., Schleitzer, A.: Physikalische Chemie, 4. Aufl. Wiley, Weinheim (2006)

Ayadi-Mießen, A.: Doppler-Effekte in UWB-basierten Rotortelemetrie-Systeme. Leibniz Universität, Hannover (2011)

Baumann, J.: Einspritzmengenkorrektur in Common Rail Systemen mit Hilfe magnetoelastischer Drucksensoren. KIT Scientific Publishing (2006)

Bergveld, P.: IEEE Trans. Biomed. Eng. **19**, 340 (1972)

Bouwens, R.J. et al.: A candidate redshift $z \approx 10$ galaxy and rapid changes in that population at an age of 500 Myr. Nature **469**, 504–507 (2011)

Bucher-Gruppe: Geoinformatik (2010)

Camman, C., Galster, H.: Das Arbeiten mit ionenselektiven Elektroden. Springer, Berlin (1995)

Chefki, M.: Untersuchungen von Eu-Verbindungen mit ungewöhnlichen Valenzzuständen mit Hilfe der 151Eu-Hochdruck-Mößbauerspektroskopie. Shaker, Herzogenrath (1998) (Cremer, M.: Z. Biol. **47** (1906) 562)

DIN EN 60584-1 Oktober. 1996 Thermopaare – Teil 1: Grundwerte der Thermospannungen

Engel, T.; Reid, P.: Physikalische Chemie. Rearson Studium (2009)

Galaxienentfernungsrekord erneut gebrochen. SpektrumDirekt, 26. Januar 2011

Gevatter, H.-J.: Automatisierungstechnik 1. Mess- und Regeltechnik. Springer, Berlin (2000)

Gunther, B., Hansen, K.H., Veith, I.: Technische Akustik – Ausgewählte Kapitel, Grundlagen, aktuelle Probleme und Messtechnik, 8. Aufl. Expert, Renningen (2010)

Hering, E., Gutekunst, J., Martin, R.; Kempkes, J.: Elektrotechnik und Elektronik für Maschinenbauer, 2. Aufl. Springer, Berlin (2011)
Hering, E., Martin, R.: Photonik, Grundlagen, Technologie und Anwendung. Springer, Berlin (2005)
Hering, E., Martin, R., Stohrer, M.: Physik für Ingenieure, 10. Aufl. Springer, Berlin (2007)
Hesse, S., Schnell, G.: Sensoren für die Prozess- und Fabrikautomation: Funktion – Ausführung – Anwendung, 4. Aufl. Vieweg+Teubner, Wiesbaden (2009)
Hilleringmann, U.: Mikrosystemtechnik: Prozessschritte, Technologien, Anwendungen. Vieweg+Teubner, Wiesbaden (2006)
Hofer, M.: Sono Grundkurs. Thieme, Stuttgart (2009)
Hoffmann, J.: Taschenbuch der Messtechnik. Hanser, München (2010)
Honold, F., Honold, B.: Ionenselektive Elektroden. Birkhäuser, Basel-Boston-Berlin (1991)
Hütter, L.A.: Wasser und Wasseruntersuchung, S. 92. Otto Salle Verlag, Frankfurt a. M. (1990)
Janocha, H.: Unkonventionelle Aktoren: Eine Einführung. Oldenbourg, München (2010)
Krenn, H.: Magnetische Nanostrukturen. Institut für Experimentalphysik, Universität Graz (2003)
Langmann, R.: Taschenbuch der Automatisierung. Hanser, München (2010)
Lauber, R., Göhner, P.: Prozessautomatisierung. Springer, Berlin (1999)
Lehnert, M. D. et al.: Spectroscopic confirmation of a galaxy at redshift z = 8.6. Nature **467**, 940–942 (2010)
Lerch, R., Sessler, G., Wolf, D.: Technische Akustik Grundlagen und Anwendungen. Springer, Berlin (2009)
Liess, M., Steffes, H.: The modulation of thermoelectric power by chemisorption – A new detection principle for microchip chemical sensors. J. Electrochem. Soc. **147**(8), 3151–3153 (2000)
Maier, J.: Festkörper – Fehler und Funktionen. Teubner, Stuttgart (2000)
Mc Innes, D.A., Dole, M.: Ind. Engng. Chem. Analyt. Edn. **1**, 57 (1929)
Meyer, E., Neumann, E.-G.: Physikalische und Technische Akustik. Vieweg Verlag, Braunschweig (1967)
Möller, C.: Magentosresistive Sensoren zur Bewegungssteuerung und –kontrolle. TTN-Jahrestagung (2007)
Möser, M.: Technische Akustik, 6. erweiterte und aktualisierte Aufl. Springer, Berlin (2005)
Pedrotti, F., Pedrotti, L., Bausch, W., Schmidt, H.: Optik für Ingenieure, 2. Aufl. Springer, Berlin (2002)
Pelster1, R., Pieper, R, Hüttl, I.: Thermospannungen – viel genutzt und fast immer falsch erklärt. Physik und Didaktik in Schule und Hochschule 1/4, 10–22 (2005)
Raith, W.: Bermann-Schaefer, Bd. 2, Elektromagnetismus, 8. Aufl. de Gruyter, Berlin (1999) (Kap. 8.3.2)
Reif, K.: Automobilelektronik: Eine Einführung für Ingenieure. Vieweg+Teubner, Wiesbaden (2008)
Reif, K.: Sensoren im Kraftfahrzeug, 1. Aufl. Vieweg+Teubner, Wiesbaden (2010)
Rühl, J.: Nanotechnologie als Basis präziser und robuster Sensorik für Automobil und Automation. Lust Antriebstechnik (2007)
Schanz, G.W.: Sensoren: Sensortechnik für Praktiker, 5. Aufl. Hüthig (2004)
Schrüfer, E.: Elektrische Messtechnik: Messung elektrischer und nichtelektrischer Größen. Hanser, München (2007)
Stimson, G. W.: Introduction to Airborne Radar. Hughes Aircraft Comp., El Seghundo (1983)
Turk: Induktive Sensoren, Turk Industrial Automation, Firmenbroschüre S1015 (2006)
US 2913 386 (1959)
Wecker, J., Kinder, R., Richter, R.: Sandwiches mit riesigem Magnetwiderstand. Physik in unserer Zeit **5** (2002)
Wedler, G.: Lehrbuch der physikalischen Chemie. Wiley, Weinheim (2004)

Geometrische Größen

3

Albert Feinäugle, Sorin Fericean, Stefan Hubrich, Alexander Forkl, Christopher Herfort, Ernst Halder, Bernhard Hahn, Thomas Burkhardt, Stefan Sester, Stefan Basler, Michael Röbel, Gert Schönfelder, Carsten Giebeler, Jürgen Reichenbach und Thomas Engel

3.1 Weg- und Abstandsensoren

In den folgenden Abschnitten werden Weg- und Abstandsensoren mit verschiedenen physikalischen Wirkprinzipien vorgestellt. *Wegsensoren* unterscheiden sich von *Abstandsensoren* dadurch, dass sie ein *positionsgebendes Element* besitzen. Dies kann beispielsweise ein Magnet sein, der fest mit dem bewegten Teil verbunden ist und dessen lineare Verschiebung gemessen werden soll. *Abstandsensoren* dagegen messen

A. Feinäugle (✉) · S. Fericean
Balluff GmbH, Leonberg, Deutschland
E-Mail: Albert.Feinaeugle@balluff.de

S. Fericean
E-Mail: Sorin.Fericean@balluff.de

S. Hubrich
Novotechnik Messaufnehmer OHG, Filderstadt, Deutschland

A. Forkl
Balluff GmbH, Kirchheim Teck, Deutschland
E-Mail: alexander.forkl@balluff.de

C. Herfort
Balluff GmbH, Rottenburg, Deutschland
E-Mail: CHerfort@pil.de

E. Halder
Novotechnik Messaufnehmer OHG, Renningen, Deutschland

B. Hahn
Balluff GmbH, Wernau, Deutschland

E. Hering und G. Schönfelder (Hrsg.), *Sensoren in Wissenschaft und Technik*,
https://doi.org/10.1007/978-3-658-39491-2_3

die *Entfernung* zwischen der *aktiven Fläche* des *Sensors* und einem *Target,* das mit gewissen Einschränkungen beliebiger Natur sein kann. Man spricht hier von einem *nicht kooperativen Target.* Beispiele finden sich im Werkstück-Handling durch Roboter. Durch eine Abstandsmessung auf das zu greifende Teil können Zykluszeiten drastisch gesenkt werden. Die genaue Kenntnis des Abstands erlaubt ein Anfahren mit Maximalgeschwindigkeit und ein gezieltes Abbremsen kurz vor dem Teil.

Kann auf ein *kooperatives Target* gemessen werden, ist damit meist eine Leistungssteigerung verbunden. So lässt sich die Reichweite eines optischen Abstandssensors wesentlich erhöhen, wenn die Messung nicht auf ein Objekt beliebiger Natur erfolgen muss, sondern auf einen Reflektor mit definierten und optimierten Reflexionseigenschaften erfolgen kann. Der Reflektor *kooperiert* während der Messung in gewisser Weise mit dem Sensor, woraus sich der Begriff *kooperatives Target* ableitet. Eine ähnliche Situation ergibt sich bei der Abstandsmessung mithilfe von Mikrowellen. Auch hier kann die Messung auf ein beliebiges Objekt erfolgen, oder eben auch auf einen entsprechend geformten Reflektionskörper mit optimierten Reflexionseigenschaften.

Tab. 3.1 gibt einen Überblick über diejenigen Kennwerte der Sensoren, die üblicherweise zur Auswahl eines geeigneten Sensorprinzips herangezogen werden. Diese Tabelle stellt typische Werte für messende Sensoren dar. Zugrunde liegen marktgängige Sensoren, die etwa 80 % des Marktes ausmachen.

T. Burkhardt
Balluff GmbH, Zell, Deutschland

S. Sester
Novotechnik Messaufnehmer OHG, Ostfildern (Ruit), Deutschland
E-Mail: sester@novotechnik.de

S. Basler
SICK STEGMANN GmbH, Brigachtal, Deutschland
E-Mail: stb_1@gmx.de

M. Röbel
Deutz AG, Kerpen, Deutschland

G. Schönfelder
Aspect Systems GmbH, Dresden, Deutschland
E-Mail: schoenfelder@aspect-sys.com

C. Giebeler
Pyreos, Socotland, UK
E-Mail: carsten.giebeler@pyreos.com

J. Reichenbach
SICK AG, Emmendingen, Deutschland
E-Mail: juergen.reichenbach@sick.de

T. Engel
Carl Zeiss IMT GmbH, Aalen, Deutschland
E-Mail: ennovare@web.de

Tab. 3.1 Kennwerte ausgewählter Weg- und Abstandsensoren

				Mess-Strecke				
Sensorprinzip	Weg	Abstand	absolut/ inkremental	Mess-Strecke maximal	Typische Markt-anforderung*	Genauig-keitsklasse	Schnitt-stellen	Typische Applikationen
Induktiv (LVDT)	X		a	2 mm bis 1000 mm	4 mm bis 1000 mm	**2**–3	Analog	Messtaster, Hydraulik-Ventil
Induktiv		X	a	0,1 mm bis 100 mm	0,1 mm bis 50 mm	**4**–3	Analog	Spannwegkontrolle in Werkzeug-maschinen
Kapazitiv		X	a	0 mm bis 20 mm	0 mm bis 10 mm	**4**–3	Analog	Höhenkontrolle, Materialselektion
Optisch Tri-angulation		X	a	20 mm bis 5000 mm	20 mm bis 2000 mm	**7**–5	Analog Digital Bus	Objekterkennung, Handling, Montage
Optisch Licht-laufzeit		X	a	0 mm bis 10.000 mm	0 mm bis 4000 mm	**7**	Analog Digital Bus	Roboterhandling, Lager, Logistik
Optisch Interferometrie	X		i	0 mm bis co	0 mm bis 4000 mm	**1**	Digital Bus	Messmaschine, Qualitätskontrolle
Fotoelektrische Abtastung	X		i, a	0 mm bis 10.000 mm	0 mm bis 1000 mm	**1**–2	Analog 1 Vss Digital Bus	Geregelte Vorschub-achse, Messtaster, Linearantriebe
Ultraschall		X	a	25 mm bis 3000 mm	250 mm bis 4000 mm	**5**–6	Analog Digital	Füllstandskontrolle, Abstandskontrolle, Höhenkontrolle

(Fortsetzung)

Tab. 3.1 (Fortsetzung)

				Mess-Strecke				
Sensorprinzip	Weg	Abstand	absolut/ inkremental	Mess-Strecke maximal	Typische Markt-anforderung*	Genauig-keitsklasse	Schnitt-stellen	Typische Applikationen
Magneto-induktiv	X		a	25 mm bis 300 mm	0 mm bis 150 mm	**4**	Analog	Spannwegskontrolle
Magneto-striktiv	X		a	25 mm bis 8000 mm	25 mm bis 2000 mm	**3**–2	-Analog -Digital -Bus	Hydraulische Achsen, Automation u. Handling, Füll-standskontrolle
Magneto-elektrische Abtastung	X		i, a	0 mm bis end-los	10 mm bis 10.000 mm	**2**–1	-Analog 1 Vss -Digital -Bus	Linearantriebe, Automation u. Handling, Linear-führungen
Potenzio-metrisch	X		a	0 mm bis 5000 mm	0 mm bis 1000 mm	**4**–3	Analog	Fahrzeugtechnik, Taster, hydraulische Achsen

Tab. 3.2 Genauigkeitsklassen ausgewählter Weg- und Abstandssensoren

Genauigkeit	<1 μm	<10 μm	<50 μm	<100 μm	<500 um	<1 mm	<5 mm
Klasse	1	2	3	4	5	6	7

Es befindet sich eine große Varianz messender Produkte am Markt, von einfachen Sensoren angefangen bis hin zu komplexen, teuren Messgeräten. Tab. 3.2 listet die Einteilung der Genauigkeitsklassen auf.

3.1.1 Induktive Abstands- und Wegsensoren

3.1.1.1 Funktionsprinzip und morphologische Beschreibung der Induktivsensoren

Im Sinne der allgemeinen Definition des Sensors besteht das Sensorelement der induktiven Sensoren aus mindestens einem reaktiven Bauteil (klassisches Beispiel: die *Spule*).

Die *Reaktanz* dieses Bauteils wird bei den Induktivsensoren (IS) für Weg-, Abstands- bzw. Positionserfassung von einem Positionsgeber *(Target)* beeinflusst. Das Resultat ist eine detektier-bare Veränderung entweder eines Hauptparameters des Sensorelements (*Induktivität L, Verlustwiderstand* – im Falle einer Spule) oder einer hergeleiteten Größe (meistens: *Spulenimpedanz* $\underline{Z}$ bzw. *Spulengüte* Q_L):

$$\underline{Z} = R_S + \mathrm{j}\omega L, \tag{3.1}$$

$$Q_L = \frac{\mathrm{Im}(\underline{Z})}{\mathrm{Re}al(\underline{Z})} = \frac{\omega \cdot L}{R_S}. \tag{3.2}$$

Dabei sind Im $(\underline{Z})$ der Imaginärteil und Real $(\underline{Z})$ der Realteil der Spulenimpedanz $\underline{Z}$, ω die Kreisfrequenz des Spulenerregerstroms und R_S der Spulen-Serienverlustwiderstand, der alle Verluste in der Spule zusammenfasst. Eine systematische Gliederung der Induktivsensoren enthält im Wesentlichen folgende Hauptklassen:

- *Wirbelstrom-Induktivsensoren* (Eddy/Foucault Current Sensoren),
- Induktivsensoren mit *variabler Reluktanz* (magnetischem Widerstand),
- *LVDT-Differenzialtransformator-Sensoren* (**L**inear **V**ariable **D**ifferential **Trans**former),
- *M-In-Track* und *R-In-Track®* Sagentia-Technologien,
- *Variable Transformatoren:* Resolver, Synchro, Induktosyn, Mikrosyn (Abschn. 3.2.5).

Für eine systematische Darstellung verschiedener Varianten zeigt die Tab. 3.3 die charakteristischen Ausprägungen der Induktivsensoren sowie die unterschiedlichen Ausführungen dieser Ausprägungen. Jeder Sensortyp lässt sich in diesem morphologischen Baukastensystem durch einen „Realisierungspfad" funktionell und inhaltlich beschreiben.

3.1.1.2 Berührungslose induktive Abstandssensoren (INS)

Sie sind auch unter dem Namen *Induktive Näherungssensoren"* (*INS*) bekannt und gehören zu den meist eingesetzten IS. Die spezifischen Haupteigenschaften sind Zuverlässigkeit, Robustheit, Verschmutzungsunempfindlichkeit, kompakte Bauform, elektrische Stabilität und ein sehr günstiges Preis-Leistungs-Verhältnis. Deshalb werden sie in allen industriellen Bereichen bevorzugt eingesetzt.

Der morphologische Realisierungspfad der INS ist mit der *Karo-Linie* in der Tab. 3.3 illustriert. Demnach führen die INS eine *berührungslose Abstandserfassung* zu einem nicht kooperativen Positionsgeber (beliebiges Metallobjekt) durch. Zweckmäßigerweise kann das Target unmittelbar das zu detektierende Metallobjekt sein. Die Funktionsweise von INS basiert auf der Wechselwirkung einer dem Sensorelement gehörenden und ein elektromagnetisches Feld erzeugenden Spule mit dem metallenen Objekt, das im Erfassungsbereich der Spule platziert ist.

Tab. 3.3 Morphologisches Baukastensystem induktiver Sensoren (Realisierungspfade der INS mit Karolinie, der IWS mit Tupfenlinie, der LVDT mit Strichpunkt-Karolinie und der BIW-Sensoren mit Strichpunkt-Tupfenlinie)

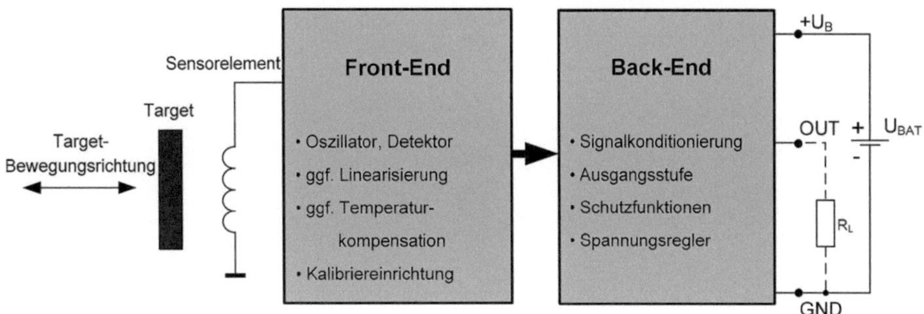

Abb. 3.1 Blockschaltbild eines INS

Abb. 3.2 Perspektivische Darstellung des Sensorelements eines genormten INS. (Werkfoto: Balluff GmbH)

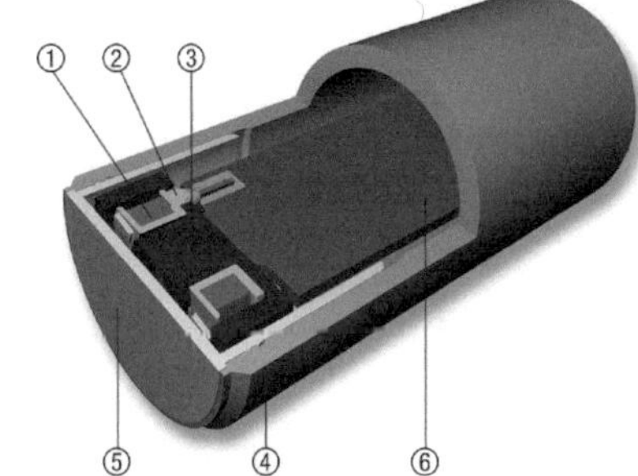

Sensorelement und Blockschaltbild der INS

Die einteiligen INS bestehen aus dem *Sensorelement* mit der Sensorspule und aus einer im Sensor integrierten *Sensorelektronik* (Abb. 3.1). Ihren Hauptfunktionen entsprechend ist die Sensorelektronik in zwei funktionelle Bereiche aufgeteilt: Im *Front-End* erfolgt die Spulenerregung, die Messung der Spulengüte und eine erste Signalverarbeitung (z. B. Linearisierung und Temperaturkompensation); im *Back-End* die Signalverarbeitung, die Generierung genormter Sensorausgangssignale und die Ausführung der Vielzahl der durch die Normen verlangten Schutzfunktionen.

Abb. 3.2 zeigt eine perspektivische Schnittdarstellung der Struktur eines typischen Sensorelements für zylindrische Sensorausführungen im Metallrohr (gängige Bauform). Der essenzielle Bestandteil ist die runde, rotationssymmetrische Spule in Form einer Wicklung (1) auf einem Wickelkörper (2). Die in einem Schalenkern (3) mit dem externen Durchmesser D eingebaute Spule wird durch das Metallrohr (4) und, in der Sensorblickrichtung, durch eine Kunststoffkappe (5) geschützt; diese Komponenten spielen keine bedeutende Rolle für die Abstandsmessung, beeinflussen jedoch die Sensorleistung.

Mit dieser Sensorelementtopologie lassen sich die genormten zylindrischen Bauformen im Metallgewinderohr M8 bis M30 (bündig oder nicht bündig einbaubare Versionen) realisieren (Abb. 3.3).

Abb. 3.3 Genormte INS in zylindrischen Metallgehäusen. (Werkfoto: Balluff GmbH)

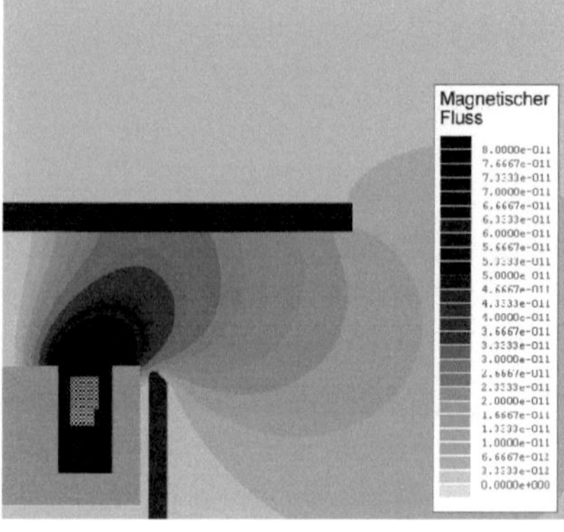

Abb. 3.4 Magnetisches Feld der rotationssymmetrischen Spule – rechte Hälfte – eines INS (zweidimensionale spektrale Darstellung von Simulationsergebnissen der Finiten- Elemente-Methode). Messeinheit des magnetischen Flusses: [Vs]

Neben diesen Varianten existieren auch sehr kompakte zylindrische oder quaderförmige Ausführungen der INS. Charakteristischer Trend für alle Ausführungen ist der starke Miniaturisierungsgrad, der sich bei den genormten Bauformen in kurzen Sensorlängen widerspiegelt (bis hin zu der in der Norm spezifizierten minimalen erlaubten Länge). Die kleinsten INS haben Durchmesser von 3 mm bis 8 mm, die mit dem Durchmesser des Anschlusskabels vergleichbar sind und Längen ab etwa 30 mm aufweisen.

Messprinzip der INS

Grundsätzlich sind die INS *Wirbelstrom-IS.* Elektrotechnisch betrachtet ist das Sensorelement der INS eine Spule mit Verlusten, die durch das zu erfassende Objekt, aber auch durch die Bestandteile Wicklung, Kern und Metallrohr (Eigenverluste) entstehen. Diese Spule wird von der Sensorelektronik mit hochfrequentem Strom erregt und erzeugt ein *magnetisches Feld,* dessen Verteilung und Stärke von der Spulenausführung (Geometrie, Windungszahl) bzw. den Stromparametern (Amplitude, Frequenz) abhängen (Abb. 3.4). Dieses Feld induziert in dem zu detektierenden Objekt *Wirbelströme* (Abschn. 2.9). Die *elektrischen Verluste* im Objekt hängen von der Stärke des magnetischen Felds, von den Materialeigenschaften des Objekts (elektrische bzw. magnetische Leitfähigkeit) und vor allem vom Abstand des Objekts zur Sensorspule ab. Sie führen zu einer Veränderung der elektrischen Parameter der Spule, die allerdings abhängig von der ausgewählten Spulenersatzschaltung sind. Eine bevorzugte elektrische Ersatzschaltung der Spule ist die *Jordan-Reihenersatzschaltung.* Diese vereinfachte und pragmatische Darstellung besteht aus der Spuleninduktivität L in Reihe mit dem Verlust- oder auch Serienwiderstand R_S (Abb. 3.5).

Das Funktionsprinzip der INS ist durch die Wirbelstromeffekte in der Regel noch nicht vollständig beschrieben; denn in der Mehrzahl besitzen sie eine Spule mit Kern. Die Geometrie des Kerns wird grundsätzlich so gewählt, dass der INS eine bevorzugte „Blickrichtung“ aufweist. Im Fall eines ferromagnetischen Objekts bildet der Kern mit dem zu detektierenden Objekt einen *geschlossenen magnetischen* Kreis, dessen magnetischer Widerstand R_M vom Abstand abhängt. Die Variation dieses Widerstands wirkt sich in einer zusätzlichen, prägnanten Veränderung der Spuleninduktivität L aus.

Die Komponenten dieser Ersatzschaltung können sehr leicht durch Messungen bestimmt und in die Gl. (3.2) zur Berechnung der Güte eingesetzt werden. Abb. 3.6 zeigt die Abhängigkeiten der Parameter L und R_s vom Abstand s zu einem genormten ferromagnetischen Messobjekt. D ist der Kerndurchmesser und entspricht in etwa dem Sensordurchmesser (Abb. 3.2). Setzt man diese Verläufe in die Gl. (3.2) ein, erhält man den Verlauf der Güte Q_L des Sensorelements (Abb. 3.6, rechts).

Eine rein theoretische Alternative für die Güteberechnung besteht aus der Auswertung der FEM-Simulationsergebnisse (Abb. 3.4). Im diesem Fall gilt für die Spulengüte:

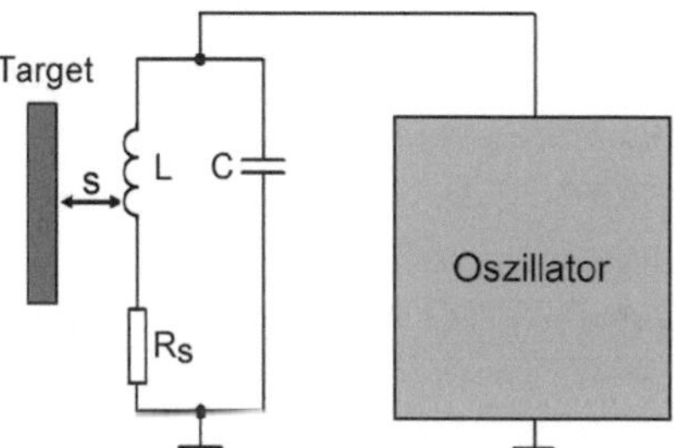

Abb. 3.5 Darstellung der Spule des Sensorselements durch die Jordan-Reihenersatzschaltung L – R_S und die Erregung des Sensorelements durch einen Oszillator

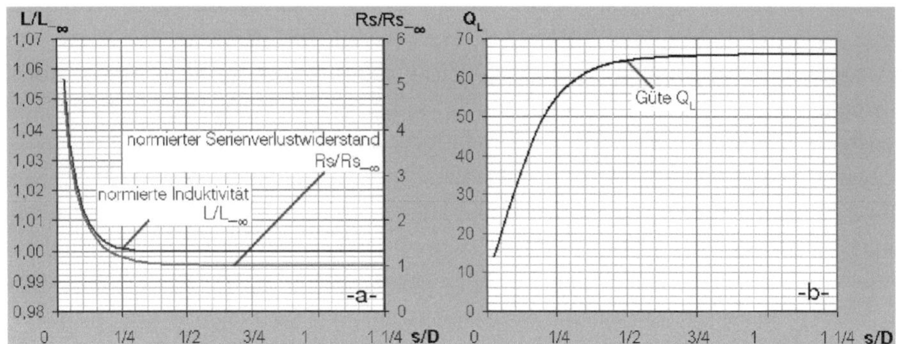

Abb. 3.6 Links: Normierte Induktivität und normierter Verlustwiderstand in Abhängigkeit vom normierten Abstand (L_∞, $R_{S-\infty}$ sind die Induktivität und Verlustwiderstand im nicht betätigten Zustand: s = ∞). Rechts: Güte des Sensorelements in Abhängigkeit vom normierten Abstand

$$Q_L = \frac{\omega \cdot \sum_{i=1}^{n} \mu_i \iiint_{dv_i} H_i(p) \cdot H_i^*(p) dv}{\sum_{i=1}^{n} \frac{1}{\sigma_i} \iiint_{dv_i} J_i(p) \cdot J_i^*(p) dv}. \tag{3.3}$$

Die Vektoren $\boldsymbol{H}$ und $\boldsymbol{J}$ zusammen mit den komplex konjugierten Vektoren $\boldsymbol{H^*}$ und $\boldsymbol{J^*}$ repräsentieren die magnetische Feldstärke bzw. die elektrische Stromdichte in Abhängigkeit vom Positionsvektor p und vom finiten Element i ($i \in [1, n]$). Die Skalar-Größen μ_i und σ_i sind die magnetische Permeabilität bzw. die elektrische Leitfähigkeit des Elements i.

Funktionsweise und Sensorelektronik der INS

Für die physikalische Umwandlung des zu erfassenden Abstands in eine elektrische Größe führen die INS grundsätzlich eine kontinuierliche Messung der Spulengüte Q_L durch.

Die Grenzen und die Herausforderungen dieser Alternative der Gütemessung sind aus Abb. 3.6, rechts ersichtlich. Durch systematische Optimierungen und adäquates Design des Sensorelements kann man Abstände in einem Bereich berührungslos erfassen, der durch den Spulenkerndurchmesser nach oben praktisch begrenzt ist. Für den Fall $s \approx D$ beträgt der Hub der Güte bezogen auf den Wert im nicht betätigten Zustand ($s = \infty$) nur 1 bis 2 %.

Die genaue Auswertung dieser minimalen Variation in industriellen Umgebungen und bei großen Temperaturschwankungen stellt eine große Herausforderung für die Sensorelektronik dar. Trotz aller Optimierungen weist die *Güte* des Sensorelements stets eine *nichtlineare Abstandsabhängigkeit* auf, die für analoge INS-Versionen in der Sensorelektronik linearisiert werden muss.

Die meist eingesetzte Methode zur Messung der Spulengüte Q_L und Auswertung ihrer Abstandsabhängigkeit basiert auf dem Einbau der Sensorelementspule in einen Parallelresonanzkreis, dessen Schwingkondensator ein hochwertiger Bestandteil mit minimalen Verlusten ist (Abb. 3.5). Dieser Schwingkreis wird bei seiner eigenen Resonanzfrequenz *(Sensorarbeitsfrequenz)* von einem Oszillator versorgt, um die durch das Target verursachten Verluste zu kompensieren und die eingeschwungenen Schwingungen aufrechtzuerhalten.

Ein Beispiel für neuere Implementierungen ist der spezielle Oszillator mit negativem Eingangswiderstand. Diese Schaltung ist sehr adäquat für monolithische Integrationen in anwendungsspezifischen integrierten Kreisen (kurz ASIC: application specific integrated circuit). Charakteristisch für diesen Oszillator ist die Realisierung der Mitkopplung auf elektronischem Wege, sodass man auf die Spulenanzapfung verzichten kann. Dies führt zu einer vorteilhaften zweiadrigen Verbindung zwischen Oszillator und Schwingkreis: Anschlüsse LC und GND in Abb. 3.7.

Der Einfluss des LC-Eingangs ist bei diesem Oszillator vernachlässigbar, sodass der Schwingkreis unbelastet und frei schwingt. Die resultierende Schwingfrequenz f_R hängt neben der Kapazität C nur von den Spulenparameter L und R_S ab und wird geringfügig durch den Target abstand beeinflusst:

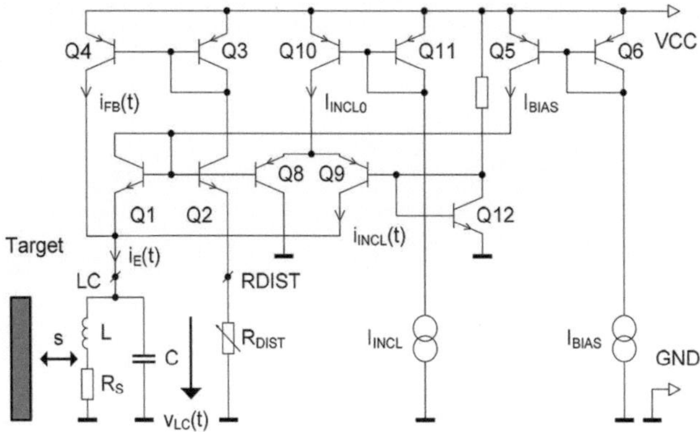

Abb. 3.7 Typische Darstellung des Oszillators mit negativem Eingangswiderstand in einer bipolaren Version

$$f_R = \frac{1}{2\pi}\sqrt{\frac{L - C \cdot R_S^2}{L^2 \cdot C}}. \tag{3.4}$$

Die Evaluierung der Güte Q_L in den INS erfolgt indirekt durch die Messung der Amplitude $\hat{u}_{LC}$ der Resonanzkreisspannung $u_{LC}(t)$ und basiert auf folgenden Zusammenhängen:

Die Spannung ist abhängig von der Impedanz des Resonanzkreises, wobei diese Impedanz bei der eigenen Resonanzfrequenz dem Realteil entspricht. Für den Realteil R_P ergibt sich:

$$u_{LC}(t) = R_P I_E \sin(2\pi f_R \cdot t), \tag{3.5}$$

wobei I_E der vom Oszillator gelieferte Erregerstrom ist.

Die allgemeine Gleichung des Realteils R_P lautet:

$$R_p = \frac{Q_L}{2\pi \cdot f_R \cdot C}. \tag{3.6}$$

Der Realteil R_P zeigt eine Proportionalität zur Güte Q_L, wenn C und f_R konstant sind.

Das sinusförmige Oszillatorausgangssignal $u_{LC}(t)$ wird einem Spitzenwertpräzisionsgleichrichter zugeführt. Diese Stufe wandelt die Oszillatorausgangsspannung, die abhängig von der Güte des Sensorelements ist, in eine Gleichspannung um, dessen Wert gleich der Amplitude $\hat{u}_{LC}$ ist. Dieses unkonditionierte Signal, das die Abstandsinformation beinhaltet, repräsentiert den Front-End-Ausgang. Seine Konditionierung, d. h. seine Umwandlung in das genormte Sensorausgangssignal, findet in der Sensorausgangsstufe des Back-Ends statt (Abb. 3.1). Die hier beschriebenen INS haben entweder einen Spannungsausgang 0 V bis 10 V oder einen Stromausgang 0 mA bis 20 mA bzw. 4 mA bis 20 mA. Der Lastwiderstand R_L in Abb. 3.1 symbolisiert die Applikation. Im Front-End-Teil können optionale Zusatz-

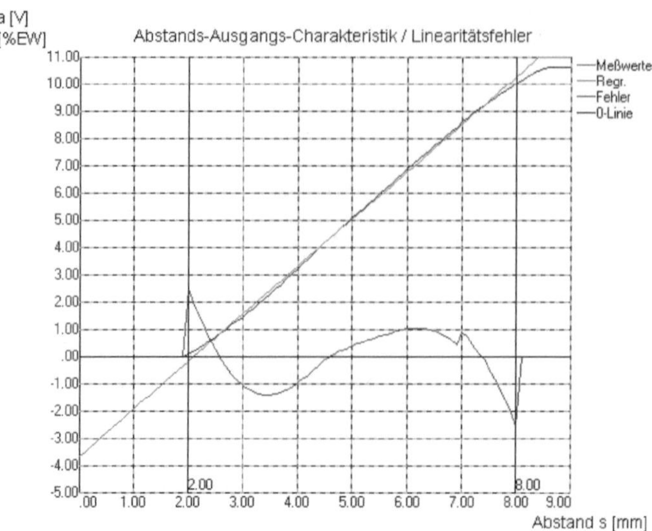

Abb. 3.8 Abstands-Ausgangs-Charakteristik und Verlauf des Linearitätsfehlers nach der Kalibrierung. (Werkfoto: Balluff GmbH)

funktionen wie beispielsweise die Linearisierung der Abstands-Ausgangs-Charakteristik des INS und/oder die Temperaturkompensation durchgeführt werden. Geeignete Temperaturkompensationen gewährleisten eine minimale Drift der Abstands-Ausgangs-Charakteristik und erlauben dadurch den Einsatz des INS in einem breiteren Temperaturbereich.

Kalibrierung der INS

Eine genaue Kalibrierung der INS und damit geringe Exemplarstreuung der Abstands-Aus-gangs-Charakteristik lässt sich durch die Einstellung der Sensoren im fertig montierten Zustand durch ein *Teach-in-Verfahren* erreichen. Zu diesem Zweck beinhaltet der Sensor in seinem Front-End eine Kalibriereinrichtung (Abb. 3.1). Diese ist ein programmierbares Widerstandsnetzwerk, das mit dem Oszillatoranschluss RDIST (Abb. 3.7) verbunden ist und die Abstands-Ausgangs-Charakteristik des INS festlegt.

Wird eine Kalibrierung ausgelöst, so wird die Amplitude $\hat{u}_{LC}$ des Oszillatorausgangssignals durch das Widerstandsnetzwerk, dessen Wert nach dem Start des Kalibrierungsvorgangs kontinuierlich variiert, so lange verändert, bis das Sensorausgangssignal die geforderte Grenze erreicht. Der ermittelte Widerstandswert wird im nichtflüchtigen Speicher (kurz EEPROM: electrically erasable programmable memory) der Kalibriereinrichtung abgespeichert. Durch dieses Teach-in-Verfahren werden alle streuenden Größen, die das Oszillatorausgangssignal beeinflussen, exemplarspezifisch berücksichtigt und kompensiert.

Das Diagramm in Abb. 3.8 zeigt als Beispiel die justierte Abstands-Ausgangs-Charakteristik und den Verlauf des Linearitätsfehlers für einen INS mit dem Messbereich: 2 mm bis 8 mm. Die INS werden zunehmend als *miniaturisierte Sensoren* eingebaut. Abb. 3.9 zeigt das Innenleben solcher Sensoren.

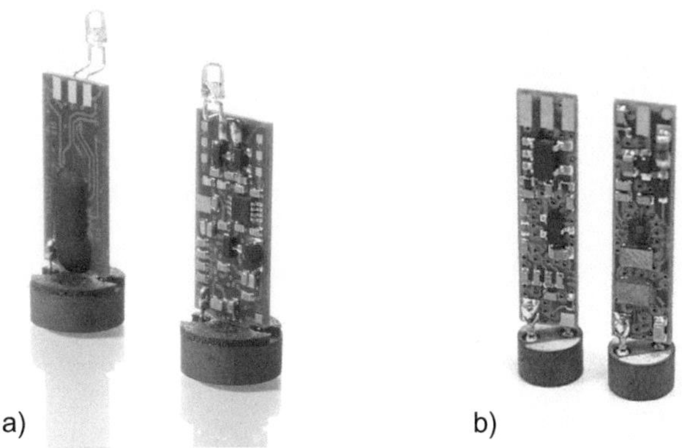

Abb. 3.9 Teilmontierte INS (jeweils Vorder- und Rückseite), bestehend aus einer Topfkernspule und der Sensorelektronik (Werkfoto: Balluff GmbH). **a** ASICs durch Wire-Bonding unter dem Globtop verdrahtet. **b** ASICs durch Flip-Chip-Technologie kontaktiert (ohne Schutzabdeckung)

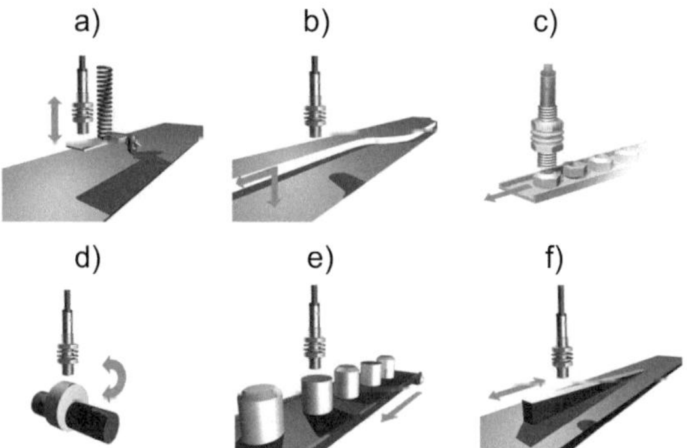

Abb. 3.10 Anwendungsbeispiele für INS

Anwendungen und Hauptkenndaten der INS

Die INS sind ursprünglich konzipiert und dadurch prädestiniert für die *frontale Erfassung* eines Objekts, das sich entlang der Spulensymmetrieachse, senkrecht zur aktiven Fläche bewegt. Sie werden kalibriert und vermessen für eine solche *axiale Annäherung* mit der genormten Messplatte.

Dennoch ist auch eine *radiale Bewegung* (vorbei an der aktiven Sensorfläche) des Objekts möglich. Bei dieser *seitlichen Annäherung* hängt das Sensorausgangssignal auch vom Abstand des Objekts zur aktiven Sensorfläche und von der Überdeckung ab, sodass die Sensorcharakteristik durch eine Kurvenschar mit diesen Parametern darstellbar ist.

Die Erfahrung zeigt, dass das Spektrum der Anwendungen der INS laufend erweitert wird. Einige Beispiele für die vielfältigen industriellen Einsatzmöglichkeiten sind in Abb. 3.10 zu sehen:

a) *Dickenmessung* eines beliebigen Objektes mit aufgelegter Metallfahne.
b) *Detektion inhomogener Zonen* ebener Metallflächen (z. B. Spalt, Nut, Steg).
c) *Lageerkennung* und *Konturverfolgung* kleiner Teile bei der Werkstückprüfung.
d) *Abtasten rotierender Objekte* (z. B. Exzenter, Nocken, Unwuchten). Ist das Objekt rotationssymmetrisch, so kann man es mit zwei um 90° versetzten Abstandssensoren zentrieren.
e) Erkennen *unterschiedlicher Werkstoffe;* denn die Sensorempfindlichkeit hängt unter anderem von den physikalischen Eigenschaften des zu erfassenden Objekts ab. Bei konstant gehaltenem Abstand wird das Sensorausgangssignal grundsätzlich vom Objektwerkstoff bestimmt.
f) Seitliches Anfahren einer *schiefen Ebene.* Das ist ein klassisches Anwendungsbeispiel für die Erfassung größerer Wege mit INS. Bei einer senkrechten Anordnung des Sensors zur Basis der schiefen Ebene hängt der Anfahrweg (w) folgendermaßen vom Abstand (s) und Neigungswinkel (β) der schiefen Ebene ab:

$$\Delta w = \frac{\Delta s}{\tan \beta}. \tag{3.7}$$

Diese Übersetzungsfunktion ermöglicht deutliche Vergrößerungen des Erfassungsbereichs, beispielsweise um den Faktor 10 bei $\beta = 6{,}34°$. Darauf basiert die traditionelle Anwendung der INS für die Spannwegüberwachung an Werkzeugspindeln bzw. Werkstückspannzylindern.

Die *kompakten, einteiligen* induktiven Abstandssensoren INS zeichnen sich durch *sehr gute Eigenschaften* und *Kosten-Nutzen-Verhältnis* aus und sind für industrielle Anwendungen bestens geeignet. Ihre Parameter sind grundsätzlich bauformabhängig. Die Tab. 3.4 fasst die Hauptkenndaten der INS zusammen.

Tab. 3.4 Technische Daten von INS

Kenndaten (elektrische bzw. mechanische)	Wert, Wertebereich
Linearitätsbereich	bis 50 mm
Linearitätsfehler (Trendgerade: Regressionsgerade)	unter ± 3 % von der oberen Grenze
Wiederholgenauigkeit (uni- oder bidirektionale Annäherungen)	zwischen ± 5 µm und ± 15 µm
Auflösungsgrenze	typisch ± 0,1 % von der oberen Grenze
3dB-Grenzfrequenzen	bis hin zu 1 kHz
Elektrische Schutzklasse	II
Schutzart	IP67
Arbeitstemperaturbereich	–25 °C (–40 °C) bis +75 °C (+125 °C)

3.1.1.3 Berührungslose induktive Wegsensoren (IWS)

Messprinzip der IWS

Der morphologische Realisierungs-Pfad der IWS ist in der Tab. 3.3 mit *Tupfenlinie* dargestellt. Das Wirkprinzip, die Targeteigenschaften und die mechanischen bzw. die elektrischen Verbindungen bleiben grundsätzlich unverändert gegenüber INS.

Sensorelement und Blockschaltbild der IWS

Der IWS arbeitet berührungslos und detektiert die Position eines *schlanken, metallischen Targets,* das eine translatorische Linearbewegung entlang der Symmetrieachse der aktiven Sensorfläche und bei konstantem Luftspalt parallel zu dieser Fläche durchführt. Die Spule wird in vergleichbarer Weise von der Sensorelektronik erregt (Abb. 3.1), das Target verursacht eine Spulendämpfung und die wegabhängige Spulengüte Q_L wird wiederum von der Sensorelektronik ausgewertet.

Das Sensorelement ist in diesem Fall eine flache, kernlose Spule, die planparallel zur aktiven Sensorfläche liegt. Weil die Target-Abmessungen deutlich geringer als die Spulenabmessungen sind, hat das Target lediglich einen lokalen Einfluss auf die Spule und verursacht eine Änderung der Spulengüte Q_L (Abschn. 3.1.1.2). Diese Beeinflussung ist direkt proportional zur Targetprojektion auf der Spulenfläche. Hat die Spule eine wegabhängige Geometrie (Implementierung der Weginformation), so ergibt sich eine monotone eindeutige Korrelation zwischen Spulengüte und Weg *s*.

Die entsprechende Topologieänderung der Spule eines IWS gegenüber INS ist durch den Vergleich vom Abb. 3.11 mit dem Abb. 3.2 erkennbar. Anstatt einer klassischen, rotationssymmetrischen bewickelten Drahtspule mit Topfkern handelt sich jetzt um eine Planarstruktur auf einer Dielektrikum-Trägerplatine (in der Regel ohne Kern). Eine ferritische Folie auf der Spulenrückseite könnte als Flachkern aufgebracht werden. Solche Topologien erlauben eine zweckmäßige, günstige Implementierung der Weginformation, sind mechanisch sehr flexibel und lassen sich analytisch und/oder rechnerisch simulieren bzw. optimieren (Abb. 3.11), um eine linearisierte Wegabhängigkeit der Funktion Q_L erreichen.

Das Blockschaltbild eines IWS (Abb. 3.12) hat viele Ähnlichkeiten mit dem Blockschaltbild eines INS (Abb. 3.1).

Die Messung der Güte der *Sensorelement-Planarspule* erfolgt weiterhin indirekt mithilfe eines Parallelresonanzkreises.

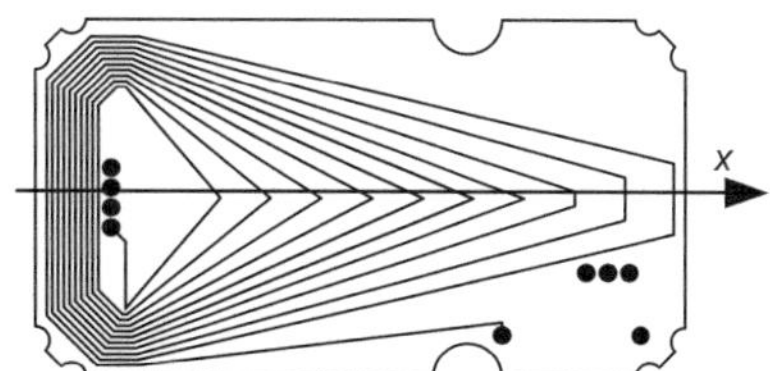

Abb. 3.11 Schematische Darstellung der Einzelspule eines IWS (Abmessungen 30 mm × 10 mm)

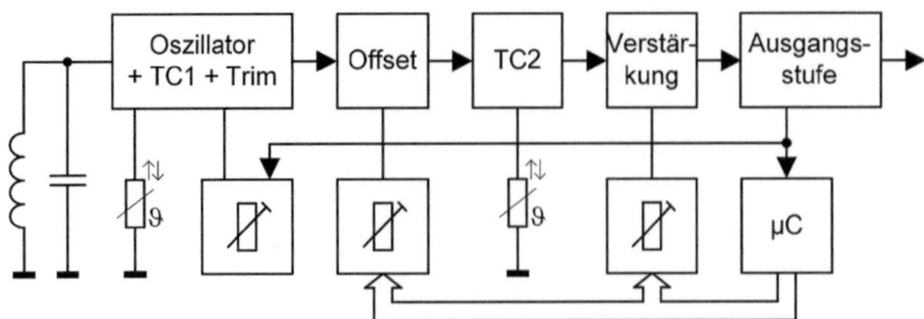

Abb. 3.12 Blockschaltbild eines IWS

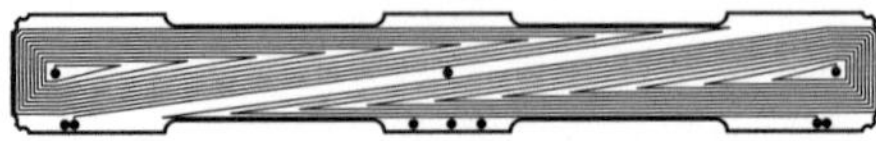

Abb. 3.13 Schematische Darstellung des Sensorelementen des verbesserten IWS

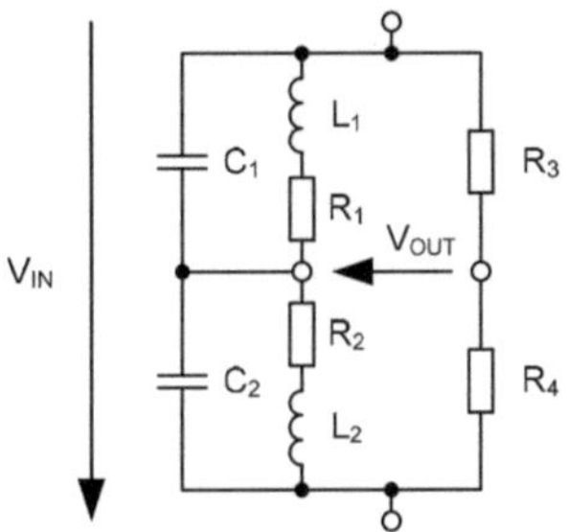

Abb. 3.14 Doppelresonanzbrücke (Spulen durch Serienersatzschaltungen dargestellt)

Wesentliche Fortschritte in Bezug auf die Erweiterung des Erfassungsbereichs (Faktor 10 und mehr), der Verbesserung der Kenndaten: Linearität, Temperaturdrift und der Unterdrückung der Abhängigkeit von der Luftspaltgröße zwischen Sensoraktivfläche und Target erreicht man durch den Einsatz des *Differenzverfahrens.* Das Sensorelement besteht nunmehr aus zwei identischen wegabhängigen Planarspulen, die zueinander entgegengesetzt auf einer gleichen Ebene liegen (Abb. 3.13). Die Spulen sind in einer Doppelresonanzbrücke mit zwei Schwingkondensatoren und zwei Widerständen verbunden (Abb. 3.14) und werden vom Target gleichzeitig beeinflusst.

Für identische Kapazitäten $C_1 = C_2$ ergibt sich eine günstige Übertragungsfunktion H_0 der Brücke:

$$H_0 = \frac{V_{\mathrm{OUT}}}{V_{\mathrm{IN}}} = \frac{1}{2}\frac{Q_{\mathrm{L1}} - Q_{\mathrm{L2}}}{Q_{\mathrm{L1}} + Q_{\mathrm{L2}}} - \frac{1}{2}\frac{R_3 - R_4}{R_3 + R_4} \tag{3.8}$$

mit V_{IN} und V_{OUT} als Eingangs- bzw. Ausgangsspannung und R_3, R_4 als Brückenwiderstände.

Abgesehen vom konstanten zweiten Term ist die Übertragungsfunktion proportional zum Quotienten: Differenz/Summe der Spulengüten Q_{L1} bzw. Q_{L2}. Die Targetbewegung parallel zum Sensorelement und entlang dessen Längsrichtung verursacht entgegengesetzte Veränderungen von Q_{L1} und Q_{L2} und dadurch eine *monotone* und *lineare Wegabhängigkeit* von H_0. Die Wegerfassung reduziert sich zur Messung der Übertragungsfunktion.

Sensorelektronik und Realisierung der IWS

Eine Baugruppe, umfassend das Sensorelement und eine FR4-Trägerplatine mit der Sensorelektronik, ist in Abb. 3.15 zu sehen. Diese Einheit lässt sich in zwei unterschiedliche kompakte Sensorgehäuse einbauen (Abb. 3.16) und gewährleistet einen Erfassungsbereich von 14 mm für Luftspalt zwischen Sensoraktivfläche und Target $d = 1$ mm bis 2 mm.

Kenndaten und Anwendungen der IWS

Mit Ausnahme des Erfassungsbereichs, der mehrfach erhöht wird, zeichnen sich die oben beschriebenen IWS durch Leistungsmerkmale aus, die vergleichbar mit den Kenndaten von INS sind (Tab. 3.1).

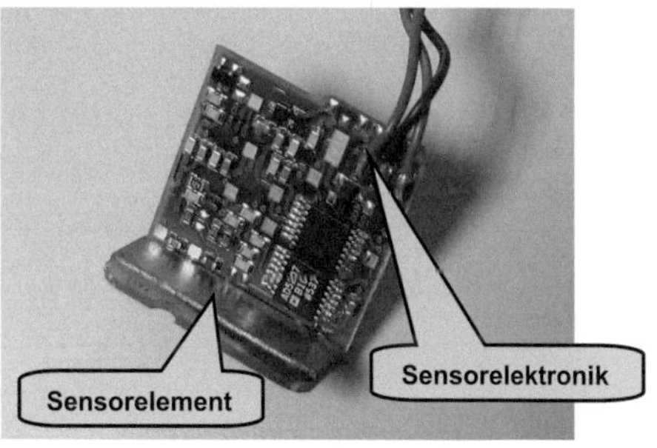

Abb. 3.15 Baugruppe eines IWS (die vertikale Elektronikträgerplatine ist senkrecht auf dem Sensorelement montiert)

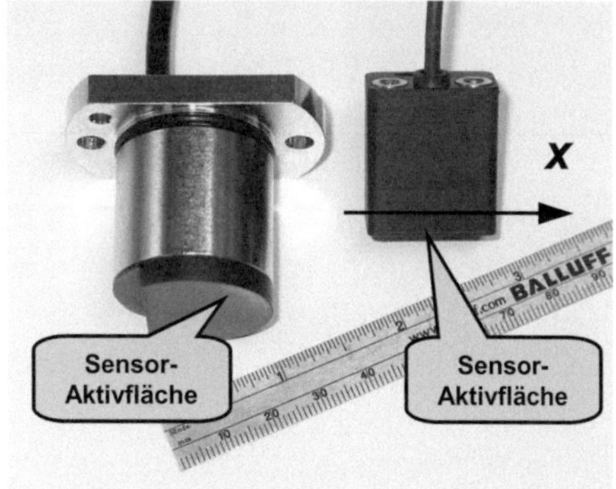

Abb. 3.16 Robuste IWS-Ausführung im Metallgehäuse mit Plastikkappe als Aktivfläche (links) und miniaturisierte Kunststoffversion ohne Montageflansch (rechts)

Abb. 3.17 Konkreter Einsatz eines analogen induktiven Wegsensors IWN für die Spannwegüberwachung in einer Werkzeugmaschine

Besonders finden die IWS Anwendung in der Spannwegüberwachung bei der Spannung von Werkstücken bzw. Werkzeugen in modernen Werkzeugmaschinen (Abb. 3.17).

Die Schließbewegung des Spannmittels wird in eine lineare Bewegung entlang der Drehachse umgesetzt. Die Funktion des Targets wird von einer dünnen Metallscheibe übernommen, die sich auf der Drehachse befindet und während der kontinuierlichen Rotation eine translatorische Bewegung erfährt. Mithilfe der linearen Abstands-Ausgangs-Charakteristik des IWNs können in der Steuerung verschiedene Schaltpunkte gesetzt werden. So entfällt das mechanische Neujustieren der Spannwegüberwachung. Dies ist besonders von Vorteil, wenn das Spannmittel an schwer zugänglichen Stellen sitzt.

3.1.1.4 Differenzialtransformatoren mit verschiebbarem Kern (LVDT)

Eine zweite markante Klasse von Induktivsensoren nutzt die *Beeinflussung* des *Kopplungsfaktors* zwischen zwei oder mehreren Spulen des Sensorelements. Eine einfache Messmöglichkeit ergibt sich aus der allgemeinen Gleichung für den Kopplungsfaktor k:

$$k = \frac{M}{\sqrt{L_1 \cdot L_2}}. \tag{3.9}$$

Falls die beteiligten Induktivitäten L_1 und L_2 geringfügig beeinflusst werden, lässt sich die Änderung des Kopplungsfaktors durch die Messung der Gegeninduktivität M in linearer Art und Weise bestimmen. Besonders beachtenswert ist die Lebensdauer der LVDTs. Sie beträgt bis zu 228 Jahren.

Sensorelement und Messprinzip der LVDTs

Der morphologische Realisierungs-Pfad eines LVDTs ist in der Tab. 3.3 mit Strichpunkt-Karolinie dargestellt. Der Positionsgeber ist nun kooperativ, bewegt sich innerhalb des Sensorgehäuses und hat eine starre mechanische Verbindung mit dem zu detektierenden Objekt.

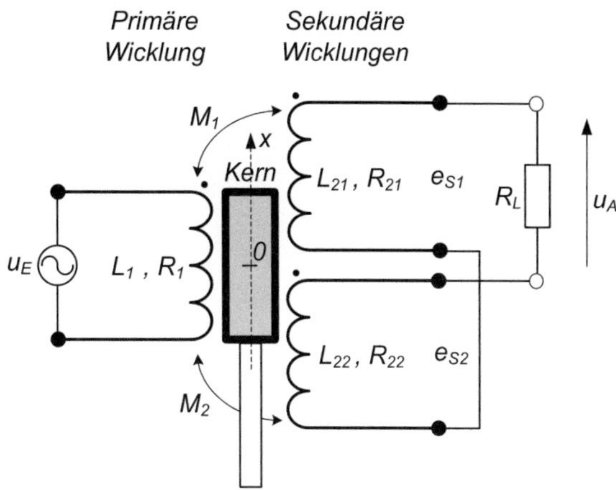

Abb. 3.18 Schematische Darstellung des Sensorelements eines LVDT

In der schematischen Darstellung des LVDT-Sensorelements (Abb. 3.18) erkennt man eine primäre Wicklung, zwei sekundäre Wicklungen und einen verschiebbaren weichmagnetischen Kern, der durch eine nicht ferromagnetische Zugstange mit dem externen Objekt verbunden ist. Generell haben die gewickelten Spulen eine zylindrische Form. Die sekundären Spulen sind beidseitig zur primären Spule platziert und der zylindrische Kern erfährt eine translatorische Bewegung entlang der Systemrotationsachse. Die Objektbewegung in die x-Richtung verursacht eine Kernverschiebung und dadurch eine stetige, monotone und gegenläufige Variation der Gegeninduktivitäten M_1 und M_2 zwischen der primären Wicklung und der jeweiligen sekundären Wicklungen.

Das System wird mit einer Wechseleingangsspannung:

$$u_{\mathrm{E}}(t) = \widehat{u}_{\mathrm{E}} \cos \omega t \tag{3.10}$$

versorgt, mit ω = Kreisfrequenz und x = Verfahrweg des Kerns.

Das Sensorelement ist symmetrisch gebaut, sodass in der mittigen Kernposition zwei gleiche Ausgangsspannungen in die sekundären Wicklungen induziert werden. Bewegt sich der Kern in eine Richtung, nimmt eine Ausgangsspannung zu und die andere Ausgangsspannung ab. Um eine gute Linearität der LVDT-Ausgangsspannung zu gewährleisten, sind üblicherweise die sekundären Wicklungen in Reihe gegeneinander geschaltet *(antivalent)* und die Ausgangsspannung u_{A} resultiert als Differenz der induzierten Sekundärspannungen.

Für die Darstellung im Abb. 3.18 mit L_{21} bzw. L_{22} und R_{21} bzw. R_{22} als Parameter jeder Wicklung ergibt sich die LVDT-Übertragungsfunktion:

$$u_A = \frac{j\omega[M_2(x) - M_1(x)]R_{\mathrm{L}}}{R_1(R_2 + R_{\mathrm{L}}) + j\omega[L_2R_1 + L_1(R_2 + R_{\mathrm{L}})] - \omega^2\left\{L_1L_2 + [M_1(x) - M_2(x)]^2\right\}} \cdot u_{\mathrm{E}}, \tag{3.11}$$

wobei: $L_2 = L_{21} + L_{22}$ und $R_2 = R_{21} + R_{22}$, j die komplexe Variable und $M_1(x)$ bzw. $M_2(x)$ die Gegeninduktivitäten in Abhängigkeit vom Weg x sind. In der Praxis für eine hochohmige Ausgangsbelastung (R_L > 50 kΩ) vereinfacht sich die Gl. (3.11). Die Ausgangsspannung u_A ist dann direkt proportional zur Differenz beider Gegeninduktivitäten M_1 und M_2:

$$u_\mathrm{A} = \frac{\mathrm{j}\omega[M_2(x) - M_1(x)]}{R_1 + \mathrm{j}\omega L_1} \cdot u_\mathrm{E}. \tag{3.12}$$

Die Gleichung zeichnet ein Hochpassfilter-Verhalten aus, wobei die –3dB-Systemgrenzfre-quenz grundsätzlich von den Parametern der primären Wicklung bestimmt ist.

Funktionsweise und Blockschaltbild der LVDTs

In Abb. 3.19 (rechte Ausführung) wird eine verbesserte Bauweise gegenüber der koaxialen Struktur (linke Ausführung) gezeigt.

Die Wicklungen sind überlappend angeordnet. Die Primärwicklung ist uniform; die Sekundärwicklungen haben steigende bzw. fallende Windungszahlen pro Wegeinheit und sind entgegengesetzt. Das führt zu einer markanten Nutzverhältniserhöhung bis etwa 0,8.

Auf dem Markt findet man sowohl zweiteilige LVDT-Ausführungen als auch einteilige kompakte Ausführungen. Bei den ersten Typen ist eine elektronische Extraeinheit (z. B. Hutschienenmodul) für die Versorgung des Sensorelements sowie die Auswertung der Ausgangsspannungen zuständig. Die Elektronik führt grundsätzlich folgende Funktionen durch (Abb. 3.120):

a) Erzeugung der Erregerspannung (typische Bereiche: 1 V bis 24 V, 50 Hz bis 20 kHz).
b) Versorgung der primären Wicklung mit stabilisierter Amplitude und Frequenz.
c) Synchrone Detektion der Sensorelement-Ausgangsspannung/en und ggf. Differenzbildung, um eine Unterscheidung der positiven und negativen Kernverschiebung zu erreichen.
d) Signalkonditionierung, Filterung und Kompensationen.
e) Generierung des Sensorausgangssignals, Sensorversorgung und Schutzfunktionen (Abb. 3.20).

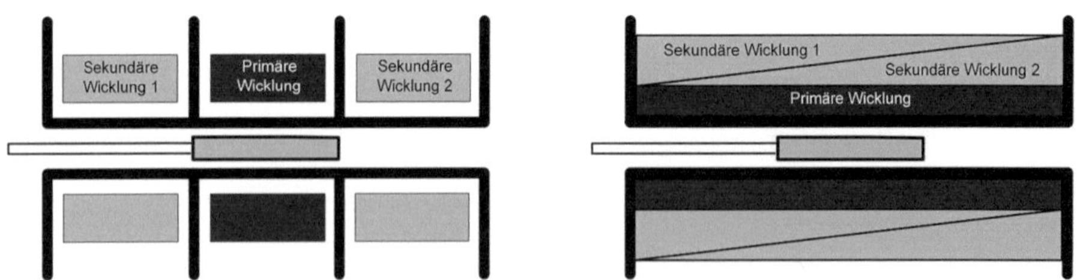

Abb. 3.19 Aufbauvarianten des Sensorelements eines LVDT

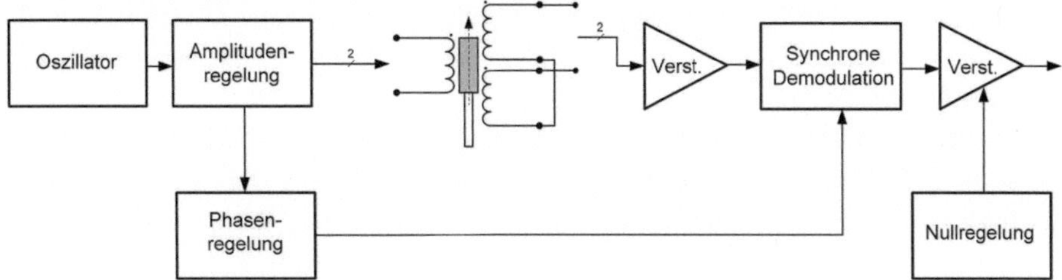

Abb. 3.20 Allgemeines Blockschaltbild der Front-End-Auswerteelektronik eines LVDT

Abb. 3.21 Kommerzielle ICs für die Versorgung und Auswertung des LVDT-Sensorelements

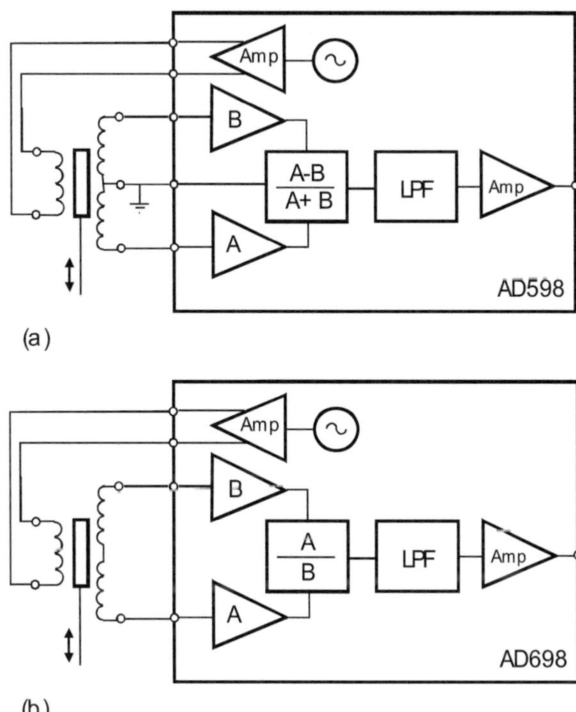

Die einteiligen Modelle mit integrierter Elektronik sind praktischer, zuverlässiger und benötigen einen geringeren Installationsaufwand. Weil diese Systeme mit einer Gleichspannung aus dem Schaltschrank direkt zu versorgen sind, heißen sie auch DCLVDT.

Die große Verbreitung der LVDT-Systeme hat die Halbleiterindustrie motiviert, kommerzielle integrierte Schaltungen für die LVDT-Systeme zu produzieren. Zwei solche ICs *(**I**ntegrated **C**ircuit)* mit ihrer schematischen dargestellten Signalverarbeitung zeigt Abb. 3.21 als Blockschaltbild.

Der Baustein AD598 von Analog Devices führt eine getrennte Gleichrichtung der Sekundärspannungen durch, bildet die Summe sowie die Differenz der gleichgerichteten Signale und führt das bewährte (A – B)/(A + B) Verfahren durch. Dies führt aufgrund der Asymmetrie zur Eliminierung aller Gleichtaktstörungen. Der Baustein AD698 nutzt die klassische Differenz-Ausgangsspannung (u_A in Abb. 3.18) sowie die Eingangsspannung und führt eine Quotientenbildung durch, die eine sehr effiziente Kompensation der Versorgungsschwankungen gewährleistet.

Realisierung der LVDTs

Auf dem Sensormarkt gibt es ein reichliches Angebot von LVDT-Systemen für extrem kleine bis sehr große Messbereiche und mit oder ohne integrierte Elektronik. Die typische äußere Erscheinung eines LVDTs ist die Pumpengestaltung (Abb. 3.22) mit charakteristischen Merkmalen: rundes, zylindrisches Metallgehäuse (glatt oder mit Befestigungsmöglichkeiten wie z. B. Gewinde und Gelenkauge) und Zugstange (ebenfalls mit diversen Ankopplungsmöglichkeiten).

Anwendungen und Hauptkenndaten der LVDTs

Das Anwendungsspektrum der LVDTs ist sehr groß. Die LVDTs werden grundsätzlich für die Erfassung von Wegen oder Positionen eingesetzt. Sie eignen sich auch als *Nulldetektoren* für *Feedback-Positioniersysteme* von zivilen Einsätzen bis hin zu Unterseebooten oder Flugzeugen. LVDTs finden oft in Werkzeugmaschinen und Konturkopieranlagen Anwendung.

Eine zweite Anwendungsgruppe bezieht sich auf die *Messung physikalischer Größen,* die eine Bewegung des Kernes verursachen können (z. B. Beschleunigung, Neigung und Druck).

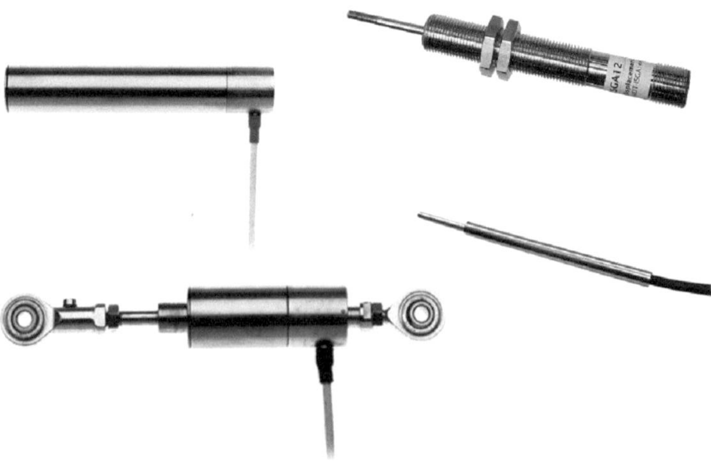

Abb. 3.22 Verschiedene kommerzielle LVDT Varianten. (Werkfoto: Inelta Sensorsysteme)

Tab. 3.5 Technische Daten von LVDT

Kenndaten (elektrische bzw. mechanische)	Wert, Wertebereich
Messbereich	± 1 mm bis ± 500 mm
Linearitätsfehler	0,05 bis 1 % vom Endwert (F.S.)
Empfindlichkeit	1 bis 500 mV/V·mm
Wiederholgenauigkeit	0,002 bis 0,05 % F.S
Eingangsspannung	1 V_{eff} bis 50 V_{eff}
Eingangsfrequenz	50 Hz bis 25 kHz
Temperaturkoeffizient	0,02 bis 0,05 % F.S. / °C
Schutzart	IP64 bis IP 65
Arbeitstemperaturbereich	−250 °C bis +600 °C
Luftdruck	bis 200 bar

Die LVDTs zeichnen sich durch *hervorragende Linearität, Auflösung* und *Genauigkeit* aus. Dank ihrer Robustheit und Zuverlässigkeit finden sie eine breite Anwendung in der Industrie, vor allem in rauen, korrosiven oder radioaktiven Umgebungen. Zusätzlich sind sie leicht zu montieren bzw. zu justieren und gewährleisten eine galvanische Trennung. Tab. 3.5 fasst die Hauptkenndaten der LVDTs zusammen.

3.1.1.5 Gepulster induktiver Linear-Positionssensor (Micropulse® BIW)

Die BIW-Positionssensoren repräsentieren eine neue Sensorfamilie in der Klasse der IS, basierend auf der Beeinflussung des Kopplungsfaktors zwischen zwei oder mehreren Spulen (Abschn. 3.1.1.4). Ihr morphologischer Realisierungs-Pfad ist mit Strichpunkt-Tupfenlinie in der Tab 3.3 dargestellt.

Sensorelement und Messprinzip der BIWs

Das BIW-Messprinzip ist grundsätzlich einsetzbar, auch wenn der Positionsgeber nicht kooperativ ist – und dadurch eine neutrale nicht zweckbestimmte Wechselwirkung mit dem Sensorelement hervorruft – und außerdem keine mechanische Verbindung mit dem Sensor hat. Dennoch, um parasitäre Kopplungen zu unterdrücken (z. B. Luftkopplung) und unerwünschte Einflüsse auf den Kopplungsfaktor k zu minimieren (z. B. mechanische Schwankungen), favorisiert man Ausführungen mit *kooperativem, frequenz-selektivem Positionsgeber.* Darüber hinaus ist er mit dem zu erfassenden Objekt *mechanisch verbunden* und wird in Bezug auf die Spulen *sehr präzise mechanisch geführt.*

Markante Unterschiede zu dem verwandten LVDT erkennt man in den Ausführungen der Wicklungen des Sensorelements bzw. des Kerns. Das Sensorelement besteht aus drei Planarwindungen, die auf einer vertikalen harten Trägerplatine (104 in Abb. 3.23) gedruckt sind.

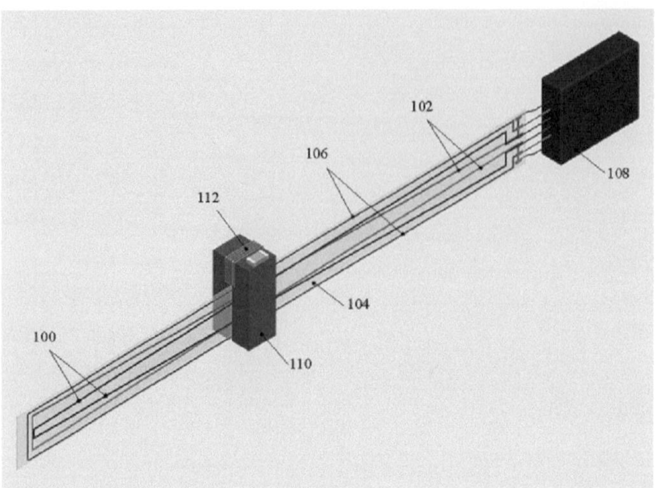

Abb. 3.23 Schematische Darstellung des Sensorelements und des Positionsgebers des BIW-Positionssensors

Eine rechteckige Windung (106) umrandet zwei trapezförmigen Windungen (100 bzw. 102) und bildet die Sendespule. Die Empfängerspulen (100) und (102) sind identisch, aber entlang der Bewegungsrichtung räumlich um 180° gegeneinander versetzt. Der schlanke Positionsgeber besteht aus einem ferritischen Joch (110), das die Trägerplatine beidseitig überdeckt. Seine im Bild nicht dargestellte mechanische Führung sorgt für eine translatorische Linearbewegung entlang der Platinenachse mit Konstanthaltung der beidseitigen Luftspalte. Das System hat eine doppelte Symmetrie, sodass Schwankungen in den Querrichtungen Y und/oder Z ausbalanciert werden. Der Positionsgeber (110) trägt einen passiven LC-Schwingkreis (112), dessen Resonanzfrequenz auf die Frequenz der Sendespuleerregung abgestimmt ist. Unter diesen Voraussetzungen darf man annehmen, dass die *Kopplungsfaktoren* zwischen der Primärschleife (106) und den Sekundärschleifen (100) und (102) *eine lineare Abhängigkeit* vom *Weg* x aufweisen. Dementsprechend sind die induzierten Sekundärspannungen eindeutig und direkt proportional zum Weg x. Die Erzeugung des Erregerstroms und die Auswertung der induzierten Signale aus den Empfängerspulen (100) und (102) erfolgen in der Sensorelektronik, die im Abb. 3.23 durch (108) gekennzeichnet ist.

Funktionsweise und Blockschaltbild der BIWs

Das Blockschaltbild der Front-End-Elektronik ist in Abb. 3.24 dargestellt. Die rechteckige Sendespule wird mit rechteckigen Stromimpulsen (typische Pulsbreite $t_W = 0{,}6\ \mu s$, Wiederholperiode ca. $T = 0{,}02$ ms) angeregt. Das resultierende elektromagnetische Feld aktiviert den passiven LC-Schwingkreis des Positionsgebers. Der Umladestrom, der zwischen der Induktivität L und dem Kondensator C pendelt, sorgt

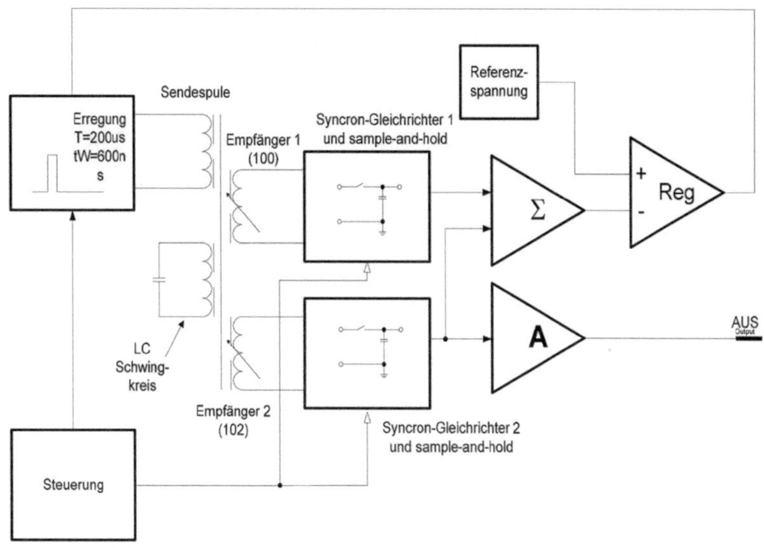

Abb. 3.24 Teilblockschaltbild des BIW-Positionssensors

für eine *Rückinduktion* in den Sekundärwicklungen. Demzufolge ergeben sich die zwei induzierten Sekundärspannungen, deren Werte theoretisch direkt proportional zur Schnittfläche zwischen der Kernüberdeckung (konstant über den Weg x) und den jeweiligen Sekundärschleifen sind. Zwei phasengleiche Gleichrichter, nachgefolgt von „Sample-and-hold"-Schaltungen, sorgen für die synchrone Detektion der Sekundärspannungen und Speicherung deren Werte während der Pause zwischen den Versorgungsimpulsen. Der Regler Reg vergleicht die Summe beider Sekundärspannungen (konstant über Weg) mit einer Referenzspannung und regelt die Amplitude der Versorgungsimpulse nach, sodass Schwankungen in den Querrichtungen ausgeglichen werden. Die im BIW-Positionsgeber integrierte Back-End-Elektronik liefert wahlweise ein Standard Analog-Spannungs- oder Stromsignal (M12 Industriestandard-Stecker) und sorgt auch für die Erfüllung der Normsensoranforderungen (Abb. 3.1).

Realisierung der BIWs

Im BIW-Positionssensor befinden sich das Sender-/Empfänger-Sensorelement, der Positionsgeber mit dem Schwingkreis und die Auswerteelektronik, geschützt durch ein Strangpressprofil aus Aluminium (Abb. 3.25). Der Positionsgeber ist an einer Schubstange befestigt, die mit dem Maschinenteil verbunden ist, dessen Position bestimmt werden soll. Der Schwingkreis wird über das Sender-Sensorelement mit einer Messwertrate von 32 kHz kurz angeregt und koppelt an der aktuellen Position ein Signal in das Empfänger-Sensorelement ein. Die Position steht sofort am Ausgang zur Verfügung und ist absolut. Die Richtung des Ausgangssignals, d. h. eine steigende bzw. fallende Kennlinie, ist über Programmiereingänge invertierbar. Bei der Standard-Steigungsauswahl hat der Ausgang 0 V bei vollständig ausgezogener Schubstange.

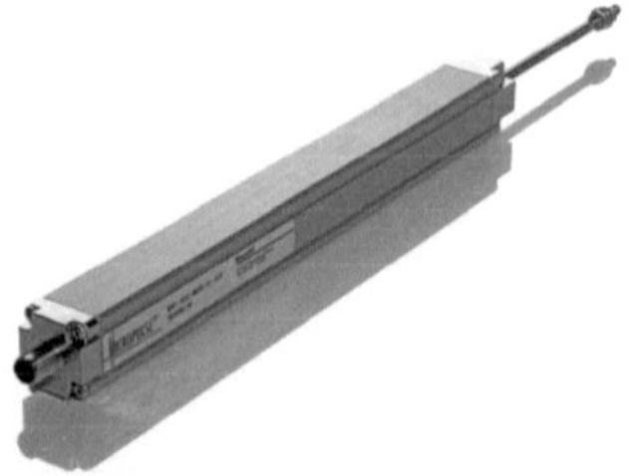

Abb. 3.25 BIW als Wegaufnehmer in einem genormten Aluminiumstrangpressprofil. (Werkfoto: Balluff GmbH)

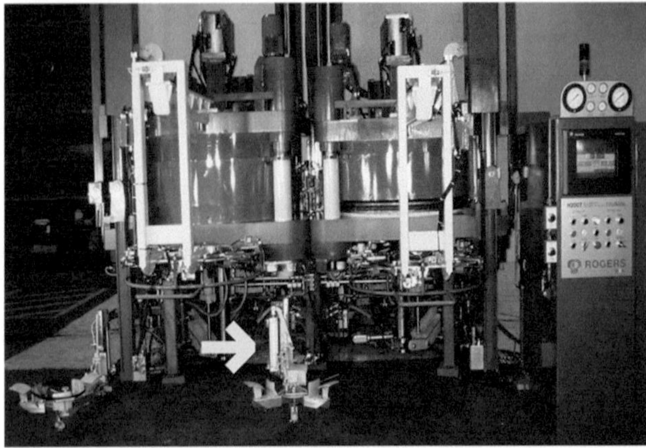

Abb. 3.26 BIW-Positionssensor ersetzt verschleißbehaftete Potenziometer

Anwendungen und Hauptkenndaten der BIWs

Das neuartige patentierte Funktionsprinzip ermöglicht Positionserfassungen mit hoher Auflösung und Reproduzierbarkeit und vor allem mit beeindruckend *hoher Messwertrate.* Darüber hinaus zeichnet sich der Sensor aus durch:

a) *Lineare Kennlinie, potenzialfreie Messung.*
b) *Unempfindlichkeit* gegenüber Erschütterungen, Vibrationen und Störfelder.
c) Überlegene *Betriebszuverlässigkeit* und Leistungsdaten ohne zusätzliche Kosten. Daraus resultieren vergleichbare Preise zu Potenziometern.
d) *Kontaktlose Alternative* zu klassischen Potenziometern ohne Reibung zwischen Bestandteilen des Sensorelements (verschleißfreies Sensorelement).
e) Gleiche oder ähnliche Bauform (inklusive Befestigungsklammern) sowie Ausgangssignale gewährleisten die *Kompatibilität* zu Potenziometern.

Typische Anwendungen sind:

a) Spritzgießmaschinen für Kunststoffe (Abb. 3.26).
b) Blasformmaschinen, Pressen für Kautschukteile.

Tab. 3.6 Technische Daten der BIW-Positionssensoren

Kenndaten (elektrische bzw. mechanische)	Wert, Wertebereich
Ausgangssignale	0 V bis 10 V; – 10 V bis + 10 V; 0 mA bis 20 mA; 4 mA bis 20 mA
Standard-Nennlängen	75 mm bis ± 750 mm (16 Stufen)
Linearitätsfehler	≤ 0,02 % vom Endwert (F.S.)
Auflösung	5 µm
Wiederholgenauigkeit	10 µm
Messwertrate	typ. 32 kHz
Schutzart	IP54
Arbeitstemperaturbereich	−20 °C bis +85 °C

c) Pneumatisch betätigte Montagepressen.
d) Kolbenpositionserfassung in pneumatischen bzw. hydraulischen Zylindern.

Schließlich sind die BIW-Positionssensoren ein ideales, verschleißfreies *Drop-in-Replacement* für lineare kontaktbehaftete Potenziometer. Die Tab. 3.6 fasst die Hauptkenndaten der BIW zusammen.

3.1.1.6 *Signalverarbeitung durch Phasenmessung (Sagentia)*

Insbesondere bei magnetischen Prinzipien für induktive Abstands- und Wegsensoren sind *Kosten-Nachteile* gegeben durch:

- Kosten sowie Verfügbarkeit magnetischer Materialien, insbesondere Magnete auf der Basis Seltener Erden.
- Komplexe und damit kostenrelevante Aufbau- und Verbindungstechnik zur Kombination der magnetischen Werkstoffe mit den stromführenden Komponenten wie Leiterplatte bzw. Spule.

Technische Nachteile magnetischer Prinzipien sind gegeben durch:

- Gefahr der Ansammlung magnetischer Fremdpartikel am magnetischen Geber.
- Beeinflussbarkeit des Sensors durch statische Fremd-Magnetfelder.

Um diese Nachteile zu vermeiden, entwickelte das Unternehmen Sagentia ein induktives Messprinzip. Dieses bietet den Vorteil, dass die Signalverarbeitung auf einer *Phasenmessung* beruht und nicht auf einer Vermessung von Amplituden, die in der Regel aufwendige MessSchaltungen (Gleichrichter, hochwertige, teure Operationsverstärker) erfordert.

Funktionsweise

Auf einer Signalleiterplatte befinden sich über den Messweg x je eine *sinus-* und eine *cosinusförmige Leiterschleife* (sin(x),−cos(x)-Sendeschleife; Abb. 3.27). Diese werden jeweils mit einer zeitlich um *90° phasenverschobenen Wechselspannung* (u · sin(ωt), u · cos(ωt)) versorgt. Dadurch entstehen *senkrecht* zur Leiterplatte *magnetische Wechselfelder* $H(\omega t)$, deren Stärke über den Messweg x ebenfalls sinus- bzw. cosinusförmig ausgeprägt ist (Abb. 3.28).

Abb. 3.27 und 3.28 zeigt die prinzipielle Funktionsweise: Für die ortsabhängige Summe beider Magnetfelder gilt nach dem trigonometrischen Additionstheorem folgender Zusammenhang:

$$H \cdot \sin(x) \cdot \cos(\omega t) + H \cdot \cos(x) \cdot \sin(\omega t) = H \cdot \sin(\omega t + x). \tag{3.13}$$

Es ist: *H:* magnetische Feldstärke und x eine Weginformation.

Es entsteht also ein Signal, dessen *Phasenverschiebung* bezogen auf das Sendesignal direkt zum *Weg x proportional* ist.

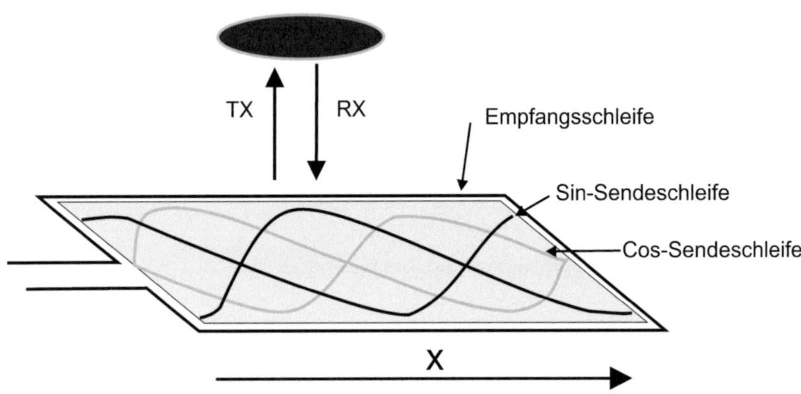

Abb. 3.27 sin/cos-Sendeschleifen

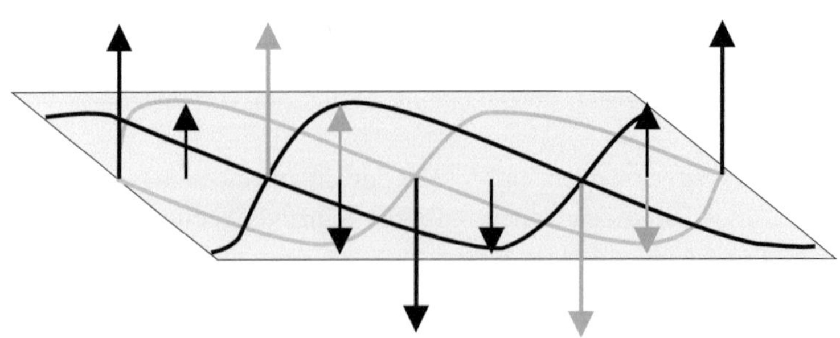

Abb. 3.28 Feldkomponenten

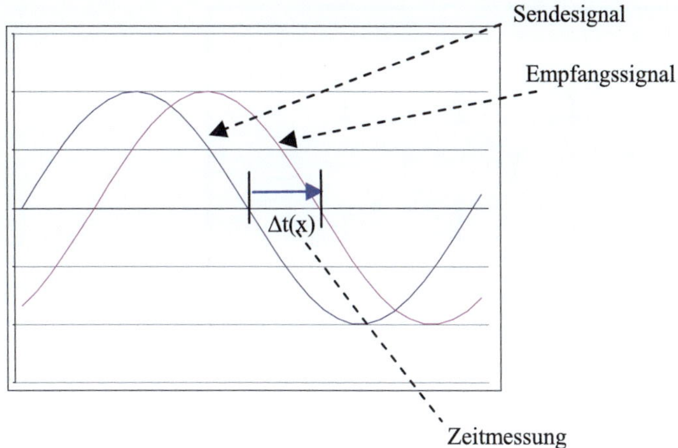

Abb. 3.29 Phasenmessung

Als *Summations-Element* der beiden Sendesignale dient der *Positionsgeber*, welcher als Schwingkreis ausgebildet ist. Dieser „schwebt" über der Signalleiterplatte (Abb. 3.27.). Seine Resonanzfrequenz ist auf die Sendefrequenz der beiden eingespeisten Signale abgestimmt. Er wird von ihnen angeregt (TX) und sendet seinerseits sein magnetisches Feld an die Leiterplatte zurück (RX). Die ebenfalls in der Signalleiterplatte integrierte rechteckige Empfangsspule empfängt dieses Signal und leitet es an die Auswerteelektronik weiter. Hier wird das Empfangssignal mit einem der beiden Sendesignale verglichen. Die daraus resultierende Phaseninformation verarbeitet die Auswerteelektronik zu einem über den Messweg linearen analogen Spannungssignal als Weginformation.

Die Auswertung der Phase erfolgt als Zeitmessung des Versatzes der beiden Signale im Nulldurchgang (Abb. 3.29).

Hier lassen sich Signale im Frequenzbereich 1 kHz bis 10 kHz mit vertretbarem Schaltungsaufwand gut auswerten, um einen vernünftigen Kompromiss zwischen Mess-Auflösung und Update-Rate des Signals (Dynamik des Mess-Systems) einzugehen. Wählt man als Beispiel eine Mess-Signal-Frequenz von 4 kHz und eine Auflösung von 12 Bit, so ergeben sich:

$$\begin{aligned}
&\text{Update - Zeit} &&= 1/(4\text{kHz}) \;\hat{=}\; 250\,\mu\text{s},\\
&\text{Kleinstes Zeitinkrement} &&= 250\,\mu\text{s}/2^{12} \;\hat{=}\; 61{,}035\,\text{ns},\\
&\text{InterneTaktrate} &&= 1/61{,}035\,\text{ns} \;\hat{=}\; 16{,}38\ \text{MHz}.
\end{aligned}$$

Der für die Positionsauswertung günstige Frequenzbereich 1 kHz bis 10 kHz eignet sich jedoch nicht zur Signal-Übertragung zwischen Sende-Signalleitungen (sin(x), cos(x)) und Positionsgeber, da die (als Leiterbahn ausgeführten) erforderlichen Induktivitätswerte und Schwingkreisgüten nicht mehr auf einen akzeptablen Raum unterzubringen wären.

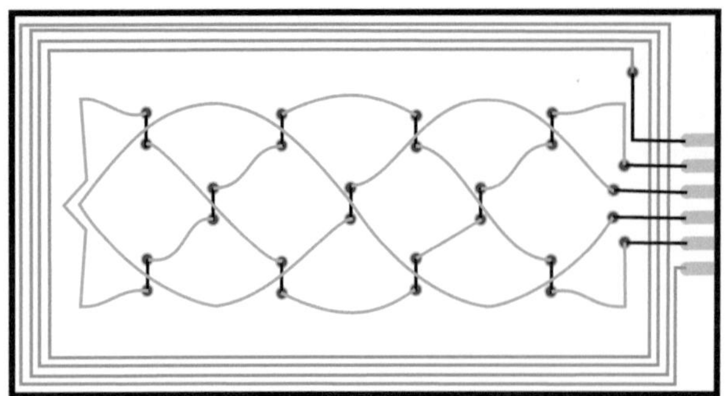

Abb. 3.30 25-mm-Signalleiterplatte mit Positionsgeber

Als Lösung werden die Nutzsignale auf einen Träger im MHz-Bereich amplitudenmoduliert übertragen. Dies hat darüber hinaus den Vorteil, dass mehrere Systeme *parallel* auf *unterschiedlichen Trägerfrequenzen* ohne gegenseitige Beeinflussung betrieben werden können, was redundant ausgeführte Sensoren ermöglicht. Gl. (3.13) wird somit erweitert zu:

$$\begin{aligned} &H \cdot \sin(x) \cdot [1 + \cos(\omega_m t)] \cdot \cos(\omega_o t) + H \cdot \cos(x) \cdot [1 + \sin(\omega_m t)] \cdot \cos(\omega_o t)] \\ &= H \cdot \sin(\omega_m t + x) \cdot \cos(\omega_o t) + H \cdot (\sin(x) + \cos(x)) \cdot \cos(\omega_o t) \\ &= H \cdot [\sin(\omega_m t + x) + \sin(x) + \cos(x)] \cdot \cos(\omega_o t). \end{aligned} \tag{3.14}$$

Es ist: *H:* magnetische Feldstärke; *x:* Weginformation; ωm: Modulationsfrequenz im kHz-Bereich; ω_o: Trägerfrequenz. Die Weginformation x lässt sich aus der *Phasenanalyse* des Wechselanteils der Hüllkurve herauslösen. Mit diesem Mess-Prinzip ist ein weiterer Messlängen-Bereich abdeckbar (Strukturlänge von 15 mm bis 800 mm; Abb. 3.30).

Die Abweichung der sin(x)- und cos (x)-Strukturen vom mathematischen Idealverlauf nimmt mit kürzer werdenden Messlängen designbedingt zu, da die notwendigen Durchkontaktierungen und Leitungsbrücken nicht beliebig klein ausfallen können.

Ein über den Messweg sin- bzw. cos-förmiger Feldverlauf kann auch mit anderen nicht trigonometrischen (z. B. rechteckförmigen) Strukturen erzeugt werden. Des Weiteren ist das Messprinzip nicht auf lineare Wegmessung begrenzt, sondern kann auch zur Auswertung von *rotativen* Bewegungen umgesetzt werden (Abb. 3.31). Die trigonometrischen Wegabhängigkeiten sin(x), cos(x) werden dann winkel- und radienabhängig in sin(φ, r), cos(φ, r) umgesetzt.

Der induktive Sensor lässt sich durch folgendes Blockschaltbild (Abb. 3.32) beschreiben:

Die Elektronik ist für einen Temperaturbereich von −40 °C bis +125 °C ausgelegt. Die Begrenzung der Temperatur für das eigentliche Mess-System „Signalleiterplatte – Positionsgeber" ist im Wesentlichen nur vom Leiterplatten-Material und der Aufbau- und

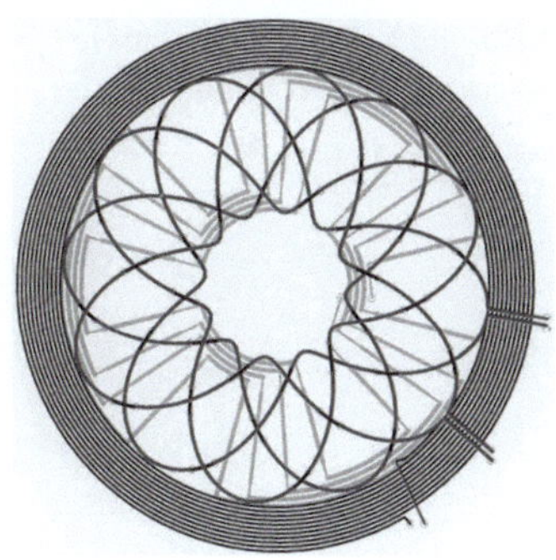

Abb. 3.31 Beispiel für eine Rotativ-Struktur (Werkfoto: Sagentia)

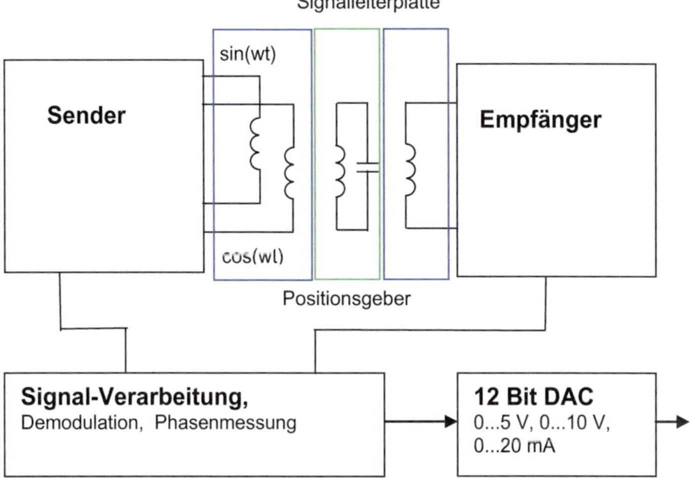

Abb. 3.32 Blockschaltbild Gesamtsensor

Verbindungstechnik abhängig. Da der Sensor berührungslos arbeitet, ist eine Ausführung in der IP69k-Schutzklasse möglich. Im Folgenden wird ein Anwendungsbeispiel gezeigt.

Istwert-Erfassung an einem hydraulischen Lenkzylinder für Gabelstapler

Es eignen sich die heute üblichen, für die direkte Integration in Zylindern ausgelegten magnetostriktiven Sensoren für diesen Einsatzbereich in der Regel nicht, da die durchgehende Kolbenstange eine Hohlbohrung zur Sensoraufnahme unmöglich macht. Auch eine externe Montage solcher Sensoren, bei denen für eine Messung durch die Zylinderwand ein Magnet oder Magnetring als Positionsgeber am Kolben befestigt wird, scheidet in diesem Einsatzbereich aus. Die hydraulischen Lenkzylinder bestehen aus Stahl und sind somit selbst magnetisierbar; eine Messung durch die Zylinderwand hindurch mithilfe magnetischer Verfahren ist damit nicht möglich.

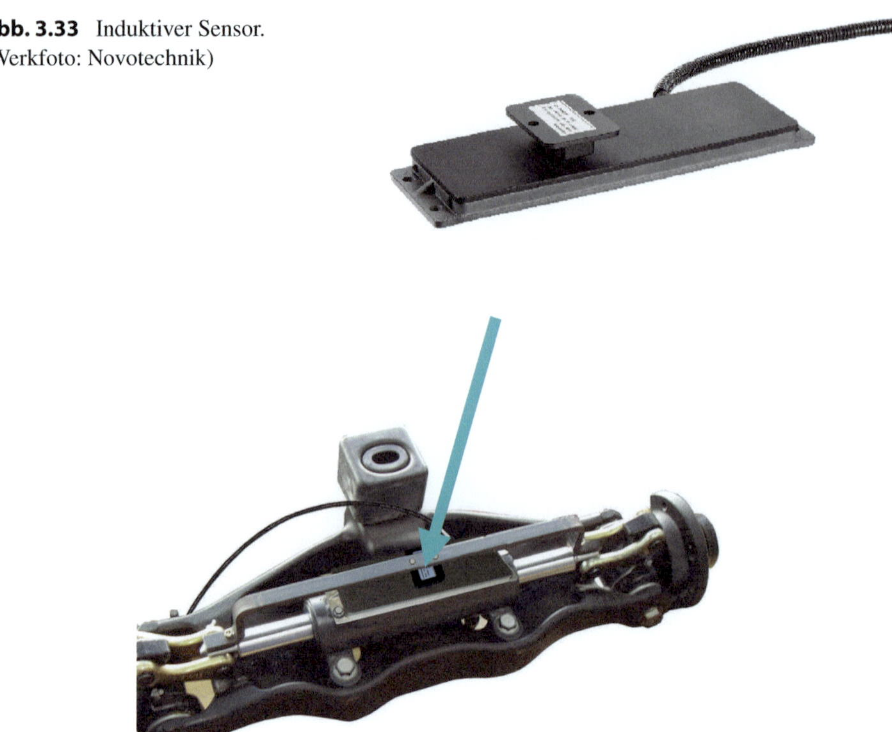

Abb. 3.33 Induktiver Sensor. (Werkfoto: Novotechnik)

Abb. 3.34 Sensor an Lenkzylinder montiert; Positionsgeber an beweglichem Bügel montiert. (Werkfoto: Novotechnik)

Der induktive Sensor (Abb. 3.33) wird außen an den Lenkzylinder montiert (Abb. 3.34). Der Positionsgeber ist an einem Metallbügel befestigt, welcher mit den beiden Enden der Kolbenstange verbunden ist. Eine Lenkbewegung führt somit zu einem linearen Verfahren des Positionsgebers über dem Sensorgehäuse, welches auf der Oberseite in Kunststoff, ansonsten in Aluminium, ausgeführt ist. Die Messlänge des Sensors beträgt 170 mm. Der Abstand des Positionsgebers zum Sensorgehäuse beträgt wenige Millimeter. Die Position des Gebers kann aufgrund von Montagetoleranzen des Gesamtsystems hinsichtlich Abstand und seitlichem Versatz im mm-Bereich variieren. Wichtig ist, dass dies sich nicht negativ auf die Sensorfunktion auswirkt.

Weil der induktive Sensor innerhalb des elektronischen Lenksystems des Gabelstaplers eingesetzt wird, muss er sicherheitstechnischen Kriterien genügen. Der Sensor wurde deshalb vollständig *redundant* ausgelegt. Sowohl die Leiterschleifen als auch der Positionsgeberkreis und die Auswerteelektronik sind doppelt vorhanden. Am Ausgang steht das analoge 0,5 V- bis 4,5 V-Signal mit gegenläufiger linearer Kennlinie zur Verfügung. Die Summe beider Signale ist also konstant; damit ist eine einfache Plausibilitätskontrolle möglich. Eine gegenseitige Beeinflussung beider Messkanäle ist durch eine entsprechende Wahl der Trägerfrequenzen (MHz-Bereich) ausgeschlossen.

Die Auflösung beträgt < 0,1 mm. Durch den Komplettverguss ist der Sensor *sehr robust* bezüglich *Vibrationsbelastung* und *unempfindlich* gegenüber *Feuchtigkeit* und *Verschmutzungen.* Der Sensor ist dampfstrahlfest, resistent gegenüber allen in diesem Einsatz potenziell auftretenden chemischen Substanzen und eignet sich für ein Umfeld mit rasch wechselnden Temperaturen, wie es typischerweise im Kühlhauseinsatz der Fall ist.

3.1.1.7 PLCD-Wegsensoren (PermanentLinear Contactless Displacement Sensor)

Die PLCDs werden als sehr geeignete berührungslose Wegsensoren im Bereich von etwa 20 mm bis über 250 mm mit Ansteuerabständen im cm-Bereich eingesetzt. Die magnetische Ansteuerung ist flexibel und an die Anwendung anpassbar. Das System wurde weiter entwickelt, sodass heute sehr kompakte, kostengünstige und mit spezifischen integrierten Schaltungen realisierte PLCDs auf dem Markt verfügbar sind. Der Treiber für die Weiterentwicklung dieses Systems ist eindeutig die Automobilindustrie; der Wegsensor wird in großer Zahl im Automobil eingesetzt.

Die PLCDs führen eine berührungslose Wegerfassung eines kooperativen Targets (Permanentmagnet) durch und beruhen auf der Kopplungsfaktorbeeinflussung infolge einer punktuellen Kernsättigung.

Sensorelement und Messprinzip der PLCDs

PLCDs bestehen aus einem weichmagnetischen Kern, der aus seiner gesamten Länge von einer langen Sekundärspule und an den beiden Enden von kurzen Primärspulen umwickelt ist (Abb. 3.35). Die Primärspulen werden mit Wechselspannung angesteuert. Bei Annäherung des Positionsgebers an den Sensor entsteht lokal die erwähnte magnetische Sättigung des Kerns. Dieser wird gewissermaßen magnetisch aufgetrennt und die Primärspulen wirken nur noch jeweils auf den Teil der Sekundärspule, der zwischen der Primärspule und der Trennstelle liegt (Abb. 3.35).

Aus der *Amplitude* und der *Phasenlage* der Sekundärspannung relativ zur Primärspannung ergibt sich durch eine phasengleiche Demodulation eine Gleichspannung, die linear von der momentanen Position des Dauermagneten abhängt.

Es sind dabei verschiedene Anordnungen des Magneten und damit der Magnetfeldrichtung in Bezug zum Sensor möglich sowie eine umgekehrte Ausführung mit einer einzigen langen Primärspule und zwei Sekundärspulen, die jeweils Vor- und Nachteile haben.

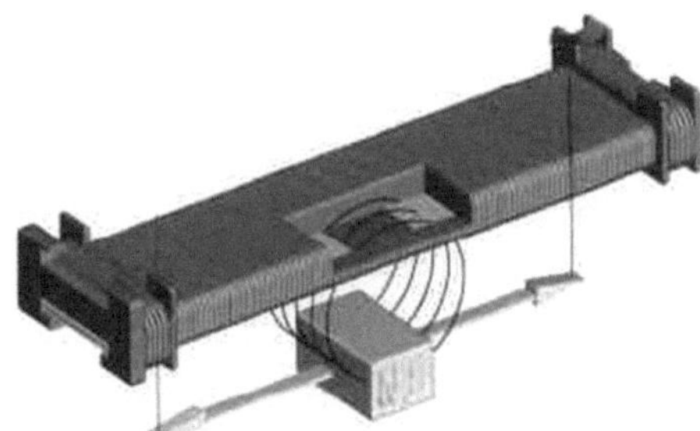

Abb. 3.35 Sensorelement eines PLCDs mit dem permanentmagnetischen Target. (Werkfoto: Tyco)

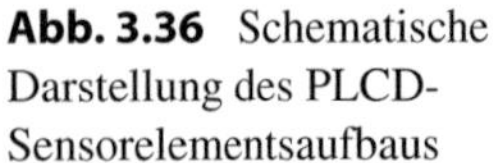

Abb. 3.36 Schematische Darstellung des PLCD-Sensorelementsaufbaus

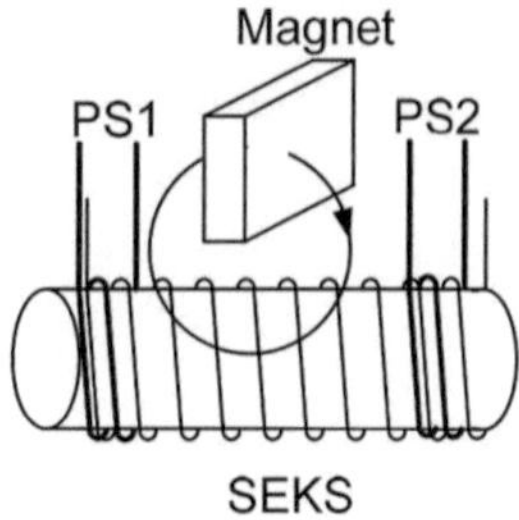

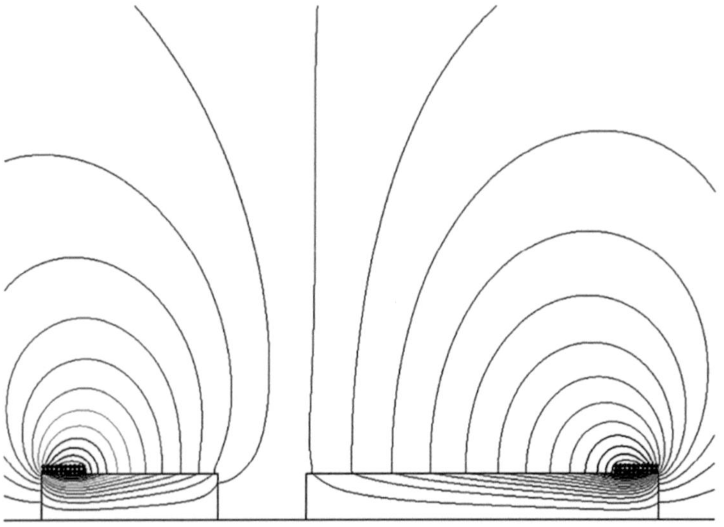

Abb. 3.37 AC-Feldlinien des rotationssymmetrischen PLCD-Sensorelements – obere Hälfte (zwei dimensionale Darstellung von Simulationsergebnissen der Finiten-Elemente-Methode)

Das PLCD-Messprinzip wird anhand der Darstellung in Abb. 3.36 erklärt, wobei PS1 und PS2 zwei mit Wechselstrom gegenphasig erregte Primärspulen sind. Die dritte Spule SEKS ist die Sekundärspule. Grundsätzlich erzeugt jede Primärspule ein magnetisches Wechselfeld, das weiterhin jeweils eine Spannung in die Sekundärspule induziert.

Im Fall ohne Permanentmagnet ist die resultierende Sekundärspannung gleich Null, weil das magnetische Wechselfeld, das von PS1 erzeugt wird, von dem Wechselfeld von PS2 wegen der gegenphasigen Erregung aufgehoben wird.

Wird der Permanentmagnet in unmittelbarer Nähe platziert, so entsteht die oben erwähnte lokale Sättigung, die zu einer virtuellen Kernteilung bzw. zu einem virtuellen Luftspalt LS im Kern fuhrt Der resultierende räumliche Verlauf der AC-Feldlinien ist im Simulations Abb. 3.37 dargestellt; sie verlassen den Kern kontinuierlich an der Mantelfläche. Der Streufluss verursacht eine Abnahme des Hauptflusses im Kern bis hin zu einem ganz auf null abgefallenen Wert im virtuellen Luftspalt LS.

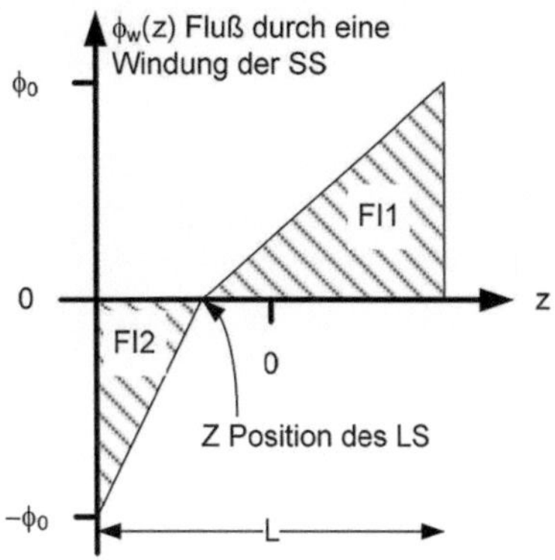

Abb. 3.38 Magnetischer AC-Fluss durch eine Windung der Sekundärspule entlang der PLCD-Längsachse. (In Abhängigkeit der x-Targetposition)

Die Feldliniendichte (Induktion) entlang der PLCD-Längsachse nimmt stetig ab; dieser Verlauf ist idealisiert im Abb. 3.38 gezeigt. Der Hauptfluss hat im linken Teil des gesplitteten Teils des Kerns ein entgegengesetztes Vorzeichen zum rechten Teil.

Die induzierte Spannung u_{SEK} in der Gesamtsekundärspule mit N Windungen lässt sich für eine Kreisfrequenz ω der Erregung mit dem Induktionsgesetz und durch Superposition als Summe der induzierten Spulen in allen Einzelwindungen ($w \in 1 \ldots N$) berechnen:

$$u_{\text{SEK}} = \omega \sum_{w=1}^{N} \Phi_{\text{w}}, \tag{3.15}$$

wobei: Φ_W der Fluss durch die w-Windung ist. Für den idealisierten, linearen Verlauf (unendliche Luftspaltbreite) im Abb. 3.38 lässt sich die Summe durch Flächenintegrale ersetzen und diese führen zu einer sehr günstigen Gleichung:

$$u_{\text{SEK}} = \frac{\omega N}{L} \int_{-L/2}^{L/2} \Phi_{\text{W}}(x) \cdot dx = -\frac{\omega N}{L} \Phi_0 \cdot x \tag{3.16}$$

mit: L = Spulenlänge, Φ_0 = Ursprungswert des magnetischen Flusses und x = Targetposition.

Dementsprechend ist die *induzierte Spannung* u_{SEK} *linear* von der *Magnetposition* abhängig.

Funktionsweise und Blockschaltbild der PLCDs

Die auf dem Markt verfügbaren PLCD-Wegsensoren sind ausschließlich einteilige kompakte Ausführungen, die sowohl das Sensorelement als auch die Sensorelektronik enthalten. Der Aufbau entspricht gänzlich der allgemeinen Sensordefinition.

Die Elektronik führt grundsätzlich folgende Standardfunktionen eines Wegsensors durch (Abschn. 3.1.1.4):

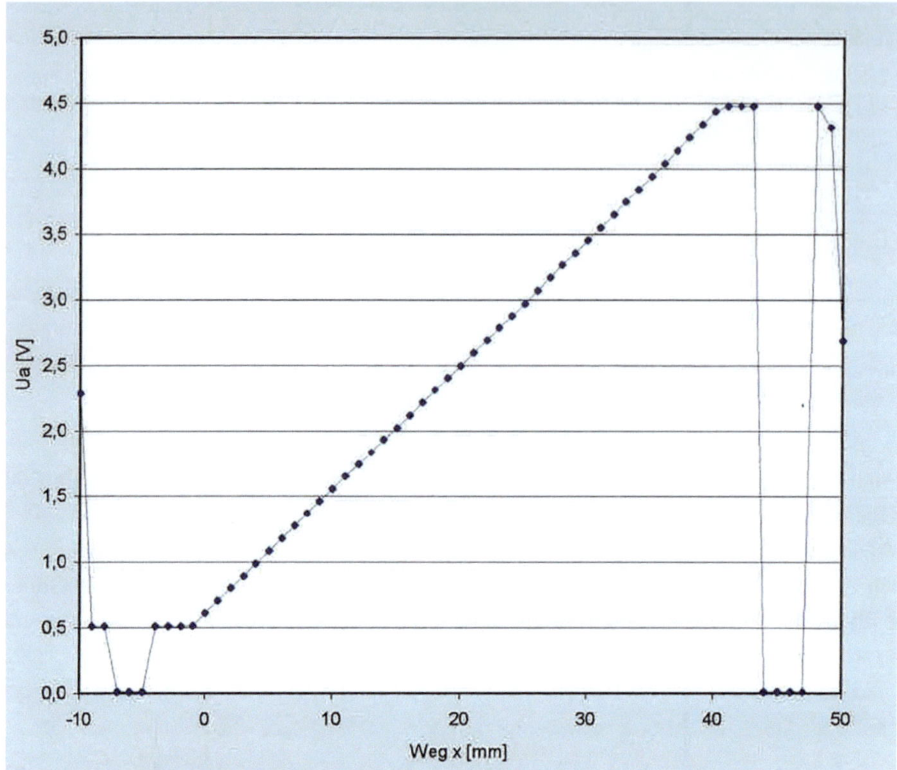

Abb. 3.39 Kennlinie eines ratiometrischen PLCD-Sensors bei 5,0 V Versorgung. Die zusätzliche End-of-Range-Funktion liefern 0-V-Alarmwerte außerhalb des Messbereichs

- Erzeugung der Erregerspannungen,
- Versorgung der primären Wicklungen mit stabilisierter Amplitude und Frequenz,
- synchrone Detektion der Sekundärspannung,
- Signalkonditionierung, Filterung und Kompensationen sowie
- Generierung des Sensorausgangssignals, Sensorversorgung und Schutzfunktionen.

Auf diesem Weg kann man sowohl ein Analogausgangssignal, als auch ein pulsbreiten moduliertes Ausgangssignal (PWM: Pulse Width Modulation) gewährleisten.

Die Analogausführungen können Ausgänge für genormte Ausgangssignale (Abschn. 3.1.1.2), aber auch ratiometrische Ausgänge haben. In zweiten Fall ist die obere Grenze der Sensor-Weg-Ausgangs-Charakteristik direkt abhängig von der Höhe der Versorgungsspannung (Abb. 3.39).

Die PWM-Versionen liefern einen Pulszug mit digitalen Impulsen, deren Wiederholfrequenz fest ist (0,25/0,5/1,0/2,0 kHz) und die Breite direkt proportional zum Weg variiert. Dieses Signal hat eine höhere Störfestigkeit; in der Steuerung kann man sowohl die Pulsbreite als auch das Tastverhältnis auswerten.

Tab. 3.7 Zusammenfassung der Magnetanordnungen und entsprechenden Anwendungen

Anordnung mit:	Vorteile	Typische Applikationen
Parallelem Verlauf der DC-Feldlinien zur Längsachse	• ermöglicht den größten Luftspalt, • weist eine geringe Querabstandsabhängigkeit auf, • benötigt eine unkritische Justierung, • ist verdrehinvariant bei Benutzung von Magnet-Ronden	• Durchflussmessung – Messwerteerfassung – Ersatz komplizierten mechanischer Lösungen • Steuerung von Aufzügen und Förderanlagen – Direkte Positionsregelung – Kostengünstigere Ersatzlösung • Kolben-/Ventilstellung, Positioniersysteme – Ansteuerung durch Trennwände – Einsatz in „rauer Umgebung“
Senkrechtem Verlauf der DC-Feldlinien zur Längsachse	• hat die geringste Ausdehnung senkrecht zur Bewegungsrichtung, • ist geeignet für kleine Magnete, die auch auf eine Stahlfläche montiert werden dürfen	• KWZ: automatische NiveauRegulierung, aktive Fahrwerke – Berührungslos, verschleißfrei – Einfach adaptierbar
Senkrechtem Verlauf der DC-Feldlinien zur Längsachse und geschlossenem Magnet-Joch	• zeichnet sich durch geringe magnetisch Störempfindlichkeit und geringes Streufeld aus, • ermöglicht die beste Ausnutzung der Messlänge, • ist geeignet für kleine Magnete, die auch auf eine Stahlfläche montiert werden können	• Ersatz von Linearpotenziometern – kontaktlos, verschleißfrei – Einsatz in „rauer Umgebung“ • Linienschreiber – Betriebssicher, wartungsfrei – Unbegrenzte Lebensdauer
Axialem Verlauf der DC-Feldlinien (Ringmagnet um den Sensor herum)	• ist eine absolut verdrehinvariante Anordnung • hat eine unkritische Justierung	• Füllstandmessung – Berührungslos, verschleißfrei – Hohe Auflösung – Unabhängig vom Medium

Die für die Anwendung wichtigste Eigenschaft des PLCD-Wegsensors ist die *völlige Anbindungsfreiheit* zwischen Ansteuermagnet und Sensor. Das ansteuernde Magnetfeld ist nur ein Indikator für die Targetposition. Die Feldstärke geht in erster Ordnung nicht in das MessSignal ein, solange sie groß genug ist, um den Kern zu sättigen. Dadurch ergibt sich eine *hohe Systemtoleranz* gegenüber Schwankungen des Luftspaltes zwischen Magnet und Sensor. Die möglichen Magnetanordnungen mit entsprechenden Anwendungen sind in der Tab. 3.7 gezeigt.

Realisierung

Auf dem Sensormarkt sieht man miniaturisierte PLCD-Systeme für kleine bis große Messbereiche und mit integrierter, aber auch mit getrennter Auswerteelektronik. Die typische äußere Erscheinung eines PLCDs ist die Quadergestaltung (Abb. 3.40) in der

Abb. 3.40 Baureihe von PLCDs für allgemeine Wegmessungen. (Werkfoto: Tyco)

Tab. 3.8 Technische Daten von PLCDs

Kenndaten (elektrische bzw. mechanische)	Wert, Wertebereich
Linearitätsbereich	bis über 400 mm
Linearitätsfehler (Trendgerade: Regressionsgerade)	typisch ±1 bis 2 % von der oberen Grenze
Wiederholgenauigkeit (uni- oder bidirektionale Annäherungen)	zwischen ±5 µm und ±15 um
Auflösungsgrenze	typisch ±0,1 % von der oberen Grenze bzw. 10 Bit
Ansteuerfeldstärke	20 mT bis 30 mT
Ansteuerabstand	bis ca. 20 mm
3-dB-Grenzfrequenzen	bis hin zu 1 kHz
Temperaturdrift	typisch ±2 %
Schutzart	IP69K
Arbeitstemperaturbereich	−40 °C bis +150 °C

Regel im Kunststoffgehäuse. Die elektrischen Verbindungen können sowohl durch Kabelabgang als auch durch Steckverbinder realisiert werden.

Anwendungen und Kenndaten

Die *kompakten, einteiligen* PLCDs zeichnen sich durch *gute Eigenschaften* (Tab. 3.7) aus und werden oft in der Automobilenmechanik eingesetzt. Sie sind effizient, robust, recht tolerant gegenüber den Schwankungen der Permanentmagnetstärke bzw. des Luftspaltes zwischen Target und Sensor, umweltfreundlich (geringe Stromaufnahme) und lassen sich einsetzen bei hohen Temperaturen bis zu 160 °C.

Typische Anwendungen sind:

- Kolbenüberwachung in Zylindern (elektrisch, hydraulisch, pneumatisch),
- Füllstandüberwachung,
- Überwachung von Ventilstellungen,
- Handhabungs- und Montagebereich,
- Anlagen- und Prozesstechnik,
- Automotive-Anwendungen, wie beispielsweise in:
  - Hauptbremszylindern als Bremsassistent,
  - Kupplungspedalen,
  - Getrieben oder
  - Automatik-Getrieben als „Drive-mode-status"-Sensor.

3.1.1.8 *Berührungslose magnetoinduktive Wegsensoren (smartsens-BIL)*

Dieser Abschnitt stellt einen innovativen IS vor: einen neuen, schlanken, quaderförmigen Sensor mit vollständig integrierter Auswerteelektronik und mit einem dauermagnetischen Geber, dessen Position in ein absolutes, zum Weg proportionales Standardsignal umgewandelt wird.

Grundsätzlich gilt weiter der *zweistufige Wechselwirkungsmechanismus*. Der Positionsgeber wirkt lokal auf eine weichmagnetische Folie, die als Kern einer durch einen hochfrequenten Strom erregten Planarspule fungiert. Hierdurch erfolgt eine positionsabhängige Änderung der Spuleninduktivität, die wiederum von der Sensorelektronik ausgewertet wird. Der wesentliche Unterschied und Vorteil der BIL-Wegsensoren im Vergleich zu anderen bekannten IS liegt im Sensorprinzip und Aufbau. Die Umsetzung eines patentierten neuen Prinzips ermöglicht eine hochflexible Bauweise (z. B. für Linear-, Drehbewegungen) und miniaturisierte Bauformen. Das System weist eine große Toleranz gegenüber den Eigenschaften des Gebers auf (z. B. Geometrie, Konfiguration, Ausrichtung und Stärke des Magnetfelds). Der Sensor zeichnet sich durch eine hohe Empfindlichkeit in Messrichtung bei gleichzeitig geringer Querempfindlichkeit aus.

Sensorelement und Messprinzip der BIL-Sensoren

Das Sensorelement besteht wiederum aus zwei Teilen: Aus einer Planarspule und einem weichmagnetischen Kern in Form von zwei dünnen Folien, die die Ober- und Unterseite der Spule bedecken (Abb. 3.41 a).

Die Umwandlung der geometrischen Messgröße (Weg) in eine primäre elektrische Größe (Induktivität), die von der Sensorelektronik ausgewertet und in ein elektrisches Sensorausgangssignal umgewandelt wird, erfolgt in zwei Schritten:

1. Wirkung des magnetischen Gebers auf den Folienkern: *teilweise Sättigung*. Als Material für den Folienkern wird ein amorphes, weichmagnetisches Material mit einer geringen Koerzitivfeldstärke ($H_C < 1$ A/m) und einer sehr hohen Anfangspermeabili-

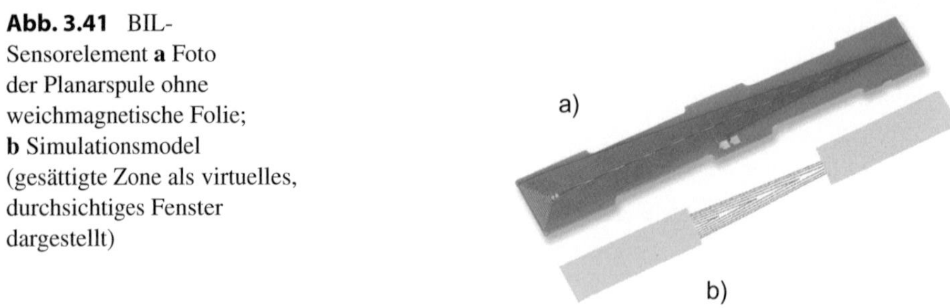

Abb. 3.41 BIL-Sensorelement **a** Foto der Planarspule ohne weichmagnetische Folie; **b** Simulationsmodel (gesättigte Zone als virtuelles, durchsichtiges Fenster dargestellt)

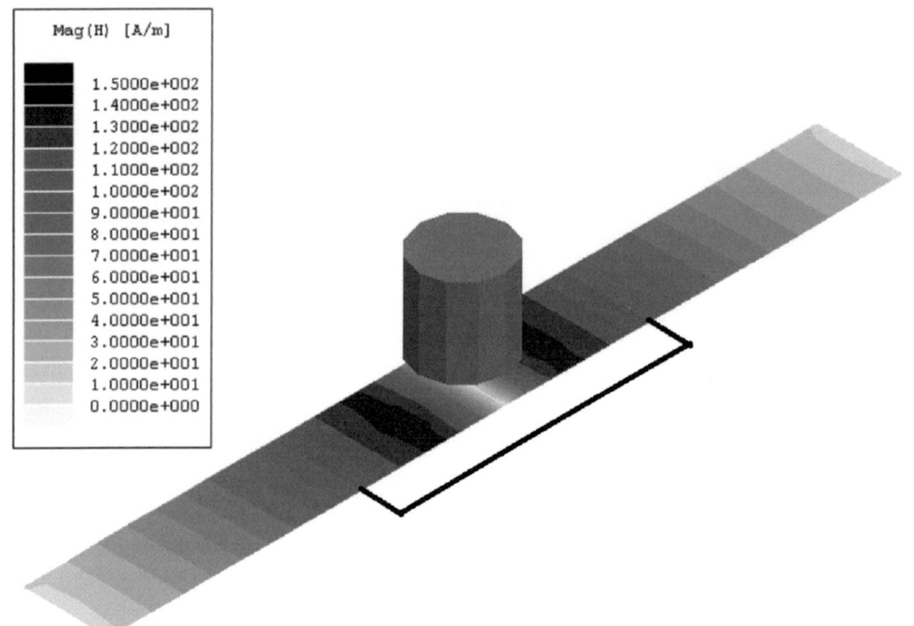

Abb. 3.42 Spektrale Darstellung der magnetischen DC-Feldstärke in der Folie (drei dimensionale Darstellung von Simulationsergebnissen mit Finiten Elementen)

tät (etwa 25.000) benutzt. Bei geeigneter Auswahl des Gebers entsteht eine gesättigte Zone in der Folie. Diese Zone reduziert die wirksame Folienfläche und dadurch die Induktivität des Sensorelements im Vergleich zum Fall ohne Magnet (Abb. 3.41b).

Aus den Ergebnissen einer magnetostatischen Feldsimulation für eine Folie (91 mm × 10 mm × 25 μm) mit einem Hartferritmagneten (Remanenz 365 mT, Koerzitivfeldstärke 175 kA/m, Durchmesser 10 mm, Länge 10 mm, Abstand zur Folie 3 mm) erkennt man die gesättigte Zone mit einer Länge von etwa 30 mm (Abb. 3.42).

2. Wirkung des Folienkerns auf die Spule: *Wegabhängige Änderung der Spuleninduktivität.* Die Spule mit Folienkern wird von einem Wechselstrom mit der

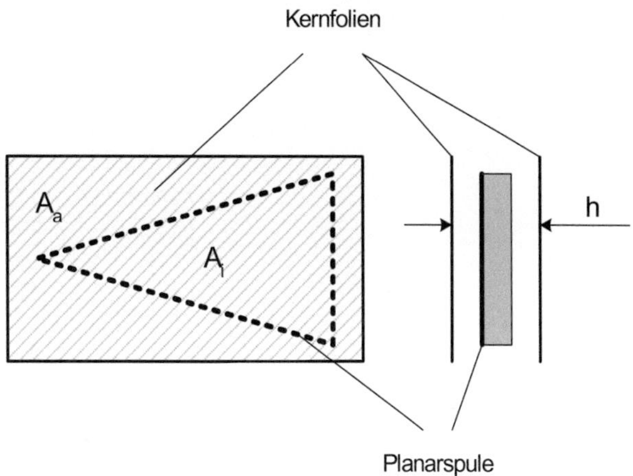

Abb. 3.43 Schematische Darstellung (Draufsicht und Querschnitt) des idealisierten Modells

Frequenz im Bereich MHz erregt und erzeugt ein Magnetfeld, das im Luftraum zwischen den Folien nahezu senkrecht zur Spulenebene und in der Folie in der Ebene verläuft.

Um die Position des Magnetes in eine Induktivitätsänderung umzusetzen und dadurch eine Weginformation zu gewinnen, muss im Sensorelement eine Ortsabhängigkeit eingebaut werden. Dazu wird die Spulengeometrie entlang der Messrichtung variiert, beispielsweise in Form eines Dreiecks mit mehreren Wicklungen ineinander (Abb. 3.43).

Betrachtet man ein idealisiertes Modell, bestehend aus einer Spule mit einer einzigen dreieckigen Wicklung bzw. aus zwei vollständig spulenüberdeckenden Kernfolien (kein Magnet → keine lokale Sättigung → kein virtuelles Fenster), so lassen sich mithilfe der Maxwell'schen Gleichungen die magnetischen Feldstärken in der Fläche A_a und in der Fläche A_i, außerhalb bzw. innerhalb der dreieckigen Wicklung (Abb. 3.43), bei Vernachlässigung der Streufelder außerhalb der Folien, analytisch berechnen. Daraus resultiert die Induktivität einer solchen Anordnung:

$$L = \frac{\mu_0 \cdot A_i}{h \cdot (1 + A_i/A_a)}, \tag{3.17}$$

wobei μ_0 die magnetische Feldkonstante und h der Kernfolienabstand sind.

Die räumlich partielle Sättigung der Kernfolien durch den Magneten öffnet den Fensterbereich (gesättigte Zone) in den Folien, der eine unmittelbare Auswirkung auf die Spuleninduktivität hat. Je breiter die Spule unterhalb des Magneten und der gesättigten Zone, desto mehr wird die Induktivität L im Vergleich zum Fall ohne Magnet reduziert, da breite Bereiche der Spule mehr zur Induktivität L beitragen als schmale. Für das idealisierte Modell bedeutet das eine Reduzierung der wirksamen Folienfläche (schraffierter Bereich in Abb. 3.43) und dadurch der Flächen A_a bzw. A_i (Abb. 3.44).

Bei der Vernachlässigung des minimalen Induktivitätsanteils in der gesättigten Zone ergibt sich eine Berechnungsformel für die Spuleninduktivität, die nur von den geo-

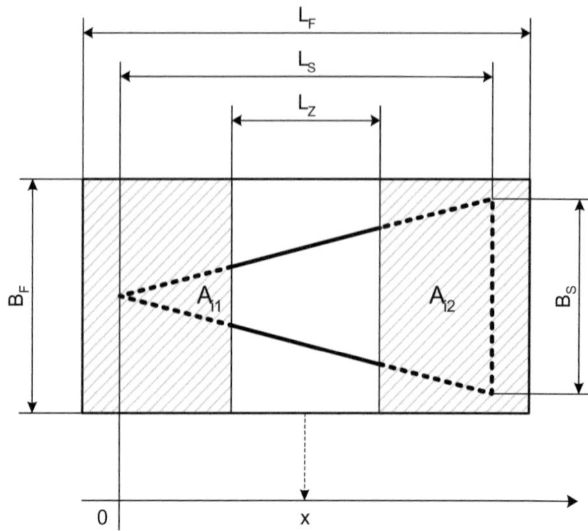

Abb. 3.44 Berücksichtigung der gesättigten Zone für das Modell in Abb. 3.43

metrischen Abmessungen der rechteckigen Kernfolie (Index F), der dreieckigen Spule (Index S) und der rechteckigen gesättigten Zone (Index Z) bzw. der Position x der gesättigten Zone entlang der Messrichtung abhängt:

$$L = \frac{\mu_0}{h} \cdot \frac{(L_F - L_Z) \cdot B_F \cdot A_i - A_i^2}{(L_F - L_Z) \cdot B_F}, \tag{3.18}$$

wobei die Innenfläche A_i aus zwei Anteilen besteht und abhängig von der momentanen Position x ist:

$$A_i = \frac{L_S \cdot B_S}{2} - \frac{L_Z \cdot B_S}{L_S} x. \tag{3.19}$$

Die quadratische Polynom-Funktion $L = F(x)$, die die Sensorelement-Wegabhängigkeit beschreibt, lässt sich analysieren. Die Ableitungen dieser Funktion führen letztendlich zum richtigen konstruktiven Sensorelementdesign zur Erfüllung der Hauptanforderungen: Unbedingte Eindeutigkeit (Monotonie der Funktion im gesamten Messbereich) und optimale Linearität.

In der Realität bestehen die Bild-Spulen aus mehreren ineinander liegenden, dreieckigen Windungen, deren Geometrie nach obigem Verfahren ausgelegt wird. 3D-Simulationen ermöglichten weitere Optimierungen bezüglich des Spulenweggangs $L = F(x)$.

Funktionsweise und Blockschaltbild des BIL-Wegsensors

Abb. 3.45 zeigt das Blockschaltbild des BIL-Wegsensors. Die erste Hauptfunktion der FrontEnd-Elektronik ist die Erregung der Planarspule des Sensorelements und die gleichzeitige Messung ihrer Induktivität. Durch den Einsatz eines *Differenzverfahrens* mit Zwei-Spulen-Gegentaktoszillator *verdoppelt* sich der Messeffekt. Zugleich werden

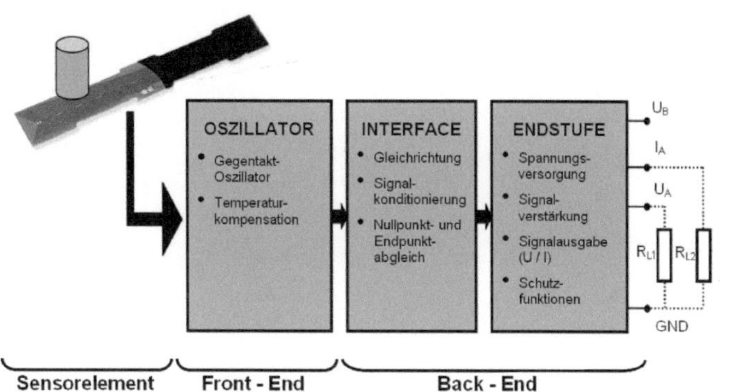

Abb. 3.45 Blockdiagramm des BIL-Wegsensors

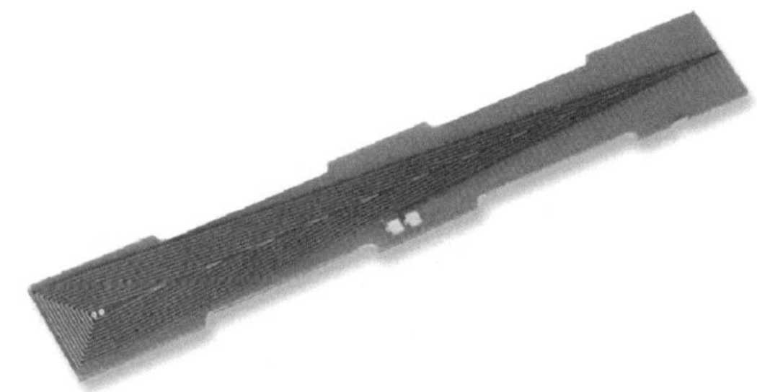

Abb. 3.46 Vordere Seite des BIL-Sensorelements mit der Spule L_1 und Anschlussflächen (L_2 liegt auf der Rückseite)

die Gleichtaktstörungen unterdrückt, wie beispielsweise die Änderung der Umgebungstemperatur.

Das Ausgangssignal des Oszillators wird im Back-End-Teil mithilfe eines Spitzenwertdetektors gleichgerichtet. Das auf diese Weise gewonnene Signal durchläuft zwei Verstärker mit Einstellmöglichkeiten für Offset und Verstärkung und wird anschließend in der Ausgangsstufe in zwei standardisierte Sensor-Ausgangssignale umgewandelt (Strom und Spannung). Die Kalibrierung des Sensors durch iterativen Nullpunkt- und Endpunktabgleich kann manuell durch zwei Miniaturpotenziometer oder durch elektronisches Teach-in-Verfahren mit einem Einstell-IC durchgeführt werden.

Der Einsatz des Zwei-Spulen-Gegentaktoszillators setzt voraus, dass das Sensorelement aus zwei dreieckigen, räumlich entgegengesetzten Spulen L_1 und L_2 realisiert wird. Diese werden beidseitig auf der FR-4-Trägerplatine des Sensorelements gedruckt (Abb. 3.46; L_1: oberhalb und L_2: unterhalb).

Zur Auswertung der Spuleninduktivitäten wird ein besonders einfaches, bewährtes Verfahren eingesetzt. Es nutzt die Eigenschaften einer verstimmten Schwingkreisbrücke und liefert eine *analoge, zeitkontinuierliche Spannung,* die nur vom *Verhältnis zweier Induktivitäten* abhängt. Hierzu werden die Sensorspulen und zwei Kondensatoren zu einer Brückenschaltung verschaltet (Abb. 3.47).

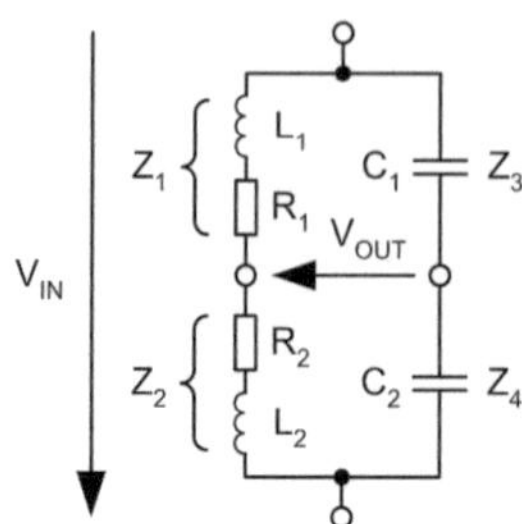

Abb. 3.47 Schwingkreisbrücke

Die *Übertragungsfunktion* der Schwingkreisbrücke lautet:

$$\underline{A} = \frac{V_{\mathrm{OUT}}}{V_{\mathrm{IN}}} = \frac{Z_1 Z_4 - Z_2 Z_3}{(Z_1 + Z_2)(Z_3 + Z_4)} \tag{3.20}$$

mit den Impedanzen $\underline{Z}_1$, $\underline{Z}_2$, $\underline{Z}_3$ und $\underline{Z}_4$. Hierbei sind R_1 und R_2 die Verlustwiderstände und L_1 und L_2 die Induktivitäten der Spulen, C_1 und C_2 die Kapazitäten der Kondensatoren. Die Verluste der Kondensatoren können gegenüber den Spulenverlusten vernachlässigt werden.

Für Spulen großer Güte und geringer Verluste ist der Realteil A_{R} der Brücken-Übertragungsfunktion näherungsweise nur noch von Induktivitäten bzw. Kapazitäten abhängig:

$$A_{\mathrm{R}} = \Re\left(\frac{V_{\mathrm{OUT}}}{V_{\mathrm{IN}}}\right) = \frac{1}{2}\frac{L_1 - L_2}{L_1 + L_2} + \frac{1}{2}\frac{C_1 - C_2}{C_1 + C_2}. \tag{3.21}$$

Durch unterschiedliche Kondensatoren kann eine Asymmetrie der Schwingkreisbrücke erreicht werden. Bei ausreichend großer Verstimmung ist A_{R} so groß, dass der Imaginärteil A_{I} vernachlässigt werden kann. Die Übertragungsfunktion wird dadurch reell. Sie hängt nicht von der Frequenz und nicht von den stark temperaturabhängigen Verlustwiderständen der Spulen ab.

Die direkte Bestimmung der reellen Übertragungsfunktion als Verhältnis zweier Spannungen ist entweder aufwendig oder ungenau. Eine einfache Methode zur präzisen Auswertung besteht darin, die Eingangsgröße V_{IN} mithilfe einer Regelung konstant zu halten. Dann ist die Ausgangsgröße V_{OUT} proportional zur Übertragungsfunktion:

$$V_{\mathrm{OUT}}(s) = V_{\mathrm{IN}}\, A_{\mathrm{R}}(L_1(x), L_2(x)), \tag{3.22}$$

wobei $L_1(x)$ und $L_2(x)$ die Abhängigkeiten der Sensorelement-Spuleninduktivitäten L_1 und L_2vom Weg x beschreiben.

Die Anregung der Schwingkreisbrücke kann durch einen externen Oszillator erfolgen. Es ist aber günstiger, wenn die Schwingkreisbrücke selbst als Schwingkreis eines Oszillators eingesetzt wird. Der im Abb. 3.48 schematisch dargestellte Oszillator ist als Gegentaktoszillator ausgeführt. Das hat den Vorteil, dass die Ausgangsspannung V_{OUT}

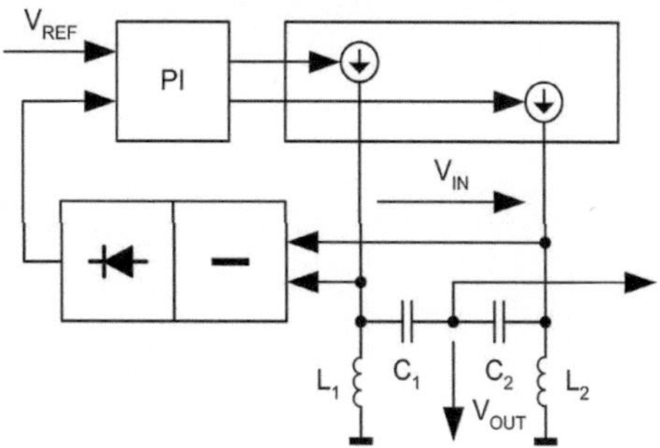

Abb. 3.48 Gegentaktoszillator mit Schwingkreisbrücke und Amplitudenregelung

bezogen auf Masse ist. Die Oszillatoramplitude V_{IN} wird durch eine Regelung konstant gehalten, die aus einem Subtrahierer, einem Peak-Detektor und einem PI-Regler besteht. Der konstante Wert der Brückeneingangsspannung V_{IN} wird durch die Referenzspannung V_{REF} eingestellt. Erfährt die Eingangsspannung eine geringfügige Veränderung, so regelt der PI-Regler die Ansteuerung der gegen-getakteten Stromquellen für die Erregung der Resonanzbrücke derart nach, dass die Spannung V_{IN} auf den ursprünglichen konstanten Wert nachgeregelt wird.

Realisierung
Das patentierte BIL-Verfahren ermöglicht einen serienfertigungstauglichen und sehr zuverlässigen Aufbau: Beispielsweise ohne gewickelte Drahtspulen und ohne brüchige Ferritkerne. Das Innenleben eines BIL-Sensors besteht aus zwei gedruckten Schaltungen; Sensorelement-und Auswerteelektronik (Abb. 3.49). Die Bestückungen werden senkrecht stumpf gelötet; damit entstehen sowohl die mechanische Fixierung als auch die elektrischen Verbindungen Sensorelement zu Auswerteelektronik (minimale Anzahl von nur drei Kontakten notwendig). Die resultierende Baugruppe wird in eine Kunststoffwanne (Sensorgehäuseunterteil) eingebaut. Ein Deckel mit integrierten Befestigungsbuchsen und Stecker schließt das Gehäuse ab. Die Komponenten

Abb. 3.49 Magnetoinduktive BIL-Wegsensoren und Teilbaugruppe und Referenzgeber. (Werkfoto: Balluff GmbH)

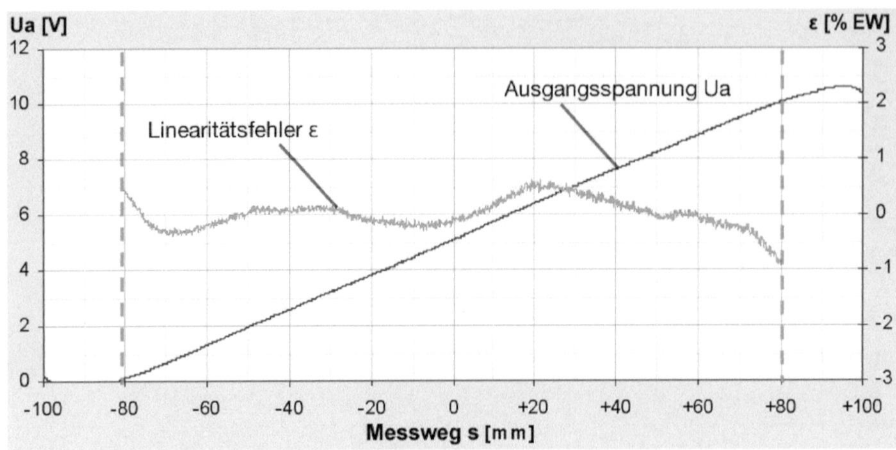

Abb. 3.50 Ausgangskennlinie und Linearitätsfehlerkurve eines BIL-Wegsensors

Tab. 3.9 Variationsmöglichkeiten für BIL-Sensoren

Integrationsebene	Sensor	Auswertung	Geber
1	Standard	Standard	Standard
2	Standard	Standard	Angepasst
3	Standard	Angepasst	Angepasst
4	Spezial	Angepasst	Angepasst

werden durch Vergießen befestigt. Eine Nut im Deckel bildet den elektrischen sowie mechanischen Nullpunkt.

Nach der Endmontage erfolgt die iterative Kalibrierung und Endkontrolle (Abb. 3.50).

Anwendungen

Das Spektrum der typischen Anwendungen reicht vom *Handling-* und *Robotikbereich* über die *Förder-* und *Gebäudetechnik* bis hin zu *Dosier-* und *Durchflussmessaufgaben.*

Eine fundierte Analyse der Anwendungsvoraussetzungen zeigt ein hohes Integrationspotenzial dieses Sensors. Betrachtet man den Sensor als System, das aus den drei Komponenten: Positionsgeber, Sensor (Hardware) und Auswerteverfahren (Software) besteht, so erkennt man folgende vier anwendungsorientierte Integrationsebenen – beginnend mit Standardkomponenten und endend mit applikationsspezifischen Gestaltungen dieser drei Komponenten (Tab. 3.9).

BIL-Hauptkenndaten

Die BIL-Wegsensorfamilie erfüllt alle Anforderungen an moderne robuste Industriesensorik. Die wichtigsten Kenndaten sind in Tab. 3.10 zusammengefasst.

Tab. 3.10 Technische Daten von BIL-Sensoren

Kenndaten (elektrische bzw. mechanische)	Wert, Wertebereich
Linearitätsbereich	60 mm bis 160 mm
Linearitätsfehler (Trendgerade: Regressionsgerade)	$\leq \pm 0{,}3$ mm bis $\pm 2{,}4$ mm
Wiederholgenauigkeit (uni- oder bidirektionale Annäherungen)	$\leq \pm 30$ µm bis ± 00 µm
Temperaturkoeffizient	typ. +4 µm/K bis −40 µm/K
3dB-Grenzfrequenzen	1,5 kHz bis 300 Hz
Messgeschwindigkeit	≤ 5 m/s
Schutzart	IP67
Arbeitstemperaturbereich	−10 °C bis +70 °C

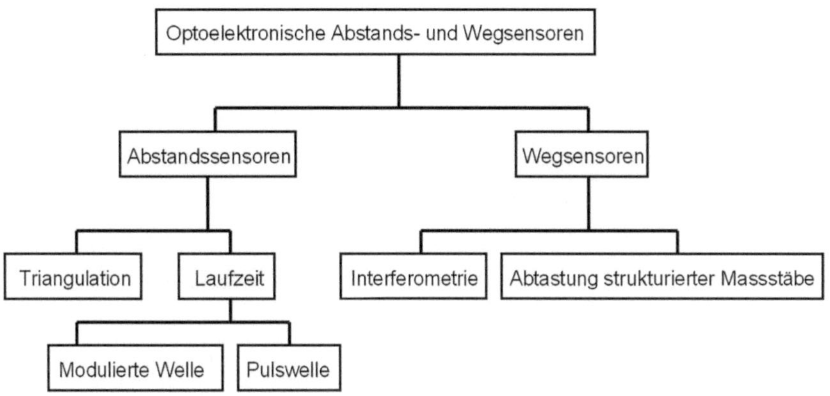

Abb. 3.51 Übersicht über die unterschiedlichen Messprinzipien

3.1.2 Optoelektronische Abstands- und Wegsensoren

3.1.2.1 Übersicht

Optoelektronische Abstands- und Wegsensoren erfassen Abstände bzw. Wege mithilfe von *sichtbarem* (in der Regel rotes Licht) oder *infrarotem Licht.* Licht besitzt vielfältige Eigenschaften, beispielsweise geradlinige Ausbreitung, hohe Ausbreitungsgeschwindigkeit oder Interferenz. Es lässt sich mit einfachen Mitteln erzeugen, formen, führen und detektieren. Dies ergibt eine Vielzahl an Möglichkeiten zur Vermessung von Abständen und Wegen (Abb. 3.51).

BALLUFF
ES IST SCHON FASZINIEREND,
WAS PRÄZISIONS-SENSORIK
ERMÖGLICHT.
innovating automation
Durch überragende Präzision entsteht
außergewöhnliche Technik.
www.balluff.com

3.1.2.2 Optoelektronische Bauteile

Zur Erzeugung und Detektion des Lichts werden in der Regel *Halbleiterbauelemente* verwendet (z. B. Leucht-, Laser- und Fotodioden).

Leuchtdioden (*LED:* Light Emitting Diode) werden in großer Zahl als *Lichtquellen* eingesetzt. Die Dioden werden in Durchlassrichtung betrieben. Hierbei wird Licht in einem gewissen Spektralbereich emittiert; entweder rotes (sichtbares) oder infrarotes (unsichtbares) Licht. Im Allgemeinen sind die Dioden in einem Kunststoffgehäuse gekapselt. Die Gehäuseoberfläche wirkt als Linse, die das Licht in einen Abstrahlkegel bündelt und somit eine Richtwirkung besitzt. Abb. 3.52 zeigt zwei typische Ausführungsformen.

Abstandssensoren werden aufgrund der hohen Anforderungen in zunehmendem Maße mit Halbleiter-Laserdioden ausgestattet. Mit dem gebündelten Lichtstrahl der Laserdiode lassen sich Objekte hochpräzise detektieren. *Rotes Laserlicht* hat bei der Ausrichtung der Sensoren Vorteile gegenüber dem der LED, da dieses durch die Fokussierung für das menschliche Auge über große Distanzen gut erkennbar ist.

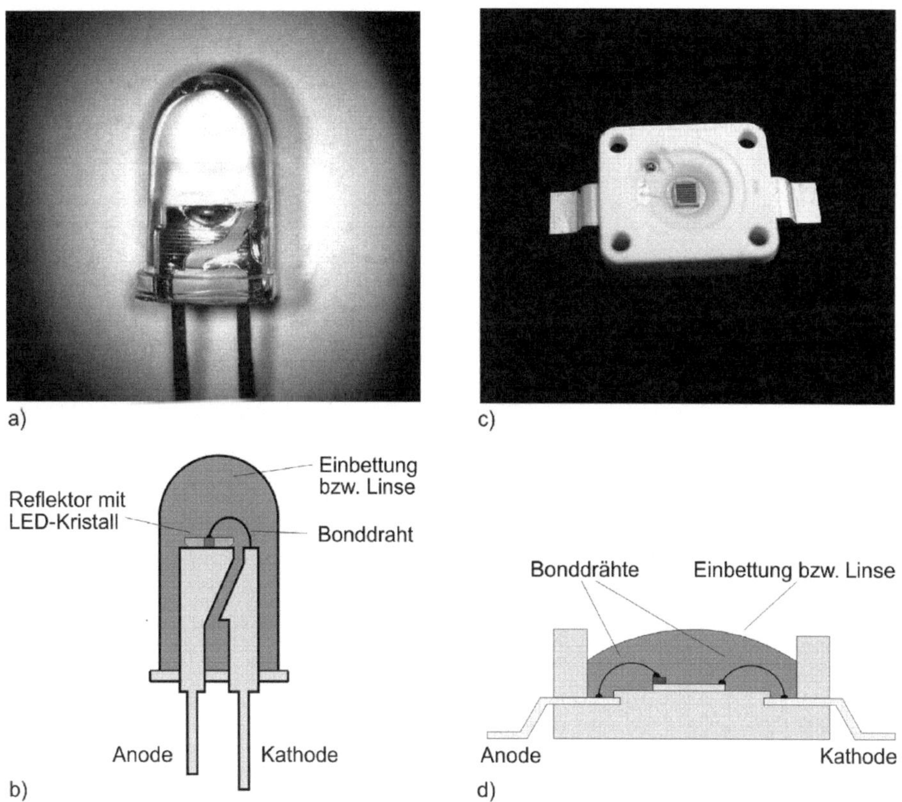

Abb. 3.52 **a** Realisierung einer bedrahteten, sogenannten T-Type LED und **b** schematische Darstellung sowie **c** Realisierung einer SMD LED für direkte Anbringung auf der Leiterplattenoberfläche (SMD: Surface Mounting Device) und **d** schematischer Aufbau. . (Werkfotos: Firma Balluff GmbH)

Halbleiter-Laserdioden besitzen den in Abb. 3.53 a) und b) gezeigten Aufbau.

Kernstück ist ein Kristall (Laserchip) mit unterschiedlich dotierten Schichten. Der *Laserkristall* ist auf einem Metallblock (Wärmesenke) angebracht, der die entstehende Wärme abführt. Bei Anlegen einer Vorwärtsspannung fließt senkrecht zu den Schichten ein Strom, der wie bei einer LED *Photonen* (Lichtquanten) erzeugt. Bei Überschreiten eines Stromschwellwerts tritt in der hoch dotierten Sperrschicht eine Lichtverstärkung durch *stimulierte Emission* auf. Die in dieser Schicht laufende Lichtwelle wird an den polierten und verspiegelten Enden teilweise reflektiert. Die reflektierte Welle wird in der Schicht wieder verstärkt, wodurch das eigentliche Laserlicht – Strahlung *einer Wellenlänge* und *einer Phasenlage* – entsteht. Dieses tritt an der Stirnfläche (typischerweise

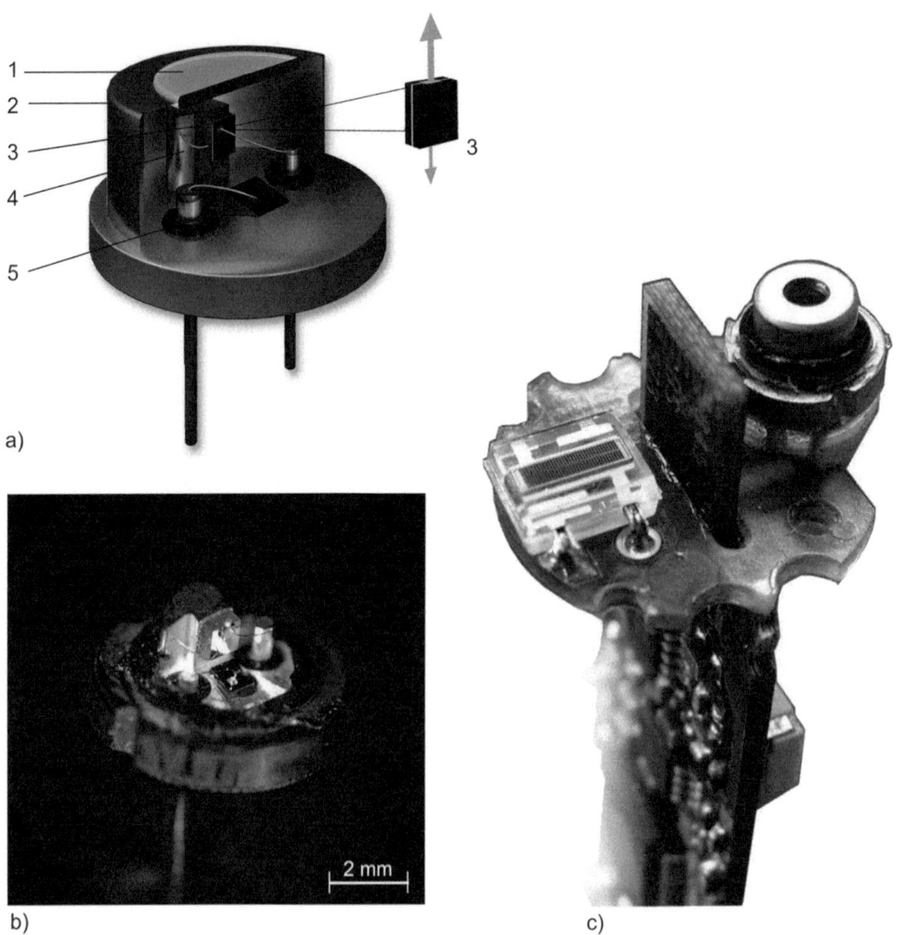

Abb. 3.53 **a** Schematischer Aufbau einer Laserdiode, 1: Glasfenster, 2: Gehäuse, 3: Laserchip, 4: Wärmesenke, 5: Monitordiode, **b** Laserdiode mit entferntem Gehäuse und **c** Laserdiode und PSD-Element auf einem Leiterplattenkopf eines Distanzsensors, Triangulationsverfahren. (Werkfotos: Firma Balluff GmbH)

$1 \times 3\ \mu m^2$) mit *hoher Leuchtdichte* aus. In der Gegenrichtung strahlt das Laserlicht auf eine Monitordiode, die den Lichtstrom kontinuierlich misst und so eine Regelung des Laserchipstroms erlaubt, um die abgestrahlte Leistung konstant zu halten.

Der Laserstrahl tritt in der Hauptrichtung durch das am Gehäuse angebrachte Glasfenster aus und besitzt bei marktüblichen Laserdioden einen Öffnungswinkel von typischerweise 10° bis 30°. Um hieraus eine parallele oder fokussierte Strahlung zu erhalten, bedarf es einer präzisen *asphärischen* Optik, die mit geringen Toleranzen auf die Laserdiode einjustiert sein muss.

Aufgrund der hohen Leuchtdichten im optisch gebündelten Strahlengang sind beim Umgang mit Lasersensoren die erforderlichen Maßnahmen für den *Personenschutz* einzuhalten und entsprechende Vorsicht ist geboten. Lasereinrichtungen werden nach EN 60825-1 (Sicherheit von Lasereinrichtungen) in unterschiedliche Klassen eingeteilt. Marktübliche optische Abstandssensoren sind in der Regel Geräte der Laserklassen 1 oder 2. EN 60825-1 definiert die maximal zulässigen Grenzwerte der emittierten Lichtleistung sowie die erforderlichen Schutzmaßnahmen und Kennzeichnungen dieser Geräte, wie es beispielsweise in Abb. 3.54 dargestellt ist. Die Einteilung der LED-Geräte in unterschiedliche Gefährdungsklassen erfolgt nach der EN 62471 (fotobiologische Sicherheit von Lampen und Lampensystemen).

Zur Detektion des Lichts werden Halbleiterbauelemente verwendet. Es existiert eine Vielzahl an Typen und Bauformen.

Im einfachsten Fall sind es Fotodioden, also pn-Übergänge, die in Sperrrichtung gepolt sind. In diesen wird ein dem Lichteinfall entsprechender Fotostrom erzeugt. Dieser wird dann in eine dem Strom proportionale Spannung umgesetzt, verstärkt und ausgewertet.

Abb. 3.54 Optoelektronischer Abstandssensor der Laserklasse 2 nach dem Pulslaufzeitverfahren (Frontmaße 35×70 mm. Werkfoto: Firma Balluff GmbH)

Avalanche-Fotodioden (Lawineneffektdioden, kurz APD) sind besonders für *höchst empfindliche* Messungen bei *hohen Modulationsfrequenzen* geeignet, wie sie beispielsweise bei Lichtlaufzeitmessungen erforderlich sind. Es wird eine hohe interne Verstärkung erreicht, in dem die durch das Licht freigesetzten Ladungsträger durch eine hohe Spannung derart beschleunigt werden, dass weitere Elektron-Loch-Paare lawinenartig erzeugt werden.

Ein *PSD-Element* (PSD: Position Sensitive Device) ist eine Lateraleffektdiode mit ausgedehnter lichtempfindlicher Fläche (Abb. 3.53c und 3.55). Der auf diese Fläche auftreffende Lichtstrahl erzeugt in der Diode einen Gesamtstrom I, der sich in zwei Teilströme I_1 und I_2 aufspaltet. Das Verhältnis dieser Teilströme wird durch die Lage x des Schwerpunkts der Lichtverteilung bestimmt. Besitzt die aktive Fläche eine Gesamtlänge L, so gilt:

$$\frac{I_1 - I_2}{I_1 + I_2} = \frac{L - 2x}{L}. \tag{3.23}$$

Durch Messung der Teilströme kann die Position des Schwerpunkts ermittelt werden. Aufgrund der Verhältnisbildung ist das Ergebnis *unabhängig* von der *einfallenden Lichtintensität,* also von I_1+I_2 und somit vom Reflexionsvermögen der Objektoberfläche. Dagegen geht die räumliche Verteilung der Reflexion ein. Die Lateraleffektdiode reagiert auf den Schwerpunkt des Lichts und kann dadurch als Sensorelement für *Triangulationssensoren* verwendet werden.

CCD-Zeilen (CCD: Charge Coupled Device) werden ebenfalls in Triangulationssensoren verwendet und bestehen aus einer Vielzahl von aneinandergereihten Fotodetektoren (Abb. 3.56). Jedem Detektor ist eine Kapazität zugeordnet. Durch Licht-

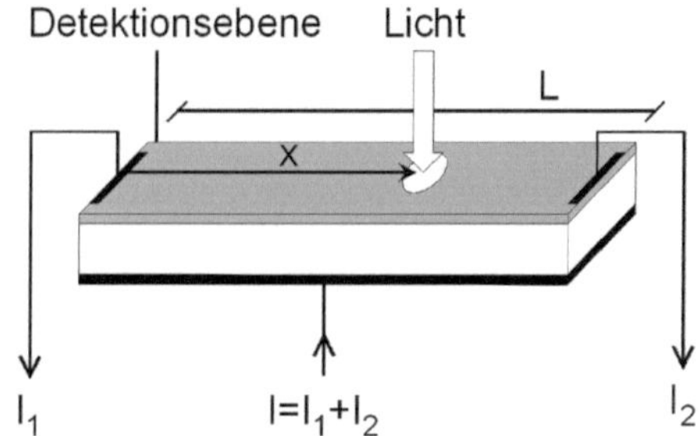

Abb. 3.55 Schematischer Aufbau und Funktionsweise eines PSD-Elements (L: Länge der aktiven Fläche, x: Lage des Schwerpunkts der auftreffenden Intensitätsverteilung)

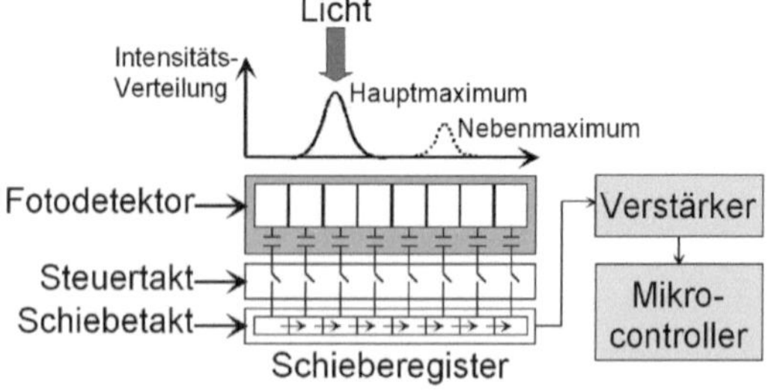

Abb. 3.56 Schematischer Aufbau und Funktionsweise einer CCD-Zeile

einwirkung findet in den Fotodetektoren eine Ladungstrennung statt. Die freigesetzten Elektronen laden die zugeordnete Kapazität auf. Durch einen Steuerimpuls werden die Ladungspakete in ein analoges Schieberegister transferiert. Die Ladungsverteilung im Schieberegister entspricht der Intensitätsverteilung des Lichts entlang der CCD-Zeile, das während der Belichtungszeit auf die Zeile einfällt.

Mit dem Steuersignal werden zugleich die Detektoren entladen. Damit ist die CCD-Zeile bereit für eine erneute Belichtung. Parallel dazu erfolgt im Schieberegister durch den Schiebetakt ein schrittweiser, ladungsgekoppelter Transport aller Ladungspakete von einem Element zum nächsten. Die Ladungsverteilung wird einem Ausgangsverstärker zugeführt. Ein nachgeschalteter Mikrocontroller analysiert die Lichtverteilung.

3.1.2.3 Optische Grundlagen von Abstandssensoren

Die Sensoren strahlen sichtbares, im Allgemeinen rotes Licht oder unsichtbares, infrarotes Licht aus (Abb. 3.57). Dieses wird vom Objekt reflektiert und vom Sensor erfasst. Aus der gesammelten Information wird der Objektabstand d ermittelt, wie Abb. 3.57 zeigt.

Die heute verfügbaren Sensoren sind aufgrund ihres Aufbaus und entsprechend ausgewählter Elektronik für unterschiedliche Einsatzgebiete optimiert, beispielsweise hohe Reichweite oder geringe Blindzone, hohe Wiederholgenauigkeit oder hohe Schaltfrequenz, Kleinteileerkennung oder Unempfindlichkeit gegenüber Verschmutzung und Fremdlicht.

Nutzsignal

Das Empfangselement wandelt das ankommende Licht in ein elektrisches Signal S_{el}. Dieses setzt sich zusammen aus dem vom Objekt reflektierten Nutzsignal S_{Nutz}, dem

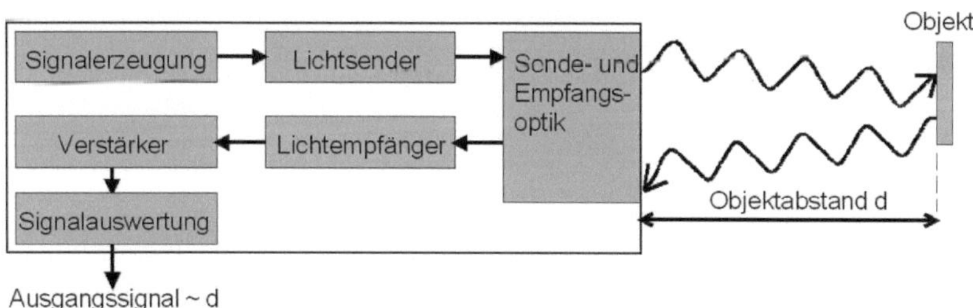

Abb. 3.57 Prinzipielles Schema beim Triangulations-, Puls-, Phasen- und Frequenzmessverfahren

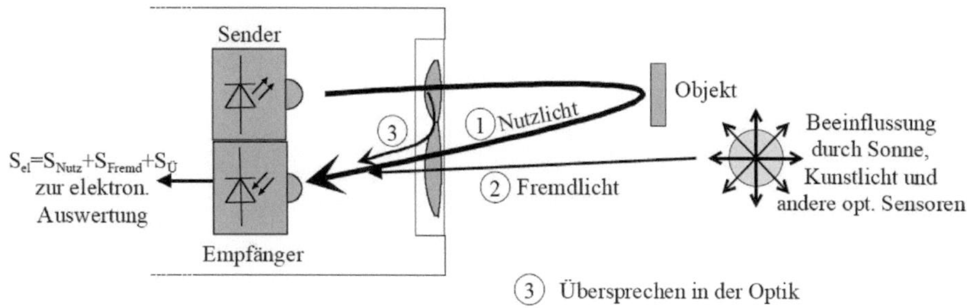

Abb. 3.58 Elektrisches Signal S_{el} und seine Bestandteile

vom Umgebungslicht bzw. Fremdlicht (z. B. benachbarter Sensor, der dieselbe Pulsfrequenz benutzt) erzeugten Signal S_{Fremd} und dem internen optischen Übersprechsignal $S_{Ü}$ (Abb. 3.58):

$$S_{el} = S_{Nutz} + S_{Fremd} + S_{Ü}. \qquad (3.24)$$

Verschmutzungsanzeige

Optoelektronische Abstandsensoren besitzen oft eine sogenannte *Verschmutzungsanzeige:* entweder eine Anzeige-LED oder ein Schaltsignal. Diese zeigt an, ob das Nutzsignal auswertbar ist, d. h., ob das Nutzsignal zwischen dem Rauschanteil und dem Übersteuern der Auswerteelektronik liegt. Übersteuerung kann auftreten bei spiegelnden Objekten oder zu hohem Fremdlicht. Zu wenig Licht kann von schwach reflektierenden Objekten, von Verschmutzung der Optik oder des Lichtwegs (z. B. Staub, Nebel) herrühren.

Die Höhe des Nutzsignals wird zum einen beeinflusst durch die Sendeleistung und die geometrische Anordnung des Strahlengangs. Zum anderen durch den Objektabstand, die Oberflächenbeschaffenheit des Objekts und die Objektgeometrie.

Strahlengang

Für den Strahlverlauf wird entweder eine *biaxiale Optik* oder eine *Autokollimationsoptik* verwendet (Abb. 3.59). Bei der biaxialen Optik sind die optischen Achsen des Sende- und Empfangsstrahls um die Basis B voneinander getrennt und in der Regel gegeneinander verkippt, um die abstandsabhängige Energie am Empfangselement zu optimieren. Abb. 3.59 zeigt den vom Objekt reflektierten, abstandsabhängigen Nutz-

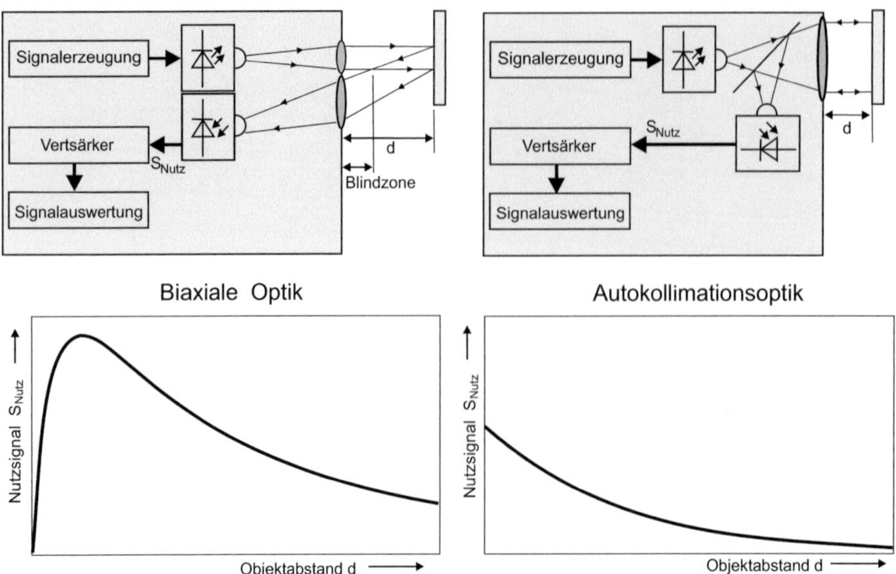

Abb. 3.59 Schematische Darstellung des Strahlverlaufs und des Nutzsignalverlaufs am Empfänger für die biaxiale Optik und die Autokollimationsoptik

signalanteil. Im Nahbereich gelangt wenig Energie auf den Empfänger, sodass eine Blindzone entsteht.

Bei der Autokollimationsoptik ist die Sendeachse identisch mit der Empfangsachse, was in der Regel durch einen Strahlteiler realisiert wird. Dadurch erhält der Empfänger im Nahbereich ebenfalls Licht vom Objekt, also keine Blindzone vor dem Sensor. Nachteilig ist, dass der Strahlteiler eine Transmission von 50 % besitzt und somit, gegenüber der biaxialen Optik, die maximalen Reichweiten der Sensoren reduziert sind.

Einfluss der Beschaffenheit der Objektoberfläche

Unterschiedliche Eigenschaften des Objekts beeinflussen das Nutzsignal. Hierzu zählen die *Größe* und *Krümmung* der *reflektierenden Fläche,* deren *Reflexionsverhalten* und *Reflexionsvermögen* sowie die *Farbe* des Objekts.

Je größer die bestrahlte Objektfläche, desto größer das Nutzsignal. Hersteller geben in der Regel eine *Minimalfläche* an, die für eine sichere Erkennung nicht unterschritten werden soll (Kleinteileerkennung). Das Reflexionsverhalten kann einerseits rein diffus sein oder einen spiegelnden bzw. glänzenden Anteil beinhalten, welcher das Licht unter Umständen nicht zum Sensor zurückstrahlt.

Die *Objektfarbe* wird beschrieben durch das elektromagnetische Reflexionsspektrum $R(\lambda)$. Um den Einfluss der Objektfarbe auf das Nutzsignal abzuschätzen, muss das elektromagnetische Spektrum des Senders $S(\lambda)$ und die wellenlängenabhängige Empfindlichkeit $E(\lambda)$ des Empfängers betrachtet werden. Das Nutzsignal ist gegeben durch die Überlappung aller drei Spektren:

$$S_{\text{Nutz}} \propto \int S(\lambda) \cdot R(\lambda) \cdot E(\lambda) d\lambda. \tag{3.25}$$

Abb. 3.60 zeigt das typische Spektrum $S(\lambda)$ einer rot strahlenden LED sowie die Empfindlichkeit $E(\lambda)$ von gängigen Fotodioden und das Reflexionsvermögen $R(\lambda)$ einer blauen und roten Oberfläche. Das blaue Objekt liefert das kleinere Nutzsignal, da es im roten Wellenlängenbereich (625 nm bis 740 nm) weniger als 5 % reflektiert.

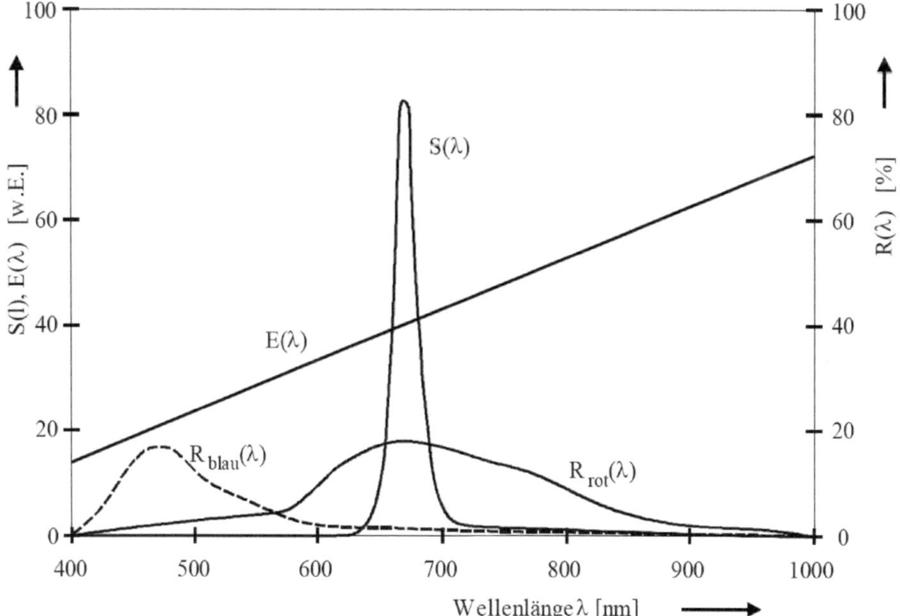

Abb. 3.60 Typische spektrale Verteilungen

Werden Infrarot-LEDs (Wellenlänge $\lambda > 800\,\text{nm}$) eingesetzt, so erhöht sich die Empfindlichkeit der Fotodioden und es ergeben sich höhere Nutzsignale, was sich in höheren Reichweiten bemerkbar macht. Jedoch ist die Justierung der Sensoren aufgrund des nicht sichtbaren Strahls aufwendiger.

Grauwertverschiebung

Die Herstellerangaben über die Ausgangskennlinien von Sensoren beziehen sich in der Regel auf plane Objektflächen, sogenannte *90-%-Graukarten,* die das Licht diffus reflektieren mit einem Reflexionsgrad von 90 % über das gesamte elektromagnetische Spektrum. Werden Objekte mit anderen Reflexionsgraden detektiert, so verschieben sich die Ausgangskennlinien innerhalb des vom Hersteller angegebenen Toleranzbereichs. Als untere Grenze werden die Kennlinien für Objekte mit 18 bzw. 6 % Reflektivität angegeben. Das Verhältnis zwischen den Werten bei 90 und 18 bzw. 6 % wird als *Grauwertverschiebung* bezeichnet.

3.1.2.4 Messprinzip: Triangulation

Das Triangulationsverfahren ist ein rein *geometrisches Messverfahren.* Das vom Sender (LED oder Laserdiode) erzeugte Licht wird über die Sendeoptik in ein eng begrenztes Lichtbündel geformt und trifft im Abstand d auf das zu detektierende Objekt. Von dessen Oberfläche wird das Licht entsprechend den Oberflächeneigenschaften reflektiert. Der in Richtung Empfangsoptik reflektierte Anteil wird in die Detektionsebene abgebildet und ergibt dort eine Lichtverteilung mit der Schwerpunktsposition x. Verschiebt sich das Objekt, so wandert der Schwerpunkt in der Detektionsebene. Durch Vermessen des Auftreffpunkts x in der Detektionsebene ergibt sich der Objektabstand d (Abb. 3.61). Es gilt folgender Zusammenhang:

wobei F der Abstand zwischen Detektionsebene und Optik bedeutet sowie B der Basis-

$$x = \frac{B \cdot F}{d}, \tag{3.26}$$

abstand zwischen der optischen Achse der Sende- und Empfangsoptik.

Für die Bestimmung des Schwerpunkts x werden im Allgemeinen positionsempfindliche Halbleiterbauelemente, also PSD-Elemente oder CCD-Zeilen, eingesetzt.

Die Ausgangskennlinie wird aufgrund des nichtlinearen Zusammenhangs zwischen Schwerpunkt x und Objektabstand d linearisiert. Die Signalaufbereitung erfolgt dann in der Regel in einem Mikrocontroller.

Generell gilt, je *größer* der Basisabstand B, desto *höhere Reichweiten* sind möglich. Damit wird die maximale Reichweite unter anderem durch die Sensorbaugröße begrenzt. Je nach Baugröße, Lichtart und Strahlformung werden maximale Reichweiten zwischen 20 mm und 5000 mm erzielt.

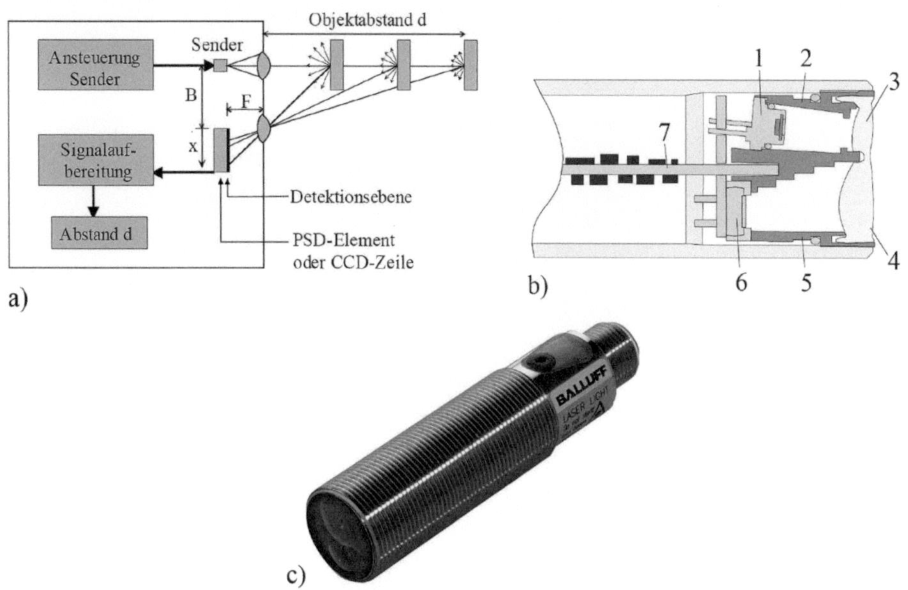

Abb. 3.61 **a** Schematische Darstellung des Triangulationsmessprinzips **b** Querschnitt durch den Optikkopf eines zylindrischen Lasertriangulationssensors mit PSD-Element entsprechend Abb. 3.61 **b** (1: Laserdiode, 2: Tubus für die Laserstrahlung, 3: Kollimatorlinse, 4: Empfangslinse, 5: Tubus mit Lichtfallen, 6: PSD-Element, 7: Platinen mit Elektronikbauteilen) und **c** Zylindrischer Lasersensor nach dem Triangulationsverfahren (Baulänge 70 mm). (Werkfotos: Firma Balluff GmbH)

3.1.2.5 Messprinzip: Pulslaufzeitverfahren

Beim Pulslaufzeitverfahren sendet der Sensor einen Lichtpuls aus und misst die Zeit Δt, die das Licht benötigt, bis es wieder vom Objekt zurückkommt. Diese Zeit ist ein Maß für den Objektabstand d (Abb. 3.62 a)).

Mithilfe der Lichtgeschwindigkeit c und des Brechungsindexes n des durchlaufenen Mediums (in der Regel Luft mit $n = 1$) errechnet sich der Objektabstand d mit der Formel:

$$d = \frac{\mathrm{c} \cdot \Delta t}{2 \cdot n}. \tag{3.27}$$

Die Auflösung wird im Wesentlichen durch die elektronische Vermessung der Zeit Δt bestimmt. Eine Verschiebung des Objekts um 10 mm bedeutet (in Luft mit $n = 1$) eine Änderung der Laufzeit von 66,7 ps.

Für die Signalaufbereitung und Zeitmessung wurden im Laufe der Zeit verschiedene elektronische Verfahren entwickelt. Ein häufig verwendetes Verfahren ist in Abb. 3.62 b dargestellt. Beim Aussenden des Lichtpulses wird durch ein internes Startsignal die elektronische Uhr getriggert. Trifft der Lichtpuls am Empfänger ein, so wird die

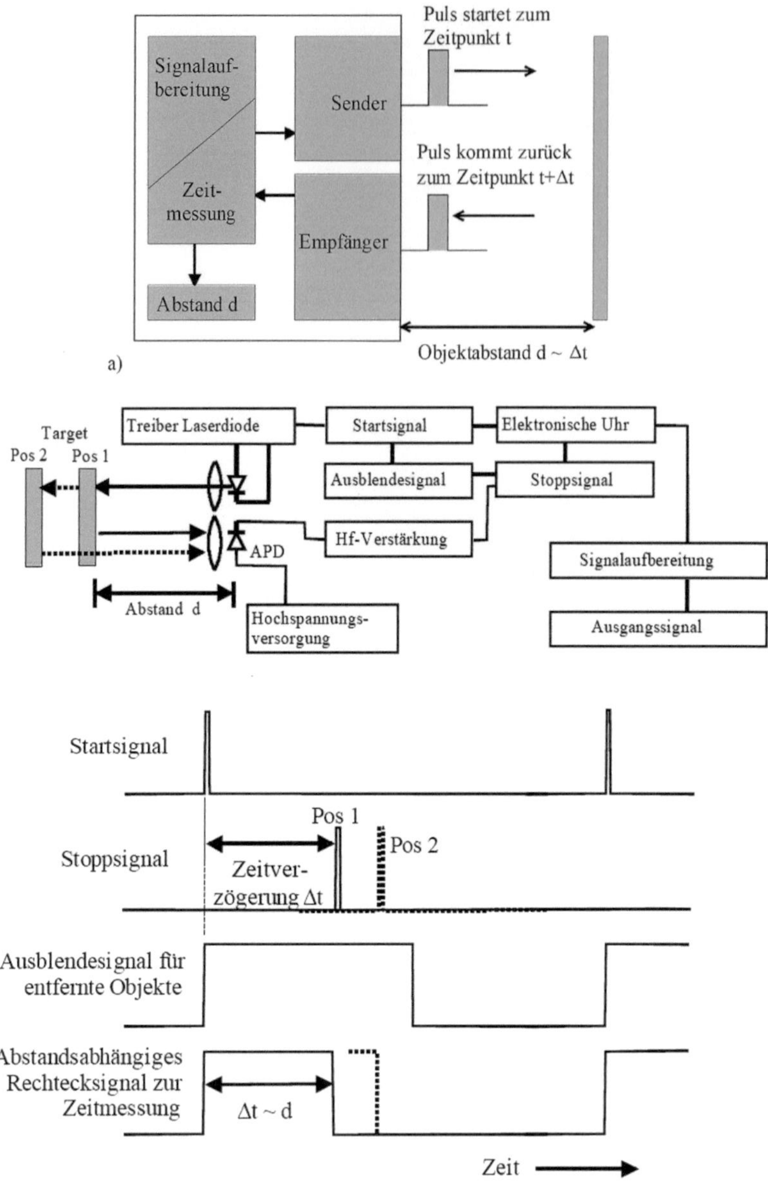

Abb. 3.62 **a** Prinzip des Pulslaufzeitverfahrens und **b** Funktionen und Signale beim Pulslaufzeitverfahren

Uhr ausgelesen. Signale, die von weiter entfernten Objekten zurückkommen, werden elektronisch ausgeblendet. Für die reine Zeitmessung werden digitale und analoge Verfahren angewendet, wie man sie aus der Radartechnik kennt.

Für eine korrekte Arbeitsweise ist eine gewisse *Mindestlichtintensität* am Empfänger notwendig. Diese begrenzt die maximale Reichweite. Beim Pulslaufzeitverfahren werden bei diffus reflektierenden Oberflächen Reichweiten bis zu 6 m erzielt und bei spiegelnden Oberflächen und Reflektoren bis zu mehreren 100 m.

3.1.2.6 Messprinzip: Phasen- oder Frequenzlaufzeitverfahren

Das Phasen- oder Frequenzlaufzeitverfahren ist vom Prinzip her ebenfalls ein Laufzeitverfahren. Die Intensität des Lichts wird mit der Periodendauer T_m bzw. Modulationswellenlänge λ_m, mit

$$\lambda_{\mathrm{m}} = \frac{\mathrm{c} \cdot T_{\mathrm{m}}}{n} \tag{3.28}$$

amplituden- bzw. frequenzmoduliert. Durch Vermessen der Phasendifferenz $\Delta\varphi$ bzw. Frequenzdifferenz Δf zwischen ausgesendetem und empfangenem Licht wird der Objektabstand d ermittelt. Für das *Phasenlaufzeitverfahren* ergibt sich:

$$d = \frac{\Delta\varphi}{2 \cdot \pi} \cdot \frac{\lambda_{\mathrm{m}}}{2} + i \cdot \frac{\lambda_{\mathrm{m}}}{2}, i = 0, 1, 2, \ldots \tag{3.29}$$

Die Phasenverschiebung wiederholt sich periodisch mit dem Objektabstand. Eindeutigkeit ist nur bis zum Abstand der halben Modulationswellenlänge $\lambda_m/2$ gegeben. Je kürzer die Wellenlänge umso kleiner der Eindeutigkeitsbereich, umso genauer die Messung. Aus diesem Grunde werden mehrere Modulationswellenlängen verwendet (Abb. 3.63).

Beim Frequenzlaufzeitverfahren haben sich unterschiedliche Messprinzipien entwickelt, die sich an bekannte Verfahren der Radartechnik anlehnen.

Im einfachsten Fall wird die Frequenz mit konstanter Frequenzänderung $\pm \mathrm{d}f/\mathrm{d}t$ bei einem Frequenzhub H zwischen dem minimalen und maximalen Wert verändert. Aus der aktuellen Sendefrequenz f_S und Empfangsfrequenz f_E wird die Frequenzdifferenz $\Delta f = f_S - f_E$ gemessen. Hieraus ergibt sich der Objektabstand d zu:

$$d = \frac{\Delta f}{2 \cdot H} \cdot \frac{\lambda_{\mathrm{m}}}{2} + i \cdot \frac{\lambda_{\mathrm{m}}}{2}, i = 0, 1, 2, \ldots \tag{3.30}$$

Auch hier ergeben sich Mehrdeutigkeitsprobleme, welche durch Verwendung von mehreren Frequenzen behoben werden können. Beim Phasen- bzw. Frequenzmessverfahren werden bei diffus reflektierenden Oberflächen Reichweiten bis zu 10 m erzielt.

Das Triangulationsverfahren und die Laufzeitverfahren sind prädestiniert für die *Dicken-*, *Höhen-* und *Volumenmessung* an Holz, Blech und anderen Werkstoffen, die *Konturbestimmung* bei bewegten Objekten, in der Qualitätskontrolle oder zum

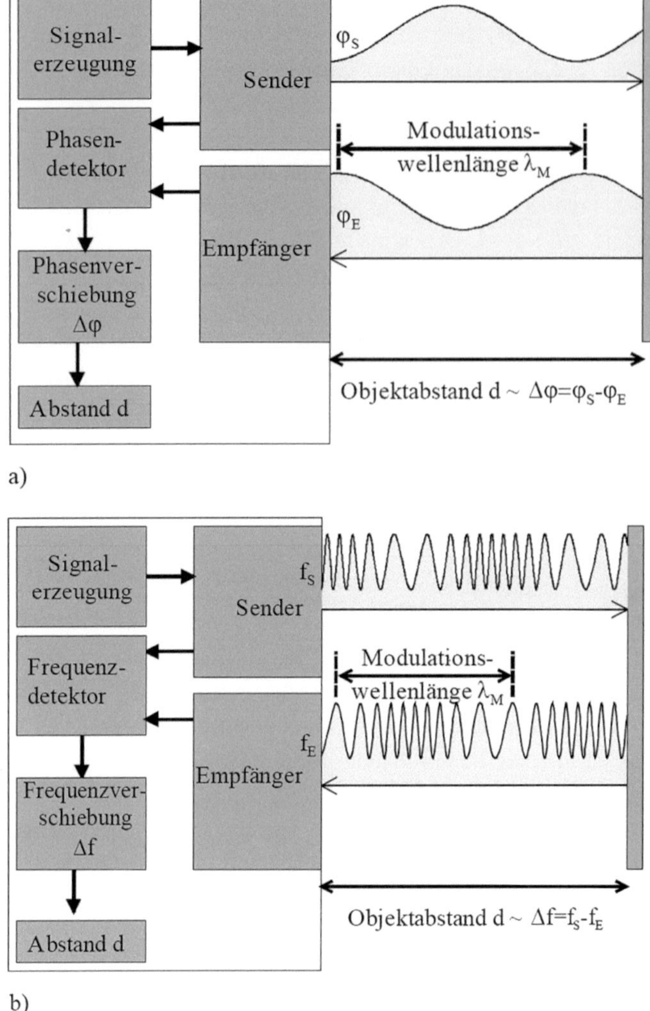

Abb. 3.63 Prinzip des **a** Phasen- und **b** Frequenzlaufzeitverfahrens

Sortieren nach unterschiedlichen Kriterien, die *Positionskontrolle* von Werkzeugen, die *Lageerkennung* von Teilen sowie die *Toleranzmessung* in der Produktion. Typische Anwendungsfelder sind in Tab. 3.11 aufgezeigt.

Tab. 3.11 Anwendungsfelder der optoelektronischen Abstandssensoren (Triangulation und Laufzeit)

Anwendung	Anwendungsfeld/Branche	
Abstands-/Positionskontrolle (Entfernungs- und Höhenmessung). Zum Beispiel Auffahrkontrolle an Hängebahnförderern, Bahnkantensteuerung, Positionskontrolle von Werkzeugen. Insbesondere Kleinteileerkennung auf große Distanzen. Schlagmessung an rotierenden Gegenständen	Maschinenbau, Lager-, Fördertechnik, Produktionsbereiche (Automobil), Kunststoffverarbeitung, Eisen- und Stahlerzeugung, Strassen- und Luftfahrzeugbau, Schiffbau, Elektrotechnik, Papierverarbeitung, Druckerei, Umwelttechnik	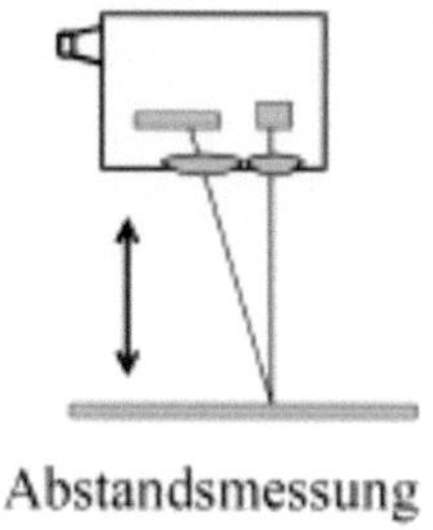 Abstandsmessung
Konturenbestimmung beim Durchfahren von Objekten. Zum Beispiel in der Qualitätskontrolle oder zum Sortieren nach unterschiedlichen Kriterien	Qualitätskontrolle, Produktionsbereiche	 Konturenbestimmung
Dicken- oder Volumenmessung an Holz, Blech usw. durch Differenzbildung der Messwerte gegenüberliegender Sensoren	Holzbe- und -verarbeitung, Zellstoff-, Papier-und Papperzeugung, Gebäudetechnik	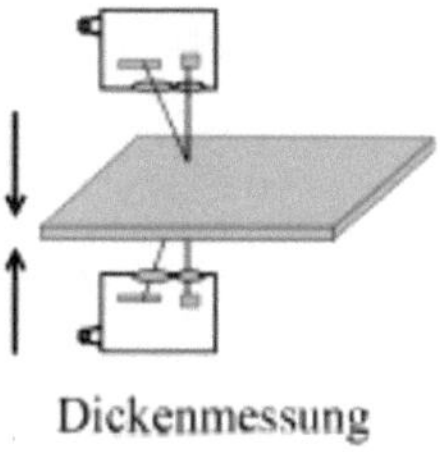 Dickenmessung
Füllstandskontrolle und Pegelmessung, insbesondere zur Regelung des Befüllvorgangs, Containerhandling	Allgemeine Energiewirtschaft, Wasserversorgung, chemische Industrie, Nahrungs- und Genussmittelgewerbe, Umwelttechnik, Prozessüberwachung	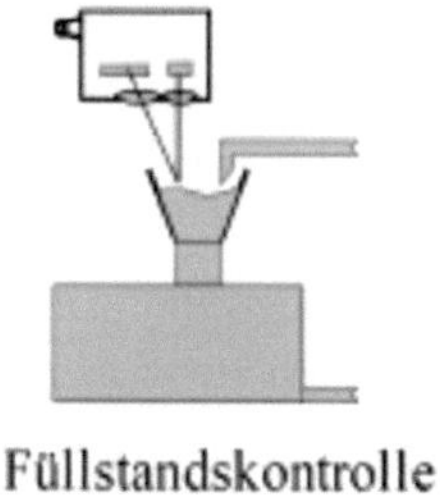 Füllstandskontrolle

3.1.2.7 Messprinzip: Fotoelektrische Abtastung

Es handelt sich hierbei um ein *abbildendes Messprinzip*. Mithilfe einer Optik und einer Maske (Abtastplatte) werden eng begrenzte Lichtbündel erzeugt, die jede für sich auf eine Fotodiode strahlen (Abb. 3.64 a)). Beim Einschieben einer Maßverkörperung, die eine regelmäßige Struktur, eine sogenannte Teilung besitzt, werden diese Lichtbündel

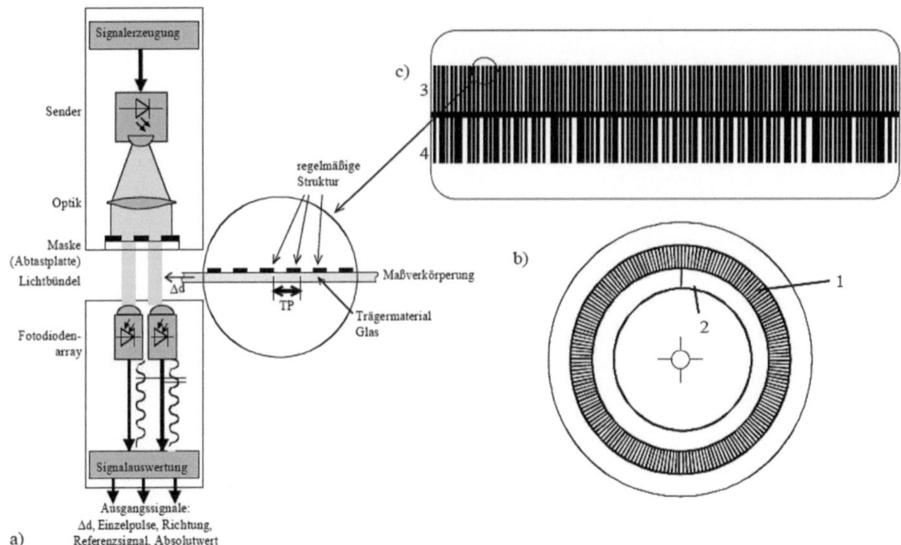

Abb. 3.64 Schematische Darstellung von **a** Abtasteinheit, bestehend aus Sender, Optik, Abtastplatte und Fotodiodenarray, **b** rotatorischem Maßstab mit 1: inkrementeller Teilung und 2: Referenzspur sowie **c** Maßstab mit 3: inkrementeller Teilung und 4: absoluter Codierung

periodisch unterbrochen. Der Fotodiodenstrom fluktuiert entsprechend der Verschiebung Δd. Die Anzahl N der Unterbrechungen ergibt die zurückgelegte Strecke:
wobei TP die Teilungsperiode der Struktur bedeutet.

$$\Delta d = N \cdot TP, \tag{3.31}$$

Die Bewegungsrichtung der Maßverkörperung wird ermittelt durch eine zweite Fotodiode, die um $1/4$ TP versetzt ist oder die einer zweiten Spur zugeordnet ist, deren Struktur um $1/4$ TP zur ersten Spur angeordnet ist. Eine entsprechende Logik in der Signalauswertung erkennt die Bewegungsrichtung.

Durch Verwendung mehrerer Fotodioden, die gegenüber der Teilungsperiode versetzt sind, lässt sich die Auflösung vervielfachen.

Eine spezielle Ausführungsform sind *rotatorische Maßverkörperungen* (Abb. 3.64 b)), die eingesetzt werden, beispielsweise zur Messung von Winkelstellungen an Motoren. Diese Messgeräte, sogenannte *Drehgeber,* liefern in der Regel als Ausgangssignal nicht den Abstand *d*, sondern die elektronisch aufbereiteten Impulsfolgen der Fotodioden. Bei diesen kann eine Referenzspur angebracht werden, mit deren Hilfe nach Einschalten des Messgeräts der Winkel-Nullpunkt angefahren wird oder während des Betriebs der Nullpunkt angezeigt wird.

Neben diesen inkrementalen Messverfahren wird auch das *absolute Messverfahren* realisiert. Hierbei trägt die Struktur einen *seriellen Code* (Abb. 3.64 c), der mit mehreren Lichtbündeln bestrahlt wird, die einem entsprechenden Fotodiodenarray zugeordnet sind. Sofort nach Einschalten eines Messgeräts kann die aktuelle Position der Maßverkörperung durch Auslesen der Ein-/Aus-Zustände der einzelnen Fotodioden abgefragt werden.

Das *Trägermaterial* für den Maßstab besteht üblicherweise aus *Glassubstraten* oder *Metallbändern.* Der Maßstab wird mittels fotolithografischer Verfahren aufgebracht, entweder als dünne, nicht transparente Schicht oder als eingeätzte, nicht reflektierende Struktur. Beim Glasmaßstab strahlen die Lichtbündel durch das Glas hindurch auf die Fotodioden und bei den Metallbändern werden sie in die Fotodioden hineinreflektiert. Die Teilungsperioden liegen üblicherweise zwischen 4 µm und 40 µm Durch die bekannten Interpolationsverfahren können Genauigkeiten bis in den Sub-µm-Bereich erreicht werden.

Die Länge der Maßstäbe variiert je nach Anwendung zwischen 50 mm und 1000 mm, in manchen Fällen sogar bis zu mehreren 10 m.

Lineare Wegmessgeräte finden in *Linearantrieben,* in *Werkzeugmaschinen,* in der *Handhabungstechnik* und *Automatisierungstechnik* ebenso ihren Einsatz wie an *Mess- und Prüfeinrichtungen.* Drehgeber werden in elektrischen Antrieben eingesetzt, insbesondere an *geregelten Servoantrieben* in der Automatisierungstechnik, Robotik und Handhabungstechnik sowie in der Werkzeug- und Produktionstechnik.

3.1.2.8 Messprinzip: Interferometrische Längenmessung

Bei der *interferometrischen Längenmessung* wird der *Wellencharakter* des Laserlichts ausgenutzt. Hierzu wird das Laserlicht mittels Strahlteiler (z. B. ein teildurchlässiger Spiegel) in zwei Teilbündel aufgeteilt (Abb. 3.65). Nach Durchlaufen unterschiedlicher optischer Wegstrecken s_1 und s_2 werden diese wieder überlagert und deren überlagerte Lichtintensität *LI* mit einem Detektor gemessen.

Aufgrund der herausragenden Eigenschaften des Laserlichts (Kohärenz) kommt es bei der Überlagerung zu *Interferenzerscheinungen.* Das bedeutet, dass die Lichtintensi-

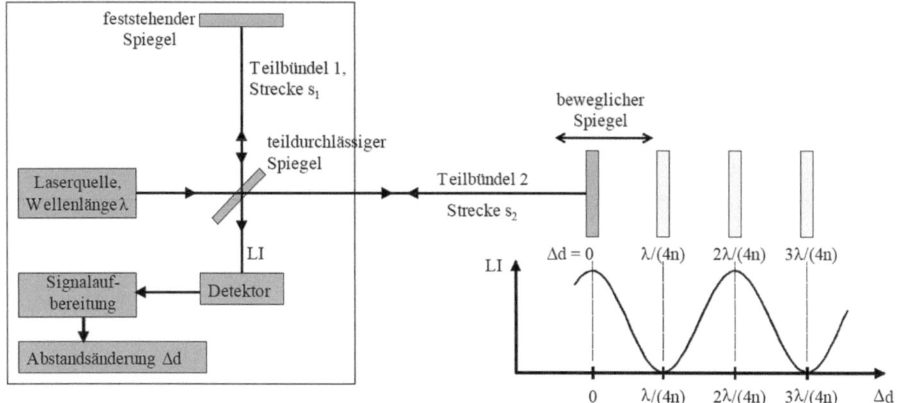

Abb. 3.65 Prinzip der interferometrischen Längenmessung

tät periodisch schwankt, wenn sich eine der beiden optischen Wegstrecken verändert. Der optische Weg des Teilbündels 1 liegt innerhalb des Sensors und ist durch einen feststehenden Spiegel eingestellt. Der optische Weg des Teilbündels 2 führt zum Objekt, beispielsweise ein Spiegel oder ein Reflektor, und zurück zum Sensor. Wird das Objekt um den Abstand Δd verschoben, so ändert sich die Lichtintensität LI am Detektor periodisch mit der Wellenlänge λ:

$$LI \propto \cos\left(\frac{2\pi}{\lambda} \cdot n \cdot 2\Delta d\right), \tag{3.32}$$

wobei n der Brechungsindex des durchlaufenen Mediums ist. Die Anzahl N der durchlaufenen Maxima ergibt die zurückgelegte Strecke:

$$\Delta d = N \cdot \frac{\lambda}{2n}. \tag{3.33}$$

Um von einem Maximum der Lichtintensität zum benachbarten Minimum zu gelangen, muss der Spiegel um $\Delta d = \lambda/(4n)$ verschoben werden. Bei Verwendung eines Helium-Neon-Lasers mit der Wellenlänge $\lambda_{\text{He-Ne}} = 632{,}8$ nm können damit Verschiebungen von 0,158 µm (Luft, $n = 1$) detektiert werden. Durch die Anwendung von Interpolationsverfahren werden höhere Auflösungen erreicht. Bei Messungen in Luft muss der Einfluss der Lufttemperatur, -feuchte und -druck auf den Brechungsindex berücksichtigt werden.

Interferometer bieten die *höchste Auflösung* und werden überall dort eingesetzt, wo Maschinen und Anlagen im µm-Bereich eingestellt oder vermessen werden. Als berührungslose Form- und Oberflächenvermessung finden sie ihren Einsatz in der Qualitätskontrolle.

3.1.3 Ultraschallsensoren zur Abstandsmessung und Objekterkennung

Ultraschall liegt im Frequenzbereich von 20 kHz bis 1 GHz. Die akustischen Grundgrößen wurden bereits in Abschn. 2.18 behandelt. Im Folgenden werden die Funktionsprinzipien, der Aufbau und die Einsatzgebiete von Ultraschallsensoren vorgestellt.

3.1.3.1 Funktionsprinzipien und Aufbau

Tastbetrieb mit Echo-Laufzeit-Messung

Sensoren im Tastbetrieb sind als *Einkopfsystem* ausgeführt. Hier arbeitet der Ultraschallwandler zuerst als *Lautsprecher* und sendet einen Wellenzug aus, der sich mit der Schallgeschwindigkeit des umgebenden Mediums ausbreitet. Nach dem Senden

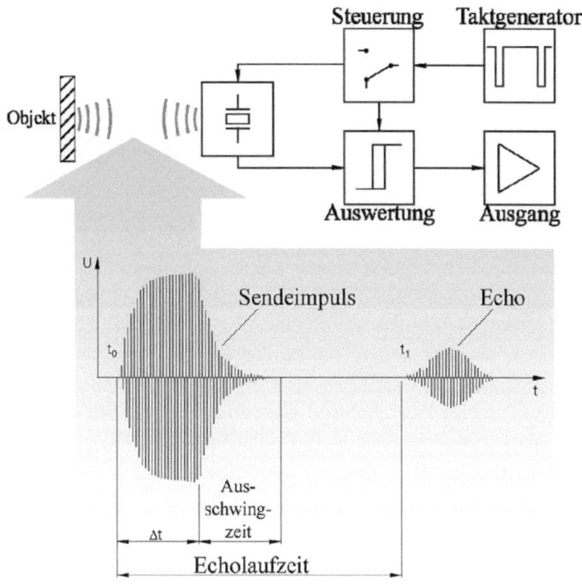

Abb. 3.66 Funktionsweise eines Ultraschallsensors

des Ultraschalls schaltet der Sensor den Wandler in den *Mikrofonbetrieb* um. Die Zeit, die der Wandler zum Ausschwingen benötigt, bestimmt die *Blindzone,* da während des Ausschwingvorgangs und Umschalten in den Mikrofonbetrieb kein Echo empfangen werden kann. Der ausgesendete UltraschallWellenzug wird teilweise von dem zu messenden Target reflektiert und gelangt wieder zum Sensor zurück. Im Sensor wird das zurückkommende Echo im Mikrofonbetrieb detektiert, verstärkt und ausgewertet.

Die Ermittelung des Objektabstands basiert somit auf einer Laufzeitmessung zwischen ausgesendetem Ultraschall und Empfang des Echos. Aus *Echolaufzeit* und *Schallgeschwindigkeit* errechnet der integrierte Controller den Abstand (Abb. 3.66).

Schrankenbetrieb

Beim Schrankenbetrieb arbeitet der Sensor als *Zweikopfsystem* mit einem Sender und Empfänger, die gegenüberliegend angeordnet sind. Der Vorteil bei diesem System ist, dass beim Zweikopfsystem *keine Blindzone* auftritt. Im Gegensatz dazu müssen Sender und Empfänger zueinander *ausgerichtet* werden. Dieses System ist allerdings nur zur Anwesenheitskontrolle geeignet, d. h., hier können keine Abstände gemessen werden.

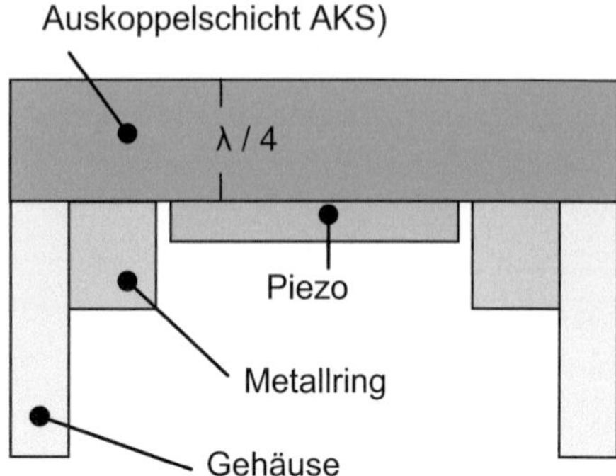

Abb. 3.67 Aufbau der Koppelschicht

3.1.3.2 Aufbau des Ultraschallwandlers

Der Ultraschallwandler ist das Herzstück des Sensors. Er ist für die Ein- und Auskopplung des Schalls zuständig. Daraus resultiert auch die Empfindlichkeit und die Reichweite des Sensors. Die Koppelschicht wird aus einem Epoxidharz-Glashohlkugel-Gemisch (microballons) hergestellt, um eine optimale Anpassung des Schalls in das Medium Luft zu erreichen (wirkt wie eine elektrische λ/4 Antenne; Abb. 3.67).

Der Ultraschallwandler wird über einen piezoelektrischen Kristall durch einen Leistungsverstärker periodisch angesteuert. Durch das Anlegen einer äußeren Spannung des Verstärkers an das Piezoelement ändert dieses seine geometrischen Abmessungen und regt den Ultraschallwandler zum Schwingen an. Dieser Effekt ist umkehrbar. Das auf den Ultraschallwandler als äußere Kraft einwirkende Echo bewirkt auf diesem Oberflächenladungen, die als Spannung messbar sind. Es wird also im Sendebetrieb elektrische in mechanische Energie und im Empfangsbetrieb mechanische in elektrische Energie umgewandelt. Luft und Piezokeramiken haben sehr unterschiedliche Impedanzen. Wie in Abschn. 2.18 gezeigt, werden nur 0,009 % der Schallintensität abgestrahlt. Mit einer geeigneten Koppelschicht aus einem Epoxidharz-Glashohlkugel-Gemisch wird die Impedanz angepasst und somit eine optimale Anpassung des Schalls an das Medium Luft erreicht. Die Spannungsamplitude während des Sendens des Schallpulses liegt bei etwa 80 V PP. Die Länge des Schallpulses ist abhängig von der Länge des Sendepulses und von der *Ausschwingzeit* des Wandlers. Die Spannungsamplitude des empfangenen Echos liegt im µV-Bereich.

3.1.3.3 Erfassungsbereich eines Ultraschallsensors

Der *Öffnungswinkel* der *Schallkeulen* beträgt typisch zwischen 5° bis 8°. Er entspricht in etwa der 3-dB-Grenze, d. h. der Schalldruck fällt hier auf die Hälfte des ursprünglichen Wertes zurück. Auch außerhalb dieses Winkels können Objekte mit entsprechender Größe, Form und Oberflächenbeschaffenheit aber noch erkannt werden. Abb. 3.68 zeigt den Erfassungsbereich einer ebenen Norm-Messplatte (A) 100 × 100 mm senkrecht zur Ausbreitungsrichtung des Ultraschalls sowie den Erfassungsbereich eines Rundstabs

(B) mit einem Durchmesser von 25 mm. Innerhalb dieser Bereiche ist die Erfassung der angegebenen Objekte gewährleistet.

Der Bereich, in dem der Sensor Objekte erkennen kann, wird von der kleinsten und größten Reichweite begrenzt. Diese wird von der verwendeten Frequenz bestimmt, von der auch die Größe der Blindzone abhängt (Abb. 3.69). In der Blindzone kann der Ultraschall-Sensor kein Objekt erkennen. Sie wird von Sendeimpulsdauer und

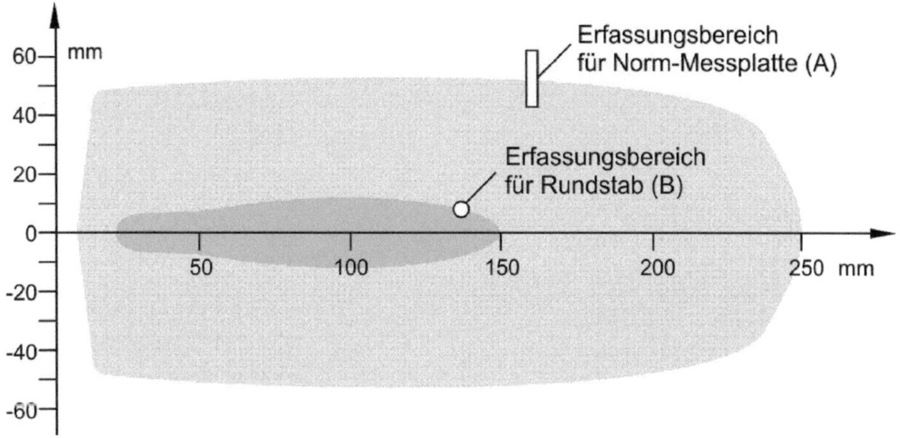

Abb. 3.68 Erfassungsbereiche eines Ultraschallsensors. (Quelle: Balluff GmbH)

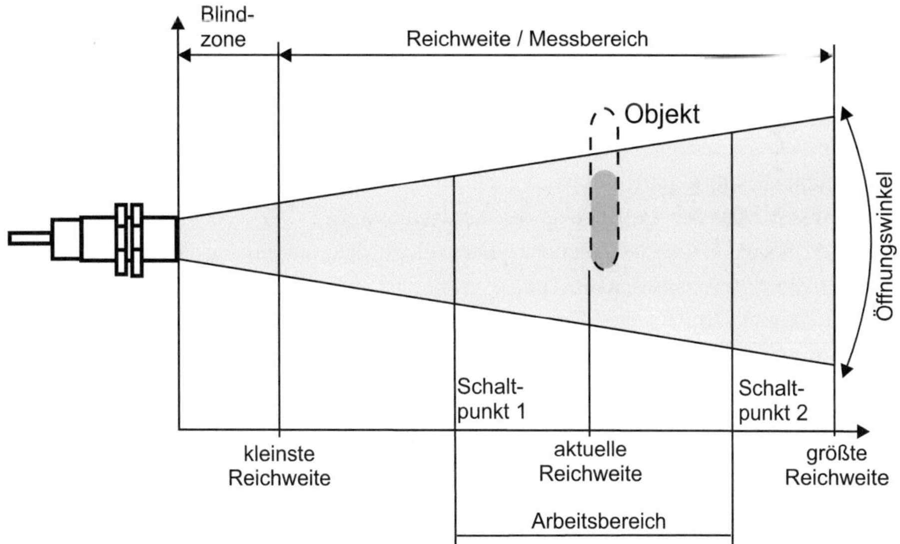

Abb. 3.69 Einteilung der Schallkeule

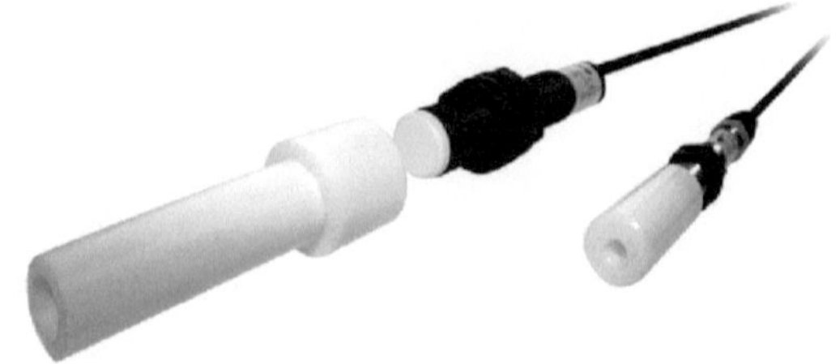

Abb. 3.70 Bauform eines Ultraschallsensors mit Fokussieraufsatz. (Werkfoto: Balluff GmbH)

Tab. 3.12 Reichweiten in Abhängigkeit von der Ultraschallfrequenz

Ultraschallfrequenz [kHz]	Maximale Messentfernung [mm]	Wellenlänge [mm]	Zyklus-zeit [ms]
80	6000	4,1	64
130	3500	2,5	20
180	2000	1,8	16
220	1500	1,5	12
300	600	1,1	8
360	300	0,9	4

Ausschwingzeit des Schallwandlers verursacht, da während des Sendens des Ultraschallpulses kein Echo empfangen werden kann.

Durch den Einsatz geeigneter Fokussieraufsätze kann der Ultraschall gebündelt werden und somit auch sehr kleine Objekte im Nahbereich des Sensors erkannt werden. Abb. 3.70 zeigt eine typische Bauform eines Ultraschallsensors mit Fokussieraufsatz.

Um genaue Messergebnisse bei der Abstandsmessung mit Ultraschall zu erzielen, muss die *Schallgeschwindigkeit der Luft* bestimmt werden. Für industrielle Sensoren ist es ausreichend, die Schallgeschwindigkeit an die aktuelle Temperatur anzupassen. Die Abhängigkeit von der Luftfeuchte ist vernachlässigbar. Ultraschallsensoren arbeiten mit einer festen Ultraschallfrequenz. Diese legt den maximalen Messabstand fest. Je höher die Ultraschallfrequenz, umso größer ist die Absorption und umso geringer ist die maximale Reichweite. Der nächste Schallpuls kann eher ausgesendet werden, die Zykluszeit – der zeitliche Abstand zwischen den einzelnen Messungen – kann mit steigender Frequenz verringert werden. Sensoren mit kurzen Reichweiten können deshalb kurze Ansprechzeiten haben. Typische Reichweiten für einige Ultraschallfrequenzen sind in Tab. 3.12 angegeben:

3.1.3.4 Umlenkung des Ultraschalls

Ein planes Objekt, das um $\gamma=45°$ gegenüber der Wandlerachse verkippt ist, lenkt den Schallstrahl um 90° um (Abb. 3.71).

Abb. 3.71 Umlenkung des Ultraschalls

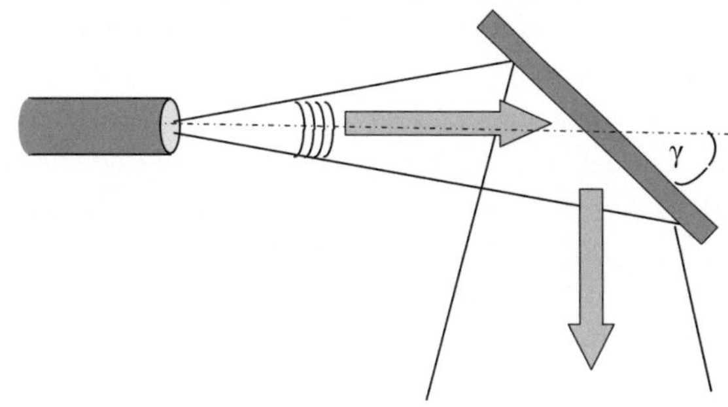

Abb. 3.72 Umlenkung des Ultraschalls. (Werkfoto: Balluff GmbH)

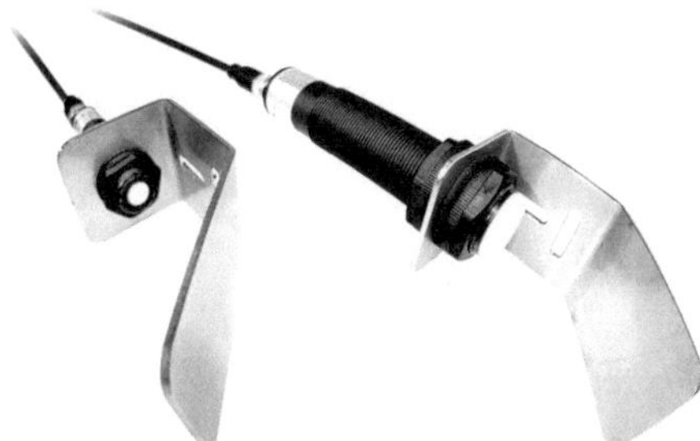

Mit einem solchen Schall-Umlenkwinkel kann der Wandler geschützt und die Blindzone zwischen Wandler und Reflektor gelegt werden (Abb. 3.72).

3.1.3.5 Objekt- und Umwelteinflüsse

Objekteinflüsse

Fast alle Objekte (Festkörper, Flüssigkeiten, Schüttgüter) reflektieren Schall und können somit erfasst werden. Auch schalldämmende Stoffe, wie beispielsweise Schaumstoffe lassen sich bei eingeschränkter Reichweite erfassen. Generell können feste, flüssige oder pulverförmige Medien bzw. Objekte unabhängig von ihrer Farbe, ihrer Transparenz sowie ihrer Oberflächenbeschaffenheit erkannt werden. Einige Beispiele werden nachfolgend ausgeführt.

Bei *konvexen (zylindrischen und kugelförmigen) Oberflächen* hat jedes Flächenelement einen anderen Winkel zur Keulenachse. Die reflektierte Keule divergiert dadurch und der Anteil der zum Empfänger reflektierten Schallenergie verkleinert sich entsprechend. Die maximale Reichweite nimmt mit kleiner werdendem Zylinder (Kugel) ab.

Rauigkeit und Oberflächenstrukturen des zu erfassenden Objektes bestimmen zusätzlich die Abtasteigenschaften von Ultraschall-Sensoren. Oberflächenstrukturen, die größer als die Ultraschall-Wellenlänge sind, sowie grobkörnige Schüttgüter reflektieren Ultraschall diffus und werden unter Umständen von Ultraschall-Sensoren nicht optimal erkannt.

Hartes Material reflektiert in Ultraschall-Anwendungen nahezu die gesamte gepulste Energie, sodass es sich sehr gut mit Ultraschall detektieren lässt.

Weiches Material hingegen absorbiert fast die gesamte gepulste Energie. Es wird mit Ultraschall daher schlechter erkannt, was eine Reduzierung der Reichweite bedeutet. Zu diesen Materialien zählen beispielsweise Filz, Watte und Schaumstoffe.

Dünnwandige Folien verhalten sich wie weiche Materialien. Um Ultraschall einsetzen zu können, sollte die Folienstärke deshalb mindestens 0,01 mm betragen.

Flüssigkeiten verhalten sich wie hartes Material. Schaum auf der Oberfläche kann die Erkennung negativ beeinflussen.

Heiße Tastobjekte verursachen eine Wärmekonvektion in der sie umgebenden Luft. Dadurch kann unter Umständen die Schallkeule senkrecht zu ihrer Achse so stark abgelenkt werden, dass das Echo geschwächt oder gar nicht mehr empfangen werden kann. Auch wird ein Teil des Schalls an den Grenzflächen zwischen den Luftmassen unterschiedlicher Temperaturen reflektiert.

Umwelteinflüsse

Ultraschall-Sensoren sind zur Anwendung in atmosphärischer Luft konzipiert. *Umwelteinflüsse* wie Feuchte, Staub und Rauch beeinträchtigen ihre *Messgenauigkeit nicht.* Der Betrieb in anderen Gasen, wie beispielsweise CO_2 ist nicht möglich, da der Schall sehr stark absorbiert wird. Auch Flüssigkeiten, die Lösungsmittel ausdampfen, können die Sensorfunktion beeinträchtigen.

Starke Luftbewegungen und Turbulenzen führen zu Instabilität in der Messung, können aber unter üblichen Bedingungen in Produktionsstätten außer Acht gelassen werden. Denn Strömungsgeschwindigkeiten bis zu einigen m/s werden problemlos verkraftet, sodass auch Anwendungen im Freien nichts entgegensteht.

Niederschläge wie Regen oder Schnee in normaler Dichte führen zu keiner Funktionsbeeinträchtigung des Ultraschall-Sensors und seines Ausgangssignals. Die Wandleroberfläche sollte jedoch nicht benetzt werden.

3.1.3.6 Anwendungen

Ultraschallsensoren sind in fast jeder Branche einsetzbar. Wichtige und häufige Anwendungsbereiche sind:

- Auf- und Abwickelsteuerung/Durchmessererfassung,
- Durchhangregelung,
- Höhenmessung,
- Lageregelung,

Abb. 3.73 Auf- und Abwickelsteuerung. (Werkfoto: Balluff GmbH)

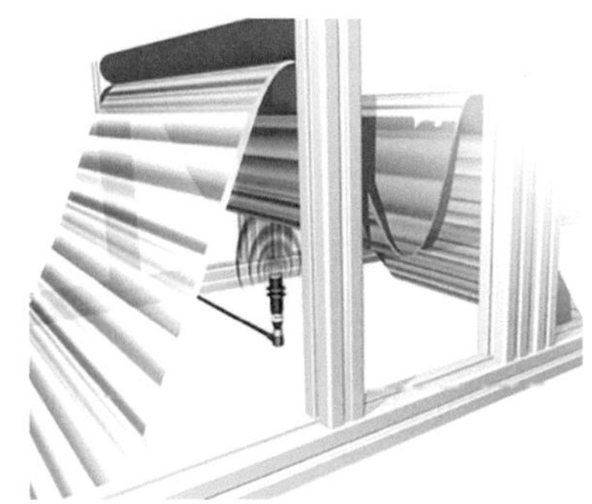

Abb. 3.74 Durchhangregelung mit einem analogen Ultraschallsensor. (Werkfoto: Balluff GmbH)

- Kollisionsschutz,
- Füllstandserfassung und
- Objekterkennung/Objekte zählen.

Die folgenden Bilder zeigen einige Anwendungsmöglichkeiten für Ultraschallsensoren.

Abb. 3.73 zeigt eine Auf- und Abwickelsteuerung mit einem analogen Ultraschallsensor, unabhängig von Farbe, Verspiegelungen und Oberflächenbeschaffenheit. Ultraschallsensoren können außerdem leichte Verschmutzungen, wie beispielsweise Papierstaub, problemlos kompensieren.

In Abb. 3.74 ist eine Durchhangregelung mit einem analogen Ultraschallsensor zu sehen. Einige analoge Ultraschallsensoren verfügen zusätzlich über einen oder mehrere Schaltpunkte. Dadurch können Schaltpunkte für Min- und Max-Durchhänge oder Folienrissüberwachung parametriert werden.

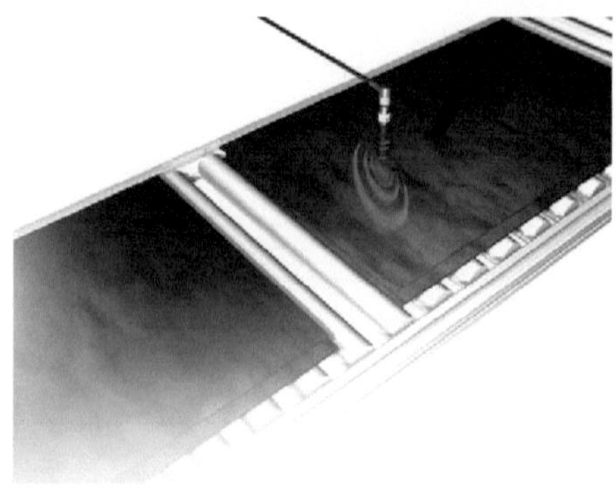

Abb. 3.75 Höhenmessung mit einem analogen Ultraschallsensor. (Werkfoto: Balluff GmbH)

Abb. 3.76 Messung der Füllhöhe mit einem analogen Ultraschallsensor. (Werkfoto: Balluff GmbH)

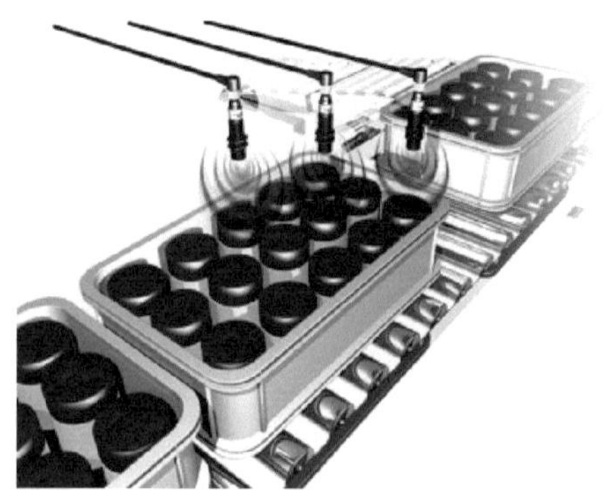

Abb. 3.77 Objekte erfassen und zählen mit einem Ultraschallsensor. (Werkfoto: Balluff GmbH)

Abb. 3.75 zeigt eine Höhenmessung mit einem analogen Ultraschallsensor unabhängig von Farbe und Oberflächenbeschaffenheit des Objekts. Ein Einsatz auch unter rauen Umgebungsbedingungen (z. B. Staub, Sägespäne oder Feuchtigkeit) ist möglich.

Mit einem Ultraschallsensor kann auch die Füllhöhe gemessen werden (Abb. 3.76). Es können nahezu alle flüssigen, pulverförmigen und pastösen Medien erkannt werden.

In Abb. 3.77 ist dargestellt, wie mit Ultraschallsensoren Objekte erfasst und gezählt werden können. Dies erfolgt mit mehreren nebeneinander angeordneten Ultraschallsensoren. Damit sich die Sensoren gegenseitig nicht beeinflussen, gibt es die Möglichkeit der Synchronisation.

3.1.4 Potenziometrische Weg- und Winkelsensoren

3.1.4.1 Einleitung

In der Weg- und Winkelmesstechnik werden kontaktlose Verfahren immer beliebter. Allerdings sind Sensoren auf Potenziometerbasis wegen ihrer positiven Eigenschaften und ihres günstigen Preis-Leistungs-Verhältnisses in vielen automotiven, mobilen und industriellen Anwendungsbereichen immer noch ohne ernstzunehmende Konkurrenz. Daran wird sich wohl auch in absehbarer Zukunft nichts ändern. Schließlich lassen sich vergleichbare Messgeschwindigkeiten, Linearitätswerte, Auflösungen, Hysteresewerte und Temperaturbereiche sonst nur mit deutlich höherem Aufwand erreichen.

Leitplastik-Potenziometer haben in zahlreichen Anwendungsbereichen einen festen Platz, sowohl in der Industrie als auch bei mobilen Arbeitsmaschinen oder im Automobilbau. Potenziometrische Weg- und Winkelmesser haben vermutlich einen größeren Marktanteil (etwa mehr als 20 Mio. Stück/Jahr) als alle alternativen kontaktlosen Techniken zusammen. Oft wird das Argument der Zuverlässigkeit ins Feld geführt, um einer kontaktlosen Sensorik gegenüber der potenziometrischen Lösung den Vorrang zu geben. So konnte nachgewiesen werden, dass mit einer ausgereiften Technologie Felddaten erreicht werden, die mit kontaktlosen Lösungen noch nie erreicht wurden und auch in Zukunft nicht erreicht werden können. Beispielsweise sind in einer Bosch-Drosselklappenanwendung 50 Mio. redundante Sensoren im Feld, die in einem Temperaturbereich von −40 °C bis +150 °C arbeiten und über 10 Mio. Schaltzyklen absolvieren müssen und dies mit einer Feldrückläuferquote von 0 ppm.

3.1.4.2 Funktionsprinzip und Kenngrößen von potenziometrischen Sensoren

Linearitätsfehler

Abb. 3.78 a) zeigt einen *unbelasteten Spannungsteiler.* Die Ausgangsspannung ist direkt proportional zur Weg- oder Winkelposition x. Bei einer linearen Widerstandsfunktion ergibt sich ein *linearer Zusammenhang* zwischen der angelegten Spannung U_1 und der Ausgangsspannung U_x. Es gilt:

$$U_x = U_1 \frac{R_2}{R_1 + R_2} = U_1 \frac{R_2}{R_{\text{ges}}} = U_1 \cdot x. \tag{3.34}$$

In der Praxis wird das Potenziometer belastet, d. h. es fließt ein Schleiferstrom I_a, der das Ausgangssignal beeinflusst. Damit ist:

$$U_\text{x} = U_1 \frac{R_2 \cdot R_\text{a}}{R_1 R_2 + R_\text{a}(R_1 + R_2)}. \tag{3.35}$$

Durch die Schleiferlast „hängt" die Kennlinie durch (Abb. 3.79) und es entsteht bei etwa 2/3 der Schleiferposition (grauer Bereich) ein maximaler Fehler von:

$$F_{\max} \approx 0{,}15 \frac{R_{\text{ges}}}{R_\text{a}} \tag{3.36}$$

Bei einem Präzisionspotenziometer mit einer typischen Linearität von 0,03 % sollte der Lastwiderstand R_a zwischen 1000 und 5000 mal größer sein als der Anschlusswiderstand R_{ges}, um eine deutliche Beeinflussung der Linearität zu vermeiden. Dadurch ergeben sich bei typischen Anschlusswiderständen (R_{ges}) zwischen 1 kΩ und 5 kΩ Lastwider-

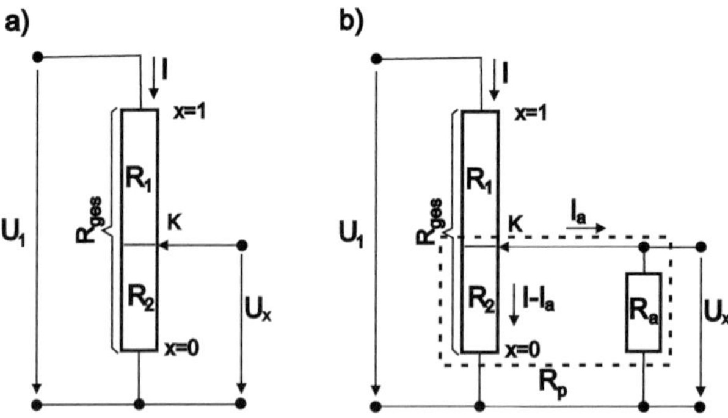

Abb. 3.78 Potenziometerschaltung

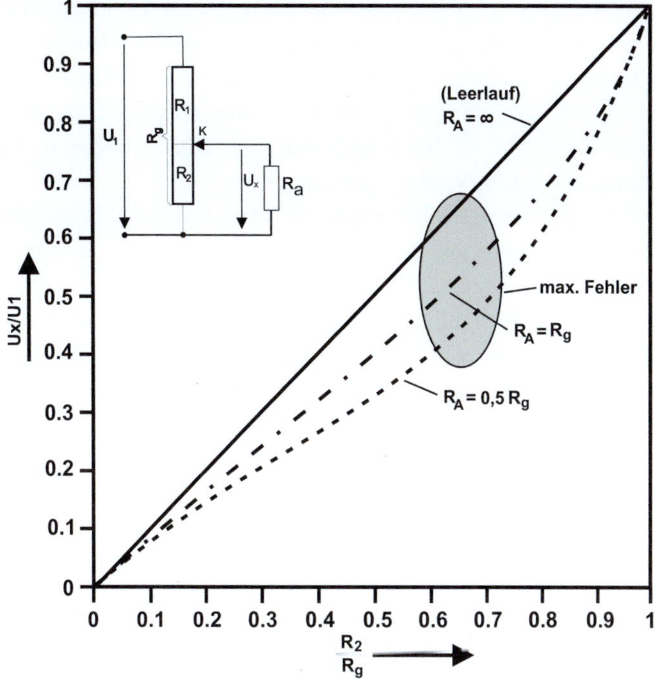

Abb. 3.79 Belasteter Spannungsteiler

stände von 1 MΩ bis 5 MΩ. Der Schleiferstrom bleibt dann unter 1 μA. In automotiven Anwendungen werden üblicherweise Linearitätswerte im Prozentbereich gefordert, sodass auch Lastwiderstände von 100 kΩ bis 470 kΩ eingesetzt werden können. Auch besteht bei Massenanwendungen die Möglichkeit, bei bekannter Last diesen „Linearitätsdurchhang" vorzuhalten.

Auflösung und Hysterese

In Datenblättern von vielen Potenziometerherstellern findet man die Aussage, dass die Auflösung eines Potenziometers unendlich sei. Diese Aussage ist nicht richtig und wurde abgeleitet von der Drahtpotenziometertechnologie (Abschn. 3.1.4.3), bei der die Auflösung durch die verwendete Drahtdicke *d* bestimmt ist (Abb. 3.80).

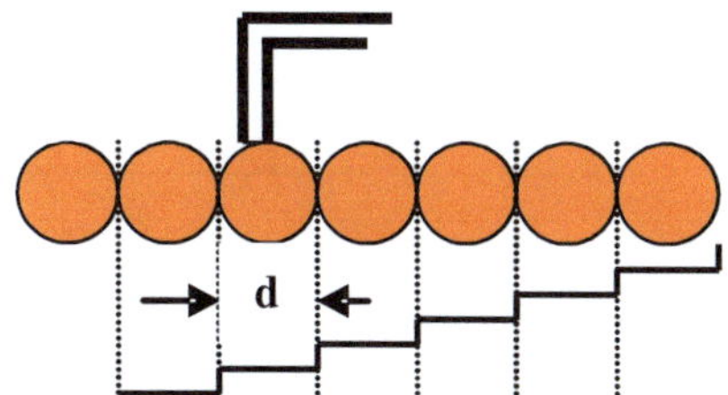

Abb. 3.80 Auflösung beim Drahtpotenziometer

Man kann nicht davon ausgehen, dass bei Leitplastikpotenziometern diese Grenze wegfällt, da auch hier unterschiedliche Parameter der Auflösung Grenzen setzen. Hinzu kommt, dass bei einem analogen System auch das Systemrauschen Grenzen setzt. Ein Wegmess-System mit 500 mm Länge, beispielsweise eingesetzt an Kunststoffspritzmaschinen, wird heute mit 16 Bit ausgelesen, was einer Auflösung, bei 10 V Versorgungsspannung, von 0,15 mV oder 8 μm entspricht.

Die Hysterese wird hauptsächlich durch die mechanischen Größen wie Lagerung, Steifheit des Schleifersystems und den Reibungswerten zwischen Schicht und Schleifer festgelegt.

Abb. 3.81 zeigt einen Ausschnitt der Ausgangskennlinie eines rotativen Leitplastikpotenziometers. Die Messung wurde im und gegen den Uhrzeigersinn dreimal wiederholt. Während sich die Messkurven in einer Richtung (unidirektional) fast decken, zeigen sie bei Richtungsumkehr (bidirektional) eine Hysterese von etwa 4/1000°. Dies entspricht einem Weg von etwa 1 μm.

Im grau markierten Bereich zeigt diese hochaufgelöste Kennlinie, dass die Ausgangsspannung im Mikrobereich nicht unbedingt zwingend monoton ansteigt. Der Gradient wird in diesem Bereich negativ, d. h. hier ist die Auflösungsgrenze erreicht.

Temperaturkoeffizient

Geht man von einem linearen Temperaturkoeffizienten aus, so wird sich der Gesamtwiderstand R_{ges} wie folgt verhalten:

$$R_{ges}(T) = R_{ges}(T_0)[1 + \alpha(T - T_0)] \tag{3.37}$$

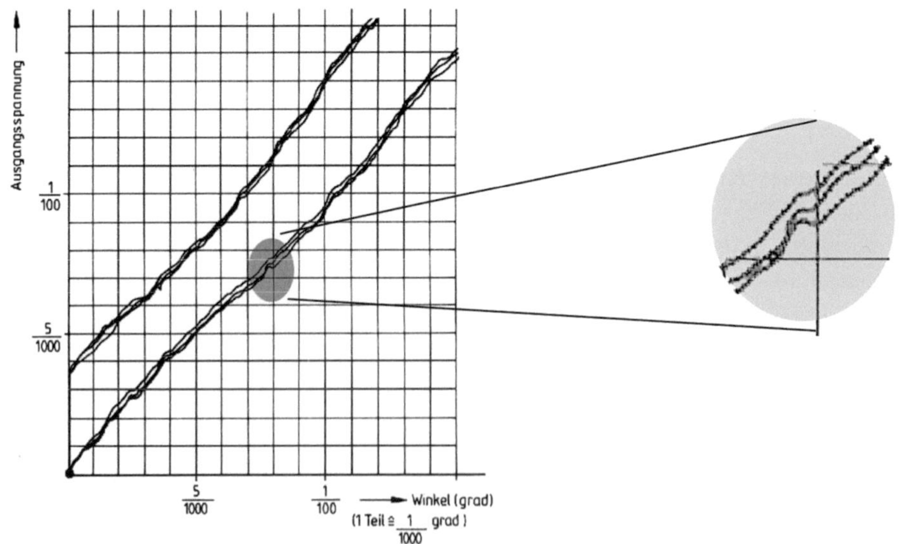

Abb. 3.81 Auflösung und Hysterese von Leitplastikpotenziometern

mit $\alpha < 300$ ppm/K.

Der Temperaturgang hängt sehr stark vom Aufbau des Sensorsystems ab, sodass nicht unbedingt nur ein linearer Temperaturkoeffizient α vorhanden sein wird, sondern auch noch Koeffizienten höherer Ordnung (β,γ) eine Rolle spielen können. Der lineare Fall beschreibt aber das Verhalten in erster Näherung recht genau.

Betrachtet man die Änderung der Teilerspannung $\Delta U_x/\Delta T$, so kommt jetzt nur noch die Differenz der Koeffizienten zum Tragen. In erster Näherung gilt:

$$\frac{\Delta\left(\frac{U_x}{U_1}\right)}{\Delta T} = \alpha_{ges} - \alpha_2, \tag{3.38}$$

wobei α_{ges} den Temperaturkoeffizienten des Gesamtwiderstandes R_{ges} beschreibt und α_2 den Temperaturkoeffizienten des Teilwiderstandes R_2.

Da davon ausgegangen werden kann, dass kein wesentlicher Temperaturunterschied zwischen dem Teilerwiderstand R_2 und R_{ges} besteht, und dass auch die Koeffizienten identisch sein werden, da mit gleichen Prozessparametern erzeugt, ist diese Differenz idealerweise gleich Null. In der Praxis erreicht man Werte in der Größenordnung von < 5 ppm/°K. Dies gilt auch analog für den belasteten Spannungsteiler, da bei richtiger Beschaltung der Lastwiderstand R_a den Gesamtwiderstand R_{ges} um drei Größenordnungen übertrifft und der Einfluss somit vernachlässigt werden kann.

In Tab. 3.13 sind wichtige technische Daten von potenziometrischen Sensoren zusammengestellt.

Tab. 3.13 Technische Daten von potenziometrischen Sensoren

Kenndaten	Werte
Messbereich	bis 4000 mm, bzw. 345°
Linearitätsfehler (unabhängig)	±0,03 %, ± 1 % (automotive)
Auflösung	<±1 µm
Hysterese	<±5 µm
Temperaturkoeffizient	typisch ±5 ppm/K
Maximale Verstellgeschwindigkeit	10 m/s
Lebensdauer	bis 100 Mio. Zyklen
Funktionale Sicherheit	ISO 26262 ASIL D bzw. IEC 61508 SIL 3 möglich
EMV	keine Maßnahmen notwendig, da passiv
Versorgungsspannung	Typ. 5 V bis 24 V
Stromaufnahme	Typ. 5 mA
Ausgangssignal	analog, Spannung, ratiometrisch
Schutzart	IP65, Sondergehäuse IP 69 K
Arbeitstemperaturbereich	–40 °C bis +150 °C

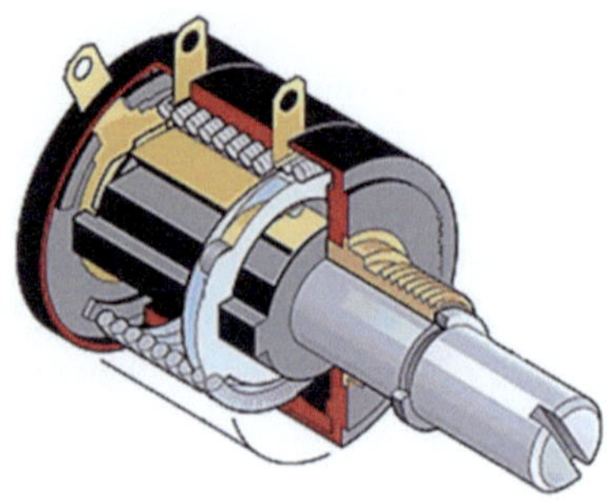

Abb. 3.82 Wendelpotenziometer

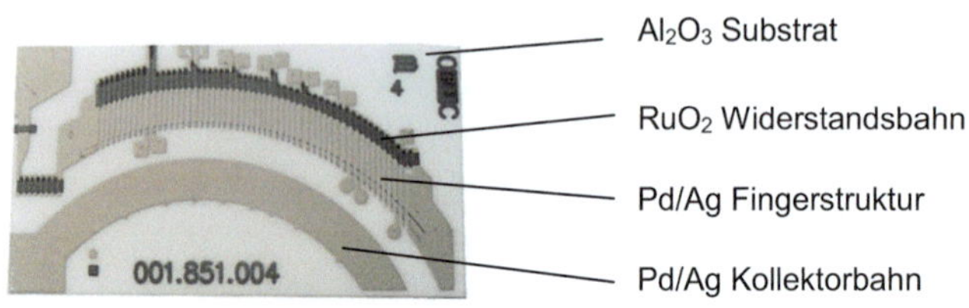

Abb. 3.83 Fuel Card. (Werkfoto: Bourns Inc.)

3.1.4.3 Technologie und Aufbautechnik

Drahtpotenziometer

Drahtpotenziometer werden schwerpunktsmäßig in der Leistungselektronik verwendet. Als Sensor- oder Einstellpotenziometer werden in großen Mengen sogenannte *Wendel-Potenziometer* eingesetzt. Der Vorteil dieser Technologie liegt darin, dass mit sehr geringem Aufwand bis zu $n = 30$ Umdrehungen realisiert werden können, d. h. es kann ein Winkelbereich von $n \cdot 360°$ erfasst werden.

Der Widerstandsdraht wird auf einen linearen Kunststoffträger oder auf einen isolierten Kupferdraht gewickelt, der dann als Helix in das Gehäuse eingebaut wird (Abb. 3.82). Durch die Verwendung eines Kupferdrahtes als Träger kann das Temperaturverhalten deutlich verbessert werden, da die Teilwiderstände mit der gleichen Temperatur beaufschlagt werden.

Cermetschichtsystem

Heutige Sensoren werden mehr und mehr als planare Systeme auf Dickschicht-Cermet- oder Polymerbasis aufgebaut. Die planare Cermet-Technologie wird hauptsächlich noch für Tankfüllstandsensoren (Fuel Card; Abb. 3.83) eingesetzt. Die Sensoren sind dabei direkt dem Kraftstoff wie Diesel, Benzin oder Äthanol ausgesetzt. Polymerschichtsysteme können in einer solchen Anwendung nicht eingesetzt werden. Üblicherweise werden diese Sensoren im *Rheostatmodus* (2 Draht) betrieben.

Das Trägermaterial ist eine porenfreie Aluminiumoxid-Keramik (Al_2O_3, 96 %), auf welches die Potenziometerstruktur per Siebdruck aufgebracht wird. Die Dickfilmleiterbahnen werden mit einer Palladiumsilber(Pd/Ag)-Mischung realisiert. Die Mischung enthält noch Glasanteile, die eine gute Haftung auf der Keramik sicherstellen. Mit dem Silber kann ein niedriger Leitungswiderstand erreicht werden. Das Palladium erhöht die Verschleißfähigkeit des Silbers und schützt es vor chemischer und elektrolytischer Korrosion. Für höhere Ansprüche, speziell für sogenannte „Flex-Fuel"-Fahrzeuge, die mit einem hohen Äthanolgehalt (85 %) fahren, wird ein tertiäres Mischungssystem (Pd/Au/Ag) verwendet. Allerdings ist dieses System deutlich teurer.

Die Widerstandsbahn wird auf Ruthenium-Oxid-Basis gedruckt. Der Widerstand kann durch Zugabe von Pd/Ag-Schuppen eingestellt werden. Die Widerstands- und Leiterbahnen werden bei 850° gesintert.

Durch den Rheostatmodus ist es wichtig, einen sehr niedrigen Kontaktwiderstand mit der Widerstands- und Kollektorbahn zu realisieren. Deshalb wird die Widerstandsbahn nicht direkt, sondern über eine Fingerstruktur (30 bis 100 Finger) aus Pd/Ag kontaktiert. Damit können Kontaktwiderstandswerte von 100 mΩ erreicht werden. Die Auflösung eines solchen Sensors hängt direkt mit der Anzahl der Finger zusammen. Die Ausgangskennlinie ist üblicherweise nichtlinear; vielmehr wird diese der Tankgeometrie angepasst und kann über das *Fingerlayout* und einer Lasertrimmung festgelegt werden.

Polymerschichtsysteme

Mit modernen Epoxid- und Polyesterharzen in Verbindung mit Spezialrußen bis hin zu *Carbon-Nanotubes* (CNT) können heute sehr leistungsfähige und kostengünstige Sensoren aufgebaut werden. Im Siebdruckverfahren, mit Arbeitsflächen von 300 mm × 1200 mm, können im sogenannten Mehrfachnutzen bis zu 200 Sensoren pro Druckvorgang hergestellt werden (Abb. 3.84).

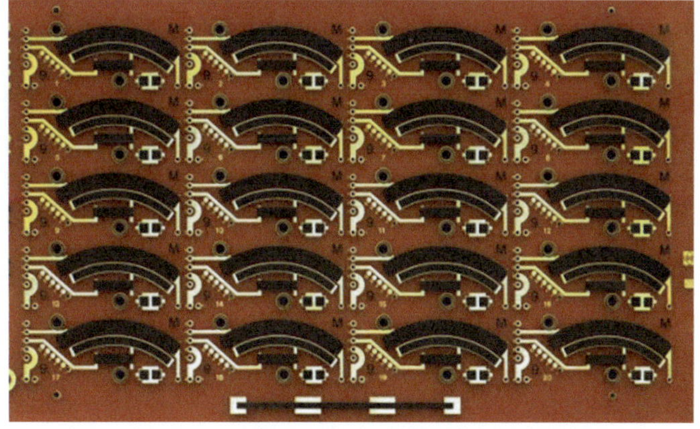

Abb. 3.84 Mehrfachnutzen mit 4 × 5 Winkelpotenziometern. (Werkfoto: Novotechnik)

Als Substratmaterial wird inzwischen ausschließlich hochwertiges FR4-Material (FR = Flame-retardant) verwendet. Die Qualität 4 beschreibt die Komponenten Epoxidharz + Glasfasergewebe.

FR1-3-Qualitäten werden teilweise noch für preisgünstige Einstellpotenziometer eingesetzt. Die notwendigen Leiterbahnen können entweder als Standard-Kupferkaschierung oder per Siebdruck mit Leitsilber ausgeführt werden. Die Einbrenntemperaturen bei Polymerschichtsystemen betragen üblicherweise 220 °C.

Schichtaufbau und Linearisierung

Wie Tab. 3.13 zeigt, können mit Potenziometern Linearitätswerte von < 0,05 % erreicht werden. Mit modernen Siebdruckmaschinen erhält man Schichtdickengenauigkeit von etwa 2 µm. Bei einer Gesamtschichtdicke von etwa 20 um entspricht dies 10 %. Wie theoretisch gezeigt werden kann, gibt es einen linearen Zusammenhang zwischen der prozentualen *Schichtdickenstreuung* $\Delta d/d$ und dem daraus resultierenden *Linearitätsfehler F*. Es gilt:

$$F = \frac{\Delta d/d}{10}. \tag{3.39}$$

Das bedeutet: Um oben genannte Linearitätswerte zu erreichen, darf die Schichtdickentoleranz bei 20 µm Schichtdicke nicht größer 0,1 µm sein. Da dies technologisch nicht machbar ist, muss die Widerstandsbahn linearisiert werden. Es gilt:

$$\frac{\Delta U_x}{\Delta U_1} \alpha \frac{\Delta R}{\Delta x} = \frac{\kappa}{b(x)d(x)}. \tag{3.40}$$

Solange pro Weginkrement Δx die Widerstandsänderung ΔR konstant bleibt, ist die Ausgangskennlinie streng linear und somit der Linearitätsfehler F gleich Null. Mit der Bedingung

$$b(x)d(x) = \text{const.} \tag{3.41}$$

kann dies erreicht werden. Hier kommt der Vorteil der planaren Struktur zum Tragen. Mithilfe eines Lasers oder eines mechanischen Fräsers kann die Bedingung nach Gl. (3.38) leicht erfüllt werden, indem man die Breite $b(x)$ über dem Weg bzw. Winkel korrigiert (Abb. 3.85) und somit Schichtdickenschwankungen $d(x)$ kompensiert. Führt man diesen Linearisiervorgang bei einem Winkelsensor erst dann durch, wenn das Widerstandselement bereits im Gehäuse eingebaut ist, dann kann gleichzeitig auch ein möglicher Exzenterfehler korrigiert werden.

Schleifersysteme

In der Schleifergeometrie gibt es grundsätzlich zwei Arten der Ausführung: den sogenannten *Kratzschleifer* (Abb. 3.85 a)) und den *Kufenschleifer* (Abb. 3.85 b)) mit einer kalotten- oder V-förmigen Geometrie (Abb. 3.85).

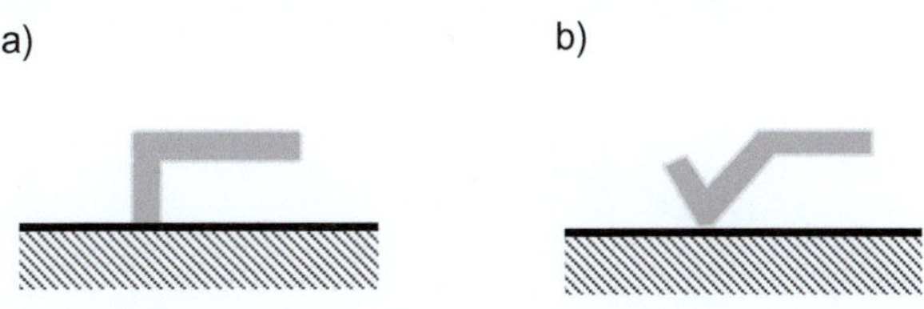

Abb. 3.85 Schleifergeometrien

Abb. 3.86 Gedämpftes Schleifersystem. (Werkfoto: Novotechnik)

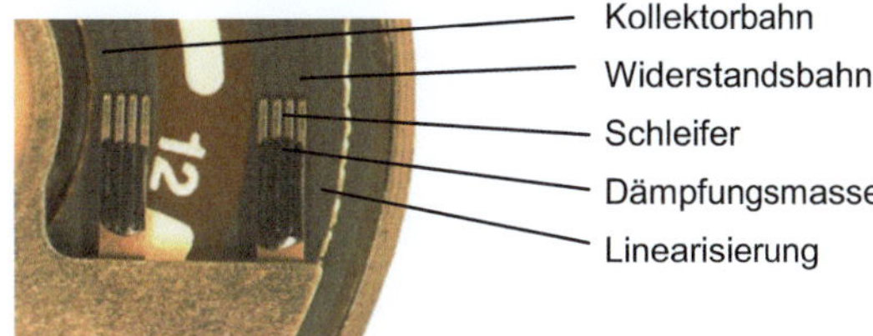

Für Präzisionspotenziometer hat sich der Kratzschleifer durchgesetzt, der als Stanzschleifer (4 Finger) oder als Drahtschleifer (4×3 Drähte) ausgeführt sein kann. Die Vorteile gegenüber einem Kufenschleifer sind:

- gleichbleibende Auflagefläche über die Lebensdauer,
- kein Aufschwimmen auf Abriebmaterial und
- identische Kontaktposition aller Finger über die Lebensdauer.

Kamen früher einfache Legierungen wie Neusilber (Cu,Ni,Zn) oder Kupferberyllium (Cu,Be) als Schleifermaterial zum Einsatz, werden heute fast ausschließlich Edelmetall-Legierungen (Au, Pt,Pd,Ag) wie Paliney 6 oder Paliney 7 eingesetzt. Diese Legierungen zeigen auch bei schwierigen Umweltbedingungen ein sehr gutes Kontaktverhalten und garantieren eine hohe Lebensdauer (Tab. 3.13).

Für hohe Schwingbelastungen kann das System durch Aufbringen einer Kautschukmasse (Abb. 3.86) gedämpft werden, was das Kontaktverhalten deutlich verbessert.

Folienpotenziometer

Eine weitere, sehr interessante Variante des Potenziometers ist das Folienpotenziometer. An die Stelle des Schleifers tritt eine Kollektorfolie, die entweder mittels eines mechanischen Stiftes oder eines Magneten gegen die Widerstandsbahn gedrückt wird und diese mechanisch kontaktiert (Abb. 3.87).

Die Sensoren zur Weg- und Winkelmessung bestehen aus verschiedenen Folien, die durch einen Abstandhalter, dem *Spacer,* miteinander elektrisch isolierend verbunden sind. Auf einer der Folien oder auch auf einem FR4-Substrat, wird die Widerstandsbahn im Siebdruckverfahren aufgebracht. Auf der gegenüberliegenden Folie, der Kollektorfolie, ist eine niederohmige Kollektorbahn aufgedruckt. Ein mechanischer Druck, meist

Abb. 3.87 Folienpotenziometer, mechanisch betätigt. (Werkfoto: Metallux)

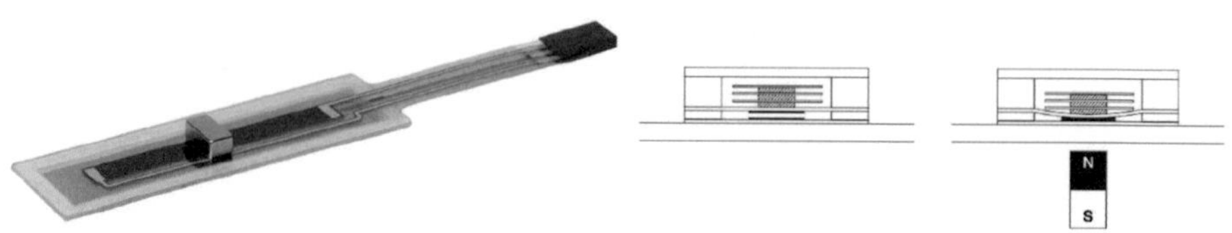

Abb. 3.88 Folienpotenziometer, magnetisch betätigt. (Werkfoto: Metallux)

durch ein einfaches Druckstück aufgebracht, bringt die Kollektorfolie mit der Widerstandsfolie in Kontakt.

Ausgangspunkt für ein *magnetisch* betätigtes Folienpotenziometer ist ein konventionelles Folienpotenziometer (Abb. 3.88). Auf der Kollektorfolie wird ein Stapel aufgebaut, der aus mehreren dünnen, hochelastischen Metallfolien besteht. Die Dicke der Einzelfolien beträgt typischerweise weniger als 50 µm. Wird ein Permanentmagnet unterhalb des Folienpotenziometers geführt, so wird der elastische *ferromagnetische Folienstapel* von dem magnetischen Feld angezogen und bringt die biegeelastische Kollektorfolie des Folienpotenziometers in Kontakt mit der Widerstandsbahn. Abhängig von der Anzahl der Metallfolien sowie der Feldstärke des Betätigungsmagneten lassen sich Arbeitsabstände bis zu 10 mm realisieren.

Zum Schutz des Folienpakets gegen mechanische Beschädigungen von außen werden diese Abdeckfolien in bewährter Klebetechnik in das Folienpotenziometer integriert. Folienpotenziometer können auf ebenen Flächen in der jeweils erforderlichen Form aufgeklebt werden. Neben linearen Ausführungsformen sind auch rotative Systeme herstellbar. Der Einsatztemperaturbereich wird durch das verwendete Folienmaterial bestimmt. Standardausführungen aus hochwertiger Polyesterfolie erlauben den Betrieb im Temperaturbereich bis +85 °C. Verwendet man als Kollektorträger ein FR4 Prepreg, können auch Einsatztemperaturen von +125 °C erreicht werden.

Folienpotenziometers sind sehr flach, je nach Ausführung zwischen 0,5 mm und 2 mm dick. Ein weiterer Vorteil liegt darin, dass die Einzelfolien des Folienpotenziometers *hermetisch dicht* miteinander verklebt sind. Schmutz, Staub oder Feuchtigkeit können nicht eindringen und ermöglichen somit auch den Einsatz in schwieriger Umgebung. Mit dem magnetisch betätigen Potenziometer ist auch ein sogenannter

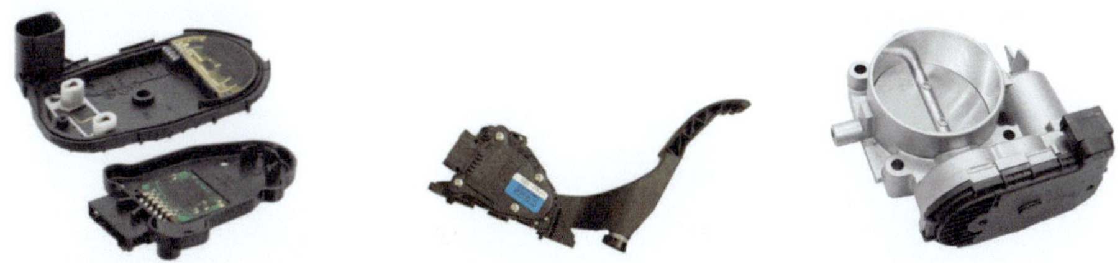

Abb. 3.89 Drosselklappen- und Fahrpedalmodul. (Werkfoto:Novotechnik)

transmissiver Betrieb möglich, d. h. zwischen Magnet und Sensor darf sich ein nichtmagnetisches Material befinden (z. B. Alu-Gehäusewand eines Zylinders).

3.1.4.4 Produkte und Applikationen

Anwendungen im Automobilbau

Heutige Pkws fahren mit einem E-Gassystem, das aus einem Fahrpedal und einer elektrisch angetriebenen Drosselklappe besteht, beide mit einem redundanten potenziometrischen Sensorsystem bestückt.

Die Euro 5- oder zukünftig die Euro 6-Anforderung kann nur mit solchen elektronisch geregelten Systemen erreicht werden, bei denen der Fahrer keinen direkten Eingriff auf relevante Parameter hat. Der Fahrer kann einen Wunsch äußern, beispielsweise zu beschleunigen; den optimalen Öffnungswinkel der Drosselklappe legt aber die Motormanagementelektronik fest. Wie man aus Abb. 3.89 sieht, ist das Potenziometergehäuse ein Teil des Komplettbauteils. Man spricht hier von einer *offenen Sensorlösung*.

In den asiatischen Märkten spielt nach wie vor das Zweirad (Moped, Motorrad, Motorroller) als Fortbewegungsmittel eine wichtige Rolle. In Indien wurden 2010 etwa 8 Mio. Fahrzeuge gebaut und diese Zahl wird sich bis 2015 verdoppeln.

Auch in diesen Ländern gewinnt der Umweltschutz mehr und mehr an Bedeutung, d. h. Abgas-und Verbrauchswerte müssen reduziert werden. Es werden zwar noch so gut wie keine E-Gassysteme eingesetzt. Die mechanische Bowdenzugverbindung zur Drosselklappe ist noch vorhanden, aber mit den Informationen Drosselklappenwinkel, Temperatur und Druck im Ansaugstutzen kann ein optimaler Zündzeitpunkt errechnet werden. In diesen Märkten werden heute noch ausschließlich Komplettsensoren (bolt on) eingesetzt (Abb. 3.90).

Typische Anwendungen für Folienpotenziometer im Automobilbau sind: Stellsysteme für PKW- und LKW-Sitze, Fensterheber, Cabrioverdecke und Spiegelsysteme.

Industrielle Anwendungen

Die Einsatzmöglichkeiten für potenziometrische Sensoren im industriellen Umfeld sind so vielfältig, dass hier nur exemplarisch Schwerpunktbereiche erwähnt werden (Tab. 3.14 und Abb. 3.91). Man kann davon ausgehen, dass alle Branchen potenziometrische Sensoren einsetzen.

Abb. 3.90 Drosselklappensensoren (TPS) für Zweiradanwendungen. (Werkfoto: Novotechnik)

Tab. 3.14 Einsatzbereiche potenziometrischer Sensoren

Bereich	Anwendungen
Maschinenbau und Automatisierungstechnik	Stellantriebe, Füllstandsmessung, Robotersteuerungen, Ventilpositionierung, Einsatz in Pneumatik- und Hydraulikzylindern, Tür- und Torantrieben, Werkzeugmaschinen, Kunststoffspritzmaschinen, Förder- und Hubfahrzeuge, Verpackungsmaschinen, Hydraulikpressen, elektrohydraulische Hebezeug- und Fördertechnik, Druckmaschinen Steinformmaschinen und Ultraschallschweißmaschinen
Medizintechnik	Operationstische, Spritzenpumpen, Beatmungsgeräte, Mammografiegeräte, Dialysesysteme, Kernspintomografen
Schiffsbau	Steuerung von Schiffsantrieben, Einsatz im Joystick
Luft- und Raumfahrt	Sitzposition in Flugzeugen, Fahrwerkpositionierung, Handlingsroboter auf der ISS, Positionierung von Solarpanels in Satelliten
Mobile Arbeitsmaschinen	Gabelstapler, Agrarmaschinen, Strandreinigungsfahrzeuge, Gleisverlegemaschinen

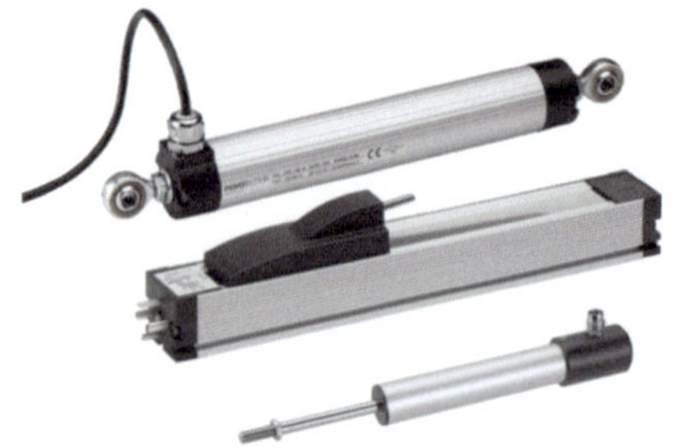

Abb. 3.91 Sensoren für industrielle Anwendungen. (Werkfoto: Novotechnik)

Tab. 3.15 Vorteile magnetostriktiver Wegsensoren

Absolut messend	Keine Referenzfahrt, Signal sofort verfügbar
Berührungslos	Verschleißfrei
Robust/zuverlässig	Hohe Schutzart(IP67/69k), druckfest, vibrations- und schockunempfindlich
Multipositionsfähig	Bis zu 30 Positionen können mit einem System erfasst werden
Flexibel einsetzbar durch viele Zulassungen	Explosionsgefährdete Bereiche, Hygiene, Fahrzeugtechnik, Marine
Fähig, durch die „Wand" zu messen	Positionsgeberposition kann durch nichtmagnetische Materialien erkannt werden
Einfach zu installieren	Passiver Positionsgeber, keine Verkabelung notwendig; mechanische Adaption ist grob toleriert

3.1.5 Magnetostriktive Wegsensoren

Berührungslos, präzise und absolut messend sind die entscheidenden Vorteile beim breiten industriellen Einsatz von *linearen, magnetostriktiven Wegsensoren* (Tab. 3.15). Durch die berührungslose und damit verschleißfreie Arbeitsweise werden teure Serviceeinsätze und Stillstandszeiten vermieden. Das Wirkprinzip dieser Wegsensoren erlaubt es, sie in hermetisch dichte Gehäuse einzubauen; denn die aktuelle Positionsinformation wird über Magnetfelder berührungslos durch die Gehäusewand auf das innen liegende Sensorelement übertragen. Prinzipiell ist das gleichzeitige Messen von mehreren Positionen mit einem Mess-System möglich.

Ohne umständliche, aufwendige und fehleranfällige Dichtungskonzepte erreichen magnetostriktive Wegsensoren die Schutzarten IP67 bis IP69K. Die große Unempfindlichkeit gegenüber Schock- und Vibrationsbelastungen erweitert die industriellen Einsatzbereiche bis weit in den Schwermaschinen und Anlagenbau. Mess- und Positionswerte die nach dem Einschalten des Systems als absolute Werte sofort zur Verfügung stehen, sind in vielen Anwendungen zwingend. Sie erhöhen zusätzlich durch das Wegfallen der Referenzfahrten die Maschinenverfügbarkeit. Tab. 3.15 zeigt die Vorteile.

3.1.5.1 Wirkprinzip und Aufbau magnetostriktiver Wegsensoren

Durch Magnetostriktion lassen sich auf rohr- oder drahtförmigen Körpern *torsionale Körperschallwellen* anregen. Dies ist ein Grundprinzip für die Konstruktion magnetostriktiver Wegsensoren. Abb. 3.92 zeigt den prinzipiellen Aufbau für die Erzeugung torsionaler Körperschallwellen: In ein Rohr aus magnetostriktivem Material ist ein Kupferleiter (Kupferlitze) eingefädelt. Die imaginäre Linientextur in der grafischen Darstellung des Rohrs soll die Beschreibung der Funktionsweise erleichtern. Am Umfang des Rohrs sind ein oder mehrere Permanentmagnete platziert. Für die Funktionsweise sind lediglich die in der Wandung des Rohrs gebündelten und in axialer Richtung ver-

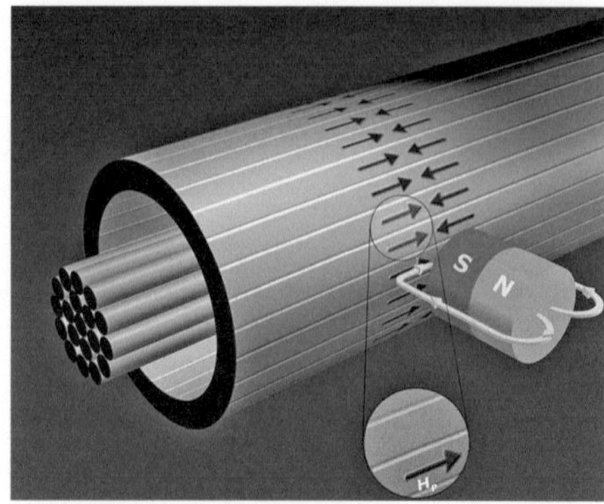

Abb. 3.92 Magnetostriktives Rohr mit innenliegendem Kupferleiter und permanentmagnetischem Positionsgeber

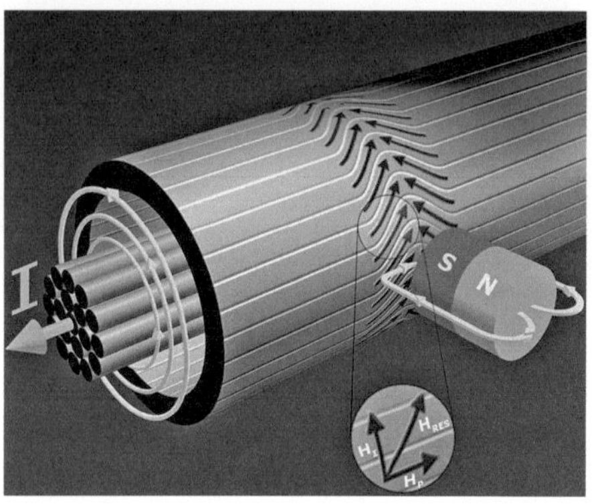

Abb. 3.93 Der angelegte Stromimpulses bewirkt eine elastische torsionale Verformung des Wellenleiterrohres

laufenden Feldkomponenten $\boldsymbol{H}_{\mathrm{p}}$ dieser Permanentmagnete interessant. Wird durch den Kupferleiter ein Strom $\boldsymbol{I}$ geschickt, umgibt sich dieser mit einem zirkularen Magnetfeld, wie in Abb. 3.93 gezeigt. Auch dieses Magnetfeld wird zu einem großen Teil in der Wandung des Rohrs gebündelt und durch den Pfeil $\boldsymbol{H}_{\mathrm{I}}$ repräsentiert. Durch Überlagerung der beiden Felder ergibt sich das resultierende Magnetfeld $\boldsymbol{H}_{\mathrm{res}}$. Idealerweise werden die Feldstärken so gewählt, dass $\boldsymbol{H}_{\mathrm{res}}$ um etwa 45° ausgelenkt wird. Da es sich bei dem Rohr um ein positiv magnetostriktives Material handelt, wird sich das Material in Richtung des resultierenden Magnetfelds strecken. Es bildet sich ein ringförmiger Bereich aus, der gegenüber dem restlichen Rohr leicht tordiert ist, sichtbar gemacht durch die Verformung der imaginären Linientextur.

Um die erwünschte Körperschallwelle auszulösen, wird die Torsion durch einen kurzen Stromimpuls von wenigen Mikrosekunden Dauer auf- und sofort wieder abgebaut. Vergleichbar ist dieser Vorgang mit der Auslösung einer transversalen Welle in einem gespannten Seil, erzeugt durch eine schnelle Auf- und Abwärtsbewegung. Wie man aus Erfahrung weiß, entscheidet die zeitliche Abfolge der Auf- und Abwärtsbewegung über die erreichbare Amplitude der Seilwelle. Nicht anders ist es bei der magnetostriktiv ausgelösten Welle auf dem Rohr. Auch hier ist eine exakte Abfolge der

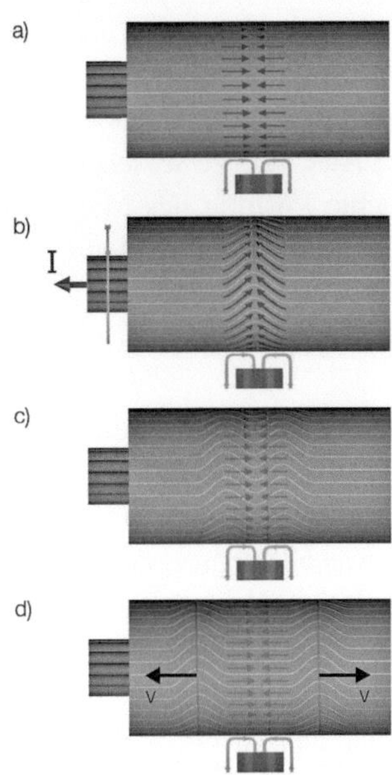

a) Ausgangssituation. Im Bereich des Positionsgebers ist der Wellenleiter magnetisiert.

b) Das Magnetfeld des angelegten Stromimpulses überlagert das Magnetfeld des Permanentmagneten. Die magnetostriktive torsionale Verformung ist bereits ausgeprägt.

c) Nach dem Abschalten des Stromimpulses baut sich die Verformung in der Mitte beginnend ab, die Ausbreitung der torsionalen mechanischen Körperschall-Welle in beide Richtungen beginnt.

d) Die torsionale Welle pflanzt sich in beide Richtungen mit 2.850 m/s fort.

Abb. 3.94 Ausbreitung der torsionalen Welle

positiven und negativen Flanke des auslösenden Stromimpulses entscheidend für die Amplitude der Welle.

Abb. 3.94 zeigt in einer Bildsequenz den Auf- und Abbau der Torsion und die darauf folgende Ausbreitung der Welle.

Die torsionale Körperschallwelle läuft vom Ort der Auslösung in beide Richtungen zu den Rohrenden. Ihre Fortpflanzungsgeschwindigkeit v errechnet sich aus dem Schubmodul G und die Dichte ρ des magnetostriktiven Materials:

$$\mathrm{v} = \sqrt{\frac{G}{\rho}}. \tag{3.42}$$

Die Fortpflanzungsgeschwindigkeit marktüblicher Wegsensoren beträgt 2850 m/s. Sie ist durch die verwendete Legierung weitgehend *unabhängig* von der *Temperatur*. Torsionale Wellen lassen sich, anders als Transversalwellen, von außen weder durch Schock noch durch Vibration anregen. Dies wirkt sich positiv auf die *Störungssicherheit* magnetostriktiver Wegsensoren aus.

Die grundlegende Idee für den Aufbau eines linearen, berührungslos arbeitenden magnetostriktiven Wegsensors ist einfach. Die am Ort des Magneten erzeugte Torsionswelle läuft auf dem Rohr in beide Richtungen bis zu den Enden. An dem einen Ende des Rohres ist die Welle unerwünscht und wird deshalb durch Reibung weggedämpft.

Am anderen Ende befindet sich ein *Detektor* in Form einer *Induktionsspule,* der das Eintreffen der Torsionswelle anzeigt (*umgekehrter magnetostriktiver Effekt,* Abschn. 2.4). Die Zeit zwischen dem Auslösen der Welle und dem Eintreffen bei der Detektorspule wird über eine hochauflösende Laufzeitmessung erfasst. Aus der *gemessenen Zeit* kann direkt die zurückgelegte Strecke und damit die gesuchte Position des Magneten errechnet werden. Das in digitaler Form verfügbare Zeitsignal wird mit der integrierten Schnittstellenelektronik in die gewünschte analoge oder digitale Ausgangssignalform gewandelt. Abb. 3.95 zeigt das Blockschaltbild eines magnetostriktiven Systems mit analogem Ausgang.

In Abb. 2.9 wurde der grundsätzliche Aufbau magnetostriktiver Wegsensoren dargestellt. Zentrale Elemente sind der rohr- oder drahtförmige Wellenleiter und ein oder mehrere zylindrische Permanentmagnete am Umfang des Wellenleiterröhrchens. Diese sind in einem Träger (nicht dargestellt), dem *Positionsgeber,* fixiert, der entlang des Wellenleiters axial frei verschiebbar ist. Der rohrförmige Wellenleiter hat einen Außendurchmesser von 0,7 mm bei einem Innendurchmesser von 0,5 mm. Die Länge entspricht der gewünschten Nennmesslänge, zuzüglich einiger Millimeter für die Dämpfungsstrecke und den Detektor. In das Wellenleiterröhrchen ist ein Kupferleiter eingefädelt, durch die der auslösende *Stromimpuls* geschickt wird. Der Kupferleiter wird außerhalb des Wellenleiters zurückgeführt. Besteht der Wellenleiter nicht aus einem Röhrchen, sondern aus einem massiven Draht, wird der Strom direkt durch den Draht geschickt.

Eine Messung wird zum Zeitpunkt t_{Start} durch einen Startimpuls ausgelöst. Abhängig von der elektrischen Schnittstelle des Wegsensors kann der Startimpuls zur Auslösung einer Messung von außen kommen (*synchrone Auslösung* der Messung) oder auch intern generiert werden *(freilaufende zyklische Messwertgenerierung).* In jedem Fall löst der Startimpuls einen Stromimpuls in der Kupferlitze von einigen Mikrosekunden Dauer aus. Der Stromimpuls erzeugt wie beschrieben eine torsionale Körperschallwelle. Trifft die Welle auf der Detektorseite ein, induziert sie einen Spannungsimpuls in der Detektorspule, der über eine Triggerschaltung zum Zeitpunkt t_{Stopp} einen Stoppimpuls generiert. Die gesuchte Ortsinformation lässt sich nun über die folgende einfache Beziehung Gl. (3.40) mit v aus Gl. (3.39) bestimmen.

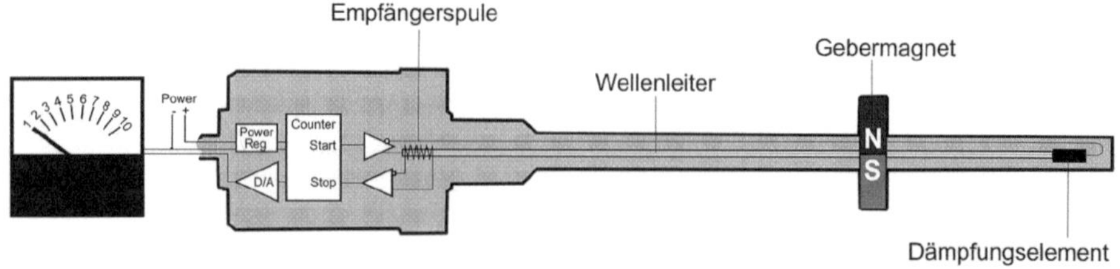

Abb. 3.95 Blockschaltbild eines magnetostriktiven Wegsensors. (Werkfoto: Balluff GmbH)

$$s = v(t_{\text{Stopp}} - t_{\text{Start}}) \tag{3.43}$$

Bei der *Multipositionsmessung,* das bedeutet bei der gleichzeitigen Messung mehrerer Positionen mit einem System, erzeugt der Stromimpuls *pro Positionsgeber* eine torsionale Körperschallwelle. Die Körperschallwellen treffen nacheinander auf der Detektorseite ein und lösen entsprechend ihrer Anzahl *Stoppimpulse* aus. Die Ortsinformation der einzelnen Positionen wird wiederum mit Gl. (3.40) bestimmt.

Ein entscheidendes Merkmal linearer Wegsensoren ist die Auflösung der Ortsinformation. Industrielle Applikationen erfordern teilweise Auflösungsgrenzen im Mikrometerbereich. Die erforderliche Zeitauflösung Δt für eine Ortsauflösung Δs von 1 µm beträgt 350 Picosekunden (10^{-12} s). Dank moderner elektronischer Zeitmessverfahren lassen sich magnetostrictive Wegsensoren mit Auflösungsgrenzen in der Größenordnung 1 µm bereits heute wirtschaftlich herstellen. Tab. 3.16 zeigt einige typische \/'Kenndaten.

3.1.5.2 Gehäusekonzepte und Anwendungen

Profilbauformen

Abb. 3.96 zeigt Wegsensoren in *Profilbauform.* Die Elektronik ist in einem Aluminiumprofil untergebracht, das zugleich einen zylindrischen Kanal zur Aufnahme der Mess-Strecke zur Verfügung stellt. Das Aluminiumprofil wird mit zwei Endkappen verschlossen und man erhält ein hermetisch dichtes Gehäuse der Schutzart IP67. Die Magnete des Positionsgebers wirken durch die Wand des Aluminiumprofils auf den Wellenleiter.

Zwei Varianten des Positionsgebers sind zu unterscheiden: *freie* oder *geführte* Positionsgeber. Freie Positionsgeber werden direkt an dem zu messenden bewegten

Tab. 3.16 Typische Kenndaten magnetostriktiver Wegsensoren

Messlängen	25 mm bis 8000 mm
Auflösung	1 µm digital/1 µm analog
Wiederholbarkeit	1 µm
Linearitätsabweichung +/–	30 µm
Messwertrate	bis 4 kHz
Abstand System – Positionsgeber axial/radial	bis15 mm
Mehrmagnettechnik	bis 20 Magnete
Gehäuse	Metall/Alu/Edelstahl
Schutzrohr druckfest	1000 bar
Vibrationsfestigkeit	20 g (10 Hz bis 2 kHz) IEC60068-2-6
Schockfestigkeit	150 g (6 ms) IEC60068-2-27

Abb. 3.96 Wegsensoren in Profilbauform

Maschinenteil befestigt und bewegen sich mit dem Teil in einem bestimmten Abstand zum Profil an diesem entlang. Vorteilhaft ist, dass keine großen Anforderungen an die Führungspräzision zu stellen sind. Die Sensoren tolerieren einen seitlichen Versatz entsprechend der Länge des Positionsgebers ebenso wie einen Höhenversatz bis zu 20 mm. Können selbst diese großzügigen Toleranzen nicht eingehalten werden, wird gerne auf geführte Positionsgeber zurückgegriffen. Bei diesen wirkt das Profilgehäuse des Wegsensors zugleich als Gleitschiene, auf der der Positionsgeber als Schlitten läuft. Eine Gelenkstange mit Kugelköpfen gleicht selbst stark unparallele Bewegungen aus.

Stabbauformen

In Abb. 3.97 sind Beispiele magnetostriktiver Wegsensoren in *Stabbauform* zu sehen. Diese Bauform findet ihre wichtigste Anwendung in *hydraulischen Antrieben.* Der Einbau in den Druckbereich eines Hydraulikzylinders erfordert vom Wegsensor die gleiche Druckfestigkeit wie für den Hydraulikzylinder. In der Praxis werden Drücke bis zu 1000 bar erreicht. Die Elektronik ist in ein Gehäuse aus Aluminium oder Edelstahl eingebaut, der Wellenleiter in ein druckfestes Rohr aus unmagnetischem Edelstahl, das stirnseitig durch einen eingeschweißten Stopfen verschlossen wird. Der Flansch auf der gegenüberliegenden Seite dichtet den Hochdruckbereich über eine O-Ring-Dichtung ab.

Abb. 3.97 Wegsensoren in Stabbauformen

Auf dem Rohr mit dem Wellenleiter gleitet ein Positionsgeberring mit darin eingesetzten Magneten.

Explosionsgeschützte Ausführungen

Viele Applikationen erfordern den Einsatz von Wegsensoren in explosionsgefährdeten Bereichen. Für den Einsatz in Zone 0 oder 1 stehen druckgekapselte magnetostriktive Wegaufnehmer in unterschiedlichen Bauformen zur Verfügung.

Redundant aufgebaute Sensoren für Sicherheitsanwendungen

Magnetostriktive Wegsensoren eignen sich hervorragend für Anwendungen, die *hohe Sicherheit* oder *Verfügbarkeit* voraussetzen. Oft werden sie zweifach oder gar dreifach redundant aufgebaut, um die Selbstüberwachung sicherzustellen oder gegebenenfalls über einen Reservekanal zu verfügen.

Um einen dreifach redundant aufgebauten Sensor zu erhalten, werden drei Mess-Strecken nebeneinander um 120° versetzt in einem gemeinsamen Schutzrohr untergebracht, über das, wie bei den Standardbauformen, ein Positionsgeber geführt wird. Die Magnete des Positionsgebers wirken auf alle drei Mess-Strecken. Die Auswertung der Positionen geschieht durch drei voneinander unabhängige und vollständig getrennte Elektroniken, die jedoch im selben Gehäuse untergebracht sein dürfen. Anwendungen finden sich in *Schiffsantrieben, Kraftwerken* oder in der *Neigetechnik* von Zügen.

Mehrere Positionen – ein Sensor

Magnetostriktive Wegsensoren bieten, wie oben beschrieben, die Möglichkeit, mit einem einzigen Wegsensor zwei oder mehr unabhängige Positionen zu erfassen. Wird beispielsweise ein zweiter Positionsgebermagnet über dem Wellenleiter platziert, können mit einem initiierenden Stromimpuls gleichzeitig zwei torsionale Körperschallwellen ausgelöst werden, jeweils am Ort des positionsgebenden Magneten. Diese Wellen treffen zeitlich versetzt bei der Detektorspule ein und erzeugen zwei Stoppimpulse. Sofern die Elektronik in der Lage ist, beide Stoppimpulse zu verarbeiten, erfolgen zwei voneinander unabhängige Ortsbestimmungen. Anwendung findet diese Technik häufig bei *Spritzgießmaschinen* (Abb. 3.98) für die Erfassung der Position der Schließeinheit und des Auswerfers mit einem einzigen Wegsensor. Für diese Aufgabe kamen früher beispielsweise zwei Potenziometer-Wegsensoren zum Einsatz.

Abb. 3.99 zeigt einen Wegsensor in runder Profilbauform mit zwei Positionsgebern. Die Lage des jeweiligen Messbereichs ist für beide Positionsgeber über die gesamte Nennmesslänge des Wegsensors beliebig programmierbar; selbst Überlappungen der Messbereiche sind erlaubt.

Lagegeregelter hydraulischer Antrieb

Mithilfe magnetostriktiver Wegsensoren lassen sich lagegeregelte hydraulische Antriebe bauen, die die überlegene Kraftentfaltung und Dynamik hydraulischer Antriebe mit der feinen Positionierbarkeit elektrischer Achsen vereinen. Für die Lageregelung ist eine

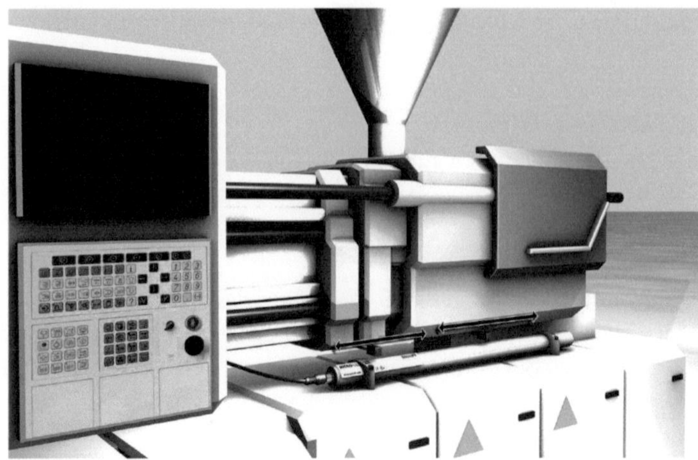

Abb. 3.98 Spritzgießmaschine. Die Positionen von Schließeinheit und Auswerfer werden mit einem Wegsensor mit zwei Positionsgebern erfasst

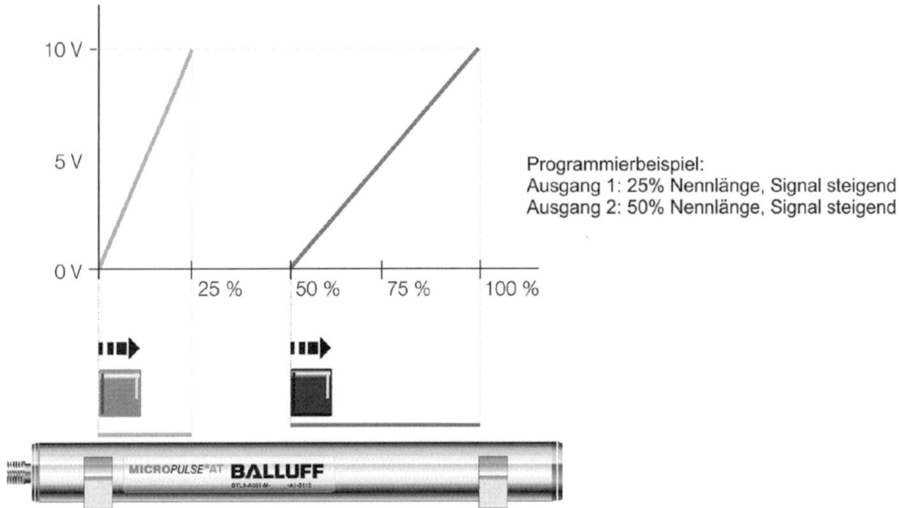

Abb. 3.99 Wegsensor zur unabhängigen Erfassung zweier Positionen. (Werkfoto: Balluff GmbH)

ständige Rückmeldung der Istposition erforderlich. In den meisten Fällen übernehmen magnetostriktive Wegsensoren in Stabbauform, die direkt in den Zylinder integriert sind, diese Aufgabe.

Das Schutzrohr des Wellenleiters steckt in einer Langlochbohrung im Kolben (Abb. 3.100). Der Kolben trägt den ringförmigen Positionsgeber mit den Permanentmagneten.

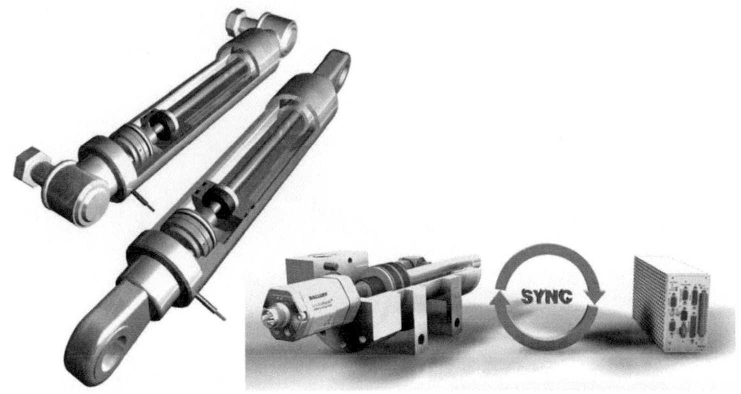

Abb. 3.100 Magnetostriktive Wegsensoren als Positions-Feedback in hydraulischen Achsen. (Werkfoto: Balluff GmbH)

Das Edelstahlschutzrohr des Wellenleiters ist dem Hydraulikdruck ausgesetzt und deshalb druckfest bis zu 1000 bar ausgeführt. Die Abdichtung des Hochdruckbereichs erfolgt am Flansch des Wegsensors mit einer O-Ring- oder Flachdichtung.

Ein ausgezeichnetes Regelverhalten mit hoher Dynamik wird durch die Synchronisation der Wegmessung mit der Reglerelektronik erreicht. Die Reglerelektronik löst dabei, synchron mit dem Einlesetakt der aktuellen digitalen Weginformation, den Startimpuls t_{Start} zur nächsten Wegmessung und damit der neuen Ortsbestimmung des im Kolben integrierten Positionsgebers aus. Mit der Synchronisation werden fließende Zeitdifferenzen, die im asynchronen Modus durch Unterschiede der internen Taktung des Wegmess-System und der Zykluszeit der Regelelektronik entstehen, verhindert.

Regelung des Anstellwinkels in der Strömungstechnik

Die Einstellung des idealen Arbeitspunkts erfordert bei vielen strömungstechnischen Maschinen und Anlagen eine Regelung des Anstellwinkels des umströmten Maschinenteils. Beispiele finden sich in *Wind-*, *Wärme-* und *Wasserkraftwerken* sowie bei *Schiffsantrieben* und *Großlüftern.* Bei allen Applikationen ist eine positionsgeregelte lineare Bewegung in eine drehende Bewegung um die Längsachse des Maschinenteils umzusetzen. Als Antrieb wird deshalb meist ein geregelter hydraulischer Antrieb eingesetzt, der die erforderliche – in der Regel recht große – Kraft und Dynamik auf kleinstem Raum zur Verfügung stellt.

In Windkraftanlagen (Abb. 3.101) ist die Kontrolle des *Anstellwinkels* der Rotorblätter entscheidend für die erzielbare *Energieausbeute* und für die *Sicherheit* der Anlage unter Starkwindbedingungen. Es kommt darauf an, den idealen Anstellwinkel der Rotorblätter einzuregeln, bei dem die erzielte Energieausbeute bei zugleich relativ konstanter Drehzahl maximal ist. Je größer die Windkraftanlage ist, desto eher amortisieren sich die Kosten für diese Maßnahmen. Bei großen Windkraftanlagen finden sich daher heute

Abb. 3.101 Regelung des Anstellwinkels der Rotorblätter einer Windkraftanlage

schon Rotoren, deren Blätter *einzeln* in ihrem Anstellwinkel geregelt werden; denn die Windverhältnisse in der Höhe unterscheiden sich merklich von den Verhältnissen in Bodennähe. Demzufolge variiert der ideale Anstellwinkel während jeder Umdrehung und wird folgerichtig im Verlauf der Umdrehung dauernd optimiert. Als bevorzugter Wegsensor für die Positionsrückmeldung in diesen hydraulischen Antrieben kommen magnetostriktive Wegsensoren zum Einsatz. Diese können als Stabbauform direkt in den Hydraulikzylinder eingebaut oder als Profilbauform neben dem Hydraulikzylinder angebaut sein.

Fazit

Magnetostriktive Wegsensoren haben sich einen festen Platz im Anlagenbau und der Automatisierungstechnik erobert. Einsatzgebiete, in denen hohe Zuverlässigkeit gepaart mit Präzision gefragt sind, sind typische Anwendungsbereiche für magnetostriktive Wegaufnehmer (Tab. 3.17).

Tab. 3.17 Typische Einsätze von magnetostriktiven Wegaufnehmern

Märkte	Anwendung und Aufgaben von magnetostriktiven linearen Wegmess-Systemen
Energie	Messung der Verstellwege von Großventilen
Energie	Kontrolliert die Rotorblattstellung von Windkraftanlagen
Energie	Misst die Turbinenstellung und den Zulauf von Kaplanturbinen in Fließwasserkraftwerken
Maschinenbau	Erfasst zuverlässig den Schließvorgang in Spritzgießmaschinen
Maschinenbau	Kontrolliert die Werkzeugposition in Betonformsteinmaschinen unter extremen Bedingungen
Automobilproduktion	Misst den hochdynamischen Verbindungsprozess in nietfreien „Clinching“ Systemen
Automobilproduktion	Sorgt im Dosierzylinder für eine tropfenfreie Klebeverbindung
Lebensmittelherstellung	Kontrolliert präzise, reproduzierbar und schaumunabhängig die Füllmengen von Dosen in Abfüllanlagen

Tab. 3.18 Prinzipielle Grenzen magnetostriktiver Wegsensoren

Linearitätsabweichung	Werden Messergebnisse mit Unlinearitäten <+/−30 µm gefragt, sind andere Technologien besser geeignet (z. B. optische Glasmaßstäbe oder Magnetbandsysteme)
Messwertrate	Magnetostriktive Wegaufnehmer sind getaktete Systeme. Die Messwertrate ist längen- und von der Laufzeit der Körperschallwelle abhängig. Die typische Geschwindigkeit der Körperschallwelle ist 2850 m/s. Wenn Messwertraten >4 kHz gefordert sind, sind andere Wirkprinzipien zweckmäßiger
Kurze Messlängen (unter 50 mm)	Durch die notwendige Dämpfungszone und den nicht nutzbaren Bereich am Wandlersystem ergibt sich bei kurzen Längen ein ungünstiges Verhältnis der Gehäuselänge zum Messweg
Große Messlängen (über 8000 mm)	Technisch machbar. Die Handhabung und Installation ist jedoch sehr aufwendig und nicht unproblematisch

Integrierbar oder kompakt mit Messlängen von 25 mm bis 8000 mm sind diese Wegsensoren universell einsetzbar. Das berührungslose Wirkprinzip der Systeme garantiert Verschleißfreiheit und eine annähernd unendliche Lebensdauer. Das hochpräzise Ausgangssignal steht der Steuerung als Absolutsignal zur Verfügung.

Die funktionsspezifische Taktung des Ausgangssignals und das Verhältnis der Gehäuselänge zur Messlänge bei kurzen Messwegen (<50 mm) sowie der starre Aufbau des Wellenleitersystems begrenzen das Anwendungsspektrum geringfügig (Tab. 3.18).

Energieeffizienz, Flexibilität, Sicherheit, höhere Genauigkeit und Schnelligkeit sind die Anforderungen an zukünftige Maschinengenerationen. Um dies zu erreichen, ist eine effiziente, flexible, geregelte und schnelle Antriebstechnik notwendig. Magnetostriktive Wegaufnehmer zur Istwertaufnahme im Antriebsstrang schaffen hervorragende Voraussetzungen dafür, dies zu erreichen.

3.1.6 Wegsensoren mit magnetisch codierter Maßverkörperung

3.1.6.1 Messprinzip

Dieses Mess-System besteht aus zwei Teilen, einer *Maßverkörperung* und einem *Sensorkopf* (Abb. 3.102). Der Sensorkopf bewegt sich berührungslos über die Maßverkörperung. Die Maßverkörperung wird im Folgenden als Maßkörper bezeichnet. Er besteht aus einem unterschiedlich magnetisierten permanentmagnetischen Material, beispielsweise Ferrit oder magnetischer „Kunststoff" auf einem Träger. Als mechanischer Schutz kann der Maßkörper von einem Edelstahlband bedeckt sein.

Abb. 3.102 Maßkörper und Sensorkopf

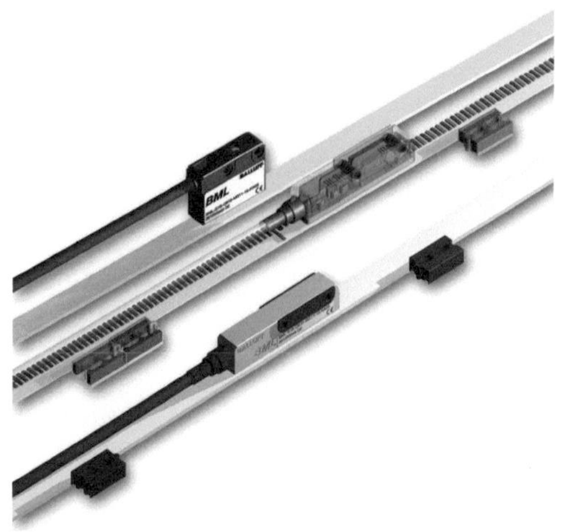

In Verfahrrichtung sind abwechselnde magnetische Pole im permanentmagnetischen Material eingebracht. Die Polbreite in Verfahrrichtung ist konstant und bewegt sich je nach Typ im Bereich von 0,5 mm bis über 10 mm. In Querrichtung ist die Ausdehnung der Pole meist etwa 50 % oder 100 % der Maßkörperbreite. Diese beträgt üblicherweise 5 mm bis 20 mm. Der gesamte Maßkörper hat eine Dicke von etwa 1,3 mm. Davon entfällt auf das magnetische Material 1 mm. Im Abstand von nahezu 0 mm bis zu 5 mm oder 10 mm bewegt sich darüber der Sensorkopf. Dieser misst über zwei Sensoren das Magnetfeld des Maßkörpers. Die gemessenen Signale haben einen sinus- und cosinusförmigen Verlauf über jedem Pol. Bei einer *analogen* Schnittstelle werden diese Signale als analoge Differenzsignale ausgegeben. Die Steuerung berechnet daraus die Position innerhalb des Poles. Bei einer inkrementellen *digitalen* Schnittstelle bildet der Sensor selbst daraus in *Echtzeit,* innerhalb einiger ns, seine *Position* innerhalb eines Pols. Jede Positionsänderung gibt ein digitaler Sensor in Form von positiven oder negativen Inkrementen über zwei Signale aus. Die Signale werden üblicherweise als A/B oder 90° Impulse bezeichnet. Die Codierung der Inkremente ist in Abschn. 3.2.7 beschrieben. Der Sensor *„meldet sich"* von sich aus – immer dann wenn er eine Positionsänderung erkannt hat, in Form eines *vorzeichenbehafteten Inkrements.* Dadurch kennt die angeschlossene Steuerung zu jedem Zeitpunkt *(Echtzeitfähigkeit)* die genaue Position des Sensors. Die Steuerung muss den Sensor nicht „abfragen".

Folgende Schnittstellen stehen für inkrementelle Mess-Systeme zur Verfügung:

- Ein digitales A/B Spannungs-Signal, das entweder physikalisch als Differenzsignal (RS422) oder Single Ended Signal (HTL) übertragen wird.
  Dieses Signal hat zwei wichtige Kenngrößen:
  Die *Auflösung* (Weg/Inkrement) des Sensorkopfes. Sie bewegt sich im Bereich von weniger als 1 µm bis zu einigen mm. Diese gegenüber der Polbreite deutlich

höhere Auflösung ermittelt der Interpolator. Seine prinzipielle Funktionsweise ist in Abschn. 3.2.7 beschrieben.
Die minimale zeitliche Auflösung, der Flankenabstand, ist im Bereich von etwa 100 ns bis 100 ms wählbar. Er muss an die nachfolgende Auswerteelektronik angepasst werden; denn Impulse dürfen nie schneller ausgegeben werden, als sie die nachfolgende Steuerung zählen kann. Je nach Auflösung und minimalem Flankenabstand ergibt sich die maximale Verfahrgeschwindigkeit. Der Zusammenhang ist in Abschn. 3.2.7 beschrieben.

- Ein analoges sinus- und cosinusförmiges *Spannungsdifferenzsignal,* dessen Periode die Polbreite des Maßkörpers ist. Es wird üblicherweise als sin/cos- oder 1Vpp-Signal bezeichnet. Die Digitalisierung findet in der nachfolgenden Auswerteelektronik statt. Die technische Beschreibung findet sich in Abschn. 3.2.6.

Optional bietet das inkrementelle Mess-System auch einen Referenzimpuls. Dann ist der Maßkörper in zwei Spuren, die *Inkremental-* und *Referenzspur* geteilt (siehe Abb. 3.102, mittleres System). Jede Spur wird von einem eigenen Sensor abgetastet. An der Stelle, an der sich ein Referenzpol auf der Referenzspur im Maßkörper befindet, wird bei digitalen Systemen für den Weg eines Inkrements ein Referenzimpuls ausgegeben. Dieser Referenzimpuls hat eine Wiederholgenauigkeit, die besser als ein Inkrement ist. Bei analogen (1Vpp) Systemen ist die Breite des Referenz-Signals etwa $^1/_2$ Polbreite.

Beim Einschalten des Mess-Systems muss eine *Referenzfahrt* bis zum Referenzimpuls durchgeführt werden. Dies kann im schlechtesten Falle die gesamte Messlänge sein. Falls die Zeitdauer für diesen maximalen Verfahrweg zu lange ist, können mehrere Referenzpunkte an definierten Positionen im Maßkörper eingebracht werden: Bei diesem abstandscodierten Maßkörper ist der Abstand zwischen zwei Referenzpunkten immer unterschiedlich und damit eindeutig. Die Referenzbewegung muss dann nur noch über zwei Referenzpunkte ausgeführt werden; dann ist die absolute Position eindeutig bestimmt. Mit dieser Maßnahme lässt sich der maximale Verfahrweg zum Referenzieren deutlich verringern.

In Abb. 3.103 ist links der Abstand zwischen je zwei Referenzpunkten bei einem *abstandscodierten Maßkörper* mit einer 5 mm Polteilung dargestellt. Der Abstand zwischen zwei Referenzimpulsen ist eine Polbreite bzw. ein Vielfaches davon. Rechts

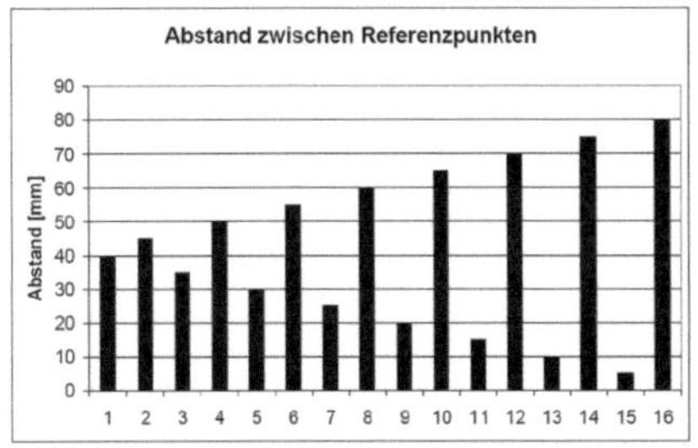

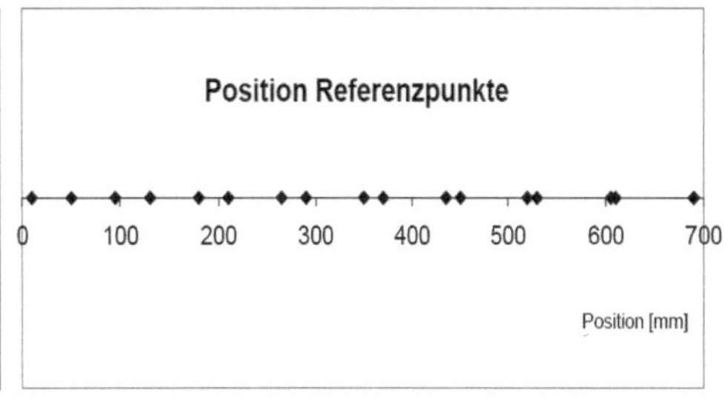

Abb. 3.103 Position Referenzpunkte bei abstandscodiertem Maßkörper

ist die Position der Referenzpunkte maßstäblich abgebildet. Der Grundabstand, der maximale Abstand zwischen zwei Referenzpunkten, beträgt in dem Beispiel 80 mm. Die nächsten Abstände sind dann jeweils eine Polbreite, hier 5 mm, unterschiedlich zum vorigen, bzw. vor-vorigen Abstand. Der erste Abstand entspricht dem halben Grundabstand. Die Abstände betragen damit 40 mm–45 mm–35 mm–50 mm bis 5 mm–80 mm. Es ist erkennbar, dass hier 16 eindeutige Abstände zwischen zwei Referenzpunkten existieren. Die maximale Messlänge, in der die Abstände zwischen den Referenzpunkten eindeutig ist, ist eine Funktion der Polbreite (des minimalen Abstandes der Referenzimpulse) und des Grundabstandes.

3.1.6.2 Aufbau und Funktionsweise inkrementeller und absoluter Mess-Systeme

Inkrementelle magnetische Mess-Systeme

Der Sensorkopf wertet das Magnetfeld über spezielle Sensoren aus, die meist nach dem magnetoresistiven (MR) Effekt arbeiten. Je nach Anwendungsfall kommen Sensoren mit speziellen MR-Effekten zum Einsatz: AMR-Anisotroper MagnetResistiv, GMR GiantMagnetResistiv, TMR TunnelMagnetResistiv, CMR CollosalMagnetResistiv (Abschn. 2.3).

Zwei Sensorbrücken, die mechanisch um 90°, bezogen auf das gemessene Signal (normalerweise eine Polbreite), versetzt sind, bilden die Grundlage für die Messung. Sie werden im Folgenden als *Sin- und Cos-Sensoren* bezeichnet. Meist ist die Struktur des Sensors an die Polbreite angepasst. Bei kleinen Polbreiten ist die Länge des Sensors sogar größer als ein Pol. Dann ist eine Mittelung des Signals über mehrere Pole möglich. Dies erhöht den SignalRauschabstand und reduziert bei geeigneter Geometrie die gemessenen Oberwellen. Für Polbreiten bis zu etwa 5 mm befinden sich die Sin- und Cos-Sensoren gemeinsam in einem Chip. Bei größeren Polbreiten werden diskrete Sensoren benutzt. In der Auswerteelektronik im Sensorkopf wird der Offset, die Amplitude und teilweise die Phase der Sin- und Cos-Signale zueinander abgeglichen. Dieser Abgleich geschieht zum Teil adaptiv während der Bewegung. Diese Signale bilden die Basis für die Positionsmessung. Als Schnittstelle wird entweder das Sin- und Cos-Signal (Abschn. 3.2.6) oder ein digitalisiertes A/B-Signal (Abschn. 3.2.7) benutzt.

Ein Referenzsensor gibt an einer definierten Position im Pol einen Referenzimpuls aus.

Manche Sensoren besitzen noch zwei weitere magnetisch geschaltete Ausgänge, die in Verbindung mit zusätzlichen Dauermagneten, die Funktion von Endschaltern am Bewegungsbereich übernehmen können.

Es existieren zwei prinzipielle Ausführungsformen:

- *inkrementelles Mess-System* mit optionalem Referenzpunkt und optionalen Endschaltern und ein und
- *absolutes Mess-System* mit optionaler Echtzeitschnittstelle.

Folgende messtechnische Daten sind erreichbar:

- Echtzeitsystem mit einer Wandlungszeit von einigen zig ns,
- Auflösung $\leq 1\ \mu\text{m}$,
- Systemgenauigkeit (Linearitätsabweichung) bis unter $\pm 5\ \mu\text{m}$,
- Hysterese <<1 µm,
- Maximale Verfahrgeschwindigkeit über 20 m/s.

Übliche inkrementelle Echtzeitschnittstellen:

- 1Vpp (sin/cos),
- RS422,
- HTL (single ended).

Übliche absolute Schnittstellen:

- SSI,
- BiSS,
- Hiperface.

Der mögliche Luftspalt bewegt sich je nach Polbreite von nahezu 0 mm bis über 5 mm (ca. 30 % der Polbreite). Es gibt extrem kleine Bauformen, bis hinab zu $(b \cdot h \cdot l)$ $12 \cdot 13 \cdot 35\ \text{mm}^3$. Selbst bei dieser Bauform ist keine zusätzliche Verstärkerelektronik nötig. Stecker und Kabelvarianten sind verfügbar.

Absolute magnetische Mess-Systeme

Bei inkrementellen Systemen, deren Magnetfeldsensoren auf einem MR Effekt beruhen, kann der Sensorkopf nicht zwischen den einzelnen Polen unterscheiden. Jeder Pol ist für den Sensorkopf gleich. Die Position innerhalb des Pols ist eindeutig. Für ein absolutes Mess-System muss zusätzlich zur Position innerhalb des Pols die *Polnummer* n_{pol} erkannt werden. Gl. (3.41) zeigt den Zusammenhang:

$$s_{\text{abs}} = s_{\text{pol}} + n_{\text{pol}} \cdot P. \tag{3.44}$$

Dabei entspricht P der Polbreite. Zur Bestimmung der Polnummer existieren verschiedene Verfahren. Denkbar wäre eine *parallele Codierung,* wobei jedem Bit eine eigene Spur und ein eigener Sensor zugeordnet wären. Dies hätte jedoch eine hohe Anzahl paralleler Spuren und damit eine sehr breite Bauform des Sensors und des Maßkörpers zur Folge.

Stattdessen ist es üblich, die absolute Codierung in *serieller Form* in einer Spur anzuordnen. Beispielhaft ist in Abb. 3.104 eine 4 Bit PRC-Codierung (Pseudo Random Code oder Kettencode) beschrieben.

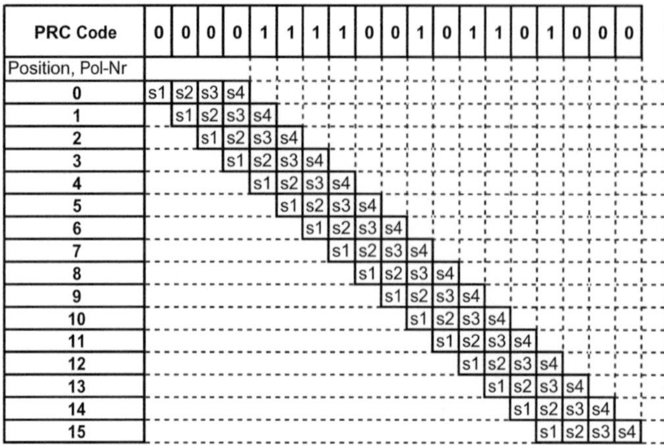

PRC Code	0	0	0	0	1	1	1	1	0	0	1	0	1	1	0	1	0	0	0
Position, Pol-Nr																			
0	s1	s2	s3	s4															
1		s1	s2	s3	s4														
2			s1	s2	s3	s4													
3				s1	s2	s3	s4												
4					s1	s2	s3	s4											
5						s1	s2	s3	s4										
6							s1	s2	s3	s4									
7								s1	s2	s3	s4								
8									s1	s2	s3	s4							
9										s1	s2	s3	s4						
10											s1	s2	s3	s4					
11												s1	s2	s3	s4				
12													s1	s2	s3	s4			
13														s1	s2	s3	s4		
14															s1	s2	s3	s4	
15																s1	s2	s3	s4

Polnummer	Signale der vier Sensoren			
	s1	s2	s3	s4
0	0	0	0	0
1	0	0	0	1
2	0	0	1	1
3	0	1	1	1
4	1	1	1	1
5	1	1	1	0
6	1	1	0	0
7	1	0	0	1
8	0	0	1	0
9	0	1	0	1
10	1	0	1	1
11	0	1	1	0
12	1	1	0	1
13	1	0	1	0
14	0	1	0	0
15	1	0	0	0

Abb. 3.104 Beispiel für 4 Bit PRC-Code

In der oberen waagrechten Spalte in Abb. 3.104 ist eine serielle Anordnung für 16 Werte/Positionen für einen PRC Code abgebildet. Die serielle 4-Bit-Codierung wird durch 4 digitale Sensoren (s1, s2, s3, s4) abgetastet. Die 16 möglichen Positionen der 4 Sensoren sind untereinander durch jeweils die waagrechte Kennung s1, s2, s3, s4 symbolisiert. In der Mitte unterhalb der Codierung ist die Position der Sensoren in den 16 möglichen Positionen angedeutet. In der Zeile der jeweiligen Positionen ist links und rechts die fortlaufende Polnummer angegeben. Rechts im Bild sind die Sensorwerte der vier Sensoren in der jeweiligen Position eingetragen. Die daraus abgeleitete Polnummer, die die vier Sensoren sehen, ist jeweils in der rechten Tabelle links neben der binären Sensorwertdarstellung eingetragen. Man sieht, dass alle möglichen 16 Positionen auch in der seriellen Form auftauchen. Damit lässt sich an jeder Stelle beispielsweise über eine Lookup-Tabelle aus den 4 Sensoren auf die Polnummer zwischen 0 und 15 schließen. Wenn die binären Werte 0 und 1 durch N- und S-Pole repräsentiert werden, kann über Sensoren, die N- und S-Pole unterscheiden können (z. B. Hallsensoren), eindeutig auf die Zahl 0 bis 15 geschlossen werden. Auf diesem Weg lässt sich die Polnummer, die in Gl. (3.41) benötigt wird, bestimmen.

In Abb. 3.105 ist ein absoluter Maßkörper dargestellt. Unten befindet sich die Inkremental-spur, oben die Absolutspur mit PRC Code. Die Codierung der Absolutspur ist unten mit 0 und 1 symbolisiert. Wie im linken Teil dargestellt, kann es vorkommen, dass beim Einschalten die Absolutsensoren (Dig0_b, Dig1_b, Dig2_b, Dig3_b) genau auf der Mitte zwischen zwei Polen der oberen Absolutspur befinden. Bei einem Polwechsel sind die genutzten Magnetfelder dort genau Null und damit nicht gültig. Aus diesem Grund wird jeder Absolutsensor als *Sensorpaar* ausgebildet (Digi_a, Digi_b, rechts im Bild). Die beiden Sensoren haben einen Abstand von $^1/_2$ Polbreite. Einer der beiden Sensoren befindet sich immer in einem gültigen Bereich über dem Maßkörper. In Abhängigkeit vom Inkrementalsensor (in Abb. 3.105 als Inc bezeichnet)

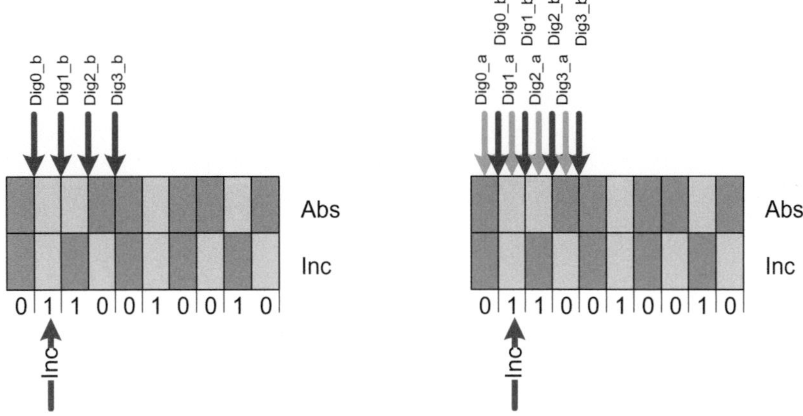

Abb. 3.105 Realisierung der Absolutsensoren

kann der Sensorkopf entscheiden, an welcher Stelle im Pol er sich befindet, und dann zur Bestimmung der absoluten Position die jeweils gültigen Sensoren der Reihe a oder b nutzen.

Schnittstellen von absoluten Wegmess-Systemen übertragen die absolute Position in einer digitalisierten seriellen Form (z. B. SSI, BiSS, CAN, Profibus, Endat, Hyperface) Diese Werte können – da seriell – nicht in Echtzeit übertragen werden. Das serielle Protokoll benötigt immer eine endliche Zeit.

Verschiedene Schnittstellen (SSI, BiSS) frieren den Messwert zum Zeitpunkt des Beginns der Anfrage ein und übertragen anschließend diesen eingefrorenen Wert. Damit kennt die Steuerung, nachdem die Daten übertragen worden sind, die Position zu dem Zeitpunkt, an dem die Anfrage gestartet wurde, und kann entsprechend einen Regelkreis aufbauen. Die *Positionsdaten* stehen jedoch *nicht in Echtzeit* zur Verfügung.

Bei Echtzeitfähigkeit muss zusätzlich zum digitalisierten Positionssignal ein Echtzeitsignal (sin/cos oder A/B) übertragen werden. Dies ist prinzipiell bei jeder Schnittstelle möglich, realisiert wurde es bisher bei EnDat, Hiperface und BiSS-sin/cos BiSS-A/B SSI-sin/cos, SSI-A/B.

Häufig reicht es aus, die absolute Position nur beim Einschalten zu lesen und danach nur mit den echtzeitfähigen, inkrementellen Signalen weiter zu arbeiten. In diesem Fall werden an die Geschwindigkeit der absoluten Schnittstelle keine besonderen Anforderungen gestellt. Nach dem Einschalten dient sie meist nur noch als redundantes System.

Für die absolute Positionsübertragung haben sich verschiedene Hardwarestandards, die alle mit Differenzsignalen arbeiten, durchgesetzt, einige davon seien beispielhaft benannt: Bidirektionaler Bus (Hiperface), eine unidirektionale Clock- und eine bidirektionale Datenleitung (EnDat), eine unidirektionale Clock- und Datenleitung (SSI, BiSS). In Tab. 3.19 sind die wichtigsten Eigenschaften einer Auswahl der absoluten Schnittstellen angegeben.

Tab. 3.19 Eigenschaften von absoluten Schnittstellen

	SSI	BiSS	EnDat	Hiperface	CAN	Profibus
Hardware (jedes Signal ist als Differenzsignal übertragen)	Clock (unidir) Daten (unidir)	Hardware kompatibel zu SSI Clock (unidir) Daten (unidir)	Clock (unidir) Daten (bidir)	Bidirektionaler Bus	Bidirektionaler Bus	Bidirektionaler Bus
Topologie	Stichleitung	Stichleitung mit 8 Slaves	Stichleitung	Stichleitung	Bus	Bus
Übertragungsrichtung der Daten	Sensor → Steuerung	Bidirektional	Bidirektional	Bidirektional	Bidirektional	Bidirektional
Elektronisches Datenblatt möglich	Nein	Ja	Ja	Ja	Ja	Ja
Optionales Echtzeitsignal	SSI-sin/cos, SSI-A/B	BiSS-sin/cos BiSS-A/B	Ja	Ja	Nein	Nein

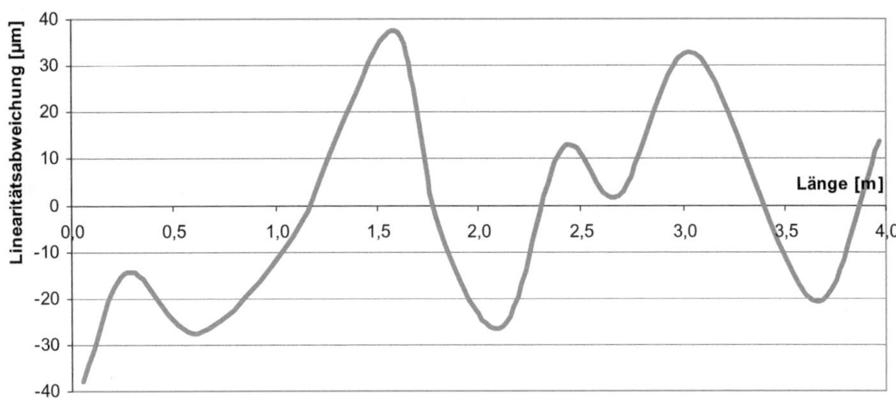

Abb. 3.106 Weiche Linearitätsdefinition

3.1.6.3 Kennwerte

Linearitätsabweichung

Generell definiert man die Linearitätsabweichung (LA) oder Systemgenauigkeit als *Unterschied* zwischen dem *Mess-System* und einem *Referenzsystem.*

Bei magnetischen Mess-Systemen ist die LA von der Maßverkörperung und vom Sensorkopf abhängig. Beim Vergleich verschiedener Mess-Systeme darf nicht nur der reine Zahlenwert betrachtet werden; es ist wichtig, wie der Zahlenwert definiert ist. Grundsätzlich gibt es in dem Bereich verschiedene Definitionen für die Linearitätsabweichung. Die wichtigsten Definitionen seien hier genannt:

Die weichere (kumulative) oder qualitativ weniger anspruchsvolle: Hier wird die Linearitätsabweichung *je Meter* angegeben. Je länger die Messlänge, umso größer wird die maximale Linearitätsabweichung. Beispielsweise gilt:

$$LA = \pm(\mathrm{k}_0 + \mathrm{k}_1 \cdot l) \tag{3.45}$$

mit $\mathrm{k}_{0;}$ k_1: Konstanten, l: Messlänge in m.

Die Konstante k_0 steht für die *Nichtlinearität* des Sensorkopfes. Sie wiederholt sich in jedem Pol und hat deshalb ein sehr kurzwelliges Verhalten. k_1 repräsentiert den *Maßkörper.* Für $\mathrm{k}_1$gibt es üblicherweise verschiedene Qualitätsstufen des Maßkörpers. Der Einfluss des Maßkörpers ist sehr langwellig (im Dezimeterbereich). Beispielhaft sei angenommen $\mathrm{k}_0 = 2\ \mu\mathrm{m}$, $\mathrm{k}_1 = 10\ \mu\mathrm{m/m}$. Eine Mess-Strecke von 4 m Länge hat somit eine LA von etwa maximal $\pm 40\ \mu\mathrm{m}$. Mit dieser Zahl ist jedoch noch nichts über den tatsächlichen Verlauf der LA ausgesagt. Die LA könnte den Verlauf wie in Abb. 3.106 haben: Innerhalb eines kurzen Stücks kann der gesamte Linearitätshub von $\pm 40\ \mu\mathrm{m}$ durchfahren werden (*Mikrolinearität*). Diese Definition stellt keine Anforderungen an die Mikrolinearität.

Bei der strengeren Definition, die in Abb. 3.107 dargestellt ist, wird garantiert, dass die maximale Linearitätsabweichung innerhalb eines *beliebigen Meters* nie

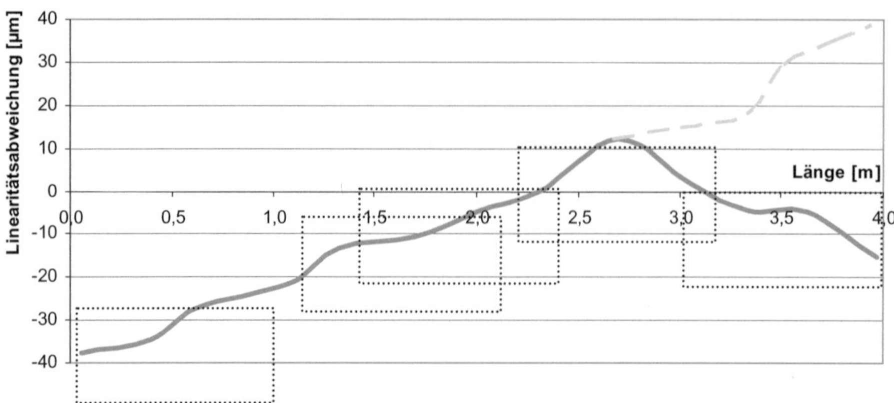

Abb. 3.107 Harte Linearitätsdefinition

größer als die maximale LA (k_1) ist. Zur Verdeutlichung des Sachverhalts der harten Definition sind 5 Rechtecke mit einer Länge von je 1 m und einer LA von $\pm 10\ \mu$m an verschiedenen Stellen an der dunklen Kurve in das Diagramm eingezeichnet. Diese harte Definition erreicht zwar im schlechtesten Falle auch über die *gesamte Länge* die Grenzen von $\pm 40\ \mu$m (durchgezogene dunkle Kurve bis etwa 2,7 m und dann die gestrichelte hellere Kurve). Typischerweise ist die gesamte LA jedoch geringer (durchgezogene Kurve). Bei dieser erhöhten Anforderungen an die Linearität ist die Ableitung der Linearität $\Delta LA/\Delta s$ deutlich geringer als in Abb. 3.106. Dieser Qualitätsunterschied, der aus der unterschiedlichen Definition kommt, wirkt sich beispielsweise in der Geräusch- oder Wärmeentwicklung bei Linearantrieben oder in der Haltbarkeit der Lager der Antriebe deutlich aus. Verschiedene Hersteller benutzen die unterschiedlichen Definitionen der Linearitätsabweichung.

Hysterese

Die Hysterese bei (magnetischen) Mess-Systemen lässt sich leicht bestimmen, indem die Linearitätsabweichung in Vorwärts- und in Rückwärtsrichtung aufgenommen wird. (Abb. 3.108 und 3.109) Die Breite der Kurve (kurze Pfeile) entspricht der Auflösung des Prüflings, hier 1 μm. Die Breite entsteht, weil das Referenzsystem eine wesentlich höhere Auflösung als der Prüfling hat. Die Linearitätsabweichung entspricht einer *Hüllkurve* der breiten Kurve. Die maximale Linearitätsabweichung bestimmt sich deshalb aus der Differenz zwischen dem Maximum und dem Minimum der Hüllkurve. Genauso entspricht die Hysterese der Differenz der Hüllkurven zwischen der Linearitätsabweichung der Vorwärts- und Rückwärtsrichtung (lange Pfeile). In Abb. 3.109 beträgt die Hysterese etwa 0,2 μm.

Zusätzlich zur Hysterese wird gegebenenfalls noch der *Schleppfehler* (geschwindigkeitsabhängig) gemessen.

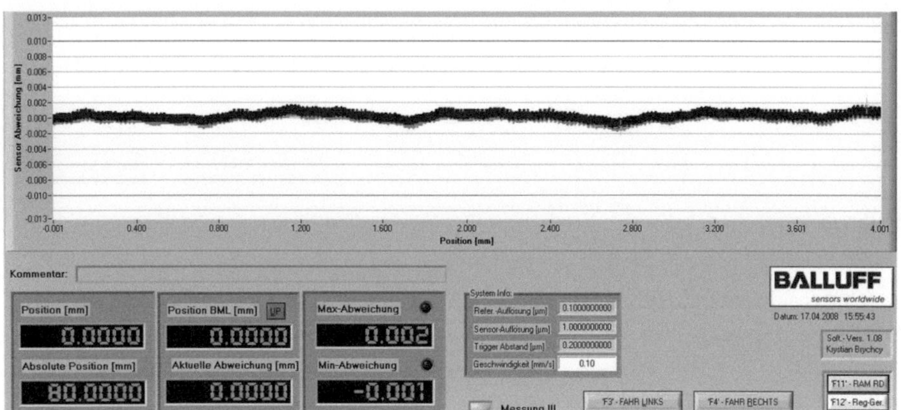

Abb. 3.108 Messung der Hysterese

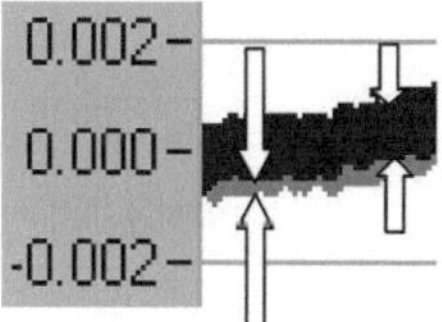

Abb. 3.109 Gezoomter Messbereich links Hysterese wird sichtbar

Schleppfehler

Durch Lauf- oder Totzeiten in dem Signalpfad im Sensorkopf entsteht ein Schleppfehler, der einen deutlich höheren Wert als die Hysterese erreichen kann. Der Einfluss des Schleppfehlers auf die Hysteresemessung kann leicht durch Veränderung der Geschwindigkeit gemessen werden. Bei sehr langsamer Bewegung hat ein Schleppfehler einen sehr geringen Einfluss auf die gemessene Hysterese.

3.1.6.4 Sensortypen im Vergleich

Das Prinzip der Messung des Magnetfeldes lässt sich für Linearbewegungen und auch für Rotativbewegungen anwenden. Magnetische Sensoren müssen zunächst in *inkremental* und *absolut* messende Systeme unterschieden werden. Für beide Systeme ist die *Polbreite* (PB) – und mit ihr der maximale Abstand (je größer PB, um so größer der maximale Luftspalt) und die erreichbare Genauigkeit (je größer die PB, um so geringer die Genauigkeit) – entscheidend.

Die *elektrische Schnittstelle* ist wichtig für die zulässige Kabellängen bzw. die erreichbaren Verfahrgeschwindigkeiten. Meist spielt auch die *mechanische Bauform* mit der zugehörigen *Verfahrrichtung* eine große Rolle. Je nach Anwendung sind im Sensorkopf integrierte *Endschalter* hilfreich. Manche Bauformen sind mit Stecker erhältlich. In Tab. 3.20 sind die Eigenschaften verschiedener Sensortypen aufgeführt.

Tab. 3.20 Auswahl von Sensortypen und ihre Eigenschaften

	BML-S1A	BML-S1B/E	BML-S1F1	BML-S1F2
Polbreite [mm]	1	5	1	1
Luftspalt [mm]	0,01 bis 0,35	0,01 bis 2	0,01 bis 0,35	0,01 bis 0,35
Systemgenauigkeit [μ]	±10	±20	±10	±10
Schnittstelle	RS422/1Vpp	RS422/HTL	RS422/1Vpp	RS422/1Vpp
Endschalter verfügbar	Ja	Ja	Nein	Nein
Steckerversion verfügbar	Ja	Nein	Nein	Nein
Versorgungsspannung [V]	5	5, 10 … 30	5	5
Baugröße ($l \cdot b \cdot h$) [mm^3]	$60 \cdot 11 \cdot 14$	$35 \cdot 10 \cdot 25$	$35 \cdot 12 \cdot 13$	$35 \cdot 12 \cdot 13$

Tab. 3.21 Anwendungsbeispiele für Seilzug-Wegsensor

Einsatzbereich	Anwendung
Flurförderfahrzeuge und Gabelstapler	• Gabelhub • Gabelweite
Hubgestelle	• Bündige Positionierung von Plattform und Zielebene
Scherenhubtische	• Plattformhöhe
Verladekrane	• Hubhöhe und Horizontalposition eines Containers
(Knickarm-)Ladekrane	• Auslegeposition des Greifers • Position der Ausfahrstützen
Patiententische	• Höhe und horizontale Position

Tab. 3.22 Anwendungsbeispiele für Messradencoder

Einsatzbereich	Anwendung
Fördertechnik	• Geschwindigkeitsmessung von Förderbändern
Drucktechnik	• Längenmessung von zu schneidenden Druckerzeugnissen • „drop-on-demand“ Tintenstrahldrucktechnik
Holzindustrie	• Geschwindigkeits- und Längenmessung in der Holzpanelverarbeitung
Straßenbau	• Fahrzeug- oder personengeführte Wegmessung

3.1.6.5 Anwendungsbeispiele

Im Abb. 3.110 ist ein 3D-Modell eines Linearantriebs abgebildet. Unten rechts im Bild kann man den Sensorkopf erkennen. Der Linearantrieb wird ausschließlich mit dem magnetischen Mess-System geregelt.

In Abb. 3.111 ist eine weitere Spezialanwendung eines Maßkörpers abgebildet, bei dem der magnetische Maßkörper in eine Stange integriert, und mit einer Edelstahlschicht überzogen ist (rechtes Bild). Der Maßkörper ist in Achsrichtung abwechselnd auf dem Umfang magnetisiert. Die Magnetpole sind im linken Bild mit einer Pole-Pitch-Display-Card sichtbar gemacht. Sie verdunkelt sich an den Polen und wird zwischen den Polen hell. Mit dem entsprechenden Sensorkopf lässt sich die Position, und daraus abgeleitet

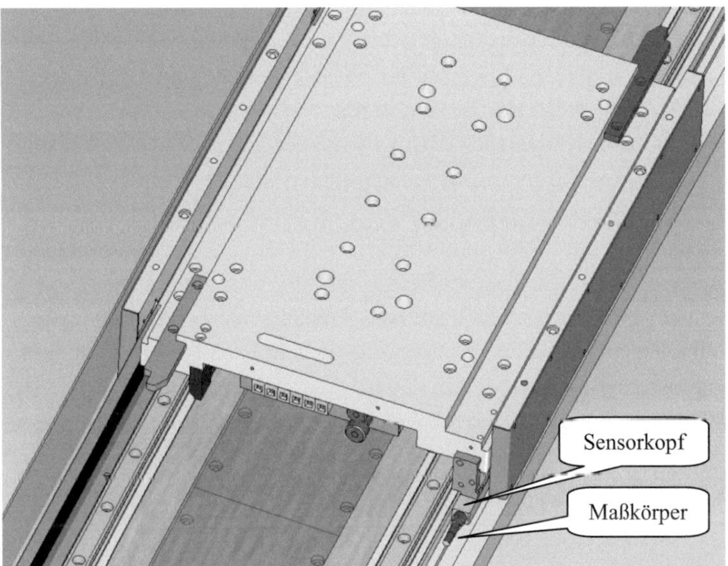

Abb. 3.110 3D-Modell eines Linearantriebs

Abb. 3.111 Bild eines Maßkörpers auf einer Stange. (Werkfoto: Magnopol GmbH & Co. KG)

die Geschwindigkeit und die Beschleunigung der Stange sehr genau und dynamisch erfassen. Dabei spielt eine Drehung um die Stangenachse keine Rolle für die Messung.

3.1.7 Spezielle Sensoren für die lineare Wegmessung

3.1.7.1 Umsetzung von Linearbewegung in Drehbewegung

Werden Drehgeber in Abschn. 3.2 näher erläutert soll an dieser Stelle bereits ein Anwendungsbereich dieser, auf die Messung von Drehbewegungen ausgelegten Sensoren, eingeführt werden. Durch geeignete Mechaniken können lineare Bewegungen in rotative umgesetzt werden. Dadurch lassen sich Messaufgaben lösen, die mit klassischen Wegsensoren nicht oder nur aufwendig realisiert werden können. Entsprechend eingesetzte Drehgeber sind dabei auch in der Lage angepasst an die Konfiguration die lineare Bewegung direkt in einer Längeneinheit anzuzeigen.

Eine Spezialvariante für lineare Wegsensoren sind Seilzug-Wegsensoren (elektronisches Maßband). Bei diesen werden Inkremental- oder Absolut-Multiturn-Drehgeber mit einem Seilzugmechanismus kombiniert. Ein Seil wird auf eine Trommel gewickelt. Die Trommel ist zum einen axial mit der Drehgeberwelle verbunden und zum anderen über eine Rückhaltefeder mit dem Gehäuse, wodurch das Seil gespannt wird. Das freie Ende des Seiles wird an ein bewegtes Objekt angebracht, eventuell auch über Umlenkrollen. Eine präzise Linearführung, wie bei anderen Längenmesssystemen, ist hierbei nicht erforderlich. Somit kann sehr einfach eine lineare Bewegung gemessen werden. Seilzugencoder gibt es für kurze Längen aber auch für Anwendungen mit Messlängen von mehreren Dutzend Metern (Abb. 3.112).

Da der Drehgeber anzeigt, wie weit das Messseil von der Trommel abgewickelt ist, ist in der Anwendung darauf zu achten, dass das Messseil immer gespannt ist. Ansonsten

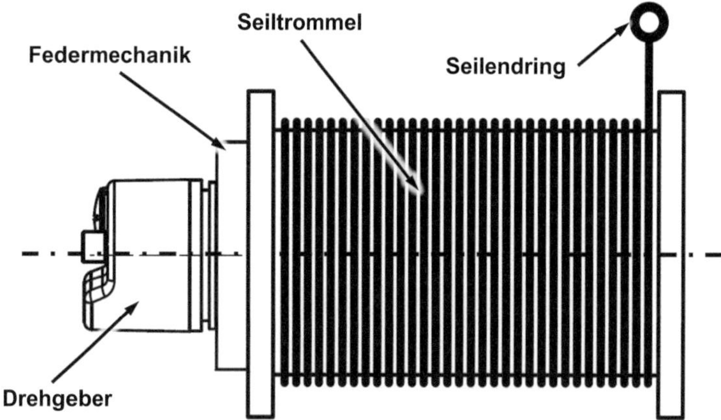

Abb. 3.112 Schematische Darstellung eines Seilzug-Wegsensors

ergeben sich Messfehler. Die Auflösung und der Messbereich werden im Datenblatt meist direkt als lineares Maß angegeben. Bei der Auswahl eines Seilzug-Wegsensors ist auf die maximal mögliche Geschwindigkeit und Beschleunigung zu achten. Außerdem ist bei Seilzug-Wegsensoren die maximale Anzahl an Hüben mechanisch begrenzt und nur ein relativ kleiner Auszugswinkel erlaubt. Über einen modularen Aufbau lassen sich für gewöhnlich an einen Drehgeber unterschiedliche Seilzugmechaniken anbringen. Dadurch ergibt sich eine große Bandbreite an Varianten und eine optimale Auswahl an die Anwendung. Die Sensorik eines Drehgebers kann aber auch direkt in den Seilzug integriert werden. Geht die Modularität verloren, gewinnt man eine kompakte Bauform.

Werden ein paar einfache Regeln eingehalten gestaltet sich der Anbau recht einfach. So muss sich das Seil frei bewegen können und darf nicht gequetscht werden. Minimale Umlenkradien sollten nicht unterschritten werden. Auch ein zurückschnappen des Seiles ist zu vermeiden.

Eine andere spezielle Ausprägung zum Einsatz von Drehgebern für die Erfassung linearer Bewegungen sind Messradencoder. Auch diese setzen eine lineare Bewegung direkt in eine rotative um. Über einen Federmechanismus wird der Drehgeber über ein Messrad an die Anwendung adaptiert. Basis für Messradencoder können auch wieder Inkremental- oder Absolut-Drehgeber sein. Angezeigt wird dabei die Winkeländerung oder der absolute Winkelwert, also nicht ein linearer Verfahrweg. Um dies zu ermitteln, muss die Steuerung den Umfang des Messrades kennen. Die Messräder können unterschiedlich gestaltet sein. Es gibt u. a. Messräder aus Gummi (als O-Ring), Kunststoff oder metallischem Material, glatt oder geriffelt bzw. mit Rändel. Die Auswahl wird durch die Anwendung definiert. Wichtig sind dabei z. B. die maximal mögliche Beschleunigung (hohe Werte können zu Schlupf führen) oder die Empfindlichkeit der Oberfläche der Anwendung auf Einprägungen. Abb. 3.113 skizziert einen Aufbau und der darauffolgende Kasten nennt einige typische Anwendungen. Kombiniert werden können die Messräder mit unterschiedlichsten Drehgebern, die sich z. B. in der elektrischen Schnittstelle unterscheiden. Somit stehen hier unterschiedlichste Varianten

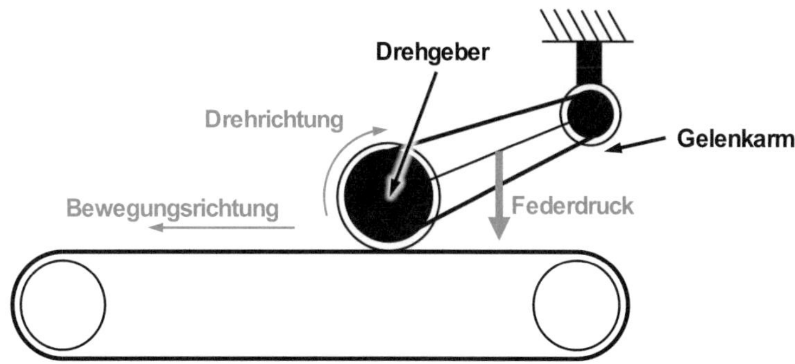

Abb. 3.113 Schematische Darstellung eines Messradencoders am Beispiel Fördertechnik

zur Verfügung. Eine hohe Relevanz kommt der Mechanik zu, die den Messradencoder geeignet in die Anwendung integrieren lässt.

3.1.7.2 Prinzip der „optischen Maus" für die Wegmessung

Zur Messung einer linearen Bewegung gibt es einen Ansatz im Konsumerbereich, der in Wissenschaft und Technik noch eher ein Nischendasein führt. Die Messprinzipien an sich sind dabei berührungslos und somit verschleiß- und wartungsfrei. Dabei können sie auf beliebigen Oberflächen inkl. nichtfester oder gar flüssiger eingesetzt werden solange optische Parameter eingehalten werden (es muss genügend optische Energie erfassbar sein).

Beim ersten Prinzip besteht das Sensormodul im Wesentlichen aus drei Elementen. Eine Beleuchtungseinheit, eine LED oder ein Laser, projiziert Licht auf eine optisch raue Oberfläche. Der meist monochrom ausgelegte Kamerachip empfängt die Projektion der Oberfläche. Ein Optikmodul orientiert die Beleuchtungseinheit und den Kamerachip mechanisch zueinander und die zwei integrierten Konvex-Linsen fokussieren das Licht auf der meist recht wenige Pixel umfassenden Kamera (z. B. 30 × 30 Pixel). Eine nachgelagerte Signalverarbeitungseinheit analysiert eine Bildsequenz auf Veränderungen und ermittelt daraus die ursächliche Positionsänderungen des Sensors relativ zur Oberfläche in zwei orthogonale Richtungen. Von den vielen möglichen Algorithmen kommt oft der des optischen Flusses zum Einsatz. Technologien auf dieser Basis, die für den Einsatz in z. B. „Gaming" Mäusen entwickelt wurden, erfassen Geschwindigkeiten bis zu >10 m/s bei einer Auflösung in den Sub-µm-Bereich bzw. >25.000 cpi (counts per inch) wobei die Oberfläche in einem Bereich von ± 0,2 mm von der Referenzebene eines Sensormoduls entfernt sein kann. Entsprechende Sensormodule erlauben es in definierten Szenarien gute Performanz zu erreichen. Anwendung findet das Prinzip wo klassisch Messradencoder eingesetzt werden mit dem Vorteil, dass bei dem berührungslosen Prinzip Schlupf keine Rolle spielt und es zu keinem Verschleiß kommt. Dabei ist zu beachten, dass die Messung eine reine Geschwindigkeitsmessung ist.

Neben dem bildgebenden Ansatz entwickelte sich ein anderes technologisches Prinzip – das der selbstmischenden Interferenz. Basis ist ein Laser, besser gesagt ein VCSEL (vertical-cavity surface-emitting laser). Dieses wird auf die Oberfläche unter einem Winkel ausgerichtet. Ein Teil des ausgestrahlten Lichts reflektiert zurück in die Laserquelle, wo es mit dem ursprünglichen Laserfeld interferierte. Bewegt sich die Oberfläche relativ zu dem Laser, kommt es zwischen dem reflektierten und dem originalen Licht zu einer Phasenverschiebung. Das resultierende Signal variiert mit der Doppler-Frequenz, die wiederum linear abhängig ist von der Geschwindigkeit der beleuchteten Oberfläche. Durch Frequenzanalyse, z. B. mittels einer FFT lässt sich die Geschwindigkeit ermitteln. Mit diesem Verfahren lässt sich auch die Bewegungsrichtung ermitteln, wenn das Lasersignal mit einer Grundfrequenz beaufschlagt wird. Ist die resultierende Frequenz größer als die Grundfrequenz findet die Bewegung in der einen Richtung statt, ist sie kleiner in die andere. Erhält man aus der Physik eine Information die proportional der Geschwindigkeit ist, lässt sich das mühelos in eine Positionsänderung umsetzen. Sensormodule auf dieser technologischen Basis für den Konsumerbereich erreichen Auflösungen von bis zu 3 µm bei Geschwindigkeiten von ca. 4 m/s und einer Abstandstoleranz von $\pm 0{,}2$ mm. Generell wird die Technologie der selbstmischenden Inferenz als robuster angesehen als die bildverarbeitende.

In einer speziell für den Industriebereich entwickelten Version, die als Laser-Oberflächenbewegungssensoren bezeichnet wird, erlauben Geschwindigkeiten von bis zu 10 m/s, eine Auflösung bis zu 4 µm und eine Genauigkeit von bis zu 0,1 % bei einem nominalen Abstand von 50 mm und einer Toleranz von ± 5 mm. Eingesetzt werden solche Sensoren, wo Längen erfasst müssen und heute Messradencoder verwendet werden und darüber hinaus. Aufgrund des berührungslosen Ansatzes können auch empfindliche, heiße, dünne etc. Oberflächen vermessen werden (z. B. Papier, Gewebe, Gummi, Kunststoffe). Auch ist es grundsätzlich möglich strömende Medien zu erfassen.

3.2 Sensoren für Winkel und Drehbewegung

Übersicht

Sensoren für Winkel und Drehbewegung wandeln einen *mechanischen Winkel* in ein *elektrisches Signal* um. Für diese Sensoren gibt es verschiedene Begriffe, wie beispielsweise: Encoder, Winkelencoder, Winkelcodierer, Drehwinkelsensor, Drehwinkelmess-Systeme, Inkrementalgeber/Absolutgeber oder Drehgeber. In diesem Abschnitt wird vorzugsweise der Begriff Drehgeber verwendet.

Ein Drehgeber besteht grundsätzlich aus *drei Elementen* (Abb. 3.114; φ: Winkel). Der *Sender* bringt Energie in das System ein; der *Modulator* verändert proportional zum mechanischen Winkel die eingebrachte Energie und dient somit als Maßverkörperung und der *Empfänger* wandelt die modulierte physikalische Größe in ein elektrisches Signal.

Wie Abb. 3.115 zeigt, können die Drehgeber in berührende und berührungslose Drehgeber eingeteilt werden und werden entsprechend des physikalischen Prinzips weiter unterteilt.

Abb. 3.114 Schematische Darstellung eines Drehgebers

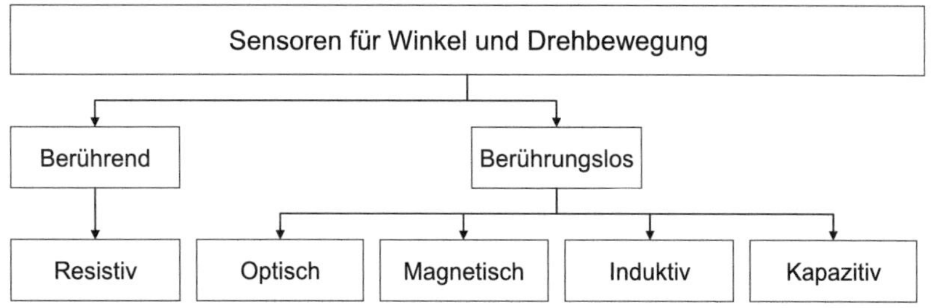

Abb. 3.115 Einteilung der Drehgeber nach dem Wirkprinzip

Tab. 3.23 Eigenschaften der verschiedenen Drehgeber (−: unter Durchschnitt; 0: Durchschnitt; + : über dem Durchschnitt und + + : sehr gut)

Eigenschaft	Resistiv	Optisch	Magnetisch	Induktiv	Kapazitiv
Genauigkeit	−	++	+	+	+
kompakte Bauform	−	O	O	+	+
Unempfindlich gegen Schock- / Vibration	+		+	+	+
Eigenverbrauch	+	O	−	−	+
Montagetoleranzen	O	−	O	O	+
Störfestigkeit auf magnetische Felder	+	+	−	O	+
Temperaturverhalten	−	O	O	+ (Resolver)	O
Empfindlichkeit auf Feuchte	−	−	+	+	+
Lebensdauer	−	−	+	+	+

Die Eigenschaften der unterschiedlichen Drehgebertechnologien sind in Tab. 3.23 zusammengestellt.

Ausführungen von Drehgebern

Drehgeber unterscheiden sich aber auch in den verwendeten elektrischen Schnittstellen (Abb. 3.116). Grundsätzliche Drehgebereigenschaften lassen sich anhand der elektrischen Schnittstelle erläutern.

Bei Drehgebern mit *inkrementaler Schnittstelle* (Inkrement als Elementarschritt oder abzählbares Intervall) wird die Winkelinformation relativ ausgegeben. Das heißt, es wird nicht die absolute Winkelinformation sondern nur Winkeländerungen mittels Signaländerungen angezeigt. Es gibt zwei Ausprägungen: *Rechteck-* und *sinusförmige Signale.*

Bei den inkrementalen Drehgebern mit Rechtecksignalen wird in der einfachsten Form eine einzige Pulsleitung zur Verfügung gestellt (Abb. 3.117 links). Dies erlaubt nur die Ermittlung einer Winkeländerung. Erweitert man diese eine Pulsleitung um eine zweite, um 90° phasenverschobene, bekommt man ein *Quadratursignal.* Dies erlaubt, zusätzlich zur Winkeländerung die *Drehrichtung* anhand der Signalflankenfolge zu erkennen. Gleichzeitig wird die Auflösung verdoppelt bei gleicher Anzahl an Impulsen pro Leitung pro Umdrehung. Um die Zuordnung zu einem Bezugspunkt zu bekommen, kann noch eine Nullimpulsinformation zur Verfügung gestellt werden, wodurch eine *quasi-absolute Position* ermittelt werden kann (Abb. 3.117 mitten). Allerdings muss durch eine Referenzfahrt beim Einschalten des Drehgebers dieser Bezugspunkt einmalig durchfahren werden. Die elektrische Spezifikation für die Pulsleitung für ein- oder mehrkanalige inkrementale Drehgeber kann die unterschiedlichsten Ausprägungen haben (z. B. TTL, HTL, open collector).

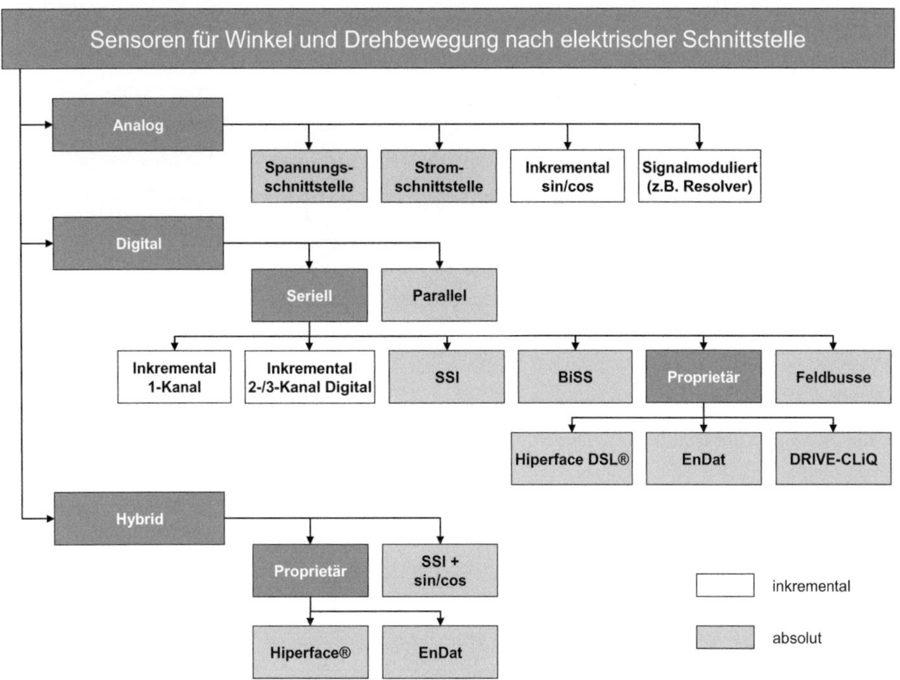

Abb. 3.116 Ausführungen von Sensoren für Winkel und Drehbewegung, unterschieden nach eingesetzten elektrischen Schnittstellen

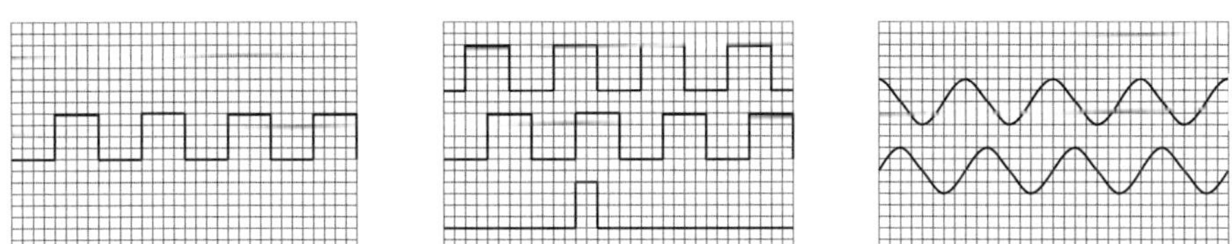

Abb. 3.117 Inkrementalsignale – 1-kanalig (links), 3-kanalig (mitten) und sin/cos (rechts)

Bei inkrementalen Drehgebern mit analogen Quadratursignalen werden *analoge Sinus- und Cosinus-Signale* zur Darstellung eines Winkels genutzt (Abb. 3.117 rechts). Diese werden von der Steuerung gleichzeitig abgetastet, digital gewandelt und interpoliert, um eine Winkelposition innerhalb einer Sinus-/Cosinusperiode zu ermitteln. Unter Interpolation versteht man in diesem Zusammenhang folgende Rechnung:

$$a = \frac{1}{n} \arctan\left(\frac{A_{\sin}}{B_{\cos}}\right)$$

Es ist dabei A_{sin} bzw. B_{cos} der Momentanwert des Sinus- bzw. Cosinussignals; n die Anzahl Sinus-/Cosinusperioden pro Umdrehung; a der errechnete Winkel. Dadurch wird die *Auflösung* gegenüber digitalen Inkrementalsystemen mit gleicher Codescheibe bei gleicher Grundauflösung (d. h. Anzahl von Sinus-/Cosinusperioden gegenüber Anzahl Inkremente pro Umdrehung) *wesentlich erhöht.* So kann man beispielsweise bei einem System mit 1024 Sinus-/Cosinusperioden und einer 10-Bit A/D-Wandlung eine Auflösung von 22 Bit ($2^{22} = 4194.304$), entsprechend 86 µgrad oder 0,3 Winkelsekunden pro Umdrehung erreichen (2 Bit erhält man aus der Quadratur von Sinus und Cosinus).

Außerdem kann man bei analogen Quadratursignalen eine *Zustands-* und *Fehlerüberwachung* anhand der folgenden Formel durchführen, die für jede Winkelstellung gilt:

$$\sin^2 + \cos^2 = 1 \quad \text{bzw.} \quad \sin^2 + \cos^2 = \text{const.}$$

Ein weiterer Vorteil analoger Inkrementalsysteme gegenüber digitalen ist die *geringere Anforderung* an die Übertragung, da die Signalfrequenz der Signale wesentlich geringer ist. Bei einem analogen Inkrementalsystem mit 1024 Sinus-/Cosinusperioden pro Umdrehung beträgt die Signalfrequenz bei 12.000 Umdrehungen pro Minute 204,8 kHz. Bei einem vergleichbaren digitalen Inkrementalsystem für 22-Bit Auflösung (20-Bit Inkremente) würde diese etwa 210 MHz betragen. Dies ist nicht praktikabel, da speziell heutige Steuerungseinheiten im industriellen Umfeld eine maximale Zählfrequenz von kleiner einem MHz bereitstellen und für gewöhnlich die Leitungen vom Drehgeber zur Auswerteeinheit mehrere Meter bis zu 100 m lang sind.

Ausgewertet werden analoge Inkrementalsignale auf zwei Arten (Abb. 3.118). Zum einen wird über die Position innerhalb einer Periode über die zuvor genannte Interpolation fein aufgelöst. Um über mehrere Perioden die Position zu erfassen, werden die über Schmitt-Trigger digitalisierten Signale gezählt. Die elektrische Spezifikation für die Signalleitung ist meist so, dass die Signale differentiell mit 1 Vss zur Verfügung gestellt werden.

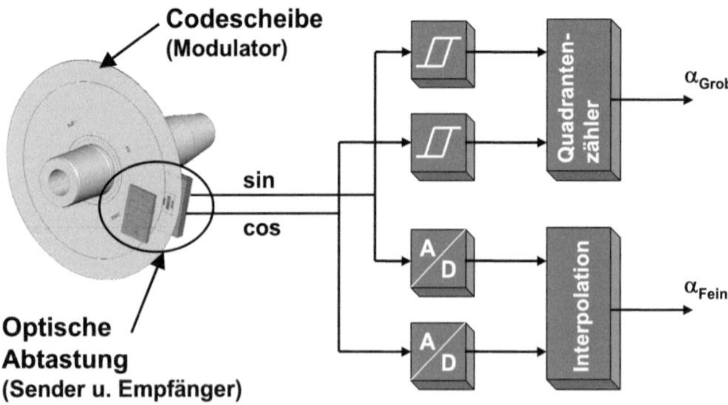

Abb. 3.118 Auswertung analoger inkrementaler Drehgebersignale

Im Gegensatz zu inkrementalen Systemen zeigen absolute Drehgeber zu jeder Zeit, insbesondere beim Einschalten, eine absolute Winkelposition an. Dies ist wichtig, wenn auf eine Referenzfahrt anwendungsbedingt verzichtet werden muss.

Der interne Aufbau von absoluten und inkrementalen Drehgebern unterscheidet sich dadurch, dass zur inkrementalen Auswertung *weitere Codespuren* abgetastet werden. So kann die absolute Information für eine Umdrehung ermittelt werden. Mögliche absolute Codes sind etwa Binär-, Gray-, Nonius- oder Pseudo-Random-Codes. Diese werden im Drehgeber verrechnet, sodass eine absolute Information zur Verfügung gestellt werden kann.

Im einfachsten Fall wird die *absolute Winkelinformation* als *paralleles Codewort* übertragen. Diese Form ist allerdings heute nicht mehr sehr weit verbreitet, da sie in der Verdrahtung sehr aufwendig und kostspielig ist. Üblich sind heute eher *serielle Schnittstellen,* die entweder speziell für Drehgeber entwickelt wurden, wie beispielsweise SSI (synchron serielles Interface), EnDat, BiSS und Hiperface DSL® oder *Feldbusse,* welche in industriellen Anlagen üblich sind.

Eine weitere Ausführungsform von Drehgebern arbeitet mit *hybriden Schnittstellen.* Dabei wird ein *serieller* Datenkanal mit *inkrementellen Analogsignalen* kombiniert. Beim Einsatz solcher Schnittstellen wird nach dem Einschalten die absolute, gering aufgelöste Information erfasst und auf dem Datenkanal übertragen. Gleichzeitig wird die inkrementelle Position von der Steuerung erfasst und mit der absoluten Information verrechnet. Damit ist das System *initialisiert* und es kann mit der inkrementellen Information der Analogsignale weiter gearbeitet werden. Je nach Schnittstelle können neben absoluten Winkelinformationen auch noch andere Daten, beispielsweise zur Diagnose oder Parametrierung über den Datenkanal übertragen werden.

Ein Vorteil inkrementaler Schnittstellen im Allgemeinen ist, dass die Winkelinformation quasi in *Echtzeit* gemessen werden kann, da die Information des Sensors direkt an der Schnittstelle zur Verfügung steht und nicht erst noch langwierig verrechnet und in ein Protokoll umgesetzt werden muss. Die hybriden Schnittstellen vereinen somit die Vorteile der inkrementalen und absoluten Drehgeber.

Auf- und Anbau von Drehgebern

Der Aufbau von Drehgebern hängt im Wesentlichen von der verwendeten Sensortechnologie ab. Darauf wird in den entsprechenden Abschnitten diese Buchs eingegangen. Es gibt aber einige allgemeingültige Aspekte, die an dieser Stelle beschrieben werden.

Für Drehgeber ist es oft notwendig, dass die Grundelemente: Sender/Modulator/Empfänger in ausreichender *Präzision* aufeinander abgestimmt sind. Da dies in der Endanwendung selten mit der erforderlichen Genauigkeit gewährleistet werden kann, werden Drehgeber mit *Eigenlagerung* aufgebaut. Dazu wird die Welle, die den Modulator trägt, über Kugellager mit dem Drehgeberflansch gekoppelt, der wiederum mit dem Stator der Anwendung verbunden wird. Bei einem solchen *eigengelagerter Drehgeber* kann der Hersteller des Drehgebers die Einheit Sender/Modulator/Empfänger

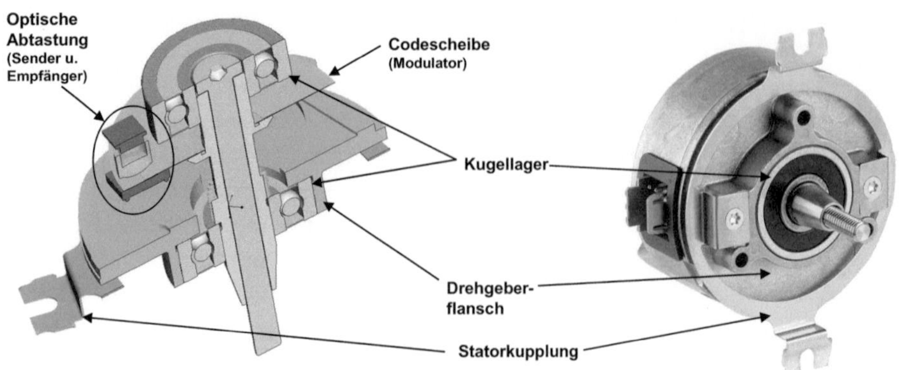

Abb. 3.119 Aufbau eines Drehgebers am Beispiel eines eigengelagerten optischen Systems. (Werkfoto: SICK STEGMANN GMBH)

präzise aufeinander ausrichten. In der Anwendung ist darauf zu achten, dass der Drehgeber nicht starr mit der Welle und dem Stator verbunden wird. Kleine mechanische Versätze führen sonst zu hohen mechanischen Belastungen, welche das schwächste Glied in der Kette, für gewöhnlich den Drehgeber, in kurzer Zeit zerstören würde. Entsprechend werden *Kupplungselemente* verwendet.

Als Verbindungselement zwischen der Antriebswelle und der Drehgeberwelle werden *Wellenkupplungen* eingesetzt. Bei dynamischen Antrieben werden die Wellen jedoch bevorzugt über eine starre Welle direkt verbunden und statt der Wellenkupplung wird eine *Statorkupplung* als Drehmomentstütze zur drehfesten Verbindung des Drehgebergehäuses mit dem Stator der Antriebseinheit verwendet (Abb. 3.119).

Zu beachten ist, dass die Stator- bzw. Wellen-Kupplung zusammen mit dem Stator bzw. der Welle ein schwingungsfähiges Feder-Masse-System bildet. Ihre Eigenfrequenz f ist:

$$f = \frac{1}{2\pi}\sqrt{\frac{k}{J}}$$

Dabei ist k die Federkonstante der Kupplung und J das wirkende Massen-Trägheitsmoment. Bei der Dimensionierung der Anwendung ist darauf zu achten, dass die Eigenfrequenz deutlich oberhalb der maximalen Drehzahl liegt.

Die *Statorkupplung* ist dabei vorteilhaft als Federparallelogramm ausgestaltet und kompensiert radiale und axiale Bewegungen der Antriebswelle, ist jedoch gleichzeitig verdrehsicher. Auch werden Exzentrizitäten sowie Winkelfluchtungsfehler der Wellen des Antriebs- und des Messsystems weitgehend ausgeglichen. Die Montage der Drehgeber ist vereinfacht, da neben der Welle lediglich die Statorkupplung mittels Schrauben mit dem Stator des Antriebssystems verbunden werden muss.

Zur starren Verbindung der Drehgeberwelle mit der auszumessenden Antriebswelle ist der Drehgeber mit unterschiedlichen Flanschen, Wellenarten und Wellendurchmessern ausgestattet. Neben *Vollwellen* gibt es *Hohlwellen in Aufsteck- und Durchsteckversionen.*

Heute ist zumeist mechanischer *Verschleiß,* speziell des Kugellagers, für den Ausfall von Drehgebern verantwortlich, sodass auch *Drehgeber ohne Eigenlagerung* berechtigte Einsatzgebiete haben. Bei leistungsfähigen, eigenlagerlosen Einbau-Drehgebern sind die Maßverkörperung und die Sensorelektronik nicht werksseitig fest zueinander positioniert. Daher benötigt man Anbauhilfen, um die Maßverkörperung relativ zu dem Empfänger in die richtige Position zu bringen. Bei einer hohen geforderten Genauigkeit des Drehgebers ist diese Positionierung zuverlässig und genau auszuführen.

Es gibt aber auch eigenlagerlose Drehgeber, welche bauartbedingt auf Einstellhilfen verzichten können. Dies gilt für Systeme, welche zwar eine relativ geringe Grundauflösung besitzen, aber mechanische Fehler der Anwendung recht gut tolerieren können. Klassisch wären hier die Resolver zu nennen (Abschn. 3.2.5). Inzwischen sind auch kapazitive Drehgeber (Abschn. 3.2.4) erhältlich, bei denen sich durch die *holistische* Abtastung mechanische Fehler nur in geringem Maße als Positionsfehler bemerkbar machen.

Auflösung und Genauigkeit

Wichtige *Kenndaten* zur Beschreibung der Leistungsfähigkeit von Drehgebern sind Angaben zu Auflösung und Genauigkeit. In diesem Abschnitt werden diese Angaben für digitale und analoge Inkrementaldrehgeber behandelt. Da absolute Drehgeber auf solchen aufbauen, pflanzen sich die entsprechenden Fehler fort, wobei aber bei absoluten Systemen, wenn sie einen digitalen Kern haben, Fehlerkompensationen durchgeführt werden können.

Die *Auflösung* beschreibt, wie viele Messschritte pro mechanische Umdrehung aufgelöst werden können. Bei Drehgebern mit digitaler inkrementaler Schnittstelle ist die Auflösung durch die Anzahl der Inkremente definiert. Bei Drehgebern mit analoger Sinus-/Cosinusschnittstelle ergibt sich die Auflösung aus der Anzahl der Sinus-/Cosinusperioden und der Qualität der Analogsignale. Diese hängt davon ab, wie gut die Signale digital gewandelt werden können, somit primär von deren Signal-Rausch-Verhältnis.

Bei der *Genauigkeit* unterscheidet man mehrere Angaben. Der *Gesamtfehler* ist die maximale Abweichung eines Messwertes von seinem wahren Wert innerhalb einer Umdrehung. Bei Drehgebern mit analoger inkrementaler Schnittstelle wird noch unterschieden zwischen integraler und differentieller Nicht-Linearität. Die *integrale Nicht-Linearität* gibt die Messabweichung über eine volle Umdrehung wieder. Sie beschreibt eine Eigenschaft, die sich hauptsächlich auf die Genauigkeit eines Positionswertes bezieht und hat ihre Ursache meist im mechanischen Aufbau, wie beispielsweise der Exzentrizität der Codescheibe. Die *differentielle Nicht-Linearität* definiert die Abweichung innerhalb einer Sinus-/Cosinusperiode. Diese ist vor allem bei der Ableitung einer Drehzahlinformation aus der Positionsinformation relevant, da sie Ungenauigkeiten beschreibt, welche sich je Maßstabsperiode wiederholen, also eine ver-

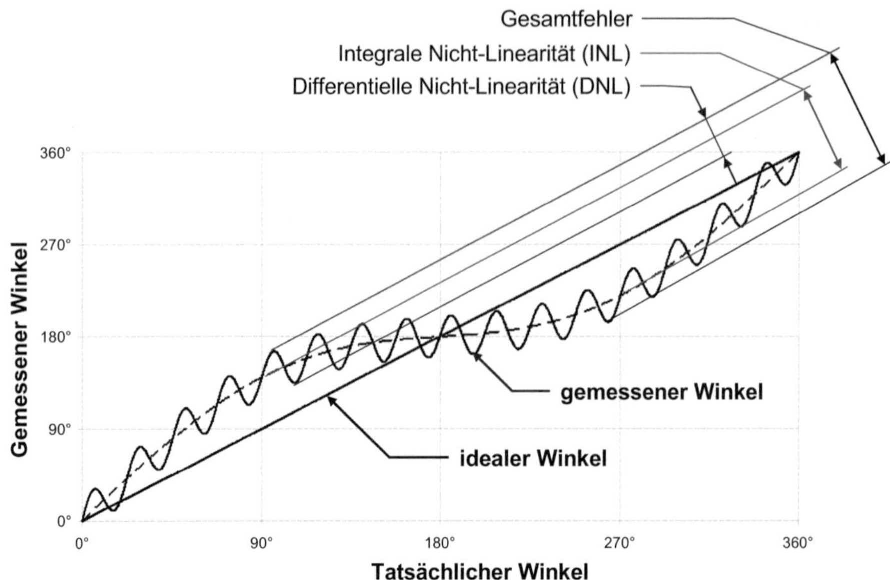

Abb. 3.120 Genauigkeitswerte von Drehgebern mit analoger Signal-Schnittstelle

gleichsweise hohe Fehlerfrequenz in den Regler eintragen können. Die Ursache dieser Nichtlinearität liegt meist in der unvollkommenen Kalibrierung von Signaloffsets und -amplituden, der Phasenbeziehung von Sinus- zu Cosinussignal oder aus geringfügigen Schwankungen des Strichmusters. Abb. 3.120 zeigt Details für die Genauigkeitsangaben von Drehgebern.

Zu beachten ist, dass die Genauigkeit von Drehgebern nicht nur durch das Gerät selbst beeinflusst wird sondern auch durch die Anwendung. So können *Störungen* auf den Übertragungsleitungen zu sporadischen Fehlern führen. Auch die *Eingangsbeschaltung der Auswerteeinheit* kann, speziell bei Drehgebern mit analoger Schnittstelle, Fehler ins System einleiten. Sind die Signalpfade zueinander nicht optimal stimmig, so können dadurch erzeugte Offset-, Amplituden- oder Phasenfehler die Genauigkeit des Gesamtsystems reduzieren. Der mechanische Anbau des Drehgebers hat ebenso großen Einfluss auf die Genauigkeit der Messung.

Einsatzgebiete

Einsatzgebiete für Drehgeber gibt es unzählig viele: Überall dort, wo sich Achsen drehen oder rotative Bewegungen in lineare umgesetzt werden, kommen sie zum Einsatz. Als Beispiele sind zu nennen: In Servomotoren als Motorfeedback Systeme, im Maschinen- und Anlagenbau, in der Lager- und Fördertechnik, in Verpackungsmaschinen, der Robotik und Automation, in der Druck- und Papiertechnik, in Gießereimaschinen, der Automobilindustrie, in Aufzügen und im Bereich der erneuerbaren Energien. Welche Bauart an Drehgeber eingesetzt wird, hängt stark von der jeweiligen Anwendung ab.

Hochauflösende optische Drehgeber sind als Inkrementalgeber deshalb vorteilhaft, weil ihre Leistungsfähigkeit nur unwesentlich durch äußere Bedingungen, wie beispielsweise Temperatur, beeinflusst wird. Dies liegt ursächlich daran, dass bei optischen Drehgebern, die hohen Auflösungen physikalisch in der Maßverkörperung vorliegen, Offset- und/oder Amplitudenänderungen damit fast ohne Auswirkung bleiben.

Bei absoluten Drehgebern tritt die schnelle, echtzeitfähige und dennoch einfache Schnittstelle *SSI®* immer mehr in den Hintergrund, da heutzutage die bidirektionale Kommunikationsfähigkeit und Eigenschaften wie beispielsweise Diagnosefunktionen in den Vordergrund rücken. Hier kommen die üblichen Feldbusse zum Einsatz, in den letzten Jahren verstärkt solche, die auf *Industrial Ethernet* basieren. Speziell die letztgenannten Feldbusse stellen einen so großen Kostenblock dar, dass die für den Drehgeberkern verwendete Technologie den Komplettgerätepreis nur unwesentlich beeinflusst. Deshalb entscheidet sich der Anwender immer häufiger für die leistungsfähigeren optischen Drehgeber.

Ein wichtiges Einsatzgebiet für Drehgeber liegt innerhalb der Motorregelung. Drehgeber besonderer Bauart, sogenannte *Motorfeedback Systeme* werden direkt in einen *Servomotor* eingebaut. Aus dem (Echtzeit-)Positionssignal werden alle für die klassische Kaskadenregelung notwendigen Informationen, d. h. Position, Drehzahl und Kommutierung abgeleitet (Abb. 3.121).

Bei der Regelung hochdynamischer Servomotoren steht vor allem die Drehzahlmessung im Vordergrund. Der Drehzahlregelkreis wird oft mit Zykluszeiten von 62,5 μs betrieben. Diese kurze Zykluszeit verschärft die Anforderungen an die Drehzahlauflösung. Um eine Umdrehung pro Minute (Upm) aufzulösen, bedarf es schon mindestens einer Positionsauflösung von 20 Bit. Damit wird auch klar, dass die anspruchsvolle Antriebstechnik die Domäne optischer Drehgeber ist. Weitere Anforderungen in diesem Anwendungsbereich sind:

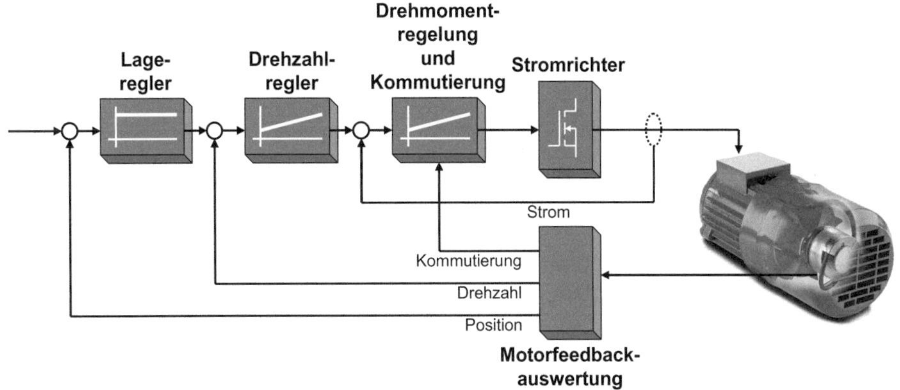

Abb. 3.121 Servomotor mit Kaskadenregelung und eingebautem Motorfeedback System

- hoher Betriebstemperaturbereich bis nahe 150 °C,
- hohe Schock- und Vibrationsbelastung von 50 g und mehr,
- hohe Drehzahlen bis über 12.000 Upm,
- Verschmutzungsrisiko, beispielsweise durch Bremsstaub,
- Risiko der Kondensationsnässe.

Traditionell kamen früher Resolver zum Einsatz, welche jedoch heute aufgrund ihres Totzeitverhaltens einerseits und der geringen Genauigkeit/Auflösung andererseits nur noch für Servoantriebe im unteren Leistungsbereich zum Einsatz kommen. Bei optischen Drehgebern wirkt sich vor allem der eingeschränkte Temperaturbereich von max. 120 °C limitierend aus. Diese Grenztemperatur wird zusätzlich dadurch beeinflusst, dass die bei hochwertigen optischen Drehgebern notwendigen Kugellager bei höheren Drehzahlen zusätzliche Wärme ins Gerät einbringen. Abgedichtete Lager können deshalb zumeist nicht verwendet werden, was wiederum das Verschmutzungsrisiko erhöht. Die hohe Vibrationsfestigkeit kann mittlerweile durch Vermeidung relevanter Resonanzfrequenzen oder durch Einsatz von Codescheiben aus Nickel realisiert werden.

Antriebssysteme mit Motorfeedback System benötigen zwei Leitungsstränge. Der eine dient zur Übertragung der elektrischen Leistung an den Motor, der andere für die Anbindung des Motorfeedback Systems (Spannungsversorgung, Datenaustausch). Klassisch werden diese beiden Stränge als zwei separate Kabel zwischen Umrichter und Servomotor verlegt, was ein hoher Kostenfaktor ist und hohe Anforderungen an die Kabelführung stellt. Neue Entwicklungen erlauben die Kombination des Leistungsstrangs und des Strangs für das Motorfeedback System in einem Kabel. Die Einkabeltechnologie basierend auf HiperfaceDSL® ist dabei Vorreiter. Hier werden zwei geschirmte Adern in das eine verbleibende hybride Leistungskabel eingebracht (siehe Abb. 3.122).

Verstärkt findet der sogenannte „sensorless" Ansatz den Weg aus der Wissenschaft in die Industrialisierung. Ziel hierbei ist es, das Motorfeedback System aus dem Antrieb zu entfernen und die Information zur Kommutierung und Drehzahlregelung des Motors durch Strom- und Spannungsmessungen, gepaart mit anspruchsvoller Algorithmik, zu ersetzen. Verschiedene Methodologien kommen hier zum Einsatz. Weit verbreitet

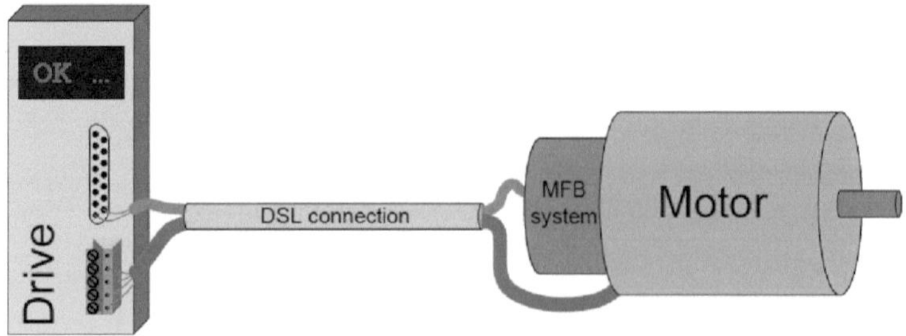

Abb. 3.122 Servo-Antriebssystem mit Einkabeltechnologie basierend auf HiperfaceDSL®

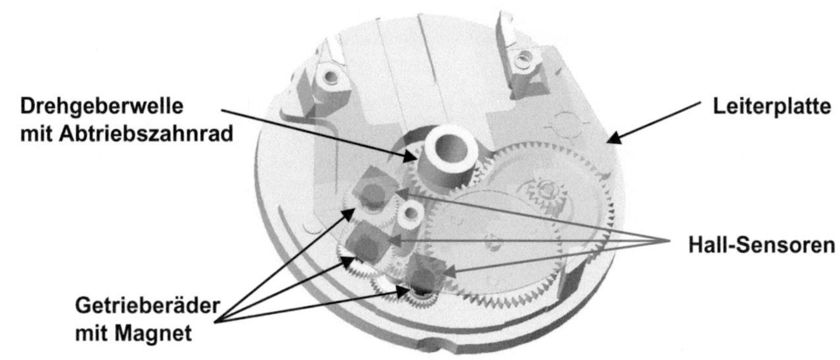

Abb. 3.123 Multiturn-Drehgeber mit Magnet-behafteten Getriebestufen

ist die Messung der elektrischen Gegenspannung eines sich drehenden Motors. Bei einer anderen Methode werden Signale in die Wicklung des Motors eingeprägt und die Rückwirkung dieser erfasst. Somit wird der Motor auch wie ein Resolver eingesetzt. Diese „sensorless" (besser „encoderless") Ansätze haben aber nur einen beschränkten Funktionsumfang gegenüber Servosystemen mit Motorfeedback System und reichen auch nicht an deren Güte heran. Oft erfordert eine Anwendung, dass nicht nur auf eine Umdrehung die Winkellage absolut erfasst werden kann, sondern über mehrere. Insbesondere, wenn eine rotative Bewegung mechanisch in eine lineare umgesetzt wird, ist diese Erweiterung zwingend erforderlich. Für sogenannte *Multiturn-Drehgeber* wird der Singleturn-Drehgeber mit einer zusätzlichen Technologie für die Multiturn-Erweiterung kombiniert. Eine gängige Kombination ist dadurch realisiert, dass mehrere Maßstäbe mittels einer oder mehrerer Untersetzungsgetriebestufen miteinander verbunden sind, wobei die erste Getriebestufe an die Drehgeberwelle ankoppelt. Diese Maßverkörperungen sind meist optische oder magnetische (Abb. 3.123).

Getriebebasierende Multiturn-Drehgeber sind *absolut kodiert,* d. h. zu jeder Zeit kann eine Absolutposition gebildet werden, ohne dass das System auf die Vergangenheit angewiesen ist. Im Gegensatz dazu stehen *absolut zählende* Systeme, welche beim Initialisieren des Drehgebers die Absolutposition einmalig bilden und von dort aus, basierend auf der SingleturnInformation, umdrehungszählend weiter arbeiten. Bei diesem Ansatz wird der SingleturnDrehgeber mit einer Batterie, einem Reedkontakt, oder einem Wiegand-Draht-Sensor kombiniert, um nur einige mögliche Technologien zu nennen.

Eine Spezialvariante für Drehgeber sind *Seilzug-Drehgeber.* Bei diesen werden Inkremental-oder Multiturn-Drehgeber mit einem Seilzugmechanismus kombiniert. Ein Seil wird auf eine Trommel aufgewickelt. Die Trommel ist zum einen axial mit der Drehgeberwelle verbunden und zum anderen über eine Rückhaltefeder mit dem Gehäuse, wodurch das Seil gespannt wird. Das freie Ende des Seiles wird an ein bewegtes Objekt angebracht, eventuell auch über Umlenkrollen. Somit kann sehr einfach eine lineare

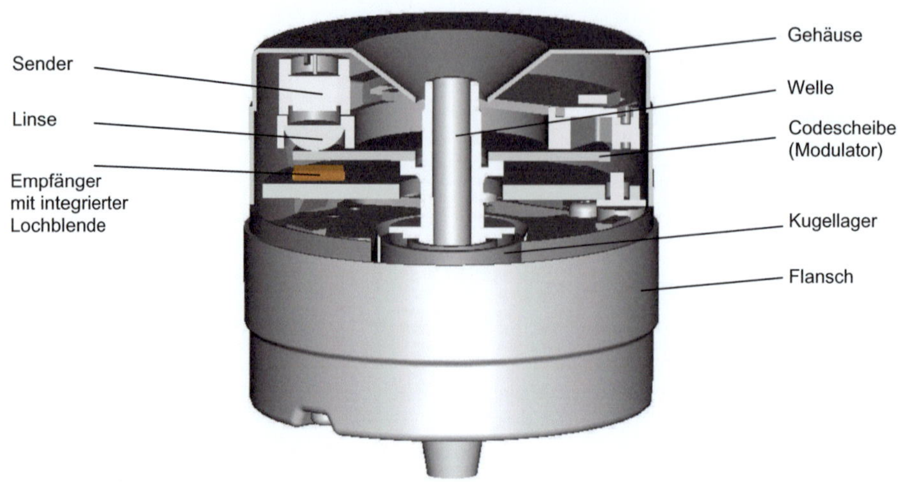

Abb. 3.124 Aufbau eines eigengelagerten optischen Drehgebers. (Werkfoto: SICK STEGMANN GMBH)

Bewegung gemessen werden. SeilzugDrehgeber gibt es für kurze Längen aber auch für Anwendungen mit Messlängen von mehreren Dutzend Metern.

3.2.1 Optische Drehgeber

Technisch höchst anspruchsvolle Drehgeber in Bezug auf *hohe Auflösungen* und *Genauigkeiten* verwenden optische Abtastungen. Die Mehrzahl der Drehgeber verwendet *Strichscheiben* mit abbildenden Optiken; bei sehr hohen Auflösungen kommen auch auf Diffraktion basierende Systeme (Beugungsgitter) zum Einsatz. Abb. 3.124 zeigt den Aufbau eines eigengelagerten optischen Drehgebers.

3.2.1.1 Physikalische Prinzipien

Drehgeber mit abbildender Optik

Am Häufigsten wird die *Abbildungsoptik* als Abtastprinzip verwendet. Dabei wird mittels einer Lichtquelle ein auf einer Codescheibe befindliches Hell-Dunkel-Muster 1:1 auf einen fotoelektrischen Empfänger projiziert (Abb. 3.125).

Es gibt zwei prinzipielle Anordnungsformen für die abbildende Optik: transmissiv oder reflektiv. Die transmissive Durchlichtanordnung entspricht der in Abb. 3.125 dargestellten. Lichtquelle – Strahlformung – Codescheibe – Abtaster sind in einer geraden Linie angeordnet. Ein wesentlicher Nachteil der Durchlichtanordnung ist der in axialer

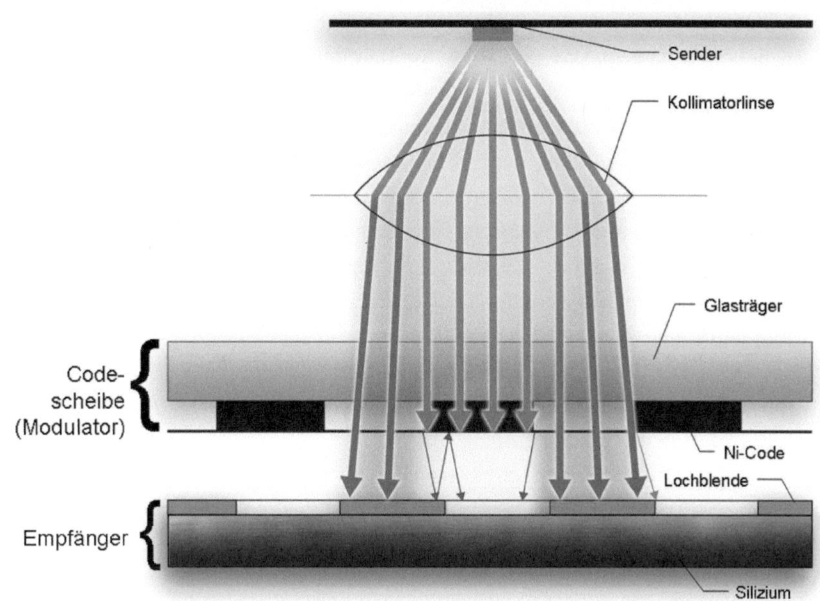

Abb. 3.125 Prinzip der Abbildungsoptik als Abtastprinzip

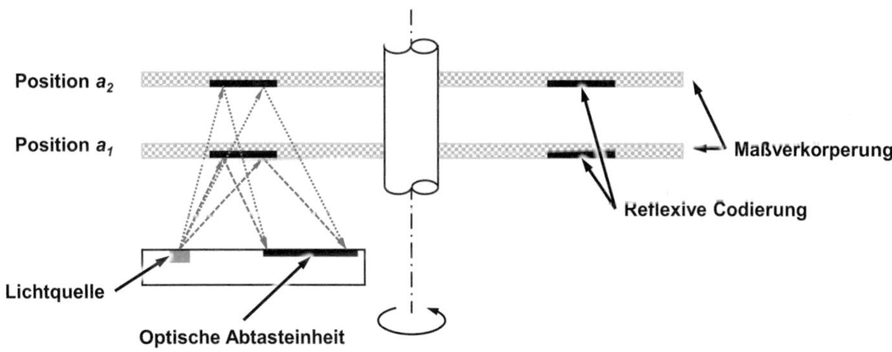

Abb. 3.126 Reflektive Anordnung. (Eigene Darstellung in Anlehnung an [Pan2019])

Richtung benötigte Bauraum. Um diesen Nachteil zu adressieren, wurden Technologien entwickelt, die eine reflektive Anordnung unterstützen. Hierbei befinden sich die Lichtquelle und der Abtaster (mehr oder weniger) auf einer Ebene. Das von der Lichtquelle ausgestrahlte Licht wird in Richtung der Codescheibe abgestrahlt und dort gemäß der aufgebrachten Codierung reflektiert. Wird auf ein strahlformendes Element für die Lichtquelle verzichtet, ist die Lichtausbeute zwar ungünstig, ergibt sich jedoch eine vorteilhafte Strahlgeometrie, die mit sich bringt, dass verhältnismäßig große mechanische Toleranzen ermöglicht werden, insbesondere in axialer Richtung (Abb. 3.126).

Die codebildenden Strukturen auf der Codescheibe werden mit Material realisiert, die einen hohen Reflektionskoeffizienten im Bereich der Wellenlänge der Lichtquelle aufweisen, z. B. Chrom oder Aluminium. Substrat und die Herstellprozesse können für Codescheiben beider Anordnungen gleichermaßen eingesetzt werden.

Zur vereinfachten Auswertung wird üblicherweise jedem Spursignal der Codescheibe ein Empfängerelement zugeordnet, das in Form und Größe mit der Spur selbst übereinstimmt. Häufig werden auch zusätzliche Blenden verwendet, welche die exakte Größe einnehmen, oder sogar so angepasst sind, dass bestimmte Fehleranteile im Signal (z. B. durch Beugung) kompensiert werden.

Wichtige Merkmale dieses Prinzips sind:

- Im Vergleich zu anderen optischen Prinzipien *hohe mechanische Toleranzen* zulässig.
- Vergleichsweise *geringe Auflösung*.
- Strukturgrößen üblicherweise nicht unter 10 μm.
- Je kleiner die Strukturen, desto besser müssen *Randbedingungen* eingehalten werden, wie
  - Geringe Abstände zwischen Codescheibe und Empfänger,
  - Geringe Abstandstoleranzen und
  - Parallelität des Lichts.

Weiterhin gehen Effekte wie Beugung und Reflektion stark in die Signalgüte ein.

Drehgeber unter Ausnutzung des Moiré-Effekts

Die im vorigen Abschnitt beschriebenen Strukturen können durch Ausnutzung des *Moiré-Effekts optisch vergrößert* und damit *höher aufgelöst* werden. Verdreht man zwei aufeinanderliegende Gitter mit demselben Gitterabstand g um einen Winkel 5, so entstehen *Moiré-Streifen* (Abb. 3.127). Für den Streifenabstand *d* gilt:

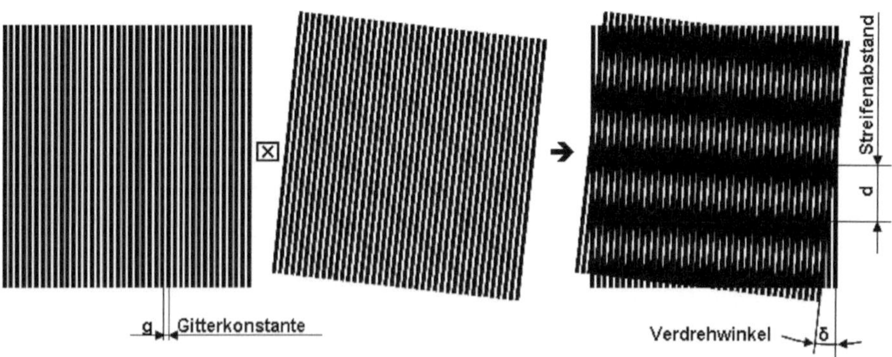

Abb. 3.127 Zustandekommen des Moiré-Effektes

$$d = \frac{g}{2 \cdot \sin\frac{\delta}{2}} \approx \frac{g}{\delta}$$

Werden die Gitter in konstanter Winkellage zueinander verschoben, so wandern diese Streifen quer zur Bewegungsrichtung. Bei diesem Prinzip ist zu beachten, dass sich bereits bei geringfügigen Änderungen in der Verkippung der Gitter zueinander eine Änderung der Periodenlänge ergibt. Dadurch ist die Auswertung entsprechend aufwendig.

Drehgeber mit diffraktiver Optik

Zur Erreichung *höchster Auflösungen* bis in die Größenordnung *weniger nm* wird das optische *Beugungsprinzip* verwendet. Als Maßverkörperung dienen sogenannte Beugungsgitter mit Gitterkonstanten im Bereich weniger um. Bei der Beugung am Beugungsgitter erfährt der Lichtstrahl eine Ablenkung (Beugungsordnungen $\neq 0$) und eine positionsabhängige Phasenverschiebung.

Wird ein Strahl kohärenten Lichts in zwei Teilstrahlen aufgeteilt und nach Durchlaufen unterschiedlicher optischer Pfade wieder überlagert, so entsteht eine *Interferenz* und bei geeigneter optischer Anordnung ein Interferenzmuster (Abb. 3.128). Die Interferenz wird hier also nur zur Messung der Phasenverschiebung verwendet, die *drehwinkelabhängige Modulation* resultiert jedoch aus der *Beugung*.

Drehgeber mit polarisiertem Licht

Polarisationsdrehgeber sind bisher wenig bekannt, kommen sie doch vereinzelt nur im Konsumerbereich zum Einsatz. Bei diesen Drehgebern wird die optische Polarisation zur Winkelerfassung genutzt. Um den Effekt experimentell nachzustellen hält man zwei lineare Polarisatoren übereinander (d. h. in Durchlicht wirkende Polarisationsfilter) und gegen nicht polarisiertes Licht. Man erkennt eine Intensitätsänderung wenn der eine

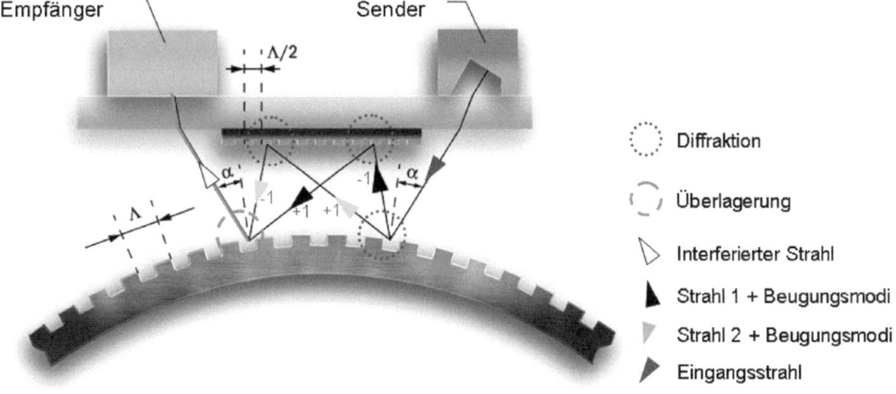

Abb. 3.128 Prinzip der Drehgeber mit diffraktiver Optik

Polarisator gegen den anderen verdreht wird. Den Polarisator auf dem stationären Teil des Systems bezeichnet man als Analysator den auf der Welle als Modulator.

In der Umsetzung als Drehgeber wird ein Polarisator an der Welle angebracht und wird somit zu einer Codescheibe. Ein zweiter Polarisator ist dem stationären Teil zugeordnet. Dieser kann dabei entweder zwischen Lichtquelle und Codescheibe oder zwischen Codescheibe und Photoempfänger angeordnet sein. Im ersten Fall wird bereits polarisiertes Licht winkelabhängig polarisationsoptisch moduliert. Im zweiten Fall wird nicht linear polarisiertes Licht durch den auf der Welle befindlichen Polarisator ein linearer Polarisationszustand aufgeprägt. Der Polarisationszustand hängt von der Winkelstellung der Welle bzw. des Polarisators ab. Den Polarisationsfilter auf dem Empfänger passiert nur der Teil des Lichts mit einem entsprechenden vektoriellen Polarisationszustand. In beiden Fällen trifft auf die Oberfläche des Photoempfängers intensitätsmoduliertes Licht. Diese Intensitätsänderung folgt dabei dem Gesetz von Malus für eine linear polarisierte Welle gemäß Gl. 3.46:

$$i = \mathrm{I} \cdot \cos^2(\varphi) \tag{3.46}$$

(i: momentane Intensität; I: max. Intensität; φ: Verdrehwinkel [rad]).

Somit ist die Intensität proportional zum $\cos^2$ des Verdrehwinkels. Auf eine Umdrehung einer Welle ergeben sich somit inhärent zwei elektrische Perioden pro Umdrehung. Mit diesem einen Signal lässt sich kein mechanischer Winkel über eine elektrische Periode ermitteln. Verwendet man aber einen weiteren Analysator, dessen Polarisationsrichtung 45° zum ersten Polarisator ausgerichtet ist, so erhält man ein Signal proportional zu $\sin^2$. Verwendet man nun mehr als zwei Polarisatoren mit unterschiedlichen Polarisationswinkeln, so erhält man mehrere $\cos^2$-förmige Signale mit unterschiedlichen elektrischen Phasen (z. B. $\cos^2$, $\sin^2$, $-\cos^2$ und $-\sin^2$), die wiederum in einen mechanischen Winkel umgerechnet werden können. Abb. 3.129 zeigt das Prinzip.

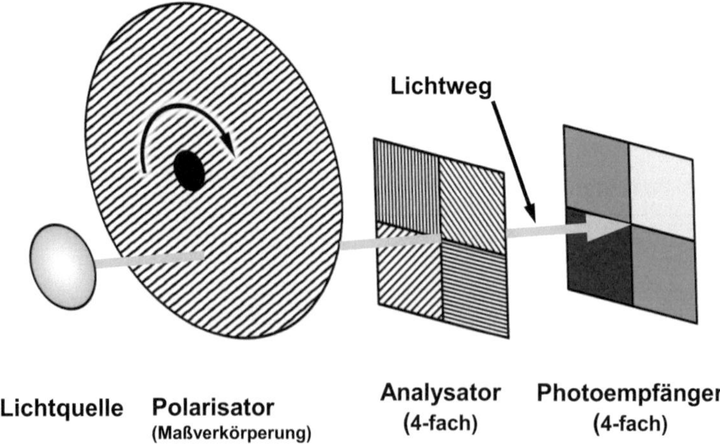

Abb. 3.129 Prinzip eines optischen Polarisationsdrehgebers

3.2.1.2 Aufbau optischer Drehgeber

Anordnung
Bei optischen Drehgebern können Maßverkörperung, Sender und Empfänger sowohl in radialer als auch in axialer Richtung zueinander angeordnet sein. Meist liegt eine zur Codescheibe axiale Abtastung vor.

Radial abgetastete Systeme, bei denen die Codespur auf einem trommelförmigen Träger aufgebracht ist, sind im Prinzip nur für *reflexive Systeme* bekannt, bei denen Sender und Empfänger auf der gleichen Seite der Maßverkörperung gruppiert sind. Bei einfacheren Drehgebern besteht der Maßstab aus einem Band, welches auf einen zylinderförmigen Grundkörper aufgebracht wird. Die Genauigkeit wird hierbei durch die Stoß-Stelle am Umfang limitiert. Hochwertige Systeme werden direkt auf dem Grundkörper hergestellt (z. B. Laserablation oder Laserbelichtung).

Optische Drehgeber sind teilweise auch *lagerlos* verfügbar. Speziell hochaufgelöste Drehgeber erfordern allerdings hohe Präzision, gute Rundlaufeigenschaften der Welle, die Einhaltung geringer Toleranzen sowie Sorgfalt und Erfahrung bei der Montage. Diese Systeme werden hauptsächlich bei Drehgebern geringer Auslösung oder bei großen Hohlwellendurchmessern eingesetzt.

Lichtquelle
Im Bereich optischer Drehgeber werden heute noch zumeist auf *GaAs* basierende *LED* eingesetzt. Diese LED emittieren infrarotes (IR) Licht (etwa 880 nm). Dies ist in mehrfacher Hinsicht vorteilhaft:

- Sensoren auf Si-Basis haben hier die höchste spektrale Empfindlichkeit.
- Die Sender müssen deshalb nur mit geringer Leistung betrieben werden, was die Lebensdauer erhöht.
- Die auf IR ausgelegte Sensorik wird durch Tageslicht nur wenig beeinflusst und muss dagegen nicht gesondert abgeschirmt werden.

Durch die Weiterentwicklung im Bereich der Halbleitertechnologie wurden effiziente LEDs, die Licht im sichtbar-blauen Wellenlängenbereich von ca. 420 … 490 nm emittieren, verfügbar. Die Entwicklung wurde für die Herstellung von weißen Lichtquellen im Konsumerbereich optimiert, sodass die blauen LEDs aufgrund der Massenherstellung recht schnell kostengünstig angeboten werden konnten und somit für die Industriesensorik auch eine Option als Lichtquelle darstellen.

Im Vergleich zu den IR-Lichtquellen, liegt die spektrale Empfindlichkeit im Silizium bei blauem Licht nur bei ca. der Hälfte. Im Gegenzug ist die Eindringtiefe von Photonen aufgrund des hohen Absorptionskoeffizienten bei kürzerer Wellenlänge deutlich geringer. Auch die Weiterentwicklung der Halbleiterprozesse die zu feineren und flacheren Strukturen führen, können bei den Abtast-ASIC besser genutzt werden, wenn blaue

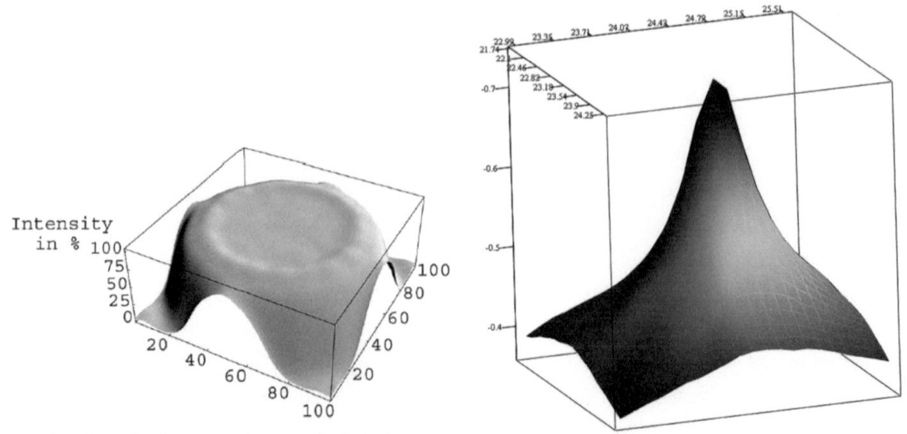

Abb. 3.130 Strahlcharakteristik(relative. Lichtintensität) einer LED mit und ohne Kollimatorlinse

Lichtquellen zum Einsatz kommen. Dies führt zu verbesserten elektrischen Signalen – es ergeben sich geringere Beugungseffekte, stärkere Signale, ein besserer Kontrast und ein geringerer Klirrfaktor.

In Drehgebern mit abbildender Optik wird zumeist eine Kollimatorlinse zur Formung eines parallelen Lichtbündels eingesetzt, damit das Codemuster möglichst ohne Abbildungsfehler auf dem Empfänger abgebildet wird (Abb. 3.130). Die Auslegung auf paralleles Licht bedingt, je nach zu beleuchtender Fläche, eine vergleichsweise große Baulänge in Richtung der optischen Achse. Speziell bei *absolut codierten Drehgebern* sind deshalb kleine Strukturen und kompakte Codeformen, wie beispielsweise der *PRC* (Pseudo-Random-Code) vorteilhaft (siehe auch Abb. 3.133). Die Linsen selbst sind teilweise Bestandteil der käuflichen LED.

In Ausnahmenfällen werden auch möglichst punktförmige Strahler verwendet. Die Geometrien von Codescheibe und Empfänger sind dann gemäß Strahlengang aufeinander abgestimmt. Nachteilig ist hierbei die Empfindlichkeit auf Abstandsänderungen zwischen Codescheibe und Empfänger.

Als weitere Leuchtquelle kommen Laserdioden zum Einsatz. Dies vor allem dort, wo die Kohärenz des Strahls prinzipbedingt vorausgesetzt wird: bei den oben beschriebenen, auf Diffraktion und nachfolgender Interferenz beruhenden Prinzipien.

Nachteilig ist, dass der Betriebsstrom einer Laserdiode deutlich höher liegt, was teilweise durch den gepulsten Betrieb aufgefangen wird.

Codescheibe

Für Codescheiben stehen im Drehgeberbereich hauptsächlich drei Basismaterialien zur Auswahl:

1. transparenter Kunststoff, Metall oder Glas.
2. Im Bereich der abbildenden Drehgeber müssen auf dem Träger Hell- und Dunkelfelder, d. h. transparente und intransparente bzw. reflektierende und absorbierende Flächen aufgebracht werden.
3. Bei Glas- und Kunststoff wird hierzu eine einseitige Chrom-Schicht aufgebracht, darüber ein lichtempfindlicher Lack aufgetragen, das Codemuster belichtet und anschließend die Chromschicht in einem nasschemischen Prozess strukturiert.

Kunststoffscheiben sind aufgrund der einfachen Verarbeitung und Handhabung günstiger als Glasscheiben. Sie werden jedoch meist nur bei niederen Strichzahlen und leichten Einsatzbedingungen verwendet, da deren ausreichende thermische Stabilität und optische Homogenität nicht einfach zu erreichen ist.

Bei Glasscheiben wiederum sind in der Konstruktion geeignete Maßnahmen zu treffen, um Scheibenbruch bei hohem Schock und/oder Vibrationen zu vermeiden.

Bei metallischen Scheiben, zumeist galvanisch aus Nickel (Ni) hergestellt, sind die Funktionen Maßverkörperung und Träger in einem Material, in einem Prozess verwirklicht. Im Unterschied zur Beschichtung sind hier relativ dicke Schichten (bis zu 100 μm) zu strukturieren. Bis vor wenigen Jahren wurden Ni-Codescheiben deshalb nur im Bereich niederer Auflösung verwendet (bis etwa 1024 Striche/Umdrehung). Die Weiterentwicklung und Optimierung der galvanischen Prozesse erlaubt es inzwischen, sehr homogene Codescheiben für hochauflösende Drehgeber herzustellen.

Bei der galvanischen Strukturierung lassen sich zwei Hauptverfahren unterscheiden: die *abtragende,* bei dem die späteren Schlitze *freigeätzt* (Etching) werden und die *aufwachsende* (Electroforming), bei denen die Stege im Ni-Bad abgeschieden werden (Abb. 3.131).

Neben der Bruchfestigkeit ist vor allem die Möglichkeit selbstzentrierender Metallcodescheiben ein markanter Vorteil gegenüber Glasscheiben.

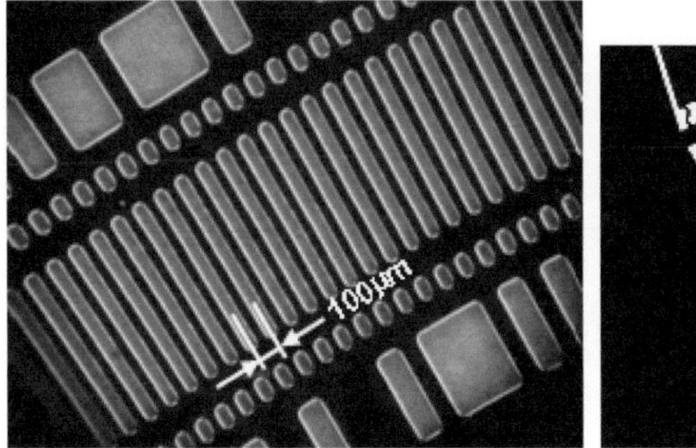

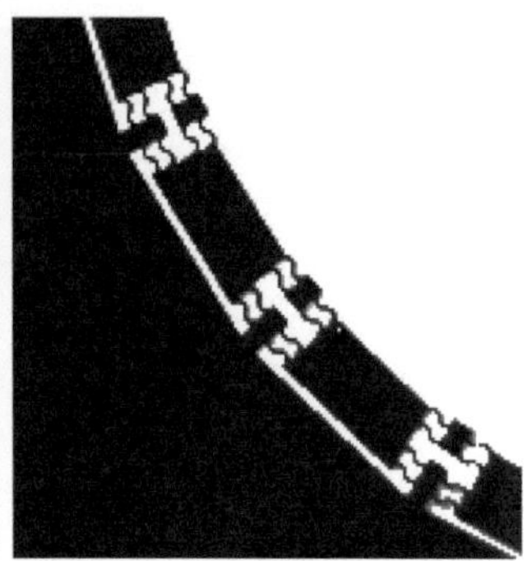

Abb. 3.131 Elektroformierte Federstruktur am Innendurchmesser (galvanisch aufgewachsene) Ni-Codescheibe zur Selbstzentrierung. (Werkfotos: SICK STEGMANN GMBH)

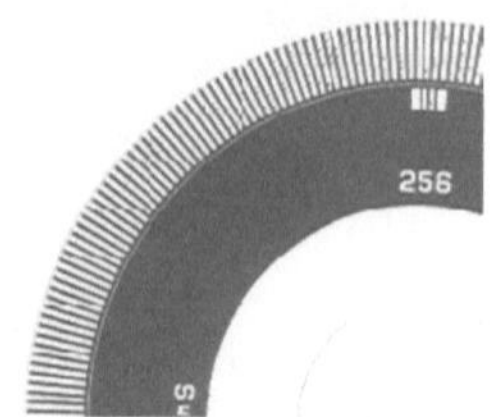

Abb. 3.132 Beispiel eines einfachen Opto-Abtasters. (Quelle: OPTOLAB) mit Lochblende und zugehöriger Codescheibe (Quelle: SICK STEGMANN GMBH)

Im Bereich *diffraktiver Optik* werden *mikrostrukturierte Scheiben* aus Metall oder Kunststoff eingesetzt. Die Strukturtiefen und -breiten liegen dabei ungefähr im Bereich der Wellenlänge des verwendeten Lichts. Die Strukturen werden entweder durch mikromechanische Verfahren, wie beispielsweise Mikro-Diamantfräsen oder Laser-Ablation, oder durch lithografische Verfahren erzeugt. Kunststoff-Scheiben lassen sich außerdem im Heißprägeverfahren oder per Mikrospritzguss herstellen.

Empfänger

Für einfache Inkrementalgeber werden *einfache Diodenstrukturen* mit zusätzlichen *BlechLochblenden* verwendet. Die Lochblende lässt sich einfach und günstig an die Strichzahl/Strukturgröße der Codescheibe anpassen (Abb. 3.132).

Für Inkrementaldrehgeber mit Quadratur-Ausgang dienen rechteckige Schlitze als Lochblende; bei Sinusgebern werden $\sin^2$-ähnliche Formen verwendet. Bei komplexeren *Opto-ASICs* (Application Specific Integrated Circuit) muss die Blende meist nicht mehr als separater Prozess auf dem Empfänger ausgerichtet und verklebt werden, sondern ist direkt in der Metallisierungsmaske realisiert (Abb. 3.132).

Die verwendeten ASICs beinhalten außerdem den Signalabgleich (Offset, Amplitude), die Signalaufbereitung (AD-Wandler, Komparatoren, Arctan-Berechnung), sowie teilweise Überwachungs- und Fehlererkennungsfunktionen für den zuverlässigen Betrieb von Drehgebern.

Die Erfassung des absoluten Codemusters wird üblicherweise mit nur einem Sender realisiert. Für die sichere Codelesung wird jedoch eine möglichst gleichmäßige Ausleuchtung benötigt. Traditionelle Anordnungen radialer Spuren unterschiedlicher Periodizität (Abb. 3.133, re.) haben ein ungünstiges Längen-Seiten-Verhältnis. Besonders vorteilhaft ist die tangentiale Anordnung des Codemusters als Pseudo-Random-Code (Abb. 3.133, li.), da eine nahezu runde Fläche auszuleuchten ist.

Häufig ist in den Opto-ASICs zusätzlich eine Senderstromregelung integriert, welche die eintreffende Lichtmenge über Temperatur, Alterung und Verschmutzung konstant regelt und so den Arbeitspunkt der Empfängerschaltung stabilisiert.

Die Lichtmenge wird dabei entweder über eine separate Spur erfasst, oder aus dem Gleichlichtanteil oder der Vektorlänge ($\sin^2 + \cos^2$) der Inkrementalsignale ermittelt.

Optische Abtaster sind heute in der Lage weitreichende Funktionalität bereitzustellen. Sie basieren in der Regel auf applikationsspezifischen ICs (ASICs) die in CMOS-Technologie gefertigt werden. Mit der CMOS-Technik können neben digitalen

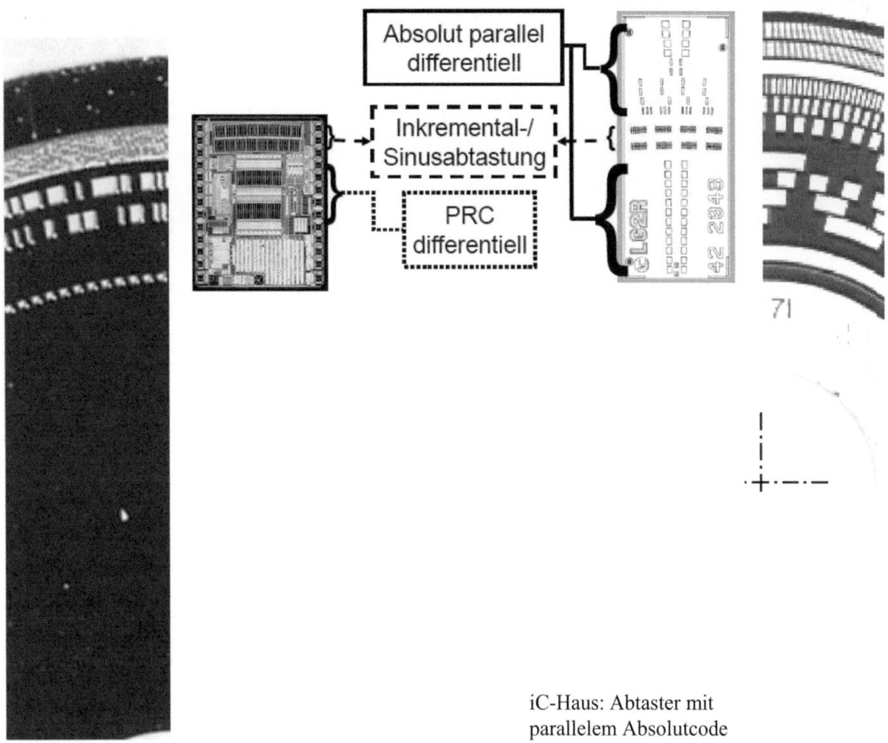

Abb. 3.133 SICK: Codescheibe und iC-Haus: Abtaster mit Abtaster mit PRC parallelem Absolutcode

auch analoge Schaltungsblöcke sowie die für die optischen Abtaster erforderlichen Phototransistoren auf einem Chip integriert werden.

Die hohe Integrations- und Funktionsdichte die heute möglich ist und das gute Verständnis für die Umsetzung relevanter Aspekte für das Themengebiet der Maschinensicherheit brachte zuletzt auch Ansätze hervor redundante Abtastungen mit zwei unabhängigen Kanälen auf einem Siliziumsubstrat unterzubringen. Da die beiden Kanäle die Codeinformation von ein und derselben Codescheibe unabhängig voneinander abtasten und verarbeiten können, ergibt sich ein Realisierungskonzept für kompakte Drehgeber mit hohen SIL-Anforderungen.

Generalisierte optische Abtaster

Die Abbildung des/der Codemuster kann auch auf einen *generischen Sensor* geschehen, der in seiner Form nicht starr an die optischen Strukturen der Codescheibe angepasst ist. Es finden sich zwei Ansätze generalisierter Abtaster für Drehgeber: Pixelarray mit virtueller Maske oder generisches Pixelarray mit massiver Signalverarbeitung.

Mittels eines konfigurierbaren Feldes bestehend aus (mehr oder weniger) gleichmäßig angeordneten Empfangselementen können einzelne Elemente einem von mehreren

Clustern (z. B. vier Quadraturzuständen oder „not-in-use“) zugeordnet werden. Das Zusammenschalten ergibt sich durch Summierung der Signale (z. B. Photoströme) der Einzelelemente eines Clusters zu einem Summensignal über eine Multiplexerstruktur. Übertragen auf Drehgeber ergibt sich dadurch eine variabel konfigurierbare virtuelle Maske (Abb. 3.134).

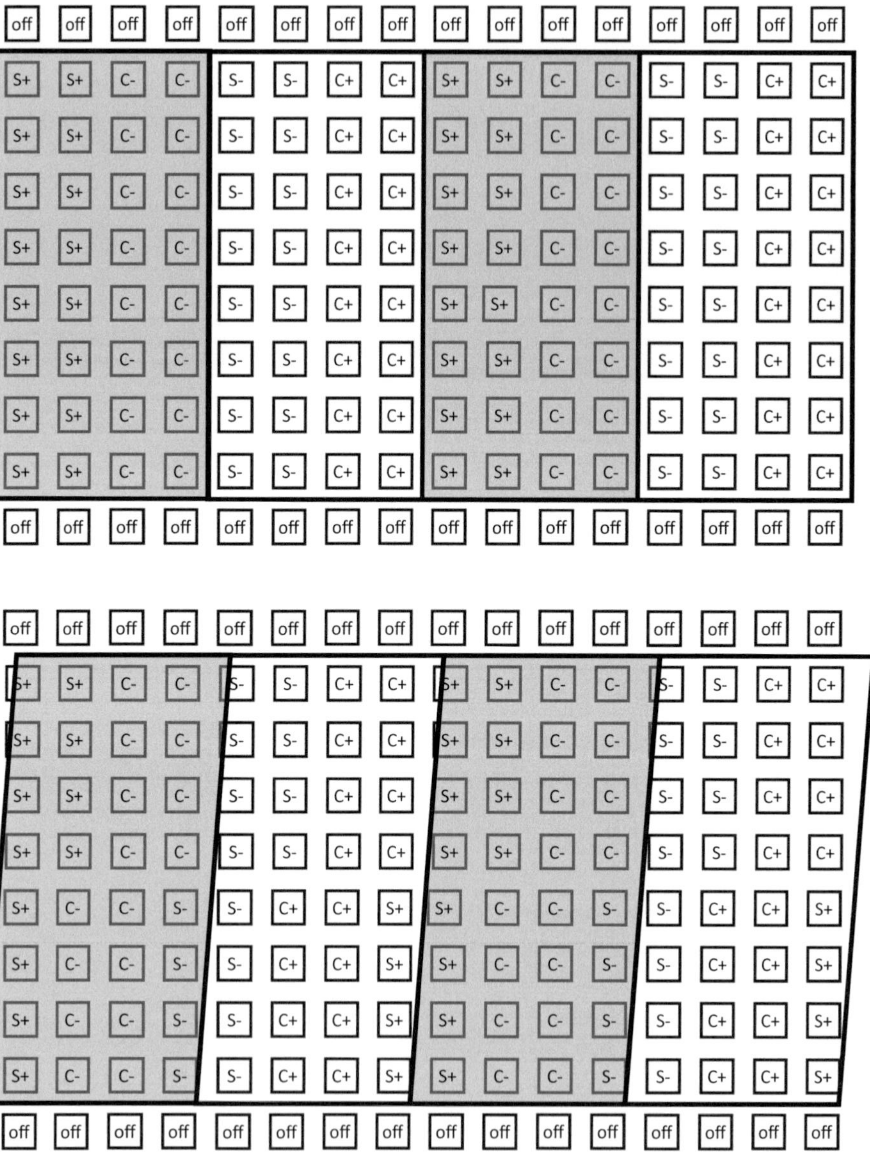

Abb. 3.134 Optischer Abtaster mit virtueller Maske. (Eigene Darstellung in Anlehnung an WO2018174962A1)

Diese Konfiguration kann auf verschiedene Codescheiben angepasst werden, die sich im Durchmesser (bis hin zu linear) und der Auflösung unterscheiden können. Auch kann die Form der elektrischen Summensignale der Cluster variiert werden, z. B. dreieck- oder sinusförmig. Dieses Konzept lässt sich auch auf Mehrspursysteme übertragen (Inkremental- plus Absolutcode, Inkrementalcode mit Signalen für A, B und Z).

Die Definition der Konfigurationskarte bestimmt über die Qualität der Drehgebersignale. Vorgegeben und systembestimmend sind die Pixelgröße und der Pixelfüllgrad. Zur Optimierung der Signale können gegebenenfalls Signale gewichtet werden. Die Konfiguration (Clusterzuordnung, Wichtung) kann für jedes einzelne Empfangselement in einem Speicherblock gespeichert werden. Prinzipiell können solche Systeme auch rekonfigurierbar ausgelegt werden. Dies kann genutzt werden, um Fertigungstoleranzen bei Drehgebern oder Anbautoleranzen in der Anwendung auszugleichen, z. B., wenn Toleranzen groß sind. Auch Anpassungen der Konfiguration während des Betriebs sind möglich. Dabei gilt es aber ein Referenzsignal zu finden (z. B. top-konstante Geschwindigkeit) oder die intrinsische Anpassung von Phase, Amplitude oder/und Offset durch Vergleich mehrerer Einstellungen vorzunehmen.

Folgend beschriebener Ansatz ist beispielhaft dafür aufgeführt, wie eine Codescheibe mit einer Inkrementalspur mittels eines bildverarbeitenden Ansatzes ausgewertet werden kann.

Die Abbildung einer Codescheibe auf einer monochromen Kamera resultiert in einem Streifenmuster mit Grauabstufungen (Abb. 3.135). Nachdem die Spalten innerhalb des auszuwertenden Abbildungsbereiches summiert wurden, kann auf das Summensignal eine Fourier Transformation angewandt werden. Die Phase des Grundsignals stellt nun ein Maß für den Winkel innerhalb eines Inkrements dar. Variationen, wie Faltungen mit sinusförmigen Signalen oder andere Transformationen sind ebenso mögliche algorithmische Ansätze zur Ermittlung einer Phase. Moderne Mikrocontroller oder FPGAs sind in der Lage diese Signalverarbeitungsfunktionen in Echtzeit auf eingebetteten Systemen durchzuführen.

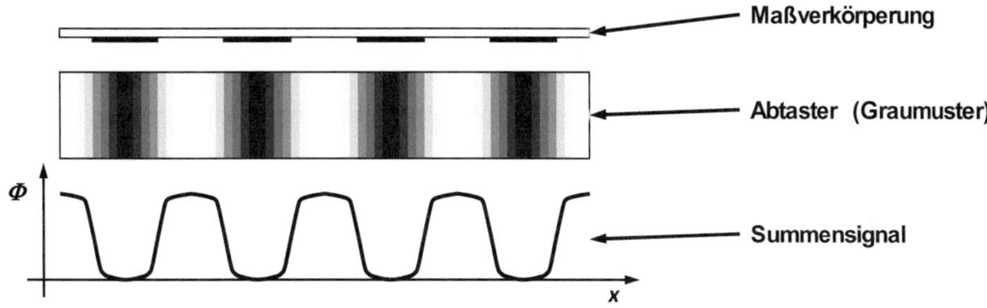

Abb. 3.135 Optische Abtastung für bildverarbeitenden Drehgeber. (Eigene Darstellung in Anlehnung an WO0036377A1)

Da alle Pixel des ausgewerteten Abbildungsbereichs zur Ermittlung der Winkelinformation beitragen, ergibt sich eine sehr hohe Redundanz und somit ein sehr robustes System. Da die Phase des Signals ausgewertet wird, ist das System recht unempfindlich hinsichtlich des Kontrastes der Codescheibe und somit der Qualität der Abbildung. Eingehalten werden sollte aber die Periodizität des Musters.

3.2.1.3 Besondere Eigenschaften optischer Drehgeber

Einsatzbedingungen
Durch ihre hohe Auflösung und die sehr geringen Totzeiten werden optische Drehgeber vor allem für Einsätze höchster Präzision und Leistung eingesetzt (z. B. als Motorfeedback zur Drehzahlregelung von Servomotoren).

Nichtlinearität
An dieser Stelle lohnt es sich, auf die Begriffe integrale bzw. differenzielle Nichtlinearität einzugehen.

Die *integrale Nichtlinearität* beschreibt eine Eigenschaft, die sich hauptsächlich auf die *Genauigkeit* eines Positionswertes bezieht. Sie hat ihre Ursache meist im mechanischen Aufbau (z. B. Exzentrizität der Codescheibe).

Die *differenzielle Nichtlinearität* ist vor allem bei der *Ableitung der Drehzahlinformation* relevant, da sie Ungenauigkeiten beschreibt, welche sich je Maßstabsperiode wiederholen. Damit kann eine vergleichsweise hohe Fehlerfrequenz in den Regler gelangen. Die Ursache dieser Nichtlinearität liegt meist in der unvollkommenen Kalibrierung von Signaloffsets und -amplituden oder aus geringfügigen Schwankungen des Strichmusters. Bei Inkrementalgebern fließen diese Nichtlinearitäten in die Spezifikationsgröße „*Jitter*“ ein.

Allgemeiner Maschinenbau und Automatisierungstechnik
In diesem Anwendungsbereich werden die technischen Anforderungen bezüglich Auflösung und Genauigkeit häufig durch niederpreisige Systeme erfüllt (z. B. magnetische Abtastungen). Im Bereich der Inkrementalgeber sind hochauflösende optische Drehgeber deshalb vorteilhaft, weil ihre Leistungsfähigkeit nur unwesentlich durch äußere Bedingungen beeinflusst wird (z. B. Temperatur). Dies liegt daran, dass bei optischen Drehgebern die hohen Auflösungen physikalisch in der Maßverkörperung vorliegen, weshalb Offset- und/oder Amplitudenveränderungen fast ohne Auswirkung bleiben.

Lebensdauer
Durch die begrenzte Haltbarkeit des Kugellagerfetts wird das Kugellager geschädigt, was zu einem Ausfall der Drehgeber führt. Will man die zu erwartende Lebensdauer genauer bestimmen, so müssen die genauen Einsatzbedingungen, vor allem die Betriebstemperatur, aber auch das Bewegungsprofil, die Drehzahlen oder die Lagerbelastungen

bekannt sein. Generelle Aussagen zur Lebensdauer lassen sich deshalb nur schwer ableiten. Häufig können jedoch mehrere 10.000 Betriebsstunden realisiert werden.

Noch vor wenigen Jahren war(en) die Lichtquelle(n) eine der Hauptausfallursachen, speziell bei Absolut-Drehgebern. Dies kann heutzutage nahezu ausgeschlossen werden, da zusammen mit den eingesetzten ASICs meist nur noch eine Lichtquelle benötigt wird und diese aufgrund der hochsensitiven Empfänger auch mit nur geringer Leistung betrieben wird. Alterung und Temperaturabhängigkeit der LED sowie gleichmäßige Verschmutzungen der Codescheibe werden mithilfe der vorher gezeigten Senderregelung kompensiert.

3.2.2 Magnetisch codierter Drehgeber

In Abschn. 3.1.6 wurde die Funktionsweise von magnetisch codierten Mess-Systemen bei Linearbewegungen beschrieben. In diesem Kapitel wird eine rotative Messung näher betrachtet. Mit diesem Prinzip lassen sich sehr einfach kleine, kompakte Drehgeber aufbauen, die gleichzeitig sehr robust gegen Verschmutzung sind. Je nach Applikation bieten sich verschiedene Varianten des runden Maßkörpers an.

Bei linearen Bewegungen handelt es sich um ein Messverhalten, das nicht vom Abstand zwischen Maßkörper und Sensorkopf abhängig ist. Abb. 3.136 zeigt das Prinzip. Der Sensor ist genau auf die Polbreite P abgestimmt. Die Polbreite ändert sich nicht mit dem Luftspalt, dem Abstand zwischen dem Sensor und dem Maßkörper. Sie bleibt konstant.

Im Gegensatz zu Linearbewegungen treten beim Messen von Drehbewegungen, speziell Drehwinkeln, verschiedene Effekte auf, die bei der Messung berücksichtigt werden müssen. Der Anwender muss sich darüber im Klaren sein und seinen Messaufbau bzw. die Applikation entsprechend wählen.

In Tab. 3.24 sind einige wichtige Eigenschaften runder Maßkörperkonzepte zusammengestellt. Bei einem magnetisierten Ring hat jeder Pol eine bestimmte Bogenlänge. Diese Bogenlänge wird so gewählt, dass bei einem definierten Luftspalt im aktiven Bereich des Sensors die Pollänge genau der Pollänge entspricht, für die der Sensor ausgelegt ist. Dies ist bei einem linearen Maßkörper, der auf dem Umfang angebracht ist, nicht möglich. Seine Polbreite entspricht nur bei einer linearen

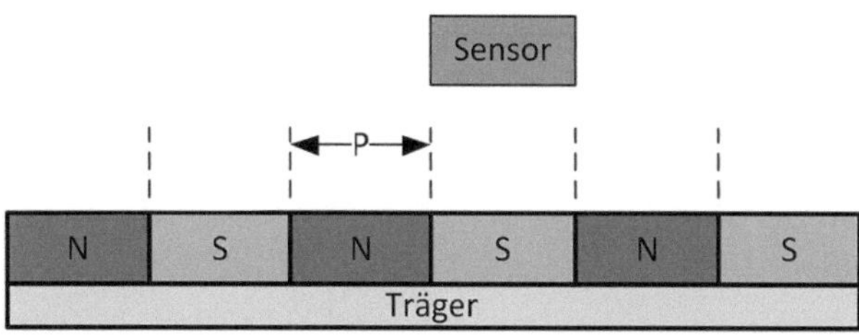

Abb. 3.136 Magnetfelder bei linearem Maßkörper

Tab. 3.24 Vergleich aufmagnetisierter Ring zu linearem Maßkörper auf runder Oberfläche

	Realisierung der Winkelmessung	
Prinzip	Ring aufmagnetisiert	Linearer Maßkörper auf runder Oberfläche (konvex, konkav)
Magnetisierung	Jeder Pol hat eine bestimmte Bogenlänge (Winkel)	Jeder Pol hat eine konstante Länge
Wichtigste Einflussgrößen auf die Messgenauigkeit	Unterschied des Mittelpunktes beim Magnetisieren und im Betrieb Luftspalt	Effektiver Radius, Abstand zwischen Drehachse und neutraler Faser des Maßkörperträgermaterials Luftspalt
Bewegungsbereich	>360°	<360° mit normaler Genauigkeit >360°, wenn auf Genauigkeitsanforderungen verzichtet werden kann
Mechanische Stabilität	Gut	Enden des Maßkörpers sollten mechanisch fixiert sein

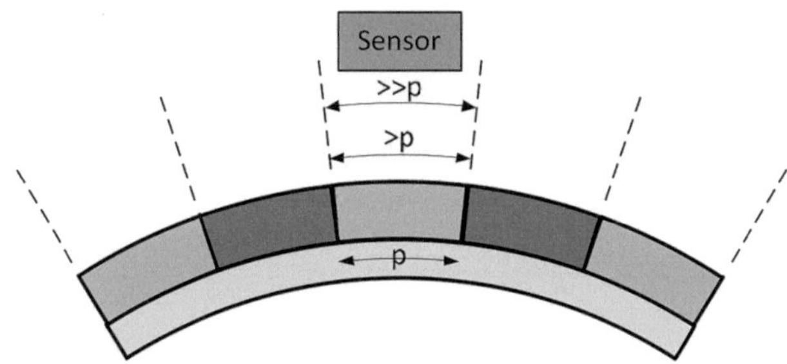

Abb. 3.137 Magnetfelder bei radial gebogenem Maßkörper

Applikation oder bei sehr großen Radien exakt der Polbreite, für die der Sensor ausgelegt ist. Den Zusammenhang kann man in Abb. 3.137 erkennen: Die *Polbreite* P wird mit steigendem Luftspalt bei einer konvexen Applikation zwischen Sensorkopf und Maßkörper *größer.*

Diese Polbreite im aktiven Bereich des Sensors wird im Folgenden als *effektive magnetische Polbreite* bezeichnet.

Bei der Montage auf der runden Oberfläche wird der Maßkörper um die neutrale Faser des (Stahl-)Trägermaterials verformt. Die Magnetpole werden je nach konvexer oder konkaver Biegerichtung größer oder kleiner. Entsprechend verhalten sich die Magnetfelder. Es entsteht im Sensor, der auf eine feste Polbreite angepasst ist, eine zusätzliche *Linearitätsabweichung* innerhalb jedes Pols. Diese Linearitätsabweichung ist umso *größer,* je *größer* der *Luftspalt* und je *kleiner* der *Biegeradius* ist. Die Anzahl der Impulse bei einer vollen Umdrehung ist davon jedoch nicht beeinflusst; denn der Sensor interpretiert jeden Pol beispielsweise als 1.000 Inkremente. Solange die Magnetfelder richtig erkannt werden, ist die Anzahl der Inkremente je Umdrehung trotzdem konstant, da sich die Anzahl der Pole nicht geändert hat.

Wenn mit dieser Applikation der *Drehwinkel* einer Achse bestimmt wird, geschieht dies über den *Weg,* der an der Oberfläche gemessen wird. Auf den Drehwinkel kann über den Radius geschlossen werden. Je größer der Radius, um so höher die erreichbare Genauigkeit für den Drehwinkel. Nachdem sich der Weg an der Oberfläche mit einer Genauigkeit von einigen Zig-µm reproduzierbar messen lässt, lässt sich der effektive Radius (von der Drehachse zur neutralen Faser des Trägermaterials) nur mit großem Aufwand mit einer reproduzierbaren Genauigkeit von einigen zig µm fertigen. Die erreichbare reproduzierbare Genauigkeit des Radius ist eine wichtige Einflussgröße für die Genauigkeit des gemessenen Drehwinkels.

Andere Verhältnisse stellen sich ein, wenn der Maßkörper zuerst auf einer gebogenen Oberfläche angebracht und anschließend winkelgenau magnetisiert wird. Dann kann die *Polbreite* in weiten Grenzen exakt auf die vom Sensor erwartete Polbreite bei entsprechendem Luftspalt *angepasst* werden. Mit der Anzahl der Polpaare auf dem Umfang und dem geplanten Luftspalt ergibt sich der Radius und die *rechnerische Polbreite/ Bogenwinkel,* mit der das Material magnetisiert wird. Sie wird so gewählt, dass sich am Sensor mit einem definierten Luftspalt genau die erwartete Polbreite einstellt. Je nach konvexer oder konkaver Wölbung ist die physikalische Polbreite an der Oberfläche größer oder kleiner als diese. Mit dieser Dimensionierung stellt sich eine minimale Linearitätsabweichung ein.

Eine weitere wichtige Einflussgröße auf die Genauigkeit ist bei einem magnetisierten Ring der Unterschied der Achse, um die der Ring aufmagnetisiert wurde, und die Achse, auf der er betrieben wird. Dieser Effekt tritt besonders bei den Ringen auf, die große Toleranzen beispielsweise des Innendurchmessers aufweisen (z. B. preiswerte Keramikringe). Bei Ringen kleiner Toleranz (z. B. Passungen) braucht man diesen Effekt nicht zu beachten. In Abb. 3.138 ist sehr vereinfacht und stark übertrieben die Auswirkung von verschiedenen Achsen beim Magnetisieren und beim Messen dargestellt.

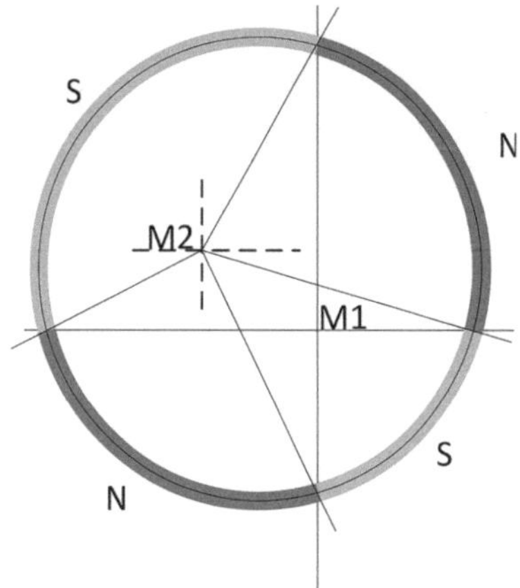

Abb. 3.138 Magnetringes mit unterschiedlichen Magnetisierungs- und Betriebsachsen

Ein Magnetring sei um die Achse M1 mit zwei Polpaaren, magnetisiert. Jeder Pol hat beim Magnetisieren ein Bogenmaß von 90°. Wenn sich der Ring bei der Montage um die Achse M2 dreht, sind die gemessenen Bogenmaße nicht mehr 90°. Der Sensor interpretiert jeden Pol beispielsweise mit 1000 Inkrementen. Im Vergleich zu idealen Verhältnissen sind die Inkremente im Bereich des Südpols links oben zu groß, im Bereich des Südpols rechts unten zu gering. Es stellt sich wieder ein Messfehler ein. Die Anzahl der Inkremente je Umdrehung ist jedoch richtig.

Wenn ein linearer Maßkörper über 360° auf einem Umfang angebracht wird, müssen auch die Effekte an der Stoßstelle der beiden Maßkörperenden beachtet werden. Grundsätzlich muss der Umfang des Rings so gewählt sein, dass er einem Vielfachen der Polpaare entspricht. Ansonsten hätte der Pol über die Stoßstelle eine abweichende Breite. Er sei beispielsweise statt 5 mm nur 4 mm breit. Im Beispiel interpretiert der Sensor jeden Pol als eine Länge von 5 mm und macht daraus durch Interpolation 1000 Inkremente. Im Bereich der Stoßstelle werden nun Inkremente nicht auf 5 µm sondern auf einer Länge von 4 µm ausgegeben.

Auf die Gesamtanzahl Inkremente je Umdrehung hat dieser Effekt glücklicherweise keinen Einfluss, sie ist nur von der Anzahl der Polpaare abhängig. Es spielt dafür keine Rolle, wenn ein Pol eine abweichende Breite hat. Wohl aber besteht ein Einfluss auf die gemessene *Verfahrgeschwindigkeit.* Dies ist in Abb. 3.139 dargestellt. Im Bereich der Stoßstelle, zwischen den Maßkörperenden G1 und G2 gibt es bei obigem Beispiel eine Abweichung (Bleibende LA) beim gemessenen Weg. S_ist sei 4 mm, S_mess sei 5 mm. Die gestrichelten Kurven entsprechen dem idealen Zusammenhang der Messung (gemessener Weg über dem tatsächlichen physikalischen Weg). Die durchgezogene Kurve stellt den gemessenen Weg mit der Linearitätsabweichung dar. Die Steigung der Kurve entspricht der *gemessenen Verfahrgeschwindigkeit.* Im Bereich von Gl und G2 ist diese konstant, im Bereich zwischen Gl und G2 erscheint sie erhöht. Dies ist durch das strichpunktierte Dreieck dargestellt. (1000 Inkremente werden hier über 4 mm ausgegeben).

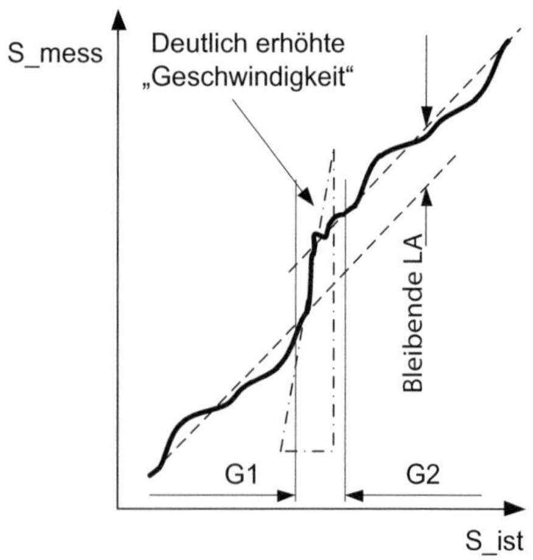

Abb. 3.139 Verhältnisse an der Stoßstelle bei einem linearen Maßkörper der über 360° angebracht ist

Die maximale Verfahrgeschwindigkeit des Mess-Systems ist durch den Weg je Inkrement und den minimalen Flankenabstand (minimale Zeit je Inkrement) definiert (vgl. Abschn. 3.2.7). Bei Geschwindigkeiten die darüber liegen kann es nämlich passieren dass Impulse verloren gehen. Besondere Gefahr besteht nach obigen Ausführungen im Bereich der Stoßstelle. Es fehlen dann die Inkremente eines ganzen Pols (z. B. 1000). Eine einfache Prüfung besteht darin eine Position auf Gl zu markieren und den Bereich der Stoßstelle schnell in Vorwärtsrichtung und anschließend langsam in Rückwärtsrichtung zu durchfahren. Ist dann an der gleichen Position die gemessene Position identisch, sind die Verhältnisse in der Applikation für diesen Effekt hinreichend gut.

Ein weiterer Effekt für die Genauigkeit im Bereich der Stoßstelle liegt in der Verformung des magnetischen Materials beim Trennen des Maßkörpers.

Können all diese Effekte toleriert werden, spricht nichts gegen eine Messung über 360° mit einem auf einen Ring aufgeklebten linearen Maßkörper. Dann muss nur noch sichergestellt werden, dass der Maßkörper, insbesondere im Bereich der Stoßstelle, gut fixiert ist.

Anwendungen

Im Folgenden werden einige Beispiele für das magnetische Mess-System beschrieben. Abb. 3.140 zeigt eine lineare und rotative Anwendung. Bei der linearen Bewegung sind zusätzlich Endschaltermagnete angebracht.

Abb. 3.141 zeigt einen runden Maßkörper, der einen großen axialen Versatz bei der Messung erlaubt. Die Magnetpole mit einer Polbreite von 5 mm haben eine seitliche Ausdehnung von 30 mm. Die Pole sind mit einer Pole-Pitch-Display-Card sichtbar gemacht. Sie verdunkelt sich an den Polen und wird zwischen den Polen hell. Eine

Abb. 3.140 Bild eines Sensorkopfes mit linearem und rundem Maßkörper

Abb. 3.141 Bild eines Maßkörpers mit einer sehr breiten Polteilung, sichtbar gemacht durch eine Pole-Pitch-Display-Card

Abb. 3.142 Bild eines Maßkörpers (Pfeil) auf einer großen Nabe. (Werkfoto: Balluff GmbH)

Applikation mit diesem Maßkörper ist in der Druckindustrie, bei der die Drehzahl einer Achse genau gemessen wird. Dabei kann sich die Achse um einige cm in axialer Richtung bewegen, ohne die Messung zu beeinflussen.

In Abb. 3.142 ist eine Nabe abgebildet, bei der sich der Maßkörper am Umfang befindet. Diese Nabe wird im Handlingbereich eingesetzt, bei der eine große Anzahl von Medien mit Schläuchen in den bewegten Bereich geführt werden muss. Der Durchmesser wurde hinsichtlich der geforderten Genauigkeit entsprechend groß gewählt (siehe Größenvergleich mit Kreditkarte). Der Maßkörper befindet sich im Bereich des Pfeils.

In Abb. 3.143 ist eine Edelstahlschlauchschelle abgebildet, in der sich, durch die Schlauchschelle verdeckt, ein Maßkörper befindet. Seine Magnetfelder „schauen" durch die Schlauchschelle nach außen. Die Schlauchschelle lässt sich sehr einfach an einem Umfang befestigen. Mit einem Sensorkopf lässt sich die *Rotationsbewegung einer Achse* dann sehr einfach und genau erfassen. Bei der dargestellten Bauform können nur Bewegungen <360° gemessen werden. Falls sich die Befestigung seitlich des Maßkörpers befindet, lassen sich auch mechanische Bewegungsbereiche >360° realisieren. Wie bereits erwähnt, ist jedoch die Stoßstelle des Maßkörpers messtechnisch

Abb. 3.143 Maßkörper in einer Schlauchschelle (durch Schlauchschelle verdeckt) auf einer Welle montiert. (Bild: Balluff GmbH)

problematisch. Bei Bewegungen, die >360° gemessen werden, ist eine Lösung mit einem geschlossenen Magnetring empfehlenswert.

3.2.3 Umdrehungszählende Winkelsensoren

3.2.3.1 Allgemeines Funktionsprinzip und morphologische Beschreibung von Umdrehungen zählenden Winkelsensoren

Eine häufig vorkommende Messaufgabe in industriellen Systemen ist das Messen mehrerer Umdrehungen mit folgenden zusätzlichen Anforderungen:

1. Die Information der Umdrehung darf bei einem Ausfall der Versorgungsspannung nicht verlorengehen.
2. Falls im stromlosen Zustand eine Verdrehung des Messobjektes auch über mehr als eine Umdrehung erfolgt, soll dies detektiert werden können.

Eine diese Anforderungen erfüllende Sensorik wird häufig auch *True-Power-On-Sensor* genannt, d. h., er zeigt beim Einschalten (Power On) immer die wahre Position (True) an.

Zur Lösung von umdrehungszählenden Systemen, welche diese Anforderungen nicht oder nur zum Teil erfüllen, gibt es viele unterschiedliche Lösungen. Diese wenden alle folgendes Prinzip an: Ein Sensor misst nur *eine Umdrehung* (oder Teile dessen). Bei jedem Übergang der Maßverkörperung zählt er dieser Übergang. Dies ist eine *inkrementelle Arbeitsweise.* Diese Information geht allerdings bei Spannungsverlust verloren.

Um diese Aufgabe mit einem *True-Power-On-Sensor* (TPO-Sensor) zu lösen, gibt es wenige Realisierungsmöglichkeiten speziell für Umdrehungszählungen, welche meist zusammen mit einer separaten *Singleturn-Sensorik* auch innerhalb einer Umdrehung Winkel hoch auflösend messen können.

Tab. 3.25 Morphologisches Baukastensystem von TPO Umdrehungszählern (Karo-Linie: Realisierungspfad des GMR-Mehrgangwinkelsensors von Novotechnik)

Ausprägung, Funktion	Bekannte Ausführungen, Realisierungen			
1. Geometrische Messgröße	Winkel (> 360° bzw. n · 360°)			
2. Übertragungsprinzip	Mechanisch: Getriebe/Mitnahme	Magnetfeld	Optisch	Induktiv
3. Detektion (bez. auf Umdrehungsinformation)	Erfassung Position untersetztes Zahnrad/Sekundärrad Umwandlung Winkelinformation in Weginformation	z. B. mit Reedsensoren	GMR-Struktur Erfassung: Domänenverschiebung -> Änderung von Widerständen einer Sensorstruktur Weitergabe: Messung von Widerständen	Erzeugung eines Spannungspulses mittels: a) Spulenumwickelter Wieganddraht b) Spulenumgebene Blattfeder c) Spulenumgebener Klappmagnet
4. Speicherung der Umdrehungsinformation	Stellung der Getriebeelemente	Dynamischer Speicher, gepuffert über Batterie	GMR-Struktur	FRAM

Folgende Umsetzungen sind bekannt:

1. *Mechanisch* mittels Nutzung eines Getriebes oder anderer mechanischer Mitnahmen.
2. *Induktiv:* Die Detektion wird mit Energiegewinnung kombiniert.
3. *Inkrementelle* Detektion durch Batteriepufferung für Umdrehungsinformation.
4. Messung und Speicherung der Umdrehungsinformation mit einem neuartigen *GMR-System* (Tab. 3.25).

3.2.3.2 Getriebebasierende Umdrehungszählverfahren

Eine sehr einfache Lösung ist ein Getriebe, das den gewünschten Winkelbereich n · 360 Grad auf 360 Grad abbildet. Speziell bei industriellen Anwendungen werden teilweise deutlich mehr als 10 Umdrehungen gefordert. Für diese Applikationen werden heute hauptsächlich *digitale Multiturndrehgeber* auf Encoderbasis mit einem mehrstufigen Getriebe eingesetzt, die üblicherweise eine Winkelauflösung von 12 Bit bis 18 Bit haben und bis zu 16.384 Umdrehungen (14 Bit) erfassen können. In Abb. 3.144 ist ein solches Getriebe dargestellt. Es werden je nach Anforderung unterschiedliche Stufen des Getriebes positionsdetektiert.

Wollte man nur mit einer Winkelerfassung auskommen, so ist bei Getrieben nachteilig, dass die Auflösung entsprechend verringert wird und zudem über die Getriebestufen hinweg Hystereseeffekte auftreten.

Dieser Nachteil wird mit einem *Mehrgangpotenziometer* (Abb. 3.145) einfach und kostengünstig beseitigt. Hier wird die Mehrgängigkeit dadurch erzeugt, dass

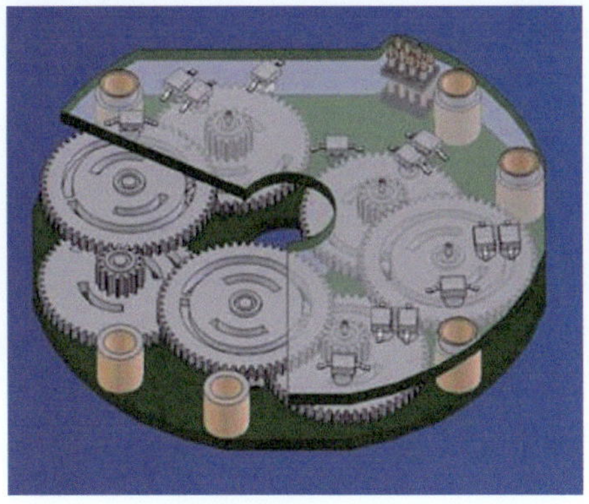

Abb. 3.144 Mehrstufiges Getriebe zur Erfassung von Umdrehungen. (Werkfoto: Posital)

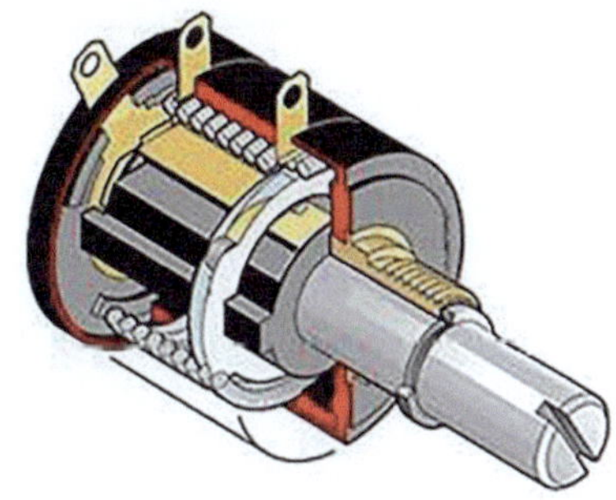

Abb. 3.145 Mehrgangpotenziometer

die Maßverkörperung in Form eines *helixförmigen Widerstandselementes* mehrere Umdrehungen abbildet. Der Schleifkontakt wird meist vom Widerstandselement selbst geführt und greift eine positionsabhängige Spannung ab. Ähnliche Ausführungen des gleichen Prinzips wandeln die Drehbewegung über eine *Spindel* in eine translatorische Bewegung um, welche anschließend potenziometrisch erfasst wird, oder es erfolgt eine Positionserfassung über einen beweglichen Magneten und einen fixen Hallsensor (Abschn. 2.8) auf magnetischem Wege.

In Anwendungen im Automobilbereich, wie beispielsweise der Erfassung des Lenkwinkels, kommt man mit deutlich weniger Umdrehungen aus. Die Umdrehungszahl beträgt bei Pkws und Lkws weniger als 8 Umdrehungen. Abb. 3.146 zeigt eine Lösung, die das klassische *Noniusprinzip* verwendet. Die Positionen der Zahnräder m und m + 1 werden beispielsweise mit 2 AMR-Winkelsensoren erfasst (AMR: Anisotrope Magneto Resistance; Abschn. 2.3). Eine Auswerteschaltung errechnet den entsprechenden Winkelwert.

Eine weitere Unterart für eine Getriebelösung ist das *Malteserkreuz-Getriebe* (Abb. 3.147). Eine an der zu messenden Welle montierte Kurbel erzeugt für ein hier-

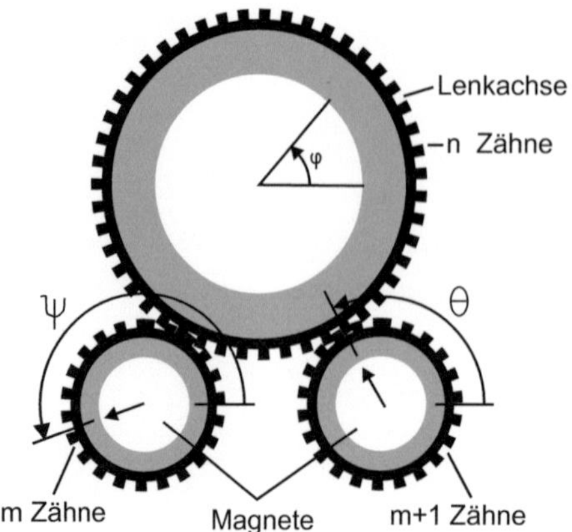

Abb. 3.146 Multiturnwinkelsensor. (Werkfoto: Bosch)

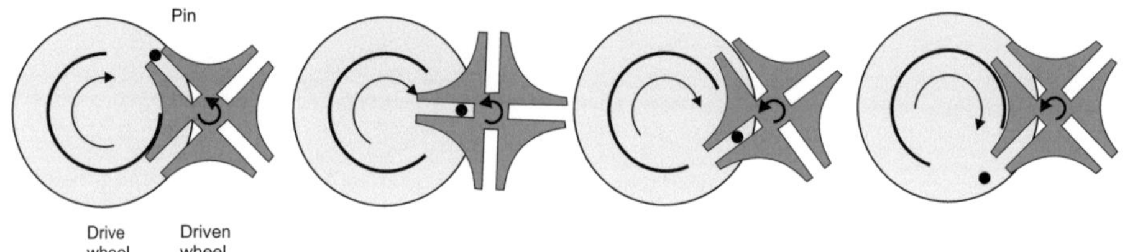

Abb. 3.147 Malteserkreuz-Getriebe (Quelle: Wikipedia)

mit verbundenes Kreuz eine periodische, durch Raststellungen unterbrochene Drehbewegung. Die Abfrage des Malteserkreuzes kann nun mit sehr einfachen Mitteln wie beispielsweise Hall-Schaltern (Abschn. 2.8) erfolgen. Auch mit dieser Variante sind Anwendungen beispielsweise bei Lenkwinkelsensoren möglich.

3.2.3.3 Umdrehungszählverfahren auf induktiver Basis

Auch auf induktiver Basis (Abschn. 2.5) können Umdrehungszähler arbeiten: Die Drehbewegung der Welle erzeugt als Generator elektrische Energie, um eine Zählelektronik zu versorgen, welche die Anzahl der Umdrehungen erfasst. Bei einer Drehzahl nahe Null scheitert allerdings diese Form der Energiegewinnung, da die generierte Spannung nicht ausreicht, um Halbleiterschaltungen zu versorgen. Ein Lösungsansatz, um auch bei langsamen Drehbewegungen ausreichend Energie zur Verfügung zu stellen, ist der Einsatz von *Wiegand-Sensoren.*

Kernstück eines Wiegand-Sensors ist ein *Wieganddraht.* Dieser Draht besteht aus einer ferromagnetischen Legierung, die durch eine spezielle Nachbehandlung eine äußere magnetisch harte Zone *(Schale)* und eine innere magnetisch weiche Zone *(Kern)* erhält. Mit einem kräftigen äußeren Magnetfeld in Drahtrichtung können Schale und Kern in gleicher Richtung magnetisiert werden. Die Magnetisierungsrichtung des magnetisch weichen Kerns kehrt sich um, wenn der Draht relativ schwach entgegengesetzt magnetisiert wird. Die Magnetisierungsrichtung der Schale bleibt unbeeinflusst. Bei Erhöhung der magnetischen Feldstärke kehrt sich auch die magnetische Polarität der Schale um. In einer Spule, die auf diesen Draht gewickelt ist, induziert das *Umklappen* der Magnetisierungsrichtung der einzelnen Bereiche des Wieganddrahtes einen *Spannungsimpuls.* Spannungshöhe und Energie dieses Impulses werden somit nicht von der Änderungsgeschwindigkeit des von außen einwirkenden Magnetfeldes beeinflusst.

Wird das den Wiegandsensor durchflutende Magnetfeld von einem *Permanentmagneten* erzeugt, der fest mit der Welle eines Drehgebers verbunden ist, erzeugt die *Drehung* der Welle eine *Umkehrung* der Magnetisierungsrichtung und damit der Spannungsimpulse. Diese werden genutzt, um eine Zählelektronik kurzzeitig mit Energie zu versorgen. Das Kernstück der Zählelektronik ist ein nichtflüchtiger Speicher, in dem die Anzahl der erfolgten Umdrehungen gespeichert wird. Die Zählelektronik wertet die *Richtung* der Drehung aus und inkrementiert oder dekrementiert entsprechend der Drehrichtung die im Speicher gespeicherte Anzahl der Umdrehungen.

Die gesamte Energie, die für den Zähl- und Abspeichervorgang zur Verfügung steht, liegt in der Größenordnung von lediglich 100 nJ. Daher wurden Ideen zur Nutzung des Wiegandsensors als Teil der absoluten Positionserfassung von Drehgebern erst realisierbar mit der Entwicklung von entsprechend *energieeffizienten nichtflüchtigen Speichern.* Weitere Anforderungen an diese sind eine hohe Anzahl an Schreibzyklen und eine lange Datenerhaltzeit.

Oft werden in Drehgebern magnetische Singleturntechnologien gemeinsam mit dem Wiegandsensor-basierten Multiturnteil eingesetzt. Bei richtiger Auslegung (Abb. 3.148) kann ein *einzelner Erregermagnet* genutzt werden, um sowohl die Winkelinformation für den Singleturnteil, als auch das Magnetfeld für den Betrieb des Wiegandsensors zu liefern.

Die *Vorteile* der Wiegand-Technologie liegen in der rein *elektronischen Zählung* der Umdrehungen. Es werden außer dem drehenden Magneten keinerlei mechanisch bewegten Teile benötigt. Dadurch werden Wiegandsensor-basierte Drehgeber oft in Bereichen mit *hohen mechanischen Beanspruchungen* eingesetzt. Im Gegensatz zu Drehgebern, die die Umdrehungen mithilfe eines mechanischen Getriebes erfassen, ist es bei Wiegandsensor-basierten Drehgebern möglich, alle elektronischen Baugruppen hermetisch zu kapseln und dadurch sehr hohe Widerstandsfähigkeit gegenüber Umwelteinflüssen wie Staub und Feuchtigkeit zu erreichen. Weiterhin ist die Anzahl der erfassbaren Umdrehungen nur durch den zur Verfügung stehenden Speicher begrenzt und damit für den praktischen Einsatz praktisch unbegrenzt einsetzbar. Es sind auf Basis der induktiven Umdrehungsdetektion bzw. gleichzeitigen Energiegewinnung noch folgende weitere Ausführungsformen bekannt:

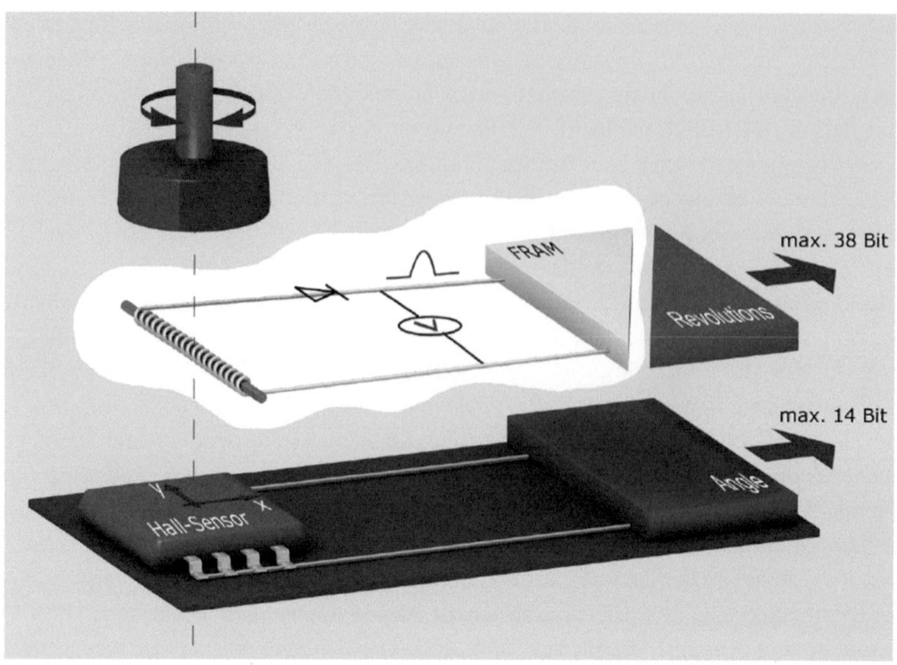

Abb. 3.148 Aufbau eines Sensorsystems mit Wiegand-Umdrehungserfassung. (Werkfoto: Posital)

- Eine *magnetisierbare Blattfeder* führt, über einen drehenden Magneten betätigt, spontane Bewegungen aus.
- Ein *beweglich gelagerter Magnet* führt, auch über einen drehenden Magneten betätigt, spontane Bewegungen aus (Klapp-Magnet).

In beiden dieser Fälle werden *dynamische Magnetfelder* erzeugt, deren Dynamik ähnlich wie beim Wiegand-Prinzip nicht direkt von der Drehgeschwindigkeit der Antriebswelle abhängt und die induktiv abgegriffen werden können.

3.2.3.4 Batteriepufferung der Umdrehungsinformation

Um ein *True-Power-On-Mehrgangsystem* zu betreiben, reicht es prinzipiell aus, wenn eine Mehrgangsensorik Umdrehungen erfassen und diese speichern kann; im günstigsten Fall ohne externe Versorgungsspannung. Ein vom Grundgedanken her sehr einfacher Ansatz ist eine *Batteriespeisung* und *-pufferung* einer Mehrgangsensorik. Für eine technisch sinnvolle Ausführung des Gedankens ist die wichtigste Anforderung an dieses System, dass es extrem stromsparend ausgeführt ist. Heutige Ausführungen arbeiten beispielsweise mit Reedschaltern, einer langlebigen Lithiumbatterie und sehr stromsparenden dynamischen Speicherbausteinen. Der Betrieb der Mehrgangsensorik ist dann über einen in vielen Anwendungen akzeptabel langen Zeitraum gewährleistet.

3.2.3.5 Neuartiges GMR-System zur Detektion und Speicherung von Umdrehungsinformation

Im Folgenden soll eine völlig neuartige Methode vorgestellt werden, die erlaubt, Umdrehungen auch im *stromlosen Zustand* und *ohne Getriebe* zu erfassen. Kombiniert mit einer entsprechenden Singleturnsensorik (z. B. Hall) kann ein getriebeloser batteriefreier Multiturngeber aufgebaut werden.

Die Grundlage für diese Entwicklung bildet die *Magnetoelektronik,* die neben der Ladung des Elektrons auch noch das magnetische Moment (gekoppelt an den Spin) ausnutzt. Heute werden solche Bauelemente, die Magnetowiderstandseffekte ausnutzen, unter dem Sammelbegriff XMR beschrieben (Abschn. 2.3). Dazu wurde ein Multiturn-Sensor entwickelt, der den GMR-Effekt nutzt. Dieser kann zusätzlich zum Drehwinkelsignal im stromlosen Zustand ohne Pufferbatterie und ohne Getriebe derzeit bis zu 16 Umdrehungen zählen und dauerhaft speichern. Er arbeitet durch das magnetische Prinzip berührungslos und damit praktisch verschleißfrei. Dabei liefert er *absolute Positionswerte* und stellt den Messwert als echtes „True-power-on"-System sofort nach dem Start zur Verfügung. Im Prinzip funktioniert der Multi-turnsensor dabei wie ein Schieberegister.

Sensorelement und Messprinzip des GMR-Umdrehungszählers

Der GMR-Effekt (Giant Magneto Resistance: Riesen-Magnetwiderstand, Abschn. 2.3, Abb. 2.3–5) ist ein quantenmechanisches Phänomen, das in *dünnen Filmstrukturen* aus *ferromagnetischen* (FM) und *nicht ferromagnetischen* (NM) Schichten beobachtet wird: Hat man einen solchen heterogenen Aufbau aus zwei magnetischen Schichten (eine weichmagnetische Sensorschicht und als Referenzschicht eine hartmagnetische Schicht), die durch eine nur wenige Atomlagen dicke, nichtmagnetische Schicht getrennt sind, so lässt sich der Widerstand des Stapels durch externe Magnetfelder ändern.

Die Referenzschichtorientierung wird, solange die Magnetfelder nicht extrem groß werden, festgehalten. Der Schichtstapel selbst (Abb. 3.149) ist in Streifen mit einer Breite von unter 200 nm strukturiert. Durch die entstehende Formanisotropie kann sich die Sensorschicht nur entweder parallel oder antiparallel zum Streifen ausrichten. Der elektrische Widerstand ändert sich deutlich, wenn die magnetischen Momente in dieser Sensorschicht *umklappen.* Stehen sie parallel zueinander, sinkt der Widerstand auf den Minimalwert, bei antiparalleler Ausrichtung erreicht er sein Maximum (Abb. 3.150). Der Magnetisierungszustand einer solchen Struktur lässt sich leicht durch eine Widerstandsmessung bestimmen.

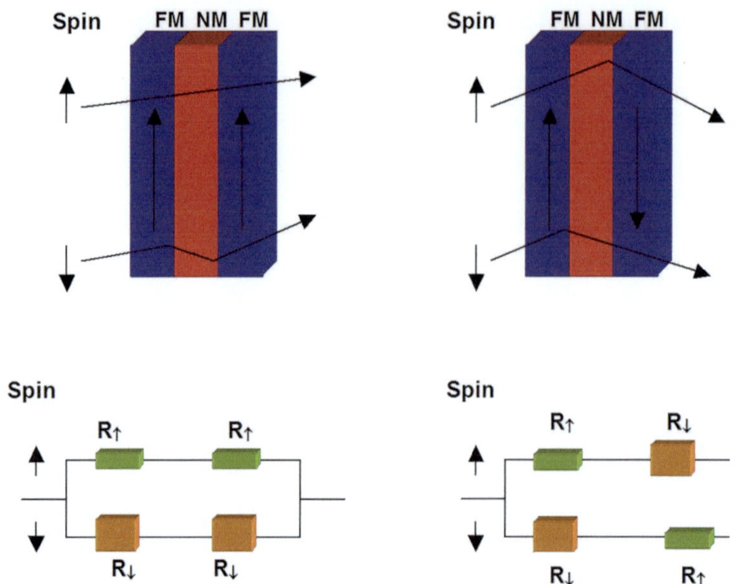

Abb. 3.149 Streuverhalten und Ersatzschaltbild bei paralleler und bei antiparalleler Ausrichtung der beweglichen Schicht

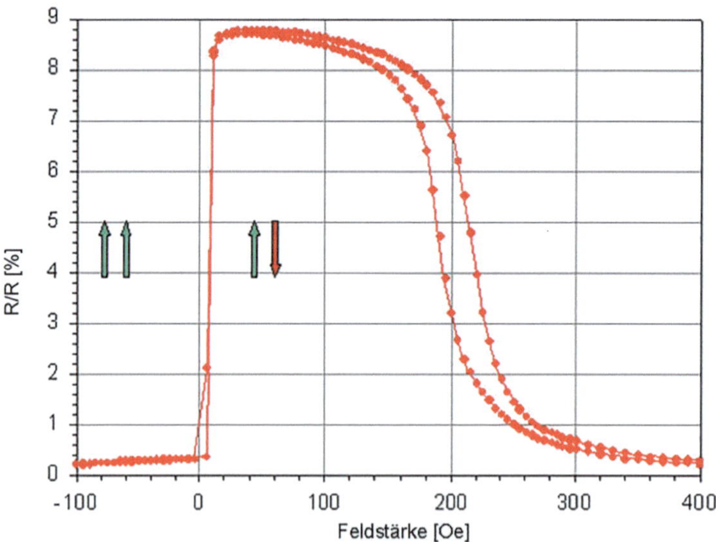

Abb. 3.150 Relativer Widerstand des GMR-Systems in Abhängigkeit der angelegten magnetischen Feldstärke

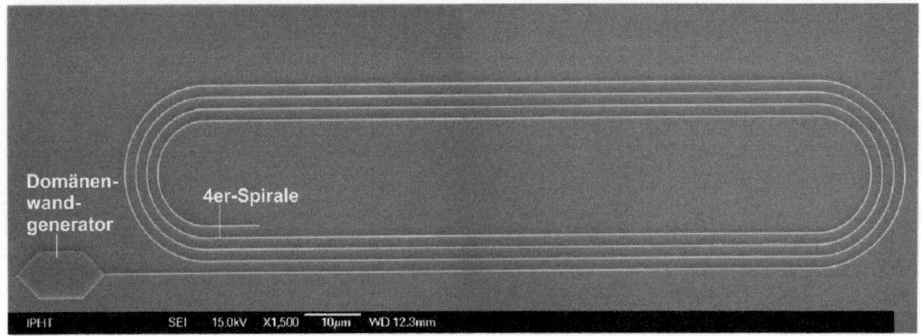

Abb. 3.151 Struktur eines GMR-Umdrehungszählers. (Werkfoto: Novotechnik)

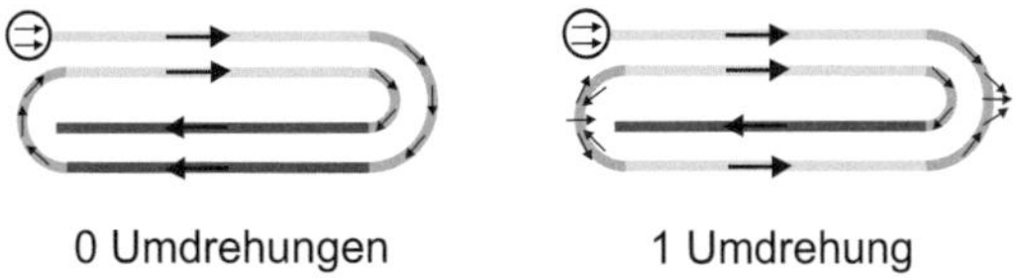

Abb. 3.152 Zustand des GMR-Umdrehungszählers im Ausgangszustand (keine Domänen) und nach einer Umdrehung (2 injizierte Dömänen)

Generell besteht der Sensor aus zwei Strukturen (Abb. 3.151):

1. Einem sogenannten *Domänenwandgenerator:* Durch die große geometrische Ausdehnung (keine Formanisotropie) kann in dieser Fläche die Magnetisierung leicht dem äußeren Magnetfeld folgen.
2. Einer bestimmten Anzahl von *Spiralarmen.* Diese stellen eine sehr dünne Struktur dar, bei der zur Ummagnetisierung wesentlich größere Feldstärken notwendig sind (wegen der hohen Formanisotropie). Dabei bestimmt die Anzahl der Spiralarme die maximal zu detektierende Anzahl an Umdrehungen.

Durch Drehung eines externen Magnetfeldes mit geeigneter Stärke werden im *Domänenwandgenerator* 180°-Domänen erzeugt und in die Spiralstruktur injiziert bzw. bei einer Rückwärtsdrehung wieder gelöscht. Die Magnetisierung der Sensorschicht in den Spiralarmen richtet sich dabei entweder parallel oder antiparallel zur Referenzschicht aus (Abb. 3.152).

Durch Messen des Widerstands der kompletten Struktur bzw. von einzelnen Geradenstücken der Struktur kann auf die aktuelle Umdrehung rückgeschlossen werden (Abb. 3.153).

Mit dem beschriebenen Sensorelement kann man somit Umdrehungen zählen und speichern. Eine Ermittlung des Absolutwinkels über mehrere Umdrehungen ist so jedoch noch nicht möglich, da die Widerstands- oder Spannungsänderungen des GMR-

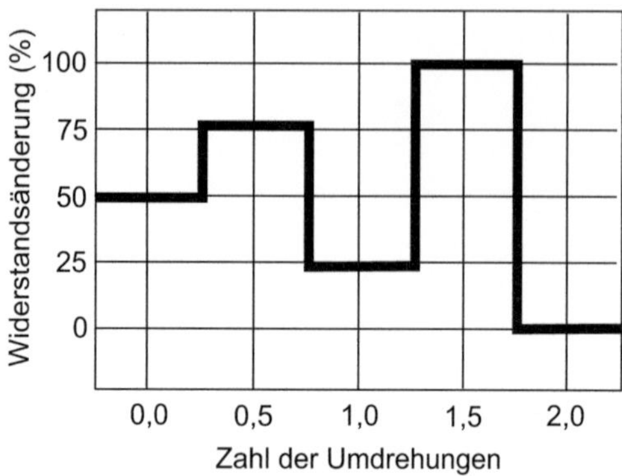

Abb. 3.153 Relative Widerstandsänderung bei Umdrehungsänderungen bei Messung des Widerstandes der kompletten Struktur

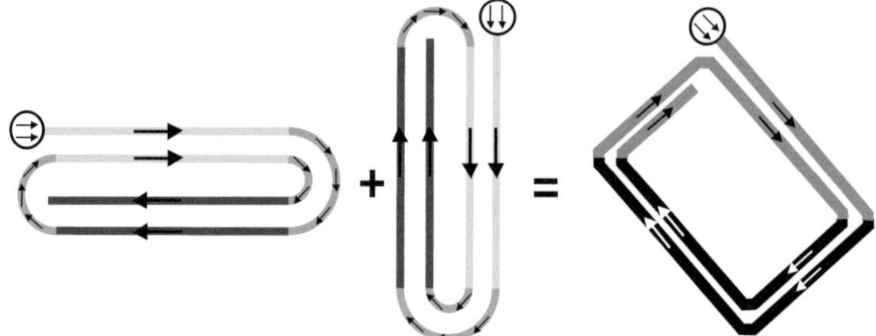

Abb. 3.154 Verschmelzung zweier um 90° versetzter Spiralen zu einer rautenförmigen Struktur

Sensorelements an den Sprungstellen keine eindeutigen Werte annehmen. Mit zwei um *90° versetzten Multiturn-Elementen* lässt sich dieses Problem lösen.

Es geht jedoch noch eleganter, wenn man diese zwei um 90° verdrehten Strukturen zu einer *Raute* „verschmilzt". Bei ihr lässt sich durch einen entsprechenden Auswertealgorithmus in jeder Winkelstellung eine eindeutige Position über mehr als 360° ableiten (Abb. 3.154).

Durch Kombination eines Sensors dieses Prinzips mit einem weiteren 360°-Sensor, der den Drehwinkel im Singleturnbereich erfasst (z. B. Hall, AMR, induktiv, potenziometrisch), kann man nun über mehrere Umdrehungen Winkel und Umdrehungszahl ermitteln. Abb. 3.155 zeigt die Sensoransicht im Mikroskop. Deutlich größer als die Struktur sind die Bondflächen der Kontaktierung.

Anwendungen und Kenndaten des GMR-Umdrehungszählers

Kompakte Lösung für viele Anwendungsbereiche

Der Umdrehungszähler arbeitet durch das magnetische Prinzip berührungslos und damit verschleißfrei. Dabei liefert er *absolute Positionswerte* und stellt den Messwert als echtes „True-power-on"-System sofort nach dem Start zur Verfügung.

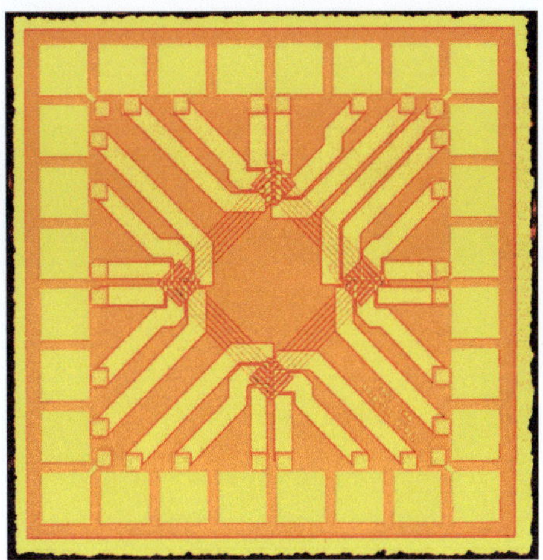

Abb. 3.155 Mikroskopansicht der Sensorstruktur

Kombiniert mit einem kontaktlosen 360°-Winkelsensor lässt sich so beispielsweise in automobilen oder mobilen Arbeitsmaschinen der *aktuelle Lenkwinkel* über mehrere Umdrehungen direkt erfassen. Obendrein spart die Lösung Platz und ist auch noch kostengünstig. Die Technik ist so robust, dass sie auch in der Formel 1 härtesten Bedingungen standhält.

Ähnliche Vorteile ergeben sich auch in anderen Anwendungen, beispielsweise bei Antrieben für gewerbliche Rolltore. Um individuelle *Öffnungspositionen* zu erfassen (Memoryfunktion), übernimmt der Multiturn die Stellungserfassung, ohne dass zusätzliche Komponenten für eine mechanische Übersetzung notwendig sind.

Der Sensor lässt sich bei unterschiedlichsten linearen oder rotativen *Stellantrieben* nutzen, um die Position der Antriebsspindel über mehrere Umdrehungen zu erfassen. In vielen industriellen Bereichen kann man dadurch kompakte und kostengünstige Antriebe für Armaturen, Klappen oder Ventile realisieren.

Auch für die *Fördertechnik* erschließen sich neue Möglichkeiten: Kombiniert man die Sensorwelle mit der Wickeltrommel eines Seillängengebers, sind hier extrem kompakte Sensorsysteme zur Positionserfassung selbst für große Längen möglich.

Kenndaten des GMR-Umdrehungszählers am Beispiel der Ausführung in der Baureihe RSM2800

Abb. 3.156 zeigt einen GMR-Umdrehungszähler der Baureihe RSM2800. Der Messbereich ist einstellbar und deckt einen Bereich von 1 bis 16 Umdrehungen ab. Mit einem Linearitätsfehler bis unter ± 0,03 % und einer Auflösung besser als 0,05°empfiehlt sich der Sensor mit einem guten Preis-Leistungs-Verhältnis für eine Vielzahl von Mess- und Positionieraufgaben.

Abb. 3.156 Mehrgangwinkelsensor Baureihe RSM 2800. (Werkfoto: Novotechnik)

Tab. 3.26 Daten des GMR-Winkelsensors der Ausführungsform RSM2800 von Novotechnik

Eigenschaften	Werte
Messbereich	>1 bis 16 Umdrehungen
Linearitätsfehler	Bis 0,03 %
Wiederholgenauigkeit (uni- oder bidirektionale Annäherungen)	$\leq 0,1°$
Update rate am Sensorausgang	1 kHz
Messgeschwindigkeit	Bis 1000°/s
Schutzart	Bis IP67
Arbeitstemperaturbereich	−40 °C bis +85 °C

Die Wiederholgenauigkeit ist besser als $\pm 0,2°$. Dabei zeichnet sich der RSM-Mehrgangwinkel-sensor durch hohe Grenzfrequenzen aus, d. h. er ist einsetzbar auch für Anwendungen mit hohen Anforderungen an die Dynamik.

Der Winkelsensor hat eine sehr kompakte mechanische Bauform und ist vollständig vergossen, sodass eine Schutzart IP67 bezüglich Wasser- und Staubdichtheit (6: staubdicht, 7: zeitweiliges Eintauchen für 1 h und 1 m Tiefe) problemlos zu erreichen ist. Dadurch eignet sich der Winkelsensor hervorragend für *raue Umgebungsbedingungen* im industriellen oder mobilen Einsatz. EMV-Störfestigkeit, Temperaturstabilität, Kosteneffektivität, Zuverlässigkeit, Robustheit und Dichtheit sind weitere Vorteile dieses Sensors.

Tab. 3.26 fasst die wichtigsten technischen Daten des Winkelsensors RSM2800 zusammen.

3.2.3.6 Weitere Umdrehungszählverfahren mit induktivem Energy Harvesting

Dynamo

Wesentlich für ein Multiturn-Modul ist dessen Funktion ohne dass der Drehgeber durch eine externe Quelle mit elektrischer Energie versorgt wird. Dabei muss es in der Lage seine Drehbewegungen trotz der fehlenden elektrischen Funktion zuverlässig zu detektieren. Altbekannte Techniken zur Wandlung mechanischer Energie aus einer Drehbewegung in elektrische sind die des Generators oder des Dynamos. Das magnetisch-induktive Prinzip kann auch in einen Drehgeber integriert werden. Insbesondere durch clevere Auslegung des magnetisch-induktiven Systems mittels SMD-Spulen und einer Vielzahl kleiner geeigneter Magnete kann die Kompaktheit des Sensors gewahrt bleiben. Kritisch in der Anwendung ist jedoch, dass auch bei langsamer Drehgeschwindigkeit genügend Energie erzeugt wird, um eine Elektronik betreiben zu können.

Randnotiz: Der dynamometrische Ansatz kann auch dazu eingesetzt werden einen kabellosen Drehgeber zu realisieren. Der Dynamo generiert Energie bei Drehung der Welle und speichert diese ggf. in einem Akkumulator oder Superkondensator. Die Daten werden per drahtloser Verbindung übermittelt. Eingesetzt werden kann dieser Ansatz bei Anwendungen, die ohnehin einen hohen Betriebsdauer aufweisen und wo Winkelinformation nicht in Echtzeit übertragen werden muss bzw. nur Grenzwerte zu übertragen sind.

Mikrogeneratoren

Es gibt verschiedene technische Ausprägungen zur Generierung elektrischer Energie basierend auf einem magnetisch-induktiven Mikrosystem mit beweglichen Elementen, die daher auch als Mikrogeneratoren bezeichnet werden. Durch das Zusammenwirken von Permanentmagneten mit einem Spulenmodul werden bei Drehung in einem Drehgeber Spannungsimpulse generiert werden. Die elektrische Energie ist dabei ausreichend groß, dass eine speziell ausgelegte Elektronik betrieben werden kann, die die Bewegung erfasst und die Bewegungsänderung geeignet speichert.

In einer ersten Ausprägung wird eine Flachformfeder aus ferromagnetischem Material in eine Spule als Kern eingebracht, dass sie sich an einem Ende frei schwingend in

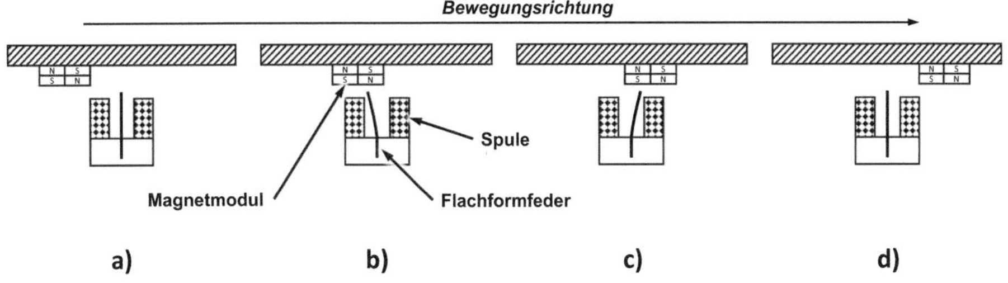

Abb. 3.157 Mikrogenerator mit freischwingender Feder. (Eigene Darstellung in Anlehnung an [Wil2006])

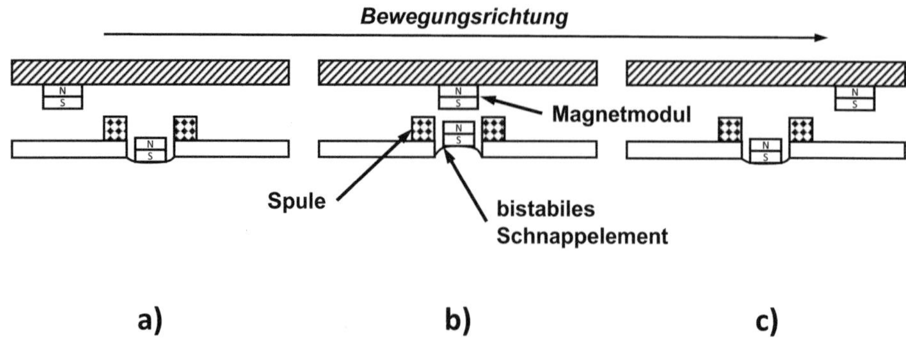

Abb. 3.158 Mikrogenerator mit Schnappelement. (Eigene Darstellung in Anlehnung an DE102015114384B3)

der Richtung der Drehung bewegen kann (Abb. 3.157). Dieses Spulenmodul ist am statischen Teil des Drehgebers fixiert. Die Feder interagiert mit einem Magnetmodul, das auf dem Rotor des Drehgebers angebracht ist. Nähert sich das Magnetmodul der Feder entlang deren Bewegungsrichtung, wird diese in Richtung des Magneten ausgelenkt sobald die Magnetkraft die Rückstellkraft der Feder übersteigt. Bewegt sich der Magnet weiter entlang der Bewegungsrichtung folgt die Feder der Bewegung bis auf der gegenüberliegenden Seite die Federrückstellkraft die magnetische Haltekraft übersteigt. Ist dieser Punkt erreicht, reißt sich die Feder vom Magneten los und schwingt in ihre Ausgangsstellung zurück. Durch die plötzliche Änderung der Verhältnisse im magnetischen Kreis ergibt sich gemäß Induktionsgesetz über der Spule ein Spannungsimpuls. Ist Energie aufgrund des Spannungspulses vorhanden so wird ein lowest-power Elektronikmodul aktiviert. Dieses wertet relevante Informationen aus, aktualisiert einen Zählerstand eines nicht-flüchtigen Halbleiterspeicherelements und geht wieder in den Ruhemodus. Bei Anlegen einer Primärspannung wird durch die Singleturn-Elektronik auf den Inhalt des Speichers zugegriffen, um den aktuellen Zählerstand zu verarbeiten (Abb. 3.158).

Ein weiterer Ansatz nutzt ein bistabiles Schnappelement als mechanisch bewegliche Komponente. Auf einem Drehteller ist wiederum ein Magnetmodul aufgebracht. Am statischen Teil ist das Schnappelement befestig, auf dem ein weiteres Magnetmodul aufgebracht ist, dieses Magnetmodul kann in eine Spule eintauchen. Bewegt sich nun das Magnetmodul des Drehtellers in die Nähe des Magnetmoduls am Schnappelement, kippt dieses in dem Moment von der ersten in die zweite stabile Stellung in dem die magnetische Kraft größer wird als die mechanische Rückhaltekraft. Durch die schnelle Bewegung des Magnetmoduls in die Spule wird ein Energieimpuls generiert. Dreht sich der Drehteller mit seinem Magnetmodul weiter, so gibt es einen zweiten Punkt, an dem die mechanische Rückstellkraft des Schnappelements wieder stärker wird als die schwindende Magnetkraft. Das bewegliche Magnetmodul schnappt mit dem Schnappelement zurück und ein weiterer energetischer Impuls wird generiert.

3.2.4 Kapazitive Drehgeber

Für das Erfassen von Winkeln und Drehbewegung eignet sich auch die kapazitive Sensorik. Einige der Vorteile sind: *kompakte Bauform, hohe Lebensdauer* und *Unempfindlichkeit* gegenüber mechanischen Toleranzen sowie gegen Schmutz und magnetische Felder.

Ein Kondensator besteht aus zwei parallel zueinander angebrachten Elektroden, zwischen denen ein elektrisches Feld erzeugt wird. Davon ausgehend gibt es zwei Konfigurationen, welche für den Aufbau eines Drehgebers relevant sind. Zum einen können die *Elektrodenstrukturen* zueinander *bewegt,* bzw. verdreht werden. Hierdurch wird die *effektive Fläche A* zwischen den Elektroden variiert, was zu einer Änderung der Kapazität führt. Zum anderen durch Einbringen eines *geformten Dielektrikums,* welches sich zwischen zwei stationären Elektroden bewegt, bzw. dreht. Dadurch ändert sich die effektive Permittivitätszahl ε_r zwischen den Elektroden, was wiederum zu einer Kapazitätsänderung führt. Diese Ansätze werden schematisch in Abb. 3.159 zusammen mit der Formel für die Kapazität dargestellt. Es ist dabei ε_0: elektrische Feldkonstante ($\varepsilon_0 = 8{,}854187817 \cdot 10^{-12}$ (As)/(Vm)); *d*: Plattenabstand; *A*: effektive Fläche zwischen den Platten.

Wie diese Prinzipien in einen Drehgeber umgesetzt werden können, zeigt Abb. 3.160.

In Abb. 3.160 wird links eine 3-Platten-Konfiguration dargestellt. Hier sind die *drei Grundelemente* des Drehgebers, d. h. Sender, Modulator und Empfänger als *einzelne Komponenten* ausgeprägt. Der *Sender* ist eine *stationäre Leiterplatte* mit einer zirkularen leitenden Plattenstruktur. Die leitende Struktur ist in radialer Richtung segmentiert, um sogenannte Lamellen auszuprägen (Abb. 3.161 links). Die *Lamellen* werden durch hochfrequente Signale angeregt, um eine *Signalmodulation* (Zeitbereich) zu erhalten. Jede vierte der Lamellen ist elektrisch miteinander verbunden, um eine Multi-Elektroden-Struktur zu erhalten (Abb. 3.161 links). Der *Empfänger* basiert ebenfalls auf einer zirkularen, leitenden, stationären Platte (Abb. 3.161 rechts). Wie der Sender, so wird

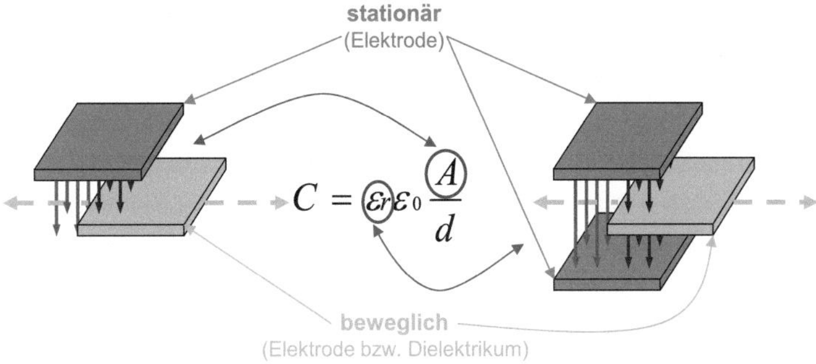

Abb. 3.159 Prinzipien kapazitiver Sensoren – variable Elektrodenfläche (links) bzw. variable Permittivität (rechts)

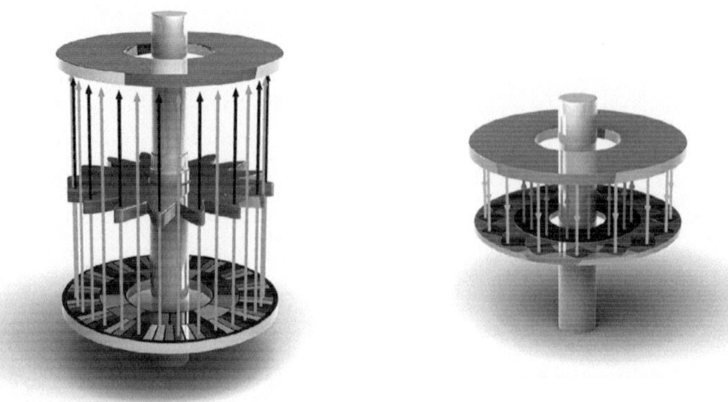

Abb. 3.160 Aufbau kapazitiver Drehgeber – 3-Platten (links) und 2-Platten (rechts). (Quelle: SICK STEGMANN GmbH)

Abb. 3.161 Elektroden- und Dielektrikumstruktur eines kapazitiven 3-Platten Drehgebers – schematisch (oben) und mit realen Komponenten (unten). (Werkfoto: SICK STEGMANN GmbH)

auch der Empfänger als *Standardleiterplatte* hergestellt. Die *dritte Platte* ist der *Rotor* (Abb. 3.161 mittig). Dieser ist aus *dielektrischem Material* und *moduliert (räumlich)* das elektrische Feld zwischen Sender und Empfänger, abhängig von der Winkelposition der Achse, auf der er angebracht ist. Dieser Rotor wird aus Kunststoff hergestellt und ist sinusförmig ausgeprägt, wenn sinusförmige Ausgangssignale vom Sensor erforderlich sind. Die stationären Platten werden durch mechanische Elemente, beispielsweise einem metallischen Distanzring, auf einen definierten Abstand gehalten.

Jeweils vier Lamellen überdecken den Bereich für eine Sinusform auf dem Rotor (s. Signalverarbeitung weiter unten). Die Anzahl der Sinusformen auf dem Rotor definiert die Anzahl der Sinus-/Cosinusperioden pro Umdrehung für den kapazitiven Drehgeber. In den Bildern 3.160 (links) und 3.161 ist eine Konfiguration mit 16 Perioden dargestellt.

Die in Abb. 3.160 rechts dargestellte 2-Platten-Anordnung repräsentiert einen *Messkondensator* mit *variabler Elektrodenfläche.* Auf der *Statorplatine* sind die *Strukturen* für den *Sender* und den *Empfänger* aufgebracht. Der Rotor trägt die sinusförmig ausgeprägte Kupferstruktur für die Feldmodulation, welche dem Sender gegenübersteht und eine zirkulare Kopplungsspur, welche elektrisch mit der Modulationsstruktur verbunden ist und auf die Empfängerstruktur kapazitiv rückkoppelt. Durch eine solche Anordnung wird vermieden, im Gegensatz zu der Prinzipdarstellung in Abb. 3.160, dass auf dem Rotor elektronische Komponenten verschaltet werden müssen, die dann über eine induktive Kopplung oder Schleifkontakte mit dem Stator zu verbinden wären. Ein Nachteil dieser Konfiguration ist die hohe Amplitudenempfindlichkeit in Bezug auf Axialbewegungen des Rotors.

Beiden Anordnungen gemeinsam sind die *holistische* (ganzheitliche) *Abtastung,* d. h. die kapazitive Abtastung ist auf die *gesamte zirkuläre Fläche* verteilt und somit nicht auf einen räumlichen Punkt beschränkt, wie beispielsweise bei den meisten optischen Abtastanordnungen. Dieses Design macht den Sensor in seinem Verhalten sehr unempfindlich für mechanische Änderungen.

Die Signalverarbeitung ist für beide Anordnungen identisch (Abb. 3.162). Ein *Anregegenerator* erzeugt vier hochfrequente Spannungen. Diese Rechteckspannungen sind 90° elektrisch zueinander phasenverschoben. Die Anregefrequenz ist deutlich höher als die maximale Drehzahl des entsprechenden Drehgebers, aber doch so gering, dass typische Hochfrequenzprobleme vermieden werden. Die Anregesignale werden an den Multi-Elektroden-Sender angelegt, wohingegen der Empfänger die induzierten elektrischen Ladungen des modulierten elektrischen Feldes empfängt. Ein *Ladungsverstärker* wandelt die Ladungen in eine Spannung, welche durch einen nachgeschalteten Verstärker verstärkt und in ein differenzielles Signal umgesetzt wird. Der Synchrondemodulator demoduliert (Zeitbereich) das differenzielle Signal, wobei die Synchronisationssignale

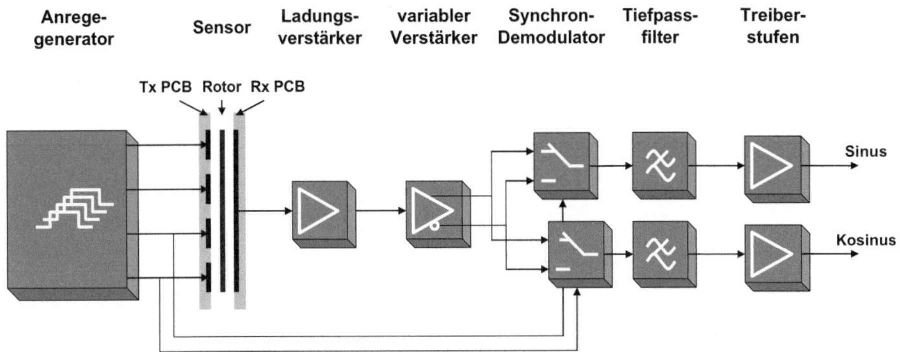

Abb. 3.162 Signalverarbeitung kapazitiver Drehgeber

vom Anregegenerator abgeleitet werden. Zwei Demodulatoren können dabei zur Generierung je eines Sinus- und eines Cosinus-Signals eingesetzt werden. Die nachfolgenden Tiefpassfilter unterdrücken Störungen der Demodulation sowie das Signalrauschen. Allerdings haben diese Tiefpassfilter ein Laufzeitverhalten, welches durch die Gruppenlaufzeit beschrieben wird. Diese sogenannte *Latenz* äußert sich dadurch, dass der mechanische Winkel zeitverzögert an der elektrischen Schnittstelle angezeigt wird. Je tiefer die Grenzfrequenz des Tiefpassfilters, desto größer ist die Latenz. Entsprechend werden eher breitbandige Filter eingesetzt, wodurch jedoch die zuvor genannten Störungen weniger unterdrückt werden. Die Latenz muss je nach Einsatzgebiet beachtet, oder eventuell kompensiert werden. Neuere Entwicklungen zielen darauf ab, die Latenz zu reduzieren, ohne dass auf Stör- und Rauschunterdrückung verzichtet werden muss. Abb. 3.162 zeigt, wie die Signale kapazitiver Drehgeber verarbeitet werden.

Beschrieben wurden bisher nur Einspursysteme. Werden *mehrere Auswertespuren* integriert und ausgewertet, so ist es möglich, einen *Absolutwert-Drehgeber* zu realisieren. Dies ist in den Bildern 3.160 und 3.161 bereits erkennbar.

Bei geringen Kapazitätswerten im pF- oder fF-Bereich müssen die Messkerne vor externen Störungen geschützt werden. Dies geschieht, indem man den Messkern durch einen Faraday'schen Käfig schützt. Dazu wird um den Messkern eine geschlossene Hülle aus leitend verbundenen Elementen gelegt. Da dieser Käfig nicht zu 100 % geschlossen werden kann – schließlich muss der Rotor an die Drehachse mechanisch angebunden werden – ist darauf zu achten, dass elektrische Störquellen einen ausreichend hohen Abstand zu den offenen Stellen haben (Abb. 3.163). Ein weiterer Schutzmechanismus wird durch das *Bandpassverhalten* des synchronen Demodulators bereitgestellt. Somit können nur Störungen in einem eng definierten Frequenzband und genügend großer Störamplitude das Messergebnis beeinflussen.

Da kapazitive Drehgeber recht unempfindlich auf mechanische Toleranzen reagieren, können diese grundsätzlich *ohne Eigenlagerung* aufgebaut werden. Dies verringert das

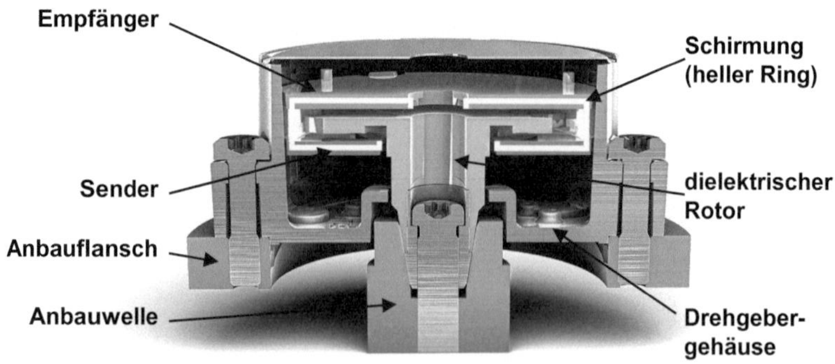

Abb. 3.163 Integrierte Schirmung bei kapazitiven Drehgebern. (Werkfoto: SICK STEGMANN GmbH)

Massenträgheitsmoment deutlich und erhöht die Lebensdauer des Drehgebers wesentlich, da das anfällige Bauelement Kugellager nicht vorhanden ist.

3.2.5 Variable Transformatoren, Resolver

Die *variablen Transformatoren* (VT) können entweder als Familie innerhalb der großen Klasse von Induktivsensoren (Abschn. 3.1) betrachtet werden oder als Sondergruppe von elektrischen Maschinen. Die variablen Transformatoren zeichnen sich durch besondere Vorteile bei der Dreh- und Winkelmessungen aus und bilden auch heutzutage eine harte Konkurrenz zu den moderneren Systemen, wie beispielsweise magnetisch codierte bzw. optische Drehgeber oder potenziometrische Winkelgeber.

3.2.5.1 Allgemeines Funktionsprinzip des VT

Das Konzept variabler Transformator beschreibt grundsätzlich einen klassischen Transformator, bei dem die *relative Position* zwischen der *primären* und der *sekundären* Wicklung *variierbar* ist (Drehung und/oder translatorische Verschiebung). Die relative Bewegung einer Wicklung zu der anderen führt zu einer *Änderung des Kopplungsfaktors* zwischen den Wicklungen. Wird eine Wicklung mit Wechselstrom versorgt, so ändern sich die Gegeninduktivität und dadurch auch die induzierte Spannung in die zweite Wicklung.

Die schematische Darstellung im Abb. 3.164 zeigt, wie der Winkel a zwischen den Symmetrieachsen der Transformatorwicklungen verändert werden kann.

Für die Gegeninduktivität M_{12} gilt:

$$M_{12} = N_2 \frac{\Phi_2}{i_1}. \tag{3.47}$$

Dabei ist N_2 die Windungszahl der sekundären Wicklung, i_1 der Strom in der primären Wicklung und Φ_1 der magnetische Fluss in der sekundären Wicklung. Die Drehung der zweiten Wicklung ändert den wirksamen Querschnitt und dadurch den magnetischen Fluss Φ_2 in folgender Weise:

$$\Phi_2 = \mu \frac{N_1 i_1}{l} A \cos \alpha, \tag{3.48}$$

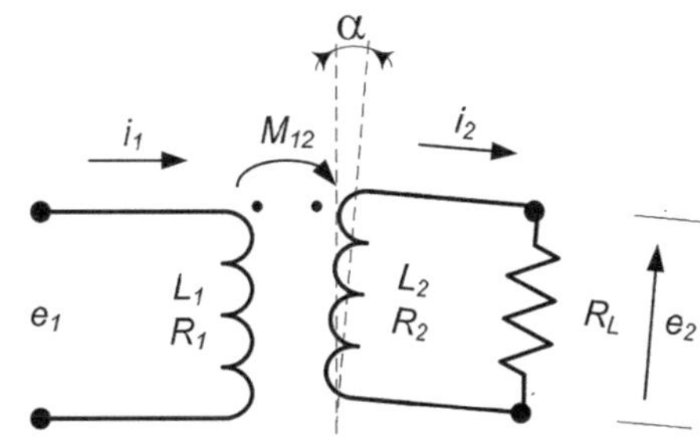

Abb. 3.164 Schematische Darstellung eines VT mit variablem Winkel α zwischen den Wicklungen (L_1, R_1: primäre Wicklung; L_2, R_2: sekundäre Wicklung)

wobei A der geometrische Querschnitt der sekundären Wicklung, N_1 die Windungszahl der primären Wicklung, l die Länge und μ die Permeabilität sind. Mit dieser Gleichung ergibt sich für die Gegeninduktivität:

$$M_{12} = N_2 N_1 \frac{\mu}{l} A \cos\alpha = M \cos\alpha, \tag{3.49}$$

wobei M eine Systemkonstante ist, die von den konstruktiven Parametern: N_1, N_2, μ, l und A abhängt.

Erregt man die primäre Wicklung mit einem Wechselstrom der Amplitude I_1 und der Kreisfrequenz ω:

$$i_1 = I_1 \cos\omega t, \tag{3.50}$$

so ergibt sich eine induzierte Leerlaufspannung in der sekundären Wicklung von:

$$e_2 = M_{12} \frac{\mathrm{d}i_1}{\mathrm{d}t} = \mathrm{j}\omega M_{12} I_1 \cos\omega t = \mathrm{j}\omega (M \cos\alpha) I_1 \cos\omega t. \tag{3.51}$$

Das bedeutet: Die induzierte Spannung e_2 ist in ihrer Amplitude proportional zu ($\cos\alpha$), sodass gilt:

$$e_2 = E_2 \cos\omega \mathrm{t} = K(\cos\alpha) \cos\omega t. \tag{3.52}$$

Diese Abhängigkeit erlaubt die genaue Bestimmung des Drehwinkels α durch die Messung der Amplitude E_2 der induzierten Spannung:

$$\alpha = arccos \frac{E_2}{K}. \tag{3.53}$$

3.2.5.2 Signifikante Varianten von VT

Auf Grund der bedeutenden Vorteile wurden etliche physikalische Anordnungen entwickelt und – sehr oft – unter registrierten Marken eingesetzt. Die wichtigsten drei repräsentativen VT-Ausführungen sind in Tab. 3.27 zusammengefasst.

3.2.5.3 Resolver, eine repräsentative Variante von VT

Im Folgenden werden die wichtigsten Varianten der Resolver nach Tab. 3.27 als Winkelgeber (der Rotor erfährt maximal eine Drehung) näher erläutert.

Tab. 3.27 Signifikante Varianten von variablen Transformatoren

VT-Varianten	Struktur	Wirkungsweise	Ausführungen, Vorteile, Kenndaten	Anwendungen
Dreiphasen-Synchron-transformator (Synchro)	• Zylindrischer Stator bzw. Gabelrotor (H-Form) aus ferromagnetischen Materialien • 3-Phasen, sternförmige Sekundärwicklungen (120° räumlich versetzt im Stator) • Drehbare Einzelspule im Rotor	• Rotor wird mit Wechselstrom versorgt • Ausgang: drei induzierte Statorspannungen. Sie bilden ein 3-Phasen geometrisches System (nicht zeitlich!) d. h.: - Frequenzen und Phasen identisch - Amplituden prop. zu $\sin\alpha$, $\sin(\alpha + 120°)$ und $\sin(\alpha - 120°)$	• Zwei *Haupttypen* sind bekannt: ***1.Drehwinkelsynchros*** (übertragen Drehwinkelinformation von einer Welle zu einer zweiten Welle und beliefern Leistung der 2. Welle) ***2.Standardsynchros*** (fungieren als Winkelpositionssensor in Regelsystem) • *Typische Kenndaten:* - Empfindlichkeit ca 200 mV/° - Fehler ≤ (10/60)° - Arbeitsfrequenz: n-100 Hz	Übertragungs- bzw. Feedbacksysteme in: • Radarsystemen • Cockpits • Roboter • Solarzellenkollektoren • Werkzeugmaschinen
Resolver	• Ähnlicher mechanischer Aufbau wie Synchro • Zweiphasige Statorwicklungen (räumlich um 90° gegeneinander versetzt) • In der Regel auch zweiphasige Rotorwicklungen (gleicher räumlicher Versatz)	• Rotor- und Statorwicklungen sind reversibel • Zwei Wicklungen werden mit Wechselstrom versorgt • Die anderen zwei Wicklungen liefern induzierte Spannungen mit unterschiedlichen Beziehungen, deren Phasen und Amplituden	• Zwei *Haupttypen* sind bekannt: *1.* ***Sin-/Cos-Resolver*** (enthält nur eine Windung im Rotor) *2.* ***Elektrischer Resolver*** (enthält jeweils zwei Windungen im Rotor bzw. Stator) • *Typische Kenndaten:* -Empfindlichkeit ca. 300 mV/° - Fehler ≤ (5/60)°- Arbeitsfrequenz: n-100 Hz bis n-10 kHz	• Winkelmessungen in Feedbacksystemen (typische, unmittelbare Applikation) • Koordinatentransformation: -Polar → Kartesisch -Kartesisch → Polar • Achsendrehungen des kartesisches Systems • Phasenverschiebung von Quadraturspannungen

(Fortsetzung)

Tab. 3.27 (Fortsetzung)

VT-Varianten	Struktur	Wirkungsweise	Ausführungen, Vorteile, Kenndaten	Anwendungen
Inductosyn™ [Farrand Industries]	• Zweiteiliges System bestehend aus zwei rotierenden Scheiben (Stator und Rotor) oder aus zwei verschiebbaren Leisten bzw. Bänder (Maßstab und Läufer) • Jeder Teil trägt eine gedruckte, mäanderförmige Schleife/Leiterzug (Haarnadelkurve) • Ein elektrostatischer Schirm zw. Teilen verhindert parasitäre kapazitive Kopplungen	• Funktionsweise wie beim Resolver • Der Fixteil wird mit Wechselspannung u_e versorgt • Der bewegliche Teil wird mit konstantem Luftspalt zum ersten Teil bewegt (Rotation oder Translation) • Amplitude der induzierten Spannung ist wegbzw. drehwinkelabhängig • Inkrementales System; die Anzahl der durchlaufenen Wellenlängen wird zusätzlich ausgewertet	• Zwei *Haupttypen* sind bekannt: ***1. Mit einem Schieber*** → Amplitude der Ausgangsspannung: $U_a = kU_e \cos 2\pi \frac{s}{p}$ ***2. Mit zwei versetzten Schiebern (P/4)*** → Amplituden der Ausgangsspannungen: $U_{a1} = kU_e \cos 2\pi \frac{s}{P}$ $U_{a2} = kU_e \sin 2\pi \frac{s}{P}$ (*P* ist das Rastermaß – typ. 2 mm –, *s* ist der Weg innerhalb einer geometrischen Wiederholperiode und k ist eine Systemkonstante gleichartig zu K in Gl. (3.52)) • *Typische Kenndaten:* - Wiederholgenauigkeit bis $\pm 0{,}5\ \mu m$ - Fehler $\leq (5/3600)°$ - Arbeitsfrequenz: n·100 Hz bis n·100 kHz	Präzise Positionierung in: • Computer-Festplatten • Werkzeugmaschinen • Laser-Beamer • Radarsysteme • Scanner • Antennen und Radioteleskope • Flugzeuge • FernsteuerungsSysteme der Space Shuttle

a) ***Sin/Cos-Resolver (Vektorzerleger)***

Die Ersatzschaltung des sin/cos-Resolvers ist in Abb. 3.165 dargestellt.

Der Rotor agiert als primäre Wicklung; der Stator enthält zwei sekundäre Wicklungen. Die Ausgangsspannungen bilden ein Quadratursystem (Gl. (3.52)):

$$\begin{aligned} e_{S13} &= \mathrm{K}(\sin\alpha)\cos\omega t \\ e_{S24} &= \mathrm{K}(\cos\alpha)\cos\omega t. \end{aligned} \tag{3.54}$$

Die Quotientenbildung der Amplituden beider Ausgangsspannungen ermöglicht die Berechnung der Funktion tanα und dadurch die Ermittlung des Winkels α. Durch die Quotientenbildung werden alle Gleichtaktstörungen wie beispielsweise Temperatur, Alterung stark unterdrückt bzw. eliminiert.

b) ***Standard-Resolver (elektrischer Resolver)***

Die Ersatzschaltung des sin/cos-Resolvers ist in Abb. 3.166 dargestellt. Sowohl der Stator als auch der Rotor enthalten jeweils zwei Wicklungen, die um 90° zueinander versetzt sind.

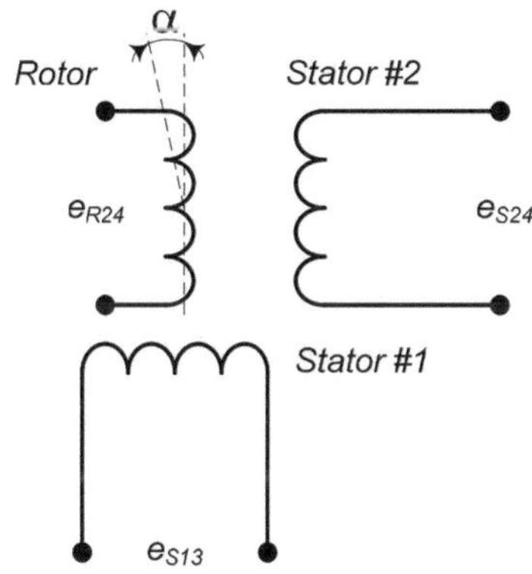

Abb. 3.165 Schematische Darstellung eines sin/cos-Resolvers

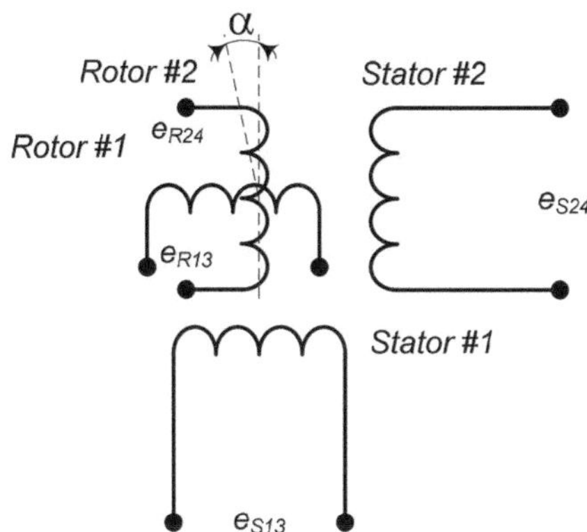

Abb. 3.166 Schematische Darstellung eines Standard-Resolvers

Tab. 3.28 Betriebsmodi des Standard-Resolvers

Resolver-BetriebsModus	1. Stator-Wicklung	2. Stator-Wicklung	1. Rotor-Wicklung	2. Rotor-Wicklung	Funktionsweise, Merkmale
1 A	Beide Ausgänge		Eingang	Kurz-geschlossen	Funktion entspricht einem klassischen VT
1B	Eingang	Kurz-geschlossen	Beide Ausgänge		Funktion entspricht einem klassischen VT
2	Eingang	Eingang	Ausgang		Die Statorwicklungen sind mit zwei phasengleichen Wechselspannungen erregt, die unterschiedliche Amplituden haben
3	Eingang	Eingang	Ausgang		Die Statorwicklungen sind mit zwei Wechselspannungen gleicher Amplitude erregt, die um 90° elektrisch zueinander versetzt sind

Es sind mehrere Betriebsmodi eines Standard-Revolvers bekannt (Tab. 3.28).

Im **Betriebsmodus 1 A** bildet die erste Rotorwicklung den Eingang und wird mit einer Spannung:

$$e_{\mathrm{R}13} = E_1 \cos \omega t \tag{3.55}$$

versorgt. Dabei sind: ω die Kreisfrequenz der Erregung und E_1 die Amplitude der Eingangsspannung. Die zweite Rotorwicklung ist kurzgeschlossen.

Die Resolver-Ausgänge bilden die zwei Statorwicklungen (Abb. 3.166) und die Ausgangssignale sind zwei um 90° versetzte Spannungen:

$$e_{\mathrm{S}13} = \omega \mathrm{K} E_1 (\cos \alpha) \cos \omega t$$

$$e_{\mathrm{S}24} = \omega \mathrm{K} E_1 (\sin \alpha) \cos \omega t \tag{3.56}$$

mit α als Drehwinkel zwischen dem Rotor und Stator und K als Systemkonstante, welche die Spannungsübersetzung Stator-Rotor-Wicklung berücksichtigt.

Der **Betriebsmodus 1B** ist reversibel zu 1 A, nur die Rollen sind getauscht. Die Statorwicklungen sind Systemeingänge und werden mit der Spannung:

$$e_{S13} = E_1 \cos \omega t \tag{3.57}$$

versorgt bzw. kurzgeschlossen. In den Rotorwicklungen werden die Ausgangsspannungen:

$$\begin{aligned} e_{R13} &= \omega \mathrm{K} E_1 (\cos \alpha) \cos \omega t \\ e_{R24} &= \omega \mathrm{K} E_1 (\sin \alpha) \cos \omega t \end{aligned} \tag{3.58}$$

induziert (Gl. (3.55)).

Im **Betriebsmodus 2** werden an den Eingängen (Stator-Anschlüsse) zwei synchrone Wechselspannungen gleicher Frequenz, aber mit unterschiedlichen Amplituden: E_1 bzw. E_2 angelegt. Es gilt:

$$\begin{aligned} e_{S13} &= E_1 \cos \omega t \\ e_{S24} &= E_2 \cos \omega t. \end{aligned} \tag{3.59}$$

Es ergibt sich eine phasengleiche Ausgangsspannung:

$$e_{R13} = E_{R13} \cos \omega t, \tag{3.60}$$

deren Amplitude E_{R13} eine trigonometrische Abhängigkeit vom Drehwinkel α aufweist:

$$E_{R13} = \omega \mathrm{K} E \cos(\alpha - \vartheta). \tag{3.61}$$

In die Formel (3.62) tritt der künstliche „elektrischer Verstellwinkel" ϑ auf, definiert durch:

$$\vartheta = \operatorname{arctg} \frac{E_2}{E_1} \tag{3.62}$$

und eine Amplitude E:

$$E = \frac{E_1}{\cos \vartheta} = \frac{E_2}{\sin \vartheta}. \tag{3.63}$$

Im **Betriebsmodus 3** legt man an die Eingänge (Stator-Anschlüsse) Wechselspannungen gleicher Amplitude und Frequenz, die aber um 90° elektrisch zueinander versetzt sind. Dann gilt:

$$\begin{aligned} e_{S13} &= E \cos \omega t \\ e_{S24} &= E \sin \omega t \end{aligned} \tag{3.64}$$

Es ergibt sich eine phasengleiche Ausgangsspannung:

$$e_{R13} = \omega \mathrm{K} E \sin(\omega t - \alpha), \tag{3.65}$$

deren Phase eine trigonometrische Abhängigkeit vom Drehwinkel α aufweist und dadurch eine Zeitverzögerung τ erfährt. Es gilt dann:

$$e_{\mathrm{R13}} = \omega \mathrm{K}E \sin \omega (t - \tau). \tag{3.66}$$

Für die Zeitverzögerung τ gilt:

$$\tau = {}^{\alpha}\!/_{\omega}. \tag{3.67}$$

Im Betriebsmodus 3 wurde die Winkelmessung auf eine *Phasenmessung* zurückgeführt. Das Phasenmessverfahren ist ein *Zählverfahren* und beruht meist auf der Umwandlung der Zeitdifferenz der Nulldurchgänge von e_{S13} und e_{R12} in Rechtimpulse, die ein Torsignal bilden. Die Zählung hochfrequenter Impulse mit bekannter Frequenz beginnt beim Nulldurchgang von e_{S13} und endet beim Nulldurchgang von e_{R12}. Die Anzahl der Zählungen gibt die gemessene Phase.

Zwei Standard-Resolver lassen sich auch *kaskadieren*, um ein *synchroähnliches* Verhalten zu ermöglichen. Eine klassische Anwendung ist eine Kaskade, bestehend aus einem *Vektorzerleger* und einem *Standard-Resolver* im Betriebmodus 2 für die Versorgung eines Servomotors. Der Vektorzerleger wird mit Wechselstrom versorgt. Sein Drehwinkel α ist der Sollwert und wird manuell justiert. Der Vektorzerleger liefert die zwei bekannten Spannungen, deren Amplituden abhängig von α sind (Gl. (3.54)). Diese zwei ungleichen Spannungen versorgen die Statorwicklungen des zweiten Resolvers. Die resultierende Rotorspannung (Gl. (3.60) und (3.61)) wird verstärkt und versorgt den Servomotor, dessen Achse wiederum den Rotor dreht (Rückkopplung). Wenn der Servomotor den Sollwert erreicht, ergibt sich eine Rotorspannung gleich null und der Motor stoppt.

c) ***Resolver-Ausführungen für industrielle Anwendungen und ihre Kenndaten***
Eine Vielzahl von Unternehmen stellen VTs her oder vertreiben diese. Beispielsweise bietet die Firma LTN Servotechnik GmbH sowohl gekapselte Systeme als auch komplett vergossene, einbaubare Revolver-Komponenten an (Abb. 3.167).

Abb. 3.167 Verschiedene Resolversysteme. (Werkfotos: LNT Servotechnik)

Tab. 3.29 Technische Daten von Resolvern

Wellen- bzw. Hohlwellendurchmesser	3 mm bis 165 mm
Außendurchmesser	20 mm bis 200 mm
Länge	10 mm bis 100 mm
Außentemperaturbereich	−55 °C bis 155 °C
Drehzahl	bis 20.000 min^{-1}
Absolute Genauigkeit	bis $\pm 5'$
Eingangsfrequenz	bis 12 kHz
Signalhöhe	bis 12 V_{eff}

Die Resolver sind sehr *kostengünstig* und äußerst *robust.* Sie weisen eine hohe Zuverlässigkeit unter rauen Bedingungen wie mechanische Schocks und Vibrationen auf, sind relativ unempfindlich gegen extreme Temperaturschwankungen und gegen hohe toxische Belastungen von Chemikalien und Kühlmitteln. Die modernen bürstenlosen Ausführungen haben eine deutlich *längere Lebensdauer;* denn die Eingangsspannung wird mithilfe eines drehbaren Transformators kontaktlos auf die Rotorwicklung übertragen. Der Resolver misst *absolute* Werte, im Gegenteil zu den inkrementell messendenen Geräten (z. B. das lineare Induktosyn). Der Resolver liefert immer den *tatsächlichen Wert,* auch nach der Unterbrechung seiner Versorgung.

Die *Kosten* sind *günstig,* die *Bauformen* sind extrem *miniaturisiert* und die Elektronik-Halbleiterindustrie bietet eine breite Palette von integrierten Schaltkreisen für die weitere Signalverarbeitung der primären Resolverausgangssignale an, ggf. direkt im Resolver. Die Resolver sind *reversible* Systeme, allerdings gelten die Herstellerangaben für eine in der Regel spezifizierte Eingang-Ausgang Zuordnung (unidirektionale Anwendung). Tab. 3.29 zeigt die typischen technischen Daten von Resolvern.

3.2.6 1Vpp oder sin/cos-Schnittstelle

Diese Schnittstelle kann nur innerhalb einer Periode absolut ausgewertet werden. Bei mehreren Perioden gibt es für die Schnittstelle nur eine inkrementelle Auswertung.

Beim Mess-System mit *analoger sin/cos-Schnittstelle* wird die Weginformation über zwei analoge Werte (sin und cos) jeweils als Differenzsignal über vier analoge Signale ausgegeben. Die Signale haben etwa den in Abb. 3.168 dargestellten Verlauf als Funktion des Weges bei einer Polbreite von 1 mm. Beispielhaft sei der Offset der sin-Signale 2,5 V, der der cos-Signale 2,0 V. Dieser Offset ist zulässig.

$$U_{\sin}(s) = \widehat{U} \cdot \sin(\omega \cdot s) + U0_{\sin} \tag{3.68}$$

$$U_{-\sin}(s) = -\widehat{U} \cdot \sin(\omega \cdot s) + U0_{\sin} \tag{3.69}$$

$$U_{\cos}(s) = \widehat{U} \cdot \cos(\omega \cdot s) + U0_{\cos} \tag{3.70}$$

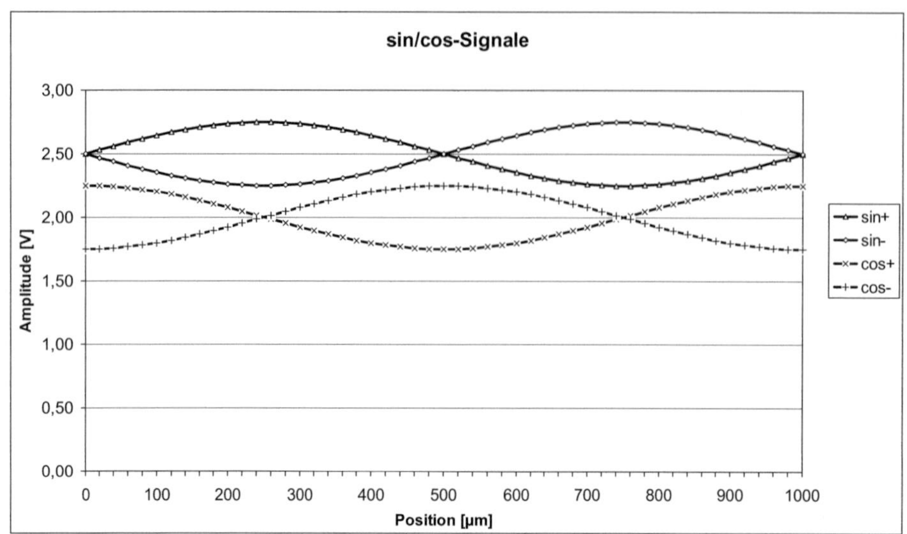

Abb. 3.168 Analoge sin/cos-Schnittstelle

mit $\omega = 2 \cdot \pi / \mathrm{P}$ Kreisperiode, wobei P die Polbreite des Maßkörpers ist.

$$U_{-\cos}(s) = -\widehat{U} \cdot \cos(\omega \cdot s) + U0_{\cos} \tag{3.71}$$

$$\begin{aligned} \widehat{U} &\approx 0,25\mathrm{V} \\ U0_{\sin} &\approx 2{,}5\mathrm{V} \\ U0_{\cos} &\approx 2\mathrm{V}. \end{aligned}$$

In der Kundensteuerung bzw. in Mess-Systemen mit digitalem Ausgang übernimmt ein *Interpolator* die Digitalisierung der sin/cos-Signale. Er bildet zunächst aus den Differenzsignalen Einzelsignale:

$$\begin{aligned} U_{\mathrm{si}}(s) &= U_{\sin}(s) - U_{-\sin}(s) \\ (1) - (2) &= \left(\widehat{U} \cdot \sin(\omega \cdot s) + U0_{\sin}\right) - \left(-\widehat{U} \cdot \sin(\omega \cdot s) + U0_{\sin}\right) \\ &= 2 \cdot \widehat{U} \cdot \sin(\omega \cdot s) \end{aligned} \tag{3.72}$$

$$\begin{aligned} U_{\mathrm{co}}(s) &= U_{\cos}(s) - U_{-\cos}(s) \\ (3) - (4) &= \left(\widehat{U} \cdot \cos(\omega \cdot s) + U0_{\cos}\right) - \left(-\widehat{U} \cdot \cos(\omega \cdot s) + U0_{\cos}\right) \\ &= 2 \cdot \widehat{U} \cdot \cos(\omega \cdot s) \end{aligned} \tag{3.73}$$

Über trigonometrische arctan- und arccot- Funktionen lässt sich der aktuelle Winkel bestimmen:

$$\begin{aligned}\alpha &= \arctan\left(U_{si}(s)/U_{co}(s)\right)\\ &= \arctan(2 \cdot \widehat{U} \cdot \sin(\omega \cdot s)/2 \cdot \widehat{U} \cdot \cos(\omega \cdot s))\\ &= \left(\widehat{U} \cdot \cos(\omega \cdot s) + U0_{\cos}\right) - \left(-\widehat{U} \cdot \cos(\omega \cdot s) + U0_{\cos}\right)\\ &= 2 \cdot \widehat{U} \cdot \cos(\omega \cdot s)\end{aligned}$$

$$\begin{aligned}\alpha &= \arctan\left(U_{si}(s)/U_{co}(s)\right)\\ &= \arctan(2 \cdot \widehat{U} \cdot \sin(\omega \cdot s)/2 \cdot \widehat{U} \cdot \cos(\omega \cdot s)\\ &= \arctan(\sin(\omega \cdot s)/\cos(\omega \cdot s).\end{aligned} \tag{3.74}$$

In Abb. 3.169 sieht man, dass sich die arctan-Funktion zwei Mal innerhalb einer Periode wiederholt. Es muss noch die Unterscheidung getroffen werden, ob das cos-Signal > 0 oder < 0 ist Je nachdem muss zum Winkel, der über arctan bestimmt wurde, eine halbe Periode addiert werden.

Um vom Winkel α (Gl. (3.74)) auf die Position s innerhalb des Pols zu kommen, muss der Winkel mit der Kreisfrequenz ω dividiert werden.

$$s = \alpha/\omega. \tag{3.75}$$

Die Position innerhalb eines Pols ist eindeutig. Jeder Pol wird jedoch identisch gemessen.

In Gl. (3.74) erkennt man, dass bei der Winkelbestimmung die Amplitude $\hat{U}$ keine Rolle mehr spielt. Sie ist nur noch insofern relevant, als $\hat{U}$ wegen des Signal-Rauschabstandes genügend groß sein sollte. Üblicherweise wird die Winkelbestimmung nicht ausschließlich über die trigonometrische Funktion bestimmt, sondern über *Nachlaufverfahren.* Hier braucht dann auf die singulären Stellen (Division durch Null) keine Rücksicht genommen werden Es existieren verschiedene bereits fertig integrierte Chips, die diese Interpolation ausführen. Ein Hersteller ist beispielsweise die Firma IC-Haus (www.

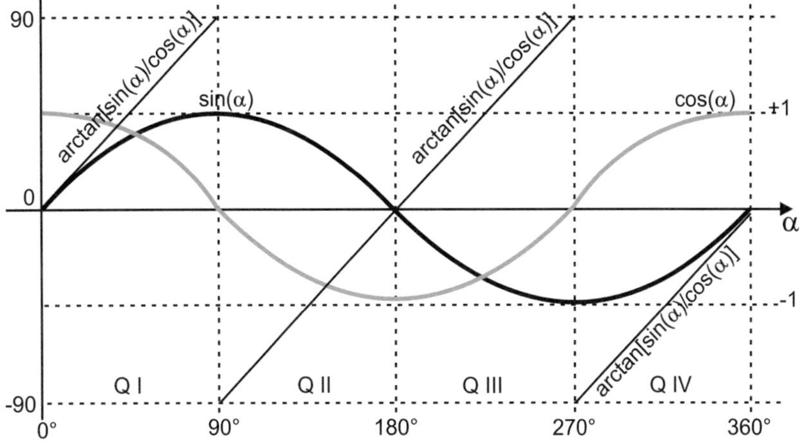

Abb. 3.169 Auswertung des sin- und cos-Signals

ichaus.de). Bei der Digitalisierung der sin/cos-Signale sind über 10 Bit ohne Rauschen oder zusätzliche Hysterese möglich. Die digitalisierten Signale stehen nach einer Wandlungszeit von einigen 10 ns zur Verfügung. Bei einer Polbreite von 1 mm lässt sich bei 10 Bit eine Auflösung von 1 µm erreichen.

3.2.7 Inkrementelle Geber

Bei einem Mess-System mit *digitaler Schnittstelle* wird das Positionssignal über zwei digitale Signale: A und B ausgegeben. Eine übliche Bezeichnung dafür ist *„A/B-Schnittstelle"* oder„90°(Impuls)-Schnittstelle". Der physikalische Pegel ist entweder ein 5-V-Differenzsignal (RS422) oder ein single Ended Signal, das entweder den Pegel der Versorgungsspannung oder Null annimmt.

Abb. 3.170 sind die logischen Signale einer digitalen A/B-Schnittstelle dargestellt. Jede Flanke beim Signal A oder Signal B bedeutet die Übertragung eines Inkrements. In der dritten Zeile ist die Zählrichtung dargestellt. In der fünften Zeile die Zählerposition, die beispielsweise bei dem Wert 40 startet. Innerhalb einer Periode des Signals A oder B werden 4 Inkremente gezählt. Für die Entscheidung ob die Flanke ein positives oder ein negatives Inkrement bedeutet, gibt es zwei Betrachtungsweisen:

Wenn das Signal A *vor* dem Signal B kommt, entspricht jede Flanke einem Inkrement in *positiver* Richtung, wenn das Signal A *nach* dem Signal B kommt, entspricht dies einem Inkrement in *negativer* Richtung.

Die Zählrichtung der einen Signalflanke ist durch den Pegel des anderen Signals definiert. Beispielhaft sei die steigende Flanke von A in Abb. 3.170 an der Zählerposition 41 bei der Bewegungsrichtung Vorwärts betrachtet. Hier ist der Pegel von B „low". Die Flanke wird als positives Inkrement gewertet. Bei der steigenden Flanke von A bei der Position 42 während der Rückwärtsbewegung ist der Pegel von B „high". Entsprechend wird diese Flanke als negatives Inkrement ausgewertet. Für die Interpretation einer Bewegung muss noch der Weg s_{ink} definiert werden, der einem Inkrement entspricht. Für magnetische Mess-Systeme sind hier Werte zwischen etwa 1 µm und mehreren mm üblich.

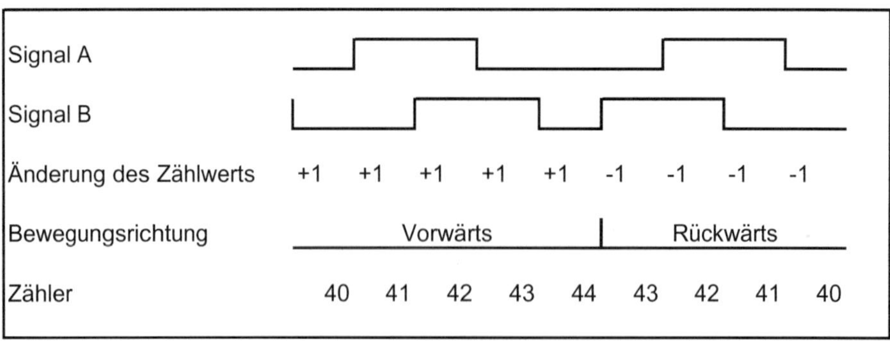

Abb. 3.170 Digitale Schnittstelle

	mechanische Auflösung Y:			
	D = 1 µm	E = 2 µm	F = 5 µm	G = 10 µm
min. Flankenabstand X	V_{max} entsprechend Flankenabstand und Auflösung			
D = 0,12 µs	5 m/s	10 m/s	20 m/s	20 m/s
E = 0,29 µs	2 m/s	4 m/s	10 m/s	10 m/s
F = 0,48 µs	1 m/s	2 m/s	5,41 m/s	5,41 m/s
G = 1 µs	0,65 m/s	1,3 m/s	2,95 m/s	2,95 m/s
H = 2 µs	0,3 m/s	0,6 m/s	1,54 m/s	1,54 m/s
K = 4 µs	0,15 m/s	0,3 m/s	0,79 m/s	0,79 m/s
L = 8 µs	0,075 m/s	0,15 m/s	0,34 m/s	0,34 m/s
N = 16 µs	0,039 m/s	0,079 m/s	0,19 m/s	0,19 m/s
P = 24 µs	0,026 m/s	0,052 m/s	0,13 m/s	0,13 m/s

Abb. 3.171 Zusammenhang zwischen mechanischer Auflösung, minimalem Flankenabstand und maximaler Geschwindigkeit

Eine weitere wichtige Größe ist der minimale Flankenabstand t_{min}, den die Steuerung noch erkennen kann. Da die Schnittstelle nur inkrementell arbeitet, darf in der Steuerung kein Inkrement verloren gehen. Die minimale Flankenzeit, die eine Steuerung noch zählen kann, darf bei der Ausgabe der Inkremente nicht unterschritten werden. Durch den Weg je Inkrement und den minimalen Flankenabstand ist die maximale Verfahrgeschwindigkeit definiert. Dieser Wert muss aus einer Tabelle des Sensorherstellers (Abb. 3.171) entnommen werden.

Die maximale Geschwindigkeit v_{max} lässt sich nicht durch die Formel (3.2.30) bestimmen. Der Grund dafür liegt unter anderem in den Bauteiltoleranzen:

$$v_{max} = s_{ink} / t_{min}. \tag{3.76}$$

Die digitalen A/B-Signale werden üblicherweise als RS422 Differenz- oder als HTL (Single-Ended)-Signal übertragen. Bei RS422 lassen sich größere Entfernungen bzw. höhere Übertragungsraten als bei HTL überbrücken.

Zusammenfassung der Eigenschaften inkrementeller Schnittstellen

Für das inkrementelle Mess-System existieren verschiedene Schnittstellen, deren wichtigste Eigenschaften in Tab. 3.30 zusammengefasst sind.

Tab. 3.30 Schnittstellen inkrementeller Mess-Systeme

	Inkrementelles Mess-System	
Schnittstelle	Digital	sin/cos analog
Bezeichnung	RS422/HTL	1 Vpp
Übertragene Frequenzen	Hoch	Nieder
Oberwellen	Hoch	Gering
Erreichbare Störsicherheit	Mittel/gering	Hoch
Applikationen	Maschinenbau	Antriebstechnik
Flexibilität in der Auswertung	Gering	Je nach Geschwindigkeit kann unterschiedlich interpoliert werden

3.3 Neigung

Viele Anwendungen erfordern das Messen von *Neigungen.* Sensoren für die Neigungsmessung werden in sehr vielen Branchen eingesetzt, beispielsweise in der Unterhaltungselektronik oder im Automobil- und im Straßenbau. Aus diesem Grunde sind die Anforderungen an die Sensoren sehr unterschiedlich. Während beispielsweise für die Unterhaltungselektronik der niedrige Preis im Vordergrund steht, sind für den Einsatz bei der Bauwerksüberwachung die Genauigkeit und die Zeitstabilität von Bedeutung.

Die Winkel- bzw. Neigungssensoren können in drei Gruppen eingeteilt werden. Die erste Gruppe sind die *Rotationssensoren,* die aus der Wegmessung her bekannt sind (Abschn. 3.1.1). Diese Sensoren werden an einem starren Bezugssystem angebracht und sind mechanisch mit dem zu messenden, rotierend gelagerten Messobjekt verbunden.

Die zweite Gruppe von Sensoren ist nicht auf eine starre Verbindung mit einem Bezugssystem angewiesen, sondern nützt *physikalische Effekte* aus. Die gängigste Methode ist die Ausnutzung der *Gravitationskraft* der Erde als Bezugssystem. Der Vorteil ist dabei, dass man weitgehend unabhängig von der Einbausituation ist. Es lassen sich auf diese Weise sehr kleine Sensoren realisieren, die verschiedene Messprinzipien nutzen, auf die im Folgenden näher eingegangen werden wird. Die Messung der Neigung mit Hilfe der Erdbeschleunigung stellt jedoch in beschleunigten Systemen wie beispielsweise in einem Auto ein Problem dar, da sich diese Beschleunigung mit der Erdbeschleunigung überlagert. *Magnetsensoren* lösen dieses Problem. Allerdings ist deren Genauigkeit im Vergleich zu anderen Sensoren beschränkt.

Bei der dritten Gruppe von Sensoren wird nicht die Neigung bestimmt, sondern die Abweichung eines *Drehimpulses* von einer Richtung. Sie funktionieren wie ein *Gyroskop.* Das ist ein Kreisel, der sich in einem beweglichen Lager dreht. Diese Drehung erzeugt einen Drehimpuls, der seine Richtung immer beibehält, wenn keine äußeren Momente auf ihn einwirken. Die Richtung relativ zur Richtung des Drehimpulses ist als Winkel messbar.

Neigung
Definition: *Als Neigung bezeichnet man die relative Lage einer Richtung in Bezug auf die Horizontale bzw. auf die Lotrechte.*

Neigungssensoren, auch *Inclinometer* oder *Tilt-Sensoren* (engl.) genannt, machen sich das Prinzip des „Fällen eines Lotes“ zunutze. Diese Messung wird meist in Bezug auf die *Gravitationskraft* oder ein *Magnetfeld* vorgenommen. Beim Gravitationsfeld kann es sich um ein mechanisches Pendel, einen Biegebalken oder, wie in einer Wasserwaage, um eine elektrisch leitende Flüssigkeit in einer Gasblase handeln.

3.3.1 Magnetoresistive Neigungssensoren

Magnetoresistive Inclinometer nutzen den Effekt aus, dass sich der Widerstand eines Leiters in Abhängigkeit eines Magnetfeldes ändert (Abschn. 2.3). Als Material hier-

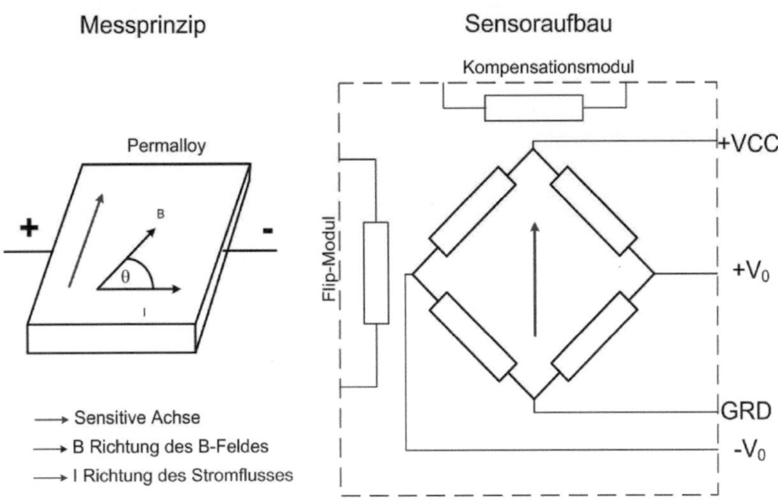

Abb. 3.172 Darstellung des magnetoresistiven Messprinzips

für wird üblicherweise „permalloy" (81 % Ni, 19 % Fe) verwendet. Der Widerstand ist dann am größten, wenn der Winkel zwischen dem ladungstragenden Material und dem Magnetfeld 0° beträgt. Am kleinsten ist der Widerstand, wenn das Magnetfeld senkrecht zu der Fläche (Winkel von 90°) steht. Die Änderung des Widerstandswertes ist relativ klein und liegt in der Größenordnung von 2 % bis 3 %. Es gilt näherungsweise:

$$R = R_0 + \delta R \cdot cos(2 \cdot \alpha).$$

Hierbei ist R der Wert des Widerstandes, R_0 und δR sind materialabhängige Parameter und α der Winkel zwischen der Stromstärke und dem Magnetfeld (gemessen als magnetische Flussdichte $\boldsymbol{B}$).

Abb. 3.172 zeigt den prinzipiellen Aufbau eines magnetoresistiven Sensors. Links dargestellt ist das Material, welches seinen Widerstandswert in Abhängigkeit eines Magnetfeldes $\boldsymbol{B}$ ändert. Rechts dargestellt ist der schematische Aufbau eines Sensors, bestehend aus magnetoresistiven Elementen. Der Pfeil stellt die sensitive Achse dar.

Der Aufbau eines typischen Neigungssensors ist in Abb. 3.173 dargestellt. Es werden *zwei Magnete pendelnd* in der Nähe zweier magnetoresistiven Elemente angebracht.

Die pendelnd aufgehängten Magnete richten sich im Schwerefeld aus. Dies entspricht dem Fällen eines Lotes. Das Ausgangssignal ist proportional zur Neigung. Diese magnetischen Elemente bilden einen Spannungsteiler. Bei 0° sind die Magnete genau in der Mitte. Neigt man dieses System, ändert sich die Lage der Magnete relativ zu den Elementen. Dadurch ändert sich der Widerstand, was eine Änderung des Ausgangssignals (proportional zur Neigung) zur Folge hat. Meist sind diese Sensoren mit einer Flüssigkeit (z. B. Silikonöl) gefüllt, die als Dämpfung dient.

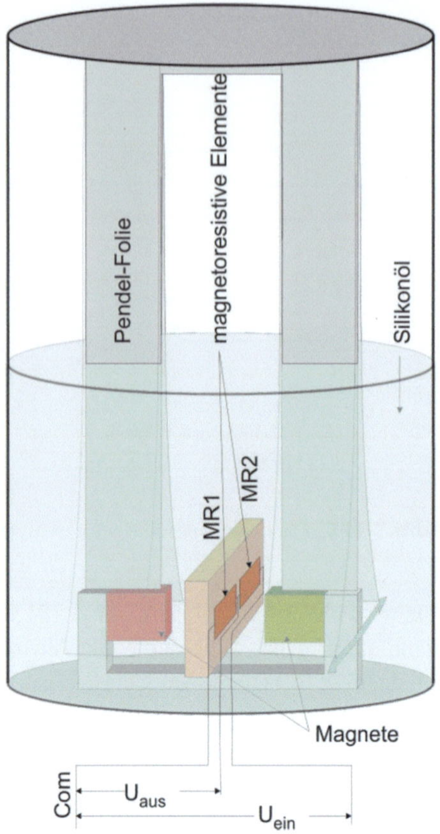

Abb. 3.173 Aufbau eines typischen magnetoresistiven Neigungssensors

Allerdings ist zu bedenken, dass die *Viskosität* von Flüssigkeiten *stark temperaturabhängig* ist. Das bedeutet, dass auch die Dämpfung von der Temperatur abhängen wird. Die Dämpfung ist umso höher, je zähflüssiger diese Flüssigkeit ist. Eine zusätzliche Steuerelektronik bei Sensoren dieses Typs ist nicht notwendig. Das Ausgangssignal ist in aller Regel proportional zur Neigung. Typischerweise beträgt das Ausgangssignal zwischen 40 % und 60 % des Eingangssignals. Bei einigen Sensoren dieser Bauform kann man ein ungünstiges Verhalten des Sensorsignals beobachten, wenn der Sensor aus seinem Messbereich gekippt wird.

Magnetoresistive Sensoren eignen sich beispielsweise für die Überwachung von Ampeln oder zum Ausrichten von sich langsam bewegenden Nachführsystemen von Sonnenkollektoren. Durch die einfache Bauform sind die Fertigungskosten für ein gesamtes Sensorsystem relativ gering.

Weitere Systeme, die jedoch auf ein extern anwesendes Magnetfeld reagieren, sind magnetoresistive Sensoren, die in IC-Gehäusen integriert sind. Diese Sensoren finden ihren Einsatz auch in strahlenden Umgebungen. Im Gegensatz zu Systemen mit hoch integrierter Elektronik sind diese Sensoren nicht empfindlich gegen Strahlungseinflüsse.

Magnetoresistive Sensoren besitzen in aller Regel eine *gute Sensitivität.* Die Sensoren können aber nicht eingesetzt werden, wenn starke magnetische Felder herrschen. Auf den Einsatz von stromdurchflossenen Kompensations-Spulen sollte deshalb verzichtet werden.

3.3.2 Kompass-Sensoren

Als Kompass-Sensoren bezeichnet man magnetoresistive Sensoren, die das *externe Magnetfeld* der Erde messen. Dies ist jedoch aus zwei Gründen recht schwierig. Einerseits ist das Magnetfeld der Erde relativ schwach und unterliegt geografischen Abweichungen. Andererseits sind die Magnetflusslinien geneigt, d. h. sie verlaufen nur in Äquator-Breiten parallel zur Erdoberfläche. Ein Einsatzgebiet dieser Sensoren liegt vornehmlich in mobilen Anwendungen. Eine genaue Kalibrierung dieser Sensoren mit der Messelektronik ist immer dann notwendig, wenn die Messumgebung magnetische Materialien wie beispielsweise Eisen enthält. Aus diesen Gründen werden Kompass-Sensoren häufig mit *MEMS-Inclinometern* (Abschnitt 3.3.5) kombiniert.

3.3.3 Elektrolytische Sensoren

Elektrolytische Sensoren arbeiten im Prinzip wie eine *Wasserwaage.* In einer Luftblase befindet sich eine elektrolytische Flüssigkeit (Abb. 3.174). Die Flüssigkeit strebt immer danach, „im Wasser" zu stehen, d. h. ihre Oberfläche im ruhenden System horizontal auszurichten.

Wie Abb. 3.174 zeigt, befinden sich in der elektrolytischen Flüssigkeit drei Elektroden (a, b und c). Wird die Kuppel gekippt, so ist die Eintauchtiefe der Elektroden unterschiedlich. Der elektrische Strom zwischen den Elektroden a und b ist größer als der Strom zwischen den Elektroden b und c. Somit verhält sich der elektrolytische Sensor wie ein *Spannungsteiler* (Potenziometer), dessen *Widerstand* sich *proportional zum Kippwinkel* ändert.

Obwohl das Prinzip einfach ist, kann an diesen Aufbau nicht einfach eine Spannung angelegt werden wie an ein normales Potenziometer. Dies hätte zur Folge, dass in der

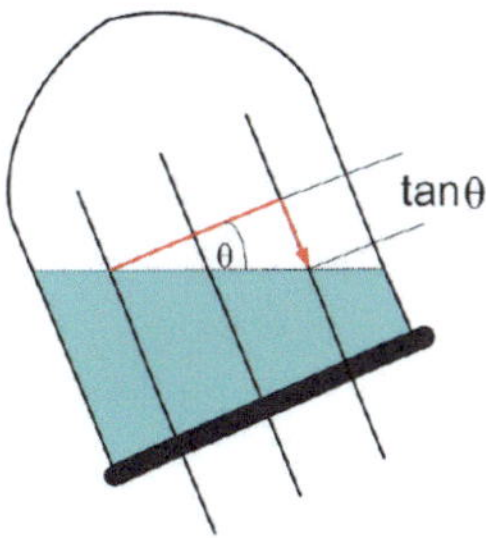

Abb. 3.174 Schematische Darstellung des elektrolytischen Messprinzips

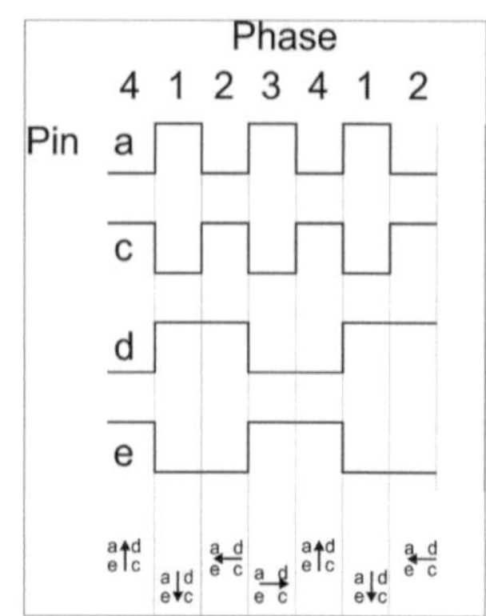

Abb. 3.175 Darstellung der Phasen und der Richtung des Stromflusses (unten) bei einem zweidimensionalen elektrolytischen Sensor

elektrolytischen Flüssigkeit eine chemischen Reaktion ablaufen würde, bei der die positiven Ionen der Flüssigkeit zur Kathode wandern würden, um dort mit Elektronen zu rekombinieren. Damit würde die Leitfähigkeit verringert werden und schließlich ganz zum Erliegen kommen. Um dies zu verhindern, wird an die Elektroden eine *Wechselspannung* mit Frequenzen zwischen 25 Hz bis 4.000 Hz angelegt.

Die elektrolytischen Sensoren weisen noch weitere Besonderheiten auf: Ihre Signale sind wegen der elektrolytischen Flüssigkeit *temperaturabhängig,* ferner spielen die *Befüllung* und die *Größe der Luftblase* eine große Rolle. In aller Regel sind diese Sensoren nicht für Systeme geeignet, die Erschütterungen ausgesetzt sind. In diesen Fällen existiert kein klarer Neigungswinkel zwischen Flüssigkeitsspiegel und Horizontalen, sodass das Messprinzip versagt.

Ein großer Vorteil dieses Sensors ist, dass er auch als *zweidimensionaler Sensor* gebaut werden kann (Abb. 3.175).

Hierzu sind zwei Lösungen denkbar: Einerseits kann im einfachsten Fall immer nur *eine Achse* elektrisch angesteuert werden. In dieser Zeit ist die andere Achse inaktiv. Andererseits besteht die Möglichkeit, *zwei Anregungsfrequenzen* anzulegen, bei der die eine doppelt so hoch gewählt wird wie die andere. Hierbei werden alle Pins angesteuert. Der Vorteil der erstgenannten Methode, bei der jeweils nur eine Achse aktiv ist, besteht in der einfacheren Elektronik und im geringeren Stromverbrauch. Weiterhin ist das Mess-Signal entlang der Messachsen proportional zur Neigung. Dies führt in aller Regel zu einer höheren Sensitivität.

3.3.4 Piezoresistive Neigungssensoren/DMS-Biegebalkensensoren

Neigungssensoren, die auf der Basis eines *Biegebalkens* funktionieren, bestehen aus einem Steg, an dem eine Masse angebracht ist. Wird die Masse beschleunigt, dann verbiegt sich der Steg. Der Biegebalken des Sensors ist mit geeigneten Dehnungsmess-Streifen (DMS) versehen. Damit ergibt sich eine *Wheatstonesche Brücke.* Das Ausgangssignal ist proportional zur Verbiegung des Balkens und somit proportional zur Dehnung des DMS. Das Verhalten eines solchen Sensors bezüglich der Sensitivität und des Frequenzverhaltens ist abhängig von der Wahl geeigneter Materialeen und der passenden DMS (Abschn. 2.2.2 und Abschn. 4.2). Wird Silikonöl eingebracht, dann kann man das System dämpfen. Erschütterungen wirken sich in diesem Fall nicht mehr auf das Messverhalten aus. Allerdings sind die Messungen temperaturabhängig. Mit *elektronischen Tiefpassfiltern* (z. B. durch kleine Kapazitäten) können die Signale *temperaturunabhängig* gedämpft werden.

3.3.5 MEMS

MEMS (*Micro-Electro-Mechanical System*)-Sensoren sind Systeme, bei denen elektronische Schaltungen und mechanische Eigenschaften auf kleinsten Raum integriert sind, meist auf einem Substrat bzw. einem Chip. In aller Regel sind diese Sensoren zur Messung von kleinen Beschleunigungen entwickelt worden und können somit in relativ statischen Fällen zur Messung von Neigungen herangezogen werden. Das Mess-Prinzip ist *kapazitiv* (Abschn. 2.6). Hierbei sind die beschleunigte Masse und der Sensorkörper voneinander isoliert. Die Masse und der Sensorkörper bilden die Kondensatorplatten. Die Ladung bzw. die Kapazität dieses Systems wird gemessen. Verringert sich die Entfernung zwischen der Masse und dem Sensorgehäuse, so nimmt die Kapazität zu, weil das System mehr Ladung speichern kann. Auf der anderen Seite hat die Entfernung zugenommen, was zu einer Verringerung der Kapazität beiträgt (Abb. 3.176).

MEMS-Sensoren bieten viele Vorteile: Sie weisen eine *hohe Sensitivität* auf und sind sehr *temperaturstabil,* d. h. es treten über einen längeren Zeitraum nur kleine Driften auf. Aufgrund ihrer Bauweise können diese Sensoren mit *Überlastanschlägen* konstruiert werden, sodass auch hohe Erschütterungen von einigen hundert g (g: Erdbeschleunigung) diese Systeme nicht beschädigen. Nachteilig ist, dass die Elektronik nahe dem sensitiven Element untergebracht werden muss. Parasitäre Ströme sind für diese Systeme sehr störend.

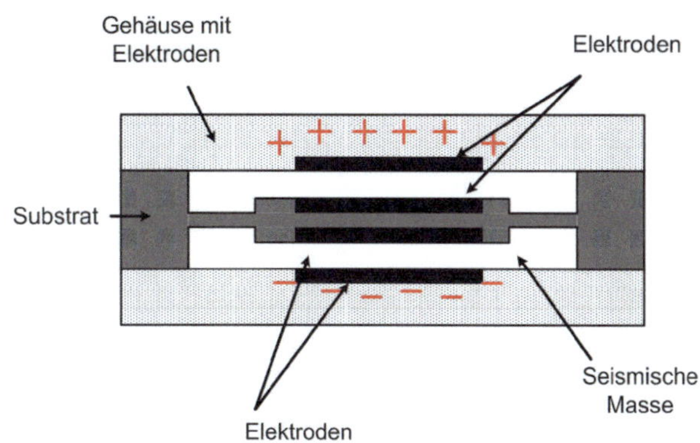

Abb. 3.176 Darstellung eines kapazitiven Sensorprinzips eines MEMS. Die seismische Masse und das Gehäuse des Sensors bilden einen Kondensator. Je näher die seismische Masse dem Deckel des Sensors kommt, um so größer ist die Kapazität dieses Kondensators

Zunehmend werden jedoch schon komplette Beschleunigungssensoren als *Einchiplösung* beispielsweise für Anwendungen in der Consumer-Elektronik oder für den Automobilbau angeboten. Diese sind sehr preisgünstig.

3.3.6 Servoinclinometer

Servoinclinometer können als MEMS Neigungs-Sensoren mit besonders hoher Sensitivität ohne Gleichstrom (DC)-Ausgang betrachtet werden (Abb. 3.177: ASIC ist eine anwendungsspezifische Schaltung (ASIC: Application Specific Integrated Circuit)). Die hohe Sensitivität wird dadurch erreicht, dass das System *rückgekoppelt* ist: Bei einem mechanischen, klassischen Sensor wird ein Permanentmagnet in einer Spule mit seiner Masse beschleunigt, sodass ein Stromfluss in der Spule induziert wird. Dieses Signal wird gemessen und ein Strom in entgegensetzter Richtung erzeugt. Dieser Strom baut ein Magnetfeld in den Spulen auf, welches dem Magnetfeld des Magneten entgegengerichtet ist. Somit wird dieser in seine alte Position zurückgebracht. Die seismische Masse wird also durch eine der Neigung proportionalen Spannung in der Null-Lage gehalten. Das rückkoppelnde System erlaubt es, *sehr kleine Beschleunigungen* exakt zu messen und damit auch die Neigung sehr genau ermitteln zu können. Dieser Aufbau ermöglicht Messungen oberhalb der Eigenfrequenz des Systems.

Kapazitive Sensoren auf MEMS-Basis messen Beschleunigungen *unterhalb* ihrer *Eigenfrequenz*. Das Arbeitsprinzip hierbei ist jedoch identisch. Die seismische Masse, welche als Kondensator zwischen dem Gehäusedeckel liegt, wird mit Hilfe einer aufgebrachten Ladung in der neutralen Position gehalten. Die Ladung, die benötigt wird, um dies zu erreichen, ist ebenfalls proportional zu der Beschleunigung des Sensorelementes.

Um eine maximale Sensitivität zu erreichen, werden die Federkonstanten der rückstellenden mechanischen Elemente möglichst klein gewählt. Hierdurch können Werte für

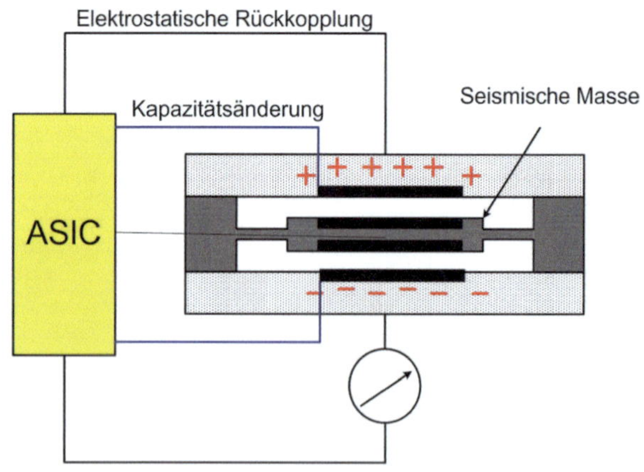

Abb. 3.177 Schematische Darstellung eines MEMS Servo-Inclinometers

eine maximale Beschleunigung von 0,2 g erreicht werden. Die Frequenzbereiche gelten für Beschleunigungen zwischen 3 g und 200 g. Die minimale Auflösung, die solche Systeme in der Praxis erreichen, liegen bei 30 ng/$\sqrt{Hz}$ und bei einem dynamischen Bereich von 115 dB. Das Rauschen solcher Systeme ist 66-mal kleiner als bei Systemen mit hochauflösenden MEMS-Beschleunigungs-aufnehmern.

3.3.7 Übersicht und Auswahl von Neigungssensoren

Die Wahl des passenden Neigungssensors hängt von folgenden Parametern ab:

- *Genauigkeit* in der Auflösung und der Wiederholbarkeit,
- *Erschütterungen* und
- *Temperaturabhängigkeit.*

Tab. 3.31 zeigt die Zusammenhänge.

Tab. 3.31 Eigenschaften und Anwendungen der Neigungssensoren

Sensor	Anwendung
Servo-Inclinometer	Bei hochgenauen Messungen in geophysikalischen Bereichen, z. B. bei Nivellierungen und in der Gebäudeüberwachung, --------zur Ausrichtung von Präzisionsantennen oder -------bei Vermessungen von Schienen und Achsen
MEMS	Bei Systemen, die schnelle Bewegungen ausführen und Stößen ausgesetzt sind (z. B. bei der Consumerelektronik, Fahrzeugsteuerung und in Robotik-Anwendungen)
Elektrolytische Neigungssensoren	Hohe Auflösung (z. B. bei der Kontrolle von Baufahrzeugen oder für vibrationsarme Anwendungen)
Magnetoresistive Neigungssensoren	Als kostengünstigste Lösung in vibrationsarmen Umgebungen (z. B. zur Steuerung oder Nachführung von Sonnenkollektoren sowie zur Kontrolle von Offshoreanlagen)
Kompass-Sensoren	Einsatz bei mobilen Anwendungen (z. B. bei der Fahrzeugnavigation)

Sensor	Auflösung	Nichtlinearität	Wiederholbarkeit
Servo-Inclinometer	0,00005°	< 0,05°	< 0,001°
MEMS	0,005°	< 0,03°	< 0,06°
Elektrolytische Neigungssensoren	0,001°	< 0,10°	< 0,01°
Magnetoresistive Neigungssensoren	0,005°	< 0,05°	< 0,01°
Kompass-Sensoren	0,1°	< 0,05°	< 0,01°

3.4 Sensoren zur Objekterfassung

3.4.1 Näherungsschalter

Die berührungslose Objekterfassung wird kostengünstig und äußerst zuverlässig auf allen Anwendungsgebieten – von der traditionellen Industrie bis hin zu Medizin- und Luftfahrt – mit den *Näherungsschaltern NS* (*proximity switches*) durchgeführt. Er stellt die binäre Variante des Abstandssensors dar, weshalb die grundlegenden Aussagen von diesen übernommen werden können (Abschn. 3.1.1). Grundsätzlich enthält die NS-Familie *Ausführungen* sämtlicher Abstandssensoren (z. B. induktiv, kapazitiv, optoelektronisch) mit *binären Ausgängen* (Abb. 3.178).

Wegen des breiten Einsatzfeldes und der hohen Stückzahlen und, um Kompatibilität bzw. Austauschbarkeit zu gewährleisten, werden die NS ausführlich in der Norm

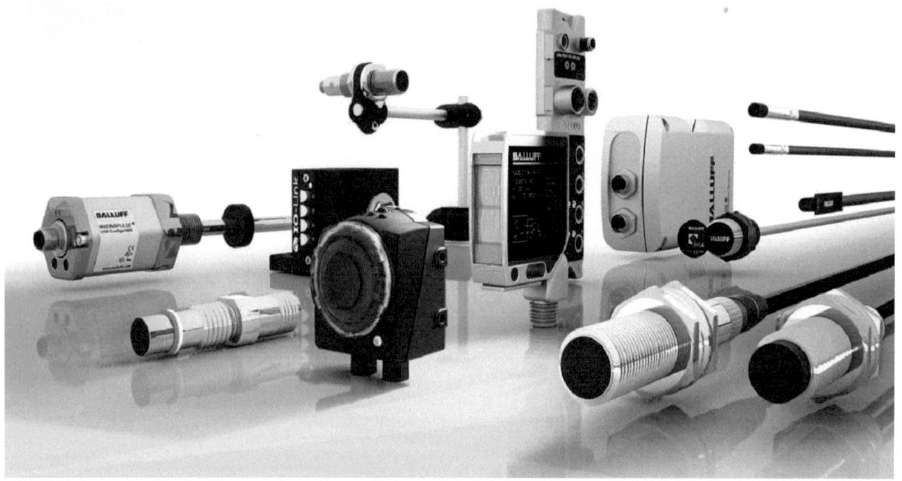

Abb. 3.178 Sämtliche Typen und Bauformen von Näherungsschaltern (Werkfoto: Balluff GmbH)

DIN EN 60.947–5-2 „Niederspannungsschaltgeräte/Steuergeräte und Schaltelemente/Näherungsschalter" spezifiziert. Die Norm bezieht sich auf Tab. 3.32:

- *Induktive* und *kapazitive* NS, die die Anwesenheit von Objekten aus Metall und/oder nicht metallischen Objekten erfassen.
- *Ultraschall*-NS, welche die Anwesenheit von schallreflektierenden Objekten erfassen.
- *Fotoelektrische* NS, welche die Anwesenheit von sämtlichen Gegenständen erfassen.
- *Nichtmechanisch magnetische* NS, welche die Anwesenheit von Objekten mit einem magnetischen Feld erfassen.

Gemäß EN 60.947–5-2 ist der NS ein *Positionsschalter,* der ohne mechanische Berührung mit dem beweglichen Teil betätigt wird und die folgenden Kennzeichen aufweist:

a) Der NS bildet *eine Einheit.*
b) Der binäre Schaltausgang des NSs enthält ein *Halbleiterschaltelement.*
c) Der NS ist für den Einsatz in Stromkreisen vorgesehen, deren Bemessungsspannung *DC 300 V* oder *AC 250 V – 50/60 Hz* nicht überschreitet.

Tab. 3.32 Übersicht über Näherungsschalter

Näherungssensor-Typ und Definition	Erfassungsart	Funktions-Prinzip	Hauptteil des Sensorelements	Hauptstufe/n im Elektronik Front-End	Siehe Buch-abschnitt:
Induktive NS (erzeugen ein elektromagnetisches Feld)	induktiv	Taster	Spule	Oszillator	3.1.1.2
Kapazitive NS (erzeugen ein elektrisches Feld)	kapazitiv	Taster	strukturierter Kondensator	Oszillator	2.6
Ultraschall NS (senden Ultraschallwellen aus)	Ultraschall	Taster	piezoelektrischer UltraschallWandler	Oszillator	3.1.3
Magnetfeld NS (erfassen die Anwesenheit eines magnetischen Feldes)	magnetisch	Taster	Hall, MR, GMR	Messbrücke, Verstärker	2.3 und 2.8
Optoelektronische NS (Typ D) • **Lichttaster** (erfasst Gegenstände, die sichtbare/unsichtbare optische Strahlung reflektieren)	fotoelektrisch	Taster; Target reflektiert Licht	Sende- und Empfangshalbleiter	Sender und Empfänger in einem Sensor	3.1.2
Optoelektronische NS (Typ R) • **Reflexionslichtschranke** (erfasst Gegenstände, die sichtbare/unsichtbare optische, reflektierte Strahlung unterbrechen)	fotoelektrisch	Taster; Target unterbricht Lichtweg zwischen Sender und Reflektor	Sende- und Empfangshalbleiter	Sender und Empfänger in einem Sensor	3.1.2
Optoelektronische NS (Typ T) • **Einweglichtschranke** (erfasst Gegenstände, die sichtbare/unsichtbare optische, direkte Strahlung unterbrechen)	fotoelektrisch, direkter Lichtstrahl	EinwegLichtschranke; Target unterbricht Lichtweg zwischen Sender und Empfänger	Sende- und Empfangshalbleiter	Sender und Empfänger getrennt in zwei Einheiten	3.1.2

Eine Übersicht über die Möglichkeiten, NS zu realisieren, zeigt Tab. 3.32.

Blockschaltbild der NS, Erfassungsart und Funktionsweise der NS

Der einteilige NS besteht aus dem *Sensorelement* und aus einer im Sensor vollkommen integrierten *Sensorelektronik.* Ihren Hauptfunktionen entsprechend ist die Sensorelektronik in zwei *funktionelle Bereiche* aufgeteilt. Im *Front-End-Bereich* erfolgt:

- die Erregung/Versorgung des Sensorelements,
- die Evaluierung der gewonnenen Abstandsinformation und
- die Umwandlung dieser Antwort in ein elektrisches Analogsignal (Abb. 3.179).

Im *Back-End-Bereich* finden statt:

- die Erzeugung eines primäres Schaltsignals aus dem Analogsignal,
- weitere Signalverarbeitung,
- die Generierung des genormten NS-Ausgangssignals und
- die Ausführung der Vielzahl der durch die Norm geforderten Schutzfunktionen.

Die Realisierung des Sensorelements und des Front-Ends hängt vollkommen von der *Erfassungsart* ab. In Abb. 3.179 sind diese Stufen als „black-box" zusammengefasst. Details und Literaturquellen in diesem Buch zu diesen Bestandteilen sind aus der Tab. 3.32 zu entnehmen.

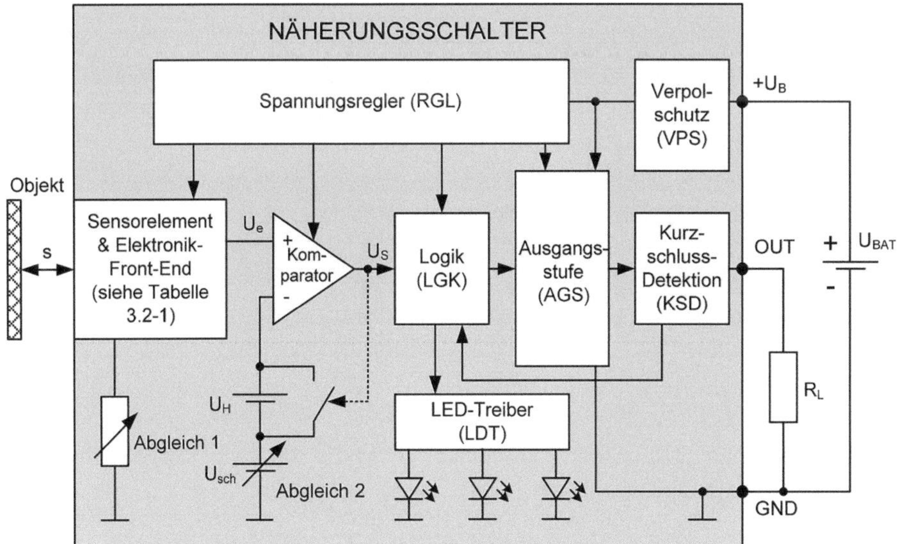

Abb. 3.179 Blockschaltbild eines Näherungsschalters mit drei Anschlüssen

Die Elektronik im Back-End hat eine nahezu identische Struktur und Funktionsweise unabhängig vom Näherungsschalter-Typ. Das elektrische Analogsignal U_e wird einem *Schwellenwertkomparator* zugeführt. Dieser vergleicht das Signal mit einer Schwellspannung U_{sch} und erzeugt das primäre Schaltsignal U_s, das von der Logik-Stufe weiter verarbeitet wird. Diese Stufe liefert Eingangsschaltsignale sowohl für die Sensorausgangsstufe als auch für den LEDTreiber. In der ersten Stufe findet eine entsprechende Verstärkung und Konditionierung statt, sodass das endgültige prellfreie NS-Ausgangssignal die Norm erfüllt. Der LED-Treiber generiert logische Signale für die Versorgung der optischen Indikatoren:

- gelbe LED (Voraussetzung) als NS-Zustandsanzeige,
- grüne LED (Option) als NS-Versorgungsspannungsanzeige,
- rote LED (seltene Option) für die NS-Fehlermeldung,
- eine dieser Farben (blinkend statt dauernd) oder eine andere Farbe (dauernd) als Anzeige anderer Funktionen (z. B. Kurzschlussmeldung, Verschmutzungsanzeige, Funktionsreserve, Einstellhilfe).

Ein Spannungsregler stabilisiert die breiten erlaubten Schwankungen der Versorgungsspannung U_{BAT} und versorgt das NS-Innere mit konstanter niedriger Spannung.

Die Anwendung des NS ist in Abb. 3.179 durch die Spannungsquelle U_{BAT} und den Lastwiderstand R_L schematisch dargestellt, die an den NS-Anschlüssen: $+U_B$, OUT und GND angeschlossen sind. Die Quelle symbolisiert das Netzteil (DC/AC: geregelt/ungeregelt) für die NS-Versorgung, der Lastwiderstand den tatsächlichen Verbraucher (Relais, SPS-Eingang, ohmscher Widerstand, oder komplexe Impedanz).

Hauptmerkmale der NS

Betrachtet man den NS abstrakt als *binärer Umwandler* einer *Weginformation* in ein elektrisches Schaltsignal, so haben folgende Merkmale die höchste Bedeutung für die SystemBeschreibung:

a) Schaltabstand und Betätigungsbedingungen,
b) Hysterese (Schaltumkehrspanne),
c) Schaltelementfunktion und
d) Ausgangsart (Ausgangsschaltrichtung).

Schaltabstände

Die Norm definiert generell den *Schaltabstand* (*s*) als Abstand, bei dem durch die Annäherung einer Norm-Messplatte:

- an die aktive Fläche, durch die das NS-Feld austritt, und
- entlang der Bezugsachse, die senkrecht auf dieser Fläche ist (axiale Annäherung),

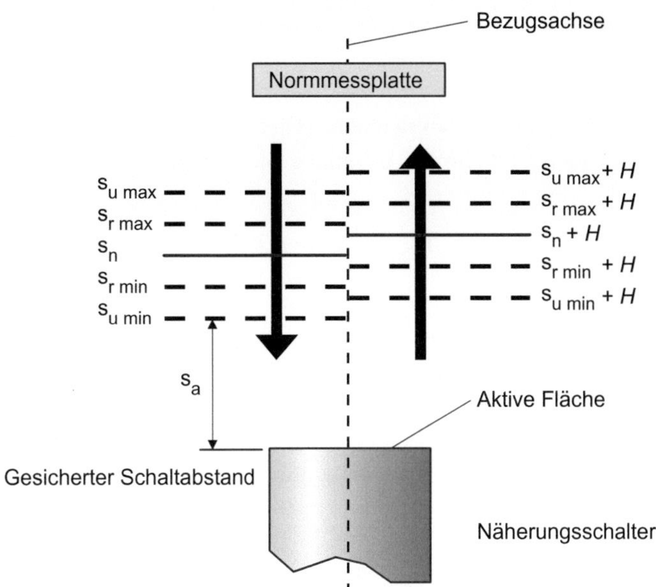

Abb. 3.180 Schaltabstände induktiver und kapazitiver NS

ein Signalwechsel am NS-Ausgang OUT verursacht wird.

Der allgemeine Begriff wird durch folgende Normgrößen näher definiert (Abb. 3.180):

1. *Bemessungsschaltabstand* (s_n): konventionelle Größe zur Festlegung der Schaltabstände. Er berücksichtigt weder Exemplarstreuungen noch Änderungen durch Einflüsse wie Versorgungsspannung und Temperatur. Der Äquivalentbegriff für optoelektronische NS ist der *Erfassungsbereich* (s_d); dieser zeichnet den Bereich aus, in dem der Schaltabstand eingestellt werden kann.
2. *Realschaltabstand* (s_r): der Schaltabstand eines einzelnen NS, der bei festgelegten Testbedingungen gemessen wird. Sein Wert muss folgende Gleichung erfüllen:
3. *Nutzschaltabstand* (s_u): der Schaltabstand eines einzelnen NS, gemessen über den

$$0{,}9 s_n \leq s_r \leq 1{,}1\, s_n. \tag{3.77}$$

spezifizierten Temperatur- bzw. Versorgungsspannungsbereich. Sein Wert liegt im Bereich:

4. *Gesicherter Schaltabstand* (s_a): Abstand von der aktiven Fläche, in dem die

$$0{,}9 s_r \leq s_u \leq 1{,}1\, s_r. \tag{3.78}$$

Betätigung des NS unter Berücksichtigung aller Umweltbedingungen und Exemplarstreuungen garantiert ist. Sein Wert erfüllt die Gleichung:

$$0 \leq s_a \leq 0{,}9 \cdot 0{,}9\, s_n. \tag{3.79}$$

Hysterese

Die Definitionen der Schaltabstände gelten für eine Annäherung der Norm-Messplatte zum NS und entlang der Bezugsachse. Um ein stabiles, prellfreies Umschalten des NS-Ausgangs zu gewährleisten, weist der NS bei einer Entfernung der Norm-Messplatte *erhöhte Schaltabstände* auf. Diese Erhöhung bezeichnet man als *NS-Hysterese;* ihr Wert ist in der Norm durch die folgende Gleichung festgelegt:

$$H \leq 0{,}2\, s_r. \tag{3.80}$$

Abb. 3.180 zeigt den Zusammenhang zwischen den Schaltabständen bei induktiven und kapazitiven NS.

Grundsätzlich gibt es zwei mögliche Implementierungen der Hysterese:

1. Durch die sprungartige Erhöhung der Schwellenspannung U_{sch} (Abb. 3.181a). In Abb. 3.179 ist dieser Mechanismus symbolisch durch einen Schalter parallel zur zusätzlichen Spannungsquelle U_H dargestellt. Startet die Messung beim Abstand $s \geq 3\, s_r$ und erreicht man bei der Annäherung des Targets den Schaltpunkt ($U_e = U_{sch}$), so wird das Komparatorausgangssignal U_s umgeschaltet und der Schalter geöffnet. Dementsprechend macht die Schwellenspannung einen Sprung nach oben mit dem Wert U_H. Die Bewegung wird fortgesetzt bis zum Abstand $s \leq 0{,}3\, s_r$. Bei der Targetentfernung muss man einen höheren Abstand s erreichen, um die Umschaltbedingung

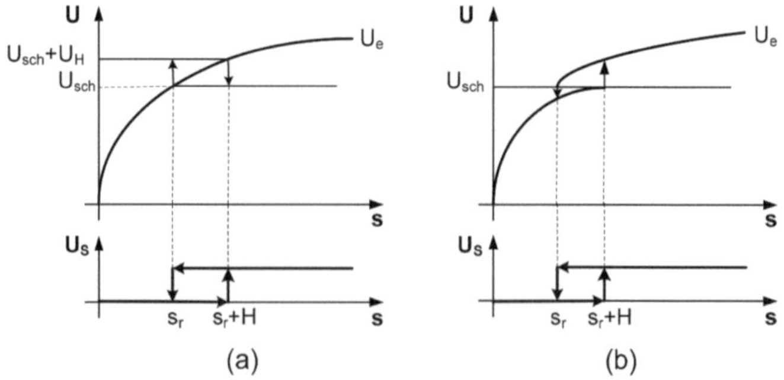

Abb. 3.181 Erzeugung der Hysterese durch Schwellensprung (a) bzw. Nutzsignalsprung (b)

$U_e = U_{sch} + U_H$ zu erfüllen und die Umkehr des Schaltausgangs U_S zu erlangen (Abb. 3.181a).

2. Gleiches Verhalten erreicht man mit konstanter Schwellenspannung U_{sch} und mit umgekehrter, sprungartiger Änderung des Komparator-Eingangssignals U_e (Abb. 3.181 b)).

Schaltelementfunktion

Dieser Parameter beschreibt den Zusammenhang zwischen dem augenblicklichen Objekt-Sensor-Abstand und NS-Ausgangszustand (Tab. 3.33). Die Norm sieht drei Schaltelementfunktionen vor:

Schließerfunktion: sie bewirkt das Fließen des Laststroms, wenn das Objekt erfasst wird, und das Nichtfließen des Laststroms, wenn das Objekt nicht erfasst wird.

Öffnerfunktion: sie ist die invertierte Funktion der Schließerfunktion.

Wechslerfunktion: setzt die Kombination zweier Schaltelemente voraus und enthält eine Schließer- und eine Öffnerfunktion (*antivalente* Schaltausgänge).

Tab. 3.33 Zusammenfassung der Kombinationen der Parameter Schaltfunktion und Ausgangsart

SCHALTFUNKTION AUSGANGSART	Schließer (NO)	Öffner (NC)
plusschaltend 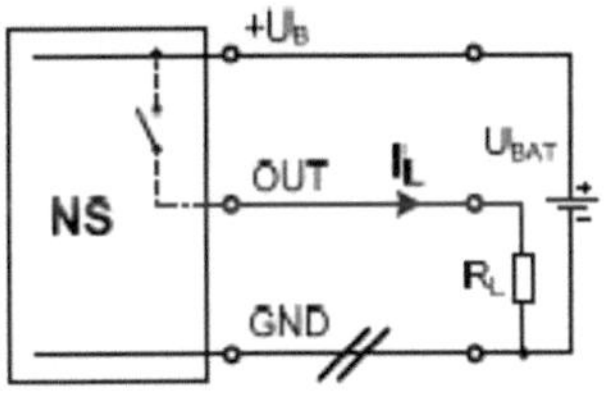 NS, $+U_B$, OUT, I_L, U_{BAT}, R_L, GND	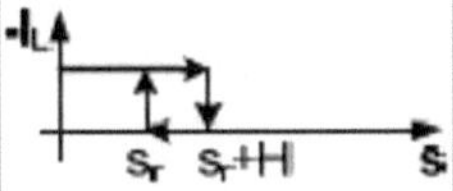 $-I_L$, S_r, S_r+H, S Meist verwendete Kombination in Europa	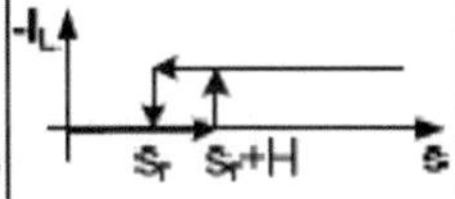 $-I_L$, S_r, S_r+H, S Zweite Priorität in Europa
minusschaltend 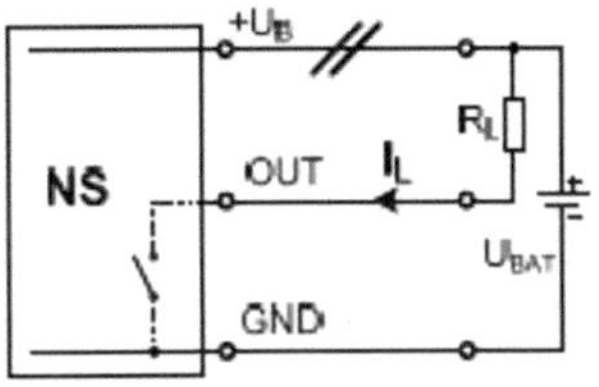 NS, $+U_B$, OUT, I_L, R_L, U_{BAT}, GND	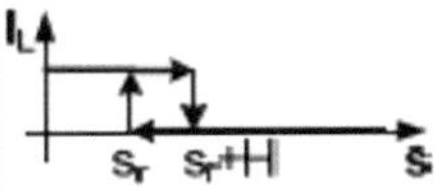 I_L, S_r, S_r+H, S Verwendete Kombination in Asien und America	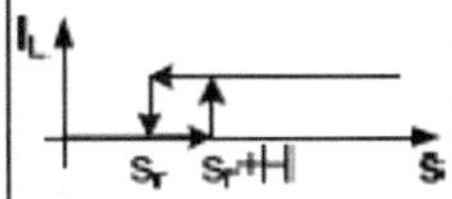 I_L, S_r, S_r+H, S Selten eingesetzt

Ausgangsart

Die Norm spezifiziert grundsätzlich zwei Ausgangsarten für NS mit DC-Versorgungsspannung:

Plusschaltender Ausgang (PNP-Ausgang): die Last R_L ist elektrisch mit der Masse GND fest verbunden. Wird der NS betätigt, so wird der Laststrom vom $+U_B$-Anschluss durch die Ausgangsstufe des NS, durch den NS-Ausgang OUT und durch R_L nach GND fließen. Diese Ausgangsart ist üblich in Europa.

Minusschaltender Ausgang (NPN-Ausgang). Er beschreibt die umgekehrte Ausführung: die Last R_L ist elektrisch mit dem + Pol fest verbunden und wird durch den NS gegen die Masse GND geschaltet, solange der NS betätigt ist. Diese Ausgangsart ist üblich in Asien.

Die möglichen Kombinationen der Parameter Schaltfunktion und Ausgangsart sind in Tab. 3.33 zusammengefasst.

Bei NS für AC-, aber auch DC-Versorgungsspannung existieren auch Ausführungen mit nur zwei Anschlüssen. Der NS wird in Reihe mit der Last R_L und der Versorgungsspannungsquelle angeschlossen. Die Schaltfunktionen bleiben bestehen.

Bauform und Größe

Die NS sind einteilige Einheiten und weisen in der Regel folgende Gehäuse auf:

- *Zylindrische Gewindehülse* aus Metall oder Kunststoff mit Durchmesserwerten im Bereich 5 mm bis 36 mm und Längen deutlich unter 100 mm.
- *Glatte zylindrische Hülse* aus Metall mit Durchmesserwerten im Bereich 3 mm bis 34 mm und Längen unter 80 mm. Durch die permanente Miniaturisierung der inneren Elektronik wurden minimalen Längen von etwa 25 mm bis 30 mm erreicht (Abb. 3.182 und 3.183).
- *Rechteckiges Gehäuse* mit *quadratischem Querschnitt* aus Kunststoff oder Metall.
- *Rechteckiges Gehäuse* mit *rechteckigem Querschnitt* aus Kunststoff oder Metall.

Kenndaten der NS

Folgende Kenndaten sind neben den Hauptmerkmalen charakteristisch für die industriellen NS:

Abb. 3.182 Miniaturisierte NS in Metallgehäusen: glatt bzw. gewindeförmig mit Durchmessern 3 mm bis 5 mm (Werkfoto: Balluff GmbH)

Abb. 3.183 Metallgewindegehäuse M12: extrem kurz (Werkfoto: Balluff GmbH)

- *Wiederholgenauigkeit (R).*
- *Bemessungsspannungen* mit folgenden Definitionen:
  - Bemessungsbetriebsspannung (U_e),
  - Bemessungsisolationsspannung (U_i) und
  - Spannungsfall (U_d) über dem Ausgang bei Nennbelastung.
- Kennzeichnende Ströme sind unter anderem:
  - Bemessungsbetriebsstrom (I_e),
  - Reststrom (I_r) des gesperrten Ausgang und
  - *Leerlaufstrom* (I_0) aus dem Versorgungsnetz ohne Last (Eigenstrombedarf).
- Ansprechverzug.
- Schaltfrequenz (f).
- *Bereitschaftsverzug* (t_v) oder auch Start-up-Zeit.
- Hauptschutzfunktionen:
  - die Kurzschluss-Schutzfunktion,
  - die Drahtbruch- und
  - die Verpolungs-Schutzfunktion.

Die Normvorgaben bzw. die üblichen zeitaktuellen Werte von diesen Kenngrößen für die meist eingesetzten Metallgewinde Bauformen M12 und M18 sind in der Tab. 3.34 zu finden.

Sonderausführungen und deren Anwendungen

Die NS enthalten in der Regel einen einzigen Schaltausgang, der eine binäre Wertigkeit aufweist. Die Schaltausgangszustände sind AUS/AN oder HIGH/LOW entsprechend der oben genannten Produktnorm DIN 60947–5-2.

Die ständige Komplexitätserhöhung der automatisierten Prozesse hat zu einer kontinuierlichen Dezentralisierung und Verlagerung einiger Funktionen auf die unterste Sensorik-Ebene geführt. Der Begriff „intelligente Sensoren“ gilt heute auch für die

Tab. 3.34 Technische Daten von NS (@ wird zur Definition der Messbedingungen verwendet)

Kenndaten (elektrische bzw. mechanische)	Norm-Werte und -Wertebereiche	Aktuelle marktübliche Werte und Wertebereiche
Bemessungsschaltabstand (s_n)	• Induktive NS: 2 mm bis 5 mm • Kapazitive NS: 2 mm bis 5 mm • Ultraschall-NS: 60 mm bis 800 mm	8 mm bis 20 mm 1 mm bis 15 mm 30 mm bis 3.500 mm
Erfassungsbereich (s_d) von fotoelektrischen NS	• Lichttaster: nicht spezifiziert • Reflexions-Lichtschranke nicht spezifiziert • Einweg-Lichtschranken: nicht spezifiziert	600 mm 7000 mm 20.000 mm
Hysterese (H)	$\leq$0,2 s_r	$\leq$0,1 s_r
Wiederholgenauigkeit (R)	$\leq$0,1 s_r @ (23 ± 5) °C	$\leq$0,1 s_r @ (23 ± 5) °C
Bemessungsbetriebsspannung (U_e)	≤ 300 VDC bzw. ≤ 250 VAC	10 bis 30 VDC; 10 bis 55 VDC 20 bis 250 VAC; 20 bis 250 VAC/DC
Spannungsfall (U_d)	≤8 V/10 V DC/AC @ 2 Anschlüssen ≤3,5 V DC @ 3/4 Anschlüssen	≤2,5 V/6 V DC/AC @ 2 Anschlüssen ≤2 V DC @ 3/4 Anschlüssen
Bemessungsbetriebsstrom (I_e)	50 mA DC bzw. 200 mA_{eff} AC	
Kleinster Betriebsstrom (I_m)	≤5 mA DC/AC @ 2 Anschlüssen	≤3 mA DC/AC @ 2 Anschlüssen
Reststrom (I_r)	≤0,5 mA DC @ 3/4 Anschlüssen	≤0,1 mA DC @ 3/4 Anschlüssen
Leerlaufstrom (I_0)	≤5 mA DC @ 3/4 Anschlüssen	≤5 mA DC @ 3/4 Anschlüssen
Ansprechverzug	≤1 ms	≤1 ms
Schaltfrequenz (f)	≤1000 Hz (induktiv NS)	≤5000 Hz (induktiv NS)
Bereitschaftsverzug (t_v)	≤300 ms	≤ 10 ms bis 20 ms
Dauer des Fehlsignals während t_v	≤2 ms	≤1 ms
Umgebungstemperaturbereich	−25 °C bis + 70° C (Normwerte) −5 °C bis + 55 °C (fotoelektrische NS)	−40 °C bis + 125 °C
Schutzart	min. IP65, IP54 (fotoelektrische NS)	IP67, IP68 (x bar), IP69K

NS. Weiterhin werden einige Trends und Realisierungen in Richtung Erhöhung der Intelligenz und Komplexität dargestellt.

NS mit mehreren Schaltausgängen

Die Erhöhung der Anzahl der Schaltausgänge führt implizit zur Erhöhung der Applikationszuverlässigkeit oder den Informationsgehalt vom NS. Repräsentative Ausführungen sind:

a) *Induktive* und *optoelektronische NS* mit *antivalenten Schaltausgängen.* Die Implementierung im NS der beiden Schaltelementfunktionen: Schließer und Öffner und die gleichzeitige Zuführung der entsprechenden Schaltsignale bis hin zur Signalverarbeitung ist eine verbreitete Methode zur Systemüberwachung. Die empfangenen Signale müssen *immer antivalent* sein, unabhängig von der Sensorbetätigung. Die Verletzung der Antivalenz zeigt einen Fehler im Sensor oder in den Zuleitungen an.
b) *Induktiver NS mit 3 Schaltausgängen.* Die Schaltausgänge des Sensors haben gleiche Schaltfunktion (Schließer), sind freiprogrammierbar in einem definierten Erfassungsbereich und ermöglichen dadurch die Aufteilung dieses Bereichs in vier Unterbereiche.
c) *Induktiver NS mit kombinierten Schaltausgängen.* Grundsätzlich handelt es sich um eine Version mit zwei Schließer-Schaltausgängen DA2 und DA3 sowie mit einem ÖffnerSchaltausgang DA1.
d) *Induktiver NS mit 4-Bit digitaler Schnittstelle.* Der kompakte Sensor umfasst in einer M12-Metallgewindehülse mit der Länge 75 mm eine komplexe Innenelektronik mit drei Ausgangsfunktionen:
    1. 4-Bit-Parallelport: Ausgänge DO bis D3. Dementsprechend wird der sehr breite Erfassungsbereich von 1 mm bis 5 mm in 14 gleiche Intervalle aufgeteilt. Die TargetAnwesenheit in einem Intervall wird durch das entsprechende Bitmuster ausgegeben. Die Bitmuster 0000 bzw. 1111 werden ausgegeben, wenn das Target sich außerhalb des Erfassungsbereichs befindet – *Out-of-Range* Funktion.
    2. Analogausgang A.
    3. Temperaturausgang T.

    Dadurch können Abstandsänderungen analog gemessen und digital erfasst werden. Die Umgebungstemperatur wird überwacht und der NS liefert eine DC-Spannung, die sich äußerst linear um −9 mV/K in einem Gesamttemperaturbereich −10 °C bis +70 °C ändert.

NS mit Diagnose-Information

Die Dezentralisierung der Datenverarbeitung erfolgt durch die Übertragung und Erhöhung der Intelligenz auf der untersten Ebene, der Sensoren- und Aktuatoren-Ebene. Dies erfordert zusätzliche Funktionen zur Parametrierung und Diagnose der Systeme von zentraler Stelle aus. Sicherheitsaspekte werden in Abschn. 17 behandelt.

Anwendungen der NS
Je einfacher die Funktionsweise und die Inbetriebnahme der Näherungssensoren sind, desto verbreiteter ist deren Einsatz und die Nutzung. Jährlich werden Millionen von Näherungssensoren produziert und in der industriellen Automatisierung eingesetzt. Grund dafür ist das besonders gute Preis-Leistungsverhältnis dieser Sensoren. Für Stückpreise zwischen 5 € und 200 € findet man gängige Sensoren für Applikationen mit geringen Ansprüchen bis hin zu Problemlösern für Anwendungen mit hohem Sensor-Intelligenzbedarf.

Die NS sind *kompakt, präzise, schnell, zuverlässig* und *verschleißfrei.* In entsprechenden Ausführungen sind sie auch in extrem rauer Umgebung beständig gegen aggressive Reinigungsmittel sowie bei hohen Temperaturschwankungen, starken Vibrationen und Drücken einsetzbar.

Die Erkennung der metallischen bzw. nichtmetallischen Objekte unabhängig von der Größe, d. h. auch sehr klein und filigran, ist eine Hauptaufgabe in der Fabrikautomation und wird überwiegend mit den oben beschriebenen NS durchgeführt.

Zahlreiche Applikationen sind hauptsächlich in folgenden Einsatzgebieten zu finden:

a) *Werkzeugmaschinen.* Fortschritte in der Automatisierungstechnik und Sensortechnologie führen dazu, dass die Leistungsfähigkeit und Flexibilität der Werkzeugmaschinen ständig verbessert werden. Die NS spielen eine wichtige Rolle und führen neben Standard Positionserfassungen folgende klassische Funktionen durch:
   - Spannwegüberwachung und -erfassung,
   - Positionsschaltung mit Sicherheitsschaltstellen,
   - Qualitätskontrolle an Werkstücken, Vollständigkeitskontrolle,
   - Produktberührende Füllstandüberwachung von verschiedenen Medien (pulverförmig, pastös oder flüssig),
   - berührungslose Füllstandabfrage in durchsichtigen/undurchsichtigen Behältern,
   - Erkennung verschiedener Durchmesser,
   - Identifizierung bzw. Erkennung bestimmter Merkmale eines Werkstückes/Werkzeuges,
   - Bruchkontrolle der Werkzeuge, wie Bohrer, Gewindeschneider,
   - Nut- bzw. Gewindeerkennung, Gewindekontrolle und
   - Kleinteileerkennung, Bestückungskontrolle.
b) *Robotik* und *Materialfluss, Montage* und *Handhabung.* NS überwachen, regeln, messen und automatisieren Abläufe und Zustände in der Kunststoffindustrie, in Textilmaschinen, in der Holz- und Metallverarbeitung. Wichtige Anwendungen sind:
   - Zählen von Objekten,
   - Durchgangs-, Verpackungs- und Verschlusskappenkontrolle,
   - Teilepositionierung und -sortierung,
   - Abfrage von Verpackungsinhalten,
   - Abfrage von Größe und Inhalt von Behältern,
   - Abfrage der Stapelhöhe,

- Nachführung einer Hebebühne oder eines Staplers in Hochregellagern,
- Abfrage einer Lesemarke und
- Endkontrolle, Abdeckung.

c) *Automobilindustrie*
   - Drehzahlerfassung,
   - Regensensor,
   - Sitzbelegungserkennung und
   - Parksensoren.

d) *Fluidtechnik*
   - Endlagenerfassung in hydraulischen Zylindern zum Positionieren von Hubeinheiten, Zuführkomponenten oder Spannelementen,
   - Kolbenpositionsüberwachung in pneumatischen Aktoren wie Pneumatikzylindern oder Greifern sowie
   - Überwachung der Ventilstellungen.

e) *Energiegewinnung.* Wegen steigender Ölpreise und begrenzter Ressourcen ist die Energieerzeugung wichtiger denn je. Sowohl herkömmliche Kraftwerke für konventionelle Energien als auch Wind-, Solar-, und Wasserkraftanlagen für erneuerbare Energien benötigen immer bessere NS mit langer Lebensdauer und hoher Robustheit bzw. Zuverlässigkeit. Einige Beispiele dafür sind:
   - Drehzahl- und Drehrichtungsüberwachung des Rotors in Windenergieanlagen,
   - Füllstandüberwachung und
   - Sonnenstandsfolgen von Spiegeln und Solarmodulen.

3.4.2 Objekterkennung und Abstandsmessung mit Ultraschall

Ultraschall sind akustische Wellen über 20 kHz, die sich – im Gegensatz zu elektromagnetischen Wellen – nur in Materie ausbreiten können (Abschn. 3.1.3 und Abb. 3.184). Bei Ultraschallsensoren für Industrieanwendungen ist das Trägermedium hauptsächlich Luft. Stoßen Ultraschallwellen auf Festkörper, wird der Schall reflektiert. Dieses Prinzip macht sich die Sensorik zunutze. *Reflektierte Schallwellen* empfängt der Sensor als *Echo,* bestimmt daraus die *Entfernung* und setzt diese in ein Ausgangssignal um.

Industrielle Anwendungen arbeiten mit hochfrequentem Ultraschall ab ca. 80 kHz. Bei diesen hohen Frequenzen bilden sich *gebündelte Schallkeulen,* die von Gegenständen – je nach Oberflächenbeschaffenheit, Form und Ausrichtung – mehr oder weniger stark reflektiert werden (Abschn. 3.1.3.3 und Abb. 3.68. Niederfrequenter Ultraschall hingegen breitet sich kugelförmig in alle Richtungen aus und ist deshalb für industrielle Anwendungen ungeeignet.

Bei tieferen Frequenzen ist die Distanz und die Schallkeule breiter. Dies ist beispielsweise bei Anwendungen zur Kollisionsdetektion erforderlich und gewünscht. Mit zunehmender Frequenz wird die messbare Distanz geringer, hervorgerufen durch die Dämpfung der Luft. Erkennbar ist auch die kleiner werdende Öffnung der Schallkeule, bedingt durch die Bauform des Wandlers. Hier ist auch der Totbereich wesentlich kleiner

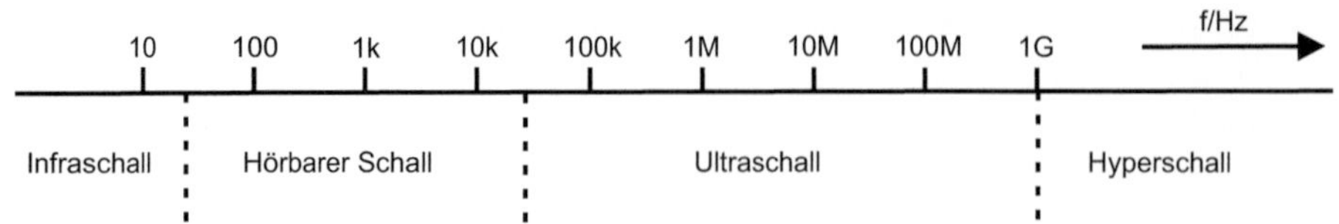

Abb. 3.184 Spektrale Verteilung von Schallwellen

Abb. 3.185 Ultraschallkeule bei verschiedenen Frequenzen

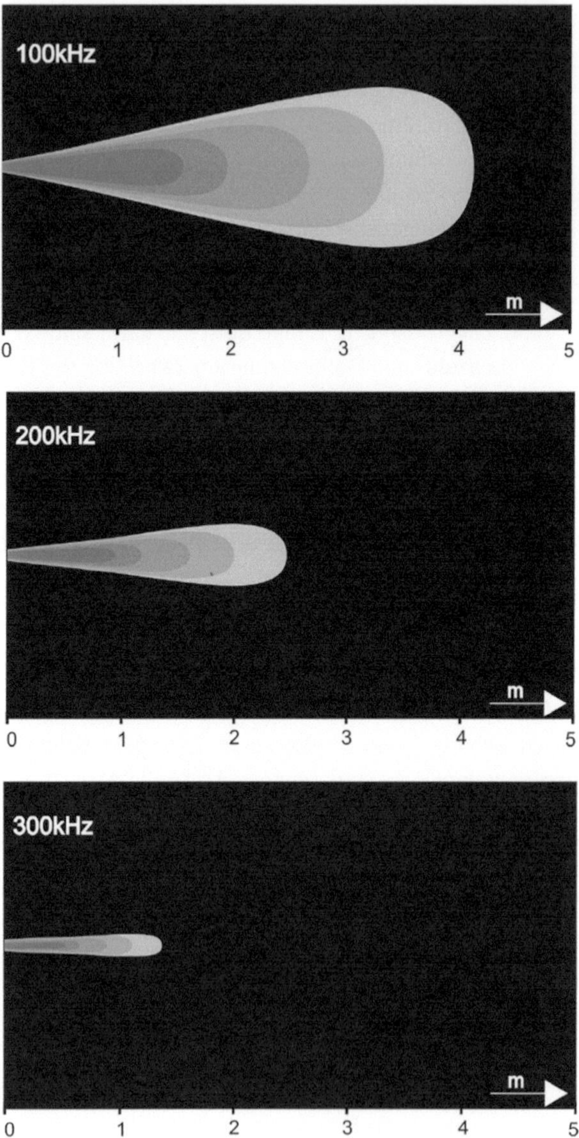

und ideal für *Füllstandskontrollen* in schmalen Umgebungen. Die folgenden Bilder Abb. 3.185 zeigen beispielhaft Ultraschallkeulen bei unterschiedlichen Frequenzen.

Schallgeschwindigkeit in Luft
Da bei den meisten Ultraschall-Sensoren das *Echo-Laufzeit-Verfahren* genutzt wird, ist darauf zu achten, dass die Schallgeschwindigkeit von einigen Umgebungs-Bedingungen beeinflusst werden kann, beispielsweise von

- der Temperatur,
- dem Luftdruck oder
- der relativen Luftfeuchte.

Für den Temperatureinfluss gilt die folgende Gleichung:

$$c = c_0(1 + T/273)^{1/2}$$

mit

c_0 Schallgeschwindigkeit bei $T = 0$ °C (331,6 m/s)
T Temperatur in °C.)

Anhand der Grafik kann man die starke Abhängigkeit der Schallgeschwindigkeit von der Temperatur erkennen (Abb. 3.186).

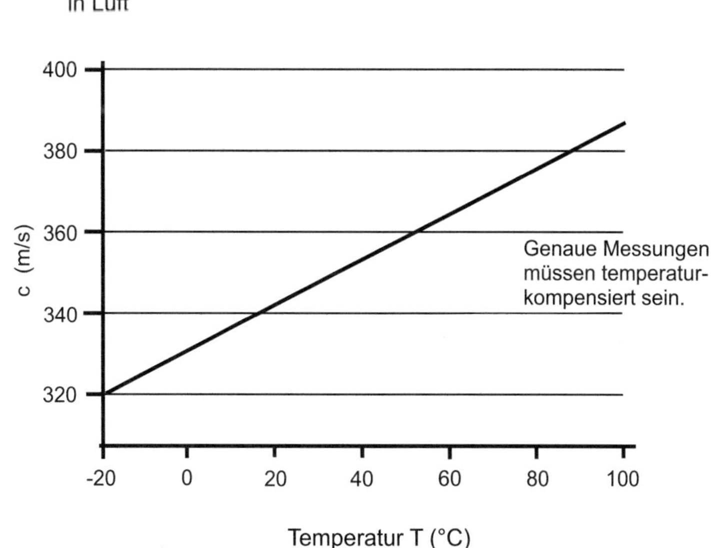

Abb. 3.186 Abhängigkeit der Schallgeschwindigkeit von der Temperatur

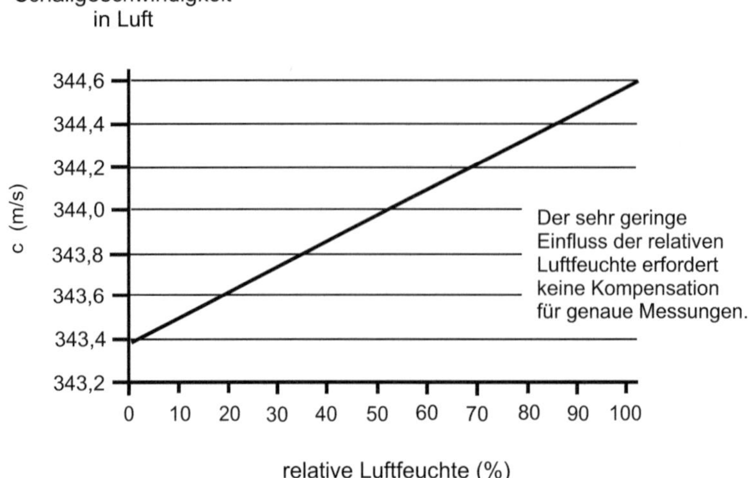

Abb. 3.187 Abhängigkeit der Schallgeschwindigkeit von der Luftfeuchte

Der Einfluss der relativen Luftfeuchte ist eher gering und erfordert keine Kompensationsmaßnahmen für genaue Messungen (Abb. 3.187).

3.4.3 Objekterkennung mit Radar

Der Begriff *Radar* steht für **Ra**dio **D**etection **A**nd **R**anging. Mit einem Radar können Geschwindigkeiten, Entfernungen sowie Form und Größe bestimmt werden. Bei den Anwendungen wird dabei zwischen einem *Impuls-Radar* und einem *CW-Radar* (continuous wave) unterschieden.

Impuls-Radar

Beim Impuls-Radar werden in definierten Abständen Schwingungspakete ausgesendet, die von den davor liegenden Objekten reflektiert werden. Über eine *Laufzeitmessung* ist die Entfernung bestimmbar und über die Amplitude die Menge der reflektierten Energie und damit die Größe *R* des Objektes.

$$R = \frac{c}{2} \cdot \tau$$

mit τ: Laufzeit und c: Lichtgeschwindigkeit.

Die Auflösung der Messung wird dabei von der Impulsbreite bestimmt. Den maximalen Messbereich definiert der Abstand der Schwingungspakete.

CW-Radar

Der CW-Radar besteht aus einem Sender und Empfänger, welche kontinuierlich arbeiten. Um eine Laufzeit zu bestimmen, wird der Sender frequenzmoduliert und dieses Signal zeitversetzt empfangen. Diese als *chirp* bezeichnet Methode bezeichnet eine Modulationsperiode.

Bewegt sich das Objekt während dieser Messung, verändert sich die empfangene Frequenz gegenüber der gesendeten. Dies beruht auf dem *Doppler-Effekt* (Abschn. 2.20). Aus dieser Frequenzverschiebung kann damit außer dem Abstand auch die Geschwindigkeit bestimmt werden.

Anwendung

Die Bestimmung von Abstand und Geschwindigkeiten mittels Radar überstreicht einen großen Bereich. Typische Einsatzgebiete sind dabei:

Flugsicherung:	Bestimmung von Flughöhe und Geschwindigkeit
KfZ:	Abstandswarner – im Gegensatz zu Ultraschall sind diese unempfindlicher gegen Wettereinflüsse
Meteorologie:	Bestimmung von Höhe, Geschwindigkeit und Wassergehalt von Wolken
Gebäudetechnik:	Steuerung von Türen und Sicherheitsabschaltungen (im Gegensatz zum Bewegungsmelder spielt hier die Temperatur des Objektes keine Rolle)

Bewegungsmelder auf Radarbasis reagieren bereits auf Geschwindigkeiten ab 0,1 m/s.

Je nach Antennenform kann der Öffnungswinkel der Messanordnung variiert werden. Durch die Rotation des Senders und des Empfängers oder durch eine Verrechnung der Werte mehrerer Sensoren kann die Abstandsbestimmung auch 2- oder 3-dimensional erfolgen (Abschn. 3.5).

3.4.4 Pyroelektrische Sensoren für die Bewegungs und Praesenzdetektion

Materialeigenschaften von gesputterten PZT-Filmen

Ein Technologie für pyroelektrische Sensoren basiert auf *gesputterten PZT* (Blei, Zirkon, Titanat)-Filmen, die auf einen Siliciumwafer mit geeigneter Elektrode bei hohen Temperaturen (>500 °C) aufgebracht werden, wie in Abb. 3.188 dargestellt. Die PZT-Filme werden so aufgebracht, dass sie während des Sputterprozesses polarisiert werden und daher nach dem Entladen aus der Sputteranlage keine weiteren Polarisationsschritte mehr benötigen. Die PZT-Filme bilden sich auf dem Wafer in einer Perrovskit-Struktur (111) aus und haben typischer Weise einen pyroelektrischen Koeffizienten von $2{\cdot}10^{-4}$ C/mK.

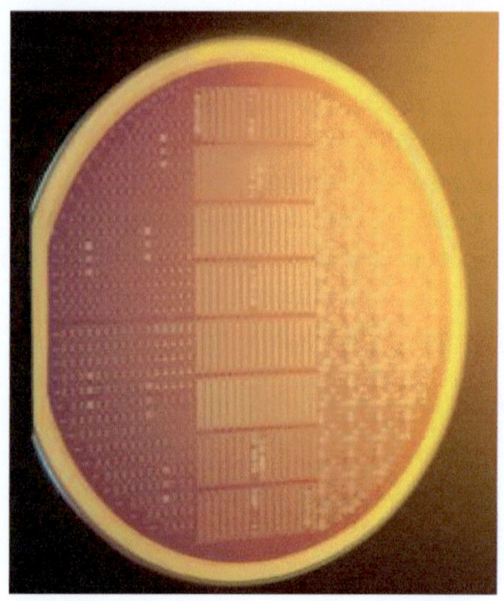

Abb. 3.188 6-Zoll-Silicium-Wafer mit Infrarotsensorchips, basierend auf gesputtertem PZT-Filmen. Auf dem Wafer sieht man Einkanalsensoren, Liniensensoren für Infrarotspektroskopie und pyroelektrische Arrays

Die gesputterten pyroelektrischen Schichten haben eine Filmdicke zwischen 0,4 μm und 1,5 μm und können daher mit herkömmlichen und etablierten Fertigungsprozessen aus der Halbleiter/MEMs Industrie strukturiert und weiterverarbeitet werden. Aufgrund der schon existierenden Infrastruktur für solche Prozesse können hohe Stückzahlen zu geringen Kosten hergestellt werden.

Die Curie-Temperatur der gesputterten PZT-Filme liegt bei etwa 550 °C. Da die Filme nach dem Sputterprozess schon polarisiert sind, bleibt diese *Polarisation* auch bei Einwirkung von hohen Temperaturen (bis 450 °C) erhalten. In herkömmlichen pyroelektrischen Sensoren (keramisches PZT oder Li_3TaO_4) wird die Polarisation des Materials durch einen externen Polarisierungsschritt in einem elektrischen Feld durchgeführt. Die Polarisation der extern polarisierten pyroelektrischen Sensoren ist stark temperaturabhängig. Die Polarisation (und damit auch die Grundlage für den IR-Sensor) geht verloren, wenn diese Filme Temperaturen von >150 °C ausgesetzt sind. Daher können herkömmliche pyroelektrische Sensoren nicht voll automatisierten Bestückungs- und Lötapparaten (SMD-Technologie) verarbeitete werden. Dort treten Temperaturen bis zu 400 °C auf.

Die gesputterten PZT-Filme können Temperaturen bis 450 °C ohne jeglichen Schaden ertragen und können daher in einen vollautomatischen Verpackungsprozess integriert werden. Ein Beispiel für einen SMD kompatiblen Sensor ist in Abb. 3.189 zu sehen. Diese produktionstechnische Möglichkeit ist besonders vorteilig bei sehr hohen Stückzahlen.

Abb. 3.189 SMD-kompatibler pyroelektrischer Sensor geeignet für vollautomatische Bestückungs- und Lötanlagen (Werkfoto: Pyreos.com)

Auswirkung auf die Elektronik

Wie oben beschrieben, zeichnen sich die gesputterten PZT-Filme durch eine sehr geringe Filmdicke und eine relative hohe Permittivitätszahl E_r von 270 aus. Daher haben Sensorchips, basierend auf gesputtertem PZT, eine relative hohe Kapazität. Deshalb ist es vorteilhaft, die Ladungen, die durch Wärmestrahlungsabsorption auf der Kontaktoberfläche des Sensorchips entstehen, mit Hilfe eines Transimpedanzwandlers auszulesen, anstatt die herkömmliche Source-Follow-Schaltung zu benutzen.

Verglichen mit keramischen PZT-Sensoren haben die gesputterten Dünnfilmsensoren eine wesentlich *geringere thermische* Masse, da die Filmdicke um einen Faktor 50 bis 100 geringer ist. Dies führt zu einem unterschiedlichen Frequenzverhalten, was bei der Integration der Sensoren in ein System beachtet werden muss. Die maximale *Responsivity* (V/W) tritt bei keramischen pyroelektrischen Sensoren bei 0,2 Hz bis 0,5 Hz auf und fällt bei höheren Frequenzen stetig ab. Die maximale Responsivity(V/W) für gesputterte PZT-Filme tritt bei Frequenzen zwischen 5 Hz und 10 Hz auf und kann durch die geschickte Wahl der elektronischen Bauteile bis in den kHz-Bereich erweitert werden.

Die einzigartige Kombination von MEMs-Prozesstechnologie mit den gesputterten und selbstpolarisierten PZT-Filmen eröffnet neue Anwendungsgebiete, die mit den herkömmlichen keramischen Sensoren bisher nicht realisiert werden konnten.

Abb. 3.190 zeigt pyrotechnische Sensorarrays. Die Arrays werden mit Standard MEMs-Prozessen strukturiert. Der Sensor erzeugt 16 indivudelle Signale und hat eine Chipgröße von 2 mm × 2 mm. Wie in Abb. 3.190 dargestellt, kann man pyroelektrische Sensorarrays (z. B. 4 × 4) herstellen, die dem Anwender 16 Bit an Information zur Verfügung stellen. Dies ist sehr viel, verglichen mit den typischen Einkanalsensoren, bei denen nur 1 Bit an Information zur Verfügung steht. Die Anwendung von pyroelektrischen Arrays in der *Bewegungs-Präsenzdetektion* ermöglicht es, mehr Informationen zu erfassen, als es mit den konventionellen Sensoren bisher möglich war.

Pyroelektrische Sensorarrays ermöglich das Erfassen der *Bewegungsrichtung,* das Zählen/Verfolgen von Personen und die genaue Anwesenheitsdetektion einer Person im Raum. Diese zusätzlichen Informationen können durch die Auswertung der 16 individuellen Sensorsignale sehr genau bestimmt werden. Ein Beispiel für eine solche Anwendung in der Personenzählung findet sich auf YouTube unter http://www.youtube.com/watch?v=sqw34TyHwVw.

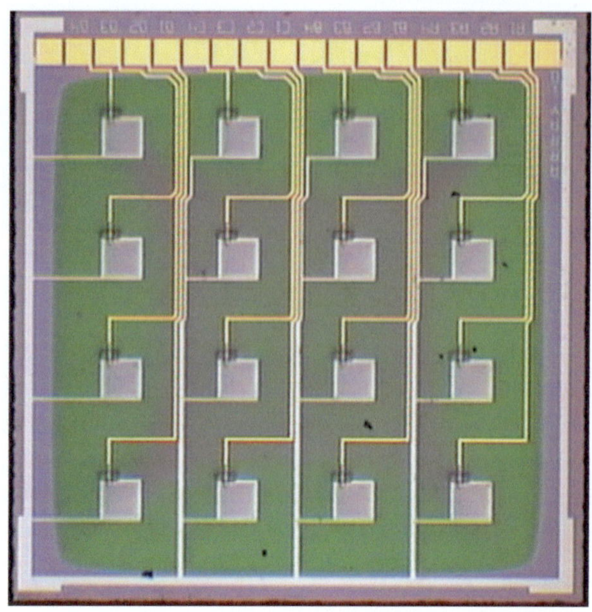

Abb. 3.190 Pyroelektrische Sensorarrays basierend auf gesputterten PZT-Filmen (Werkfoto: Pyreos.com)

Für Anwendungen der pyroelektrischen Sensorarrays für die Bewegungsmeldung oder für die Anwesenheitsdetektion muss der unterschiedliche Frequenzgang der Dünnfilmsensoren, verglichen mit dem der herkömmlichen Sensoren, im optischen Design berücksichtigt werden, um optimale Resultate erzielen zu können.

Viele Anwendungen, wie die *Verkehrszählung* oder die *Gestenerkennung,* benötigen jedoch Infrarotsensoren, die schnell sind und die eine sehr gute Empfindlichkeit bei höheren Frequenzen haben. Für obige Anwendungsbeispiele liegen die generierten Infrarotsignale (durch vorbeifahrende Autos oder durch eine Handbewegung) im Frequenzbereich von 8 Hz bis 80 Hz. Dies passt genau in den optimalen Frequenzbereich der Sensoren, die auf PZT-Filmen basieren. Der folgende Link http://www.youtube.com/watch?v=0YpI3J2lThA zeigt ein Beispiel für die Gestenerkennung, die sich durch sehr hohe Genauigkeit und einem sehr geringem Stromverbrauch auszeichnet, da diese Anwendung nur auf passiven Komponenten beruht.

Der *zusätzliche Informationsgehalt,* der durch Sensorarrays erzeugt werden kann, kann für die Bewegungsmeldung oder die Anwendungsdetektion von großem Nutzen sein. Die Datenanalyse der generierten Signale wird in der Zukunft einen immer größeren Stellenwert einnehmen.

3.4.5 Objekterkennung mit Laserscanner

Laserscanner sind Systeme zur Entfernungsmessung, welche auf dem Prinzip der *Lichtlaufzeitmessung* beruhen (Abschn. 5.4). Den technischen Kern des Systems bildet ein

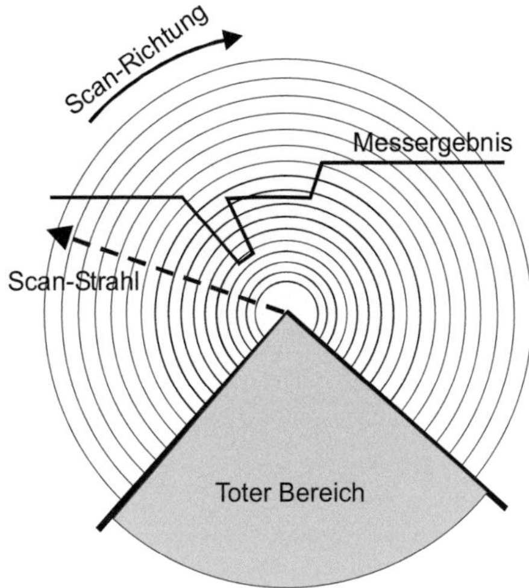

Abb. 3.191 FunktionsAbb. eines Laserscanners

Laufzeit-Mess-System, dessen Strahl durch ein Spiegelsystem abgelenkt wird. Dabei können Abstände in einem Öffnungswinkel zwischen 180° und 270° erfasst werden. Der Arbeitsradius kann zwischen wenigen Metern und mehreren 10 m liegen, was vom Modell abhängt.

Abb. 3.191 zeigt die Zusammenhänge zwischen dem Scan-Bereich und einem Messwertverlauf. Der Scanner gibt dabei in zeitlicher Reihenfolge die Entfernungsmesswerte aus. Durch die Rotationsbewegung des Spiegelsystems beziehen sich diese auf einen zentralen Punkt und müssen demzufolge in Polarkoordinaten aufgetragen werden. Aus diesem Grund entstehen auch in der Abstandsfunktion die bizarren Ecken, da der Abstand immer radial aufgetragen werden muss. Ein typischer Laserscanner ist in Abb. 3.192 zu sehen.

Anwendung

Laserscanner werden vor allem auf dem Gebiet der *Sicherheitstechnik* eingesetzt. Dabei erfolgt dies sowohl mobil als auch stationär.

Bei autonomen Transportsystemen dienen sie dem Fahrzeug zur Erkennung von *Kollisionen* mit dem Umfeld. Damit ist es möglich, auszuweichen oder stehen zu bleiben.

Der stationäre Einsatzfall sichert meist Anlagen gegen *Annäherung,* was auch in diesen Fällen vorzugsweise zur Abschaltung führt.

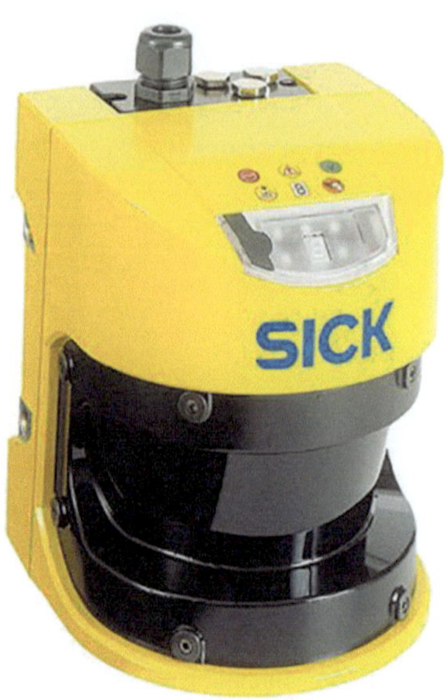

Abb. 3.192 Laserscanner S. 3000 (Werkfoto: SICK)

3.4.6 Sensoren zur automatischen Identifikation (Auto-Ident)

3.4.6.1 Übersicht

Folgende drei Sensortechnologien ermöglichen eine *automatische Identifikation* von Objekten:

- Barcode-Laserscanner,
- Auto-Ident-Kameras und
- RFID-Lesegeräte.

Im Folgenden werden diese verschiedenen Technologien dargestellt und die Anwendungen anhand von Beispielen erläutert (Abb. 3.193). Während die Barcode-

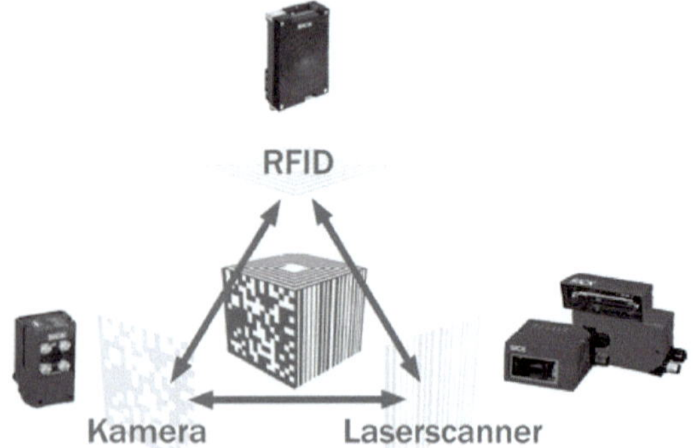

Abb. 3.193 Drei Technologien zur automatischen Identifikation (Werkfoto: Sick AG)

scanner schon lange eingesetzt werden, sind neuere Technologien die kompakten industriellen Kameras mit integrierter Auswertung und vor allem die RFID-Leser. Die unterschiedlichen Vorteile der einzelnen Technologien haben in speziellen Anwendungen ihren Platz.

3.4.6.2 Barcodescanner

Klassifizierung von Barcodelesern
Es gibt verschiedene Typen von Geräten zur Identifikation von Strichcodes:

- *manuelle* Lesestifte (*pen*),
- *Handlesegeräte* (hand held barcodereader; hand held barcodescanner) und
- *festmontierte* Lesegeräte an der Förderstrecke (fixed mount barcodereader).

In jedem Lesegerät werden in einem *optoelektronische Bauteil* die optischen Empfangssignale in ein elektrisches gewandelt. Man unterscheidet:

- auf *CCD*- oder *CMOS-Zeilensensoren* basierende Lesegeräte und
- *Barcodescanner mit Laserabtastung* (flying spot scanner).

Heutige Barcodescanner verwenden zur Erzeugung des Laserstrahls in der Regel eine Halbleiterlaserdiode im roten Spektralbereich mit einer Sendeleistung von etwa 1 mW bis 10 mW. Man unterscheidet hier zwei Bauprinzipien, die sich im Empfangsprinzip unterscheiden:

- Scanner mit *Rundumempfänger* und
- Scanner nach dem *Autokollimationsprinzip.*

Geräte mit Rundumempfänger benötigen weniger Bauraum im Gehäuse und sind sehr preiswert und ohne aufwendige Justage aufzubauen.

Scanner nach dem Autokollimationsprinzip haben diesbezüglich zwar Nachteile, bieten aber gegenüber dem Rundumempfänger folgende entscheidende Vorteile:

- Wesentlich *bessere SNR* (Signal zu Rauschverhältnis); daher größere Leseabstände möglich und
- geringere *Umgebungs*- bzw. *Fremdlichtempfindlichkeit.*

Anwendungen von fest montierten Barcodescannern
In der Logistik- und Fabrikautomation liegen die wesentlichen Anwendungen. Abb. 3.194 zeigt einen fest montierten Scanner an einer Förderstrecke zur auto-

Abb. 3.194 Festmonierter Barcodescanner zur Identifikation von bewegten Objekten (Werkfoto: Sick AG)

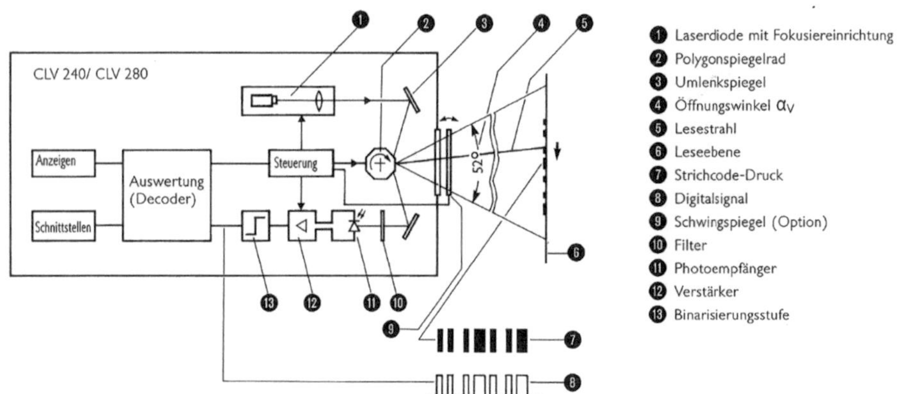

Abb. 3.195 Funktionsweise eines Barcodescanners

matischen Identifikation von vorbeitransportierten Objekten auf einer Palette (Logistikautomation). In der Fabrikautomation werden die Geräte beispielsweise in Automobilfertigungsstraßen zur Identifikation von Karosserien im Fertigungsprozess eingesetzt. Ein allseits bekanntes Beispiel ist auch das Barcode-Scannen an der Supermarktkasse.

Aufbau und Funktionsmodule eines Barcodescanners

Abb. 3.195 zeigt die wesentlichen Funktionsblöcke eines Scanners zur Identifikation eines Strichcodes:

- Eine *Halbleiterlaserdiode* (1) generiert den Laserstrahl, der über einen Umlenkspiegel (3) auf das Polygonspiegelrad gelenkt wird. Die optionale Fokussiereinrichtung (1) kann den Laserstrahl auf unterschiedliche Abstände fokussieren.
- Das *drehende Spiegelrad* (2) lenkt den Strahl zeilenförmig ab. Die Abtastfrequenz, auch Scanfrequenz genannt, liegt bei gängigen Geräten im Bereich von 200 Hz bis 1.200 Hz.
- Der *abgelenkte Laserstrahl* (5) tritt in einem Öffnungswinkel (4) aus und tastet in der Leseebene (6) den Strichcode (7) ab. Durch die Ablenkung wird der Laserstrahl zum „Lesestrahl".
- Geräte mit *Schwingspiegel* (9) lenken den Laserstrahl zusätzlich senkrecht zur Zeilenablenkung ab. Hierdurch können beispielsweise auch Güter im Stillstand gelesen werden. Gängige Frequenzen dafür liegen im Bereich 0,1 Hz bis etwa 5 Hz.
- Das vom Strichcode (7) remittierte Licht gelangt wiederum über das Spiegelrad und einem optischen Filter (10) auf den Fotoempfänger. Hier wird das *optische Empfangssignal* in ein *elektrisches Signal* umgewandelt. Ein Verstärker (12) bringt das geringe Empfangssignal in einen nutzbaren bzw. auswertbaren Bereich.
- Die *Binarisierungsstufe* (13) wandelt das analoge, verstärkte Empfangssignal in ein digitales um. Häufig wird nur in ein zweiwertiges Binärsignal (8) verwandelt.
- Dieses gelangt in die *Auswertung*. Das Binärsignal wird *lauflängencodiert* (die Dauer der 1/0-Phasen werden ermittelt) und das Ergebnis in einer Tabelle im Speicher abgelegt. Dieser Speicherbereich wird dann durch den Decoder ausgewertet und mit den möglichen Codezeichen eines Barcodetyps verglichen. Es entsteht die *decodierte Zeichenfolge* des Barcodes (Leseergebnis). Dieses kann nun über die (optionale) Anzeige im Gerät visualisiert und über die Geräteschnittstellen ausgegeben werden.

Es gelten folgende Formeln und Zusammenhänge:

(4) : Öffnungswinkel $\alpha_V = 720$ Grad/n mit n = Anzahl der Flächen des Polygonspiegelrads.

(11) : Das Empfangssignal am Fotoempfänger ist für größere Entfernungen proportional zu $1/r^2$; mit r: Leseabstand. Für kleine Leseentfernungen ergeben sich Aperturbegrenzungen im Empfangsstrahlengang; hierbei ist der genaue Geräteaufbau zu beachten.

Nominaler Leseabstand und Schärfentiefebereich eines Barcodescanners

Aufgrund der Beugungseffekte des Laserlichtes ergibt sich beim Halbleiterlaser die *Strahl-kaustik,* die den Durchmesser des Strahls in Abhängigkeit vom Abstand beschreibt (Abb. 3.196). Im Fokusabstand hat der Laserstrahl den geringsten Durchmesser. Dort ist auch das Lesevermögen für hochaufgelöste Barcodes am besten. Der Fokusabstand entspricht dem häufig angegebenen *nominalen Leseabstand* für Barcodelesung.

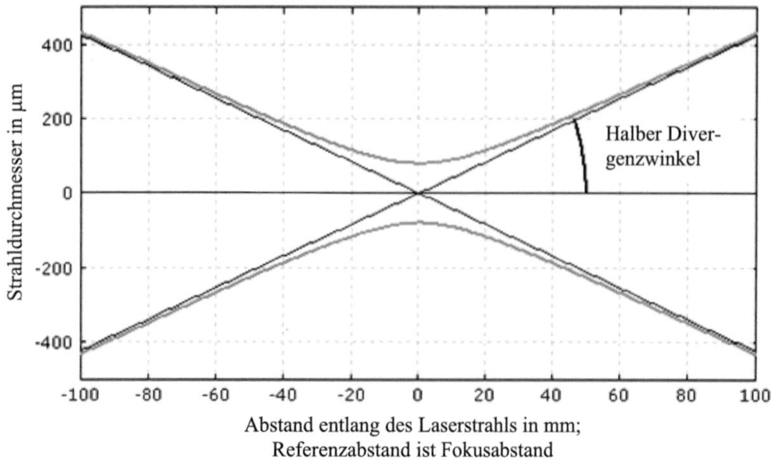

Abb. 3.196 Beispiel einer Laserstrahlkaustik. (Quelle: Sick AG)

Im Fokusabstand und in der Nähe desselben ergibt sich näherungsweise eine Gauß'sche Verteilung der Lichtintensität des Laserstrahls (Abb. 3.197).

Der Abtastvorgang des Barcodes durch den Laserstrahl kann mathematisch als *Faltung des Intensitätsprofils* im Strahl mit den Hell-/Dunkel-bezirken des Barcodes beschrieben werden. Im Endeffekt ergibt sich eine *Tiefpassfilterung* des idealen Barcodesignals.

Durch die Strahlkaustik und die Tiefpassfilterung bei der Abtastung ist die Lesefähigkeit eines Barcodes außerhalb des nominalen Leseabstands auf einen *Abstandsbereich* beschränkt. Dieser Bereich der Lesefähigkeit vor und hinter dem Fokusabstand wird als *Schärfentiefebereich* oder auch *DOF* (depth of field) bezeichnet. Die DOF für einen

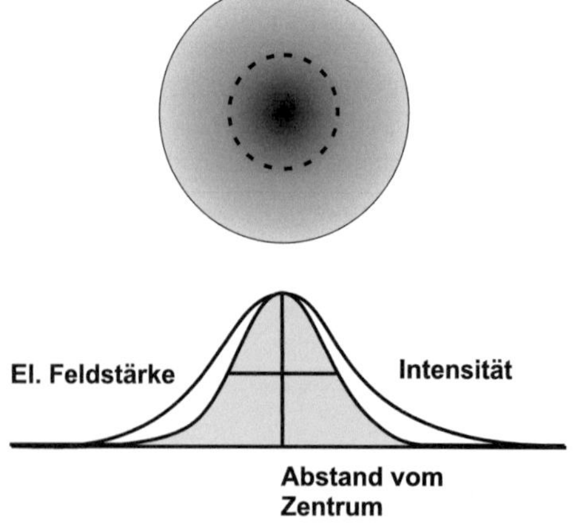

Abb. 3.197 Gauß'sche Verteilung der Lichtintensität in der Nähe des Fokus (Quelle: Wikipedia)

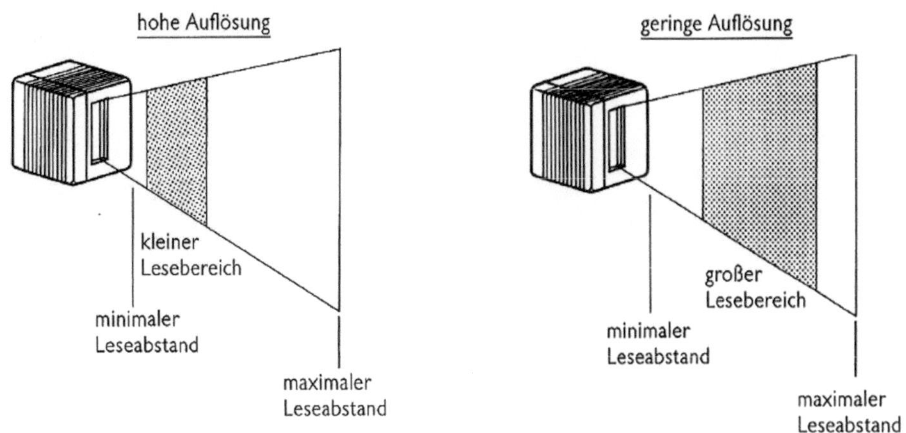

Abb. 3.198 Zusammenhang zwischen Auflösung und Lesebereich

bestimmten Fokusabstand ist direkt abhängig von der *Code-Druckauflösung*. Für einen Code mit hoher Druckauflösung (geringe Balkenbreite) ergibt sich eine geringere DOF.

Da der Laserstrahl in geringen Leseabständen auf geringere Durchmesser fokussiert werden kann als bei großen, ist auch die prinzipielle Lesefähigkeit für Codes mit hoher Auflösung (high-density codes) nur für geringere Leseabstände gegeben. Das Prinzip wird in Abb. 3.198 veranschaulicht.

Bei Geräten mit integrierter Fokusverstellung können diese Lesebereiche dynamisch umgeschaltet werden. Daraus ergeben sich am Beispiel eines industriellen Barcodescanners folgende Zusammenhänge zur Lesefähigkeit von Codes unterschiedlicher Auflösung in unterschiedlichen Abständen und mit unterschiedlicher DOF (Abb. 3.199; Auszug aus einer Betriebsanleitung).

Wichtige Bauarten und Anwendungen von fest montierten Barcodescannern werden im Folgenden beschrieben.

Man unterscheidet die Lesesituationen nach der Ausrichtung des Barcodes auf dem Objekt. Im einfachsten Fall ist der Barcode in *„Leiterform"* angeordnet (Abb. 3.200). Der Vorteil dieser Anordnung nach Abb. 3.200 ist, dass eine Zuordnung des Leseergebnisses zum Objekt problemlos möglich ist, die Höhenplatzierung des Barcodes unkritisch ist und mit sehr kurzen Objektlücken gefahren werden kann.

Abb. 3.201 zeigt einen *Rasterscanner* für „zaunförmige", um 90 Grad gedrehte Codes. Im Gegensatz zur Anordnung nach Abb. 3.200 müssen die Lücken zwischen den Objekten größer sein, um eine eindeutige Zuordnung zu gewährleisten. Die Barcodeplatzierung muss in einem relativ engen Band erfolgen.

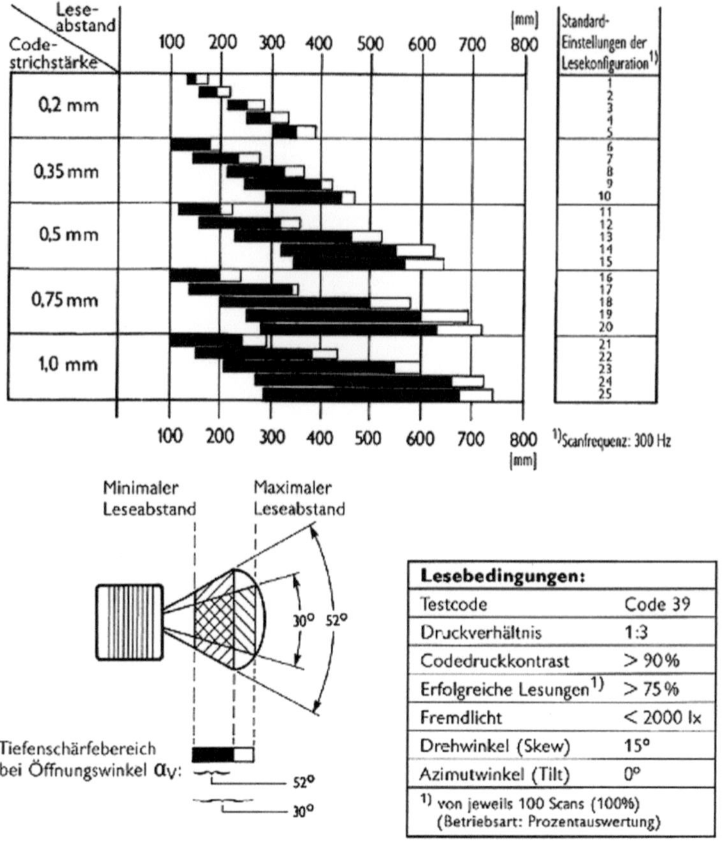

Abb. 3.199 Übersicht über die Lesefähigkeit von Codes

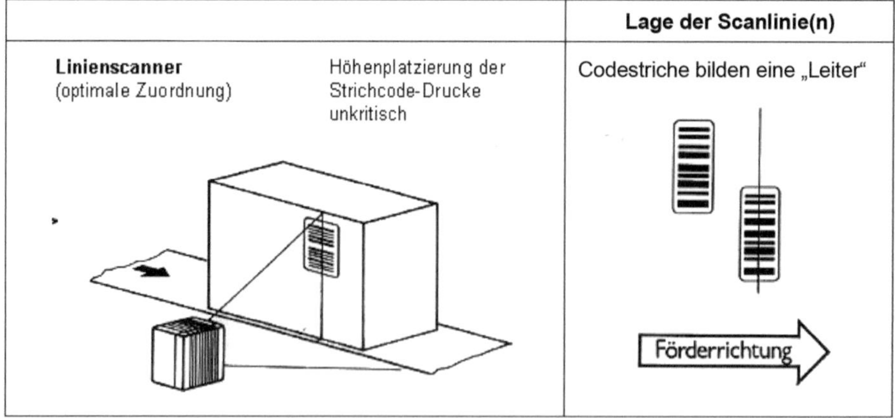

Abb. 3.200 Funktionsweise eines Linienscanners

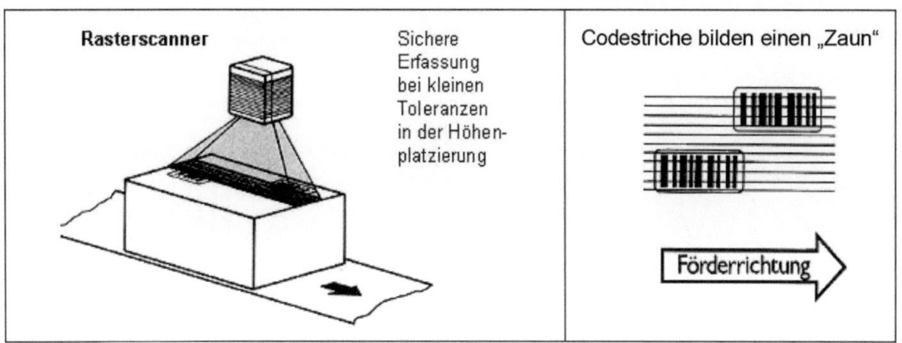

Abb. 3.201 Einsatz eines Rasterscanners für „zaunförmige“ Codestriche

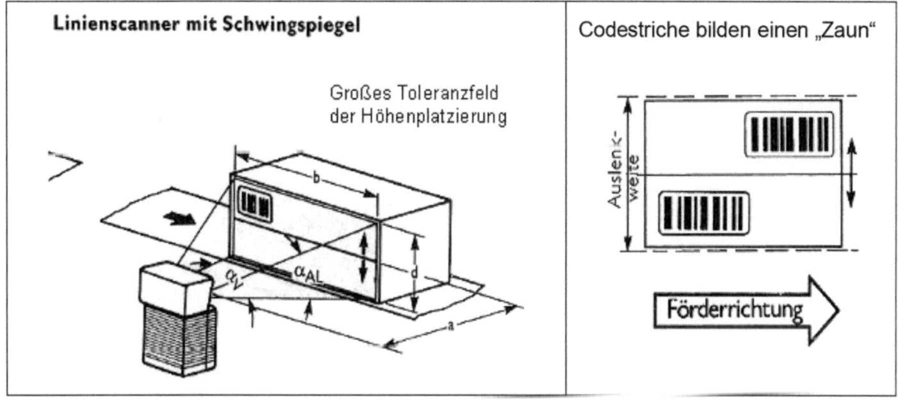

Abb. 3.202 Linienscanner mit Schwingspiegel

Der Vorteil dieser Anordnung nach Abb. 3.201 ist, dass eine Zuordnung des Leseergebnisses zum Objekt problemlos möglich ist, die Höhenplatzierung des Barcodes unkritisch ist und mit sehr kurzen Objektlücken gefahren werden kann.

Abb. 3.202 zeigt einen Rasterscanner für „zaunförmige“, um 90 Grad gedrehte Codes. Im Gegensatz zur Anordnung nach Abb. 3.201 müssen die Lücken zwischen den Objekten größer sein, um eine eindeutige Zuordnung zu gewährleisten. Die Barcodeplatzierung muss in einem relativ engen Band erfolgen.

Geräte mit Schwingspiegel lenken den Laserstrahl vor dem Austritt aus dem Gerät senkrecht zur Zeilenablenkung ab. Hierdurch können beispielsweise auch Güter im Stillstand gelesen werden. Gängige Schwingfrequenzen dafür liegen im Bereich von 0,1 Hz bis etwa 5 Hz (Abb. 3.203).

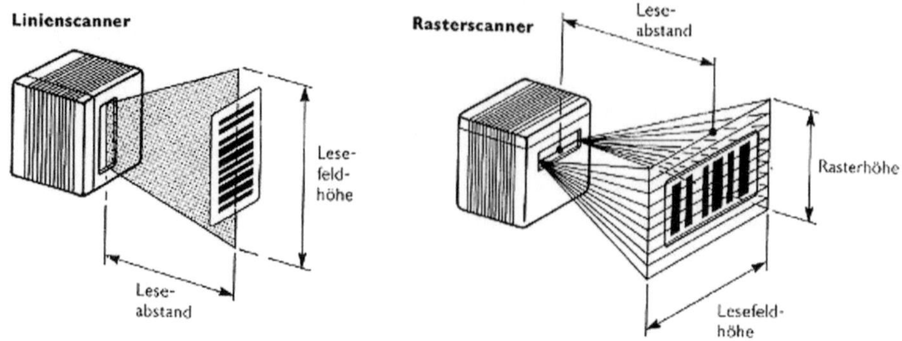

Abb. 3.203 Funktionsprinzip von Linien- und Raster- bzw. Schwingspiegelscanner

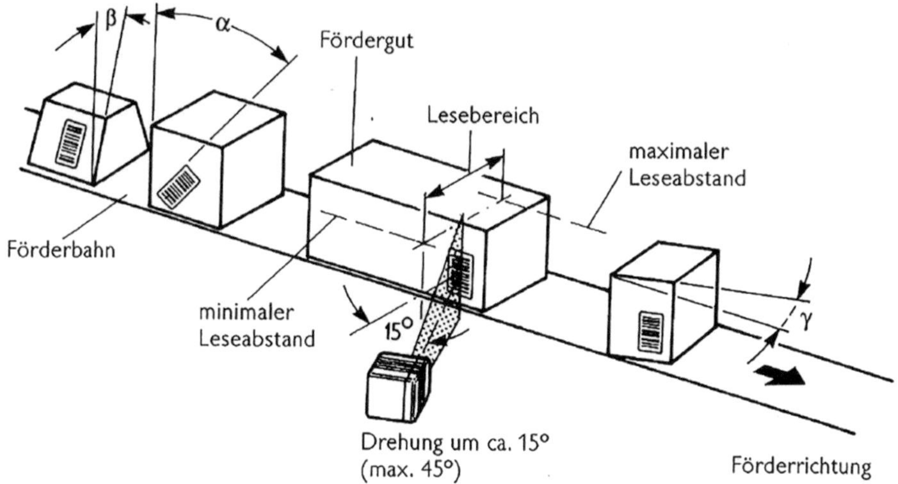

Abb. 3.204 Definition der Winkel bei der Barcodeablesung

Wichtige Begriffe für die optimale Ausrichtung der Scanner

Häufig werden in Zusammenhang mit der Barcodelesung die Winkel *Skew, Tilt* und *Pitch* verwendet. Abb. 3.204 veranschaulicht deren Definitionen.

Mit folgenden Maßnahmen werden optimale Leseergebnisse erzielt:

- Der *Skew-Winkel* sollte etwa 15 Grad betragen (nahe 0 Grad ergibt sich eine Reflexion und dadurch Nichtlesungen).
- Der *Tilt-Winkel* muss bei Geräten ohne Coderekonstruktion so gering sein, dass in ausreichend vielen Scans alle Codeelemente überstrichen werden. Geräte mit Coderekonstruktion erlauben einen wesentlich größeren Tilt-Winkel.
- Der *Pitch-Winkel* sollte für optimale Ergebnisse < 45 Grad sein.

3.4.6.3 Auto-Ident-Kameras

Die in Abschn. 3.4.6.2 beschriebenen Barcodescanner sind zur Identifikation von konventionellen Strichcodes geeignet. Sollen jedoch sogenannte *Matrixcodes* (auch 2D-Codes) erkannt werden, oder ist Schrifterkennung (OCR) erforderlich, so sind systembedingt *Kamerasysteme* notwendig (Abb. 3.205).

In Tab. 3.35 werden die Vorteile für die Anwendungsbereiche der Kamerasysteme und des Laserscanners gegenübergestellt.

Abb. 3.205 Kompaktkamera Lector 620 mit integrierter Beleuchtung zur Lesung von Strichcodes, Matrixcodes und OCR (Werkfoto: Sick AG)

Tab. 3.35 Gegenüberstellung der Vorteile sowie der Anwendungsbereichen von Kamerasystemen und Laserscannern

Kamerasysteme	Laserscanner
Liest 1D/2D-Codes und OCR	Liest nur 1D-Codes
Liest direkt markierte Codes (DPM: direct part marked)	Größere Lesehöhe (größeres Lesefeld) und größere Schärfentiefe (Laserstrahleigenschaft)
Bessere Lesefähigkeit von zerstörten Codes oder geringem Kontrast	Implizite, lokale, monochromatische Beleuchtung mit hoher Fremdlichtunempfindlichkeit
Mechanische Robustheit, d. h., keine Motoren oder bewegliche mechanische Teile	

Aufbau von Auto-Ident-Kameras

Das Blockdiagramm in Abb. 3.206 zeigt die wesentlichen Komponenten einer Auto-Ident-Kamera (Abb. 3.207, 3.208 und 3.209):

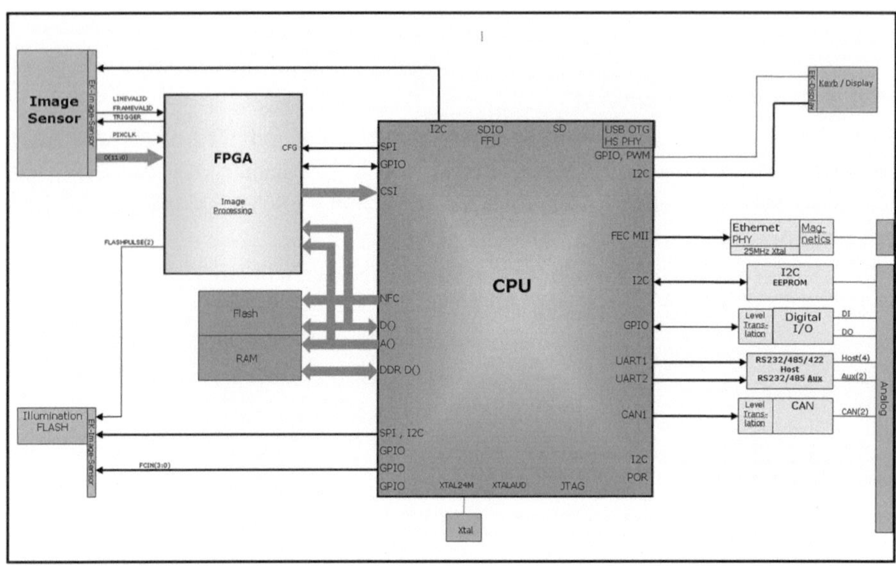

Abb. 3.206 Blockdiagramm einer Auto-Ident-Kamera (Werkfoto: Sick AG)

Abb. 3.207 Fabrikautomation: Einzelfertigung und Rückverfolgbarkeit (traceability) von Komponenten, eingesetzt in der Motorfertigung, Karosseriefertigung und Endmontage

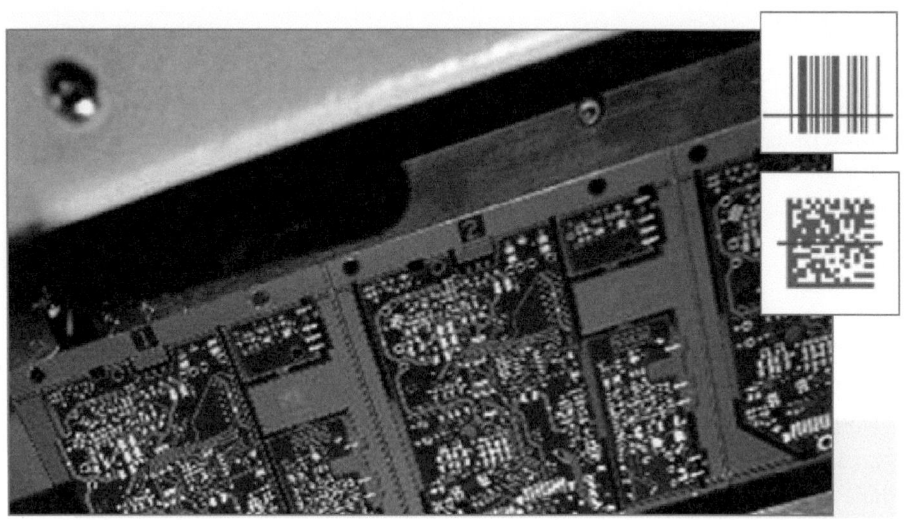

Abb. 3.208 Elektronikfertigung: Rückverfolgbarkeit von Komponenten, eingesetzt in der Modulfertigung bei der Verfolgung und Identifizierung von Elektronikkarten und Komponenten

Abb. 3.209 Verpackungsindustrie: Fälschungserkennung von Gütern und speziell von Medikamenten Codelesung und Schrifterkennung: Seriennummer und Datumscode

- Der *Bildsensor* (image sensor) nimmt das Bild auf. Dabei wird die Szene von der integrierten Beleuchtung (illumination flash) beleuchtet.
- Die Daten aus dem Bildsensor gehen ins *FPGA* (field programmable gate array) und werden dort *vorverarbeitet.* Die Zentraleinheit des Rechners (CPU) wird dadurch von rechenintensiven Vorverarbeitungsoperationen entlastet (z. B. Filteroperationen oder Binarisierung).

Tab. 3.36 Beispiel für mögliche Leseabstände der Auto-Ident-Kamera Lector 620. (Quelle: Sick AG). Max. Leseabstand bei min. Auflösung.

Maximaler Leseabstand	Minimale Auflösung
50 mm	0,10 mm
80 mm	0,15 mm
110 mm	0,20 mm
135 mm	0,25 mm
165 mm	0,30 mm
280 mm	0,50 mm
430 mm	0,75 mm

- Die *CPU* nimmt die vorverarbeiteten Daten vom FPGA entgegen und *speichert* die Bilddaten im *RAM.* Die *Erkennungsalgorithmen* werden durchgeführt. Es entsteht analog zum Barcodescanner eine Zeichenkette mit dem Leseergebnis.
- Die Ergebnisdaten werden über die *Schnittstellen ausgegeben.* In diesem Fall sind vorhanden: Ethernet, seriell (RS232/422) und CAN.
- Optional können *Bilddaten* mit ausgegeben werden. Wegen der hierzu nötigen hohen Datenrate bietet sich die Ethernet-Schnittstelle an.

Die Lesebereiche ergeben sich ähnlich der Situation bei den Barcodescannern in Abhängigkeit von der Codedruckauflösung und dem Leseabstand. Bei einer *Matrixkamera* ergeben sich *rechteckige Lesefelder.* Geräte mit integrierter Fokusverstellung können diese Lesebereiche flexibel an die Gegebenheiten anpassen. Tab. 3.36 zeigt, wie der Leseabstand die Auflösung beeinflusst.

Wichtige Anwendungsfelder von Auto-Ident-Kameras

Die Vorteile von Auto-Ident-Kameras wurden bereits in Tab. 3.35 dargestellt. Dies bedeutet, dass 1D- und 2D-Codes gelesen werden können und die Schrift erkennen (OCR-Fähigkeit). Ferner können *direkt markierte Codes* (*DPM:* direct part marked) gelesen werden. Bei *DPM* werden die Codierungen nicht auf ein Papierlabel gedruckt, sondern direkt auf die zu kennzeichnenden Teile. Häufig wird hier eine Lasermarkierung, ein Tintenstrahl-Druck oder ein direkter Nadeldruck (dot peening) verwendet. Solche Codierungen sind dauerhafter als Papierlabels.

Im Folgenden werden einige wichtige Beispiele für Anwendungen von Auto-Ident Kameras vorgestellt.

RFID-Systeme und Lesegeräte

RFID ist die Abkürzung für *Radiofrequenzidentifikation* oder englisch *radio frequency identification.* Ein RFID-System besteht aus einem *Datenträger,* der sich am zu identifizierenden Gegenstand befindet und einen kennzeichnenden Code enthält, sowie einem *Lesegerät* zum Auslesen dieser Kennung. RFID-Lesegerät und RFID-Transponder mit Antenne bilden ein einfaches RFID System (Abb. 3.210).

Die Informationen werden im Datenträger, dem sogenannten *Transponder* (RFID-Transponder, häufig auch kurz *RFID-Tag* genannt) gespeichert. Das Lesegerät aktiviert

Abb. 3.210 Interaktion des HF-Lesegerätes RFH 620 mit dem Tag (Werkfoto: Sick AG)

den Tag und liest Information aus. Im Gegensatz zu den beschriebenen optischen Verfahren kann der Tag vom *Lesegerät* auch *beschrieben* werden. Dies macht einen prinzipiellen Unterschied zur optoelektronischen Identifikation aus.

Ein weiterer wichtiger Unterschied ist, dass die *gesamten Produktdaten* mit RFID im Tag *am Produkt gehalten* und bei Bedarf *aktualisiert* werden können (modular, lokal), während die optoelektronischen Ident-Verfahren meist nach dem *License-Plate–Verfahren* arbeiten: Die Information im gelesenen Code wird als Schlüssel zu einem (zentralen) Datenbankeintrag verwendet, d. h. eine lokale, umfassende Informationsspeicherung am Objekt ist hier nicht möglich. Daten müssen zentral durch Aktualisierung der Datenbankeinträge geändert werden.

Kategorisierung der Tags

Man unterscheidet die Tags nach der Art der Energieversorgung in:

- *passive* RFID-Transponder und
- *aktive* RFID-Transponder.

Passive RFID-Transponder haben *keine eigene Energieversorgung;* sie versorgen sich aus den Funksignalen des Abfragegeräts. Mit einer Spule als Empfangsantenne wird ein Kondensator aufgeladen, der es ermöglicht, die Antwort in Unterbrechungen des Abfragesignals zu senden (*Lastmodulation*). Die Reichweite ist durch die Aktivierungsenergie beschränkt.

Aktive RFID-Transponder haben eine *eigene Energieversorgung.* Sie ermöglichen höhere Reichweiten, sind aber auch wesentlich teurer.

Batteriebetriebene Transponder befinden sich meist im *Ruhezustand,* bis sie durch ein spezielles Aktivierungssignal aktiviert (getriggert) werden. Das erhöht die Lebensdauer der Energiequelle auf Monate bis Jahre. Es werden zwei Arten von gesondert mit Energie versorgten RFID-Transpondern unterschieden:

Abb. 3.211 13,56 MHz HF-Transponderchip mit Antenne (Quelle: Wikipedia)

Abb. 3.212 UHF-Transponderchip mit Antenne (Werkfoto: Sick AG)

1. *Aktive RFID-Transponder* nutzen ihre Energiequelle sowohl für die Versorgung des Mikrochips als auch für das Erzeugen des modulierten Rücksignals. Die Reichweite kann – je nach zulässiger Sendeleistung – Kilometer betragen.
2. *Semi-aktive* RFID-Transponder sind sparsamer; denn sie besitzen keinen eigenen Sender und modulieren lediglich ihren Rückstreukoeffizienten.

Typische Beispiele des Aufbaus von passiven HF- und UHF – Transpondern bzw. -Tags zeigt Abb. 3.211 und 3.212.

RFID-Frequenzbereiche

Man unterscheidet folgende Frequenzbereiche für gebräuchliche RFID-Systeme:

LF:	Niedrige Frequenzen (30 kHz bis 500 kHz)
HF:	Hohe Frequenzen (3 MHz bis 30 MHz; meist 13,56 MHz)
UHF:	Sehr hohe Frequenzen (850 MHz bis 950 MHz; auch 433 MHz DOD, USA)
SHF:	Mikrowellen-Frequenzen (2,4 GHz bis 2,5 GHz, 5,8 GHz)

Am Gebräuchlichsten sind in der Industrie derzeit HF (13,56 MHz) und UHF (850 MHz bis 950 MHz). Die unterschiedlichen Frequenzen eignen sich für unterschiedliche Anwendungen:

Hohe Frequenzen (HF, meist 13,56 MHz)

Diese Frequenzen decken kurze bis mittlere Reichweiten ab und erreichen eine mittlere Übertragungsgeschwindigkeit. Die Lesegeräte sind in der mittleren bis günstigen Preisklasse. In diesem Frequenzbereich befinden sich auch die sogenannten *Smart Tags* (meist bei 13,56 MHz).

Sehr hohe Frequenzen (UHF, 850 MHz bis 950 MHz (z. B. nach EPC: Electronic Product Code))

Man erreicht mit diesen Frequenzen eine *hohe Reichweite* (2 m bis 6 m für passive Transponder ISO/IEC 18.000–6 C; 6 m und bis 100 m für semi-aktive Transponder) und eine hohe Lesegeschwindigkeit. Kurzlebige passive Transponder sind sehr preisgünstig. Eingesetzt wird RFID beispielsweise im Bereich der manuellen, halbautomatischen und voll automatisierten Warenverteilung mit Paletten- und Container-Identifikation (Türsiegel, License-Plates) und zur Kontrolle von einzelnen Versand- und Handelseinheiten (EPC-Tags).

Der *Elektronische Produktcode (EPC)* ist ein international verwendetes Codierungssystem für eine eindeutige Identifikationsnummer, mit dem Produkte und logistische Einheiten (z. B. Transportpaletten und Umverpackungen) sowie Mehrwegtransportbehälter weltweit eindeutig gekennzeichnet und identifiziert werden können.

Durch die weltweite Standardisierung nach EPC werden eine *durchgängige Identifikation* in der Warenverteilkette (supply chain) sowie das „Internet der Dinge" in absehbarer Zeit möglich.

Eigenschaften und Beispiele von HF-RFID-Lesegeräten

Wichtig für die Auslegung einer HF-RFID-Anwendung sind die *möglichen Leseabstände* bzw. *-bereiche.* Diese sind abhängig vom Lesegerät, aber auch von der Art und Größe der Datenspeicher (Tags).

Abb. 3.213 zeigt für 3 verschiedene Tagarten die Lesebereiche eines *Nahbereichslesers* (proximity-reader) als horizontalen Schnitt durch die zweidimensionale „Lesekeule".

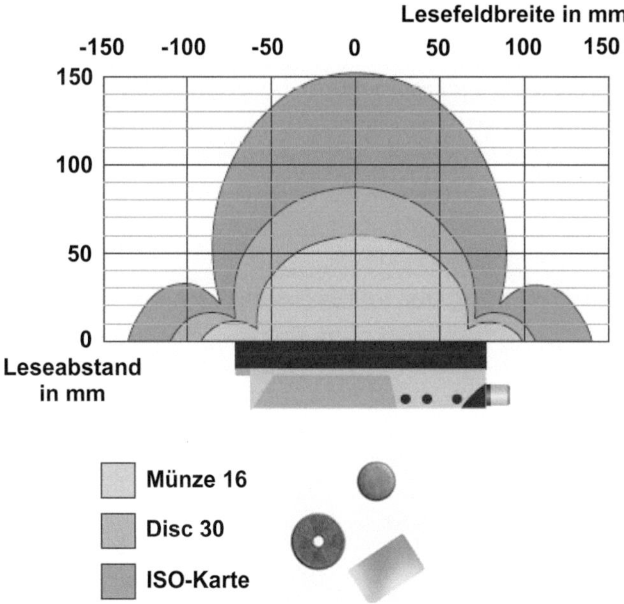

Abb. 3.213 Lesebereiche des Nahbereichslesers RFH620 für verschiedene Tags (Werkfoto: Sick AG)

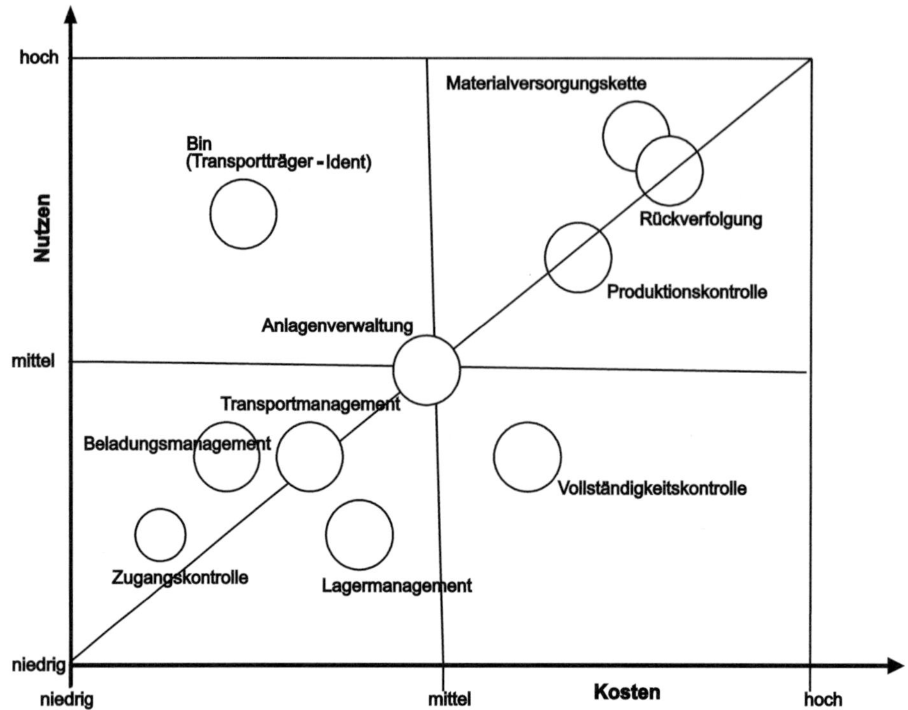

Abb. 3.214 Kosten-/Nutzen-Relation unterschiedlicher RFID-Anwendungen (Quelle: Sick AG)

Typische, erprobte Anwendungen für RFID im HF-Bereich (Leseabstand typischerweise von 50 mm bis etwa 400 mm) sind:

- Identifikation von *Transportboxen* in der Lager-Fördertechnik,
- Identifikation am *Hängeförderer* in der Lager-Fördertechnik,
- Identifikation im *KANBAN-Prozess* und
- Ortsbestimmung bzw. Navigation bei Gabelstaplern.

Bei der Entscheidung für RFID zur Güteridentifikation sollte schon zu einem sehr frühen Zeitpunkt das Kosten-Nutzen-Verhältnis betrachtet werden. Abb. 3.214 gibt einen Überblick über dieses Verhältnis bei der Anwendung von RFID. Wirtschaftlich lohnende Anwendungen sind tendenziell links oben zu finden.

Eigenschaften und Einsatzbereiche von UHF-RFID-Lesegeräten
In Abb. 3.215 ist ein kompaktes UHF-Lesegerät mit integrierter Antenne zu sehen.

Mögliche Lesebereiche werden mit der *Richtcharakteristik* der Antenne beschrieben, zusammen mit der Angabe der minimalen und maximal möglichen *Leseabstände*. Typische Leseabstände bei UHF-Lesegeräten liegen zwischen 0,2 m und 6 m (bei

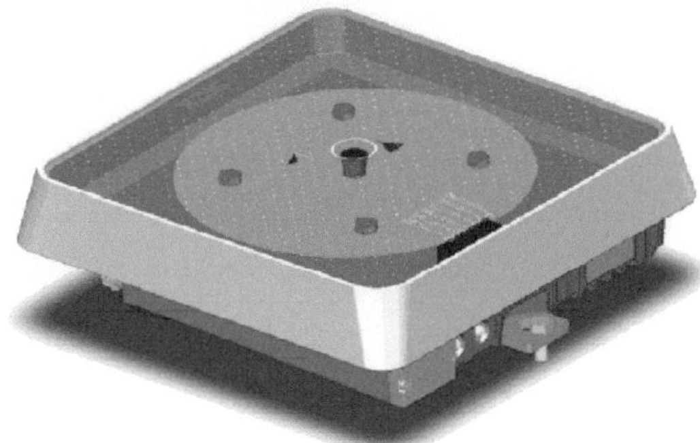

Abb. 3.215 UHF-Lesegerät mit integrierter Antenne (Werkfoto: Sick AG)

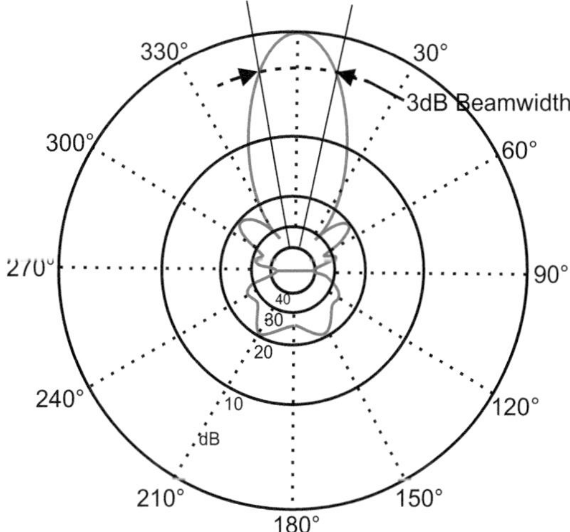

Abb. 3.216 Lesefähigkeit (Feldstärkeverteilung) in Abhängigkeit vom Lesewinkel (Quelle: Sick AG)

passiven Tags). Die Richtcharakteristik zeigt die Lesefähigkeit in Abhängigkeit vom Winkel (Abb. 3.216). Häufig wird zur Charakterisierung auch der *3-dB-Öffnungswinkel* (beam width) angegeben.

In der Richtcharakteristik ist über den gesamten 360-Grad-Raumwinkel die Feldstärke (im logarithmischen Maß dB: Dezibel) und damit die räumliche Lesefähigkeit einer Antenne angegeben. Man erkennt die sogenannte *Hauptkeule* mit der Richtung der höchsten Lesefähigkeit bei 0 Grad. Die „Nebenkeulen" im Diagramm sind in der Regel unerwünscht, aber bauartbedingt häufig nicht zu vermeiden.

UHF-Readerantennen können *linear polarisiert* abstrahlen oder *zirkular polarisiert.* Bei linearer Polarisierung ist eine eindeutige Ausrichtung der Tagantenne nötig (Abb. 3.217 rechts).

Sowohl bei linearer als auch bei zirkularer Polarisierung ist eine Ausrichtung der Tagantenne in Wellenausbreitungsrichtung nicht möglich, da an der Antenne keine Anregung entsteht: die elektrische Feldkomponente in dieser Richtung ist gleich Null (Abb. 3.218).

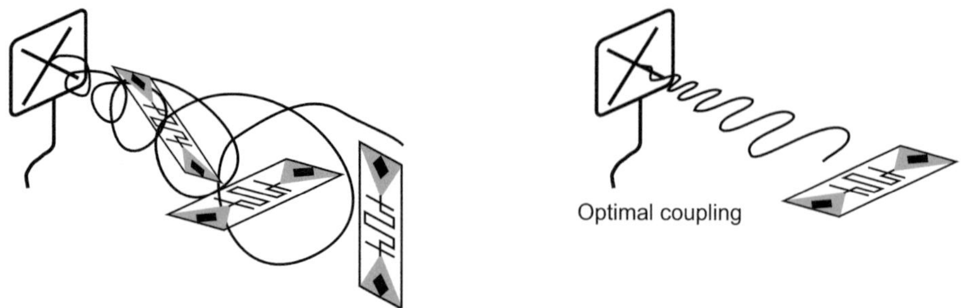

Abb. 3.217 Mögliche Tagorientierungen bei zirkularer (links) und linear polarisierter Strahlung

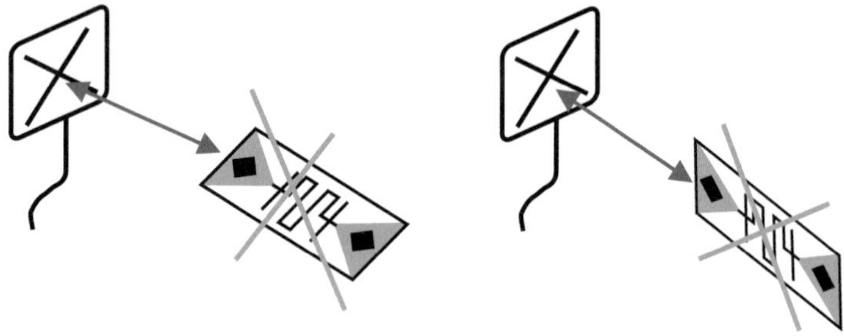

Abb. 3.218 Die gezeigten Tagorientierungen sind generell nicht möglich (keine Anregung, Feldstärke = 0)

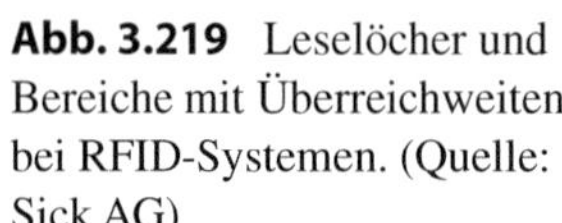

Abb. 3.219 Leselöcher und Bereiche mit Überreichweiten bei RFID-Systemen. (Quelle: Sick AG)

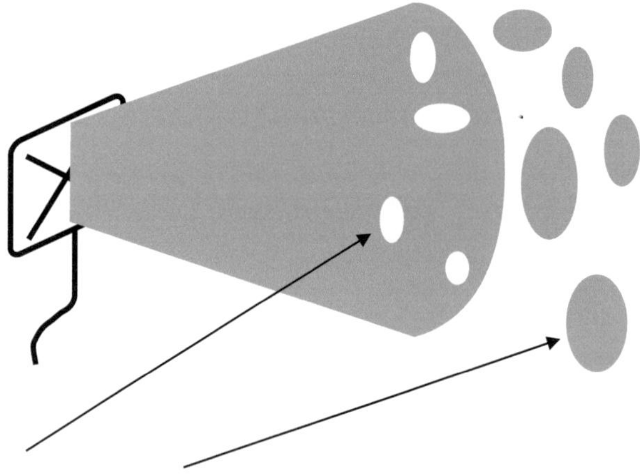

Durch Reflexionen an metallischen oder anderen elektrisch leitfähigen Materialien im Lesebereich können *konstruktive* oder *destruktive Überlagerungen* der Wellen an verschiedenen Punkten im Lesefeld entstehen (Abb. 3.219). Bei konstruktiven Überlagerungen ergeben sich Überreichweiten (Abb. 3.219: Kreise rechts), bei destruktiven Überlagerungen entstehen „Leselöcher" im regulären Lesefeld. Daher müssen

Konstellationen mit Metall im Lesefeld bei einer geforderten hohen Zuverlässigkeit der Lesung möglichst vermieden werden.

3.5 Dreidimensionale Messmethoden (3D-Messung)

Die 3-dimensionale Koordinatenmessung dient zur *vollständigen Erfassung* der Geometrie von Werkstücken oder Teilen von Werkstücken in einem *einheitlichen Koordinatensystem.* Dabei werden die einzelnen Merkmale in geeigneter Weise mit unterschiedlichen Sensoren und/oder Taststiften erfasst, um eine vollständige Vermessung des gesamten Werkstückes zu erhalten.

Als Messmethoden haben sich sowohl *taktile,* also berührende, als auch *berührungslose* Messmethoden etabliert. Zu den *berührungslosen* Messmethoden zählen *lichtoptische* Sensoren als Einzelpunktsensoren und *bildgebende* – zumeist auf Kameras basierende – Sensoren. Bei den bildgebenden Sensoren werden die üblichen Beleuchtungsmethoden über koaxiale Hell- oder Dunkelfeldbeleuchtungen eingesetzt. Dies geschieht zumeist im *Auflicht,* aber auch *Durchlicht* ist gebräuchlich. Zur Vermeidung von störenden Abschattungseffekten beim Auflicht können diese Beleuchtungen auch *segmentiert* angesteuert werden. Ferner werden strukturierte Beleuchtungsarten (z. B. Streifenprojektion) oder die schiefe Beleuchtung mit mindestens einer Laserlinie zur sogenannten *Lasertriangulation* verwendet, um aus einem Bild unmittelbar topografische Informationen zu erhalten. Diese Methoden werden in den folgenden Abschnitten ausführlich dargestellt.

Die Sensoren werden *schrittweise* oder *scannend* am Werkstück entlang geführt. Die einzelnen gemessenen Punkte, Scans und/oder Bilder werden dann anhand der bei der jeweiligen Messung verwendeten Koordinateneinstellung und Orientierung des Sensors *koordinatenrichtig kombiniert* und zum *gesamten Messergebnis* des Werkstückes zusammengefasst. Um die Koordinaten des Sensors bei der Messung bestimmen zu können, werden die Sensoren zumeist an Koordinatenmessgeräten verwendet. Beispiele für solche Koordinatenmessgeräte sind in Abb. 3.220 dargestellt.

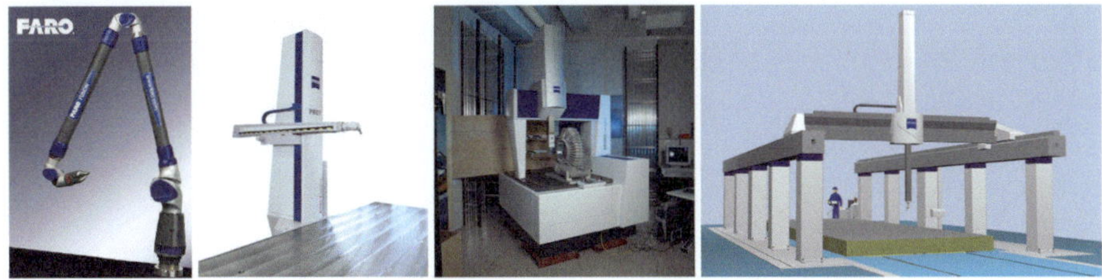

Abb. 3.220 Gebräuchliche Koordinatenmessgeräte mit unterschiedlichen Anforderungen und Genauigkeiten. Von Links nach Rechts: Gelenkarm, Horizontalarm Koordinatenmessgerät, Portal-Koordinatenmessgerät, Gantry-Koordinatenmessgerät (Werkfotos: Faro Technologies Inc., Carl Zeiss IMT GmbH)

3.5.1 Tastende 3D-Messmethoden

Schaltender Sensor

Schaltende Sensoren sind die einfachsten *taktilen Sensoren*, die in der Koordinatenmesstechnik eingesetzt werden. Sie arbeiten nach einem einfachen Prinzip mittels *elektrischer Schaltkontakte*. Dazu ist der Taststift in einen Teller eingesetzt, der auf *drei Punkten* mechanisch eindeutig definiert gelagert ist. Über eine Kraft, die beispielsweise über eine Feder oder einen Magneten aufgebracht wird, wird der Teller in die Lagerstelle gedrückt. Ferner sind die drei Lagerstellen als elektrische Schaltkontakte ausgeführt und in Reihe geschaltet. Ein Prinzipbild zeigt Abb. 3.221.

Wenn der Taststift das Messobjekt (z. B. ein Werkstück) berührt, wirkt eine Kraft. Je weiter der Sensor auf bzw. gegen das Werkstück fährt, desto stärker steigt diese Kraft an. In Folge dieser Kraft entsteht ein Drehmoment um die zwei Lagerstellen des Taststifttellers, die in entgegen gesetzter Richtung zur Antastrichtung des Sensors liegen. Sobald dieses Drehmoment so stark angestiegen ist, dass es das Moment übersteigt, mit dem der Taststiftteller über die zentrale Feder in die Lagerstelle gedrückt wird, öffnet sich einer der Schaltkontakte. Dadurch wird der Stromkreis unterbrochen, der die Lagerstellen überwacht und damit eine *Antastung* detektiert. Mit der Detektion der Antastung werden alle Koordinaten der Achsen des Koordinatenmessgerätes in *Echtzeit* bestimmt und so der Koordinatenwert des Messpunktes errechnet.

Für die nächste Messung muss der Sensor wieder vom Werkstück entfernt werden, sodass sich der Kontakt im Sensor wieder schließt. Erst dann kann erneut angetastet werden und so ein neuer Messpunkt an einer anderen Position aufgenommen werden. Hier läuft der Messvorgang ebenso ab. Ein Messwert wird also mit folgenden drei Schritten erzeugt:

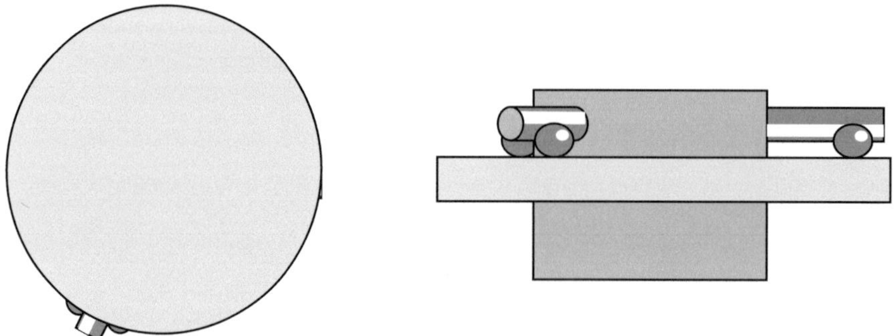

Abb. 3.221 Prinzipbild zu den 3 Schaltkontakten in einem schaltenden Sensor. Die drei Kontakte sind elektrisch überwacht und in Reihe geschaltet (Werkfoto: Carl Zeiss IMT GmbH)

1. *Antastweg* – zur Annäherung an das Messobjekt bis zum Öffnen des Schaltkontaktes.
2. *Antastung* – und Auslesen der Koordinatenwerte des Messgerätes.
3. *Abtastweg* – zum Entfernen des Sensors vom Werkstück, Schließen der Kontakte im Sensor.

In Abb. 3.222 sind typische schaltende Sensoren dargestellt.

Misst man beispielsweise einen Lehrring von außen, so zeigt sich das folgende Bild (Abb. 3.223). Die Messpunkte ergeben in einer Ebene senkrecht zur Mittelachse keinen Kreis, sondern eine Dreiecksform. Diesen Effekt nennt man *Lobing*. Er ergibt sich aufgrund der Dreipunktlagerung des Taststifttellers zusammen mit der konstanten Andruckkraft in der Mitte des Tellers über die Feder.

Der effektive Radius für das Haltemoment des Tellers variiert richtungsabhängig vom Maximalwert in Richtung der drei Kugeln um cos 60° = 0,5. Das entspricht 50 % des Maximalwertes in der Mitte zwischen zwei Kugeln. Ein symmetrisches, d. h. richtungsunabhängiges Biegeverhalten des Taststiftes vorausgesetzt, variiert durch das Lobing die Messkraft um 50 %.

Abb. 3.222 Schaltende Sensoren in verschiedenen Ausführungen. Links: TP 2, Rechts: TP 6. Die Taststifte werden direkt an die Sensoren angeschraubt (Werkfoto: Renishaw)

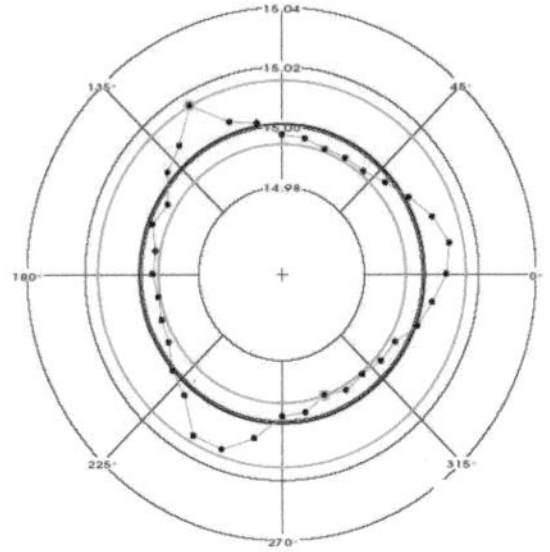
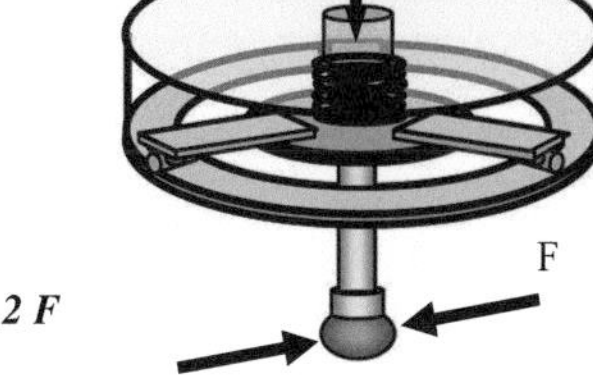

Abb. 3.223 Prinzipbild zum Effekt des Lobing bei einer Messung an einem Lehrring. Links: Messergebnis; Rechts: zugehörige Sensoranordnung mit Lagerung und Taststift (Werkfoto: Carl Zeiss IMT GmbH)

2-phasiger schaltender Sensor

Um den Effekt des Lobing zu vermeiden, wurden zweitstufige schaltende Sensoren (*2-phase touch trigger probe*) entwickelt. Bei diesen Sensoren wird zusätzlich ein sehr empfindlicher *zweiter Sensor* hinzugefügt, der die Berührung des Taststiftes mit dem Werkstück detektiert, noch bevor die Kontakte des schaltenden Sensors öffnen. Dieser zweite, empfindliche Sensor kann beispielsweise ein *Dehnungsmess-Streifen* sein, der die Biegung des Tastsystems bzw. des Taststiftes detektiert, oder ein *Piezokristall,* der den Körperschall bei der Berührung des Taststiftes mit dem Werkstück erfasst. Der Messablauf erfolgt dann in folgenden 4 Schritten:

1. *Antastweg* – zur Annäherung an das Messobjekt bis zum Öffnen des Schaltkontaktes.
2. *Detektion* einer Antastung vom empfindlichen Sensor, Auslesen der Koordinatenwerte des Messgerätes.
3. *Antastung* durch Öffnen der Kontakte der Dreipunktlagerung vom Taststift im Sensor.
4. *Abtastweg* – zum Entfernen des Sensors vom Werkstück, schließen der Kontakte im Sensor.

Somit findet die eigentliche Messung statt, wenn der empfindliche Sensor einen Kontakt zwischen Taststift und Werkstück feststellt. Dabei ist dann die Kraft auf den Taststift noch vergleichsweise gering und unabhängig von der Antastrichtung. Das Öffnen der Kontakte im Sensor dient dann der Bestätigung, dass ein Kontakt mit dem Werkstück stattgefunden hat und dass der Messwert gültig ist. In der Signalauswertung kann für die Korrelation von Detektion und Bestätigung ein Zeitfenster vorgegeben sein, damit die *Messung* als *gültig* erkannt wird. Typische zweistufige schaltende Sensoren sind Abb. 3.224 dargestellt.

Um die Taststiftkonfigurationen, die unten an die Sensoren angeschraubt werden, an die Messaufgabe anzupassen, können bei diesen Sensoren die unteren Teile ausgetauscht werden, welche die Federmodule mit den Schaltkontakten enthalten. Dies kann über die Wechselvorrichtung mit der Koordinatenmessmaschine erfolgen. Ein solches Wechselmagazin ist beispielhaft im rechten Teil von Abb. 3.224 dargestellt.

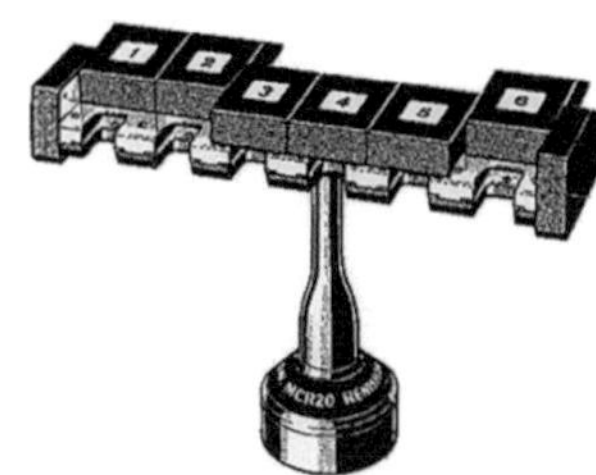

Abb. 3.224 Zweiphasige schaltende Sensoren und ein Wechselmagazin für die Sensormodule. (Quelle: Renishaw)

3.5.2 Optisch tastende 3D-Messmethoden

Optischer, schaltender Einzelpunktsensor

Neben den taktilen schaltenden Sensoren wurden auch *optische, schaltende Sensoren* entwickelt. Die Funktionsweise ist in Abb. 3.225 zu erkennen. Ein Lichtpunkt wird auf das Messobjekt projiziert und dann über eine Ringlinse auf einen *positionsempfindlichen Detektor* (*PSD – Position Sensitive Detector*) abgebildet. Abhängig vom Abstand Detektor zur Werkstückoberfläche ändert sich der Durchmesser des Kreises, der auf dem Detektor abgebildet wird. Mit einem *Schwellenwert* für das Signal des PSD, der auf die Mitte des Messbereichs eingestellt ist, wird das Signal der Antastung ausgelöst und die Koordinaten des Koordinatenmessgerätes ausgelesen. Der Messablauf ist prinzipiell der gleiche, wie er für die taktilen schaltenden Sensoren verwendet wird. Vor dem nächsten Messpunkt muss wieder abgetastet werden.

Der Vorteil des optischen schaltenden Sensors ist, dass er *berührungslos* arbeitet und so auch für *empfindliche Oberflächen* angewendet werden kann. Der Sensor braucht kooperative Oberflächen, da er darauf angewiesen ist, dass genügend Licht reflektiert wird, um ein gutes MessSignal zu erhalten. An Kanten oder in Ecken kann es auch zu Abschattungen kommen, welche die Messgenauigkeit beeinflussen können, sodass bei der Einrichtung des Messplanes für ein Werkstück darauf geachtet werden muss, solche Effekte zu vermeiden.

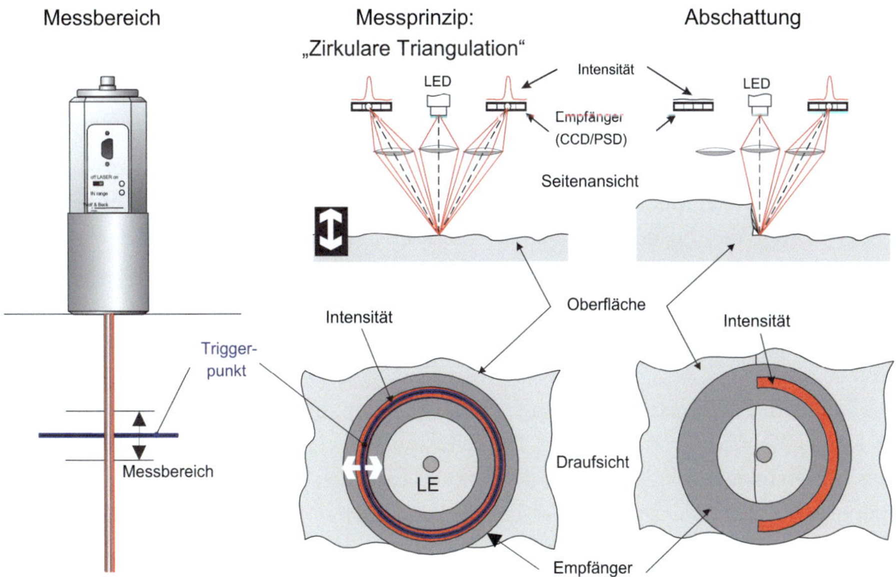

Abb. 3.225 Aufbau und Funktionsweise eines optischen Einzelpunktsensors auf nahezu ebenen Flächen und an Kanten. (Werkfoto: Carl Zeiss IMT GmbH)

Die bisher beschriebenen ein- und zweiphasigen schaltenden Sensoren und auch die optischen schaltenden Sensoren werden gerne in Kombination mit *Dreh-Schwenk-Gelenken* eingesetzt, um mit diesen Sensoren das Werkstück mit unterschiedlichen Taststiftrichtungen antasten zu können. Vor der Messung müssen die Sensoren an einer *Einmesskugel* eingemessen werden, damit die in den unterschiedlichen Einstellungen gemessenen Daten in einem gemeinsamen Koordinatensystem zusammengefügt werden können.

Scannende Sensoren

Mit kontinuierlich verfügbaren Messdaten wird ein Scannen, d. h. ein *kontinuierliches Abtasten* des Werkstücks entlang von Linien möglich. Die Linien werden als Folge von Einzelpunkten gemessen, wobei die Punktdichte auf der Linie von der *Scangeschwindigkeit* des Koordinatenmessgerätes und der *Messfrequenz* abhängt.

Der Sensor wird entlang der Kontur des Werkstücks geführt, indem der aktuelle Messwert des Sensors verwendet wird, um die *Sollposition* der Bahn des Koordinatenmessgerätes relativ zum Werkstück bei der Messung zu korrigieren. Ziel dieser Korrektur ist es, dass der Sensor möglichst immer in der Mitte bzw. einem Sollwert innerhalb seines Messbereiches betrieben wird. Dadurch ist das System möglichst robust gegen ein Verlassen des Messbereiches des Sensors und vermeidet den Verlust von Messwerten. Diese Anforderung an die Steuerung des Koordinatenmessgerätes besteht für optische und taktile scannende Sensoren in gleicher Weise.

Durch das Scannen vereinfacht sicht der Messablauf im Vergleich zu den vorher beschriebenen Einzelpunktsensoren, da in diesem Fall nur zu Beginn der *Scanningbahn* das Werkstück angetastet werden muss. Anschließend folgt der Sensor der von der Steuerung des Koordinatenmessgerätes vorgegebenen Scanningbahn entlang des Werkstücks. Erst nach Abschluss des Scans wird wieder vom Werkstück abgetastet. Bei starken Krümmungen der Scanningbahn kann es notwendig werden, dass die Scangeschwindigkeit reduziert werden muss, damit der Taststift an der Werkstückoberfläche bleibt und nicht aufgrund von Bahnbeschleunigungen und Trägheitskräften abhebt.

Der Vorteil des Scanning gegenüber Einzelpunktmessungen liegt in der *größeren Punktdichte* und damit der zusätzlichen Informationen über das Werkstück. Dies soll an einem Beispiel gezeigt werden. Angenommen, es soll bewertet werden, ob bei einer Passung ein Zylinder in eine Bohrung passt. Dazu wird das Loch vermessen (Abb. 3.226).

Im taktilen Fall typischerweise mit 4 Einzelpunkten. Durch diese 4 Punkte kann dann ein Kreis eingepasst werden, dessen Durchmesser berechnet wird. Dieser wird dann mit dem des Zylinders verglichen. Ist der Durchmesser des Zylinders kleiner als der der Bohrung, so sollte der Zylinder passen. Es kann aber sein, dass der Zylinder trotzdem nicht passt. Abb. 3.227 zeigt die Zusammenhänge.

Erst eine größere Zahl an Messpunkten auf der Scanningbahn zeigt, dass die Bohrung nicht rund ist. Der berechnete Pferchkreis ist kleiner als der Durchmesser des Zylinders,

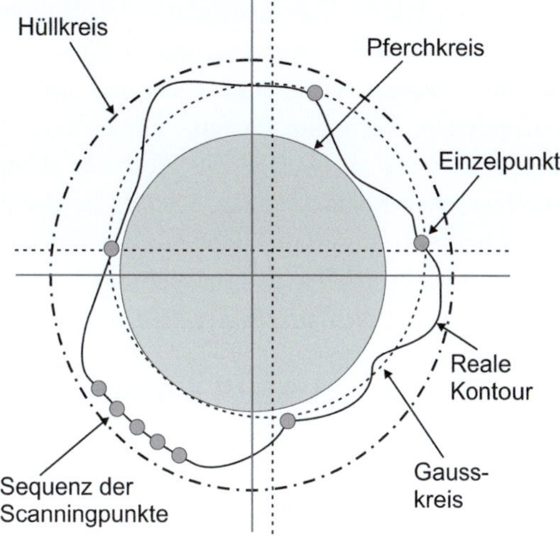

Abb. 3.226 Unterschied der Einzelpunktmessung zum Scanning für die Bewertung von Werkstückeigenschaften (Werkfoto: Carl Zeiss IMT GmbH)

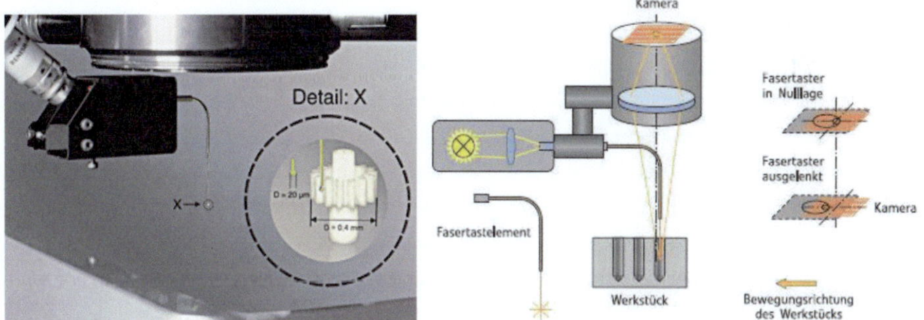

Abb. 3.227 Fasertaster zur Koordinatenmessung an Koordinatenmessmaschinen, links: Anordnung am Messgerät, rechts: Funktionsprinzip (Werkfoto: Werth Messtechnik GmbH)

und somit kann der Zylinder nicht in die Bohrung passen. Die größere Punktmenge vom Scanning ermöglicht eine genauere Bewertung der vorliegenden Situation.

Weitere Taster- und Mess-Systeme

In diesem Abschnitt sollen noch weitere verfügbare Taster skizzenhaft vorgestellt werden, um die Übersicht zu vervollständigen. Dabei werden optische Messtechniken, wie chromatische *Weißlichtsensoren* als Weiterentwicklung der vorgestellten Punktsensoren, *konfokale Mikroskopiertechniken* wie *Laser-Scanning-Mikroskopie* und *konfokale Scanning-Mikroskopie* als Methoden erwähnt. Diese Messverfahren ermöglichen es, entlang der optischen Achse tiefenaufgelöste Bilder aufzunehmen, sodass man daraus punktweise oder flächig topografische Informationen erhalten kann.

Für die taktile Koordinatenmesstechnik geht ein Trend in die Richtung zur Vermessung von mikromechanischen und optischen Bauteilen. So nähert sich die verwendete Technik auch stärker der bei den Sonden- und Rastersondenmikroskopen eingesetzten Technologien an. Diese sind beispielsweise *AFM-Systeme* (*Atomic Force Microscope*), welche die Wechselwirkung von Probe und Objekt nahezu ohne mechanischen Kontakt nutzen, *SNOM* (*Surface Near Field Optical Microscope*), welche die Wechselwirkung von Licht mit der Probenoberfläche ausnutzen. Andere Sensoren nutzen Messprinzipien der Interferometrie aus, beispielsweise der *WhitePoint-Sensor* von Bosch oder die *optische Kohärenztomografie OCT*, um eine hohe Tiefenauflösung zu erhalten.

In der Messtechnik werden beispielsweise *Fasertaster* verwendet, die eine Glasfaser mit einem aufgesetzten Glaskügelchen von bis zu 20 µm Durchmesser verwenden, um einen Lichtpunkt am Messort zu erhalten (Abb. 3.227). Dieses leuchtende Glaskügelchen wird mit einer Kamera aufgenommen. Über das Kamerabild wird dann die Koordinatenmessung durchgeführt. Dieses Verfahren wird auch im Durchlicht eingesetzt, wobei die Glaskugel nur als lokale Sonde verwendet wird, die einen Schattenwurf für die optische Messung in der Objektebene bereitstellt. Die eigentliche Messung erfolgt über die Auswertung von Videobildern.

Ein weiterer kompakter Taster ist der SSP-Sensor, der auf Silicium-Chiptechnologie basiert. Dabei wird die gesamte elektrische und mechanische Funktionsstruktur auf Basis von Siliciumtechnologie hergestellt. Der Taster ist in Abb. 3.228 zu sehen.

Auf der Siliciummembran und der Funktionsstruktur im zentralen Teil des Sensors sind Strukturen in der Art von Dehnungsmess-Streifen aufgebracht, welche die Auslenkung des Sensors erfassen. Am Rand der Membrane sind die Kontaktflächen für die elektrischen Anschlüsse zu sehen. Bei diesen hochauflösenden Sensoren besteht dann

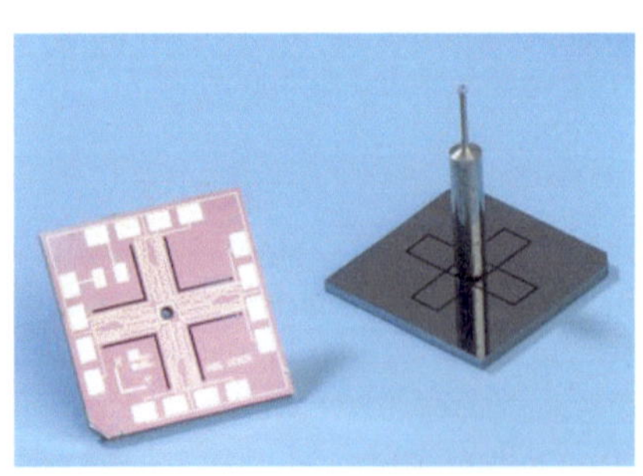

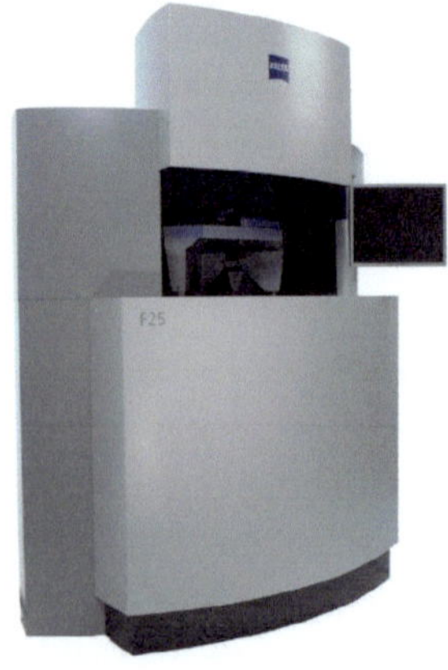

Abb. 3.228 Siliciumtaster mit integriertem Taststift mit Tastkugeln von bis zu 100 µm Durchmesser, Kantenlänge Chip 6,5 mm, rechts: Koordinatenmessgerät F25 (Werkfoto: Carl Zeiss IMT GmbH)

das Problem, dass es für eine vollständige Qualifizierung nach DIN/EN keine geeigneten rückführbaren Normale mehr gibt. Darum liegen in den Datenblättern die Angaben im Bereich von minimal 250 nm, auch wenn Reproduzierbarkeiten der Messungen zum Teil deutlich besser sind.

3.5.3 Bildgebende 3D-Messmethoden

Optische 3D-Messung (Gitter- und Linienprojektion)
Die Bestimmung räumlicher geometrischer Formen mittels *Linienprojektion* ist ein berührungsloses Messverfahren, welches die Möglichkeiten moderner Bildverarbeitung nutzt. Durch eine entsprechende Messanordnung mit dazugehöriger Bildauswertung können Objekte mit ihren Ausdehnungen in allen drei Koordinaten erfasst werden. Dieses Verfahren wird auch als *Lichtschnitt* bezeichnet.

Messprinzip und Messanordnung
Wenn man einen Gegenstand senkrecht von oben betrachtet, lässt sich aus seinem Abbild die Ausdehnung in x- und y-Richtung bestimmen. Dieses Bild enthält aber keine Information über den Abstand zum Messobjekt. Wird das Objekt mit einem definierten Muster unter einem bekannten Winkel beleuchtet, ergibt sich eine Verzerrung des Bildes durch die Kontur der Oberfläche. Diese Bildverzerrung kann mittels Bildverarbeitung erfasst und daraus die dritte Dimension der Oberfläche errechnet werden.

Die Wirkungsweise wird in Abb. 3.229 an einem einfachen Quader erläutert. Mit einem Laser wird auf das Werkstück eine Linie im Winkel *a* zur Grundfläche projiziert. Durch diesen Einstrahlungswinkel ergibt sich auf der tiefer gelegenen Fläche die projizierte Linie mit einem Versatz b im Vergleich zur oben liegenden Fläche. Der Versatz *b* wird dabei mittels Bildverarbeitung ermittelt. Aus den Werten von Versatz *b* und Winkel *a* lässt sich die Höhe *h* (Ausdehnung in der dritten Dimension) berechnen nach:

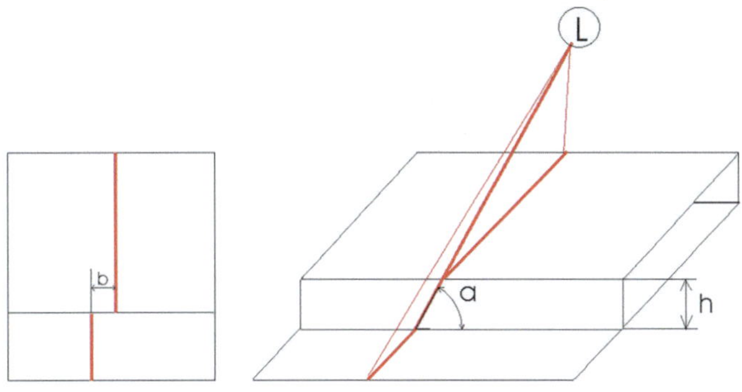

Abb. 3.229 Prinzipbild der Lichtschnittmessung bei Linienprojektion

$$h = b \cdot \tan(a).$$

Das Bild der gezeichneten Linie ändert sich mit der Form des Höhenwechsels, also Schrägen oder Bögen als Objektkante. Der Aufwand der Rückrechnung in die Objekthöhe steigt dabei mit komplizierter werdendem Profil. In Abb. 3.230 werden dazu zwei Beispiele gezeigt.

Bei den bisherigen Betrachtungen wurde von einem einfach gestalteten Objekt ausgegangen. Mit einer Linie wurde die Höhe bzw. das Höhenprofil nur an dieser Linie bestimmt. Aus diesem Grund werden auf das Werkstück mehrere Linien projiziert, sodass ein Höhenprofil in x-Richtung entsteht. Bei dieser Anordnung fehlen die Höhenverläufe in y-Richtung, welche über ein zweites, um 90° versetztes Liniennetz ermittelt werden können. Es entsteht somit über dem Objekt ein Gitter. Eine praktische Anwendung dazu wird in Abb. 3.231 gezeigt. Das hier relativ grobe Gitter wird zur Identifizierung des Objektes verwendet. Durch einen Vergleich mit abgespeicherten Bildern lässt sich das entstehende Muster einem Produkt zuordnen. Im Fall einer messtechnischen Aufgabe müsste das Gitter wesentlich enger sein.

Streifenprojektion

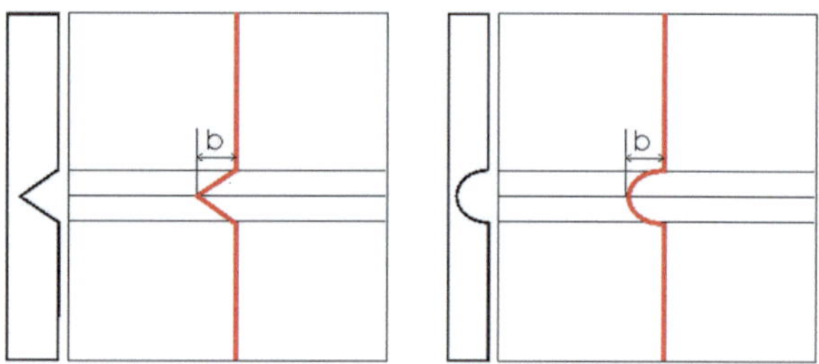

Abb. 3.230 Prinzipbild der Lichtschnittmessung bei unterschiedlichen Profilen

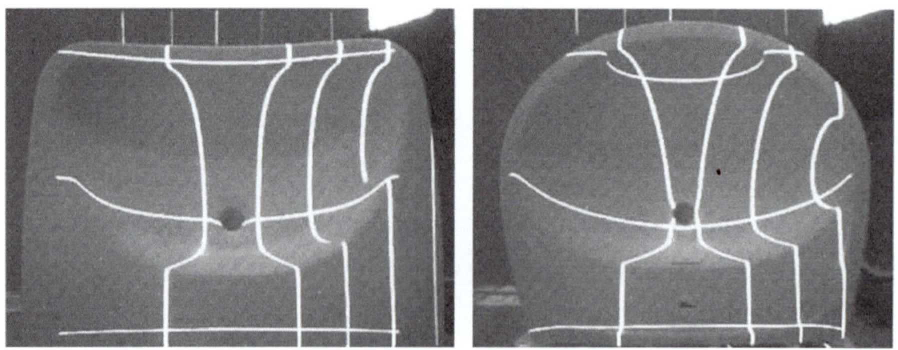

Abb. 3.231 **Beispiel** einer Linienprojektion zur Objekterkennung. (Quelle: C. Schaarschmidt: „Der Laser bringt es ans Licht", Automation&Drives, Heft 4/2007, S. 106 ff.)

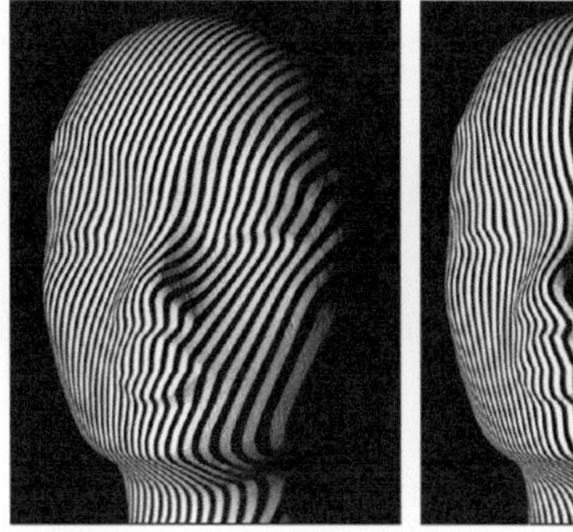

Abb. 3.232 Beispiel einer Streifenprojektion zur 3D-Messung (Quelle: S. Winkelbach: Das 3D-Puzzle-Problem – Effiziente Methoden zum paarweisen Zusammensetzen von dreidimensionalen Fragmenten. Fortschritte in der Robotik. Band 10, Shaker-Verlag 2006)

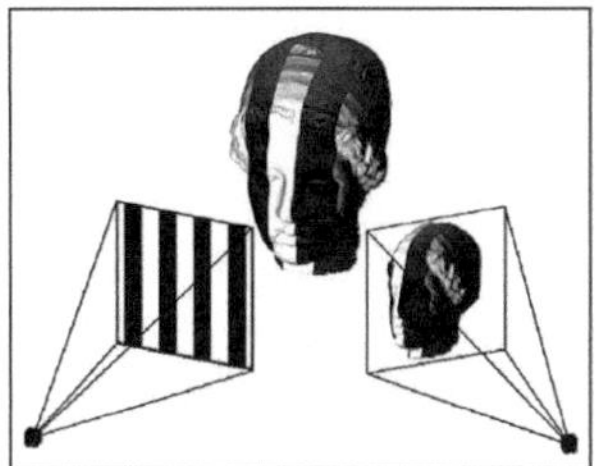

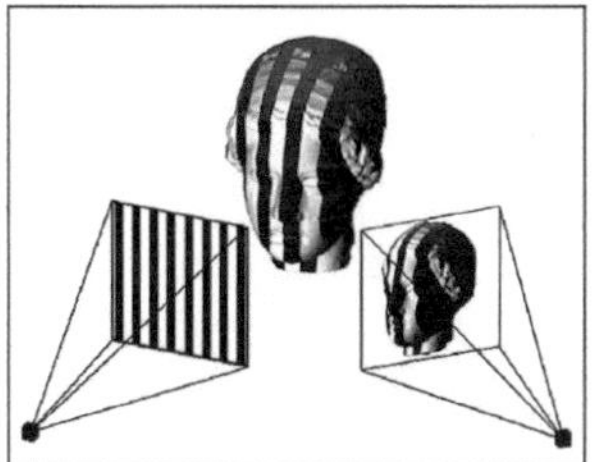

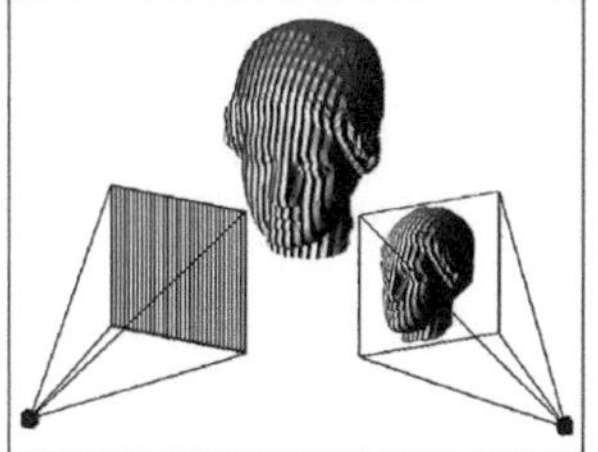

Abb. 3.233 Abfolge einer Messung mittels Streifenprojektion (Quelle: S. Winkelbach: Das 3D-Puzzle-Problem – Effiziente Methoden zum paarweisen Zusammensetzen von dreidimensionalen Fragmenten. Fortschritte in der Robotik, Band 10, Shaker-Verlag 2006)

Als Alternative zur Linienprojektion können auch projizierte Bilder verwendet werden. In diesem Fall werden abwechselnd helle und dunkle Streifen verwendet, deren Kanten in der Bildebene vermessen werden. Diese Streifenbilder können ebenfalls um die zweite Dimension erweitert werden, sodass sich Karos ergeben. Durch den Wechsel des Musters, beispielsweise mit unterschiedlichen Streifenbreiten, kann die Messauflösung geändert werden. Auch die Verwendung von an das Objekt angepassten Mustern ist hier möglich.

In Abb. 3.232 sind zwei Objekte mit unterschiedlich eingestellten Orientierungen der Projektion gezeigt. Durch diese Variation können Abschattungen ausgeglichen und die Auflösung gesteigert werden.

Um die Auflösung zu erhöhen und die nachfolgenden mathematischen Berechnungen zu unterstützen, werden für eine Messung mehrere unterschiedliche Bilder projiziert. In Abb. 3.233 wurden aus der Projektionssequenz von 6 Bildern die Bilder 3, 4 und 6 herausgenommen. Dabei ist links der Projektor und rechts die Kamera dargestellt.

Aus der Gesamtheit der gewonnenen Daten erfolgt die Berechnung eines 3D-Modelles als *Gitter-* oder *Volumenmodell.* Ein Ergebnisbild wird in Abb. 3.234 gezeigt.

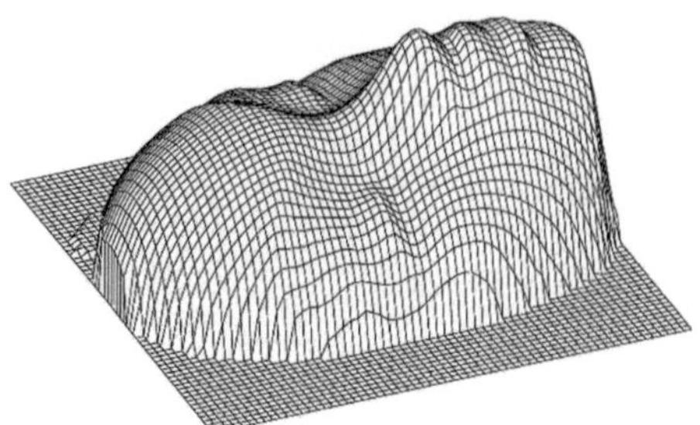

Abb. 3.234 Aus den Messbildern berechnetes 3D-Modell (Quelle: S. Winkelbach: Das 3D-Puzzle-Problem – Effiziente Methoden zum paarweisen Zusammensetzen von dreidimensionalen Fragmenten. Fortschritte in der Robotik, Band 10, Shaker-Verlag 2006)

Einschränkungen des Verfahrens

Das Verfahren lässt sich prinzipiell einsetzen, wenn das Messobjekt eine Linienabbildung zulässt, also das Licht nicht absorbiert wird. Der Aufwand dieses Verfahrens wird durch die Bildverarbeitung und die mathematischen Modelle zur Rückrechnung der Bilddaten zur dritten Dimension des Objektes bestimmt. Es können einige Schwierigkeiten auftreten, die den mathematischen Aufwand erheblich erhöhen. Beispielsweise wird eine Laserlinie über eine Optik aus einer punktförmigen Quelle generiert. Dieser Strahl hat außer dem gewollten Anstellwinkel auch noch einen Projektionswinkel, welcher sich über die Linie ändert. Das Gleiche gilt für die Kamera und deren optischen Öffnungswinkel. Aus diesem Grund werden praktisch auf dem Hintergrund der Anordnung Messmarken angebracht, welche eine Korrektur der entstandenen räumlichen Verzerrungen erlauben.

Beide Verzerrungen lassen sich bei höheren messtechnischen Anforderungen durch den Einsatz *telezentrischer Optiken* (mit einem bildseitig parallelen Strahlengang) umgehen, die allerdings nur für kleine Objektgrößen verfügbar sind. Das hier vorgestellte Verfahren ist nur eingeschränkt nutzbar, wenn das betrachtete Objekt Hinterschneidungen besitzt. Diese erfordern dann einen Wechsel des Projektionsstandortes, was beispielsweise durch Drehen des Objektes erfolgen kann.

Anwendungsfelder

Im Gegensatz zu tastenden 3D-Messverfahren ist die optische Variante eine sehr schnelle Methode. Die Genauigkeit und Auflösung ist dabei nicht von der Objektgröße abhängig, sondern von den Eigenschaften – vor allem der Pixelzahl – der erfassenden Kamera. Diese optische Messmethode kann deshalb nicht nur bei großen Werkstücken (z. B. Maschinenteile), sondern auch bei kleinen Objekten (z. B. Bestimmung der Schichtdicke in der Halbleiterindustrie) eingesetzt werden. Die Nutzung erfolgt dabei in unterschiedlichen Bereichen der räumlichen Vermessung in der Industrie wie auch zur Klassifizierung und Erkennung von Objektformen. In Abb. 3.235 ist ein mittels Lichtschnitt erstelltes Höhenprofil auf einem Siliciumwafer dargestellt.

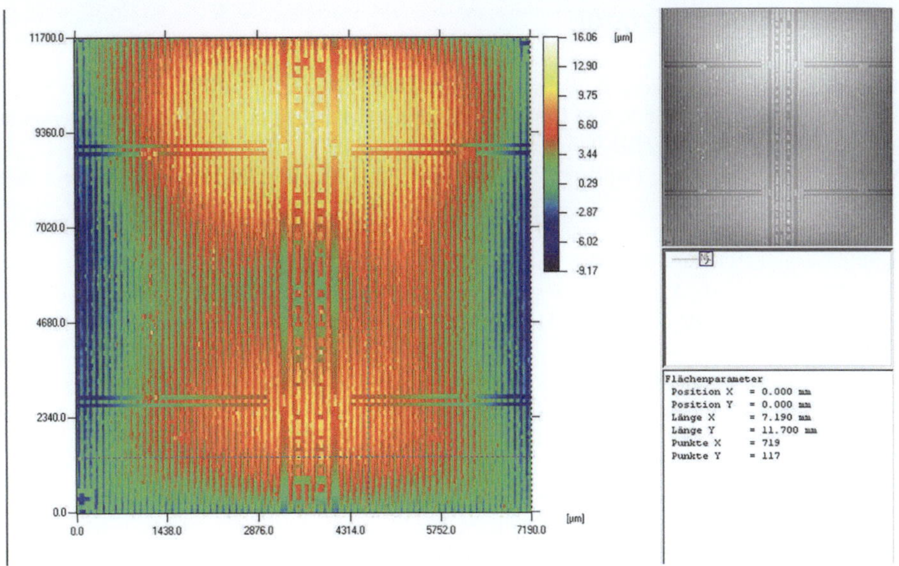

Abb. 3.235 Ergebnis der Oberflächenmessung mittels Lichtschnittmikroskop (Quelle: Werkfoto Qimonda)

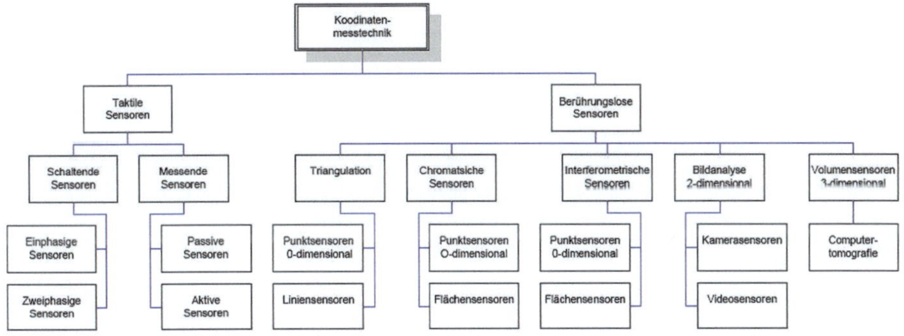

Abb. 3.236 Übersicht zu verwendeten Messprinzipien in der Koordinatenmesstechnik

3.5.4 Übersicht zu 3D-Messmethoden

Im Folgenden werden die unterschiedlichen Sensoren nach ihren Eigenschaften zusammengestellt. Die Übersicht (Abb. 3.236) zeigt, wie viele unterschiedliche taktile und berührungslose Sensoren und Messprinzipien verwendet werden. Die Übersicht zeigt klar den Trend in der Koordinatenmesstechnik hin zur *Multi-Sensorik,* da für unterschiedliche Messaufgaben die Eigenschaften der Sensoren über die Eignung entscheiden.

Weiterführende Literatur

Adam, W., Busch, M., Nickoly, B.: Sensoren für die Produktionstechnik. Springer, Berlin (1997)

Alexandrova, A.: Investigation into Laser Self-Mixing for Accelerator Applications. Dissertation, University of Liverpool (2017)

Allwood, D.A., Xiong, G., Faulkner, C.C., Atkinson, D., Petit, D., Cowburn, R.P.: Science **309**, 1688 (2005)

Asch, G.: Les capteurs en instrumentation industrielle. Dunod, Paris (2006)

Balluff-Patent, EP1158266B1/2004: Wegmess-System

Barthélémy, A., Fert, A., Petroff, F.: Giant Magnetoresistance in Magnetic Multilayers. In: Buschow, K.H.J. (Hrsg.) Handbook of Magnetic Materials, Bd. 12, S. 1–96. Elsevier, Amsterdam (1999)

Basler, S.: Encoder und Motorfeedback-Systeme – Winkellage- und Drehzahlerfassung in der industriellen Automation. Springer Vieweg, Wiesbaden (2016)

Basler, S., Mutschler, R., Dilger, D.: Drehgeber mit autarker Energieerzeugung, EP2863184A1 (Offenlegungsschrift), SICK Stegmann GmbH, Anmeldetag 21.10.2013

Baxter, L.K.: Capacitive sensors: design and applications. IEEE Press, New York (1997)

Beach, G.S.D., Nistor, C., Knutson, C., Tsoi, M., Erskine, J.L.: Dynamics of ?eld-driven domain-wall propagation in ferromagnetic nanowires. Nat. Mater. **4**, 741 (2005)

Becker, P., Steiner, V.: Energieautarker Multiturn-Drehgeber mit Schnappelement. DE102015114384B3 (Patentschrift), Fritz Kübler GmbHZähl- und Sensortechnik, Anmeldetag 28.08.2015.

Belbachir, A.N.: Smart Cameras, 1. Aufl. Springer, New York (2009)

Bernstein, J.: An Overview of MEMS Inertial Sensing Technology, Sensors, Febr. (2003)

Bhatt, H., Glover, B.: RFID Essentials, O'Reilly Media; 1. Auflage, Februar (2006)

Brasseur, G., Fulmek, P.L., Smetana, W.: Virtual rotor grounding of capacitive angular position sensors. IEEE Trans. Instrum. Meas. **49**(5), 1108–1111 (Oct.2000)

Burkhardt, T., Feinäugle, A., Fericean, S., Forkl, A.: Lineare Weg- und Abstandssensoren, Die Bibliothek der Technik –, Bd. 271. Verlag Moderne Industrie, München (2004)

Cusey, J.P., Iliasevitch, S., Mak, B., Mandyam, B., Larson, B.H.: Method and Apparatus for Configurable Array Patterning for Optical Encoders, WO2018174962A1 (World Intellectual Property Organization), TT Electronics PLC, Anmeldetag 08.11.2017

Cusey, J.P., Larson B.H.: Method and Apparatus for Alignment Adjustment of Encoder Systems, WO2020055884A1, (World Intellectual Property Organization), TT Electronics PLC, Anmeldetag 10.09.2019

Diegel, M.; Mattheis, R.: DE 10 2004 020 149 A angemeldet

Diegel, M., Mattheis, R., Halder, E.: Multiturn counter using movement and storage of 180° magnetic domain walls. Sens. Lett. **5**, 118–122 (Jan.2007)

Diegel, M., Mattheis, R., Halder, E.: 360° Domain Wall Investigation for Sensor Applications. IEEE Trans. Magn. **404**, 2655–2657 (2004)

DIN EN 60947-5-2 (VDE 0660 Teil 208): Niederspannungsschaltgeräte – Teil 5–2: Steuergeräte und Schaltelemente – Näherungsschalter, November (2004)

Döring, A., Pietsch, K.: Effiziente Mechatronische Energy Harvesting Systeme (MEHS). Nachhaltige Forschung in Wachstumsbereichen – Band IV, Ergebnisse des Projekts Forschungsassistenz an der Beuth Hochschule für Technik Berlin, 2012/2013, S. 65–68. (2013)

Dorf, C.R. (Hrsg.): IEEE Press, New York (2006)

Droxler, R.: Berührungslos arbeitender Näherungsschalter. Balluff-Patent, DE **19611810**, C2 (2000)

Elwenspoek, M.; Wiegerink, R.: Mechanical Microsensors, S. 230–236. Sprinkler-Verlag Berlin, Heidelberg New York.

Fatikow, S., Rembold, U., Microsystem Technology and Microrobotics, S. 224–229

Fericean, S., Droxler, R., New Noncontacting Inductive Analog Proximity and Inductive Linear Displacement Sensors for Industrial Automation. In: IEEE SENSORS JOURNAL, Vol. 7, No. 11, November (2007)

Fericean, S., Friedrich, M., Fritton, M., Reider, T.: Moderne Wirbelstromsensoren – linear und temperaturstabil. In: Elektronik Jahrgang 50 (April 2001), Nr. 8

Ferrari, V., Ghisla, A., Marioli, D., Taroni, A.: Capacitive Angular-Position Sensor With Electrically Floating Conductive Rotor and Measurement Redundancy. IEEE Trans. Instrum. Meas. **55**(2), 514–520 (Apr.2006)

Finkenzeller, K.: RFID-Handbuch, Hanser Fachbuchverlag, 4. Auflage, August (2006)

Fraden, J.: Handbook of Modern Sensors – Physics, Designs, and Applications, 4. Aufl. Springer, New York (2010)

Gass, E., Pali S., Melles, A.: Induktiver Wegaufnehmer mit einem passiven Resonanzkreis aufweisendem Messkopf, Balluff-Patent, DE 102 19 678 C1, (2003)

Gasulla, M., Li, X., Meijer, G.C.M., Ham, L. van der, Spronck, J. W.: A Contactless Capacitive Angular-Position Sensor. IEEE Sensors Journal, **3**(5), 607–614 (2003)

George, B., Mohan, N. M., Kumar, V. J.: A Linear variable differential capacitive transducer for sensing planar angles, IMTC 2006 Conference, Sorrento, Italy, S. 2070–2075 (2006)

Glathe, S., Mattheis, R., Berkov, D.: Direct observation and control of the Walker Breakdown process during a field driven domain wall motion. Appl. Phys. Lett. **93**, 072508 (2008a)

Glathe, S., Mattheis, R., Mikolajick, R., Berkov, D.: Experimental study of domain wall motion in long nanostripes under the influence of a transversal field. Appl. Phys. Lett. **93**, 162–505 (2008b)

GS-14 geophone. Geospace Inc. 7334 N. Gessner Rd., Houston, TX 77040

Halder, E., Diegel, M., Mattheis, R., Steenbeck, K.: DE 102 39 904 A angemeldet

Herold, H.: Sensortechnik – Sensorwirkprinzipien und Sensorsysteme. Hüthig, Heidelberg (1993)

Hesse, S., Schnell, G.: Sensoren für die Prozess- und Fabrikautomation. Vieweg Praxiswissen (2004)

Hoffmann, J.: Taschenbuch der Messtechnik, 2. Aufl. Fachbuchverlag Leipzig, München (2000)

Homburg, D., Reiff, E.-Ch.: Weg- und Winkelmessung (Absolute Messverfahren), PKS, Homburg (2003)

Horst Siedle GmbH & Co. KG, European patent application EP 1 740 909 (2005)

Horst Siedle GmbH & Co. KG., European patent application EP 1 532 425 (2003)

http://www.amci.com

http://www.ltn.de

http://www.micronor-ag.ch

http://www.sick.com/

Hubert, A., Schäfer, R.: Magnetic domains, S. 215–290. Springer, Berlin (1998a)

Hubert, A., Schäfer, R.: Magnetic domains, S. 35–14. Springer, Berlin (1998b)

IPHT, German patent application DE 102006039490 A1 (2006)

Jagiella, M., Fericean, S.: Miniaturized Inductive Sensors for Industrial Applications. In: Proceedings of the first IEEE International Conference on Sensors. Orlando/USA (2002)

Jagiella, M., Fericean, S.: Neues magnetoinduktives Sensor-Prinzip und seine Umsetzung in Sensoren für industrielle Anwendungen. Technisches Messen, **72**(11) (2005)

Jagiella, M., Fericean, S., Dorneich, A.: Progress and Recent Realizations of Miniaturized Inductive Proximity Sensors for Automation. IEEE SENSORS JOURNAL, **6**(6) December (2006)

Jagiella, M., Fericean, S., Dorneich, A., Droxler, R.: Die magneto-induktive Variante. In TECHNICA 7/2003, S. 36–38, Juli (2003)

Jagiella, M., Fericean, S., Dorneich, A., Droxler, R.: Sensoren für kurze und mittlere Wege, In SENSOR report 2/2003, S. 17–19, März (2003)

Jagiella, M., Fericean, S., Droxler, R., Dorneich, A.: New Magneto-inductive Sensing Principle and its Implementation in Sensors for Industrial Applications. In: Proceedings of the 4th IEEE International Conference on Sensors. Wien (2004)

Jagiella, M., Fericean, S., Friedrich, Dorneich, A.: Mehrstufige Temperaturkompensation bei induktiven Sensoren. In: Elektronik Jahrgang 52 (August 2003), Nr. 16

Kennel, R.: Encoders for Simultaneous Sensing of Position and Speed in Electrical Drives with Digital Control, 40th IEEE IAS 2005 Annual Meeting, Kowloon, Hong Kong, Oct. 2–6 (2005)

Kennel, R., Basler, S.: New Developments in Capacitive Encoders for Servo Drives, SPEEDAM 2008, Ischia, Italy, S. 190–195 (2008)

Kiel, E. (Hrsg.): Springer, Berlin (2007)

Kutruff, H.: Physik und Technik des Ultraschalls, Hirzel Verlag (1988)

Lee, S., Song, J.: Mobile robot localization using optical flow sensors. Int. J. Control Autom. Syst. **2**, 485–493 (2004)

Liu, C., Xu, Y., Liu, J. G., Sun, H., Kennel, R.: Rotational Speed Measurement Based on Laser Mouse Sensors, 18. GMA/ITG-Fachtagung Sensoren und Messsysteme S. 540–545 (2016)

Mattheis, R., Diegel, M., Hübner, U., Halder, E.: Multiturn counter using the movement and storage of 180 magnetic domain walls. IEEE Trans. Magn. **42**, 3297–3299 (2006)

MicroMagus – software for micromagnetic simulations, by D. V. Berkov & N. L. Gorn, http://www.micromagus.de

Moreno, J., Clotet, E., Martínez, D., Tresanchez, M., Pallejà, T., Palacín, J.: Experimental Characterization of the Twin-Eye Laser Mouse Sensor. Journal of Sensors, Hindawi Publishing Corporation (2016)

Mortara, A., Masa, P., Heim, P., Heitger, F.: Position Sensor and Circuit for Optical Encoder. WO0036377A1 (Offenlegungsschrift), Bishop Innovation Ltd., CSEM Centre Suisse D'Electronique Et De Micro Technique S.A., Anmeldetag 17.11.1999

Müller, R.K.: Mechanische Größen elektrisch gemessen. Expert Verlag, Ehningen (1990)

N.N., Leitfaden Drehgeber – Begriffe und Kenngrößen, Publikation des ZVEI – Zentralverband Elektrotechnik- und Elektronikindustrie e. V., Fachverband Automation, Okt. (2008)

Ottonelli, S., Dabbicco, M., De Lucia, F., di Vietro, M., Scamarcio, G.: Laser-Self-Mixing Interferometry for Mechatronics Applications. Sensors **9**(5), 3527–3548 (2009)

Pallàs-Areny, R., Webster, J.G.: Sensors and Signal Conditioning, 2. Aufl. Wiley, New York (2001)

Pandza, G., Fischer, P.: Verfahren zum Betrieb einer reflektiven Positionsmessvorrichtung, DE102018104280A1 (Offenlegungsschrift), iC-Haus GmbH, Anmeldetag 26.02.2018

Pfeiffer, D., Powell., W. B.: „The Electrolytic Tilt Sensor", Sensors, May (2000)

Pruijmboom, A., Booij, S., Schemmann, M., Werner, K., Hoeven, P., van Limpt, H., Intemann, S., Jordan, R., Fritzsch, T., Oppermann, H., Barge, M.: VCSEL-based miniature laser-self-mixing interferometer with integrated optical and electronic components. Proceedings of SPIE, S. 218–229, February (2009)

Pruijmboom, A., Schemmann, A., Hellmig, J., Schutte, J., Moench, H., Pankert, J.: VCSEL-based miniature laser-Doppler interferometer. Proceedings of the SPIE International Society for Optical Engineering, Vertical-Cavity Surface-Emitting Lasers XII **6908**, 690801–690807 (2008)

Prutton, M.: Thin ferromagnetic films, S. 41. Butterworth, London (1964)

Quasdorf, J.: Ins richtige – blaue – Licht gesetzt – Sensor-Chips für optische Positionsgeber, Mechatronik 6/2015

Reif, K. (Hrsg.): Sensoren im Kraftfahrzeug. Vieweg+Teubner Verlag, Wiesbaden 2010, 176 S., mit 221 Abb., Br. ISBN 978-3-8348-1315-2
Röbel, M.: Pythagoras in der Moderne, IEE, September 2006, disynet GmbH
Rohling, H.: „Skriptum zur Vorlesung Radartechnik und –signalverarbeitung“; Technische Universität Hamburg-Harburg; http://www.et2.tu-harburg.de/lehre/Radarsignalverarbeitung/skriptul9.pdf
Schaarschmidt, C.: „Der Laser bringt es ans Licht“, Automation&Drives, Heft 4/2007, S. 106 ff.
Schiessle, E.: Industriesensorik – Automation, Messtechnik, Mechatronik“, 1. Aufl. Vogel Buchverlag, Würzburg (2010)
Schröder, D.: Elektrische Antriebe – Regelung von Antriebssystemen, 2. Aufl. Springer, Berlin (2001)
Shigeto, K., Shinjo, T., Ono, T.: Appl. Phys. Lett. **75**, 2815 (1999)
SICK Firmenseite: www.sick.de
SICK AG: SPEETEC 1D – Berührungslose Bewegungssensoren. Datenblatt SICK AG (2021)
Siraky, J., Johnson, M.: Verfahren und Vorrichtung zur Messung des Drehwinkels eines rotierenden Objekts. EP2187178B1 (Patentschrift), SICK Stegmann GmbH, Anmeldetag 13.11.2008
Sorge, G.: Faszination Ultraschall. Teubner Verlag, B.G (2002)
Stork, T.: Electric Compass Design using KMZ51 and KMZ52. Philips Semiconductors Systems Laboratory, Hamburg, January (2003)
Sun, H.: Optimization of Velocity and Displacement Measurement with Optical Encoder and Laser Self-Mixing Interferometry. Dissertation, Technische Universität München, 2019
Sweeney, PJ.: RFID für Dummies (deutsch), Wiley-VCH Verlag, 1. Aufl., Juli (2006)
Tamm, G.; Tribowski, C.: RFID, Springer Verlag, Berlin, 1. Aufl., März 2010
Thiaville, A., Nakatani, Y.: „Domain wall dynamics in nanowires and nanostrips“. In: Hillerbrands, B., Thiaville, A. (Hrsg.) Spin Dynamics in Confined Magnetic Structures III, Springer Verlag, New York (2006)
Tränkler, H.R., Obermeier, E. (Hrsg.): Springer, Berlin (1998)
Tresanchez, M., Pallejà, T., Teixidó, M., Palacín, J.: The optical mouse sensor as an incremental rotary encoder. Sensors and Actuators A **155**, 73–81 (2009)
Tyco Electronics, Global Automotive Division: Sensors Catalog (2010)
VAC-Vacuumschmelze: Magnetische Sensoren, PS-000 Broschüre
Wagner, R.: Drehgeber, EP2562512A1 (Offenlegungsschrift), SICK Stegmann GmbH, Anmeldetag 28.05.2011
Webster, J.G. (Hrsg.): Measurement, Instrumentation and Sensors. New York: IEEE Press (1999)
Wilhelmy, L.: Ohne Getriebe und ohne Batterie. Antriebstechnik, Januar (2006)
Winkelbach, S.: Das 3D-Puzzle-Problem – Effiziente Methoden zum paarweisen Zusammensetzen von dreidimensionalen Fragmenten. Fortschritte in der Robotik, Band 10, Shaker-Verlag (2006)
www.balluff.de

Mechanische Messgrößen

4

Ekbert Hering, Gert Schönfelder und Stefan Vinzelberg

4.1 Masse

4.1.1 Definition

Die Masse m ist ein Maß für die Anzahl der Teilchen (z. B. Atome, Moleküle) eines Körpers. Die Massen können wie Mengen addiert werden. Die Maßeinheit der Masse ist ein Kilogramm (kg) und ist durch einen Eichkörper festgelegt. Die Masse ist sowohl unabhängig vom Ort als auch vom Bewegungszustand eines Körpers (in der relativistischen Physik ist die Masse von der Geschwindigkeit abhängig; dies macht sich aber erst bei sehr hohen Geschwindigkeiten in der Größenordnung von Lichtgeschwindigkeit bemerkbar).

Die Masse m hat zwei Ausprägungen:

1. *Träge Masse.* Die Masse ist ein Maß für den Widerstand eines Körpers gegen eine Bewegungsänderung. Nach dem *Newtonschen Aktionsgesetz* gilt für konstante Massen:

E. Hering
Heubach, Deutschland
E-Mail: Ekbert.Hering@htw-aalen.de

G. Schönfelder (✉)
Aspect Systems GmbH, Dresden, Deutschland
E-Mail: gschoenfelder@t-online.de

S. Vinzelberg
Atomic Force F&E GmbH Mannheim, Mannheim, Deutschland
E-Mail: Ekbert.Hering@htw-aalen.de

E. Hering und G. Schönfelder (Hrsg.), *Sensoren in Wissenschaft und Technik*,
https://doi.org/10.1007/978-3-658-39491-2_4

$\boldsymbol{F} = m \cdot \boldsymbol{a}$ mit $\boldsymbol{F}$: Kraft und $\boldsymbol{a}$: Beschleunigung. Das heißt, dass eine Kraft $\boldsymbol{F}$ so wirkt, dass eine Masse mit der Beschleunigung $\boldsymbol{a}$ beschleunigt wird. Lässt man die gleiche Kraft auf zwei Massen m_1 und m_2 wirken, dann gilt:
$m_1 / m_2 = \boldsymbol{a}_2 / \boldsymbol{a}_1$.
Das bedeutet, dass das Bestimmen der Masse eines Körpers durch Messen der Beschleunigungen möglich ist.
Führt eine Masse m eine Rotationsbewegung mit der Winkelgeschwindigkeit ω aus, dann wird sie durch eine *Zentripetalkraft* $\boldsymbol{F}_{zp}$ auf der Kreisbahn mit dem Radius $\boldsymbol{r}$ gehalten. Es gilt dann:
$\boldsymbol{F}_{zp} = -m\,\omega^2 \cdot \mathbf{r}$. Auch über diese Kraft kann eine Massenbestimmung erfolgen.
Ein Feder-Masse-System führt *mechanische Schwingungen* aus. Für die Eigenfrequenz ω_0 gilt:
$\omega_0 = \sqrt{\frac{k}{m}}$. Der Faktor k ist die Federkonstante.

Die Gleichung besagt, dass eine Masseänderung eine Frequenzänderung zur Folge hat. Auf diese Weise kann man atomare Massen bestimmen (Abb. 4.2).

2. *Schwere Masse.* Zwischen zwei Massen m_1 und m_2 wirkt als anziehende Kraft die *Gravitationskraft* F_G. Es gilt für den Betrag der Gravitationskraft:

$$|F_G| = G\frac{m_1 m_2}{{r_{12}}^2}.$$

Es ist r_{12} der Abstand der beiden Massen. G ist die Gravitationskonstante ($G = 6{,}673 \cdot 10{-}11\ m^3/(kg\ s^2)$). Aufgrund der Anziehungskraft gilt für die Gewichtskraft FG = m · g (g: Fallbeschleunigung; $g = 9{,}81\ mls^2$). Somit kann über die Gewichtskraft die Masse eines Körpers ermittelt werden. Dies geschieht durch Kraftsensoren (Abschn. 4.2)

4.1.2 Anwendungen

Im Folgenden werden einige besondere Anwendungen von Masse-Sensoren vorgestellt. Abb. 4.1 zeigt einen Massesensor, der am Oberteil eines Körnertanks (Stelle A in Abb. 4.1) angebracht ist. Die vom Mähdrescher geernteten Körner werden an ein Prallblech geschleudert. Die Aufschlagskraft der Körner erzeugt einen elektronischen Impuls. Dieser ist ein Maß für die Masse der Körner.

An der California Universität wurde am Institut von Alex Zettl ein Nano-Elektro-Mechanisches System (NEMS) entwickelt, mit dem die Messung der Masse eines einzigen Goldatomes möglich ist.

Abb. 4.2a) zeigt ein doppelwandiges Kohlenstoff-Nanoröhrchen. Dieser bewegt sich an der einen Seite frei. Die andere Seite ist an einer Elektrode festgeklemmt. Durch Anlegen einer Gleichspannung wird an der Spitze des Nanoröhrchens eine negative

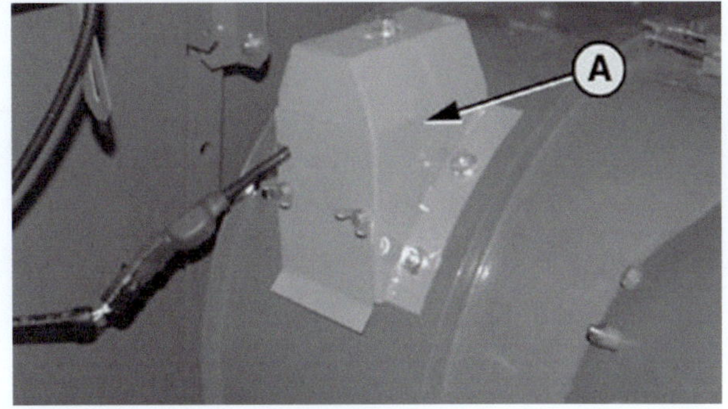

Abb. 4.1 Massesensor an einem Mähdrescher zur Bestimmung der Masse der geernteten Getreidekörner. (Werkfoto: John Deere Harvester Works)

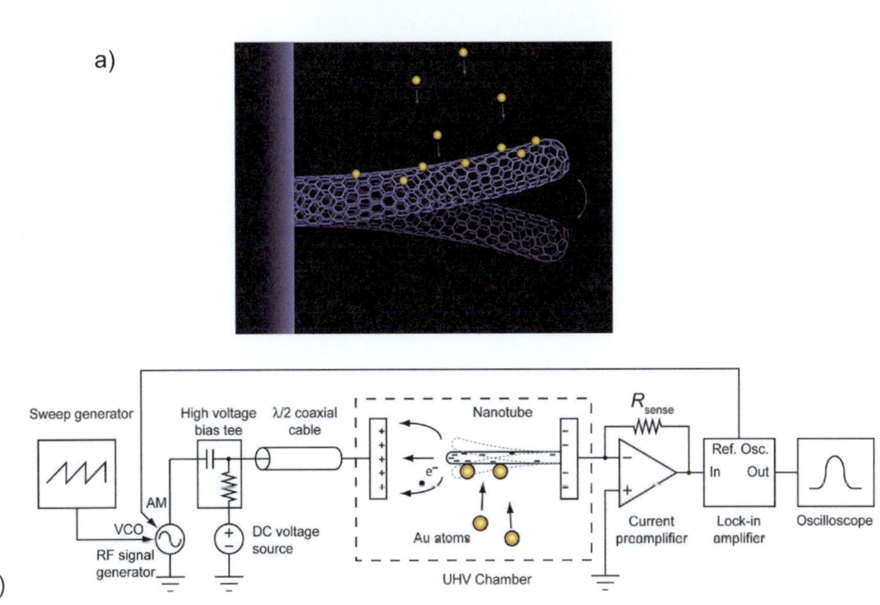

Abb. 4.2 Massesensor für Atome und Moleküle durch ein Nanoröhrchen. **a** Nanoröhrchen, auf den Goldatome „regnen"; **b** Schaltung zur Messung der Resonanzfrequenz. (Quelle: Alex Zettl, California University USA)

Ladung erzeugt. Eine Wechselspannung im Bereich der Radiofrequenzen bringt das Nanoröhrchen zum Schwingen. Für die Resonanzfrequenz ω_{res} gilt, wie bereits in Abschn. 4.1 erläutert:

$$\omega_{\text{res}} = \sqrt{\frac{\text{k}}{m}}, \text{ wobei k die Federkonstante und } m \text{ die Masse ist.}$$

Trifft ein Atom oder ein Molekül auf das Nanoröhrchen, dann ändert sich nach obiger Gleichung wegen der Massenänderung auch die Resonanzfrequenz. Aus dieser Frequenzänderung kann die Masse bestimmt werden. In Abb. 4.3 ist ein typisches Bei-

Abb. 4.3 Scherstabwägezelle. (Werkfoto: Bosche)

spiel zu sehen, wie mit der Messung der Gewichtskraft die Masse bestimmt werden kann. Auf diesem Prinzip beruhen viele Waagen.

Die in Abb. 4.3 gezeigte Scherstabwägezelle wird sehr häufig als Sensor in der Wägetechnik verwendet (z. B. als Behälterwaagen, Band-Dosierwaagen, Bodenwaagen oder Plattformwaagen). Sie sind sehr genau und in rauer Industrieumgebung problemlos einsetzbar. Ihre Nennlast beträgt zwischen 500 kg und 10.000 kg. Mit solchen Gewichtssensoren können auch die Gewichte von Lkws und Eisenbahnwaggons überprüft werden.

4.2 Kraft

4.2.1 Definition

Nach dem zweiten Newtonschen Axiom ist die Kraft F für Körper mit konstanter Masse proportional zur Momentanbeschleunigung $\boldsymbol{a}$. Es gilt:

$$\boldsymbol{F} = m \cdot \boldsymbol{a}.$$

Die Kraft $\boldsymbol{F}$ ist also ein *Vektor*, deren Richtung parallel zur Beschleunigung $\boldsymbol{a}$ ist. Die Einheit der Kraft ist: $1\,\mathrm{N} = 1\ \mathrm{kgmls}^{-2}$. Folgende Kräfte spielen in der Praxis eine wichtige Rolle:

Gewichtskraft $\boldsymbol{F}_{\mathrm{G}}$

Ein Körper fällt wegen der Schwerkraft (Abschn. 4.1, schwere Masse) mit der Erdbeschleunigung $\mathbf{g}$ zu Boden oder besitzt eine Gewichtskraft $\boldsymbol{F}_{\mathrm{G}}$, für die gilt:

$$\boldsymbol{F}_{\mathrm{G}} = m \cdot \mathbf{g}.$$

Die Erdbeschleunigung $\mathbf{g}$ ($g = 9{,}81\ \mathrm{mls}^2$) weist annähernd in Richtung Erdmittelpunkt.

Zentripetalkraft $\boldsymbol{F}_{\mathrm{zp}}$

Die Zentripetalkraft hält einen Körper der Masse m auf einer gleichförmigen Kreisbewegung. Es ist:

$$\boldsymbol{F}_{\mathrm{zp}} = -m \cdot \omega^2 \cdot \boldsymbol{r}.$$

Dabei ist ω die Winkelgeschwindigkeit der Kreisbewegung und $\boldsymbol{r}$ der Abstand des Massepunktes vom Kreismittelpunkt. Der Körper selbst spürt eine Kraft (Trägheitskraft), die ihn nach außen drängt, die *Zentrifugalkraft.* Sie wird durch die gleiche Formel beschrieben, der Vektor weist aber in entgegengesetzter Richtung (nach außen).

Elastische Kraft oder Federkraft $\boldsymbol{F}_{\mathrm{el}}$

Festkörper zeigen innerhalb gewisser Deformationsgrenzen ein *elastisches* Verhalten, das durch die Federkraft $\boldsymbol{F}_{\mathrm{el}}$ beschrieben wird:

$$\boldsymbol{F}_{\mathrm{el}} = -\mathrm{k} \cdot s.$$

Dabei ist $\boldsymbol{s}$ die Längenänderung und k die *Federkonstante.* In der Praxis werden Federwaagen als Kraftsensoren eingesetzt.

Reibungskraft $\boldsymbol{F}_{\mathrm{R}}$

Bei Festkörpern ist die Reibungskraft von der *Normalkraft* $\boldsymbol{F}_{\mathrm{N}}$ abhängig. Das ist die Kraft, die senkrecht auf die Unterlage wirkt. Der Proportionalitätsfaktor ist die *Reibungszahl* μ, sodass gilt:

$$\boldsymbol{F}_{\mathrm{R}} = \mu \cdot \boldsymbol{F}_{\mathrm{N}}.$$

Dabei unterscheidet man zwischen Rollreibung (μ_{R}), Gleitreibung (μ_{G}) und Haftreibung (μ_{H}). Die Rollreibung führt zu geringeren Reibungskräften als die Gleit- und Haftreibung, weshalb gilt:

$$\mu_{\mathrm{R}} < \mu_{\mathrm{G}} < \mu_{\mathrm{H}}.$$

4.2.2 Effekte für die Anwendungen

Es ist von großer Wichtigkeit, wie der Sensor eingebaut wird. Für die *direkte* Kraftmessung muss das Bauteil aufgetrennt werden, um den Kraftsensor anzubringen (Abb. 4.4a). Durch diesen Eingriff darf das Bauteil hinsichtlich seiner mechanischen Eigenschaften (z. B. Festigkeit und Steifigkeit) nicht beeinträchtigt werden.

Der direkte Einbau hat aber den großen Vorteil, dass die *Absolutkraft* gemessen wird und dass die Kraft annähernd *linear* wirkt und *unabhängig* vom *Angriffspunkt* ist. Vor allem kleine Kräfte sind mit der direkten Kraftmessung richtig und genau messbar. Abb. 4.4b) zeigt die *indirekte* Kraftmessung. Sie wird angewandt, wenn eine Auftrennung des Werkstücks nicht sinnvoll ist und wenn sehr große Kräfte gemessen werden sollen. Bei der indirekten Kraftmessung wird der Sensor im Kraftfluss des Bauteils fest eingebaut. Der Sensor misst dabei nur einen Teil der wirklichen Kraft, weshalb er kalibriert und dies in der Auswerteelektronik berücksichtigt werden muss.

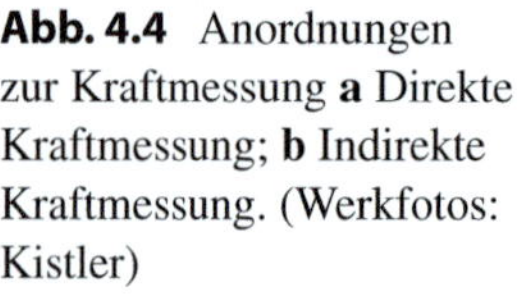

Abb. 4.4 Anordnungen zur Kraftmessung **a** Direkte Kraftmessung; **b** Indirekte Kraftmessung. (Werkfotos: Kistler)

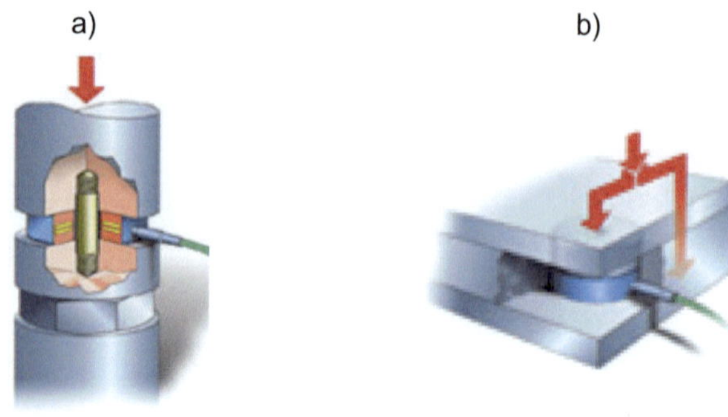

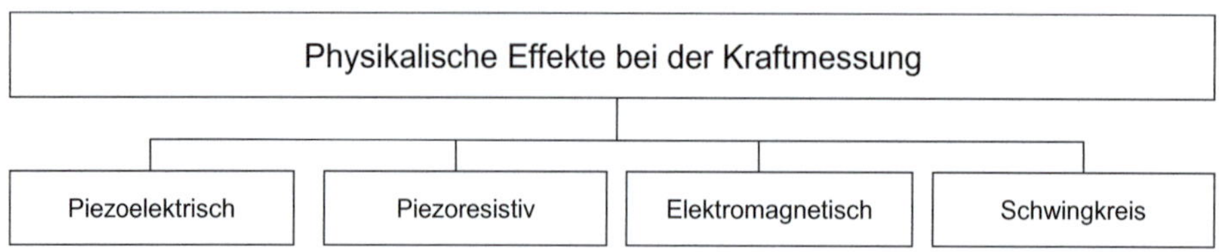

Abb. 4.5 Physikalische Prinzipien bei der Kraftsensorik

In Abb. 4.5 sind die physikalischen Effekte zusammengestellt, die bei der Kraftsensorik eine wichtige Rolle spielen.

Piezoelektrischer Effekt

Der in Abschn. 2.1 beschriebene *piezoelektrische Effekt* wandelt die von außen wirkende Kraft *direkt* in ein elektrisches Signal um.

Wie Abb. 4.6a) zeigt, verschiebt die äußere Kraft das Kristallgitter, sodass elektrische Ladungen an die beiden Außenseiten verschoben werden. Dadurch tritt eine Spannung auf, die der Kraft direkt proportional ist. Diese direkte Umwandlung hat den Vorteil, dass neben der einfachen Auswerte-Elektronik auch schnelle periodische Kraftschwankungen in Realzeit genau erfasst werden können.

Die piezoelektrischen Sensoren sind sehr robust bei Temperaturschwankungen (von −270 °C bis +400 °C) und umfassen einen großen Messbereich von 9 Zehnerpotenzen (10^9).

Abb. 4.7 zeigt einen *piezoelektrischen Kraftmessring,* der zur Messung von Kräften im Bereich zwischen 20 kN und 200 kN dient. Die Messringe können eine hohe Überlast ohne Schaden und ohne Verlust an Genauigkeit und Linearität aushalten. Weitere Vorteile solcher Messringe bestehen darin, dass sie sich über den Innen- und Außendurchmesser *selbst zentrieren* und deshalb *keine Hysterese* in den Messungen aufweisen.

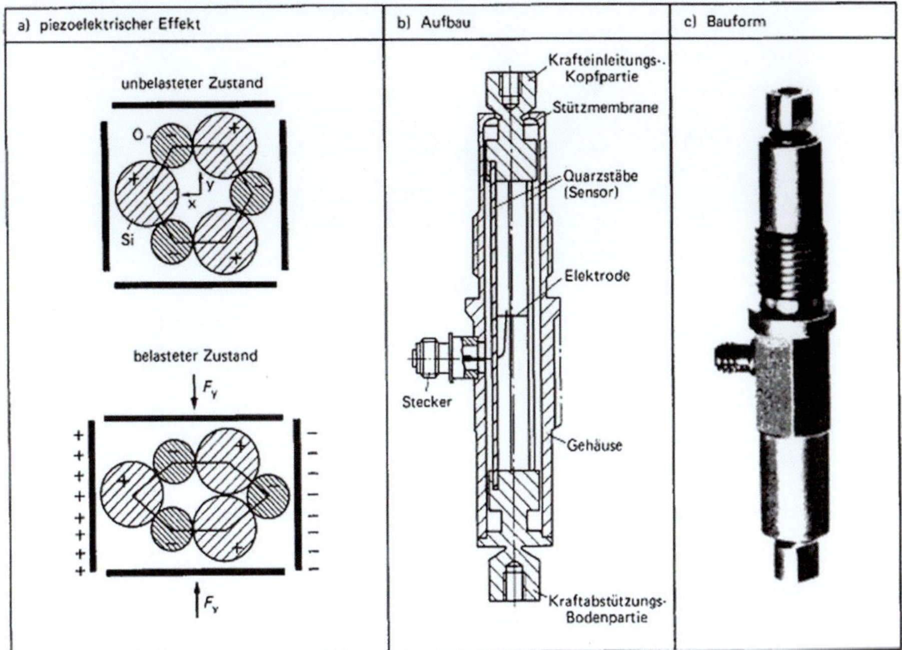

Abb. 4.6 Piezoelektrisches Messprinzip und Sensoren **a** Messprinzip; **b** Aufbau eines piezoelektrischen Sensors; **c** Bauform eines piezoelektrischen Sensors. (Werkfoto: Kistler; Quelle: Hering, Bressler, Gutekunst: Elektronik für Ingenieure und Naturwissenschaftler)

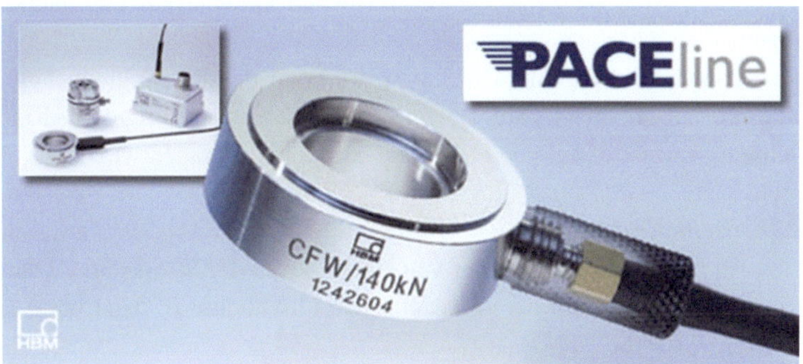

Abb. 4.7 Piezoelektrischer Kraftmessring. (Werkfoto: HBM)

Piezoresistiver Effekt

Wirkt eine Kraft auf einen metallischen Leiter, dann erfolgt eine mechanische Verformung, eine *Dehnung*. Dadurch verändert sich der spezifische elektrische Widerstand ρ des Leiters. Dieser *Widerstand-Dehnungs-Effekt* oder *piezoresistiver Effekt* beruht zum einen auf einer *Änderung* des *spezifischen elektrischen Widerstands* des Leiterwerkstoffes und zum anderen auf *Gefügeänderungen.* Spezielle Materialien (z. B. Konstantan:

Abb. 4.8 Unterschiedliche Geometrien von Dehnmess-Streifen. (Werkfoto: HBM)

54Cu45Ni1Mn) und Geometrien von sogenannten *Dehnmess-Streifen* (DMS) ermöglichen die Detektion einer Kraft und einer Dehnung (Abschn. 4.5) an unterschiedlichsten Stellen und in verschiedenen Richtungen. Es gilt folgender Zusammenhang zwischen Widerstandsänderung $\Delta R/R$ und der Längenänderung oder Dehnung ε ($\varepsilon = \Delta l/l$):

$$\Delta R/R = \mathrm{k} \cdot \varepsilon.$$

In Abschn. 2.2 werden die k-Faktoren einzelner Werkstoffe und der piezoresistive Effekt ausführlich erklärt. Abb. 4.8 zeigt die verschiedenen Geometrien für unterschiedliche Anwendungen.

Für eine richtige Messung mit DMS sind die Wahl der Befestigungsmittel und die Aufbringungsart entscheidend. Sie stellen sicher, dass die durch die Kraftwirkung erfolgte Dehnung verlustlos auf den Dehnmess-Streifen übertragen wird.

Elektromagnetische Kraftwirkung

Befindet sich ein Leiter der Länge ℓ, der von einem Strom der Stromstärke I durchflossen wird, in einem Magnetfeld mit dem magnetischen Flussdichte B, dann wirkt auf diesen Leiter eine Kraft F, für die gilt:

- $F = I \cdot \ell \cdot B \cdot \sin\varphi$.

Dabei ist φ der Winkel zwischen der magnetischen Flussdichte B und dem stromdurchflosse-nen Leiter der Länge ℓ. Auf diesem Effekt beruht die Wirkungsweise eines *elektrodynamischen* Lautsprechers (Abschn. 9.3).

Dieser Effekt erlaubt die Messung sehr kleiner Kräfte. Seine Installation und Kalibrierung ist sehr aufwendig. Deshalb kommt dieser Effekt nur für Spezialanwendungen infrage.

Schwingkreis

In einem Feder-Masse-System können mechanische Schwingungen entstehen. Für die Resonanzfrequenz ω_{res} gilt, wie bereits in Abschn. 4.1 erläutert:

$$\omega_{\text{res}} = \sqrt{\frac{\text{k}}{m}},$$

wobei k die Federkonstante und m die Masse ist.

Die Federkraft $F_{el'}$ ist im elastischen Bereich proportional zur Auslenkung x, sodass gilt:

$$F_{\text{el}'} = -\text{k} \cdot x.$$

Mit diesem Effekt können sehr kleine Kräfte gemessen werden. Dieses Prinzip wird im *Rasterkraftmikroskop* angewandt. Die Schwingfrequenz des Trägers der Abtastnadel ändert seine Resonanzfrequenz, wenn sich die Probe nähert. Ursache dafür sind die *Vander-Waalsschen-Bindungskräfte* (Abschn. 2.17).

4.2.3 Anwendungsbereiche

Kraftmessungen spielen in vielen Bereichen eine wichtige Rolle. Die meisten Anwendungen beruhen auf dem piezoelektrischen und dem piezoresistiven Effekt. Abb. 4.9 zeigt die wichtigsten Anwendungsgebiete der Kraftsensorik.

Prozess-Steuerung

Die Kraftmessung wird in den Fertigungsverfahren Urformen, Umformen, Trennen und Fügen zur optimalen Steuerung der Herstellungsprozesse eingesetzt. Für Werkzeugmaschinen und Handlingsgeräte ist die Kraftmessung unerlässlich, um die geforderte Qualität und Sicherheit während der Produktion zu garantieren. Im Folgenden werden einige Beispiele vorgestellt.

Abb. 4.10 zeigt die Messung der Kräfte im Fertigungsprozess.

Die Presskraft spielt beim Pressen von Tabletten (Abb. 4.11a), beim Extrudiervorgang in der Kunststofftechnik (Abb. 4.11b) oder beim Einbringen von Stiften oder Deckeln die entscheidende Rolle (Abb. 4.11c).

In Werkzeugmaschinen oder bei Handhabungsgeräten müssen die Kräfte oft in allen drei Raumdimensionen x, y und z gemessen werden können. Dazu werden 3D-Kraftsensoren eingesetzt, wie Abb. 4.12 zeigt.

Abb. 4.9 Anwendungsgebiete für Kraftsensoren

Abb. 4.10 Kraftsensoren im Fertigungsprozess **a** Messung der Schnittkraft, **b** Werkzeugüberwachung, **c** Steuerung der Walzenkräfte. (Werkfotos: Kistler)

Messmittel-Überwachung

Eine regelmäßige Überwachung der Mess- und Prüfmittel ist für eine Fertigung mit gleichbleibend hoher Qualität unerlässlich. Die Kontrolle geschieht üblicherweise durch besonders geeichte *Kraft-Messringe* (Abb. 4.13).

Diese Kraftaufnehmer werden insbesondere für *hochdynamische Kraftmessungen* eingesetzt (z. B. bei Zug- oder Zerreissmaschinen), weil sie sehr robust sind und keine Langzeitermüdung aufweisen.

Verkehrstechnik

Kraftsensoren werden im Schienen-, Schiffs- und Luftverkehr sowie in Automobilen eingesetzt. Abb. 4.14 zeigt die Anwendungen im Bahnbereich, zur Überwachung der Haltekräfte bei Schienen (Abb. 4.14a) und zur Kontrolle der Widerstandskräfte bei Weichenverstellungen (Abb. 4.14b).

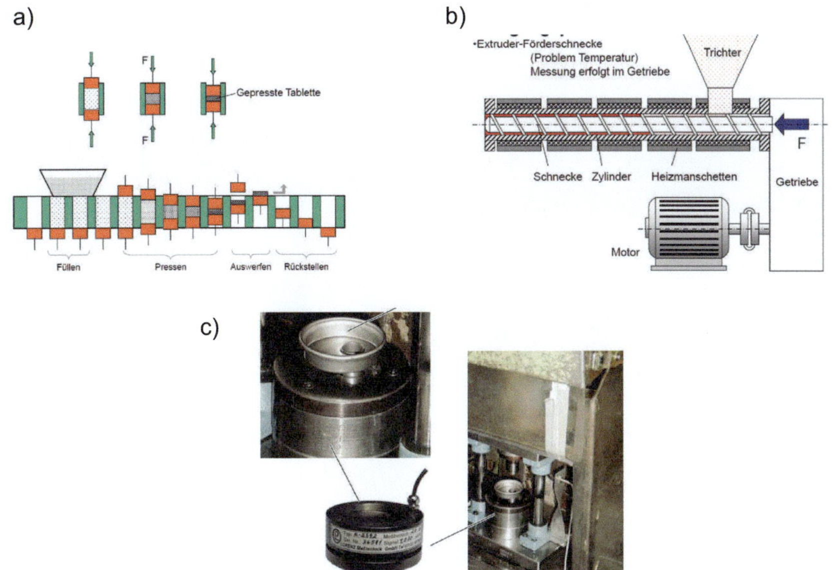

Abb. 4.11 Überwachung der Presskräfte **a** in Tablettenmaschinen, **b** beim Extrudieren von Kunststoffen **c** beim Einpressen von Stiften und Deckeln. (Werkfotos: Lorenz Messtechnik)

Abb. 4.12 3D-Kraftsensoren. (Werkfoto: ME-Messsysteme)

Abb. 4.13 Kraftsensoren zur Kalibrierung von Mess- und Prüfmitteln. (Werkfoto: Soemer)

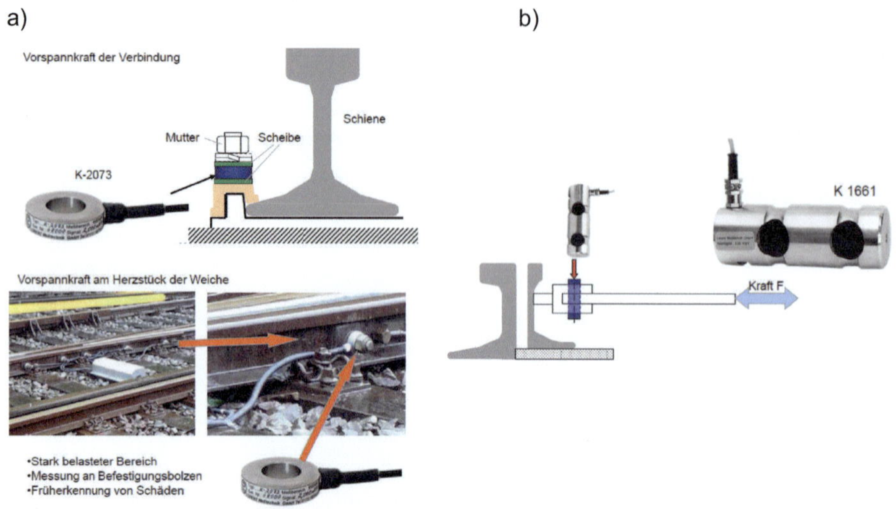

Abb. 4.14 Kraftsensoren zur Überwachung **a** der Haltekräfte bei Schienen, **b** der Kräfte bei Weichenverstellungen. (Werkfotos: Lorenz Messtechnik)

Medizintechnik und Biomechanik

In der Medizintechnik werden Kraftsensoren eingesetzt, um die Kräfte bei Bewegungsabläufen zu messen. Dies dient Sportlern zur Optimierung ihrer Leistungen oder Operateuren durch Kraftmessungen bei Ganganalysen zur richtigen Wahl von Fuß-, Hüft-, Knie- und Armprothesen. Auch in der Reha kranker Menschen werden Kraftsensoren eingesetzt bei Fitnessgeräten, bei Gleichgewichtsanalysen oder zur Bestimmung der Haltekräfte von Händen (Abb. 4.15).

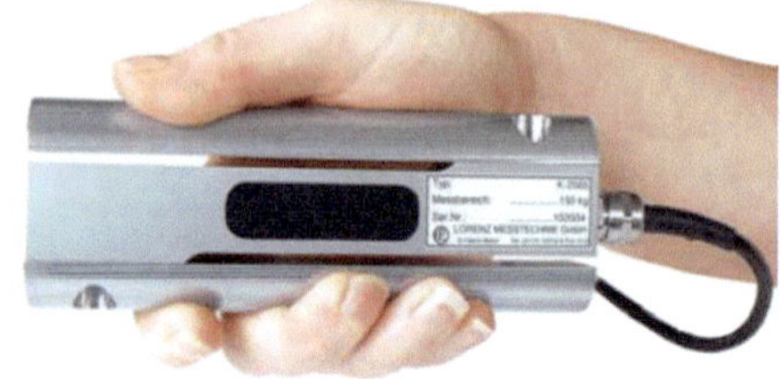

Abb. 4.15 Kraftsensoren in der Medizintechnik: Handkraftmessung. (Werkfotos: Lorenz Messtechnik)

4.3 Dehnung

4.3.1 Definition

Die Dehnung *e* beschreibt die Längenänderung eines Körpers bei Einwirkung einer äußeren Belastung. Dies kann sowohl eine Kraft als auch ein thermischer Einfluss sein. Hier wird speziell die Dehnung (alternativ auch Stauchung) durch Krafteinwirkung betrachtet.

$$\varepsilon = \frac{\Delta l}{l_0} \quad \text{mit} \quad \Delta l = \text{Längenänderung und } l_0 = \text{Ausgangslänge.}$$

Die Dehnung ist einheitenlos und wird zumeist in Prozent oder ppm (part per million) angegeben. Die Dehnung ist für die meisten Werkstoffe im Bereich der elastischen Verformung *linear* zur Krafteinwirkung. Dies wird durch das *Hooke'sche Gesetz* beschrieben.

Bei Einwirkung einer Kraft auf einen Körper wird dieser nicht nur gestreckt oder gestaucht, er verändert sich gleichzeitig proportional dazu im *Durchmesser* (Abb. 4.16). Das Verhältnis daraus wird mit der Poisson-Zahl m beschrieben.

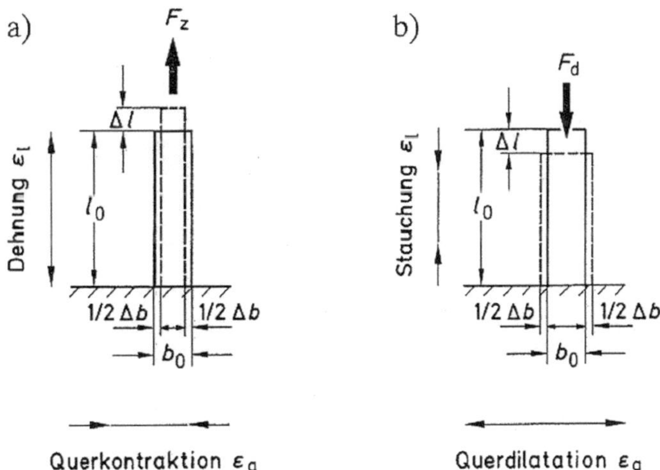

Abb. 4.16 Querkontraktion und Querdilatation bei einer Krafteinwirkung. (Quelle: Hoffmann; „Eine Einführung in die Technik des Messens mit DMS"; bei HBM)

4.3.2 Messung der Dehnung

Wirkt die Dehnung oder Stauchung auf einen elektrischen Leiter, so beeinflusst die entstehende Längen- und Querschnittänderung eine *Veränderung* des *elektrischen Widerstandes* (Abschn. 2.2, Abb. 2.6). Durch die Wahl geeigneter Materialien kann dieser Effekt verstärkt werden.

Die Nutzung des physikalischen Effektes ergibt als Bauelement den *Dehnmess-Streifen* (DMS), der auf unterschiedliche Aufgaben konstruktiv angepasst werden kann. Die grundlegende Konstruktion eines DMS zeigt Abb. 4.17.

In der praktischen Anwendung werden DMS als Brückenschaltung eingesetzt. Damit erfolgt zum einen die *Kompensation* der *thermischen Effekte* am DMS und am Objekt und zum anderen die Nutzung der immer gemeinsam auftretenden Dehnung und Stauchung.

Die Empfindlichkeit k des DMS bestimmt sich zu

$$\mathrm{k} = \frac{\Delta R/R_0}{\Delta l/l_0} = \frac{\Delta \mathrm{R}/\mathrm{R}_0}{\varepsilon}.$$

Bei Einsatz von vier DMS in einer Wheatstoneschen Brückenschaltung (Abb. 4.18) ergibt sich näherungsweise für das Ausgangssignal:

$$\frac{U_\mathrm{A}}{U_\mathrm{B}} = \frac{\mathrm{k}}{4} \cdot (\varepsilon_1 - \varepsilon_2 + \varepsilon_3 - \varepsilon_4).$$

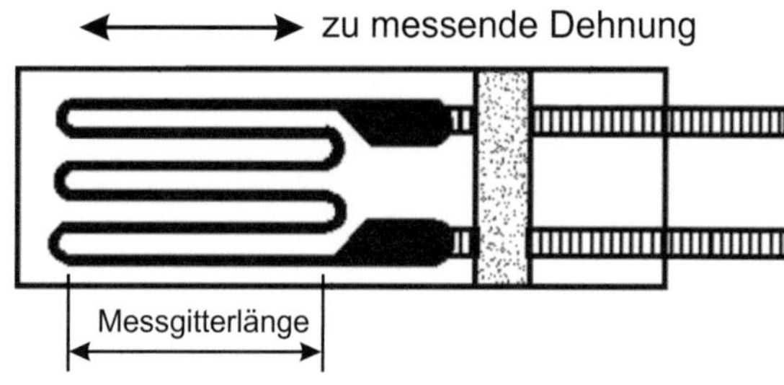

Abb. 4.17 Grundaufbau eines DMS

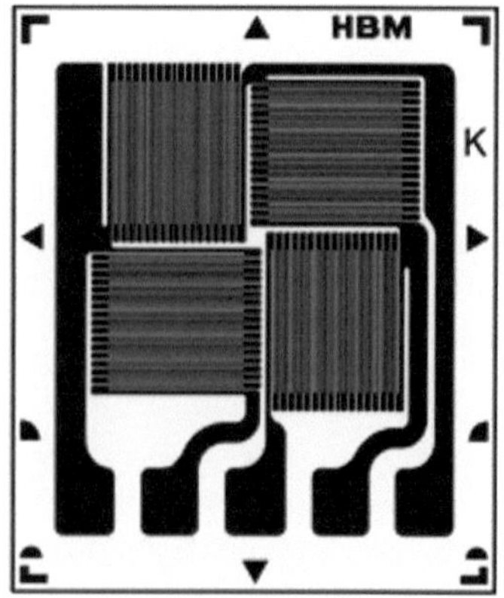

Abb. 4.18 Messbrücke mit DMS. (Werkfoto: HBM)

Werden die DMS im Winkel von 90° zueinander auf dem Messkörper angebracht, so reagiert R1 auf die Dehnung im Umfang und R2 auf die Stauchung in der Länge. Für diesen häufig auftretenden Fall werden direkt komplette Brücken angeboten (Abb. 4.19).

Biegebalken
Ein weiteres Grundprinzip zum Einsatz der Dehnungsmessung ist die Kraftmessung mittels Biegebalken. Das Wirkschema zeigt Abb. 4.20. Durch die einwirkende Kraft *F* erfolgt eine Auslenkung des Biegebalkens nach unten. Dadurch tritt auf der *Oberseite* eine *Dehnung* und auf der *Unterseite* eine *Stauchung* auf. Diese werden durch die DMS erfasst und ausgewertet. Einen praktisch eingesetzten Biegebalken zeigt Abb. 2.9.

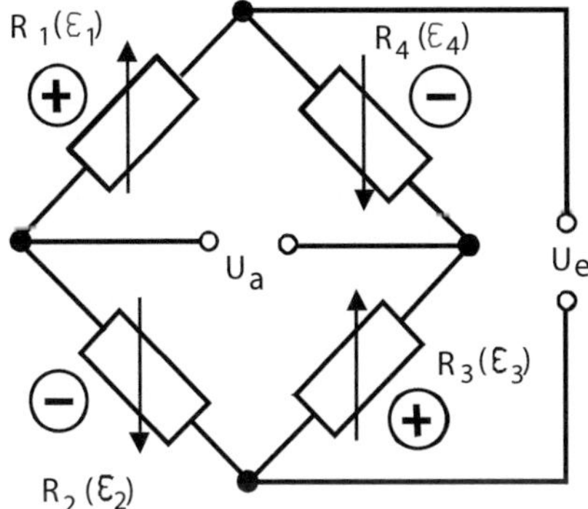

Abb. 4.19 Brückenanordnung von 4 DMS. (Quelle: HBM)

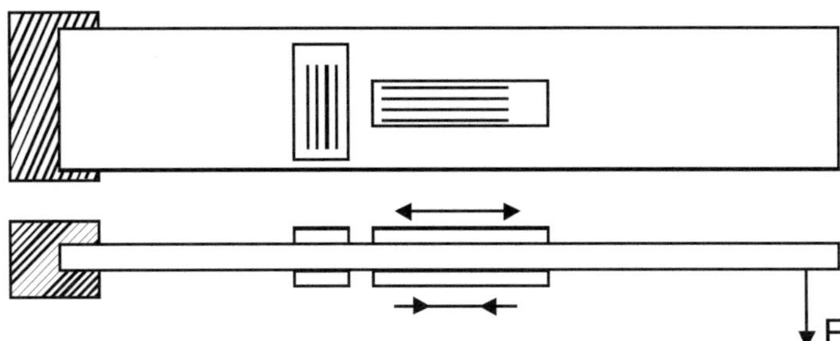

Abb. 4.20 Messprinzip des Biegebalkens

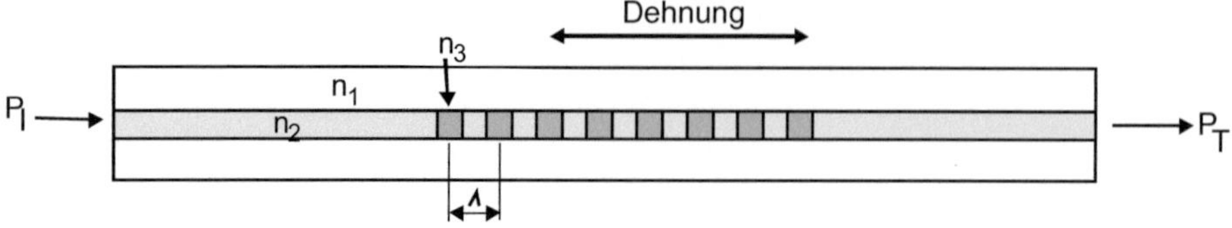

Abb. 4.21 Prinzip des Faser-Bragg-Gitters

Faser-Bragg-Gitter

Das Faser-Bragg-Gitter beruht auf einem eingeschriebenen Interferenzfilter in einer optischen Faser. Den Grundmechanismus zeigt Abb. 4.21.

In eine optische Faser wird Licht mit der Leistung P_I mit einer definierten Wellenlänge λ_B eingespeist. Die eingebrachte Struktur mit den Brechungsindizes n_2 und n_3 bewirkt eine Reflektion der Welle, wenn die Wellenlänge mit der durch die Gitterperiode Λ bestimmten Wellenlänge übereinstimmt. Diese Wellenlänge berechnet sich aus

$$\lambda_B = \frac{n_2 + n_3}{2} \cdot 2\Lambda.$$

Stimmen Wellenlänge von Interferenzfilter und Licht überein, so ist die Ausgangsleistung P_T am Faserende gering. Wird die Faser gedehnt, so ändert sich die Gitterperiode Λ und verschiebt damit die Filterfrequenz. Im Ergebnis wird die eingespeiste Leistung weniger gedämpft und dadurch das Ausgangssignal ansteigen.

Weitere Beispiele aus dem Bereich der Kraftmessung mittels DMS sind in Abschn. 4.2 und 4.5 zu finden.

4.4 Druck

4.4.1 Definition

Der Druck p ist eine häufig verwendete physikalische Größe und beschreibt die *Kraft F, welche senkrecht auf eine Fläche A* wirkt. Wird der Druck durch ein Gas oder eine Flüssigkeit ausgeübt, so wirkt er auf alle umgebenden Flächen gleich stark.

Das Formelzeichen für den Druck ist „p“. Es gilt: $p = F/A$ (F: Kraft; A: senkrecht zur Kraft stehende Fläche). Die Einheit des Druckes p ist Pa (Pascal). Es gilt: 1 Pa = 1 N/m^2. Außer der SI-Einheit Pascal sind auch noch ältere und national geprägte Einheiten üblich. Dazu zählen unter anderem:

Tab. 4.1 Umrechnung von Druckeinheiten

	Pascal	bar	psi	mmHg = Torr	mH_2O
Pascal	1	10^{-5}	$14{,}504*10^{-5}$	0,00750	0,000102
bar	10^5	1	14,504	750,0617	10,2110
psi	6894,8	0,06895	1	51,715	0,704
mmHg = Torr	133,32	$1{,}3332*10^{-3}$	0.01934	1	0,0136
mH_2O	9.807	0,0980	1,422	73,796	1

bar	1 bar = 100.000 Pa bzw. 1 mbar = 100 Pa = 1 hPa (Hekto Pascal)
	Hekto Pascal ist bei meteorologischen Daten gebräuchlich
Psi	(pound per square inch) mit 1 bar = 14,5 psi Ist im englischsprachigen Raum üblich
Torr = mmHg	1 mmHg = 133,3 Pa Es wird historisch in der Medizin verwendet (Blutdruck)
mH_2O	10,21 m Wassersäule entsprechen 1 bar Wird vor allem bei Pegelmessungen angewandt

Diese Einheiten lassen sich mit Tab. 4.1 ineinander umrechnen.

Anwendungsfelder
Drücke werden in vielen Anwendungsfeldern gemessen, wie Tab. 4.2 in einer Übersicht zeigt.

Für bestimmte Druckbereiche gibt es unterschiedliche Anwendungen, wie Tab. 4.3 zeigt

Tab. 4.2 Anwendungsfelder der Druck-Sensoren

Anwendungsfeld/Branche	Konkrete Anwendung
Automobil, Nutzfahrzeuge	Bremssysteme, ABS Einspritztechnik Hydraulik an Arbeitsgeräten
Luft- und Raumfahrt	Pneumatik und Hydraulik für Aktorik (z. B. Fahrwerk und Türen) Klimatechnik
Maschinenbau	Hydraulik und Pneumatik an Maschinen Druck an Pressen
Gebäudetechnik	Klimatechnik in Gebäuden Steuerung von Druckketten in der Reinraumtechnik
Medizin	Diagnostik (z. B. Blutdruckmessung, Atmung)
Umwelttechnik	Luftdruckmessung Pegelmessung in Gewässern

Tab. 4.3 Zuordnung von Druckbereichen zu Anwendungsfeldern

Druckbereiche	Konkrete Anwendung
<1 mbar absolut (<100 Pa)	Hochvakuumtechnik in der Halbleiterindustrie Raumfahrt
0,1 mbar bis 10 mbar (10 Pa bis 1000 Pa) relativ/differenz	Gebäudetechnik, Klimatechnik
1 mbar bis ca. 10 bar (100 Pa bis 1 MPa) absolut/relativ	Pegelsonden (1 mbar entspricht ca. 1 cm Wassersäule)
1 bar bis 30 bar (0,1 MPa bis 3 MPa)	Drucklufttechnik
bis 400 bar (bis 40 MPa)	Druckgasspeicher (Gasflaschen typ. 200 und 300 bar) Druckluftspeicher zum Start von Motoren
100 bar bis 600 bar (10 MPA bis 60 MPa)	Hydraulik
ab 500 bar (bis 50 MPa)	Einspritzdruck beim Motor (typ. 1000 bar)
ca. 3000 bar (ca. 300 MPa)	Wasserstrahlschneiden

4.4.2 Messprinzipien

Messprinzipien

Drücke können *statisch* und *dynamisch* gemessen werden, wobei unterschiedliche physikalische Prinzipien zum Einsatz kommen. Ferner wird zwischen *absolutem* und *relativem* Druck unterschieden.

Die Messung des Druckes erfolgt vorzugsweise in Gasen und Flüssigkeiten. Bei festen Gegenständen erfolgt die Messung des Druckes über die Messung der Masse oder der Kraft. Die Druckmessung kann auf drei Arten erfolgen:

- als *Differenzdruck,*
- als *Relativwert* zum Luftdruck und
- als *Absolutwert.*

Fast allen Druckmesseinrichtungen ist gemeinsam, dass die Verformung einer Membran durch die Druckdifferenz zwischen Vorder- und Rückseite bestimmt wird. Damit unterscheiden sich die drei genannten Methoden nur in der technischen Ausführung des Sensors.

Differenzdruckmessung

Es werden an beide Seiten der Membran die zu messenden Drücke angelegt. Das kann als Beispiel der Anschluss vor und nach einem Filter sein. Der Filter verursacht in diesem Fall einen Druckabfall, der ein Maß für die Verschmutzung des Filters ist.

Relativdruckmessung
In diesem Fall wird auf einer Membranseite der zu messende Druck angelegt. Die Rückseite ist dabei offen gegenüber dem Luftdruck, welcher somit als Bezugsgröße dient. Das hat aber zur Folge, dass die Schwankungen des Luftdruckes als Fehler in die Messung eingehen. Daher ist die Relativdruckmessung für Drücke im Bereich des Luftdruckes ungeeignet oder sehr von der technischen Anwendung abhängig. Ein Spezialfall der Relativdruckmessung ist die *Pegelmessung.* Dies ist eigentlich eine Differenzmessung zwischen dem Druck der Wassersäule einschließlich der darauf stehenden „Luftsäule" und der „Luftsäule" allein. Für die Messung der Wassersäule muss der Sensor aber am tiefsten Punkt liegen. Damit ist es erforderlich, dass der als Referenz erforderliche Luftdruck über ein Rohr der Membranrückseite zugeführt wird.

Absolutdruckmessung
Um die Ungenauigkeit des Luftdruckes als Referenz auszuschalten, wird die *Membranrückseite* mit einem abgeschlossenen Volumen mit definiertem Druck belegt. Dies ist auch die einzige Möglichkeit, den Luftdruck selbst zu messen. Eine weitere Möglichkeit der Absolutdruckmessung ist die Verwendung von Messprinzipien, welche nicht auf dem Vergleich mit einem anderen Druck basieren, sondern die Referenz in der Materialstruktur begründet ist. Dazu zählen Messverfahren, welche auf dem piezoelektrischen Effekt beruhen oder die Druckabhängigkeit von Piezoresonatoren ausnutzen.

4.4.3 Messanordnungen

Die klassische Anordnung für die Druckmessung ist die Umsetzung einer *mechanischen Verformung,* beispielsweise einer Membran oder eines Balgs, auf eine Anzeige (Funktionsprinzip eines Manometers).

Der Klassiker unter den Druckmessgeräten ist das *Manometer* auf Basis von *Rohrfedern.* Diese werden heute noch verwendet, da sie robust sind und keine Hilfsenergie benötigen. Sie können überall dort eingesetzt werden, wo keine weitergehende Signalverarbeitung erforderlich ist. Ein Beispiel zeigen die Bilder Abb. 4.22 und 4.23. Diese Instrumente werden auch als elektromechanische Druckmesser angeboten. In diesem Fall erfolgt eine kombinierte Abtastung des Messwertes auf mechanischen und elektrischen Weg. Im einfachsten Fall wird die Drehbewegung des Zeigers in ein elektrisches Signal gewandelt (siehe magnetische Winkelsensoren, Abschn. 3.2.2).

Bei der elektronischen Signalverarbeitung wird diese mechanische Verformung durch elektrische Wirkprinzipien erfasst. Die verbreitetste Methode ist dabei die Erfassung der *Verformung* durch (piezo-)resi'stive *Brücken* oder eine *kapazitive Abstandsmessung* (Abschn. 3.2.4 und 2.6.1). Abb. 4.24 zeigt das Bauprinzip eines Drucksensors mit einer resistiven Messbrücke. Der Messbereich einer derartigen Zelle kann durch Variation des Membrandurchmessers und der Membrandicke angepasst werden. Als Membranmaterial werden vor allem Stahl, Keramik oder Halbleitermaterialien verwendet.

Abb. 4.22 Rohrfedermanometer. (Quelle: WIKA)

Abb. 4.23 Innere Mechanik eines Rohrfedermanometer. (Quelle: EMPEO)

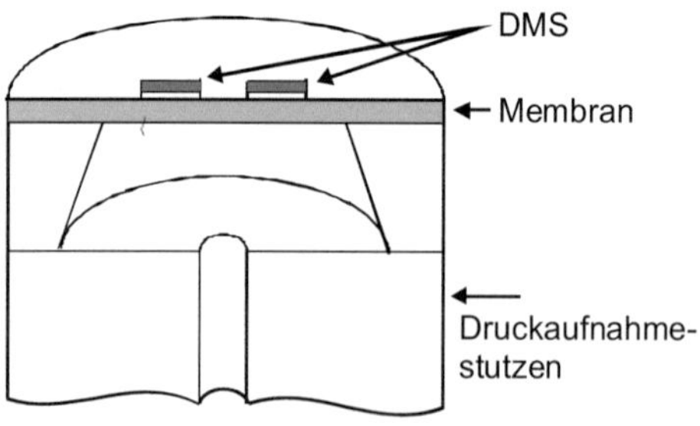

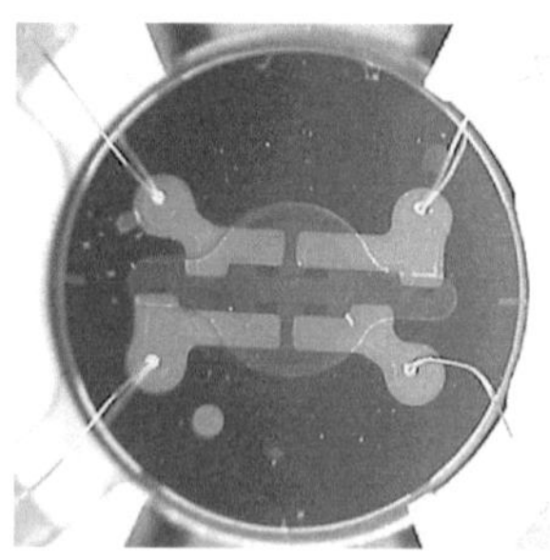

Abb. 4.24 Resistive Druckmessung über Membranverformung – Prinzipbild und Zellendraufsicht. (Werkfoto ADZ Nagano GmbH)

Die Bilder Abb. 4.25 und 4.26 zeigen Schnittbilder eines Siliciumdrucksensors. Die Pins im Bild haben einen Abstand von 2,54 mm.

Die nachfolgenden Bilder Abb. 4.27 bis 4.29 zeigen Beispiele für komplette elektronische *Drucktransmitter.* Abb. 4.27 zeigt einen kompakten Transmitter (Sensor mit Signalaufbereitung) mit einer Zelle auf Basis einer Edelstahl-Membran (Abb. 4.24) mit der erforderlichen Auswerteelektronik. Der überstehende Steckverbinder wird nach der Fertigung abgebrochen. Er wird je nach Zelle im Bereich von 1 bar bis 2000 bar eingesetzt. Abb. 4.29 zeigt einen Differenzdruckschalter für Niederdruck mit der Zelle aus Abb. 4.25 bzw. Abb. 4.26.

Abb. 4.25 Beispiel eines Silicium-Drucksensors – Draufsicht

Abb. 4.26 Beispiel eines Silicium-Drucksensors – Schnittbild

Abb. 4.27 Aufbau eines Drucktransmitters. (Werkfoto Prignitz-MST.de)

Abb. 4.28 Aufbau eines Drucktransmitters. (Werkfoto ADZ-Nagano)

Abb. 4.29 Aufbau eines Druckschalters für Niederdruck. (Werkfoto Prignitz-MST.de)

Eine ebenfalls weit verbreitete Form der Druckmessung ist die Nutzung der Membranverformung als veränderliche Kapazität. Dabei wird der Abstand zwischen der Membran und einer Referenzfläche gemessen. Die dabei auftretenden Kapazitäten liegen im Bereich weniger pF und können elektronisch mit einer Auflösung im Bereich von aF (atto Farad $= 10^{-18}$ F) ausgewertet werden.

Ein kurzer Überblick über die Möglichkeiten der Druckmessung ist in Tab. 4.4 dargestellt.

Ein grundsätzlicher Nachteil der resistiv arbeitenden Messungen liegt in der Tatsache, dass immer *eine Membranseite* die *elektronischen Komponenten* trägt. Damit ist diese Seite empfindlich im Kontakt mit dem Messmedium, was Probleme bei Differenzmessungen (Medienkontakt beidseitig) ergibt. Des Weiteren kann auf dieser Seite kein Anschlag für die Membran realisiert werden.

Bei kapazitiven und induktiven Messverfahren ist die mechanische Konstruktion eines Anschlags der Membran möglich, welcher einen *Überlastschutz* ergibt, da die Signalgewinnung nicht auf der Membran stattfindet. Es lassen sich dadurch Überlastfestigkeiten erreichen, welche um den Faktor 1000 über dem Arbeitsdruck liegen können.

Tab. 4.4 Mögliche Methoden der Druckmessung

Messelement	Funktionsprinzip
Membran (resistiv)	Mechanische Verformung der Membran. Erfassen der Verformung durch mit der Membran fest gekoppelten resistiver Messbrücken Messung statischer und dynamischer Drücke
Membran (kapazitiv)	Mechanische Verformung der Membran und Erfassen der Verformung durch kapazitive Änderungen Messung statischer und (langsamer) dynamischer Drücke
Membran (induktiv)	Mechanische Verformung der Membran und Erfassen der Durchbiegung durch induktive Abstandsmessung
Piezokristall	Bei Druck entsteht eine Ladung auf der Kristalloberfläche. Diese Ladung ist zum Druck proportional Nur Messung dynamischer Drücke
Quarzresonatoren, Piezoresonatoren	Durch die Druckeinwirkung auf die Oberfläche ändert sich das Schwingverhalten der Elemente Messung statischer und dynamischer Drücke
Ionisationskammer	Druckmessung durch Ionisation des Messmediums und der sich damit ergebenden Leitfähigkeit Messung statischer Drücke im Bereich des Hochvakuums (medienabhängig)

4.5 Drehmoment

4.5.1 Definition

Das Drehmoment M beschreibt die Krafteinwirkung auf rotierende Objekte. Es entspricht damit der Kraft bei geradlinigen Bewegungen.

Die Einheit ist das Nm (Newtonmeter)------1 Nm $= 1\frac{\mathrm{kg \cdot m^2}}{\mathrm{s^2}}$.

Über die Drehzahl n und das Drehmoment M lässt sich bei Antriebswellen die übertragene Leistung P bestimmen:

$$P = 2\pi \cdot n \cdot M.$$

4.5.2 Messprinzipien

An einer ruhenden Masse kann ein wirkendes Drehmoment durch Messung der an einem Hebel wirkenden Kraft erfolgen. Ein allgemein bekanntes Beispiel ist der *Drehmomentenschlüssel* zum Begrenzen bzw. Bestimmen des Anzugsmomentes von Schrauben. Eine Variante dazu ist die Auslegung eines Schraubenschlüssels als Biegebalken (Abschn. 4.3), um die angelegte Kraft zu bestimmen und damit durch die geometrischen Auslegung auf das Drehmoment zu schließen. Alternativ kann auch die

Abb. 4.30 Drehmomentsensor (nicht rotierend) zur Überprüfung von Schraubwerkzeugen. (Werkfoto: ATP Messtechnik)

Torsionskraft in einem Steckschlüssel bestimmt werden. Ein System nach diesem Prinzip zeigt Abb. 4.30.

Ein weiterer Weg zur Messung des Drehmoment ist eine Bestimmung der Winkelbeschleunigung α. Dies setzt jedoch ein bekanntes Trägheitsmoment J voraus. Es gilt für das Drehmoment M:

$$M = J \cdot a$$

Die Übertragung von Drehmomenten über eine Welle führt zu einer *Verwindung* dieser (Torsion). Diese lässt sich als Dehnung auf der Oberfläche mittels Dehnmess-Streifen (DMS) bestimmen. Abb. 4.31 zeigt speziell dafür gestaltete DMS.

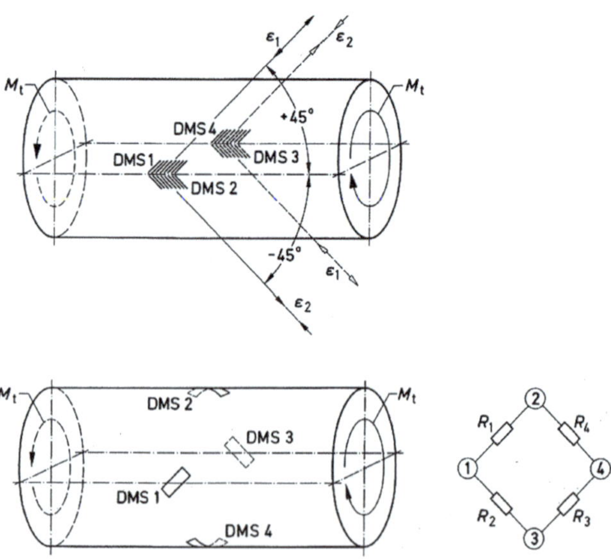

Abb. 4.31 Torsionswelle mit in den Hauptdrehrichtungen applizierten DMS. **a** bei Verwendung spezieller X-Rosetten, **b** bei Verwendung einzelner DMS. (Quelle: Hoffmann; „Eine Einführung in die Technik des Messens mit DMS“; bei HBM)

4.5.3 Anwendungsbereiche

Messungen der Drehmomente spielen in vielen Bereichen eine wichtige Rolle. Abb. 4.32 zeigt die wichtigsten Anwendungsgebiete der Drehmomentsensorik.

Die Messung des Drehmoments ist auch durch weitere Verfahren möglich (Abb. 4.33).

Ein Beispiel für eine magnetisch basierte Anwendung zeigt Abb. 4.34.

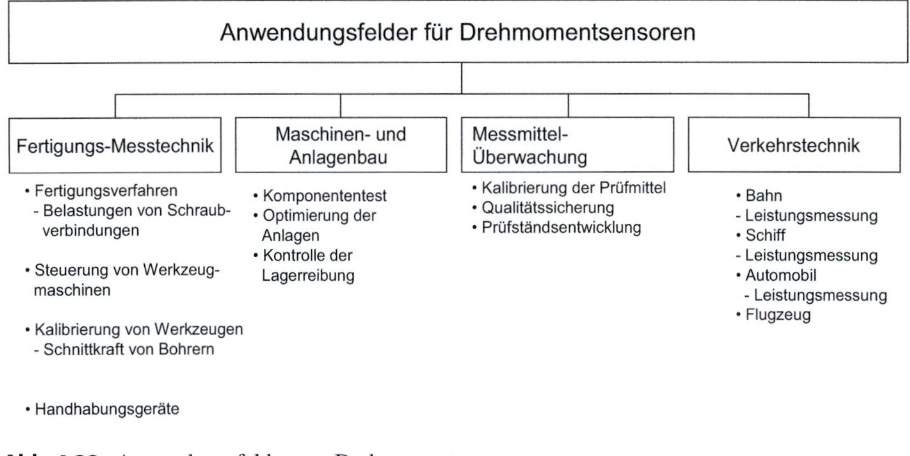

Abb. 4.32 Anwendungsfelder von Drehmomentsensoren

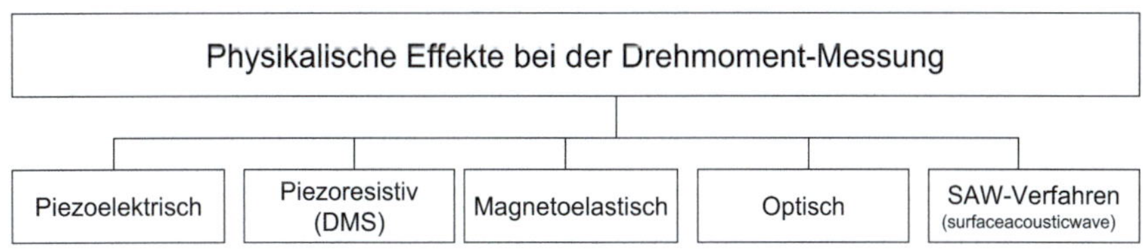

Abb. 4.33 Methoden zur Drehmomentmessung

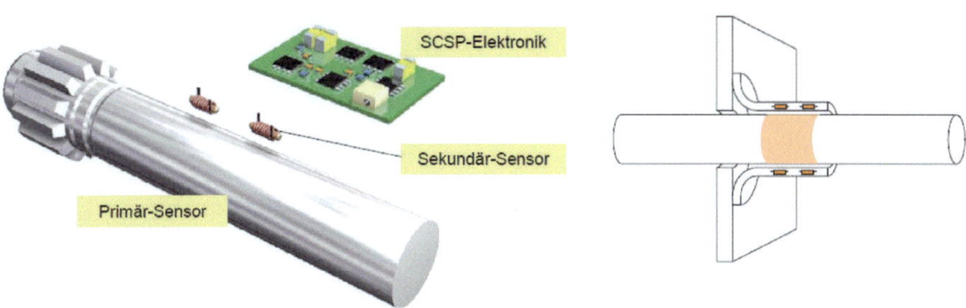

Abb. 4.34 Drehmomentsensor auf Induktionsbasis **a** Sensorsystem, **b** Drehmomentsensor für eine Getriebewelle. (Werkfoto: NCT Engineering)

4.6 Härte

4.6.1 Definition

Der Begriff *Härte* bezeichnet eine Werkstoffeigenschaft, die phänomenologisch als *„Widerstand eines Materials gegen das Eindringen eines Prüfkörpers“* beschrieben wird. Materialien lassen sich durch eine geeignete Messvorschrift und darauf basierender Härtedefinition nach auf- bzw. absteigender Härte ordnen. So sortiert beispielsweise die *Mohs'sche Härteskala* nach dem Messverfahren „Material A ritzt Material B“ Mineralien in einem Härtebereich von 1 (Talk) bis 10 (Diamant).

Die einem bestimmten Material zugeordneten Härtewerte unterscheiden sich je nach Definition zum Teil erheblich. Auch können Härteunterschiede mehrerer Materialien auf verschiedenen Härteskalen nichtlinear miteinander zusammenhängen. Daher dienen *Härteangaben* in erster Linie zum *Vergleich* von Materialien in einer bestimmten, gut definierten *Werkstoffklasse* (z. B. Metalle, Elastomere und Mineralien) und beruhen auf ein und derselben Härtedefinition, welche für diese Klasse geeignet ist.

Die heute gebräuchlichsten Härtedefinitionen basieren auf der Angabe einer *Prüfkraft F,* mit der ein Prüfkörper in das Material eindringt, und einem *Maß* für die *„Stärke des Eindringens“,* beispielsweise der *Tiefe* (Rockwell- oder Shore-Härte) oder der *projizierten Fläche* (Vickers-Härte) des Eindrucks. Die *Prüfkörper („Indenter“)* bestehen meist aus Hartmetall oder Diamant und haben eine in der jeweiligen Norm festgelegte Geometrie.

4.6.2 Makroskopische Härtebestimmung

Dem Prüfingenieur stehen je nach Einsatzbereich eine Reihe genormter Verfahren zur makroskopischen Härtebestimmung zur Verfügung, welche überwiegend zu Beginn des 20. Jahrhunderts zur Kontrolle industriell gefertigter Werkstücke entwickelt wurden. Die Auswahl des geeigneten Verfahrens hängt vom jeweiligen *Material,* dem erwarteten *Härtebereich,* der *Form* des Werkstücks und anderen Faktoren ab. Bei der Härtemessung nach *Brinell, Vickers* oder *Knoop* wird der verbleibende Eindruck mikroskopisch vermessen, während Testgeräte für *Rockwell-* oder *Shorehärte* Wegsensoren für die Eindringtiefe enthalten.

Im *Vickers-Test* wird eine *gleichseitige Diamantpyramide* mit Öffnungswinkel von 136° eingesetzt, während der Knoop-Indenter eine *vierseitige Pyramide* mit unterschiedlich langen Diagonalen darstellt. Die Härteprüfung nach *Brinell* oder *Rockwell* verwendet *Hartmetallkugeln* oder *konische Diamantindenter.*

Der *Knoop-Test* liefert bei dünnen Schichten die genauesten Messungen, setzt aber in der Regel eine polierte Oberfläche des Werkstücks voraus. Die *Brinellhärte* mit vergleichsweise hoher Prüfkraft wird bei rauen oder grobkörnigen Materialien verwendet. Sogenannte *Durometertests* nach *Shore* finden bei *Gummi* und *weicheren Polymerwerkstoffen* Einsatz.

Diesen Testverfahren ist gemein, dass lediglich die *maximale Prüfkraft* und die *maximale Eindringtiefe* gemessen werden. Sie geben daher nur über die plastische Verformung des Werkstoffs Aufschluss. Dagegen können *registrierende Härtemessverfahren* wie die *Martenshärte* auch Information über das elastische Rückfedern des Materials liefern.

4.6.3 Härtebestimmung durch Nanoindentation

Zunehmende Miniaturisierung von Bauteilen erfordert Messverfahren, bei denen die Eindringtiefe des Prüfkörpers im Bereich < 1 µm liegen kann. Daraus ergeben sich praktische Konsequenzen für eine sinnvolle Messvorschrift von Härte im Nanometerbereich:

- *Geometrie des Prüfkörpers:* Dreiseitige Pyramiden werden bevorzugt, da konische Indenter mit sehr kleinem Verrundungsradius an der Spitze schwer zu fertigen sind und vierseitige Pyramiden (z. B. Vickers-Indenter) oft nicht in einem Punkt, sondern in einer Dachkante enden. Beides führt besonders bei geringen Eindringtiefen zu fehlerhafter Bestimmung der Eindruckfläche.
- *Probenpräparation:* Damit aus der Eindringtiefe und der bekannten Indentergeometrie die Kontaktfläche berechnet werden kann, muss der Indenter senkrecht zur Werkstückoberfläche eindringen. Die kleinen lateralen und vertikalen Abmessungen des Eindrucks erfordern eine sehr geringe Rauheit der Oberfläche des Werkstücks.
- *Kombination mit mikroskopischen Verfahren:* Oft weisen zu untersuchende Proben Inhomogenitäten oder topografische Anomalien (z. B. Gräben, Kratzer, Korngrenzen oder Einschlüsse) auf. Daher ist die *Kombination* der *Nanoindentation* mit einem *Bild gebenden Verfahren* vorteilhaft, bei dem die Probe an der zu untersuchenden Stelle mit einer hohen Ortsauflösung abgebildet wird, um einen geeigneten Ort für die Indentation festzulegen. Hier ist besonders die *Rasterkraftmikroskopie* hervorzuheben, die mit einer Auflösung im Nanometerbereich eine dreidimensionale Karte der Oberflächentopografie erstellt.
- *Messverfahren für die „Stärke des Eindringens":* Wie bei der Härtemessung nach Martens wird während der Nanoindentation kontinuierlich Kraft F und Eindringtiefe h gemessen *(registrierende Härteprüfung)*. Eine genaue Vermessung des verbleibenden Eindrucks unter dem Mikroskop wie bei der Vickers-Härte ist aufgrund der geringen Abmessungen des Eindrucks nicht möglich. Die registrierende Härteprüfung ermöglicht dagegen die Bestimmung der projizierten Kontaktfläche A_c des Indenters aus der gemessenen Eindringtiefe h_c und der sogenannten Indenter-Flächenfunktion $A(h)$ in Kombination mit einem geeigneten Modell für die elastische Deformation des Kontakts. Die registrierende Härteprüfung ist im Gegensatz zur Vickers-Härte auch auf Materialien anwendbar, welche sich rein elastisch verformen und nach Wegnahme der Prüfkraft keinen Eindruck hinterlassen (z. B. einige Elastomere).

Die aus Nanoindentation bestimmte Härte H wird definiert als:

$$H = F_{\text{max}}/A_{\text{c}},$$

wobei F_{max} die maximal aufgebrachte Prüfkraft darstellt und die projizierte Kontaktfläche A_c aus der Kontakttiefe h_c bestimmt wird (Abschn. 4.6.5). Die so definierte Härte entspricht dem mittleren Druck auf die Probe im Kontaktbereich.

Genauigkeit und Reproduzierbarkeit der Nanohärte-Messung werden aufgrund der geringen Eindringtiefe und Messkraft erheblich durch experimentelle Gegebenheiten beeinflusst, wie thermische Drift und mechanische Vibrationen. Nanoindent-Systeme sind daher häufig mit einem aktiven oder passiven Schwingungsisolationssystem und einer thermo-akustisch abschirmenden Einhausung ausgestattet.

4.6.4 Sensoren für die Nano-Härtemessung

Die Aufbringung der *Prüfkraft* geschieht je nach verwendetem System durch Anlegen eines *magnetischen* oder *elektrischen Feldes* bekannter Feldstärke oder durch kontrollierte Deformation einer Feder. Zur Wegmessung des Eindringweges werden meist kapazitive (Abschn. 2.6) bzw. induktive (Abschn. 2.5) Wegsensoren verwendet.

Das System in Abb. 4.35 und 4.36 stellt eine Besonderheit dar, weil hier die Kraft als optisch detektierte Auslenkung einer kalibrierten Feder gemessen und durch eine

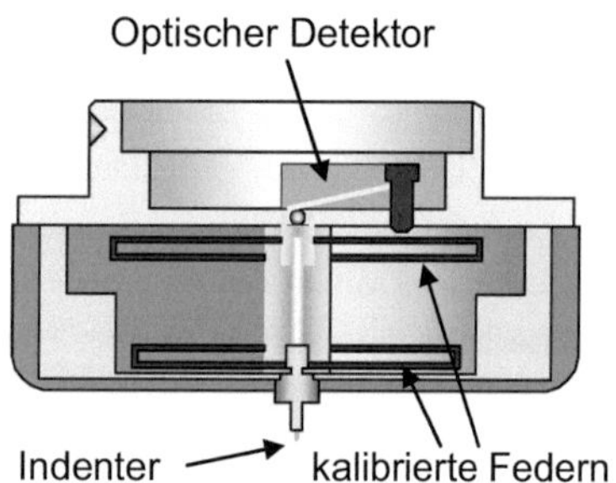

Abb. 4.35 Schematischer Aufbau des Nanoindentmoduls

Abb. 4.36 Nanoindentmodul. (Werkfoto: atomic force)

elektronische Regelschleife auf dem Sollwert gehalten wird. Die Kraftauflösung liegt unter 20 nN. Der Nanoindenter wird mit einem Piezoaktuator senkrecht auf die Probe gedrückt. Die Eindringtiefe ergibt sich als Differenz der gemessenen Piezobewegung und der mit dem optischen Detektor gemessenen Federauslenkung.

Die gesamte Nanoindent-Einheit mit etwa 3 cm Durchmesser ist am Messkopf eines Rasterkraftmikroskops befestigt und in dessen XYZ-Rastersystem integriert, sodass die Probentopografie mit der Indentspitze vor und nach der Messung abgerastert werden kann.

4.6.5 Modell und Auswertung

Zur Berechnung der Härte muss zunächst die projizierte Kontaktfläche $A(h_c)$ aus der Indenter-Flächenfunktion $A(h)$ bestimmt werden. Die Kontakttiefe h_c ergibt sich als Differenz aus maximaler Eindringtiefe und der zunächst unbekannten elastischen Deformation h_s (s für „sink-in") der Oberfläche an der Kontaktperipherie (Abb. 4.37):

$$h_c = h_{max} - h_s.$$

Während der Belastung wird die Probe in der Regel sowohl plastisch, als auch elastisch verformt. Die Entlastkurve enthält dagegen ausschließlich Information über das elastische Rückfedern des deformierten Materials (Abb. 4.38).

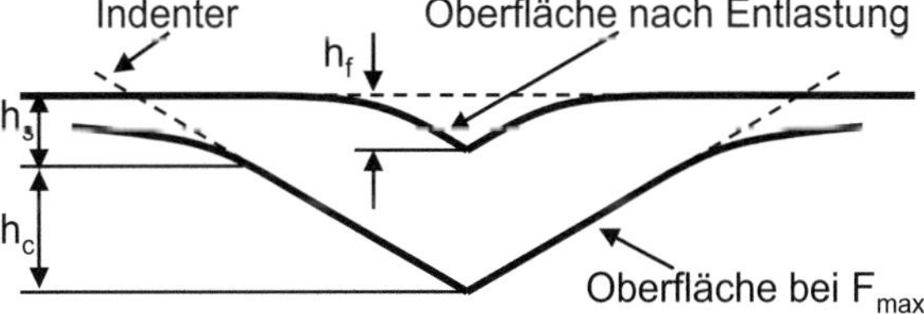

Abb. 4.37 Schnitt durch einen Nano-Eindruck in ein elastisch und plastisch verformbares Material bei maximaler Last und nach Wegnahme der Last

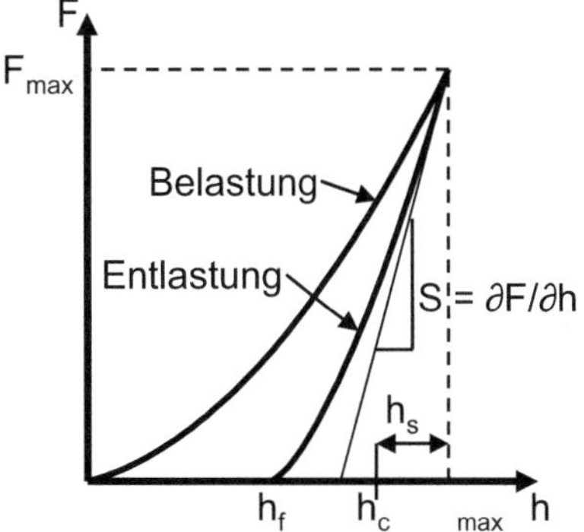

Abb. 4.38 Schematische Darstellung der gemessenen Last- und Entlastkurve mit den im Text verwendeten Eindringtiefewerten *h*

Die elastische Deformation ist für einen kreisförmigen, flachen Indenter (sog. „*Flat Punch*") durch

$$h_s = F_{max}/S(h_{max})$$

gegeben, wobei die Steifigkeit *S* als Steigung der Entlastkurve berechnet wird:

$$S = \partial F/\partial h.$$

Für andere Indentergeometrien verändert sich h_s um einen geometrieabhängigen Faktor ε. Für die am häufigsten verwendeten Indentergeometrien stellt der Wert ε = 0,75 eine gute Näherung dar. Damit ist die Kontakttiefe

$$h_c = h_{max} - \varepsilon\, F_{max}/S(h_{max})$$

und schließlich die gesuchte Härte

$$H = F_{max}/A(h_c).$$

Die Analyse setzt voraus, dass kein Material an der Kontaktperipherie aufgeworfen wird („pile-up"). Diese Annahme kann gegebenenfalls durch Abbilden des Eindrucks verifiziert werden.

Die *Indenter-Flächenfunktion A*(*h*) ist durch die Geometrie des Indenters gegeben. Für einen *Berkovich-Indenter* (dreiseitige Pyramide mit Winkel von 142° zwischen Kante und gegenüberliegender Seite) ergibt sich der Zusammenhang $A(h) = 24{,}5\, h^2$. Bei sehr geringen Eindringtiefen der Größenordnung < 100 nm sind Abweichungen von der Idealgeometrie wie beispielsweise die unvermeidliche Verrundung der Indenterspitze zu berücksichtigen.

4.6.6 Anwendungen

Abb. 4.39 zeigt eine typische Messkurve an einer Hartstoffschicht von einem nur 50 nm tiefen Nanoindent-Eindruck mit einem *Berkovich-Indenter.* Bei maximaler Last wurde eine Wartezeit von 4 s eingelegt, um das Abklingen plastischer Kriechvorgänge in diesem Material abzuwarten. Der Fit-Bereich zur Bestimmung der Steifigkeit $S = \delta F/\delta h$ ist mit einer dicken schwarzen Linie hervorgehoben. Die aus der Messkurve bestimmte Härte beträgt 3,2 GPa.

In der rasterkraftmikroskopischen Abbildung eines Indents auf einer Leichtmetall-Legierung (Abb. 4.40) sind seitliche Aufwürfe zu erkennen, die zu einer Erhöhung der Kontaktfläche *A(hc)* führen. Außerdem deuten die unterschiedlich hohen Aufwürfe auf eine Anisotropie des Materials hin. Dieses Beispiel illustriert die Stärke der Kombination von Nanohärte-Messung mit einer hoch auflösenden Abbildung.

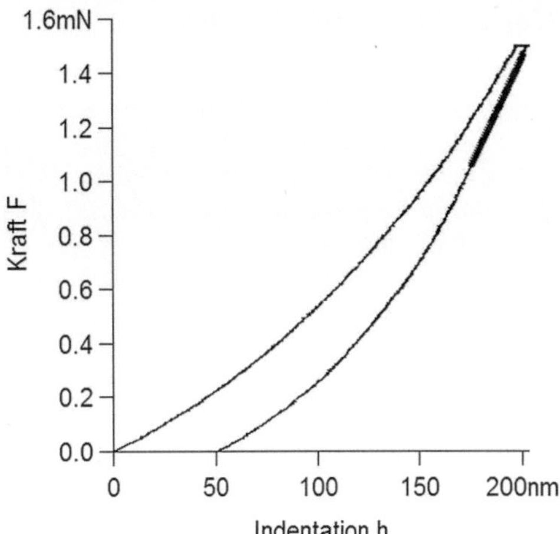

Abb. 4.39 Messdaten einer Nanohärtemessung an einer Hartstoffschicht

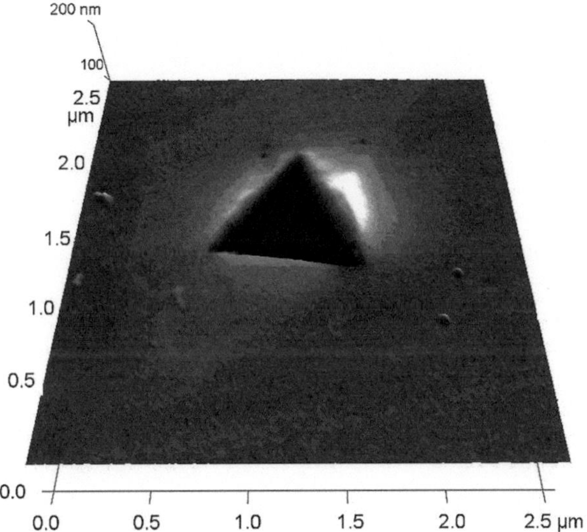

Abb. 4.40 Rasterkraftmikroskopische Aufnahme des verbleibenden Eindrucks nach Indentierung einer Leichtmetall-Legierung. (Werkfoto: atomic force)

Weiterführende Literatur

Blohm, R.: „Praktikum Messtechnik – Dehnmess-Streifen"; Fachhochschule Osnabrück

Ferber, F.: „Experimentelle Methoden der Spannungsanalyse"; Experimentelle-Methoden-der-Mechanik PDF; Universität Paderborn, Wikipedia: Faser-Bragg HBM: Grundlagen und optimierte Anwendung der modernen Dehnungsmess-Streifen (DMS)-Technik, Firmenbroschüre (2010)

Hering, E., Martin, R., Stohrer, M.: Physik für Ingenieure. Springer Verlag, 10. Aufl. (2007)

Herrmann, K. et al.: Härteprüfung an Metallen und Kunststoffen: Grundlagen und Überblick zu modernen Verfahren, Expert-Verlag, 1. Auflage September (2007)

Hoffmann, K.: „Eine Einführung in die Technik des Messens mit DMS"; Herausgeber: Hottinger Baldwin Messtechnik GmbH, Darmstadt (1987)

Lorenz Messtechnik: Elektrisches Messen mechanischer Größen, Firmenbroschüre (2011)

Oliver, W.C., Pharr, G.M.: An improved technique for determining hardness and elastic modulus using load and displacement sensing indentation measurements. J. Mater. Res. **7**(6), 1564–1583 (1992)

www.hbm.com

www.kistler.com

www.lorenz-messtechnik.de

www.me-systeme.de

www.soemer.de

Zeitbasierte Messgrößen

5

Gert Schönfelder und Gerd Stephan

5.1 Zeit

Definition

Die Sekunde ist das 9.192.631.770-fache der Periodendauer der dem Übergang zwischen den beiden Hyperfeinstrukturniveaus des Grundzustandes von Atomen des Nukleids ^{133}Cs entsprechenden Strahlung. Die Zeit hat als Formelzeichen t und *die Einheit Sekunde* [s]. Die relative Messunsicherheit beträgt 10^{-14}. Wegen dieser hohen Mess-Sicherheit ist die Zeit für viele Messverfahren die entscheidende Bezugsgröße.

Messprinzipien

Die absolute Zeit lässt sich nur über eine Atomuhr bestimmen, welche ihrerseits auf der Basis astrophysikalischer Abläufe eingestellt wird. Um diesen Referenzwert zugänglich zu machen, erfolgt die Verbreitung durch *Zeitzeichensender,* welche Zeitmarken senden – beispielsweise Sekundenimpulse – sowie absolute Zeitinformationen in codierter Form. Mit diesen Signalen lassen sich Zeit- und Frequenzreferenzen lokal abgleichen. Man erhält dadurch zumindest eine Referenz mit einer hohen relativen Genauigkeit. Für eine absolute Referenzzeit müssen die Laufzeiten der Übertragung von den Zeitzeichensendern beachtet werden.

In Deutschland arbeitet als Zeitzeichensender der *DCF77* mit einer Trägerfrequenz von 77,5 kHz, welcher außer den Sekundenimpulsen zusätzlich in jeder Minute die Informationen zu Zeit und Datum überträgt. Zum Empfang dieser Signale

G. Schönfelder
Aspect Systems GmbH, Dresden, Deutschland

G. Stephan (✉)
Quantum Hydrometrie Gesellschaft für Mess- und Systemtechnik mbH, Berlin, Deutschland
E-Mail: Gerd.Stephan.Berlin@gmx.de

E. Hering und G. Schönfelder (Hrsg.), *Sensoren in Wissenschaft und Technik,*
https://doi.org/10.1007/978-3-658-39491-2_5

werden spezielle Module angeboten, welche die codierten Signale als digitalen Datenstrom ausgeben. Es erfolgt mit dem Beginn einer neuen Sekunde eine Absenkung der Trägeramplitude auf 25 %. Die Absenkung der 59. Sekunde fehlt, womit die folgende Absenkung den Beginn einer neuen Minute anzeigt. Die Länge der Absenkungen stellt eine binäre Codierung dar, welche Informationen zu Betriebsdaten und der aktuellen Uhrzeit und Datum darstellt. Eine weitere Quelle für ein relatives Zeitnormal sind die Informationen von *Navigationssatelliten.*

Für die Praxis ist allgemein eine genaue *relative Zeitreferenz* ausreichend. Diese gewinnt man durch *Teilung* der Frequenz von Schwingquarzen. Quarze liefern eine sehr stabile Schwingung, haben aber den Nachteil, dass sie thermisch sehr empfindlich sind. Durch technologische und schaltungstechnische Maßnahmen werden hierbei Genauigkeiten im Bereich von 10^{-4} bis 10^{-9} erreicht. Auf die Messanordnungen wird im folgenden Abschnitt bei der Frequenz ausführlicher eingegangen.

5.2 Frequenz

Definition

Die *Frequenz* f ist das Verhältnis aus einer Anzahl von Ereignissen ΔN in einem definierten Zeitraum Δt. Es gilt:

$$f = \frac{\Delta N}{\Delta t} \quad [f] = \frac{1}{\mathrm{s}} = 1[\mathrm{Hz}].$$

Die Einheit ist [1/s] oder [Hz]. Da sich die Frequenz auf die Basiseinheit der Zeit bezieht, gilt auch hier die relative Messunsicherheit von 10^{-14}. Sie ist damit eine zur Zeit gleichwertige Messgröße.

Vom physikalischen Standpunkt aus können alle periodisch wiederkehrenden Ereignisse als Frequenz bezeichnet werden. In der Praxis wendet man den Begriff der Frequenz nur auf *periodische Schwingungen* an – beispielsweise von Oszillatoren mit digitalem oder analogem Ausgangssignal. Bei anderen periodischen Signalen, welche sich auch auf die Zeit beziehen, werden oft andere Begriffe verwendet, wie beispielsweise:

- *Baud: Bit je Sekunde* in einem digitalen Datenstrom (Baudrate serielles Interface).
- *SPS* (Samples per Second): Anzahl der Abtastungen von Werten je Sekunde in der Messtechnik (Abtastrate, Samplerate).
- *U/min:* Drehzahl in Umdrehungen pro Minute (auch als 1/min).
- *Bit/s:* Datenübertragungsrate in der Digitaltechnik.

Abb. 5.1 Grundprinzip der Frequenzmessung

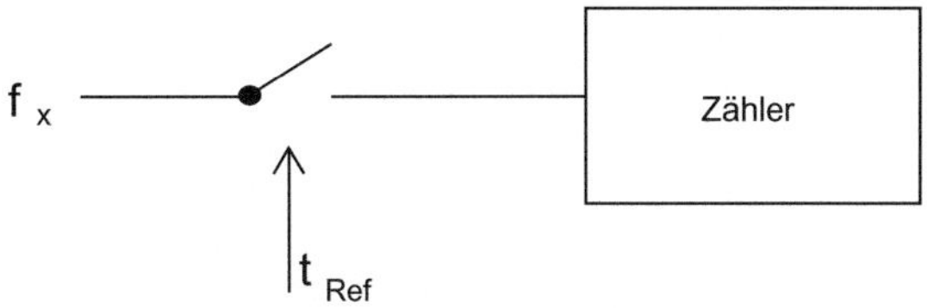

Abb. 5.2 Grundprinzip der Zeitmessung

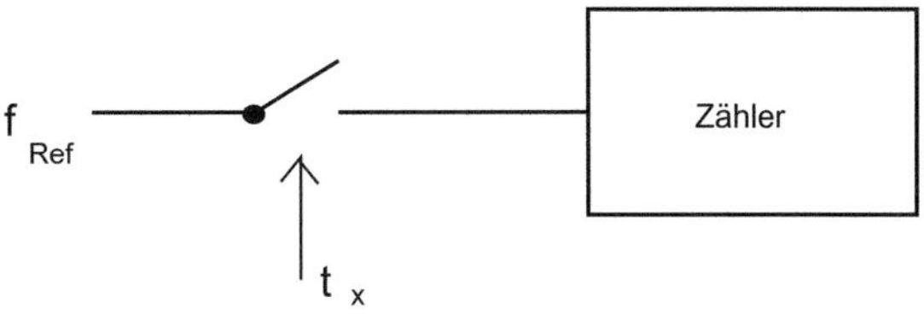

Messprinzipien

Die Frequenz kann man nur durch das *Zählen der Perioden* (Anzahl von Schwingungen) in einer *vorgegebenen Zeit* bestimmen. Dabei kann es erforderlich sein, das Signal durch Filterung und/oder Triggerung aufzubereiten. Die damit diskret heraus gestellten Ereignisse werden innerhalb einer definierten Zeit – z. B. 1 Sekunde – gezählt. Die dafür erforderliche Referenzzeit wird durch Teilung aus der Frequenz eines Schwingquarzes gewonnen. Wie anschließend an der Fehlerbetrachtung gezeigt wird, ist es wichtig, die Messzeit so zu wählen, dass während der Messung eine große Zahl von Ereignissen erfasst wird.

Messanordnungen zur Frequenz- und Zeitmessung

Abb. 5.1 zeigt das Prinzip einer Frequenzmessung.

Die mit der Frequenz f_x anliegenden Impulse werden durch Schließen des Schalters für eine definierte Zeitspanne Δt mit dem Zähler erfasst. Das Ergebnis ist eine Impulszahl pro Zeit. Es erfolgt damit die Bestimmung von ΔN in einer vorgegebenen Zeit Δt ($f = \Delta N/\Delta t$).

Tauscht man die Bezugsgröße und zählt die Impulse einer bekannten Frequenz für eine unbekannte Zeit, so erhält man eine Zeitmessung. Man erfasst dabei die Anzahl der Periodendauern, d. h. die Frequenz während der Schließzeit Δt des Schalters (Abb. 5.2).

Aus diesen Anordnungen lässt sich die Messung eines Frequenzverhältnisses einfach ableiten, da die Frequenzmessung im Grunde eine Verhältnisbestimmung ist. Es wurde beschrieben, dass die *Torzeit* durch Teilung der Frequenz eines Referenzgenerators gewonnen wird. Da der Zähler nur ganzzahlige Ereignisse darstellen kann, müssen die beiden Frequenzen weit genug auseinander liegen, was durch Teilung der tor-steuernden Frequenz erreicht wird. Das sich damit ergebende Schalt-Schema zeigt Abb. 5.3.

Abb. 5.3 Grundprinzip der Frequenz-Verhältnis-Messung

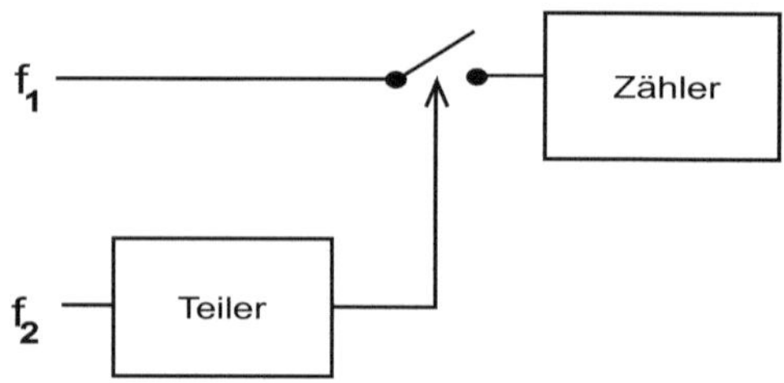

Messfehler zeitdiskreter Messungen

Da bei der Frequenzmessung zwischen den beiden Eingangssignalen kein zeitlicher Zusammenhang besteht, kann das Messergebnis um +/−1 schwanken. Die Ursache ist die zufällige Lage der Signalflanken zueinander. Wie Abb. 5.4 zeigt, kann je nach Lage der Torzeit ein Impuls mehr oder weniger erfasst werden. Da nicht bekannt ist, welcher der beiden Fälle bei der konkreten Messung eingetreten ist, rechnet man mit einer Abweichung in beide Richtungen. Dieser immer auftretende Fehler wird als *digitaler Restfehler* bezeichnet. Da er immer mit dem Wert von +/−1 ezogen auf die Gesamtanzahl der gemessenen Ereignisse auftritt, sinkt er mit der steigenden Anzahl von gemessenen Impulsen. Er wird dargestellt durch das Verhältnis dieses Fehlimpulses zur Gesamtzahl der Impulse.

Der gesamte relative Fehler F_{rel} einer Zeit- oder Frequenzmessung setzt sich damit aus dem *Fehler der Normal frequenz* f_{rel} und dem digitalen Restfehler zusammen. Da diese nicht korrelieren, erfolgt ihre Addition quadratisch. Dabei sinkt die Wirkung des digitalen Restfehlers mit wachsendem Messwert, sodass er mit dem Reziprok des Messwertes angesetzt wird. Es gilt also:

$$F_{\mathrm{rel}} = \sqrt{\frac{1}{Messwert^2} + F_{\mathrm{rel}}(f_{\mathrm{ref}})^2}. \tag{5.1}$$

Mit dieser Fehlerbetrachtung lässt sich auch der Punkt bestimmen, an dem man von der Frequenzmessung auf die Periodendauermessung umschalten sollte, da der Messwert für die Frequenz zu klein und dadurch der Fehlereinfluss zu groß wird. Für die in der Praxis

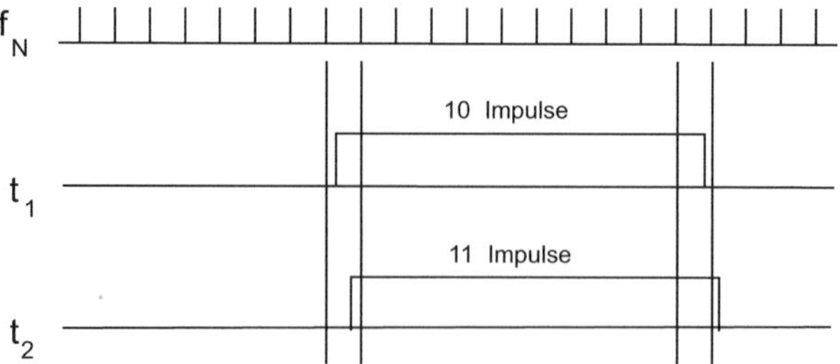

Abb. 5.4 Darstellung des digitalen Restfehlers

üblichen *Frequenznormale* werden Quarze eingesetzt. Bei diesen kann man von etwa den folgenden Genauigkeiten ausgehen:

Uhrenquarz 10^{-4} bis $2*10^{-5}$
Ausgesuchte Quarze bis $5*10^{-6}$
Quarz und Oszillator temperaturstabilisiert bis 10^{-8}
Quarznormale 10^{-9} bis 10^{-11}

Messanordnungen

In der Praxis werden diese Messaufgaben mit Zählern gelöst, welche als Geräte angeboten werden. Da sie über standardmäßige Schnittstellen verfügen, können sie in Messanordnungen jederzeit integriert werden. Sie verfügen mindestens über die Grundfunktionen der Frequenz- und Zeitmessung und bieten die Möglichkeit der *Ereigniszählung* – was einer Messzeit von unendlich entspricht. Die im Gerät enthaltene hochgenaue Referenzfrequenz sollte zum Anzeigeumfang passen, das heißt ein Gerät mit 7-stelliger Anzeige sollte in der Referenzfrequenz mindestens eine Genauigkeit von 10^{-8} aufweisen.

Bei komfortablen Systemen besteht durch einen zusätzlichen Eingang auch die Möglichkeit, weitere Messaufgaben zu lösen. Dazu zählen die *Frequenzverhältnismessung* und die in den folgenden Abschnitten beschriebenen Funktionen der *Impuls- und Phasenmessung.*

Abb. 5.5 zeigt die Schaltung einer einfachen Zählersteuerung. Sie lässt die Messung von Frequenz, Periodendauer, Impulslänge und das Zählen von Ereignissen zu. Da die Eingangssignale in der Praxis selten Rechtecksignale sind, ist eine Triggerung, das heißt

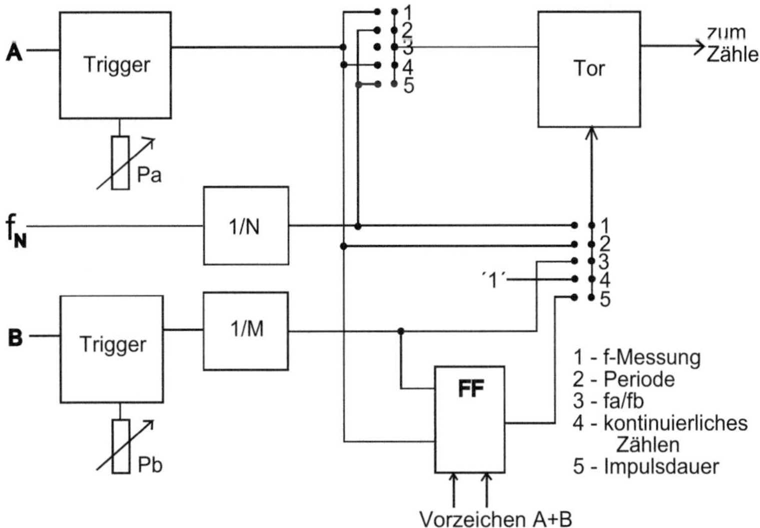

Abb. 5.5 Blockschaltung einer Steuerung für Digitalzähler

die Umwandlung in ein Rechtecksignal, erforderlich. Über die Potenziometer erfolgt dabei die Einstellung der Triggerschwelle. In Schalterstellung 1 entspricht die Messanordnung dem Abb. 5.1. Die bereitgestellte Normalfrequenz wird mit dem Teiler 1/N geteilt, sodass sich beispielsweise eine Torzeit von 1 s ergibt. Dem Eingang A wird das Mess-Signal zugeführt, dessen Periodenanzahl erfasst wird. Das angezeigte Ergebnis entspricht damit der Frequenz des Mess-Signals in [Hz].

Die Schalterstellung 2 ergibt eine Zeit- oder Periodendauermessung entsprechend Abb. 5.2. Die Normalfrequenz wird dazu wenig oder nicht geteilt und beispielsweise mit 1 MHz auf den Zähleingang gelegt. Das Mess-Signal von Eingang A öffnet mit der steigenden Flanke das Tor zum Zähler und schließt dieses mit der folgenden steigenden Flanke. Als Ergebnis steht in der Anzeige die Anzahl von µs (1/1 MHz), in denen das Tor geöffnet war, was in diesem Fall der Periodendauer des Eingangssignals entspricht. Für die Messung von Impulsdauern muss die Kombination der auslösenden Flanken in der Torsteuerung variiert werden (z. B. von steigender bis fallender Flanke).

Bei Schalterstellung 3 wird das Verhältnis von Frequenz A zu Frequenz B gebildet. Um einen ausreichenden Anzeigewert zu erhalten, wird der Pfad B mit einem Teiler 1/M herabgesetzt. Die Schaltung entspricht damit Abb. 5.3.

In Schalterstellung 4 wird das Tor permanent offen gehalten, was dem Zählen von periodischen oder nicht periodischen Ereignissen dient.

Die Schalterstellung 5 entspricht technisch der Stellung 2. Es bestehen aber getrennte Eingänge für das Öffnen und Schließen der Torschaltung. Damit können durch Kombination der Triggerpolarität und der Schaltschwellen (Pegel Pa und Pb) weitere Werte wie Phase, Laufzeit, Flankenanstiegszeit und Impulsdauer für „low“ und „high“ bestimmt werden.

Abb. 5.6 zeigt die Front eines Zählers. Es handelt sich hier um eine einfache Ausführung ohne den Kanal B. Damit sind keine Frequenzverhältnismessungen durchführbar.

Eine Alternative zum Zähler ist der Einsatz von *Mikrocontrollern* zur Frequenz- und Zeitmessung. Diese enthalten allgemein eine *Capture-Einheit,* welche über eine geringere Auflösung verfügt und nicht den Komfort der Signalaufbereitung bietet. Sie

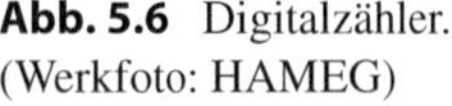

Abb. 5.6 Digitalzähler. (Werkfoto: HAMEG)

bilden die Schaltung eines Zählers für Frequenzmessung nach. Es werden als Referenzfrequenz Ableitungen aus dem Quarz des Controllers genutzt, wodurch diese nicht dekadisch geteilt ist. Ihr Einsatz bietet sich vor allem als preiswerte Alternative bei kleinen Auflösungen und definierten Erwartungswerten an.

Bis jetzt wurde nur die digitale Messung der Frequenz abgehandelt. Es existieren aber auch klassische analoge Methoden dafür. Eine einfache analoge Schaltung ergibt sich, wenn mit dem Mess-Signal ein *Monoflop* getriggert wird. Ein Monoflop reagiert auf eine Signalflanke und generiert daraus einen Impuls definierter Länge. Dieser Impuls muss dabei sehr kurz gegenüber der größten zu erwartenden Periodendauer sein und kürzer als die kleinste zu erwartende Periodendauer. Es ergeben sich Impulsfolgen am Ausgang Q, deren Abstand mit der Periodendauer variiert. Die Integration dieser Folge durch den ohmschen Widerstand *R* und die Kapazität *C* ergibt dann eine Ausgangsspannung, welche proportional zur Frequenz ist – es wurde eine *Frequenz-Spannungs-Wandlung* ausgeführt (Abb. 5.7).

Der Nachteil dieser Anordnung ist ihre geringe Genauigkeit in der Größenordnung von 10 Bit. Sie verschlechtert sich durch die Impulsbreite zudem in Richtung hoher Messfrequenzen. Ihr Einsatz bietet sich daher im Bereich der Niederfrequenz an.

Ein altes analoges Verfahren mit guter Genauigkeit ist die Messung der *Schwebung*. Dabei erfolgt die Subtraktion der Messgröße von einer Referenzfrequenz mittels Mischer. Durch Abstimmung der Referenz wird das Ergebnis zu Null eingestellt, womit die Messgröße gleich der Referenzfrequenz ist. Die dafür erforderlichen geeichten Generatoren lassen sich mit moderner Technik gut realisieren. Seit einigen Jahren werden Generatoren auf der Basis von *DDS-Schaltkreisen (direct digital synthesis)* angeboten, welche die Erzeugung von Sinusschwingungen mit Schrittweiten im mHz-Bereich erlauben. Da die Schwingungserzeugung auf einer Quarzreferenz aufbaut, erreichen sie eine *hohe Genauigkeit* und *Stabilität*. Beispiele zu diesen Schaltkreisen findet man unter www.analog.com. Ein Beispiel ist der AD9833, dessen Blockschaltbild in Abb. 5.8 gezeigt wird.

In dem in Abb. 5.8 gezeigten funktional kleinen *DDS-System* sind in der waagerechten Mittelachse deutlich die Hauptkomponenten zu erkennen. Sie bestehen aus dem *Phasenakkumulator*, welcher aus einem großen *Adder* besteht. Zu dessen Inhalt wird der Frequenzschritt FREQ0 addiert, woraus sich die nächste Stützstelle in

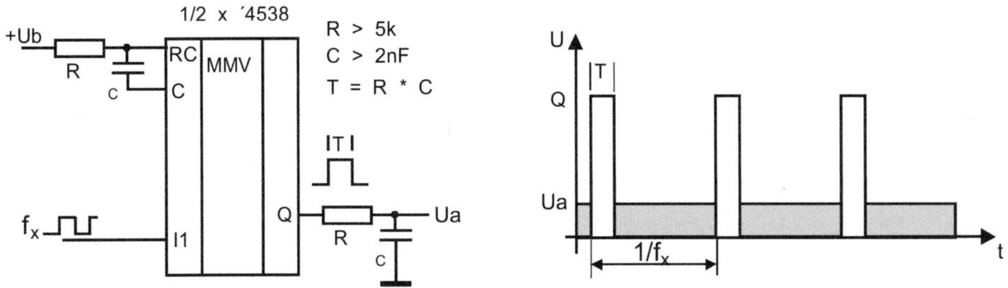

Abb. 5.7 Frequenzmessung durch Frequenz-Spannungs-Wandlung

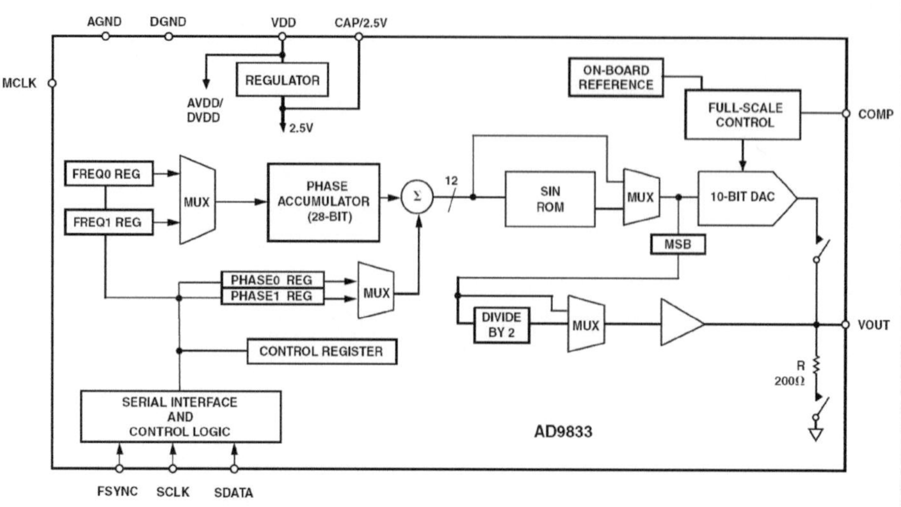

Abb. 5.8 Blockschaltbild der AD9833. (Werkfoto: Analog Devices)

der Sinusinterpolation ergibt. Die oberen 12 Bit des Akkumulators werden dem Sinusgenerator übermittelt, welcher den DA-Wandler ansteuert. Die Ausgangsfrequenz ergibt sich dabei zu:

$$F_{out} = \frac{MCLK \cdot FREQ0}{2^{28}}.$$

Der Wert von FREQ0 muss dabei kleiner als 2^{27} sein, da auch hier das *Abtasttheorem* gilt.

5.3 Pulsbreite

Definition

Als *Pulsbreite* P_w wird das Verhältnis von Dauer des High-Teils einer Rechteckschwingung t_{Puls} zur Periodendauer t_{Periode} bezeichnet (Abb. 5.9). Sie ist das Verhältnis von zwei Zeitgrößen und ist daher dimensionslos. Es gilt:

Das Ergebnis bewegt sich im Bereich von $P_w = [0, 1]$.

In der Prozesstechnik ist sie unter dem Begriff der *PWM (Puls-Weiten-Modulation)* häufig anzutreffen, da sie eine Reihe von Vorteilen in der Signalübertragung bringt:

- als digitales Signal lässt sie sich *gut* am *Empfangsort* rekonstruieren;
- man benötigt *keine Referenzgröße* am Empfangsort, da es sich um eine Verhältnisgröße handelt;
- die in der *Pulsbreite* hinterlegte Information lässt sich sowohl *digital* als Zeitinformation als auch *analog* durch Integration des Signals entnehmen.

Abb. 5.9 Definition der Impulsbreite

$$Pw = \frac{t_{\text{Puls}}}{t_{\text{Periode}}}.$$

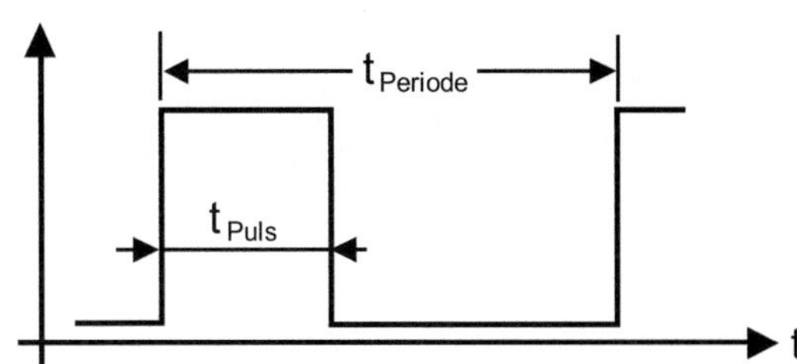

Messprinzipien

Die Pulsbreite lässt sich mit analogen und digitalen Methoden auswerten.

Analoge Auswertung

Das PWM-Signal wird zur Demodulation einem Tiefpass zugeführt. Im Ergebnis erhält man den Mittelwert der Puls-Flächen, bezogen auf die Periodendauer (Abb. 5.10).

$$U_a = U_{\text{Puls}} \cdot \frac{t_{\text{Puls}}}{t_{\text{Periode}}}.$$

U_a: Ausgangsspannung nach der Integration
U_{Puls}: Signalamplitude des Rechtecksignals
t_{Puls}: Zeitdauer des Impulses
t_{Periode}: Periodendauer des Rechtecksignals

Gleiches gilt für den Strom als Übertragungsgröße. Für die Messung kann dabei das Signal verstärkt und begrenzt werden, da die Amplitude keine Information trägt.

Digitale Auswertung

Bei der digitalen Messung werden eine *Impulsdauermessung* und eine *Periodendauermessung* durchgeführt (Abschn. 5.2). Diese beiden Werte ergeben bei Division das *Impulsverhältnis.* Wenn die Periodendauer hinreichend stabil ist, kann auf deren Messung verzichtet werden. Diese Messungen können mit einem Frequenzzähler oder mit der Capture-Einheit eines Mikrocontrollers durchgeführt werden.

Messanordnungen

Die analoge Variante der Pulsweitenmessung zeigt Abb. 5.10. Das Mess-Signal wird dazu auf einen festen Pegel gebracht, indem es getriggert wird oder die Umschaltung zwischen einer Referenzspannung U und einer Bezugspannung (Masse) vornimmt. Die Amplitude des Mess-Signals spielt dadurch keine Rolle mehr. Durch die Integration der Impulsfolge erhält man eine zur Pulsbreite proportionale Ausgangsspannung, welche sich zwischen 0 V und der angelegten Referenzspannung bewegt.

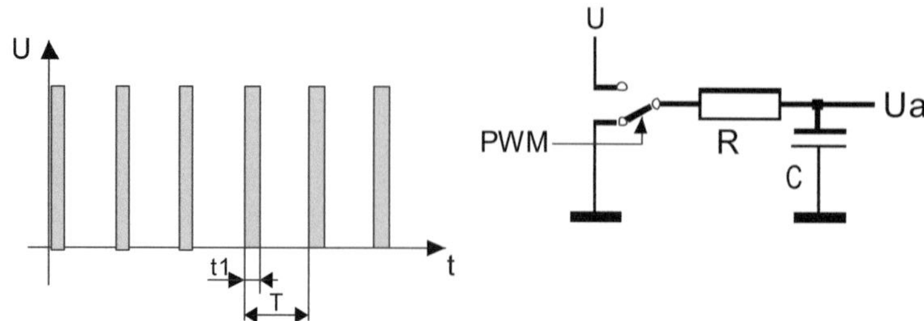

Abb. 5.10 Grundprinzip der Pulsweitenmessung

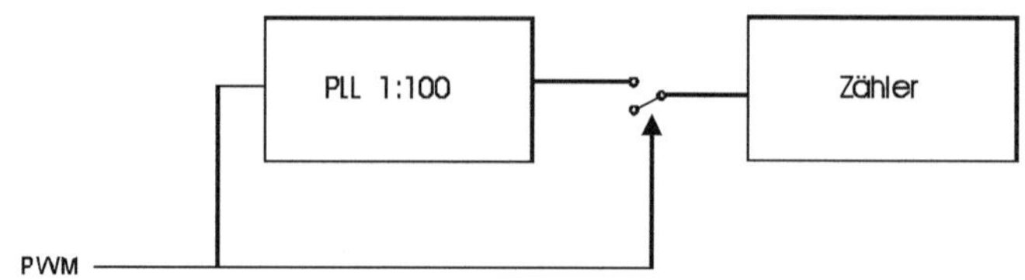

Abb. 5.11 Referenzbildung durch eine PLL-Stufe

Bei der digitalen Auswertung eines PWM-Signales erfolgen zwei Zeitmessungen: die der *Pulsbreite* und die der *Periodendauer* des Mess-Signals. Soll die Doppelmessung und Verrechnung entfallen, dann kann man die Messung auf eine Zeitverhältnismessung zurückführen. Dafür wird der Impuls selbst zur Toröffnung an einem Digitalzähler verwendet. Die Impulse der Zeitbasis werden aus der Periodendauer des Mess-Signals mittels einer PLL (*Phase Locked Loop*) gewonnen. Bei der in Abb. 5.11 gezeigten Anordnung ergäbe sich dann eine Anzeige in Prozent.

Da in diesem Fall die Referenzfrequenz und das Mess-Signal phasenstarr gekoppelt sind, tritt der digitale Restfehler hier nicht auf.

5.4 Phase, Laufzeit und Lichtlaufzeit

Definition

Die *Phase* und die *Laufzeit* beschreiben den *zeitlichen Versatz* eines Signals U_2 gegenüber einem Referenzsignal U_1 (Abb. 5.12).

Von einer *Phasenverschiebung* spricht man bei *periodischen harmonischen Schwingungen.* Hergeleitet von der Kreisfrequenz $\omega = 2\pi f$ erfolgt die Angabe in Grad oder im Verhältnis zu π, wobei $2\pi = 360°$ entsprechen. Der Begriff der *Laufzeit* wird angewandt, wenn es sich um *Signale* handelt, die *nicht sinusförmig* sind oder die Zeit einer *Periode überschreiten.* Als Maßeinheit wird die Zeit verwendet.

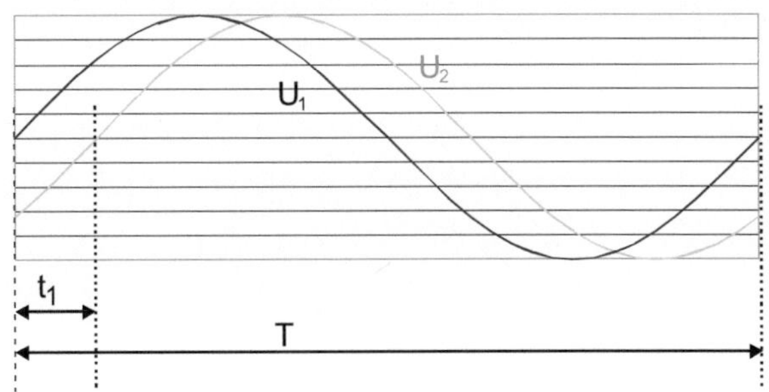

Abb. 5.12 Phasenversatz periodischer Signale

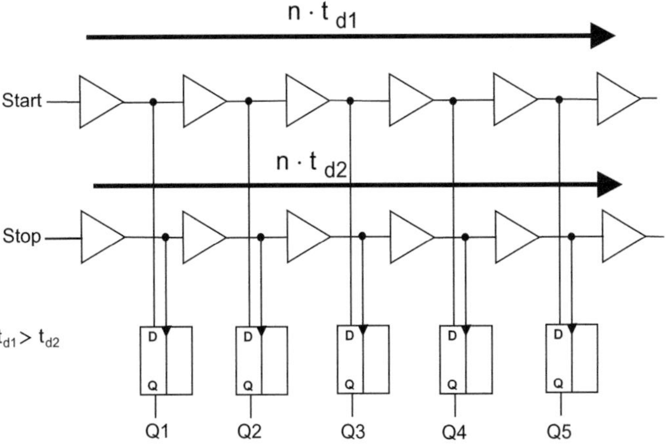

Abb. 5.13 Prinzip des relativen Time Delay Converter (TDC)

Messprinzipien

Die Phase kann durch den Einsatz von Zählern mit zwei getrennten Eingängen für Start und Stopp bestimmt werden. Hierfür muss die Periodendauer bekannt sein oder ebenfalls gemessen werden. Bei der Laufzeit wird nur der *Signalversatz* bestimmt. Die Messanordnungen entsprechen denen in Abschn. 5.3.

Ebenfalls bedeutend ist der Einsatz von *Oszilloskopen* (Abb. 5.28), die eine visuelle Darstellung der Signalverläufe ermöglichen. Bei modernen digitalen Geräten können alle dabei ermittelten Parameter auch numerisch abgefragt werden. Die Messmöglichkeiten von Oszilloskopen werden im Abschn. 5.5 ausführlich behandelt.

Ein spezieller Weg ist der Einsatz von Schaltkreisen zur Zeitmessung mit Auflösungen im Bereich bis 20 ps, wie sie von ACAM (www.acam.de) angeboten werden. Abb. 5.13 zeigt eine Variante zur Messung von sehr kurzen Zeiten. Die Laufzeit von Logikgattern lässt sich definiert einstellen und liegt im Bereich um 700 ps. Für die *relative Laufzeitmessung* nutzt man zwei Ketten von Gattern mit unterschiedlicher Laufzeit.

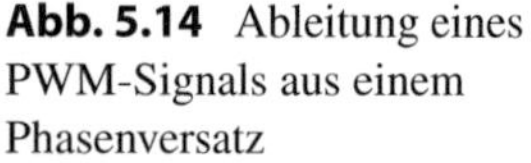

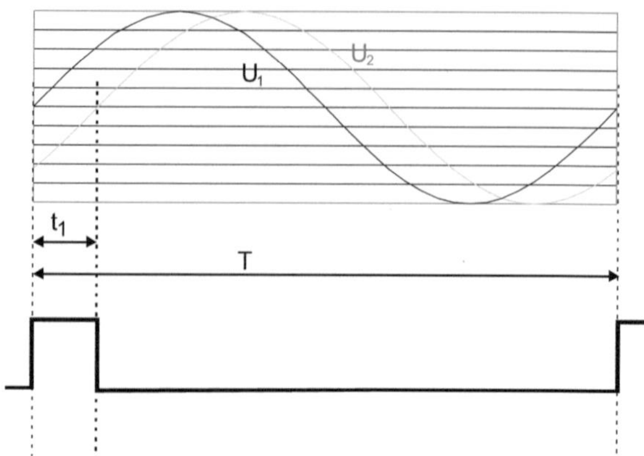

Abb. 5.14 Ableitung eines PWM-Signals aus einem Phasenversatz

Man nimmt für die Funktionsdarstellung der „Start"-Kette eine Laufzeit von 700 ps je Gatter an und bei der „Stopp"-Kette eine von 690 ps. Wird an „Start" eine 0-1-Flanke angelegt, so pflanzt sich diese mit der Laufzeit von 700 ps von Eingang zu Eingang fort. Wird um den Messwert verzögert, dieser 0-1-Übergang auch an der „Stopp"-Kette angelegt, dann werden, um die Laufzeit versetzt, die inzwischen anliegenden „1-sen" an den Flipflops übernommen. An der Stelle, wo die untere Kette die oberen durch ihre geringere Laufzeit eingeholt hat, werden keine 1-Werte eingespeichert, sondern nur noch die 0-Zustände. Aus der Position dieses Schnittpunktes und den bekannten Laufzeiten kann dann auf die *Zeitdifferenz* zwischen Start und Stopp geschlossen werden – sie ergibt sich zu Position * Laufzeitdifferenz der Gatter.

Messanordnungen

Ein weiterer einfacher Weg der Phasenmessung ist die Erzeugung eines PWM-Signals aus dem Phasenversatz, welches einfach analog auswertbar ist. Dies ist jedoch nur bei periodischen Signalen sinnvoll (Abb. 5.14).

Für die zu erfassenden Signale werden aus den positiven Nulldurchgängen Triggerimpulse abgeleitet. Der erste Impuls (von U_1) schaltet dann ein Ausgangssignal zu, welcher durch den Impuls aus U_2 wieder rückgesetzt wird. Da sich dieser Vorgang mit der Periode T wiederholt, erhält man eine Ausgangsimpulsfolge, deren Länge vom Phasenversatz abhängig ist. Wird dieser Impuls durch einen Tiefpass gefiltert (integriert), erhält man ein Ausgangssignal, welches proportional zum Phasenversatz ist (Abschn. 5.3).

Lichtlaufzeit

Die Lichtlaufzeit stellt aufgrund ihrer physikalischen Eigenschaften ein gesondertes Gebiet dar. Das Licht breitet sich im Vakuum und in gasförmigen Medien mit der Lichtgeschwindigkeit c aus. Es gilt:

$$c = 2{,}99792458 \cdot 10^8 \text{ m/s (rund 300.000.000 m/s).}$$

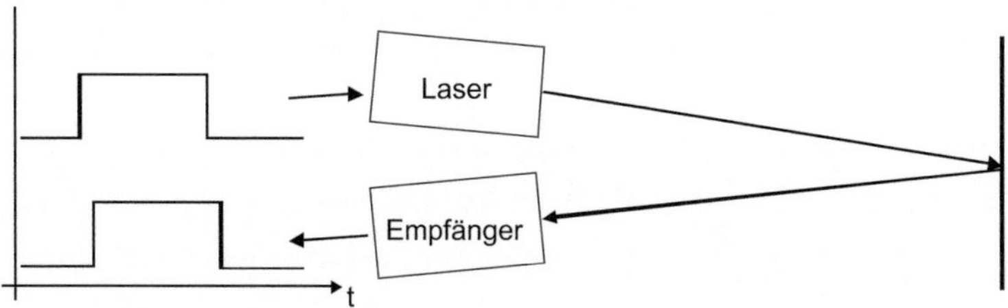

Abb. 5.15 Direkte Laufzeitmessung

Diese Unabhängigkeit der Ausbreitung in diesen Medien ermöglicht den Einsatz von Licht zur *Entfernungsmessung*. Es soll hier auf drei technisch gängige Verfahren kurz eingegangen werden:

1. die *direkte* Laufzeitmessung durch Zeitmessung,
2. die Laufzeitmessung durch *Impulsintegration* und
3. die Laufzeitmessung mit *moduliertem Licht* (Phasenmessung).

Es sei hier daran erinnert, dass sich Elektronen in Leitern ebenfalls mit Lichtgeschwindigkeit bewegen. Bei Messungen in diesen physikalischen Bereichen sind bei allen Anordnungen die Laufzeiten innerhalb der Schaltungen und Komponenten bereits von Bedeutung.

Direkte Lichtlaufzeitmessung

Bei der direkten Messung wird ein *Lichtpuls* ausgesandt, z. B. mit Laser, dessen *reflektierter Strahl* mit einem Sensor empfangen wird (Abb. 5.15).

Einige Zahlen sollen die Realisierbarkeit zeigen: Man erkennt sehr schnell, dass sich bei *kleinen Entfernungen sehr kleine Zeiten* ergeben. Als Beispiel: Ein Weg von 30 cm wird in nur 1 ns zurückgelegt. Mit dem Schaltkreis TDC-GP2 von ACAM (www.acam.de) können Zeitmessungen im Bereich von 3,5 ns bis 1,8 µs bei einer Schrittweite von 65 ps durchgeführt werden. Das entspricht einem Objektabstand von 52,5 cm bis 270 m bei einer Auflösung von etwa 1 cm. Das zeigt, dass mit den verfügbaren technischen Mitteln eine gute Auflösung möglich ist.

Laufzeitmessung durch Impulsintegration

Eine Methode, die im Zusammenhang mit Bildsensoren eingesetzt wird, ist die *Abstandsmessung* durch die *Integration* von *Lichtimpulsen* (Abb. 5.16 und 5.17). Von der Lichtquelle wird ein Impuls zum Objekt gesendet und gleichzeitig im Bildsensor die Integration, d. h. die Belichtungszeit, gestartet. Mit dem Eintreffen des reflektierten Lichtes beginnt die Integration des Signals. Im Fall des weiter entfernten Objekts 2 verzögert sich dieser Vorgang um die längere Laufzeit, was am Ende der Integrationszeit zu

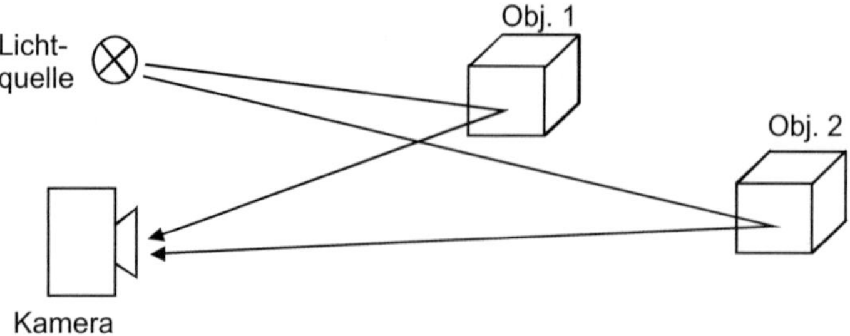

Abb. 5.16 Lichtlaufzeitmessung durch Pulsintegration

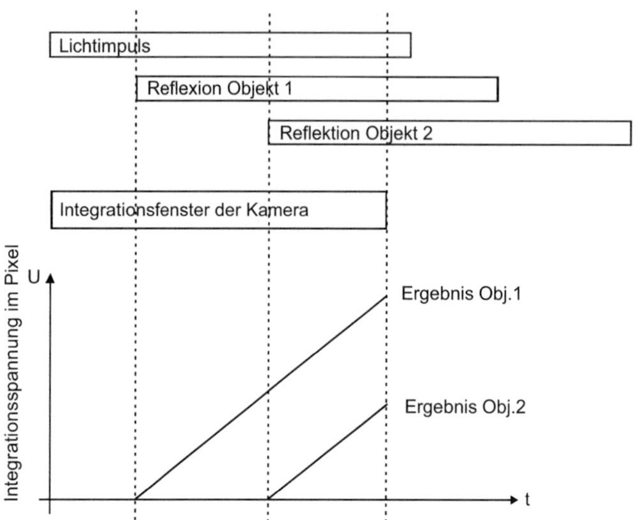

Abb. 5.17 Prinzip Laufzeitmessung durch Pulsintegration. (Werkfoto: Pepperl + Fuchs)

einer geringeren Ausgangsspannung führt. Die *Ausgangsspannung* ist damit *umgekehrt proportional* zur *Entfernung* des Objektes.

In Abb. 5.17 wird der Verlauf der Spannungen auf den *Pixeln* der Kamera gezeigt, wobei die Grundhelligkeit hierbei vernachlässigt wird. Mit dem Beginn der Belichtung wird die zusätzliche Lichtquelle eingeschaltet. Da aber das Licht einen Weg zurück zu legen hat, trifft die Reflexion von Objekt 1 kurz nach dem Beginn der Belichtungszeit ein und wird im Sensor integriert. Die Reflexion von Objekt 2 trifft später ein, womit sich bis zum Ende der Belichtung nur eine geringere Ladung ansammeln kann. Die reflektierten Lichtstrahlen haben eine „Nachlaufzeit", welche bei der Messung nicht berücksichtigt wird.

Für die praktischen Anwendungen setzt sich eine Messung aus mehreren Teilmessungen zusammen, um Toleranzen zu kompensieren und die Hintergrundbeleuchtung

Abb. 5.18 Entfernungsmesser mit Lichtlaufzeitmessung. (Werkfoto: Pepperl + Fuchs)

heraus zu rechnen. In einer ersten Messung wird ein Bild ohne den Lichtimpuls aufgenommen. Man erhält dabei ein normales Kamerabild. Bei einer unmittelbar folgenden zweiten Belichtung kommt der Lichtimpuls hinzu, wobei die Helligkeitsänderungen in den einzelnen Pixeln zur Entfernung des Objektes proportional sind. Man erhält damit außer der visuellen Information auch die über die *räumliche Verteilung* der Objekte und deren Bewegung im Raum. Dies ist beispielsweise bedeutend im Bereich der Sicherheitstechnik.

In Abb. 5.18 wird ein solcher Sensor gezeigt. Dieser ist mit den Abmessungen von etwa 100 mm × 140 mm × 170 mm verhältnismäßig groß.

Laufzeitmessung mit moduliertem Licht

Bei der *Impulsintegration* handelt es sich um ein *diskontinuierliches Messverfahren,* bei dem moduliertes Licht *kontinuierlich* gemessen wird. Dabei wird in einer Anordnung wie in Abb. 5.15 die Lichtquelle mit einem Sinussignal moduliert. Der Empfänger nimmt dieses Signal um die Laufzeit versetzt auf, wobei sich die Laufzeit als Phasenversatz gegenüber dem Sendesignal äußert.

Abb. 5.19 zeigt diesen Vorgang. Der Verlauf „Senden" entspricht der Ansteuerung der Laserdiode. In Bezug zu diesem Signal werden die Abtastpunkte für den Empfangskanal definiert -hier bei 0°, 90°, 180° und 270°. Zu diesen Zeitpunkten erfolgt die Messung der Amplitude auf den Empfangskanal (Verlauf „Empfang"). Mittels einer *diskreten Fouriertransformation* lässt sich aus vier Abtastpunkten innerhalb einer Periode die Phase φ bestimmen. Sie ergibt sich aus den Amplituden a_0, a_1, a_2 und a_3 zu:

$$\varphi = \arctan(\frac{a_0 - a_2}{a_1 - a_3}).$$

Die Entfernung d des Objektes wird dann aus der Modulationsfrequenz f_{mod}, und damit der Periodendauer der Modulation, sowie der Phasenverschiebung φ berechnet:

$$d = \frac{c \cdot \varphi}{4\pi f_{mod}} \text{mit der maximalen Distanz von } d_{max} < \frac{c}{2f_{mod}}$$

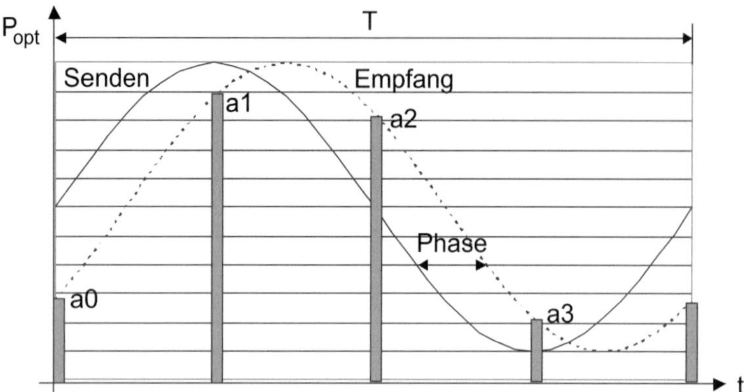

Abb. 5.19 Lichtlaufzeitmessung mit moduliertem Licht

mit der Lichtgeschwindigkeit c im verwendeten Medium.

Bei einer typischen Modulationsfrequenz von 20 MHz ergibt sich somit eine maximale Distanz von 15 m. Bei einer Auflösung der Phasenmessung von 1° wird dann eine Entfernungsauflösung von etwa 4 cm erreicht.

5.5 Visuelle Darstellung von Messgrößen

Bei allen über die Zeit veränderlichen Messgrößen besteht das Ziel, nicht nur deren Kennwerte zu erfassen, sondern auch deren *zeitlichen Verlauf.* Das System muss in der Lage sein, den zeitlichen Verlauf von Strömen und Spannungen zu erfassen und unter gegebenen Bedingungen darzustellen. Um vor allem *Relationen* zwischen Signalen zu sehen, muss die Messung *mehrkanalig* erfolgen.

Dieser Abschnitt befasst sich dabei mit der elektronischen Darstellung von Signalen durch *Oszilloskop*e, die auch als *Oszillografen* bezeichnet werden. Der Bereich der *Signalschreiber,* welche ebenfalls eine Darstellung langsamer zeitlicher Signalverläufe erlauben, wird hier ausgeklammert.

Messprinzip

Die technische Grundlage bildet die Ablenkbarkeit von *Elektronenstrahlen* durch *elektromagnetische* und *elektrostatische* Felder (Abschn. 7.5). Ordnet man zwei derartige Systeme im rechten Winkel zueinander an, so kann der Strahl in X- und Y-Richtung abgelenkt werden. Dabei ordnet man entsprechend der mathematischen Darstellungsweise der *X-Achse* die *Zeitfunktion* und der *Y-Achse* den *Messwert* zu. Da die Ablenkspannungen an der Bildröhre im Bereich von 100 V liegen, sind entsprechende Verstärkungen erforderlich. Abb. 5.20 zeigt das Blockschaltbild eines Oszillografen.

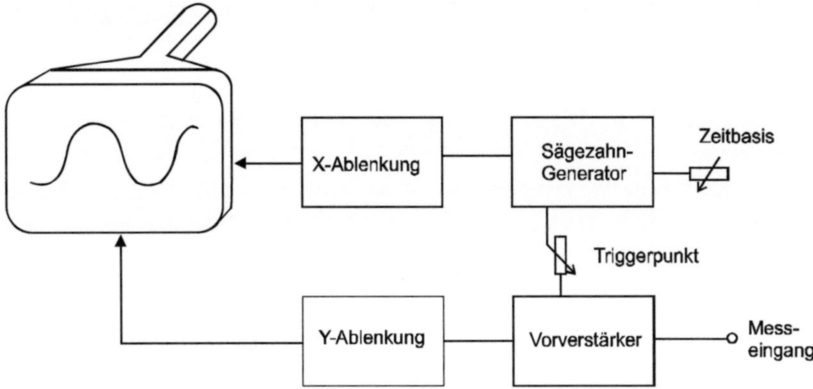

Abb. 5.20 Blockschaltbild eines Oszillografen

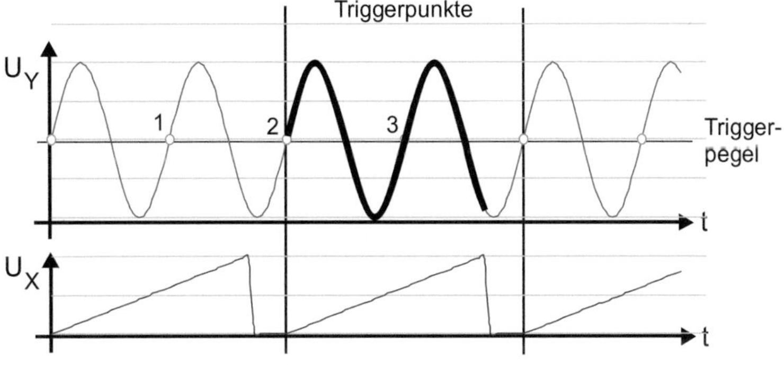

Abb. 5.21 Prinzip der Signaltriggerung

Der Zweig der Y-Ablenkung kann aus mehreren Eingangsstufen bestehen, die in einem *Multiplexverfahren* sequenziell zur Anzeige gebracht werden.

Die Auslenkung in X-Richtung erfolgt mittels eines *Sägezahngenerators.* Er ist in seiner Anstiegsgeschwindigkeit einstellbar und erlaubt dadurch die *Veränderung* des *Darstellungszeitraumes.* Da der Bildaufbau ständig wiederholt werden muss, um gut visuell wahrnehmbar zu sein, muss die Zeitablenkung so eingestellt werden, dass die erfassten Kurven exakt übereinander liegen. Dies erreicht man durch eine *Triggerung,* welche die Zeitablenkung an einem definierten Punkt der Kurve startet. Das Triggersignal wirkt dabei nur, wenn der Generator im Stopp steht.

Abb. 5.21 zeigt das Prinzip der Signaltriggerung. Ein *Triggerimpuls* wird ausgelöst, wenn das Mess-Signal die *einstellbare Triggerschwelle* in einer vorgegebenen Richtung schneidet. Da die X-Ablenkung nur im Stopp-Zustand darauf reagiert, bleibt der Impuls 1 (und 3) ohne Wirkung. Bei Triggerimpuls 2 wird ein neuer Ablenkvorgang gestartet und der fett gezeichnete Teil des Eingangssignals gezeichnet. Die Darstellung endet mit der fallenden Flanke der Ablenkspannung und startet im Beispiel bei jedem geraden Triggerpunkt neu.

Dieses beschriebene Wirkungsprinzip ist die Basis aller Oszillografen, unabhängig von ihrer technischen Ausführung. Bei modernen digitalen Geräten besteht zwar der durchgängige Signalpfad nicht mehr, das Ergebnis ist aber das gleiche.

Analoge Oszillografen

Die „alten" analogen Geräte haben aus heutiger Sicht eine Reihe von technischen Nachteilen, von denen einige beispielhaft genannt werden:

- ungünstiges Triggerverhalten bei komplexeren Signalen;
- die Darstellung einmaliger Vorgänge ist nahezu unmöglich oder erfordert Spezialgeräte;
- die Bestimmung von Signalparametern ist nicht oder nur mit hohem Aufwand möglich;
- schlechter werdende Bildqualität bei hohen Frequenzen, da die Strahlverweildauer auf der Leuchtschicht zu gering wird;
- selten sind mehr als 2 Kanäle vorhanden, da die Messqualität durch den Strahlmultiplex sinkt. Die Ausnahme bilden hier Bildschreiber für niederfrequente Abläufe, wie z. B. beim EKG.

Ein analoger Oszillograf hat aber einen nicht zu unterschätzenden Vorteil – er zeigt das *wirkliche Signal.* Da der Signalpfad im Oszillografen nur durch seine Grenzfrequenz limitiert wird, wird alles frequenzmäßig darunter Liegende dargestellt. Bei einem digitalen System ist es, bedingt durch die zeitdiskrete Abtastung der Eingangsgröße, nur mit großem Aufwand möglich, beispielsweise Spikes oder hochfrequente Überlagerungen sichtbar zu machen.

Digital Storage Oscilloscopes (DSOs)

Digitale Oszillografen sind technisch immer Speicheroszillografen. Sie erreichen die Darstellung durch eine Art offline-Betrieb, die den Signalpfad in die Schritte der Datenerfassung, -verarbeitung und -darstellung teilen (Abb. 5.22).

Die Messeingänge durchlaufen eine *Pegelanpassung,* bei der Offset und Verstärkung angepasst werden. In den nachfolgenden AD-Wandlerstufen wird das Signal in einen Digitalwert umgesetzt, welcher sequenziell im Speicher abgelegt wird. Die „X-Ablenkung" wird hier durch einen Taktgenerator ersetzt, welcher die Signalerfassung steuert. Die Abtastung erfolgt äquidistant in einem grob gestuften Raster. Die Daten aller Kanäle werden parallel im Speicher abgelegt, wobei Datenmengen im Bereich von Megapoints (Mpt) je Kanal, also Millionen Messpunkte, nicht unüblich sind. Durch

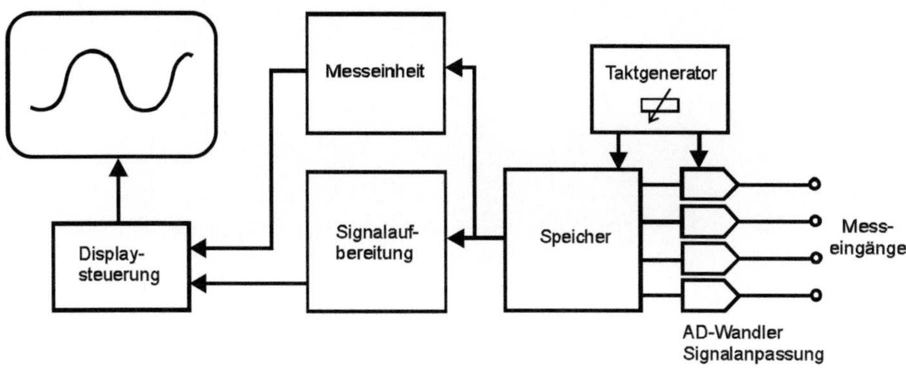

Abb. 5.22 Prinzip eines DSOs

dieses Verfahren ist es auch möglich, nachträglich Informationen im Speicher zu suchen und die Einstellungen daraufhin zu optimieren.

Auf den Speicher greifen die beiden Einheiten zur visuellen Darstellung und zur messtechnischen Auswertung zu. Zur Darstellung werden vom Speicher die zusammengehörigen Bereiche aller Kanäle herausgezogen und zur Anzeige gebracht. Dabei kann eine Verdichtung oder Streckung der Daten im Zeitbereich erfolgen. Die Messeinheit wertet den Speicherinhalt numerisch aus, d. h., es werden Zeiten zwischen bestimmten Ereignissen oder die Amplituden von Signalen bestimmt. Diese Funktionen sind oft sehr umfangreich und können beispielsweise umfassen:

• Frequenz	• Amplitude	• Datenanalyse serieller Datenströme
• Periodendauer	• Signal-Mittelwert	• Mathematische Beziehungen zwischen den Kanälen
• Phase	• Spitzenspannung	
• Anstiegszeiten	• Minimum/Maximum	• FFT (Fast Fourier Transformation)
• Impulsdauer	• RMS (Effektivwert)	

Die Displaysteuerung entspricht der eines Computers. Genau betrachtet ist ein moderner DSO ein *Computer* mit einer *analogen Datenerfassungskarte.* Vor diesem Hintergrund erscheinen alle zusätzlichen Funktionen, wie die Datenausgabe auf Speichermedien, der Druckeranschluss, die Einbindung ins Netzwerk und die Ausgabe aller Mess- und Bilddaten über Schnittstellen als logische Folge.

Die Funktionsblöcke eines DSO (bzw. MSO) zeigen sich deutlich am Gerät (Abb. 5.23). Im rechten unteren Teil befinden sich die Eingangsstufen, welche die Einstellung von Offset und Verstärkung ermöglichen. Darüber befindet die Triggereinstellung (rechts) und die Auswahl von unterschiedlichen Zusatzfunktionen, wie Speicherung der Bilddaten, der Aufruf von Messfunktionen und die Auswahl von

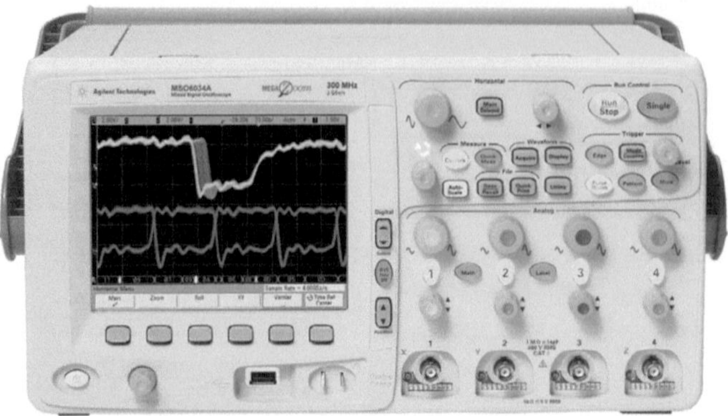

Abb. 5.23 Oszilloskop. (Werkfoto: Agilent Technologies)

Betriebsmodi. Die Auswahl der „Ablenkfrequenz" erfolgt nur noch über einen Knopf. Auf der linken Seite befindet sich die Bilddarstellung. Diese, einschließlich der Messfunktionen, wird über die 6 Tasten gesteuert, welche abhängig vom Bildinhalt belegt werden.

Durch diesen technologischen Schritt ist es möglich geworden, ein Oszilloskop als normales Messgerät in die Signal- und Verarbeitungskette mit auf zu nehmen.

Mixed Signal Oscilloscopes (MSOs)

Das MSO unterscheidet sich vom DSO dadurch, dass zu den analogen Eingängen der Speichereingang direkt verfügbar ist. Es können damit digitale Signale, bei denen nur die zeitliche Zuordnung von Interesse ist, nach Triggerung mit aufgezeichnet werden. Der MSO stellt damit eine Verschmelzung von DSO und *Logicanalyser* dar. Üblich sind hier Kombinationen von 2 oder 4 analogen mit 8 oder 16 digitalen Eingängen.

Das Sampling-Prinzip

Es ist technisch nicht möglich, mit einem Oszilloskop eine Abtastrate im Bereich von GHz direkt zu realisieren, da die Signallaufzeiten auf einem Board und die Zugriffzeiten von Speicherschaltkreisen das nicht zulassen. Die Zugriffszeit von diskreten Speichern bewegt sich im Bereich von 5 ns. Alle höheren Abtastraten werden durch Integration in Spezialschaltkreisen, zeitgeschachtelten Parallelstrukturen oder durch das *Sampling-Verfahren* erreicht.

Für die Abtastung eines schnellen Signals werden aus zwei überlagerten Sägezahnfunktionen *„wandernde" Triggerpunkte* generiert. Der Sägezahn 1 läuft dabei synchron mit der zu erfassenden Schwingung. Ein zweiter Sägezahn steigt erheblich langsamer – in Abb. 5.24 mit 1/12tel von Sägezahn 1. Die Schnittpunkte beider Generatoren im steigenden Teil der Flanken lösen die Abtastung aus. Da diese wandern, erfolgt die Abtastung in jeder Periode an einem anderen Punkt des Mess-Signals. Diese ergeben

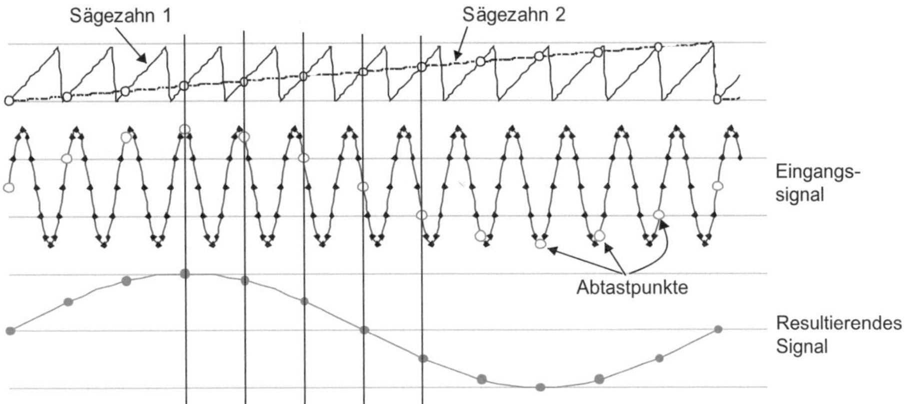

Abb. 5.24 Sampling-Prinzip zur Abtastung schneller Signale

zusammen eine neue Funktion, welche um den Quotienten der Anstiegszeiten der beiden Sägezähne langsamer ist als das Original. In Zahlen bedeutet das für das im Bild gezeigte Beispiel, dass ein Eingangssignal von 1 GHz herabgesetzt wird auf etwa 83 MHz, welches sich gut erfassen und verarbeiten lässt. Wollte man das Signal direkt erfassen, so wären nach dem Abtasttheorem mindestens 2, praktisch eher 5 Abtastungen je Periode erforderlich. Der Nachteil dieser Messmethode ist, dass sie streng periodische Signale voraussetzt. Auch ist die Wahrscheinlichkeit, dass Störungen nicht erfasst werden, hier sehr groß. Diese Methode wird auch genutzt, um beispielsweise *Anstiegszeiten* von Schaltkreisausgängen zu bestimmen (z. B. in Abb. 5.25).

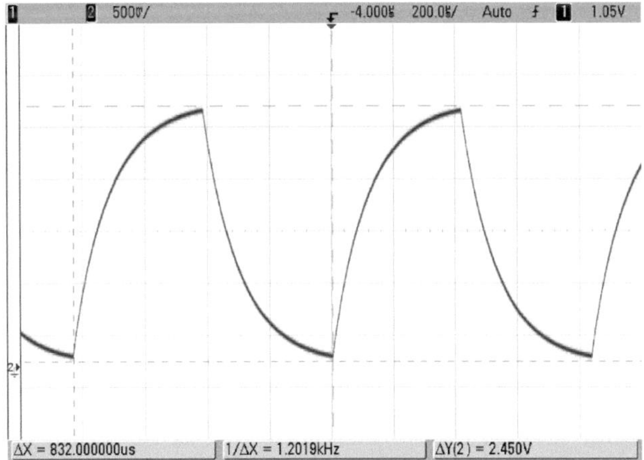

Abb. 5.25 Amplituden- und Periodenmessung

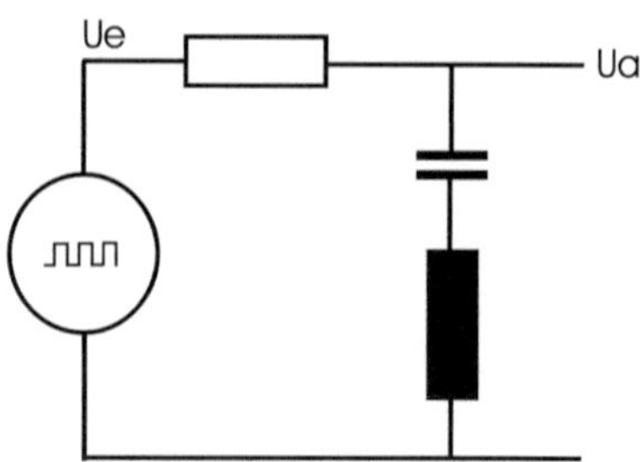

Abb. 5.26 Mess-Schaltung

Messanordnungen

Im folgenden Teil werden für Messungen mit dem Oszilloskop einige Beispiele angeführt, um einen Einblick in die vielfältigen Möglichkeiten zu geben. Der Umfang der Messfunktionen unterscheidet sich dabei zwischen den Geräten. Die hier aufgeführten Grundfunktionen sind aber auf allen (digitalen) Geräten grundsätzlich vorhanden.

Spannungs- und Periodendauermessung

Die Messung von Amplituden und Periodendauern ist die einfachste Messung. Diese kann über von Hand positionierte Cursor-Linien oder automatisch erfolgen. Abb. 5.26 zeigt die verwendete Mess-Schaltung.

Die Messergebnisse werden in der Fußzeile des Bildes angezeigt. In der Kopfzeile stehen die Einstellwerte des Oszillografen. Von links nach rechts sind das: die *Eingangsempfindlichkeit* der Kanäle, der *Offset* des Triggerpunktes im Bild, die *Ablenkgeschwindigkeit,* der *Triggermode* mit -richtung und die *Triggerschwelle.* Die Eingangsempfindlichkeit und die Ablenkgeschwindigkeit werden dabei auf Rastereinheiten bezogen, welche dem Bild als Gitter hinterlegt ist.

Messung von Anstiegszeiten

In den Bildern 5.27 und 5.28 werden die Messung von Anstiegszeiten dargestellt. Auch dies kann von Hand erfolgen, ist aber in der automatischen Form genauer, da die Bestimmung der Messpunkte von 10 % und 90 % der Signalamplitude vom System erfolgt. In Abb. 5.27 sind die automatisch bestimmten Messpunkte für 10 % und 90 % der Amplitude als waagerechte Strichlinien eingetragen. Die senkrechten Strichlinien stellen die Schnittpunkte des Eingangssignals mit den Amplitudenlinien dar und ergeben damit die Punkte für die Messung der Anstiegszeit. Die Ergebnisse werden in der Fußzeile für die steigende und fallende Flanke ausgegeben.

In Abb. 5.28 ist die Möglichkeit des *Zooms* gezeigt. Aufgrund der großen Speichertiefe kann in das Signal in normaler Darstellung (oben) hinein gezoomt werden. Der oben schwarz gerahmte Ausschnitt wird unten auf die ganze Bildbreite gespreizt, sodass

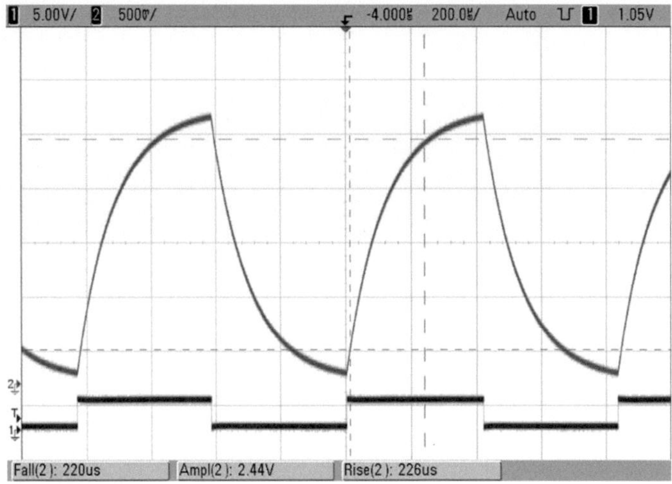

Abb. 5.27 Anstiegszeiten eines Signals

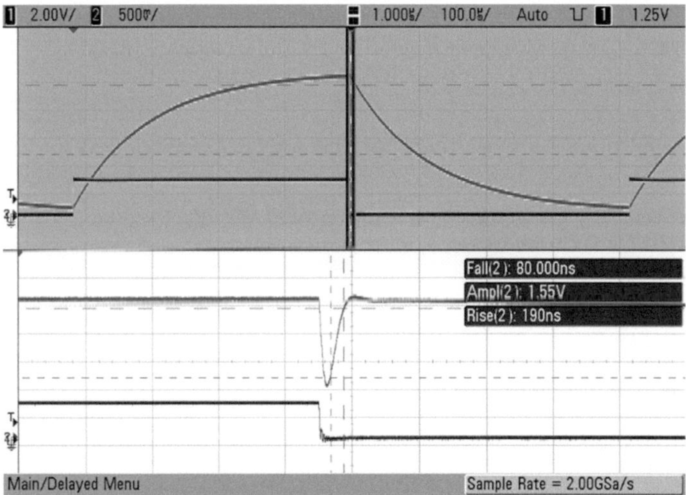

Abb. 5.28 Hervorheben von Nadelimpulsen

sehr gute Detailauflösungen erzielt werden. Hier wurde die durch die Induktivität verursachte Nadel hervorgehoben und vermessen.

In Abb. 5.28 ist der gleiche Vorgang wie in Abb. 5.27 dargestellt. Die zeitliche Auflösung wurde hier von 200 µs/Raster auf 100 µs/Raster gesenkt. Der am Umschaltpunkt von Laden und Entladen bestehende Nadelimpuls ist im Bild nicht zu erkennen. Erst durch die Spreizung der gespeicherten Daten wird dieser sichtbar und kann vermessen

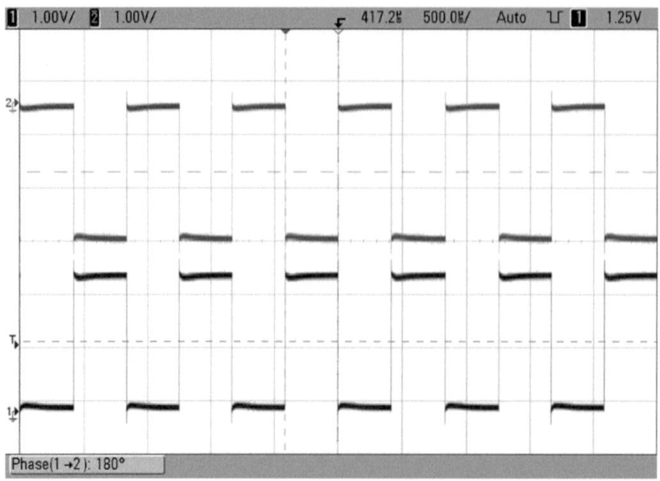

Abb. 5.29 Phasenmessung

werden. Er ist mit 80 ns für die fallende Flanke um mehrere Größenordnungen kürzer als die eigentlichen Anstiegszeiten des Signals.

Messung von Phasen
Für die Messung von Phasenverschiebungen gibt es zwei Methoden:

1. die Vermessung von *Zeitversätzen* zwischen zwei Messkanälen und
2. die Erzeugung von *Lissajous-Figuren.*

Die Phasenmessung kann wie in Abb. 5.29 ebenfalls durch das Gerät erfolgen. Das Benutzen der Handeinstellung ist notwendig, wenn Laufzeiten in nicht periodischen Signalen bestimmt werden sollen. Sie erfolgt immer als Bezug zwischen zwei Kanälen. In Abb. 5.29 wird zwischen den steigenden Flanken von Signal 1 und 2 gemessen. In diesem Fall der Signalinvertierung sind das 180° Phasenversatz.

Der andere Weg ist die Erzeugung von *Lissajous-Figuren* – so genannten *Schwebungsbildern.* Sie entstehen, wenn der Oszillograf in X und Y getrennt mit harmonischen Schwingungen angesteuert wird. Wenn die beiden Eingangssignale in einem *festen Frequenzverhältnis* zu einander stehen, ergeben sich stehende Kurvenbilder, deren Form von der Phasenlage der beiden Signale bestimmt wird. Eine Auswahl für das Frequenzverhältnis 1: x zeigt Abb. 5.30.

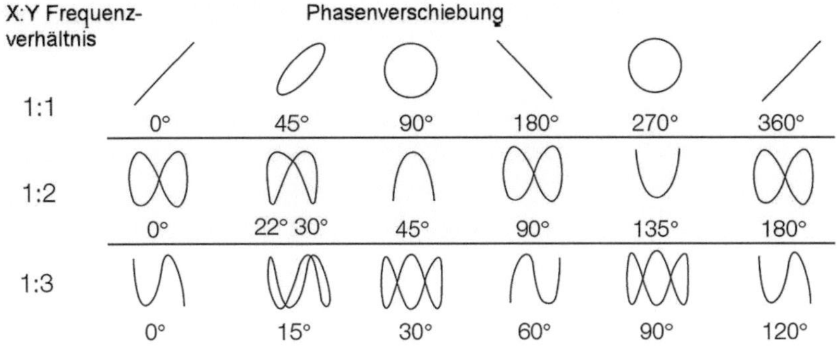

Abb. 5.30 Lissajous-Figuren für das Frequenzverhältnis1: x

Es sind auch andere Frequenzverhältnisse möglich, wie z. B. 2: 3 oder 3: 4, wodurch die Figuren zunehmend komplizierter werden. Wenn die Frequenzen nicht ganz exakt zueinander stehen, erhält man eine *wandernde Phasenverschiebung,* wodurch sich die Figuren bewegen. Auf diese Weise kann man Systeme durch Abgleich auf ein stehendes Bild einstellen.

Diese Bilder können auch durch Spiegelsysteme mit Servoansteuerung und Laserlicht erzeugt werden, was im Bereich der *Veranstaltungstechnik* auch erfolgt.

Messung von Impulsdauer und Impulsverhältnissen (PWM)

In den folgenden beiden Abb. 5.31 und 5.32 werden unterschiedliche Ansätze für die Messung gezeigt. Beide Geräte erlauben die Messung von Impulsbreite und Periodendauer. Aus beiden Werten zusammen kann das Tastverhältnis und damit den PWM-Wert bestimmt werden. In Abb. 5.31 werden die Periodendauer und die Pulsbreite gemessen. Das System bestimmt dabei die Impulsbreite und die Periodendauer des Signals (rechte Spalte). Aus diesen beiden Werten lässt sich der *PWM-Wert* bestimmen. Durch die Mittelwertbildung (Integration) über das Signal ergibt sich eine resultierende Ausgangsspannung, welche in Relation zur Spitzenspannung zu sehen ist. Wenn man die Werte im Bild nachrechnet, kommt man zu einer Abweichung. Die Ursache ist, dass die Spitzen-Spitzen-Spannung U_{ss} sich aus den Minimal- und Maximalwerten errechnen und die auf dem Signal vorhandenen Störungen mit erfassen. Außerdem geht als Fehler ein, wenn der low-Pegel nicht exakt auf 0 V liegt.

Die Bestimmung des PWM-Wertes aus den *Zeitverhältnissen,* wie in Abb. 5.32 gezeigt, ist der genauere Weg. Hier werden auch beide Zeiten gemessen und daraus das Verhältnis von Impulsbreite zu Periode berechnet.

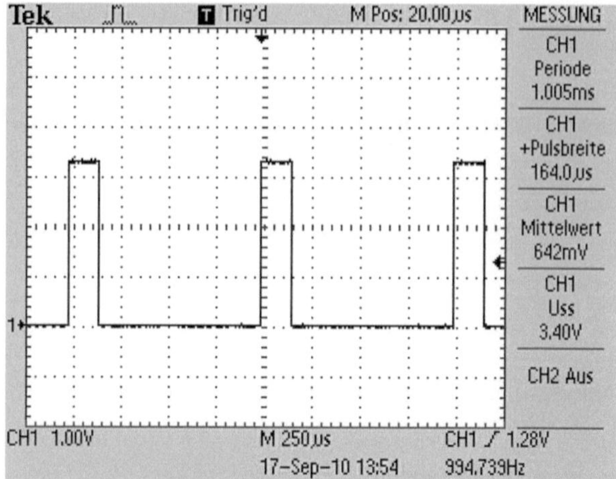

Abb. 5.31 PWM-Bestimmung über den Mittelwert

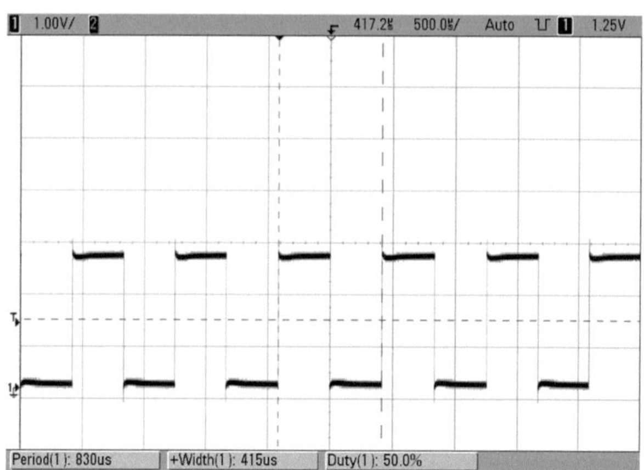

Abb. 5.32 Direkte Auswertung des PWM-Wertes

5.6 Drehzahl und Drehwinkel

Definition

Die *Drehzahl n* gibt die Anzahl der Umdrehungen pro Zeiteinheit an. Damit hat sie die gleiche Einheit wie die Frequenz, wird aber in der Praxis zur Unterscheidung von der Frequenz einer Schwingung in [Umdrehung/Minute; Upm] angegeben. Für die Drehzahl gelten grundsätzlich alle in Abschn. 5.2 angegebenen Mess-Methoden.

Messprinzipien

Bei der Messung einer Drehzahl findet dies meist an einer Welle oder einem Rad statt. Es muss damit technisch eine Erfassung der Anzahl der Drehungen erfolgen, was durch Markierungen auf dieser Welle realisiert wird.

Messung durch Ereigniserfassung
Die Markierung einer Welle zur Drehzahlerfassung kann abhängig von der Anwendung auf unterschiedlichem Weg erfolgen:

- Anbringen von *Markierungen* zur *optischen* Abtastung,
- Einbringen von *magnetisch erfassbaren* Materialien in die oder an der Welle,
- Anbringung von *Lochscheiben* oder *Flügelrädern* zur optischen oder magnetischen Abtastung oder
- Anbringung oder Nutzung von *Zahnrädern.*

Die Ereigniserfassung erfolgt mittels Lichtschranken oder magnetischen Abstandssensoren (Abschn. 3.1.5 und 3.1.7).

Messung durch Positionserfassung
Soll außer der Drehzahl auch die *Richtung* oder der *Drehwinkel* (Teildrehungen) erfasst werden, so ist ein Bezugspunkt für die Nullposition und eine feinere Auflösung der Drehung mit mehreren Messkanälen erforderlich. Dies kann erfolgen durch:

- *Winkelcodierer,* die auf einer Scheibe über einen binären Positionscode verfügen, der optisch abgetastet wird. Für einfache Anwendungen mit geringer Auflösung kann diese Signalcodierung auch über Schleifkontakte erfolgen.
- Durch *Strichscheiben* und phasenversetzte Abtastung kann eine relative Winkel- und Richtungserfassung erfolgen.

Drehzahlbestimmung durch Schwebung (Stroboskop)
Die Schwebung basiert auf der Subtraktion zweier – nahe liegenden – Frequenzen, die optisch sichtbar gemacht werden. Die sich drehende Welle erhält dafür eine Markierung, z. B. eine Kerbe, welche mit einer frequenzgesteuerten Blitzlampe angeleuchtet wird. Bei *Gleichheit* der *Blitzperiode* und der *Drehung* erscheint die *Markierung stehend* an stabiler Position. Stimmen die beiden Frequenzen nicht überein, so wandert die Markierung optisch mit der *Differenzfrequenz.* Mit dieser Methode können auch Winkelpositionen bestimmt werden, wie es bei der Einstellung des Zündzeitpunktes beim PKW-Motor erfolgt. Da das Ergebnis der Operation nicht elektrisch vorliegt und damit nicht elektrisch steuerbar ist, hat es an Bedeutung verloren. Ein heute noch üblicher Einsatzfall ist die Drehzahlkontrolle an hochwertigen Plattenspielern (Abb. 5.33).

Messanordnungen
Magnetische und optische Abtastung
Die Abtastung einer Drehung kann einfach mittels Lichtschranken oder induktiven Abstandssensoren (Abschn. 3.1.1) erfolgen. Dabei können Abstandsänderungen während

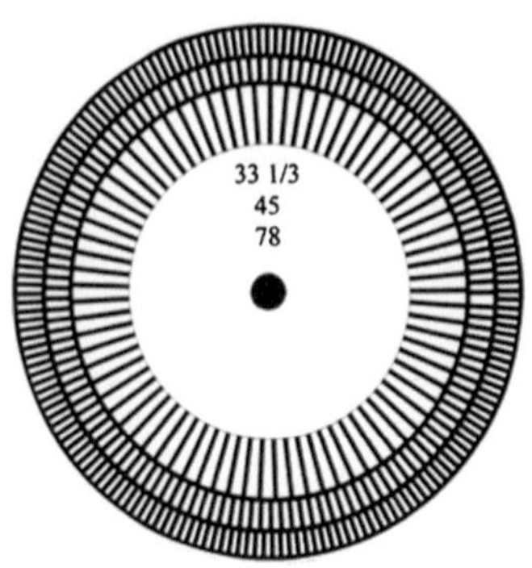

Abb. 5.33 Muster für Stroboskop-Messungen der Drehzahl an Plattenspielern. (Werkfoto: RELOOP)

Abb. 5.34 Optische und magnetische Abtastung von Drehbewegungen

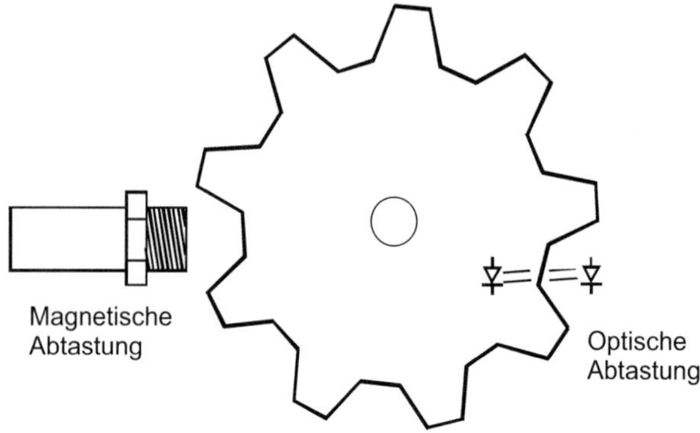

der Umdrehung oder Lücken in Komponenten genutzt werden. Abb. 5.34 zeigt ein Beispiel.

Digitale oder A/B Schnittstelle (Inkrementalgeber)

Werden an einer Welle mindest zwei phasenversetzte Abtastungen vorgenommen, so kann man aus der *Phasenlage* die *Drehrichtung* bestimmen. Durch eine vorzeichenrichtige Addition der Impulse kann zusätzlich die *Drehposition* ermittelt werden, was auch über mehrere Umdrehungen erfolgen kann. Abb. 5.35 zeigt die Anordnung und Abb. 5.36 das dazugehörige Impulsmuster.

Abb. 5.35 Inkrementaler Aufnehmer

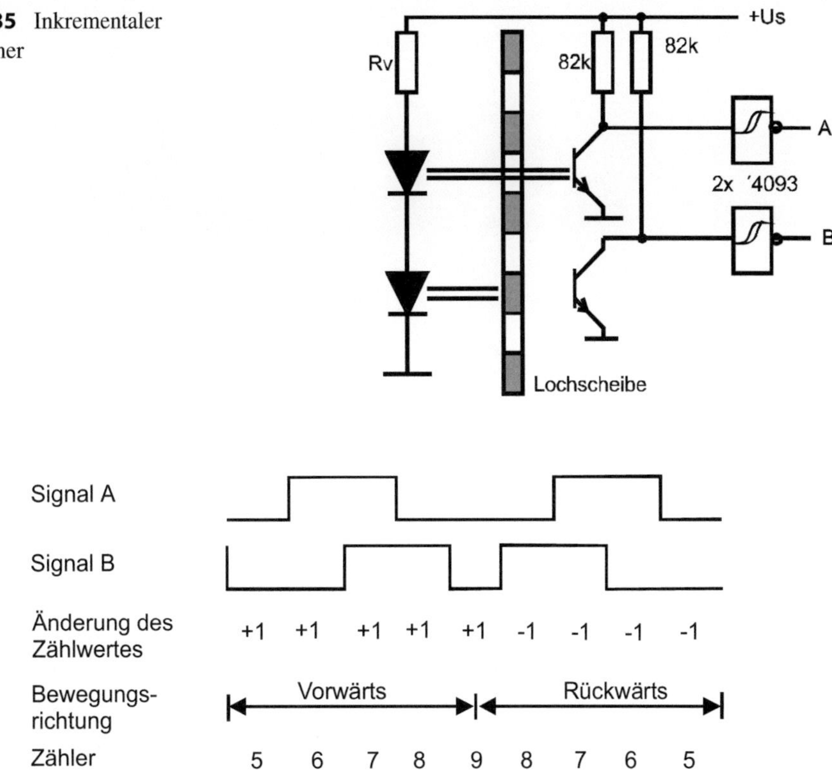

Abb. 5.36 Inkrementeller Aufnehmer

Bei einem Mess-System mit *digitaler Schnittstelle* wird das Positionssignal über zwei digitale Signale A und B ausgegeben. Eine übliche Bezeichnung dafür ist „A/B-" oder „90° (Impuls)-Schnittstelle". Der physikalische Pegel ist entweder ein 5 V Differenzsignal (RS422) oder ein *single ended-Signal,* das entweder den Pegel der Versorgungsspannung oder Null annimmt.

Wenn das Signal A vor dem Signal B kommt, entspricht jede Flanke einem Inkrement in positiver Richtung. Kommt das Signal A nach dem Signal B, entspricht dies einem Inkrement in negativer Richtung.

Die Zählrichtung der einen Signalflanke ist durch den *Pegel* des anderen Signals definiert. Beispielhaft sei die steigende Flanke von A in Abb. 5.36 an der Zählerposition 41 bei der Bewegungsrichtung „Vorwärts" betrachtet. Hier ist der Pegel von B low. Die Flanke wird als positives Inkrement gewertet. Bei der steigenden Flanke von A bei der

Abb. 5.37 Auswahl inkrementeller Aufnehmer. (Werkfoto: Pepperl + Fuchs)

Position 42 während der Rückwärtsbewegung ist der Pegel von B high. Entsprechend wird diese Flanke als negatives Inkrement ausgewertet.

Werden vier Lichtschranken mit einem Phasenversatz von je 90° zur Gitterstruktur verwendet und die Ausgangssignale der optischen Aufnehmer analog heraus geführt, so erhält man entsprechend dem optischen Aufbau dreieck- bis sinusförmige Ausgangssignale für jeden Kanal. Durch die Auswertung der analogen Amplituden ist damit eine Interpolation der Zwischenposition der Gitterstruktur möglich, was die Positions- und Winkelauflösung erheblich erhöht. Beispiele inkrementeller Aufnehmer zeigt Abb. 5.37. Weitere Ausführungen dazu finden sich in Abschn. 3.2.5 und 3.2.6.

5.7 Geschwindigkeit

Definition

Die *Geschwindigkeit* v ist das Verhältnis aus dem zurückgelegten Weg s und der dafür benötigten Zeit t, wenn eine gleichförmige Bewegung zugrunde gelegt wird.

$$v = \frac{s}{t}.$$

Sonderfälle von Geschwindigkeiten sind die Bahngeschwindigkeit bei Kreisbewegungen mit v Bahngeschwindigkeit m s^{-1} $v = 2\pi f \cdot r$

r Radius der Kreisbahn m
f Drehzahl, Frequenz s^{-1}

und die Winkelgeschwindigkeit $\omega = 2\pi f = v/r$

Messprinzip Geschwindigkeit

Die Messung der Geschwindigkeit basiert immer auf einer *Weg-Zeit-Messung*. Bei Systemen mit einem variablen Aufbau erfolgen dafür die getrennte Messung der beiden Grundgrößen Weg und Zeit und ihre Verrechnung. Bei einer stabilen Messanordnung kann auch mit einer definierten Mess-Strecke gearbeitet werden, sodass nur noch die Zeit gemessen werden muss. Die Zeitmessung kann dabei durch binäre Signale (z. B. Lichtschranken) ausgelöst und gestoppt werden.

Ein grundlegend anderer Weg ist die Nutzung des *Doppler-Effektes* (Abschn. 2.20). Er beschreibt die Änderung der Frequenz einer reflektierten Welle durch ein bewegtes Objekt. Dieses Verfahren lässt sich je nach gefordertem Messbereich und Genauigkeit mit Schall, Ultraschall, Radar oder Lichtwellen einsetzen.

Ein weiterer Weg ist die Bestimmung der Geschwindigkeit durch eine *doppelte Abstandsmessung* in definiertem Zeitabstand. Hier bietet sich eine Abstandsbestimmung mittels *Laser-Laufzeitmessung* an, welche eine hinreichende Messrate bei guter Auflösung – auch auf große Distanzen – erlaubt.

Bei allen drei Verfahren muss konkret abgeschätzt werden, wo der Messfehler liegt. Bei der Weg-Zeit-Messung wird – je nach Wegstrecke – eine mittlere Geschwindigkeit bestimmt, wogegen man beim Doppler-Effekt eine momentane Geschwindigkeit misst.

Messanordnungen für Geschwindigkeitsmessung

Auf eine Beschreibung der Weg- und Zeitmessung wird hier verzichtet, da sie an anderen Stellen des Werkes erfolgt. Beschrieben wird ein spezielles Verfahren zur Wegbestimmung mittels *Korrelationsmesstechnik.* Das technische Problem besteht darin, dass eine Geschwindigkeitsmessung nach dem Doppler-Effekt nur exakt ist, wenn sich das Messobjekt genau in Richtung des Mess-Strahls bewegt. Bei der Geschwindigkeitsmessung für ein Fahrzeug scheidet auch die Verwendung der Raddrehzahl aus, da der Umfang vom Reifenzustand und dem Reifendruck abhängen, sowie die Drehzahl auch vom Fahrtweg (z. B. Innen- oder Außenkurve).

Eine objektive Aussage bringt an dieser Stelle die Korrelationsmesstechnik. Dazu erfolgt die optische Abtastung der Strasse unter dem Fahrzeug. Die Oberflächenstruktur der Straße ergibt im Mess-Signal eine Modulation. In einem definierten Abstand (in Fahrtrichtung) erfolgt die zweite Abtastung (Abb. 5.38). Die Abtastung erfolgt mit einer *festen Abtastrate,* welche die Zeitbasis für die Messung darstellt. In Abb. 5.39 ist ein möglicher Kurvenverlauf aus dieser Messung gezeigt. Diese beiden Funktionsverläufe werden durch eine Korrelationsfunktion in Deckung gebracht. Dazu wird für den

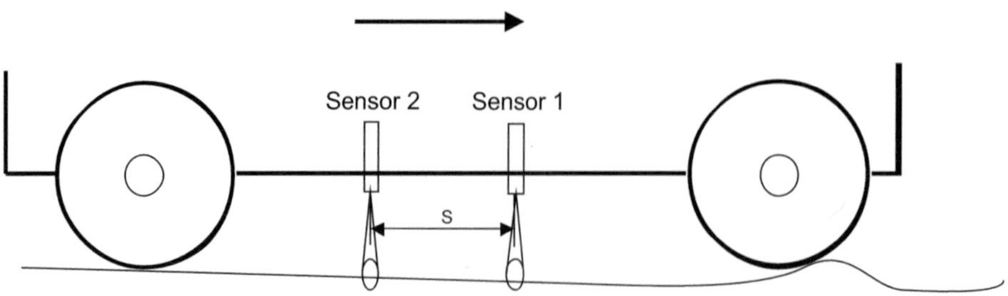

Abb. 5.38 Sensoranordnung für die Geschwindigkeitsmessung

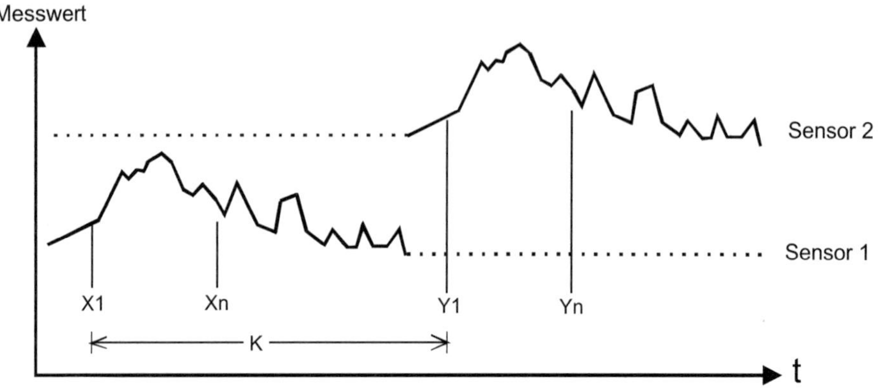

Abb. 5.39 Messwerte aus der Anordnung in Abb. 5.38

Abschnitt X_1 bis X_n der Korrelationskoeffizient zwischen beiden Messreihen für die Verschiebung k = 0 gebildet. Der Vorgang wird für steigende k-Werte wiederholt.

Der Korrelationskoeffizient wird dabei durch die Funktion

$$r(k) = \frac{\sum_{i=1}^{n} (X_i - \overline{X}) \cdot (Y_{i+k} - \overline{Y})}{\sum_{i=1}^{n} (X_i - \overline{X})^2 \cdot \sum_{I=1}^{n} (Y_{i+k} - \overline{Y})^2}$$

gebildet. Dabei ist

X_i der Messwert von Sensor 1 des Elements i aus dem Bereich $[X_i, X_n]$
Y_{i+k} der Messwert von Sensor 2 des Element i um die Zeit k versetzt
$\overline{X}$ der Mittelwert der Messwerte von Sensor 1 im Bereich $[X_i, X_n]$
$\overline{Y}$ der Mittelwert der Messwerte von Sensor 2 im Bereich $[Y_i, Y_n]$

Der Korrelationskoeffizient kann einen Wert zwischen −1 und +1 annehmen. Dabei entspricht +1 einer *vollständigen Übereinstimmung* der Funktionsverläufe und –1 zeigt eine Übereinstimmung von zueinander inversen Funktionen an. Der Wert Null beschreibt eine Zusammenhanglosigkeit beider Funktionsverläufe.

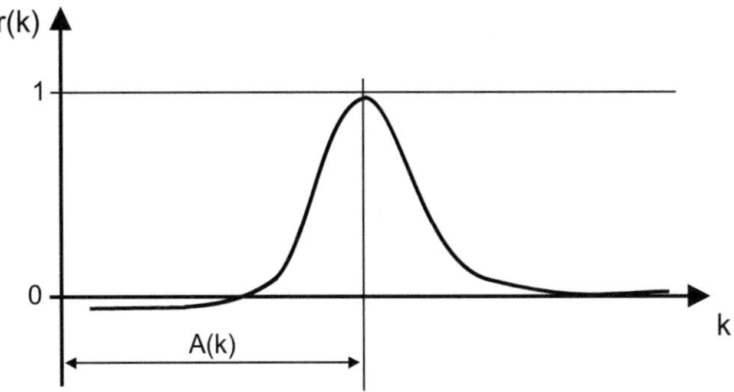

Abb. 5.40 Korrelationsfunktion zur Messung in Abb. 5.38

Trägt man die Ergebnisse der Korrelationskoeffizienten über einen veränderten Abstand k in ein Diagramm ein, dann erhält man eine Korrelationsfunktion (Abb. 5.40).

An der Abtaststelle A(k) hat der Funktionsverlauf ein Maximum, was eine Übereinstimmung der Funktionsverläufe anzeigt. Das bedeutet, dass nach k Abtastungen mit dem Zeitabstand t das erfasste Profil von Sensor 1 am Sensor 2 wieder erkannt wurde. Anders gesagt – das Fahrzeug hat den Abstand s in der Zeit k·t zurückgelegt, womit sich die Fahrzeuggeschwindigkeit berechnen lässt.

5.8 Beschleunigung

Definition

Die *Beschleunigung a* beschreibt die Änderung der Geschwindigkeit eines Objektes und wird durch die erste Ableitung der Geschwindigkeit nach der Zeit beschrieben.

$$a(t) = \frac{\mathrm{d}v(t)}{\mathrm{d}t} = \frac{\mathrm{d}^2x(t)}{\mathrm{d}t^2}.$$

a Beschleunigung m s^{-2}
dv Änderung der Geschwindigkeit in der Zeit t m s^{-1}
dt Zeitraum der Geschwindigkeitsänderung s
x zurückgelegter Weg in der Zeit t m

Beschleunigung kann sowohl positiv (Beschleunigung) als auch negativ (Verzögerung) sein. Grundsätzlich beruhen alle Messungen von Beschleunigungen auf dem Newton'schen Bewegungs-Gesetz:

$$\boldsymbol{F} = m \cdot \boldsymbol{a}.$$

Hierbei ist $\boldsymbol{F}$ die Kraft, m die Masse und $\boldsymbol{a}$ die Beschleunigung. Einen Beschleunigungssensor kann man sich vorstellen als eine federnd gelagerte Masse und einer Dämpfung. Dieses kann durch die Differenzialgleichung

$$F_{\text{ext}} = m\frac{\mathrm{d}x^2}{\mathrm{d}^2t} + \mathrm{D}\frac{\mathrm{d}x}{\mathrm{d}t} + \mathrm{K}x$$

beschrieben werden. Hierbei ist D der Dämpfungsfaktor, K die Federkonstante, F_{ext} die von außen wirkende Kraft und x der Weg, um den die Masse in der Zeit t verschoben wurde (Abb. 5.51).

Für die Winkelbeschleunigung α gilt analog: Sie berechnet sich aus der Ableitung der Winkelgeschwindigkeit nach der Zeit:

$$\alpha = \frac{\mathrm{d}\omega}{\mathrm{d}t}.$$

Anwendungsfelder

Beschleunigungen werden in vielen Anwendungsfeldern gemessen, wie Tab. 5.1 in einer Übersicht zeigt.

Tab. 5.1 Anwendungsfelder der Beschleunigungs-Sensoren

Anwendungsfeld/Branche	Konkrete Anwendung
Automobil	Sicherheitssysteme (z. B. Airbag, Gurtstraffer, Wegfahrsperren) Fehler im Getriebe Speicherung von Beschleunigungswerten bei Unfällen Wartungsaufforderung
Luft- und Raumfahrt	Steuerung der Flugzeuge oder Bewegungen von Körpern im All
Seismologie	Bodenbewegungen und Erdbeben-Messungen
Maschinenbau	Navigation von Roboterarmen Neigungsmessungen Vorbeugende Wartung von Verschleißteilen Unwucht, sich lockernde Verbindungen, Fehler in Getrieben Fehler in Kugellagern Modalanalyse
Bau	Belastungsmessung von Gebäuden, Türmen, Brücken und Dämmen
Medizin	Bewegungs-Analyse Diagnostik
Konsumerbereich	Wägetechnik zur Eliminierung des Einflusses der Erdbeschleunigung Bewegungsanalyse und -steuerung (z. B. Waschmaschine, Videorekorder) Spielkonsolen Navigation
Militärischer Bereich	Steuerung in der Ballistik (z. B. Fluggeräte oder Geschosse)

Messprinzip lineare Beschleunigung

Das einfachste Messprinzip ist die Ableitung einer Folge von Weg-Zeit-Messungen. Im Allgemeinen werden zur Messung *Beschleunigungsaufnehmer (Akzelerometer)* verwendet. Sie basieren auf einer federnd aufgehängten (seismischen) Masse, welche durch die beim Beschleunigungsvorgang wirkende Kraft ausgelenkt wird (Abb. 5.41).

Diese mechanische Auslenkung kann durch piezoelektrische oder magnetische Systeme erfasst werden. In Abb. 5.42 werden zwei grundlegende Varianten der Anordnung gezeigt.

Im Zuge der Miniaturisierung dieser Sensoren mittels *MEMS-Technologien* (MEMS: Micro-Electro-Mechanical System) erfolgt die Lageerfassung der Masse auch durch piezoresistive oder kapazitive Systeme (Abb. 5.43).

Abb. 5.44 zeigt die Frequenzanalyse bei Vibrationen in einer Fertigungsanlage. Mögliche Schäden oder Fehler in den Anlagen können damit im Vorfeld erkannt und damit auch vermieden werden.

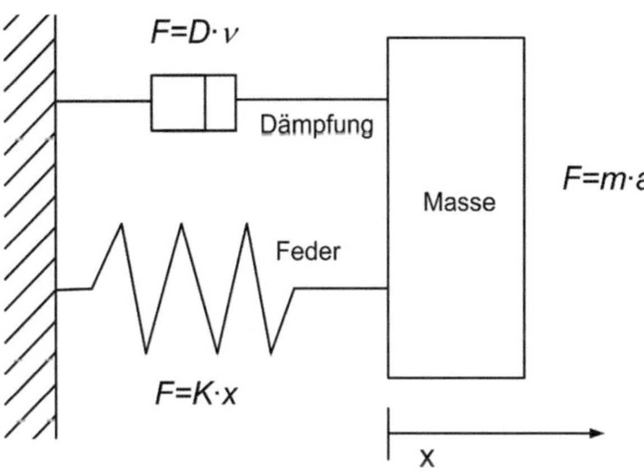

Abb. 5.41 Physikalische Beschreibung eines Beschleunigungssensors

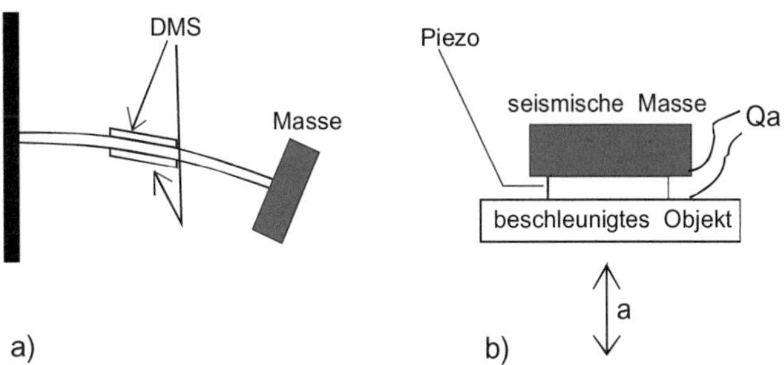

Abb. 5.42 Grundaufbau eines Beschleunigungssensors

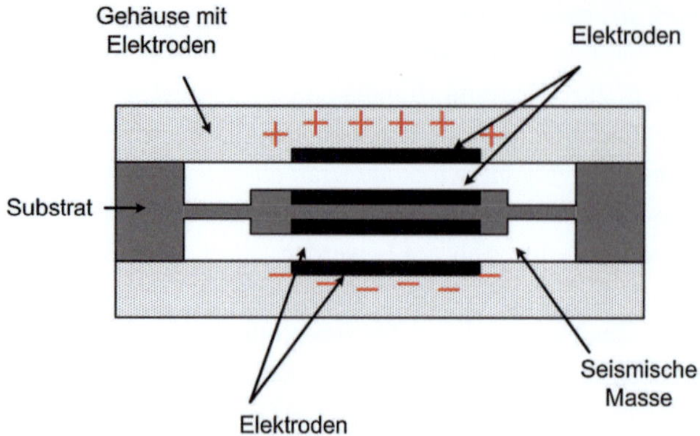

Abb. 5.43 Aufbau eines kapazitiven MEMS Beschleunigungssensors

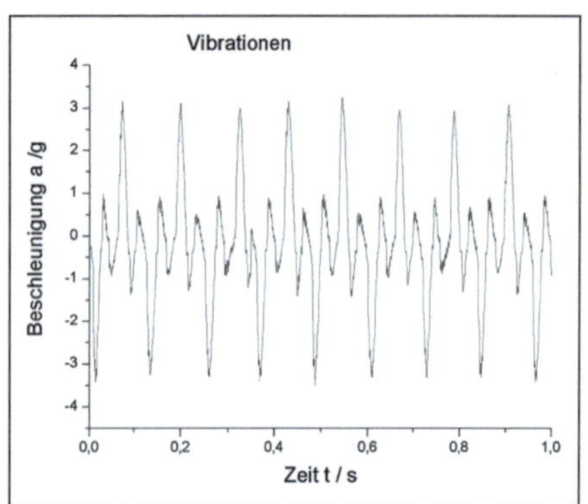

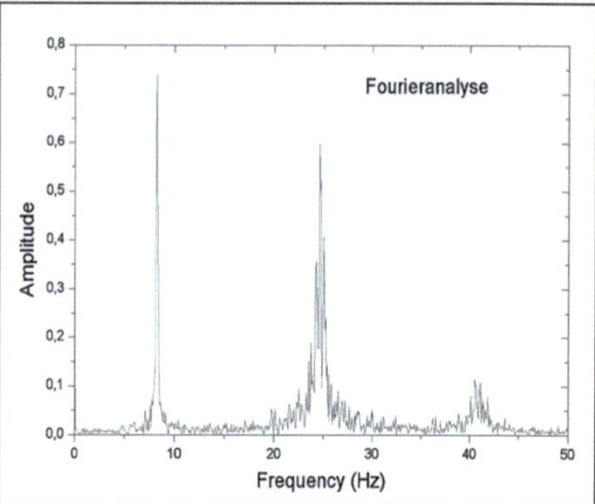

Abb. 5.44 Vibrationsanalyse für eine Fertigungsanlage

Da bei den Systemen immer die Erdbeschleunigung wirkt, ergibt sich für die Sensoren eine vorgeschriebene Einbaulage. Bei mehrachsigen Systemen tritt die Erdbeschleunigung bei mindestens einem Kanal als Störgröße auf. Die Genauigkeit eines Beschleunigungssensors erhöht sich mit steigender seismischer Masse. Im Gegenzug sinkt aber deren Grenzfrequenz.

Betreibt man einen Beschleunigungssensor mit sehr niedriger Grenzfrequenz, so erhält man einen *Neigungssensor (Inklinometer),* welcher die Abweichung zu einer vorgegebenen Achse bestimmt. Hierbei wird ausgenutzt, dass die Erdbeschleunigung immer senkrecht zur Erdoberfläche wirkt.

Ein großer Anwendungsbereich für Neigungssensoren sind mobile Maschinen, wie Bagger, Hebebühnen und Kräne. Bei diesen muss überwacht werden, dass die Belastung an den Auslegern nicht zum Kippen der Einrichtung führt. Abb. 5.46 zeigt einen Neigungssensor für zwei Achsen.

Messprinzip Winkelbeschleunigung

Die Bestimmung der Winkelbeschleunigung erfolgt mit einem eigenständigen Sensorprinzip, dem *Gyroskop.* Den Kern bildet dabei eine rotierende oder schwingende Masse. Wirkt auf diese von außen ein Drehmoment, so entsteht eine Kraft *(Coriolis-Kraft),* welche die schwingende Masse seitlich auslenkt. Diese Relativbewegung wird als Messgröße erfasst. Das bekannteste System auf dieser Basis ist der *Kreiselkompass.* Es existieren seit einigen Jahren auch mikroelektronische Lösungen, wie beispielsweise der CMR3000 (VTI Technologies aus Finnland) oder der MPU-6000 (InvenSense Inc., USA). Das Wirkprinzip zeigt Abb. 5.47 für die X-Achse.

Abb. 5.48 zeigt das Chipfoto des MPU-3000, in dem die Bereiche der Mikromechanik deutlich erkennbar sind.

Als Hauptanwendung können zwei Gebiete benannt werden – die *Nahfeld-Navigation* und der Einsatz bei *Spielkonsolen.* Bei Spielkonsolen dienen die Informationen aus der Winkelbeschleunigung der Ansteuerung von Spielbewegungen im Sportbereich. Es lässt sich damit in Kombination mit linearen Beschleunigungen eine gute Nachbildung komplexer Bewegungen erreichen. Bei heutigen Navigationssystemen bestehen zwei Nachteile: die *Ortsauflösung* ist relativ *gering* (im Bereich weniger als 10 m) und sie setzt die *Sichtverbindung* zu den Satelliten voraus. Damit ist sie in Tunneln oder Gebäuden nicht anwendbar. Durch die Erfassung von Drehbewegungen mit Gyroskopen kann eine Richtungsänderung im Bereich von Dezimetern nachvollzogen werden und ermöglicht so eine Navigation in geschlossenen Objekten.

Messanordnung für die Beschleunigungsmessung

Da die Messung der Beschleunigung auf eine unter Krafteinwirkung verschobenen Masse zurück geführt wird, erfolgt die Auswertung am Ende durch das Bestimmen dieser Bewegung. Damit kommen alle bereits beschriebenen Verfahren zur Bestimmung von Weg und Kraft zum Einsatz. Es kann somit piezoelektrisch, piezoresistiv, induktiv oder kapazitiv abgetastet werden. In der Praxis wird man auf Mikrosysteme mit 1 bis 3 Achsen zurückgreifen, welche in der Größe von wenigen Kubikmillimetern angeboten werden. Als Beispiel sei hier der ADXL335 (www.analog.com) genannt. Es handelt sich dabei um einen Beschleunigungssensor mit analogen Ausgängen für 3 Achsen. Er kann Beschleunigungen im Bereich von +/–3 g erfassen. Seine Abmessungen betragen lediglich 4 mm × 4 mm × 1,5 mm (Abb. 5.45).

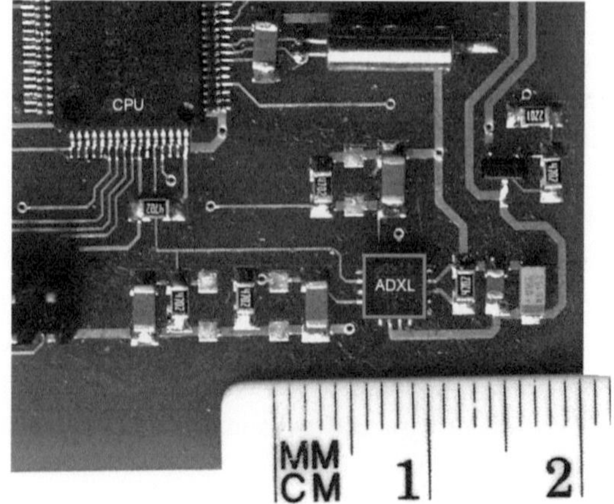

Abb. 5.45 Einsatz eines kapazitiven MEMS-Beschleunigungssensors

Abb. 5.46 2-Achs-Neigungssensor. (Werkfoto: Pepperl + Fuchs)

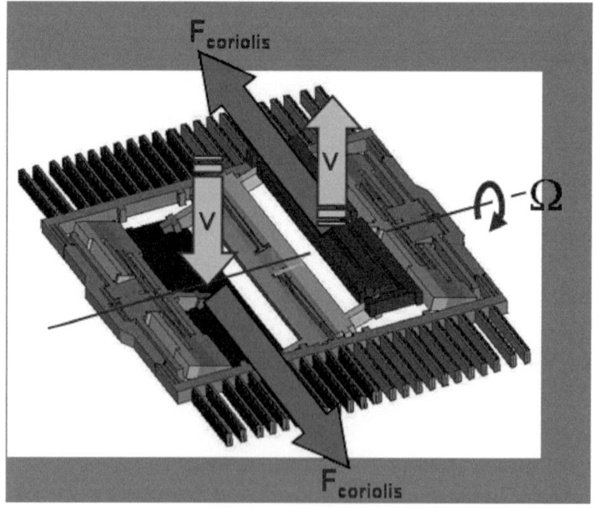

Abb. 5.47 Gyroskop-Zelle für die Drehung um die X-Achse. (Werkfoto: InvenSense Inc., USA)

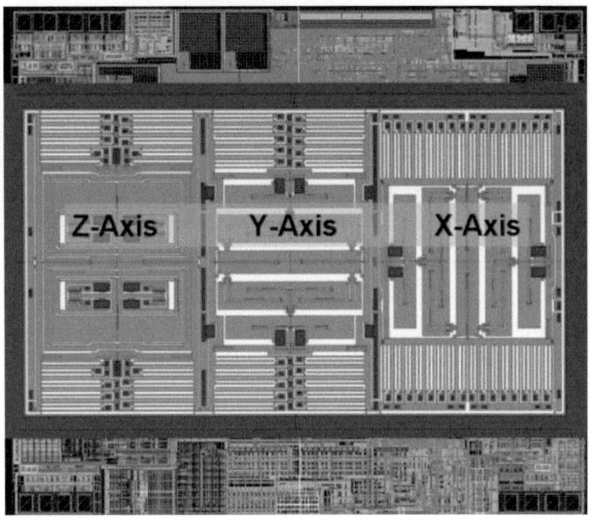

Abb. 5.48 Chipfoto des 3-Achs-Gyroskop MPU-3000. (Werkfoto: InvenSense Inc., USA)

5.9 Durchfluss (Masse und Volumen)

Definition
Durchfluss impliziert meist die Messung bei Flüssigkeiten und Gasen. Eine Vielzahl unterschiedlicher Messprinzipien zur Messung der *Menge,* des *Massedurchflusses* und des *Volumens pro Zeiteinheit,* ermöglichen heute die individuelle Anpassung an die Bedürfnisse verschiedenster Messaufgaben. Durch die unterschiedlichen Vor- und Nachteile der Messprinzipien ist eine Anwendungsvielfalt entstanden.

Masse
Die SI-Einheit für die Masse ist Kilogramm [kg] und bezeichnet die Menge eines Körpers oder Stoffes (Abschn. 4.1). Neben der Messung mit einer Referenzmasse bei ruhenden Körpern wird auch mit der Newtonschen Grundgleichung über die Kräfte und Beschleunigung eine Proportionalität zur Masse hergestellt.

$$\boldsymbol{F} = m \cdot \boldsymbol{a}(\text{Kraft} = \text{Masse} \cdot \text{Beschleunigung}) \rightarrow m = \boldsymbol{F}/\boldsymbol{a}$$

Volumen
Bei festen Körpern ist das Volumen der Raumbedarf eines Körpers mit dem Formelzeichen *V.* Die SI-Einheit ist der Kubikmeter (m^3). Für Gase und Flüssigkeit ist auch die Einheit Liter üblich. Technisch wird zwischen einem Hohlvolumen beispielsweise eines Behälters oder einem Raumvolumen bei festen, flüssigen und gasförmigen Stoffen unterschieden.

Das ist beispielsweise beim Transport von Stoffen und Materialien sehr wichtig. Bei festen Stoffen (z. B. Kohle) ist das für den Transport benötigte Hohlvolumen größer als das Raumvolumen der zu transportierenden Kohle. Bei flüssigen Stoffen ist es nahezu gleich, während man beim Transport von Gasen die Möglichkeit der Kompression nutzt und somit ein Vielfaches des Volumens bezogen auf den Normaldruck transportieren kann. Gleiches wird auch beim Tauchen mit Pressluftflaschen genutzt.

Volumenstrom
Volumenstrom definiert ein Medium (fest, flüssig oder gasförmig) das sich in einer Zeiteinheit innerhalb eines bekannten Profils oder Querschnitts bewegt.

Massenstrom
Der Massenstrom definiert die Bewegung eines Mediums mit seiner Masse durch einen Querschnitt in einer Zeiteinheit.

Hauptgruppen
Bei Durchfluss-Messgeräten wird in der Praxis meist zwischen *Volumen-* und *Massedurchflussgeräten* unterschieden.

Bei gasförmigen Stoffen und Luft liefern Volumenmessgeräte in Abhängigkeit von Druck und Temperatur Messwerte mit der Einheit Betriebsliter/Zeiteinheit, die dann auf die Normbedingung umgerechnet werden. Das Messergebnis von Massemessgeräten liefert Messwerte mit der Einheit Gramm/Liter. Der Durchfluss von Flüssigkeiten und Gasen wird im Kap. 10 ausführlich erklärt und mit Beispielen belegt. Im Folgenden wird gezeigt, wie der *trockene Durchfluss* gemessen wird, d. h. die Masse und das Volumen von bewegtem Schüttgut oder die Portionierung in der Verpackungsindustrie.

Messmethoden und Anwendung
Die Erfassung von bewegten festen Stoffen und Körpern und deren Beurteilung nach Masse und Volumen je Zeiteinheit spielt auch in der chemischen und insbesondere der pharmazeutischen Industrie eine große Rolle. In diesen Branchen werden mittels *Wägetechnik* Chemikalien, Granulate und Pulver abgefüllt oder für die Produktion bereitgestellt. Im Kontrollbereich von beispielsweise Tablettenproduktionen wird so die Abfüllung gewährleistet und die Vollständigkeit geprüft.

Abb. 5.49 zeigt die Kontrollwaage TC8410 der Firma Collischan. Auch sehr schnelle Zählmaschinen für verschiedenste Tabletten und Kapseln sind während der Produktion im Einsatz und gewährleisten so die Umsetzung der strengen Vorschriften in diesen sensiblen Bereichen.

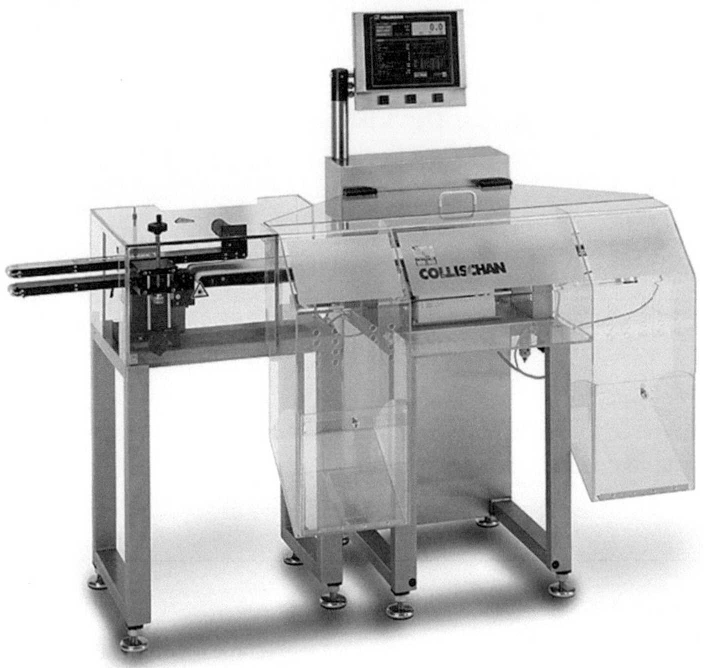

Abb. 5.49 Hochleistungskontrollwaage TC8410 für die Pharmaindustrie. (Werkfoto: Collischan)

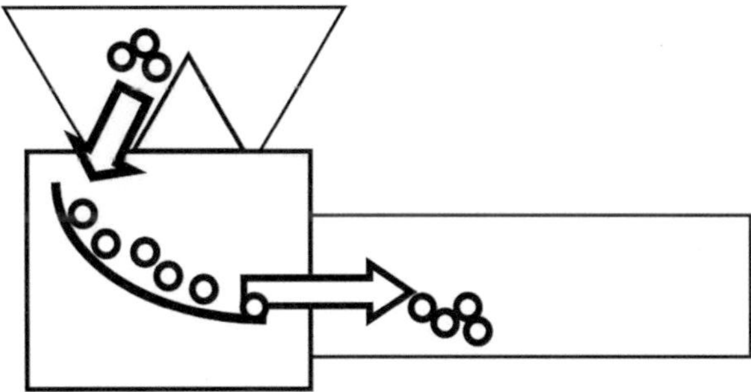

Abb. 5.50 Schema eines Schüttstrommessers

Schüttstrommesser

Sogenannte Schüttstrommesser, entsprechend der Skizze in Abb. 5.50, kommen in vielen Bereichen der Industrie zur Anwendung. Zum Beispiel in der Lebensmittelindustrie, der Baustoffindustrie, der Zellstoff- und Papierindustrie. Dabei werden die Stoffe auf Förderbändern, Stahlplattenbändern, auf Trogkettenförderern, auf Förderschnecken sowie in Schächten und Röhren im freien Fall transportiert und gemessen.

Bei geschlossenen Wiegesystemen wird das fließfähige und homogene Schüttgut während des Durchgangs gemessen. Über den angepassten Zulauf wird das zugeführte Schüttgut auf eine radial gekrümmte Fläche gelenkt. Der Zentrifugalkraft des Schüttgutes tritt die gleichgroße Zentripetalkraft entgegen. Das Schüttgut bleibt auf seiner Kreisbahn. Der Durchsatz wird mit Kraftsensoren gemessen und ist direkt proportional zur Zentripetalkraft.

Prallplattenwaagen
Bei Prallplattenwaagen wird der Impuls des aufprallenden Schüttgutes auf einer Prallplatte erfasst. Dabei rutscht das Schüttgut auf einem schräg nach unten gestellten Rohr oder einer offenen Rutsche eine definierte Schräge hinab.

Dosierbandwaagen
Dosierbandwaagen erfüllen die Funktion des Wiegens, des Transportes und können Teil einer Regelkette mit Messfunktionen sein. Ihre Anwendungsfelder liegen vor allem bei der Dosierung von verschiedensten Gemischen der Futtermittel und Baustoffbranche.

Bandwaagen
Bandwaagen werden in bestehende Förderbänder als Wiegesysteme eingebaut (Einbau-Förderbandwaagen). Langzeitstabil werden so *Materialströme* gemessen. Ein Beispiel für den Einsatz ist die Förderbandwaage für Kartoffelsortieranlagen.

Differenzialwaagen
Bei Differenzialwaagen wird gleichzeitig die Abnahme des Materials in einem Behälter gewogen und die Geschwindigkeit des Dosierers gemessen. Daraus wird über einen Prozessor die Menge des ausgehenden Materials in kg/h ermittelt. Es ist ein staubdichtes System zur Dosierung und zum Messen mit geringem Wartungsaufwand. In der Getreide- und Futtermittelindustrie findet man es in Stallungen zur vollautomatischen Kraftfütterung der Rinder, wobei jedes Tier an seinem Chip erkannt wird und eine Doppeldosierung ausgeschlossen werden kann.

Optische Bandwaage
Bei der optischen Bandwaage FLO-3D Sensor (EmWeA Prozessmesstechnik e. K.) werden mittels einer 3D-Kamera kontinuierlich Bilder des bewegten Schüttgutes auf dem Förderband gemacht. Das wird einem vorab eingespeichertem Profil zugeordnet. Daraus wird der aktuelle Volumendurchsatz in m^3/h ermittelt. Abb. 5.51 zeigt ein 3D-Bild eines Förderbandabschnittes.

Hierbei wird ebenfalls völlig berührungslos gemessen. Abb. 5.52 zeigt eine Skizze für eine Bulk-Durchflussmessung.

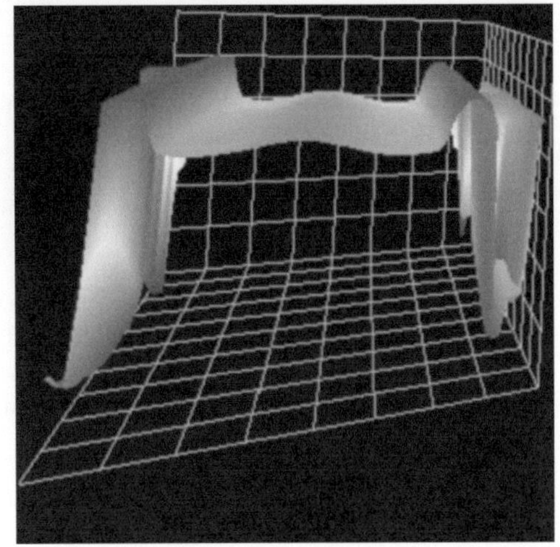

Abb. 5.51 3D-Bild eines Förderbandabschnittes. (Quelle: EmWeA Prozessmesstechnik e. K.)

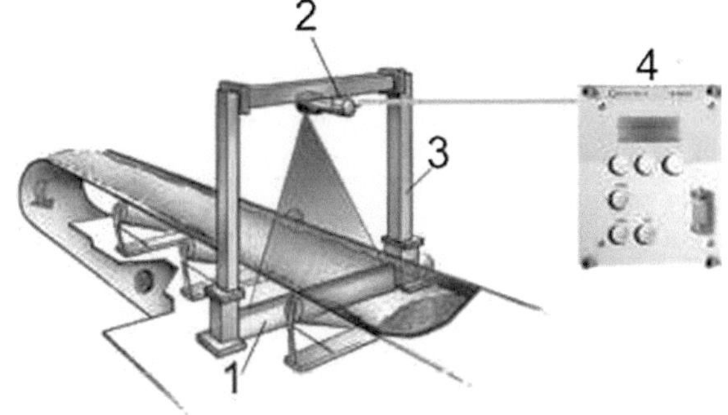

Abb. 5.52 Skizze einer Bulk-Durchflussmessung. (Werkfoto: BERTHOLD TECHNOLOGIES GmbH & Co. KG)

Eine einfach zu installierende Rahmenkonstruktion (3) komplettiert die Messeinrichtung. Eine abgeschirmte Strahlungsquelle (1) ist unterhalb des Förderbandes fest montiert. Über dem Förderband gegenüber der Quelle befindet sich ein Szintillations-Detektor (2). Das Mess-Signal wird durch die ionisierende Strahlung bestimmt, die durch das Material auf dem Förderband beeinflusst wird. In Abhängigkeit von der Belastung des Förderbandes und der Geschwindigkeit des Materials wird von einer Auswerteeinheit (4) der Massenstrom berechnet. Es kann auch für Schächte und Rohrleitungen angewendet werden, sowie im Hochtemperaturbereich, bei verschiedenen Druckverhältnissen und für Gefahrenstoffe verschiedenster Art.

Weitere hier nicht genannte Systeme sind Durchfahrwaagen, Stückzahlwaagen, Wägebalken, Wägebrücken oder Zählwaagen.

Weiterführende Literatur

Berthold Technologies GmbH & Co. KG, www.berthold.com

Collischan GmbH & Co. KG, www.collischan.de

EmWeA Prozessmesstechnik e. K., www.emwea.de

Henkies, A.: „Entwurf und Optimierung fremdlichttoleranter Tiefenkamerasysteme auf der Basis indirekter Lichtlaufzeitmessung", Dissertation, Uni Duisburg, Fakultät der Ingenieurwissenschaften

Kutscher, N., Mielke, B.: „3D Kameras – basierend auf Lichtlaufzeitmessung"; http://www.inf.fuberlin.de/lehre/SS05/Autonome_Fahrzeuge/3dKameras.pdf

Lange, R., Seitz, P., Biber, A., Schwartel, R.: „Time-of-Flight range imaging with a custom solid-state image sensor", Centre Suisse d'Electronique et de Microtechnique SA (CSEM), Uni Gießen, Institut für Nachrichtenverarbeitung

Temperaturmesstechnik

6

Martin Liess, Ekbert Hering und Lothar Michalowsky

6.1 Temperatur als physikalische Zustandsgröße

Die thermodynamische Temperatur ist eine *physikalische Zustandsgröße* und ist eine der sieben Basisgrößen im Internationalen Einheitensystem (SI), auf die sämtliche metrologischen Größen zurückgeführt werden können. Ihre Maßeinheit ist das Kelvin (K).

Die *Internationale Temperaturskala* wurde am 01.01.1990 (ITS-90; ITS: Internationale Temperatur-Skala) verbindlich eingeführt und stellt die Grundlage für alle Kalibrierungen von Temperaturmessgeräten dar. Die Festlegung der Fixpunkte erfolgt auf der Grundlage bekannter Zusammenhänge des Druck-Temperatur-Diagramms für Stoffe, die in den drei Aggregatzuständen: gasförmig, flüssig und fest auftreten und sich durch die Existenz eines Tripelpunktes auszeichnen (Abb. 6.1).

Die definierten Fixpunkte stellen *thermodynamische Gleichgewichtszustände* zwischen den drei möglichen Aggregatzuständen dar. Die Erstarrungspunkte sind dabei immer für einen Druck von 101,325 kPa festgelegt. Im Tripelpunkt verbinden sich die Schmelzdruckkurve mit der Dampfdruck- und Sublimationskurve. Die gasförmige, flüssige und feste Phase eines Stoffes können am Tripelpunkt gleichzeitig existieren.

M. Liess (✉)
Hochheim am Main, Deutschland
E-Mail: Martin.Liess@hs-rm.de

E. Hering
Heubach, Deutschland
E-Mail: Ekbert.Hering@htw-aalen.de

L. Michalowsky
Witzenhausen, Deutschland
E-Mail: L.Michalowsky@t-online.de

E. Hering und G. Schönfelder (Hrsg.), *Sensoren in Wissenschaft und Technik*,
https://doi.org/10.1007/978-3-658-39491-2_6

Abb. 6.1 Druck-Temperatur-Diagramm eines reinen Stoffes mit Tripelpunkt

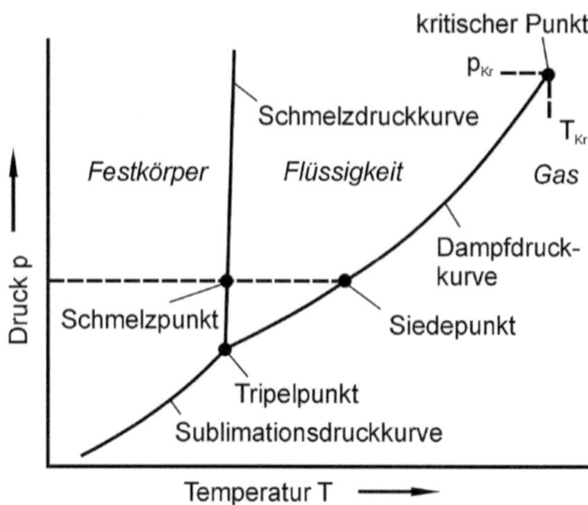

Zur Messung höherer Temperaturen als in der ITS 90 angegeben, wird die Thermospannung von Thermopaarungen auf Halbedelmetallbasis wie Platin und Rhodium bzw. der Überschwermetalle Wolfram und Rhenium bzw. ihrer Legierungen herangezogen (Abschn. 6.4). In Tab. 6.1 sind die nach ITS-90 definierten Temperaturfixpunkte angegeben.

Tab. 6.1 Temperaturfixpunkte nach IST-90

Gleichgewichtszustand	T_{90} in K	T_{90} in °C
Dampfdruck des Heliums	3 bis 5	−270,15 bis 268,15
Tripelpunkt des Gleichgewichtswasserstoffs	13,8033	−259,3467
Dampfdruck des Gleichgewichtswasserstoffs	17.025 bis 17,045 20.26 bis 20,28	−256,125 bis −256,105 −252,89 bis −252,87
Tripelpunkt des Neons	24,5561	−248,5939
Tripelpunkt des Sauerstoffs	54,3584	−218,7916
Tripelpunkt des Argons	83,8058	−189,3442
Tripelpunkt des Quecksilbers	234,3156	−38,8344
Tripelpunkt des Wassers	273,16	0,01
Schmelzpunkt des Galliums	302,9146	29,7646
Erstarrungspunkt des Indiums	429,7485	156,5985
Erstarrungspunkt des Zinns	505,078	231,928
Erstarrungspunkt des Zinks	692,677	419,527
Erstarrungspunkt des Aluminiums	933,473	660,233
Erstarrungspunkt des Silbers	1.234,93	961,78
Erstarrungspunkt des Goldes	1.337,33	1.064,18
Erstarrungspunkt des Kupfers	1.357,77	1.058,62

Die übliche Maßeinheit für Temperatur ist *Celsius* (Formelzeichen t). Sie ergibt sich jeweils aus der Definition des Schmelz- und Siedepunktes des Wassers bei 0 °C und 100 °C. Auf der Basis dieser Temperaturfixpunkte gilt die Beziehung zwischen Temperatur t in °C und T in K:

$$t = T - 273{,}15.$$

Damit ist eine einfache Umrechnung der Kelvin- in die Celsiustemperatur und umgekehrt möglich. Aus dieser Gleichung ist auch ersichtlich, dass es keine realen negativen Kelvintemperaturen geben kann.

Im englischen Schrifttum wird häufig noch das Fahrenheit (°F) als Temperatureinheit verwendet. Als Umrechnungsgleichung ist folgende Beziehung gültig:

$$1\,°\mathrm{C} = (9/5 + 32)\,°\mathrm{F}.$$

6.2 Messprinzipien und Messbereiche

Für die Temperaturmessung können verschiedene physikalische Prinzipien herangezogen werden (Abb. 6.2). Die wichtigsten Effekte werden in Kap. 2 ausführlich behandelt. Die *optischen Systeme* erlauben eine *berührungslose* Temperaturmessung.

Wie Abb. 6.3 zeigt, decken die verschiedenen Messprinzipien unterschiedliche Temperaturbereiche ab. Im normalen Temperaturbereich zwischen −60 °C und 500 °C bis 1000 °C sind Flüssigkeitsthermometer, elektrische Widerstandsthermometer oder Thermometer im Einsatz, welche die Ausdehnung der Metalle als Grundlage haben.

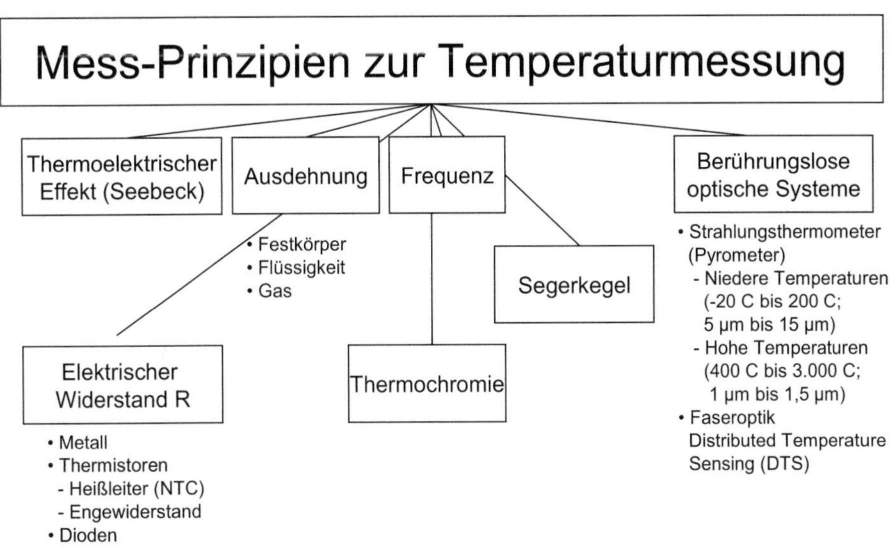

Abb. 6.2 Messprinzipien zur Temperaturmessung

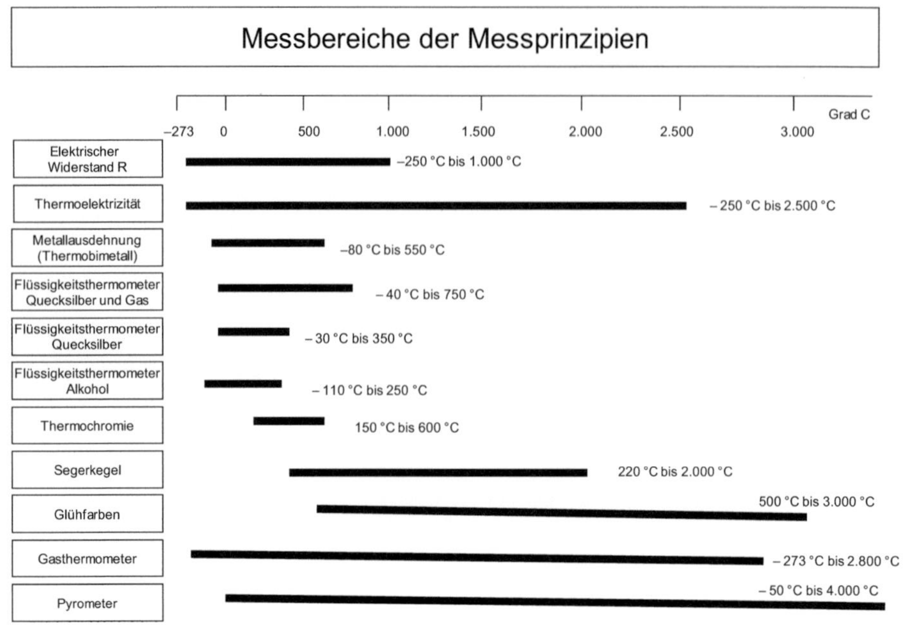

Abb. 6.3 Temperaturbereiche der einzelnen Messprinzipien

6.3 Temperaturabhängigkeit des elektrischen Widerstandes

6.3.1 Metalle

Bei Metallen erhöht sich der elektrische Widerstand R mit zunehmender Temperatur T (Abschn. 2.11). Die Näherung mit einer Potenzreihe dritter Ordnung ist im Normalfall völlig ausreichend. Somit gilt:

$$R(T) = R(T_0)\,[\alpha T + \beta T^2 + \delta T^3 + ..];$$

α, β, und δ sind die entsprechenden Temperaturkoeffizienten.

In vielen Anwendungen im Temperaturbereich zwischen 0 °C und 100 °C ist die *lineare Abhängigkeit* des elektrischen Widerstandes R von der Temperatur T gültig. Dann gilt für den Widerstand R bei Raumtemperatur von $t = 20$ °C:

$$R(t) = R_{20}\,(1 - \alpha(t - 20\,^\circ\mathrm{C})).$$

Für den spezifischen elektrischen Widerstand ρ ($R = \rho$ (l/A)), wobei l die Länge des Leiters und A dessen Querschnitt ist, gilt entsprechend:

$$\rho(\mathrm{t}) = \rho_{20}(1 - \alpha(\mathrm{t} - 20\,^\circ\mathrm{C})).$$

Der *Temperaturkoeffizient* des elektrischen Widerstandes α ist das Verhältnis der relativen Änderung des Widerstandes zur Temperaturänderung (Maßeinheit: 1/K). Es gilt:

$$\alpha = \frac{\Delta R}{R\,\Delta t} = \frac{(R_{20} - R_0)}{R_0\,20}.$$

Entsprechend gilt für den spezifischen elektrischen Widerstand ρ:

$$\alpha = \frac{\Delta\rho}{\rho\,\Delta t} = \frac{(\rho_{20} - \rho_0)}{\rho_0\,20}.$$

Tab. 6.2 zeigt die spezifischen elektrischen Widerstandswerte verschiedener Metalle in Abhängigkeit von der Temperatur.

Als Industriestandard für eine Temperaturmessung mit hoher Präzision hat sich ein *Pt100-* und *Pt1000-*, d. h. ein 100 Ω- oder 1000 *Ω-Platinwiderstand* durchgesetzt. Vorteile sind der durch das Material definierte Temperaturverlauf, eine hohe Stabilität und damit verbunden eine hohe Genauigkeit. Abb. 6.4 zeigt einen handelsüblichen Pt100-Widerstand in Drei-Leitertechnik (Schaltung nach Abb. 6.6) mit einer etwa 2 m langen Zuleitung. Die Fühlerlänge ist 100 mm und der Durchmesser etwa 7 mm. Der Sensor eignet sich für Verschraubungen.

Alternativ wird auch *Nickel* als Ausgangsmaterial für Widerstände verwendet (z. B. Ni100). Vorteilhaft sind der *geringere Preis* des Materials und die *höhere Empfindlichkeit* (Änderung des Widerstandes mit der Temperatur). Nachteilig gegenüber Platin sind die höhere Nichtlinearität, die geringere Korrosionsstabilität und der geringere Temperaturbereich des Materials.

Tab. 6.2 Temperaturabhängigkeit des spezifischen elektrischen Widerstandes ρ verschiedener Metalle

Metall	Platin (Pt)	Nickel (Ni)	Kupfer (Cu)	Eisen (Fe)
Temperatur/°C	$\rho_0/10^6$ Ωcm	$\rho_0/10^6$ Ωcm	$\rho_0/10^6$ Ωcm	$\rho_0/10^6$ Ωcm
−200	0,178	–	0,117	–
−100	0, 599	–	0,557	–
0	1,000	1,000	1,000	1,000
100	1,385	1,663	1,431	1,650
200	1,757	2,501	1,862	2,464
300	2,118	3,611	2,299	3,485
400	2,465	4,847	2,747	4,716
500	2,800	5,398	3,210	6,162
600	3,124	5,882	3,695	7,839

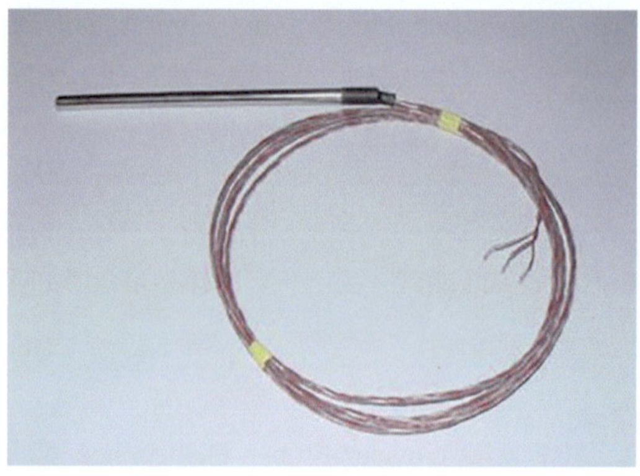

Abb. 6.4 Pt100-Temperatursensor aus Draht für −30 °C bis 250 °C. (Werkfoto: Heraeus)

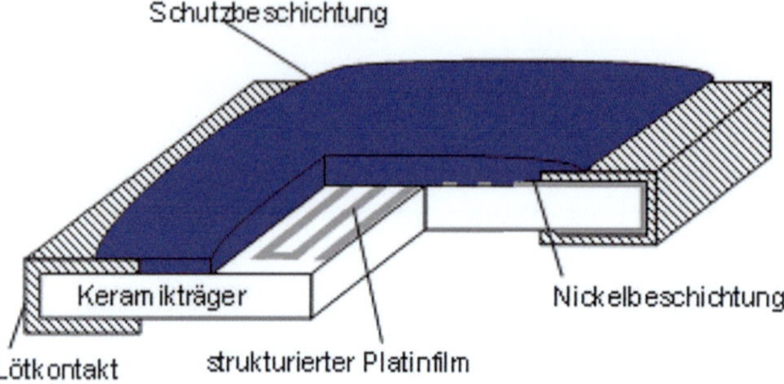

Abb. 6.5 Schematischer Aufbau eines Metall-(Nickel-)Dünnschichtwiderstandes

Während früher die Widerstände aus gewickeltem Draht hergestellt wurden (was immer noch bei Widerständen höchster Präzision Anwendung findet), werden heutzutage die meisten Metallwiderstände in *Dünnfilmtechnik* auf Keramiksubstraten hergestellt (Abb. 6.5).

Insbesondere bei niederohmigen Temperaturmesswiderständen und bei Messungen mit hoher Präzision muss unter Umständen der Eigenwiderstand der Zuleitungen berücksichtigt werden. Dies wird mit einer *Brückenschaltung* in *Drei-* oder *Vierleitertechnik* erreicht (Abb. 6.6).

In Abb. 6.6 ist U_0 die an der Brücke angelegte Spannung, U_d die Diagonalspannung, welche die Temperatur anzeigt. I_0 ist der angelegte Strom in der V4-Drahtmessung und U ist die Ausgangsspannung, welche die Temperatur anzeigt.

Vorteile in einer Temperaturmessung mit Metall- Draht- oder Dünnschichtwiderständen aus Metall liegt in der hohen Stabilität und geringen Toleranz zwischen den Bauteilen.

Platin-Widerstände werden für Temperaturen zwischen −200 °C und +850 °C eingesetzt. Die Platin-Temperatursensoren werden durch ihren Nennwiderstand R_0 bei einer Temperatur von 0 °C charakterisiert. Üblich sind folgende Sensortypen: Pt100

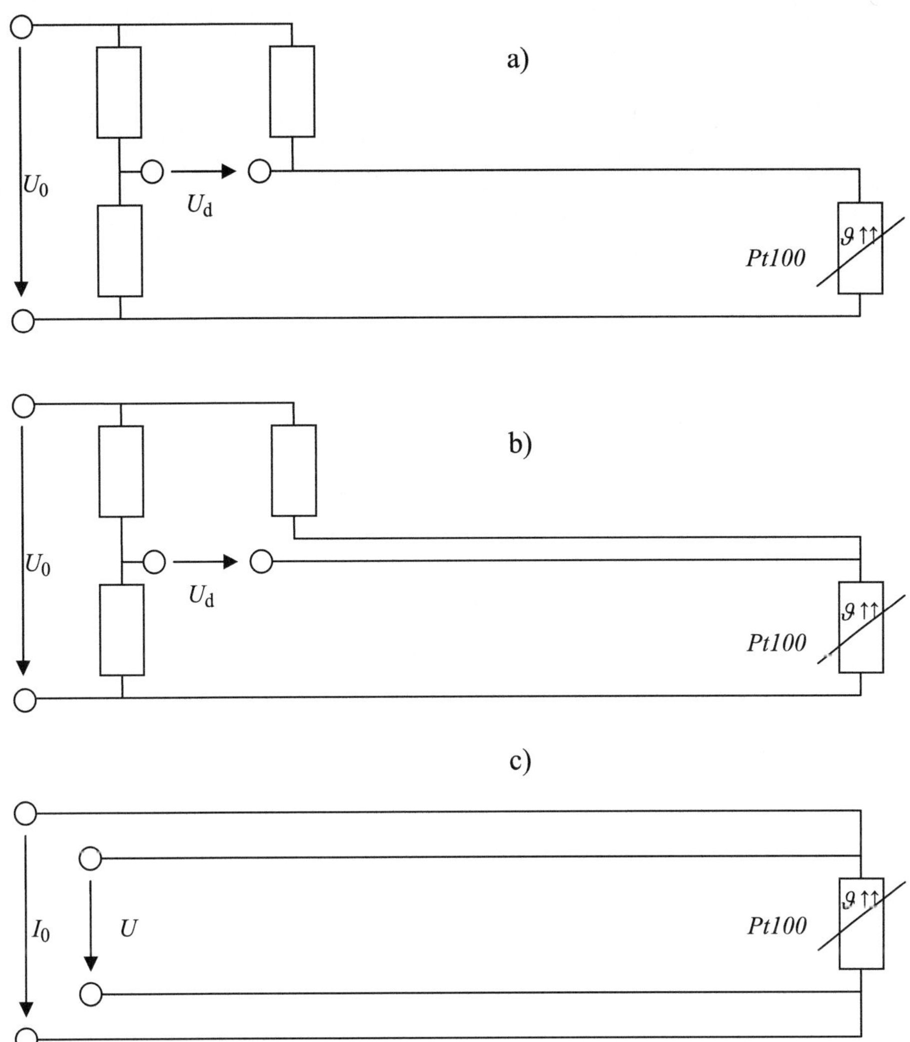

Abb. 6.6 Anschlussarten eines Pt100-Temperaturmesswiderstandes. **a** einfache Brückenschaltung, **b** Brückenschaltung mit 3-Drahtmessung, **c** 4-Drahtmessung

($R_0 = 100\ \Omega$), Pt200 ($R_0 = 200\ \Omega$), Pt500 ($R_0 = 500\ \Omega$), Pt1000 ($R_0 = 1000\ \Omega$), Pt3000 ($R_0 = 3000\ \Omega$), Pt6000 ($R_0 = 6000\ \Omega$) und Pt9000 ($R_0 = 9000\ \Omega$). Der Verlauf der Widerstandsänderung ist in DIN EN 60.751 festgelegt. Aus den Gleichungen dieser Norm lassen sich aus dem gemessenen Widerstand R die entsprechende Temperatur bestimmen. Folgende Näherungsverfahren werden eingesetzt:

- Temperaturbereich zwischen 0 °C und 100 °C (Näherung: Polynom 1. Ordnung)

$$R = R_0\ (1 + \alpha T)\ \text{mit}\ \alpha = 3{,}85 \cdot 10^{-3}\text{K}^{-1}.$$

- Temperaturbereich zwischen 100 °C und 850 °C (Näherung: Polynom 2. Ordnung)

$$R = R_0\ (1 + \alpha T + \text{b}T^2) \quad \text{mit} \quad \alpha = 3{,}85 \cdot 10^{-3}\ \text{K}^{-1},\ \text{b} = -5{,}775 \cdot 10^{-7}\ \text{K}^{-2}.$$

- Temperaturbereich unter 0 °C (Näherung: Polynom 4. Ordnung)

$$R = R_0(1 + \alpha T + \text{b}T^2 + \text{c}(T - 100\text{K})T^3)) \quad \text{mit}\ \alpha = 3{,}85 \cdot 10^{-3}\ \text{K}^{-1},\ \text{b} = -5{,}775 \cdot 10^{-7}\text{K}^{-2};$$
$$\text{c} = -4{,}183 \cdot 10^{-12}\ \text{K}^{-4}.$$

Die Platin-Temperatursensoren werden nach DIN 60751 je nach zulässigem Temperaturfehler dT in Bezug auf die reale Temperatur T in folgende *Genauigkeitsklassen* eingeteilt:

- Genauigkeitsklasse AA: $\text{d}T = \pm(0{,}1\ °\text{C} + 0{,}0017 \cdot T)$,
- Genauigkeitsklasse A: $\text{d}T = \pm(0{,}15\ °\text{C} + 0{,}002 \cdot T)$,
- Genauigkeitsklasse B: $\text{d}T = \pm(0{,}30\ °\text{C} + 0{,}005 \cdot T)$,
- Genauigkeitsklasse C: $\text{d}T = \pm(0{,}6\ °\text{C} + 0{,}01 \cdot T)$.

6.3.2 Metalle mit definierten Zusätzen (Legierungen) oder Gitterfehlern

Der elektrische Widerstand von Metallen mit definierten Zusätzen oder auch Verunreinigungen besitzt eine charakteristische Temperaturabhängigkeit. In Abhängigkeit von der mechanischen und thermischen Vorbehandlung der Legierungen ist das *Produkt* aus *spezifischem elektrischen Widerstand* ρ und *Temperaturkoeffizient* α für eine definierte Temperatur eine *Konstante (Matthiesen-Regel):*

$$\alpha \cdot \rho = \text{const. oder}$$
$$\alpha = \frac{1}{\rho} \cdot \frac{d\rho}{dT}.$$

Die Temperaturabhängigkeit des spezifischen elektrischen Widerstandes von Metallen mit definiertem Verunreinigungsgrad bzw. von Legierungen ist deshalb eine Funktion der Temperatur und es gilt:

$$\text{d}\rho/\text{dT} = \text{f}(T).$$

Die Integration dieser Gleichung führt zu der Darstellung

$$\rho = \text{f(T)} + \gamma.$$

Demzufolge setzt sich der elektrische Widerstand aus einem *temperaturabhängigen* Anteil f(T) und einem *temperaturunabhängigen* Anteil γ zusammen. Der temperaturunabhängige Anteil berücksichtigt dabei die Einflüsse von:

- Gitterfehlordnungen wie Leerstellen, Zwischengitteratomen, Versetzungen,
- Phasenneubildungen,
- Mischkristallbildungen bei Legierungen und
- elastische Spannungen, die zu einer erhöhten Streuung der Elektronen im Leitungsband führen.

Der *temperaturabhängige* Anteil *verringert* sich mit *abnehmender Temperatur* und ist durch die Bandstruktur der reinen metallischen Hauptkomponente bestimmt.

6.3.3 Ionenleitwerkstoffe für hohe Temperaturen

Die Temperaturmessung mit *Ionenleitern* ist insbesondere für den Höchsttemperaturbereich von 1400 °C bis 3000 °C von Bedeutung. Die *Hochtemperatur-Ionenleitung* wird durch die Bildung von wanderungsfähigen *Sauerstoffionen-Fehlstellen* im Kristallgitter möglich. Die *thermisch aktivierte Ionenleitfähigkeit* σ_{ion} folgt der Gleichung:

$$\sigma_{\text{ion}} = \sigma_o \cdot \text{e}(\text{E}_\text{A}/\text{k}T)$$

mit

σ_0 einer auf die Temperatur T_0 bezogenen Leitfähigkeit
E_A der Aktivierungsenergie für die Ionenleitung (typisch 0,7 eV bis 1,0 eV)
k (Boltzmannkonstante) = $1{,}3806505\ 10^{-23}$ J/K und
T absolute Temperatur in K.

Die wichtigsten sauerstoffionen leitenden Verbindungen stellen das partiell stabilisierte *kubische Zirkoniumdioxid* mit Calciumfluoridstruktur und das *kubische Thoriumoxid* mit und ohne Stabilisierungsoxiden dar. Ionenleitung im Hochtemperaturbereich zeigen außerdem das *Urandioxid* UO_2 und das *Cerdioxid* CeO_2 sowie einige *Seltenerdmetalloxide* mit Sauerstoff-Fehlstellenbildung. Wichtige Ionenleiter sind in Tab. 6.3 zusammengestellt.

Tab. 6.3 Ionenleiterwerkstoffe für Höchsttemperaturmessungen

Werkstoff	X	Aktivierungsenergie in eV	Obere Einsatztemperatur in °C
$(ZrO_2)_{1-x}(CaO)_x$	0,12 bis 0,20	0,67	1500
$(ZrO_2)_{1-x}(MgO)_x$	0,12 bis 0,26	0,68	1500
$(ZrO_2)_{1-x}(Y_2O_3)_x$	0,08 bis 0,35	0,70	2200
$(ZrO_2)_{1-x}(Yb_2O_3)_x$	0,08 bis 0,26	0,71	2200
$(ThO_2)_{1-x}(Y_2O_3)_x$	0,00 bis 0,15	1,00	3000

6.3.4 Thermistoren

Thermistoren unterscheidet man nach *PTC* (positiver Temperaturkoeffizient; Abschn. 2.12.2) und *NTC* (negativer Temperaturkoeffizient, Abschn. 2.12.3). Beim üblicherweise zur Temperaturmessung verwendeten *NTC-Thermistor* führt *Wärme* zur Anregung von Ladungsträgern im Material, das im Allgemeinen aus einer polykristallinen, halbleitenden oder gesinterten Metalloxidkeramik (z. B. Eisenoxid, Zink-Titan-Oxid, Magnesiumdichromat) besteht. Der Widerstand wird durch Näherungsgleichungen, wie beispielsweise die *Steinhart-Hart-Gleichung* beschrieben:

$$\frac{1}{T} = \mathrm{a} + \mathrm{b} \cdot \ln(R) + \mathrm{c} \cdot \ln^3(R)$$

R: Widerstand des NTC-Thermistors,
T: Temperatur,
a, b, c: Konstanten, die das Verhalten des NTC-Thermistors beschreiben.

Thermistoren ändern ihren Widerstand bereits in kleinen Temperaturbereichen um mehrere Größenordnungen (Abb. 6.7) und eignen sich daher gut zum Aufbau einfacher Schaltungen zur Temperaturmessung.

Wie Abb. 6.7 zeigt, wird der Nennwiderstand bei 25 °C erreicht. Deutlich sichtbar ist die hohe Empfindlichkeit (Abhängigkeit des Widerstandes von der Temperatur).

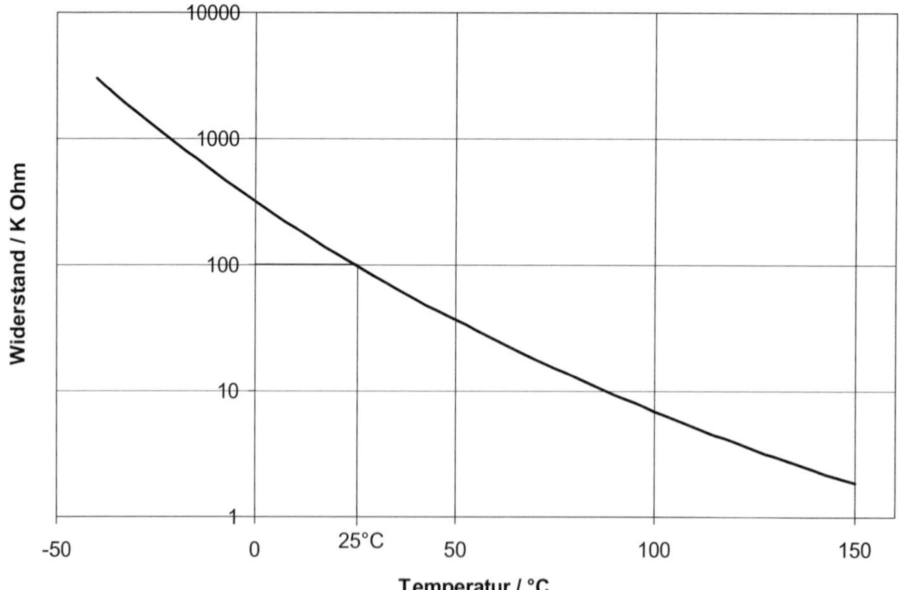

Abb. 6.7 Widerstandsverlauf eines 100 kΩ-Thermistors mit der Temperatur

Thermistoren mit positiven Temperaturkoeffizient (PTC; Abschn. 2.12.2) werden üblicherweise nicht zur Temperaturmessung verwendet. Sie dienen beispielsweise als selbst-rückstellende Sicherungen oder werden in ähnlichen nicht-messtechnischen Anwendungen (Überstromschutz, Anlaufwiderstand für Motoren) eingesetzt.

6.3.5 Engewiderstand-Temperatur-Sensoren (Spreading Resistor)

Engewiderstand-Temperatur-Sensoren (Abb. 6.8 und 6.9) werden in *Siliciumtechnologie* hergestellt. Dabei wird ein Strompfad zwischen einem Kontakt auf der Oberseite des Chips durch eine kleine, gut definierte Öffnung *(Engstelle)* in der isolierenden Oberflächenbeschichtung aus Siliciumoxid in das Bulkmaterial hergestellt. Im Bereich der Störstellenerschöpfung zwischen 60 K und 600 K werden im Silicium *Elektronen* an den *Gitterschwingungen gestreut* und dadurch gebremst. Dieser Effekt führt zu einem in kleinen Bereichen annähernd linearen positiven Widerstands-Temperaturverlauf.

Engewiderstände haben verglichen mit Thermistoren eine *hohe Reproduzierbarkeit* und *Stabilität.* Der Gesamtwiderstand wird von dem Durchmesser der kleinen Kontaktöffnung und dem spezifischen Widerstand des Halbleiters bestimmt und beträgt:

$$R = \frac{\rho}{\pi \cdot d}, \tag{6.2}$$

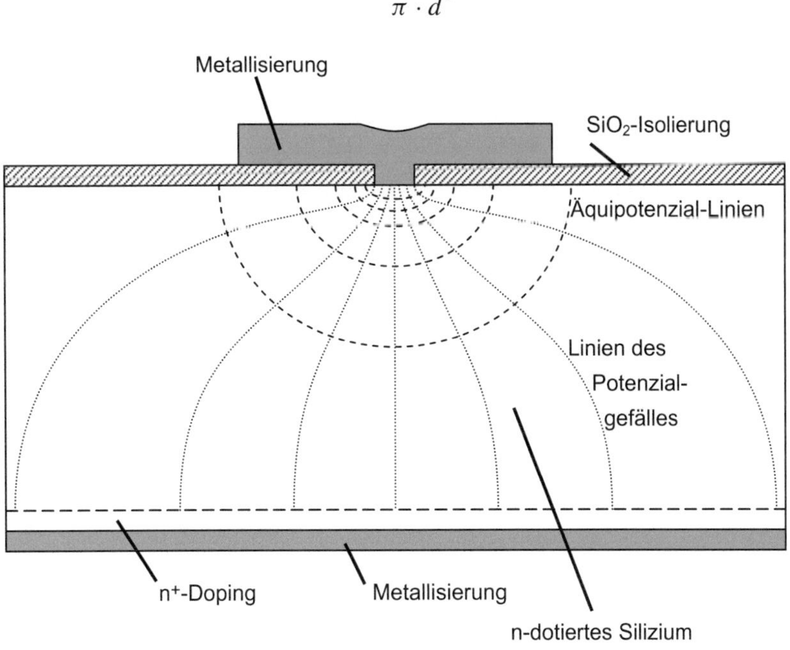

Abb. 6.8 Schematischer Aufbau und Funktionsweise eines Engewiderstandes (Spreading Resistor). Der Widerstand wird durch die Kontaktöffnung und nicht durch die Größe des Sensorchips bestimmt

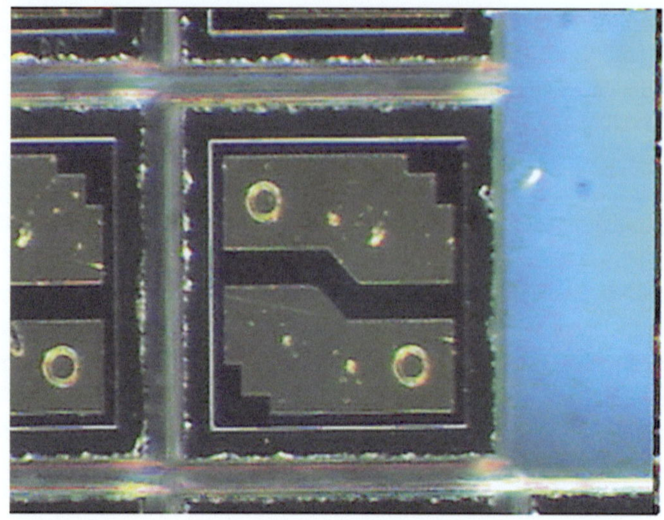

Abb. 6.9 Engewiderstände im gesägtem Wafer auf einem Träger aus Klebeband. (Werkfoto: NXP Semiconductors)

wobei R: Widerstand des Sensors bei gegeben Temperatur,
ρ: Spezifischer Widerstand des Materials bei gegebener Temperatur,
d: Durchmesser der Öffnung.

Damit ist der Widerstand *unabhängig* von der *Chipgröße* und ihren *Toleranzen.* Oft werden zwei gegeneinander in Serie geschaltete Elemente verwendet, sodass der Strom bei der Messung durch einen Engewiderstand in das Material eintritt und durch einen weiteren wieder austritt (Abb. 6.8).

Als Basismaterial wird sehr gleichmäßig und kontrolliert *dotiertes Siliziumgrundmaterial* verwendet. Dazu werden Siliciumwafer einer Neutronenstrahlung ausgesetzt. Im natürlichen Silicium befinden sich ungefähr 3,1 % des natürlichen Isotopes ${}^{30}{}_{14}Si$, das durch Neutroneneinfang zu ${}^{30}{}_{14}Si$ aktiviert wird. Dieses zerfällt mit einer Halbwertszeit von $T_{1/2} = 3{,}6$ h in ${}^{31}{}_{15}P$ unter Abgabe von γ- und β-Strahlung. Der zurückbleibende *Phosphor* dient als *Dotierung.* Damit kann die Dotierung bis auf ca. 1 % genau eingestellt werden, im Gegensatz zu 15 % Toleranz bei herkömmlichen Dotierungsverfahren.

Abb. 6.9 zeigt die Engewiderstände bei einem gesägten Wafer auf einem Träger aus Klebeband „Blue-Tape". Da der Widerstand nur durch die Ein- und Austrittskontakte zum Silicium (auf der Oberseite der Chips sichtbar) bestimmt wird, hat die Toleranz beim Sägen keinen Einfluss auf den Grundwiderstand des Sensors.

6.3.6 Dioden

Die *Diodenkennlinie* ist *temperaturabhängig*. Der Spannungsabfall U_D an einer Diode in Durchlassrichtung bei konstantem Strom I beträgt:

$$U_D = \frac{kT}{e} \ln\left(\frac{I}{I_0} + 1\right) \tag{6.3}$$

K: Bolzmannkonstante (1,38·10^{-23} Ws/K)
T: Absolute Temperatur
e: Elementarladung (1602 · 10^{-19} As)
I: Eingeprägter Strom
I_0: Sättigungsstrom (den Sättigungsstrom für eine ideale Diode I_S beschreibt die Shockley-Gleichung:

$$I(U) = I_S \cdot (e^{\frac{eU}{kT}} - 1).$$

Der Sättigungsstrom liegt typischerweise zwischen 1 μA und 1 nA. Er bietet somit die Grundlage für eine lineare Temperaturmessung. Dieses Prinzip lässt sich einfach in elektronischen Schaltkreisen mit anderen Funktionen integrieren und miniaturisieren. Im Fall von integrierten Temperatursensor-Schaltungen ist der die Temperatur messende pn-Übergang Teil eines Transistors. Ein solcher Temperatursensor wird als *„PTAT“* („Proportional To Absolute Temperature“)-Schaltkreis bezeichnet.

6.4 Thermoelektrizität (Seebeck-Effekt)

Zwei unterschiedliche Metalle A und B werden durch Löten oder Schweißen zu einem elektrisch geschlossenen Leiterkreis verbunden. Werden die Verbindungsstellen auf unterschiedlicher Temperatur gehalten, dann wird eine *Thermospannung* gemessen, die man *elektromotorische Kraft (EMK)* nennt (Abb. 6.10). Dies ist der *Seebeck-Effekt* (Abschn. 2.10).

Für die *elektromotorische Kraft* (EMK) E_{AB} bzw. die Thermospannung U_T gilt nach Abb. 6.10:

$$U_T = \alpha_S (T_S - T_{ref})$$

mit

α_S: Seebeck-Koeffizient,
T_s: geschweißte (meist warme) Kontaktstelle,
T_{ref}: Referenztemperatur (meist kalte Kontaktstelle).

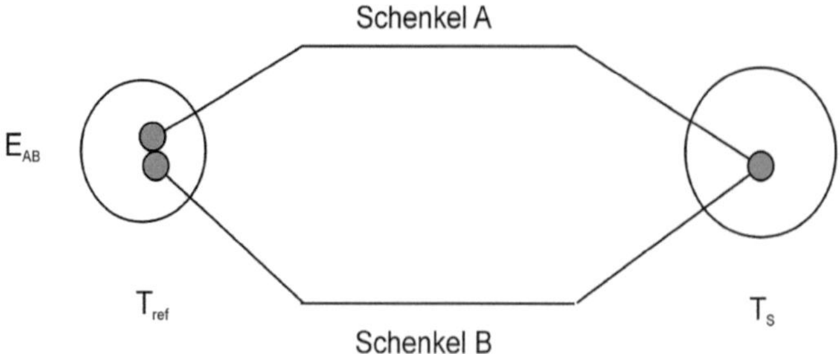

Abb. 6.10 Elektromotorische Kraft EMK) eines Thermoelementes mit der Schweißstelle T_S

Tab. 6.4 zeigt den Seebeck-Koeffizienten für ausgewählte Metalle, gemessen gegen Platin.

Mit dieser oben gezeigten einfachen Beziehung zwischen gemessener Spannung und Temperatur ist der thermoelektrische Effekt zur Temperaturmessung sehr gut geeignet. Die Temperaturmessung mithilfe von Thermoelementen gehört heute zum weit verbreiteten Stand der Technik. In Tab. 6.5 sind die wichtigen Eigenschaften für in der Temperaturmesstechnik verwendete Thermoelementpaarungen zusammengestellt.

Die Thermoelemente sind nach DIN IEC 584-1 und DIN 43710 genormt. Einen Auszug aus diesen Normen ist in Tab. 6.6 zusammengestellt.

Das in der DIN-Norm aufgeführte Thermoelement Typ J besitzt als zweiten Schenkel reines Eisen. Beim Einsatz dieses Thermoelementes sind überdurchschnittlich Korrosionsprobleme zu erwarten, insbesondere dann, wenn das Thermopaar als direktes Element in die Schutzrohrböden eingeschweißt wird und das Schutzrohr in wasserführende Kühlwassernetze von Anlagen eingesetzt wird. Hier treten Durchrostungen innerhalb kürzester Zeit auf.

Bei den Standardtypen Cu-Konstantan/Fe-Konstantan, NiCr-Ni/Ni-Konstantan bzw. CuNi/FeCuNi ist eine Verminderung der Empfindlichkeit zu beobachten. In jedem Fall ist in diesem Bereich die *Kaltversprödung* zu berücksichtigen. Die Thermopaarkombination Gold/Eisen, NiCr eignet sich besonders für den Temperaturbereich 220 °C bis 270 °C und weist auch im Dauerbetrieb eine gute Stabilität und einen weitgehend linearen Kennlinienverlauf auf.

Tab. 6.4 Seebeck-Koeffizient gemessen gegen Platin

Metall	$\alpha_S/\mu VK^{-1}$
Wismut	−65
CuNi44	−35
Nickel	−15
Platin	0
Eisen	+18
Antimon	+48

Tab. 6.5 Eigenschaften für in der Temperaturmesstechnik verwendeter Thermoelementpaarungen

Element	Pt-PtRh10	Chromel P-Alumel	Fe- Konstantan	Cu- Konstantan	Chromel P-Konstantan
Zusammen-	100Pt	90Ni10Mn	99,9Fe	99,9Cu	90Ni10Cr
Setzung	90Pt10Rh	95Ni2Al2Mn1 Si	55Cu45Ni	55Cu45Ni	55Cu45Ni
Temperaturbereich/°C	0 bis 1450	−200 bis 1200	−200 bis 750	−200 bis 350	0 bis 800
Max. Temp.°C	1700	1350	1000	600	1100
Spez. Widerstand 10^{-6} Qcm	9,8 bis 18,3	69,4 bis 28,6	10 bis 49	1,71 bis 49	70 bis 49
Temp.Koeff	0,0039	0,00035	0,005	0,0039	0,00035
0 °C bis 100 °C	0,0018	0,0000125	0,00002	0,00002	0,00002
Schmelz- temperatur/°C	1773 1830	1430	1535 1190	1081 1190	1430 1190
EMK/mV auf 0 °C bezogen	100 °C: 0,643 200 °C: 1,436 400 °C: 3,251	4,10 8,13 16,39	5,28 10,78 21,82	4,28 9,29 14,86	6,3 13,3 28,5
	600 °C: 5,222	24,90	33,16		44,3
	800 °C: 7,330	33,31	45,48		
	1000 °C:9,569	41,31	58,16		
	1200 °C:11,924	48,85			
	1400 °C:14,312	55,81			
	1600 °C:16,674				

(Fortsetzung)

Tab. 6.5 (Fortsetzung)

Element	Pt-PtRh10	Chromel P-Alumel	Fe- Konstantan	Cu- Konstantan	Chromel P-Konstantan
Chemische Beständigkeit	Oxidierende und reduzierende Atmosphäre, nicht beständig bei As-, Si- und P-haltigen Gasen, reduzier. Gase, H_2	Oxidierende Atmosphäre, nicht stabil in reduzierenden Gasen, Schwefel- und WasserdampfAtmosphäre	Bis 400 °C in oxidierender Atmosphäre, nicht beständig gegen Schwefel und Schwefelverbindungen	Oxidierende und reduzierende Atmosphäre bis 400 °C	Oxidations-beständig
Anwendungen	Standard bis 1450 °C	Elektrische Anwendungen in oxidierender Atmosphäre	Industrielle Anwendungen in der Prozess-und RegelTechnik	Industrielle Anwendungen in der Prozess-und Regeltechnik, tiefe Temperaturen	Industrielle TemperaturMesstechnik

Tab. 6.6 Thermoelementpaarungen nach DIN IEC 584-1 und DIN 43710

Metallpartner	Element	KB	T_{max}/°C	T_{Norm}/°C	Anwendungsbereich/°C
Eisen-Konstantan	Fe-CuNi	J	750	1200	−200 bis 700
Kupfer-Konstantan	Cu-CuNi	T	350	400	−250 bis 300
Nickelchrom-Nickel	NiCr-Ni	K	1200	1370	−250 bis 1000
Nickelchrom-Konstantan	NiCr-CuNi	E	900	1000	−250 bis 700
Nicrosil-Nisil	NiCrSi-NiSi	N	1200	1300	−250 bis 1200
Platinrhodium-Platin	Pt10Rh-Pt	S	1600	1540	−50 bis 1400
Platinrhodium-Platin	Pt13Rh-Pt	R	1600	1760	−50 bis 1400
Platinrhodium-Platin	Pt30Rh-Pt6Rh	B	1700	1820	0 bis 1600
Eisen-Konstantan	Fe-CuNi	L	600	900	
Kupfer-Konstantan	Cu-CuNi	U	900	600	

Legende: KB Kennbuchstabe der Thermoelementpaarung
T_{max} Maximaltemperatur für festgelegte Grenzwertabweichungen
T_{Norm} Obere Temperaturgrenze für die Gültigkeit der Normen

Für die Größe der Thermospannung gilt allgemein, dass die Unedelmetallpaarungen die höheren Thermospannungen im Vergleich zu den Halbedelmetallen Platin-Rhodium besitzen. Die Unedelmetallpaarungen sind kostengünstig am Markt verfügbar. Sie sind jedoch in der Regel ungeeignet für Anwendungen bei Temperaturen oberhalb 1200 °C und für den Betrieb in aggressiven Medien, falls sie nicht in gasdichten Schutzrohranordnungen betrieben werden.

Für Präzisionstemperaturmessungen sind die Nichtlinearitäten zwischen Temperatur und Thermospannung zu beachten und bei digitaler Signalverarbeitung elektronische Korrekturen nach der Linearisierungstabelle vorzunehmen. Bei analoger Anzeige werden durch die Gerätehersteller entsprechend der Genauigkeitsklasse korrigierte Skalen verwendet. Die Normung der Elemente sichert die Austauschbarkeit derselben im Versagensfalle.

Die *Langzeitstabilität* von Thermoelementen wird wesentlich durch die konkreten thermischen, mechanischen, abrasiven, atmosphärischen und elektrischen Beanspruchungen bestimmt. Wichtigste Schädigungsprozesse sind:

- die Oxidation ungeschützter Thermoelemente;
- die Legierung durch eindiffundierende *Fremdatome,* beispielsweise die Silicierung von Platinum-Platinum/Rhodium Thermopaarungen;
- die *Rekristallisation* und *Entmischung;*
- die *Wasserstoffversprödung* der Überschwermetalle (Wolfram-Rhenium- und Molybdänium-Rhenium-Elemente) und
- die *partielle Oxidation* von Chrom in Chrom/Nickel-Nickel-Elementen in Verbindung mit Grünfäule.

Tab. 6.7 Klasseneinteilung für Grenzwertabweichungen von Thermoelementen

Thermopaar	KB	Klasse	Temperaturbereich und Genauigkeit
Fe-CuNi	J	Klasse 1 Klasse 2 Klasse 3	40 °C bis+750 °C: ± 0,004t oder ± 1,5 °C 40 °C bis+750 °C: ± 0,0075t oder ± 2,5 °C
Cu-CuNi	T	Klasse 1 Klasse 2 Klasse 3	40 °C bis+350 °C: ± 0,004t oder ± 0,5 °C 40 °C bis+350 °C: ± 0,0075t oder ± 1,0 °C 200 °C bis+40 °C: ± 0,015t oder ± 1,0 °C
NiCr-Ni	K	Klasse 1 Klasse 2 Klasse 3	40 °C bis+1000 °C: ± 0,004t oder ± 1,5 °C 40 °C bis+1200 °C: ± 0,0075t oder ± 2,5 °C 200 °C bis+40 °C: ± 0,015t oder ± 2,5 °C
NiCr-CuNi	E	Klasse 1 Klasse 2 Klasse 3	40 °C bis+800 °C: ± 0,004t oder ± 1,5 °C 40 °C bis+900 °C: ± 0,0075t oder ± 2,5 °C −200 °C bis+40 °C: ± 0,015t oder ± 2,5 °C
NiCrSi-NiSi	N	Klasse 1 Klasse 2 Klasse 3	40 °C bis+1.00 °C: ± 0,004t oder ± 1,5 °C 40 °C bis+1200 °C: ± 0,0075t oder ± 2,5 °C 200 °C bis+40 °C: ± 0,015t oder ± 2,5 °C
Pt10Rh-Pt	S	Klasse 1 Klasse 2 Klasse 3	0 °C bis+1.00 °C: ± [1+(t − 1.00)0,003] oder+0,5 °C 40 °C bis+1.00 °C: ± 0,0025t oder ± 1,5 °C
Pt30Rh-Pt6Rh	B	Klasse 1 Klasse 2 Klasse 3	600 °C bis 1700 °C: ± 0,0025t oder ± 1,5 °C 600 °C bis 1700 °C: ± 0,005t oder ± 4,0 °C

Diesen Schädigungsprozessen ist durch periodische Kalibrierungen und eventuellen Austausch der Thermoelemente Rechnung zu tragen. Die zu beobachtende Drift der Thermospannung nimmt mit steigender Temperatur und Betriebsdauer zu. Nach IEC 584 sind die Grenzwertabweichungen in jeweils 3 Toleranzklassen unterteilt. Tab. 6.7 zeigt die genormten Klassen mit den jeweiligen Grenzwertabweichungen:

Thermopaarungen für sehr hohe Anwendungstemperaturen

Für die Temperaturmessungen oberhalb der Spezifikationstemperaturen von Platinbasisthermoelementen (>1500 °C) stehen metallische und anorganisch-nichtmetallische Werkstoffe für Thermopaarungen zur Verfügung.

Metallische Thermopaarungen für sehr hohe Anwendungstemperaturen

Die Grundlage für den Aufbau von Thermopaarungen bilden die Überschwermetalle der 5d-Elemente des periodischen Systems der Elemente insbesondere Wolfram, Rhenium, Osmium, Iridium und Homologe wie beispielsweise das Molybdän, Rhodium, Ruthenium und das Palladium der 4d-Elemente. Diese Metalle zeichnen sich durch hohe Schmelzpunkte aus. Technisch interessante Thermopaarungen sind:

- Iridium-Iridium 40 Ruthenium,
- Iridium- Iridium 50 Wolfram,
- Molybdän-Molybdän 41 Rhenium,
- Molybdän 5 Rhenium-Molybdän 41 Rhenium,
- Wolfram 3 Rhenium-Wolfram 25 Rhenium und
- Wolfram 5 Rhenium-Wolfram 26 Rhenium.

Für extrem hohe Temperaturen (>2500 °C) empfehlen sich Thermopaarungen auf Basis Wolfram/Rhenium und Ruthenium/Osmium. Industrielle Anwendungen finden Wolfram/Rhenium-Thermopaarungen für Anwendungstemperaturen bis 2500 °C in reduzierender und kohlenstofffreier Atmosphäre. Schutzrohre auf dieser Basis mit Zusätzen von Tantal, Molybdän oder Niob erhöhen die Standzeit und verhindern die Drift. Bei Temperaturen oberhalb 2000 °C zeigen diese Thermoelemente Thermospannungen im Bereich von 30 mV bis 40 mV.

Anorganisch-nichtmetallische Thermopaarungen für sehr hohe Anwendungstemperaturen

Die Grundlage für den Aufbau anorganisch-nichtmetallischer Thermopaarungen bilden Grafit und die bei hoher Temperatur sublimierenden Karbide. Verwendete Thermo elementpaarungen sind:

- Bortetracarbid (B_4C)-Grafit,
- Siliciumkarbid-Grafit,
- Grafit-Wolfram,
- Grafit-Tantalkarbid und
- Siliciumkarbid-siliciuminfiltriertes Siliciumkarbid.

Die Montage dieser Elementpaarungen erfolgt in Grafitrohren und der Betrieb setzt reduzierende Atmosphäre voraus. Nachteile dieser bis maximal 2500 °C einsetzbaren Thermoelementen bestehen in der mechanische Anfälligkeit und der geringen Lebensdauer dieser Elemente.

6.5 Wärmeausdehnung

6.5.1 Wärmeausdehnung fester Körper

Die Wärmeausdehnung fester Körper steht im engen Zusammenhang mit der *chemischen Bindung* und der sich ausbildenden *atomaren* bzw. molekularen Nahordnung. Die experimentellen Erfahrungen zeigen, dass mit *abnehmender Bindungsenergie* die *Wärmeausdehnung* fester Körper *zunimmt.* Dementsprechend wird die Wärmedehnung mit folgenden Bindungsformen zunehmen:

- Kovalente chemische Bindung,
- heteropolare chemische Bindung,
- metallische Bindung,
- Wasserstoffbrückenbindung und
- Van der Waals-Bindung.

Für die *Längenänderung* Δl eines Festkörpers gilt:

$\Delta l = l_1\ \alpha\ \Delta t$ oder für die Temperaturmessung: $t_2 = \Delta l/(l_1\ \alpha) + t_1$.

l_1: Länge des Körpers vor der Temperaturänderung.

l_2: Länge des Körpers nach der Temperaturänderung.

Δl: Längenänderung $(l_2 - l_1)$.

Δt: Temperaturänderung $(t_2 - t_1)$.

α: Längenausdehungskoeffizient in K^{-1} $(\alpha = \Delta l/(l_1\ \Delta t))$.

In Tab. 6.8 sind die Wärmausdehnungskoeffizienten verschiedener Werkstoffe zusammengestellt.

Tab. 6.8 Ausdehnungskoeffizienten a ausgewählter Werkstoffe

Metalle/metallische Bindung	A $10^{-7}\ K^{-1}$	Keramik/kovalente Bindung	α $10^{-7}\ K^{-1}$	Keramik/heterogene Bindung	α $10^{-7}\ K^{-1}$
Wolfram	44	Kieselglas SiO_2	5	BeO	80
Molybdän	45	TiN[1)]	24	Al_2O_3	75
Platin	90	Si_3N_4	32	ZrO_2	100
Eisen	122	BN	41	Mn-Zn-Ferrit	95
Gold	193	AlN	54	Ni-Zn-Ferrit	105
Kupfer	165	TiC[1)]	21	$MgTi_2O_4$	
Nickel	172	B_4C	45	$BaTiO_3$	
Cadmium	308	SiC	45		
Lithium	580	WC	52		
Natrium	725	TaC	63		

Feste Körper dehnen sich in drei Dimensionen aus. Es gilt:
$\Delta V = V_1\,\gamma\,\Delta t$ oder für die Temperaturmessung: $t_2 = \Delta V/(V_1\,\gamma) + t_1$.
V_1: Länge des Körpers vor der Temperaturänderung.
V_2: Länge des Körpers nach der Temperaturänderung.
ΔV: Volumenänderung $(V_2 - V_1)$.
Δt: Temperaturänderung $(t_2 - t_1)$.
γ: Volumenausdehungskoeffizient in K^{-1} $(\gamma = \Delta V/(V_1\,\Delta t))$.

Für isotrope bzw. kubische Festkörper bei konstantem Druck ergibt sich dann der Volumenausdehnungskoeffizient y zu:

$$\gamma = 3\alpha.$$

Für Festkörper mit hexagonaler, trigonaler oder tetragonaler Kristallstruktur gilt:

$$\gamma = 2\alpha_x + \alpha_z.$$

Für rhombische, monokline und trikline Kristallsysteme gilt dann analog:

$$\gamma = \alpha_x + \alpha_y + \alpha_z.$$

Die Wärmeausdehnung spielt in der Temperaturmesstechnik eine bedeutsame Rolle. In der *Präzisionsmesstechnik* tragen Unterschiede in der *Wärmeausdehnung* bei Schichtwiderständen auf Substraten, bei Sandwichanordnungen und Fügeverbindungen häufig zur *Hysterese* der Messwerte, zur *Alterung* und zur *Degradation* der Sensorsysteme bei. Ursache sind dann in der Regel mechanische Spannungen, die zu subkritischem Risswachstum bzw. zu katastrophalem Bruch führen können. Für Hochtemperaturanwendungen trägt sie wesentlich zur *Thermoschockfestigkeit* bzw. *zur thermischen Ermüdung* bei. Die zulässige *Temperaturschockdifferenz* ΔT beim Auf- oder Abheizen ergibt sich zu:

$$\Delta T = \frac{\sigma_m \cdot (1 - \nu)}{\alpha \cdot E}$$

E_m: Elastizitätsmodul
V: Poissonzahl
σ_m: mechanische Festigkeit.

Thermoschockbeständige Werkstoffe müssen demnach eine kleine Wärmedehnung besitzen. Aufgrund der hohen Schmelz- bzw. Sublimationstemperaturen sind die kovalent gebunden Keramiken besonders für Schutzrohranwendungen in aggressiven Medien und bei hohen Temperaturen geeignet.

Besonders robust und kostengünstig sind *Bimetall-Thermometer* (Abb. 6.11). *Thermobimetalle* bestehen aus fest miteinander verbundenen Metallen, die einen *unterschiedlichen Wärmeausdehnungskoeffizienten* besitzen. Wird das Thermobimetall erwärmt, so dehnen sich die Metalle verschieden aus (Abb. 6.11 a)). Sind die Metalle fest miteinander verbunden (meist durch ein Plattierverfahren), so entsteht eine *Krümmung* in

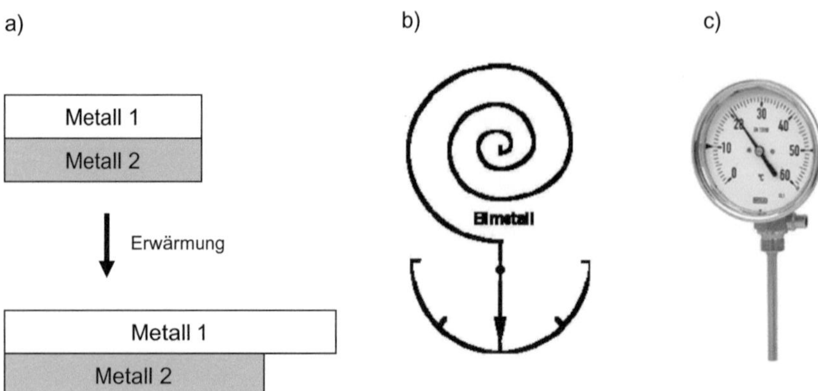

Abb. 6.11 Bimetall-Thermometer. **a** Prinzip; **b** Funktionsweise; **c** Thermometer. (Werkfoto: WFKA)

Richtung des Metalls mit der geringeren Wärmeausdehnung. Wird das Thermobimetall spiralförmig gewickelt, so dehnt sich die Spirale aus und ein Zeiger gibt die Temperatur an (Abb. 6.11 b) und c)). Das Metall mit dem höheren Wärmeausdehnungskoeffizient wird *aktive Komponente* (Wärmeausdehnungskoeffizient $\alpha > 15 \cdot 10^{-6}\ K^{-1}$), das Metall mit dem kleineren Wärmeausdehnungskoeffizient wird *passive Komponente* genannt (Wärmeausdehnungskoeffizient $\alpha < 5 \cdot 10^{-6}\ K^{-1}$). Bimetall-Thermometer können zwischen −80 °C und +550 °C eingesetzt werden. Für die Thermobimetalle gilt die Norm DIN 1715.

In Tab. 6.9 sind die Eigenschaften gängiger Thermobimetalle zusammengestellt.

Tab. 6.9 Chemische und thermische Eigenschaften typischer Thermobimetalle. (Quelle: VAC)

Chemische Zusammen-setzung Gewichts-%	Therm. Krümmung 10^{-6} K^{-1}	Therm. Aus-biegung 10^{-6} K^{-1}	Linearitäts-bereich °C	Kritische Temperatur °C
25,3 %Ni30,3 %Fe39, 1 %Mn5,3 %Cu	39,0	20,8	−20 bis +200	400
28,2 %Ni,68,6 %Fe, 3,2 %Mn	28,5	15,2	−20 bis +200	450
30,0 %Ni,1,3 % %Cr, 68,7 %Fe	26,3	14,0	−20 bis +200	450
31,2 %Ni,65,3 %Fe, 3,5 %Mn	22,0	11,7	−20 bis +380	450
32,8 %Ni,63,9 %Fe, 3,3 %Mn	18,6	9,9	−20 bis +425	450
32,8 %Ni,63,6 %Fe, 3,3 %Mn	18,6	9,9	−20 bis +425	500

6.5.2 Wärmeausdehnung von Flüssigkeiten

Die Ausdehnung von Flüssigkeiten wird sehr häufig zur Temperaturmessung eingesetzt. Man unterscheidet nach der VDI/VDE-Richtlinie 3511 zwischen *Flüssigkeits-Glasthermometern* (Messung der Volumenänderung) und *Flüssigkeits-Federthermometern* (Messung der Druckänderung; Verformung liefert einen Zeigerausschlag).

Im Flüssigkeits-Glasthermometer befindet sich in einem kleinen Glaskolben die Flüssigkeit. Bei einer bestimmten Temperatur steigt die Flüssigkeit in der Glaskapillare an und eine Skala zeigt den Wert (Abb. 6.12). Die Flüssigkeiten müssen im zu messenden Temperaturbereich flüssig sein und die Wandungen der Messröhrchen nicht angreifen. Quecksilber ist besonders gut für Messungen geeignet (−40 °C bis +360 °C), wird heute aber wegen der hohen Giftigkeit nur im wissenschaftlichen Bereich eingesetzt.

Folgende Flüssigkeiten werden hauptsächlich verwendet:

- Pentan (−200 °C bis +35 °C),
- Ethanol (−120 °C bis +60 °C) und
- Toluol (−90 °C bis +110 °C).

Weitere Angaben und Vorschriften für Flüssigkeits-Glasthermometer sind in DIN 12770 zusammengestellt.

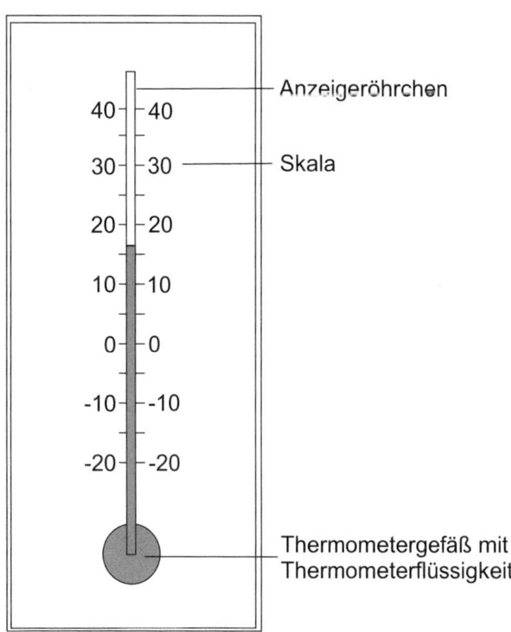

Abb. 6.12 Flüssigkeits-Glasthermometer. (Quelle: Wikipedia)

6.5.3 Wärmeausdehnung von Gasen

Das *Gasthermometer* misst Druck p und Volumen V einer genau festgelegten Gasmenge. Die Zustandsgleichung für ideale Gase lautet: $p\ V=m$ R T. Daraus ergibt sich für die Temperatur T:

$$T = (p\ V)/m\ \mathrm{R}$$

mit m: Masse des Gases und R: spezifische Gaskonstante.

In der Praxis wird bei einem *Gasthermometer* die Temperatur T durch den *Gasdruck p* gemessen. Es gilt:

$$T = \frac{(p - p_0)}{p_0\,\alpha_p}.$$

Es ist p_0: Gasdruck bei 0 °C und α_p: Spannungskoeffizient (Verhältnis der relativen Druckänderung $\Delta p/p_0$ und der Temperatur T: $\alpha_p=(\Delta p/(p_0\ T))$. Der Spannungskoeffizient eines idealen Gases ist gleich dem Volumenausdehnungskoeffizienten γ und beträgt: $\gamma=3{,}661 \cdot 10^{-4}\ \mathrm{K}^{-1}$.

Die Messung muss entweder bei konstantem Druck oder bei konstantem Volumen stattfinden. Das Gasthermometer hat einen sehr großen Einsatzbereich (von −273 °C bis +2800 °C), wie Abb. 6.3 zeigt. Die üblicherweise mit Helium (He) oder Stickstoff (N_2) gefüllten Thermometer haben einen Einsatzbereich von −200 °C bis +800 °C. Abb. 6.13 zeigt ein Gasdruck-Thermometer. Das elektrische Ausgangssignal liefert ein im Mess-System integriertes Thermoelement.

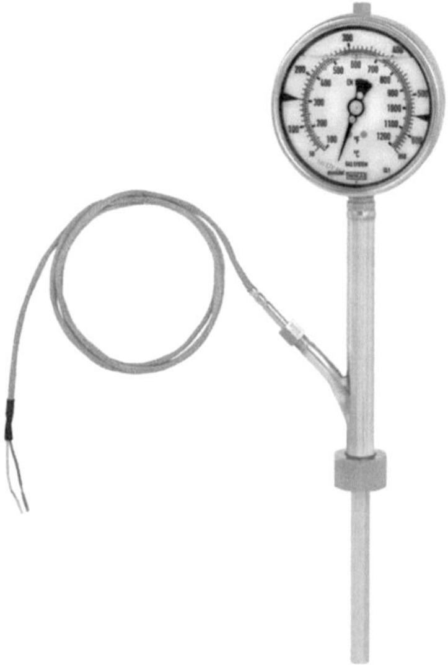

Abb. 6.13 Gasdruck-Thermometer. (Werkfoto: WIKA, Typ 75 mit Thermoelement Typ K)

In der Tieftemperatur-Messtechnik werden *Tensions-Thermometer* eingesetzt. Bei diesen ist der gemessene *Dampfdruck* nach der *Clausius-Clapeyronschen Gleichung* ein Maß für die Temperatur.

6.6 Temperatur und Frequenz

Viele physikalische Größen sind *temperaturabhängig.* Diese Tatsache muss bei den meisten Sensoren beachtet werden. Es gibt jedoch auch die Möglichkeit, die Temperaturabhängigkeit als *Messmethode* für Temperatur-Sensoren zu verwenden. Dazu misst man die *Kennlinie,* d. h. den Temperaturverlauf der physikalischen Größe (z. B. Druck, elektrischen Widerstand, Kapazität, Induktivität). Aus dem gemessenen Wert der physikalischen Größe lässt sich dann die Temperatur errechnen. Dies ist aber im Allgemeinen mit großem Aufwand verbunden und hat daher keine große praktische Bedeutung.

Eine im Patent DE4200578A1 aufgezeigte Methode ist mit herkömmlichen Bausteinen einfach und kostengünstig zu realisieren. Der dort beschriebene Sensor besteht aus *zwei piezoelektrischen Schwingquarzen,* einer Speichervorrichtung und einer elektronischen Auswerteschaltung. Der erste Schwingquarz zeigt eine hohe Temperaturabhängigkeit und der zweite Schwingquarz ist temperaturunabhängig. Die Frequenzen des ersten Schwingquarzes und die des zweiten Schwingquarzes werden gezählt. Aus dem Vergleich der beiden Zählerstände wird die Temperatur ermittelt.

6.7 Thermochromie

Thermochrome Substanzen ändern bei bestimmten Temperaturen ihre *Farbe.* Dies kann reversibel oder irreversibel geschehen. Der Grund ist darin zu suchen, dass bei bestimmten Temperaturen *Phasenübergänge* stattfinden, in denen andere Bereiche des sichtbaren Spektrums absorbiert werden. Das reflektierte Licht hat deshalb eine andere Farbe. Als anorganische Materialien kommen Zinkoxid, Rutil und Quecksilber-Iodid (II)-Verbindungen infrage. Als organische Stoffe kommen Bixanthyliden (9,9′) und Bianthronyliden (10,10′) in Frage. Folgende Anwendungen sind typisch:

- *Thermolacke.* Die Farbe einer lackierten Oberfläche ist ein Maß für die Temperatur. Dies dient zur Sicherheitsabschätzung für schwer zugängliche Teile in der chemischen Industrie.
- *Lebensmittelverpackungen.* Die Farbe zeigt an, ob die Kühlkette unterbrochen war oder nicht.

- *Endverbraucher. Stimmungsringe* zeigen die Hauttemperatur an, *Zaubertassen* geben einen Hinweis auf die Trink-Temperatur oder den Füllgrad eines Behälters. *Löffel* für Kleinkinder zeigen an, ob die Speise eine verträgliche Verzehrtemperatur aufweist. *Thermofolien* auf Aquarien geben einen Hinweis auf die Temperatur im Aquarium.

6.8 Segerkegel

Segerkegel dienen zur Überwachung und Kontrolle bei *Brennvorgängen.* Auch modernste Steuer- und Regelungstechnik sowie optische Überwachungs-Sensoren (Kap. 17) haben diese robusten Sensoren nicht verdrängen können. Der Grund liegt darin, dass die Segerkegel aus den *gleichen Rohstoffen* hergestellt werden wie die Brennmassen (meist aus Keramik). Sie unterziehen sich also während des Brennvorgangs den gleichen Einwirkungen von Temperatur und Zeit wie der Brennstoff. Diese komplexen Zusammenhänge lassen sich mit dieser einfachen Methode sehr gut erkennen. Abb. 6.14 zeigt drei Segerkegel, links vor dem Einsatz und rechts nach dem Einsatz.

Die Normkegel sind in der Regel 5 cm hoch und werden mit dem zu brennenden Material in den Ofen gestellt. Bei einer bestimmten Temperatur kippen die Kegel um berühren den Boden. Aus *Tabellen* kann daraus die Brenntemperatur abgelesen werden. In Abb. 6.14 gibt der *mittlere Kegel (Führungskegel)* die *gewünschte Brenntemperatur* an, während der rechte als Beobachtungskegel bei einer höheren und der linke bei einer niedrigeren Temperatur kippen. Im rechten Bild ist zu sehen, dass der mittlere Kegel mit der Spitze auf dem Boden geschmolzen ist, der rechte aber nicht. Das bedeutet, dass die Brenntemperatur (und auch der gesamte Brennprozess) genau richtig war. Wäre der mittlere Kegel zu stark geschmolzen, so wäre ein *Überbrand* gewesen; wäre er nur angeschmolzen so wäre ein *Unterbrand* entstanden.

Statt Segelkegel werden auch *Temperatur-Messringe* eingesetzt. Aus dem *Durchmesser* des Rings wird auf die Temperatur (und den Verbrennungsprozess) im Brennofen geschlossen.

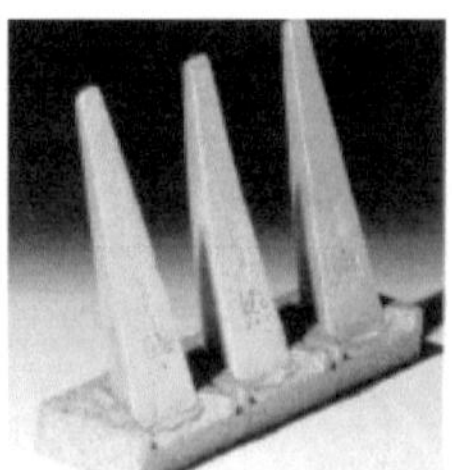

Abb. 6.14 Segerkegel: links vor ihrem Einsatz und rechts nach ihrem Einsatz. (Werkfoto: Töpferhof Brockhagen)

6.9 Berührungslose optische Temperaturmessung

Bei der optischen Temperaturmessung werden folgende zwei Effekte ausgenutzt:

- Die *Wärmestrahlung* des Objektes mit *Strahlungsthermometern (Pyrometer)* und
- die *Rückstreuung* der Lichtquanten (Photonen) an den *Phononen* (quantifizierte Gitterschwingungen). Der zugrunde liegende Effekt ist der *Raman-Effekt.*

6.9.1 Strahlungsthermometer (Pyrometer)

Jeder Körper sendet entsprechend seiner Temperatur eine Strahlung aus. Die *Strahlungsleistung* P_s berechnet sich nach dem *Stefan-Bolzmannschen Gesetz* zu:

$$P_s = \varepsilon \sigma A \, (T_1^4 - \mathrm{T}_2^4).$$

Es ist: ε: Emissionsgrad der strahlenden Fläche; o: Strahlungskonstante (5,671 · 10^{-8} W/(m^2K^4)).
A: Strahlende Oberfläche eines Körpers.
T_1: Temperatur des Strahlers.
T_2: Temperatur der Umgebung (des Sensors).

Die Strahlungsleistung P_s beinhaltet die Wellenlängen des gesamten Spektrums. Dabei sind die Beiträge zur Strahlungsleistung wiederum von der Wellenlänge abhängig und verteilen sich nicht gleichmäßig über das Spektrum. Abb. 6.15 zeigt die spezifische spektrale Emission M in Abhängigkeit von der Wellenlänge λ und der Temperatur T.

Das Produkt ε σ ist ein Maß für die *optische Kopplung* zwischen zu messender Oberfläche und dem Sensor. Ist die optische Kopplung, die strahlende Oberfläche A sowie die Temperatur des Sensors T_2 bekannt, so kann durch die Messung der Strahlungsleistung P_s die Temperatur an der Oberfläche des Strahlers gemessen werden. Dies geschieht mit einem *Pyrometer.* Abb. 6.16 zeigt eine pyrometrische Anwendung in der Medizintechnik.

Mit geeigneter Optik empfängt ein Sensor mit 0,5 mm² empfindlicher Membranoberfläche (Gesamtmembranfläche 1 mm²) bei 25 °C ungefähr 0,1 mW Strahlung von einem 40 °C warmen Objekt. Daraus resultiert ein elektrisches Signal von etwa 1,5 mV, mithilfe dessen sich die Temperatur des aussendenden Strahlers innerhalb von etwa einer Sekunde auf 0,1 °C genau bestimmen lässt. Dieses Verfahren wird in kommerziellen *Ohrthermometern* angewandt (Abb. 6.16). Auf der Oberseite des Sensors ist das für Infrarotstrahlung transparente Fenster aus Silicium (mit zusätzlichen Beschichtungen zur Filterung der Wellenlängen und zur Minderung der Reflektion) zu sehen.

Die pyrometrische Temperaturmessung umfasst einen sehr großen Temperaturbereich (von −50 °C bis +4000 °C).

Eine berührungslose, pyrometrische Temperaturmessung hat folgende Vorteile:

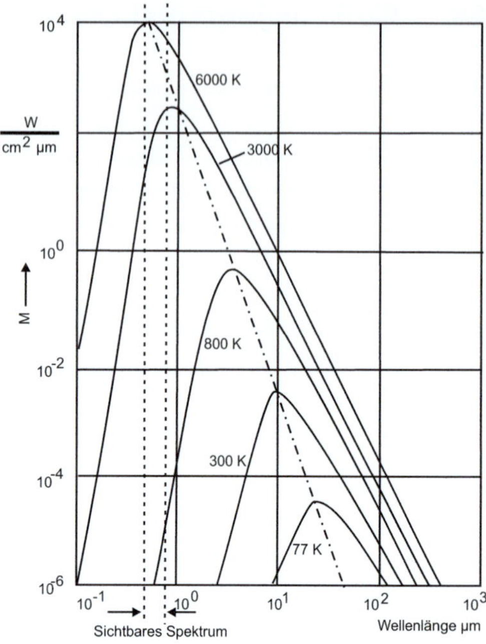

Abb. 6.15 Spektrale Emission M in Abhängigkeit von der Wellenlänge und der Temperatur

Abb. 6.16 Pyrometrischer Sensor (Ohrthermometer) zur kontaktlosen Temperaturmessung in der Medizintechnik. (Werkfoto: PerkinElmer Optoelectronics)

- *Berührungslose Messung,*
- *kein Verschleiß,*
- *keine mechanische Beschädigung* von empfindlichen Messobjekten (z. B. dünne Folien),
- *sehr schnelle Messung* (10 µs bis 1 s),
- sehr *große, zusammenhängende Messbereiche* (z. B. von 200 °C bis 3000 °C),
- keine Probleme bei *bewegten Messobjekten* und
- Messung auch in *widrigen Umgebungen* (z. B. aggressive Medien, hohe elektrische oder magnetische Felder).

Die Nachteile sind:

- Der *Emissionsgrad e* des Messobjektes muss bekannt sein und
- bei Metallen bereiten oft *starke Schwankungen des Emissionsgrades* (je nach Oberflächenbeschaffenheit) große Probleme bei der Genauigkeit der Messungen.

Die Pyrometer können portabel oder stationär eingesetzt werden. Die *portablen* Messgeräte werden zur *Diagnose* und zur *Inspektion* im Automotive-Bereich sowie in der Heizungs-, Klima- und Lüftungstechnik eingesetzt. Abb. 6.17 zeigt ein solches portables Gerät.

Mit dem Messgerät in Abb. 6.17 können innerhalb einer Messzeit von 0,3 s und einer Messgenauigkeit von $\pm 0{,}1$ °C Temperaturen von -32 °C bis $+530$ °C gemessen werden. Der eingebaute Laser fixiert das Messobjekt, und durch einen Tastendruck wird die Messung ausgelöst.

In Tab. 6.10 sind einige wichtige Anwendungen von mobilen Pyrometern zusammengestellt.

Stationäre Pyrometer werden meist zur Qualitätssicherung in Fertigungslinien eingesetzt. Die Messwerte können nicht nur erfasst werden, sondern sie dienen auch zur *Steuerung* der Temperaturverläufe. Abb. 6.18 zeigt einige Anwendungen bei Walzvorgängen in der Papier- und Glasindustrie, bei Laserschneidanlagen und bei Befüllungsautomaten.

Tab. 6.11 zeigt typische Einsatzgebiete stationärer Pyrometer.

Es können auch *Thermografiekameras* eingesetzt werden. Sie sind *ortsauflösende* Pyrometer.

Die verschiedenen Möglichkeiten der Detektierung sind in Kap. 14 (Fotoelektrische Sensoren) ausführlich beschrieben.

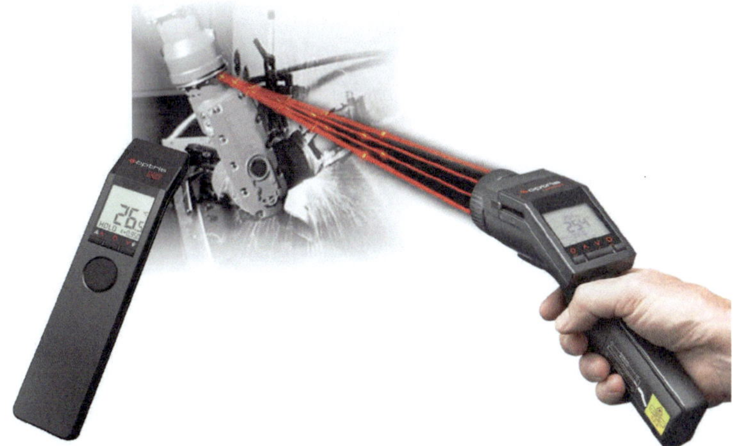

Abb. 6.17 Portables Pyrometer. (Werkfoto: Optris)

Tab. 6.10 Anwendungen von mobilen Pyrometern

Einsatzbereich	Anwendungsbeispiele
Elektrische Maschinen und Anlagen	Elektrische Kontakte und Anschlüsse Kontrolle von Sicherungen Überlastungskontrolle Defekte in Kabelkanälen Wicklungs-Kurzschlüsse in Transformatoren
Automobil	Überprüfung der Bremsen, der Klimaanlage, der Heizung, des Kühlsystems Erkennen von Motorstörungen
Heizung-, Klima- und Lüftungstechnik	Aufspüren von Leckagen Prüfen von Zu- und Abluftauslässen und Sicherheits-ventilen Einstellen des Raumklimas Prüfen von Brennern in Gas- und Ölheizungen Prüfen von Wärmetauschern und Heizkreisen

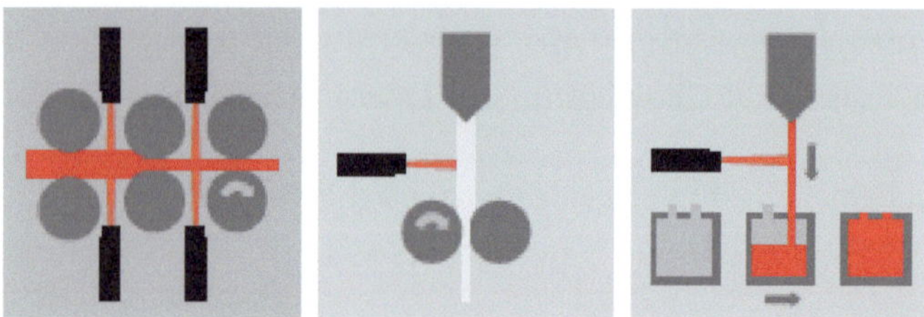

Abb. 6.18 Anwendungen von stationären Pyrometern in der Fertigung. (Quelle: Optris)

Tab. 6.11 Anwendungen von stationären Pyrometern

Einsatzbereich	Anwendungsbeispiele
Maschinenbau	Kunststoff-, Glas- und Papierindustrie Laserschweiß- und -schneidmaschinen Kontrolle des Temperaturverlaufes an Walzen
Elektronik	Temperaturkontrolle bei der Waferherstellung und -prüfung

6.9.2 Faseroptische Anwendungen

6.9.2.1 *Intrinsische Sensoren, DTS (Distributed Temperature Sensing)*

Distributed Temperature Sensing (DTS) beruht auf der *Rückstreuung* von *Photonen* (Lichtquanten) an *Phononen* (Quanten mechanischer Schwingungen im Festkörper). Da die Verteilung von Photonen in einem Medium durch seine Temperatur bestimmt wird, können aus dem *zurück gestreuten Licht* Rückschlüsse auf die *Temperatur* der Faser an der Stelle der Streuung gezogen werden. Aufgrund der Laufzeit des Lichtes in der Faser kann der Ort der jeweiligen Streuung bestimmt werden. DTS erlaubt also die Messung einer *Temperaturverteilung* in einer *längeren optischen Faser* (bis etwa 20 km).

Der im Material vorherrschende Streumechanismus ist die elastische Rayleighstreuung, bei der die Energie und damit die Wellenlänge des gestreuten Photons konstant bleiben. Darüber hinaus gibt es die *Ramanstreuung,* bei der Energie zwischen den Photonen und dem Material ausgetauscht wird. Wird Energie an Materialschwingungen abgegeben, spricht man von einem *Stokes-Prozess,* im gegenteiligen Fall von einem *Anti-Stokes-Prozess.*

Während die *Amplitude der Stokes-Bande* (bei größerer Wellenlänge) nahezu *temperaturunabhängig* ist, hängt die Amplitude der *Anti-Stokes-Bande* (bei leicht kürzerer Wellenlänge) von der *Temperatur* des Streumediums ab. Aus diesem *Verhältnis* lässt sich die *Temperatur* berechnen.

Das Verfahren wird angewendet bei *Temperaturmessungen* über *längere Strecken* beispielsweise zur Leckageüberwachung in Pipelines, Brandüberwachung in Tunnels oder zur Temperaturkontrolle in nuklearen Endlagern. Andere Anwendungen sind die Temperaturüberwachung von *aushärtenden großen Betonstücken,* beispielsweise beim Bau von Staudämmen. Die Glasfasern kann man nach Abschluss der Messung einfach im Bauwerk belassen. Das Messgerät wird dann abgekoppelt.

Vorteile dieser Methoden sind:

- Der Sensor selbst (Multimode optische Faser aus Quarzglas) ist *kostengünstig* und kann bei Bedarf zurückgelassen werden.
- Die Messung ist *unabhängig von Beeinflussung* (Alterung, mechanischer Stress) des Sensors.
- *Kontinuierliche Messung über weite Strecken.*
- Der Sensor ist ein Nichtleiter, daher *keine Beeinflussung* durch *Mikrowellen* oder *elektrische Ströme.*

Nachteilig ist allerdings, dass diese Mess-Systeme sehr aufwendig und deshalb teuer sind.

Da beim DTS die optische Faser selbst auch der Temperatursensor ist, spricht man von einem *intrinsischen Sensor* (Abb. 6.19).

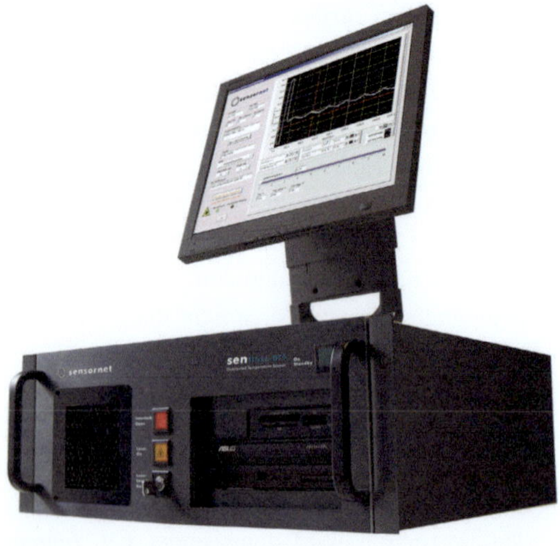

Abb. 6.19 DTS-System zur Temperaturmessung in einer Quarzglasfaser (intrinsischer Sensor). (Werkfoto: Sensornet)

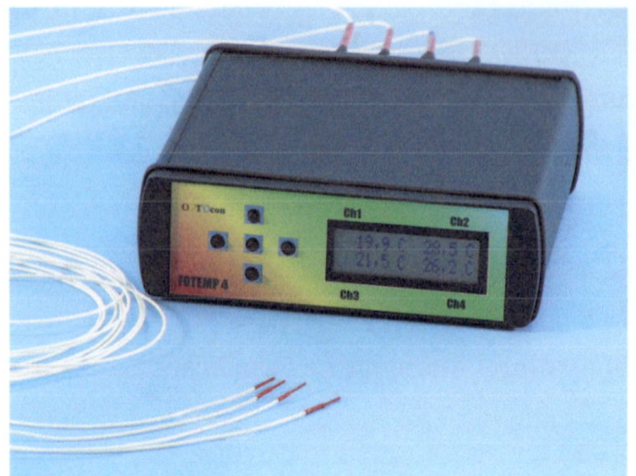

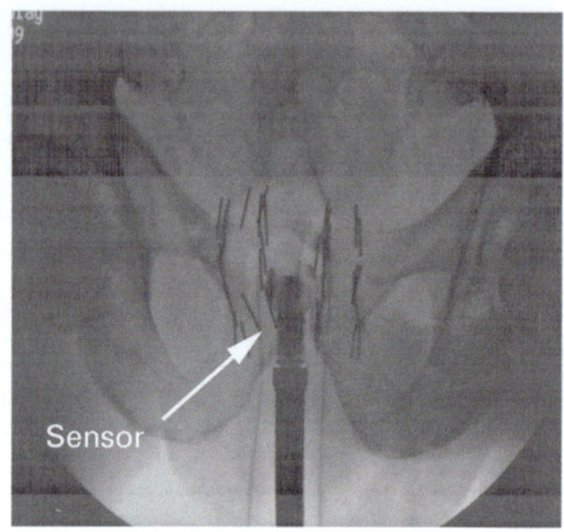

Abb. 6.20 *Links* Messgerät zur Temperaturmessung mit faseroptischen Sonden. *Rechts* Röntgenaufnahme einer thermischen Krebstherapie. (Werkfoto: Dr. C. Renschen, Firma Optocon)

6.9.2.2 Extrinsische Sensoren

Bei extrinsischen Sensoren ist der *Sensor nicht identisch* mit der *Faser.* Abb. 6.20 zeigt ein Messgerät zur Temperaturmessung mittels faseroptischen Sonden (links). Die Fasern enden auf einem GaAs Kristall, dessen optische Absorptionskante temperaturabhängig ist (extrinsischer Sensor). Auf der rechten Seite des Bildes sieht man eine Röntgenaufnahme einer thermischen Krebstherapie. Faseroptische Sonden von 0,5 mm Durchmesser überwachen minimalinvasiv die Gewebetemperatur, während das Gewebe mit einem magnetische Wechselfeld erwärmt wird. Die dünnen Striche sind Metallnadeln, die ihre

Leitfähigkeit oberhalb von 41 °C abschalten. Das dicke schwarze Teil ist eine Videokamera, die vor Beginn der Erwärmung entfernt wird. Grundlage der Therapie ist die geringere Wärmeresistenz des Krebsgewebes.

Faseroptische Methoden zur Temperaturmessung kommen auch dort zum Einsatz, wo aufgrund der besonderen Randbedingungen der Messung keine anderen Möglichkeiten verwendet werden können. Das ist zum Beispiel der Fall, wenn Mikrowellen zur Erwärmung eingesetzt werden und gleichzeitig die Temperatur überwacht werden muss, ohne dass sich die Temperaturmessung und Erwärmung gegenseitig beeinflussen. Anstatt der aufwendigen DTS-Technik können zum Beispiel temperaturempfindliche *optische Absorber* oder in die Faser eingebrannte *Bragg-Gratings* verwendet werden.

Weiterführende Literatur

DIN IEC 60751:2005-03 Industrielle Platin-Widerstandsthermometer und Platin-Sensoren

H. Worch GmbH & Co. KgaA Weinheim, 9. Aufl. (2002), ISBN 3-527-30535-1

Huhnke, D., Maier, U.: Temperaturmesstechnik, atp Praxiswissen kompkt, Oldenbourg Industrieverlag Wie, 4. Aufl. (2006)

ifm electronic: Schulungsunterlagen Temperaturmesstechnik (2011)

Michalowsky, L.: Neue Technische Keramikwerkstoffe. Verlag für Grundstoffindustrie GmbH Leipzig (1994), ISBN 3-342-00489-4

Physikalisch-Technische Bundesanstalt: Praktische Temperaturmessung (2010)

Physikalisch-Technische Bundesanstalt: Thermodynamische Temperaturen und die IST-90-Skala (2010)

VDI-Verlag: VDI/VDE-Richtlinien 3511, Blatt1-41, Technische Temperaturmessungen, Grundlagen und Übersicht über besondere Temperaturmessverfahren

Weber, D., Nau, M.: Elektrische Temperaturmessungen. Verlag M. K. Juchheim, 6. Aufl. (1997)

Elektrische und magnetische Messgrößen

7

Gert Schönfelder und Andreas Wilde

7.1 Spannung

7.1.1 Definition

Die Spannung U ist ein Maß für die hineingesteckte Ladungstrennungsarbeit W je Ladung Q. Es gilt:

$$U = W/Q. \tag{7.1}$$

Die Definition kann auch um die Dimension der Zeit erweitert werden. Wird die Arbeit W als das Produkt aus der Leistung P und der Zeit t beschrieben ($W = P\ t$) *und die Ladung* Q als Produkt aus Stromstärke I und der Zeit t ($Q = I\ t$), dann gilt: Die Spannung U ist der Quotient aus der Leistung P und der Stromstärke I:

$$U = P/I. \tag{7.2}$$

Die Maßeinheit für die Spannung ist 1 V. Ein Volt liegt dann zwischen zwei Punkten eines metallischen Leiters, wenn für Transport der Ladung von 1 C (Coulomb) eine Energie von 1 J (Joule) erforderlich ist (Gl. 7.1). Ein Volt liegt zwischen zwei Punkten eines metallischen Leiters, wenn bei einem konstanten Strom I von 1 A zwischen den beiden Punkten eine Leistung P von 1 W umgesetzt wird.

A. Wilde (✉)
Fraunhofer-Institut für Integrierte Schaltungen, Institutsteil Entwurfsautomatisierung, Dresden, Deutschland
E-Mail: Andreas.Wilde@eas.iis.fraunhofer.de

G. Schönfelder
Aspect Systems GmbH, Dresden, Deutschland
E-Mail: gschoenfelder@t-online.de

E. Hering und G. Schönfelder (Hrsg.), *Sensoren in Wissenschaft und Technik*,
https://doi.org/10.1007/978-3-658-39491-2_7

Für die Maßeinheit Volt sind daher folgende Einheiten gültig:

$$1\mathrm{V} = 1\mathrm{J/C} = 1\mathrm{W/A} = 1\mathrm{m}^2\mathrm{kg/(s\ A)}.$$

Die elektrische Spannung tritt in unterschiedlichen Formen auf:

- Als *elektrostatische Spannung* durch Ladungstrennung in einem begrenztem Umfeld (z. B. elektrische Aufladung von Gegenständen oder Gewitter);
- bei *chemischen Prozessen* durch Wanderung von elektrisch geladenen Teilchen (Ionen), beispielsweise bei Akkumulatoren oder galvanischen Effekten (Abschn. 2.16 und Kap. 11);
- als *Kontakt-* und *Thermospannungen;*
- als *Rauschspannung* durch die Bewegung von Ladungsträgern.

Die Spannung kann statisch (Gleichspannung), dynamisch (Wechselspannung) oder als Mischung beider Formen auftreten. Als Normal gilt das *Weston-Normalelement,* welches ein chemisches Primärelement auf Basis von Cadmiumsulfat (Elektrolyt) sowie Quecksilber und Cadmiumamalgam als Elektroden ist. Es stellt eine Spannung von 1,01865 V bereit, welche aber temperaturabhängig ist.

Eine modernere Alternative stellt das *Josephson-Tunnelelement* dar, welches unter Mikrowellenbestrahlung eine Spannung von etwa 1 mV abgibt. Durch Reihenschaltung großer Mengen dieser Elemente können fast beliebige Referenzspannungen mit einer Reproduzierbarkeit von bis zu 10^{-12} erzeugt werden.

Wechselspannung

Eine *Wechselspannung* ist durch einen sich ständig wiederholenden Wechsel der Polarität gekennzeichnet. Die Kurvenform kann dabei vielfältig sein, wie Sinus-, Rechteck-, Dreieck- oder Sägezahnschwingungen. Diese und weitere Kurvenformen können auch in Kombination und mit einer überlagerten Gleichspannung auftreten. Die häufigste Form ist die Sinusschwingung, da sie technisch die geringsten Verzerrungen und Verluste erzeugt.

Die Sinusschwingung stellt technisch die Grundform dar, da sich alle Kurvenformen mittels der *Fourier-Reihen* auf eine Zusammensetzung aus Sinusschwingungen unterschiedlicher Frequenz zurückführen lassen. Die Bestimmung der Frequenzanteile einer beliebigen Wechselspannung erfolgt mittels Fourier-Transformation *(FFT – fast fourier transformation),* welche als komplexe Darstellung das Frequenzspektrum und dessen Leistungsanteile ergibt. Die praktische Seite der Fourier-Analyse ist unter anderem die Dimensionierung von Bandbreiten bei der Übertragung nicht sinusförmiger Signale.

Wichtige Kennwerte einer Wechselspannung sind die *Periodendauer,* die *Spitzenspannung* und der *Effektivwert,* welche in Abb. 7.1 dargestellt sind.

Die *Periodendauer* ist die Zeit zwischen zwei Nulldurchgängen in gleicher Richtung.

Abb. 7.1 Kennwerte einer Sinusschwingung

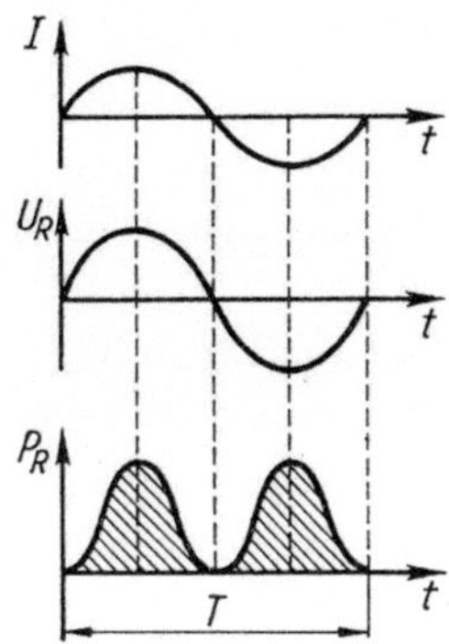

Die *Spitzenspannung* ist der höchste auftretende Spannungswert U_s der Schwingung. Bei unsymmetrischen Schwingungen wird auch der Wert von positiver zu negativer Spitzenspannung als U_{ss} angegeben.

Der Effektivwert ist der Spannungswert einer Gleichspannung, der an einem ohmschen Widerstand die gleiche Wirkleistung wie die verwendete Wechselspannung erzeugen würde.

$$P = \frac{1}{T}\int_0^T I_m \sin \omega t\, dt \cdot U_m \sin \omega t\, dt \quad P = \frac{1}{2}\frac{U_m^2}{R} = \frac{1}{\sqrt{2}}U_m \cdot \frac{1}{\sqrt{2}}I_m \tag{7.3}$$

Dabei sind

U_m, I_m: Maximalwerte (Spitzenwerte) von Spannung und Strom
T: Periodendauer
P: Wirkleistung.

Messprinzipien

Ein altes Prinzip ist das *Elektrometer,* welches die Abstoßung gleich geladener Körper nutzt. Es ist eine sehr grobe Messung, findet aber in der Hochspannungstechnik immer noch Anwendung. Ein Elektrometer entnimmt der Quelle keine Energie. Dies kann ein großer Vorteil sein.

Die allgemein angewendeten Messverfahren *entnehmen* der Spannungsquelle *Energie,* welche zur Messung in eine andere Form gewandelt wird. Durch diese Belastung der Quelle entsteht ein Messfehler, welcher entsprechend berücksichtigt werden muss. Folgende Umwandlungen sind relevant:

Umwandlung in ein elektromagnetisches Feld

Hierzu zählt der größte Teil der klassischen *Zeigerinstrumente,* wie Dreh- und Tauchspuleninstrumente. Dabei erfolgt ein mechanischer Vergleich der durch das Feld entstehenden Kraft mit einer mechanischen Gegenkraft (z. B. in Form von Federn).

Diese Systeme eignen sich besonders zur Messung von *Gleichspannung*. Die Messung von Wechselspannung oder mit Wechselspannung überlagerter Gleichspannung erfordert zusätzliche Maßnahmen wie die Erzeugung einer phasenverschobenen Induktion oder Kapazität durch eine Kurzschlusswicklung.

Umwandlung in Wärme

Die Messgröße erzeugt an einem Heizelement eine Wärmemenge, welche als Temperaturänderung am Heizelement ausgewertet werden kann. Dieses Verfahren hat den Vorteil, dass es den Effektivwert der Spannung bestimmt und somit auch zur Messung von Wechselspannungen geeignet ist. Dabei spielt die Kurvenform der Spannung keine Rolle.

Umwandlung in einen Strom

Die zuvor genannten Methoden basieren zwar ebenfalls auf der Umwandlung der Spannung in einen Strom an einem definierten innerem Widerstand, entnehmen dabei aber für diesen Prozess eine nicht unerhebliche Leistung aus der Spannungsquelle.

Wird die zu messende Spannung über einen Widerstand in einen proportionalen Strom gewandelt und dieser integriert, so kann man durch eine Zeitmessung bei der Integration auf die angelegte Spannung schließen. Durch die damit erreichte Umwandlung der Spannung in eine Zeit ist ein Vergleich mit einem gut verfügbaren Normal gewährleistet. Die Eingangsströme können dabei sehr gering gehalten werden. (Abb. 7.2).

Die Ausgangsspannung folgt für eine Gleichspannung am Eingang der Gleichung

$$\Delta U_\mathrm{a} = -\frac{U_\mathrm{e}}{C \cdot R_\mathrm{e}} \cdot \Delta t \quad \text{und ergibt damit} \quad U_\mathrm{e} = -\frac{\Delta U_\mathrm{a} \cdot C \cdot R_e}{\Delta t}.$$

Da die Integration auf das Vorzeichen der Eingangsspannung reagiert, ist ableitbar, dass eine symmetrische Wechselspannung als Ergebnis den Wert 0 erbringen würde.

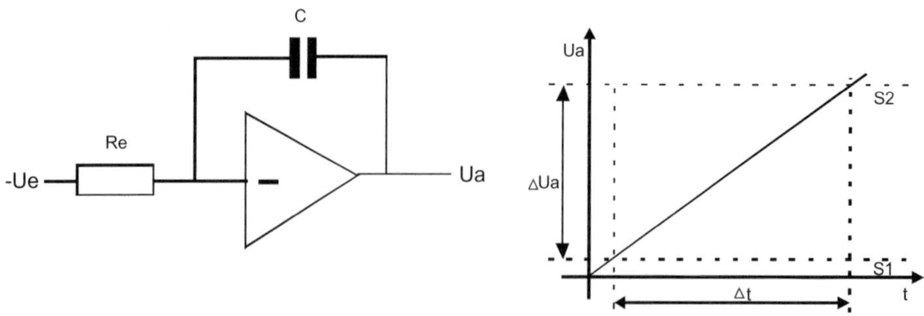

Abb. 7.2 Integration der Mess-Spannung

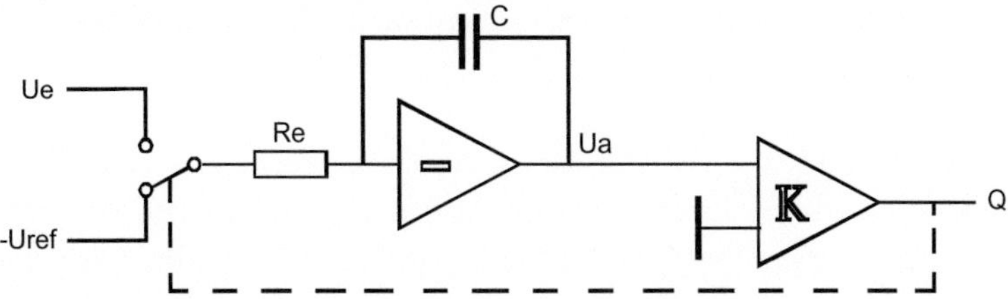

Abb. 7.3 Funktionsbild eines Zweiflankenumsetzers (Doppelintegrator)

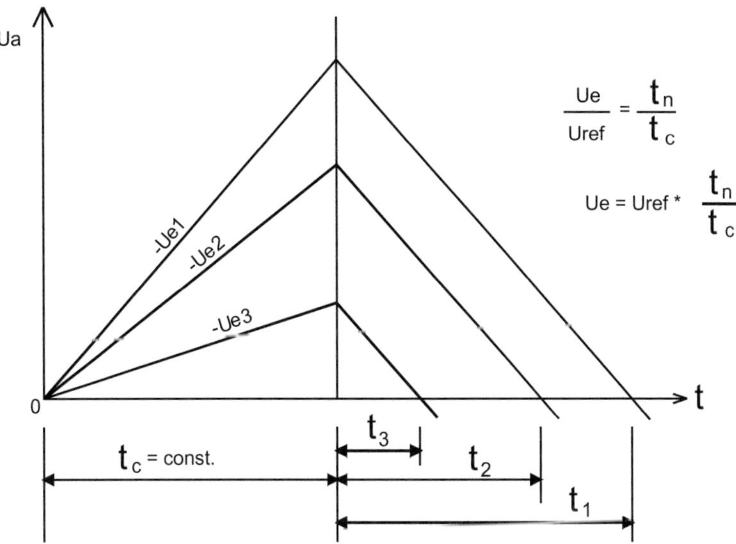

Abb. 7.4 Verlauf der Ausgangsspannung beim Zweiflankenumsetzer

Diese Schaltung ist anfällig gegen Toleranzen und Drift der Komponenten und damit der Referenzpunkte. Um das auszugleichen, wird praktisch auf eine Doppelintegration zurück gegriffen, bei welcher die in einer festen Zeit aufgesammelte Ladung ($Q = I \cdot t$) in einer zweiten Integrationsphase mittels einer Referenzspannung abgebaut wird. Es ergibt sich damit die Konstruktion des *Zweiflankenumsetzers,* wie ihn Abb. 7.3 zeigt.

In Abb. 7.4 ist zu erkennen, dass das Ergebnis der Messung nur noch vom Verhältnis der beiden Zeiten und der Referenzspannung bestimmt wird.

Messung durch Vergleich mit einem Normal

Um die Energieentnahme aus der Spannungsquelle für die Messung zu minimieren, kann die unbekannte Spannung durch einen Vergleich mit einem Normal bestimmt werden. Diese Methode ist zwar alt, gewinnt aber durch die Verfügbarkeit gestufter Normale – meist auf elektronischer Basis – wieder an Bedeutung. Auch hier besteht das Problem, dass die Messgröße während des Messvorganges stabil bleiben muss, was die Nutzung für Wechselspannungen ausschließt. Auswege daraus sind:

- die Messgröße wird während des Messvorgangs *„eingefroren"*, was durch Abtast- und Haltestufen erfolgt. Es erfolgt damit aber die Messung eines *Momentanwertes,* welcher je nach Kurvenform erheblich vom tatsächlichen Wert abweichen kann.
- Es erfolgt eine Messung mithilfe *zusätzlicher* Baugruppen wie beispielsweise Gleichrichter oder Spitzenwertgleichrichter.
- Es erfolgt eine Messung mit ausreichender Abtastfrequenz, sodass aus dem gemessenen Spannungsverlauf auf mathematischem Weg die erforderlichen Kenngrößen bestimmt werden können.
- Man misst mit einer sehr hohen Abtastrate und vergleicht mit zufällig generierten Spannungswerten. Durch *statistische Verfahren* (z. B. mit der Monte-Carlo-Methode) lassen sich die Kennwerte des anliegenden Spannungssignal ermitteln, so beispielsweise der Mittelwert, der Effektivwert oder der Gleichanteil.

7.1.2 Messanordnungen

Messung durch Energieentnahme

Eine Spannungsmessung erfolgt durch die *Parallelschaltung* der Messeinrichtung zur Spannungsquelle. Da beide einen Innenwiderstand besitzen, ergibt sich elektrisch eine Reihenschaltung aus der eigentlichen Quelle, deren Innenwiderstand R_{iq} und dem Innenwiderstand der Messeinrichtung R_{im}. Diese Innenwiderstände stellen damit einen Spannungsteiler dar, welcher eine Abweichung der gemessenen Spannung zur tatsächlichen Spannung hervorruft (Abb. 7.5).

Der relative Messfehler der Mess-Spannung U_m beträgt somit:

$$\text{Relativer Messfehler} = 1 - (R_{im}/(R_{im}+R_{iq})).$$

Die Genauigkeit der Messung wird damit wesentlich vom Verhältnis der beiden Innenwiderstände R_{im} und R_{iq} bestimmt. Für eine fehlerfreie Messung muss der Quellwider-

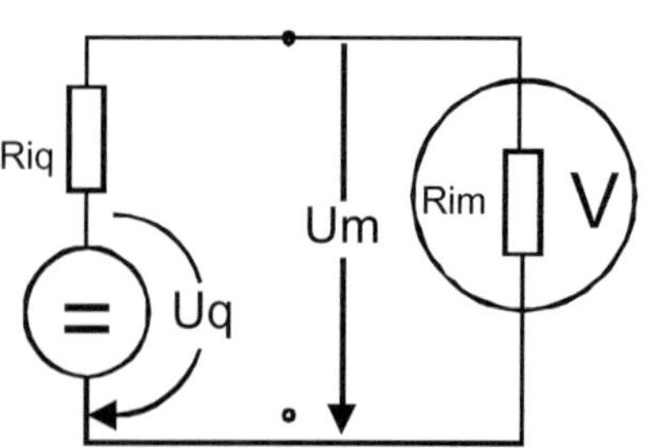

Abb. 7.5 Anordnung bei der Spannungsmessung

stand R_{iq} den Wert Null annehmen oder der Widerstand des Messgerätes den Wert unendlich.

Die Innenwiderstände von Zeigerinstrumenten liegen im Bereich von einigen 10 kΩ/V, das heißt, der Innenwiderstand wurde im Bezug zum Messbereich angegeben. Der Innenwiderstand elektronischer Spannungsmesser liegt im Bereich einiger MΩ.

Messung durch Integration

Eine weitere Möglichkeit zur Spannungsmessung ist die Entnahme *kleiner Energiemengen* und deren *Integration*. Dadurch kann die momentane Belastung der Quelle gering gehalten werden und es werden Störungen durch den Integrationsvorgang unterdrückt.

Mit dieser Methode arbeiten viele elektronische Spannungsmesser. Die wichtigsten schaltungstechnischen Vertreter sind hier der Zweiflankenumsetzer und der Sigma-Delta-Wandler.

Beim *Zweiflankenumsetzer* (Abb. 7.3 und 7.4) wird mit der Messgröße auf einem Kondensator innerhalb einer festen Zeit eine Ladung aufgebaut. In der zweiten Phase wird diese Ladung mittels einer bekannten Referenzspannung kompensiert und die erforderliche Zeit bestimmt. Aus den bekannten zwei Zeiten und der Referenzspannung lässt sich die Ladung und damit die Eingangsspannung bestimmen.

Auf dieser Grundlage arbeitet ein großer Teil der heute gebräuchlichen *Multimeter*, da die Messung durch die Integration störunanfällig ist und eine überlagerte Wechselspannung oder Rauschen eliminieren kann. Eine Messung reiner Wechselspannungen ist damit ohne Zusatzbaugruppen nicht möglich, da das Integral über eine symmetrische Schwingung Null ist.

Beim *Sigma-Delta-Wandler* (auch als 1-Bit-ADC bezeichnet) erfolgt ebenfalls eine Integration der Eingangsgröße. Überschreitet die Ausgangsspannung des Integrators einen *Schwellenwert*, so wird am Eingang eine Referenzspannung subtrahiert, bis der Schwellenwert wieder unterschritten wird. Die Abfrage des Schwellenwertes erfolgt dabei zeitdiskret. Der am Ausgang entstehende *Bitstrom* repräsentiert in seiner Verteilung der Zustände 0 und 1 das Verhältnis zwischen Messgröße und Referenzspannung, welches durch Filterung als numerischer Wert ausgegeben wird.

Die Schaltung in Abb. 7.6 besteht lediglich aus einem Integrator, einem getakteten Komparator und einem 1-Bit-DA-Wandler, welcher einem Analogschalter zwischen 0 V und einer Referenzspannung entspricht. Als Bedingung für die Funktion wird vorausgesetzt, dass die Eingangsspannung kleiner als die Referenzspannung ist.

Als Ausgangssignal beim Sigma-Delta-Wandler entsteht eine Impulsfolge, deren Verhältnis dem Verhältnis von Eingangsspannung zu Referenzspannung entspricht. (Abb. 7.7) Diese Impulsfolge wird in der nach geschalteten Einheit gefiltert und als Zahlenwert ausgegeben.

Man kann davon ausgehen, dass fast alle integrierten AD-Wandlerschaltkreise mit einer Auflösung oberhalb 16 Bit nach diesem Prinzip arbeiten.

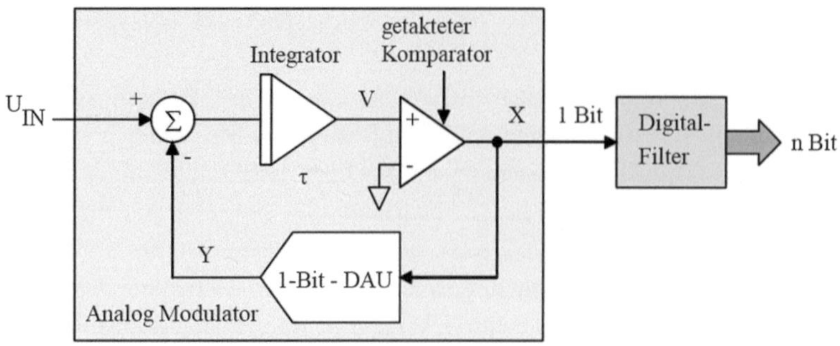

Abb. 7.6 Grundschaltung eines Sigma-Delta-Wandlers

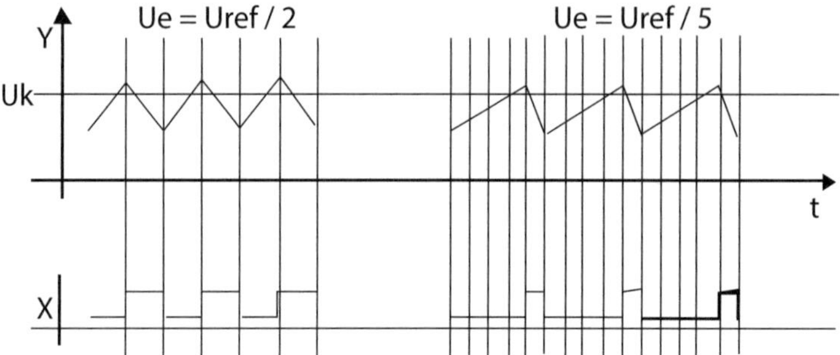

Abb. 7.7 Signalverlauf am Sigma-Delta-Wandler

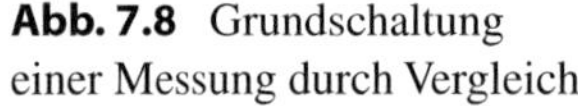
Abb. 7.8 Grundschaltung einer Messung durch Vergleich

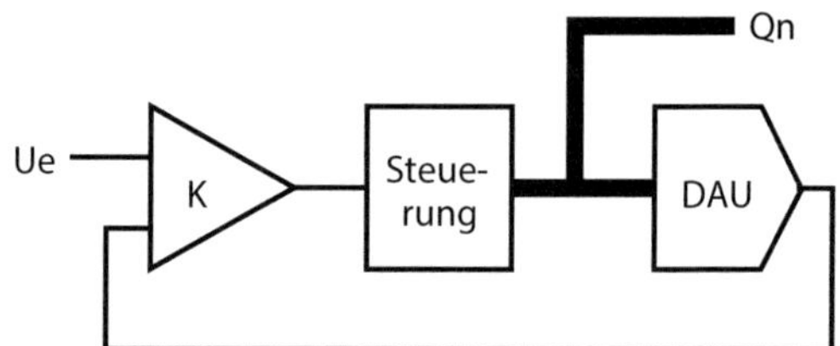

Messung durch Vergleich

Für den Vergleich wird die eine Seite durch die zu messende Spannung gebildet, die andere durch eine *veränderliche Referenzgröße.* Das Grundschema aller vergleichenden Messverfahren zeigt Abb. 7.8. Den Kern bildet ein Digital-Analog-Wandler (DAU), welcher aus einer Referenzquelle gestufte Ausgangsspannungen ableitet. Diese werden mit der zu messenden Spannung verglichen. Über die Steuerung wird das dafür verwendete Verfahren bestimmt.

Servoumsetzer
In diesem Fall besteht die Steuerung aus einem *Aufwärts-/Abwärts-Zähler.* Ist die Eingangsspannung größer als die Ausgangsspannung des DA-Wandlers, so wird der Zählerwert – und damit die Ausgangsspannung – erhöht, ist sie kleiner, erniedrigt. Der analoge Vergleichswert, und damit auch die digitale Repräsentation, pendeln um den Eingangswert. Diese Messmethode ist geeignet für statische oder sich langsam ändernde Spannungen.

Die sukzessive Approximation
Diese Methode arbeitet ebenfalls mit der Anordnung aus Abb. 7.8, verwendet aber ein anderes Verfahren der Ansteuerung des DAU. Es werden hier binär gestufte Spannungen zum Vergleich erzeugt. Nach jedem Schritt wird geprüft, ob die dabei entstandene Spannung größer oder kleiner als die Eingangsspannung ist und daran entschieden, ob die zuletzt zugeschaltete Stufe benötigt wird oder nicht. Den Ablauf zeigt Abb. 7.9.

Der Vorteil des Vergleiches besteht darin, dass im Zustand der Spannungsgleichheit beider Seiten kein Strom fließt und damit der Quelle keine Energie entnommen wird. Dieser Zustand entspricht einem Innenwiderstand der Mess-Schaltung von unendlich. Der Vergleich der beiden Seiten erfolgt durch hochohmige Komparatoren oder Operationsverstärker – beispielsweise mit SFET-Eingang.

Messung von Wechselspannungen
Bei der Messung von Wechselspannungen ist vor allem der *Effektivwert* und der *Spitzenwert* von Interesse. Die Bestimmung des Spitzenwertes ist durch eine Gleichrichtung möglich. Der Ladekondensator wird dabei auf die Spitzenspannung aufgeladen.

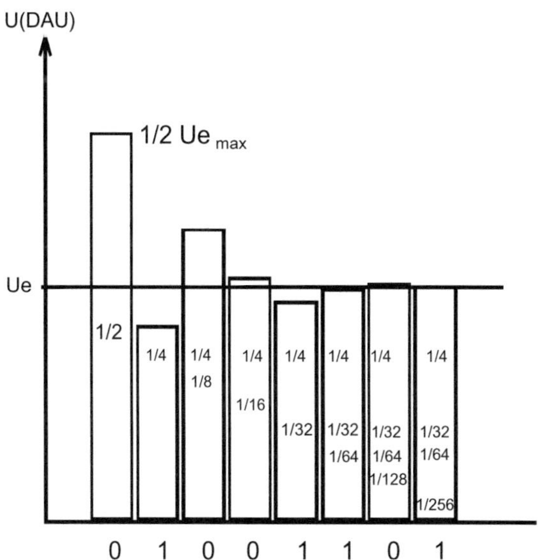

Abb. 7.9 Spannungsverlauf am Komparator bei der sukzessiven Approximation

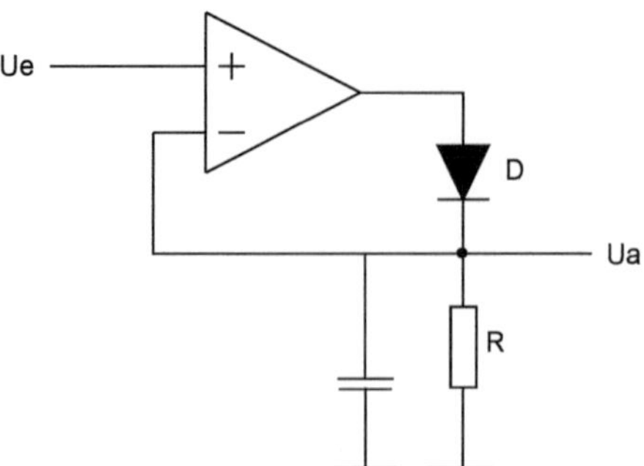

Abb. 7.10 Spitzengleichrichter

Die *Spitzenspannung* kann durch einen *Spitzenwert-Gleichrichter* gewonnen werden. Dieser Besteht im einfachsten Fall aus einer Diode und einem nachfolgenden Ladekondensator. Bei dieser einfachen Schaltung entsteht durch die Fluss-Spannung der Diode ein nicht unerheblicher Fehler, so das der Einsatz aktiver Gleichrichterschaltungen günstiger ist (Abb. 7.10).

Ist der Messwert unsymmetrisch oder von einer Gleichspannung überlagert, so muss die negative Spitzenspannung gesondert gemessen und beide verrechnet werden.

Für den Fall, dass es sich um eine Sinusschwingung handelt, ergibt sich der *Effektivwert* der Spannung zu:

$$U_{\text{eff}} = \frac{U_{\text{Spitze}}}{\sqrt{2}}$$

Dieser Wert ist aber dann zu ungenau, wenn die Sinusschwingung von einem Gleichspannungsanteil oder anderen Störungen überlagert wird. Für andere Kurvenformen gelten andere Umrechnungsfaktoren (siehe auch Gl. (7.3)).

Ein anderer Weg zur Messung von Wechselspannungen ist der Einsatz *statistischer Methoden.* Diese haben den Vorteil, dass sie von der Kurvenform völlig unabhängig sind. Sie erfordern zwar eine hohe Abtastrate der Messgröße, sind aber mit heutiger Elektronik gut zu beherrschen. Der Grundgedanke dieser nach der *Monte-Carlo-Methode* arbeitenden Messanordnung beruht darauf, dass durch einen Zufallsgenerator Spannungswerte erzeugt und mit der Eingangsspannung verglichen werden. Durch Auszählen der Zufallswerte, die (vorzeichenrichtig) größer als die Messgröße sind, kann anschließend durch einfache mathematische Operationen der Effektivwert des Mess-Signals bestimmt werden.

7.2 Stromstärke

7.2.1 Definition

Wird die Ladung dQ in der Zeitspanne dt durch eine Querschnittsfläche hindurchbewegt, dann berechnet sich die Stromstärke I zu:

$$I = \mathrm{d}Q/\mathrm{d}t.$$

Aus dieser Gleichung folgt, dass auch die Ladung, wie in Abschn. 7.1 beschrieben, durch die Dauer des Stromflusses berechnet werden kann:

$$Q = \int_{t_1}^{t_2} I(t)\mathrm{d}t. \tag{7.4}$$

Nach dieser Formel kann man die Ladung für zeitabhängige Ströme berechnen (Abschn. 7.3). Anschaulich ist die Ladung als Fläche unter der $I(t)$-Kurve zu verstehen. Bei konstanter Stromstärke I ergibt sich die bekannte Formel $Q = I\,t$ (Abschn. 7.1).

Die Maßeinheit für die Stromstärke I ist das Ampere (A). Die Stromstärke I besitzt dann den Wert von 1 A, wenn durch zwei im Abstand von 1 m befindliche geradlinige, parallele Leiter (mit Durchmesser Null) fließende Stromstärke I je Meter Länge eine Kraft von $2 \cdot 10^{-7}$ N hervorruft. Diese Definition wurde gewählt, um die elektrische und die mechanische Energie in gleichen Einheiten messen zu können. Es gilt dann:

$$1\mathrm{VA} = 1\mathrm{J} = 1\ \mathrm{Nm}.$$

Messprinzipien

Der Transport elektrischer Ladung kann selbst nicht gemessen werden. Dies erfolgt immer an der Wirkung des Stromflusses. Daraus lassen sich auch die unterschiedlichen Messprinzipien ableiten:

Stromfluss durch einen Widerstand

Für viele Leiter gibt es einen linearen Zusammenhang zwischen dem Strom I und der Spannung U. Die Proportionalitätskonstante ist der Widerstand R, sodass das *Ohm'sche Gesetz* gilt:

$$U = R\,I \text{ oder, nach dem Strom } I \text{ aufgelöst}: I = U/R.$$

Ein Stromfluss erzeugt nach diesem Gesetz an einem durchflossenen Widerstand R einen Spannungsabfall U. Damit lässt sich jede Strommessung auf eine Spannungsmessung zurückführen – und umgekehrt, wie im vorherigen Kapitel beschrieben. Die Genauigkeit der Messung ist damit weitgehend von den Eigenschaften des verwendeten Widerstandes anhängig. Das bezieht sich außer auf die *Wert-Genauigkeit* vor allem auf sein *thermisches Verhalten,* da im Messwiderstand immer eine (Verlust-)Leistung umgesetzt wird. Diese führt zur Erwärmung desselben und damit zur Wertänderung.

Bei der Messung großer Ströme werden *Stromteiler* eingesetzt, welche den fließenden Strom auf zwei Pfade aufspalten. Durch die Gestaltung der Widerstandswerte in Messzweig und Shunt lässt sich das Verhältnis der Teilströme gestalten. Zudem wurden für diese Zwecke spezielle Bauformen von Messwiderständen in 4-Leiter-Technik entwickelt, welche ein Ausschalten der Störungen durch Anschluss-Stellen ermöglichen.

Thermische Wirkung des Stromflusses
Stromdurchflossene Leiter erwärmen sich, ändern dadurch ihre Länge (oder Volumen) und oft auch andere temperaturabhängige Größen, beispielsweise den elektrischen Widerstand oder die Farbe. Die an einem Messwiderstand umgesetzte Leistung führt zu seiner Erwärmung. Diesen Umstand kann man ebenfalls als Mess-Signal auswerten.

Magnetisches Feld durch Stromfluss
Stromdurchflossene, gerade Leiter werden von einem zylindersymmetrischen Magnetfeld umgeben. Der Weg auf der geschlossenen Feldlinie mit dem Radius r beträgt $s=2\pi r$, sodass gilt: $I=H \cdot 2\pi r$.

Dieser Zusammenhang kann zur Strommessung herangezogen werden. Die Messungen über das magnetische Feld sind alle galvanisch vom zu messenden Signal getrennt und können somit auch bei *hohen* Spannungen und Strömen eingesetzt werden. Es sind zwei grundsätzliche Verfahren bekannt:

- Das magnetische Feld wird durch *Magnetsensoren* (Hall-Sensoren, Abschn. 2.8) erfasst. Diese Methode wird oft als integrierte Schaltung angeboten. Da der stromführende Leiter unmittelbar am Sensor angebracht werden kann, eignet er sich auch für Ströme im Bereich von mA.
- Der Stromwandler ist ein *stromgespeister Transformator,* welcher eine Übersetzung des Stromes entsprechend dem Windungsverhältnis vornimmt. Der Ausgang des Transformators wird dazu mit einer definierten Last betrieben, über die eine dem Eingangsstrom proportionale Spannung abfällt. Das Verfahren eignet sich nur für Wechselströme.
- Ein stromdurchflossenes Leiterelement der Länge d$\boldsymbol{l}$ übt eine Kraft d$\boldsymbol{F}$ aus und es gilt: $\mathbf{d}\boldsymbol{F}=I\ (\mathrm{d}l \times \boldsymbol{B})$. Dabei gilt für die magnetische Induktion $\boldsymbol{B}=\mu.\ \boldsymbol{H}$ (μ: Permeabilität). Die mit dem Magnetfeld einhergehende Kraftwirkung wird mechanisch mit einer Gegenkraft verglichen, wie beispielsweise bei einem Drehspuleninstrument.

7.2.2 Messanordnungen

Am Häufigsten erfolgt die Strommessung durch Umwandlung in einen Spannungsabfall an einem Widerstand. (Ohm'sches Gesetz: $I=U/R$). Da dieser Widerstand immer größer Null sein muss, um diesen Spannungsabfall zu generieren, wirkt er als zusätzlicher Innenwiderstand in Reihe zur Quelle.

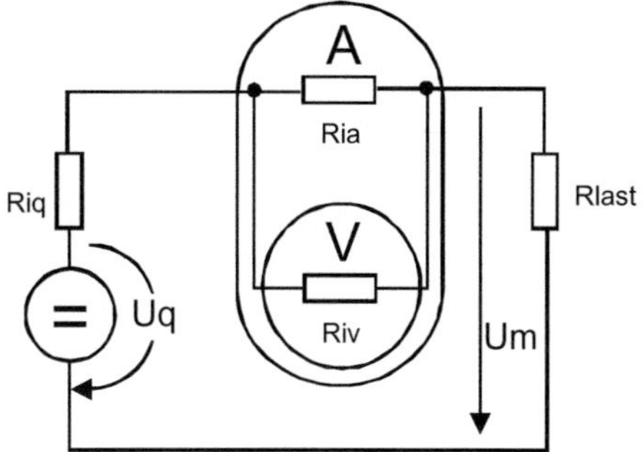

Abb. 7.11 Anordnung zur Messung der Stromstärke

In Abb. 7.11 ist die Grundstruktur einer Strommessung dargestellt. Bei der Erzeugung eines Spannungsabfalls an einem Messwiderstand erfolgt die Strommessung indirekt durch eine Spannungsmessung. Wenn man bei heutiger Technik davon ausgeht, dass der Innenwiderstand der Spannungsmessung (R_{iv}) um mehrere Potenzen über dem Innenwiderstand der Strommessung (R_{ia}) liegt, kann der Einfluss der Spannungsmessung vernachlässigt werden. Der Fehler bei der Strommessung entsteht durch die Erhöhung des Lastwiderstandes um den Innenwiderstand der Strommessung, wodurch der gemessene Strom niedriger ausfällt als im Fall ohne Messung. Er wird somit durch das Verhältnis von Lastwiderstand und Innenwiderstand des Mess-Systems bestimmt.

Eine weitere Fehlerquelle sind die thermischen Eigenschaften des Messwiderstandes Ri_a. Hier führt die Erwärmung des Widerstandes zu einer Wertveränderung. Der Temperaturkoeffizient T_k beschreibt die Temperaturabhängigkeit des Widerstandes als Verhältnis der relativen Änderung des Widerstandes $\Delta R/R$ und der Temperaturänderung Δt: $T_k = (\Delta R/R)\ \Delta t$. Wegen dieser Temperaturabhängigkeit sollten Bauelemente mit einem möglichst niedrigen Temperaturkoeffizient (T_k) eingesetzt werden. Der T_k steht dabei in seiner Bedeutung höher als die Präzision des Wertes, da der durch die Werttoleranz entstehende Fehler meist in der nachfolgenden Verarbeitung einjustiert werden kann.

Mit steigenden Mess-Strömen nimmt der Einfluss der Kontaktstellen des Messwiderstandes zu. Der Widerstandswert der Löt- oder Klemmstelle liegt im Bereich von einigen mΩ und ist damit fast wertgleich mit dem eigentlichen Messwiderstand, welcher ebenfalls im Bereich einiger 10 mΩ bis 100 mΩ liegen kann. Um diese Störung zu beseitigen, werden spezielle Messwiderstände in 4-Leiter-Technik angeboten, welche zu den Anschlüssen für den Nutzstromkreis noch Anschlüsse für die Messung besitzen. Letztere sind direkt mit dem (inneren) Präzisionswiderstand kontaktiert. Da über sie kein Strom fließt, hat ihr Eigenwiderstand keine Bedeutung für die Messung. Die Bilder Abb. 7.12 und 7.13 zeigen den Aufbau und die Ausführung derartiger Widerstände – hier den VPR220 (www.vishay.com).

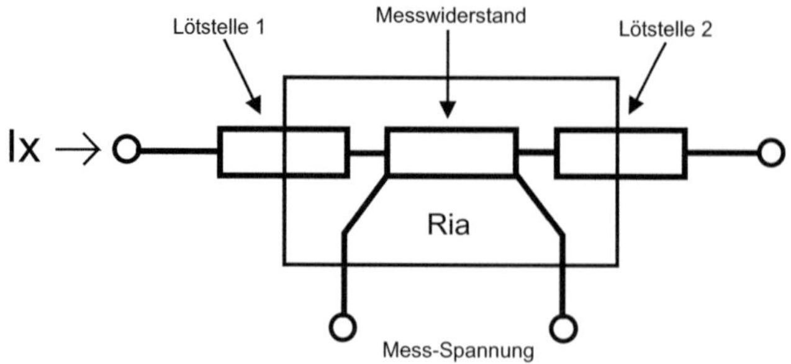

Abb. 7.12 Messung großer Ströme in 4-Leiter-Technik

Abb. 7.13 Messwiderstand

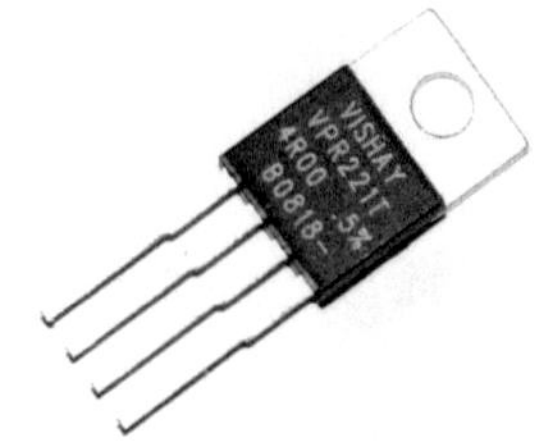

7.3 Elektrische Ladung und Kapazität

7.3.1 Definition

Bereits in Abschn. 7.2 wurden die Zusammenhänge zwischen elektrischem Strom I und Ladung Q erläutert. Es gilt:

$$Q = \int_{t_1}^{t_2} I(t)\mathrm{d}t.$$

Bei konstantem Strom gilt dann: $Q = I \cdot t$.

Anschaulich ist die *elektrische Ladung* – oder auch Elektrizitätsmenge – ein Maß für die durch den Strom mit der Stärke I transportierten Ladungsträger.

Die Einheit für die Ladung Q ist das Coulomb (C): 1 [C] = 1 [A] · [s].

Die *Kapazität* C gibt an, wie viel Ladung Q je Spannungseinheit 1 V gespeichert werden kann. Es gilt: $C = Q/U$. Ein Bauelement, welches die elektrische Ladung speichern kann, nennt man *Kondensator*.

Die Einheit der Kapazität ist das Farad (F):

$$1[\mathrm{F}] = 1[\mathrm{C}]/[\mathrm{V}] = 1[\mathrm{A}]\,[\mathrm{s}]/[\mathrm{V}].$$

Wenn man diese Beziehung umstellt, ergibt sich, dass ein Kondensator von 3600 F aufgeladen auf 1 V eine Elektrizitätsmenge von 1 Ah trägt – ein anschaulicher Vergleich zwischen Akkumulator und Kondensator.

Der Kondensator als Bauelement für die Speicherung von Ladung erlaubt theoretisch den unendlich schnellen Austausch dieser Ladung. Durch *parasitäre Komponenten,* welche durch den technischen Aufbau bedingt sind, wird dieser schnelle Ladungsaustausch behindert. Der Kondensator besteht technisch aus zwei möglichst großen elektrisch leitenden Flächen, welche sich mit minimalem Abstand gegenüber stehen. Der dabei auftretende Isolationswiderstand R_{iso} zwischen den Schichten verursacht eine Entladung und führt damit zu einem Ladungsverlust. Die leitenden Flächen besitzen durch ihre geometrischen Ausdehnungen einen ohmschen Widerstand ESR (Equivalent Series Resistance) und eine Induktivität ESL (Equivalent Series Inductance L). Durch beide wird der maximal fließende Strom beim Auf- oder Entladen begrenzt, da sie mit der Kapazität zusammen einen Tiefpass bilden. Das Ersatzschaltbild eines Kondensators wird in Abb. 7.14 gezeigt.

Dies soll am ESR verdeutlicht werden. Beim Anlegen einer Spannung über dem realen Kondensator erfolgt eine Aufladung nach der Gleichung

$$U_{\text{a}} = U_{\text{e}} \cdot (1 - e^{-\frac{t}{RC}}) \tag{7.5}$$

umgestellt nach der Ladezeit

$$t = -RC \cdot \ln(1 - \frac{U_{\text{a}}}{U_{\text{e}}}) \tag{7.6}$$

mit

U_{a}: Ladespannung am Kondensator
U_{e}: angelegte Spannung
R: Wert des ESR
C: Kapazität des Kondensator.

Soll die Spannung am Kondensator 99 % der angelegten Spannung erreichen, so vergeht die Zeit

$$t(99\%) = RC \cdot 4{,}6.$$

Mit praktischen Werten für einen low-ESR-Ladekondensator in einem Schaltregler mit 220 µF und einem ESR von 100 mΩ ergibt sich eine Zeit von etwa 100 µs.

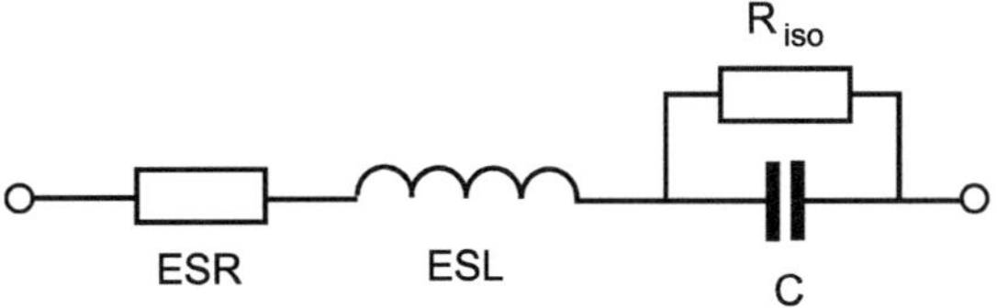

Abb. 7.14 Ersatzschaltbild eines Kondensators

Messprinzip Ladung
Folgende Messprinzipien sind denkbar:

- Die elektrische Ladung kann mittels eines Coulombmeters gemessen werden. Dies bestimmt, beruhend auf dem Faraday'schen Gesetz, die Menge der geflossenen Ladung anhand der dadurch galvanisch abgeschiedenen Massen (vergleiche auch alte Definition der Stromstärke).
- Nach Gl. (7.4) kann man aus der Kapazität C und der Spannung U ($C=Q/U$) die Ladung bestimmen. Ausgehend von der umgestellten obigen Gleichung zu $Q=C \cdot U$ führt eine Veränderung der Kapazität (bei gleichbleibender Ladung) zwangsläufig zu einer Änderung der Spannung. Wenn der ladungstragenden Kapazität eine weitere Kapazität bekannter Größe parallel geschaltet wird, so sinkt die Spannung proportional zum Verhältnis der Kapazitäten (Abb. 7.15). Aus der Spannungsänderung und der zugeschalteten Kapazität lässt sich die unbekannte Kapazität bestimmen und daraus die vorhandene Ladung. Da die Ladung nicht verloren geht (unendlich hochohmiges Voltmeter), muss sie auf C_x und C_x+C_1 gleich sein.

$$Q = Cx \cdot U_x = (C_x + C_1) \cdot U_1$$
$$C_x = C_1 - U_1/U_x - U_1)$$

$$Q_X = C_1 \cdot \frac{U_X \cdot U_1}{U_X - U_1}$$

mit

U_x : Spannung vor Schließen von S
U_1 : Spannung nach Schließen von S
C_1 : bekannte Kapazität.

Diese Messung setzt sehr hochohmige Messeingänge voraus, um keine Ladung über dem Eingangswiderstand zu verlieren. Das ist mit dem Einsatz von *Elektrometerröhren* oder *Halbleiterschaltungen* mit SFET-Eingang möglich.

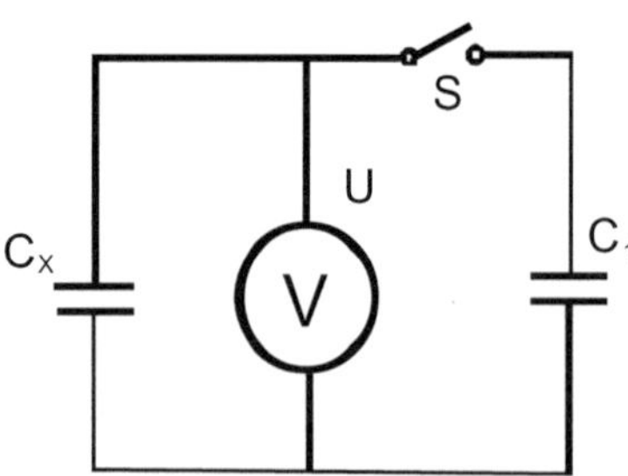

Abb. 7.15 Ladungsbestimmung durch Ladungsteilung

- Die Bestimmung von großen Ladungsmengen – z. B. von Akkumulatoren – erfolgt durch *Schaltkreise,* welche mittels Strom- und Zeitmessung die bewegten Ladungsmengen bestimmen. Durch vorzeichenrichtige Integration dieser Werte lässt sich daraus der Ladezustand von Speicherkondensatoren oder Akkumulatoren errechnen.

Messprinzip Kapazität

Für die Messung von Kapazitäten haben sich eine Vielzahl von Methoden herausgebildet, deren Anwendung von der Größe der Kapazität, der technischen Ausführung und der Genauigkeit abhängen.

- Durch den Zusammenhang $C = Q/U$ können *Kapazitäten gemessen werden.* Dabei wird einer geladenen Kapazität unbekannter Größe eine ungeladene Kapazität mit bekannter Größe parallel geschaltet. Aus der sich einstellenden Spannungsänderung lässt sich die unbekannte Kapazität bestimmen (Abb. 7.15).

Es kann der Zusammenhang ausgenutzt werden, dass die Definition der Kapazität die Zeit enthält.

$$C = \frac{Q}{U} = \frac{I \cdot t}{U} \quad \text{bzw.} \quad U = \frac{I \cdot t}{C}.$$

Wenn eine Kapazität mit einem konstanten Strom auf eine definierte Spannung geladen wird, dann ist die dafür benötigte Zeit der Kapazität proportional. Es kann der gleiche Effekt erreicht werden, wenn man die Ladezeit vorgibt und anschließend die entstandene Spannung misst (Abb. 7.16).

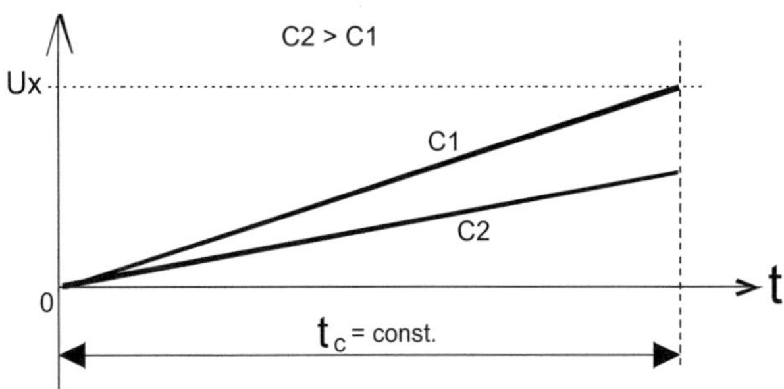

Abb. 7.16 Kapazitätsbestimmung durch Ladung mit Konstantstrom

- Dieser oben geschilderte Weg kann auch mit konstanter Spannung durchgeführt werden. Dabei wird die Kapazität über einen bekannten Widerstand auf die angelegte Spannung aufgeladen. Da der Strom durch den Widerstand mit steigender Kondensatorspannung sinkt, erfolgt der Vorgang nach einer e-Funktion. Man bestimmt dabei die Zeit, welche für eine Ladung auf 63,2 % der Referenzspannung benötigt wird, da für diesen Fall der Logarithmus in Gl. (7.6) den Wert -1 hat. Aus der Gl. (7.6)

$$t = -RC \cdot \ln(1 - \frac{U_a}{U_e})$$

ergibt sich für diesen speziellen Fall 0,632 -U,

$$t = -RC \cdot \ln(1 - \frac{0{,}632 \cdot U_e}{U_e}) = RC \quad \text{und} \quad C = \frac{t}{R}.$$

- Die Kapazitätsbestimmung kann durch den Einsatz in schwingenden LC- oder RC-Schaltungen erfolgen. Als auswertbare Größe steht dann die *Frequenz* f zur Verfügung, welche proportional zur Kapazität ist (Abb. 7.19).
- Es kann das Wechselspannungsverhalten einer Kapazität zu deren Bestimmung herangezogen werden. Ein Kondensator hat einen Wechselspannungswiderstand – den *Blindwiderstand,* welcher reziprok von der Frequenz und der Kapazität abhängt.

$$X_C = \frac{1}{\omega C} = \frac{1}{2\pi f \cdot C}.$$

Im Gegensatz zum vorherigen Punkt wird hier nicht auf der Resonanzfrequenz gearbeitet. Die zur Messung verwendete Frequenz sollte nach dem gewünschten Messbereich ausgewählt werden.

7.3.2 Messanordnungen

Im folgenden Abschnitt wird auf einige Beispiele zur praktischen Messung von Kapazität und Ladung eingegangen.

Kapazitätsmessung durch Ladungsteilung

Die oben beschriebene Parallelschaltung bekannter Kapazitäten kann als diskreter Versuchsaufbau, in Form elektronischer Schaltungen oder als integrierter Schaltkreis eingesetzt werden. Das Grundprinzip zeigt Abb. 7.18.

Ausgehend von der Gleichung $Q = C\ U$ kann man unter Vernachlässigung der Verluste durch die Spannungsmessung für die Ladephase (S1 geschlossen) und die Messphase (S2 geschlossen) folgende Gleichungen aufstellen:

Phase 1: $Q = C_x \cdot U_1$
Phase 2 : $Q = (C_x + C_{ref}) \cdot U_2$

nach Umstellung erhält man $C_x = (C_{ref} \cdot U_2)/(U_1 - U_2)$.

Kapazitätsmessung durch RC-Generatoren
Eine sehr einfache Methode ist der Einbau der unbekannten Kapazität in eine schwingende Schaltung. Der Bereich der bestimmbaren Kapazitäten durch die Schaltung in Abb. 7.19 kann sich über 7 Dekaden erstrecken. In dieser Schaltung wird die *Hysterese* des logischen Gatters -eines Inverters – ausgenutzt. Beim Start mit ungeladenem Kondensator ist die Ausgangsspannung gleich der Betriebsspannung und der Kondensator wird geladen. Nach dem Übersteigen der Schwellspannung schaltet der Ausgang auf 0 V und entlädt den Kondensator, bis dessen Spannung unter den Schwellwert sinkt. Dieser Vorgang wiederholt sich zyklisch.

Komplexe Bauelemente zur Kapazitätsbestimmung

- Für die Messung sehr kleiner Kapazitäten sind vor allem zwei Beispiele interessant – der AD774x von Analog Devices und der PS02 von ACAM.
- Der AD774x stellt einen direkten *Kapazitäts-Digital-Wandler* dar (Abb. 7.20). Bei ihm wird ausgenutzt, dass beim Laden eines Kondensators nur eine durch die Kapazität und die Spannung bestimmte Ladungsmenge bewegt werden kann. Diese Ladungsmenge wird auf einem größeren Kondensator am Eingang eines Analog–Digital-Wandlers gesammelt, welcher die sich dort bildende Spannung umsetzt. Mit diesem Prinzip ist es möglich, extrem kleine Kapazitätswerte im Bereich von einigen pF und einer Auflösung von 4 aF bis 10 aF (1 „Atto“-Farad aF entspricht 10^{-18} F) zu bestimmen.
- Beim PS02 wird die Bestimmung der Lade- und Entladezeit einer RC-Kombination durchgeführt. Dabei ist es möglich, sowohl *R* als auch *C* als Variable zu verwenden. Die Zeitmessung arbeitet dabei in Bereichen kleiner 1 ps und ermöglicht damit ebenfalls Kapazitätsmessungen im pF-Bereich (Abb. 7.21).
- Es werden hier Lade- und Entladefunktionen wie in Abb. 7.17 generiert. Dazu werden die Kapazitäten durch Schließen aller Schalter auf Betriebsspannung geladen. Die Entladung erfolgt einzeln durch S2 und S3, wobei die benötigte Zeit gemessen wird. Die Nutzung von S2 oder S3 erfolgt abwechselnd und dient der Kompensation der Temperaturdrift Die Entladezeiten liegen dabei im Bereich von 2 µs bis 100 µs und werden mit einer Auflösung von 15 ps (ps: Pico-Sekunden; pico = 10^{-12}) gemessen.

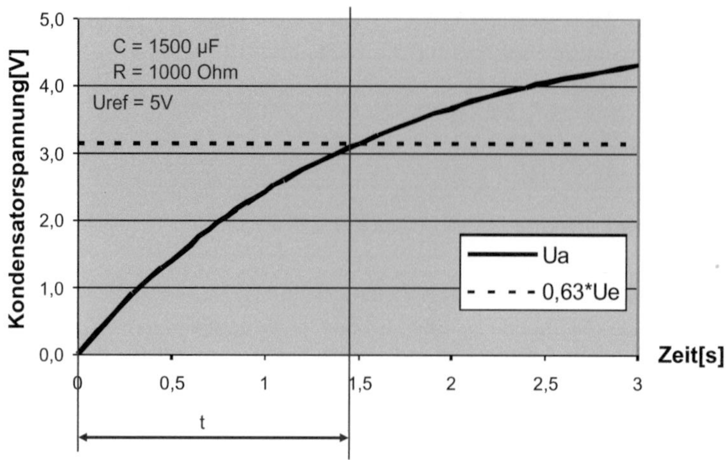

Abb. 7.17 Kapazitätsbestimmung durch Ladung mit Konstantspannung (Gl. (7.5))

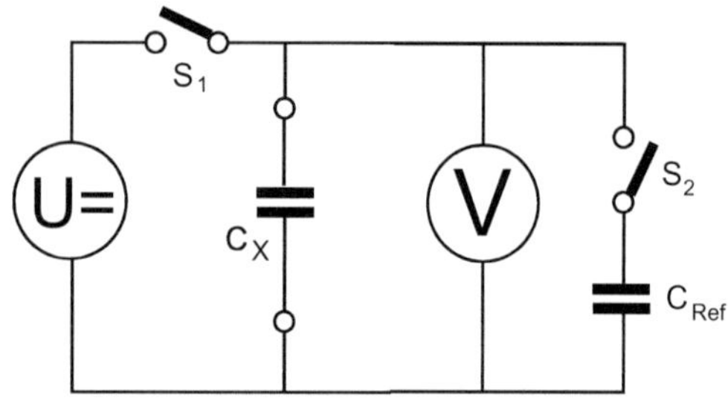

Abb. 7.18 Kapazitätsmessung durch Ladungsteilung

Abb. 7.19 RC-Generator zur Kapazitätsbestimmung

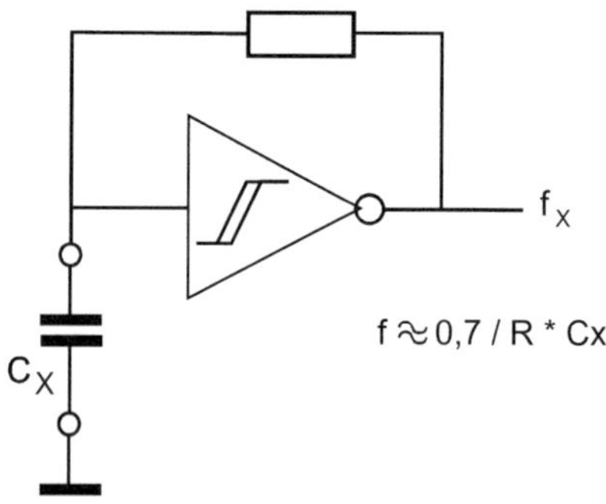

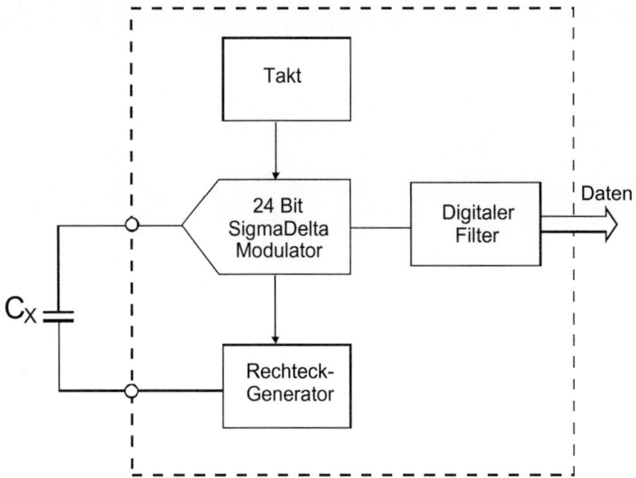

Abb. 7.20 Vereinfachtes Blockschaltbild des AD7745. (Quelle: Analog Devices Inc.; www.analog.com)

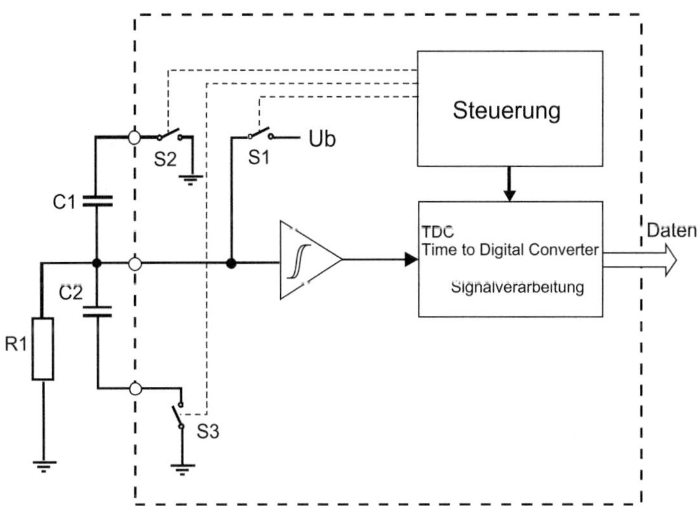

Abb. 7.21 Vereinfachtes Blockschaltbild des PS02. (Quelle: ACAM-Messelektronik GmbH; www.acam.de)

7.4 Elektrische Leitfähigkeit und spezifischer elektrischer Widerstand

7.4.1 Definition

Die *spezifische elektrischeLeitfähigkeit* κ (Kappa) beschreibt die Eigenschaft eines Stoffes, den elektrischen Strom zu leiten. Diese Eigenschaft wird durch die Zahl der frei beweglichen Elektronen in einem Stoff bestimmt. Da diese stark von der Temperatur abhängt, wird sie auf eine Temperatur von 25 °C bezogen. Es besteht folgender Zusammenhang mit dem Widerstand *R* der Länge *l* und dem Querschnitt *A:*

$$\kappa = l/(A \cdot R).$$

Die Maßeinheit der elektrischen Leitfähigkeit κ ist das Siemens je Meter, welches dem Kehrwert des Widerstandes entspricht und durch die SI-Einheit

$$1\text{S/m} = 1/\Omega = 1\text{s}^3\text{A}^2\text{m}^{-3}\text{kg}^{-1}$$

beschrieben wird. Sie entspricht dem *Kehrwert* des spezifischen elektrischen Widerstandes ρ ($\rho = 1/\kappa$).

Der *elektrische Widerstand R* beschreibt nach dem Ohm'schen Gesetz ($R = U/I$) die erforderliche Spannung *U,* welche notwendig ist, um durch einen Leiter einen bestimmten Strom *I* zu transportieren. Der Widerstandswert sollte im Idealfall unabhängig von Strom, Spannung und Frequenz sein. Er ist immer von der Temperatur abhängig und wird praktisch durch weitere parasitäre Effekte beeinflusst. Die SI-Einheit ist

$$1\Omega = 1\text{m}^2\text{kg s}^{-3}\text{A}^{-2}.$$

Der Kehrwert des elektrischen Widerstandes *R* ist der elektrische Leitwert *G* mit der Maßeinheit Siemens [S]. Es gilt: $G = 1/\text{R}$.

Die elektrische Leitfähigkeit κ bzw. der spezifische elektrische Widerstand ρ variiert über 25 Zehnerpotenzen. Man teilt die Materialien in folgende drei Kategorien ein: *Leiter* (ρ = von 10^{-10} Ωm bis 10^{-5} Ωm), *Halbleiter* (ρ = von 10^{-5} Ωm bis 10^{7} Ωm) und *Isolatoren* ($\rho > 10^{7}$ Ωm).

Messprinzipien für den Widerstand

Die Messung des Widerstandes erfolgt allgemein durch eine Messung von *Strom* und *Spannung* eines Messobjektes. Ein weiterer Weg ist die Wertbestimmung durch Kompensation in einer *Brückenschaltung.* Dieses Verfahren kommt vor allem bei *sehr kleinen Widerständen* zum Einsatz.

Bei der Messung des Wechselstromwiderstandes kommen die parasitären Eigenschaften der Bauelemente zum Tragen. Der Widerstand wird dazu als *komplexe Größe* $X_R = R + \text{j}X$ beschrieben. Der Realteil *R* entspricht dem *Wirkwiderstand* (Resistanz) und der Imaginärteil j*X* dem *Blindwiderstand* (Reaktanz). Gemessen werden diese Werte in einer Vierpolanordnung mittels Wechselspannungsquelle und Vectorvoltmeter.

Die Messung des Leitwertes wird bei der Bestimmung der Eigenschaften von Lösungen gemessen (z. B. von Wasser). Hierbei sind aber gesonderte Maßnahmen zu treffen, damit galvanische oder chemische Effekte bei der Messung ausgeschlossen werden können.

7.4.2 Messanordnungen

Bestimmung von Strom und Spannung am Messobjekt

Im einfachsten Fall wird eine Spannung angelegt und der Strom gemessen. Da die variable Größe hier der Strom ist, ergibt sich als Messfunktion eine 1/x-Kennlinie ($I = U/R$), was zu einem *nichtlinearen* Ausgangssignal führt. Bei dieser Anordnung sind auch die *Innenwiderstände* der Messgeräte zu beachten, da diese zu einer Verfälschung der Strom- und/oder Spannungswerte führen (siehe stromrichtige/spannungsrichtige Messung).

Um ein zum Widerstand proportionales Ausgangssignal zu erhalten, kann das Messobjekt mit einem konstanten Strom gespeist werden. Das kann durch eine Stromquelle erreicht werden oder mit einer Anordnung nach Abb. 7.22.

Der Nachteil der Schaltung in Abb. 7.22 ist, dass die Eigenschaften der Referenzspannung immer noch in die Messung eingehen. Will man dies ausschalten, so gelingt dies mit einer *ratiometrischen Messung* (Abb. 7.23).

Der Ausgangswert des AD-Wandlers wird bestimmt durch die Gleichung

$$\mathrm{N} = U_\mathrm{e} \cdot \mathrm{N}_{\max} / U_\mathrm{ref},$$

wobei gilt:

N: Umsetzergebnis in Digit
U_e: Eingangsspannung des Wandlers (hier Differenz zwischen Uin-H und Uin-L)
N_{max}: maximale Stufenanzahl der Umsetzung = Auflösung des ADC
U_{ref}: Bezugsspannung, welche der maximalen Auflösung entspricht.

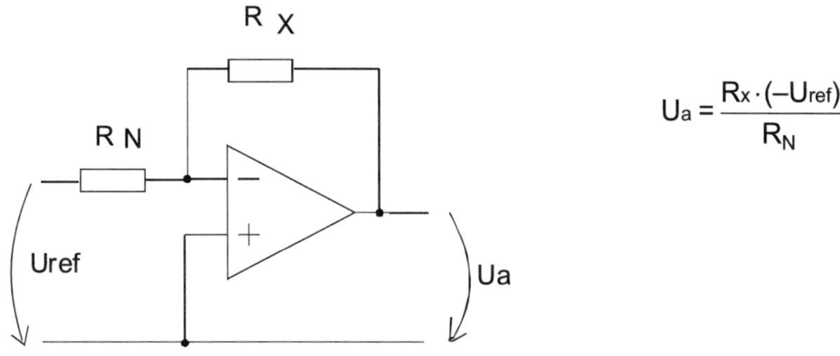

Abb. 7.22 Widerstandsmessung mittels OPV

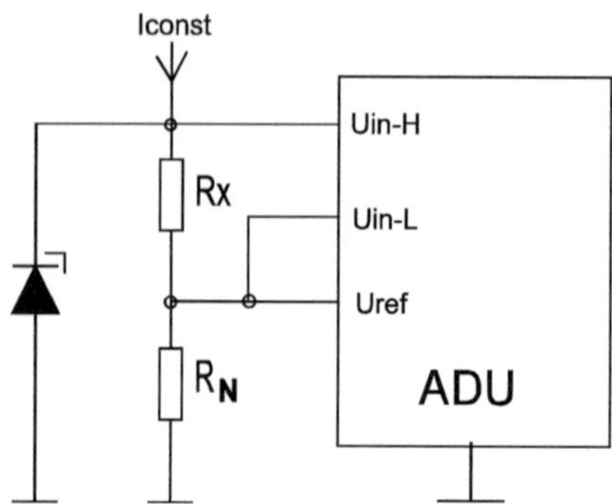

Abb. 7.23 Ratiometrische Widerstandsmessung

Da in der Anordnung der Messwiderstand und der Referenzwiderstand vom gleichen Strom durchflossen werden, kann man obige Gleichung auf die Widerstände umstellen. Damit ergibt sich:

$$\mathrm{N} = I \cdot R_{\mathrm{x}} \cdot \mathrm{N}_{\mathrm{max}}/\mathrm{I} \cdot R_{\mathrm{n}} = R_{\mathrm{x}} \cdot \mathrm{N}_{\mathrm{max}}/R_{\mathrm{n}}.$$

Damit ist die Widerstandsmessung nicht mehr von der Qualität der Versorgung abhängig.

Um die Fehler bei der Messung kleiner, beziehungsweise genauer Widerstände klein zu halten, wird in diesen Fällen die *4-Draht-Messung* angewandt.

Man trennt dabei die Speiseleitungen zum Messobjekt von den Messleitungen. Dadurch wird erreicht, dass der Widerstand der Speiseleitung und der Anschlusskontakte nicht mit in die Messung eingehen (Abb. 7.24). Auf den Messleitungen selbst fließt kein Strom durch R_{Z3} und R_{Z4}, sodass auch kein Spannungsabfall an diesen entstehen kann.

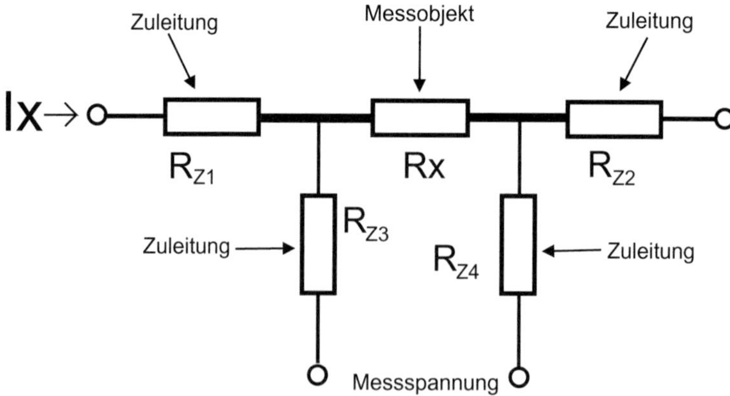

Abb. 7.24 4-Draht-Messung zur Bestimmung kleiner Widerstände

Aus gleichem Grund werden *Präzisions-Messwiderstände* als 4-polige Bauelemente angeboten. Sie besitzen dann außer dem Signalpfad auch noch getrennte Anschlüsse für die Messung (Abschn. 7.2).

Eine Sonderform der 4-Draht-Messung stellt die *4-Spitzen-Messung* dar. Diese wird vor allem in der Halbleiterfertigung verwendet, um den Widerstand von *Flächen* zu bestimmen. Dazu werden auf die Widerstandsschicht 4 Mess-Spitzen im gleichen Abstand aufgesetzt. Über die beiden äußeren Spitzen wird ein Mess-Strom eingeprägt und an den beiden inneren die Spannung über dem zu messenden Widerstand bestimmt.

Widerstandsmessung durch Kompensation

Die Widerstandsmessung durch Kompensation hat den Vorteil, dass in dieser Brückenschaltung im abgeglichenen Fall der *Querstrom Null* ist. Damit entsteht kein Fehler durch das Instrument.

Für den Abgleich gilt:

$$R_2/(R_1 + R_2) = \mathrm{R_x}/(\mathrm{R_x} + R_3).$$

Für R_x ergibt sich:

$$R_x = R_2 \cdot (R_3/R_1).$$

Da bei dieser Methode zwei Widerstandsverhältnisse miteinander verglichen werden, müssen die absoluten Werte auf beiden Seiten nicht gleich sein. Damit erlaubt die Anordnung auch das Messen *sehr niedriger* (und *sehr hoher)* Werte für R_x, was beispielsweise in Milliohmmetern zur Anwendung kommt. Eine einfache Anordnung zeigt Abb. 7.25.

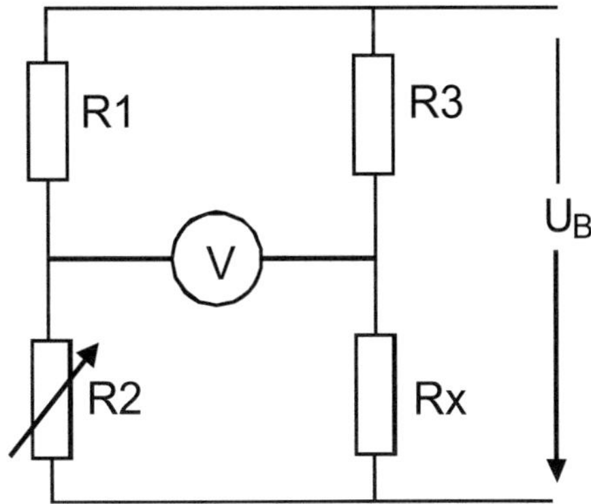

Abb. 7.25 Widerstandsmessung durch Kompensation in einer Brücke

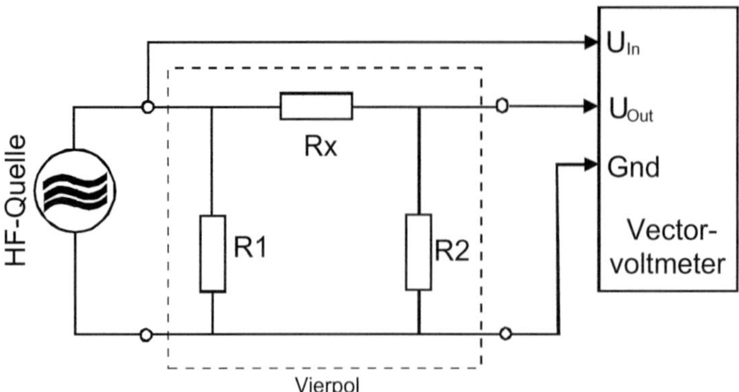

Abb. 7.26 Messung des Wechselspannungswiderstandes durch eine Vierpol-Messanordnung

Wechselspannung-Widerstandsmessung
Der Widerstand selbst besitzt keine Frequenzabhängigkeit. Diese entsteht durch seinen *konstruktiven Aufbau,* also eine *Induktivität* durch die gestreckte oder gewickelte Anordnung der Widerstandsbahn bzw. eine *Kapazität* durch nebeneinander liegende Bahnen. Diese parasitären Werte bewegen sich in Bereichen, welche erst bei Hochfrequenzanwendungen Bedeutung erlangen. Sie werden in den Datenblättern allgemein nicht angegeben.

Den Grundaufbau einer *Vierpol-Messanordnung* zeigt Abb. 7.26. Die Widerstände R1 und R2 dienen dabei auch der HF-mäßigen Anpassung der Signalpfade. Das Vectorvoltmeter misst für beide Eingänge die Beträge der Spannung und die Phase zwischen ihnen. Die Messung wird über ein *Frequenzspektrum* ausgeführt, da sich die Wirkung der parasitären Anteile mit der Frequenz ändern.

7.5 Elektrische Feldstärke

7.5.1 Definition

Die *elektrische Feldstärke* $\boldsymbol{E}$ ist eine *vektorielle Feldgröße,* die nach Betrag und Richtung in einem Feld die auf die Ladung Q wirkende Kraft $\boldsymbol{F}$ angibt. Sie wird mit dem Formelzeichen E gekennzeichnet und es gilt: $\boldsymbol{E}=\boldsymbol{F}/Q$. Sie kann ebenfalls dargestellt werden durch die differenzielle Änderung des Potenzials dU über einen Wegabschnitt ds, womit sich ergibt

$$\boldsymbol{E} = -\mathrm{d}U/\mathrm{ds}.$$

Die SI-Einheit ist $1\ \mathrm{V/m} = 1\ \mathrm{m} \cdot \mathrm{kg} \cdot \mathrm{s}^{-3} \cdot \mathrm{A}^{-1}$.

Es besteht ein enger Zusammenhang zwischen elektrischen und magnetischen Feld, welche durch die *Lorentz-Transformation* beschrieben wird.

7.5.2 Messprinzipien für die elektrische Feldstärke

Die Messung der elektrischen Feldstärke $\boldsymbol{E}$ kann grundsätzlich durch mechanische Messung der Anziehungskräfte zwischen zwei unterschiedlich geladenen Elektroden erfolgen. Dies hat als industrielles Messverfahren jedoch keine Bedeutung.

Die Kraft im elektrischen Feld wirkt aber auch auf *frei bewegliche Ladungsträger,* welche sich in einem Leiter oder im Vakuum bewegen. Dieser Einfluss wird beispielsweise bei der *Elektronenstrahlröhre* (Oszillografenröhre, magisches Auge) genutzt und sichtbar gemacht. Die hier erfolgte Auslenkung des Elektronenstrahls ist proportional zur Feldstärke zwischen den Ablenkelektroden, welche in Form eines Platten-Kondensators aufgebaut sind. Die Feldlinien stehen dabei senkrecht zur Bewegungsrichtung der Elektronen.

Durch teilweise ineinander geschobene Zylinder(-Kondensatoren) ergeben sich Feldlinien, welche nahezu parallel zum Elektronenstrahl verlaufen. Sie wirken dadurch streuend oder konzentrierend auf den Elektronenstrahl und bilden somit durch die Feldlinien eine elektrostatische Optik zur *Strahlfokussierung.* Abb. 7.27 zeigt das Wirkschema der Ablenkung eines Elektronenstrahls durch ein elektrisches Feld.

Im praktischen Einsatz besteht die „Optik" aus mehreren elektrostatischen Linsen, wie in Abb. 7.28 an den fünf Zylindern zu sehen ist.

Die Darstellung des Verlaufes von Feldlinien kann im *elektrolytischen Trog* erfolgen. Dabei wird ein Gefäß mit (Leitungs-)Wasser gefüllt und die zu messende Elektrodenanordnung eingetaucht. Durch eine Messelektrode wird das Areal im Trog abgefahren und die Spannungspotenziale bestimmt. Die Abtastung erfolgt sehr hochohmig oder durch ein Kompensationsverfahren. Das Bild der Feldlinien kann einfach aus den gemessenen *Äquipotenziallinien* abgeleitet werden, da die Feldlinien senkrecht auf diesen stehen.

Im Bereich der elektromagnetischen Verträglichkeit (EMV, Abschn. 17.2) erfolgt die Erzeugung und Messung elektrostatischer Felder. Dafür kommen spezielle Elektroden zum Einsatz, welche die Felder erzeugen oder Potenziale aufnehmen.

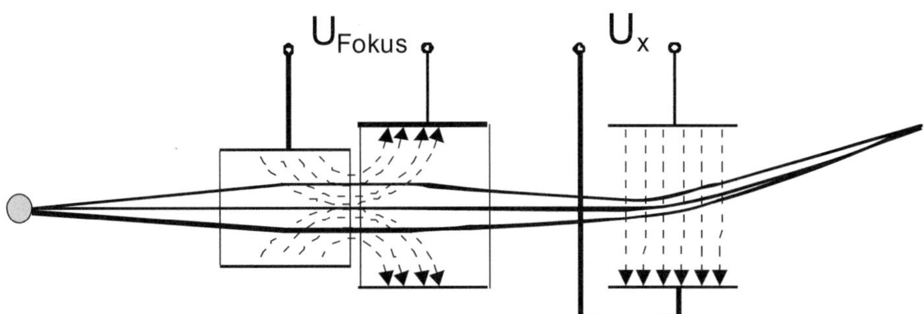

Abb. 7.27 Prinzip der elektrostatischen Ablenkung

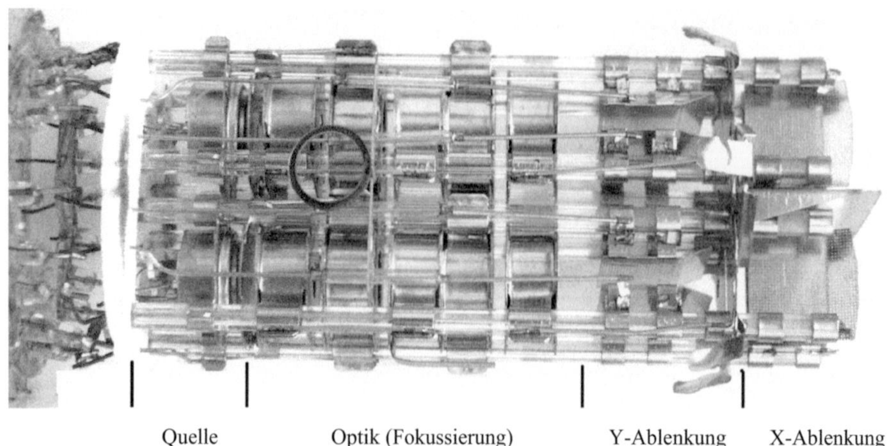

Abb. 7.28 Elektronenstrahlsystem einer Oszillographenröhre (Doppelsystem B7S22)

7.6 Elektrische Energie und Leistung

7.6.1 Definitionen

Die *Leistung P* beschreibt allgemein die Menge der verrichteten Arbeit d*A* in einer Zeiteinheit d*t*. Die Maßeinheit ist Watt [W].

Leistung *P* tritt in unterschiedlichen physikalischen Zusammenhängen auf. Diese Einheiten sind ineinander umrechenbar:

$$1\text{W} = 1\text{J/s} = 1\text{m}^2 \cdot \text{kg} \cdot \text{s}^{-3}$$

und auch

$$1\text{W} = 1\text{V} \cdot \text{A}.$$

Die *Energie* oder auch die *Arbeit* ist die in einer bestimmten Zeit erzeugte oder entnommene Leistung. Ihre Einheit ist das Joule [J]. Es gilt:

$$1\ \text{J} = 1\ \text{W} \cdot \text{s}.$$

Praxisfall Akkumulator
Für Batterien wird häufig der Energieinhalt in Ah angegeben. Diese Einheit beschreibt das *Ladungsspeichervermögen* eines Akkus. Die entnehmbare Leistung errechnet sich allerdings näherungsweise erst durch Multiplikation der Angabe mit der mittleren Klemmspannung (Abschn. 7.3).

7.6.2 Formen von Leistung

Leistung im Gleichstromkreis

Im Gleichstromkreis mit statischen Verhältnissen ergibt sich die umgesetzte Leistung P aus dem Produkt von gemessenem Strom I und Spannung U:

$$P = U \cdot I.$$

Liegen Strom und Spannung zeitlich nicht kontinuierlich an (z. B. in geschalteten Systemen), so ergibt sich eine integrale Leistung über die Zeit, was bei konstanten U-I-Größen einen zeitlichen Mittelwert der Leistung ergibt. Dieser Umstand wird beispielsweise beim Dimmen von Glühlampen (Gleich- wie Wechselstrom) mittels Pulsweitenmodulation (PWM) genutzt. Abb. 7.29 zeigt das Grundprinzip. Bei kontinuierlich anliegender Spannung ergibt sich die Leistung am Verbraucher zu

$$P = U \cdot I = U \cdot (U/R) = U^2/R.$$

Im geschalteten System ist in diese Gleichung die Zeitdauer des Energieumsatzes als relativer Wert mit ein zu beziehen. Es ergibt sich damit:

$$UP = \frac{U^2}{R} \cdot \frac{t_1}{T}$$

Mit t_1 Einschaltzeit
T : Periodendauer

Leistung im Wechselstromkreis

Beim Gleichstromkreis wird von konstanten Werten für Strom und Spannung ausgegangen. Dies ist im Wechselstromkreis nicht der Fall.

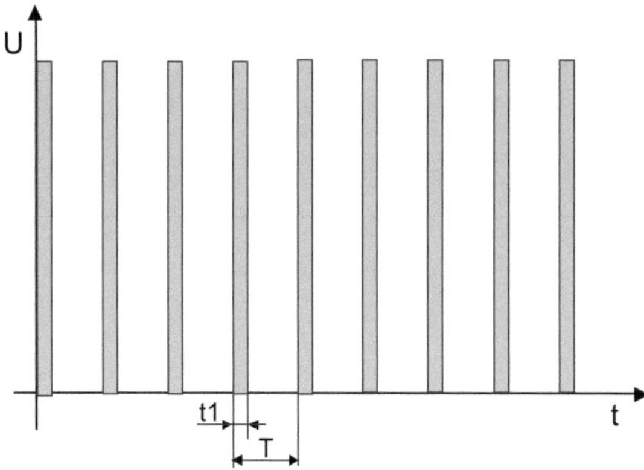

Abb. 7.29 Pulsweitenmodulation

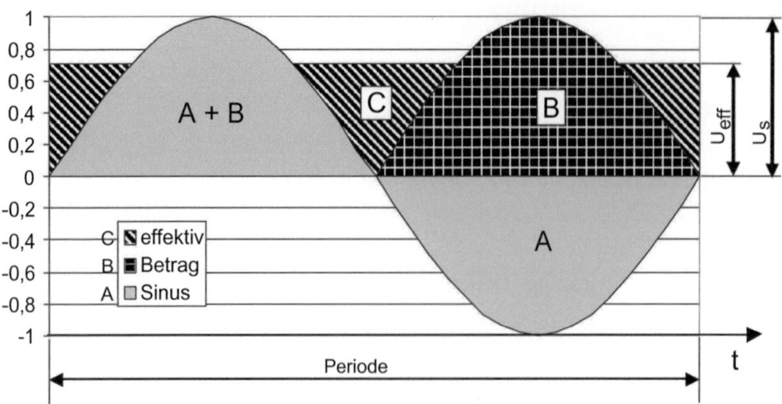

Abb. 7.30 Leistung an einem ohmschen Widerstand

Durchfließt der Strom eine ohmsche Anordnung, so entspricht die umgesetzte Leistung der Fläche unter der Kurve (graue Fläche A in Abb. 7.30). Da ein Widerstand nicht auf die Fließrichtung des Stromes reagiert, ist der Betrag der Flächen unter den Halbwellen zu verwenden, was durch die linke Fläche A und die Fläche B dargestellt ist. Die Gleichverteilung der Flächen B über die Periode ergibt die resultierende Fläche C, welche der Wirkleistung entspricht (siehe auch Abschn. 7.1).

Für sinusförmige Signale gilt dann für die daraus resultierende *Wirkleistung:*

$$P_{\mathrm{w}} = U_{\mathrm{eff}} \cdot I_{\mathrm{eff}} = 0,5 \cdot U_{\max} \cdot I_{\max},$$

wobei $U_{\max}$ bzw. $I_{\max}$ dem Spitzenwert von Strom und Spannung entspricht.

Befinden sich im Stromkreis Kapazitäten und Induktivitäten, so existiert eine *Phasenverschiebung* zwischen Strom und Spannung. Das bedeutet, dass der maximale Strom nicht zum Zeitpunkt der maximalen Spannung auftritt (I_{ind} in Abb. 7.31). Damit entsteht an der Last nur eine Leistung, welche dem Produkt der Strom- und Spannungswerte zum Zeitpunkt t entspricht. Die Phasenverschiebung kann zwischen 0° und 90° liegen.

Im Ergebnis entsteht ein Teil *Wirkleistung* und ein Teil an *Blindleistung,* welche am Verbraucher nicht umgesetzt werden kann. Die vektorielle Überlagerung beider Größen ergibt die *Scheinleistung.*

Der Anteil der Wirkleistung an der Scheinleistung wird mit dem *Leistungsfaktor* $\cos\varphi$ beschrieben.

Es ergeben sich damit folgende Zusammenhänge:

Wirkleistung $P_{\mathrm{w}} = U_{\mathrm{eff}} \cdot I_{\mathrm{eff}} \cdot \cos\varphi$,
Blindleistung $P_{\mathrm{b}} = U_{\mathrm{eff}} \cdot I_{\mathrm{eff}} \cdot \sin\varphi$ und
Scheinleistung $P_{\mathrm{s}} = U_{\mathrm{eff}} \cdot I_{\mathrm{eff}} = \sqrt{P_{\mathrm{w}}^2 + P_{\mathrm{b}}^2}$.

Der mathematische und technische Aufwand vergrößert sich erheblich, wenn die zu messenden Signale durch Überlagerungen nicht sinusförmig sind oder diskontinuierlich.

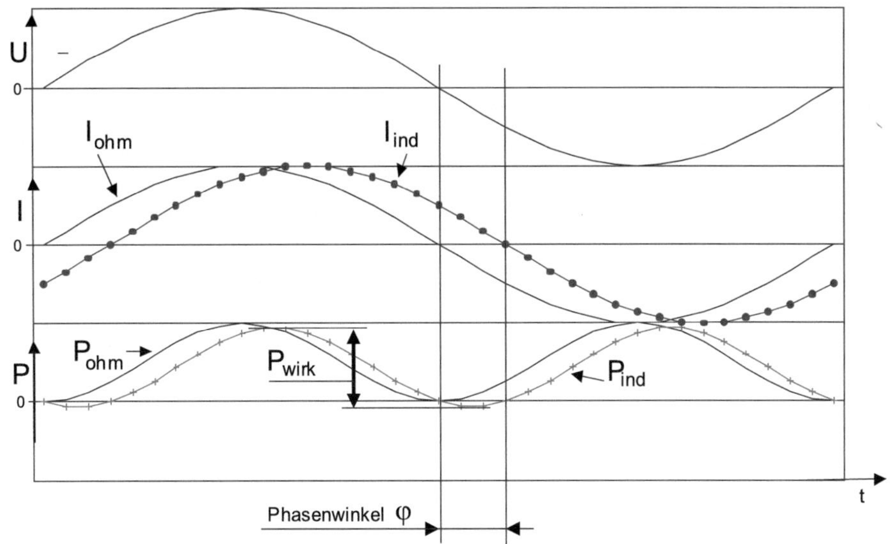

Abb. 7.31 Wirkleistung bei Phasenverschiebung

7.6.3 Messprinzipien

Bedingt durch die physikalische Definition der Leistung muss immer eine Multiplikation von Strom und Spannung einschließlich der Berücksichtigung von Phasenlagen und zeitlichem Auftreten erfolgen. Daraus ergibt sich, dass fast alle Verfahren auf dieses Grundprinzip zurückgreifen.

Elektromechanisch

Die älteste Methode der direkten Leistungsmessung stellt das *Kreuzspuleninstrument* dar. Es nutzt die multiplizierende Wirkung bei der Überlagerung magnetischer Felder aus.

Bei einem mechanischen Drehspuleninstrument wird normalerweise die Kraftwirkung zwischen dem Magnetfeld in einer Spule, welches durch die Messgröße und einem konstanten Permanentmagnet erzeugt wird. Beim Kreuzspuleninstrument wird dieser Permanentmagnet durch eine vom Mess-Strom durchflossene Spule ersetzt und die Mess-Spannung an der Drehspule angelegt (Abb. 7.32). Der Ausschlag des Instrumentes ist dann proportional dem Produkt aus Strom und Spannung. Die Mittelwertbildung erfolgt durch die mechanische Trägheit des Systems.

Ein weiteres Prinzip der mechanischen Leistungsmessung stellt der *Energiezähler* dar, welcher umgangssprachlich als *Stromzähler* bezeichnet wird. Er wird nach seinem Erfinder auch *Ferraris-Zähler* genannt. Bei ihm wirken die Strom- und Spannungsmess-Spule mit ihren Feldern auf einen Rotor – eine Aluminiumscheibe – und erzeugen dort

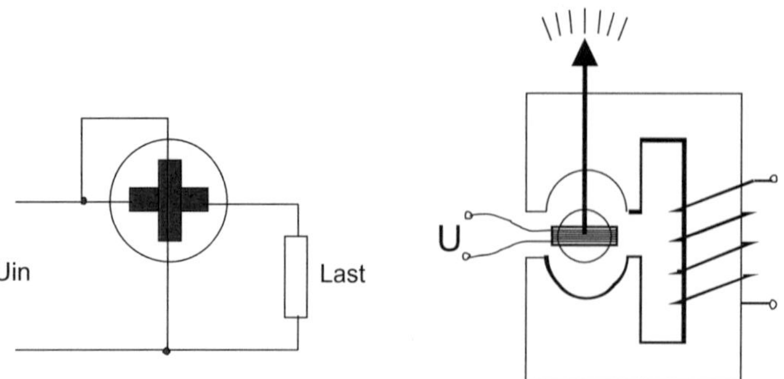

Abb. 7.32 Prinzip des Kreuzspuleninstruments

ein Drehmoment (vergleichbar mit einem Synchronmotor). Durch eine Wirbelstrombremse wird erreicht, dass die Drehzahl dieses Rotor sich proportional zur Leistung verhält. Die Umdrehungen des Rotors werden gezählt, sodass im Ergebnis die Summe der verbrauchten Leistung über der Zeit – also die Energie – abgelesen werden kann.

Diese mechanischen Zähler werden zunehmend durch elektronische Systeme ersetzt.

Mit analoger Elektronik

Der naheliegendste Weg ist der „Nachbau" der Gleichung, also eine *Multiplikation* der *Strom-* und *Spannungsmesswerte* und anschließender *Mittelwertbildung*. Dies kann durch *Multiplikationsschaltkreise* oder bei Wechselspannung durch *Vier-Quadranten-Multiplikatoren* erfolgen. Je nach Dynamik der Mess-Signale kann dies direkt erfolgen oder über eine Logarithmierung der Eingangssignale, deren Addition und einer anschließenden Delogarithmierung. In beiden Fällen erfolgt eine nachgeschaltete Mittelwertbildung.

Der Vorteil liegt in der *schnellen* analogen Signalverarbeitung. Die Dynamik des Ausgangssignals begrenzt jedoch die mögliche Eingangsdynamik der Messgrößen oder verringert die erreichbare Auflösung der Messung.

Ein anderer fast analoger Weg ist die Tatsache, dass die „Fläche unter der Strom-Spannungskurve" der Leistung entspricht. Wenn diese Fläche in der Amplitude der anliegenden Spannung entspricht und durch ein dem Strom proportionales *Pulsweitenmodukations* (PWM)-*Signal* moduliert wird, dann entstehen in zeitlicher Folge „Teilflächen" in der Größe $U \cdot I$. Die Integration (Mittelwertbildung) dieser Flächen entspricht dann der Leistung (Abb. 7.33).

Diese Schaltung ist wesentlich einfacher, eignet sich aber nur für Signale mit begrenzter Dynamik, da diese durch die PWM-Bildung beschränkt wird. Bei der Messung im Bereich von 50 Hz ist sie gut einsetzbar.

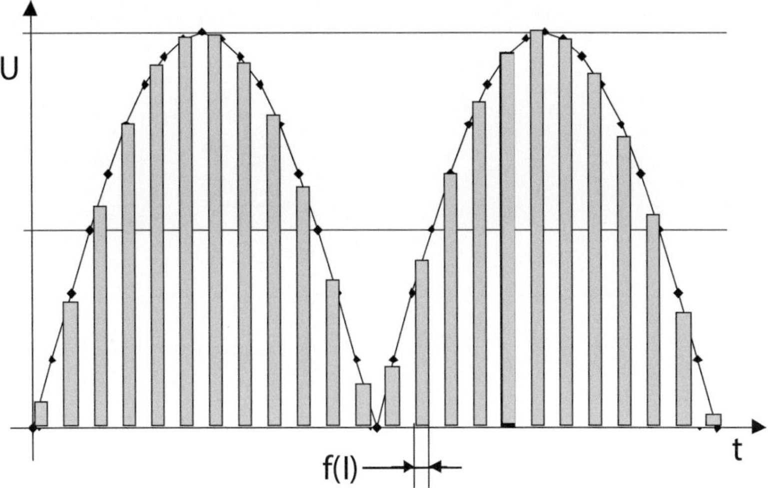

Abb. 7.33 Leistungsmessung durch Strom-Spannungs-Modulation

Mit digitaler Elektronik

Die digitalen Lösungen setzen gleichermaßen die Multiplikation von Strom und Spannung um. Dazu wird mit ausreichend *großer Abtastrate* Strom und Spannung mittels AD-Wandler gemessen. In der Software erfolgt anschließend die Multiplikation und Filterung. Aus den Messwerten lassen sich durch gezielte Verarbeitung auch weitere Werte bestimmen, wie Phasenlagen, Wirkleistung, Spitzenwerte oder überlagerte Gleichanteile.

Ein wichtiger Punkt bei der digitalen Erfassung der Eingangsgrößen ist die zeitgleiche Erfassung. Wenn ein Mikrocontroller mit multiplexen Eingängen verwendet wird, verliert man die Möglichkeit der Phasenmessung und kann somit zum Beispiel keine Wirkleistung mehr bestimmen. Aus diesem Grund gibt es spezielle Controller mit *DAS-Struktur* (Data Aquisition System), welche über mehrere parallel betriebene AD-Wandler verfügen. Nur damit ist die physikalische Forderung der zeitgleichen Messung/Abtastung gesichert.

Die Prozessorfamilie MSP430FE4xxx enthält mit der „E"-Option spezielle Prozessoren, welche für ein- und dreiphasige Energiemess-Systeme ausgelegt sind. In diesen Prozessoren ist die ESP430-Einheit implementiert, welche durch die mehrfachen AD-Wandler und Multiplikatoren mit nachgelagerter Signalverarbeitung diese Aufgaben auf Hardwareebene abarbeitet. Abb. 7.34 zeigt das Blockbild einer solchen Verarbeitungseinheit.

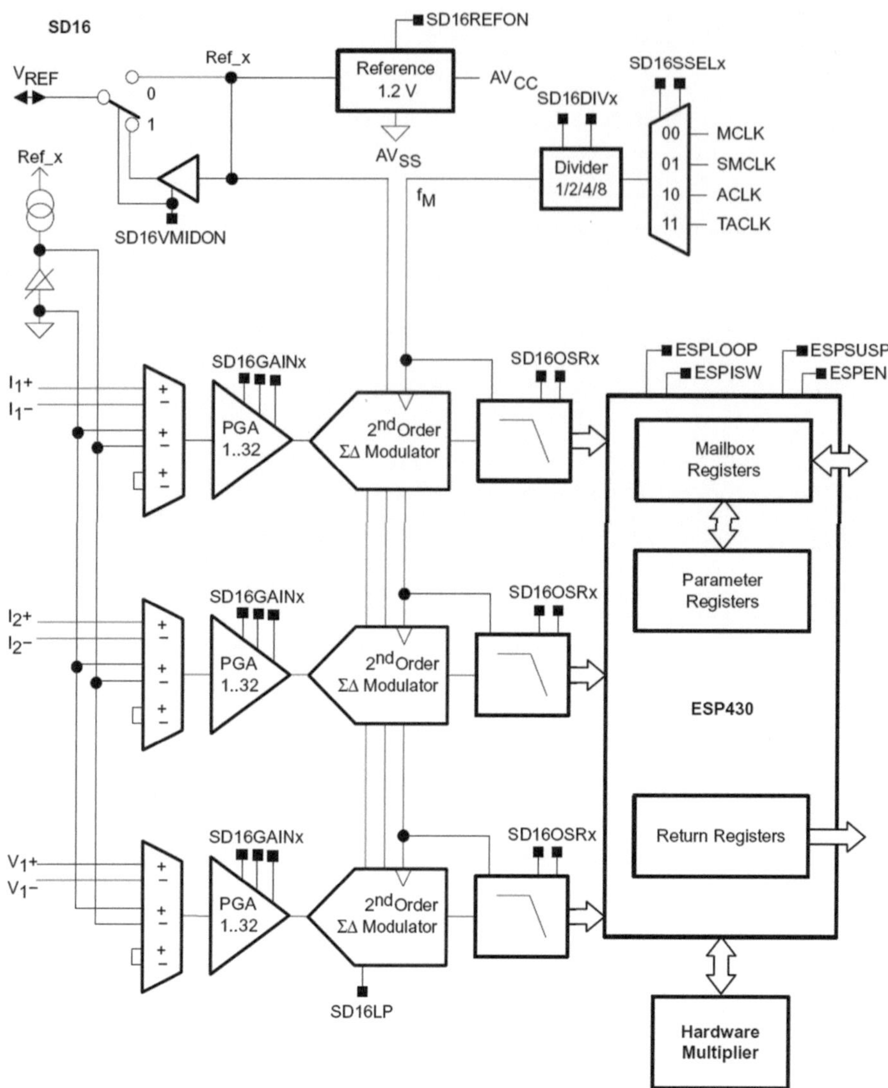

Abb. 7.34 ESP430-Einheit eines MSP430FE4xxx. (Quelle: www.ti.com)

Mit statistischen Methoden

Die Voraussetzung für eine genaue Bestimmung von Leistungen im Wechselstromkreis ist die Bestimmung des *Effektivwertes* von Strom und Spannung. Dies ist beispielsweise möglich mit der in Abschn. 7.5 beschriebenen Messung nach dem *Monte-Carlo-Verfahren,* welches unabhängig von Kurvenform und Überlagerungen arbeitet.

7.7 Induktivität

7.7.1 Definition

Die *Induktivität L* beschreibt den Zusammenhang zwischen der Windungszahl und dem magnetischen Widerstand einer Anordnung. Die Maßeinheit ist das Henry (H). Die Induktivität ist eine abgeleitete SI-Einheit. Sie wird bestimmt durch:

$$L = \frac{w^2}{R_\mathrm{m}} = \frac{w^2 \cdot \mu \cdot F}{l} \quad [L] = 1\frac{Wb}{\mathrm{A}(w)} = 1\frac{\mathrm{Vs}}{\mathrm{A}(w)} = 1\mathrm{H}$$

mit

w: Windungszahl
l: Länge des magnetischen Leiters = Weg des Magnetflusses
F: Querschnitt des magnetischen Leiters
μ: Permeabilität ($\mu = \mu_0 \cdot \mu_r$)
μ_0: magnetische Feldkonstante ($\mu_0 = 1{,}256 \cdot 10^{-8}$ V s A^{-1} cm^{-1})
μ_r: Permeabilitätszahl (Materialkonstante, außer bei Ferromagnetika meist 1).

Im Wechselstromkreis wirkt die Induktivität wie ein Widerstand, da die Spannungsänderung in der Spule eine durch das Magnetfeld verursachte Gegenspannung erzeugt. Der Stromfluss kann dadurch erst sein Maximum erreichen, wenn die Gegeninduktion abgeklungen ist. Aus diesem Grund eilt die Spannung dem Strom voraus, was einem *positiven Phasenwinkel* entspricht. Der induktive Widerstand X_L ist frequenzabhängig und wird bestimmt durch:

$$X_L = \omega L = 2\pi f \cdot L$$

7.7.2 Messprinzipien

Die Messung der Induktivität erfolgt durch einen *Spannungsteiler.* Aus dem Verhältnis von Ein- und Ausgangs-Wechselspannung kann das Teilerverhältnis und damit der induktive Widerstand bestimmt werden. Über die verwendete Messfrequenz lässt sich dann auf die Induktivität schließen (Abb. 7.35).

$$L = \frac{R \cdot U_\mathrm{a}}{(1 - U_\mathrm{a}) \cdot 2\pi f}.$$

Dieser Weg wird meist bei *Multimetern* beschritten, bei denen keine hohen Anforderungen an die Messgenauigkeit gestellt werden.

Der Nachteil der Methode ist, dass zum einen der Widerstand bei sehr kleinen Induktivitäten sehr gering ist und zum zweiten der dem Bauelement immer anhaftende ohmsche Widerstand (Widerstand der Wicklung) in diese Messung als Fehler mit eingeht.

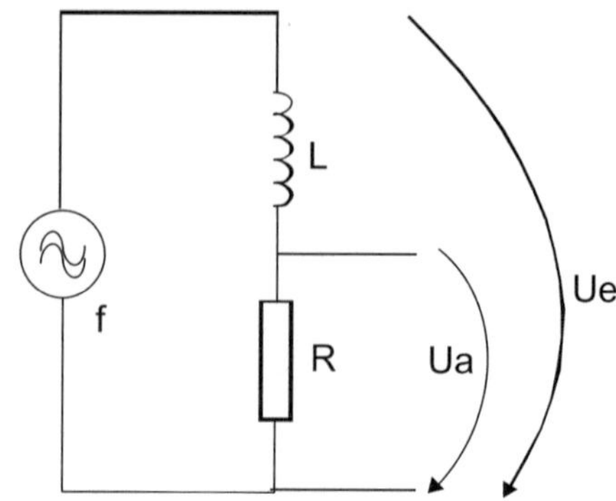

Abb. 7.35 Spannungsteiler mit Induktivität

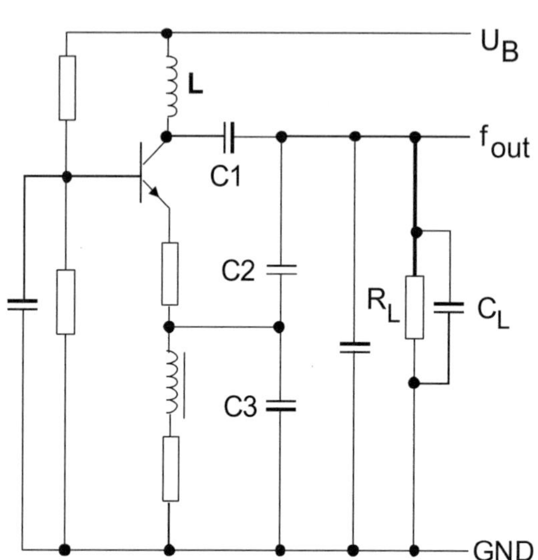

Abb. 7.36 LC-Oszillator nach Colpitts

Die Alternative ist der Aufbau eines *Schwingkreises* aus Induktivität und Kapazität (Abb. 7.36). Die sich ergebende Frequenz wird nur durch die beiden Bauelemente bestimmt. Die ohmschen Anteile der Anordnung beeinflussen die *Güte* des Schwingkreises, nicht aber dessen Frequenz. Dadurch kann die Induktivität mit guter Genauigkeit über einen *großen Bereich* bestimmt werden. Die Resonanzfrequenz der Anordnung ist bestimmt durch:

$$f = \frac{1}{2\pi\sqrt{LC}} \quad \text{womit sich} \quad L = \frac{1}{(2\pi f)^2 \cdot C} \quad \text{ergibt.}$$

Die Schaltung in Abb. 7.36 zeigt einen Colpitts-Oszillator, welcher mit einer ungeteilten Spule arbeitet. Die Resonanzfrequenz wird von den Komponenten L und C1 bis C3 bestimmt.

7.8 Magnetische Feldstärke

7.8.1 Definition

Die *magnetische Feldstärke H* ist definiert als das Produkt aus Stromstärke I und der Windungszahl N dividiert durch die Spulenlänge l. Es gilt:

$$H = \frac{I \cdot N}{l} \cdot \text{Die Einheit ist Henry (H)} : [\mathrm{H}] = 1\frac{\mathrm{A}}{\mathrm{m}}.$$

Auch hier besteht ein Zusammenhang zwischen der magnetischen Feldstärke H und der *magnetischen Flussdichte B*. Die Flussdichte ist das Produkt aus Feldstärke H und der Permeabilität μ:

$$B = \mu \cdot H.$$

Die Einheit für die Flussdichte ist das Tesla T. 1 T ist gleich der Flächendichte des homogenen magnetischen Flusses von 1 Wb, der die Fläche von 1 m^2 senkrecht durchsetzt.

$$[B] = 1\mathrm{T} = 1\frac{\mathrm{Vs}}{\mathrm{m}^2} = 1\frac{\mathrm{Ws}}{\mathrm{Am}^2} = 1\frac{\mathrm{Wb}}{\mathrm{m}^2} = 1\frac{\mathrm{kg}}{\mathrm{A} \cdot \mathrm{s}^2}$$

7.8.2 Messprinzipien magnetischer Größen

Für die Bestimmung magnetischer Größen existiert ein großes Spektrum an Sensoren, welche auf unterschiedliche Anwendungen spezialisiert sind. Die bekanntesten in der industriellen Anwendung sind der *Hall-Sensor* (Abschn. 2.8) und die *Feldplatte* (Abschn. 2.7).

Hall-Sensor

Der Hall-Sensor ist einer der häufigsten im industriellen Bereich anzutreffenden Sensoren. Er basiert auf dem von Edwin Hall entdeckten Effekt, dass an einem Halbleiterplättchen eine Spannung abgenommen werden kann, wenn dieses von einem Strom durchflossen wird und senkrecht dazu ein Magnetfeld einwirkt (Abb. 2.49 in Abschn. 2.8). Die entstehende Spannung ist proportional dem Produkt aus der magnetischen Feldstärke und dem fließenden Strom.

Wird der Strom konstant gehalten, so kann auf die magnetische Feldstärke geschlossen werden. Es ist aber auch die Umkehrung denkbar – die Feldstärke ist konstant und der Stromfluss ist die Messgröße.

GMR-Sensor

Der GMR-Effekt (Abb. 2.11 und 2.17 in Abschn. 2.3) tritt bei dünnen Schichten von ferromagnetischen und nicht magnetischen Materialien auf. Der elektrische Widerstand dieser Struktur ist abhängig von der Magnetisierungsrichtung der Schichten untereinander, welche sich von äußeren Feldern beeinflussen lassen.

Der GMR-Effekt wird vor allem bei Lese-Schreib-Köpfen von Festplatten ausgenutzt.

Feldplatte

Bei der Feldplatte (Abb. 2.48 in Abschn. 2.7) wird ausgenutzt, dass sich der Weg der freien Ladungsträger durch ein Magnetfeld beeinflussen lässt. Dieser Effekt erscheint als Widerstandsänderung in Abhängigkeit vom Magnetfeld. Die Feldplatte wird zunehmend durch GMR-Sensoren ersetzt, die bessere technische Eigenschaften aufweisen.

SQUID

Der SQUID ist ein im Bereich der Supraleitung arbeitender Sensor, welcher vor allem auf kleinste Änderungen des Magnetfeldes reagiert. Es ist aber nicht möglich, absolute Feldstärkemessungen durchzuführen. Durch seine hohe Empfindlichkeit reagiert er auch auf natürliche und künstliche Störfelder, weshalb er meist als Doppelsystem zu Kompensation dieser Störungen aufgebaut wird.

Typische Einsatzgebiete sind die Messung von Feldern aus Gehirnströmen und die *Magnetresonanztomografie* (MRT). Es existieren aber auch Anwendungen im Bereich der Geologie und Archäologie zur Erkundung von Lagerstätten und Objekten.

7.8.3 Messanordnungen

Hall-Schalter

Die einfachste Ausführung sind *Hall-Schalter,* welche ein von der magnetischen Feldstärke abhängiges bistabiles Signal abgeben (Abb. 7.37). Der Schaltpunkt und die Schalthysterese werden im Produkt vorgegeben oder können über ein Interface eingestellt werden. Die typischen Ansprechwerte liegen dabei im Bereich von wenigen zehn mT.

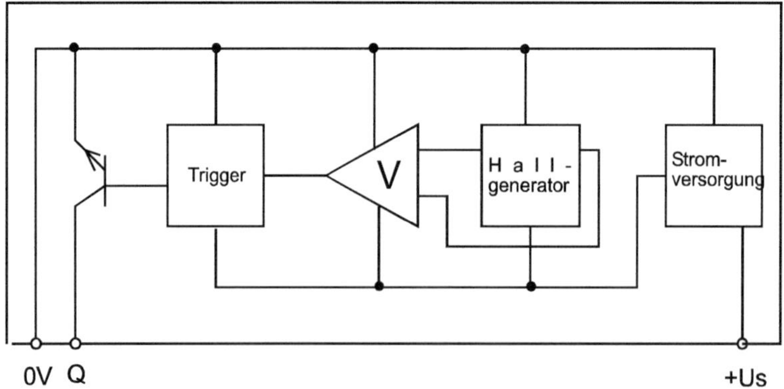

Abb. 7.37 Grundaufbau eines Hall-Schalters

Das Hauptanwendungsgebiet von Hall-Schaltern ist die *Positions-* und *Lageerkennung*. Sie ersetzen dabei allgemein mechanische Endlagenschalter, da sie den Vorteil haben, verschleißfrei zu sein.

Hall-Sensoren

Bei Hall-Sensoren (Abb. 2.53 in Abschn. 2.8) erhält man als Ausgangssignal ein zum Magnetfeld proportionalen Wert. Vom Schalter unterscheidet er sich in der *analogen Weiterverarbeitung* der Hall-Spannung. Dabei sind sowohl einfache Verstärker anzutreffen als auch komplexere Signalverarbeitungen zur Linearisierung der Kennlinie und thermischen Kompensation. Die Ausgangssignale sind dabei sensitiv auf die Feldrichtung. Typische Messbereiche liegen hier im Bereich bis 100 mT.

Winkel-Sensoren

Da das Ausgangssignal von der Feldrichtung abhängt, kann man durch einen entsprechenden (mikro-)mechanischen Aufbau mehrere Sensoren so anordnen, dass ein sich drehendes Feld erfasst wird (Abb. 2.52 in Abschn. 2.8). Dies wird beispielsweise technisch zur Bestimmung von Winkeln eingesetzt. Es kann aber ebenfalls zur Erfassung mehrdimensionaler Bewegungen – wie bei einem kontaktlosen Joystick – verwendet werden.

Stromsensoren

Um einen Strom berührungsfrei zu messen, wird typischer Weise das Magnetfeld des Leiters verwendet. Zwei Hauptanwendungen sind dabei die *Stromzange* und der *Stromwandler*.

Mit der *Stromzange* wird um den durchflossenen Leiter ein Kern gelegt, sodass sich eine Induktivität mit 1 Windung ergibt. Das sich im Kern konzentrierende Feld kann mittels Hall-Sensor erfasst werden.

Der *Stromwandler* benutzt das gleiche Prinzip, nur dass auf dem Kern auch mehrere Windungen aufgebracht werden können und dadurch die Empfindlichkeit steigt. Ein Beispiel zeigt Abb. 7.38 mit einem Stromwandler vom Typ RAZC-2 (www.raztec.co.nz).

Durch den Einsatz einer *programmierbaren Signalverarbeitung* am Hall-Schaltkreis lassen sich Nichtlinearitäten und Störungen kompensieren. Ein solcher spezialisierter Schaltkreis ist der CUR3105 (www.micronas.com).

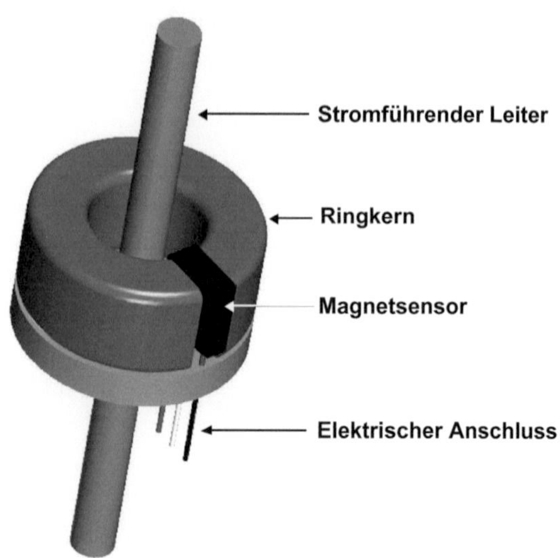

Abb. 7.38 Grundaufbau eines Stromwandlers

7.8.4 Mehrdimensionale Messungen mit dem Hall-Effekt

Grundlagen

Mit einer einfachen *Hall-Platte* kann die Komponente des Magnetfeldes normal zur Stromrichtung und zur Hall-Spannung gemessen werden. Die Komponenten des magnetischen Feldvektors parallel zur Stromrichtung bzw. zur Hallspannung erzeugen keinen Messeffekt. Um die fehlenden Komponenten des magnetischen Feldvektors mit dem Hall-Effekt messen zu können, gibt es zwei Möglichkeiten: Man kann entweder durch *Flusskonzentratoren* aus ferro-magnetischem Material das Feld lokal derart verzerren, dass sich die Richtung des Feldes lokal ändert und so für konventionelle Hallsensoren messbar wird, oder man kann spezielle Sensorgeometrien nutzen, die direkt sensitiv auf das angelegte Feld sind (Abb. 7.39).

Während sich mit Flusskonzentratoren vergleichsweise empfindliche Sensoren realisieren lassen, können die speziellen, horizontalen Sensoren mehrfach nebeneinander angeordnet werden, beispielsweise um räumliche Änderungen des Magnetfeldes zu erfassen. Durch eine symmetrische Anordnung mehrerer Sensoren ist es auch möglich, alle drei Komponenten des Magnetfeldes virtuell in einem Punkt zu messen.

Anwendungen

In der Praxis werden Hallsensoren oft zur Messung der *Position* eines Testmagneten eingesetzt. Dieses Verfahren hat den Vorteil, dass es berührungslos und damit verschleißfrei und unempfindlich gegen Verschmutzung ist. Für Positionsmessungen gibt es verschiedene Stufen: Im einfachsten Fall wird nur die Anwesenheit eines Körpers

Abb. 7.39 Möglichkeiten für die Nutzung des Halleffekt in der dritten Dimension

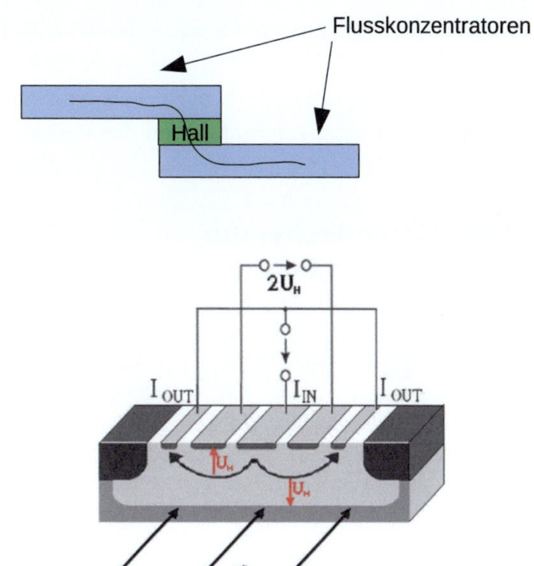

registriert, beispielsweise bei der Erkennung, ob ein Sicherheitsgurt geschlossen oder eine Tastatur am Mobiltelefon ausgeklappt ist. In diesem Fall kann die gesuchte Information durch eine einfache *Schwellwerterkennung* bestimmt werden. Oft soll jedoch eine Position genauer bestimmt werden (z. B. bei Winkelsensoren (Abschn. 3.2), Drehgebern oder Weg-Sensoren (Abschn. 3.1)). In diesem Falle eröffnen sich mehrere Möglichkeiten, die Position des Testmagneten anhand des gemessenen Feldes zu bestimmen. Bei der *Absolutwertmessung* wird das System aus Magnet und Sensor so ausgelegt, dass bei der Bewegung das messbare Magnetfeld in einem eindeutigen Zusammenhang mit der Position steht. Dann kann nach einer Linearisierung direkt aus dem Messwert für das Magnetfeld auf die Position des Magneten geschlossen werden. Problematisch ist bei diesem Verfahren, dass einerseits die Magnetmaterialien und damit das erzeugte Magnetfeld deutlich von der Temperatur abhängt, und dass durch magnetische Fremdfelder, Fehljustagen des Sensors oder Sensorfehler erhebliche Fehler bei der Positionsbestimmung entstehen können. Um die Messungen robuster gegen derartige Fehlerquellen zu machen, bieten sich folgende Wege an: Durch die gleichzeitige Messung des Magnetfeldes an mehreren Orten kann die räumliche Änderung des Magnetfeldes bestimmt werden. Bei der Betrachtung der Änderungen fallen überlagerte homogene Felder heraus. Da magnetische Störquellen normalerweise weiter vom Magnetsensor entfernt sind als der Testmagnet, ist ihr Störfeld oft in guter Näherung homogen. Dadurch wird der Störeinfluss deutlich reduziert. Eine andere Möglichkeit ist die Messung verschiedener Komponenten des magnetischen Feldvektors. Durch anschließende Bildung des Verhältnisses der Komponenten kann auf die lokale Richtung der Feldlinien geschlossen werden, was sich z. B. für Winkelmessungen ausnutzen lässt. Bei der Verhältnisbildung fällt die absolute Größe des Magnetfeldes heraus, sodass beispielsweise Temperaturgänge beim Magnetmaterial oder bei der Empfindlichkeit des Sensors keinen negativen Einfluss auf die Messungen mehr haben.

Weiterführende Literatur

Bretschneider, J., Wilde, A., Schneider, P., Hohe, H.-P., Köhler, U.: Entwurf multidimensionaler Positionssensorik auf Basis von HallinOne(R) Technologie 7. GI/GMM/ITG-Workshop Multi-Nature Systems: Entwicklung von Systemen mit elektronischen und nichtelektronischen Komponenten, Günzburg, 3. Februar 2009, zu beziehen über http://www.eas.iis.fraunhofer.de

Germer, H.: Fachhochschule Wilhelmshaven, Bereich Elektrische Messtechnik, Elektronik (1999)

Sacklowski, A.: Einheitenlexikon, Anwendung, Erl. von Gesetz und Normen. Beuth-Verlag, Berlin (1986) Praktikumsunterlagen elektronische Messtechnik, Technische Universität Chemnitz (2004). http://www.tu-chemnitz.de/etit/messtech/praktikum/adu.pdf

Texas Instruments: ESP430CE1, ESP430CE1A, ESP430CE1B peripheral Modules user guide (slau134b. pdf). Texas Instruments (2008)

Radio- und fotometrische Größen

8

Ekbert Hering und Gert Schönfelder

8.1 Radiometrie

In der *Radiometrie* werden *strahlungsphysikalische* Größen gemessen. Sie sind objektiv gemessene physikalische Effekte und werden mit dem Index *„e" (energetisch)* versehen. Bewertet das *Auge* die Strahlung, dann entstehen *fotometrische* oder *lichttechnische* Größen, die mit dem Index „v" *(visuell)* gekennzeichnet werden. Im Gegensatz zu den radiometrischen Größen sind die fotometrischen Größen auf den sichtbaren Bereich des Spektrums begrenzt.

8.1.1 Radiometrische Größen

Energiedichte

Licht ist eine elektromagnetische Welle und transportiert Energie. Die *Energiedichte* einer elektromagnetischen Welle w ist die Summe aus den Energiedichten des elektrischen Feldes w_e und des magnetischen Feldes w_m. Es gilt deshalb:

$$w = w_e + w_m = \frac{\varepsilon_0}{2} E^2 + \frac{1}{2\mu_0} B^2.$$

E. Hering (✉)
Heubach, Deutschland
E-Mail: Ekbert.Hering@htw-aalen.de

G. Schönfelder
Aspect Systems GmbH, Dresden, Deutschland
E-Mail: gschoenfelder@t-online.de

E. Hering und G. Schönfelder (Hrsg.), *Sensoren in Wissenschaft und Technik*,
https://doi.org/10.1007/978-3-658-39491-2_8

Dabei ist E die elektrische Feldstärke und B die magnetische Induktion. Ferner gilt: $E = \mathrm{c}\, B$ und für die Lichtgeschwindigkeit c gilt:

$$\mathrm{c} = \frac{1}{\sqrt{\varepsilon_0 \mu_0}}$$

mit der elektrischen Feldkonstanten $\varepsilon_0 = 8{,}854 \cdot 10^{-12}$ (As)/(Vm) und der magnetischen Feldkonstanten $\mu_0 = 4\pi \cdot 10^{-7}$ (Vs)/(Am).

Damit gilt für die *Energiestromdichte S:*

$$S = w\,\mathrm{c} = \frac{1}{\mu_0} E\,B.$$

Die Energiestromdichte ist ein *Vektor,* der senkrecht zu den Vektoren des elektrischen Feldes E und der magnetischen Induktion B steht. Er wird als Poynting-Vektor bezeichnet, sodass in vektorieller Schreibweise gilt:

$$\boldsymbol{S} = \frac{1}{\mu_0} \boldsymbol{E} \times \boldsymbol{B}.$$

Für eine Messung ist der zeitliche Mittelwert $\overline{S}$ maßgebend, da der Poyntingvektor $\boldsymbol{S}$ mit der Frequenz des Lichtes sehr schnell variiert. Dieser zeitliche Mittelwert der Energiestromdichte ist die *Bestrahlungsstärke* E_e. Sie ist der Quotient aus der Strahlungsleistung Φ_e und der bestrahlten Fläche A_2:

$$E_\mathrm{e} = \mathrm{d}\Phi_\mathrm{e}/\mathrm{d}A_2 \text{ mit der Maßeinheit W/m}^2.$$

Strahlungsleistung Φ_e

Die Strahlungsleistung Φ_e beschreibt die *Leistung der* elektromagnetischen Strahlung und gibt an, wie viel *Strahlungsenergie* Q_e pro Zeiteinheit auf einen Empfänger trifft. Es ist:

$$\Phi_e = \frac{\mathrm{d}Q_e}{\mathrm{d}t}.$$

Gemessen wird die Strahlungsleistung in W oder in J/s.

Raumwinkel Ω

Die Strahlungsleistung Φ_e hängt außer von seiner Fläche A auch vom Abstand r zwischen Leuchtquelle und betrachteter Fläche ab. Der *Raumwinkel Ω* ist definiert als (Abb. 8.1):

$$\Omega = A/r^2 \Omega_0, \text{ mit } \Omega_0 = 1 \text{ sr}.$$

Seine Maßeinheit ist der *steradiant,* für den gilt: 1 sr = 1m²/m². Der größte Raumwinkel Ω_{max} ist:

$$\Omega_{\mathrm{max}} = \left(4\pi r^2\right)/\mathrm{r}^2 \text{ sr} = 4\pi.$$

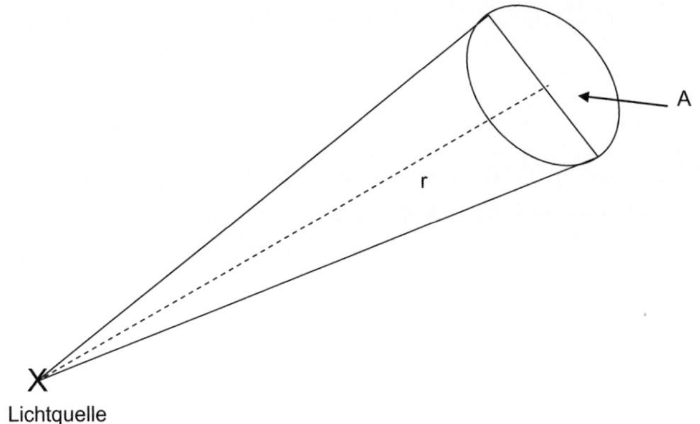

Abb. 8.1 Definition des Raumwinkels Ω

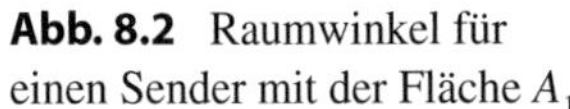

Abb. 8.2 Raumwinkel für einen Sender mit der Fläche A_1

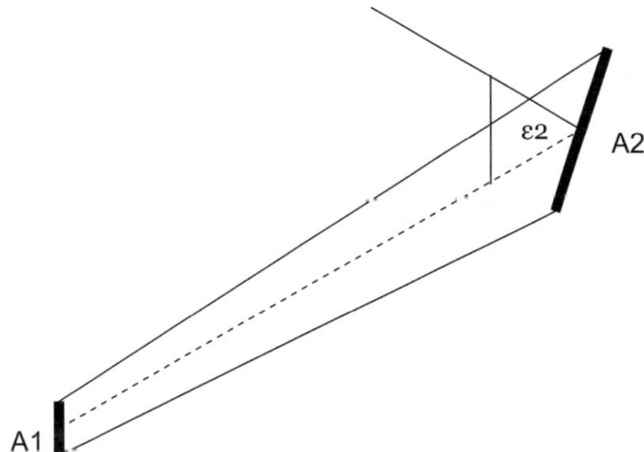

In diesem Fall wirkt die Strahlung im ganzen Raum. Trifft die Strahlung in einen Halbraum, so ist der Raumwinkel $\Omega = 2\,\pi$ sr.

Ein Sender sendet mit einer Fläche von A_1 Licht aus. Dieses trifft auf einen Empfänger mit der Fläche A_2 (Abb. 8.2). Dann gilt für den wirksamen Raumwinkel:

$$\Omega = \frac{A_2 \cos(\varepsilon_2)}{r^2} \Omega_0.$$

Es ist $A_2 \cos(\varepsilon_2)$ die Projektion der Fläche A_2 auf die Verbindungsgerade von Sender und Empfänger.

Strahlstärke I_e

Die Strahlungsleistung Φ_e ist proportional zum Raumwinkel Ω, sodass gilt:

$$\Phi_e = I_e \Omega.$$

Die Proportionalitätskonstante ist die *Strahlstärke* I_e. Die Strahlstärke ist somit der Quotient aus der Strahlungsleistung und dem Raumwinkel, in den die Strahlung austritt. Es gilt:

$$I_e = d\,\Phi_e / d\,\Omega_1 \approx \Phi_e / \Omega \text{ in W/sr.}$$

Die Strahlstärke I_e ist vom Werkstoff, von der Temperatur, von der Oberfläche und von den sonstigen Sendereigenschaften abhängig. In einem *Polardiagramm* werden in der Regel die Strahlstärke I_e in Abhängigkeit vom Abstrahlwinkel ε_1 dargestellt (Abb. 8.3).

Abb. 8.3 a zeigt einen sogenannten *Lambert-Strahler,* bei dem die Strahldichte I_e im Raum konstant ist. Es gilt das *Lambert'sche Cosinus-Gesetz:*

$$I_e(\varepsilon_1) = I_e(0) \cos \varepsilon_1.$$

Alle Körper mit diffus reflektierenden Flächen (z. B. Gipskartonwände, weiße Rauhfaserwände, Betonwände, Papier oder Pappe) sind näherungsweise Lambert'sche Strahler. LEDs zeigen eine schlanke Keule der Lichtintensität nach vorwärts. Sie werden bevorzugt für Lichtschranken (Abschn. 2.14.3) eingesetzt.

Strahldichte L_e

Die Strahlstärke I_e ist proportional zur Fläche des Senders A_1. Wird die Senderfläche unter dem Winkel ε_1 von der Seite betrachtet, dann wird nur die Projektion $A_1 \cos(\varepsilon_1)$ wirksam, sodass gilt:

$$I_e(\varepsilon_1) = L_e A_1 \cos(\varepsilon_1).$$

Damit gilt für die Strahldichte L_e:

$$L_e = I_e / (A_1 \cos(\varepsilon_1)).$$

Abb. 8.4 zeigt die Zusammenhänge. Die Maßeinheit für die *Strahldichte* L_e ist W/(m^2 sr). Sie gibt an, welche Strahlungsleistung pro Fläche und Raumwinkel ausgesandt wird.

In Tab. 8.1 sind die radiometrischen Größen übersichtlich zusammengefasst.

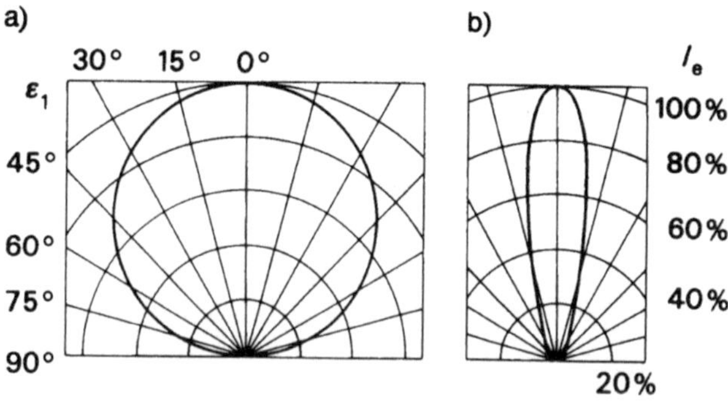

Abb. 8.3 Polardiagramm der Strahlstärke I_e in Abhängigkeit vom Abstrahlwinkel ε_1. **a** Lambert-Strahler; **b** Leuchtdiode. (Quelle: Hering, Martin, Stohrer: Physik für Ingenieure)

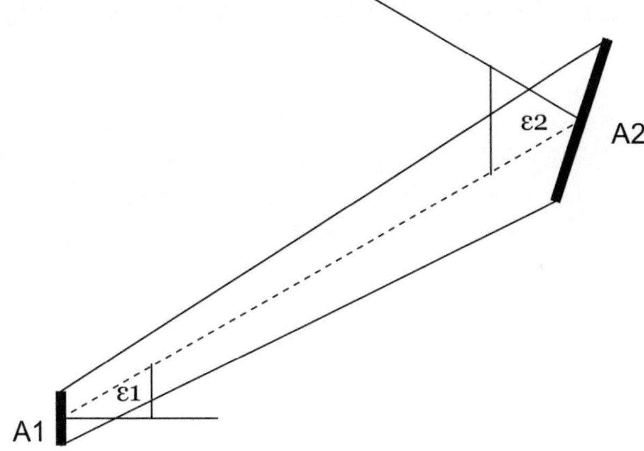

Abb. 8.4 Zusammenhang zwischen Strahlstärke I_e und Strahldichte L_e

Tab 8.1 Zusammenstellung radiometrischer Größen. Die vereinfachten Gleichungen gelten unter der Voraussetzung, dass die Strahlungsenergie konstant ist bezüglich Zeit, Fläche und Raumwinkel. Wenn dies nicht der Fall ist, gelten die vereinfachten Gleichungen für die Mittelwerte. (Quelle: Hering, Martin, Stohrer: Physik für Ingenieure)

Größe	Symbol	Einheit	Beziehung	Erklärung
Strahlungsenergie	Q_e	W s = J	$Q_e = \int \Phi_e \, dt$	Energietransport durch elektromagnetische Strahlung
Strahlungsleistung	Φ_e	W = J/s	$\Phi_e = \frac{dQ_e}{dt}$	Leistung der elektromagnetischen Strahlung
Spezifische Ausstrahlung	M_e	W/m^2	$M_e = \frac{d\Phi_e}{dA_1} \approx \frac{\Phi_e}{A_1}$	Quotient aus Strahlungsleistung und Senderfläche
Strahlstärke	I_e	W/sr	$I = \frac{d\Phi_e}{d\Omega_1} \approx \frac{\Phi_e}{\Omega_1}$	Quotient aus Strahlungsleistung und Raumwinkel, in den die Strahlung austritt
Strahldichte	L_e	$\frac{W}{sr \cdot m^2}$	$L_e = \frac{d^2\Phi_e}{d\Omega_1 \, dA_1 \cos\varepsilon_1} = \frac{dI_e}{dA_1 \cos\varepsilon_1}$ $L_e \approx \frac{I_e}{A_1 \cos\varepsilon_1}$	Quotient aus Strahlungsleistung und Raumwinkel (d. h. Strahlstärke) sowie Projektion der Senderfläche auf eine Ebene senkrecht zur Betrachtungsrichtung
Bestrahlungsstärke	E_e	W/m^2	$E = \frac{d\Phi_e}{dA_2} \approx \frac{\Phi_e}{A_2}$	Quotient aus Strahlungsleistung und bestrahlter Fläche
Bestrahlung	H_e	J/m^2	$H_e = \int E_e \, dt \approx E_e t$	Zeitintegral der Bestrahlungsstärke

8.1.2 Messung elektromagnetischer Strahlung

Der Bereich elektromagnetische Strahlung erstreckt sich über einen sehr großen Bereich von etwa 22 Zehnerpotenzen: Maximal von den Photonen-Energien von über 10^{12} eV für *kosmische Gammastrahlung* bis minimal zu *Radiowellen niedriger Frequenz* mit Photonen-Energien von unter 10^{-10} eV. Dieser Abschnitt beschäftigt sich mit dem Bereich zwischen *Röntgenstrahlung* und *fernem Infrarot.*

Für diesen weiten Bereich der elektromagnetischen Strahlung gibt es je nach Wellenlänge verschiedene grundlegende Messprinzipien, die mit Ausnahme der thermischen Detektoren ihrerseits wiederum je nach Unterwellenlängenbereich auf den fotoelektrischen Eigenschaften verschiedener Materialien beruhen. Diese fotoelektrischen Sensoren werden in Kap. 14 ausführlich besprochen.

8.2 Fotometrie

Die fotometrischen Größen berücksichtigen das *Helligkeitsempfinden* des menschlichen Auges. Das Helligkeitsempfinden hängt nicht nur davon ab, welche physikalische Strahlungsleistung in W auf das Auge trifft, sondern ganz wesentlich von der Wellenlänge λ. So erscheint beispielsweise eine grüne LED bei gleicher Strahlungsleistung etwa 16-mal heller als eine rote LED. Abb. 8.11 zeigt den Verlauf des Hellempfindlichkeitsgrades des menschlichen Auges für Tagessehen und für Nachtsehen. Mit einer großen Anzahl von Testpersonen wurden diese Verläufe experimentell ermittelt und von der CIE (Commission Internationale de l'Eclairage) festgelegt und in DIN 5031 in Tabellen dokumentiert.

8.2.1 Fotometrische Größen

Im Folgenden werden die entsprechenden fotometrischen Größen erläutert. Der Index „v" zeigt an, dass es sich um an das Auge angepasste Größen handelt (v: visuell).

Lichtstrom Φ_V

Der Lichtstrom Φ_V ist die von einer Lichtquelle in alle Richtungen abgestrahlte Lichtleistung. Er gibt den *Helligkeitseindruck* wieder und wird in *lumen* (lm) gemessen. Um den Lichtstrom zu bestimmen, wird die radiometrische Größe der Strahlungsleistung Φ_e mit der Hellempfindlichkeit $V(\lambda)$ bewertet. Für das Tagessehen gilt dann:

$$\Phi_V = K_m \Phi_e V(\lambda)$$

K_m ist der Maximalwert des *fotometrischen Strahlungsäquivalentes* beim Tagessehen und beträgt: $K_m = 683$ lm/W (lumen pro Watt).

Für das Nachtsehen gilt entsprechend:

$$\Phi'_V = K'_m \Phi_e V'(\lambda).$$

In diesem Fall ist $K_m' = 1699$ lm/W. Im Folgenden werden nur die Formeln für das Tagessehen genannt.

Wenn die Strahlung nicht nur eine Wellenlänge, sondern eine Vielzahl von Wellenlängen umfasst, d. h. breitbandig ist, dann ergibt sich der Lichtstrom Φ_V durch Integration über das sichtbare Spektrum, sodass gilt:

$$\Phi_V = K_m \int_{380\,\text{nm}}^{780\,\text{nm}} \Phi_{c,\lambda}(\lambda) V(\lambda) d\lambda.$$

Aus den radiometrischen Größen X_e lassen sich durch diese Bewertung die entsprechenden fotometrischen Größen X_v ermitteln. Allgemein gilt dafür:

$$X_V = K_m \int_{380\,\text{nm}}^{780\,\text{nm}} X_{c,\lambda}(\lambda) V(\lambda)\, d\lambda.$$

Lichtmenge Q_v

Die Lichtmenge entspricht der Strahlungsenergie einer Lichtquelle, gewichtet mit der Empfindlichkeitskurve $V(\lambda)$. Sie wird in lm s gemessen.

Lichtstärke I_v

Die fototechnischen Größen sind mit der SI-Basiseinheit *candela* (cd) als Maßeinheit für die *Lichtstärke* I_v verknüpft. Die Lichtstärke gibt die Lichtstrahlung einer Lichtquelle in einer bestimmten Richtung an. Es gilt:

$$I_V = \Phi_V / \Omega.$$

Die SI-Maßeinheit *candela* ist folgendermaßen definiert:

1 cd ist die *Lichtstärke* in einer bestimmten Richtung einer Strahlungsquelle, die monochromatische Strahlung der Frequenz 540 THz aussendet (entspricht einer Wellenlänge von 555 nm) und deren Strahlstärke in dieser Richtung 1/683 W/sr beträgt.

Damit gilt für die Lichtstärke von 1 cd:

$$I_V = 1\,\text{cd} = K_m I_e = K_m(1/683)\text{lm/sr}.$$

Die Konstante K_m beträgt nach diesem Zusammenhang $K_m = 683$ lm/W. Die wird *fotometrisches Strahlungsäquivalent* genannt und betrifft das Tagessehen. Für das Nachtsehen beträgt die Konstante $K_m' = 1699$ lm/W.

Leuchtdichte L_v
Die Leuchtdichte gibt den *Helligkeitseindruck* wieder, der im Auge von einer leuchtenden Fläche hervorgerufen wird. Sie ist ein Maß für die Lichtstärke einer Lichtquelle, bezogen auf deren Fläche. Die Maßeinheit ist cd/m^2. Die Leuchtdichte L_v ist das Verhältnis von Lichtstärke I_v zur leuchtenden Fläche A_{leucht}. Es gilt folgender Zusammenhang:

$$L_v = I_v/A_{leucht}.$$

Die Leuchtdichte hängt von den Reflexionseigenschaften der angestrahlten Materialien ab. In der Lichttechnik wird deshalb die Beleuchtungsstärke E_v als Planungsgröße angewandt.

Beleuchtungsstärke E_v
Die Beleuchtungsstärke ist ein Maß dafür, wie *intensiv* eine Fläche beleuchtet wird. Die Beleuchtungsstärke E_v ist das Verhältnis des Lichtstromes Φ_V zur Größe der beleuchteten Fläche A. Die Maßeinheit ist lm/m^2 oder Lux (lx). Es gilt:

$$E_v = \Phi_V/A.$$

Spezifische Lichtausstrahlung M_v
Hier wird der emittierende Lichtstrom $\Phi_{V,emitt}$ ins Verhältnis zur Licht abstrahlenden Fläche A_{emitt} gesetzt. Die Maßeinheit ist ebenfalls lm/m^2 oder lx. Es gilt:

$$M_v = \Phi_{V,emitt}/A_{emitt}.$$

Lichtausbeute η
Sie gibt an, wie groß der *Lichtstrom* Φ_V in Bezug auf die elektrische Anschlussleistung P ist:

$$\eta_e = \Phi_V/P,$$

gemessen in lm/W. Als radiometrische Größe gilt für die *Strahlungsausbeute*

$$\eta_v = \Phi_e/P$$

gemessen in W/W mit Maßeinheit 1. Mit 100 multipliziert gibt sie an, wieviel % der Anschlussleistung als Strahlungsleistung zur Verfügung steht.

Die Lichtausbeute ist ein Maß für die *Energieeffizienz* einer Lichtquelle. Je höher der Wert, desto mehr Licht wird je eingebrachter Leistung erzeugt. Tab. 8.2 zeigt die Werte für verschiedene Lichtquellen.

In Tab. 8.3 sind die radiometrischen und die fotometrischen Größen gegenübergestellt.

In Tab. 8.4 sind der Lichtstrom einiger Lichtquellen, in Tab. 8.5 die Leuchtdichten und in Tab. 8.6 die Beleuchtungsstärke einiger Leuchtkörper zusammengestellt.

Tab. 8.2 Lichtausbeute einiger Lichtquellen

Lichtquelle	Lichtausbeute in lm/W
Flamme, Kerze, Öllampe	0,2
Leuchtdiode, blau	8,5
Leuchtdiode, rot	47,5
Glühlampe, 230 V, 40 W	10,0
Glühlampe, 230 V, 70 W	12,0
Halogen, 230 V, 500 W	20,0
Leuchtstofflampe, 230 V, 70 W	75
Leuchtstofflampe mit elektronischem Vorschaltgerät	95
Xenon-Höchstdruck-Gasentladungslampe (Videoprojektion)	22,5
Xenon-Höchstdruck-Gasentladungslampen (Kinoprojektion)	47
Xenon-Bogenlampe (Auto-Frontscheinwerfer)	90
Natriumdampf-Niederdrucklampe	175
Natriumdampf-Hochdrucklampe	150

Tab. 8.3 Gegenüberstellung der radiometrischen und der fotometrischen Größen

Radiometrische Größe	Zeichen	Einheit	Fotometrische Größe	Zeichen	Einheit
Strahlungsenergie	Q_e	W s	Lichtmenge	Q_v	lm s
Strahlungsleistung	Φ_e	W	Lichtstrom	Φ_v	lm
Strahlungsstärke	I_e	W/sr	Lichtstärke	I_v	cd = lm/sr
Strahlungsdichte	L_e	W/(m^{2}sr)	Leuchtdichte	L_v	cd/m^2
Bestrahlungsstärke	E_e	W/m^2	Beleuchtungsstärke	E_v	lx = lm/m^2
Bestrahlung	H_e	W s/m^2	Belichtung	H_v	lx s
Spezifische Ausstrahlung	M_e	W/m^2	Spezifische Lichtausstrahlung	M_v	lm/m^2
Strahlungsausbeute	η_e	W/W = 1	Lichtausbeute	η_v	lm/W

Tab. 8.4 Lichtstrom Φ_v einiger Lichtquellen

Lichtquelle	Lichtstrom in lm
LED (weiß)	0,02 bis 200
Glühlampe, 230 V, 60 W	730
Glühlampe, 230 V, 100 W	1380
Leuchtstoffröhre, 230 V, 20 W	1200
Leuchtstoffröhre, 230 V, 40 W	2300
Quecksilberdampflampe, 230 V, 125 W	5400
Quecksilberdampflampe, 230 V, 2000 W	125.000

Tab. 8.5 Leuchtdichte L_v einiger Lichtquellen

Lichtquelle	Leuchtdichte in cd/m²
Nachthimmel	10–3
Mond	2500
Klarer Himmel	3000 bis 5000
Leuchtstofflampe	$1{,}3 \cdot 10^4$
Glühlampe matt	$5 \cdot 10^4$ bis $4 \cdot 10^5$
Glühlampe klar	$2 \cdot 10^6$ bis $2 \cdot 10^7$
Halogen-Glühlampe	$5 \cdot 10^7$
Halogen-Metalldampflampe	108
Xenonlampe (Kurzbogen)	$1{,}5 \cdot 10^8$ bis $2{,}7 \cdot 10^9$
Schwarzer Körper	$6 \cdot 10^5$
Sonne (T = 2200 K)	$1{,}5 \cdot 10^9$

Tab. 8.6 Beleuchtungsstärke E_v einiger Leuchtquellen

Leuchtquelle	Beleuchtungsstärke in lx
Straßenbeleuchtung	1 bis 15
Wohnzimmerbeleuchtung	120
Zum Lesen mindestens	100
Arbeitsplatz mit normalem Anspruch	500
Arbeitsplatz mit hohem Anspruch	1000
Grenze der Farbwahrnehmung	3
Sterne, ohne Mond, klare Nacht	10^{-3}
Vollmond	0,25
Tageslicht, bedeckter Himmel	1000 bis 2000
Sonne, Winter	6000
Sonne, Sommer	70.000

8.2.2 Messung fotometrischer Größen

Im Folgenden werden einige Messgeräte für fotometrische Größen dargestellt. In Abschn. 2.14.3 (Anwendungen fotoelektrischer Effekte) sind ebenfalls Messmöglichkeiten fotoelektrischer Größen beschrieben (z. B. Abb. 2.92: Luxmeter). In Abb. 8.5 ist ein Messgerät für die Messung des Lichtstroms in lumen zu sehen. Damit können LEDs geprüft werden, indem ein Referenzwert eingestellt wird, an dem man sich orientiert. Dieses Messgerät kann auch in der Entwicklung von LED-Leuchtkörper eingesetzt werden. Die Daten können in einen Datenspeicher eingelesen und mit einem USB-Anschluss auf einen Rechner übertragen werden. Dort werden sie entsprechend weiterverarbeitet.

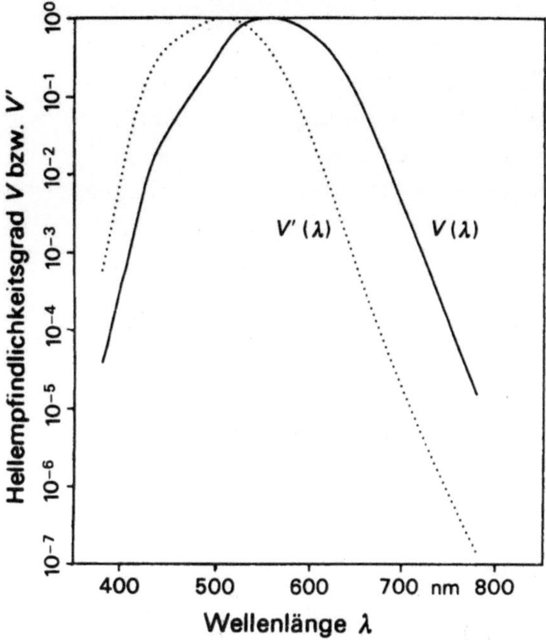

Abb. 8.5 LED-Lichtstrom-Messgerät PCE-LED 1. (Werkfoto: PCE Instruments)

Abb. 8.6 Luxmeter und Beleuchtungsdichtemesser Mavolux 5032 C. (Werkfoto: Gossen, Foto- und Lichtmesstechnik GmbH)

Abb. 8.6 zeigt einen *Beleuchtungsmesser* (Luxmeter). Er kann mit einem Aufsatz auch als *Leuchtdichtemesser* (cd/m^2) eingesetzt werden. Dieses Gerät kommt in Industrie, Handwerk, bei Foto- und Filmstudios sowie in Forschung und Entwicklung zum Einsatz. Wegen seiner hohen Präzision und Empfindlichkeit ist es auch für Zertifizierungsanwendungen sehr gut geeignet.

8.3 Anwendung von Helligkeitssensoren

Eine sehr komplexe Aufgabe für die Helligkeitssensoren ist die Steuerung von Beleuchtungseinrichtungen. Diese mehrdimensionale Optimierung umfasst die Fragen

- der optimalen Beleuchtung als Funktion der dort statt findenden Arbeitsaufgaben,
- der Energieeffizienz bei der Beleuchtung,
- dem Ausgleich der Lichtfarbe – auch unter dem Einfluss von Tageslicht und Tageszeit und
- der aktuellen Nutzungssituation des Raumes.

Durch den Einsatz von LED lassen sich neue Lichtkonzepte realisieren, welche außer dem Dimmen auch eine Veränderung der Lichtfarbe zulassen. In Abb. 8.7 ist ein Raum mit sehr flachen, flächig strahlenden Leuchtmitteln zu sehen. Diese werden elektronisch geregelt über einen Helligkeitssensor (Abb. 8.8), welcher zusätzlich die Anwesenheit von Personen erfasst.

Bereits der Einsatz dieser Sensorkombination – Helligkeit und Präsenz – bringen einen qualitativen Fortschritt und eine merkliche Energieeinsparung.

Durch den gezielten Einsatz spezieller LED kann zudem das Spektrum definiert werden und erlaubt durch elektronische Steuerung eine freie Auswahl in diesem verfügbaren Bereich. Das Spektrum der Raumleuchten zeigt Abb. 8.9. Die CIE-Normfarbtafel zeigt die Farbkoordinaten und Farbtemperatur der Leuchte (Kreuz etwa mittig).

Abb. 8.7 Energieeffiziente LED-Beleuchtung mit Slimpanel SP 595. (Werkbild Richter lighting technologies GmbH)

Abb. 8.8 Kombinierter Präsenz- und Helligkeitssensor. (Werkfoto: PEMA Elektro GmbH) A – Bewegungsmelder B – Helligkeitssensor C – IR-Empfänger für Programmiergerät

Abb. 8.9 Spektrum des Slimpanels SP 595. (Werkfoto: Richter lighting technologies GmbH)

8.4 Farbe

8.4.1 Farbempfinden

Trotz aller Schwierigkeiten ist es notwendig, Farben *eindeutig* und *objektiv* zu beschreiben. Mit diesen Zahlen können Farben von Bildschirmen ausgegeben, von Druckern ausgedruckt und als Farbe im Malerbereich eindeutig identifiziert werden. Die Wahrnehmung der Farben durch das Auge erfolgt durch *Rezeptoren,* die sich auf der Netzhaut befinden. Es sind dies die *Stäbchen* für den Hell-Dunkel-Kontrast und die *Zapfen* für die *Farberkennung.* Es gibt drei verschiedene Zapfen, die ihre maximale Empfindlichkeit bei Rot, *Grün* und *Blau* aufweisen. Jede beliebige Farbe kann durch *Mischen* dieser *Primärfarben* erzeugt werden. In Tab. 8.7 sind die von der CIE (Commission Internationale de l'Éclairitage) bereits 1931 festgelegten *Primärvalenzen* zu sehen. Die relative Strahlenleistung bezieht sich auf die Primärfarbe Blau, deren Leistung mit 1 festgelegt wurde. Man sieht, dass die Farbe Rot eine etwa 72-mal größere Strahlungsleistung aufweist als die Farbe Blau.

Eine Farbe $\boldsymbol{F}$ ist in einem dreidimensionalen Farbraum darstellbar. Es spannen die Vektoren R, $\boldsymbol{G}$ und $\boldsymbol{B}$ einen dreidimensionalen Raum aus, in dem die Bestandteile Rot (R) Grün (G) und Blau (B) in diesem Raum dargestellt werden es gilt demnach:

$$\boldsymbol{F} = \mathrm{R}\boldsymbol{R} + \mathrm{G}\boldsymbol{G} + \mathrm{B}\boldsymbol{B}.$$

Für die Darstellung der Farben auf Monitoren und in Druckern wurden die Bestandteile normiert und können als hexadezimale Zahl im Rechner dargestellt werden (Tab. 8.8).

Tab. 8.7 Primärvalenztripel für Rot, Grün und Blau mit ihrer relativen Strahlungsleistung

Farbe	Wellenlänge in nm	Relative Strahlungsleistung
Rot *R*	700,0	72,096
Grün *G*	546,1	1,3791
Blau *B*	435,8	1,000

Tab. 8.8 Farbtabelle für Rot, Grün und Blau mit hexadezimalem Code

Farbe	R,G,B	Hexadezimale Zahl
Schwarz	0,0,0	000000
Blau	0,0,128	000080
Grün	0,128,0	008000
Rot	255,0,0	FF0000
Weiß	255,255,255	FFFFFF
Gelb	255,255,0	FFFF00
Purpur	128,0,128	800080
Olivgrün	128,128,0	808000
Grau	128,128,128	808080
Silber	208,208,208	C0C0C0

Um alle Farben einheitlich definieren zu können, wurde ein *Normvalenz-System* eingeführt. Dieses hat die *Normvalenzen* **X, Y** und **Z**. In diesem dreidimensionalen System kann jede Farbe ***F*** dargestellt werden, sodass gilt:

$$\boldsymbol{F} = \mathrm{X}\boldsymbol{X} + \mathrm{Y}\boldsymbol{Y} + \mathrm{Z}\boldsymbol{Z}.$$

X, Y und Z sind die *Normfarbwerte,* die folgendermaßen berechnet werden:

$$\begin{aligned} \mathrm{X} &= \mathrm{k} \int \Phi_\lambda \overline{x}(\lambda)\mathrm{d}\lambda, \\ \mathrm{Y} &= \mathrm{k} \int \Phi_\lambda \overline{y}(\lambda)\mathrm{d}\lambda \quad \text{und} \\ \mathrm{Z} &= \mathrm{k} \int \Phi_\lambda \overline{z}(\lambda)\mathrm{d}\lambda. \end{aligned}$$

Die Konstante k kann geeignet gewählt werden. Die *Normalspektralwerte* $\overline{x}(\lambda), \overline{y}(\lambda)$ und $\overline{z}(\lambda)$ wurden durch Messungen an Testpersonen ermittelt und sind in CIE (1931) und DIN 5033 festgelegt. Sie entsprechen einem *farbmetrischen Normalbeobachter* mit einer Gesichtsfeldgröße von 2°. Den Verlauf der Normalspektralwerte zeigt Abb. 8.10. Die Kurven sind so gezeichnet, dass die Flächen unter der Kurve immer gleich groß sind.

Die Normspektralwertfunktion $\overline{y}(\lambda)$ ist identisch mit der Kurve für die Fellempfindlichkeit $V(\lambda)$ von Abb. 8.11. Deshalb ist der Normfarbwert Y proportional zu den fotometrischen Größen.

Wird auf die *Helligkeit* verzichtet, dann kann die wirkliche Farbe durch *zwei Angaben* definiert werden. Auf diese Weise erhält man eine *Normfarbtafel.* Es werden die *Anteile* der Normfarbwerte ermittelt und y als Funktion von x aufgetragen. Den Wert für z braucht man nicht anzugeben, weil gilt: $x+y+z=1$. Die *Normfarbwertanteile* werden errechnet zu:

$$\begin{aligned} x &= X/(X+Y+Z), \\ y &= Y/(X+Y+Z) \quad \text{und} \\ z &= Z/(X+Y+Z). \end{aligned}$$

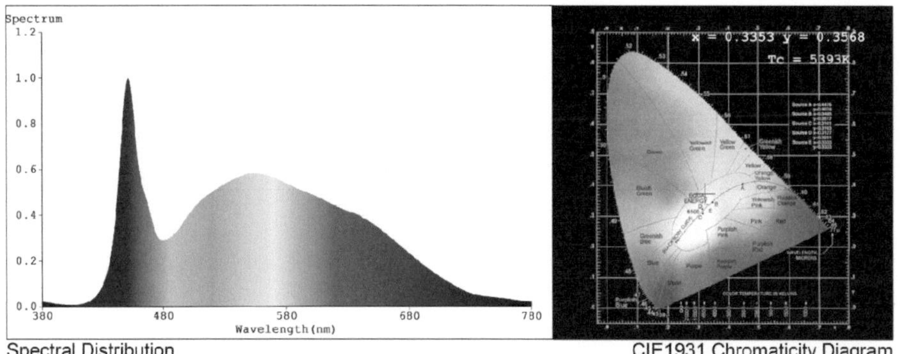

Abb. 8.10 Normspektralwertfunktionen für den farbmetrischen Normalbeobachter mit 2° Gesichtsfeldgröße (Quelle: Hering, Martin, Stohrer: Physik für Ingenieure)

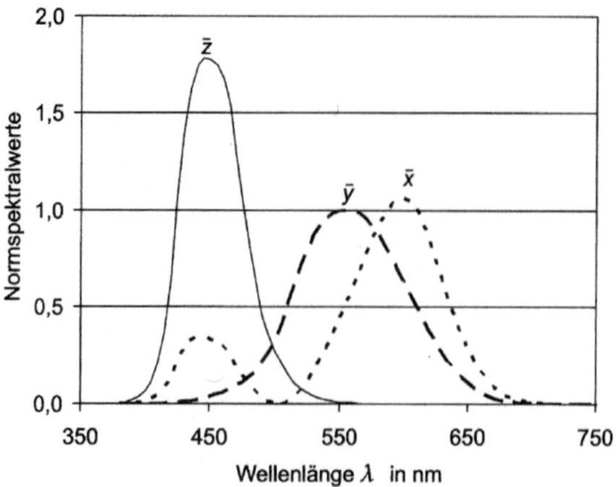

Abb. 8.11 Hellempfindlichkeitsgrad des Standard-Beobachters. V(λ): Tagessehen (Zapfensehen), fotoptische Anpassung; V'(λ): Nachtsehen (Stäbchensehen), skotopische Anpassung. (Quelle: Hering, Martin, Stohrer: Physik für Ingenieure)

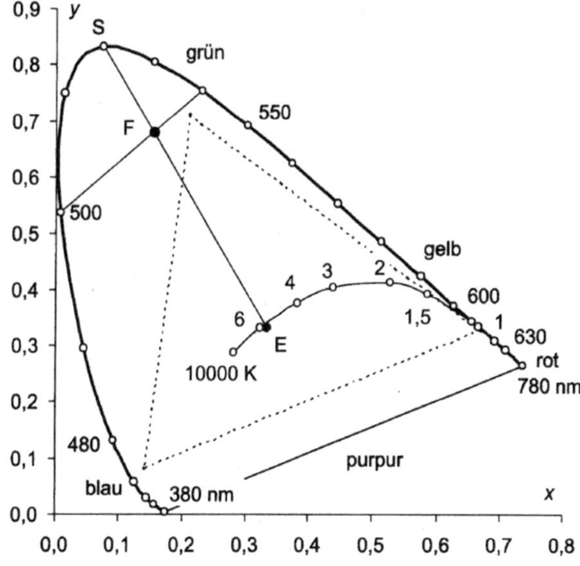

Abb. 8.12 Normfarbtafel für 2° Gesichtsfeldgröße. (Quelle: Hering, Martin, Stohrer: Physik für Ingenieure)

In dieser zweidimensionalen Darstellung nach Abb. 8.12 ist jeder *Farbe* ein *Punkt* zugeordnet. Die Normfarbenwertanteile der Spektralfarben bilden eine geschlossene Kurve, den *Spektralfarbenzug.* Die Verbindungsgerade seiner Eckpunkte ist die *Purpurgerade.* Alle *wirklichen (wahren)* Farben liegen *innerhalb* der umschlossenen Fläche. Die Kurve, die durch den *Farbort* E geht, zeigt die Farborte des schwarzen Strahlers bei 1000 °C. Innerhalb des Dreiecks, das von gestrichelten Linien gebildet wird, befinden sich die *RGB-Farborte,* die sich mit einer Farbfernsehröhre realisieren lassen.

8.4.2 Farbmodelle

Wie im vorherigen Abschnitt erwähnt wurde, ist für die Farbmessung und –bewertung ein einheitlicher Standard erforderlich. Dieser wurde mit dem CIE1931 geschaffen, welcher auf dem *RGB-Farbmodell* beruht. Im Zuge der Weiterentwicklung wurde dieser durch den Lab-Standard 1976 erweitert. Eine Ursache dafür waren auch die messtechnischen Anforderungen an die Farberfassung.

Ein RGB-Farbmodell gilt immer für ein konkretes System, also einen Monitor, Drucker oder Scanner. Dabei muss technisch bedingt ein Ziegelrot auf dem Monitor noch lange nicht als solches auf dem Drucker erscheinen. Das Lab-System orientiert sich an der Wahrnehmung des Menschen und ist damit geräteunabhängig. Der *CIE-Lab-Farbraum* ist in der DIN 6174 standardisiert.

Der Lab-Farbraum basiert auf gleichen numerischen Abständen für empfindungsmäßig gleiche Abstände. Dabei wird der Farbraum in der Ebene a und b dargestellt. Die dritte Achse entspricht der Helligkeit (Luminanz L) mit den Endpunkten 0 für Schwarz und 100 für Weiß.

Der Lab-Raum wird für die Messung an *Nichtselbststrahlern* verwendet *(lineare subtraktive Mischung)*. Die Umrechnung von RGB-Farben in den Lab-Raum erfolgt über die normierten Farbwert XYZ nach CIE1931.

Helligkeit $L^* = 116 \cdot Y^* - 16.$
Grün-Rot-Differenz $a^* = 500(X^* - Y^*).$
Blau-Gelb-Differenz $b^* = 200(Y^* - Z^*)$

$$\text{mit } X^* = \sqrt[3]{\frac{X}{X_n}} \quad \text{für } \frac{X}{X_n} > 0{,}008856$$
$$\text{bzw. } X^* = 7{,}787\sqrt[3]{\frac{X}{X_n} + 0{,}138} \quad \text{für } \frac{X}{X_n} \leq 0{,}008856.$$

Die Werte für Y^* und Z^* werden analog zu X^* gebildet.

Der *Unbuntpunkt* liegt dann bei: $a^* = 0{,}0$ und $b^* = 0{,}0$.

Der *Farbabstand* ΔE^*_{ab} ergibt sich damit zu

$$\Delta E^*_{ab} = \sqrt{(\Delta L^*)^2 + (\Delta a^*)^2 + (\Delta b^*)^2}.$$

Weitere Farbräume

Für *Selbststrahler (lineare additive Mischung)* wird der *Luv-Farbraum* verwendet, welcher ebenfalls von der CIE 1976 definiert wurde. Der Lab- und Luv-Farbraum werden oft für die technische Bildverarbeitung verwendet, da für die maschinelle Auswertung von Bildern die gleichmäßigen Farbabstände eine bessere Merkmalsselektion bringen.

Ein weiteres System stellt der *LCh-Farbraum* dar, welcher dem Lab entspricht, die Darstellung jedoch nicht in kartesischen Koordinaten sondern in *Zylinderkoordinaten* erfolgt.

Ebenfalls in Zylinderkoordinaten ist das *HSB-Farbmodell* aufgebaut. Es setzt einen Farbwert aus den drei Komponenten *Farbton* (Hue), *Sättigung* (Saturation) und *Helligkeit* (Brightness) zusammen. Der Farbton wird dabei durch einen Winkel von 0° bis 360° beschrieben, die anderen beiden Größen durch einen Wert von 0 % bis 100 %.

CMYK ist ein Farbraum für den Druck, welcher auf der subtraktiven Farbmischung basiert. Es werden dabei die Farben *Cyan, Magenta, Yellow* und *Black* verwendet. Der Farbwert deckt den Bereich von 0 % bis 100 % ab, wobei 0 % keine Farbe repräsentiert und 100 % eine vollfarbige Fläche.

8.4.3 Farbsysteme

Im Rahmen des industriellen Einsatzes sind unterschiedliche technische Farbsysteme entstanden. Diese dienen allgemein der Qualitätssicherung in einem bestimmten Marktbereich. Besonders zu nennen sind hier:

RAL-Farben	Teilt die Farbpalette über einen vierstelligen Zahlenschlüssel auf. Die Umrechnung in andere Farbsysteme erfolgt über Tabellen. Das System wird vor allem im Bereich der dekorativen Farbanwendung benutzt
Pantone-Farben	Dieses System wird vor allem im Bereich der Druckindustrie verwendet und bildet dafür den verbindlichen Farbensatz ab. Es baut auf der Verwendung der CMYK-Kombination auf. In diesem System sind auch Sonderfarben zugelassen, welche außerhalb liegen und nicht mit dem Vierfarbdruck erreichbar sind. Im Pantone gibt es mehrere Substandards

In der reinen Farbsensorik besteht oft das Ziel, die Messwerte auf eines dieser Systeme zurück zu führen.

8.4.4 Farbfilter für Sensoren

Beim Einsatz von Farbsensoren muss immer die für die Messung betrachtete Farbe aus dem Spektrum selektiert werden. Da Fotosensoren nur grob auf spektrale Bereiche reagieren, müssen sie mit einem *Farbfilter* ausgestattet werden. Es gibt dafür technisch zwei grundlegende Ansätze

- das *Aufdrucken* von farbigen Filtern in Form einer Lackfolie auf das Sensorelement oder
- das Aufbringen von *Beugungsgittern* als Filterstruktur.

Beide Methoden kommen bei Sensoren zum Einsatz. Die Farbfilter werden dabei allgemein bei Bildsensoren angewandt. Geht es um spezielle Farbmesstechnik, dann verwendet man Beugungsgitter, da diese trennschärfer sind und weniger Verluste ausweisen.

Für eine Festlegung des spektralen Arbeitsbereiches bei Halbleitern kommt noch ein weiterer Effekt zum Tragen. Strahlungen mit unterschiedlichen Wellenlängen haben in einer Halbleiterschicht unterschiedliche Eindringtiefen. Auf Basis dieser Eigenschaft lässt sich der spektrale Arbeitsbereich eines Sensors grundsätzlich einrichten (Abschn. 14).

Die andere, auch technisch realisierte Umsetzung dieser Erkenntnis sind Sensoren, die ein Farbbild dadurch erzeugen, dass die Information in unterschiedlichen Tiefen der Halbleiterstruktur abgenommen werden. Der Vorteil besteht dabei darin, dass die Farbinformation des gesamten Spektrums an einem gemeinsamen Ort erfasst wird. Dies ist der Gegensatz zu den anderen Filtersystemen, bei denen die einzelnen Farben nebeneinander aufgelöst werden. Der Nachteil dieser Methode ist aber, dass, physikalisch bedingt, keine farblich schönen Bilder unter visuellen Gesichtspunkten entstehen. Der Einsatz erfolgt deshalb nur unter speziellen Bedingungen der Bildverarbeitung.

Bayer-Pattern

Das B*ayer-Pattern* ist der bei Farbsensoren üblichste Filter (Abb. 8.13). Es besteht aus einem Raster der drei Grundfarben RGB mit doppeltem Grün. Dieses ergibt sich aus der großen Bedeutung des Grünanteils für die menschliche Wahrnehmung.

Der schon erwähnte Nachteil besteht darin, dass immer vier Pixel zusammen ein farbiges Pixel ergeben, wodurch sich die örtliche Auflösung reduziert. Der Sensor gibt die Pixelinformationen immer in dieser Rohform heraus – bei hochwertigen Kameras als raw-Format verfügbar.

Mittels moderner Interpolationsmethoden erfolgt die Berechnung nicht in Schritten aus Doppelpixeln, sondern dieser wird an die Pixelfolge angepasst. Wenn man die Farbpixel der ersten Zeile interpoliert, ergibt sich eine Rechnung der folgenden Form:

$$\begin{aligned} C11 &= \{P11,P12,P21,P22\} \\ C12 &= \{P12,P13,P22,P23\} \\ &\ldots. \end{aligned}$$

Die folgende Zeile beginnt mit der Interpolation von

$$C21 = \{P21,P22,P31,P32\}.$$

	x1	x2	x3	x4	x5
1x	**R**	**G**	**R**	**G**	**R**
2x	**G**	**B**	**G**	**B**	**G**
3x	**R**	**G**	**R**	**G**	**R**
4x	**G**	**B**	**G**	**B**	**G**
5x	**R**	**G**	**R**	**G**	**R**

Abb. 8.13 Ausschnitt eines Bayer-Pattern

Dabei sind Pxx die Pixelpositionen in Abb. 8.13 und Cxx die daraus resultierenden Farbpixel.

Das Bayer-Pattern besitzt zwar die größte Verbreitung, es gibt aber auch noch andere Filter. Für spezielle Anwendungen existieren auch Sensoren mit Farbfiltern aus senkrechten oder diagonalen Streifen, welche sich einfacher herstellen lassen. In gleicher Weise sind andere Farbkombinationen zu finden, wie beispielsweise Filter mit den Komplementärfarben.

Farbkorrektur (Color correction)

Da die einzelnen Farbfilter unterschiedliche Übertragungseigenschaften, und die Pixel unterschiedliche spektrale Empfindlichkeiten haben, muss anschließend eine Grundkorrektur erfolgen. Das erfolgt über die *Color correction matrix,* die vom Sensorhersteller in den Datenblättern dokumentiert sind.

$$\begin{bmatrix} R_{\mathrm{cor}} \\ G_{\mathrm{cor}} \\ B_{\mathrm{cor}} \end{bmatrix} = \begin{bmatrix} K1 & K2 & K3 \\ K4 & K5 & K6 \\ K7 & K8 & K9 \end{bmatrix} \cdot \begin{bmatrix} R_{\mathrm{raw}} \\ G_{\mathrm{raw}} \\ B_{\mathrm{raw}} \end{bmatrix}$$

Die Koeffizienten kommen vom Hersteller. Die Multiplikation einer Spalte entspricht einer Verstärkungsänderung des Kanals am Eingang.

Die Koeffizienten K1, K5 und K9 sind allgemein positiv, die anderen negativ.

Weißabgleich

Nach erfolgter Farbkorrektur ist der *Weißabgleich* eines Sensors erforderlich. Vereinfacht dargestellt geht dieser davon aus, dass in jedem Bild ein Weißpunkt – bzw. Graupunkt – vorhanden ist, welcher mit der Farbtemperatur der Lichtquelle korrespondiert. Bei einer Kamera äußert sich das in der Auswahl zwischen Tageslicht und Kunstlicht. Man erkennt aber hier auch bereits die Schwachstelle – wenn eine rein farbiges Objekt betrachtet wird (z. B. eine grüne Wand oder eine Beleuchtung mit farbigem Licht), führt dieser Abgleich meist nicht zum Erfolg. Die mathematisch sehr aufwendigen Rechnungen für den Weißabgleich kann man sich durch Abb. 8.14 veranschaulichen.

Beim Weißabgleich wird davon ausgegangen, dass sich alle Pixel im Farbraum befinden und sich dabei eine Häufung um die Graugrade einstellt. Die Graugrade repräsentiert dabei alle Schwarz-Weiß-Abstufungen.

Beim Abgleich wird aus den Pixeldaten eine Graugrade des Bildes berechnet und anschließend der Inhalt des gesamten Bildraumes so gedreht, dass die Grade des Bildes mit der idealen Grade so gut wie möglich überein stimmt. Bei der Drehung kann es jedoch vorkommen, dass Pixel die Wertgrenzen des Raumes verlassen, weshalb zusätzlich noch eine Anpassung der Verstärkung notwendig werden kann.

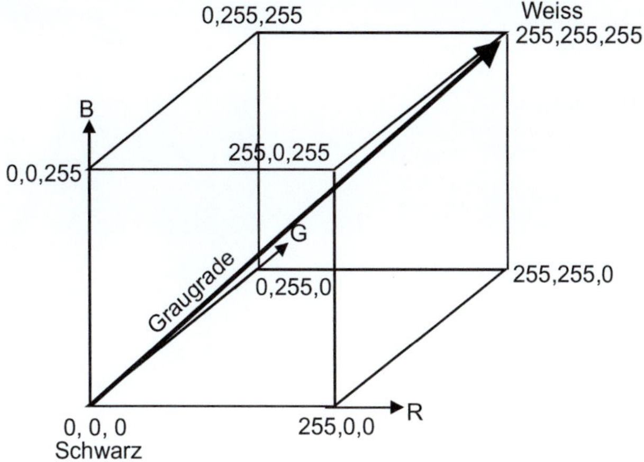

Abb. 8.14 Weißabgleich im RGB-Farbraum

8.4.5 Farbsensoren

Da Bildsensoren im Abschn. 14 ausführlich besprochen werden, wird im Folgenden auf eine Lösung mit Beugungsgitter verwiesen.

In Abschn. 2.14.3 ist in Abb. 2.93 ein Farbsensor nach dem RGB-Prinzip dargestellt. Abb. 8.15 zeigt den Farbsensor vom Typ MTCSi der Firma MAZeT, der es erlaubt, Farben in ihrer physikalischen Erscheinung zu erfassen. Er wird vor allem für die

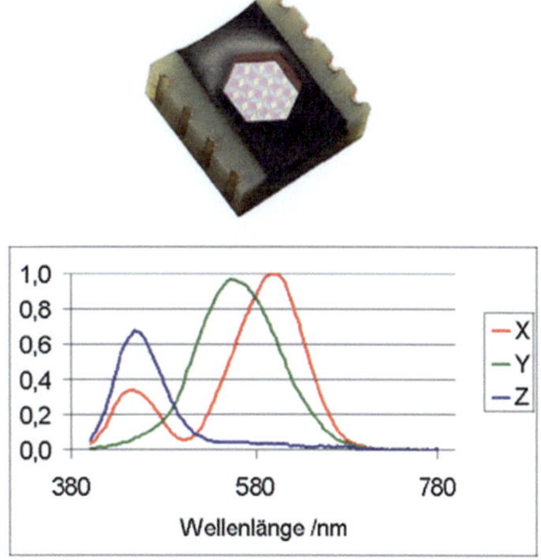

Abb. 8.15 Farbsens or zur Messung wirklicher Farbwerte. (Werkfoto: MAZeT GmbH)

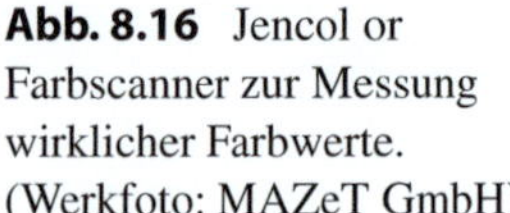

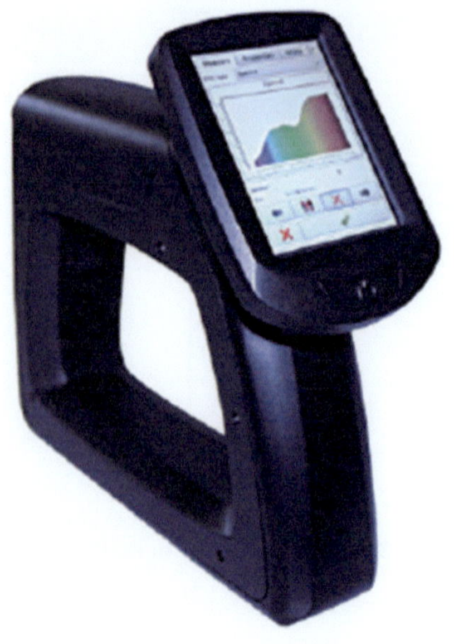

Abb. 8.16 Jencol or Farbscanner zur Messung wirklicher Farbwerte. (Werkfoto: MAZeT GmbH)

Justage und Analyse von Displays und in der Druck- und Textilindustrie eingesetzt. Den Verlauf der Normfarbwerte zeigt Z (erster Peak von links), Y (zweiter Peak von links) und X (dritter Peak von links). In Abb. 8.16 ist ein auf diesem Sensor basierender Farbscanner gezeigt, der die Farbwerte ermittelt.

Weiterführende Literatur

Hering, E., Martin, R., Stohrer, M.: Physik für Ingenieure, 10. Aufl. Springer (2007) http://farbe.wisotop.de/Arbeitsfarbraum.shtml

Umrechnung von Farbräumen. http://www.frank-schibilla.de/IT/RAL-Pantone-CMYK/RAL-Pantone-CMYK.php, http://ngin.de/cmyk2pantone/index.php?c=50&m=10&y=50&k=25&hits=10

Wagner, P.: Farbmanagement. ScanDig GmbH. http://www.filmscanner.info/Farbmanagement.html

Akustische Messgrößen 9

Ekbert Hering

In der Akustik werden das Auftreten, die Eigenschaften und das Messen von *Longitudinalwellen* (örtliche Verdichtungen und Verdünnungen schwingender Partikel) in Gasen, Flüssigkeiten und Festkörpern beschrieben. Von besonderer Bedeutung sind die *Ausbreitung* des Schalls in *Luft* und die menschliche *Schallempfindung*. Man unterscheidet je nach Amplitude und Frequenzverlauf:

- *Ton:* eine einzige Schallfrequenz und eine sinusförmige Amplitude.
- *Geräusch:* eine Vielzahl von unterschiedlichen Frequenzen und stark schwankender Amplitudenverlauf.
- *Knall:* sehr viele Frequenzen bei nahezu konstantem Amplitudenverlauf.

9.1 Definition wichtiger akustischer Größen

Schalldruck p

Der Schalldruck p ist ein Maß für die *Druckschwankungen* in einem Medium. Bei einem Ton (periodische Schwankung mit nur einer Frequenz) gilt:

$$p(t) = < \mathrm{p} > \cos(\omega\, t - \varphi).$$

Es ist <p>: Amplitude des Schalldrucks; ω: Kreisfrequenz ($\omega = 2\pi f$); φ: Phasenverschiebung. Der Schalldruck p ist meist um viele Größenordnung kleiner als der statische Luftdruck. Er ist eine skalare Größe.

E. Hering (✉)
Hochschule Aalen, Heubach, Deutschland
E-Mail: Ekbert.Hering@hs-aalen.de

E. Hering und G. Schönfelder (Hrsg.), *Sensoren in Wissenschaft und Technik*,
https://doi.org/10.1007/978-3-658-39491-2_9

Schallschnelle v

Sie beschreibt, mit welcher Geschwindigkeit die Teilchen um ihre Ruhelage schwingen. Wie beim Schalldruck kann man für einen Ton schreiben:

$$\boldsymbol{v}(t) = <\boldsymbol{v}> \cos(\omega\, t).$$

Die Schallschnelle ist ein Vektor.

Schallgeschwindigkeit c

Sie gibt an, mit welcher Geschwindigkeit sich die Schallwelle im Medium fortpflanzt. Die Schallgeschwindigkeit ist vom Medium abhängig. Es gelten folgende Zusammenhänge:

- *Gase:* $c = \sqrt{\frac{kp}{\rho}}$, mit κ: Isentropenexponent; p: Schalldruck; ρ: spezifische Dichte.

  Für Luft beträgt die Schallgeschwindigkeit $c_{\text{Luft}} = 331{,}2$ m/s.
- *Festkörper:* $c = \sqrt{\frac{K}{\rho}}$, wobei E: Elastizitätsmodul.

  Die Schallgeschwindigkeit in Wasser beträgt: $c \approx 1490$ m/s.
- *Flüssigkeiten:* $c = \sqrt{\frac{\text{E}}{\rho}}$ wobei K: Kompressionsmodul.

  Für Stahl beträgt die Schallgeschwindigkeit $c \approx 5800$ m/s.

Schall-Leistung P_{schall}

Dies ist die pro Zeiteinheit von einer Schallquelle abgegebene Energie. Es gilt:

$$P_{\text{Schall}} = \int p(t)\ \text{v(t) n} \cdot \text{d}\, A,$$

mit n · dA: Flächenelement dA in Richtung des Flächen-Normalenvektors n.

Schallintensität I_{Schall}

Dies beschreibt die Schall-Leistung pro Flächeneinheit. Es gilt:

$$I_{\text{Schall}} = p(t)\ \boldsymbol{v}(t).$$

Schallimpedanz Z_{A}

Sie ist der *Wellenwiderstand* des Mediums und gibt an, wie die Schallschnelle durch eine Druckerregung erzeugt wird. Es gilt:

$$\text{Z}_{\text{A}} = \rho\ c.$$

9.2 Menschliche Wahrnehmung

9.2.1 Pegel

Schalldruckwellen werden durch das menschliche Ohr aufgenommen und nach Frequenz und Schalldruck wahrgenommen. Der Hörbereich liegt zwischen 16 Hz und 20 kHz. Der Schalldruck für die *Hörschwelle* liegt bei $2 \cdot 10^{-5}$ Pa und die *Schmerzschwelle* bei etwa 20 Pa. Normale Töne liegen bei etwa 0,1 Pa. Wegen dieser großen Spannweite wird logarithmiert (10er-Logarithmen) und die *Pegel* berechnet. So gilt für den Schalldruck-Pegel L_P beispielsweise:

$$L_P = 10 \log \left(\frac{p_{\text{eff}}^2}{p_0^2} \right) = 20 \log \left(\frac{p_{\text{eff}}}{p_0} \right), \text{mit } p_{\text{eff}} : \text{Effektivwert des Schalldrucks;}$$

mit $p0$: Bezugsdruck.

In Tab. 9.1 sind die entsprechenden Schallpegel zusammengestellt. Die Messung der Pegel erfolgt in Dezibel (dB). Nach diesen Zusammenhängen ist der Schallintensitäts-Pegel an der Hörschwelle:

$$L_{\text{H ö rschw}} = 10 \log (I_0)/(I_0) = 0 \, \text{dB}.$$

Die Schall-Intensität der Schmerzschwelle liegt bei 1 W/m^2. Damit gilt:

$$L_{\text{Schmerzschw}} = 10 \log \left(1/10^{-12}\right) = 10 \log 10^{12} = 120 \text{ dB}.$$

Für den Schalldruck gilt:

- Schalldruck an der Hörschwelle: $p_{\text{Hörschw}} = 2 \cdot 10^{-5}$ Pa und
- Schalldruck an der Schmerzschwelle: $p_{\text{Schmerz}} = 200$ Pa.

Zwischen Hör- und Schmerzschwelle überstreicht der Schalldruck einen Bereich von 7 Zehnerpotenzen. Abb. 9.1 zeigt den Zusammenhang zwischen Schalldruck und Schallpegel.

In Tab. 9.2 sind die relativen Schall-Intensitäten einiger Schallquellen zusammengestellt.

Tab. 9.1 Schallpegel in der Akustik. (Quelle: Hering, Martin, Stohrer: Physik für Ingenieure)

Schallpegel	Definition	Bezugsgröße	Beziehungen
Schalldruckpegel	$L_p = 20 \text{ lg } \frac{p_{\text{eff}}}{p_{\text{eff},0}} \text{dB}$	$p_{\text{eff},0} = 2 \cdot 10^{-5}\text{Pa}$	
Schallschnellepegel	$L_v = 20 \text{ lg } \frac{v_{\text{eff}}}{v_{\text{eff},0}} \text{dB}$	$v_{\text{eff},0} = 5 \cdot 10^{-8} \frac{\text{m}}{\text{s}}$	$p_{\text{eff}} = Z \, v_{\text{eff}}$
Schallintensitätspegel	$L_I = 10 \text{ lg } \frac{I}{I_0} \text{dB}$	$I_0 = 10^{-12} \frac{\text{W}}{\text{m}^2}$	$I = \frac{p_{\text{eff}}^2}{Z}$
Schallleistungspegel	$L_w = 10 \text{ lg } \frac{P}{P_0} \text{dB}$	$P_0 = 10^{-12}\text{W}$	$P = S \frac{p_{\text{eff}}^2}{Z}$

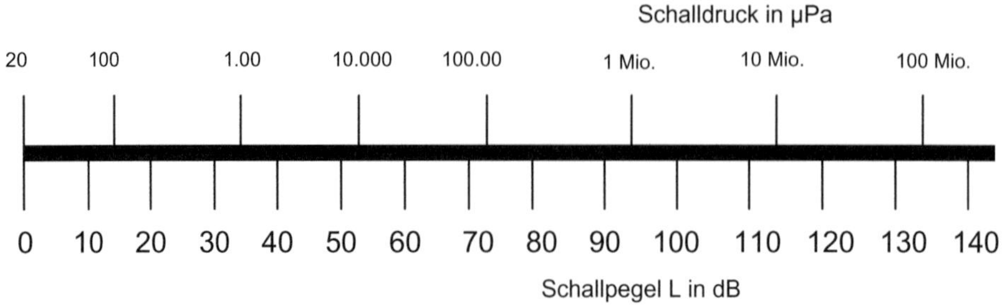

Abb. 9.1 Zusammenhang zwischen Schalldruck und Schallpegel

Tab. 9.2 Relative Schallintensitäten und Pegel einiger Schallquellen

Situationen	I/I_0	dB	Beschreibung
	10°	0	Hörschwelle
Normales Atmen	101	10	Kaum hörbar
Raschelnde Blätter	10^2	20	
Leises Flüstern (5 m Entfernung)	10^3	30	Sehr leise
Bibliothek	10^4	40	
Ruhiges Büro	105	50	Leise
Normale Unterhaltung (1 m Entfernung)	10^6	60	
Betriebsamer Verkehr	10^7	70	
Bürolärm mit Maschinen; Fabrikdurchschnittswert	10^8	80	
Schwertransporter (15 m Entfernung) Wasserfall	10^9	90	Dauerbelastung führt zu Hor-Schäden
Alte U-Bahn, Konzert	10^{10}	100	
Presslufthammer	10^{11}	110	
Rockkonzert	10^{12}	120	
Presslufthammer, Maschinengewehr	10^{13}	130	Schmerzgrenze
Abheben Düsenflugzeug (unmittelbare Nähe)	10^{15}	150	Taubheit nach 0,5 s möglich; Reißen des Trommelfells
	10^{20}	200	

9.2.2 Lautstärke

Wie bereits oben erwähnt, liegt der hörbare Bereich zwischen 16 Hz und 20 kHz. Die Lautstärke L_S ist ein Maß für das *Lautheitsempfinden* des Ohres. Die Lautstärke wurde so festgelegt, dass bei der Schallfrequenz von 1000 Hz der Wert der Lautstärke L_S gleich dem Wert des Schalldruckpegels L_P ist:

$$L_S(1000\ \text{Hz})\ \text{in phon} = L_P(1000\,\text{Hz})\ \text{in dB}.$$

Die Lautstärke wird in *phon* gemessen. Der Schalldruck, der das Ohr erreicht, wird je nach Frequenz als unterschiedliche Lautstärke wahrgenommen. Abb. 9.2 zeigt die Kurven gleicher Lautstärken L_S (in phon) für unterschiedliche Frequenzen f und Schalldruckpegel L_P.

Man erkennt aus Abb. 9.2, dass die größte Empfindlichkeit des Ohres bei etwa 4 kHz liegt. Töne mit geringer werdender Frequenz werden als nicht so laut empfunden. Dieser Zusammenhang zwischen Schalldruckpegel und der Schallempfindung des menschlichen Ohres wird in *Bewertungskurven* nach DIN EN 61672-1 vorgenommen (Abb. 9.3).

Die Bewertungskurve A wird in der Praxis am Häufigsten eingesetzt. Sie entspricht dem Schallempfinden für Lautstärken unter 90 phon. Bei tieffrequenten Schall-Signalen oder sehr lautem Schall (über 90 phon) kommt die Bewertungskurve C zum Einsatz. Die bewerteten Schallpegel werden dann als dB(A) und dB(C) angegeben.

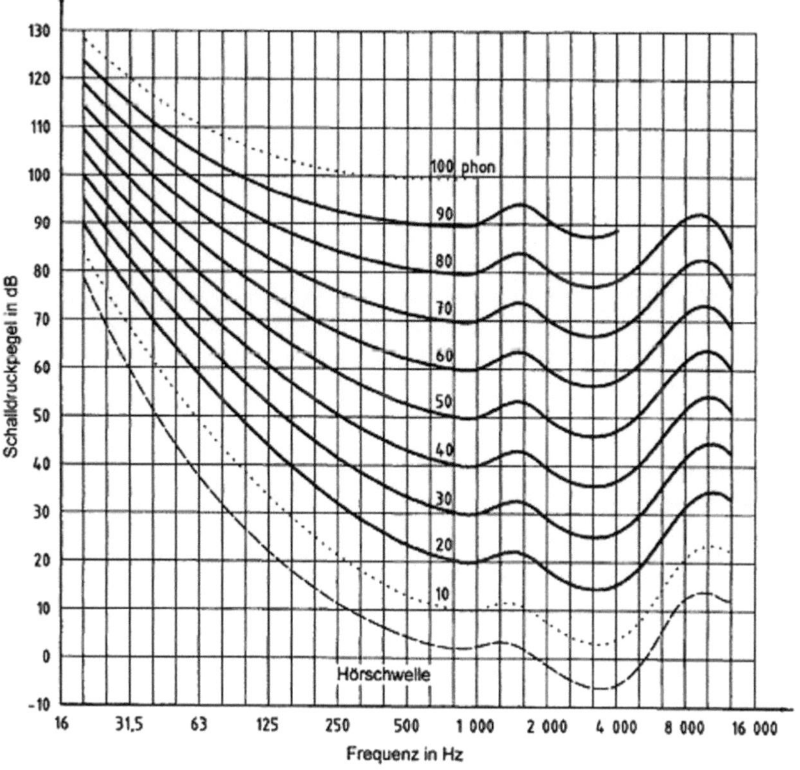

Abb. 9.2 Normalkurven gleicher Lautstärkepegel für reine Töne im freien Schallfeld. (Quelle: DIN ISO 226)

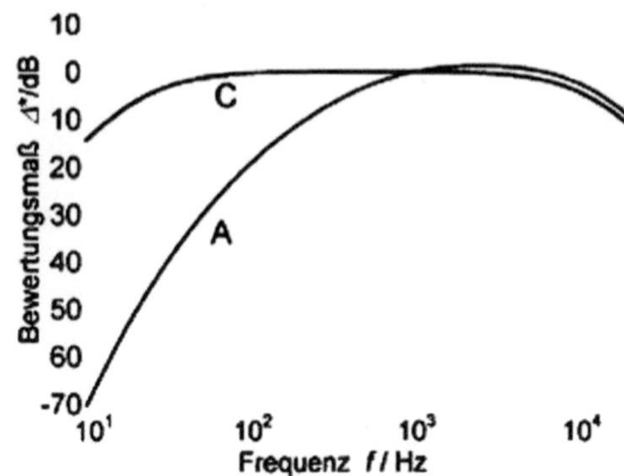

Abb. 9.3 Bewertungskurven A und C nach DIN EN 61672-1

9.2.3 Lautheit

Die logarithmischen Zusammenhänge der Pegel sind in der Praxis nicht ganz einfach zu verstehen. Deshalb wurde die *Lautheit L* in *sone* eingeführt, welche einen linearen Zusammenhang zwischen Lautstärke und Lautheit darstellt (Abb. 9.4).

Wie Abb. 9.4 zeigt, entspricht ein Lautstärkepegel von 40 phon einer Lautheit von 1 sone (DIN 1320). Die Abhängigkeit der Lautheit L_{sone} von der Lautstärke L_{phon} lautet:

$$\log 10\,(L_{\text{sone}}) \approx 0{,}03010\,(L_{\text{phon}} - 40).$$

Aus dieser Gleichung ist erkenntlich, dass ein Zuwachs des Lautstärkepegels um 10 phon einer Verdoppelung der Lautheit und eine Verringerung um 10 phon einer Halbierung der Lautheit entspricht.

Der oben erwähnte Zusammenhang wurde im Bereich zwischen 20 phon und 120 phon experimentell bestätigt. Außerhalb dieser Grenzen müssen die Zusammenhänge experimentell und individuell geklärt werden.

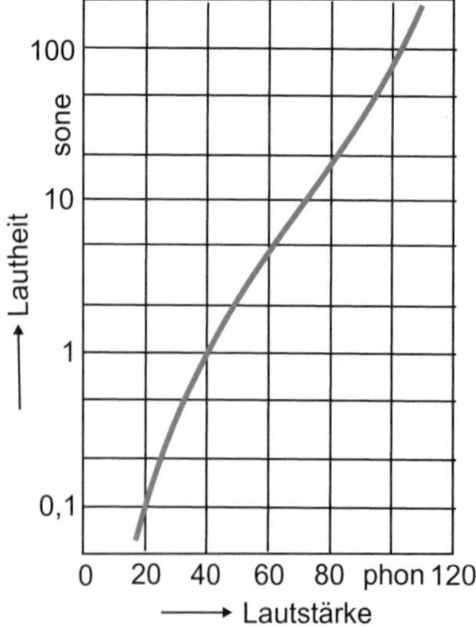

Abb. 9.4 Zusammenhang zwischen Lautheit in sone und Lautstärke in phon. (Quelle: Meyer, Neumann: Physikalische und technische Akustik)

9.3 Schallwandler

Die Schalldruckpegel umfassen mehr als sechs Zehnerpotenzen. In diesem Bereich wandeln *Schallwandler* den Wechseldruck über ein mechanisches Schwingungssystem *(Membran)* in *elektrische Spannungen* um. Abb. 9.5 zeigt die unterschiedlichen Prinzipien elektroakustischer Wandler, ihre technischen Ausführungen und einige Anwendungsbeispiele.

Elektroakustische Wandler	technische Ausführungen	Anwendungsbereich
elektrostatisch	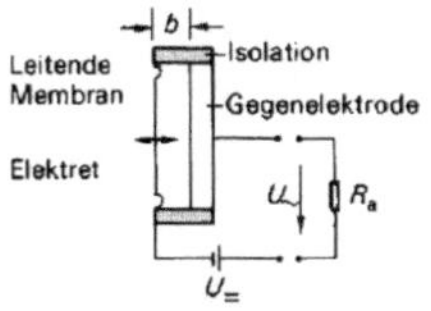 Kondensatormikrofon (mit äußerer Polarisationsspannung an der Mikrofonkapsel) Elektretmikrofon (permanente elektrische Polarisation an der Mikrofonmembran) Speziallautsprecher	Schallpegelmesser Studiomikrofon Ansteckmikrofon Tieftonmikrofon Handmikrofon Umhängemikrofon extrem breitbandige Kopfhörer extrem breitbandige Kopfhörer
elektrodynamisch (Schwingspule)	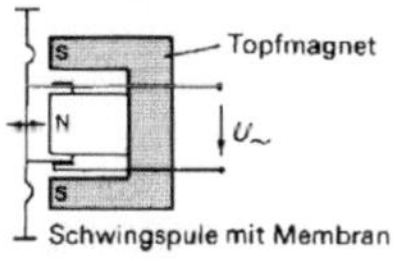 Tauchspulenmikrofon Lautsprecher	Studiorichtmikrofon Handmikrofon Umhängemikrofon Normschallquellen Beschallungsanlagen Kopfhörer
elektrodynamisch (Bändchen)	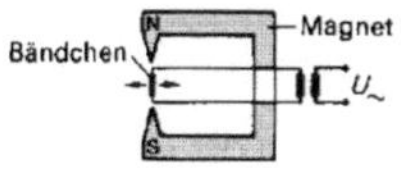 Bändchenmikrofon	Studiomikrofon für höchste Lautstärkepegel Vokalmikrofon Blechbläsermikrofon
elektromagnetisch	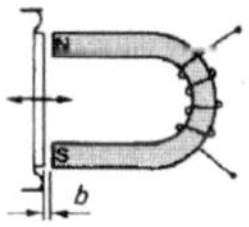 Lautsprecher	Telefonhörer Hörgeräte
piezoelektrisch	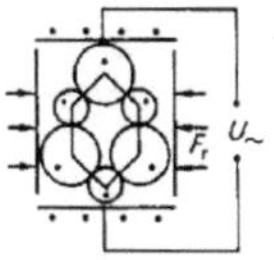 Kristallmikrofon Keramikmikrofon Piezopolymer-Mikrofon	Körperschallmikrofon Wasserschallmikrofon Beschleunigungsaufnehmer
piezoresistiv	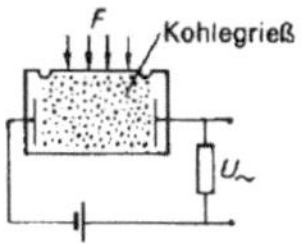 Kohlemikrofon	Fernsprechapparat

Abb. 9.5 Prinzipien elektroakustischer Wandler. (Quelle: Hering, Martin, Stohrer: Physik für Ingenieure)

Während *Mikrofone* den Schalldruck in elektrische Spannung wandeln, arbeiten *Schallgeber* oder *Lautsprecher* umgekehrt. Sie wandeln elektrische Leistung in Schall-Leistung.

Folgende Wandlerprinzipien nach Abb. 9.5 werden in der Technik realisiert:

- *Elektrostatischer Wandler:* Die Membran und eine Gegenkathode bilden einen Kondensator. Mit der Auslenkung der Membran ändert sich die Kapazität und damit die elektrische Spannung.
- *Elektrodynamischer Wandler:* Die Membran bewegt eine Spule in einem Topfmagneten. Durch die Bewegung werden elektrische Spannungen in der Spule induziert.
- *Elektromagnetischer Wandler:* Durch die Schwingung im Luftspalt eines Magneten ändert sich der magnetische Fluss im Magneten und induziert in einer Wicklung eine elektrische Spannung.
- *Piezoelektrischer Wandler:* Der Schalldruck erzeugt eine Verschiebung der Ladungsträger und damit eine Spannung, die zum Schalldruck proportional ist.
- *Piezoresistiver Wandler:* Durch den Schalldruck wird der elektrische Widerstand geändert (Abschn. 2.2) und damit eine Spannungsänderung bewirkt.

Richtcharakteristiken der Mikrofone

Die *Richtcharakteristik* eines Mikrofones gibt an, aus welchen Richtungen der Schall bevorzugt aufgenommen wird. Dabei unterscheidet man:

- *Kugelmikrofon:* Der Schall wird aus allen Richtungen gleichförmig aufgenommen.
- *Keulenmikrofon:* Es wird der frontal auftreffende Schall berücksichtigt, während der seitwärts einfallende Schall unterdrückt wird. Damit entsteht eine ausgeprägte *Richtwirkung.*
- *Achtermikrofon:* Hier werden Schalldrücke aus zwei gegenüberliegenden Richtungen empfangen.
- *Nierenmikrofon:* Dieses Mikrofon registriert die Schalldrücke zwischen Vorder- und Rückseite der Membran. Die maximale Empfindlichkeit ist vor dem Mikrofon und nimmt zu den Seiten hin ab.

Abb. 9.6 zeigt Bauformen von Messmikrofonen, speziell von Multifeld-Mikrofonen. Diese messen Schall in unbekannten Schallfeldern für jede Schallrichtung und in jedem Schallfeld mit hoher Empfindlichkeit (65 mV/Pa), in einem Frequenzbereich von 5 Hz bis 20 kHz und einem Dynamikbereich von 20 dB bis 130 dB in einem Temperaturumfeld von −20 °C bis +80 °C.

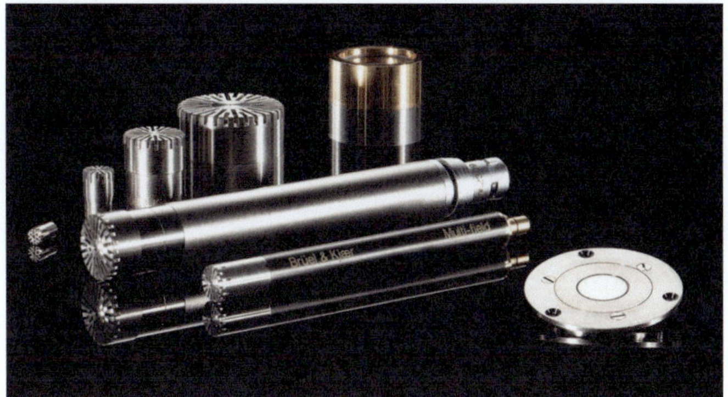

Abb. 9.6 Bauformen von Mess-Mikrofonen. (Werkfoto: Brüel&Kjaer)

Abb. 9.7 Multifeld-Mikrofon zur Messung von Motorgeräuschen. (Werkfoto: Brüel&Kjaer)

Abb. 9.7 zeigt den Einsatz eines Multifeld-Mikrofones zur Messung des Schalls im Automobil.

9.4 Anwendungsfelder

Die Erfassung von akustischen Größen spielt in der Technik eine wichtige Rolle. Im Folgenden werden einige Anwendungsfelder beschrieben:

Umweltlärm

Umweltlärm sind unerwünschte Schallereignisse und Schwingungszustände. Die Einordnung ist von Land zu Land verschieden und hängt auch von der jeweiligen Kultur ab. Folgende Schallquellen kommen infrage:

- Autolärm,
- Flugzeuglärm,
- Industrielärm,
- Transportlärm,
- Baulärm und
- Freizeitlärm.

Abb. 9.8 zeigt die Grenzwerte für den Lärmpegel in dB(A) in verschiedenen Ländern.

Oft wird der Lärm auch kartiert, um besonders gefährdete Zonen festzustellen (z. B. Einflugschneisen von Flugzeugen).

Beim Industrielärm geht es im Wesentlichen darum, die Produktionsanlagen möglichst lärmarm zu gestalten und die Belegschaft vor schädlichem Lärm zu schützen (Arbeitssicherheit). Aber auch gefährliche Schwingungen während der Produktion können untersucht und entsprechend abgestellt werden. Dies kann mit einer *Modal-Analyse* erfolgen.

In Abb. 9.9 sind die Grenzwerte der Schalldruckpegel für die Lärmschutzzonen in Deutschland zusammengestellt.

Akustische Materialprüfung

Die akustischen Eigenschaften von Materialien spielen eine immer wichtigere Rolle. Sie werden hinsichtlich ihrer Absorption (Absorptionskoeffizient *a*), Reflexion (Reflexionskoeffizient *r*), der akustischen Impedanz (*Z*), der akustischen Admittanz (*G*) und des

Grenzwerte für Straßenlärm [dB]				
Land	**Kenngröße**	**Tag-Grenze**	**Abend-Grenze**	**Nacht-Grenze**
Australien	L_{10}, 18h	60		55
Österreich	L_{Aeq}	50–55		40–45
Kanada	L_{Aeq}	50		50
Dänemark	L_{Aeq}, 24h	55	55	55
Frankreich	L_{Aeq}	60–65		55–57
Deutschland	L_r	50–55		40–45
Niederlande	L_{Aeq}	50	45	40
Spanien	L_{Aeq}	60		50
Schweden	L_{Aeq}, 24h	55	55	55
Schweiz	L_r	55		45
Großbritannien	L_{Aeq}	55		43

Abb. 9.8 Grenzwerte für dem Lärmpegel in dB(A) bei Straßenlärm in verschiedenen Ländern. (Quelle: Bruel & Kjaer Sound and Vibration Measurement A/S)

Beispiel für die Anwendung der Lärmschutzzonen						
Zone	Planung		Änderung		Alarm	
[dB]	Tag-Grenze	Nacht-Grenze	Tag-Grenze	Nacht-Grenze	Tag-Grenze	Nacht-Grenze
Erholung	50	40	55	45	65	60
Wohngebiet	55	45	60	50	70	65
Mischgebiet	60	50	65	55	70	65
Industrie	65	55	70	60	75	70

Abb. 9.9 Grenzwerte der Pegel für Lärmschutzzonen. (Quelle: Bruel & Kjaer Sound and Vibration Measurement A/S)

Durchgangsverlustes (*TL:* Transmission Loss) charakterisiert. Die Werte sind in den einschlägigen Normen (z. B. ISO 10534-2) festgelegt.

Schalldämmung

Schalldämmung ist wichtig, weil die Schallenergie durch Wände und Gebäude dringt, oder auch als Trittschall übertragen wird. Dazu werden die Lärmpegel in zwei Räumen gemessen und verglichen. Abb. 9.10 zeigt einen Zweikanal-Schallpegelmesser, der die Schallereignisse in den beiden Räumen erfassen kann und auswertet.

Raumakustik

Bei der Raumakustik werden die baulichen Gegebenheiten untersucht, welche für die in diesem Raum stattfindenden Schallereignisse optimal sind. So werden die Raumakustiken in Konzertsälen, in Konferenzräumen, in Schulen oder in Studios bei Funk und Fernsehen speziell entwickelt. Dabei spielen die *Nachhallzeit,* die *Sprachverständlichkeit* und die *Musikqualität* die entscheidende Rolle.

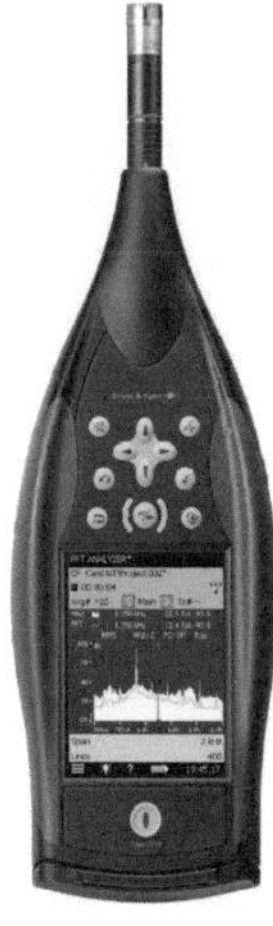

Abb. 9.10 Zweikanal-Schallpegel-Messer. (Quelle: Bruel & Kjaer Sound and Vibration Measurement A/S)

Klang-Qualität
Bei der Klang-Qualität wird ein Produkt so entwickelt, dass es für den Kunden einen optimalen Klang hat. Dazu dienen nicht nur physikalische Messung der Schall-Parameter, sondern auch psychologische Untersuchungen beim Kunden.

Weiterführende Literatur

Brüel & Kjaer: Umweltlärm (2000)
Gunther, B., Hansen, K.H., Veit, I.: Technische Akustik – Ausgewählte Kapitel, Grundlagen, aktuelle Probleme und Messtechnik, 8. Aufl. Expert. Tübingen (2010)
Henn, H., Sinambari, G.R., Fallen, M.: Ingenieurakustik: Physikalische Grundlagen und Anwendungsbeispiele. Vieweg+Teubner, Wiesbaden (2008)
Hering, E., Martin, R., Stohrer, M.: Physik für Ingenieure, 13. Aufl. Springer, Berlin (2021)
Hering, E., Modler, K.-H.: Grundwissen des Ingenieurs, 14. Aufl. Hanser, Leipzig (2007)
Lerch, R., Sessler, G., Wolf, D.: Technische Akustik: Grundlagen und Anwendungen. Springer, Berlin (2009)
Maute, D.: Technische Akustik und Lärmschutz. Hanser, Leipzig (2006)
Meyer, E., Neumann, E.-G.: Physikalische und technische Akustik. Vieweg, Berlin (1986)
Möser, M.: Technische Akustik. Springer, Berlin (2009)
Veit, I.: Technische Akustik: Grundlagen der physikalischen, physiologischen und Elektroakustik. Vogel, Würzburg (2005)

Klimatische und meteorologische Messgrößen 10

Robert Krah, Roland Wernecke, Gert Schönfelder und Gerd Stephan

10.1 Feuchtigkeit in Gasen

10.1.1 Definitionen und Gleichungen

Luftfeuchtigkeit
Die Luftfeuchtigkeit, oder kurz Luftfeuchte, bezeichnet den Anteil des Wasserdampfes am Gasgemisch der Erdatmosphäre oder in Räumen.

Wasserdampfpartialdruck
In einem geschlossenen Behältnis, das zum Teil mit Wasser gefüllt ist, bildet sich Wasserdampf in der Luft über der Flüssigkeit. Der Wasserdampf übt dabei Druck auf die Wände des Gefäßes aus. Dieser wird als *Wasserdampfpartialdruck* p_d bezeichnet. Die maximale erreichbare Dampfkonzentration bei einer Temperatur T bezeichnet man als *Wasserdampfsättigungsdruck.* Die Entstehung von Wasserdampf ist unabhängig

R. Krah (✉)
Krah&Grote Messtechnik, Otterfing, Deutschland
E-Mail: info@krah-grote.com

R. Wernecke
Feuchtemesstechnik GmbH, Strausberg, Deutschland
E-Mail: info@dr-wernecke.de

G. Schönfelder
Dresden, Deutschland
E-Mail: gschoenfelder@t-online.de

G. Stephan
Quantum Hydrometrie Gesellschaft für Mess- und Systemtechnik mbH, Berlin, Deutschland
E-Mail: Gerd.Stephan.Berlin@gmx.de

E. Hering und G. Schönfelder (Hrsg.), *Sensoren in Wissenschaft und Technik,*
https://doi.org/10.1007/978-3-658-39491-2_10

vom Medium Luft. Allgemein wird der Wasserdampfpartialdruck p_d als Dampfdruck e bezeichnet. Es gilt:

$$p_d \equiv e = \rho_d \, R_i \, T$$

mit

R_i: individuelle Gaskonstante ($R_i = 462$ J (kg K)$^{-1}$)
ρ_d : Dichte des Wasserdampfes.

Die Dichte des Wasserdampfes ρ_d ist geringer als die trockener Luft.

Dieser Höchstwert wird als *Sättigungsdampfdruck* oder *Gleichgewichtsdampfdruck* bezeichnet. Die Konzentration des Wasserdampfes bei Sättigung hängt allein von der Temperatur ab. Die Berechnung des Sättigungsdampfdrucks über einer ebenen Wasserfläche E_w bzw. über einer Eisfläche E_e erfolgt in der Regel durch empirische Gleichungen.

Magnus-Formel, Bezeichnung nach Murray. Die WMO (World Meteorological Organisation) gibt an:

$$E_w(T) = 6{,}1070 \exp\,(17{,}15\mathrm{T}/\mathrm{T} + 234{,}9) \tag{10.1}$$

$$E_e(T) = 6{,}1064 \exp\,(21{,}88\mathrm{T}/\mathrm{T} + 265{,}5) \tag{10.2}$$

mit T in °C und E in hPa. Tab. 10.1 gibt für $E_w(T)$ und $E_e(T)$ einige Zahlenwerte an.

Absolute und spezifische Luftfeuchtigkeit

Die *absolute Luftfeuchtigkeit* in [g/m^3] gibt die *Masse des Wasserdampfes* in einem bestimmten *Luftvolumen* an. Sie ist unabhängig von der Temperatur. Die *spezifische Luftfeuchtigkeit* [g/kg] bezeichnet die *Feuchtemenge,* bezogen auf trockene Luft und ist unabhängig von Temperatur und Luftdruck.

Meteorologisch betrachtet kann ein Ansteigen der absoluten Feuchte unterschiedliche Gründe haben, wie Verdunstung über Wasseroberflächen (Meer, Seen oder Flussläufe), die Ausdunstung von Wasserdampf durch Pflanzen, durch Regenfälle und die nachfolgende Verdunstung des Oberflächenwassers oder ganz allgemein die Vermischung mit trockeneren oder feuchteren Luftmassen.

In Innenräumen kommen die menschlichen Einflussfaktoren hinzu, wie Atmung und Transpiration von Personen, Wassereintrag durch feuchte Kleidung oder Feuchteeintrag

Tab. 10.1 Sättigungsdampfdruck über reinem Wasser (unendlich ausgedehnte, ebene Wasserfläche) und Eis

T in °C	100	50	40	30	20	10	0	−5	−10	−20
$E_w(T)$	1013,2	12,4	73,8	42,4	23,4	12,3	6,11	4,22	2,86	1,25
$E_e(T)$							6,11	4,02	2,60	1,03

durch regelmäßige Arbeiten (z. B. Bodenreinigung) oder bei Sanierungsarbeiten (Verputzen oder Streichen der Wände).

Sättigungsfeuchte

Die *Sättigungsfeuchte* ist die *Feuchtemenge,* welche die *Luft* bei einer bestimmten *Temperatur maximal* aufnehmen kann. Warme Luft kann deutlich mehr Feuchtigkeit aufnehmen als kältere. Abb. 10.1 zeigt, dass die Sättigungsfeuchte mit steigender Temperatur zunimmt. Unterhalb der Kurve ist Wasserdampf in der Luft verteilt, oberhalb ist die Luft mit Wasserdampf gesättigt und Wasser fällt in flüssiger Form aus.

Relative Luftfeuchtigkeit φ

Die *relative Luftfeuchtigkeit* beschreibt das *Verhältnis* von *absoluter Feuchte* zur *Sättigungsfeuchte* bei einer bestimmten Temperatur und einen bestimmtem Luftdruck. Sie gibt an, in welchem Grad die Luft mit Wasser angereichert ist.

Die relative Luftfeuchtigkeit φ ist definiert als das Verhältnis von Wasserdampfpartialdruck (p_d) zu Wasserdampfsättigungsdruck (p_s) bei gleichem Luftdruck und gleicher Temperatur.

$$\varphi = p_\mathrm{d}/p_\mathrm{s} \cdot 100\,[\%].$$

Mit Wasserdampf gesättigte Luft besitzt eine relative Luftfeuchte von 100 %. Beim Erwärmen der Luft ohne Veränderung der absoluten Feuchte sinkt die relative Feuchte, da der Wasserdampfsättigungsdruck mit der Temperatur ansteigt. Beim Abkühlen eines konstanten Luftvolumens erhöht sich die relative Luftfeuchte auf maximal 100 %.

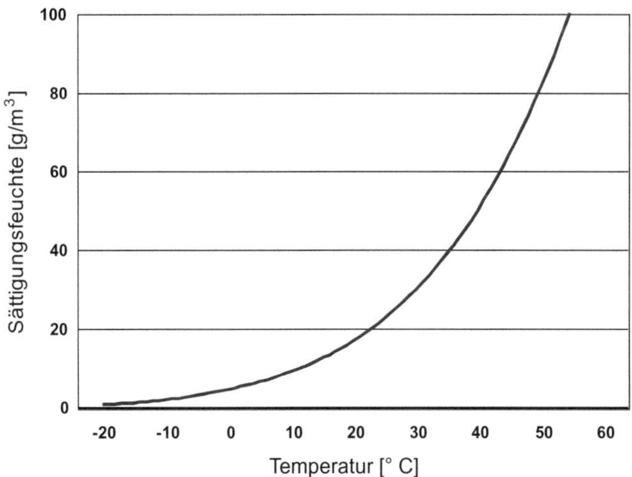

Abb. 10.1 Sättigungsfeuchte in Abhängigkeit von der Temperatur

Taupunkt

Bei einem weiteren Abkühlen wird Wasserdampf als *Nebel* ausgeschieden oder an Oberflächen als Tauwasser niedergeschlagen. Die Temperatur, bei der es zum Ausscheiden von Wasserdampf kommt, heißt *Taupunkttemperatur* τ. Sie ist die Temperatur, bei der der Wasserdampfpartialdruck e zum Sättigungsdampfdruck E wird. Es gilt:

$$e(T) = E(\tau).$$

Damit kann mit nachfolgender Formel der Taupunkt bestimmt werden:

$$\tau = 13{,}7 \ln\left(e/E(0)\right)/1 - 0{,}058 \ln\left(e/E(0)\right).$$

Ein Beispiel: Im Frühjahr wird eine unbeheizte Kirche bei den ersten Sonnenstrahlen und Tauwetter gelüftet. Die warme Luft von außen, die entsprechend mehr Feuchte enthält, trifft im Inneren auf die kalten Gebäudeoberflächen. Im noch kühlen Gebäude steigt die relative Feuchte an. An Punkten, an denen die Oberflächentemperatur der Raumhülle unterhalb der Taupunkttemperatur der Raumluft liegt, kommt es zum Niederschlag von Feuchtigkeit (Kondensation).

Enthalpie

Die Enthalpie gibt den Energiegehalt eines Gasgemisches in J/kg an.

Mollierdiagramm (h–x-Diagramm)

Das Mollierdiagramm (*h*–*x*-Diagramm Abb. 10.2) beschreibt grafisch die Zusammenhänge zwischen Temperatur, absoluter Feuchte, Sättigungsfeuchte, Enthalpie und relativer Feuchte.

h: spezifische Enthalpie (kJ/kg) ist ein Maß für die Energie in einem thermodynamischen System, bezogen auf die Stoffmenge bzw. Masse.

x: Wassergehalt (g/kg) gibt die Menge an Wasser an, die in einem bestimmten Volumen oder Masse Luft/Stoff enthalten ist (siehe absolute Feuchte).

In Abb. 10.3 sind die verwendeten Achsen und Größen nochmals eingezeichnet. An den jeweiligen Schnittpunkten können die entsprechenden Kenngrößen für feuchte Luft bestimmt werden.

Beispiel: Folgende Messwerte wurden ermittelt:

Relative Feuchte: 50 %
Temperatur: 25 °C

Daraus ableitbare Kenngrößen:

Absolute Feuchte: 10,5 g/kg
Enthalpie: 52,5 kJ/kg
Dichte: 1,11 kg/m^3

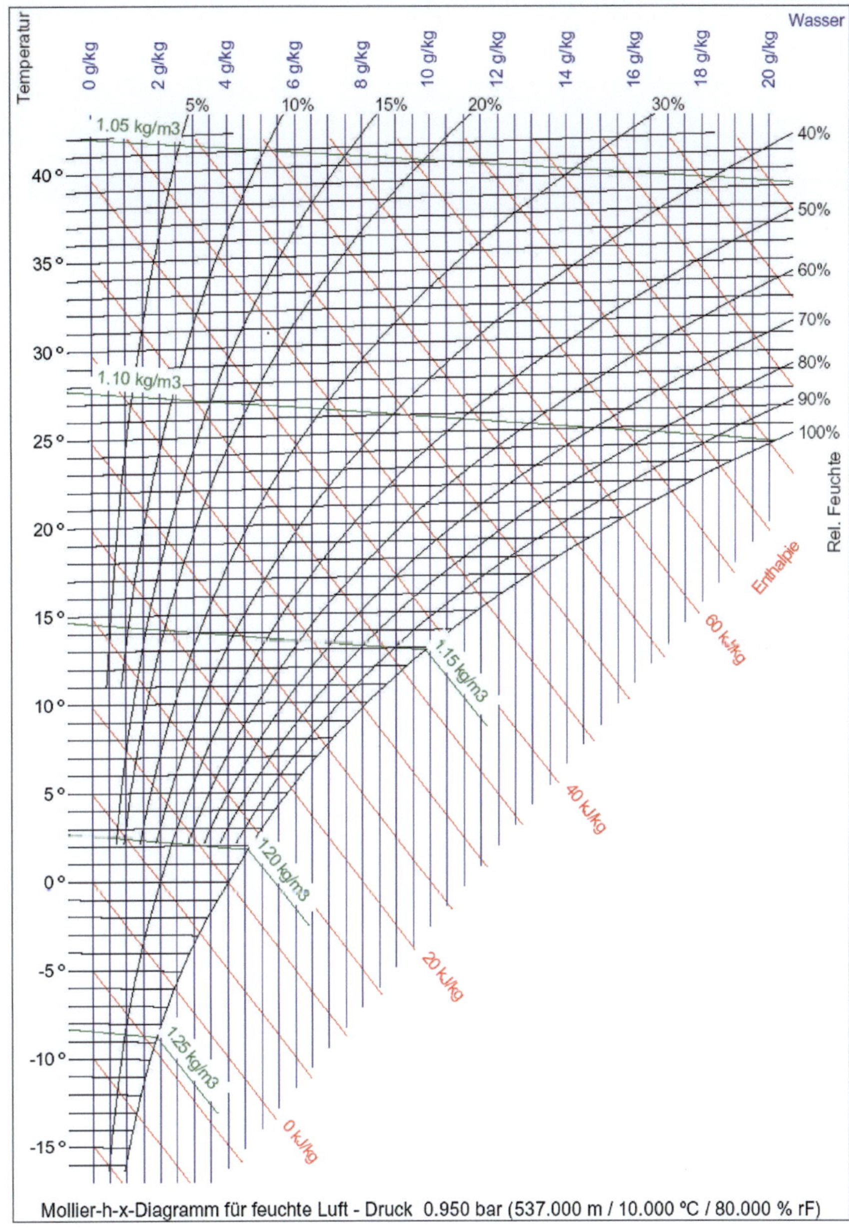

Abb. 10.2 Mollier-Diagramm für feuchte Luft

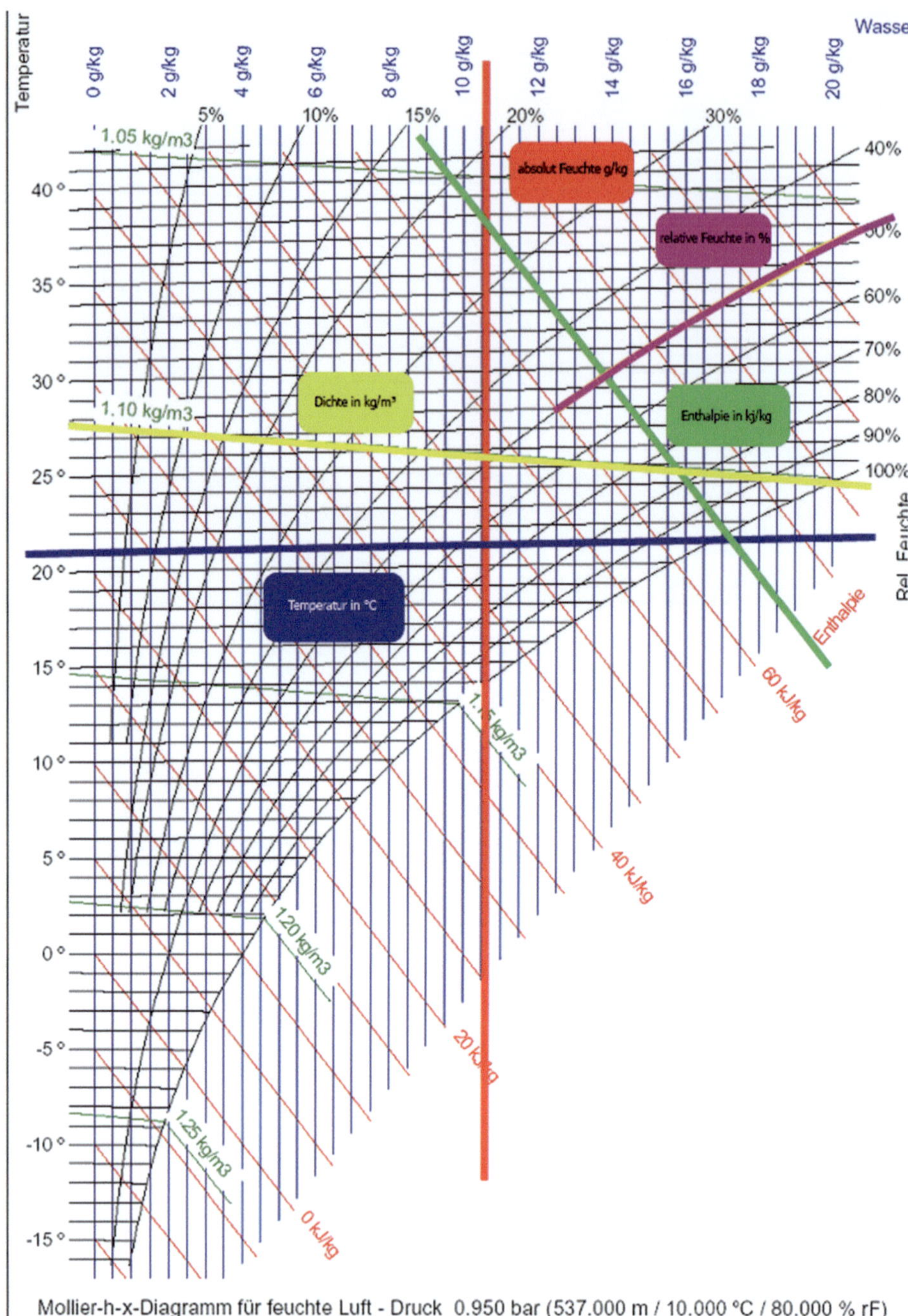

Abb. 10.3 Bestimmung von Kenngrößen aus dem Mollier-Diagramm

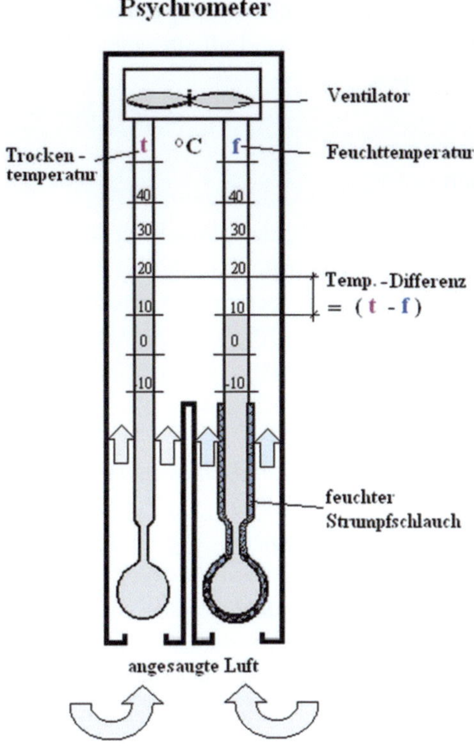

Abb. 10.4 Aufbau eines Psychrometers

10.1.2 Feuchtemessungen in Gasen

10.1.2.1 Psychrometer, Aufbau und Funktionsweise

Der Begriff „Psychrometer" kommt aus dem Griechischen und bedeutet kühl, kalt. Das *Psychrometer* ist ein meteorologisches Messgerät zur Bestimmung der *Luftfeuchtigkeit.* Es nutzt den physikalischen Effekt der *Verdunstungskälte* aus. Ein Psychrometer besteht aus *zwei Thermometern,* von denen eines mit einem feuchten Stoffstrumpf umwickelt ist (Abb. 10.4). Je trockener die Luft, desto schneller verdunstet das Wasser und desto mehr Wärme wird dem einen Thermometer entzogen. Das heißt, es kühlt ab. Je *größer* die *Temperaturdifferenz* zwischen den beiden Thermometern ist, desto *niedriger* ist die *relative Luftfeuchtigkeit.*

Aus der Temperaturdifferenz kann mithilfe von Psychrometertafeln die relative Luftfeuchtigkeit ermittelt werden. Das *psychrometrische Messprinzip* ist eines der genauesten und wird deshalb in Wetterstationen eingesetzt, wo es auf genaue Messungen ankommt, oder als Referenzgerät verwendet. Assmann-Psychrometer erreichen eine Messgenauigkeit von +/−0,5 %.

- *Trockentemperatur:* θ_L entspricht der Lufttemperatur.
- *Feuchttemperatur:* ϑ_L ist die Temperatur die das Luftpaket haben würde, wenn es adiabatisch bei konstantem Druck durch Verdunsten von Wasser in das Paket, bis zur Sättigung gekühlt, und dabei die benötigte latente Wärme dem Paket entzogen werden würde.

Aus der beobachteten Temperaturdifferenz im Psychrometer $\vartheta_L - \vartheta_f$ lässt sich der Dampfdruck e der Luft in guter Näherung nach folgender Psychrometerformel berechnen:

$$e = E_f - \gamma \cdot (\vartheta_L - \vartheta_f)$$

mit

E_f Sättigungsdampfdruck bei der Temperatur der feuchten Oberfläche in hPa
γ: Psychrometer Konstante ($\gamma = 0{,}67\ \mathrm{hPaK}^{-1}$ in Höhen bis 500 m kann vereinfacht mit diesem Wert gerechnet werden.)
γ_{Wasser} $= 0{,}653 \cdot 10^4 \cdot (1{+}0{,}000944t)\ \mathrm{pK}^{-1}$ bei feuchtem Thermometer
γ_{Eis} $= 0{,}575 \cdot 10^4 \cdot \mathrm{pK}^{-1}$ bei vereistem feuchten Thermometer.

Ausführungstypen und Einsatzgebiete

Am Markt gibt es zwei gängige Ausführungen: das Aspirationspsychrometer und das Schleuder-Psychrometer.

Aspirationspsychrometer

Das Aspirationspsychrometer besteht aus zwei gleichen Thermometern, die durch ein Metallrohr vor Strahlungswärme geschützt werden. An einem Thermometer befindet sich ein Stoffstrumpf, der mit destilliertem Wasser befeuchtet wird. Mithilfe eines Ventilators wird ein gleichmäßiger Luftstrom an beiden Thermometern vorbeigeführt (Abb. 10.5).

Es ist darauf zu achten, dass die Strömungsgeschwindigkeit größer 2 m/s beträgt, um Stauungen zu vermeiden. Aus der Temperaturdifferenz zwischen Trocken- und Feuchtthermometer lässt sich nach obiger Formel die relative Luftfeuchtigkeit berechnen. Üblich ist ebenfalls die Bestimmung nach der *psychrometrischen Tabelle* (Tab. 10.2).

Auf Grund ihrer hohen Zuverlässigkeit und Genauigkeit werden Aspirationspsychrometer als Referenzgeräte bei Feuchtenmessungen in der Meteorologie, im Heizungs- und Klimabereich sowie in Kalibrierlaboren eingesetzt.

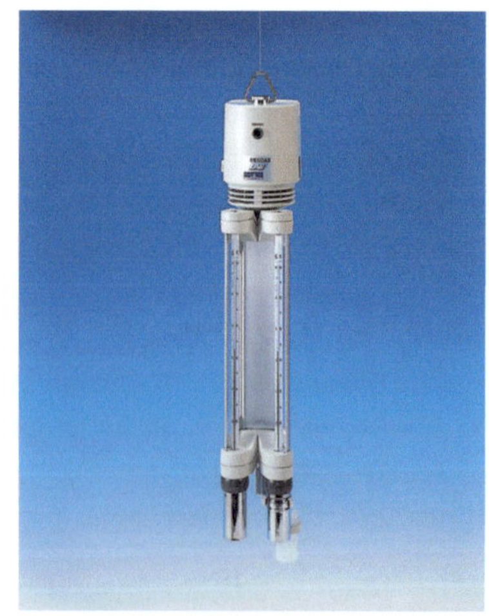

Abb. 10.5 Aspirations-Psychrometer. (Werkfoto: Mesadan)

Tab. 10.2 Psychrometrische Tabelle

Psychrometrische Differenz [K]																					
		0,5	1	1,5	2	2,5	3	3,5	4	4,5	5	6	7	8	9	10	11	12	13	14	15	16	18
T	2	92	83	75	67	59	52	43	36	27	20												
R	4	93	85	77	70	63	56	48	41	34	28	15											
O	6	94	87	80	73	66	60	54	47	41	35	23	11										
C	8	94	87	81	74	68	62	56	50	45	39	28	17										
K	10	94	88	82	76	71	65	60	54	49	44	34	23	14									
E	12	94	89	84	79	73	68	63	59	53	48	38	30	21	12	4							
N	14	95	90	84	79	74	69	65	60	55	51	41	33	24	16	10							
T	16	95	90	85	81	76	71	67	62	58	54	45	37	29	21	14	7						
E	18	95	90	86	82	78	73	69	65	61	57	49	42	35	28	20	13	6					
M	20	96	91	87	82	78	74	80	66	62	58	51	44	36	30	23	17	11					
P	22	96	92	87	83	79	75	72	68	64	60	53	46	40	34	27	21	16	11				
E	24	96	92	88	85	81	77	74	70	66	63	56	49	43	37	31	26	21	14	10			
R	26	96	92	89	85	81	77	74	71	67	64	57	51	45	39	34	28	23	18	13			
A	28	96	92	89	85	82	78	75	72	68	65	59	53	47	42	37	31	26	21	17	13		
T	30	96	93	89	86	82	79	76	73	70	67	61	55	50	44	39	35	30	24	20	16	12	
U	32	96	93	90	86	83	80	77	74	71	68	62	56	51	46	41	36	32	27	23	19	15	
R	34	97	93	90	87	84	81	77	74	71	69	63	58	53	48	43	38	34	30	26	22	18	10
	36	97	93	90	87	84	81	78	75	72	70	64	59	54	50	45	41	36	32	28	24	21	13
[° C]	38	97	94	90	87	84	81	79	76	73	70	65	60	56	51	46	42	38	34	30	26	23	16
	40	97	94	91	88	85	82	79	76	74	71	66	61	57	52	48	44	40	36	32	29	25	19

Schleuder-Psychrometer

Für den mobilen Einsatz verwendet man das *Schleuder-Psychrometer* (Abb. 10.6). Hier wird durch das Schleudern der beiden Thermometer die notwendige Luftströmung erreicht. Am oberen Ende des Handgriffs ist der rotierende Messteil befestigt, der aus zwei Thermometern besteht. Die Thermometer haben eine Genauigkeit von 0,1 K. Eines wird durch ein mit destilliertem Wasser getränktes Gewebe feucht gehalten. An diesem kühlt sich die durchströmende Luft ab. Das zweite Thermometer dient als Trockenthermometer. Die vom Thermometer ermittelte Temperaturdifferenz ist das Maß für den Wasserdampfgehalt der Luft. Der hieraus resultierende Dampfdruck wird nach obiger Formel bestimmt.

10.1.2.2 Taupunktspiegel

Funktionsweise

Durch Abkühlung eines Spiegels unter die Taupunkttemperatur (Abb. 10.7) kann über die Temperatur, bei der Kondensation auftritt (Sättigungsdampfdruck), die genaue Feuchte bestimmt werden. Ein optisches System detektiert die Kondensation auf dem Spiegel. Ein Pt 100-Temperatursensor erfasst die genaue Temperatur im Bereich von $\pm$ 0,1 °C Genauigkeit am Spiegel (Abb. 10.14). Pt 100-Temperatursensoren basieren auf der Widerstandsänderung eines Pt-Widerstandes bei Temperaturänderungen. Pt 100

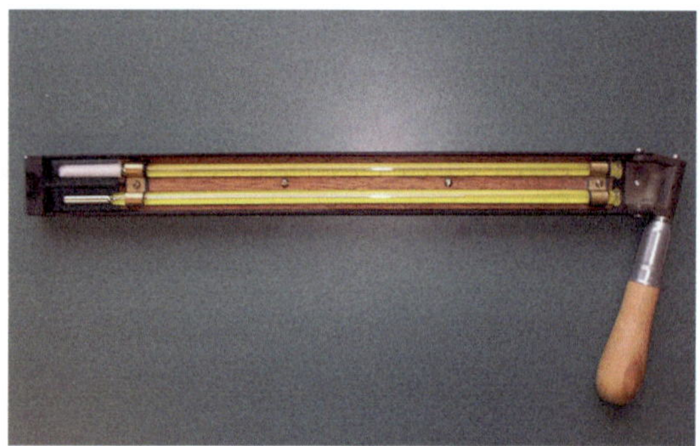

Abb. 10.6 Schleuder-Psychrometer

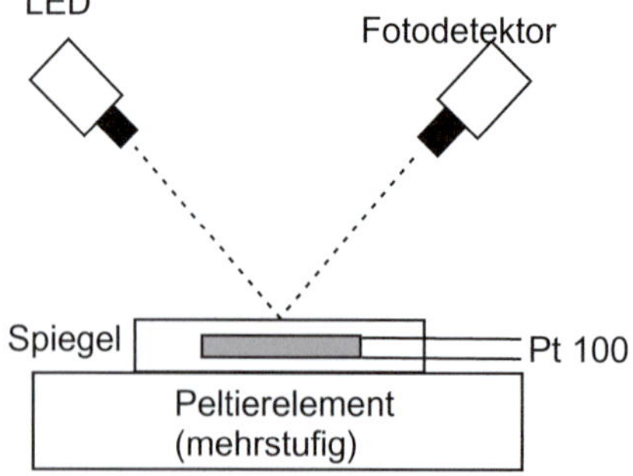

Abb. 10.7 Funktionsschema Taupunktspiegel

bedeutet den Widerstand von 100 Ω bei 0 °C. Der Taupunktspiegel eignet sich sehr gut zur Messung der absoluten Feuchte in Gasen.

Aufbau des Taupunktspiegels

Auf der Rückseite eines kleinen Spiegels ist ein *Peltierelement* aufgebracht. Ein Peltier-Element nutzt den nach Jean Peltier benannten Peltier-Effekt, wonach bei miteinander verbundenen unterschiedlichen Metallen bei Stromfluss eine Temperaturdifferenz auftritt (bekannt auch unter thermoelektrischen Effekt, Abschn. 2.10). Durch Umkehr der Stromrichtung kann der Wärmefluss ebenfalls gedreht werden. Abb. 10.8 zeigt die Wirkungsweise eines Peltierelementes und Abb. 10.9 einen Taupunktspiegel.

Haarhygrometer

Das mechanische Verfahren beruht auf der Ausdehnung bzw. dem Zusammenziehen von verschiedenen (meist organischen) Messelementen. Solche Messelemente sind beispielsweise: Haare, Durometer oder Darmsaiten.

Die am meisten eingesetzten Messelemente sind Haarelemente oder der sogenannte *Durotherm,* ein künstliches, feuchteempfindliches Messelement. Über ein mechanisches Werk wird dann die Längenänderung des Messelementes auf den Zeiger übertragen.

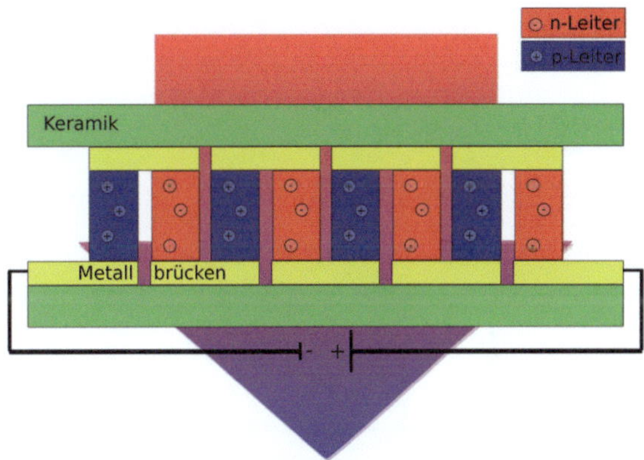

Abb. 10.8 Funktionsschema eines Peltierelementes

Abb. 10.9 Taupunktspiegel. (Werkfoto Krah & Grote)

Haarhygrometer (Abb. 10.10) bedürfen einer regelmäßigen Wartung und Pflege. Zur Vermeidung des Austrocknens und damit einhergehender Drift müssen Haarhygrometer regelmäßig regeneriert werden. Hierzu wird die Haarharfe mit einem, mit destilliertem Wasser befeuchteten Tuch umhüllt oder mit destilliertem Wasser besprüht, sodass eine Sättigung eintritt. Nach etwa einer Stunde stellt sich ein Messwert von etwa 98 % rH ein. An den meisten Geräten kann über eine Stellschraube eine Einpunkt-Justage durchgeführt werden.

In Abb. 10.11 ist ein Thermohygrometer dargestellt, wie es üblicherweise zur Messung von Luftfeuchtigkeit eingesetzt wird.

Abb. 10.10 Haarhygrometer

Abb. 10.11 Thermohygrometer

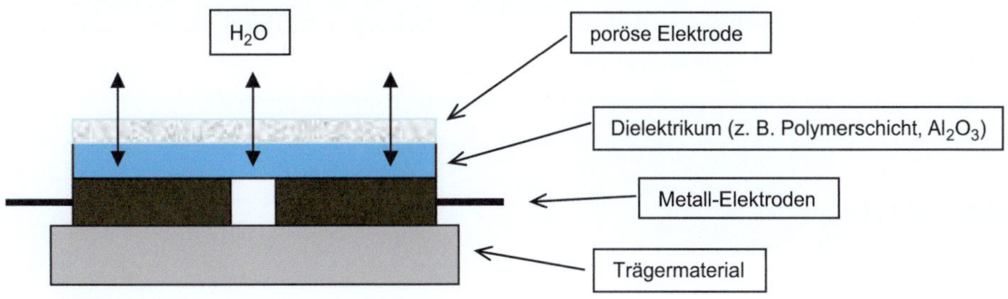

Abb. 10.12 Schema eines kapazitiven Feuchtesensors

Tab. 10.3 Orientierungswerte für die Überprüfung von kapazitiven Feuchtesensoren

Kategorie	Toleranz	Prüfung	Austausch
Preiswert	+/− 5 % r.F	3 Monate	1 Jahr
mittleres Preissegment	+/− 3 % r.F	1 Jahr	5 Jahre
hochwertige Sensoren	+/− 2 % r.F	5 Jahre	10 Jahre

10.1.2.3 Kapazitive Feuchtemessung

Die kapazitiven Feuchtesensoren arbeiten nach dem Prinzip eines Plattenkondensators, in dem als Dielektrikum eine sehr dünne feuchtenempfindliche Polymerschicht verwendet wird, deren Permittivitätszahl ε_r sich abhängig von der aufgenommenen Feuchtigkeit ändert (Abschn. 2.6). Diese Kapazitätsänderung bewirkt in einem Schwingkreis bei Änderung der Feuchte eine daraus resultierende Frequenzänderung.

Abb. 10.12 zeigt den Aufbau eines kapazitiven *Feuchtesensors*. Auf einem leitfähigen Substrat, das die eine Elektrode des Plattenkondensators bildet, wird ein poröses Dielektrikum aufgebracht, das hygroskopisch ist. Darauf befindet sich die zweite durchlässige Elektrode. Durch geeignete Mess-Schaltung wird die Kapazitätsänderung gemessen und auf die relative Feuchte umgerechnet. Es haben sich verschiedene Materialkombinationen bewährt, beispielsweise ein Aluminiumträger, auf dem Aluminiumoxid als Dielektrikum mit einer Goldelektrode aufgebracht ist. In aggressiver Umgebung kommen tantalbeschichtete Glasplatten mit einem hygroskopischen Polymer als Dielektrikum und einer porösen Chromschicht als Gegenelektrode zum Einsatz.

Eine regelmäßige Überprüfung ist auch bei kapazitiven Feuchtefühlern notwendig, da auch sie der Alterung unterworfen sind und sich ihre Eigenschaften mit der Zeit ändern können. Es wird empfohlen, die Messfühler je nach Typ nach einem bestimmten Zeitraum zu überprüfen und dann nachzujustieren oder auszutauschen. In Tab. 10.3 sind diese Zeiträume zusammengestellt.

10.1.2.4 Integrierte kapazitive Feuchtesensoren mit Bus-Ausgang

Diese Sensoren bestehen aus einem kapazitiven Feuchtesensor, dem analogen Teil, inklusive Schwingkreis und anschließender Signalverarbeitung mithilfe eines integrierten MikroControllers (Abb. 10.13). Sie zeichnen sich durch Laserkalibrierung, hohe Standzeiten und hoher Genauigkeit aus.

In Tab. 10.4 sind die Einsatzgebiete der Sensoren zusammengestellt.

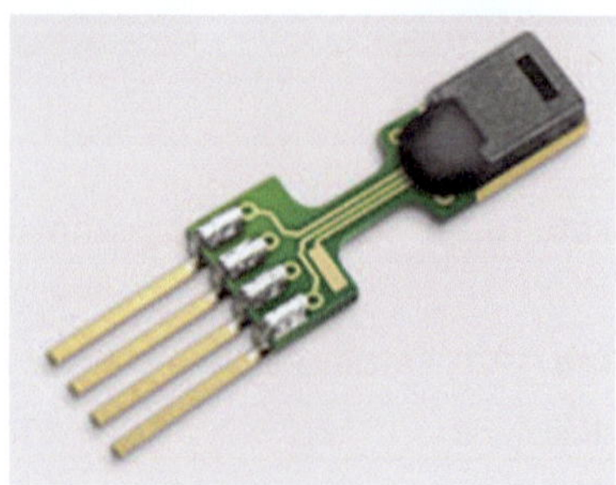

Abb. 10.13 Integrierter kapazitiver Feuchtesensor (Werkfoto: Sensirion)

Tab. 10.4 Vergleich der einzelnen Sensortypen und deren Einsatzgebiete

Einsatzgebiet	Beispiele	Sensorart
Papier- und Druckindustrie	Herstellen, Bearbeiten und Lagern (z. B. Museen)	Anspruchsvolle und teure kapazitive Sensoren
Chemie	Überwachung (z. B. gefährlicher Stoffe)	Anspruchsvolle und teure betaubare kapazitive Sensoren, Taupunktspiegel
Automobilindustrie		Preisgünstige kapazitive Sensoren
Nahrungsmittelindustrie	Produktion und Lager (z. B. Käsereien)	Anspruchsvolle und teure betaubare kapazitive Sensoren, Taupunktspiegel
Landwirtschaft	Ställe, Trocknung, Bewässerungskontrolle	Kapazitive Sensoren
Baustoffindustrie	Brennöfen (z. B. Keramik, Ziegel)	Kapazitive Sensoren,
Bauteile	Brennstoffzellen, Hochspannungsschalter	Anspruchsvolle und teure betaubare kapazitive Sensoren
Haushaltsgeräte	Waschmaschine, Trockner, Luftbefeuchter	Low cost betaubare kapazitive Sensoren
Bekleidungsindustrie	Textil- und Lederindustrie: Herstellen, Bearbeiten und Lagern	Anspruchsvolle und teure betaubare kapazitive Sensoren
Feuchtegeneratoren	z. B. Schneekanonen, Klimaschränke	Anspruchsvolle und teure kapazitive Sensoren
Klimabeobachtung	Wetterstationen	Anspruchsvolle und teure betaubare kapazitive Sensoren, Taupunktspiegel, Aspirationspsychrometer
Klimatisierung in Gebäude und Automobil	Museen, Büros	Anspruchsvolle und teure kapazitive Sensoren

(Fortsetzung)

Tab. 10.4 (Fortsetzung)

Einsatzgebiet	Beispiele	Sensorart
Medizin	Operationssaal, Anästhesie	Anspruchsvolle und teure betaubare kapazitive Sensoren, Taupunktspiegel
Pharmazie	Herstellung und Lagerung von Arzneimitteln (z. B. Tabletten)	Anspruchsvolle und teure betaubare kapazitive Sensoren, Taupunktspiegel, Aspirationspsychrometer

10.2 Feuchtebestimmung in festen und flüssigen Stoffen

In der *Gasfeuchte* wird Wasser ausschließlich in seinem gasförmigen Aggregatzustand als Wasserdampf betrachtet. Die *Materialfeuchte* (bzw. Feuchte in Flüssigkeiten) bezieht die flüssigen, festen und gasförmigen Zustände des Wassers ein. Bei Produktionsprozessen (z. B. Trocknen, Befeuchten) wird die Wechselwirkung der verschiedenen Zustände ausgenutzt, um gezielt Produkteigenschaften einzustellen. Dementsprechend gelten bei der Beschreibung der Materialfeuchte die Gesetze der Thermodynamik (Gasfeuchte), der Werkstoffkunde (Oberflächenspezifika, Materialzusammensetzung, Kapillareigenschaften) und der Chemie (Bindung des Wassers, Reaktion mit anderen Stoffen). Für die Darstellung des Wassers in festen Stoffen oder Flüssigkeiten müssen die folgenden Größen in die Betrachtung einbezogen werden:

- Materialzusammensetzung,
- Stoffdichte (Schüttdichte, Porosität),
- Temperatur,
- Stoffkonzentrationen und
- thermodynamische Größen (Wasserdampfdruck).

In flüssigen Stoffen kann Wasser in unterschiedlichen Formen enthalten sein:

- in kleinen Tröpfchen oder als Dampf (freies Wasser),
- gebunden an feste Teilchen im Gemisch Flüssigkeit/Feststoff/Wasser (dispergiert) oder als
- chemisch gebundenes Wasser.

Analog zum Auftreten von Wasser in festen Stoffen wirken die Temperatur und der Druck als Parameter in Bezug auf den Gasaustausch mit der Umgebung und auf das Eingehen chemischer Verbindungen des Wassers mit der Trägerflüssigkeit. Stärker als beim Auftreten von Wasser in Feststoffgemischen wirkt sich aufgrund der hohen Beweglichkeit der einzelnen Komponenten die *Schwerkraft* auf die Anordnung der Stoffbestandteile in Flüssigkeiten aus. In ruhenden Flüssigkeiten ist deshalb in der Regel auch bei geringeren Konzentrationen eine inhomogene Verteilung der Wasserbestandteile zu beobachten.

10.2.1 Direkte Verfahren zur Bestimmung der Materialfeuchte

Die *direkten Messverfahren* bestimmen den Wassergehalt eines Materialgemisches, indem das enthaltene Wasser und die Trockensubstanz getrennt werden. Das Ergebnis ist ein direkter Messwert des prozentualen Wassergehaltes unabhängig von den Materialeigenschaften. Die direkten Messverfahren lassen sich kaum für online-Messungen im Prozess einsetzen. Sie haben aber große Bedeutung als *Referenzverfahren,* bei der Bestimmung von *materialspezifischen* Kennlinien und bei der *Rückführbarkeit* von Messwerten.

10.2.1.1 Prozentualer Wassergehalt einer Materialprobe

Der *gravimetrische Wassergehalt* WG_m bezeichnet die prozentuale Masse an Wasser, die in einem festen oder flüssigen Material enthalten ist. Es gilt:

$$WG_{\mathrm{m}} = \frac{m_{\mathrm{w}}}{m_{\mathrm{ges}}} \cdot 100,$$

$m_{w:}$: Masse des Wassers und m_{ges}: Gesamtmasse des Gemisches.
Maßeinheit: % w/w.; g/kg; ppm (Part per million; $1{:}10^6$ Teilchen);
ppb (Parts per billion; $1{:}10^{-9}$ Teilchen)

Die thermogravimetrische Messung ist die klassische Methode zur Bestimmung des gravimetrischen Wassergehaltes. Je nach Aufgabenstellung haben sich für diese Messmethode verschiedene Bezeichnungen herausgebildet (z. B. *Darrwaage-,* Dörr-Wäge-Methode, ATRO). Ebenso werden die ermittelten Werte unterschiedlich interpretiert.
Der *volumetrische Wassergehalt* WG_V ist der prozentuale Volumenanteil des Wassers am Gesamtmaterialvolumen. Dafür gilt:

$$WG_{\mathrm{V}} = \frac{V_{\mathrm{w}}}{V_{\mathrm{ges}}} \cdot 100$$

V_w: Volumen des Wassers und V_{ges}: Trockenvolumen des Feststoffes.
Maßeinheit: %vol.; ml/l.

Die typische Messmethode für den volumetrischen Wassergehalt ist die *Karl-Fischer-Titration.*
Die Umrechnung der massebezogenen Feuchte in eine volumenbezogene Feuchte und umgekehrt erfolgt über die Dichte ρ. Diese drückt das Verhältnis zwischen Masse m und Volumen V eines Materials aus ($\rho = m/V$).

Technische Ausführung zur Bestimmung des gravimetrischen Wassergehaltes
Das Messverfahren beruht darauf, dass von einer Materialprobe der Anteil Wasser vom Anteil der Trockensubstanz getrennt wird. Beim thermogravimetrischen Messverfahren wird zunächst die Gesamtmasse (m_w) der Probe durch Wägung bestimmt. Anschließend wird die Probe so lange erwärmt, bis alles Wasser verdampft und eine Massenkonstanz eingetreten ist. Es erfolgt eine erneute Wägung. Aus der Differenz beider Massen wird entsprechend der angegebenen Gleichung der gravimetrische Anteil Wasser der Probe bestimmt. Das Messgerät (Abb. 10.14) wird auch als *Trockenschrank* oder *Materialfeuchtebestimmer* bezeichnet und besteht aus den Komponenten

- Waage (Analysenwaage),
- Wärmequelle (für Temperaturen $T > 100$ °C) und
- abgeschlossener Messraum.

Als Wärmequellen werden unterschiedliche Strahler verwendet (Infrarotstrahler, Mikrowellengenerator, Halogenstrahler). Je nach Ausführung der Geräte kann der Wassergehalt an Proben bis 100 %w/w oder Teilbereiche (0 bis 10) %w/w bestimmt werden.

10.2.1.2 Wasseraktivität einer Materialprobe

Vor allem bei hygroskopischen Materialien in der Lebensmittelindustrie und Pharmazie wird die sogenannte *Gleichgewichtsfeuchte* (GF), die *Ausgleichsfeuchte* (AF) oder die *Wasseraktivität* (aw-Wert) einer Probe bestimmt. Diese Größen sind dimensionslos oder werden als Prozent relativer Feuchte (% r.F.) angegeben.

Unter der Gleichgewichtsfeuchte (GF) wird der Zustand verstanden, in dem es zwischen dem Material und der Luftfeuchte der Umgebung zu *keinem Feuchteaustausch* mehr kommt. Die Wasserdampfdrücke in der Luft und im festen Stoff sind ausgeglichen. Die Gleichgewichtsfeuchte bezieht sich auf einen statischen Zustand. Es gilt:

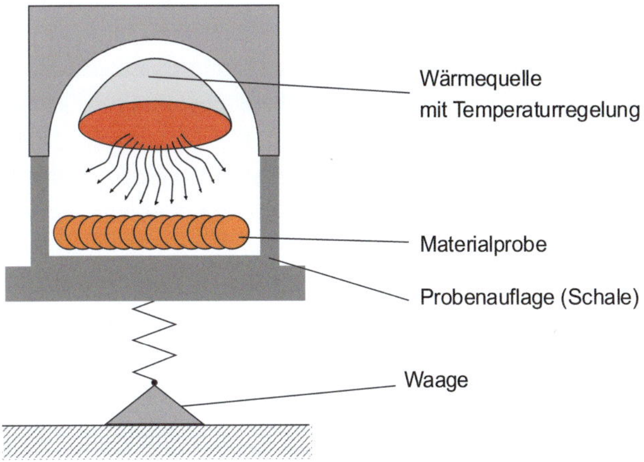

Abb. 10.14 Messprinzip des thermogravimetrischen Verfahrens

- Wasseraktivität $aw(t) =$ relative Luftfeuchte/100 und
- Gleichgewichtsfeuchte $GF(t) =$ relative Luftfeuchte.

Diese Beziehung setzt voraus, dass sich das Umgebungsklima zeitlich (t) ausgeglichenen hat und die Temperatur konstant ist.

10.2.1.3 Karl-Fischer-Titration

Die *Karl-Fischer-Titration* ist eine *chemische Methode* zur Bestimmung des volumetrischen Anteils von Wasser in Flüssigkeiten und Lösungen. Es beruht auf der Trennung von Wasser und der Trockensubstanz und wird überwiegend zur Feststellung von *geringen Wasserkonzentrationen* (Spurenfeuchte) eingesetzt. Es handelt sich um eine Labormethode. Die Titration wird in 2 Schritten vorgenommen. Sollen feste Stoffe analysiert werden, muss zunächst die Probe so aufbereitet werden, dass das Wasser in einer Lösung gebunden wird. Anschließend erfolgt die Titration, bei der folgende chemische Reaktion abläuft:

$$I_2 + SO_2 + 2H_2O \rightarrow H_2SO_4 + 2HI.$$

Die Ausgangsstoffe Iod (I_2) und Schwefeldioxid (SO_2) werden in definierter Menge gemischt.

Das Gemisch nimmt aufgrund des vorhandenen Iods eine braune Farbe an. Anschließend wird das Titriermittel mit einer Bürette in die zu bestimmende Probe gegeben. Durch den Wasseranteil der Probe wird das Iod gebunden und das Gemisch entfärbt sich. Aus dem *Verhältnis* der zugegebenen Komponenten lässt sich errechnen, welcher *volumetrische Wasseranteil* in der Probe vorhanden war. Eine zweite Methode ist das *coulometrische Prinzip,* bei der der Abbau des Wassers nicht durch Farbumschlag sondern *elektrisch* gemessen wird.

Als technische Ausführung für die Titration sind Schnelltest-Kits erhältlich. Darin sind die notwendigen Chemikalien und Hilfsmittel für eine schnelle Wasserbestimmung (z. B. in der Umwelt oder im Produktionsprozess) enthalten.

Für Analysen im Labor werden automatische Titratoren eingesetzt. Die Messung ist stark automatisiert. Die Verfahrensweise zur Aufbereitung der Probe kann jedoch sehr aufwendig sein und bleibt dem Bediener vorbehalten. Der Messbereich liegt je nach Geräteausführung zwischen (0 bis 20) % vol Wassergehalt. Es werden geringe Materialproben, die üblicherweise zusätzlich erwärmt werden, für die Messung verwendet. Eine sehr genaue Bestimmung im Spurenfeuchtebereich ist mit diesem Messverfahren möglich.

10.2.1.4 Calciumcarbid-Methode

Während bei der Karl-Fischer-Titration das Wasser in einer flüssigen Lösung bestimmt wird, erlaubt die Calciumcarbid-Methode eine *unmittelbare Wassergehaltsbestimmung* in Pulvern und Granulaten. In einen druckdichten Behälter wird eine definierte Masse der Probe gegeben und mit Calciumcarbid (CaC_2) vermischt. Als ein Reaktionsprodukt entsteht Acetylen (C_2H_2).

$$CaC_2 + 2H_2O \rightarrow C_2H_2 + Ca(OH)_2.$$

Je nach Menge des entstanden Acetylens bildet sich ein Überdruck im Behälter. Dieser *Überdruck* wird manometrisch gemessen; er ist ein direktes Maß für die Menge des umgesetzten Wassers in der Probe. Mittels Umrechnungstabellen und Skalierungen wird in den gravimetrischen Wassergehalt umgerechnet. Diese Messmethode wird vor allem in der Bauindustrie zur Messung des Feuchtegehaltes beispielsweise im Mauerwerk, im Estrich oder im Beton angewandt. Mobile Messkoffer ermöglichen einen Einsatz vor Ort auf der Baustelle.

10.2.1.5 Calciumhydrid-Methode

Das Messprinzip entspricht prinzipiell der Calziumcarbid-Methode nur mit anderen Reaktionsstoffen. Es läuft folgende chemische Reaktion ab:

$$CaH_2 + 2H_2O \rightarrow H_2 + Ca(OH)_2.$$

In einem Messbehälter wird zunächst ein Vakuum erzeugt und Wärme zugeführt. Der bei der Reaktion entstandene Überdruck steht im direkten Zusammenhang mit dem Wassergehalt der Probe. Die Analysengeräte werden meist im Labor für die Bestimmung von Spurenfeuchten in Kunststoffen eingesetzt. Der typische Messbereich besteht von (0 bis 5) %w/w Wassergehalt.

10.2.2 Indirekte Messverfahren zur Bestimmung der Materialfeuchte

Diese Messverfahren sind dadurch gekennzeichnet, dass sie die Feuchte online im Prozess erfassen können und eine unmittelbare Steuerung des Wassergehaltes ermöglichen. Es werden einzelne spezifische Eigenschaften von Wasser erfasst (z. B. Permittivitätszahl ε_r, optische Absorption, Wärmeleitfähigkeit). Daraus wird ein dem Wassergehalt des Materialgemisches zuzuordnendes Signal erzeugt. Indirekte Messverfahren setzen die experimentelle Bestimmung einer materialspezifischen Kennlinie voraus, um eine Aussage über den Wassergehalt zu machen.

10.2.2.1 Messung der elektrischen Eigenschaften

Die elektrischen Eigenschaften von Wasser werden sehr häufig ausgenutzt, um den Feuchtegehalt von Stoffgemischen zu bestimmen. Diese indirekte Messmethode erfasst den komplexen elektrischen Widerstand des Messgutes. Es sind kontinuierliche Messungen in flüssigen und festen Stoffen auch bei hohen Materialflüssen möglich. Für eine genaue Messung ist es erforderlich, dass das Messgut möglichst homogen ist und keine metallischen oder sonstigen gut leitenden Bestandteile enthält.

Als Mess-Signal dienen elektromagnetische Felder oder elektromagnetische Wellen (Abb. 10.15). Eine Unterscheidung der Messverfahren bezieht sich auf:

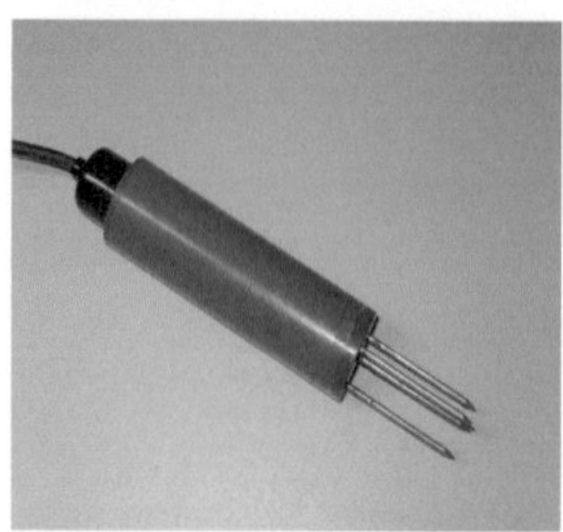

Abb. 10.15 Einstich-Messfühler für Böden, Schüttgüter und Granulate

Tab. 10.5 Unterschiedliche Prinzipien der Feuchtebestimmung mit elektromagnetischen Feldern oder Wellen

Bezeichnung der Messmethode	Mess-Signal/Mess-prinzip	Technische Aus-führung	Besonderheit/Beispiel
Niederfrequenz	Erfassung im Wesentlichen des ohmschen Widerstands Wirk-widerstand	Messfrequenz $f \leq 10$ kHz Handmessgeräte Festinstallationen	Einfache Handmess-geräte Geräte, die auf bestimmte Materialien kalibriert sind
Hochfrequenz	Erfassen von Wirk- und Blindwiderstand	Messfrequenz bis 100 kHz	Schüttgüter, Baustoffe Handmessgeräte
FDR Frequence Domain Reflectometry	Dämpfung einer Schwingung	Mess-frequenz ~ 100 MHz	Bodenfeuchte, Schütt-güter
TDR Time Domain Reflectometry	Laufzeitdifferenz der Schwingung	Messfrequenz ~ 1 GHz gepulste Messung	Bodenfeuchte, Schütt-güter Handsonde, Prozess-Einbausonde
Mikrowelle	Frequenzverschiebung Dämpfung	Messfrequenz 2,5 MHz bis 20 MHz	Fest installierte Ein-baugeräte
Radar radio detecting and ranging	Laufzeitmessung		Hydrologie, Geologie, permanente Bau-werksüberwachung

- die verwendete Messfrequenz und Signalleistung,
- die zeitliche Taktung (z. B. die Impulsbreite),
- die Art der Auswertung des Mess-Signals und
- die Art der Einkopplung des Mess-Signals in das Materialgemisch.

Tab. 10.5 zeigt, mit welchen Messprinzipien die Feuchtebestimmung mit elektromagnetischen Feldern erfolgen kann.

Bei der Messung mit *elektromagnetischen* Feldern wird der *volumetrische* Wassergehalt bestimmt. Das Messvolumen wird durch die Konstruktion der Mess-Sonde und die Eindringtiefe des Mess-Signals festgelegt. Den unterschiedlichen Messverfahren ist gemeinsam, dass die Permittivitätszahl von Wasser ($\varepsilon_r = 80{,}18$) sich wesentlich von anderen Stoffen unterscheidet ($\varepsilon_r \sim 5$ bei den meisten im Prozess verarbeiteten Stoffen).

10.2.2.2 Erfassen der optischen Eigenschaften von Wasser und Wasserdampf

Im gesamten spektralen Bereich gibt es verschiedene Wellenlängen, die auf Wasserdampf oder Wasser besonders selektiv sind. Die Auswahl einer geeigneten Wellenlänge für eine spezielle Messaufgabe hängt von folgenden Kriterien ab:

- Höhe der Selektivität für Wasser in Bezug auf Reflexion, Absorption oder Transmission und
- die im zu messenden Material vorkommenden weiteren Komponenten.

Eine Messung ist sowohl in Gasen, Flüssigkeiten und festen Stoffen möglich. Als Messeffekt werden die *optischen Eigenschaften* von Wasser oder Wasserdampf in Verbindung mit dem Messgut erfasst (Abb. 10.16). Die Messung erfolgt berührungslos und kann aus größerer Entfernung und durch optisch durchlässige Stoffe (z. B. ein Quarzfenster) erfolgen. Vorteilhaft beim optischen Messverfahren ist, dass die Messungen auch unter *extremen Bedingungen* (z. B. hoher Druck, hohe Temperatur) verzögerungsfrei durchgeführt werden können. Die physikalische Grundlage für die Messung der Feuchte stellt das *Bougert-Lambert–Beer'sche Gesetz* dar. Dieses optische Gesetz beschreibt den Zusammenhang zwischen Absorption und Transmission beim Durchgang eines optischen Strahls durch einen Stoff. Gemessen wird die *Absorption* des Lichtes $I(0)$ durch das Messgut. Das Licht durchläuft im Messgut die Strecke x und tritt mit der Intensität $I(x)$ wieder aus. Die optische Messung der Feuchte erfolgt im gesamten Frequenzspektrum des Lichtes (Ultraviolett-, sichtbarer, Nahinfrarot-, Infrarot-Bereich). Es werden einzelne

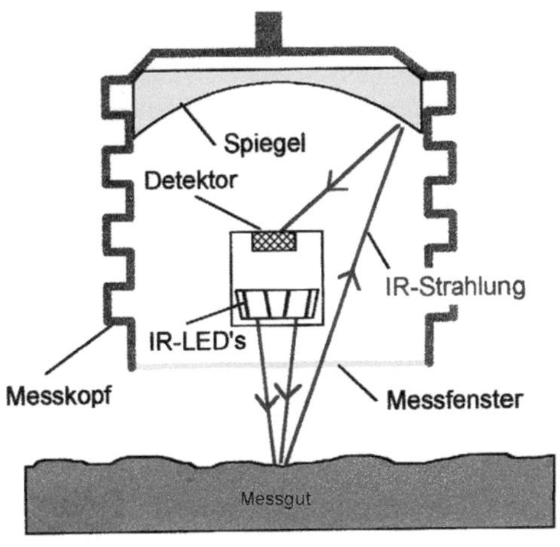

Abb. 10.16 Schema der optischen Feuchtemessung

Frequenzen, die besonders sensitiv gegenüber Wasser sind, in Kombination in den Messgeräten angewandt. Durch die Verwendung von Tunnel-LaserDioden ist es möglich, ein sehr *schmalbandiges* Mess-Signal zu verwenden, was die Messgenauigkeit wesentlich erhöht. Feste Materialien (z. B. Pulver, Schüttgüter) sind meist lichtundurchlässig. Eine Messung der Feuchte erfolgt bei diesen Materialien nur an der *Oberfläche*. Die Feuchte im Inneren des Materials kann nicht erfasst werden. Zur Kompensation von messwertverfälschenden Oberflächeneigenschaften (z. B. Farbe, Rauigkeit) werden mehrere Wellenlängen zur Messung verwendet. Schon geringe Veränderungen der Materialzusammensetzung können zu Messfehlern führen, was eine Neukalibrierung des Systems erfordert. Eine genaue Abstimmung zwischen Mess-System und Messgut sowie das Konstanthalten der Materialeigenschaften ist eine zwingende Voraussetzung für die Erzielung geringer Messfehler.

10.2.2.3 Messung des Saugdruckes in feuchten Materialien (Tensiometrie)

Wasser hat die Eigenschaft, entsprechend der *Braun'schen Molekularbewegung*, vom festen Stoff mit hoher Wasserkonzentration in den Stoff mit geringer Wasserkonzentration zu diffundieren. Das entstandene Konzentrationsgefälle kann als Druckunterschied erfasst werden. Die *tensiometrische* Messung basiert auf der Bestimmung dieses *Wasserdruckunterschiedes*. In ein luftentleertes abgeschlossenes Reservoir ist Wasser gefüllt. Die sensitive Fläche stellt eine feinporige Keramik dar (Abb. 10.17). Wird dieser Sensor in das feuchte Messgut (z. B. Pulver, Böden, Faser) eingebracht, baut sich ein Unterdruck an der porösen Keramik auf (Saugdruck). Dieser Unterdruck ist abhängig vom Wassergehalt und den Materialeigenschaften des Messgutes. Ist das Messgut vollständig mit flüssigem Wasser gesättigt, ergibt sich ein Druckunterschied von $\Delta p = 0$ Pa. Bei sehr trockenen Materialien wird der Unterdruck zu groß und Wasser tritt über die Keramik aus dem Tensiometer aus und Luft dringt ein. Das Tensiometer ist nicht mehr messbereit; es muss neu mit Wasser befüllt werden.

In der Praxis werden Tensiometer vor allem in der Landwirtschaft, der Hydrologie und der Geologie für Langzeitmessungen angewandt.

10.2.2.4 Messung der atomaren Eigenschaften

Die *atomaren Messverfahren* werden in der Praxis immer seltener eingesetzt, weil der gerätetechnische und der personelle Aufwand bei der Anwendung sehr groß werden

Abb. 10.17 Tensiometer zur Bodenfeuchtemessung mit digitaler Anzeige

können (z. B. durch Strahlenbeauftragte, Zulassungsverfahren oder strahlungssichere Behälter). Außerdem bestehen erhebliche psychologische Vorbehalte gegenüber dem Einsatz dieser Technik.

Die verschiedenen Kernstrahlen:

- Alpha-Strahlung,
- Beta-Strahlung,
- Gamma-Strahlung und
- Neutronenstrahlung

lassen sich für die Materialfeuchtemessung ausnutzen. Technische Bedeutung haben jedoch die *Gamma-Strahlung* und die *Neutronenstrahlung*. Die theoretische Basis dieser Messverfahren ist der Aufbau der Atome. Bei der Messung mit Neutronenstrahlung durchdringen energiereiche („schnelle") Neutronen einer radioaktiven Strahlungsquelle das Messgut. Die in der Probe enthaltenen Wasserstoffatome „bremsen" diese schnellen Neutronen. Entsprechend der Atomtheorie sind 19 Zusammenstöße zwischen Neutronen und den Wasserstoffatomen erforderlich, damit die Neutronen vollständig gebremst sind und ihre Energie in Form von Wärme abgegeben haben. Mit anderen Atomen sind dafür wesentlich mehr Zusammenstöße erforderlich. Wasserstoff bzw. das in der Messprobe enthaltene *Wasser* bzw. *Wasserstoff* ist entscheidend für die Dämpfung des Neutroneneingangssignals. Die Anzahl der gebremsten Neutronen wird mit einem *Szintillationsdetektor* gemessen. Es kann ein direkter linearer Zusammenhang zwischen der Dämpfung des Stroms und dem im Messgut enthaltenen Wasser hergestellt werden.

Beim Gammastrahlverfahren dringt eine Strahlung durch das Messgut. In Abhängigkeit von der Menge an Wasserstoffatomen erfolgt eine Abschwächung des Mess-Signals. Mit einem Szintillationsdetektor wird die noch verbleibende Strahlung erfasst und in direkten Zusammenhang zum Wassergehalt im Messgut gesetzt.

10.2.2.5 Nuklear-Magnetisches-Resonanz-Verfahren (NMR)

Das Verfahren kann eingesetzt werden, um eine *räumliche Abbildung* der Feuchteverteilung in einem festen Stoff zu geben. Das Messprinzip basiert auf der Theorie vom Aufbau der Atome. Die Protonen (positiv geladene Teilchen) in einem Wasserstoffatom weisen einen Drehimpuls (Spin) und ein eigenes kernmagnetisches Moment auf. Wird ein äußeres konstantes magnetisches Feld angelegt, so richten sich die Protonen entsprechend ihrer magnetischen Polung in diesem Feld aus. Aufgrund des Aufbaues der Wasserstoffkerne führen die Protonen eine Kreiselbewegung *(Präzession)* in Richtung des Magnetfeldes aus. Die Ausrichtung ist dabei parallel bzw. antiparallel zum äußeren magnetischen Feld. Wird senkrecht dazu ein wechselndes magnetisches Feld mit einer bestimmten Frequenz und Impulsbreite angelegt, das in Resonanz mit der Protonenbewegung tritt, wird die Spinbewegung verstärkt. Durch gezieltes Abschalten (Pulsen) kann durch die Drehbewegung aller in der Probe enthaltenen Wasserstoffkerne und Wassermoleküle ein Induktionsstrom in eine Spule induziert werden. Dieser Strom ist

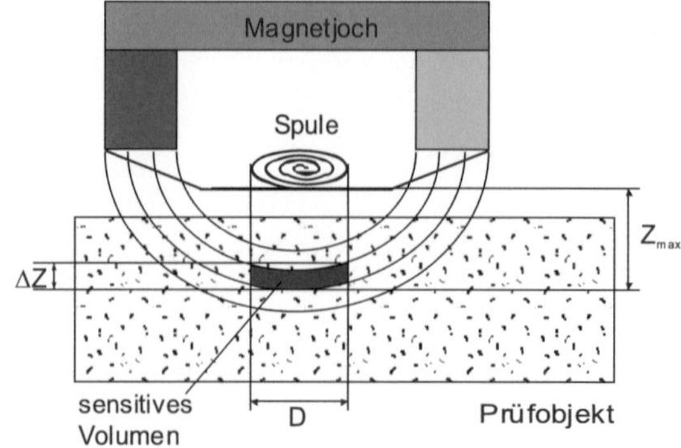

Abb. 10.18 Technische Ausführung eines Feuchtemessgerätes nach dem NMR-Verfahren

direkt proportional zum volumetrischen Wassergehalt der Probe. Abb. 10.18 zeigt die Anordnung. Der schwarz dargestellte Abschnitt stellt das Messvolumen dar. Durch horizontale und vertikale Bewegung des Prüfobjektes wird die räumliche Verteilung des Wassers bestimmt.

Wird der Probekörper an der Messeinrichtung vorbeigeführt (Abb. 10.18), kann ein Scan des Wassergehaltes durchgeführt werden, und die räumliche Verteilung des Wassers im Material wird sichtbar. Das Messverfahren wird vor allem für Labormessungen an Baumaterialien und Schüttgütern angewandt. Erfasst werden geringe Wassergehalte; prinzipiell können auch Werte bis 100 %w/w gemessen werden.

10.2.2.6 Messung der Wärmeleitfähigkeit

Die Messung der Feuchte wird auf eine Bestimmung von *Temperaturdifferenzen* zurückgeführt. Genutzt wird der Effekt, dass Wasser und wasserhaltige Stoffe sich in ihrer *Wärmekapazität* und in ihrer *Wärmeleitfähigkeit* von anderen Materialien und von der Umgebung abheben. Weiterhin kann eine Unterscheidung durch die Verdunstungsenergie vorgenommen werden. An durchfeuchteten Materialien führt die Wasserverdunstung zu einer Absenkung der Oberflächentemperatur und ist mittels Temperatursensoren messbar. Als Messgeräte kommen optische Sensoren, Lichtwellenleiter und die bekannten Temperaturfühler (z. B. Halbleiter oder Thermoelement; Kap. 6) zum Einsatz. Angewendet wird dieses Messverfahren in der Hydrologie, der Umwelttechnik, im Bergbau und im Bauwesen. Es können Langzeitmessungen durchgeführt werden, um Bewegungen von Wasser im Boden/Gestein zu erfassen bzw. um Leckagen an Deponien, Rohrleitungen oder Dämmen zu registrieren.

10.3 Messung von Niederschlägen im Außenklima

Klimamessungen mit stationärer Messtechnik, Aufstiegsballonen, mobilen Wetterstationen und über Satelliten werden in einem flächendeckenden Netz weltweit durchgeführt. Neben dem täglichen Wetterbericht hat die Wetterbeobachtung große Bedeutung für:

- die Verkehrssicherheit (Flugwesen, Schifffahrt, Auto, Bahn),
- die Landwirtschaft,
- die Brandbekämpfung,
- die Unwetterwarnung und
- die Abschätzung der Umweltverschmutzung.

Die Messungen werden nach festen Szenarien und mit gleichwertigen Messgeräten durchgeführt. Nur so ist eine internationale Vergleichbarkeit der Daten möglich. Die wichtigsten Messdaten, die aufgezeichnet werden, sind:

- die Temperatur in unterschiedlichen Höhen,
- die Luftfeuchte,
- die Niederschlagsmenge,
- der Luftdruck,
- der Wind (Richtung und Geschwindigkeit) und
- die Sonnenstrahlung/Bewölkung.

Messung der relativen Luftfeuchte
Die Standardtechnik zur Erfassung der relativen Luftfeuchte ist seit Beginn der gezielten meteorologischen Aufzeichnungen das *Assmann-Psychrometer* (Abschn. 10.2; Abb. 10.14). Es gilt auch heute noch weltweit als Mess-Standard für Außenklimamessungen. Die meisten automatischen Mess-Stationen sind mittlerweile mit kapazitiven Polymerfühlern zur Erfassung der relativen Luftfeuchte und Temperatur ausgerüstet.

Messung von Niederschlägen
Die Regenmenge wird in Auffangbehältern mit einer definierten Öffnungsfläche erfasst (Abb. 10.19) und bezogen auf die Fläche angegeben. Der durch die Öffnung ein-

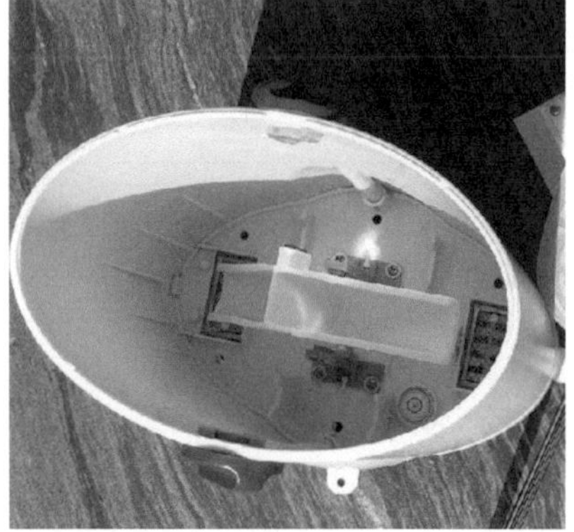

Abb. 10.19 Erfassung der Niederschlagsmenge mit dem Regenmesser

fallende Regen wird über einen Trichter in Tropfenform gebracht. Diese Tropfen können einzeln gezählt und als Niederschlagsmenge pro Zeiteinheit berechnet werden. Ebenso können die Tropfen auf eine Wippe fallen, an deren Enden kleine Auffangschalen mit definiertem Volumen angebracht sind. Ist Schale 1 gefüllt, kippt die Wippe, die Schale 1 wird entleert und die Tropfen fallen in Schale 2. Gezählt wird die Anzahl der Kippbewegungen als Maß für die gefallene Niederschlagsmenge. Die Niederschlagsmesser sind oft mit einer Heizung ausgerüstet. Damit ist auch teilweise die Messung von Schneemengen möglich. Der Messwert wird in [l/m^2] angegeben. Ebenso ist die Angabe [mm/m^2] üblich. Diese Bezeichnung beschreibt den Anstieg des Wasserpegels von einem Quadratmeter um einen Millimeter: 1 l/m^2 entspricht 1 mm/m^2. Im Regenmesser nach Abb. 10.19 ist in der Mitte die Wippe mit den beiden Auffangschalen zu sehen; darüber wird der Auffangtrichter (hier abgenommen) gesetzt.

Messung der Betauung

Betauung tritt auf, wenn das in der Luft enthaltene Wasser (gasförmig) aufgrund von Temperaturabsenkungen kondensiert und sich als flüssiges Wasser auf Oberflächen niederschlägt. Die Folgen sind beispielsweise die Benetzung von Oberflächen, Nebel- und Reifbildung oder Eisglätte. Die Betauung hat wenig Bedeutung in Bezug auf die Menge an flüssigem Wasser, die freigesetzt wird. Vielmehr kann die Benetzung der Oberflächen zu folgenden Problemen führen:

- glatte Fahrbahnen,
- Nebel führt zu Verkehrsbehinderung,
- Tragflächen von Flugzeugen vereisen,
- Korrosion von Metallteilen oder
- Entwicklung von Schaderregern an Pflanzen.

Ebenso kann das Auftreten von Niederschlag als Ereignis wichtig sein, ohne dass die exakte Menge gemessen werden muss (z. B. Schließen von Fenstern, Einschalten von Scheibenwischern). Messtechnisch ist es in diesen Fällen relevant, die Zeiten (Beginn und Ende) für das Auftreten von Betauung/Benetzung zu erfassen, um auf die genannten Gefahrensituationen reagieren zu können. Sogenannte *Benetzungsfühler* erfassen den Zustand feucht/trocken auf einer Sensoroberfläche. Die Messprinzipien sind sehr unterschiedlich:

- die Messoberfläche ist ein *Kondensator;* bei der Benetzung ändern sich die dielektrischen Eigenschaften des Sensors;
- die Messoberfläche besitzt *Elektroden,* die bei der Benetzung leitend verbunden werden;
- die Messoberfläche ist eine *lichtdurchlässige Schicht;* beim Auftreten der Benetzung ändert sich die Reflexion/Brechungsindex an der Oberfläche;
- die Messoberfläche besteht aus *Spezialpapier,* deren elektrischer Widerstand sich bei Benetzung ändert.

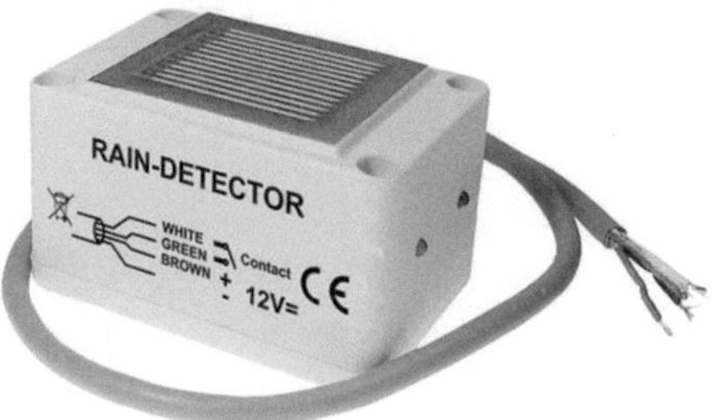

Abb. 10.20 Sensor zur Messung von Niederschlagsereignissen

Durch das Anbringen einer Heizung und eines Temperaturfühlers an der Sensoroberfläche kann die Messgenauigkeit erhöht und eine Unterscheidung zwischen den Niederschlagsarten Regen und Schnee vorgenommen werden (Abb. 10.20).

Eingesetzt werden Benetzungssensoren unter anderem in folgenden Bereichen:

- Überwachung von Schaderregern in der Landwirtschaft,
- Steuerung von Scheibenwischern,
- Bewertung von Straßenzuständen und
- meteorologische Messungen.

10.4 Feuchtemessung in geschlossenen Räumen

10.4.1 Messung des Klimas in Wohnungen und am Arbeitsplatz

Während bei der Messung des Feuchtegehaltes der Umgebungsluft die physikalischen Größen Taupunkt und absolute Feuchte wesentlich sind, ist das *Empfinden* des Menschen (feucht, angenehm, trocken) in Bezug auf Behaglichkeit abhängig von der relative Luftfeuchte, der Lufttemperatur und der Luftströmung. Die Einstellung von Klimaanlagen erfolgt unter Angabe der relativen Luftfeuchte, während die Regelgröße meist der Taupunkt ist. Ein optimaler Feuchtegehalt der Luft in der Wohn- und Arbeitsumgebung ist nicht nur in Bezug auf die Behaglichkeit wichtig. Vielmehr kommt es bei zu trockener Luft (relative Luftfeuchte < 30 %r.F.) zu:

- Reizung der Atemwege,
- statischen Aufladungen und
- vermehrter Staubbildung.

Eine permanent zu hohe Umgebungsfeuchte (relative Luftfeuchte > 70 %r.F.) führt zu:

- Erkrankungen der Atemwege,
- Wachstum von Schimmelpilzen, Bakterien, Krankheitserregern,

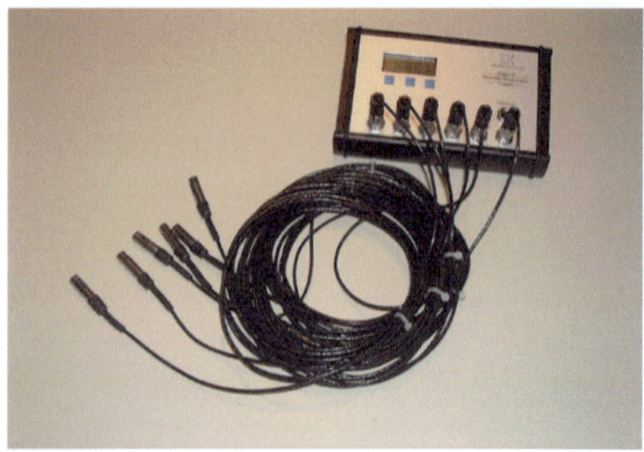

Abb. 10.21 Datenlogger mit 6 Messfühlern für relative Feuchte und Temperatur. (Werkfoto: Driesen + Kern)

- Vernichtung von Materialien (z. B. Papier, Holz, Textilien),
- Ausfall elektronischer Geräte (z. B. durch Kurzschluss, Kriechstrom) und
- Schädigung mechanischer Baugruppen (z. B. durch Korrosion).

Für die Steuerung von *Klimaanlagen* finden hauptsächlich kapazitive Polymerfühler (Abschn. 2.6) mit einem Temperatureinsatzbereich von −10 °C bis 120 °C und einem Feuchtebereich von 20 %r.F. bis 90 %r.F. Anwendung. Wenn eine separate Aufzeichnung und Dokumentation von Klimawerten gefordert ist, werden *Datenlogger* eingesetzt. Dabei handelt es sich um autarke Messgeräte mit Feuchte-, Temperaturfühlern, einer inneren Uhr sowie einem Datenspeicher und einer Schnittstelle (Abb. 10.21).

Die Messwerte werden in vorprogrammierten Zeitintervallen und Zeiträumen erfasst und bis zum Auslesen im Datenlogger gespeichert. Beispielsweise kann in Streitfällen das Lüftungsverhalten von Mietern manipulationssicher aufgezeichnet werden.

10.4.2 Klima in Museen und Ausstellungsräumen

Historische Gebäude und Ausstellungsräume stellen besondere Anforderungen an die Messung bzw. Regelung der Luftfeuchte:

- Die einzuhaltenden Sollwerte sind mit engen Toleranzen vorgegeben.
- Es können große Temperaturunterschiede zwischen den Wänden und dem Innenraum auftreten.
- Die notwendige Klimatisierung (Heizung, Lüftung) kann nicht so optimal erfolgen wie bei modernen Gebäuden.
- Einzelne Ausstellungsstücke benötigen extremes Umgebungsklima (klimatisierte Vitrinen).

Für historische Gebäude und altes Mauerwerk kommt hinzu, dass diese heute anderen Umgebungsbedingungen und Einflüssen unterliegen als bei ihrer Errichtung. Die Räume werden vielfach für Ausstellungen und Veranstaltungen genutzt und sind mit Heizungsanlagen ausgerüstet. Ein großer Besucherstrom belastet zusätzlich das Innenraumklima, während die äußere Umgebung aufgrund der höheren Luftverschmutzung einer stärkeren Korrosion ausgesetzt ist. In Tab. 10.6 sind die Richtwerte für die relative Luftfeuchte bei der Lagerung von Gegenständen zusammengestellt.

Für Kunstgegenstände oder historische Ausstellungsstücke, die in Räumen präsentiert, archiviert und gelagert werden sollen, sind bestimmte *Umgebungsklimawerte* einzustellen (Tab. 10.6). Die Speicherwirkung der Wände gegenüber Wärme und Feuchte im Klimajahreszyklus muss beachtet werden. Nichtisolierte Außenwände können wesentlich kühler sein als die Raumtemperatur. Daher kann es genau dort, wo Gemälde und andere Kunstwerke angebracht sind, zum verstärkten Auftreten von Kondensationen kommen. An den nicht sichtbaren Stellen (z. B. Rückseite von Gemälden oder Rahmen) kann Schimmelbildung auftreten. Es ist daher unbedingt notwendig, die Feuchte und ebenso die Temperatur an diesen Stellen zu erfassen bzw. bei der Klimatisierung der Räume zu berücksichtigen. Aus ästhetischen oder sachlichen Gründen soll die Anbringung von Sensorik in unmittelbarer Umgebung der Ausstellungsstücke vermieden werden. Miniaturisierte Temperaturfühler eignen sich sehr gut, um die Luftfeuchte auf der Oberfläche oder an der Rückseite von Kunstgegenständen zu überwachen oder zu regeln. Die Sensoren werden direkt an der Außenwand angebracht. Die relative Luftfeuchte des Gesamtraumes, deren Wert durch die Klimaanlage eingestellt ist, bildet in Verbindung mit dem Messwert des Wandtemperaturfühlers die Bezugsbasis. Aus beiden Werten kann die Feuchte in Wandnähe ermittelt bzw. abgeschätzt werden. Die zusätzliche Anbringung eines miniaturisierten Luftfeuchtesensors erhöht dabei die Messgenauigkeit. Bei den

Tab. 10.6 Richtwerte für die Lagerung von historischen und Kunstgegenständen

Relative Luftfeuchte [%r.F.]		Mögliche Schäden bei ungünstigen Klimabedingungen
Kritischer Wert	Optimaler Wert	
> 25	< 20	Glas, Metalle, Mineralien und fotografische Materialien neigen verstärkt zum Korrodieren
	20 bis 40	Fotografisches Material, der optimale Wert ist von der Art des Fotomaterials abhängig
> 55	40 bis 45	Metallische Ausstellungsstücke können korrodieren
< 35	45 bis 55	Irreversible Formveränderungen, vor allem an papierhaltigen und textilen Materialien; Blindwerden von alkalischen Gläsern
< 40	55 bis 65	Schwinden oder Reißen von Holz
> 55		Steine beginnen sich zu entfärben
> 65		Schimmelbildung an organischen Materialien

Sensoren handelt es sich meist um kapazitive Polymerfühler in Verbindung mit einem Temperatursensor. Mit Abmessungen von einigen Millimetern lassen sich diese Sensoren nahezu unsichtbar an besonders kritischen Stellen unterbringen (Abb. 10.22).

Ein Problem bei Kunst- und Aus stellungsräumen ist die *Übertragung der Messdaten.* Auf eine Kabelführung muss oft verzichtet werden. Die Sensoren können mit Datenloggern ausgerüstet werden. Eine Klimaregelung ist mit Datenloggern jedoch nicht möglich. Zur Messwertübertragung werden Funkmodule eingesetzt, die Daten über einige hundert Meter senden können. Metallische Gegenstände und Wandarmierungen stören die Übertragung. Als weitere Möglichkeit der drahtlosen Messwertübertragung können Infrarot-Sender-Empfänger-Systeme eingesetzt werden. Die Reichweiten beziehen sich dabei auf den direkten Sichtkontakt von Sender und Empfänger.

Bei einer nicht vollständigen Klimatisierung von Ausstellungsräumen muss zu bestimmten Tages- oder Jahreszeiten eine Lüftung durch den Austausch mit dem Außenklima erfolgen (Öffnen von Türen, Toren, Fenstern). In der Regel soll dabei überschüssige Luftfeuchte aus den Innenräumen nach außen geleitet werden. Um den günstigen Belüftungszeitraum, in Abhängigkeit von der jeweiligen Witterungslage zu bestimmen, muss die absolute Feuchte (a) der Innen- und der Außenluft bestimmt werden. Die relative Luftfeuchte reicht als alleiniges Kriterium nicht aus. Erst wenn die Bedingung erfüllt ist, dass

$$a_{\text{in}} > a_{\text{out}}$$

a_{in} : absolute Feuchte im Raum

a_{out}: absolute Feuchte im Außenklima

kann die Feuchte, die sich in der Raumluft durch einen hohen Besucherstrom bzw. aus dem Gemäuer oder dem Mobiliar und aus anderen Quellen angereichert hat, nach außen geleitet werden. Die rechnerische Bestimmung der absoluten Feuchte erfolgt aus den gemessenen Werten der Lufttemperatur und der relativen Luftfeuchte. Bei dieser Art der Klimasteuerung ist jeweils ein Feuchte-Temperaturfühler im Innenraum und im Außenbereich notwendig.

Abb. 10.22 Miniaturisierter Sensor $(5 \times 2 \times 1)$mm für relative Luftfeuchte und Temperatur mit digitalem Signalausgang. (Werkfoto: Sensirion)

10.4.3 Klima in elektrischen Anlagen

In Räumen, in denen hohe Spannungen und Ströme gewandelt, geschaltet oder verteilt werden, kann ein elektrischer Überschlag schwerwiegende Folgen für die nachfolgende Technik oder die zentrale Versorgung mit Elektroenergie haben. Da sich diese Anlagen häufig als unbeheizter Schaltkasten im Außenklima befinden, sind diese den täglichen und jährlichen *Temperatur-*und *Feuchteschwankungen* ausgesetzt. Je nach Einsatzort wird ein sehr hoher technischer Aufwand betrieben (z. B. Schaltschrankheizung, Trockenpatronen, Belüftungssysteme oder vollständiges Vergießen von Bauteilen), um eine Kondensation an elektrisch leitenden Teilen zu verhindern. Eine Überwachung spezieller Anlagenteile wie Isolatoren, Hohlräume oder Gehäuseteilen ist möglich; dies geschieht als Kombination einer Luftfeuchtemessung in Verbindung mit einer Temperaturmessung an dem speziellen Anlagenteil. Aus der Temperaturdifferenz zwischen Raumtemperatur und Oberflächentemperatur unter Berücksichtigung der relativen Raumluftfeuchte lassen sich kritische Zustände frühzeitig erkennen und Gegenmaßnahmen einleiten:

- Einschalten von Heizungen und Kühlungen,
- Abschalten von Anlagen bei kritischen Situationen oder
- Steuerung von Lüftern, Gebläsen und Trocknern.

Des Weiteren können sogenannte Benetzungsgeber direkt auf Isolatoren, Schaltanlagen oder der Außenseite von Kühlwasserleitungen angebracht werden. Diese Sensoren signalisieren die Kondensation von Wasser auf der Oberfläche (Tab. 10.7).

Tab. 10.7 Parameter von Benetzungssensoren zur Detektion von Kondenswasser auf Oberflächen

Parameter	Wertebereiche
Messbereich [%r.F.]	> 50, bis zur Bildung eines Kondensfilmes
Messfehler [%r.F.]	+/−4
Temperaturbereich [°C]	−20 bis 80
mögliche Messprinzipien	Widerstandsänderung eines elektrisch leitenden Polymers; offener Streufeldkondensator
Ansprechzeit [s]	10 s bis 200 s einstellbar
Ausgang	Analogsignal; Schaltsignal; potentialfreier Kontakt
Anbauart	Schraubbar auf Rohrleitungen; klebbar auf ebenen Flächen
Einsatzgebiete	Warnung vor Feuchtebrücken an stromführenden Bauteilen; Erkennen der Betauung an Glasscheiben und Schaufenstern; Erkennen der Kondenswasserbildung an Kfz-Scheiben; Detektion der Betauung von Mauerwerksoberflächen und Wänden

10.4.4 Beeinflussen des Raumklimas

Befeuchtung der Luft

Die Befeuchtung der Luft in Räumen kann vor allem in der Heizperiode von Bedeutung sein. Kühle Luft (mit niedriger absoluter Feuchte) strömt von außen in die beheizten Räumen. Hier wird sie erwärmt, was zu einer Verminderung der relativen Feuchte im Raum führt. Zur Einstellung einer optimalen Luftfeuchte für den Menschen und die ihn umgebenden Gegenstände kann eine zusätzliche Befeuchtung erforderlich sein.

Verdunster

Das Prinzip basiert auf dem natürlichen Effekt, bei dem Wasserdampf von einer befeuchteten Oberfläche an die Umgebung abgegeben wird. Unter der Voraussetzung von

$$e_{\mathrm{w}} < e_{\mathrm{wv}}$$

e_{w}: Dampfdruck der Umgebungsluft
e_{wv}: Dampfdruck an der Verdunstungsoberfläche

erfolgt die Anfeuchtung der Umgebungsluft. Unterstützt wird der Vorgang durch Zuschalten von Ventilatoren. Die Verdunstungsoberflächen sind meist Matten aus Gemischen von Pappe und textilen Geweben, die aufgrund ihrer porösen oder kapillaren Struktur eine große Oberfläche aufweisen. Bei der Verdunstung werden mögliche Verschmutzungen oder Bestandteile (z. B. Kalk) des Wassers nicht in den Raum abgegeben.

Dampfbefeuchter

Eine höhere Effektivität der Befeuchtung wird durch eine zusätzliche *Beheizung des Wasserreservoirs* erreicht. Das Wasser wird bis nahe $T = 100\,°\mathrm{C}$ erwärmt. Der entstandene Wasserdampf wird über Ventilatoren im Raum verteilt. Mineralische Rückstände des Wassers bleiben im Dampfbefeuchter zurück. Die Dampfleistung und damit die Anfeuchtung der Luft im Raum kann über die Temperatur und die Ventilation gesteuert werden. Durch den warmen Wasserdampf, der in die Umgebungsluft abgegeben wird, erfolgt eine Erwärmung des Raumes.

Zerstäuber

Diese befeuchten die Umgebung nicht mit Wasserdampf, sondern mit *feinsten Wassertröpfchen.* Es findet somit kein Energieeintrag durch erwärmtes Wasser in die Klimaanlage statt. Die Restbestandteile (z. B. Staub oder Kalk) werden nicht im Befeuchtungssystem zurückgehalten, sondern an die Umgebung abgegeben. Für den Betrieb der Anlagen ist daher besonders aufbereitetes Wasser erforderlich. Nach der Art der Erzeugung dieser kleinen Partikel werden Zerstäuber unterschieden in:

- Ultraschallbefeuchter,
- Düsenluftbefeuchter und
- Scheiben- oder Rotationszerstäuber.

Entfeuchten von Räumen
Um Räumen die Feuchte zu entziehen, werden unterschiedliche Prinzipien angewandt. Je nach der Größe der Raumes und der Leistung beim Luftaustausch werden die Entfeuchter als portable Geräte oder feste Installationen in Klimaanlagen eingesetzt.

Kondensationsentfeuchtung
Die Luft wird an einem Kühlsystem bis an den Taupunkt abgekühlt. Der Taupunkt kann durch Abkühlung oder über die Kompression der Luft erreicht werden. Ein Teil des Wasserdampfes kondensiert und wird als Flüssigwasser aufgefangen. Anschließend wird die Luft an einem Wärmetauscher auf die Umgebungstemperatur erwärmt und dem Raum bzw. der Klimaanlage als trockene Luft zugeführt.

Adsorptionsentfeuchter
Stark *hygroskopische Oberflächen* (z. B. Molekularsieb oder Silikagel) nehmen den Wasserdampf der vorbeiströmenden Luft auf und binden ihn an der Oberfläche. Im Allgemeinen befindet sich das Adsorbat in einer Trockenpatrone, die von der Luft im Rohrsystem durchströmt wird. Ist das Adsorbat verbraucht, wird auf eine weitere Trockenpatrone umgeschaltet. Eine Regeneration des Adsorbates erfolgt durch Ausheizen.

Absorptionsentfeuchter
Die feuchte Luft wird über *Salze* bzw. *wässrige Salzlösungen* geleitet. Die Salze nehmen den Wasserdampf aus der Luft bis zum Erreichen ihres Sättigungspunktes auf und trocknen die vorbeiströmende Luft. Das Salz kann durch Trocknung regeneriert und erneut zur Entfeuchtung verwendet werden. Diese Art der Entfeuchtung wird eingesetzt, wenn nur geringe Mengen Luft zu trocknen sind. Es besteht die Gefahr, dass Salzkristalle in die vorbeiströmende Luft gelangen und sich an anderen Stellen in der Klimaanlage oder im Raum ablagern, was zu Korrosionsschäden führen kann.

10.5 Luftdruck

Unter dem Luftdruck versteht man den Druck, der durch das Gewicht der Atmosphäre auf die Erdoberfläche entsteht. Er dient durch seine ständige Verfügbarkeit für viele technische Anwendungen als Bezugsgröße (Relativdruck, Abschn. 4.4).

Anwendungsfelder
Die Messung des Luftdruckes als Sonderfall der Druckmessung hat drei Schwerpunktanwendungen:

- *absoluter Druckwert* für meteorologische Messungen,
- als *Referenzwert* für *Pegelmessungen* und
- als allgemeiner *Referenzwert* für *Druckmessungen.*

Eine Bestimmung der geografischen Höhe ist ebenfalls über den Luftdruck möglich (z. B. in Uhren mit Höhenmesser).

Messprinzipien
Der Luftdruck dient als Referenz für die Druckmessung (Abschn. 4.4). Es kommen alle dort beschriebenen Messprinzipien für absolute und relative Druckmessung zur Anwendung.

Definitionen
Der Normalwert des Luftdruckes wird auf die Höhe des Meeresspiegels bezogen und beträgt dort im Durchschnitt 101.325 Pa. Dieser Mittelwert schwankt über den Tag, wobei er der Lufttemperatur folgt, welche die Dichte der Luft beeinflusst. Die Schwankungen können im mitteleuropäischen Raum bis zu 100 Pa betragen. Diese geringen Änderungen werden jedoch durch meteorologische Einflüsse stark überdeckt, welche bis zu 10.000 Pa betragen können.

Bewegt man seinen Standpunkt vom Meeresspiegel aus nach oben, so wird die über einem verbleibende Luftsäule geringer, wodurch der Druck abnimmt. Da die Luft durch ihr eigenes Gewicht komprimiert wird, nimmt mit steigender Höhe auch ihre Dichte ab, sodass der Druck exponentiell abnimmt. Die mit der steigenden Höhe sinkende Temperatur beeinflusst ebenfalls deren Dichte. Für die Berechnung des Luftdruckes im Bereich der Troposphäre mit einer Höhe bis zu 11 km existiert die *internationale Höhenformel:*

$$p = p_0(1 - (6{,}5 \cdot h)/288)^{5{,}256}$$

mit

p: Druck in der Höhe h
p_0: Druck auf der Höhe 0
h: Höhe über 0 in km.

In dieser Gleichung wird die Temperatur als führende Größe verwendet. Der Wert 6,5 ist dabei die Temperaturabnahme je Höhenkilometer in Kelvin und der Wert 288 der Jahresmittelwert der Lufttemperatur am Boden in Kelvin.

10.6 Wind- und Luftströmung

10.6.1 Definition

Anemometer (abgeleitet von Anemos: Wind) ist die ursprüngliche Bezeichnung für Geräte zur Messung des Windes. Technisch ist es die Bezeichnung für Instrumente zur Messung des *Luftstromes,* des *Volumenstromes* und in Kombination auch der *Temperatur.* Inzwischen können damit auch Flüssigkeiten und Gase gemessen werden. Neben klimatischen Windmessungen wird auch in vielen anderen Bereichen der Messung des Luftstromes eine große Bedeutung beigemessen, beispielsweise in allen Lüftungsanlagen, bei Verbrennungsprozessen in Motoren und im Abluftbereich (z. B. im Schornstein), im Modellbau, beim Flugzeugbau und in vielen anderen Bereichen. In der Meteorologie werden Windmessgeräte häufig in Kombination mit *Windrichtungmessern* und *Temperatursensoren* eingesetzt.

10.6.2 Methoden zur Windmessung

Sieben Hauptgruppen lassen sich nach den physikalischen Effekten und den daraus ergebenden Messverfahren definieren.

1. *Mechanische,* durch Wind in Bewegung versetzte Instrumente sind die ältesten und bekanntesten Formen zur Messung von Luftströmungen. Sehr weit verbreitet und auch oft zu sehen ist das klassische *Schalenanemometer* (Abb. 10.23). Dazu sind Schalen (meist 3 oder 4) an Stäben mit einem drehbar gelagerten Stab in der Mitte verbunden. Durch den Wind in Rotation versetzt, drehen sich die Schalen um den Mittelstab, dessen Drehzahl proportional zur Luftgeschwindigkeit ist. Sie sind beispielsweise an vielen Wetterstationen, auf hohen Kränen und an Autobahnen zu finden. Bei Handmessgeräten wird meist ein propellerähnliches Flügelradanemometer verwendet.
2. Eine *Schätzung* der *Windstärke* ist mit der *Beaufort-Skala* üblich. Dabei wird zwischen 13 Windstärken (einschließlich Windstille = 0) unterschieden. Eingeführt wurden sie 1805 vom englischen Admiral Sir Francis Beaufort für die Schifffahrt unter Segeln. Die vielfach geänderte Tabelle wurde auch den *Landmessungen* zugrunde gelegt. Bewährt hat sich dort die Tabelle nach *Koppen.* Beginnend bei:

Abb. 10.23 Schalenanemometer

Windstärke 0, das heißt, Windstille mit Windgeschwindigkeiten von 0 m/s bis 0,2 m/s (entspricht 0 km/h bis 1 km/h) und der Beschreibung: spiegelglatte See, bis zur Windstärke 12, d. h., Orkan mit Windgeschwindigkeiten von >32,7 m/s (>117 km/h) und der Beschreibung: Luft mit Gischt und schaumgefüllte Luft, die See ist weiß, bei stark herabgesetzter Sicht, ohne Fernsicht. 1949 wurden noch weitere 5 Orkanstufen bis über 200 km/h Windgeschwindigkeit hinzugefügt. Weitere hier nicht näher aufgeführte Skalen und Tabellen sind die Fujita-Skala, die Palles-Tabelle und die Saffir-Simpson-Skala. Gemessen und verglichen wurde früher auch mit der Wildschen Windstärketafel.

3. Ein weiteres großes Anwendungsfeld gibt es im Bereich der *Differenzdruck-Instrumente*. Laminare (geradlinige) und turbulente (verwirbelte) Strömung sind Begriffe, welche die Bewegung von Gasen, Flüssigkeiten und Dämpfen (sogenannte Fluiden) beschreiben. Hier wird die Sog- oder *Druckwirkung* eines Luftstrahls auf Fluide genutzt. Giovanni Battista *Venturi* entdeckte, dass die Geschwindigkeit eines Fluids, das durch ein Rohr strömt, dort am größten ist, wo es sich verengt (Strömungsgeschwindigkeit umgekehrt proportional zum Strömungsquerschnitt). Daniel Bernoulli entdeckte, dass der Druckabfall eines Fluids proportional zum Geschwindigkeitsanstieg in einem fluiddurchströmten Rohr ist (Gesetz von Bernoulli; Abb. 10.24). Steigt also die Geschwindigkeit eines Fluids an einer Verengung (kleinerer Rohrquerschnitt A2 in Abb. 10.24), fällt dort der Druck (Höhe Δp; Abb. 10.24) ab.

Die nach oben stehenden Säulen stellen in Abb. 10.24 offene Verbindungen zum Rohr dar. Durch Verengungen (z. B. Venturirinnen oder -bleche und Prandtlrohr) werden in diesen Bereichen somit auch bewusst höhere Geschwindigkeiten erzielt (Abschn. 10.7).

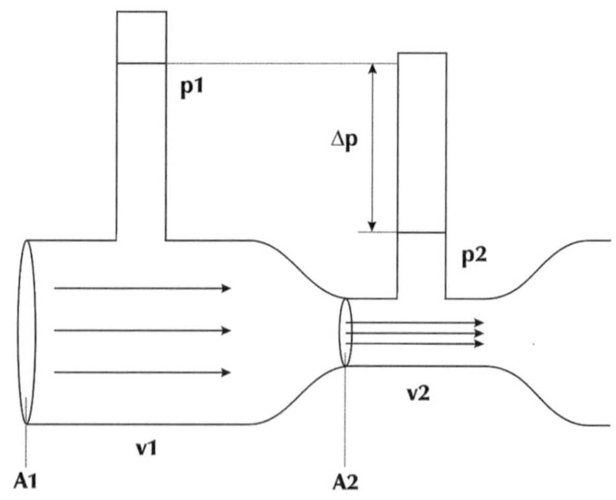

Abb. 10.24 Venturidüse

Venturi-Düsen sind hauptsächlich in geschlossenen Bereichen zu finden. Eine Weiterentwicklung ist die Staudrucksonde deltaflowC von Systec-Control (Abb. 10.25 und 10.26). Sie wird für die Erfassung von Dampf-, Wasser- und Druckluftmengen in zahl-

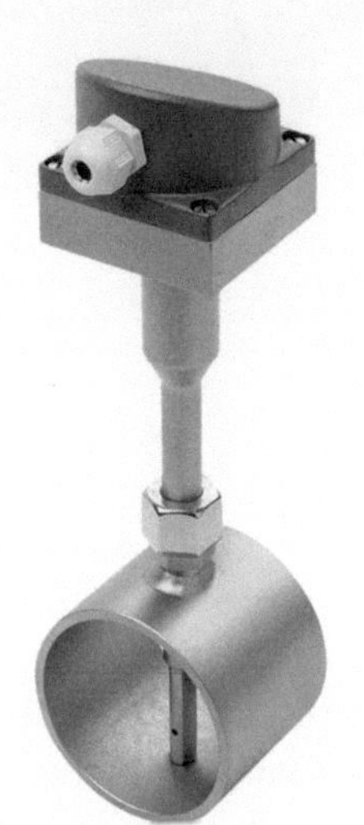

Abb. 10.25 Differenzdruckmesser deltaflowC. (Werkfoto: Systec Control)

Abb. 10.26 Prinzip des Differenzdruckmessers deltaflowC. (Werkfoto: Systec Control)

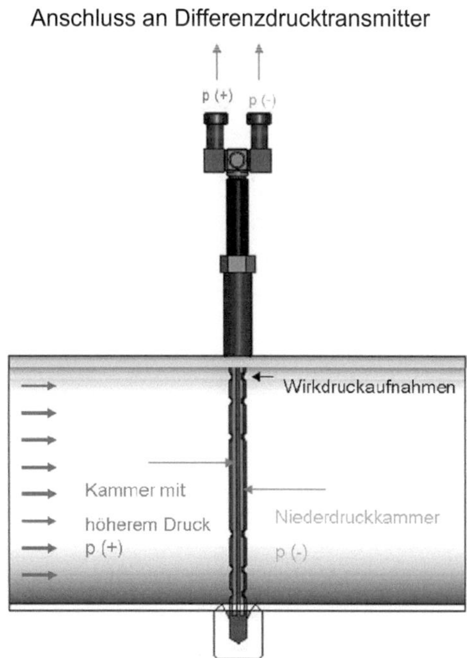

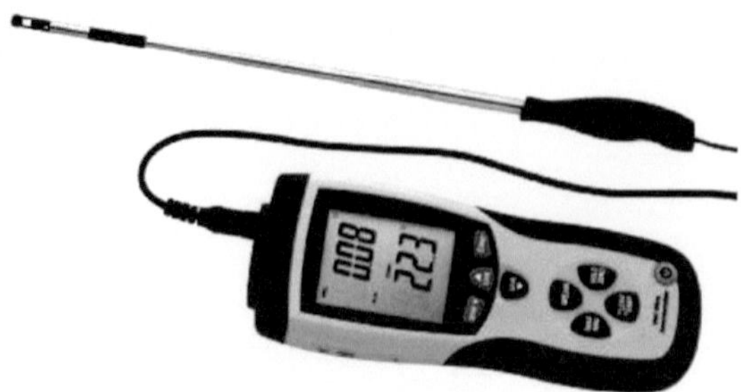

Abb. 10.27 Thermoanemometer AVM-888. (Werkfoto: ATP Messtechnik GmbH)

reichen Industriebereichen (z. B. Kraftwerken, Klärbetrieben, Chemiebetrieben und Brauereien) verwendet und zeichnet sich durch *hohe Genauigkeit* und *geringe Druckverluste* aus.

4. *Thermische Anemometer:* Bei diesen Messgeräten wird ein Hitzedraht durch den Windstrom gekühlt und die Differenz, also der *Wärmeverlust,* über den veränderten Widerstandswert gemessen. Daraus wird dann auf die Windgeschwindigkeit geschlossen. Neben Flügelrad-Anemometer sind thermische Anemometer die bislang am häufigsten verwendeten Messinstrumente zur Messung von Wind- bzw. Luftströmungen im Bereich von 0 m/s bis 5 m/s. Die Bezeichnung Hitzdrahtanemometer oder *Thermoanemometer* sind hier üblich. Abb. 10.27 zeigt das Thermoanemometer AVM-888 der Firma ATP-Messtechnik GmbH aus dem Bereich der Luft- und Klimatechnik für Windgeschwindigkeiten von 0 m/s bis 20 m/s.
5. *Ultraschall-Windsensoren* bestehen aus 4 Ultraschallsendern und Empfängern, mit denen die Windrichtung und die Windstärke gemessen werden. Auch sehr kleine Windströmungen werden in Echtzeit erfasst und können innerhalb eines Netzes Auskunft über Windstärke und Richtung sowie deren Änderungen geben. Dies ist aus meteorologischer Sicht bedeutsam. Zusätzlich bieten kleinste Wetterstationen heute auch die zeitnahe Erfassung von Windböen, der Temperatur und Luftfeuchtigkeit. Beim Besprühen von Feldern und bei der Einschätzung von *Schadstofftransport* (z. B. bei Havarien und Naturkatastrophen) durch die Luft sind *akustische Sensoren* sehr zuverlässig. Damit ist ein schnelles Reagieren von Behörden zur Schadensbegrenzung möglich. Vorteil ist hier das Fehlen von drehenden bzw. rotierenden Teilen. Ein Beispiel dafür ist die Wetterstation der Firma Airmar Technology Corporation, die bereits alle oben genannten Funktionen vereint (Abb. 10.28) und auch eine Software für zeitnahes Monitoring bietet (Abb. 10.29).
6. Eine weitere Anwendung ist das *Glimmentladungsanemometer.* Es funktioniert über die Messung der Stromstärke zwischen zwei Elektroden, durch die das Fluid strömt.
7. Ein weiteres optisches Messverfahren ist das *Laser-Doppler-Verfahren* (Abschn. 2.20). Dabei werden Frequenzunterschiede zwischen ausgesandten und reflektierten Signalen

Abb. 10.28 Airmar-System. (Werkfoto: Airmar Technology Corporation)

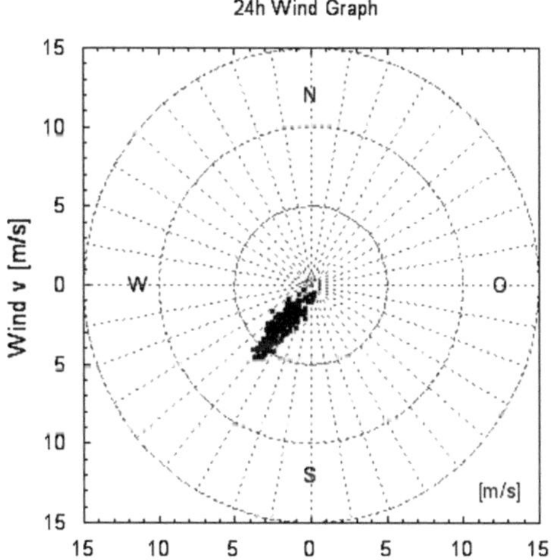

Abb. 10.29 Schema 24 h Wind Graph einer LB150. (Werkfoto: Airmar Technology Corporation)

registriert und über eine Auswertesoftware die Geschwindigkeit im Profil errechnet. Durch die 45°-Anordnung und Kreuzung der Sensoren (Laser) entsteht ein Muster aus Interferenzstreifen mit gleichmäßigen Höhen und Tiefen, oder besser gesagt mit Bereichen von minimalen und maximalen Lichtintensitäten. Wird darin ein Teilchen eines Fluids eingebracht, so reflektiert dieses innerhalb der betrachteten Ebene das Licht mit einer anderen Frequenz. Diese Änderung wird als Bewegung innerhalb der Ebene erfasst und als Geschwindigkeit dargestellt. Vorausgesetzt wird hier, dass sich das Teilchen ebenso schnell wie das ihn umgebende Fluid bewegt. Da aber eine Vielzahl von Partikeln gleichzeitig gemessen und ausgewertet wird, lässt sich zweifelsfrei die Gesamtbewegung darstellen.

10.7 Wasserströmung

10.7.1 Definition

Die Wasserströmung wird in der Hydrologie mit dem Begriff *Durchfluss* beschrieben. Unter dem Durchfluss Q versteht man, wieviel Volumen Wasser V pro Zeit t in einem definierten Fließquerschnitt fließt. Es gilt:

$$Q = V / t.$$

Die Bestimmung von Durchflüssen in Oberflächengewässern an vorbestimmten Flussabschnitten ist ein wichtiger Anwendungsfall. Dabei wird die ermittelte Fließgeschwindigkeit v mit dem Querschnitt des Gewässers multipliziert. Dann gilt:

$$Q = v \cdot A.$$

Das Ergebnis wird üblicherweise mit der Einheit m^3/s oder l/s angegeben.

Allgemein unterscheidet man zwischen *offenen* und *geschlossenen* Systemen. Dazu zählen offene Gerinne wie Flüsse und Kanäle, Druckrohre (z. B. in der Trinkwasserversorgung) und Rohre in Wasserkraftwerken. Teilgefüllte Rohre sind beispielsweise im Bereich Abwasser und bei Bewässerungsanlagen zu finden.

In teilgefüllten Rohrsystemen und offenen Gerinnen ist neben der Geschwindigkeitsermittlung auch die *Höhe des Wasserstandes* wichtiger Bestandteil der Messung, um daraus den durchflossenen Querschnitt zu errechnen. Neben dem Bereich der Lattenpegel findet sich hier die Wasserstandssensorik wieder (Abschn. 3.1).

10.7.2 Direkte und indirekte Durchflussmessung

Die *direkte Durchflussmessung* erfolgt durch Messrinnen (Venturi-Düse in Abb. 10.24), durch eine volumetrische Messung und durch Messwehre.

Bei *Messrinnen* wird durch bauliche Veränderungen eine Querschnittsverengung erreicht. Die veränderten Strömungsverhältnisse führen zu unterschiedlich hohen Wasserständen. Aus dem Höhenunterschied lässt sich der Durchfluss errechnen.

Die *volumetrische Messung* ist für *geringe Durchflüsse* geeignet. Die Menge wird durch die Größe des Messgefäßes bestimmt. Die zeitlich begrenzte Umleitung des Wasserstromes in das geeichte Messgefäß ist die Grundlage für die Berechnung des Durchflusses. Werden beispielsweise für die Füllung eines 10-l-Eimers 5 s benötigt, so beträgt der Durchfluss 2 l/s ($Q = V/t$).

Messwehre werden in kleinen Gerinnen (z. B. Bäche) eingebaut. Dabei kommt es zu einer Verengung des Querschnittes und damit einer Anhebung des Wasserstandes. Entsprechend der Geometrie des Wehres und der Überfallhöhe wird dann eine Durchflussgleichung erstellt und die Durchflussmenge ermittelt.

Die indirekte Durchflussmessung erfolgt durch eine Ultraschallmessung, durch eine elektromagnetische Messmethode, durch einen hydrometrischen Messflügel oder durch eine Messung mit Markierungsstoffen (Tracer).

Ultraschallmessung

Die Ultraschall-Durchflussmessung ist ein indirektes Messverfahren, d. h. der Durchfluss wird auf der Grundlage der *Kontinuitätsgleichung* aus einer Geschwindigkeitsmessung und einer dem Wasserstand zugeordneten Fließfläche berechnet.

Für die Messung der Geschwindigkeit mit Ultraschall kommen in der Praxis im Wesentlichen zwei Verfahren zur Anwendung:

- Ultraschall-Laufzeitmessung und
- Ultraschall-Dopplermessung.

Laufzeitprinzip

Das Messprinzip beruht auf der *direkten* Messung der *Laufzeit* eines akustischen Signals zwischen zwei Ultraschallköpfen, den sogenannten *hydroakustischen Wandlern.* Eine Schallwelle, die sich in einem Gewässer entgegen der Fließrichtung bewegt, benötigt eine längere Laufzeit als eine Schallwelle, die mit der Fließrichtung wandert. Die *Differenz* der Laufzeiten ist direkt *proportional* zur *Fließgeschwindigkeit* im Messpfad und damit bei bekannter Querschnittsund Strömungsgeometrie proportional zum *Durchfluss.* Bei Fließquerschnitten mit freiem Wasserspiegel (Gerinneströmung) ist die durchströmte Querschnittsfläche vom Wasserstand abhängig, sodass zur Ermittlung der Querschnittsgeometrie immer auch der Wasserstand gemessen werden muss (Abb. 10.30).

Die vom Sender (1) generierte Schallwelle breitet sich im Medium als kugelförmige Wellenfront aus. Bei stehendem Gewässer wäre die Zeit $t_0(1–2)$ zum Erreichen des anderen Ufers erforderlich. Bei fließendem Gewässer wird die Ultraschallwelle mit getragen, wodurch ihre Ausbreitungsgeschwindigkeit um die Fließgeschwindigkeit erhöht wird. Diese damit verkürzt erscheinende Laufzeit ist ein Maß für die Fließgeschwindigkeit. Der Wert muss durch die überlagerten Bewegungen von Fluss und Schallwelle vektoriell korrigiert werden.

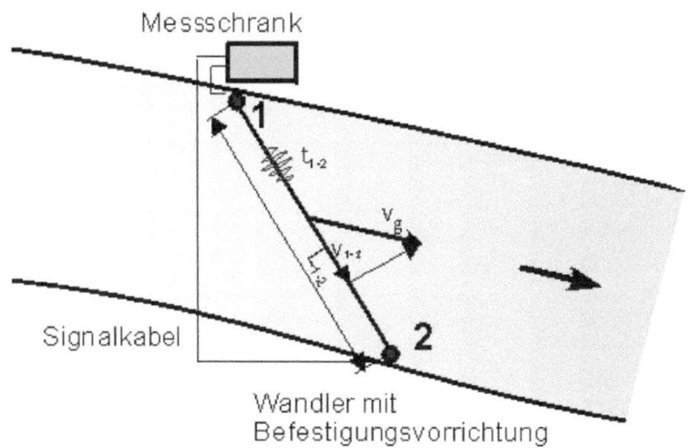

Abb. 10.30 Laufzeitmessung mittels Ultraschall

Bezüglich der Strömungsgeometrie sind geeignete Annahmen zu treffen, deren Gültigkeit durch Kalibriermessungen bestätigt werden müssen. Die *Laufzeitmessung* wird technisch mit unterschiedlichen Verfahren realisiert. Genannt seien hier das Frequenzbandverfahren und das Impulsverfahren. Beim *Frequenzbandverfahren* wird eine definierte Frequenzfolge in das Gewässer abgegeben und dessen Laufzeit vom Sender zum Empfänger gemessen. Beim *Impulsverfahren* wird die Laufzeit eines kurzzeitigen Schallimpulses mit einer definierten Frequenz gemessen. Das Prinzip der Laufzeitmessung mit dem Impulsverfahren ist im Bereich der *kontinuierlichen Ultraschalldurchflussmessung* in Flüssen und Kanälen weit verbreitet.

Die Alternative zur Kabelquerung in breiten Gewässern ist der Einsatz von *Wireless-Systemen.* Hierbei entfällt die Kabelverlegung durch das Gewässer. Es ist daher optimal zur Abflussermittlung in *breiten Gewässern* geeignet. Auf beiden Gewässerseiten werden autark arbeitende Mess-Systeme (Mastersystem und Slavesystem) installiert, die jeweils mit einem GPS-Empfänger gekoppelt sind. Die daraus erzeugte hochgenaue Normalfrequenz und ein auf beiden Seiten exakter Startimpuls sind die Voraussetzung für die Synchronizität und damit einer genauen Ultraschallmessung. Abb. 10.31 und 10.32 zeigen zwei Anwendungsfälle für den Einsatz solcher Systeme.

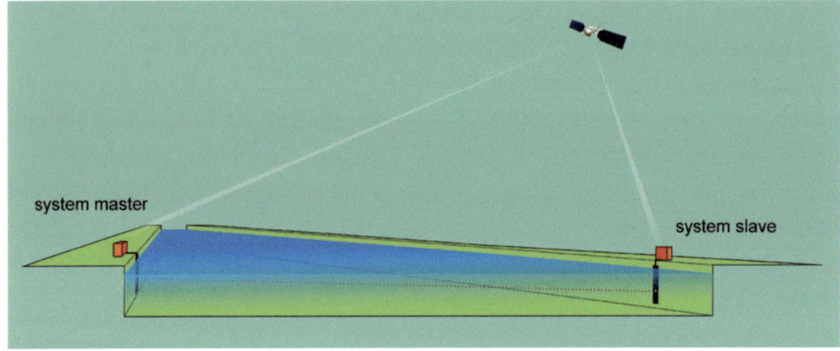

Abb. 10.31 Wireless-Mess-Stelle

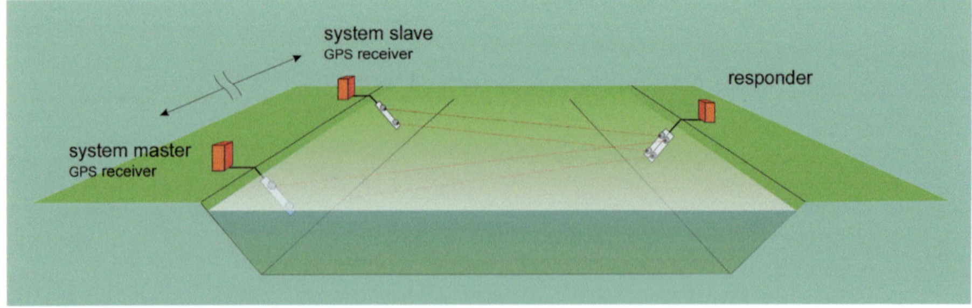

Abb. 10.32 Responder-Wireless-Mess-Stelle

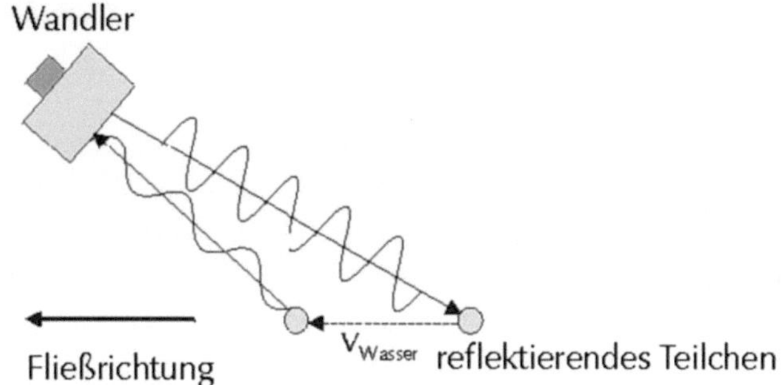

Abb. 10.33 Prinzip der Dopplermessung

Dopplerprinzip

Beim Ultraschalldopplerprinzip (Abschn. 2.20) wird die schallreflektierende Eigenschaft der im Wasser befindlichen Partikel ausgenutzt. Dabei wird vorausgesetzt, dass sich die Teilchen im Mittel wie die tragende Strömung bewegen. Der Ultraschallwandler empfängt die reflektierten Schallwellen bewegter Teilchen mit einer anderen Frequenz, als er sie ausgesandt hat (Abb. 10.33).

Die Frequenzverschiebung wird als *Doppler-Verschiebung* (Abschn. 2.20) bezeichnet und ist proportional zur *Geschwindigkeit* des reflektierenden Partikels. Außer der Frequenzverschiebung lässt sich die Zeit messen, die ein Signal benötigt, um zum Sender zurückzukehren. Aus dieser Zeit kann die Entfernung des Partikels bestimmt werden, womit letztlich auch die Bestimmung von *Geschwindigkeitsverteilungen* entlang einer Messlinie möglich wird.

Das Dopplerprinzip kommt in der Praxis beispielsweise in folgenden Bereichen zur Anwendung:

- *ADCP* (Acoustic Doppler Current Profiler)-Messgeräte zur *Durchflussmessung* in Flüssen und Kanälen,
- ADCP-Messgeräte für die *Strömungsmessung* in der Ozeanografie und
- *Ultraschalldopplersonden* für die Durchflussmessung in Abwasserkanälen und kleinen Gerinnen.

Der Acoustic Doppler Current Profiler (ADCP) besteht aus vier bis (typ- und herstellerabhängig), die als Sender und Empfänger dienen.

Elektromagnetische Messmethode

Seit 1939 ist die *magnetisch-induktive Messmethode* (Abschn. 2.5) bekannt und in vielen industriellen Bereichen im Einsatz. Messgeräte, die den Durchfluss magnetisch-induktiv erfassen, werden dort eingesetzt, wo elektrisch leitfähige Flüssigkeiten (>5 µS/cm) indirekt gemessen werden. In der Lebensmittelindustrie, bei der Wasser-, Abwasser- und

Schlammerfassung, im Ex-Bereich der petrochemischen Industrie und in vielen anderen Bereichen (Abschn. 3.1.1 und 3.1.5) sind Messgeräte verschiedenster Art von unterschiedlichen Herstellern zu finden.

Durch die Bewegung von leitfähigen Flüssigkeiten durch ein Magnetfeld wird elektrische Ladung verschoben und zwischen dem Anfang und dem Ende des Magnetfeldes (Länge) eine Spannung erzeugt. Die Höhe der Spannung ist direkt proportional zur Geschwindigkeit der Flüssigkeit, zur Weglänge und zur Stärke des Magnetfeldes (Abschn. 2.5).

Eine langlebige Messtechnik hängt unter anderem von der Korrosion und der Auswahl des geeigneten Sensormaterials ab, die der Anwendungsumgebung entsprechen sollte. Hilfreich sind dabei die geltenden Standards für beispielsweise rostfreien und säurebeständigen Stahl und viele veröffentlichte Tests mit verschiedenen Flüssigkeiten.

Hydrometrischer Messflügel

Das weit verbreitete und damit am häufigsten angewandte Verfahren zur Durchflussmessung beruht auf der Messung mit einem *hydrometrischen Flügel,* wobei die Fließgeschwindigkeit in einem Fließgewässer an vielen Punkten dokumentiert wird. Zusammen mit dem Durchflussquerschnitt A und der Einzelgeschwindigkeiten v im jeweiligen Messfeld errechnet man den Durchfluss $Q = A \cdot v$. Der hydrometrische Flügel kann sowohl bei sehr kleinen Fließgewässern, als auch bei großen Flüssen eingesetzt werden. Dort werden dann verschiedene Geschwindigkeiten in verschiedenen Tiefen gemessen und daraus ein *Geschwindigkeitsprofil* erstellt. Wie an den in Abb. 10.34 dargestellten Messpunkten, wird in verschiedenen Ebenen, die einer festgelegten Tiefe entsprechen, jeweils in der Lotrechten gemessen. Aus den gewonnenen Werten kann ein Geschwindigkeitsprofil über den Querschnitt erstellt werden.

Der Messflügel besteht aus einer Stange mit einem propellerähnlichen, geeichten Messflügel am unteren Ende. Der Messflügel erzeugt mit jeder Umdrehung einen elektrischen Impuls, der über ein festgelegtes Zeitintervall von einem Zähler aufgenommen wird. Die sich daraus ergebende Fließgeschwindigkeit errechnet sich als *Impulse pro Zeiteinheit.*

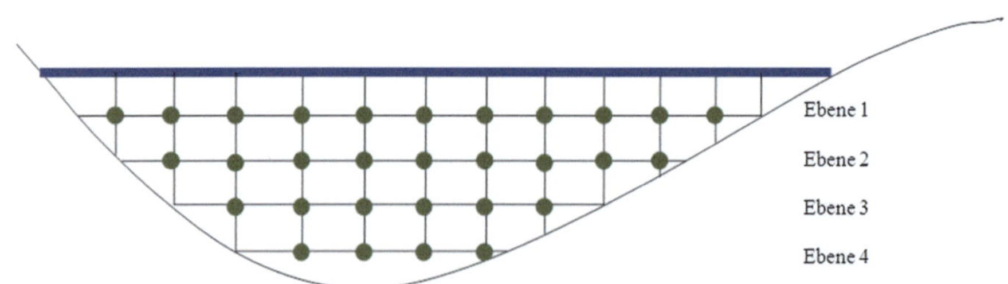

Abb. 10.34 Messgitter für die Messung des Strömungsprofils

Die mathematische Geschwindigkeitsdarstellung wird mithilfe der Extrapolation mit der Finiten-Elemente-Methode zur Modellierung einer numerischen Simulation – der SIMK-Kalibrierung erreicht. Dabei werden in Abhängigkeit des Profils, des Wasserstands und der Wandrauigkeit auch in stark bewegten Gerinnen die Sekundärströmungen berechnet. Im Ergebnis wird ein *wasserstandsabhängiger Faktor* k(*h*) zur Berechnung der *mittleren Fließgeschwindigkeit* aus einer lokalen Fließgeschwindigkeit erzeugt, aus dem zuverlässige Gesamtdurchflüsse errechnet werden.

Messung mit Markierungsstoffen (Tracer)
Es erfolgt die Markierung einer festgelegten Wassermenge über die einmalige Gabe eines Indikators (Tracer) oder als kontinuierlichen Eintrag über eine geregelte Pumpensteuerung. Als Tracer werden Elektrolyte, Farbstoffe und radioaktive Stoffe verwendet. Die Indikatoren durchmischen sich nach einer Strecke komplett mit dem Wasser. Die eigentliche Messung erfolgt nach der Durchmischung über die Messung der Leitfähigkeit (Elektrolyte), der Farbstoffmessung (Farbstoffeintrag) oder über einen Geigerzähler (radioaktive Markierung). In Bereichen, in denen ein hydrometrischer Messflügel nicht mehr zu zuverlässigen Ergebnissen führt, wird mit Tracern gemessen. Einsatzfelder sind *Gebirgsbäche* und *flache Gewässer* unter der Bedingung, dass von Anfang bis zum Ende der Messung keine Pegeländerung vorliegt.

Weitere in der Industrie verwendete, aber hier nicht aufgeführte Verfahren zur Messung von Durchflüssen sind Vortex, Coriolis und Delta P, wie sie die Firma Endress & Hauser entwickelt hat.

Weiterführende Literatur

A Guide to the Measurement of Humidity. NPL, London (1996)

AIRMAR Technology Corporation www.airmar.com

ATP Messtechnik GmbH www.atp-messtechnik.de

Baumgartner, A., Liebscher, H.J.: Allgemeine Hydrologie. Borntraeger, Gebr (1996)

Durchfluss Handbuch: Herausgeber: Quantum Hydrometrie Gesell. f. Mess- und Systemtechnik mbH. www.quantum-hydrometrie.de

Ergonomie des Umgebungsklimas – Grundlagen und Anwendung relevanter Internationaler Normen (ISO 11399:195); DIN EN ISO 11399; 2001–04

Evapotranspiration nach Haude DIN 19685

Gasfeuchtemessung; Kenngrößen und Formelzeichen; VDI/VDE 3514

Herrmann, R.: Einführung in die Hydrologie. Teubner (2001)

Hölting, B., Coldewey, W. G.: Hydrogeologie: Einführung in die Allgemeine und Angewandte Hydrogeologie. Spektrum Akademischer (2008)

Klima am Arbeitsplatz und in der Arbeitumgebung; DIN 33403; 2001–06

Krah & Grothe: Messtechnik, Grundlagen der Feuchtemesstechnik

Kupfer, K.: Materialfeuchtemessung. expert, Renningen-Malmsheim (1997)

Maniak, U.: Hydrologie und Wasserwirtschaft: Eine Einführung für Ingenieure. Springer (2010)

Parthier, R.: Messtechnik

Pegelvorschrift (LAWA, BMVIT), Anlage D 1998: Richtlinie für das Messen und Ermitteln von Abflüssen und Durchflüssen
Scheffer; Schachtschabel: Lehrbuch der Bodenkunde. Emke, Stuttgart (1992)
Systec Controls Mess- und Regeltechnik GmbH, www.systec-controls.de
Wärme- und feuchteschutztechnisches Verhalten von Gebäuden-Klimadaten, DIN EN ISO 15927, 1999–07
Wernecke, R.: Fachbuch Industrielle Feuchtemessung. Wiley, Weinheim (2003)
Wittenberg, H.: Praktische Hydrologie: Grundlagen und Übungen. Vieweg+Teubner, Wiesbaden (2011)

11 Ausgewählte chemische Messgrößen

Winfried Vonau

11.1 Redoxpotenzial

11.1.1 Allgemeines

Zur Beschreibung des Redoxpotenzials geht die bereits im Abschn. 2.16 eingeführte *Nernst*-Gleichung in eine ihrer Spezialformen, die *Peters-Gleichung* über, welche die Reduktions- bzw. Oxidationskraft eines Redoxsystems quantitativ beschreibt.

a_{ox}: Aktivität der oxidierten Spezies

$$U = U^{\Theta} + \frac{R\,T}{z\,F}\ln\frac{a_{ox}}{a_{red}} \tag{11.1}$$

a_{red}: Aktivität der reduzierten Spezies

Häufig sind am Redoxgleichgewicht gemäß der nachfolgenden Formulierung neben z Elektronen auch noch m Hydronium- (bzw. Hydroxid-) Ionen beteiligt.

$$ox + ze^{-} + mH_3O^{+} \rightleftarrows red \tag{11.2}$$

Für ein solches in der Realität typisches Szenario lautet die *Peters-Gleichung* im Falle einer beispielsweise herrschenden Temperatur von $\vartheta = 25\ °C$:

$$U = U^{\Theta} - \frac{59{,}2m}{z}pH + \frac{59{,}2}{z}\lg\frac{a_{ox}}{a_{red}} \tag{11.3}$$

W. Vonau (✉)
Kurt-Schwabe-Institut für Mess- und Sensortechnik e. V. Meinsberg, Geringswalde, Deutschland
E-Mail: WV1@gmx.de

E. Hering und G. Schönfelder (Hrsg.), *Sensoren in Wissenschaft und Technik*,
https://doi.org/10.1007/978-3-658-39491-2_11

Es ist ersichtlich und von großer praktischer Bedeutung, dass über den pH-Wert die Oxidations- bzw. Reduktionswirkung von Redoxsytemen beeinflussbar ist.

Um Redoxsysteme unabhängig vom pH-Wert charakterisieren zu können, wurde der in Gl. (11.4) definierte *rH-Wert* eingeführt, wobei unter U_H der auf die Wasserstoffelektrode (s. u.) bezogene Wert des Redoxpotenzials verstanden wird.

$$rH = U_H - 2pH \tag{11.4}$$

Unter der Voraussetzung, dass in Gl. (11.3) z = m ist, erlaubt die Kombination einer Redoxelektrode mit einer pH-Elektrode gleichfalls die Bestimmung des *rH-Wertes*. Obgleich dies nur in den seltensten Fällen gewährleistet ist, bedient man sich in einigen Branchen dieses Wertes. So findet zuweilen eine *Klassifizierung* von *Grundwässern* hinsichtlich deren reduzierender Eigenschaften anhand ihrer *rH-Werte* statt. Bereits im vorletzten Jahrhundert untersuchte L. C. Vincent im Auftrag der französischen Regierung die Wasserqualität in verschiedenen Städten Frankreichs und stellte dabei angeblich einen signifikanten Zusammenhang zwischen der Wasserqualität und der Gesundheit und Lebenserwartung der Bewohner in den einzelnen Städten fest. In Orten mit mineralienarmem, weichem Quellwasser gab es signifikant weniger Herz-, Kreislauf- und Krebserkrankungen. Einer der Faktoren, mit denen er die Wasserqualität bestimmte, war der rH-Wert. Der beste von ihm ermittelte Wert lag bei 22; in den meisten Städten wurde er jedoch weit übertroffen. Nachfolgend ist in diesem Zusammenhang die heute übliche Korrelation zwischen rH-Werten und elektrochemischen Wassereigenschaften angegeben, wobei eine Wertung hinsichtlich medizinischer Auswirkungen mangels fundierter Erkenntnisse hier nicht gegeben werden kann.

rH = 0 bis 9: stark reduzierende Eigenschaften.
rH = 9 bis 17: vorwiegend schwach reduzierend.
rH = 17 bis 25: indifferente Systeme.
rH = 25 bis 34: vorwiegend schwach oxidierend.
rH = 34 bis 42: stark oxidierend.

Es sei jedoch in diesem Kontext darauf verwiesen, dass in zahlreichen Publikationen bestimmten, meist Gletscherwässern eine besondere lebensverlängernde Wirkung zugeschrieben wird. Ein typisches Beispiel hierfür ist das sog. Hunzawasser (Vorkommen: im Hunzatal in Pakistan) mit einem rH-Wert von 21. Dies ist, die antioxidative Kraft betreffend, somit zehnmal stärker als das beste Wasser Frankreichs.

Neben der Zusammenschaltung von Redoxelektroden mit pH-Elektroden sind auch Kombinationen mit anderen elektrochemischen Halbzellen zu *potenziometrischen* Messketten möglich. Über viele Jahre wurde zur Beurteilung von Schwimmbadwasser hinsichtlich seines aktuellen Gehaltes an aktivem Desinfektionsmittel (vorzugsweise freies Chlor) alleinig das Redoxpotenzial herangezogen. Neue Regularien erfordern nunmehr die spezifische Bestimmung von Chlor, wozu es mehrere sensorische Möglichkeiten gibt. Eine davon besteht vom Prinzip her im Aufbau einer aus Redox- und chloridselektiver

Elektrode zusammengesetzten elektrochemischen Messkette. Für das interessierende Redoxsystem

$$Cl_2 + 2e^- \rightleftarrows 2Cl^- \tag{11.5}$$

dessen Potenzial U_X vom Verhältnis *freies Chlor/Chlorid* bestimmt wird, lässt sich die *Peters*-Gleichung für das an der Redoxelektrode gebildete Einzelpotenzial wie folgt formulieren:

$$U_X = U^{\Theta} + \frac{RT}{2F} \ln(\frac{Cl_2}{Cl^-})^2 \tag{11.6}$$

Aus der zusätzlichen Messung des Chloridgehaltes mittels einer chloridselektiven Elektrode folgt eine weitere zu berücksichtigende Gleichung:

$$U'_X = U^{\Theta'} - \frac{RT}{F} \ln Cl^- \tag{11.7}$$

Das Elektrodenpotenzial der hier zugrunde liegenden Kombinationselektrode ist somit ein durch Differenzbildung erreichtes Potenzial *U,* welches gemäß Gl. (11.8) den Zusammenhang zwischen dem Potenzial der Messkette und dem Chlorgehalt darstellt.

$$U = U_X - U'_X = K + \frac{RT}{2F} \ln Cl_2 \tag{11.8}$$

Insbesondere die schlechte Reversibilität des Redoxsystems *Chlor/Chlorid* und die damit verbundene langsame und wenig reproduzierbare Redoxpotenzialeinstellung führten zu keiner weiten Verbreitung dieser Messmethode. Stattdessen ist es derzeit etabliert, dem Analyten *Iodid* zuzugeben und durch die dabei stattfindende Bildung äquivalenter Mengen an Iod zum wesentlich reversibleren und damit besser detektierbaren Redoxsystem *Iod/Iodid* zu gelangen.

Das im analytischen Sinne als Summe der reduzierenden und oxidierenden Stoffe in einer Lösung aufgefasste *Redoxpotenzial* wird in Körperflüssigkeiten zuweilen mit dem Gehalt an *freien Radikalen* korreliert. Antioxidantien (auch als Radikalfänger bezeichnet) fungieren als Reduktionsmittel. Sie reagieren leicht mit oxidierenden Substanzen und schützen daher im Organismus wichtige andere Moleküle vor der Oxidation. Das Redoxpotenzial ist aus diesen Gründen ein häufig verwendeter Parameter für das Verständnis der (Bio-)Chemie von reaktiven Spezies.

Redoxpotenziale geben auch Auskunft über die *Autoxidierbarkeit* von Verbindungen (Übergangsmetallkatalysatoren, wie Mg-, Eisen-, Kupferionen, erhöhen die Autoxidation). Viele biologisch wichtige Moleküle sind oxidierbar durch O_2 zu O_2^- (Superoxid), wie Glyceraldehyd, $FMNH_2$, $FADH_2$, Adrenalin, Noradrenalin, L-DOPA, Dopamin, Tetrahydrobiopterin und Thiolverbindungen, wie Cystein. Die Entstehung und der Verbrauch von Superoxid bewirken z. T. signifikante Änderungen im Redoxpotenzial.

Man muss jedoch immer in Betracht ziehen, dass sich für die Messung hinreichend stabile und reproduzierbare Redoxpotenziale nur in sog. stark beschwerten und reversiblen Redoxsystemen ausbilden. Für den Fall identischer Aktivitäten von oxidierten und reduzierten Spezies herrscht maximale Beschwerung, wobei sich durch Zusatz von als Potenzialvermittler bezeichneten Substanzen zu schwach beschwerten Systemen Einstellzeit und Reproduzierbarkeit der Potenziale verbessern lassen. Sind ausschließlich Elektronen am Redoxgleichgewicht beteiligt und treten im elektrischen Feld hohe Austauschstromdichten auf, so herrscht im Redoxsystem eine optimale Reversibilität.

11.1.2 Edelmetallische Redoxelektroden

Zur Bestimmung des Redoxpotenzials werden bisher überwiegend *edelmetallbasierte* Elektroden (meist in kompakter DIN-gerechter Ausführungsform, aber bisweilen auch *schichttechnologisch* oder durch *galvanische Abscheidung* erzeugt) appliziert. Während die normgerechten *stabförmigen Redoxelektroden* derzeit ihren Haupteinsatzbereich in der *Abwasser-, Wasser- und Schlammuntersuchung* haben und sicher zukünftig auch noch haben werden, spielen planare (miniaturisierte) Messfühler mit edelmetallischen Schichten bei Messungen in der Biologie und Medizintechnik eine zunehmende Rolle. Abb. 11.1 zeigt in diesem Zusammenhang einen Redox-Scanner mit Sensorpad als Gerätesystem zur Schnellbestimmung des Redoxpotenzials im Blut/Serum, wobei die Einweg-Indikatorelektrode aus einem planaren aluminiumoxidkeramischen Substrat mit siebgedruckter Gold-Dickschichtelektrode besteht.

Unabhängig von der äußeren Gestalt der edelmetallbasierten Indikatorelektrode handelt es sich beim für die Redoxpotenzialmessung üblichen Verfahren um die *Potenziometrie,* wobei die stoffliche Basis für die Messelektrode von großer Bedeutung für das Messergebnis ist. So besteht in dieser Hinsicht ein nicht unwesentlicher Unterschied, ob Gold, Platin oder Palladium als Konstruktionsmaterial eingesetzt werden.

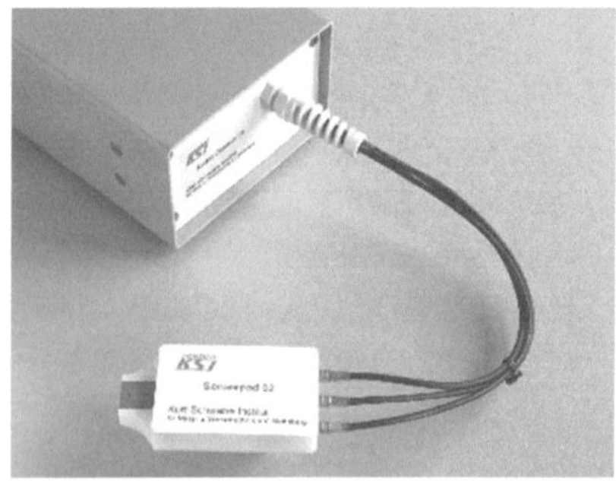

Abb. 11.1 Redox-Scanner 04 und Sensorpad 02 (FuE-Ergebnis des Kurt-Schwabe-Institutes Meinsberg)

Goldelektroden sprechen beispielsweise unter bestimmten Umständen zusätzlich auf ggf. im Messmedium vorhandene Chloride und Cyanide an, während hingegen Platinelektroden dieses Verhalten nicht zeigen. Sie bilden stattdessen ebenso wie Palladium in reduzierenden Lösungen Hydride. Dies hat gleichfalls Auswirkungen auf die *Elektrodeneigenschaften,* insbesondere auf die absolute Lage der den Redoxelektroden zuzuordnenden Potenzialen in identischen Analytlösungen sowie auf das Potenzialeinstellverhalten bei Veränderungen der Zusammensetzung der Messmedien. Zur von Hause aus schlechten Reproduzierbarkeit der Potenziale von edelmetallbasierten Redoxelektroden (Messfehler von $\pm$ 25 mV) kommen mehrere weitere Nachteile dieser Elektrodensorte.

So werden die Elektroden *unbrauchbar,* wenn *katalytische* Gifte, wie SO_2 oder andere Schwefelverbindungen an deren Oberfläche gelangen. Auch *Eiweißstoffe* verursachen Inaktivierungen der Edelmetalloberflächen. Die Gegenwart von *gasförmigem Sauerstoff* bzw. Wasserstoff im Untersuchungsmedium beeinflusst das Halbzellenpotenzial. Die Edelmetalle selbst können in unerwünschter Weise in bestimmten Redoxmedien als Katalysator wirken (z. B. können sie die Zersetzung von H_2O_2 begünstigen). Der Edelmetallpreis ist hoch und die weitgehende Edelmetallsubstitution ein volkswirtschaftliches Erfordernis. Untersuchungen zum nahe liegenden Einsatz von Kohlenstoffelektroden (z. B. Graphitelektroden) haben gezeigt, dass dort keine hohe Reproduzierbarkeit der Elektrodenpotenziale gegeben ist und diese somit keine Alternative zu den Edelmetallelektroden bilden.

Es empfiehlt sich, die Elektroden regelmäßig, bei Labormessungen möglichst vor jeder Messreihe durch Entfetten und Säubern mit Reinigungsmitteln, Spülen mit Wasser sowie Behandeln mit Salzsäure und abermaligem Spülen mit Wasser zu *konditionieren.* Eventuelle weitere Vorbehandlungen richten sich nach der Höhe der zu erwartenden Redox-Spannung und nach der verwendeten Edelmetallelektrode. Während bei Goldelektroden auf weitere Maßnahmen verzichtet werden kann, wird für Platinelektroden empfohlen, diese bei Messungen in oxidierenden Medien mit einer Ammoniak-Lösung zu spülen und bei Messungen in reduzierenden Medien ein Spülen mit Eisen(II)-sulfat oder Eisen(III)-chlorid-Lösungen vorzunehmen, ehe in beiden Fällen wieder mit Wasser gespült wird.

Im Zusammenhang mit dem Betrieb des Gerätesystems gemäß Abb. 11.1 ist es mit Bezug auf die vorgenannte Problematik hard- und softwaremäßig z. B. vorgesehen, im Zuge einer Konditionierung der Gold-Messelektrode durch cyclische *Polarisation* definierte Startbedingungen für jede Messung zu schaffen. Hierzu ist die Realisierung einer *Drei-Elektrodenmesszelle* (s. Abb. 11.2a) erforderlich, die nach dem Schema gemäß Abb. 11.2b betrieben wird. Abb. 11.2c zeigt den Erfolg der entsprechenden Verfahrensweise, nämlich die Schaffung einer reproduzierbaren Messelektrodenoberfläche nach jeweils 20 Polarisationscyclen unter den in der Grafik angegebenen Versuchsbedingungen.

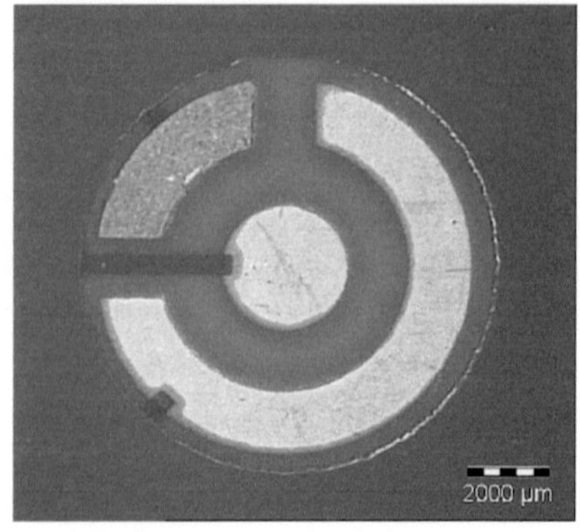

Abb. 11.2 **a** Sensorchip mit Drei-Elektrodenmesssystem zur Bestimmung des Redoxpotenzials, hergestellt in Dickschichttechnik. **b** Funktionsablauf beim Tischmessgerät „Redox-Scanner“. **c** Konditionierung der Oberfläche der Dickschicht-Au-Redoxelektrode durch cyclische Polarisation (CV)

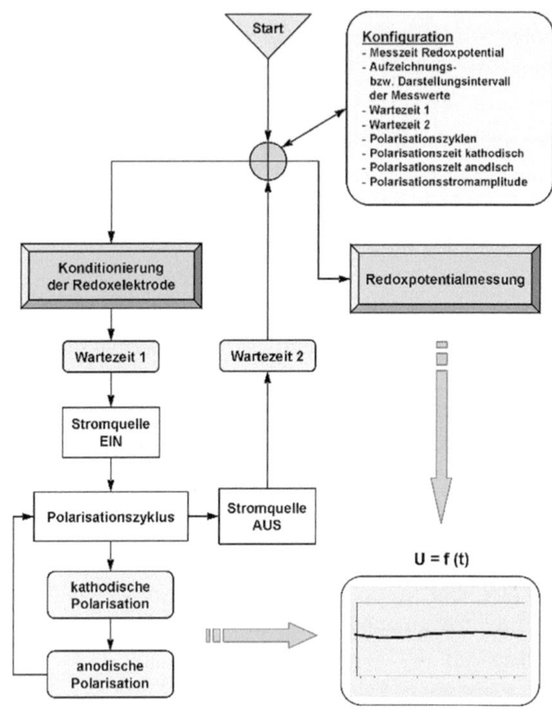

Abb. 11.2 (Fortsetzung)

Abb. 11.2 (Fortsetzung)

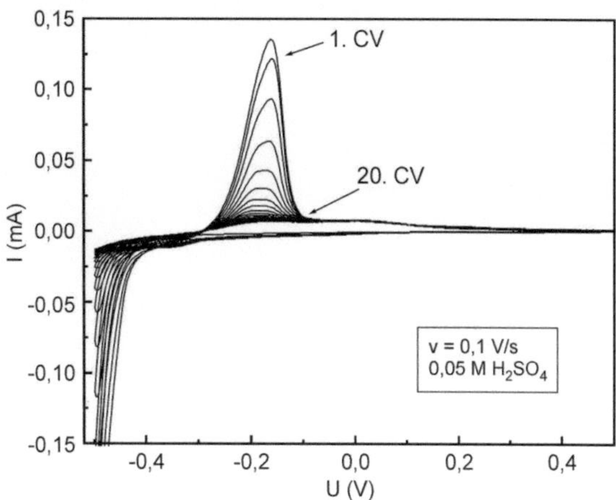

11.1.3 Redoxglaselektroden

Eine alternative Lösung zu herkömmlichen Messfühlern, bei der mehrere der o. g. Unzulänglichkeiten nicht vorhanden sind, können prinzipiell auf Gläsern mit sehr hoher Elektronenleitfähigkeit basierende Redoxelektroden darstellen, über die Ende der 1960er Jahre erstmalig berichtet wurde. Die Wirkungsweise dieser Elektroden beruht vor allem auf dem Vorhandensein von *Eisenoxiden* oder *Titanoxiden* im *Glasverband,* wobei z. B. in letztgenanntem Fall Titan in den Oxidationsstufen + 3 und + 4 in einem vordefinierten Verhältnis nebeneinander vorliegt. Insbesondere die eisenhaltigen Gläser weisen den gravierenden Nachteil auf, dass ihre Funktionalität in Redoxelektroden bei pH-Werten <3 und bei Temperaturen >60 °C nicht mehr vorhanden ist. Das Design aller bisher beschriebenen Redoxglaselektroden beschränkt sich derzeit auf mit der Glasmasse ummantelte Platindrähte und in den wenigen Fällen, in denen eine glasbläserische Verarbeitbarkeit der speziellen Gläser gegeben ist und deren thermische Ausdehnungskoeffizienten mit denen üblicher Elektrodenschaftgläser kompatibel sind, auf die von den konventionellen pH-Glaselektroden bekannten geometrischen Formen. Eine beispielhafte schematische Darstellung einer solchen Redoxglaselektrode zeigt Abb. 11.3 und 11.4 weist aus, dass unter bestimmten Umständen identische Kennlinien von Redoxglas- und Platinelektroden erreicht werden können.

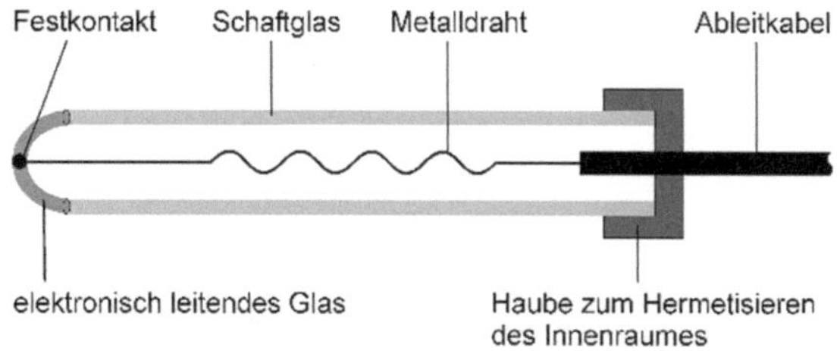

Abb. 11.3 Redoxglaselektrode

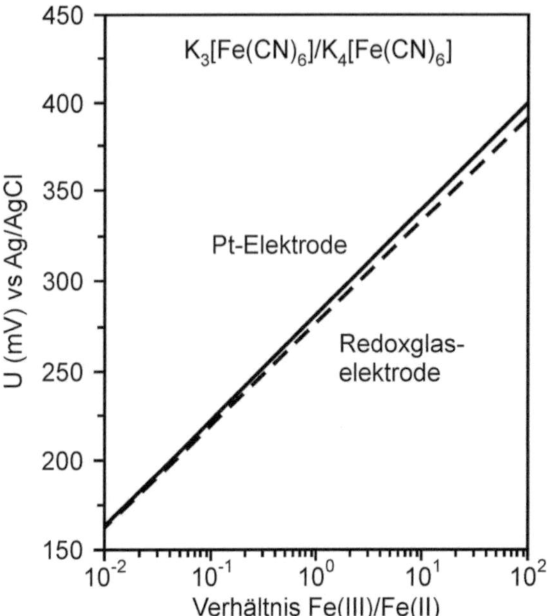

Abb. 11.4 Redox-Verhalten eines Redoxsensors aus Oxidglas und einer Platinelektrode in $K_{3,4}[Fe(CN)_6]$- Lösungen vs. SSE. (Quelle: M. Miloshova et al.: New redox sensors in: meeting abstracts of the 1997 Joint International meeting oft he Electrochemical Society)

Im Gegensatz zu konventionellen pH-Elektroden aus ionenleitfähigen Gläsern erfolgt die Potenzialableitung bei Redoxglaselektroden nicht über ein flüssiges Elektrolytsystem (Puffer + KCl oder dgl.), sondern im *Direktkontakt* über einen meist metallischen Elektronenleiter. Im Unterschied zur pH-Glaselektrode, wo dadurch eine irreversible Phasengrenze *selektive Membran/innere Ableitung* geschaffen würde, stellt dieser Umstand hier keinen Nachteil dar.

Eine breite Variierbarkeit der stofflichen Zusammensetzung der Redoxglasmembran zur Optimierung der Elektrodenfunktion ist aus Gründen der maximal erlaubten Abweichung der thermischen Ausdehnungskoeffizienten von Elektroden- und Schaftglas, insbesondere im Falle der Herstellung klassischer Glaselektrodenformen (z. B. Kölbchen oder Kuppe), nicht gegeben.

Bis heute spielen sich auf diesen Ansatz gründende Redoxelektroden allenfalls in Nischenanwendungen eine Rolle. Es liegen neuerdings auch in Planartechnologien gefertigte Elektroden vor. Konkret handelt es sich bei diesen Technologien um die Dickfilmtechnik und die Laserablation. Abb. 11.5 zeigt schematisch den Aufbau einer Dickschicht-Redoxelektrode mit Glasmembran. Solche Sonden sind besonders für Messungen im erweiterten biologischen bzw. biomedizinischen Bereich von großem Interesse. Es besteht die Option, sie im Bedarfsfall auch in ein Ensemble mit weiteren in Siebdrucktechnik herstellbaren elektrochemischen Sensoren zum *planaren Multisensor (Lab-on-Chip)* zu integrieren.

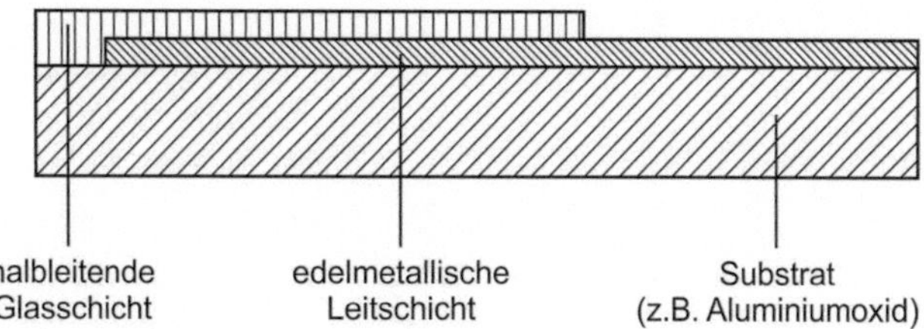

Abb. 11.5 Schema eines planaren Redoxglassensors in Dickschichttechnik

11.1.4 Bezugselektroden

Zur Komplettierung des Redox- wie auch jedes andern potenziometrischen Sensors ist zusätzlich eine elektrochemische *Bezugselektrode* erforderlich. Diese soll unabhängig von den Änderungen des Messmediums ein konstantes Potenzial vorgeben und aufrechterhalten. Für Elektroden mit wässrigen Elektrolyten dient generell die *Standard-Wasserstoffelektrode (SHE)* mit der Temperatur der Versuchselektrode als Bezugsbasis:

$$\mathrm{Pt/H_2(101{,}3\ kPa,\ H^+\ (aq;\ c_H^+ = 1\ mol/L)}$$

Nach einem Vorschlag von W. Nernst kann man Einzelelektrodenpotenziale angeben, indem man sich jeden Elektrodenvorgang mit dem der Wasserstoffionisation gemäß Gl. (11.9) kombiniert denkt und deren Standardelektrodenpotenziale für alle Temperaturen Null setzt.

$$H_2 \rightleftarrows 2H^+ + 2e^- \tag{11.9}$$

Die meisten Ausführungsformen von Wasserstoffelektroden orientieren sich an der seit über 100 Jahren bekannten in Abb. 11.6a dargestellten Urform. Neuere Entwicklungen

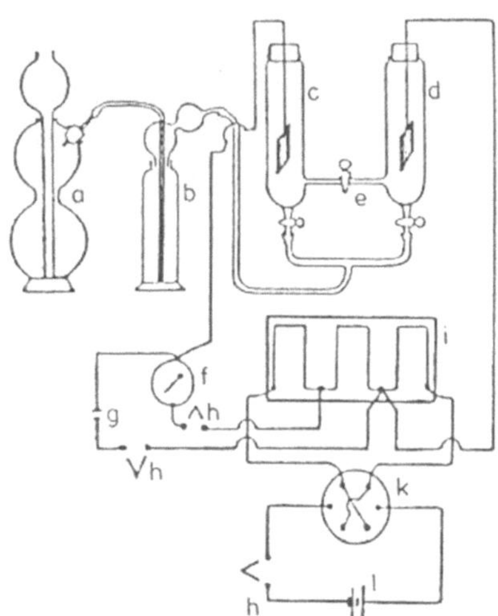

Abb. 11.6 **a** Messexperiment mit Pt/H_2 Elektroden **(c, d)**. (Quelle: W. Salessky: Über Indikatoren der Azidimetrie und Alkalimetrie, Z. Elektrochem. 10 (1904) 204–208). **b** Wasserstoff-Referenzelektrode. (Quelle: US Patent 5 407 555 (1995))

Abb. 11.6 (Fortsetzung)

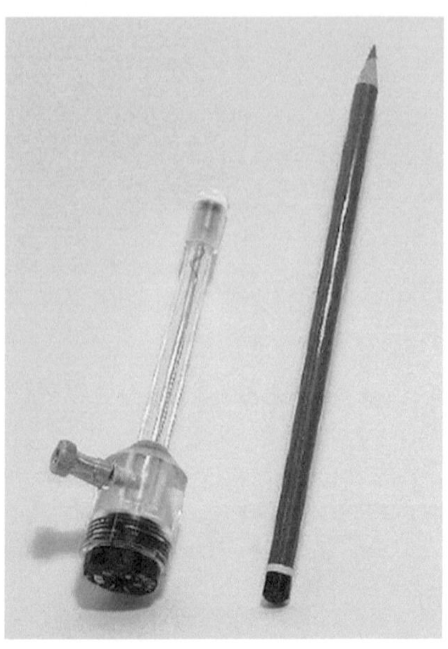

führten zu Elektrodengeometrien, die denen normgerechter elektrochemischer stabförmiger Sensoren mit einem Schaftdurchmesser von 12 mm und einer Länge von 150 mm entsprechen oder sogar noch kleiner sind (s. Abb. 11.6b). Allerdings besitzen sie nur eine begrenzte Lebensdauer. Abgesehen von letztgenannter Elektrodenvariante, für die es perspektivisch eine Reihe von speziellen zusätzlichen Einsatzfeldern geben könnte, kann man einschätzen, dass die SHE zwar nach wie vor als Bezugsgröße eine fundamentale Bedeutung besitzt, für praktische Messungen hingegen, z. B. aus Gründen ihrer Unhandlichkeit, durch andere Elektroden weitestgehend ersetzt wurde. An erster Stelle sind hier die sog. *Elektroden 2. Art* zu nennen, zu denen auch die in Abschn. 2.16.2 erwähnte Ag/AgCl-Elektrode gehört. Als solche werden im Allgemeinen Elektroden bezeichnet, an deren Elektrodengleichgewicht neben einem Metall und gelösten Ionen ein schwerlösliches Salz des betreffenden Metalls beteiligt ist. Sie grenzen sich damit deutlich von den Elektroden 1. Art ab, wozu u. a. auch eine Reihe von Gaselektroden inkl. der SHE zählen. Das Potenzial von Elektroden 2. Art hängt von der *Anionenaktivität* ab, im Falle der Silberchloridelektroden also von der der Chloridionen. Abb. 11.7 zeigt den schematischen Aufbau einer *Silberchlorid-Referenzelektrode,* welcher auch für Bezugselektroden, die auf anderen stofflichen Systemen basieren, verallgemeinerungsfähig ist. Eine Reihe solcher Systeme mit praktischer Relevanz einschließlich ihrer Potenziale gegenüber der SHE bei 25 °C sind in Tab. 11.1 zusammengestellt, wobei bei der Auswahl der hier aufgelisteten Bezugselektrodensysteme dem Umstand Rechnung getragen wird, dass meistens das Edelmetall Silber zugegen ist. Es gibt noch eine Anzahl weiterer Ag-basierter und als äußere Ableitelektroden bei pH-Messungen verwendete Systeme, die allerdings nur bei speziellen Analyseaufgaben zum Einsatz kommen. Eine Auswahl zeigt Tab. 11.2.

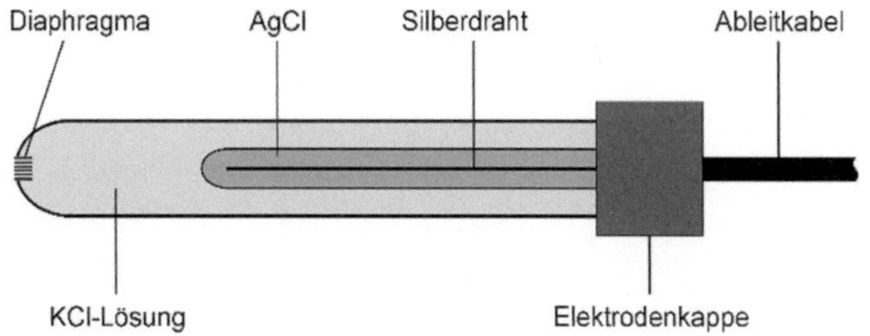

Abb. 11.7 Silberchlorid-Referenzelektrode

Tab. 11.1 Spannungen einiger Referenzelektroden 2. Art gegenüber der SHE bei $\vartheta = 25\ °C$

Elektrode	U [V]
$Hg/Hg_2Cl_2(s)$, KCl gesättigt	0,2410
$Hg/Hg_2Cl_2(s)$, n/1 KCl (volummolar)	0,2801
$Hg/Hg_2Cl_2(s)$, n/10 KCl (volummolar)	0,3337
Ag/AgCl(s), KCl gesättigt	0,197
Ag/AgCl(s), n/1 KCl (volummolar)	0,236
Ag/AgCl(s), n/10 KCl (volummolar)	0,2895
Hg/HgO(s), n/10 NaOH (volummolar)	0,165
$Hg/Hg_2SO_4(s)$, m/1 H_2SO_4 (gewichtsmolar)	0,6739
$Ag/Ag_2SO_4(s)$, m/1 H_2SO_4 (gewichtsmolar)	0,7162

Tab. 11.2 Standardspannungen weiterer Silber-Bezugselektroden gegenüber der SHE bei $\vartheta = 25\ °C$

System	Elektrolyt	c mol/L	U^0 (mV)	
Ag/AgBr	HBr	1	71, 3	
Ag/AgI	HI	1	−151, 8	
Ag/Ag_2SO_4	H_2SO_4	1	653	← Messungen in schwefelsauren Lösungen (kl. Diffussionsspannungen)
Ag/Ag_2O	NaOH	1	338, 4	← Messungen in starken Basen
Ag/Ag_2S	H_2S	1	−691	← Messungen bei Anwesenheit von Sulfiden, nicht für hohe T geeignet

Wenn man Potenzialmessungen bei anderen Temperaturen gegen elektrochemische Bezugselektroden vornimmt, muss man deren Temperaturkoeffizienten kennen. Um sog. Thermodiffusionspotenziale auszuschließen, empfiehlt es sich, Mess- und Bezugselektrode auf der gleichen Temperatur zu halten. So wurde z. B. für die gesättigte *Kalomelelektrode (SCE),* die neben der gesättigten Silberchloridelektrode (SSE) derzeit mit am häufigsten zum Einsatz kommt, folgende Temperaturfunktion ermittelt, wobei die Standardspannung der Wasserstoffelektrode, auf die sich der Term bezieht, definitionsgemäß für alle Temperaturen Null gesetzt ist:

$$U_{SCE} = 0{,}2410 - 6{,}61 \cdot 10^{-4} = (\vartheta - 25) - 1{,}75 \cdot 10^{-6}(\vartheta - 25)^2 \qquad (11.10)$$

Dem oben angedeuteten Umstand, dass der Einfluss der Temperatur bei elektrochemischen Potenzialmessungen von großer Bedeutung ist, wurde z. B. mit der Entwicklung der sog. Thalamid-Bezugselektrode (Beitr. angew. 1959) in besonderer Weise Rechnung getragen. Hier wird für Messungen bei höheren Temperaturen der Einsatz des Systems Thalliumamalgam/Thalliumchlorid. Kaliumchlorid empfohlen, wodurch ein reversibles Verhalten bis 140 °C gegeben sein soll. Nach diesem Konzept wurden sowohl innere als auch äußere Bezugselektroden für potenziometrischen Sensoren gefertigt, wobei der erforderliche Einsatz von Thallium letztlich dazu geführt hat, dass entsprechende Produkte am Markt nicht mehr auffindbar sind. Untersuchungen von Kurt Schwabe (Schwabe 1960) ergaben in diesem Zusammenhang, dass ein Referenzsystem, bestehend aus Silber, Silberazetat (fest) und einer Standardazetatlösung, die 0,5 m an Ethansäure und 0,5 m an Natriumazetat ist, sich sogar bis 150 °C ebenfalls reversibel verhalten soll.

Referenzelektroden, die in einem solchen Temperaturbereich einsetzbar sind, sind insbesondere gefragt, wenn sie einer mehrmaligen Wasserdampfsterilisation ausgesetzt werden sollen, was zum Beispiel in der Biotechnologie relevant ist. Die für die Erzeugung von Wasserdampf erforderliche Temperatur von <100 °C führt auch dazu, dass sich innerhalb der Referenzelektroden höhere Drücke aufbauen, was wiederum Maßnahmen zu deren Kompensation nach sich zieht. Teilweise umgeht man dieses Erfordernis durch Einsatz gel- bzw. polymerverfestigter Referenzelektrolyte. Das wesentliche Merkmal entsprechender Elektroden besteht darin, dass sie oberhalb des Diaphragmas praktisch geschlossen sind, sodass bei äußerlichem Überdruck das Eindringen von Messlösung stark behindert ist und somit eine stoffliche Veränderung des Bezugselektrolyten durch Vermischung mit dem Messmedium und die damit im Zusammenhang stehende Veränderung des Referenzpotenzials minimiert wird. Gelbildner für Bezugselektroden nach dem Stand der Technik sind vor allem: Agar–Agar, Gelatine, Aerosil®, Methyl- und Hydroxyethylcellulose, Polyvinylalkohol und Polyacrylamid (Galster 1990) Es werden auch Gemische der Gelbildner zum Einsatz gebracht, jedoch nur, wenn sie einer gemeinsamen Stoffklasse angehören. So wird beispielsweise ein Gemisch aus Acrylamid und N, N′-Methylen-bis-Acrylamid vorgeschlagen (Brinkmann et al. 1984). Um die Netzstruktur fertiger Gele durch die Verarbeitung und das Einpressen in den Elektrodenraum nicht zu zerstören, ist es heute üblich, die Gele durch Polymerisation erst in der Elektrode zu erzeugen (Marsoner 1981).

Insbesondere in der Prozesschemie und in der Biotechnologie wirkt sich bei dort angewendeten gel- bzw. polymerbasierten Referenzelektroden eine ggf. höhere Temperaturbelastung u. a. auch dahingehend negativ aus, dass durch die Erhitzung eine Veränderung der chemischen Zusammensetzung der organischen Bestandteile des Bezugselektrolyten einhergeht, was sich in Phasentrennungen und Gelverfärbungen und vor allem auch in einer Veränderung der elektrochemischen Eigenschaften ausdrückt, sodass kein konstantes Halbzellenpotenzial mehr gebildet wird.

Letztlich ist es besonders in denjenigen Fällen, in welchen eine sehr große Zyklenzahl an Dampfsterilisationen bzw. sehr langfristige Messeinsätze bei hohen Temperaturen stattfinden von Nachteil, dass die eingesetzten Gele ihre ursprünglich hohe Viskosität deutlich vermindern und der ursprüngliche Effekt der Elektrolytverfestigung nicht mehr gegeben ist. Dies ist vor allem dann ungünstig, wenn der ursprüngliche Verfestigungsgrad nach dem Abkühlen überhaupt nicht mehr oder nur sehr zeitverzögert wieder erreicht wird.

Ein relativ aufwendiger Vorschlag zur Lösung o. g. Problemstellung sieht z. B. vor, dass neben dem für die Bezugspotenzialbildung notwendigen elektrolytischen Salz und weiteren Hilfsstoffen, wie zusätzlichen Salzen, organischen Lösungsmitteln und Vernetzern, ein Gemisch aus zwei Gelbildnern, die unterschiedlichen Stoffklassen angehören, Bestandteil des Elektrolyten ist. Bei den unterschiedlichen Stoffklassen angehörenden Gelbildnern kann es sich beispielsweise um Polyacrylamid, Polyvinylalkohol, Polyethylenoxid und Polyvinylpyrrolidon handeln (Vonau et al. 2000).

Bezugselektroden lassen sich sowohl im Rahmen getrennter als auch als Bestandteil von sog. *Einstabmessketten (Kombinationselektroden)* in der Potenziometrie anwenden. Grundsätzlich ist es zu vermeiden, dass der Bezugselektrolyt dasjenige Ion enthält, welches es mit der korrespondierenden Indikatorelektrode zu bestimmen gilt oder welches im Falle der Redoxpotenzialmessung gegebenenfalls das interessierende Redoxpaar beeinflusst. Man wählt dann entweder alternative Bezugssysteme aus oder arbeitet mit sog. *Elektrolytbrücken.*

Alle bisher genannten Referenzelektroden beinhalten in Gestalt der Bezugselektrolytlösung flüssige bzw. gelierte *Systembestandteile.* Das ist, insbesondere die Flüssigkeiten betreffend und wie oben erläutert, mit zahlreichen *Nachteilen* verbunden. Dies bedeutet für einen praktischen Einsatz entsprechender Elektroden beispielsweise eine *Lageabhängigkeit* bei Lagerung und Gebrauch, Einschränkungen während des Einsatzes bei *tiefen* bzw. *hohen Drücken* und Temperaturen, die Gefahr einer *Diaphragmenverblockung* bei Verschmutzungen im Messmedium und *Begrenzungen* bei der *Miniaturisierbarkeit.* Daher wurden in den letzten Jahren intensive Anstrengungen unternommen, zu sog. *all-solid-state* Referenzelektroden zu kommen. Vor allem dann, wenn die Indikatorelektrode eine reine Feststoffelektrode ist, was u. a. für Redoxelektroden oder den pH-ISFET-Sensor (s. Abschn. 2.16.2 und 11.1.2) zutrifft, besteht dafür ein erheblicher Bedarf. An dieser Stelle sei hierfür exemplarisch ein interessantes Konzept einer diesbezüglichen Elektrodengestaltung etwas näher erläutert; einige weitere Beispiele solcher Lösungsansätze sind in Tab. 11.3 genannt. Ein nennenswerter kommerzieller Einsatz kann jedoch im Vergleich mit o. g., lediglich *gelversteiften Elektrodentypen,* bei denen viskose, elastische, halbfeste Substanzen zum Einsatz kommen, z. Z. nicht festgestellt werden.

Abb. 11.8 zeigt den prinzipiellen Aufbau einer Vollfeststoff-Bezugselektrode mit verfestigtem Bezugselektrolyt (Vonau et al. 2003). Das Bezugssystem besteht im

Tab. 11.3 Weitere Konzepte für Feststoff-Referenzelektroden in der elektrochemischen Sensorik

Feststoffsystem	Referenz
Mit Elektrolytsalz gefülltes Epoxid- oder Polyesterharz oder anderes Polymer bei vollständigem Verzicht auf das Diaphragma	T.H. Russel, D. Haaf: Referenzelektrode für die Ionenaktivitätsmessung, insbesondere für die pH-Wertmessung. EP 0 247 535 (1987) W. Vonau, H. Kaden, M. Berthold, P. John, G. Steinrichter: Bezugselektrode für elektrochemische Messungen und Verfahren zu deren Herstellung. DE19533059 (1997)
Elektrolythaltige Siebduckpasten	W. Vonau, U. Enseleit, F. Gerlach, S. Herrmann: Conceptions, materials and fields of application for miniaturized electrochemical sensors with planar membranes. Electrochimica Acta **49** (2004) 3745
Übergangsmetalloxidische Bronzen	J. Gabel, W. Vonau, U. Guth: Bezugselektrode und Herstellungsverfahren. DE 102 52 481 (2002)

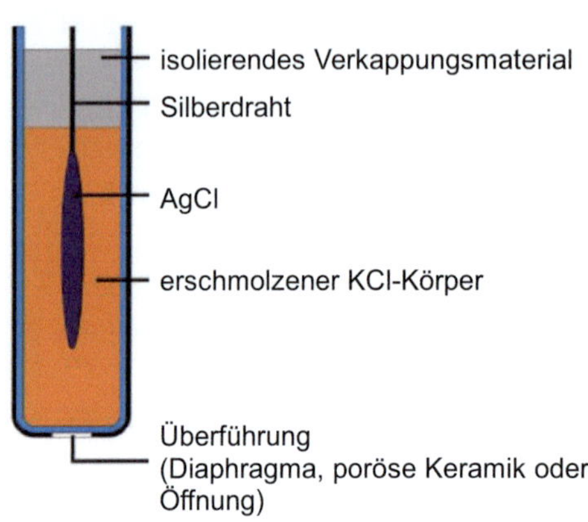

Abb. 11.8 Prinzip einer Vollfeststoffbezugselektrode

Wesentlichen aus einem gesinterten Ag/AgCl-Gemisch, das in eine erstarrte KCl-Schmelze eingebettet ist. Es ist im Inneren eines zylindrischen Hohlkörpers aus poröser Aluminiumoxidkeramik angeordnet, dessen äußere Oberfläche mit einer chemikalienbeständigen, eingebrannten Isolierschicht überzogen ist. Am geschlossenen Boden des Hohlkörpers ist ein kreisförmiger Bereich von der Beschichtung freigehalten. In diesem Bereich wirkt die Keramik mit einer Porengröße von etwa 2 μm als Diaphragma, das für den notwendigen elektrolytischen Kontakt zum Messmedium sorgt. Das obere Drittel des Hohlzylinders ist mit heißhärtendem Epoxidharz ausgegossen. In einer etwas abgewandelten Konfiguration ist der untere Teil des Hohlzylinders zusätzlich mit einer festen Schmelze eines Salzgemisches mit höherem Schmelzpunkt gefüllt, das die Funktion eines Brückenelektrolyten erfüllt. Die Ag/AgCl-Verbindung befindet sich in direktem Kontakt mit der KCl-Schmelze. Es ist besonders hervorzuheben, dass das

Diaphragma ein integraler Materialanteil des Sensorkörpers ist. Dadurch werden die bekannten technologischen Probleme vermieden, die entstehen, wenn das Diaphragma durch Kleben oder Schmelzen in andere Materialien eingepasst werden muss. Das Potenzial dieser vollfesten Bezugselektroden erweist sich auch über längere Zeiträume als sehr stabil. In mehrmonatigen Langzeittests im Labor mit wechselnden Temperaturen wurden Potenzialschwankungen von weniger als 2 mV beobachtet (Guth et al. 2009).

Die Elektroden haben sich auch nach der Wasserdampfsterilisation von 15 min bei 121 °C und 2 bar als voll funktionsfähig erwiesen. Ihre Potenziale hatten sich nur geringfügig um weniger als 1 mV verschoben.

11.2 Ionen inkl. Hydroniumionen

11.2.1 Allgemeines

Ionen lassen sich sensorisch auf elektrochemische und nichtelektrochemische Weise bestimmen. An dieser Stelle erfolgt eine Konzentration auf die elektrochemische Analytik. Vom Grundsatz her kommen dabei *voltammetrische* bzw. als deren Spezialform *polarographische* (Quecksilbertropfelektroden verwendende) sowie *potenziometrische* Bestimmungen in Betracht. Die Voltammetrie, die auch in speziellen Ausgestaltungen, wie beispielsweise der differentiellen Puls- oder der *Square-Wave-Voltammetrie* durchgeführt werden kann, erfordert in der Regel relativ große Messaufbauten. Deren Kernstück stellt dabei die aus Arbeits-, Gegen- und Referenzelektrode (in bestimmter geometrischer Anordnung zueinander) bestehende elektrochemische Messzelle dar. Abb. 11.9 zeigt das Polarogramm einer, verschiedene Metallionen enthaltenden Lösung und weist damit die Eignung dieser Methode für die simultane qualitative und quantitative *Ionenbestimmung* ausgewählter Ionen nach. Im engeren Sinne handelt es sich bei der Voltammetrie jedoch nicht um eine sensorische Analysenmethode. Sie wird aus diesem Grunde hier nicht weiter betrachtet. Stattdessen wird nachfolgend auf den Einsatz einer Reihe *ionenselektiver Elektroden* (ISE) nach dem Prinzip der Potenziometrie näher eingegangen (Abschn. 2.16.2).

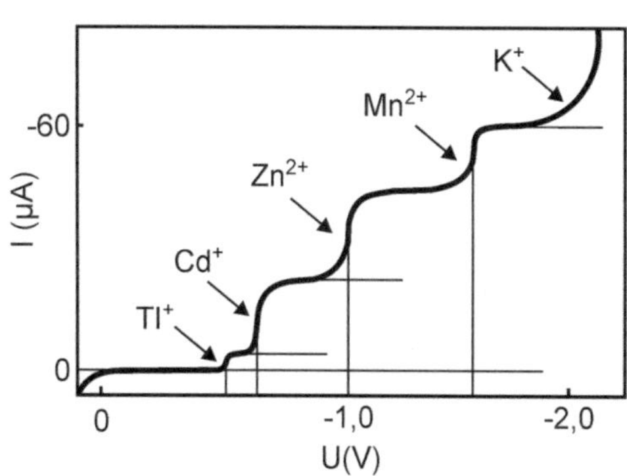

Abb. 11.9 Polarogramm einer Lösung mit verschiedenen Ionen

11.2.2 pH-Messung

Für die Messung des pH-Wertes, eine der weltweit am häufigsten gelösten Analysenaufgaben, gibt es gemäß Abb. 11.10 eine Reihe von Möglichkeiten.

Befüllt man z. B. eine der beiden Wasserstoffelektroden aus Abb. 11.6a mit einer Lösung unbekannter Wasserstoffionenaktivität und verwendet man die jeweils andere als SHE, so ist man in der Lage, sehr genau pH-Werte zu bestimmen. Insbesondere für die Überprüfung von Pufferlösungen wird auch heute noch diese aufwendige Messmethode eingesetzt. In der messtechnischen Praxis dominiert z. Z. die weltweit jährlich in Millionenstückzahlen produzierte Glaselektrode in ihrem 1907 erstmals vorgeschlagenen und im Abschn. 2.16.2 beschriebenen Grundaufbau. In den meisten Ländern schreiben Normen ihren Einsatz zur Bestimmung des pH-Wertes vor. Dennoch gibt es Applikationen, bei denen auch andere, der in Abb. 11.10 dargestellten Systeme Einsatz finden. Trotz einiger Fortschritte bei der Entwicklung von pH-Optoden liegt die Präferenz immer noch eindeutig bei den elektrochemischen Messmethoden.

So gibt es, motiviert durch die bereits für Referenzelektroden mit flüssigen Systembestandteilen beschriebenen Nachteile, eine Reihe von Entwicklungen zu *festkontaktierten Glaselektroden*. Wegen der Notwendigkeit des Vorhandenseins einer sehr dünnen pH-sensitiven Elektrodenglasmembran besitzen konventionelle Glaselektroden zusätzlich den deutlichen Mangel der mechanischen Instabilität. Bei festkontaktierten (all-solid-state) Glaselektroden sind besonders Elektroden mit silberverspiegelter interner Glasmembranoberfläche (Abb. 11.11) für den Laboreinsatz bekannt Es wurden

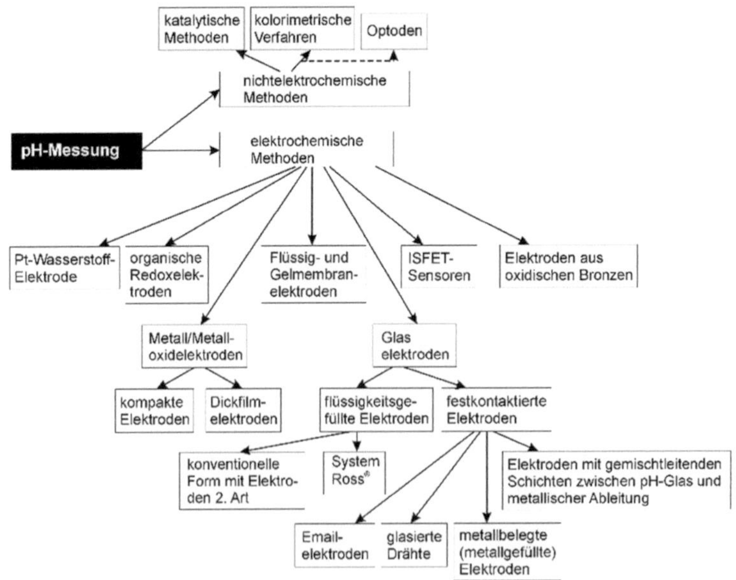

Abb. 11.10 Bestimmungsmethoden für den pH-Wert

auch auf *pH-Email* basierende Sonden (Abb. 11.12), die seit längerem in der Prozessmesstechnik Bedeutung erlangt haben und Glaselektroden in Dickschichttechnik (Abb. 11.13), die zur Kontrolle der Fleischqualität Einsatz finden können, beschrieben.

Allerdings sind bei diesen Messfühlern verschiedenen Einschränkungen vorhanden, was bei den erstgenannten aufgrund der Korrosionsanfälligkeit des Spezial-Emails z. B. den begrenzten pH-Einsatzbereich und bei den Dickschichtelektroden wegen ihres hohen inneren Elektrodenwiderstandes deren minimale Einsatztemperatur anbelangt. Auf die hier vorgestellten Arten festkontaktierter pH-Elektroden ist, genauso wie auf die meisten anderen, die Phasengrenzpotenzialtheorie kaum anwendbar. Diese wird häufig herangezogen, um die Funktionsweise der konventionellen Glaselektrode mit flüssigem Innen-

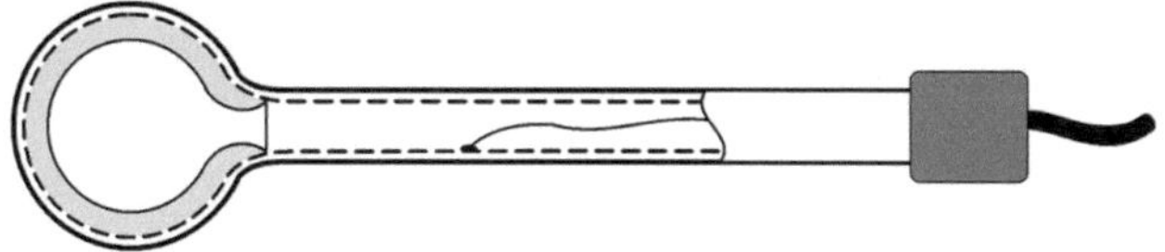

Abb. 11.11 Jenaer Kölbchenelektrode mit Metallbelag und abgestützter Membran. (Quelle: L. Kratz: Die Glaselektrode und ihre Anwendungen, Verlag Steinkopf, Frankfurt/Main, 1950)

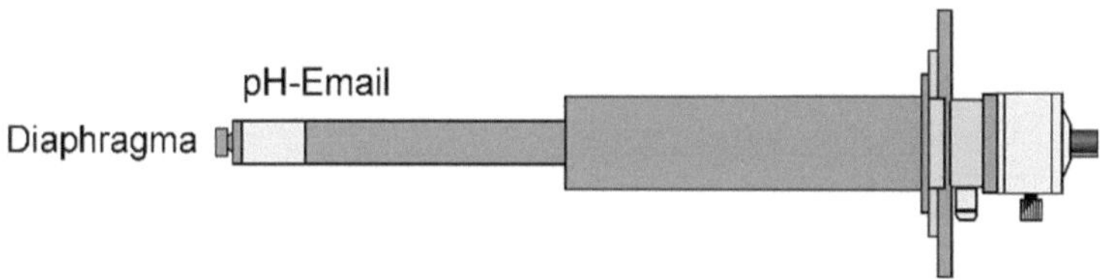

Abb. 11.12 pH-Einstabmesskette mit sensitivem Email als Membranmaterial. (Quelle: Patent DE 213 3419 (1971))

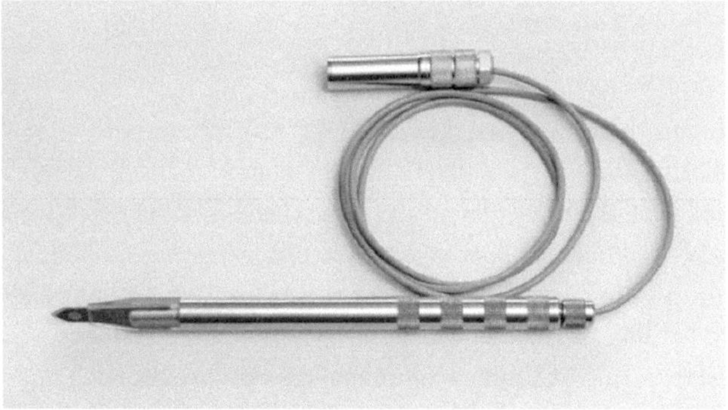

Abb. 11.13 pH-Einstichsonde in Dickschichttechnik auf Stahlsubstrat zur Kontrolle der Fleischqualität. (Quelle: Patent DE 199 61 210 (1999))

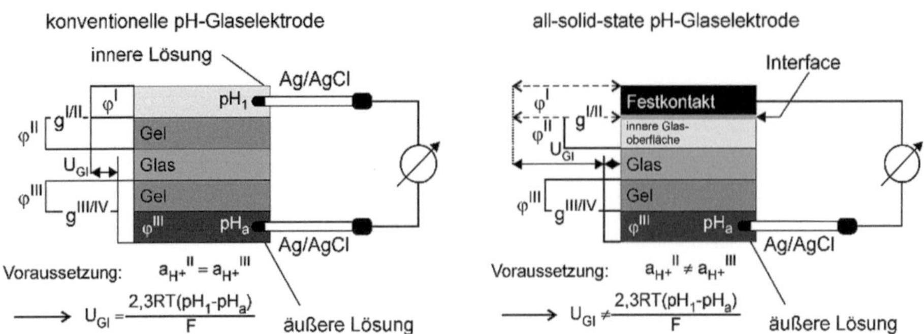

Abb. 11.14 Potenzialverlauf an pH-Glaselektroden mit unterschiedlichen inneren Ableitsystemen I … IV Phasen innerhalb einer konventionellen und festkontaktierten pH-Glaselektrode φ^i … inneres elektrisches Potenzial der Phase i ε_{Gl} … Glaselektrodenpotenzial $g^{i/j}$ … Galvanispannung an den Phasengrenzen

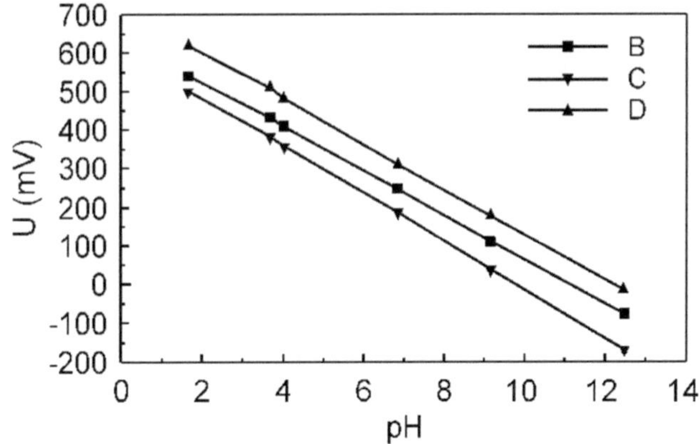

Abb. 11.15 Elektrodenfunktion dreier festkontaktierter pH-Glaselektroden (B, C, D) mit Silber-Ableitsystem gegen Ag/AgCl, ges. KCl bei $\vartheta = 25$ °C. (Quelle: W. Vonau, Kurt-Schwabe-Institut Meinsberg)

elektrolyten, welche beidseitig der pH-selektiven Membran reversible Phasengrenzen aufweist (s. Abb. 11.14 links), zu erklären. Die in Abb. 11.14 rechts dargestellte Situation für einen direkten Metallkontakt zur inneren Oberfläche der pH-selektiven Glasmembran ist offenkundig vollkommen anders, wodurch häufig Messunsicherheiten und Potenzialdriften der all-solid-state Glaselektroden erklärt werden, wie sie beispielhaft in den Abb. 11.15 und 11.16 für silberkontaktierte pH-Glaselektroden aufgezeigt sind.

In nachfolgenden Entwicklungen wurden zur Beseitigung dieses Mangels häufig gemischtleitende *Zwischenschichten* (z. B. halbleitende Gläser, Polypyroll oder Zinkoxid) in die Ableitsysteme eingeführt. Für erstgenannten Lösungsansatz (Abb. 11.17) wird in Abb. 11.18 der Erfolg dieser Maßnahmen beispielhaft verdeutlicht.

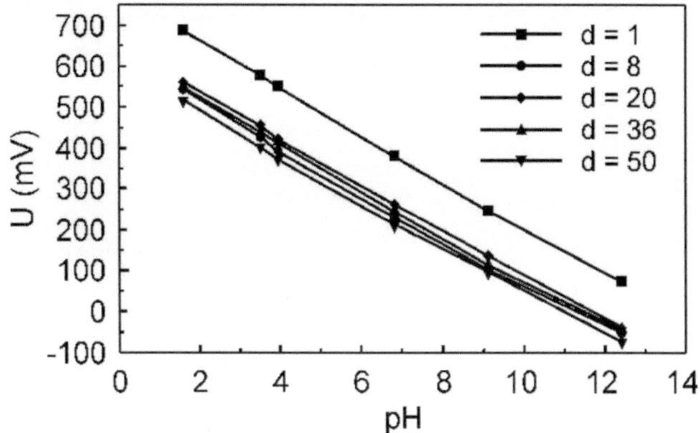

Abb. 11.16 Elektrodenfunktion einer festkontaktierten pH-Glaselektrode mit Silber-Ableitsystem gegen Ag/AgCl, ges. KCl bei $\vartheta = 25$ °C an mehreren Tagen d. (Quelle: W. Vonau, Kurt-Schwabe-Institut Meinsberg)

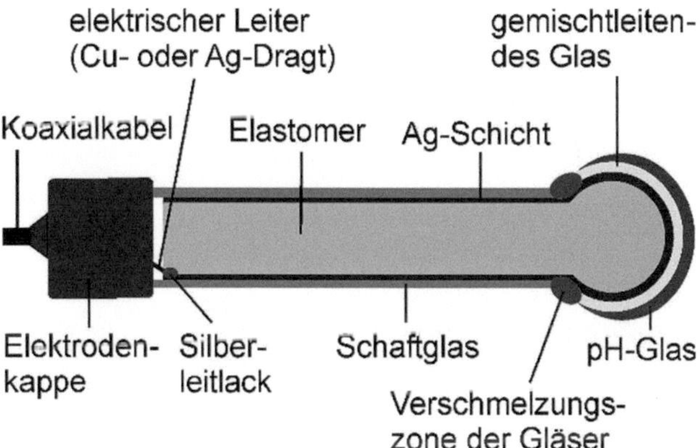

Abb. 11.17 Mechanisch stabile Glaselektrode mit innerem Festkontakt, versehen mit einem Kopf aus mehrschichtigem Glas mit Schichten unterschiedlichem Leitmechanismus. (Quelle: W. Vonau, H. Kaden: Glastechnische Berichte, Glass Science Technologies 70 (1997), Nr, 5, 155)

Obwohl die Glaselektrode das bevorzugte Analyseinstrument zur Bestimmung der Wasserstoffionenaktivität in wässrigen Medien ist, gibt es eine Reihe von Anwendungen für andere Sensoren, die ebenfalls den pH-Wert messen. In Tab. 11.4 sind einige davon aufgeführt. Auch wenn sie in Bezug auf z. B. Genauigkeit, Reproduzierbarkeit und Langzeitstabilität nicht an die Messleistung der Glaselektrode heranreichen, eröffnen sie die Möglichkeit, elektrochemische Sensoren auch dort einzusetzen, wo der Betrieb von Glaselektroden nicht möglich ist. Dies gilt z. B. für Szenarien, in denen extreme und raue Umweltbedingungen herrschen. Aktuell relevant sind hier z. B. Messungen in geothermischen Anlagen oder direkt auf Ackerflächen in der landwirtschaftlichen

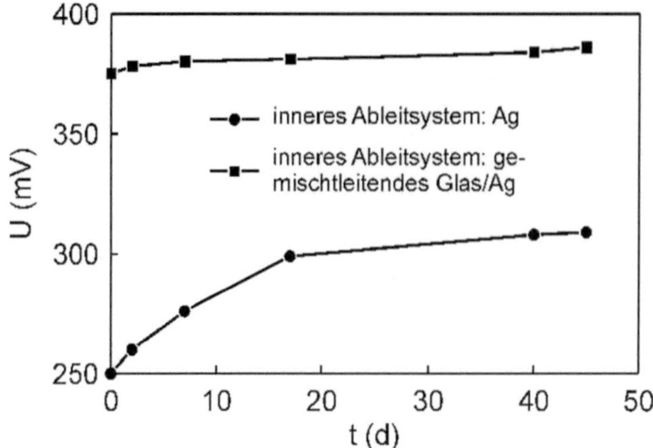

Abb. 11.18 Driftverhalten von festkontaktierten Glaselektroden mit unterschiedlichen inneren Ableitsystemen. (Quelle: W. Vonau, H. Kaden: Glastechnische Berichte, Glass Science Technologies 70 (1997), Nr, 5, 155)

Tab. 11.4 Beispiele für Applikationen für pH-Sensoren jenseits der Glaselektrode

pH-Sensor	Applikationsbeispiele
organische Redoxsysteme (z. B. Chinhydronelektrode)	medizinische Diagnostik, z. B. in Körperflüsigkeiten
Metall/Metalloxidelektroden [Antimon- und Bismutelektroden (kompakt und durch galvanische Abscheidung erzeugt), Rutheniumoxidelektroden in Dick- und Dünnschichttechnik], Iridiumoxidelektroden in allen Ausführungsformen	medizinische Diagnostik, z. B. pH-Magensonden Lab-on-Chipsysteme für biologische und medizinische Untersuchungen in geringvolumigen Analyten Lebensmittelanalytik
Flüssig- und Gelmembranelektroden	kaum verbreitet, selten in der Medizintechnik
ISFET	Lebensmittelanalytik und medizinische Diagnostik (vor allem in Regionen, wo Glasteile nicht eingesetzt werden dürfen) Korrosionsuntersuchungen
metalloxidische Bronzen	derzeit nicht bekannt

Produktion. In diesem Zusammenhang werden daher nachfolgend beispielhaft zwei Gerätschaften auf der Basis von zu den sog. Elektroden 2. Art gehörigen Antimonelektroden (Ball 1937) vorgestellt (Vonau et al. 2020).

Bei geothermischen Anwendungen muss mit Drücken bis zu 600 bar und Temperaturen > 200 °C gerechnet werden. Für diese Bedingungen gibt es kaum brauchbare und gleichzeitig kommerziell verfügbare Sonden für eine chemische Online-Analyse von Fluidparametern. Da unter den genannten rauen Bedingungen eine hohe

Korrosionsanfälligkeit besteht, wurde das Gehäuse eines zylindrischen Antimon-Sensorkörpers mit einem Durchmesser von 12 mm, der im Gussverfahren hergestellt und mit einem bis 300 °C hitzestabilen Polymer ummantelt wurde, aus Titan gefertigt. Die Druckbarriere wurde als Glasdurchführung ausgeführt. Der mehrpolige Steckkopf hat zusätzlich eine Glasdurchführung, sodass auf dieser Ebene eine temperaturstabile Drucksperre realisiert ist.

Die verwendete Silber/Silberchlorid-Referenzelektrode ist ebenfalls polymerbasiert (Abschn. 11.1.4), sodass die Vorteile einer vollständigen Festkörperanordnung effektiv erfüllt sind. Das Sensorsystem kann in einer geothermischen Sonde gem. Abb. 11.19, die neben dem pH-Wert u. a. auch die Parameter Redoxpotenzial, Temperatur und Druck erfasst und alle Werte in einem internen Speicher ablegt, für Tiefbohrungen eingesetzt werden.

Im Rahmen des „Smart Farming" ist heutzutage eine sofortige ortsaufgelöste GPS-gesteuerte pH-Bestimmung für eine schnelle, nachhaltige und kostensparende Agrarwirtschaft unerlässlich. Im Hinblick auf die Einfachheit des Verfahrens und die Zuverlässigkeit der Ergebnisse ist die potenziometrische Methode vorteilhaft. Zentraler Bestandteil einer praktikablen Lösung hierzu ist eine robuste Antimon-Elektrode, da der Einsatz einer zerbrechlichen pH-Glaselektrode oder alternativ eines pH-ISFET unter den rauen Bedingungen auf dem Acker nicht empfehlenswert ist. Es ist z. B. die Anwendung einer kompletten Messzelle mit integrierter Referenzelektrode mit einem Bedarf von ca. 19 mL einer Bodensuspension in 0,01 M $CaCl_2$-Extraktionslösungen für die Analyse beschrieben (Decker et al. 2017). Hier wird ein modulares Messsystem empfohlen,

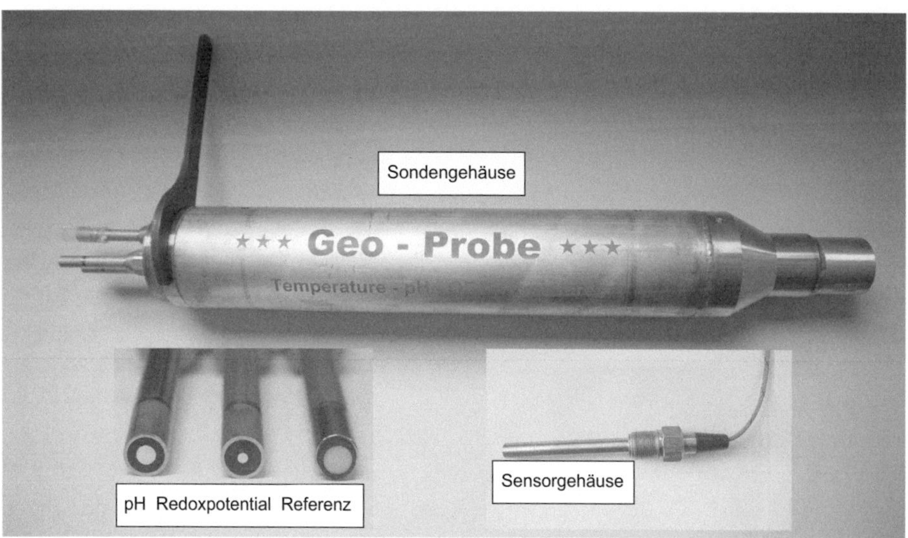

Abb. 11.19 Geothermische Sonde mit antimonbasierter pH-Elektrode. (Quelle: FuE-Ergebnis Kurt-Schwabe-Institut Meinsberg)

das neben dem Probenahmesystem eine pH-Sensorelektrode auf Antimonbasis, eine potenzialstabile Referenzelektrode (Ag/AgCl, 0,01 M $CaCl_2$) und eine Komponente zum Mischen des Analyten aufweist, ergänzt durch ein zusätzliches Modul für eventuelle Hilfsgeräte. On-board eines ackertauglichen Fahrzeuges können nun nach erfolgter Probenahme innerhalb eines (eine ringförmige Sb-Elektrode (Abb. 11.20) enthaltenden) Systems die Probenvorbereitung, die Kalibrierung, die pH-Messung sowie die ortsaufgelöste Messdatenerfassung und –speicherung durchgeführt werden. Die hinten am Fahrzeug angebrachte Einrichtung zur Probenahme während der Fahrt ist in Abb. 11.21 gezeigt.

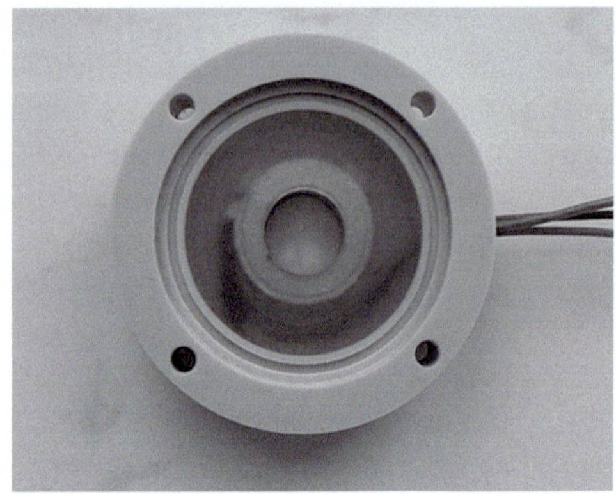

Abb. 11.20 pH-Messmodul mit dem empfindlichen Antimonkern, einem Pt-1000-Temperaturfühler und der Gerätekapselung (FuE-Ergebnis Kurt-Schwabe-Institut Meinsberg)

Abb. 11.21 Automatisch arbeitendes Probenahmesystem zur pH-Bestimmung direkt auf dem Acker an einem Geländewagen

11.2.3 Weitere Ionen

Einige einwertige und zweiwertige Kationen, wie Li^+, Na^+, K^+, Rb^+, Cs^+, NH_4^+, Ag^+, Zn^{2+} und Ca^{2+} lassen sich mit Glaselektroden bestimmen, wobei hier der für die pH-Messung mit diesen Sonden eigentlich nachteilige Umstand des sog. *Alkalifehlers* (Abb. 11.22) gezielt ausgenutzt wird. Der Begriff kam zustande, da eine Querempfindlichkeit der pH-Glaselektrode häufig gegenüber Natriumionen auftritt. Das Ausmaß entsprechender Fehlmessungen der Hydroniumionenaktivität lässt sich über die im Abschn. 2.16.2 eingeführte *Nikolskij-Gleichung* (2.16.5) in Gestalt des Selektivitätskoeffizienten K_{ij} abschätzen. Dieser entspricht im hier diskutierten Fall der Gleichgewichtskonstante nachfolgender Austauschreaktion von Ionen zwischen Membranoberfläche und Messlösung. Der Selektivitätskoeffizient liegt bei kommerziell erhältlichen pH-Elektroden unter -13.

$$\left[SiO_{2/3}\right]OH(m) + Na^+_{(aq)} \rightleftarrows \left[SiO_{2/3}\right]ONa(m) + H^+_{(aq)} \tag{11.11}$$

Die Bedingung für eine andere als die H_3O^+-Selektivität der Elektrodenglasmembran ist das Vorhandensein bzw. der Einbau eines zweiten Glasbildners in das Material, wobei dessen Koordination das Auftreten von negativen Ladungen im Netzwerk bedingen muss. Diese Ladungen werden durch Alkali- oder Erdalkaliionen kompensiert. Typische netzwerkbildende Gruppen sind:

$$\left[BeO_{4/2}\right]^{2-},\ \left[BO_{4/2}\right]^{2-},\ \left[AlO_{4/2}\right]^{2-},\ \left[GaO_{4/2}\right]^{2-},\ \left[SnO_{4/2}\right]^{2-},\ \left[TiO_{6/2}\right]^{2-},\ \left[ZrO_{6/2}\right]^{2-}$$

Insbesondere ein Zusatz von Aluminiumoxid in das Ausgangsglasgemenge bewirkt eine starke Ausbildung einer Natriumionenselektivität der Elektrodenmembran. Bei der späteren Messung ist ein bestimmter pH-Wert einzustellen, weil pH-Einflüsse auf das Sensorsignal auch weiterhin vorhanden sind (Abb. 11.23).

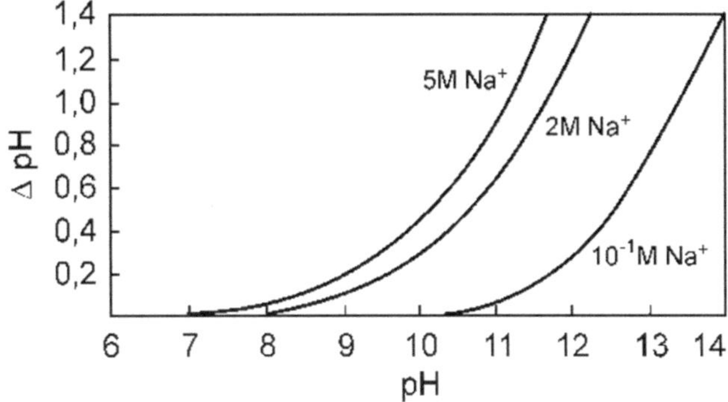

Abb. 11.22 Alkalifehlerkurven eines kommerziellen pH-Glases bei $\vartheta = 25$ °C und verschiedenen Natriumkonzentrationen im Analyten. (Quelle: Elektroden und Messzubehör für die Potenziometrie, Forschungsinstitut Meinsberg)

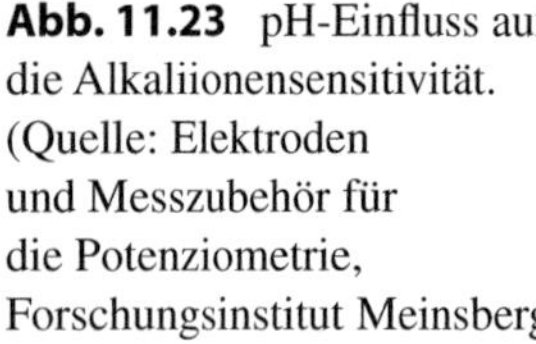

Abb. 11.23 pH-Einfluss auf die Alkaliionensensitivität. (Quelle: Elektroden und Messzubehör für die Potenziometrie, Forschungsinstitut Meinsberg)

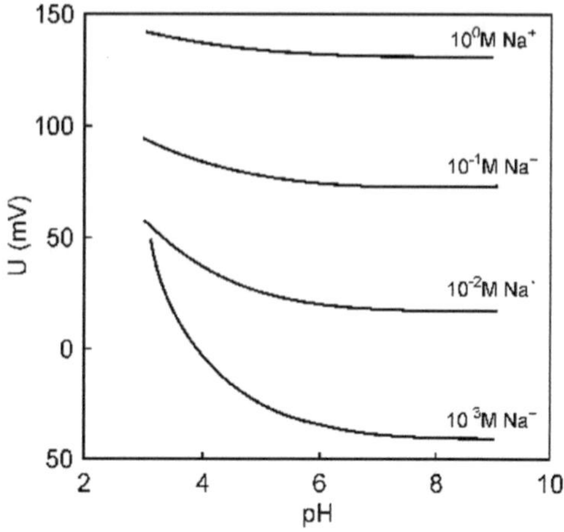

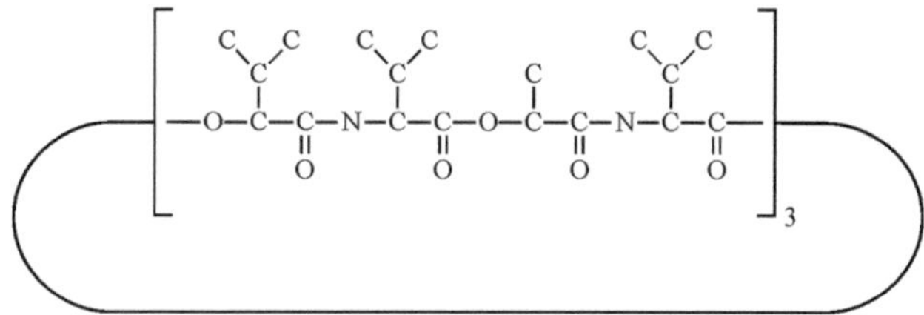

Abb. 11.24 Valinomycin als elektrodenaktive Verbindung in kaliumselektiven Elektroden

Als Methode der Wahl, insbesondere zur K^+-Bestimmung, werden jedoch sowohl für dieses Ion als auch für eine Reihe anderer An- und Kationen ionenselektive Elektroden mit Flüssig- oder Gelmembranen verwendet, wobei es sich bei den elektrodenaktiven Komponenten entweder um organische Ionenaustauscher oder um ungeladene organische Verbindungen handelt. Mit Komponenten aus der zuletzt genannten, auch als *Ionophore* bezeichneten Stoffklasse, können die jeweils zu bestimmenden Ionen Einschluss- oder Komplexverbindungen bilden. Das *Valinomycin* (Abb. 11.24), welches in einer Konzentration von ca. 0,7 % in eine Kunststoffmembran eingebettet (Polymermatrixelektrode) die sehr präzise und hochselektive K^+-Detektion ermöglicht, ist dabei die wohl wichtigste elektrodenaktive Substanz. Die Komplexbildungskonstante für den Kalium-Valinomycin-Komplex beträgt 10^6, während sie für den Natrium-Valinomycin-Komplex lediglich 10 beträgt. In den letzten Jahren wurden immer wieder Versuche unternommen, Ringmoleküle (vorzugsweise Kronenetherverbindungen) mit für die Aufnahme bestimmter Ionen maßgeschneiderten Hohlräumen zu synthetisieren.

Als *Polymermatrixelektroden,* die es sowohl mit flüssiger innerer Ableitung und mit Festkontaktierung gibt, findet man am kommerziellen Markt derzeit vor allem Messfühler zur Bestimmung von *Calcium-, Magnesium-, Ammonium- und Nitrationen* vor. Es sind auch Kombinationen aus diesen (Mg^{2+} und Ca^{2+} zur Wasserhärtebestimmung) und mit anderen Elektroden (Ammonium, Nitrat und Chlorid) verfügbar. Dadurch kann die kontinuierliche und gleichzeitige Messung der beiden Stickstoffparameter, beispielsweise in Kläranlagen, durchgeführt werden und die Chloridelektrode wirkt als Elektrode zur Kompensation von Messwertverfälschungen.

Eine Alternative zur beschriebenen potenziometrischen Ionenbestimmung mit Polymermatrizen enthaltenden Elektroden stellt eine patentierte sensorische Lösung dar. Das auch unter ISCOM (ion-selective conductometric microsensors) bekannte Konzept [EP 0 890 096 B1] betrifft einen kationselektiven Sensor, der eine kationselektive Beschichtung aufweist und bei dem die zu analysierenden Ionen eine detektierbare Änderung der elektrischen Eigenschaften der Schicht hervorrufen. Aufgrund einer Säure/Base-Komponente in der kationselektiven, vorzugsweise ionophoren Schicht wird die Sensorfunktion unabhängig von den in der zu analysierenden Lösung vorhandenen Anionen. Auf diese Weise soll die Messgenauigkeit verbessert und die Nachweisgrenze verringert werden.

Abschließend sei an dieser Stelle noch auf neuere Forschungen zum Einsatz von *Cyclodextrinen* und *Calixarenen* als komplexbildende Funktionselemente in ISE hingewiesen. Ein Beispiel hierzu stellt das Calix[4]aren-Krone-6 für die Bestimmung von *Cäsiumionen* dar.

Mehrere An- und Kationen sind der sensorischen Messung durch den Einsatz von ISE mit Einkristall- und Niederschlagsmembranen zugänglich. So bietet der Umstand, dass das Löslichkeitsprodukt des LaF_3 bei $\approx 10^{-29}$ Mol/L liegt, beste Voraussetzungen, mittels entsprechenden Einkristallen (die aus Gründen der Verringerung des Sensor-Innenwiderstandes mit 0,1 Mol-% EuF_2 dotiert sind) weitgehend störungsfrei Fluoridaktivitäten $>10^{-7}$ Mol/L zu bestimmen. Aus Gründen der Reversibilität aller Phasengrenzen hat es sich als besonders vorteilhaft erwiesen, den konstruktiven Aufbau dieser festkontaktierten ISE wie folgt (siehe Abb. 11.25) zu gestalten:

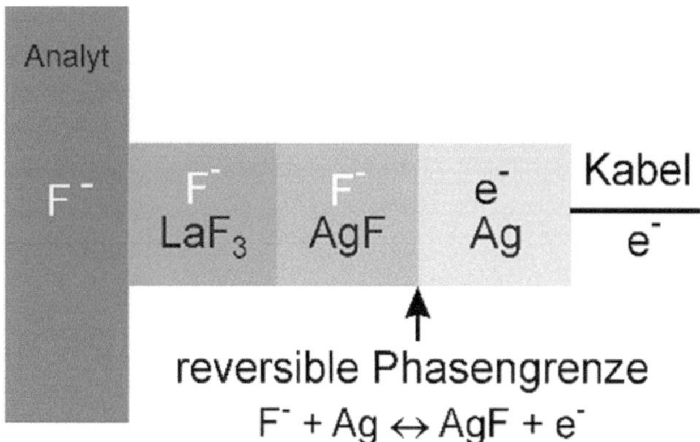

Abb. 11.25 Schematischer Aufbau einer Fluoridelektrode auf der Basis eines Lanthanfluorid-Einkristalls. (Quelle: T.A. Fjedley, K. Nagy: Journ. Electrochem. Soc. 127 (180) 1299)

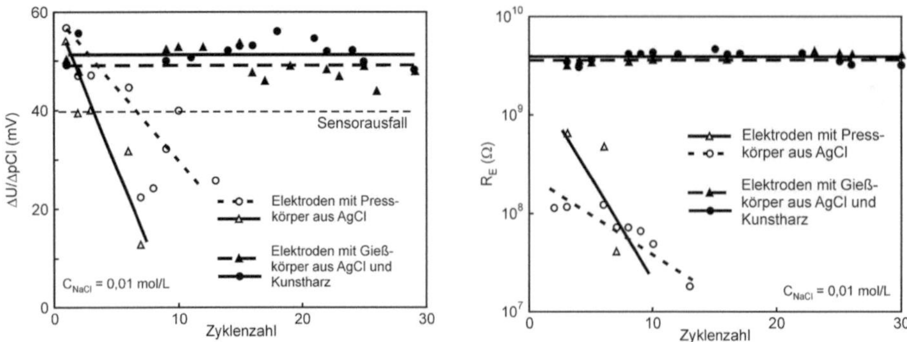

Abb. 11.26 Empfindlichkeit (li) und Widerstand (re) chloridsensitiver Elektroden im Einsatz in NaCl-Lösung bei $\vartheta = 80$ °C. (Quelle: J. Zosel, Kurt-Schwabe-Institut Meinsberg)

Für alle anderen Halogenide und eine Reihe weiterer Anionen, wie Sulfide, Thiocyanate, Cyanide sowie für Kationen, wie Ag^+, Cu^+, Cu^{2+}, Pb^{2+} oder Cd^{2+}, setzt man häufig Elektroden mit sog. *Niederschlagsmembranen* (schwerlösliche Salze) ein. Sofern die Membranen als Pellets ausgebildet sind, unterscheidet man zwischen *homogenen Presslingen* und *heterogenen* Presskörpern. Im Falle der chloridselektiven Elektrode besteht der homogene Presskörper aus AgCl und der Mischpressling aus AgCl und Ag_2S. Letzterer weist bessere mechanische Eigenschaften, geringere Lichtempfindlichkeit und weniger Querempfindlichkeiten beispielsweise gegenüber Redoxsystemen auf. Eine Verlängerung der Lebensdauer von ISE mit Niederschlagsmembranen kann gemäß Abb. 11.26 erreicht werden, wenn in Analogie zur oben beschriebenen Füllung von Harzen mit KCl zum Zwecke der Herstellung von Feststoff- Referenzelektroden, Silberchlorid in die unausgehärtete Harzausgangsmasse eingebracht wird. Die Lebensdauer wird z. B. in stark strömenden Medien, bei hohen Chloridgehalten im Analyten und vor allem bei höheren Medientemperaturen herabgesetzt.

Eine weitere Möglichkeit zur potenziometrischen Bestimmung von Ionen besteht in der Verwendung von Chalkogenidgläsern als selektive Membrane. Werden an Stelle von Sauerstoff die Elemente Schwefel, Selen oder Tellur in Gläser eingeführt und (oder) ersetzt man Silizium durch Germanium oder Arsen, gelangt man zu Stoffsystemen mit einer teilweise ausgeprägten Glasbildungstendenz, die als Chalkogenidgläser bekannt sind. Die Gläser werden durch Zusammenschmelzen der jeweiligen reinen Komponenten in zylindrischen, evakuierten Quarzampullen und Abschrecken in kaltem Wasser hergestellt. Zur Fabrikation der Elektroden sind die hierbei entstehenden Glasstücke in Harz einzubetten und zu kontaktieren. Dabei hat es sich aus Gründen der Erhöhung der Potenzialstabilität als vorteilhaft erwiesen, anstelle der bisher üblichen Verklebung von Ableitdrähten mit Gold- oder Silberleitlacken eine Zwischenschicht, bestehend aus Polypyrrol und dem polymeren Kationenaustauscher Nafion® auf der Glasoberfläche auszubilden und darauf einen Platindraht zu kontaktieren. Dieser Vorteil wird in Abb. 11.27 für eine silberionenselektive Chalkogenidglaselektrode der Zusammensetzung $Ag_{17}As_{25}S_{58}$

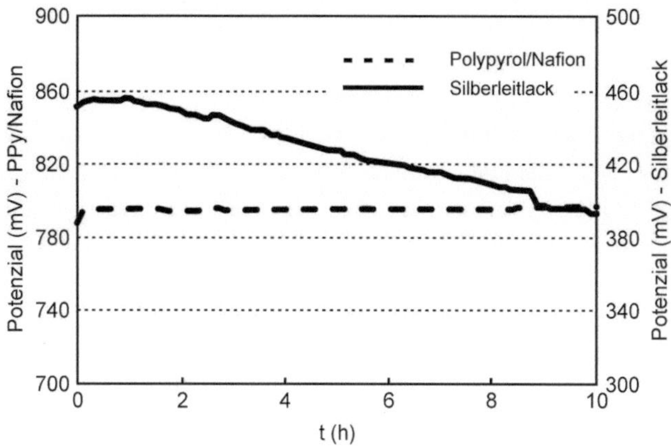

Abb. 11.27 Potenzialeinstellverhalten einer silberionenselektiven Chalkogenidglaselektrode mit unterschiedlicher Potenzialableitung. (Quelle: W. Vonau, Kurt-Schwabe-Institut Meinsberg)

nachgewiesen. Chalkogenidglasbasierte ISE können vorzugsweise zur Bestimmung ein- und mehrwertiger Kationen, wie Tl^{+}, Cu^{2+}, Cd^{2+}, Pb^{2+} und Fe^{3+}, beispielsweise in Abwässern appliziert werden, wobei in unterschiedlicher Ausprägung pH-Abhängigkeiten und Störioneneinflüsse zu berücksichtigen sind.

In letzter Zeit wird auch über planare CG-basierte Sensorik berichtet. So sind verschiedene Dünnschichttechnologien im Einsatz, um das CG-Bulkmaterial als dünne Membran auf z. B. potenziometrische oder feldeffektbasierte Sensorstrukturen aufzubringen. Dabei handelt es sich u. a. um Hochfrequenz (RF) Co-Sputtering auf ionensensitiven Feldeffekttransistoren (Vlasov 1993). Weitere Verfahren zur Herstellung von Dünnschichtsensoren für die Schwermetallanalytik in Flüssigkeiten sind RF-Magneton-Sputtern, Sputtern in Kombination mit Ionenimplementierung, Aufdampfen, Flash-Verdampfen mit Photodotierung sowie elektrochemische Abscheidung. Alle genannten physikalischen Verfahren haben Probleme im Hinblick auf eine stöchiometrische Abscheidung dünner CG-Membranen auf Basis von Mehrkomponentengemischen. Die Aufrechterhaltung der Stöchiometrie ist jedoch für die Funktionalität der CG-basierten ISEs von Bedeutung. Eine Methode, die die stöchiometrische Abscheidung von Glasmembranen ermöglicht, ist die gepulste Laserabscheidung (PLD) (Kloock et al. 2004). Beim PLD-Verfahren wird CG schnell aus dem Bulkmaterial entfernt und auf einer Wandlerstruktur mit verbleibender Stöchiometrie abgeschieden. Wesentliche Nachteile des Verfahrens sind hohe Gerätekosten und ein enormer Zeitaufwand für die Realisierung der CG-Dünnschichtmembran. Auch kann sich die bei der PLD häufig schwer verhinderbare Dropletbildung nachteilig auswirken.

Für den Dickschichtprozess ist nur thermisch stabiles Glas(pasten)material geeignet, das während des Sinterns unter Beibehaltung der Stöchiometrie verdichtet werden kann. Thermische Effekte durch Zersetzung, Kristallisation und Phasenumwandlung des Chalkogenidglases dürfen erst oberhalb der Sintertemperatur auftreten. Erfüllt werden diese Anforderungen beispielsweise von Dickschichtpasten zu Herstellung planaren CG-Elektroden für die Blei- und Sulfidionenbestimmung (Enseleit et al. 2018, 2021).

Zur elektrochemischen sei noch auf die Möglichkeit des Einsatzes von Elektroden mit passivierten Metallen der IV. bis VI. Nebengruppe der Elemente des Periodensystems als n-halbleitende Elektrodenmembran hingewiesen, die zuweilen auch als *teilselektive Redoxelektroden* bezeichnet werden. So ist es beispielsweise möglich, durch mehrmalige aufeinanderfolgende anodische Passivierung von Titanhalbzeugen mit einer Reinheit von mindestens 99,99 % in 50 %iger H_2SO_4 bei einer Polarisationsspannung von $U_P = 4{,}3$ V vs. SSE bei $= \vartheta 25$ °C ein für die Fe^{3+}-Bestimmung sensitives Elektrodenmaterial zu präparieren. Allerdings liegt die Domäne der teilselektiven Redoxelektroden eher nicht in der Ionenanalytik, sondern in der Detektion von Oxidationsmitteln, wie Chlor und Wasserstoffperoxid. Auch hier ist die pH-Abhängigkeit des Sensorsignals zu berücksichtigen.

Zusammenfassend ist festzustellen, dass es für eine Reihe von Ionen, z. T. auch alternative chemosensorische Bestimmungsmöglichkeiten gibt. Trotz größter Bemühungen ist es bis zum heutigen Tage noch nicht gelungen, solche auch für die bedeutsamen Anionen Sulfat und Phosphat bereit zu stellen, worin eine wichtige Forschungsaufgabe für die Zukunft besteht.

11.3 Gase

11.3.1 Allgemeines

Zahlreiche Gase besitzen eine Löslichkeit in Flüssigkeiten, sodass deren sensorische Bestimmung vielfach auch als *physikalisch gelöste Spezies* von Bedeutung ist. So besteht beispielsweise Interesse am *Sauerstoffgehalt* in Fischzuchtanlagen, Oberflächen-, Brauch-Ab- und Kesselspeisewässern oder am *Kohlensäuregehalt* in Mineralwasserquellen, Zellkulturmedien und Getränken. Beide Substanzen sind natürlich ebenfalls Bestandteile der Luft und anderer Gasgemische und somit auch dort von chemisch-analytischem Interesse. Während beispielsweise die in Abschn. 2.16.3 erwähnten amperometrischen Clark-Sensoren zur Sauerstoffbestimmung und die nach dem Severinghaus-Prinzip arbeitenden potenziometrischen Sensoren, die unter anderem zur Kohlendioxidbestimmung genutzt werden, wegen ihrer Membranbedeckung in beiden Aggregatzuständen einsetzbar sind, existieren weitere elektrochemische Sensortypen, die ausschließlich in der Gasphase angewendet werden können. Auch diese werden nachfolgend vorgestellt.

11.3.2 Gase im physikalisch gelösten Zustand bzw. bei Normaltemperatur

Die *Gaslöslichkeit* in Flüssigkeiten ist unter anderem abhängig von Temperatur, (Luft-) Druck und der Gegenwart weiterer gelöster Spezies, was insbesondere durch das Henry'sche Gesetz verdeutlicht wird.

Für die amperometrische Sauerstoffbestimmung ist das in Abb. 11.28 dargestellte Voltammogramm, aus dem das gut ausgeprägte Plateau des Diffusionsgrenzstromes im Bereich von – 600 mV bis – 900 mV deutlich erkennbar ist, eine wesentliche Grundlage. In der Gl. (11.12) wird der Zusammenhang zwischen Diffusionsgrenzstromdichte i_D und Sauerstoffparzialdruck pO_2 im Messmedium dargestellt.

$$i_D = Kp_{O_2} + i_0 \text{ mit } K = zFP(T)/d \tag{11.12}$$

z: Anzahl der umgesetzten Elektronen
F: *FARADAY*-Konstante
T: absolute Temperatur
d: Dicke der permeablen Membran
i_0: Reststrom des Sauerstoffsensors bei dem Sauerstoffpartialdruck $p_{O_2} = 0$
P(*T*): Permeationskoeffizient der Membran.

In Analogie zur amperometrischen Sauerstoffelektrode werden auch andere Elektroden mit jeweils angepassten gaspermeablen Membranen angeboten. Von ebenfalls großer Bedeutung sind in diesem Kontext beispielsweise *Chlorsensoren* zur bereits bei den Redoxelektroden diskutierten Bestimmung von aktivem Chlor beispielsweise in Schwimmbädern, *H_2-Sensoren* zum Einsatz in Biogasanlagen oder *CO*-, *H_2S*-, *SO_2*-, *HCN*- und *NO_2-Sensoren.* Die amperometrischen Messgeräte müssen die jeweils erforderliche Polarisationsspannung liefern und in ihrer Schaltungselektronik auf die Größen der Sensorelektroden abgestimmt sein. Unter bestimmten Umständen wird bei der Sensorkonstruktion auf die gaspermeable Membran verzichtet. Man spricht dann von *offenen Systemen* oder von Sensoren mit *freier Arbeitselektrode.* Diese steht dann in unmittelbarem Kontakt mit dem Messmedium, sodass neben der analytisch angestrebten Elektrodenreaktion durch sonstige Lösungsbestandteile auch unerwünschte Neben-

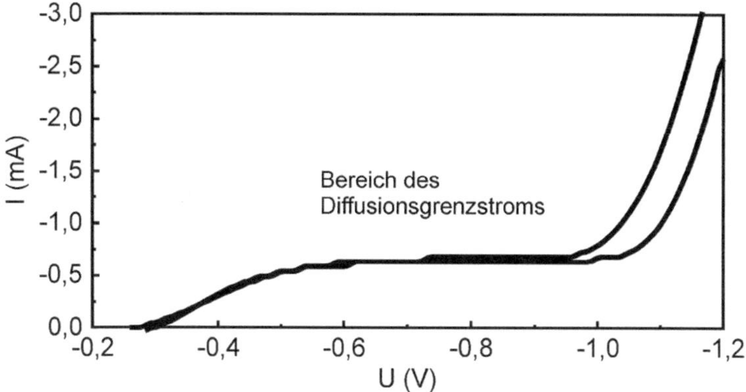

Abb. 11.28 Voltammogramm eines membranbedeckten Sauerstoffsensors mit Mikrokathode (Zweielektrodensystem); Messung in destilliertem Wasser bei $\vartheta = 23$ °C, Scanrate: 0,5 mV/s

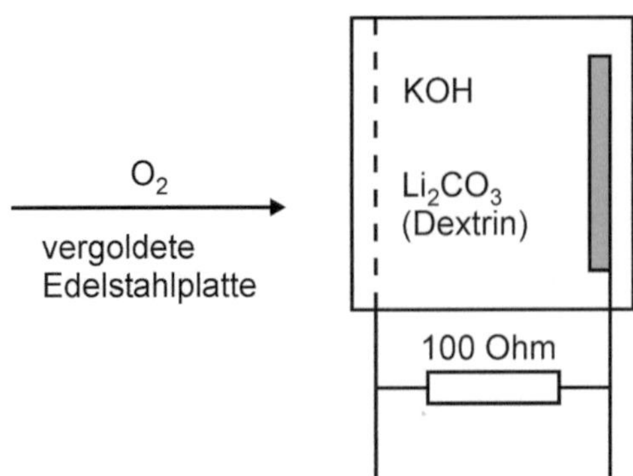

Abb. 11.29 Galvanischer Sauerstoffsensor (Anodenreaktion: $4OH^- + 2Pb \rightarrow PbO + 2H_2O + 4e^-$

reaktionen ablaufen können. Gleichfalls üben Änderungen der Leitfähigkeit Einfluss auf den Innenwiderstand des Sensors aus, sodass das Einsatzgebiet dieser Messfühler auf saubere Lösungen beschränkt ist.

Im Übrigen spielt insbesondere zur O_2-Bestimmung im Normaltemperaturbereich neben dem amperometrischen auch der *galvanische Sensor* gemäß Abb. 11.29 eine Rolle. Wenn das darin enthaltene Kaliumhydroxid in Berührung mit Sauerstoff gerät, kommt es zu einer chemischen Reaktion. Daraus resultiert ein elektrischer Strom, der zwischen einer Blei-Anode und einer vergoldeten Kathode durch einen Lastwiderstand fließt. Die dabei produzierte Strom verhält sich proportional zur vorhandenen Sauerstoffkonzentration.

Die Funktion des elektrochemischen Kohlendioxidsensors beruht auf dem potenziometrischen Messprinzip. CO_2 permeiert aus dem Messmedium durch eine dünne Polymermembran in den carbonathaltigen Sensorelektrolyten und bewirkt eine reproduzierbare Änderung des pH-Wertes, die beispielsweise mit einer pH-Glaselektrode gemessen wird. Nach Kalibrierung ist das Sensorspannungssignal über einen weiten Konzentrationsbereich dem Logarithmus der Kohlendioxidkonzentration im Messmedium proportional. Die nachfolgenden chemischen Gleichungen bilden die Grundlage für die chemosensorische CO_2-Bestimmung (siehe auch Abschn. 2.16–2):

$$CO_2 + H_2O \rightleftarrows H_2CO_3 \tag{11.13}$$

$$H_2CO_3 + H^+ \rightleftarrows H^+ + HCO_3^- \tag{11.14}$$

$$HCO_3^- \rightleftarrows H^+ + CO_3^{2-}. \tag{11.15}$$

Nach dem gleichen Prinzip lassen sich auch andere Gase, wie beispielsweise Ammoniak, bestimmen. Abb. 11.30 zeigt einen NH_3-Sensor und Abb. 11.31 als Applikationsbeispiel dieses Sensors Messergebnisse bei der Fermentation mit Aspergillus niger in unterschiedlichen Medien.

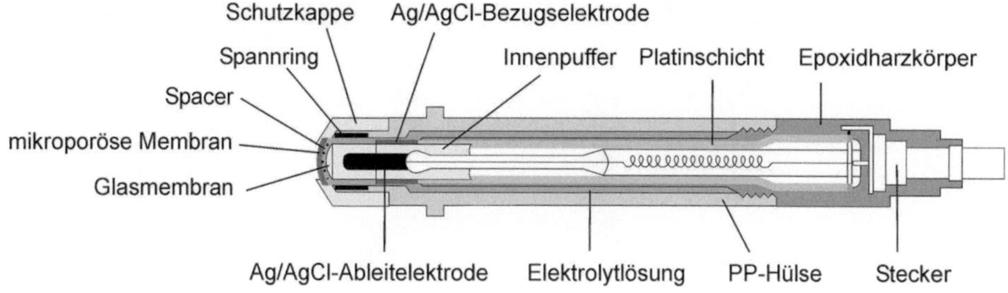

Abb. 11.30 Potenziometrischer NH_3-Sensor

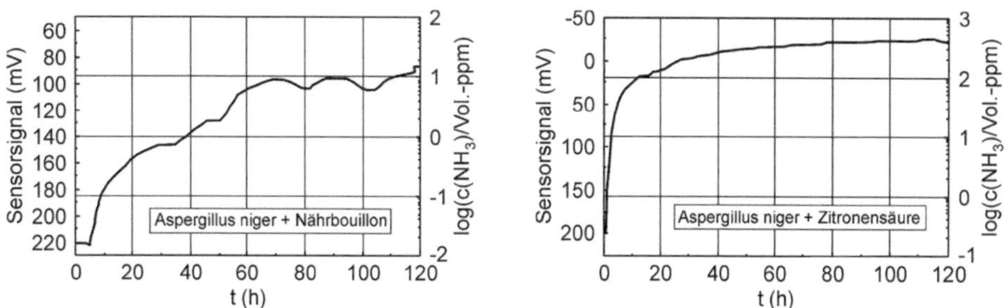

Abb. 11.31 NH3-Emission bei der Fermentation mit „Aspergillus niger"; links: in Nährbouillon; rechts: in Zitronensäure. (Quelle: U. Enseleit, Kurt-Schwabe-Institut Meinsberg)

11.3.2.1 Festelektrolytsensoren

Einordnung und Bedeutung

Festelektrolyt-Gassensoren werden zusammen mit Halbleiter-Gassensoren (MOS), resistiven Sensoren und Pellistoren häufig unter dem Begriff *Festkörper-Gassensoren* oder *keramische Gassensoren* zusammengefasst, mitunter auch als *Hochtemperatur-Gassensoren* bezeichnet.

11.3.2.2 Elektrochemische Zellen mit festen Elektrolyten

Potenziometrische Sauerstoffmessung

Festelektrolyt-Gassensoren in potenziometrischer Betriebsweise nehmen heute unter allen chemischen Sensoren einen führenden Platz ein sowohl hinsichtlich der produzierten Anzahl als auch bezüglich der aus ihrer Anwendung resultierenden Effekte. Grundlage der potenziometrischen Sauerstoffmessung ist die *stromlose Spannungsmessung* an einer Sauerstoffkonzentrationszelle mit festem oxidionenleitendem Elektrolyten (Abb. 11.32). $V_o^{\circ\circ}$ (englisch vacancy) bezeichnet Sauerstoffionen- oder

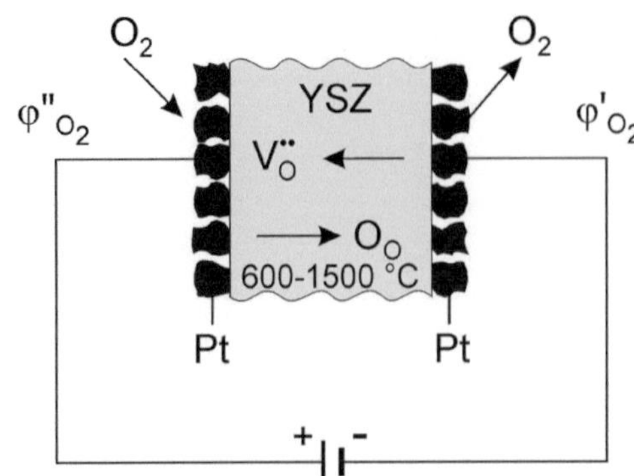

Abb. 11.32 Sauerstoffkonzentrationszelle. (Quelle: U. Guth, Gas sensors in: A. J. Bard, G. Inzelt und F. Scholz (Eds): Electrochemical Dictionary, Springer Berlin, Heidelberg (2008), 294–299)

Oxidionenleerstellen, über die Sauerstoff als Oxidion (O^{2-}) bei höherer Temperatur wandern kann. Der Ladungstransport erfolgt also im Unterschied zu wässrigen Elektrolyten durch *eine Ionenart.* Dieses Phänomen wird als *unipolare Ionenleitung* bezeichnet.

Die Sauerstoff-Konzentrationszelle lässt sich durch folgendes Zellsymbol beschreiben:

$$-O_2(\varphi'_{O_2}), Pt/(ZrO_2)_{0,84}(Y_2O_3)_{0,08}/Pt, O_2(\varphi''_{O_2}) + \text{für}\,\phi'(O_2)\varphi''(O_2)$$

Sauerstoff auf der Seite der höheren Konzentration (des größeren chemischen Potenzials) hat das Bestreben, auf die Seite mit der kleineren Konzentration zu wandern. Das ist aber bei einem gasdichten Festelektrolyten *nicht möglich.* Ausgleichen können sich aber die elektrochemischen Potenziale, indem Sauerstoff von der Seite mit dem größeren Partialdruck (pO_2'') Elektronen aus dem Elektronenleiter, beispielsweise dem Platin aufnimmt (Reduktion, Kathode), als Oxidion (O^{2-}) über die Sauerstoffleerstellen $V_O^{\circ\circ}$ durch den oxidionenleitenden Festelektrolyten wandert und an der anderen Seite mit kleinerem Partialdruck (pO_2') als molekularer Sauerstoff unter Zurücklassung von Elektronen austritt (Oxidation, Anode). Es fließt bis zur Einstellung des elektrochemischen Gleichgewichts, beispielsweise nach Änderung der Sauerstoffkonzentration, nur ein differentiell kleiner Strom; der Stoffumsatz ist nahezu Null. Formelmäßig lassen sich diese Vorgänge wie folgt beschreiben:

$$1/2\ O_2(g'') + 2e^-(Pt) \rightleftarrows O^{2-}(YSZ) \tag{11.16}$$

$$O^{2-}(YSZ) \rightleftarrows 1/2\ O_2(g') + 2e^-(Pt) \tag{11.17}$$

$$1/2\ O_2(g'') \rightleftarrows 1/2\ O_2(g') \tag{11.18}$$

Im Ergebnis der elektrochemischen Reaktion kann man eine Potenzialdifferenz oder eine Gleichgewichtsspannung U_{eq} (oder eine elektrochemische Kraft $-E$) zwischen den beiden Elektroden mit einem Voltmeter großer Eingangsimpedanz (quasi stromlos) messen, die nach der Nernst'schen Gleichung dem Logarithmus des Sauerstoffpartialdrucks $p(O_2)$ proportional ist.

$$-E = U_{eq} = \frac{RT}{4F} \ln \frac{p''_{O_2}}{p'_{O_2}}. \tag{11.19}$$

Bei gleichem Gesamtdruck in beiden Gasräumen *($p''=p'$)* und isothermen Bedingungen *($T''=T'$)* kann man den Partialdruck durch die Volumenkonzentration ϕ_{O_2} oder den Molenbruch x_{O_2} ersetzen und erhält mit der Gaskonstante R und der Faradaykonstanten F:

$$\phi_{O_2} = \frac{p_{O_2}}{p} = \frac{v_{O_2}}{v} = x_{O_2} \tag{11.20}$$

$$-E = U_{eq} = \frac{RT}{4F} \ln \frac{\phi''_{O_2} p''}{\varphi''_{O_2} p'}.$$

Formulierung in Größengleichungen:

$$U_{eq} = \frac{8{,}314\text{mVAsmol}^{-1} 2{,}303 \frac{T}{K}}{4{,}96483\ \text{Asmol}^{-1}} \lg \frac{\varphi''_{O_2}}{\varphi'_{O_2}} = 0{,}0496 \frac{T}{K} \lg \frac{\varphi''_{O_2}}{\varphi'_{O_2}}. \tag{11.21}$$

Verwendet man als Referenzgas Luft ($\phi''_{O_2} = 20{,}63$ Vol.-% O_2 bei 50 % r. F.), so ergibt sich dann:

$$\lg \phi_{O_2}/vol.-\% = \left[\frac{-U_{eq}/mV}{0{,}0496\, T/K}\right] + 1{,}321 \tag{11.22}$$

$$\phi_{O_2} = 20{,}63 \exp[\frac{-46{,}42\, U/mV}{T/K}]. \tag{11.23}$$

Durch die logarithmische Abhängigkeit der Spannung von der Konzentration existiert keine Konzentration Null. Sehr kleine Sauerstoffkonzentrationen ($\phi_{O_2} <$ etwa 0,1 Vol.-ppm, $p_{O_2} \approx 10^{-7}$ bar bei 500 °C) lassen sich nicht mehr frei, beispielsweise mithilfe von Gasmischungen, verwirklichen. Die Sauerstoffkonzentration wird durch chemische Gleichgewichte wie Gasdissoziationsgleichgewichte bestimmt, die sich an den heißen Platinelektroden einstellen:

$$H_2O \rightleftarrows H_2 + 1/2\ O_2 \tag{11.24}$$

$$CO_2 \rightleftarrows CO + 1/2\ O_2. \tag{11.25}$$

Am Beispiel der Wasserdampfdissoziation soll die Berechnung der thermodynamischen Spannung näher erläutert werden. Nach dem Massenwirkungsgesetz gilt für den Gleichgewichtssauerstoffdruck bei T = const.:

$$p_{O_2}^{1/2} = K_p \frac{p_{H_2O}}{p_{H_2}}. \tag{11.26}$$

Mit der Temperaturabhängigkeit der Gleichgewichtskonstanten

$$\log K_p = 2{,}947 - 13{,}008\,K/T \tag{11.27}$$

ergibt sich dann für die Nernst'sche Gleichung:

$$U_{eq}/mV = 0{,}0496 \frac{T}{K} \lg \left[K_p \left(\frac{p_{H_2O}}{p_{H_2}} \right) \right]^2 \tag{11.28}$$

$$U_{eq}/mV = -1290{,}6 + \left[0{,}2924 - 0{,}0992 \log \left(\frac{p_{H_2O}}{p_{H_2}} \right) \right] T/K. \tag{11.29}$$

Die Zellspannung U_{eq} [oder $-E$ (EMK)] ist demnach durch das Verhältnis der Partialdrücke bestimmt. Je *trockener* der Wasserstoff ist, umso *größer* ist die *absolute Zellspannung.* Bei konstantem Wasserdampf/Wasserstoffverhältnis wird mit steigender Temperatur die Zellspannung kleiner.

Sauerstoff in Abgasen

Von den praktizierten Prinzipien sind die potenziometrischen Sensoren für „freien" Sauerstoff und Gleichgewichtssauerstoff aus weitgehend eingestellten Gasgleichgewichten an den Elektroden am Gebräuchlichsten. Ihre Funktionsfähigkeit in einem breiten Bereich von Temperatur (400 °C bis 1600 °C) und Gaspartialdruck (10 bar bis 10^{-20} bar) gestattet die Anwendung in vielen Hochtemperaturprozessen und damit die direkte (in *situ, d. h. unmittelbar am Prozessort oder im Prozess)* Bestimmung prozessrelevanter Parameter in Echtzeit *(real time).* Hauptanwendung ist die *schnelle Sauerstoffmessung* in *Verbrennungsabgasen* von Kraft- und Heizwerken. Durch die Verknüpfung von Informationen der Festelektrolyt-Gassensoren mit stöchiometrischen und thermodynamischen Beziehungen für die Gasreaktionen ist die komplexe Beschreibung des Zustands von Gasphasen möglich.

Die in den Hochtemperaturprozess direkt (in *situ*) einsetzbaren Sensoren, die mit einem keramischen oder metallischen Schutzrohr versehen sind, werden als *Sonden* bezeichnet. Diese müssen im unbehandelten Abgas häufig extrem hohen Temperaturen (bis 1500 °C), mechanischen Belastungen durch hohe Abgasströme und Staubpartikel, aber auch chemischen Einflüssen durch reduzierende und korrosive Gasbestandteile über mehrere Jahre hinweg ohne merkliche Alterung standhalten. Die Sonden sollten nach Möglichkeit ohne Kalibrierung betrieben werden, d. h. das Mess-Signal darf sich mit der Zeit nicht ändern und damit eine andere Abgaszusammensetzung vortäuschen.

Der große *Vorteil* der potenziometrischen Sauerstoffmessung mit Festelektrolytzellen ist die *hohe Selektivität,* die zum einen auf den definierten elektrochemischen Vorgang und zum anderen auf die hohe Betriebstemperatur zurück zu führen ist. Letztere sorgt dafür, dass eventuelle Reaktionsprodukte nicht dauerhaft an der Sensoroberfläche adsorbiert werden und diese vergiften. Es wird der *Sauerstoffpartialdruck* gemessen, der tatsächlich thermodynamisch bei der Messtemperatur wirkt. Gasbestandteile wie Wasser, CO_2 haben keinen Einfluss auf das Mess-Signal.

Nachdem der Einsatz solcher Sensoren zunächst die Qualität der Verbrennungsregelung entscheidend verbessern half und diese als *Lambdasensoren* in der Automobiltechnik millionenfache Verbreitung gefunden haben, sind heute andere Hochtemperaturprozesse wie die Optimierung von Brennern, das Herstellen von Glas oder Porzellan und die Vergütung von Stählen (Aufkohlung) sowie die Bestimmung des in flüssigem Stahl gelösten Sauerstoffs Hauptfelder der Anwendung und weiterer Entwicklung.

Als Festelektrolyt wird heute meist das mit Y_2O_3 stabilisierte ZrO_2 in Form von Rohren und Scheiben verwendet, das bei einer Temperatur > 400 °C merklich elektrisch (ionisch) leitend wird. Die um Größenordnungen kleinere Elektronenleitfähigkeit, die durch Sauerstoffausbau unter extrem reduzierenden Bedingungen oder durch Sauerstoffeinbau unter stark oxidierenden Bedingungen entsteht, spielt bei den meisten Anwendungen keine Rolle. Ein sehr einfacher Aufbau mit komplett getrennten Gasräumen erhält man mit einem beiderseits offenen Rohr (Abb. 11.33). Das außen und innen mit Platinschichten versehene Festelektrolytrohr wird mit einem elektrischen Ofen auf 700 °C bis 900 °C beheizt. Messgas strömt durch das Rohr, während die Messzelle von außen mit ruhender Luft umgeben ist. Dieser Aufbau eignet sich für Gasanalysen, bei denen ein Teilstrom entnommen und der Festelektrolytzelle zugeführt wird, beispielsweise für die Bestimmung des Restsauerstoffs in Schutzgasen.

Bei Rauchgassensoren wird die Festelektrolytzelle mit einem keramischen oder metallischen Schutzrohr direkt als Sonde in dem Abgaskanal positioniert. Bei genügend hoher Temperatur (> 500 °C) in dem Kanal ist meist keine Heizung notwendig. Die Referenzluft wird durch das Innere des Rohres geleitet, während an die Außenelektrode Rauchgas durch Strömung und Diffusion gelangt. Das Messergebnis wird durch ein Einleiten der Vergleichsluft in das Rauchgas nicht verfälscht. Häufig werden für diesen

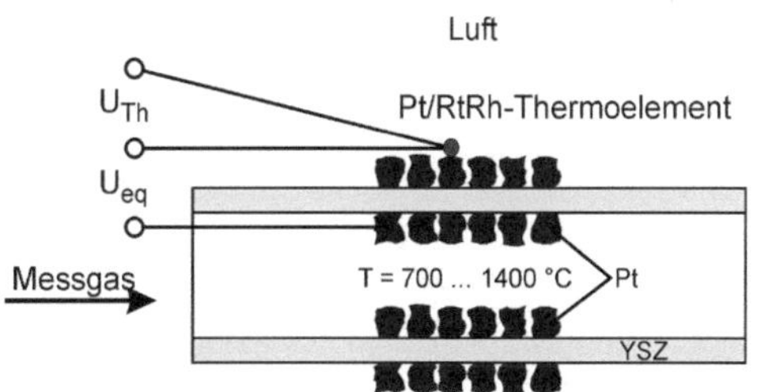

Abb. 11.33 Schematischer Aufbau einer Rohrzelle

Zweck auch einseitig geschlossene Festelektrolytrohre oder auch Metallrohre mit einer am Ende eingelöteten Festelektrolytscheibe verwendet.

Mithilfe von Festelektrolytsonden Hochtemperaturprozesse zu steuern, hat sich in vielen Bereichen der Industrie durchgesetzt. Zum Beispiel kann die Farbe von Ziegeln durch eine gezielte Zusammensetzung der Brenngasatmosphäre beeinflusste werden. Anhand eines Spannungs-(EMK) Temperaturdiagramm lassen sich die thermodynamisch stabilen Bereiche (berechnet und gemessen) von Metalloxiden eingrenzen (Abb. 11.34). Aufgetragen ist die Spannung einer Sauerstoff-Konzentrationszelle über der Temperatur. Als Parameter ist der negative dekadische Logarithmus des Sauerstoffpartialdrucks eingetragen Die ansteigenden Linien ergeben sich rechnerisch nach der Nernstschen Gleichung, wenn man den jeweiligen Sauerstoffpartialdruck (z. B. 10^{-6} atm und Luft bei einer bestimmten Temperatur einsetzt: 495 mV bei 1600 °C).

Misst man z. B. in einem Keramikbrennofen mit einer Festelektrolyt-Sauerstoffsonde in einem CO und H_2-haltigen Gasgemisch bei 800 °C 400 mV, so kann man sicher sein, dass das Eisen in der Keramik als Fe_2O_3 vorliegt, was dieser eine rote Farbe verleiht. Werden dagegen 700 mV gemessen, so ist Fe_3O_4 thermodynamisch stabil, das wiederum die Keramik grau bis schwarz färbt. Das Reduktionsvermögen wird durch das Verhältnis von reduzierenden zu oxidierenden Gasen bestimmt. Mit einer CO/CO_2-Mischung von 1:1 lässt sich bei Temperaturen >800 °C FeO nicht zu Fe reduzieren. Das Diagramm ist außerdem hilfreich, um die Anwendungsfelder für Sauerstoffsonden zu veranschau-

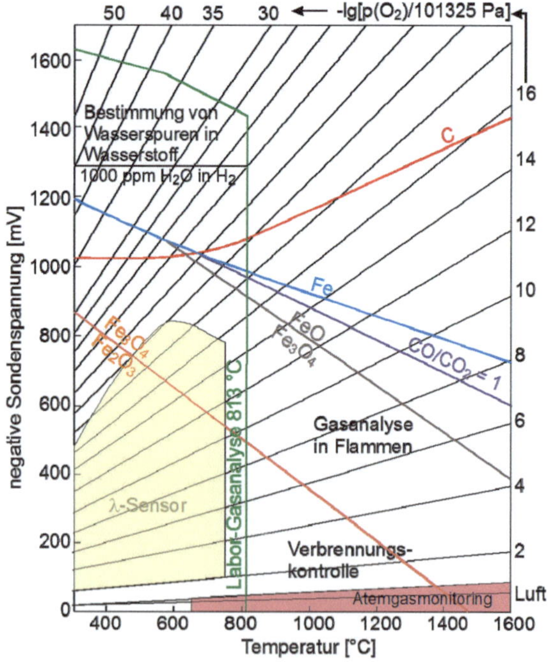

Abb. 11.34 Spannungs-Temperaturdiagramm für potentiometrische Festelektrolyt-Sauerstoffsensoren

lichen. Weitere Anwendungsfelder, wie die Aufkohlung und Aufstickung (Nitridierung) von Stahloberflächen kann man der angegebenen Literatur entnehmen.

Am Beispiel der Verbrennungsregelung soll gezeigt werden, wie solche Sensoren für die Optimierung technologischer Prozesse eingesetzt werden können. Die Minimierung des Brennstoffbedarfs und die Verminderung der CO_2-Ausstoßes sowie Schadstoffemission aus technologischen Prozessen sind angesichts der Klimaziele und der Umweltbelastung heute wichtiger denn je. So werden beispielsweise mehr als 30 % der Emissionsbelastung in Ballungsgebieten während der Heizperiode von kleinen und mittleren Feuerungsanlagen hervorgerufen. Hauptemittenten sind Feuerungen, die aufgrund von Störungen oder Fehleinstellungen eine unzureichende Verbrennungsqualität aufweisen. Zu geringe Luftzufuhr führt zu einer unvollständigen Verbrennung und damit zu einem erhöhten Ausstoß von unverbrannten Schadstoffen (Ruß, CO und HC). Eine zu hohe Luftkonzentration vermindert dagegen den Wirkungsgrad und erhöht die NO_x-Emission. Die kontinuierliche Kontrolle und Einstellung der für die Verbrennung optimalen Luftmenge, die hauptsächlich von der Art des Brennstoffs und des Brenners abhängt, erfolgt vorteilhaft mithilfe einer schnellen *in situ*-Sauerstoffmessung im Abgas mit keramischen ZrO_2-Gassensoren.

Lambdasensor

Große Bedeutung haben die Festelektrolytsensoren als Lambda-Sensoren für die katalytische Abgasbehandlung von Ottomotoren erlangt. Diese Sensoren werden als so genannte Fingerhutsensoren oder auch als planare Breitbandsensoren millionenfach produziert und praktisch in jedem Automobil mit Ottomotor eingesetzt. Über das Motormanagement trägt das Signal der Lambdasonde wesentlich zur Optimierung der Verbrennung und zur Verminderung des Schadstoffausstoßes bei. Das Messprinzip wurde mithilfe von Abb. 11.32 ausführlich erklärt. Einen schematischen Querschnitt und die einbaubereite Sonde zeigt Abb. 11.35.

Anhand des Abb. 11.36 wird der Spannungsverlauf an einer Lambdasonde näher erläutert. Die durchgezogene Kurve stellt den Spannungsverlauf einer Lambdasonde bei der Verbrennung von einem Kohlenwasserstoff, beispielsweise mit Propen als Modellgas in Abhängigkeit von der Brenngaskonzentration dar. Die gestrichelte senkrechte Linie markiert den Wert $\lambda = 1$. Der Luftfaktor λ ist definiert als das Verhältnis der tatsächlichen bei der Verbrennung verwendeten Luftmenge zur der Luftmenge, die für die stöchiometrische Verbrennung notwendig ist [$\lambda = m(Luft)/m(Luft, stöchiom.)$].

Bei mageren Gemischen, also bei einem Überschuss von Luft ($\lambda > 1$) ist die Spannung klein, bei Brenngasüberschuss ($\lambda < 1$) dagegen groß. Am *Stöchiometriepunkt* ($\lambda = 1$) *ändert* sich die Spannung sprunghaft, weil des logarithmischen Zusammenhangs wegen kleine Änderungen der Sauerstoffkonzentrationen große Spannungsänderungen hervorrufen. Dieser Spannungssprung wird über das Motormanagement für die Steuerung des Dreiwegekatalysators genutzt. Durch entsprechende Stellglieder (Magnetventile) wird 10-mal in der Sekunde das Luftkraftstoffverhältnis von Luftüber- zu Luftunterschuss geändert und dadurch quasi simultan oxidierende (zur Oxidation von

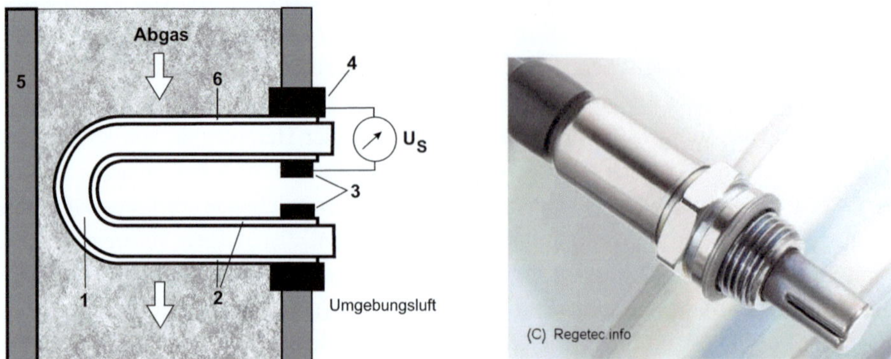

Abb. 11.35 Lambda-Sonde: Schema der Sonde und Bauteil (Werkfoto: REGETEC)

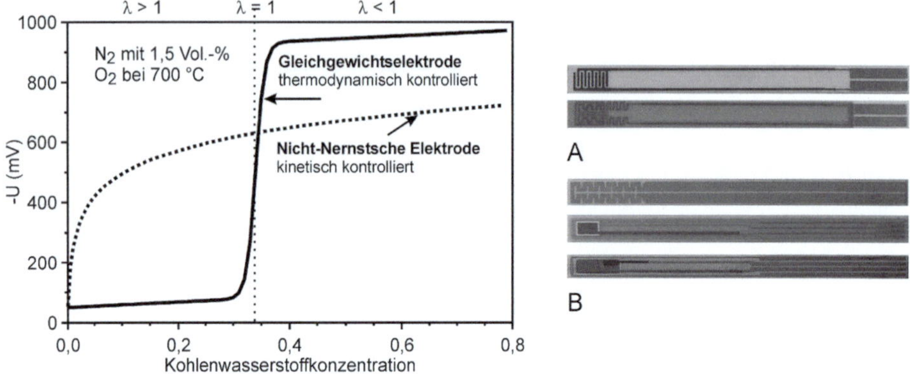

Abb. 11.36 Links: Konzentrationsabhängigkeit der Spannung an verschiedenen Elektroden; rechts: Zungenförmige Mischpotentialsensor (A) und impedimetrischer Sensor (B) mit jeweils integriertem Heizer

Kohlenwasserstoffen und CO) und reduzierende (zur Reduktion von Stickoxiden) Verhältnisse am Katalysator eingestellt.

Die gestrichelt Kurve im Abb. (11.36, links) zeigt den Spannungsverlauf, wenn sich das chemische Gleichgewicht in einer Gasmischung *nicht* einstellt. Sensoren, die diesen Effekt ausnutzen, werden *Mischpotenzialsensoren* (Abb. 11.36, rechts) genannt und spielen zur Detektion von Unverbranntem (CO und HCs) aber auch von Stickoxiden (NO_x) eine Rolle. Bei diesen Sensoren wird eine katalytisch aktive Sauerstoffelektrode, beispielsweise Platin/YSZ mit einer brenngassensitiven, aber für die elektrochemische

Sauerstoffreduktion inaktive Elektrode, Au/YSZ kombiniert. Beide Elektroden können direkt dem Messgas ausgesetzt werden oder sich in getrennten Gasräumen befinden. Alternativ zur Messung der Spannung lässt sich auch der komplexe Widerstand, die *Impedanz,* die über einen größeren Frequenzbereich gemessen wird, zur Auswertung heranziehen. Am günstigsten erweist sich dabei die Darstellung des Imaginärteils über den Realteil der Impedanz (die *Nyquist-Darstellung),* die meist zu einem Halbkreis (oder mehreren Halbkreisen) führt. Dessen konzentrationsabhängiger Radius kann leicht bestimmt werden. Sensoren in dieser Betriebsweise werden als impedimetrische, in der angelsächsischen Literatur auch als „impedancemetric sensors" (Abb. 11.36, rechts) bezeichnet.

Bestimmung des Redoxpotenzials von Gasen

Da auch in reduzierenden Gasen, in denen kein freier Sauerstoff vorliegt, die Sauerstoffbestimmung als Gleichgewichtssauerstoff möglich ist, kann auch das H_2/H_2O- oder CO/CO_2-Verhältnis ermittelt werden. Durch die gezielte Ausnutzung vor gelagerter Reaktionen (Zersetzungs- oder Oxydationsreaktionen) an speziellen Elektroden lassen sich weitere Gasbestandteile quantitativ bestimmen, die mit Sauerstoff durch Reaktionen gekoppelt sind, beispielsweise:

$$CO_2 + H_2 \rightleftarrows CO + H_2O \tag{11.30}$$

$$C + CO_2 \rightleftarrows 2\,CO \tag{11.31}$$

$$2\,NH_3 \rightleftarrows N_2 + 3\,H_2 \tag{11.32}$$

$$CH_3OH \rightleftarrows CO + 2\,H_2 \tag{11.33}$$

$$2\,NO \rightleftarrows N_2 + O_2. \tag{11.34}$$

Mit einer schnellen Sauerstoffregelung kann häufig die Produktqualität entscheidend beeinflusst werden. Beispiele hierfür sind die Ziegel- und Porzellanherstellung. Das „Rot" eines gebrannten Ziegels, das auf den Oxidationszustand Fe^{3+} zurückzuführen ist, erhält man mit einem Sauerstoffüberschuss, während reduzierende Bedingungen zu schwarzen Ziegeln führen. Die „Weiße" des Porzellans und damit seine Güte sind abhängig vom Oxidationszustand der im Kaolin/Ton-Gemisch enthaltenen Eisenspuren. Ein reduzierender Brand bei Luftmangel führt zu einer Reduktion der Fe^{3+}-Ionen in fein verteiltes Fe^{2+}, das aber in der Matrix des Silikats weiß erscheint. Durch den oxidierenden Brand bei Luftüberschuss werden dagegen die Fe^{2+}-Ionen zum Fe^{3+} aufoxidiert, der Porzellanscherben weist dann eine graue Färbung auf. Eine gleich bleibende Produktqualität kann deshalb nur durch die Einstellung einer optimalen Brenngas-/Luftzusammensetzung gewährleistet werden. Früher wurde oft das Abgas über einen Bypass abgesaugt und mit optischen Verfahren die CO- oder CO_2-Konzentration gemessen. Bedingt durch dieses Verfahren ergibt sich eine relativ große Totzeit (ca. 3 min) und eine Verfälschung des Messergebnisses durch die Änderung der Gaszusammensetzung beim Abkühlen durch Auskondensieren von Wasser. Günstiger ist auch in diesem Fall die Echtzeit-Sauerstoffbestimmung direkt im Brennprozess mit einer keramischen Sauerstoffmess-Sonde.

Große Bedeutung haben Festelektrolyt-Sensoren bei der *Kontrolle des Oberflächenhärtens* von Stählen erlangt. Entsprechend dem jeweiligen Verfahren unterscheidet man Aufkohlen mit Propan bei Normaldruck, Gasnitrieren und -nitrocarburieren sowie das in jüngster Zeit sich durchsetzende Verfahren der *Niederdruckaufkohlung* mit *Ethin.* In einem Multikomponentensystem im Nichtgleichgewicht lassen sich mit Elektroden, an denen vorzugsweise eine Komponente umgesetzt wird, wertvolle Informationen gewinnen. Auf diese Weise gelingt es, beispielsweise NH3 mit Festelektrolytzellen zu bestimmen.

Messung von Sauerstoff in flüssigen Metallen

Eine wichtige Anwendungsmöglichkeit potenziometrischer ZrO_2-Festelektrolytsensoren, die mit herkömmlichen Verfahren nicht gelöst werden kann, ist die Bestimmung der Sauerstoffkonzentration in Metallschmelzen. Bekanntlich ist der Kohlenstoffgehalt von Stählen bestimmend für die Materialeigenschaften. Durch die gezielte Zugabe von Sauerstoff lässt sich die Kohlenstoffkonzentration, aber auch der Gehalt an Si, Mn, P, S innerhalb geringer Toleranzen genau einstellen. Zu viel Sauerstoff führt zu einer Verschlechterung der Stahlqualität. Zur Ermittlung des Optimums ist die schnelle Messung der Sauerstoffkonzentration notwendig, die alternativlos mit eintauchbaren ZrO_2-Festelektrolytzellen erfolgt. Man verwendet anstelle der Luft als Referenzsystem ein festes Bezugssystemen, ein Metall-, Metalloxidgemisch, beispielsweise *Cr,* Cr_2O_3, mit dem nach Maßgabe der Temperatur ein bestimmter, thermodynamisch definierter Gleichgewichts-Sauerstoffpartialdruck eingestellt werden kann.

$$\mathrm{Cr_2O_3}(s) \rightleftarrows 2\mathrm{Cr}(s) + \frac{3}{2}\mathrm{O_2}(g). \tag{11.35}$$

Im Falle reiner Stoffe ist der Molenbruch $x_S = 1$ und man erhält:

$$K_p(T) = p_{\mathrm{O_2}}^{3/2} \tag{11.36}$$

$$p_{\mathrm{O_2}}(T) = \mathrm{const.} \tag{11.37}$$

Die Messzelle (Abb. 11.37), deren zweiter Pol das flüssige Metall darstellt, befindet sich an der Spitze einer meterlangen Papphülse, die während des Messvorganges verbrennt. Solche in den flüssigen Stahl eintauchbaren Sonden arbeiten nur wenige Sekunden bis zu ihrer Auflösung, liefern aber in dieser Zeit die notwendigen Informationen zur Steuerung des Frischeprozesses. Diese Sonden werden in großen Stückzahlen produziert und heute weltweit bei der Stahlproduktion eingesetzt. In ähnlicher Weise wird Sauerstoff in flüssigem Kupfer bestimmt.

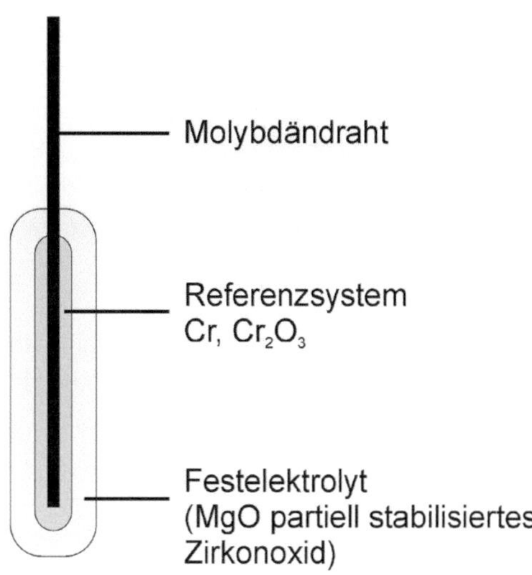

Abb. 11.37 Schematischer Aufbau einer Mess-Sonde zur Bestimmung von Sauerstoff im flüssigen Stah

Stromdurchflossene Festelektrolyt-Gassensoren

Amperometrische Festelektrolyt-Gassensoren

Sauerstoffsensoren mit oxidionenleitenden Elektrolyten lassen sich auch amperometrisch betreiben. Über die Elektroden wird eine so große Spannung gelegt, dass der an die Kathode gelangende gesamte Sauerstoff reduziert wird. Der fließende Strom ist infolge des diffusions-kontrollierten Transports durch die poröse Elektrode proportional der Sauerstoffkonzentration. Große Sauerstoffkonzentrationen lassen sich messen, wenn der Kathode eine diffusionslimitierende Schicht, beispielsweise aus einer porösen Keramik oder eine Kapillare vorgeschaltet wird, die dafür sorgen, dass ein der Gesamtkonzentration proportionaler Sauerstoffteilstrom die Kathode erreicht und dort einen elektrischen Grenzstrom I_{lim} hervorruft, der in weitem Bereich unabhängig von der angelegten Polarisationsspannung ist.

$$I_{\mathrm{lim}} = -\frac{4\mathrm{FD}_{\mathrm{O}_2}A}{\mathrm{R}Tl} \tag{11.38}$$

Hierbei ist D_{O_2} der Diffusionskoeffizient, A der Diffusionsquerschnitt und l die Diffusionslänge.

Verwendet man zwei hintereinander befindliche unterschiedlich polarisierte Elektroden, so lassen sich amperometrisch O_2 und NO_x oder O_2 und HC simultan messen.

Coulometrische Sauerstoffbestimmung

Mit der potenziometrischen Sauerstoffmessung kann man nur den Quotienten zwischen dem gemessenen Partialdruck und dem Referenzpartialdruck bestimmen. Unter reduzierenden Bedingungen erhält man den Quotienten der Partialdrücke zwischen unverbrannten und verbrannten Gasbestandteilen $\frac{p_{H_2} p_{CO}}{p_{H_2O} p_{CO_2}}$.

Für eine vollständige Gasanalyse ist deshalb noch die Kenntnis weiterer Parameter wie die der Ausgangskonzentration oder die Strömungsgeschwindigkeit notwendig. Die coulometrische Sauerstoffbestimmung arbeitet dagegen absolut, d. h. man erhält die absolute Masse des Sauerstoffs nach dem FARADAY'schen Gesetz:'

$$I\,t = n\,\mathrm{z}\,\mathrm{F} = m/M\,\mathrm{z}\,\mathrm{F} \tag{11.39}$$

Dabei ist $n = m/M$ die Stoffmenge z die Anzahl der geflossenen elektrischen Ladungen und F die Faraday-Konstante. Das Prinzip wird anhand des Abb. 11.38 verdeutlicht.

Das zu analysierende Gas passiert eine Festelektrolyt-Elektrolysezelle. Diese besteht aus einem Festelektrolytrohr, das innen und außen mit einer Platinschicht versehen ist. Über diese Elektroden wird eine Spannung angelegt, bei der Sauerstoff beispielsweise aus dem Gasstrom entfernt wird. Die geflossene Ladung $q = I\ dt$ ist der Stoffmenge des transportierten Sauerstoffs proportional. Der dabei fließende Strom wird als Funktion der Zeit gemessen. Mit den Werten für die Konstanten

$$\mathrm{k} = \frac{m}{I\,t} = \frac{M(\mathrm{O_2})}{\mathrm{zF}} = \frac{32\ \mathrm{g/mol}}{496{,}483\ \mathrm{As/mol}} = 82{,}91 \cdot 10^{-6}\, gO_2/As \tag{11.40}$$

erhält man für $\mathrm{k} = 82.9\ \mu g\ \mathrm{O_2}/As$, d. h. pro As werden 82.9 µg Sauerstoff transportiert.

$$\Delta m = k \int_0^t (I_0 - I_t)\mathrm{d}t \qquad < \text{für}\ U_{\mathrm{Messzelle}} = \text{const.} > \tag{11.41}$$

Der *Grad der Sauerstoffentfernung* kann mithilfe der Messzelle eingestellt und geregelt werden. Meist verwendet man eine Regelspannung von 400 mV, die an der Analysenzelle bei 750 °C gemessen wird. Unter Verwendung von Gl. (11.3.30) ergibt sich eine Sauerstoffkonzentration von etwa 3 10^{-7} Vol.-%. Bis zu dieser Konzentration wird Sauerstoff aus dem Gasstrom heraus elektrolysiert. Neben der Messung von reinem Sauerstoff in Gasen kann man mit dieser Methode die temperaturabhängige Sauerstoffaufnahme oder -abgabe von Stoffen bestimmen, indem man diese aufheizt und den

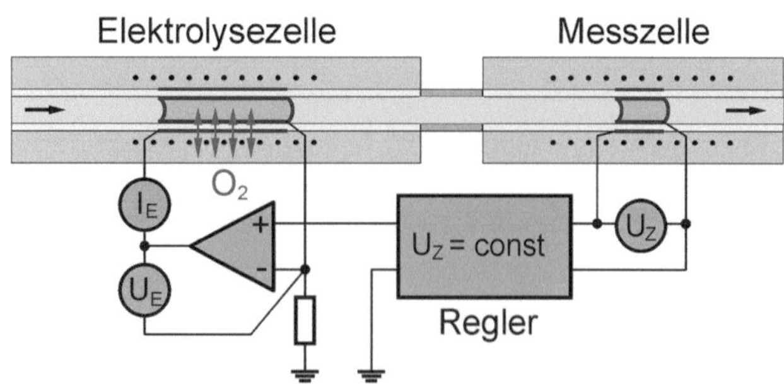

Abb. 11.38 Prinzip der coulometrischen Sauerstoffbestimmung

„Sauerstoffstoffwechsel" misst. Auf diese Weise lassen sich geringe Abweichungen von der Stöchiometrie oxidischer System δ ermitteln (z. B. ist 2-δ bei $SnO_{2-\delta}$ 0,197). Diese Abweichungen sind maßgebend für die Eigenschaften von Katalysatoren, Keramikmembranen und Elektrodenmaterialien für Hochtemperatur-Brennstoffzellen (SOFC). Auch zur Bestimmung der *Gasdurchlässigkeit* (Permeation) von Kunststoffen und der Sauerstoffaufnahme von Adsorptionsmitteln wird die Methode verwendet. Sie liefert ähnliche Ergebnisse wie die *Thermogravimetrie* (Thermowaage) mit dem Unterschied, dass mit letzterer unspezifische Massenänderungen ermittelt werden. Im kontinuierlichen Gasstrom kann mit einer Kombination von coulometrischen und potenziometrischen Sauerstoffsensoren auf eine bestimmte Konzentration Sauerstoff hinein oder heraus titriert werden.

Die Gascoulometrie ist auch geeignet, *Prüfgase* mit einer bestimmten und konstanten Sauerstoffkonzentration herzustellen.

11.3.3 Halbleiter-Gassensoren – Metalloxidhalbleitersensoren (MOS)

Oberflächenleitfähigkeit

Auf der *Chemisorption organischer Moleküle* an der Oberfläche eines oxidischen Halbleiters, beispielsweise von SnO_2 und der damit verbundenen Änderung der Elektronenkonzentration basieren die Halbleiter-Gassensoren (MOS, metal oxide sensor), die auch als *Tagushi-* oder *Figaro-Gassensoren* bekannt sind. Der Mechanismus der Leitfähigkeitsänderung wird durch die Verdrängung des chemisorbierten Sauerstoffs (O_2^- und O^-) an der Oberfläche erklärt, der seine Elektronen in den Festkörper zurückgibt, somit also die Elektronenkonzentration in der Oberflächenschicht und damit den Leitwert

$$G = \frac{1}{R} \tag{11.42}$$

erhöht (G = Leitwert, R = elektrischer Widerstand).

Neben der Verdrängung von Sauerstoff spielt auch die *Sauerstoffzehrung* infolge von chemischen Reaktionen mit adsorbierten Brenngasen an der heißen SnO_2-Oberfläche eine Rolle. Metalloxid-Sensoren reagieren mehr oder weniger auf alle reduzierenden Gase sind daher wenig selektiv und am besten dort einsetzbar, wo man nur eine bestimmte Gasart erwartet. Der Zusammenhang zwischen Gaspartialdruck p_{Gas} und Sensitivität S ist durch folgende Beziehung gegeben:

$$S = \frac{G_{\mathrm{Gas}} - G_{\mathrm{Luft}}}{G_{\mathrm{Luft}}} \tag{11.43}$$

$$S = \mathrm{const} \cdot p_{\mathrm{Gas}}^{\mathrm{n}}. \tag{11.44}$$

n ist der Empfindlichkeitsexponent und meist <1.

Diese Sensoren können isotherm bei Temperaturen zwischen 200 °C und 450 °C betrieben werden. Mit einer programmierten periodischen Aufheizung und Abkühlung in Form einer Dreiecks- oder Sinusfunktion lässt sich Selektivität beträchtlich steigern. Man erhält, abhängig vom Gasgemisch, charakteristische Leitwert-Temperaturkurven (CTP), die gut reproduzierbar sind.

Diese Sensoren, deren klassischer Aufbau Abb. 11.39 schematisch zeigt, lassen sich auch als planare Dickschichtsensoren in Siebdruck- oder Dispensertechnik fertigen. Sie werden für *halbquantitative Bestimmungen* in *Gaswarnsystemen, Rauchmeldern, Luftgütesensoren* in Automobilen und bei der *Arbeitsplatzüberwachung* eingesetzt.

Volumenleitfähigkeit

Ebenfalls halbleitende Oxide werden für Leitfähigkeitsgassensoren verwendet, die jedoch durch Änderung der Volumenleitfähigkeit (engl. bulk conductivity) auf die jeweilige Gasphase bei wesentlich höheren Temperaturen als die bei den MOS verwendeten reagieren.

Je nach Angebot von Sauerstoff in der Gasphase ändern bei Temperaturen > 500 °C Oxide ihre Sauerstoffstöchiometrie (Abschn. 2.17.4), indem Sauerstoff aus dem Kristallgitter aus- oder eingebaut wird. Gut untersucht ist das $SrTiO_3$ Durch den Sauerstoffausbau entstehen Sauerstoffionenleerstellen und chemisch betrachtet, aus Ti^{4+} und Ti^{3+}-Ionen oder

$$2\mathrm{Ti}_{\mathrm{Ti}}^{x} + \mathrm{O}_{\mathrm{O}}^{x} \rightarrow 2\mathrm{Ti}'_{\mathrm{Ti}} + V_{\mathrm{O}}^{\mathrm{oo}} + \frac{1}{2}\mathrm{O}_2(g) \tag{11.45}$$

Überschusselektronen $[\mathrm{Ti}'_{\mathrm{Ti}} = e']$, was zu einem Anstieg der elektronischen Leitfähigkeit σ_e führt. Die Konzentration der Überschusselektronen und damit die Leitfähigkeit ist dabei thermodynamisch in Form einer Wurzelfunktion vom Sauerstoffdruck abhängig und nimmt mit abnehmendem Sauerstoffpartialdruck zu, beispielsweise:

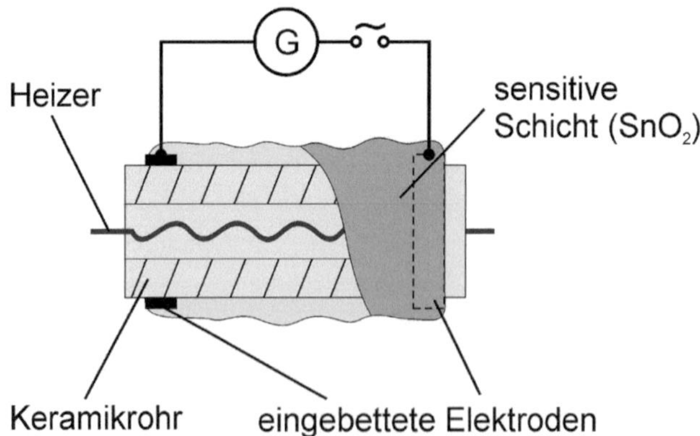

Abb. 11.39 Aufbau eines Halbleiter-Gassensors

$$\sigma_e = \text{const} \cdot p_{O_2}^{-1/4}. \tag{11.46}$$

Titanate lassen sich mit aliovalenten Kationen dotieren, um bestimmte elektronische Defekte zu erzeugen. Bei der sogenannten Donatordotierung (Dotierung durch ein Ion höherer Wertigkeit) wird beispielsweise La^{3+} in das System $Sr_{1-x}La_x\ Ti\ O_3$ eingeführt. Das beutet, dass La^{3+}-Ionen Sr^{2+}-Plätze besetzen ($La_{Sr}^{o} = h^{o}$) und V_{Sr}'' Leerstellen entstehen. Die La^{3+}-Ionen wirken im Umfeld der zweiwertigen Sr^{++}-Ionen wie elektronische Fehlstellen. Im umgekehrten Fall der Akzeptordotierung (Dotierung durch ein Ion kleinerer Wertigkeit) $Sr\ Ti_{1-x}Fe_x\ O_{3-\delta}$ wird das Ti^{4+}-Ion durch Fe^{3+}-Ion ersetzt, d. h. es entstehen Überschusselektronen $Fe_{Ti}' = e\prime$ und Sauerstoff wird Bildung von Sauerstoffleerstellen V_O^{oo} ausgebaut.

Die Leitfähigkeit ist exponentiell von der Temperatur abhängig, sodass man die Sauerstoffmessung mit einer Temperaturmessung kombinieren muss.

$$\sigma_e = \text{const} \cdot \exp(-\frac{E_a}{RT}) p_{O_2}^{-1/4}. \tag{11.47}$$

Durch geeignete Dotierungen wurden Mischoxide wie $Sr_{0,95}La_{0,05}\ (Ti_{0,7}Fe_{0,3})_{0,95}Ga_{0,05}\ O_{3-\delta}$ hergestellt, die nur eine geringe Temperaturabhängigkeit der Leitfähigkeit, d. h. eine kleine Aktivierungsenergie E_a der Leitfähigkeit aufweisen. Diese auf Änderung der Volumenleitfähigkeit basierenden Gassensoren stellen eine Alternative zu den gegenwärtig verwendeten Festelektrolyt-Lambdasensoren dar.

11.3.4 Pellistoren

Eine breite Anwendung haben auch nach konventionellen Methoden gefertigte Pellistoren gefunden, die aus keramischen, mit Katalysatoren getränkten Pillen (engl. pellets) bestehen, in die eine Platinwendel eingebettet ist. Letztere dient zur Beheizung und zur Temperaturmessung des Pellistors. Die bei der katalytischen Verbrennung, beispielsweise von Kohlenwasserstoffen entstehende Wärme bewirkt eine Temperaturerhöhung und damit eine Widerstandserhöhung des Platindrahts, die gegenüber einem Pellistor ohne Katalysatorschicht in einer Brückenschaltung gemessen wird. Man gewinnt auf diese Weise nach Kalibrierung einen Summenparameter über die Konzentration aller brennbaren Gase in einem Gasgemisch.

11.4 Elektrolytische Leitfähigkeit

11.4.1 Allgemeines

Alle Stoffe, die bewegliche Ladungsträger besitzen, haben einen endlichen *ohmschen Widerstand* $R(\Omega)$. Dieser kann auch als *elektrischer Leitwert* G (S) oder als *elektrische Leitfähigkeit* $\sigma = \kappa$ (S cm^{-1}) gemessen werden. In der wässrigen Elektrochemie wird häufig auch das Symbol κ verwendet. Durch die Gl. (11.48), (11.42) und (11.4.2) sind die erforderlichen physikalischen Zusammenhänge für die Charakterisierung der Leitfähigkeit eines Leiters mit der Länge l und der Querschnittsfläche A gegeben. Je nach der Art der die Leitfähigkeit verursachenden Ladungsträger spricht man von *elektronischer* (Elektronen), *elektrolytischer* oder *ionischer* (Ionen) oder gemischter Leitung (Elektronen und Ionen). Ausschließlich für Feststoffe kommt noch die *n- oder p-Halbleitung* hinzu.

$$R = \rho \frac{l}{A} \tag{11.48}$$

$$R = \sigma \frac{A}{l} \tag{11.49}$$

ρ: spezifischer elektrischer Widerstand.

Zu den Einsatzmöglichkeiten von Leitfähigkeitssensoren, die man häufig auch alsLeitfähigkeitsmesszellen bezeichnet, in der elektrochemischen Analytik werden in Abschn. 11.4.5 einige Beispiele genannt. Die Leitfähigkeit dient, wie bereits in den Abschnitten 2.16.4 und 11.3.4 diskutiert, auch als *Transducerprinzip* für die elektrochemischer Sensorik.

Man bezeichnet das physikochemische Messverfahren als *Konduktometrie* (Abschn. 2.16.4). Werden anstelle von Gleichstrom- Wechselstromwiderstände messtechnisch erfasst, spricht man von *Impedimetrie.* Widerstände von Sensorschichten werden fast immer durch Wechselstrommessungen ermittelt.

11.4.2 Kohlrausch-Messzellen

Eine *Kohlrausch-Messzelle* (schematische Darstellung in Abb. 11.40) besteht aus zwei sich in einem Abstand l gegenüberliegenden beispielsweise quadratischen Elektroden aus Platin, Edelstahl oder Kohlenstoff. Ein wesentlicher Parameter von Leitfähigkeitssensoren ist deren Zellkonstante

$$\mathrm{K} = \frac{l}{A}. \tag{11.50}$$

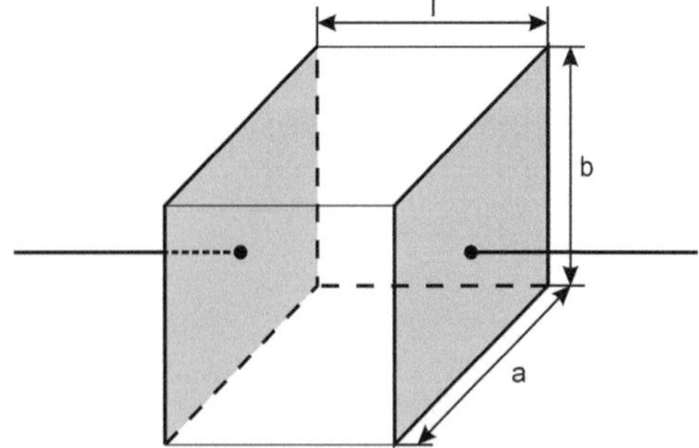

Abb. 11.40 Schema für eine Kohlrauschmesszelle

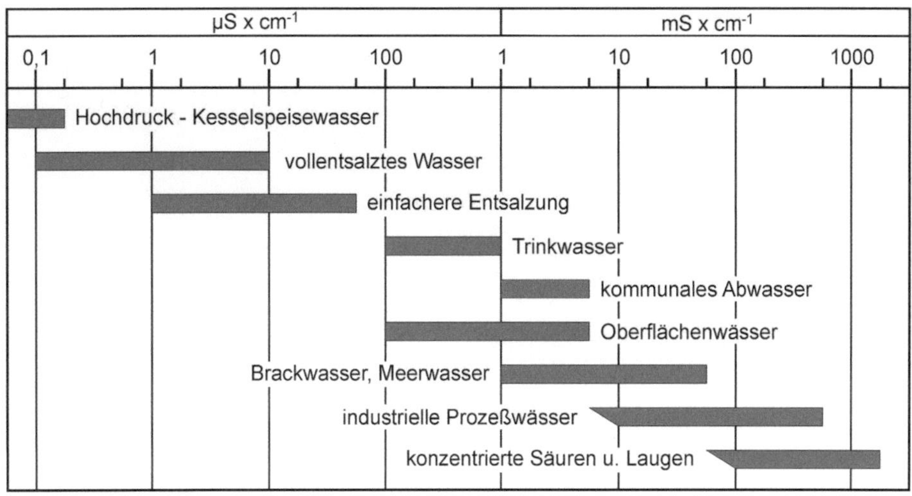

Abb. 11.41 Leitfähigkeiten wässriger Lösungen

Für einen Hohlwürfel von 1 cm Kantenlänge, mit zwei gegenüberliegenden Flächen (A = a b) als Elektroden ausgebildet, beträgt diese demnach K = 1 cm^{-1}. Wird mit einer entsprechenden Zwei-Elektroden-Messzelle ein Leitwert $G = 100$ bestimmt, so beträgt die Leitfähigkeit des zu untersuchenden Mediums $\sigma = 100\ \mu Scm^{-1}$.

Im Handel erhältliche Messzellen weisen Zellkonstanten im Bereich von 0,01 cm^{-1} bis 100 cm^{-1} auf, wodurch die Möglichkeit gegeben ist, annähernd den gesamten Leitfähigkeitsbereich wässriger Lösungen (Abb. 11.41) zu erfassen.

Neben der Zellkonstante ist eine Leitfähigkeitsmesszelle durch *Polarisationserscheinungen* an den Elektrodenflächen gekennzeichnet, worunter alle bei Stromfluss an der Grenzfläche zwischen Elektrodenmaterial und Analyt auftretenden Effekte zu verstehen sind, die die Leitfähigkeit kleiner bzw. die Zellkonstante größer erscheinen lassen. Man kann diesen Effekten in gewissen Grenzen durch eine Steigerung der Messfrequenz und der Elektrodenfläche sowie der Auswahl des für die jeweils zu lösende Analysenaufgabe geeigneten Elektrodenmaterials begegnen.

11.4.3 Mehrelektroden-Messzellen

Die *Vier-Elektrodenmesszelle,* für die in Abb. 11.42 das Schema einer möglichen Ausführungsform dargestellt ist, stellt eine Weiterentwicklung der Kohlrauschmesszelle dar. Es werden je zwei getrennte Strom und Spannungselektroden eingesetzt, wobei letztere quasi als stromlose Potenzialsonden wirken. Über eine messtechnische Regelschaltung erfolgt ein präziser Abgleich an den Stromelektroden. Der entscheidende Vorteil besteht darin, dass gerade die bei höheren Leitfähigkeiten störenden Polarisationseffekte keinen Einfluss auf das Messergebnis ausüben. Auch durch Verschmutzung an den Elektroden

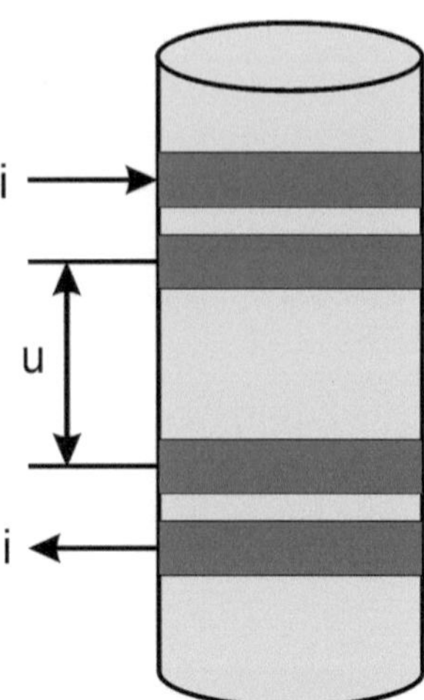

Abb. 11.42 Vier-Elektroden-Messzelle

auftretende Übergangswiderstände werden weitgehendst kompensiert. Wichtig ist, dass die Spannungselektroden an einem Ort niedriger Stromdichte platziert sind und der Spannungsabfall zwischen ihnen hinreichend hoch ist. Die Elektrodenpotenziale beider Spannungselektroden müssen stets identisch sein. Eine Zellkonstante kann über Kalibrierlösungen ermittelt werden.

11.4.4 Elektrodenlose Leitfähigkeitsmesszellen

Polarisationserscheinungen lassen sich bei Anwendung elektrodenloser Messverfahren vollständig eliminieren. Hierzu zählt die *induktive Leitfähigkeitsmessung* mit einem Geber gemäß Abb. 11.43, der im Bereich $\sigma = 1$ mS cm^{-1} bis 1000 mS cm^{-1} arbeiten kann. Hier ersetzen zwei Spulen die Elektroden, wobei eine davon als Erregerspule wirkt. In dieser Spule fließt ein.

Wechselstrom, der in ihrem Umfeld ein Magnetfeld erzeugt. Im Spulenkern befindet sich die Messlösung, in welcher das Magnetfeld den für die Messung erforderlichen Stromfluss induziert. Dieser erzeugt seinerseits ein weiteres Magnetfeld, das in der zweiten Spule (Empfängerspule) einen Wechselstrom mit der dazugehörigen Spannung induziert, welche direkt von dem in der Messlösung fließenden Strom, also von der Leitfähigkeit abhängt. Da das Magnetfeld auch über ein Kunststoffrohr wirkt, ist kein direkter Kontakt der Spulen mit dem Analyten erforderlich. Dadurch ergeben sich mit dieser *kontaktlosen Messtechnik* erhebliche Vorteile bei Messungen in aggressiven Medien. Zudem können hohe Leitfähigkeiten auch *keine Polarisationseffekte* verursachen. Allerdings sind die Konstruktionen induktiver Leitfähigkeitsmesszellen und der ebenfalls elektrodenlos arbeitenden kapazitiven Sensoren wesentlich aufwendiger als konventionelle Systeme.

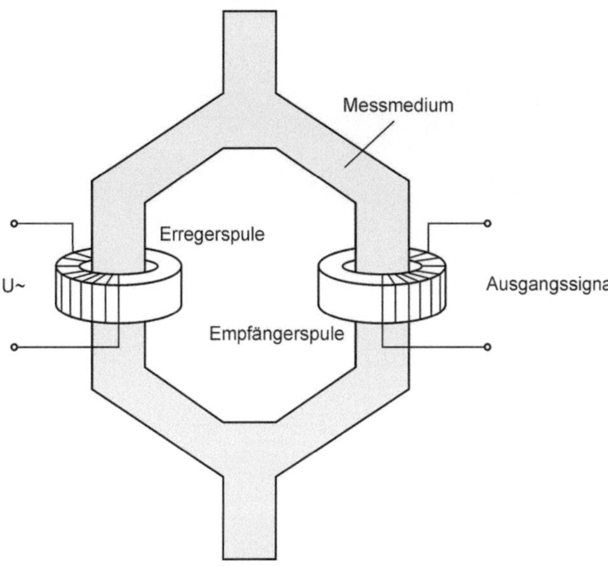

Abb. 11.43 Schema einer induktiven Leitfähigkeitsmesszelle

11.4.5 Beispiele zur Anwendung von Leitfähigkeitssensoren

Die Leitfähigkeit stellt (wie das Redoxpotenzial) einen *unspezifischen Parameter* (Summenparameter) im Spektrum der chemosensorisch erfassbaren Größen dar. Dennoch rechtfertigt der häufig relativ geringe Aufwand der Etablierung entsprechender Sensortechnik oder die Nichtverfügbarkeit spezifischer Analysentechnik häufig deren Einsatz zur Charakterisierung von Stoffsystemen oder zur Kontrolle und Überwachung von Prozessabläufen. Hierzu werden nachfolgend einige wenige Beispiele genannt.

So lässt sich die *Reinheit* vieler Medien durch konduktometrische Messungen detektieren, sofern das reine Medium eine sehr geringe Eigenleitfähigkeit besitzt und die Verunreinigungen ionogener Natur sind. Dies trifft bei der Überwachung des *Entsalzungszustandes* von Wasser oder bei der *Reinheitskontrolle* nichtwässriger Flüssigkeiten (unter anderem Chloridbestimmung im Rohöl) zu. Auch können bei der *Betriebskontrolle* von Spülprozessen, beispielsweise von Rohrleitungen in Molkereien und Brauereien und von Dosiereinrichtungen Leitfähigkeitssensoren eingesetzt werden. In Analogie zur in Abb. 11.13 dargestellten pH-Fleischsonde gibt es auch edelstahlbasierte Einstichsonden zur Leitwertbestimmung von Fleisch (Abb. 11.44), wodurch der Fortschreitungsgrad der nach der Schlachtung auftretenden Glycolyse festgestellt werden kann. Somit kann zwischen gutem, indifferentem und mangelhaftem Fleisch unterschieden werden.

Weitere Einsatzmöglichkeiten der konduktometrischen Sensorik im Lebensmittelbereich betreffen beispielsweise die Unterscheidung von Blüten- und Honigtauhonigen

Abb. 11.44 Leitwert-Messzelle für Fleisch

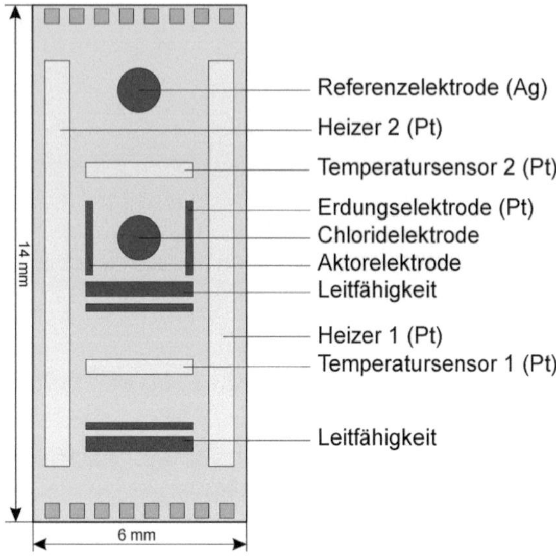

Abb. 11.45 Layout eines Multisensorchips in Dünnfilmtechnik zur Mukoviszidose-Diagnostik. (Quelle: S. Herrmann, W. Oelßner, W. Vonau: Entwicklung und Einsatz von Mikrosensorchips zur Schweißanalyse. 12. Heiligenstädter Kolloquium Tagungsband 2004, S. 429–436)

oder die Aufdeckung von *Verfälschungen* durch Zuckerfütterungshonig oder die *Aschebestimmung* in Zucker. Vor allem auch im medizinischen Bereich ist die Leitfähigkeitssensorik nicht mehr wegzudenken. So ist es unter anderem üblich, den *Blutverlust* bei der Operation dadurch zu bestimmen, dass man das ausgetretene Blut sammelt, es einschließlich der Wattetupfer in eine bekannte Menge destillierten Wassers einbringt und anschließend durch die Bestimmung der Leitfähigkeit ein direktes Maß für den Blutverlust erhält. Häufig sind sogenannte *Lab-on-Chip-Systeme,* die in der Medizintechnik raumgreifend Anwendung finden, mit konduktometrischen oder impedimetrischen Sensor-Strukturen ausgestattet. Abb. 11.45 gibt den schematischen Aufbau einer planaren Dünnschicht-Messzelle, inklusive Vier-Elektroden-Leitfähigkeitssensor zur Diagnostik der Mukoviszidose, wieder. Abb. 11.46 zeigt das typische Impedanzspektrum, das mit dieser impedimetrischen Struktur des Mikrosensorsystems in Proben künstlichen Schweißes bei unterschiedlichen Gehalten an Chlorid, dem Marker für diese Erbkrankheit, aufgenommen wurde.

Derartige Lab-on-Chipsysteme lassen sich auch in Dickschichttechnik herstellen. Abschließend sei auf ein solches, in eine mikrofluidische Anordnung integrierbares und

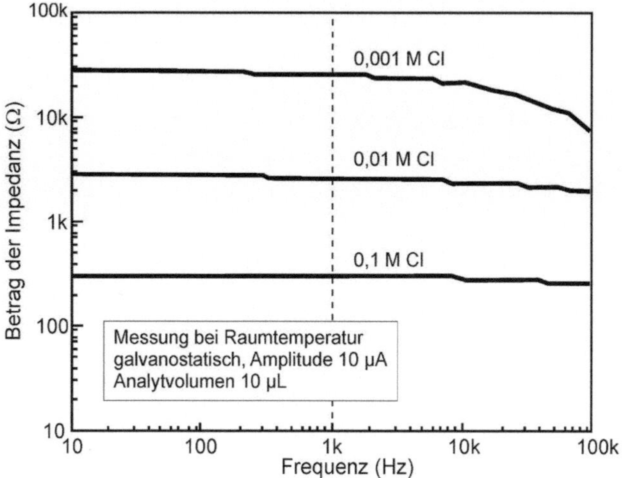

Abb. 11.46 Impedanzmessungen in künstlichen Schweißproben mit verschiedenen Chloridgehalten. (Quelle: W. Vonau, Kurt-Schwabe-Institut Meinsberg)

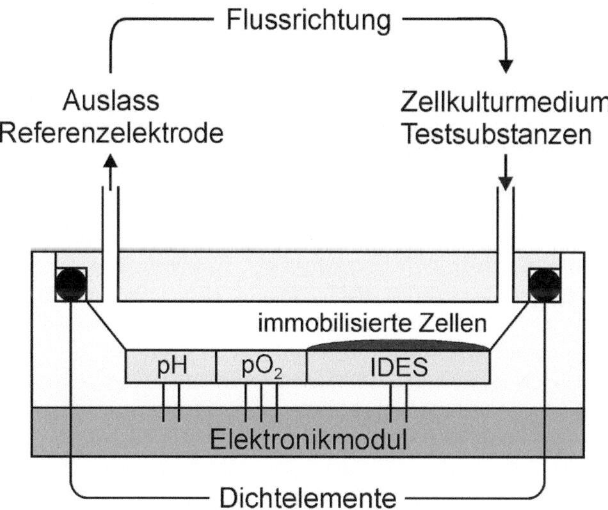

Abb. 11.47 Mikrophysiologisches Array in Dickschichttechnik für Einweg-Labon-Chip-Systeme mit elektrochemischen Sensoren. (Quelle: W. Vonau, U. Enseleit, F. Gerlach, S. Herrmann: Electrochimica Acta 49 (2004), 3745)

im Abb. 11.47 dargestelltes, hingewiesen. Es enthält neben mehreren weiteren planaren elektrochemischen Sensoren eine *edelmetallische interdigitale Elektrodenstruktur (IDES),* um den Adhäsionsgrad von biologischen Zellen im Zustand des Zellwachstums und des Zellsterbens anhand einer Impedanzmessung kontinuierlich zu bestimmen. Diese Zustände können durch Zugabe von Nährmedien und Cytotoxica eingestellt werden.

Weiterführende Literatur

Ball, T.R.: The Antimony Electrode in pH Measurements. Trans Electrochem Soc **72**, 139–152 (1937)

Beitr. angew. Glasforschung (Schott, Stuttgart) 1959, S. 175

Brinkmann, J., Bühler, H., Lohrum, A.: DE 4 405 431 (1984)

Decker, M., Bause, S., Teichmann, P., Schneider, M., Vonau, W.: Development of an automatic system for the on-site pH measurement of soil samples. Tech. Mess. **84**, 659–671 (2017)

Elmau, H.: Bioelektronik nach Vincent und Säuren-Basen-Haushalt in Theorie und Praxis. Haug (1985)

Enseleit, U., Berthold, M., Feller, C., Partsch, U., Körner, S., Vonau, W.: Chalcogenide Glass Based Heavy Metal Sensors. Sens. Transducers **219**, 1–8 (2018)

Enseleit, U., Feller, C., Partsch, U., Vonau, W: Chalcogenide glass-based sulphide sensor in thick film technology. Curr. Top. Anal. Chem. **13**, 23–33 (2021)

Frank, K., Kohler, H., Guth, U.: Influence of the measurement conditions on the sensitivity of SnO2 gas sensors operated thermo-cyclically. Sens. Actuators B **141**, 361–369 (2009)

Galster, H.: pH-Messung. VCH Verlagsgesellschaft, Weinheim (1990)

Guth, U., Gerlach, F., Decker, M., Oelßner, W., Vonau, W.: J. Solid State Electrochem. **13**, 27–39 (2009)

Guth, U., Zosel, J.: Electrochemical solid electrolyte gas sensors – hydrocarbon and NOx analysis in exhaust gases. Ionics **10**, 366–377 (2004)

Habermann, W., John, P., Matschiner, H., Spähn, H.: Fresenius J. Anal. Chem. **356**, 182 (1996)

Hässelbarth, U.: Zeitschr. Analyt. Chemie 234 (1968) 22 F. Oehme: Ionenselektive Elektroden. Hüthig, Heidelberg 1986 L. P. Rigdon, G. J. Moody, J. W. Frazer: Analyt. Chemistry 50 (1978) 465 S. Herrmann, F. Berthold, W. Vonau, M. Mayer, W. Bieger: Elektrochemischer Redoxchip für bioanalytische Messungen. In: R. Poll, J. Füssel (Hrsg.), Dresdner Beiträge zur Medizintechnik, Band 1: 1. Dresdner Medizintechnik-Symposium – Innovation durch Einheit von Therapie und Monitoring, S. 55–60. Dresden, TUDpress (2006)

Hersch, P.: Galvaniv Analysis, Reprint 6213, Beckman Instruments Inc., Fullerton, Calif., USA

Hölting, B.: Hydrogeologie. Einführung in die Allgemeine und Angewandte Hydrogeologie. Enke, Stuttgart (1998)

Kloock, J.P., Mourzina, Y.G., Schubert, J., Ermolenko, Y., Schöning, M.J.: Pulsed laser deposition: A tool for fabricating thin-film microsensors. Biomed. Tech. **49**(2), 1032–1033 (2004)

Kloock, J.P., Morenoc, L., Bratov, A., Huachupomaa, S., Xua, J., Wagner, T., Yoshinobu, T., Ermolenko, Y., Vlasov, Y.G., Schöning, M.J.: Sens. Actuators B **118**, 149 (2006)

Marsoner, H.: DE 3100302 (1981)

Möbius, H.-H.: Solid-State electrochemical potentiometric sensors for gas analysis. In: Göpel, W., Hesse, J., Zemel, J. N. (Hrsg.), Sensors A Comprehensive Survey, Vol. 3, S. 1106–51. VCH, Weinheim (1991)

Park, C.O., Fergus, J.W., Miura, N., Park, J.: Solid-state electrochemical gas sensors. Ionics **15**, 261–284 (2009)

Peters, R.: Zeitschr. Physikal. Chemie **26**, 193 (1898)

Schwabe, K.: pH-Messungen unter extremen Bedingungen. Verlag Chemie, Weinheim (1960)

Schwabe, K., Suschke, H.D.: Angew. Chemie **76**, 763 (1969)

Simon, W.: Angew. Chemie 82 (1979) 433 C. Baker, I. Trachtenberg: J. Electrochem. Soc. 118 (1971) 571

Somov, S., Guth, U.: A parallel analysis of oxygen and combustibles in solid electrolyte amperometric cells. Sens. Actuators B **47**, 131–138 (1998)

Trap, M.J.C.: Sprechsaal **101**, 1103 (1968)

Ullmann, H.: Keramische Gassensoren. Akademie, Berlin (1993)

Vlasov, Y.G.: Sensor R&D in the former Soviet Union. Sensors and Actuators B **15–16**, 6–15 (1993)

Vonau W, Oelßner W, Sikora, J.R., Henze J.: DE 103 05 005 (2003)

Vonau, W., Decker, M., Enseleit, U., Gerlach, F.: Is there still a need for the antimony electrode 100 years after its introduction as a pH sensor? J. Solid State Electrochem. **24**, 3269–3277 (2020)

Vonau, W., Gabel, J., Teichmann, P., Lange, R.: DE 100 47 825 (2000)

Vonau, W., Guth, U.: J. Solid State Electrochem. **10**, 746 (2006)

Weidgans, B., Werner, T., Wolfbeis, O.S., Berthold, M., Müller, R., Kaden, H.: Scientific Reports. J. Univ. of Appl. Sci. Mittweida **10**, 10 (2002)

Biologische und medizinische Sensoren 12

Elfriede Simon

12.1 Biologische Sensorik

12.1.1 Biosensorik

Ein Biosensor ist ein *komplexer Messfühler,* der sich *biologische* oder *biochemische Effekte* zu Nutze macht und in ein messbares Sensorsignal umwandelt. Hierbei ist die *biologisch aktive Komponente* (z. B. Enzym, Antikörper, Oligonukleotid, Mikroorganismus, biologische Rezeptoren) direkt mit einem *Signalumwandler (Transducer)* verbunden oder in diesem integriert. Ziel ist es, ein elektronisches Signal zu generieren, welches *proportional* zur Konzentration einer spezifischen Substanz oder einer Reihe von Substanzen *(Analyten)* ist. Biosensoren sind Spezialfälle chemischer Sensoren, bei denen ein *Biomolekül* als Erkennungselement *(Rezeptor)* für den Analyten genutzt wird (Sethi 1994).

In der Regel lassen sich alle Biosensoren trotz unterschiedlicher Funktionsprinzipien in ein einheitliches Funktionsschema zusammenfassen (Abb. 12.1).

Durch das biologische Element (Rezeptor) ist es möglich, sich die Einzigartigkeit der biologischen Molekülspezifität zu Nutze zu machen, da im Bereich der Analytik besonders bei sehr niedrigen Konzentrationen und bei schwierigen Umgebungsbedingungen (Störsubstanzen) Probleme bei der Selektivität und Nachweisempfindlichkeit auftreten.

Es laufen folgende Prozesse nacheinander ab:

E. Simon (✉)
Siemens-Energy AG, München, Deutschland
E-Mail: elfriede.simon@siemens-energy.com

E. Hering und G. Schönfelder (Hrsg.), *Sensoren in Wissenschaft und Technik,*
https://doi.org/10.1007/978-3-658-39491-2_12

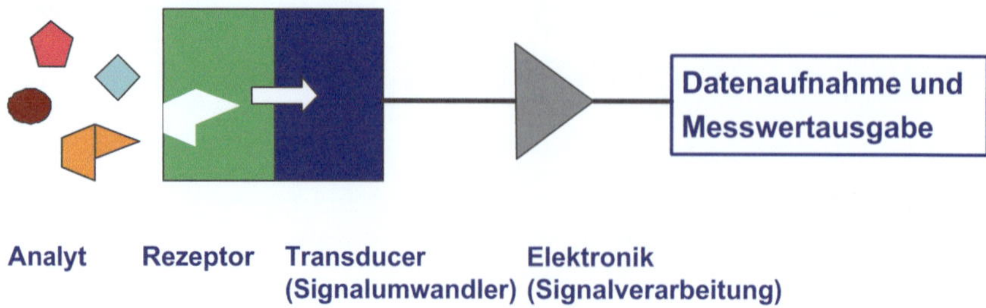

Abb. 12.1 Allgemeines Funktionsschema eines Biosensors

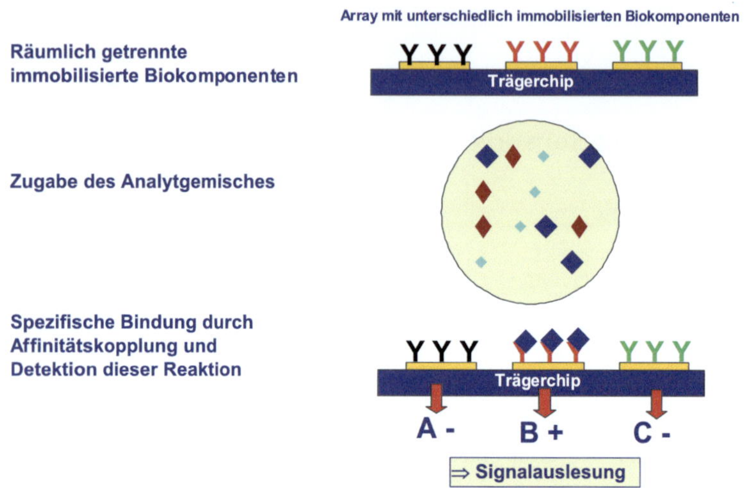

Abb. 12.2 Funktionsprinzip eines Biosensors

1. *Spezifische Erkennung* des Analyten, durch Komplexbildung zwischen Rezeptor und Analyt.
2. *Umwandlung der physikochemischen Veränderung* (z. B. Schichtdicke, Brechungsindex, Adsorption oder elektrischen Ladung), die durch die Wechselwirkung mit dem Rezeptor entstanden ist, in ein messbares elektrisches Signal.
3. *Signalverarbeitung* durch einen Prozessor und Signalverstärkung

Um nach der Messung den Ausgangszustand des Sensors wieder herzustellen, muss die Bindung des Analyten durch den Rezeptor reversibel sein. In Abb. 12.2 ist das Funktionsprinzip eines Biosensors, der auf einem heterogenen System beruht, dargestellt.

In einem ersten Schritt werden die Rezeptormoleküle auf einer Oberfläche räumlich getrennt *immobilisiert.* Nach der Zugabe des Analyten oder eines Analytgemisches werden an der Oberfläche des Biosensors nur bestimmte Analyten gebunden, die spezifisch mit dem Rezeptor in Wechselwirkung treten können. Nach Reinigung der Oberfläche können die gebundenen Analyten in Abhängigkeit des Signalausleseverfahrens mit oder ohne Markierung der gebundenen Komplexe detektiert werden.

Grundvoraussetzung für die Funktionsfähigkeit eines Biosensors sind verschiedene biospezifische Wechselwirkungsprozesse. Die zentrale Reaktion vieler biologischer Vorgänge ist die sogenannte *Schlüssel-Schloss-* oder *Induced Fit-Reaktion,* die auf der selektiven Erkennung zweier hochmolekularer Komponenten *(Ligand* und *Rezeptor)* beruht. Die Wechselwirkung zwischen Ligand und Rezeptor basiert dabei auf nicht-kovalenten Bindungen zahlreicher funktioneller Gruppen, was zu einem stabilen dreidimensionalen Komplex, dem sogenannten *Affinitätskomplex* führt. Da die Ausbildung des Affinitätskomplexes ein Zusammenspiel vieler Einzelreaktionen unter Einbeziehung der räumlichen Struktur der Komponenten erfordert, weisen Reaktionen dieses Typs wie beispielsweise Antikörper-Antigen-Reaktion, Protein–Protein-Wechselwirkung, DNA-Hybridisierung, DNA–Protein-Wechselwirkung oder Enzym-Rezeptor-Reaktion eine hohe Spezifität auf. Diese wird in der *Affinitätsanalytik* genutzt, da es möglich ist, mithilfe des einen Bindungspartners den anderen nachzuweisen.

Die Tab. 12.1 zeigt die Bindungsenergien möglicher Bindungstypen. Sie verdeutlicht, dass nur durch Einbeziehung möglichst vieler nicht-kovalenter Wechselwirkungen ein stabiler Affinitätskomplex gebildet werden kann.

Ein durch die Affinitätsreaktion erzeugtes Sensorsignal kann mithilfe verschiedenster Methoden detektiert werden (Abschn. 12.2): dazu zählen oft spektroskopische Methoden wie Fluormetrie, Colorimetrie, aber auch Ellipsometrie und Oberflächen-Plasmonenresonanz. Durch die immer höher werdenden Anforderungen an bestehende Analysenmethoden bezüglich Probendurchsatz, Probenverbrauch und Zeitaufwand liegt das Hauptaugenmerk auf der Entwicklung von Verfahren, die einen hohen *Parallelisierungs-, Miniaturisierungs-* und *Automatisierungsgrad* aufweisen. Insbesondere auf dem Gebiet der DNA-Sequenzierung und Diagnostik werden Methoden gefordert, die eine sehr hohe Parallelisierung in der Messwerterfassung zulassen.

12.1.2 Echte biologische Sensoren

Unter den sogenannten *echten* biologischen Sensoren werden diejenigen Sensoren zusammengefasst, welche die *Natur* selbst als Sensoren verwendet und zur Erhebung

Tab. 12.1 Bindungsenergien nicht-kovalenter Bindungstypen. (Nach Alberts et al. 1990)

Bindungstyp	Bindungsenergien [kJ/mol]
Ionische Wechselwirkungen	12,5
Wasserstoff-Brückenbindungen	4
Van-der-Waals-Wechselwirkungen	0,4

eines oder mehrere Messparameter oder Ereignisse nutzt. Es wird der gesamte lebende Organismus als Sensor eingesetzt. Mit echten biologischen Sensoren ist eine spezifische Analytik zum Nachweis von bestimmten Substanzen nicht möglich. Hiermit kann nur die Summe aller, in der Regel negativen Einflüssen, von außen gemessen und als *Summensignal* ausgewertet werden. Biologische Sensoren werden immer dort eingesetzt, wo eine spezifische Analytik nicht möglich oder eine erste Bewertung von Gefahren oder Wirkungen notwendig ist. Zur Bewertung der *Toxizität* und *Wirkung von Substanzen* werden beispielsweise Zellen als lebender Organismus verwendet und dienen hierbei als Repräsentant für einen komplexen Organismus. Diese *Zelltests* finden vor allem in der Pharmaindustrie ihre Anwendung beispielsweise bei der Entwicklung von pharmazeutischen Wirkstoffen. Um die Toxizität von Substanzen zu bestimmen, werden sogenannte *Zytotoxizitätstests* durchgeführt. Dazu werden Zellen aus bestimmten Spezies (wie beispielsweise Mäusen oder humane Zellen) mit der zu prüfenden Substanz behandelt. Nach Inkubation über einen gewissen Zeitraum werden verschiedene Tests zum Nachweis der Zellschädigung durchgeführt. Dies kann ein mikroskopischer Test sein, um die Zelldichte und subletale Veränderungen im Vergleich zu einer Referenz zu detektieren; zusätzlich werden bestimmte Enzyme wie die *Laktatdehydrogenase* gemessen. Laktadethydrogenase ist ein Enzym, welche sich im Zytoplasma der Zelle befindet. Finden Schädigungen der Zellmembran statt, kann das Enzym verstärkt freigesetzt werden und führt zu einer Anreicherung des Enzyms im umgebenden Medium. Darüber hinaus werden *Vitälitätstests* durchgeführt. Der basische Farbstoff Neutralrot wird leicht in die Lysosomen intakter Zellen aufgenommen. Bei Schädigung der Zellmembran und lysosomalen Membran kommt es zu einer verringerten Farbstoffretention während eines Waschvorgangs. Die Farbe kann mittels fotometrischer Messungen bestimmt werden.

Um die *Trinkwasserqualität* sicher zu stellen, müssen eine Vielzahl von Analyten detektiert werden. Da es sich hier um einen Summenparameter handelt, eignen sich *kleine Lebewesen* wesentlich besser, da hiermit die Wirkung der verschiedenen Substanzen auf den gesamten Organismus bewertet werden kann, ohne die einzelnen Substanzen genau zu kennen. Zur Bewertung der Trinkwasserqualität werden deshalb heute noch biologische Sensoren eingesetzt. Hierzu zählt z. B. der *Fischeitest,* der die Bestimmung der nicht akut giftigen Wirkung von Abwasser auf die Entwicklung von Fischeiern über Verdünnungsstufen untersucht. Es werden 60 gesunde, befruchtete Eier des *Zebrasäblings* für den Test ausgewählt und untersucht. Die befruchteten Fischeier können sich in giftigen Abwässern nicht richtig entwickeln. Diese Eier werden dann einerseits auf *letale Missbildungen* untersucht wie Koagulation der Eier, nicht vorhandene Anlage der Somiten, kein erkennbarer Herzschlag, keine Ablösung des Schwanzes vom Dotter und andererseits auf *nicht letale Missbildungen* wie Fehlen der Augenanlagen, fehlende Pigmentierung und Deformationen.

Als kontinuierliches Biotestverfahren wird der *Daphnientest* für eine zeitnahe Überwachung von Fließgewässern oder von Rohwässern eingesetzt. Es wird dabei die mittlere Geschwindigkeit, die Geschwindigkeitsverteilung, die Reichweite von

Schwimmstößen und die Schwimmstöße pro Zeiteinheit beobachtet. Zusätzlich wird die Schwimmhöhe, Wendungen, Kreisbewegungen und Größe der Daphnien (Wachstum) bestimmt. Zur Auswertung werden die Daten über ein Videosystem aufgenommen und die Bildauswertung aus verschiedenen Messkammern verwendet. In einer Messkammer befinden sich bis zu 10 Daphnien. Diese Untersuchung dient vor allem zur Überwachung auf *Pestizide, Neurotoxine* und *Kampfstoffe.* Auch *Muscheln* werden bei kontinuierlichen biologischen Testverfahren verwendet. Sie zeigen eine Empfindlichkeit im Bereich wenige mg/l bis einige µg/l.

Für den *statischen Leuchtbakterientest* (ein Kurzzeittest von 30 min) werden bestimmte marine Bakterien (unter anderem Vibrio fischeri) verwendet, die ein natürliches Leuchten *(Biolumineszenz)* aussenden. Dieses Leuchten, das aufgrund enzymatischer, energiestoffwechselabhängiger Prozesse abläuft, kann durch Schadstoffe gehemmt werden (EC_{20} ca. 0,6 mg/l Dichlorphenol). Beim Leuchtbakterientest selbst wird die Hemmung der Zellvermehrung von Vibrio fischeri nach 7 h Kontaktzeit über Trübungsmessungen bei 436 nm (DIN 38412-L37) ermittelt. Im Gegensatz zum Kurzzeittest wird hier die *chronische Toxizität* erfasst.

Beim *Fischtest* werden Fische über 48 h in ihrem Schwimmverhalten visuell oder mit Bildauswertung überwacht.

Als weiterer biologischer Test gilt der *Algentest.* Hierzu werden einzelligen Grünalgen über eine Inkubationszeit von 15 min belichtet (Fotosynthese) und das abklingende dunkelrote Nachleuchten (680 nm bis 720 nm; verzögerte Fluoreszenz) bestimmt. Fotosynthesegifte verändern die Abklingkinetik, sodass z. B. wenige µg/l an Herbiziden eine signifikante Änderung der Kinetik bewirken.

Neuere Entwicklungen gehen dahin, Zellen direkt mit Transducern zu verknüpfen, in sogenannten *zellbasierten Sensoren.* Hiermit können die verschiedenen Vorgänge des *Zellmetabolismus* direkt mithilfe eines Biochips detektiert werden. Eine detaillierte Beschreibung und Anwendungen der zellbasierten Sensorik erfolgt im Abschn. 12.7.

12.2 Funktionsprinzipien der Biosensoren

Die Wechselwirkung des *Analyten* mit dem Rezeptor wird mithilfe des Signalumwandlers *(Transducers)* in ein elektrisches Signal übersetzt. Es gibt hierzu eine ganze Reihe von verschiedenen Typen von Transducern, die für eine Anwendung als Biosensor eingesetzt werden können. In der Regel werden die Biosensoren selbst nach der Art des verwendeten Transducers klassifiziert. Dabei werden die Transducer in zwei Gruppen eingeteilt, abhängig davon, ob sie sich auf eine physikalische Messmethode oder auf eine chemische Messmethode zurückführen lassen (Abb. 12.3). Innerhalb dieser Gruppen gibt es sehr verschiedene Arten von Transducern, denen verschiedene Detektionsmethoden zugrunde liegen. Dies können einerseits *kalorimetrische* oder *mikrogravimetrische* Transducer, andererseits aber auch *optische* oder *elektrochemische* Transducer sein. Innerhalb der chemischen Messmethoden gibt es noch eine zusätzliche Gruppe,

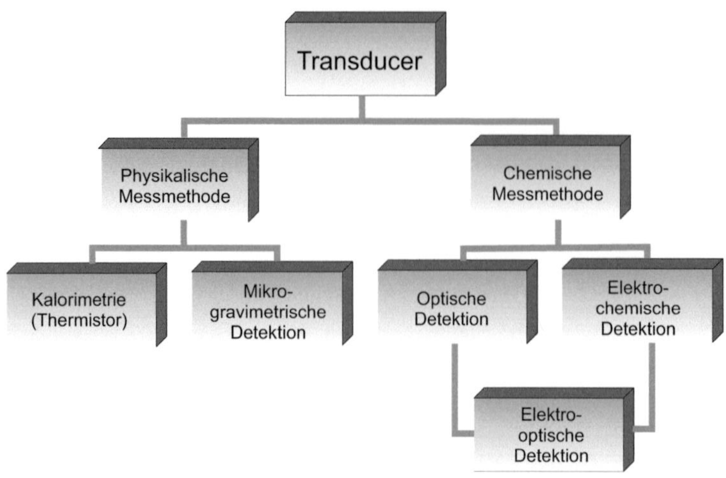

Abb. 12.3 Einteilung der Biosensoren nach Art des Transducers

die elektrische und optische Messungen vereint – die *elektrooptische* Detektion von biologischen Wechselwirkungen. In Abb. 12.3 ist die Einteilung der Biosensoren nach der Art des Transducers dargestellt.

Innerhalb dieser vier bzw. fünf Gruppen von Biosensoren gibt es unterschiedliche Anwendungsbeispiele und Ausführungsformen. In Tab. 12.2 sind die wichtigsten Transducer mit den wichtigsten Sensorbeispielen und die dazugehörige Messgröße zusammengefasst.

Eine weitere Unterteilung der Biosensoren erfolgt dahingehend, ob zur Signalgenerierung ein *Marker* verwendet wird oder nicht. Sensoren, die *keinen Marker* verwenden, haben ein *direktes Biosensorenformat.* Dort werden Änderungen einer Messgröße beobachtet, die durch die Wechselwirkung des Analyten mit dem Rezeptor selbst verursacht werden, wie beispielsweise eine Massenzunahme. Sensoren die einen *Marker* verwenden, haben ein *indirektes Biosensorformat.* Hierbei bewirkt nicht die Komplexbildung (Analyt-Rezeptor) selbst die Änderung der Messgröße, sondern der Marker. Dabei ist die gebundene Menge des Markers mit der Konzentration des Analyten korreliert. Im Folgenden werden einige Transducer bzw. Biosensoren kurz erläutert.

12.2.1 Kalorimetrische Sensoren

Tritt bei der Reaktion des Analyten mit dem Rezeptor eine *Enthalpieänderung* auf, kann diese als Änderung der Reaktionswärme direkt gemessen werden. Die daraus resultierende Temperaturerhöhung ist von der Stoffmenge der Reaktionspartner abhängig. Voraussetzung hierbei ist, dass die Temperaturerhöhung ausreichend ist. In der Regel sind diese Effekte sehr klein, sodass diese Messungen in sehr gut isolierten

Tab. 12.2 Klassifizierung der Biosensoren nach dem Typ des verwendeten Transducers

Transducertyp/Detektionsmethode	Anwendungsbeispiele/ Sensoren	Messgröße
Kalorimetrisch/thermisch	Thermistor	Temperaturänderung
Mikrogravimetrisch/piezoelektrisch	QCM (Quartz Crystal Microbalance), Mikrocantilever	Resonanzfrequenz
	SAW (Surface Acoustic Wave)	Ausbreitungsgeschwindigkeit akustischer Oberflächenwellen
Optisch	TIRF (totally internal reflection fluoreszence), optischer Wellenleiter	Fluoreszenz
	Lumineszenz/Colorimetrie	Chemilumineszenz/UV/VIS
	Nephelometrie	Lichtstreuung
	Reflektometrie	Optische Schichtdicke
	SPR (Oberflächen Plasmonen Resonanz)	Brechungsindex
Elektrochemisch	Amperometrie	Strom
	Coulometrie	Ladung
	Impedanz	Widerstand
	Potentiometrie	Spannung
	Konduktometrie	Leitfähigkeit

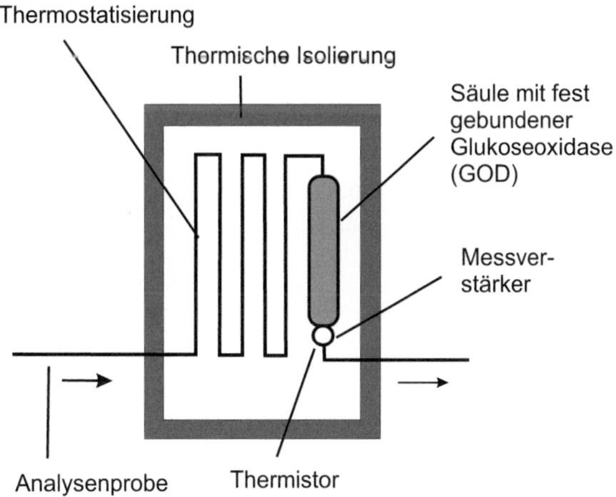

Abb. 12.4 Kalorimetrischer Biosensor zur Bestimmung von Glukose

Systemen stattfinden müssen. In Abb. 12.4 ist schematisch der Aufbau eines kalorimetrischen Biosensors dargestellt. Je mehr Glukose von der Glukose-Oxidase umgesetzt wird, desto mehr Wärme entsteht. Da diese Wärme sehr klein ist, ist nicht nur die

Isolierung sehr wichtig, sondern auch, dass die Reaktionspartner vor der Messung auf die exakt gleiche Temperatur gebracht werden müssen. Die Temperaturerfassung erfolgt mit einem miniaturisierten Halbleiter-Thermistor.

12.2.2 Mikrogravimetrische Sensoren

Mikrogravimetrische Transducer bestehen beispielsweise aus einem *piezoelektrischen System.* Bei der Komplexbildung des Analyten mit dem Rezeptor, der an der Oberfläche eines Piezokristalls gebunden ist, kommt es zu einer Massenzunahme an der Oberfläche, die wiederum die Resonanzfrequenz der piezoelektrischen Kristalle ändert. Mithilfe dieses Effektes kann die Komplexbildung detektiert und quantifiziert werden. *Quarzdickenscherschwinger* bestehen aus einem piezoelektrischen Plättchen mit kreisförmigen Goldelektroden auf beiden Seiten. Hier verlaufen die Schwingungen mit einer Ausbreitungsrichtung senkrecht zur sensitiven Oberfläche durch das Material, die Auslenkung erfolgt parallel zur Oberfläche. Da als Substrat meist Quarzplättchen verwendet werden, bezeichnet man die Sensoren häufig als *Schwingquarze.*

Wegen ihrer Massensensitivität ist auch die Bezeichnung *Quarzmikrowaage* (quartz crystal microbalance, *QCM* oder *QMB*) gebräuchlich (Abb. 12.5). Für die Resonanzfrequenz der Schwingungen gilt:

$$f = \frac{\mathrm{n}}{2d} v = \frac{\mathrm{n}}{2d} \sqrt{\frac{\mathrm{c}}{\rho}} = \mathrm{n} \frac{\mathrm{N}}{d},$$

wobei d die Dicke des Quarzes, ρ seine Dichte und n die n-te Oberschwingung bezeichnet. c ist der Elastizitätskoeffizient in der Ausbreitungsrichtung der akustischen Welle und v die Ausbreitungsgeschwindigkeit.

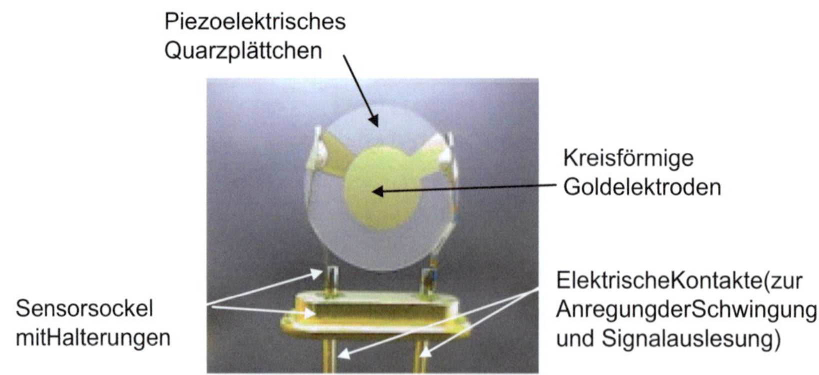

Abb. 12.5 Aufbau eines QMB

a) Mikrocantilever dargestellt als chemischer und biologischer Sensor

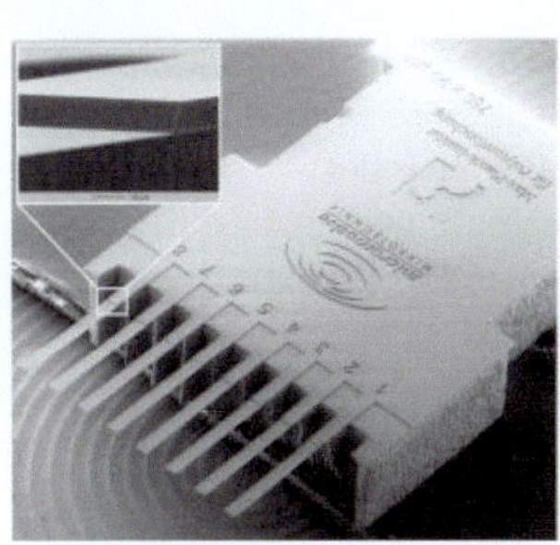

b) Rasterelektronenaufnahme eines Cantilever-Chip (Fa. Octosensis)

Abb. 12.6 **a**) Schematische Darstellung eines Mikrocantilevers als Biosensor (Quelle: M. Sepaniak, Analytical Chemistry, 570-575 (2002)) und **b**) ein Cantilever-Chip der Firma Octosensis

Die Entwicklung von *Mikrocantilevern* führte zu einer deutlichen Miniaturisierung dieser Sensorsysteme und der Möglichkeit, mehrere Tests parallel auszuführen. In Abb. 12.6 sind das Schema eines Biosensors auf der Basis eines Mikrocantilevers und ein kommerzielles Produkt dargestellt. In Abb. 12.6a) sind verschiedene Funktionalisierungen der Oberfläche der Mikrocantilever schematisch gezeigt.

12.2.3 Optische Sensoren

Alle optischen Biosensoren beruhen auf dem Effekt, dass durch die Komplexbildung die optischen Eigenschaften des Systems verändert werden. Hierbei gibt es Systeme, welche die Erzeugung von evaneszenten Feldern nutzen. *Evaneszenzfeld-Sensoren* basieren auf dem Prinzip der *Totalreflexion von Licht* an der Phasengrenzfläche zwischen optisch dichterem Lichtleiter und optisch dünnerem Medium. Es tritt das elektromagnetische Feld der Lichtwelle teilweise in das optisch dünnere Medium ein und klingt dann exponentiell ab. Dieses evaneszente Feld kann zur Detektion der Komplexbildung direkt genutzt werden, wenn der Komplex sehr nahe an der Phasengrenzfläche immobilisiert ist, wie z. B. bei der *Oberflächenplasmonenresonanz (Surface plasmon resonance, SPR)*. Bei der SPR wird polarisiertes, monochromatisches Licht von unten auf eine dünne Edelmetallschicht (z. B. Gold oder Silber) eingestrahlt, an der es zur Totalreflexion kommt (Abb. 12.7). Die Edelmetallschicht befindet sich auf einem Glasprisma. Das Licht kann nun mit den freien Elektronen des Edelmetalls interagieren, die ein sogenanntes *Elektronenplasmon* ausbilden. Kommt es zu dieser Resonanz, tritt im reflektierten Licht eine Energielücke auf, die einen ganz bestimmten Winkel θ aufweist. Die Resonanz und damit der Winkel θ ist direkt proportional zum Beladungsgrad der Oberfläche.

Mit der SPR lassen sich markierungsfreie Testsysteme aufbauen. Kommt es zu einer Wechselwirkung zwischen dem Rezeptor und einem potenziellen Liganden, so erhöht

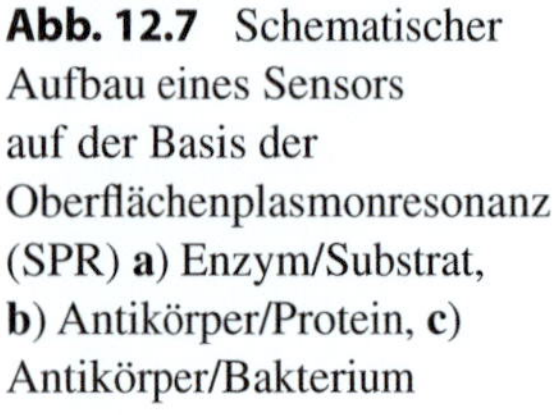

Abb. 12.7 Schematischer Aufbau eines Sensors auf der Basis der Oberflächenplasmonresonanz (SPR) **a**) Enzym/Substrat, **b**) Antikörper/Protein, **c**) Antikörper/Bakterium

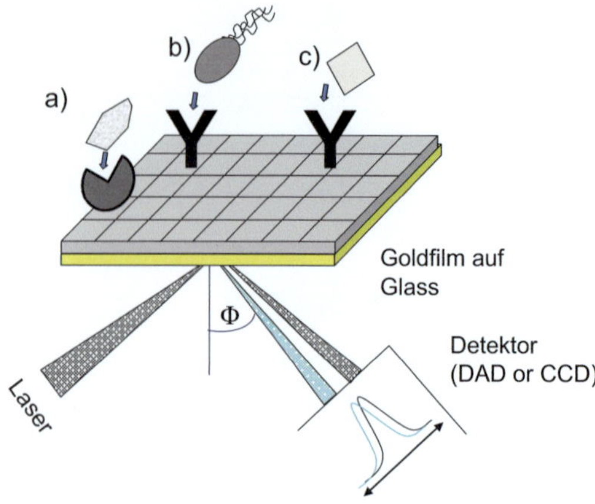

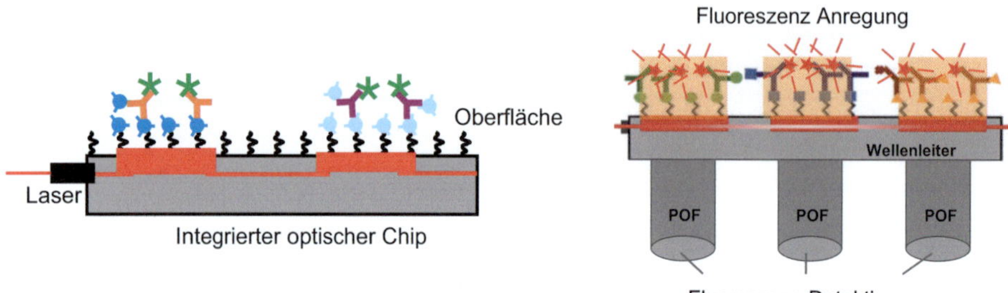

Abb. 12.8 Fluoreszenzbasierte Detektion der Bindung eines Fluorophor tragenden Affinitätskomplexes auf der Oberfläche eines optischen Wellenleiters (POF – plastic optical fibers). (Nach J. Tschmelak et al. 2005)

sich der Beladungsgrad an der Goldoberfläche. Der hierdurch veränderte Winkel θ wird mit einem Diode-Array-Detektor (DAD) oder einer CCD-Kamera erfasst.

Neben der evaneszenten Anregung können die Analyt-Rezeptor-Komplexe auch durch die sich ändernde *Lichtstreuung* oder *Schichtdicke* bestimmt werden. Beide Verfahren können ohne Markierung des Affinitätskomplexes genutzt werden. Nachteil der markerfreien Biosensoren ist meist der sehr teure Aufwand im apparativen Aufbau und im anspruchsvollen optischen System, da hierbei die Probleme hinsichtlich unspezifischer Bindung und Matrixeffekte verstärkt auftreten und gelöst werden müssen.

Das evaneszente Feld kann aber auch genutzt werden um beispielsweise Fluoreszenzfarbstoffe, die am Komplex gebunden sind und sich unmittelbar an der Phasengrenzfläche befinden, direkt anzuregen (z. B. mit *TIRF (totally internal reflection fluoreszence)*). In Abb. 12.8 ist ein optischer Wellenleiter dargestellt, der an der Oberfläche einen Komplex gebunden hat, der mit einem Fluoreszenzfarbstoff markiert ist (linke Seite). Mittels Laserlicht wird der Fluoreszenzfarbstoff über den Wellenleiter gezielt angeregt (Abb. 12.8 rechte Seite).

Die Fluoreszenzsignale werden pro Position des Biosensorarrays mittels optischer Fasern (POF) ausgelesen, die direkt an die Array-Positionen des Wellenleiters gekoppelt sind.

Daneben gibt es optische Biosensorsysteme, bei denen ebenfalls die gebundenen Komplexe mit einem Fluoreszenzfarbstoff markiert sind. Hierbei erfolgt die Anregung der Fluoreszenz direkt auf dem Chip (ohne Wellenleiter), da die Affinitätskomplexe beispielsweise auf einfachen Glas- oder Plastikchips immobilisiert sind. Hierbei werden die Signale (über den gesamten Biosensor) beispielsweise mit einer CCD (charged coupled device)-Kamera ausgelesen. Dieses Prinzip wird z. B. bei den von der Firma Affimetrix vertriebenen *DNA-Microarray-System* verwendet (Abschn. 12.6). Ähnlich funktioniert der *Chemilumineszenz-Biosensor.* Die Komplexe werden mit einem Enzym *(Peroxidase)* markiert, anschließend wird *Luminol* zugegeben. Das Luminol wird vom Enzym direkt oxidiert, was zu einer kurzen Lichtemission bei 425 nm führt, die mithilfe einer CCD-Kamera detektiert werden kann. Vorteil hierbei ist: die Chemilumineszenz benötigt keine Anregungslichtquelle; die Energie wird durch das energiereiche Edukt Luminol selbst zur Verfügung gestellt. In Abb. 12.9 ist das Prinzip der Chemilumineszenz-Detektion bei der Bildung eines Antigen-Antikörper-Komplexes dargestellt, der mithilfe eines Sekundärantikörpers mit dem Enzym Peroxidase markiert wurde (a) sowie ein Bild eines chemilumineszierenden Biosensorarrays für den Nachweis von E. coli (b).

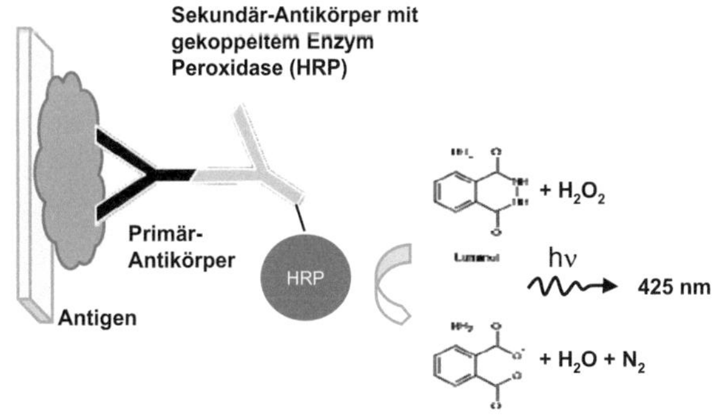

a) Antikörperkomplex, Peroxidase markiert und Signalauslesung mittels Chemilumineszenz

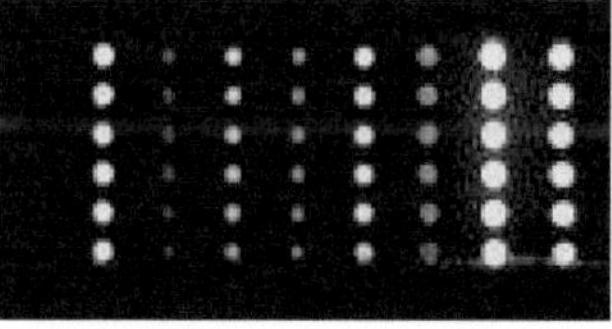

b) Signale eines Chemilumineszenz–Biochiparrays zum Nachweis von E. coli (Quelle: TU München)

Abb. 12.9 Schematischer Aufbau eines Biosensors auf der Basis der Chemilumineszenz und Biochiparray

12.2.4 Elektrochemische Sensoren

Bei elektrochemischen Transducern bewirkt die Bildung des *Analyt-Rezeptor-Komplexes* eine Änderung der elektrischen Parameter wie Ladung, Strom oder Spannung.

Unter *amperometrischen Sensoren* werden oftmals *Enzym-Elektroden* verstanden, da diese sehr weit verbreitet sind und bereits als Biosensor zum Nachweis von Glukose auf dem Markt verfügbar sind. Diese Sensoren nutzen eine selektive Enzymreaktion zur Produktion oder zum Verbrauch einer elektroaktiven Spezies. Es wird eine konstante Gleichspannung zwischen einer Mess- und einer Bezugselektrode angelegt und dort die Diffusionsgrenzströme gemessen. Das von außen angelegte Potenzial bewirkt, dass die Arbeitselektrode polarisiert ist, aber praktisch kein Strom fließt. Erst in Gegenwart der elektroaktiven Spezies kommt es zur Depolarisation. Der gemessene Strom ist proportional zur Konzentration der elektroaktiven Spezies.

An der Arbeitselektrode gilt die Nernst'sche Gleichung:

$$\frac{\mathrm{C_O}}{\mathrm{C_R}} = \exp\left[\frac{(E-E^o)\mathrm{nF}}{\mathrm{R}T}\right] \text{Nernst - Gleichung}$$

C_O: Konzentration (Aktivität) der oxidierten Spezies; C_R: Konzentration (Aktivität) der reduzierten Spezies; F: Faradaykonstante: 96,486 C/mol; n: Anzahl der Elektronen; R: Gaskonstante; E gemessenes Potenzial zwischen Arbeits- und Referenzelektrode.

Bei konstant angelegter Spannung E^O gilt für den *Faradaystrom:*

$$i_f = \mathrm{nFAD_0}\left(\frac{\mathrm{d}[C_0]}{\mathrm{d}x}\right)x = 0$$

A: Elektrodenfläche, i_f: Faradaystrom; d*C*/d*x*: Steigung des Konzentrationsprofils.

Der Strom i_f ist hierbei proportional zum C_O-Gradienten und zum Diffusionskoeffizienten D_O.

Neben dem amperometrischen Verfahren mittels Enzymelektroden gibt es amperometrische Biosensoren, die auf dem Prinzip des *Redox-Recyling* beruhen. Hierbei wird der Komplex mithilfe eines Enzyms markiert. Dieses Enzym dient dazu, eine elektrochemische Substanz freizusetzen, die im oxidierten wie auch im reduzierten Zustand stabil ist und deshalb für die elektrochemische Reaktion wiederholt zur Verfügung steht, also „recycelt" werden kann. Voraussetzung für ein erfolgreiches Redox-Recycling ist deshalb eine *redox-aktive Spezies* (z. B. p-Aminophenol, Ferrocen, Hexocyanoferrat) und ein Elektrodenabstand, der kleiner ist als die Diffusionsweglänge der Redoxspezies.

In Abb. 12.10 sind Beispiele eines Biochip-Mikroarrays der FHG ISIT (eBiochip Systems GmbH, Biochiparray mit 16 Zielpositionen beispielsweise zur Messung von Penicillin in der Milch) und eines auf CMOS-Technik basierenden Biochip-Mikroarrays von Siemens (128 bis 512 Zielpositionen z. B. zur Verwendung als DNA- oder Protein-

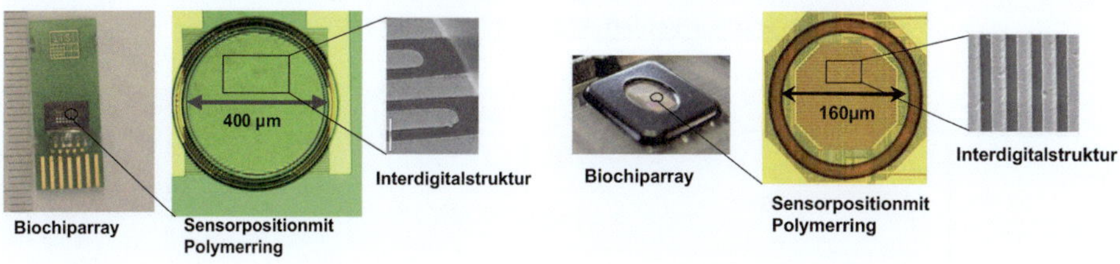

Biochipmicroarray von eBiochip (FHG ISIT)
(16 Sensorpositionen)

CMOS Biochipmicroarray von Siemens
(128 Sensorpositionen)

Abb. 12.10 Beispiele für amperometrisches Redoxrecycling. Biosensoren mit einer interdigitalen Elektrodenstruktur aus Gold

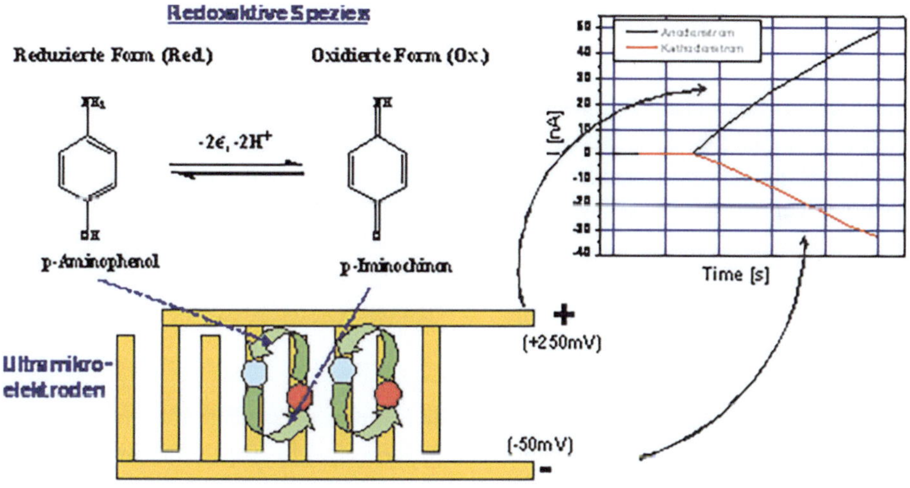

Abb. 12.11 Prinzip des Redox-Recycling-Verfahrens

Biochip) dargestellt. Beide Biochips haben eine interdigitale Elektrodenstruktur aus Gold mit einem Elektrodenabstand vom kleiner oder gleich 1 μm.

An den Interdigitalelektroden wird eine für die Redoxspezies spezifische Potenzialdifferenz angelegt. Für das in Abb. 12.11 gezeigte Beispiel mit para-Aminophenol ist ein Potenzialunterschied von 300 mV bis 350 mV zwischen Anode und Kathode erforderlich. Bei Anlegen des Potenzials wird p-Aminophenol an der Anode zu p-Iminochinon oxidiert, welches wiederum an der Kathode zu p-Aminophenol reduziert wird. Dieser Redoxvorgang wird wiederholt, solange das Potenzial anliegt. Wie in der rechten Grafik zu sehen ist, steigt jeweils der Anodenstrom und Kathodenstrom bei Anwesenheit von p-Aminophenol über die Zeit an (Abb. 12.11).

Potenziometrische Biosensoren werden bei *ionischen Reaktionsprodukten* (H^+, CO_3^{2-}, NH^{4+}) eingesetzt. Die quantitative Bestimmung dieser Ionen erfolgt anhand

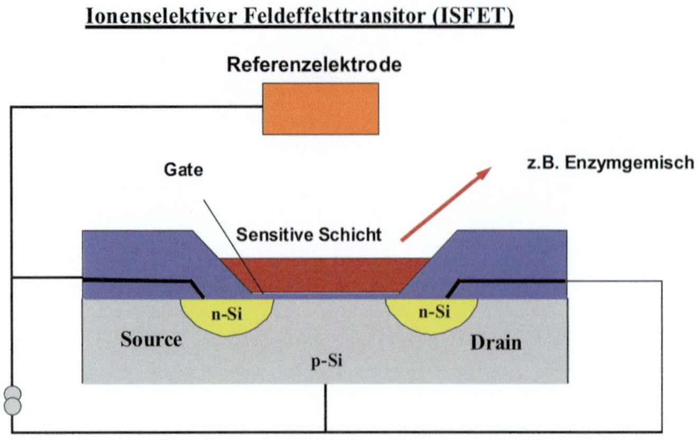

Abb. 12.12 Schema eines ISFETs. (Ionenselektiver Feldeffekttransistor)

ihres elektrochemischen Potenzials an der Messelektrode. Technisch relevant sind allerdings solche Sensoren, bei denen die biologischen Komponenten direkt auf einem Silizium-Halbleiter aufgebracht werden können. Wird durch die Bildung des Analyt-Rezeptor-Komplexes der pH-Wert verändert, eignet sich hier ein sogenannter *ISFET* (Ionen selektiver Feldeffekttransistor). Hierbei übernimmt H^+ die Funktion der Ansteuerspannung am Gateanschluss des Transistors, wobei der Stromfluss zwischen Source und Drain bei steigender H^+-Konzentration zunimmt. Dieser Sensor liefert also ein der *Protonenkonzentration* proportionales Sensorsignal (Abb. 12.12).

IS-FET-Sensoren auf der Basis von Halbleitern in CMOS-Technologie können heute sehr kostengünstig und zuverlässig hergestellt werden. Zusätzlich können Auswerteelektronik und verschiedene Sensoren (z. B. Mikroarrays) in einem Chip integriert und zu einem kompakten miniaturisierten Messgerät kombiniert werden.

12.2.5 Immobilisierungsmethoden

Im Bereich der Biosensorik ist die *Immobilisierung* der Rezeptoren auf der Oberfläche des Transducers ein wesentliches, die Analytik stark beeinflussendes Element. Dies gilt für die Anwendung im Bereich der Enzym-, Immuno- und im Besondern der DNA-Sensoren. Es gibt viele verschiedene Methoden, um Rezeptormoleküle an der Oberfläche zu immobilisieren. Dies hängt einerseits vom zu immobilisierenden Molekül selbst ab und andererseits von der Art der Oberfläche. Es werden zwei grundsätzliche Immobilisierungsmethoden unterschieden.

1. *Kovalente Immobilisierung*

Es können Rezeptoren (Antikörper, Proteine, Oligonukleotide, Haptene) *kovalent* an die Transduceroberfläche gebunden werden. Dies führt zu einer *irreversiblen*

Immobilisierung mit einer definierten Orientierung des Rezeptors an der Oberfläche. Damit können stabile Oberflächen hergestellt werden. Allerdings ist dies mit einer chemischen Modifizierung des Rezeptors gekoppelt. Die kovalente Kopplung erfolgt durch Modifikation der Oberfläche wie Glas-, Al_2O_3- Si_3N_4-, Au-, Pd – oder Silikat-Substrate mittels Silanisierung, cross-linker-Chemie (modifizierte Dextrane, NHS-Ester-Kopplung) oder Polymere.

2. *Nicht kovalente Immobilisierung*
Die nicht kovalente Bindung von Rezeptoren an Oberflächen ist sehr vielfältig. Deshalb werden hier nur die wichtigsten Methoden stichpunktartig zusammengefasst.

- *Ligand-Rezeptor-Wechselwirkungen* (z. B. Protein A/Antikörperbindung, Biotin/Avidin-Bindung).
- *Adsorptive Immobilisierung* (hydrophobe Bindung auf silanisierten Glassoberflächen, aktivierte Polystyroloberfläche).
- *Thiolbindung* an Goldoberflächen (Bildung von stabilen „self assembled“ Monolagen mit hydrophoben oder hydrophilen Gruppen, mit thiolderivatisierten Oligonukleotiden, durch Kopplung terminal funktionalisierten Thiolen (z. B. mit Aminogruppen) zur kovalenten Bindung des Rezeptors (z. B. des Fc Fragmentes bei Antikörpern)).
- *Langmuir-Blodgettfilme* (hydrophobe Monolagen).
- Immobilisierung von Proteinen mittels *Oligonukleotiden.*

12.3 Physikalische und chemische Sensoren in der Medizin

Wesentliche Informationen über den Gesundheits- oder Krankheitszustand eines Menschen können und werden heute über die Untersuchung des *Blutes,* aber auch anderer *Körperflüssigkeiten* wie beispielsweise Urin, Speichel und Liquor gewonnen. Hierzu werden sehr unterschiedliche Parameter untersucht, die für die Funktion des Körpers notwendig sind und sich mit dem Gesundheitszustand des Patienten oder mit Krankheiten korrelieren lassen. Für diese Verfahren und Analysen werden sehr unterschiedliche Nachweisprinzipien verwendet, die mit sehr verschiedenen sensorischen Messverfahren realisiert werden. Diese Verfahren reichen von klassischen physikalischen Sensoren wie Temperatursensoren zu chemischen *pH-Sensor-Elementen* hin zu *enzymatischen* und *immunologischen* Sensorverfahren und den ersten genetischen Untersuchungen mittels *DNA-Sensoren* (Abschn. 12.6) oder mittels *zellbasierten Sensoren* (Abschn. 12.7). Physikalische und chemische Sensoren lassen sich analog den Biosensoren aufgrund ihrer verwendeten Messwertwandler (Transducer) einteilen (Abb. 12.2). Da sich Transducer, die für Biosensoren eingesetzt werden, letztendlich auf die reinen physikalischen oder chemischen Effekte zurückführen lassen, ergibt sich für die Gruppe der physikalisch-chemischen Sensoren in der Medizin ein vergleichbares

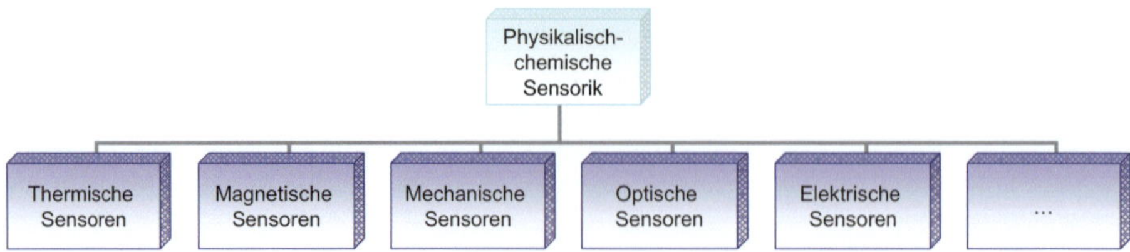

Abb. 12.13 Übersicht über physikalisch-chemische Sensoren

Bild. Worin sich Biosensoren einerseits und physikalische und chemische Sensoren andererseits unterscheiden, sind ihre Ausführungsformen hinsichtlich der Erzeugung des Sensorsignals. Während für einen Biosensor ein biologischer Rezeptor und biologische bzw. biochemische Effekte (z. B. Antigen-Antikörperwechselwirkung, Enzym-Substrat-Reaktionen, DANN-Hybridisierung) für den Nachweis eines Analyten verwendet werden, nutzt die *chemische Sensorik* chemische Rezeptoren und einen chemischen Effekt wie beispielsweise Säure-Base-Reaktionen oder Redox-Reaktionen, aber auch physikalisch-chemische Effekte wie Wechselwirkungen zwischen Rezeptor und Analyt (z. B. *Gasadsorption*) aus. Die IUPAC (International Union of Pure and Applied Chemistry) verfasste 1991 eine offizielle Definition über chemische Sensoren:

> „Ein chemischer Sensor ist eine Anordnung, die chemische Informationen (z. B. Konzentration eines einzelnen Analyten) in ein analytisch nutzbares Signal umwandelt. Die chemischen Informationen können von einer chemischen Reaktion des Analyten oder von der physikalischen Eigenschaft des untersuchten Systems herrühren."

Physikalische Sensoren messen eine physikalische Größe (z. B. Druck, Temperatur). Das Signal wird über einen physikalischen Vorgang (z. B. Ausdehnung, Säulenstand, Kapillarkräfte, Massenänderung) bestimmt. In Abb. 12.13 ist eine Übersicht über die physikalisch-chemischen Sensoren dargestellt.

12.3.1 Physikalisch-chemische Blutanalysen

Blutgase

Die *Blutgasanalyse* ist ein Verfahren zur Messung der Gasverteilung (Partialdruck) von O_2 (Sauerstoff), CO_2 (Kohlendioxid) sowie des pH-Wertes und des Säure- und Basenhaushaltes im Blut. Die Analyse der Blutgase geht auf die Notwendigkeit der Überwachung und Steuerung von Beatmungsparametern zurück und wurde in den sechziger Jahren in ihrer Grundform entwickelt. Im Laufe der Jahre kamen weitere Werte hinzu wie die Messung von Hämoglobin, Bikarbonat, Glukose, Lactat oder Elektrolyte. Inzwischen dient die Blutgasanalyse der Überwachung vieler Patienten mit *Atmungsstörungen* und *Sauerstoffmangel* (etwa bei chronisch obstruktiver Lungenerkrankung oder Mukoviszidose). Auf Intensivstationen wird die Blutgasanalyse meist *bettseitig*

Tab. 12.3 Normalwerte der Blutgase

Parameter	Norm
pH	7,36 bis 7,44
pO_2 (Sauerstoffpartialdruck)	75 mmHg bis 100 mmHg
pCO_2 (Kohlendioxidpartialdruck)	35 mmHg bis 45 mmHg
HCO_3^-st (Standardbikarbonat)	22 mmol/l bis 26 mmol/l
BE (Basenüberschuss)	(−2) mmol/l bis (+2) mmol/l
O_2-Sättigung	94 % bis 98 %

(bedside), d. h. in unmittelbarer Patientennähe, durchgeführt. Bevorzugt wird dafür arterielles Vollblut aus einer Arterie oder *arterialisiertes Kapillarblut,* beispielsweise aus dem hyperämisierten Ohrläppchen. Insbesondere in der Neugeborenenintensivstation ist entscheidend, dass sehr kleine Probenvolumina (50 µl) für die Analyse ausreichend sind. Venöses Blut ist zur Beurteilung atmungsspezifischer Werte nur mit Einschränkung geeignet, unter anderem wegen des niedrigen Sauerstoffgehaltes.

In der Regel werden bei den heutigen Geräten die pH-Messung (Glaselektrode), pO_2-Messung (Clark-Elektrode) und pCO_2-Messung (Severinghaus-Elektrode) unabhängig voneinander durchgeführt; Standardbicarbonat (HCO_3^-), Basenüberschuss und O_2-Sättigung werden berechnet. In Tab. 12.3 sind die Normalwerte der Blutgasparameter zusammengestellt.

Elektrochemische pH-Wert-Messung

Ein gängiges Verfahren zur Messung des pH-Wertes ist die *elektrochemische Messung* mithilfe eines pH-Meters. Zwischen zwei Lösungen, die einen unterschiedlichen pH-Wert (unterschiedliche H_3O^+-Ionen Konzentration) besitzen, existiert eine Potenzialdifferenz U. Diese Potenzialdifferenz lässt sich mit der Nernst'schen Gleichung berechnen.

$$U = 2303 \cdot \frac{\mathrm{R}T}{\mathrm{F}} \cdot (\mathrm{pH}_2 - \mathrm{pH}_1)$$

R = 8,314 J/mol K; T = absolute Temperatur; F = 96.485 C/mol.

In einem geschlossenen Stromkreis kann die Spannung U gemessen werden. Ist einer der beiden pH-Werte bekannt, kann daraus der zweite Wert berechnet werden. In Abb. 12.14 ist ein elektrochemisches pH-Meter abgebildet. Dies besteht aus zwei Silberelektroden, die mit AgCl beschichtet sind und sich in einer Referenzlösung befinden, bestehend aus einer AgCl gesättigter Kaliumchloridlösung. Die Referenzlösung hat einen konstanten pH-Wert. Der Unterschied beider Elektroden besteht nur in der Art des Kontaktes zu der zu messenden Lösung.

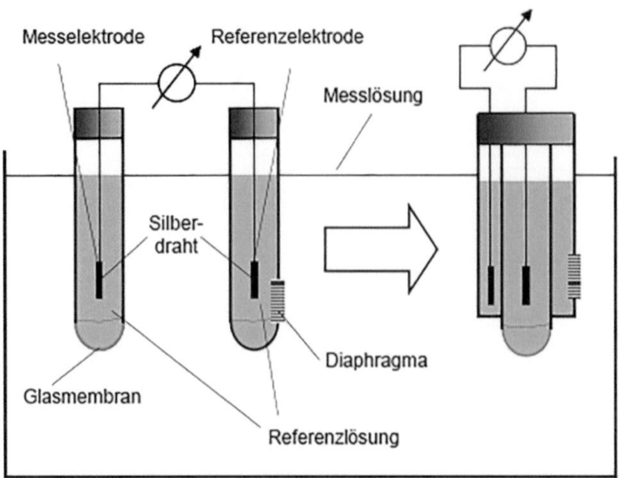

Abb. 12.14 Aufbau eines elektrochemischen pH-Meters. (Quelle: UNI Aachen Verfahrenstechnik)

Die Referenzelektrode besitzt ein Diaphragma, welches zwar einen geringen Austausch von Ionen ermöglicht, die Lösungen sich aber nicht mischen, d. h., die Lösungen bleiben neutral. Die Messelektrode besitzt eine Glasmembran, durch die H^+-Ionen diffundieren können. Hierdurch wird ein Potenzial an den Elektroden aufgebaut, welches über einen großen pH-Bereich dem Nernst'schen Gesetz gehorcht.

p*O_2*-Wert-Messung (Clark-Elektrode)

Die Clark-Elektrode (Clark et al. 1953) besteht in der Regel aus einer Platin-Kathode und einer Silber-Anode, die über eine Elektrolytlösung in Verbindung stehen. Daneben gibt es auch andere Anordnungen wie Gold gegen Silber oder Gold gegen Blei. Die Metallelektroden sind durch eine sauerstoffdurchlässige Membran, meist aus Teflon, von der zu messenden Probe getrennt (es gibt auch membranfreie Anordnungen, bei denen die Probe zugleich als Elektrolyt dient).

Im Fall der Pt/Ag-Kombination liegt an der Platin-Kathode eine Polarisationsspannung von −0,8 V gegen die Silber-Anode an; andere Kombinationen wie beispielsweise mit Blei, bedürfen keiner Polarisation.

Wird die Membran der Messkammer in die Probe (z. B. in Wasser oder in eine arterielle Blutprobe) zur Bestimmung des Sauerstoffgehalts getaucht, so diffundiert O_2 entsprechend seinem Partialdruck durch die Membran in die Messkammer und wird dort an der Kathode reduziert, hierbei entstehen Hydroxylionen (OH^-).

An der Anode wird beispielsweise Silber oxidiert und bei Anwesenheit von Chlorid als unlösliches AgCl an die Elektrode angelagert (die Anlagerungen des oxidierten Anodenmetalls müssen regelmäßig entfernt werden, um die ungehinderte Stromgängigkeit der Messanordnung zu erhalten). An der Kathode und der Anode laufen folgende Reaktionen ab:

$$\begin{aligned}\text{Kathode}: &\quad O_2 + 2e^- + 2\,H_2O \rightarrow H_2O_2 + 2\,OH^- \\ &\quad H_2O_2 + 2e^- \rightarrow 2\,OH^-. \\ \text{Anode}: &\quad 4\,Ag \rightarrow 4\,Ag^+ + 4e^- \\ &\quad 4\,Ag^+ + 4\,Cl^- \rightarrow 4\,AgCl.\end{aligned}$$

Der gemessene Strom I ist dem Partialdruck des Sauerstoffs $p(O_2)$ direkt proportional.

$$p(O_2) \sim I.$$

Bei der Auswertung des Mess-Stromes ist zu berücksichtigen, dass sowohl die Diffusionsrate des Sauerstoffs durch die Membran, als auch die Sauerstofflöslichkeit temperaturabhängig sind.

pCO$_2$-Wert-Messung (Severinghaus-Elektrode)

Die Severinghaus-Elektrode (Severinghaus und Astrup 1986) ist ein elektrochemischer Sensor zur quantitativen Bestimmung der Konzentration von Kohlenstoffdioxid in einer Lösung (oder auch in Gasen). Sie ist eine pH-Elektrode, der eine Messkammer mit einem Puffer aus Kaliumhydrogencarbonat $KHCO_3$ vorgeschaltet ist (Abb. 12.15). Über eine gaspermeable Membran dringt Kohlenstoffdioxid aus der Probe entsprechend dem dort herrschenden Partialdruck von CO_2 in die Pufferlösung ein und verschiebt deren Dissoziationsgleichgewicht:

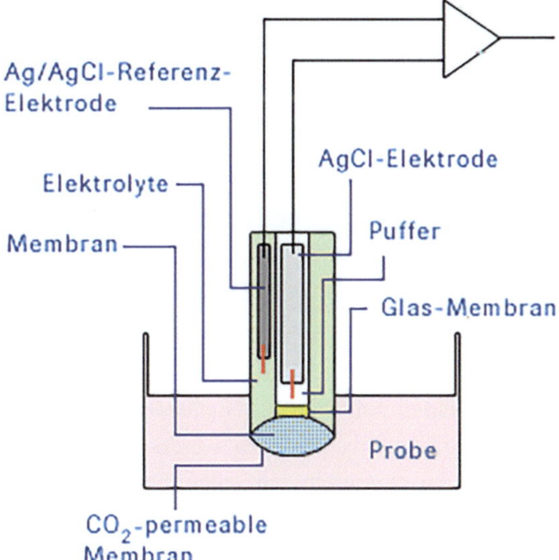

Abb. 12.15 Aufbau einer Severinghaus-Elektrode

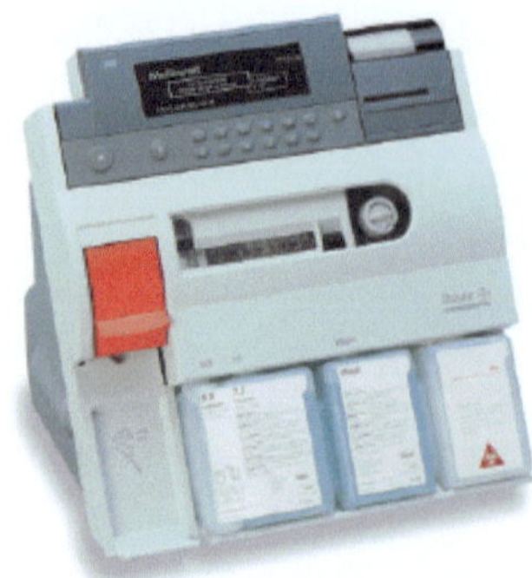

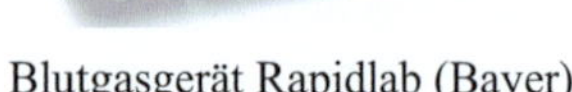

Blutgasgerät Rapidlab (Bayer)

pCO_2-Sensor (Severinghaus-Zelle)

Abb. 12.16 Kommerzielle Blutgas-Mess-Systeme

Es stellt sich im Puffer nach einer kurzen Zeit ein pH-Wert ein, der von der Konzentration des CO_2 außerhalb der Membran abhängt. Es gilt folgende Reaktionsgleichung:

$$CO_2 + H_2O \leftrightarrow H_2CO_3 \leftrightarrow HCO_3^- + H^+.$$

Aufbau eines Blutgasmessgerätes

Es gibt derzeit eine ganze Reihe von verschiedenen Blutgasanalysesystemen im Bereich der medizinischen Labordiagnostik auf dem Markt. Mit ihnen kann man meistens auch noch zusätzlich weitere Messwerte erfassen: Durch Elektrolytmessungen Na^+, K^+, Ca^{++}, Li^+ und Cl^-, ferner beispielsweise Hämoglobin, Bikarbonat, Glukose und Lactat. In Abb. 12.16 sind die pH-, pO_2- und pCO_2-Sensoren von Geräten der Firma Eschweiler und Bayer dargestellt. Diese Geräte sind so aufgebaut, dass die einzelnen Komponenten als kleine Sensorelemente ausgetauscht werden können.

12.3.2 Klinisch-chemische Blutanalysen

Wegen der großen Anzahl an zu messenden Parametern gibt es in der klinischen Chemie eine Vielzahl von unterschiedlichen Messgrößen und Nachweismethoden. In Tab. 12.4 ist eine kleine Auswahl von klinisch-chemischen Blutwerten aufgelistet.

Als Beispiel soll hier der Nachweis von Hämoglobin mit der Hämoglobincyanind-Methode genauer beschrieben werden. Hämoglobin ist ein in den Erythrozyten enthaltenes Chromoprotein mit einer molaren Masse von 64,46 Dalton. Es besteht aus Globin (94 %) und der eisen-(Fe)-haltigen prosthetischen Gruppe Häm (6 %). Das Hämoglobinmolekül ist aus jeweils 4 Peptidketten mit je einem Häm aufgebaut. Normalerweise kommen insgesamt 4 verschiedene Peptidketten (α, β, γ, δ) vor. In den Komponenten des Hämoglobins sind jeweils 2 Ketten identisch.

Tab. 12.4 Auswahl einiger klinisch-chemischen Blutwerte

Bilirubin	Harnstoff	Kalium
Cholesterin	Hämoglobin	Triglyceride
Creatinin	HDL-Cholesterin	Harnsäure
Laktat	Harnstoff	Rheumafaktor
Amphetamine	Barbiturate	Ethanol
Methadon	Opiate	Salicylate
Dogoxin	Gentamicin	Phenobarbital

Wegen der einfachen Durchführung, der guten Präzision und der guten Farbkonstanz ist die *Hämoglobincyanidmethode* allen anderen überlegen und wird deshalb am Häufigsten eingesetzt. Folgende biochemische Prozesse laufen ab:

Hämoglobin (Fe^{+2}) wird durch Kaliumferricyanid (Kaliumhexacyanoferrat) zu Hämiglobin (Fe^{+3}, Methämoglobin) oxidiert und anschließend mit Kaliumcyanid (KCN) in Hämiglobincyanid ($Hb\text{-}Fe^{+3}\text{-}CN$) überführt. Hämiglobincyanid ist ein sehr stabiles Derivat des Hämoglobins, dessen Farbe auch nach 24 h noch unverändert bleibt. Die Extinktion wird gegen eine Transformationslösung (Kaliumhexacyanoferrat III/KCN) bei einer Wellenlänge von 546 nm gemessen.

12.4 Enzymatische Methoden – Enzymsensoren

Enzyme sind Proteine, die eine chemische Reaktion katalysieren können. Enzyme spielen eine tragende Rolle im *Stoffwechsel* aller lebenden Organismen: sie katalysieren und steuern den überwiegenden Teil biochemischer Reaktionen – von der Verdauung bis hin zum Kopieren der Erbinformation (DNA-Polymerase). Sie werden anhand der von ihnen katalysierten Reaktion in sechs Enzymklassen eingeteilt:

1. *Oxidoreduktasen,* Katalysierung von Redoxreaktionen.
2. *Transferasen,* Übertragung von funktionellen Gruppen von einem Substrat auf ein anderes.
3. *Hydrolasen,* Spaltung von Bindungen unter Einsatz von Wasser.
4. *Lyasen/Synthasen,* Katalyse von Spaltung oder Synthese komplexerer Produkte aus einfachen Substraten (ohne Spaltung von ATP).
5. *Isomerasen,* Beschleunigung der Umwandlung von chemischen Isomeren.
6. *Ligasen oder Synthetasen,* Katalyse der Bildung von Substanzen, die chemisch komplexer sind als die benutzten Substrate (Unterschied zu den Lyasen: nur unter ATP-Spaltung enzymatisch wirksam).

Manche Enzyme sind in der Lage, mehrere Reaktionen zu katalysieren. Ist dies der Fall, werden sie mehreren Enzymklassen zugerechnet.

Der Aufbau der Enzyme ist sehr unterschiedlich. Viele Enzyme bestehen aus einer Proteinkette *(Monomere)*, andere Enzyme bilden *Oligomere* aus mehreren Proteinketten, wieder andere lagern sich mit weiteren Enzymen zu sogenannten *Multikomplexen* zusammen und kooperieren miteinander. Darüber hinaus gibt es einzelne Proteinketten, die mehrere Enzymaktivitäten besitzen. In Abb. 12.17 ist die Struktur des Enzyms Triosephosphatisomerase (TIM) der Glykolyse dargestellt.

Als Biokatalysatoren können Enzyme chemische Reaktionen beschleunigen, indem sie die Aktivierungsenergie (ΔG) herabsetzen. Für diese katalytische Wirksamkeit ist das *aktive Zentrum* des Enzyms verantwortlich. Dort wird das Substrat gebunden und umgewandelt. Dieses aktive Zentrum kann aus gefalteten Polypeptidketten oder reaktiven „Nicht-protein"-Anteilen (z. B. Kofaktoren) bestehen.

Einerseits kann eine bestimmte Raumstruktur des aktiven Zentrums bewirken, dass nur ein strukturell dazu passendes Substrat gebunden werden kann. Andererseits sind bestimmte (nicht-kovalente) Wechselwirkungen (H-Brücken, elektrostatische Wechselwirkungen, hydrophobe Effekte) zwischen Enzym und Substrat für die Bindung notwendig. Erst dadurch kommt es zur Ausbildung des *Enzym-Substrat-Komplexes.* Es passt also ein bestimmtes Substrat zum entsprechenden Enzym wie ein Schlüssel zum zugehörigen Schloss *(Schlüssel-Schloss-Prinzip).* Neben diesem Prinzip existiert auch das (nicht starre) *Induced fit model.* Das aktive Zentrum des Enzyms kann durch die Interaktion mit dem Substrat neu geformt werden und so zur spezifischen Bindung des Substrates beitragen.

Manchmal reichen oft kleine strukturelle Unterschiede in der Raumstruktur oder in der Ladungsverteilung aus, sodass das Substrat nicht mehr erkannt bzw. gebunden wird. Allerdings können Enzyme auch eine *breite Substratspezifität* haben (z. B. bauen Alkoholdehydrogenasen neben Ethanol auch andere Alkohole ab, Hexokinasen können neben Glukose auch andere Hexosen umsetzen).

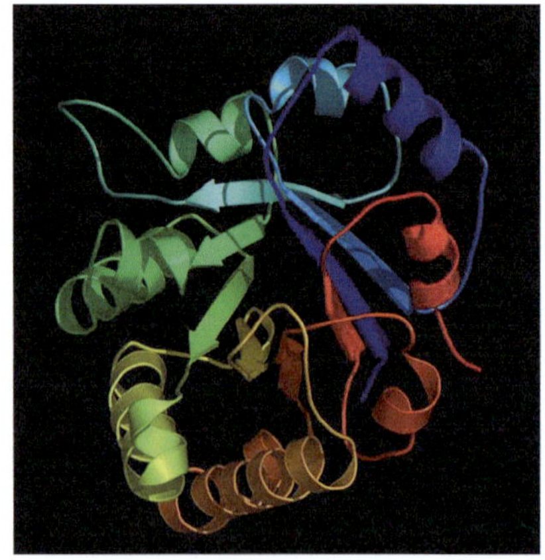

Abb. 12.17 „Ribbon-Diagramm" des Enzyms Triose-phosphat-isomerase. (Stilisierte Darstellung der Proteinstruktur gewonnen durch Röntgenstrukturanalyse nach Wikipedia)

Generell gilt, dass die Bindung des Enzyms stark genug sein muss, um die oft kleinen Konzentrationen des Substrates zu binden. Die Bindung darf aber nicht zu stark sein, da die Reaktion erst mit der Bildung des Produktes endet. Wichtig ist, dass der Übergangszustand, d. h., der *Substrat-Enzym-Komplex,* stabilisiert wird. Ein wichtiger Faktor hierbei ist die *Reaktionsgeschwindigkeit,* die von der Temperatur, der Salzkonzentration, dem pH-Wert aber auch von der Konzentration des Enzyms, des Substrates und der Produkte abhängt sowie der eigentlichen Enzymaktivität selbst. Die Einheiten der Enzymaktivität sind *Unit* (U) und *Katal* (kat). 1 U ist definiert als die Menge Enzym, welche unter angegebenen Bedingungen ein Mikromol Substrat pro Minute umsetzt (1 U = 1 µmol/min). 1 kat wird definiert als der Umsatz von 1 mol Substrat pro Sekunde (1 kat = 1 mol/s). Die gemessene Enzymaktivität ist proportional zur Reaktionsgeschwindigkeit und hängt deshalb stark von den Reaktionsbedingungen ab. Eine Erhöhung der Temperatur um 5 °C bis 10 °C führt beispielsweise zu einer Verdoppelung der Reaktionsgeschwindigkeit und damit zu einer Erhöhung der Enzymaktivität.

Ein Modell zur kinetischen Beschreibung einfacher Enzymreaktionen ist die *Michaelis–Menten-Theorie (MM-Theorie).* Sie liefert einen Zusammenhang zwischen der *Reaktionsgeschwindigkeit v* einer Enzymreaktion und der *Enzym-* und *Substratkonzentration* $[E_0]$ und *[S].* Grundlage ist, dass ein Enzym mit einem Substratmolekül einen Enzym-Substrat-Komplex bildet und dieser entweder in Enzym und Produkt oder in seine Ausgangsbestandteile zerfällt. Was schneller passiert, hängt von den jeweiligen Geschwindigkeitskonstanten *k* ab.

$$E + S \underset{k_{-1}}{\overset{k_1}{\longleftrightarrow}} ES \overset{k_2}{\longrightarrow} E + P;\ \mathrm{K_m} = \frac{k_{-1}}{k_1}$$

E (Enzymkonzentration), *S* (Substratkonzentration), *P* (Produktkonzentration), K_m (Michaeliskonstante).

Die *Michaeliskonstante* ist für jedes Enzym und jedes von ihm umgesetzte Substrat eine charakteristische Größe. Sie hat die Dimension einer Konzentration (mol/l) und ist als diejenige Substratkonzentration zu verstehen, bei der die halb-maximale Umsatzgeschwindigkeit erreicht wird. Je niedriger der K_m-Wert ist, desto höher die Affinität eines Enzyms zu seinem Substrat.

Das Modell besagt, dass mit steigender Substratkonzentration auch die Reaktionsgeschwindigkeit steigt. Das geschieht anfangs linear und flacht dann ab, bis eine weitere Steigerung der Substratkonzentration keinen Einfluss mehr auf die Geschwindigkeit des Enzyms hat, da dieses bereits mit Maximalgeschwindigkeit v_{max} arbeitet. Die MM-Gleichung lautet dann wie folgt:

$$v = \frac{\mathrm{k_{cat}}\,[E_0] \cdot [S_0]}{\mathrm{K_m} + [S_0]}$$

k_{cat} (Wechselzahl). Die *Wechselzahl* ist ein Maß der maximalen Reaktionsgeschwindigkeit bei Substratsättigung (V_{max}), auch *molekulare Aktivität, „turnover number“* oder k_{cat} genannt ($k_{cat} = V_{max}$/ [Eo]).

Das Enzym Hexokinase (sie bindet Glucose mit hoher Affinität) hat einen sehr niedrigen Km-Wert von 0,01 mM. Aufgrund des geringen K_m-Wertes arbeitet die Hexokinase bezüglich der Glucose sowohl bei einer Blutglucosekonzentration von 4 mmol/l in als auch bei 8 mmol/l bis 10 mmol/l Glucose im Sättigungsbereich. Die Hexokinase weist also einen K_m-Wert für Glucose auf, der weit unterhalb der niedrigsten Blutglucosekonzentration liegt. Dadurch ist gewährleistet, dass der Muskel oder das Hirn unabhängig von der Stoffwechsellage bei Bedarf Glucose aus dem Blut in die Glykolyse einschleusen kann.

Die medizinische Diagnostik verwendet Enzyme, um Krankheiten zu diagnostizieren. Im Besonderen wird bei diesen Untersuchungsmethoden die hohe Substratspezifität der Enzyme genutzt. Das Prinzip von *enzymatischen Untersuchungsmethoden* in der Diagnostik besteht in Folgendem:

1. Mithilfe der *Substratspezifität* eines Enzyms wird die *Konzentration eines Analyten* gemessen. Hierzu wird ein zum Analyten passendes Enzym zur untersuchenden Probe zugegeben (z. B. Serum). Anschließend wird das Reaktionsprodukt des spezifischen Analyten mit einer klassischen Messmethode nachgewiesen (enzymatische Messung).
2. Die *Aktivität des Enzyms* (Enzymkinetik) wird bestimmt. Dabei wird das enzymspezifische Substrat beispielsweise der Serumprobe zugegeben. Die Konzentration des aus dieser Enzym-Substrat-Reaktion hervorgegangenen Produktes wird anschließend innerhalb eines bestimmten Zeitfensters gemessen. Dann kann auf die Aktivität des Enzyms rückgeschlossen werden. Anhand solcher Untersuchungen können Rückschlüsse auf die Schädigung von Organen gezogen werden. Beispielsweise kann eine Leberschädigung durch eine Erhöhung der Enzyme GOT (Glutamat-Oxalacetat-Transaminase), GPT (Glutamat-Pyruvat-Transamina) und γ-GT (Gamma-Glutamyl-Transferase) angezeigt werden.

12.4.1 Enzymbasierter Analytnachweis

Als ein klassisches Beispiel für einen *enzymatischen Nachweis* (siehe Punkt 1 des vorigen Abschnitts) gilt die Bestimmung von Glukose im Blut. Hierbei wird die Konzentration des Analyten Glukose mithilfe des spezifischen Enzyms Glukoseoxidase, welches eine sehr hohe Substratspezifität zu Glukose hat, bestimmt. Dieser Prozess läuft in folgenden Schritten ab:

1. *Schritt: Enzymatische Reaktion*

$$\underset{(Glu\cos e)}{C_6H_{12}O_6} + GOX(FAD) \rightarrow \underset{(Gluconolacton)}{C_6H_{10}O_6} + GOX(FADH_2)$$

$$\rightarrow\rightarrow$$

$$GOX(FADH_2) + O_2 \rightarrow GOX(FAD) + \underset{(Wasserstoffperoxid)}{H_2O_2}$$

GOX: Glukoseoxidase, FAD: Flavine-Adenin-Dinukleotid (Co-Faktor).

2. *Schritt: Elektrochemische Detektion des Wasserstoffperoxides*

$$\begin{aligned} H_2O_2 &\rightarrow 2H^+ + O_2 + 2e^- (\textit{Anode}) \\ 2e^- + 2H^+ + 1/2\ O_2 &\rightarrow H_2O \qquad (\textit{Kathode}) \end{aligned}$$

Bei diesem Nachweis wird Glukose *indirekt* über die Umsetzung zu Wasserstoffperoxid durch das Enzym Glukoseoxidase bestimmt. Der Nachweis von Glukose erfolgt letztendlich durch eine klassische elektrochemische Bestimmung des gebildeten Wasserstoffperoxids.

Der Glukosenachweis nach L. Clark (1962) war einer der ersten Anwendungsgebiete in der Biosensorik. Das Enzym ist in einer Membran-Sandwich-Anordnung unmittelbar an einer Platinelektrode fixiert (Abb. 12.18). Das entstandene Wasserstoffperoxid wird dann direkt durch die Platinelektrode umgesetzt (siehe 2. Schritt). Das zur Oxidation notwendige Anodenpotenzial liegt im Bereich von +600 mV gegen eine Ag/AgCl Referenzelektrode. Der bei dieser elektrochemischen Reaktion fließende Strom ist der Glukosekonzentration proportional. Mithilfe einer Kalibration des Glukosesensors ist eine quantitative Bestimmung einer unbekannten Glukosekonzentration möglich. Neben Wasserstoffperoxid kann bei der Glukosebestimmung auch die Änderung des pH-Wertes (ISFET, pH-Elektrode), der Sauerstoffgehaltes (Sauerstoffelektrode) oder die Bildung der Reaktionswärme (Kalorimetrie) bestimmt werden. Deshalb gibt es heute eine ganze Reihe von unterschiedlichen Messverfahren.

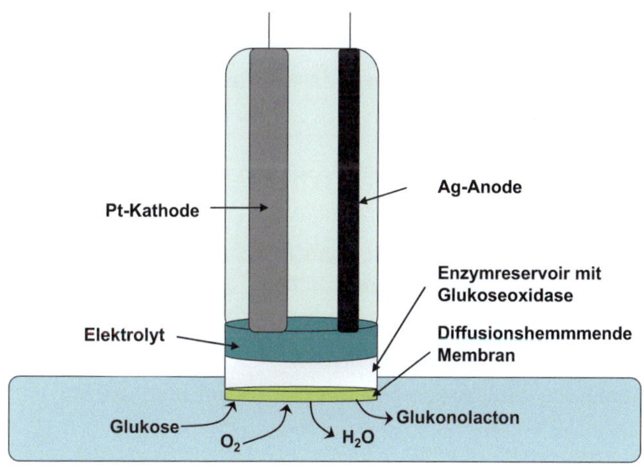

Abb. 12.18 Sensor zum Glukosenachweis

12.4.2 Bestimmung der Enzymaktivität

Ein Beispiel für den Nachweis der Enzymaktivität erfolgt durch die Bestimmung von *GOT* (Glutamat-Oxalacetat-Transaminase), auch als Aspartat-Aminotransferase (*ASAT*) bekannt. Leberenzyme treten bei Schädigung der Leber in erhöhten Konzentrationen auf. Je nachdem, welche der Enzyme erhöht sind, kann auf die Art der Erkrankung rückgeschlossen werden. Die Höhe des Enzymanstiegs im Serum entspricht dabei dem Ausmaß der Schädigung der Leberzelle. Der Nachweis von GOT ist ein zusammengesetzter 2-stufiger enzymatischer Test mit der Messung der kinetischen Bildung von NAD^+ bei den Wellenlängen 334 nm, 340 nm oder 366 nm und läuft in folgenden Schritten ab:

1. *Schritt: Enzymatische Umsetzung des L-Aspartat mittels GOT zu Oxalacetat*

$$L - \text{Aspartat} + 2 - \text{Oxoglutarat} \overset{GOT}{\longrightarrow} Oxalacetat + L - Glutamat$$

2. *Schritt: Reduktion des gebildeten Oxalacetats mithilfe des Enzyms MHD (Malatdehydrogenase) unter Oxidation von NADH zu Malat*

$$Oxalacetat + NADH + H^+ \overset{MDH}{\longrightarrow} L - Malat + NAD^+$$

3. *Schritt: Bestimmung der Zunahme von NAD^+ bei 37 °C*

Die Geschwindigkeit des Umsatzes von NADH zu NAD^+ wird bei einer Wellenlänge von 340 nm gemessen werden; diese ist direkt proportional zur GOT-Aktivität.

In Tab. 12.5 sind beispielhaft einige Enzym/Substrat-Systeme dargestellt, die vor allem in der medizinischen Labordiagnostik ihren Einsatz finden.

12.4.3 Anwendungsfelder enzymatischer Tests

Diese enzymatischen Tests werden vor allem in der klinischen Diagnostik verwendet. Der *Glukose-Nachweis* ist einer der wenigen Tests, die auch sehr erfolgreich in einem mobilen Gerät als Biosensor realisiert wurde und sich auf dem Weltmarkt für Glukosetestsysteme im Bereich *point of care* durchgesetzt hat. 87 % des Marktes für Biosensorik entfallen zurzeit auf den Glukosesensormarkt (Newmann et al. 2005).

Tab. 12.5 Einige Enzym/Substrat-Systeme

Enzyme	Substrat/Analyt
Glucoseoxidase	Glukose
Urease	Harnstoff
Kreatinkinase	Kreatinin

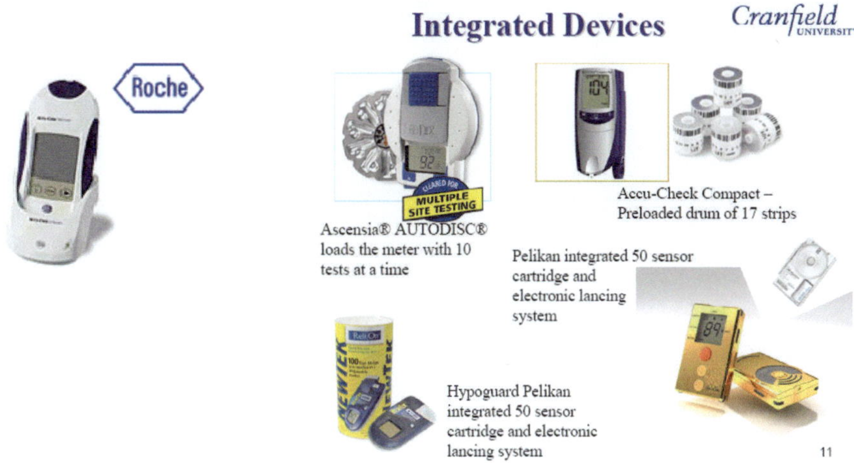

Ein mobiles „Point of Care“ Glukosetestgerät der Firma Roche

Integrierte Glukosemess-Systeme von verschiedenen Herstellern wie Ascensia und Pelikan

Abb. 12.19 Kommerzielle Blutglukosemessgeräte

Es gibt es eine Reihe von verschiedenen mobilen Geräten zur Messung der Glukose im Blut. *Roche Diagnostics* ist hierbei der Marktführer und hat zusammen mit *Lifescan* einen Marktanteil von 70 %. In Abb. 12.19 werden einige Produkte vorgestellt.

Daneben dienen Enzyme als Markierungssysteme für andere Diagnostik-Tests und Biosensorsysteme wie beispielsweise *Enzymimmunoassays* (Abschn. 12.5) oder für DNA-Tests (Abschn. 12.6). In der Medizin spielen Enzyme eine wichtige Rolle. So können bestimmte Substanzen Enzyme in ihrer Wirkung hemmen oder verstärken.

12.5 Immunologische Methoden – Immunosensoren

Im Vergleich zu Enzymsensoren werden als *Immunosensoren* solche Systeme bezeichnet, die als *biomolekulares Erkennungselement* bzw. Rezeptor einen *Antikörper* benutzen. Immunosensoren nehmen innerhalb der Gruppe der Biosensoren eine besondere Rolle ein, da es möglich ist, nahezu für jeden gewünschten Stoff einen Antikörper zu erzeugen.

Antikörper sind von den B-Zellen (B-Lymphozyten) des Immunsystems gebildete *Glycoproteine* und stellen die Antwort des Immunsystems auf den Kontakt mit einer körperfremden Substanz (Antigen = antibody generating) dar. Eine B-Zelle trägt an ihrer Oberfläche einen *spezifischen Rezeptor,* welcher beim ersten Kontakt das Antigen bindet und die sogenannte *primäre Immunantwort* auslöst. Dabei findet eine Vermehrung und Differenzierung der B-Zellen in Plasma- und Gedächtniszellen statt, was bewirkt, dass bei einer weiteren Immunisierung mit demselben Antigen größere

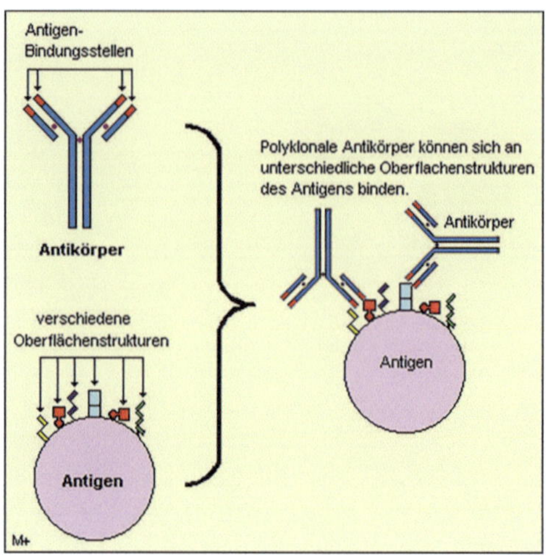

Abb. 12.20 Schema der Bindung von polyklonaren Antikörpern an verschiedenen Oberflächenstrukturen eines Antigens

Mengen an Antikörpern *(Immunglobulinen)* ausgeschüttet werden *(sekundäre Immunantwort).* Da ein Antigen über verschiedene bindungsfähige Teilstrukturen (Epitope) an B-Zellen-Rezeptoren gebunden werden kann, werden bei unterschiedlichen Typen von B-Zellen Immunreaktionen ausgelöst. Jeder Typ regt die Produktion eines eigenen Antikörperklons an, weshalb man die entstandenen Antikörper als *polyklonale Antikörper* gegen das jeweilige Antigen bezeichnet. Abb. 12.20 zeigt das Schema der Bindung von *polyklonalen Antikörpern.*

Durch die zelltechnische Vermehrung von B-Lymphozyten ist es möglich, monospezifische, sogenannte *monoklonale Antikörper* herzustellen. Die B-Zelle wird durch Fusion mit einer permanent wachsenden Tumorzelle (Myelomzelle) verschmolzen. Es entsteht eine sogenannte *Hybridomzelle,* welche die Eigenschaften beider Zelltypen miteinander vereint: die Antikörperproduktion und das permanente Wachstum (Köhler und Milstein 1975). Neben den klassischen Herstellmethoden von Antikörpern gibt es die mittels *genetic engineering* hergestellten *rekombinanten* Antikörper. Hierbei werden die Aminosäurensequenzen und die Sequenzlängen der variablen Sequenzen der leichten und schweren Ketten *variiert* und mittels gentechnischer Methoden *vervielfältigt* und somit die *evolutionäre Mutagenese* bei der natürlichen Erzeugung von Antikörpern künstlich nachgeahmt. Die dadurch erhaltenen Antikörperbibliotheken werden durch gezieltes Screening nach gewünschten Zielstrukturen selektiert und die entsprechenden hochspezifischen Antikörper ausgewählt.

Darüber hinaus werden künstlich hergestellte *Templates* hergestellt, welche die Eigenschaften von Antikörpern imitieren können, aber stabiler gegen äußere Einflüsse sind. Meist werden synthetische Polymere als *Antikörper-Templates* verwendet. Die wichtigsten Vertreter dieser Gruppe von Polymeren sind die sogenannten *Molecular Imprinted Polymers.*

Neuere Entwicklungen zur gezielten Herstellung von spezifischen antikörperähnlichen Rezeptoren sind die Verwendung von kurzen, *einzelsträngigen DNA-* oder *RNA-Oligonukleotiden* (25 Basen bis 70 Basen), die ein spezifisches Molekül über ihre 3D-Struktur binden können, sogenannte *Aptamere.* Sie binden an Proteine, niedermolekulare Stoffe und auch an Viruspartikel. Aptamere haben Dissoziationskonstanten im pico- bis nanomolaren Bereich. Das bedeutet, sie binden an ihre Zielmoleküle ähnlich stark wie Antikörper. Diese hohe Spezifität wird erreicht, indem sich die 3D-Struktur des Oligonukleotides genau um den Bindungspartner herumfaltet. Die wichtigsten Interaktionen neben der Passgenauigkeit sind elektrostatische Wechselwirkungen, Wasserstoffbrücken und Basen-Stapelung.

Antikörper sind *Immunglobuline* (*Ig*) und treten in fünf verschiedenen Klassen auf (*IgA, IgD, IgG* und *IgM*). Diese sind zwar strukturell ähnlich aufgebaut, aber erfüllen funktionell unterschiedliche Aufgaben im Ablauf der Steuerung der Immunantwort. Für immunologische Nachweisverfahren werden hauptsächlich Antikörper der Klasse der IgG eingesetzt. Sie besitzen ein Molekulargewicht von ca. 150 kD und stellen den größten Anteil der Gesamtimmunglobuline mit 80 % bzw. 8 mg bis 16 mg IgG pro ml Serum dar. Das Grundgerüst des Glycoproteins stellen zwei Polypeptidketten, die sogenannten *schweren Ketten,* aus etwa 450 bis 550 Aminosäuren dar (ca. 50 kD), die über Disulfid-Brücken kovalent mit den leichten Ketten aus etwa 220 Aminosäuren (ca. 25 kD) verknüpft sind. Die schweren Ketten tragen die für den Namen *Glycoprotein* verantwortlichen Kohlenhydrat-Seitenketten. Abb. 12.21 zeigt den Y-ähnlichen schematischen Aufbau und das Strukturmodell eines Immunglobulins der Klasse G (IgG).

Die spezifische Bindung zwischen Antigen und Antikörper beruht auf der sogenannten *Schlüssel-Schloss-* oder *Induced Fit-Reaktion,* die auch bei den enzymatischen Reaktionen eine zentrale Rolle spielt. Die Wechselwirkung zwischen Ligand und Rezeptor basiert dabei auf nicht-kovalenten Bindungen zahlreicher funktioneller Gruppen. Dies führt zu einem stabilen dreidimensionalen Komplex, dem sogenannten *Affinitätskomplex.* Da die Ausbildung des Affinitätskomplexes ein

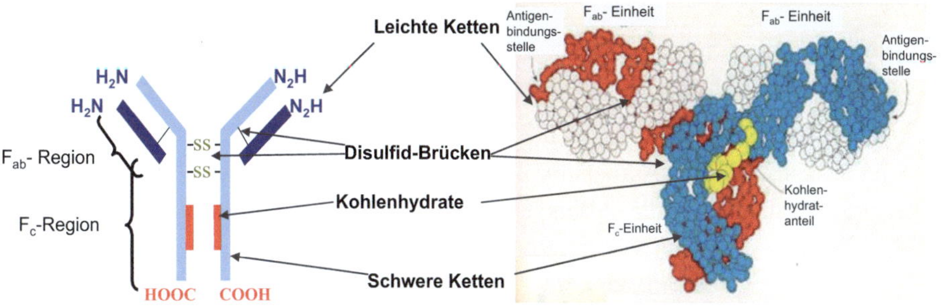

Abb. 12.21 Schematischer Aufbau und Strukturmodell eines IgG-Antikörpers. (Quelle: Harris et al. 1997)

Zusammenspiel vieler Einzelreaktionen unter Einbeziehung der räumlichen Struktur der Komponenten erfordert, weisen Reaktionen dieses Typs eine *hohe Spezifität* auf. Den speziellen Fall der Affinitätsanalytik, in dem die Affinität des Antikörpers zu einem bestimmten Antigen zunutze gemacht wird, bezeichnet man als *Immunanalytik.* Zum Einsatz kommen unterschiedlich aufgebaute *Immunosensoren* oder *Immunoassays.*

Die Bindung des Antikörpers erfolgt über *antigene Determinanten,* sogenannte *Epitope* aus 5 bis 8 Aminosäuren und setzt eine *sterische Komplementarität* beider Komponenten voraus. Räumlich betrachtet gibt es für die Ausbildung einer Antikörperbindungsstelle innerhalb des Antigen-Proteins zwei Möglichkeiten:

1. Die beteiligten 5 bis 8 Aminosäuren sind alle kovalent aneinander gebunden und gehören einem Polypeptidstrang an. Dieser Fall wird als *kontinuierliches* oder *lineares Epitop* bezeichnet.
2. Die räumliche Form des Epitops und damit auch die beteiligten Aminosäuren werden durch die räumliche Faltung, also die Quartärstruktur des Proteins festgelegt. Es handelt sich dann um eine *diskontinuierliche* oder *konformationelle Struktur* des Epitops.

Bei der Bindung eines Proteins (Antigen), welches eine Größe von ca. 20 kDa aufweist, beansprucht die Wechselwirkung mit einem Antikörper nur 5 % bis 10 % der Oberfläche des Antigens. Je nach sterischer Beschaffenheit des Antikörpers kann ein Antigen 5 bis 10 Antikörper binden.

Die Spezifität bei der Ausbildung eines *Antikörper-Antigen-Affinitätskomplexes* ist dadurch bedingt, dass die Gesamtheit zahlreicher nicht-kovalenter Bindungen, die in drei Dimensionen zwischen Antigen und der F_{ab}-Region des Antikörpers geknüpft werden, die Bindungsenergie bestimmt (Tab. 12.1 in Abschn. 12.1.1) (Oss 1992).

Bei der affinen Wechselwirkung wird pro Antikörperbindung eine *Bindungsenergie* (ΔGo) von etwa 20 kJ/mol bis 90 kJ/mol frei, die sich aus der Summe aller vorkommenden nicht-kovalenten Bindungen zusammensetzt.

Die Antigen(Ag)-Antikörper(Ak)-Bindung hängt also von den physikalischen und chemischen Eigenschaften der *Reaktanten* ab und folgt dem *Massenwirkungsgesetz:*

$$\mathrm{Ak} + \mathrm{Ag} \rightleftarrows \mathrm{Ak} \cdot \mathrm{Ag}$$

$$\mathrm{K} = \frac{\mathrm{k}_1}{\mathrm{k}_2} = \frac{[\mathrm{Ak} \cdot \mathrm{Ag}]}{[\mathrm{Ak}] + [\mathrm{Ag}]}$$

K: Affinitätskonstante; k_1: Assoziationskonstante; k_2: Dissoziationskonstante; [AkZAg]: Konzentration an gebildetem Affinitätskomplex in mol/l; [Ag]: Antigenkonzentration mol/l; [Ak]: Antikörperkonzentration mol/l.

Gemäß dieser Gleichung gibt die Größe von K Auskunft über die Stabilität des Affinitätskomplexes. Kinetische Untersuchungen haben ergeben, dass k_1 bei Affinitätsreaktionen Werte in der Größenordnung von 10^7 l/mol bis 10^8 l/mol annehmen und sich k_2 zwischen 10^{-5} l/mol (große Affinität) und 10^3 l/mol (geringe Affinität) bewegen, was einer Affinitätskonstanten von 10^4 l/mol bis 10^{13} l/mol entspricht (Steward und Steensgaard 1983).

Mit immunologischen Analyseverfahren können sehr unterschiedliche Analyte (Antigene) nachgewiesen werden. Dies sind einerseits Proteine (hierzu gehören Zellrezeptoren wie Tumormarker, Enzyme, Allergene, Hormone aber auch die Antikörper selbst), Viren, Zellen (z. B. Tumorzellen, Bakterien, Mikroorganismen) oder Haptene (also kleinere Moleküle wie Toxine, Medikamente, Antibiotika, Xenobiotika wie z. B. Pestizide, Sprengstoffe). Je nach Analyt wird auch ein unterschiedliches Verfahren, das *Immunoassay-Format* oder *Immunoassay-Design,* angewendet.

Die Testformate können in *homogene* und *heterogene Immunoassays* eingeteilt werden. Bei den *homogenen* Immunoassays befinden sich *alle Komponenten in Lösung;* der Assay wird ohne Waschschritte durchgeführt. Sie werden meist als *immunologischer Schnelltest* eingesetzt (z. B. als Teststreifen). Bei *heterogenen Immunoassays* ist eine Komponente (Antikörper oder auch Antigen) an eine *feste Phase* gebunden, während der *Analyt* in *Lösung* vorliegt. Hierbei muss die fest gebundene und freie Phase voneinander getrennt werden. Diese verschiedenen Verfahren können mit unterschiedlichen Auslesetechniken kombiniert werden.

12.5.1 Direkte Immunosensoren

Zur Auslesung der Antigen-Antikörper-Reaktion sind direkte, markierungsfreie Verfahren bekannt. *Direkte Immunosensoren* kommen ohne chemische Modifizierung der biologischen Komponenten aus. Die Beobachtung der Antigen-Antikörper-Wechselwirkung erfolgt in *Realzeit.* Zu dieser Gruppe gehören *piezoelektrische Immunosensoren,* bei denen massensensitive Schwingquarze als Transducer dienen, die über Frequenzänderung Auskunft über die Menge an gebundenem Analyten geben. *Potenziometrische Immunosensoren* werten die durch die Antigen-Antikörper-Reaktion entstandene Potenzialverschiebung an einer Elektrodenoberfläche aus. Mittels optischer Immunosensoren (Ellipsometrie, Oberflächenplasmonenresonanz) wird aus der Schichtdicken-Zunahme durch Ausbildung des Affinitätskomplexes auf die Menge an gebundenem Analyt geschlossen (Abschn. 12.2).

12.5.2 Indirekte Immunosensoren

Indirekte Immunosensoren benötigen zur Detektion eines messbaren Signals eine *Markierung,* d. h., eine chemische Modifizierung einer der Immunokomponenten. Je nach Markierung wird zwischen *Radioimmunoassay (RIA), Fluoreszenzimmunoassay (FIA)* und *Enzymimmunoassay (EIA)* unterschieden. Beim Radioimmunoassay ist dieser Marker ein radioaktives Isotop. Durch Messung des Isotopenzerfalls wird die Konzentration an gebundener markierter Substanz bestimmt. Häufiger wird jedoch ein optisches Signal erzeugt. Beim Fluoreszenzimmunoassay beispielsweise trägt eine Komponente einen Fluoreszenzmarker. Die Intensität der Fluoreszenz führt zum Sensorsignal.

Enzymimmunoassays basieren auf der Existenz eines enzymmarkierten Reaktionspartners. Gängige Enzyme sind alkalische Phosphatase, β-Galaktosidase, Urease, Glucoseoxidase und Peroxidase, welche nach Zugabe eines geeigneten Substrats eine Spaltungsreaktion zu einem optisch oder elektrochemisch aktiven Molekül katalysieren. Die Auslesung des Sensorsignals erfolgt dann entweder optisch (z. B. fotometrisch) oder elektrisch. Aufgrund der schwierigen Handhabung des sehr sensitiven RIA (schneller Isotopenzerfall, Erzeugung radioaktiven Abfalls), werden vor allem FIA und vor allem EIA eingesetzt.

Eine weitere Einteilung der Immunoassays erfolgt nach ihrem Immunoassay-Format in nicht-kompetitive, kompetitive (Abb. 12.22) und Verdrängungsimmunoassays (Abb. 12.23).

Nicht-kompetitiver (Sandwich-)Immunoassay

Beim *Sandwich-Immunoassay* wird ein *Fängerantikörper* an die feste Phase gebunden und dessen Reaktion mit dem in Lösung befindlichen Antigen (Analyt) mit einem im Überschuss eingesetzten, markierten Sekundärantikörper ausgelesen. Voraussetzung für

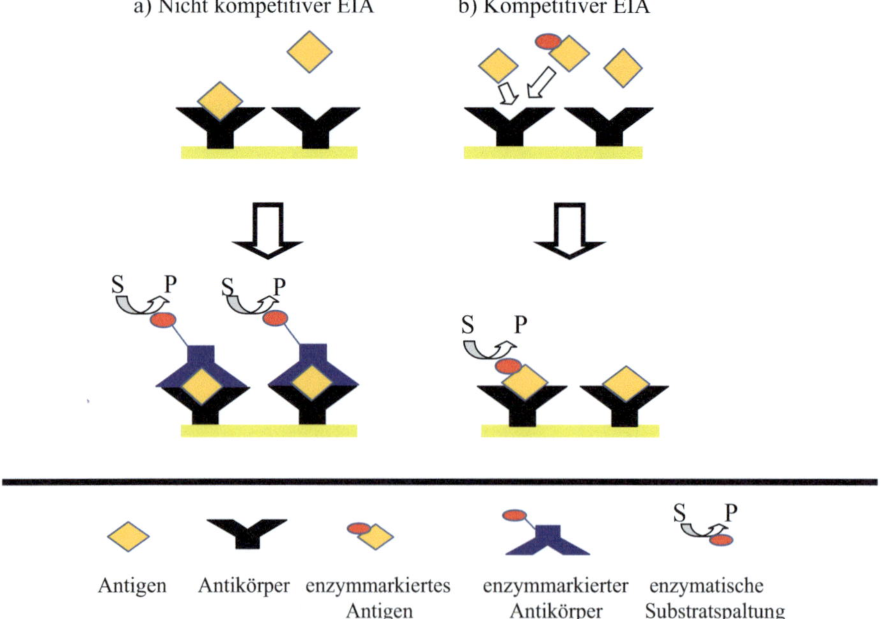

Abb. 12.22 **a**) Schematische Darstellung eines nicht-kompetitiven Sandwichimmunoassays und **b**) eines kompetitiven enzymmarkierten Immunoassays

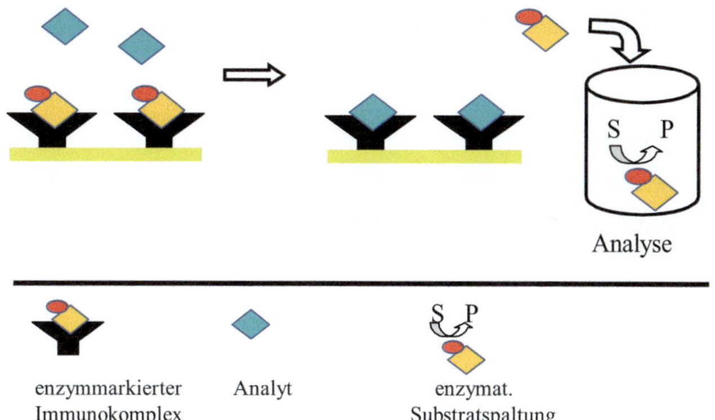

Abb. 12.23 Schematische Darstellung eines Verdrängungsimmunoassays

diesen Aufbau ist eine *ausreichende Größe des Antigens,* da es über mindestens zwei Epitope verfügen muss (Abb. 12.22a)). Das durch die enzymatische Substratspaltung gemessene Signal ist *direkt proportional* der Menge an gebundenem Antigen.

Kompetitiver Immunoassay

Kompetitive Immunoassays werden bevorzugt eingesetzt, wenn das Antigen nicht über zwei bindungsfähige Teilstrukturen (Epitope) verfügt. In diesem Fall wird der Analyt mit einem *enzymmarkierten Antigen* versetzt. Unter kompetitiven Bedingungen stellt sich ein Gleichgewicht zwischen enzymmarkiertem Antigen und in der Lösung vorhandenem unmarkierten Antigen ein, welche beide an den Fängerantikörper binden (Abb. 12.22b)). Da die Menge an gebundenem Enzym umso größer ist, je weniger Analyt vorhanden war, ist das gemessene Signal in diesem Fall *umgekehrt proportional* zur Analytmenge.

Verdrängungsimmunoassay

Die Funktion des Verdrängungsimmunoassays beruht auf der Verdrängung einer bereits gebundenen markierten Immunokomponente durch den zu bestimmenden Analyten. Da normalerweise die Dissoziationsrate eines Affinitätskomplexes geringer ist als die Assoziationsrate, wird eine gering affine Antigen-Antikörper-Bindung durch eine höher affine Wechselwirkung ersetzt. Durch Analyse der *Abspaltungsprodukte* kann direkt die Menge an vorhandenem Analyten bestimmt werden (Abb. 12.23).

12.5.3 Anwendungsfelder von Immunosensoren

Immunosensoren stellen die Weiterentwicklung der immunologischen Analysenverfahren dar, die heute bereits als beispielsweise als *Mikrotiterplattentest* in der klinischen Diagnostik, zur *Spurenanalyse* von toxischen Substanzen in der pharmazeutischen und der Nahrungsmittelindustrie sowie in der *Umweltanalytik* ihre Anwendung finden. Im Vergleich zu den elektrochemischen Biosensorsystemen für niedermolekulare Stoffwechselprodukte (z. B. Glukose, Laktat), die sich bereits als *Point-of-care-Systeme* etabliert haben, werden Immunosensoren nur in kleiner Anzahl in klinischen und kommerziellen Applikationen eingesetzt. Grund dafür ist, dass die Anwendungsfelder eines Immunosensors im Routinebetrieb eines medizinischen Labors noch nicht geklärt sind. Darüber hinaus sind technologische Probleme wie die *Vergleichbarkeit* der Antikörper auf der jeweiligen Transduceroberfläche, die *Orientierung* und die *spezifischen Eigenschaften* der Antikörper sowie die *Immobilisierung* noch nicht gelöste Probleme. Voraussetzung für eine erfolgreiche Etablierung von Immunosensoren in der klinischen Diagnostik sowie in anderen Anwendungsbereichen ist, dass die Messungen mit einer *hohen Präzision* und *Richtigkeit* ablaufen, das Gerät *vollautomatisierbar* ist sowie *schnelle Analysezeiten* realisierbar sind. Das größte Potenzial solcher Immunosensoren liegt im Bereich der Anwendung als mobiles Analysengerät. Dies können point of care-Anwendungen für den *home care-Bereich* sein, um einen ersten Gesundheitscheck selbst zu Hause durchzuführen und nur bei Bedarf den Arzt aufsuchen zu müssen.

Darüber hinaus könnten Immunosensoren als mobiles Analysengerät für die klinische Analytik im Bereich der Notfallmedizin ihren Einsatz finden: Eine schnelle vor Ort Diagnostik bei Herzinfarkt oder bei anderen lebensbedrohlichen Krankheiten. Zusätzlich werden heute viele Einsatzmöglichkeiten im Bereich der Umweltanalytik gesehen. Die schnelle vor Ort-Analytik zur Bestimmung der Kontamination von Wasser mit Giftstoffen oder Verunreinigung mit Bakterien könnten weitere neue Einsatzfelder solcher Immunosensoren sein. Abb. 12.24 zeigt ein Beispiel für einen Immunosensor, der für den Einsatz in der klinischen Diagnostik entwickelt wurde. Er dient dazu, quantitativ einen *Herzmarker* cTnI vor Ort nachzuweisen.

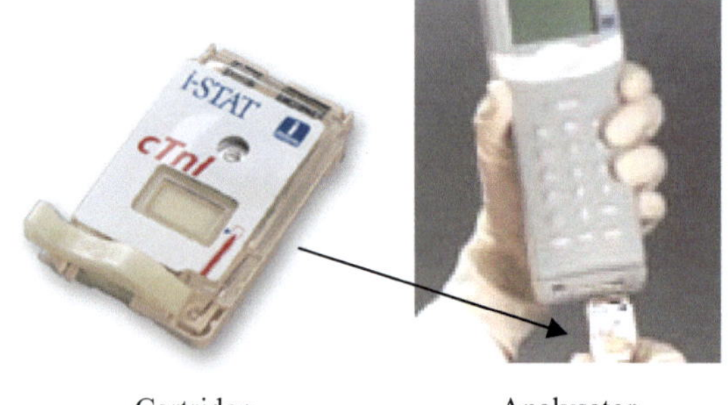

Abb. 12.24 Ein quantitativer amperometrischer Immunosensor zur Detektion von cTnI (Herzmarker bei Herzinfarkt) von i-STAT

12.6 DNA-basierte Sensoren

Die *DNA (Desoxyribunukleinsäure, DNS)* ist der makromolekulare Baustein der Gene. Sie trägt die *Erbinformation* eines jeden Lebewesens und einiger Viren. Beim Menschen enthält die DNA über 3 Mrd. Basenpaare und somit eine große Menge an wichtiger Information. Diese Information ist in einem *Code* verschlüsselt, der nur aus vier Bausteinen, den Nukleinsäuren *Adenin, Thymin, Cytosin* und *Guanin* besteht. Die Entschlüsselung des genetischen Codes verschiedenster Organismen ist allerdings nur ein Teilbereich der DNA-Analytik. Die *Genexpressionsanalyse,* welche die Regulation der Genaktivität untersucht sowie die Analyse von *genetischen Mutationen,* insbesondere *Punktmutationen* (single nucleotide polymorphism, SNP), stehen ebenso im Vordergrund.

Als *Gen* bezeichnet man diesen Abschnitt auf der DNA, der die *Grundinformationen* zur Herstellung einer *biologisch aktiven RNA* (Ribonukleinsäure) enthält. Bei diesem Herstellprozess *(Transkription)* wird eine Negativkopie in Form der RNA hergestellt. Die bekannteste RNA ist die mRNA, die während der Translation ein Protein übersetzt. Ein Gen besteht aus zwei unterschiedlichen Bereichen:

1. einem DNA Abschnitt, der die *einzelsträngige* RNA-Kopie erstellt, und
2. allen anderen DNA-Abschnitte, die an der *Regulation* dieses Vorgangs beteiligt sind.

Die DNA selbst ist ein *Doppelhelixmolekül* (Abb. 12.25b)). Chemisch gesehen handelt es sich um eine Nukleinsäure, ein langes Kettenmolekül (Polymer) aus Einzelstücken, sogenannten *Nukleotiden.* Jedes Nukleotid besteht aus einem Phosphat-Rest, einem Zucker und eine von vier organischen Basen Adenine und Thymin sowie Cytosin and Guanin. Diese sind über Wasserstoffbrücken miteinander verbunden (Abb. 12.25a)).

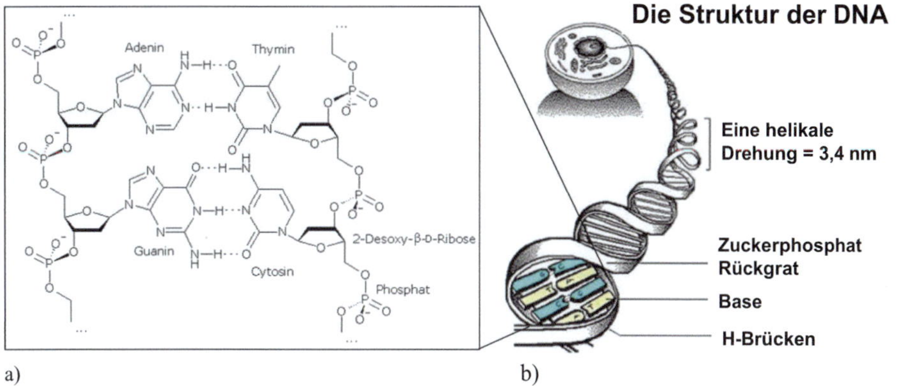

Abb. 12.25 **a**) Wasserstoffbrückenbindung der 4 Nukleotide der DNA und **b**) das Doppelhelixmolekül der DNA

Innerhalb der protein-kodierenden Gene legt die Abfolge der Basen die Abfolge der Aminosäuren des jeweiligen Proteins fest: Im genetischen Code stehen jeweils drei Basen für eine bestimmte Aminosäure.

12.6.1 Hybridisierungsdiagnostik

Ein Großteil der DNA-Analysen beruht auf der Hybridisierungsdiagnostik, d. h. der Nachweis der *spezifischen Wechselwirkung zweier DNA-Stränge* hinsichtlich ihrer Komplementarität. Zur Realisierung der Hybridisierungstechnik wird in der Regel die *DNA-Mikroarray-Technologie* verwendet. Auf diesen DNA-Chips können einen Vielzahl von verschiedenen DNASonden immobilisiert und angeordnet werden. Die Notwendigkeit der Parallelisierung wird verständlich, da z. B. für die Sequenzanalyse durch Hybridisierung Oligomere (DNA-Sonden) mit nur einer Länge von 8 Nukleotiden notwendig sind. Zur Sequenzierung werden allerdings ca. 65.000 verschiedene Sonden-Oligonukleotide gebraucht, die auf einem DNA-Chip immobilisiert und parallel gemessen werden müssen. Darüber hinaus ist es notwendig, das System zu miniaturisieren, da durch die, dem DNA-Test vorgeschaltete, PCR (Polymerase Ketten Reaktion) die zu analysierenden DNA-Produkte in nur sehr kleinen Volumina von < 100 μl vorliegen. In Abb. 12.26 ist der Nachweis einer DNA-Sequenz mithilfe eines *Fluoreszenz-Mikroarray* dargestellt. Zuerst werden die DNA-Sonden auf der Ober-

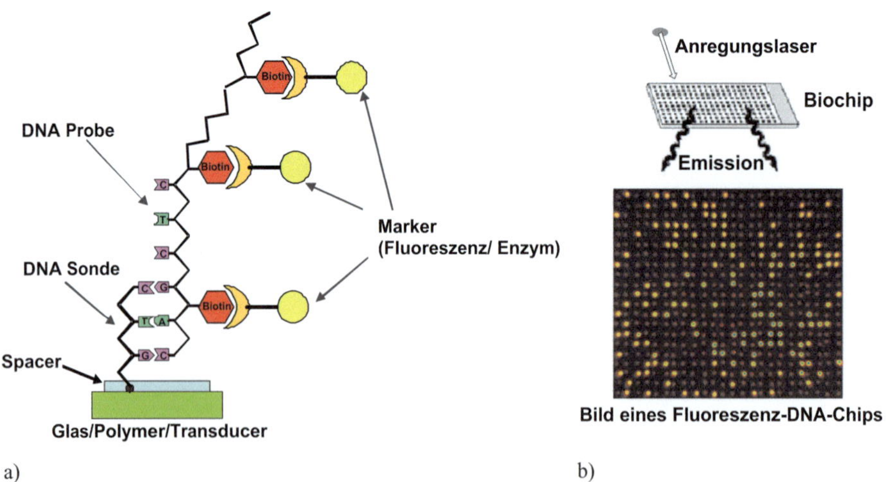

Abb. 12.26 **a**) Schematische Darstellung der Hybridisierung einer DNA Probe auf einem DNA-Chip und **b**) das Ergebnis einer DNA-Chip-Messung nach Anregung bei Fluoreszenz markierten DNA-Proben

fläche des Chips immobilisiert. Danach wird die Probe zugegeben, die entweder ein PCR-Produkt ist oder eine cDNA, die mit einem Biotinmarker bereits gekoppelt ist. Auf dem Chip binden sich die jeweiligen (einzelsträngigen) DNA-Moleküle gemäß den Hybridisierungsregeln spezifisch an die fixierten Oligonukleotide an der Oberfläche. Nach der Hybridisierung wird ein zweiter Marker (Streptavidin gekoppelt an ein Fluorophor oder an ein Enzym) zugegeben, der an die bereits gebundenen Biotinmoleküle bindet. Bei geeigneter Belichtung oder Zugabe eines spezifischen Enzymsubstrates kann das charakteristische Muster von farbig leuchteten Punkten oder elektrischen Mess-Signalen ausgewertet werden.

Im Bereich der *DNA-Chip-Technologie* sind die Herstellung der Mikroarrays, die parallele Dosierung der DNA und die Immobilisierung der DNA-Sonden auf der Oberfläche des Chips von zentraler Bedeutung. Bei DNA-Chips handelt es sich in der Regel um kleine Plättchen aus einem Trägermaterial wie Glas, Kunststoff oder einer Transduceroberfläche (Au, Si3N4), auf der in einer Punktrasteranordnung viele verschiedene DNA-Oligonukleotide mit bekannten Sequenzen fixiert werden müssen. Die Herstellverfahren der DNA-Chips nutzen Techniken aus der Halbleiterfertigung.

Zur Immobilisierung der großen Anzahl von DNA-Sonden werden im Wesentlichen folgende Techniken verwendet:

1. *Fotolithographische Verfahren*
Es werden dabei einzelsträngige DNA-Sequenzen durch lichtgesteuerte Kupplungsreaktionen an den genauen Positionen aufgebaut. Jede Position enthält rund 10 Mio. Moleküle des jeweiligen Oligonukleotids.

2. *Spotting-Techniken*
Um die zur Oligonuklidsynthese benötigen Reagenzien auf die kleinsten Flächen zu dosieren oder bereits vorbereitete einzelsträngige DNA-Sonden zu immobilisieren, werden auch *Nanospotter* verwendet, die ähnlich wie Tintenstrahldrucker funktionieren. Sie können sehr kleine Volumen von 1 nl bis 1,2 nl gezielt auf Oberflächen platzieren.

Es können heute bereits eine Anzahl von 6,5 Mio. Assays auf einer Chipfläche von 1,3 cm^2 untergebracht werden (Fa. Affimetrix). Es gibt eine ganze Reihe von verschiedenen vorbeschichteten Chipoberflächen, die zur Fixierung von Oligonukleotiden Verwendung finden können. Dies ist z. B. die Ankopplung über Aldehyde-, Epoxide-, streptavidin-modifizierte Oberflächen, NHS- oder Amino-Oberflächen.

12.6.2 Anwendung und Einsatz von DNA-Sensoren

1994 brachte die Firma Affimetrix mit dem *HIV Gene Chip* den ersten kommerziellen DNAChip auf den Markt. Heute gibt es für eine breite Anwendung spezielle Arrays für genomische DNA, Plasmide, PCR-Produkte und lange Oligonukleotide die von verschiedenen Herstellern angeboten werden. In Abb. 12.27 sind zwei kommerzielle DNA-Chips dargestellt (ein optischer Affimetrix-Chip und ein elektrochemischer Combimatrix-Chip).

Der derzeitige Weltmarkt für DNA Mikro-Arrays liegt bei 800 Mio. US$, Affimetrix ist der Marktführer.

Zur Untersuchung der *Genexpression* von beispielsweise normalen Zellen und Tumorzellen werden die mRNA oder cDNA aus den Zellen isoliert und mit fluorezierenden Farbstoffen (rot und grün) markiert. Auf dem DNA-Chip sind die Sequenzmotive der Gene als Einzelstrang immobilisiert und können mit den mRNA/c-DNA-Molekülen bei komplementärer Basenfolge hybridisieren. Die Position, Intensität und Wellenlänge der entstehenden Mischfarbe werden mit einer hochauflösenden Laserkamera detektiert und liefern Informationen über die Unterschiede in der Expression der Gene zwischen beiden Proben bzw. Zellen. Es ist hiermit möglich, das Zusammenspiel der Gene in den aktiven Stoffwechselwegen in unterschiedlichen Zellstadien aufzuklären. Auch deshalb sind solche DNA-Chips ein wertvolles Werkzeug in der molekularbiologischen Grundlagenforschung.

Eine weitere wichtige Anwendung ist die *mikrobielle und Virus-Diagnostik.* Die DNA-Chips tragen die charakteristischen DNA-Sequenzen von pathogenen Keimen. Deshalb lassen sich hiermit spezifische Nachweise von Mikroorganismen aus Lebensmitteln, (Ab)Wasser oder Gewebeproben und Blut durchführen. Der große Vorteil des

DNA-Mikroarray

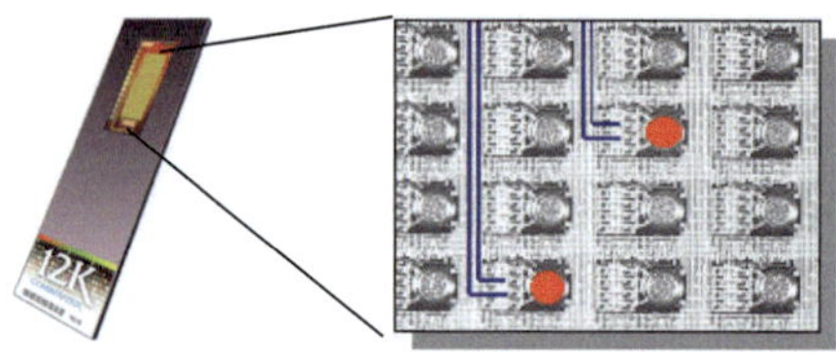

DNA-Mikroarray

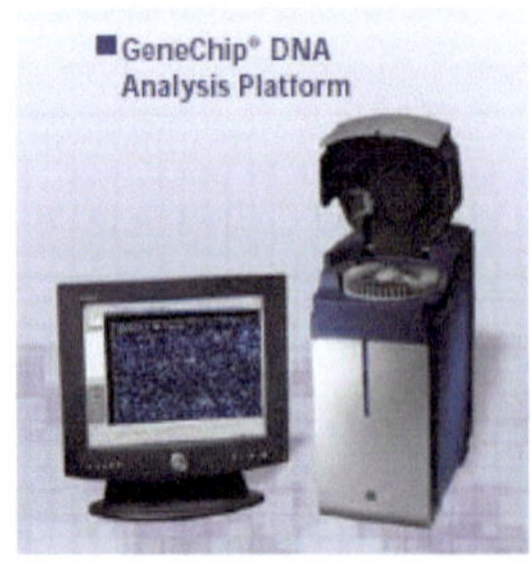

Messgerät der Firma Affimetrix für einen optischen DNA-Mikroarray

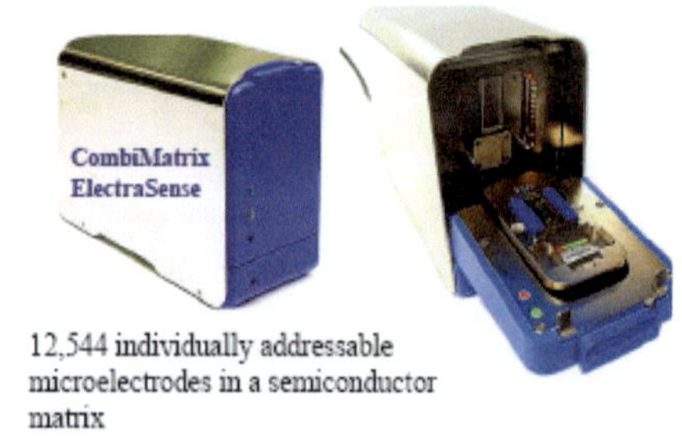

Messgerät der Firma Combimatrix für einen elektischen DNA Mikroarray

Abb. 12.27 Kommerzielle DNA-Mikroarrays. (Werkfotos: Affimetrix und Combimatrix)

genetischen Nachweises von Mikroorganismen ist die Schnelligkeit der Untersuchung. Während ein normaler Bakterien- oder Virusnachweis mehrere Tage dauern kann, ist mittels DNA-Chip die Analyse in wenigen Stunden durchgeführt.

Ein sehr großes und wichtiges Anwendungsgebiet der DNA-Analytik ist die *Tumordiagnostik.* Es wurde bereits ein Chip entwickelt, der 18.000 verschiedene Varianten von Tumorgenen repräsentiert. Damit können sehr ähnliche Formen eines B-Zell-Lymphoms aufgrund ihres Genaktivitätsmusters unterschieden werden. Es stellte sich dabei heraus, dass eine Form der Krankheit, die rund zwei Fünftel der Fälle ausmacht, auf zytostatische Chemotherapie anspricht, die andere Variante dagegen nicht.

Die sogenannten *Einzel-Nukleotid-Polymorphismens (SNPs)* sind kleine Abweichungen in einzelnen DNA-Basenpaaren, die für das Zustandekommen von vielen Krankheiten verantwortlich sind. Sie tauchen in ganzen Genomen (je nach Region) in Abständen von 100 bis 2000 Basenpaaren auf. Gerade für die schnelle Diagnose solcher *individueller Krankheitsvarianten* bieten sich DNA-Chips an. Es werden hierfür Chips verwendet, die alle Kombinationen eines bestimmten *Oligonukleotids* repräsentieren. Es können anhand der *unterschiedlichen Hybridisierungsmuster* kleine Abweichungen zwischen zwei Individuen erkannt werden. Die Korrelation der individuellen Polymorphismen-Muster mit der variierenden Wirksamkeit und Verträglichkeit von Medikamenten liefern dann Informationen für die individualisierte Therapie.

12.7 Zellbasierte Sensorik

Wie bereits in Abschn. 12.1 über biologische Sensorik abgehandelt, werden Zelltests vor allem in der Pharmaforschung und in der Arzneimittelentwicklung zur Ermittlung der Wirkung, Toxizität und den Einfluss auf den Metabolismus im Körper von bestimmten Stoffen verwendet. Mit den in vorangegangen Abschnitten beschriebenen Biosensoren lassen sich zumeist nur gezielte strukturelle Informationen über Substanzen gewinnen. Das Vorhandensein und die Wirkung (z. B. Enzymaktivität) von bestimmten, vorher bekannten Substanzen, ermitteln jedoch weniger die funktionellen Wirkungen. Gerade im Bereich des *Pharmascreenings* sind die Wirkung von Substanzen und der Einfluss auf den Metabolismus von Zellen von großer Bedeutung, da Arzneimittelwirkungen häufig sehr komplex sind und sich nur in ausgewählten Fällen auf einfache Rezeptor-Ligand-Interaktionen reduzieren lassen. Aus diesem Grund ist es häufig erforderlich, ganze Zellen oder sogar Gewebeteile mit in den Test einzubeziehen. Darüber hinaus gibt es derzeit Ansätze, auch die Qualität von Wasser über einen sogenannten *Wirksensor* wie die *Zellsensorik* zu untersuchen. Statt der aufwendigen Fisch-oder Daphinen-Tests zur schnellen Ermittlung der Wasserqualität und Wassertoxizität werden große Potenziale bei der Verwendung von ganzen Zellen gesehen. Wie bei den Arzneimitteln könnte auch die Wirkung von gefährlichen Substanzen, die sich im Wasser befinden, mit einem Zellsensor ermittelt werden. Wie in Abschn. 12.2 beschrieben, gibt es im Pharmabereich verschiedene klassische Zelltests, welche die Wirkung von Substanzen untersuchen.

Neuere Entwicklungen gehen deshalb dahin, ganze Zellen (oder Gewebe) als Rezeptoroberfläche in Kombination mit unterschiedlichen Transducern in einem *Bio(zell)sensorsystem* zu integrieren. Die lebenden Zellen werden direkt auf der Oberfläche eines Trägers kultiviert und bilden dort einen möglichst homogenen Zellrasen aus. Als Träger wird im Idealfall ein Halbleitermaterial verwendet, in das sich relativ leicht Mikroelektroden, Transistoren (z. B. ISFETs), kleine Sensorelemente oder komplette Halbleiterschaltkreise integrieren lassen. Für solche Arten von Zellchips werden derzeit zwei unterschiedliche Anwendungsfelder gesehen. Dies sind zum Einen der *metabolische Zellchip,* der Parameter des Zellstoffwechsels untersucht, zum Anderen der *Neurochip,* der Nervenzellen stimulieren kann sowie die Ableitung der Potenziale misst und damit die Neurotoxizität von Substanzen ermitteln kann.

12.7.1 Metabolischer Zellchip

Es gibt verschiedene Ansätze, den Stoffwechsel von Zellen zu überprüfen, die auch in einem auf Silizium basierten CMOS-Sensor integriert werden können. Die Änderung bzw. die Einflussnahme auf den Stoffwechsel kann beispielsweise über die Zellatmung untersucht werden, die sich in der *Änderung des Sauerstoffverbrauchs* widerspiegelt. Die Zellatmung wie auch der Glukosestoffwechsel der Zelle kann auch durch die Messung der *Änderung der Ansäuerungsleistung* (d. h. der pH-Wert-Änderung) untersucht werden. Darüber hinaus gibt die *morphologische Änderung* der Zellen oder das Ablösen der Zellen vom Zellchip einen Hinweis auf Stoffwechselprozesse bzw. auf den Zustand einer Zelle. Es gibt verschiedene Ansätze, diese *Stoffwechselparameter* bei Zellen direkt und online zu untersuchen. Bei den meisten Systemen wird allerdings nur einer der oben beschriebenen Parameter gemessen. Derzeit gibt es einen Siliziumchip, der diese Stoffwechselfunktionen in einem System integriert hat. Dieses System von der Firma Bionas besteht aus einem *metabolischen Siliziumchip,* der eine Interdigitalstruktur zur Messung der Zelladhäsion, eine Clark-ähnliche Elektrode zur Messung des Sauerstoffverbrauchs und einen ISFET integriert hat, um die *Ansäuerungsleistung* der Zellen zu bestimmen. Der Zellchip ist in einem Modul integriert, welches sich direkt zur Anzüchtung der Zellen eignet. Mit diesem System können gleichzeitig alle drei Parameter online untersucht werden. In Abb. 12.28 sind der Zellchip, Zellen, die auf dem Zellchip kultiviert wurden, und das gesamte Chipmodul zur Messung von Stoffwechselparametern dargestellt.

12.7.2 Neuro-Chip

Zur Untersuchung der Neurotoxizität beim Pharmascreening, werden sogenannte *Neuro-Chips* verwendet. Diese Neuro-Chips enthalten beispielsweise Feldeffekt-Transistoren (FET), die Potenzialänderung an der Zelle messen können. Kommt es zu einer Inter-

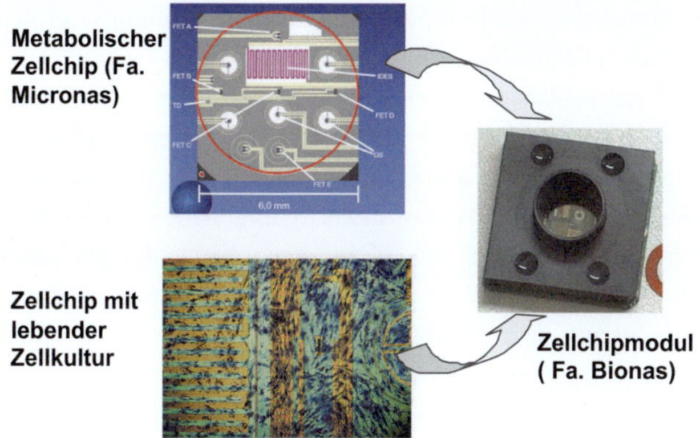

Abb. 12.28 Aufbau eines zellbasierten Sensors zur Messung des Zellstoffwechsels

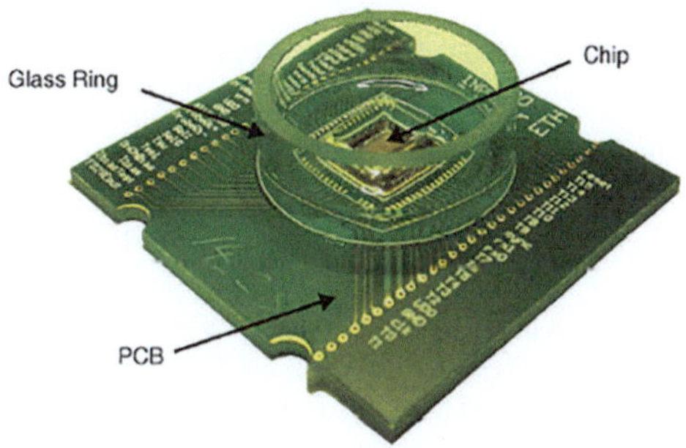

Abb. 12.29 Neuro-Chip zur Messung der Aktivität von Herz- oder Nervenzellen. Nach Heer et al. 2004)

aktion eines Rezeptors mit einem passenden Analyten (Liganden), so wird über eine komplexe Signalkaskade, ein Ionenkanal geöffnet. Durch den *Ionenstrom* kommt es zu einer Potenzialänderung, die erfasst werden muss (Vassanelli und Fromherz 1999). Da viele Nervenzellen zudem noch einen elektrischen Reiz für das Schalten eines Ionenkanals benötigen, kann die Zelle zusätzlich durch eine feine Elektrode kontaktiert werden. Alternativ kann die Stimulation durch Mikroelektroden erfolgen, die sich auf dem Siliziumsubstrat befinden. Diese Messanordnung wird auch als *Neuro-Transistor* bezeichnet (Verwendung von Neuronen als Zell-Elemente). In Abb. 12.29 ist ein Neuro-Chip dargestellt, der an der ETH Zürich zur Untersuchung von Herz- und Nervenzellen entwickelt wurde.

Es gibt eine Reihe von weiteren Ansätzen und Messanordnungen, um die Funktionalität von elektrogenen Zellen zu untersuchen, beispielsweise mit einem *lichtdurchlässigen Zellchip*. Die Zelle befindet sich direkt über einem Loch im Chip, durch das Laserlicht eingestrahlt wird. Dadurch können in der Zelle Moleküle zur Fluoreszenz angeregt werden, die innerhalb der Signalkaskade zwischen Rezeptor und Ionenkanal aktiviert werden. Ein solcher Ansatz wurde bereits für einen Biosensor zum Nachweis von

L-Lymphozyten-Aktivatoren sowie Wirkstoffen realisiert, die mit G-Protein gekoppelten Rezeptoren interagieren (Zahn et al. 1999).

Die Anwendung der zellbasierten Sensoren wird vor allem beim *Screening* von neuen *pharmazeutischen Wirkstoffen* gesehen. Darüber hinaus bieten diese neuartigen Systeme die Möglichkeit, neue Substanzen und Chemikalien auf ihre Toxizität und Stoffwechseleffekte hin zu untersuchen. Dies könnte zukünftig eine neue Untersuchungsmethode bei der *Zulassung* für neue Substanzen sein. Ganz neue Anwendungen werden im Bereich *Wasserqualität* und *Wassersicherheit* gesehen. Derzeit werden zellbasierte Sensoren entwickelt, die in Zukunft sehr schnell erkennen können, wann gesundheitsschädliche Konzentrationen von Stoffen erreicht sind, die durch die Umwelt in den Wasserkreislauf eingetragen oder angereichert wurden (z. B. die Anreicherung von pharmazeutischen Rückständen im Wasser) oder wann toxische Substanzen ins Wasser gelangen (aktiv oder passiv).

Weiterführende Literatur

Alberts, B., Bray, D., Lewis, J.: Molekularbiologie der Zelle, 2. Auf. VCH, Weinheim (1990)

Clark, L.C., Wolf, R., Granger, D., Taylor, Z.: Continuous recording of blood oxygen tensions by polarography. J Appl Physiol. **6**, 189–193 (1953)

Heer, F., et al.: CMOS microelectrode array for the monitoring of electrogenic cells. Biosens. Bioelectron. **20**(2), 358–366 (2004)

Harris, L.J., Larsson, S.B., Hasel, K.W.: Refined structure of an intact IgG2a monoclonal antibody. Biochemistry **36**, 1581 (1997)

Köhler, G., Milstein, C.: Continuous cultures of fused cells secreting antibody of predefined specifity. Nature **256**, 495–497 (1975)

Newmann, J.D., et al.: Home blood glucose biosensors: a commercial perspective. Biosens. Bioelectron. **20**, 2435–2453 (2005)

Niessner, R., et al.: Development of a high sensitive enzyme-immunoassay for the determination of triazine herbicides. Fresenius J. Anal. Chem. **358**, 614–622 (1997)

Roitt, I.M., Brostoff, J., Male, D.K.: Kurzes Lehrbuch der Immunologie, 3. Aufl. Thieme, Stuttgart (1995)

Sethi, R.S.: Transducer aspects of biosensors. Biosens. Bioelectron, 243–264 (1994)

Severinghaus, J.W., Astrup, P.B.: History of blood gas analysis. IV. Leland Clark's oxygen electrode. J Clin Monit. **2**, 125–139 (1986)

Steward, W.M., Steensgaard, J.: Antibody Affinity: Thermodynamic Aspects and Biological Significance. CRC Press, Florida (1983)

Tschmelak, J., et al.: Biosens. Bioelectron. **20**, 1499–1508 (2005)

van Oss, C.J.: Antigen-Antibody-Reactions. Structure of antigens (van Regenmortel, M. H. V.), S. 99–125. CRC Press, Boca Raton (1992)

Vassanelli, S., Fromherz, P.: Transistor Probes Local Potassium Conductances in the Adhesion Region of Cultured Rat Hippocampal Neurons. J. Neurosci. **19**(16), 6767–6773 (1999)

Zahn, M., Renken, J., Seeger, S.: Fluorimetric multiparameter cell assay at the single cell level fabricated by optical tweezers. FEBS Lett **443**, 337–340 (1999)

Messgrößen für ionisierende Strahlung 13

Hartmut Bärwolff

13.1 Einführung und physikalische Größen

Der Mensch ist von sehr vielen Arten von Strahlung umgeben. Es seien hier nur die Sonneneinstrahlung, also das Licht, die Wärmestrahlung eines Heizkörpers, die Strahlung eines Mikrowellengerätes oder die kosmische Strahlung aus den Tiefen des Universums erwähnt. Damit gehört Strahlung zu unserer Umwelt; sie kann auf natürliche Art und Weise entstehen oder mit technischen Geräten erzeugt werden (Abb. 13.1). Strahlung ist ganz allgemein eine Energieform, die sich als *Teilchenfluss* oder als *elektromagnetische Welle* im Raum ausbreitet.

Die Energie ist das wichtigste Unterscheidungskriterium zwischen ionisierender und nicht ionisierender Strahlung. *Ionisierende Strahlung* ist eine Bezeichnung für jede Teilchen- oder elektromagnetische Strahlung, die *Atome* oder *Moleküle ionisieren* kann, also in der Lage ist, Elektronen aus der Elektronenhülle zu entfernen. Das sind in der Regel Ionisationsenergien von mehr als 5 eV (entspricht der Energie eines Elektrons beim Durchlaufen einer Spannungsdifferenz von 5 V). Ionisierende Strahlung kann auch von radioaktiven Stoffen ausgehen. Der Begriff radioaktive Strahlung sollte aber vermieden werden; denn nicht die eigentliche Strahlung ist radioaktiv, sondern der Stoff, der die Strahlung aussendet.

- Handelt es sich um *elektromagnetische Strahlung,* entspricht die Ionisationsenergie von 5 eV etwa Wellenlängen von weniger als etwa 200 nm. Es können deshalb nur

H. Bärwolff (✉)
Fachbereich Elektrotechnik Abteilung Gummersbach der Fachhochschule Köln, Gummersbach, Deutschland
E-Mail: baerwolf@gm.fhkoeln.de

E. Hering und G. Schönfelder (Hrsg.), *Sensoren in Wissenschaft und Technik,*
https://doi.org/10.1007/978-3-658-39491-2_13

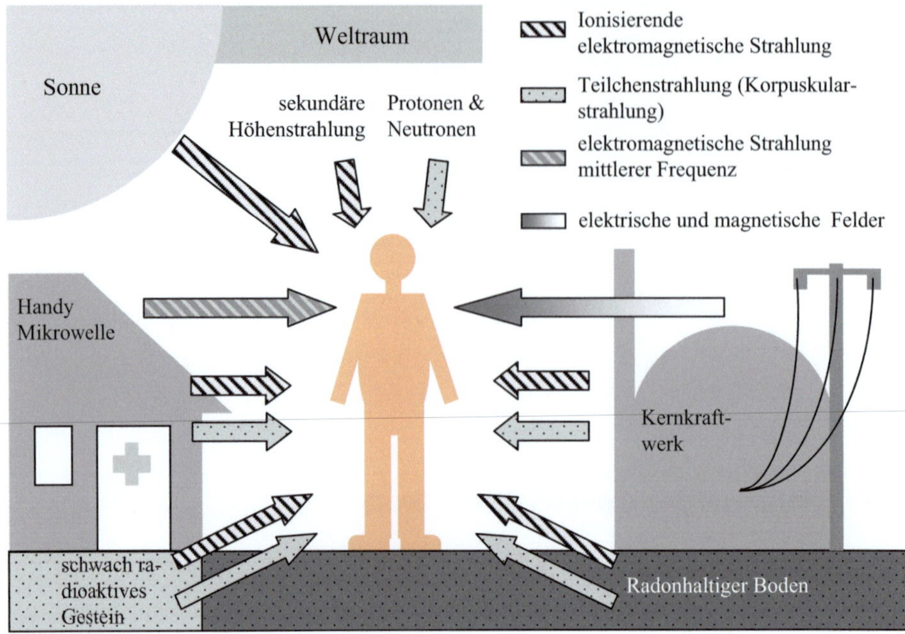

Abb. 13.1 Die unterschiedlichen Strahlenarten

Gammastrahlung, Röntgenstrahlung und kurzwellige Ultraviolettstrahlung Elektronen aus der Atomhülle lösen bzw. Atombindungen auftrennen.

- *Geladene Teilchen* (z. B. Protonen (p), Elektronen (e) oder Mesonen) werden ab 5 eV auch zur ionisierenden Strahlung gezählt.
- *Neutrale Teilchen* wie Neutronen werden auch zur ionisierenden Strahlung gerechnet. Die Ionisation erfolgt hier über indirekte Kernreaktionen oder Streuprozesse.

In Abb. 13.2 sind die Verhältnisse verdeutlicht. Wilhelm Conrad Röntgen entdeckte im Jahre 1895 die X-Strahlen, die später in Röntgenstrahlen umbenannt wurden. Es wird darauf hingewiesen, dass zwischen dem *Wellen-* und *Teilchenaspekt* der Strahlung ein *Dualismus* im Sinne der Quantentheorie besteht. So kann eine Welle als Teilchen und umgekehrt aufgefasst werden. Die Wellen- und Teilchenstrahlung können als *kosmische Strahlung* auf die Erde auftreffen oder auch durch technische Anlagen wie Röntgenröhren oder Beschleuniger erzeugt werden. Insofern ist die kosmische Gammastrahlung auch unter der kosmischen Teilchenstrahlung aufgeführt.

Alpha-(α-), Beta-(β-) und Gamma-(γ-)Strahlung entstehen beim *radioaktiven Zerfall.* Bestimmte Atomkerne, die Radionuklide, zerfallen unter Aussendung von radioaktiver Strahlung, bis sie einen stabilen Endzustand erreicht haben (Abb. 13.3). *Alphastrahlung* besteht aus *doppelt positiv geladenen Heliumkernen.* Diese Strahlung kann weder die

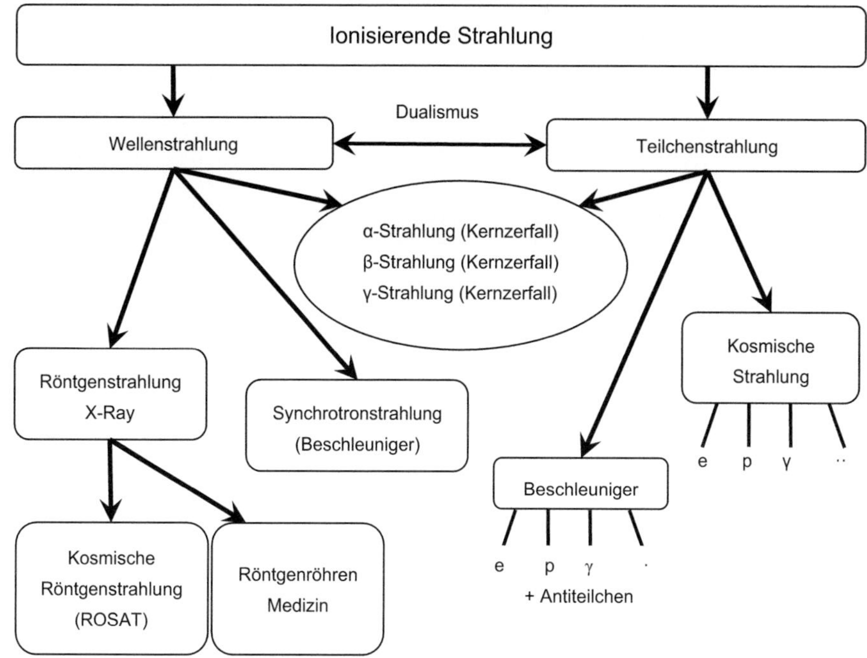

Abb. 13.2 Einteilung der ionisierenden Strahlung

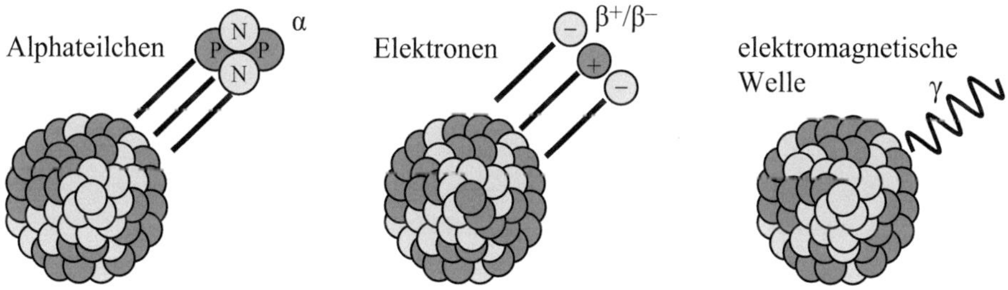

Abb. 13.3 Die Entstehung der radioaktiven Strahlung (N: Neutronen, P: Protonen)

Haut eines Menschen noch Papier durchdringen. *Gammastrahlung* ist *hochenergetische elektromagnetische Strahlung*. Sie weist ein *hohes Durchdringungsvermögen* auf und kann durch Stoffe wie Blei oder Beton abgeschirmt werden. Die *Betastrahlung* besteht aus *Elektronen* oder *Positronen.* Sie weist eine *mittlere Durchdringungsfähigkeit* auf, d. h., in Luft einige Zentimeter bis Meter, im menschlichen Weichteilgewebe bis in den Zentimeterbereich.

Vor radioaktiver Strahlung muss, wie in Abb. 13.4 zu sehen, mit Warnzeichen gewarnt werden.

Abb. 13.4 Warnzeichen vor radioaktiven Stoffen oder ionisierenden Strahlen

Die Wirkungen dieser Strahlung auf den Menschen sind unbestritten und hängen von vielen Faktoren ab. Hierauf wird nur begrenzt eingegangen. Das betrifft ebenso die zahlreichen Anwendungen. Im Folgenden wird die Messung und Bewertung ionisierender Strahlung beschrieben werden. Dazu dienen folgende vier Grundgrößen:

- Strahlungsenergie,
- Aktivität,
- Energiedosis und
- Äquivalentdosis.

Strahlungsenergie

Die Strahlungsenergie E ist eine wichtige Größe zur Beschreibung von Strahlung. Röntgen- und Gammastrahlen transportieren Energie durch Photonen ohne Ruhemasse. Die Energie E ergibt sich zu:

$$E = \mathrm{h} f = \mathrm{h}\,\mathrm{c}/\lambda \tag{13.1}$$

h: Plancksches Wirkungsquantum ($\mathrm{h} = 6{,}626 \cdot 10^{-34}$ Js), f: Frequenz, c: Lichtgeschwindigkeit ($\mathrm{c} = 2{,}9979 \cdot 108$ m/s), λ: Wellenlänge.

Beim Durchgang durch Materie gibt diese Strahlung ihre Energie nicht gleichmäßig längs der Bahn ab, sondern punktuell. Man nennt dies *indirekt ionisierend.*

Die Teilchenstrahlen hingegen haben eine Ruhemasse m. Die kinetische Energie E_{kin} ist der Masse der Teilchen m und dem Quadrat der Teilchengeschwindigkeit v proportional.

$$E = mv^2/2. \tag{13.2}$$

Diese Strahlung wird *direkt ionisierend* genannt und durch die Bethe-Bloch-Formel (Gl. (13.10) in Abschn. 13.2) beschrieben. Befinden sich *unterschiedlich geladene* Teilchen in einem Magnetfeld, können sie über ihre *Ablenkung* unterschieden werden. Ganz allgemein wird die Energie von Strahlung in Elektronenvolt (eV) angegeben werden. Die Energie der Strahlung kann mit *Detektoren* (Abschn. 13.2) sehr genau bestimmt werden. Das ist die Aufgabe der *Energiespektroskopie.*

Aktivität
Die Einheit der Aktivität A ist das Becquerel.Sie beschreibt die Anzahl der Zerfälle pro Sekunde (dN/dt):

$$A = \mathrm{d}N/\mathrm{d}t. \tag{13.3}$$

Es gilt das radioaktive Zerfallsgesetz:

$$N = N_0\, \mathrm{e}^{-(\lambda t)}. \tag{13.4}$$

Eine bestimmte Anzahl von Kernen N_0 zerfällt exponentiell; λ ist die Zerfallskonstante und t die Zeit. Die *Halbwertszeit* $T_{1/2}$ ist die Zeit, nach der die Hälfte der anfangs vorhandenen Atomkerne zerfallen ist. Die Aktivität kann mit einem Detektor und einer Zählvorrichtung gemessen werden.

Energiedosis
Die Aktivität eines Strahlers gibt noch keine Auskunft darüber, wie *gefährlich* die Strahlung ist und welche *biologischen Schäden* zu erwarten sind. Als Energiedosis D bezeichnet man die von einem bestrahlten Objekt über einen Zeitraum *absorbierte Energiemenge dE* pro Masseneinheit dm. Sie ist abhängig von der Intensität der Bestrahlung, der Absorption des bestrahlten Stoffes, der Strahlungsart, der Strahlungsenergie und geometrischen Größen. Sie wird in Gray (Gy) gemessen (1 Gy = 1 J/kg). Es gilt:

$$D = \mathrm{d}E/\mathrm{d}m. \tag{13.5}$$

Die Messung kann prinzipiell über die geringe Temperaturerhöhung durch Strahlungsabsorption im Volumen erfolgen und ist dementsprechend schwierig (Abschn. 13.2).

Äquivalentdosis
Die Energiedosis D, gemessen in Gy, beschreibt die rein physikalische Energiedeposition. Über die biologische Wirkung der Strahlung kann keine Aussage getroffen werden. Die *relative biologische Wirksamkeit* hängt von der Strahlenart, der Energie, der zeitlichen Einwirkung und weiteren Einflussgrößen ab. Man hat deshalb in Abhängigkeit von der Strahlenart einen Qualitätsfaktor $\mathrm{w_R}$ *(Strahlenwichtungsfaktor)* festgelegt. Der Strahlenwichtungsfaktor für einige Strahlenarten ist in Tab. 13.1 zu sehen. Er hängt teilweise auch noch von der Energie der Teilchen oder der Strahlung ab.

Die *Äquivalentdosis H* (gemessen in Sievert; Sv; 1 Sv = 1 J/kg)) ist ein Maß für die Stärke der *biologischen Wirkung* einer bestimmten Strahlendosis. Sie ergibt sich durch Multiplikation der Energiedosis D mit dem Strahlenwichtungsfaktor $\mathrm{w_R}$, der in vereinfachter Weise die relative biologische Wirksamkeit der betreffenden Strahlung beschreibt. Es gilt:

$$H = \mathrm{w_R} D. \tag{13.6}$$

Tab. 13.1 Strahlenwichtungsfaktoren w_R für unterschiedliche Strahlenarten

Strahlenart	Strahlenwichtungsfaktor
α-Strahlen	20
β-, γ-Strahlen	1
Röntgenstrahlen	1
schnelle Neutronen	10
thermische Neutronen	3
Protonen	5 bis 10
schwere Rückstoßkerne	20

Der Strahlenwichtungsfaktor w_R ist für Beta- und Gammastrahlung gleich 1; die Äquivalentdosis H ist hier also zahlenmäßig gleich der Energiedosis D. Für andere Strahlenarten gelten Faktoren bis zu 20 (z. B. α-Teilchen).

Ionendosis

Des Weiteren ist die Ionendosis I von Interesse. Sie ist ein Maß für die *Stärke der Ionisierung,* ausgedrückt durch die freigesetzte Ladung Q pro Masse m (Maßeinheit J/kg) des bestrahlten Stoffes. Sie kann mit Ionisationskammern bestimmt werden (Abschn. 13.2). Es gilt:

$$I = \mathrm{d}Q/\mathrm{d}m. \tag{13.7}$$

Alle Dosisgrößen können auch pro Zeiteinheit erfasst werden. Dann ergeben sich die entsprechenden *Leistungsgrößen.*

13.2 Wechselwirkung von ionisierender Strahlung mit Materie

Im vorherigen Abschnitt wurden die grundlegenden physikalischen Messgrößen beschrieben. Darüber hinaus können je nach physikalischer Fragestellung das zeitliche Auftreten von Strahlung, der Impuls, der Ort, die Reichweite, die Halbwertszeit, der Emissionswinkel oder auch noch andere Größen von Interesse sein. Für den Nachweis von Strahlung ist die *Phänomenologie* der *Wechselwirkung* von ionisierender Strahlung mit Materie ein wichtiges Thema. Abb. 13.5 gibt hierzu einen Überblick.

Es erfolgt eine grobe Einteilung der Strahlung in *geladene Partikelstrahlung, neutrale Partikelstrahlung* und *elektromagnetische Strahlung*. Ionisierende elektromagnetische Strahlung (Gamma- oder Röntgenquanten) ionisieren nicht fortlaufend auf ihrem Weg wie beispielsweise Teilchenstrahlung. Die Wechselwirkung dieser Quanten mit Materie erfolgt im Wesentlichen durch einen der folgenden drei Prozesse: *Fotoeffekt, Compton-Effekt* und *Paarbildungseffekt.* Diese werden nachfolgend beschrieben.

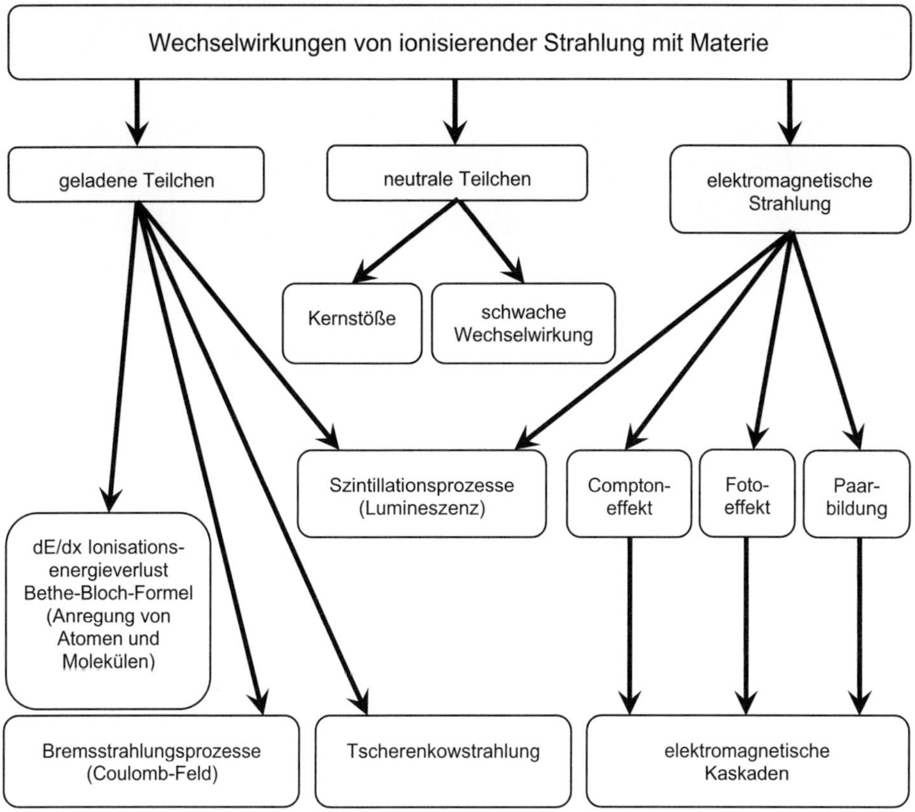

Wechselwirkungen von ionisierender Strahlung mit Materie
geladene Teilchen
neutrale Teilchen
elektromagnetische Strahlung
Kernstöße
schwache Wechselwirkung
Szintillationsprozesse (Lumineszenz)
Compton-effekt
Foto-effekt
Paar-bildung
dE/dx Ionisations-energieverlust Bethe-Bloch-Formel (Anregung von Atomen und Molekülen)
Bremsstrahlungsprozesse (Coulomb-Feld)
Tscherenkowstrahlung
elektromagnetische Kaskaden

Abb. 13.5 Wechselwirkung von ionisierender Strahlung mit Materie

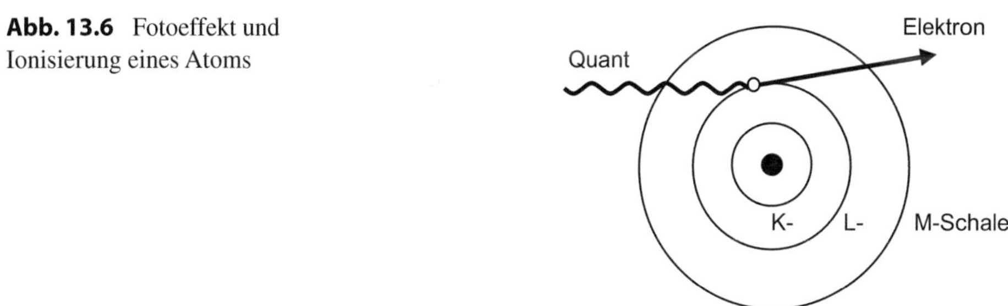

Abb. 13.6 Fotoeffekt und Ionisierung eines Atoms

Elektron
Quant
K-
L-
M-Schale

Fotoeffekt

Trifft ein hochenergetisches Quant auf ein Atom, so kann es ein Elektron aus den inneren Schalen herauslösen. Als *Sekundärprozess* können eine charakteristische *Röntgenstrahlung* oder ein *Auger-Elektron* entstehen. Abb. 13.6 verdeutlicht diesen Prozess. Dieser Effekt kann auch am Kern als *Kernfotoeffekt,* im Rahmen des Bändermodells am

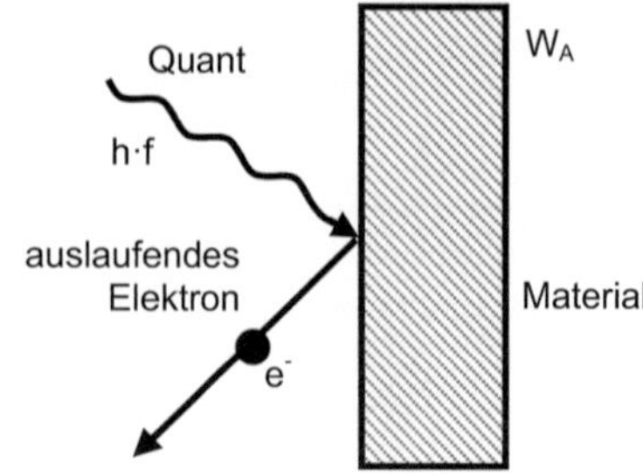

Abb. 13.7 Lichtelektrischer Effekt

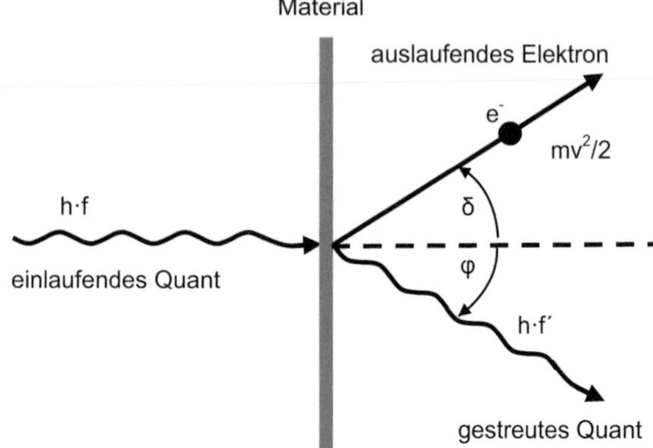

Abb. 13.8 Compton-Effekt

einfachen Halbleiter oder am pn-Übergang auftreten. Er wird in vielfacher Form für den *Teilchennachweis* genutzt. Das durch die hochenergetische Strahlung erzeugte Elektron kann elektronisch ausgelesen und verstärkt werden.

Wenn das Quant nicht ionisierend ist, sprechen wir vom *lichtelektrischen Effekt* (Abb. 13.7). Dieser spielt beim Nachweis von ionisierender Strahlung auch dann eine Rolle, wenn über einen Lumineszenz-Effekt die ionisierende Strahlung in sichtbares Licht umgewandelt wird und in einem zweiten Prozess das Licht über den lichtelektrischen Effekt in Elektronen umgewandelt wird.

Compton-Effekt

Der Compton-Effekt beschreibt die Wechselwirkung zwischen einem Photon mit einem freien oder quasifreien Elektron. Trifft ein Röntgenquant auf ein Material, dessen Elektronen nur mit geringer Bindungsenergie an das Atomgitter gebunden sind, finden *Stoßprozesse* zwischen den Photonen und den Elektronen statt. Die Energie des Quants $E = \mathrm{h}\, f$ *(f: Frequenz)* wird teilweise auf das Elektron als kinetische Energie E_{kin} übertragen. Das auslaufende Quant hat die Energie $E' = \mathrm{h}\, f'$. Die nachfolgende Gleichung und Abb. 13.8 verdeutlichen den Sachverhalt:

$$E = \mathrm{h}f = \mathrm{h}f'' + mv^2/2. \tag{13.8}$$

Man kann deshalb hinter dem Streuobjekt neben den ungestreuten Photonen auch *gestreute Photonen* nachweisen, die eine *abweichende Wellenlänge* und damit Energie aufweisen. Die Wellenlängendifferenz Δλ beträgt (m_0: Masse des Elektrons):

$$\Delta\lambda = \frac{\mathrm{h}}{m_0\,\mathrm{c}}(1-\cos\varphi). \tag{13.9}$$

Die Wellenlängendifferenz Δλ ist nur vom Winkel φ zwischen der Primärstrahlung und der Streustrahlung abhängig. Der Compton-Effekt ist ein wichtiger Effekt für den Nachweis von *Photonen.*

Paarbildungseffekt

Der Paarbildungseffekt ist zwar für den Teilchennachweis weniger interessant, spielt aber in der Wechselwirkungs-Phänomenologie eine wichtige Rolle. Ein hochenergetisches Quant kann im Coulomb-Feld eines schweren Atoms in ein Elektron und ein Positron zerstrahlen. Der Prozess ist in Abb. 13.9 dargestellt.

Welche der oben beschriebenen drei Effekte überwiegen, hängt von der Energie der Photonen und den Massenzahlen der beteiligten Atomkerne ab. Bei geladenen Teilchen findet die *Wechselwirkung* über *Ionisation* und *Anregung* statt. Ein Elektron erzeugt beispielsweise längs eines Weges ionisierte Atome und freie Elektronen. Es findet eine Vielzahl von Stößen statt. Der Energieverlust eines Teilchens beim Durchtritt durch Materie hängt im Wesentlichen von der Ladung, der Geschwindigkeit und den Materieeigenschaften ab. Das wird durch die Bethe-Bloch-Gleichung (Gl. (13.10) in vereinfachter Form) beschrieben:

$$\frac{\Delta E}{\Delta x} \approx \frac{\mathrm{z}^2 Z}{v^2 A}\ln(\alpha\,E). \tag{13.10}$$

Dabei ist: ΔE: Energieabgabe auf der Strecke Δx, z: Teilchenladung; Z: Kernladungszahl des Materials, *v:* Geschwindigkeit des Teilchens, α: Materialkonstante, *E:* Teilchen-Gesamtenergie.

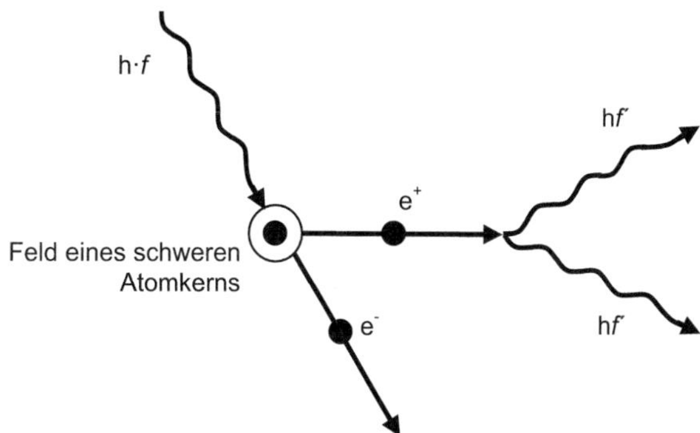

Abb. 13.9 Paarbildungseffekt

Die Reichweite von Alpha-Strahlung oder Beta-Strahlung ist ganz unterschiedlich. So werden Alpha-Teilchen mit einigen MeV Energie schon nach wenigen cm in Luft gestoppt. Die Reichweite von Beta-Strahlung gleicher Energie könnte einige Meter betragen. Die Gl. (13.10) muss für sehr hohe Energien erweitert werden. Es gewinnen zusätzliche Strahlungsmechanismen wie die Bremsstrahlung oder die Tscherenkowstrahlung an Bedeutung (Abb. 13.5).

Der Nachweis von *neutralen Teilchen* ist schwierig und hängt stark von der Teilchenart ab. Hier soll nur kurz auf Neutronen eingegangen werden. In der Regel wird man die *sekundären geladenen Produkte* der Wechselwirkung eines Neutrons mit Kernen oder anderen Teilchen nachweisen. Es können hier *unterschiedliche Prozesse* an Kernen stattfinden (z. B. elastische oder inelastische Streuung oder Absorption mit Teilchenemission).

In Abb. 13.10 sind die verschiedenen physikalischen Prozesse bei der Wechselwirkung von ionisierender Strahlung mit Materie zu sehen. Die Länge der Prozessketten ist ein Maß für die Reichweiten.

Strahlenbelastung der Menschen

Ionisierende Strahlung tritt in geringer Dosis als *natürliche Strahlenbelastung* auf. Diese besteht unter anderem aus der kosmischen Strahlung und der Strahlung radioaktiver Stoffe, die auf natürliche Weise in der Erde und in der Atmosphäre vorkommen,

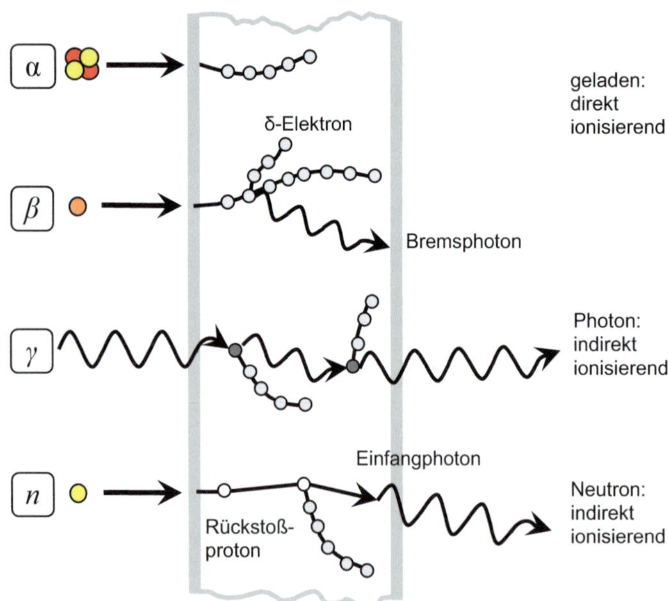

Abb. 13.10 Wechselwirkung ionisierender Strahlung mit Materie

wie beispielsweise Radionuklide. Prinzipiell kommt der Mensch über Inkorporation mit der Nahrungsaufnahme, Inhalation der Atemluft, Exposition in Form von kosmischer Strahlenbelastung oder Kontamination mit Strahlung in Berührung. Letzteres ist normalerweise nicht der Fall. Die beiden anderen erwähnten Möglichkeiten sind aber im realen Leben gegeben. So senden bestimmte Baumaterialien oder auch Nahrungsmittel ionisierende Strahlung aus. Bei der medizinischen Anwendung von Diagnoseverfahren wie dem Röntgen oder der Computertomografie kommt man sehr wohl mit erhöhten Dosen ionisierender Strahlung in Berührung. Die Strahlentherapie zur Bekämpfung von Krebserkrankungen wendet noch stärkere Strahlungsdosen an.

13.3 Einteilung der Sensoren

Die Sensoren oder auch Detektoren zum Nachweis ionisierender Strahlung können nach ihren unterschiedlichen physikalischen Wirk-Prinzipien eingeteilt werden In Tab. 13.2 ist eine Einteilung nach ihrer *Nachweisgröße* zu sehen. Im einfachsten Fall kann die *fotographische* oder *chemische Wirkung* der hochenergetischen Strahlung ausgenutzt werden, wie bei den einfachen *Dosimetern*. Diesbezüglich können auch *Leuchtzentren* genutzt werden. In der überwiegenden Mehrzahl der Fälle werden *elektrische Ladungen* für den Nachweis genutzt, die in *Gaszählern* durch Direktabsorption erzeugt werden. In einem *Halbleiterzähler* kann die Strahlung ebenfalls direkt absorbiert werden oder über den Umweg der Konversion in sichtbares Licht detektiert werden.

Eine Übersicht über die vielfältigen Möglichkeiten, insbesondere was die modernen Halbleiterbauelemente betrifft, wird in Abb. 13.11 dargestellt. Die Festkörperdetektoren (FK-Detektoren) können im Wesentlichen in PIN-Dioden, Avalanche-Dioden (APDs) oder CCD-Elemente (charge coupled devices) unterteilt werden. Diese Bauelemente, wie auch die Fotomultiplier, können auch in Arrays angeordnet werden, was eine Ortsbestimmung erlaubt. Auf Festkörper-Ionisationskammern (FK-IK) und lithiumgedriftete

Tab. 13.2 Messprinzipien beim Nachweis und bei der Dosimetrie ionisierender Strahlung

Nachweisgröße	Detektor
Elektrische Ladung	Ionisationskammer
	Proportionalzählrohr
	Fotomultiplier
	Halbleiterdetektor
Licht	Szintillationsdetektor (optisch)
Leuchtzentren	Thermolumineszensdosimeter
	Phosphatgläser
Chemische Reaktionen	Eisensulfatdosimeter
Fotographische Wirkung	Filmdosimeter

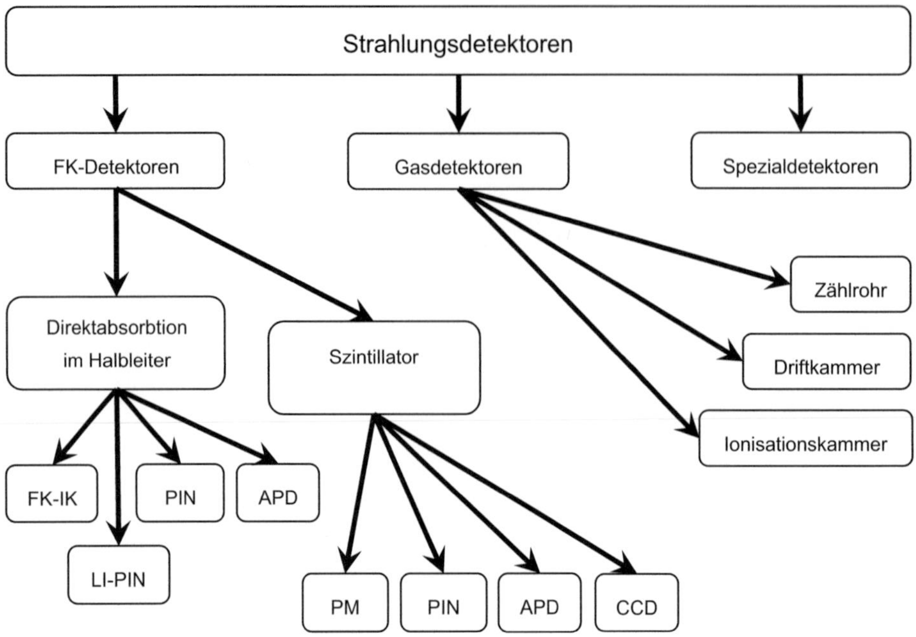

Abb. 13.11 Einteilung der Strahlungsdetektoren

Si- oder Ge-Detektoren soll hier nicht näher eingegangen werden. Es müssen ja, wie schon eingangs erwähnt, die unterschiedlichen Verfahren und Detektoren eingesetzt werden, um etwa Energiespektroskopie zu betreiben, oder wie beim Strahlenschutz Dosimetrie-Messungen durchzuführen.

Bei den großen Teilchenbeschleunigern hingegen wird sehr häufig neben der Energie die *Ortsinformation* von Bedeutung sein, um eine Spurenrekonstruktion der Teilchen durchzuführen. Die *Halbleiterdetektoren* können in Verbindung mit einem *Szintillator* eingesetzt werden oder als direkt absorbierende Sensoren verwendet werden. Die *Gasdetektoren* können grob in Ionisationskammern, Zählrohre und Driftkammern unterteilt werden. Darüber hinaus gibt es die Nebel-, die Blasen- oder Streamerkammern, die in der Darstellung nicht enthalten sind, da sie heute keine große praktische Bedeutung mehr haben. Auf sie wird im folgenden Abschnitt kurz eingegangen. Es gibt darüber hinaus sehr viele weitere Spezialdetektoren.

Im einfachsten Fall kann ionisierende Strahlung über *Fotoemulsionen* detektiert werden. Durch die Strahlenwirkung verändert sich eine Emulsionsschicht. Die Färbung ist von der Art, der Menge und der Energie der Strahlung abhängig. Diese Strukturen, stellen eine einfache Möglichkeit des dokumentarischen Strahlungsnachweises dar. Die Auswertung ist umständlich und das Verfahren ist ungenau. Es kann in verschiedenen Spielarten zur Personenüberwachung eingesetzt werden. Abb. 13.12 zeigt verschiedene

Abb. 13.12 Verschiedene Filmdosimeter. (Werkfoto: Nuklearmedizin KKH GM)

Filmdosimeter, die in der Nuklearmedizin des Kreiskrankenhauses Gummersbach (KKH GM) zum Einsatz kommen.

Für die Eichung und Kalibration werden auch kalorimetrische Verfahren eingesetzt, die auf der Temperaturerhöhung von Wasser basieren. Davon wird beispielsweise in der *Absolutdosimetrie* bei der Physikalisch-Technischen Bundesanstalt (PTB) in Form von *Dosisnormalen* Gebrauch gemacht. Das trifft auch in ähnlicher Form auf den Eisen-Sulfat-Detektor zu, bei dem chemische Reaktionen ausgenutzt werden.

Die prinzipielle elektronische Anordnung eines Detektors als Blockschaltbild ist in Abb. 13.13 dargestellt. Ionisierende Strahlung kann über den *Szintillationseffekt* in *Licht* gewandelt werden oder direkt in einer Fotodiode oder APD absorbiert werden. Nachfolgend wird das elektronische Signal verstärkt, wobei insbesondere das Signal-Rausch-Verhältnis wichtig ist. Der Verstärker kann beispielsweise ein Ladungsverstärker (LEV) oder ein Transimpedanzverstärker sein. Detektor und Verstärker werden häufig integriert und gekühlt, was zur Verbesserung der Auflösung beiträgt. Nachfolgend wird häufig ein Filter zur Impulsformung eingesetzt, etwa zur Erzeugung eines unipolaren Gaußpulses. Dieser kann analog oder digital ausgewertet werden, weitere Verfahren können sich anschließen.

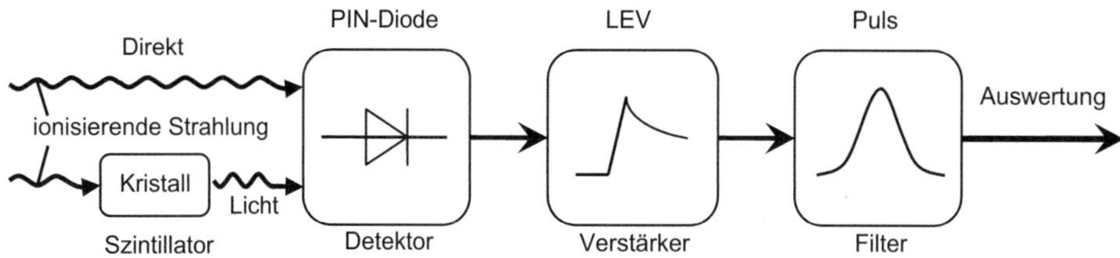

Abb. 13.13 Prinzipieller Aufbau eines Strahlungsdetektors

Das Anwendungsspektrum der Strahlungsdetektoren für ionisierende Strahlung ist sehr breit. Im Bereich der *Medizin* werden diese Detektoren im Rahmen der *Strahlendiagnostik,* beispielsweise in der *Computertomografie* oder der *Positron-Emissions-Tomografie* (PET) eingesetzt und in der Strahlentherapie zur punktgenauen Applikation der Strahlung und zur Qualitätskontrolle benutzt.

Detektoren für Röntgenstrahlung werden zur Sicherheitskontrolle auf Flughäfen oder in anderen sicherheitskritischen Bereichen eingesetzt. In den Materialwissenschaften werden ionisierende Strahlen zur Strukturanalyse benutzt oder um kritische Schwachstellen (z. B. in Turbinen) zerstörungsfrei zu ermitteln. Die Entschlüsselung des menschlichen Genoms in der Biologie oder die Herstellung ultrakleiner Chips im Rahmen der LIGA-Technologie wird mit Röntgen- oder Partikelstrahlung durchgeführt. Die Anwendungen reichen bis hin zur Kunst oder Archäologie. So können Mumien oder Gemälde mit Röntgenstrahlung untersucht werden, um ihre Herkunft zu klären. Die Altersbestimmung von Knochen kann mit der C-14-Methode erfolgen. Die moderne Umweltanalytik nutzt ionisierende Strahlen.

13.4 Gasgefüllte Strahlungssensoren

Die wichtigsten gasgefüllten Detektoren im praktischen Gebrauch sind *Ionisationskammern* und *Zählrohre.* Die *Blasenkammer* ist ein weiterer gasgefüllter Teilchendetektor, der Spuren von geladenen Elementarteilchen sichtbar macht. Die Blasenkammer ist ähnlich aufgebaut wie die Nebelkammer, die in Expansions- oder kontinuierliche Nebelkammer unterteilt werden kann. Es können große Volumina erfasst werden; wegen der fehlenden Triggermöglichkeiten ist die Bedeutung dieser Detektoren gering.

Eine *Blasenkammer* ist häufig mit flüssigem Wasserstoff gefüllt, in den die zu untersuchenden Teilchen eintreten. Kurz vor Eintritt wird der Druck innerhalb der Kammer stark verringert, sodass die Temperatur des Wasserstoffs oberhalb des Siedepunktes liegt. Die einlaufenden Teilchen ionisieren nun Wasserstoffatome, welche als Keime für Gasbläschen dienen. Diese können dann fotografiert und ausgewertet werden. Die Blasenkammer befindet sich üblicherweise in einem Magnetfeld, sodass geladene Teilchen eine gekrümmte Bahn durchlaufen. Daraus lässt sich das Verhältnis von Masse und Ladung, der Impuls und bei zerfallenden Teilchen die Lebensdauer bestimmen. Die Blasenkammer besitzt kaum noch praktische Bedeutung und auch die Weiterentwicklungen wie die Streamerkammer sind heute durch elektronische Detektoren ersetzt worden.

In Tab. 13.3 ist ein Vergleich verschiedener Detektorsysteme für eine Energie von einem MeV zu sehen. Die Werte stellen Richtwerte dar, die im Einzelfall abweichen können.

Einer der einfachsten Strahlungsdetektoren ist die sogenannte *Ionisationskammer.* Die ionisierende Strahlung erzeugt eine spezifische Primärionisation im sensitiven Volumen. Die erzeugten Elektronen und Ionen können in einem konstanten elektrischen Feld ein-

Tab. 13.3 Vergleich von verschiedenen Detektorsystemen für eine Energie von 1 meV

Kenngröße	Halbleiter (z. B. Silicium)	Gaszählrohr (Proportionalbereich)	Szintillator (z. B. NaJ)
Energieaufwand *w* für: ein-Teilchen-Loch-Paar ein Ionenpaar ein Sekundärelektron an der Fotokathode	etwa 3,8 eV T = 77 K	etwa 35 eV	etwa 1000 eV
Zahl der Ereignisse Pro MeV, Z = 1 meV/*w*	330.000	30.000	1000
Fano-Faktor *F*	0,13	0,2	1
Statistische Schwankung $\sqrt{ZF}$	205	81	32
Relative Schwankung $\sqrt{F/Z}$	0,6 ‰	2,5 ‰	3 %
Halbwertsbreite	1,5 keV	6 keV	70 keV
Interne Verstärkung Gasverstärkung SEV-Verstärkung	1 (oder größer)	größer 10^3	größer 10^6
Signalgröße: Anzahl der Elementarladungen	$330 \cdot 10^3$	$30 \cdot 10^6$	10^9

gesammelt werden. In Abb. 13.14 ist die Kennlinie einer Gasentladung bzw. eines Zählrohres dargestellt.

Bei kleinen Spannungen, wie im Bereich der Ionisationskammer, werden wenige Elektronen-Ionenpaare erzeugt: der Detektor arbeitet ohne Verstärkung. Wenn die Spannung weiter gesteigert wird, steigt die Anzahl der Ladungsträger proportional zur einfallenden Strahlung. Im Plateaubereich schwächt sich das Verhalten ab, bevor die Strecke in den Gasentladungsbereich übergeht. Die Ionisationskammer besitzt keine interne Verstärkung wie das Zählrohr. Deshalb benötigt man eine Elektronik mit großer Verstärkung.

In Abb. 13.15 sind verschiedene Ionisationskammern dargestellt. Das Prinzip ist in Abb. 13.16 dargestellt. Es gibt unterschiedliche Bauformen und Größen für die einzelnen Strahlenarten und Dosisbereiche. Die gelieferte Stromstärke ist der Dosisleistung proportional. Mit einer Ionisationskammer können die *Ionendosis,* die *Ionendosisleistung* und andere Dosisgrößen sehr gut bestimmt werden. Diese Kammer ist besonders für die *Alpha-Spektroskopie* geeignet, da diese Partikel ihre gesamte Energie im Kammervolumen deponieren. So können beispielsweise Parallelplatten-Ionisationskammern für Belichtungsautomaten mit bestimmten Dosisleistungsbereichen oder Ionisations-Flachkammern für die Röntgendiagnostik gut eingesetzt werden.

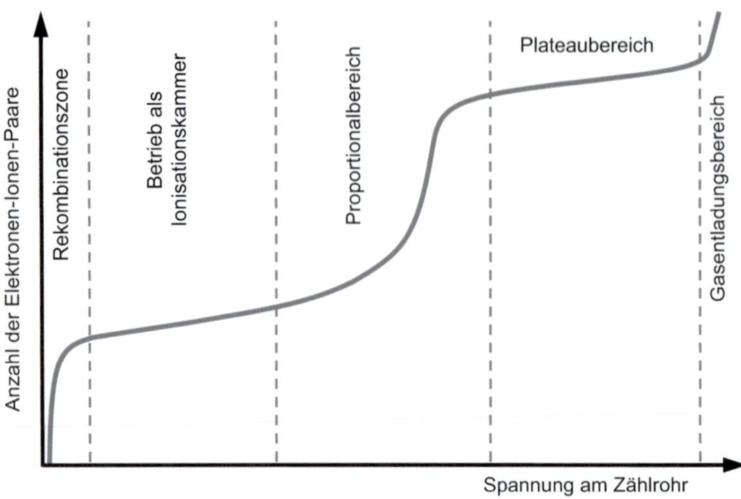

Abb. 13.14 Kennlinie eines Zählrohrs

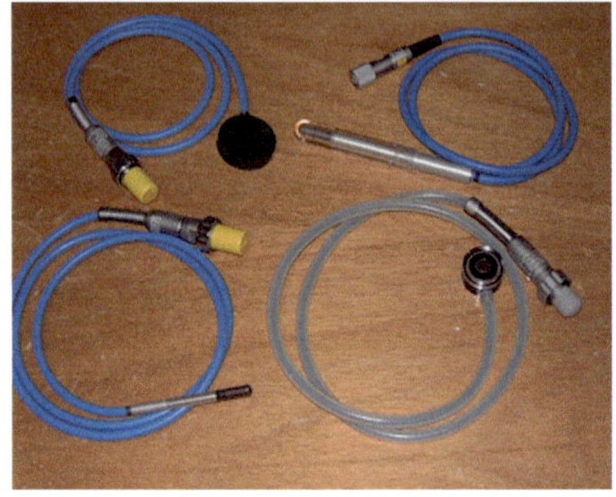

Abb. 13.15 Unterschiedliche Ionisationskammern. (Werkfoto: Nuklearmedizin KKH GM)

Die Ionisationskammer ist ein einfacher robuster Detektor und ist für folgende Messaufgaben bzw. Anwendungen besonders geeignet:

- Reaktormesstechnik,
- Strahlenschutz und Dosimetrie,
- Kernphysikalische Spektroskopie und
- Mess-, Steuer- und Regelungstechnik.

Das Prinzip einer Ionisationskammer ist in Abb. 13.16 dargestellt.

Wie bereits erläutert, kann die Energiedosis schlecht gemessen werden, sodass die *Äquivalentdosis* meist mit entsprechend geeichten Gasdetektoren gemessen wird. Ein

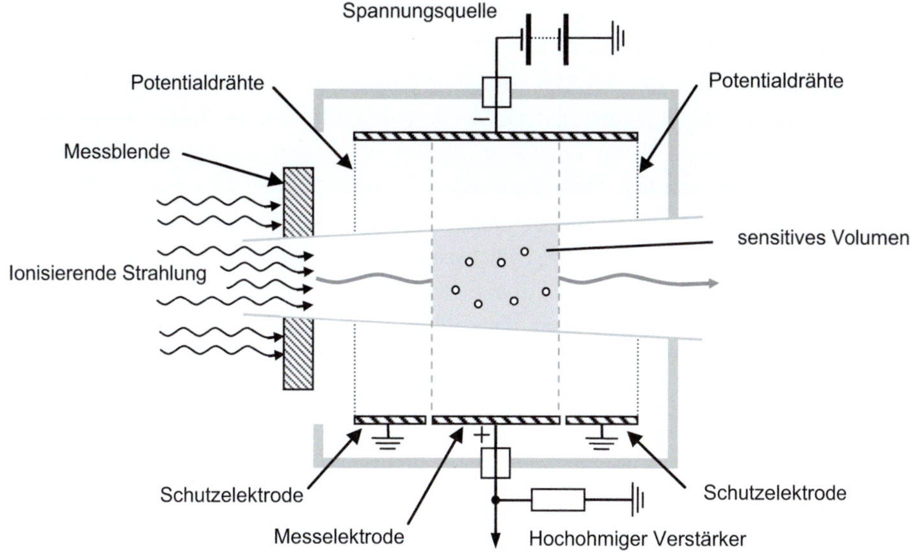

Abb. 13.16 Prinzip der Ionisationskammer

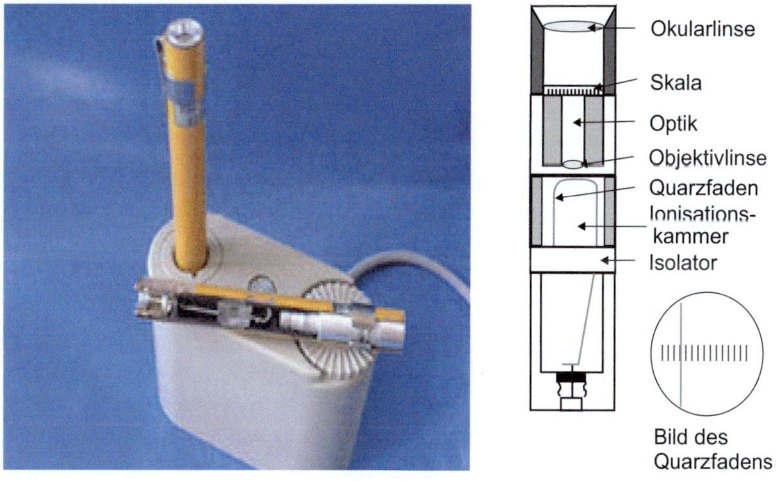

Abb. 13.17 Aufbau und Ansicht eines Stabdosimeters. (Werkfoto: Nuklearmedizin KKH GM)

sehr einfaches Gerät ist das *Stabdosimeter,* das mit einer Spannung aufgeladen wird. Durch die im Gas deponierte Primärionisation sinkt die Spannung, was an einem Quarzfaden an einer geeichten Skala abgelesen werden kann. Das Ganze kann dann in Einheiten der Äquivalentdosis in Sievert geeicht werden. Das nachfolgende Abb. 13.17 zeigt den Prinzipaufbau und ein Gerät.

Das *Zählrohr* ist ein weiterer wichtiger Gasdetektor. Der Hauptbestandteil ist ein Metallrohr, das die Kathode bildet. In der Mitte befindet sich ein Draht, die Anode. Zählrohre, die für die Detektion von Alphastrahlung eingesetzt werden, besitzen ein strahlendurchlässiges Fenster (z. B. aus Mylar). Mit diesem Zählrohr kann auch Alphastrahlung detektiert werden, weil deren Reichweite gering ist. Sollen nur Beta- oder Gammastrahlung bestimmt werden, kann das Fenster entfallen, da es konstruktive Probleme bereitet. Im Inneren des Rohres befindet sich ein Edelgas mit niedrigem Druck. Zwischen den Elektroden liegt eine Gleichspannung von mehreren hundert Volt an, die die ionisierten Atome und die Elektronen trennt. Die Elektronen werden in Richtung Anode beschleunigt und erzeugen dabei über Stoßionisation lawinenartig weitere Elektronen. Der daraus resultierende Strom wird an einem Lastwiderstand abgegriffen. Der Widerstand muss hochohmig sein, damit der Strom begrenzt wird und die Entladung gelöscht wird. In Abb. 13.18 ist das Prinzip dargestellt.

Das Zählrohr kann in *verschiedenen Betriebsbereichen* wie dem Anlauf-, Proportional- oder Geiger-Müller-Bereich betrieben werden (Abb. 13.14). Um die Dosisleistung und die Aktivität einer Strahlungsquelle zu messen, werden die *Impulse* gezählt. Im Proportionalbereich ist der gemessene *Strom proportional* zur *Energie* der einfallenden Strahlung. In diesem Bereich arbeiten die beschriebenen Ionisationskammern oder die Proportionalzählrohre zur Messung der Energiedosis oder der Dosisleistung einer Strahlung. Die *Impulshöhe* ist der *Primärionisation proportional.* Das Proportional-Zählrohr kann auch zur *Energiebestimmung* und zur *Teilchenunterscheidung* eingesetzt werden. Wenn man die Spannung in einem Zählrohr weiter erhöht, löst jedes Teilchen einen Sättigungsstrom aus. Dies ist der eigentliche Betriebsbereich, der sogenannte *Geiger-Müller-Bereich.* Ab einer bestimmten Spannung löst jedes einfallende Teilchen eine Kaskade von Sekundärteilchen aus, die das Zählrohr „sättigt“; jedes Teilchen erzeugt unabhängig von seiner Energie den gleichen Strom im Zählrohr.

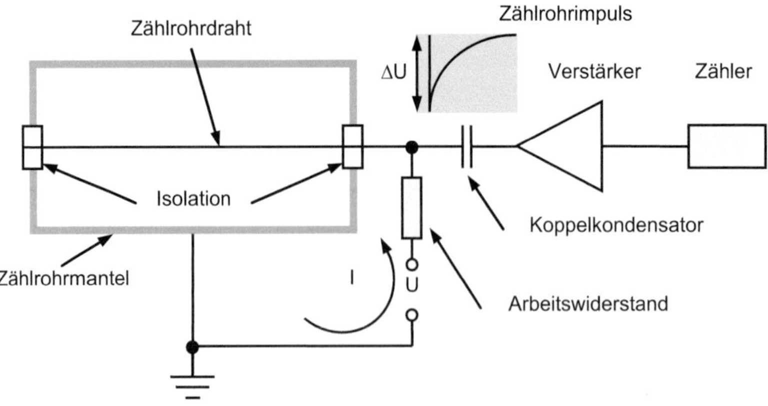

Abb. 13.18 Schematische Darstellung eines Zählrohres mit Nachweiselektronik

Dieser Bereich ist der eigentliche Zähl- oder Plateaubereich und wird zum *Zählen* der Teilchen verwendet. Bei weiterer Erhöhung der Spannung wird das Zählrohr zerstört.

Nach Auslösen einer Gasentladung ist das Zählrohr für eine kurze Zeit, die *Totzeit,* nicht sensitiv für weitere Impulse. Die positiv geladenen Ionen schirmen das Anodenfeld ab. Der Effekt hängt vom Zählrohr ab und kann durch Zusätze beeinflusst werden. Zählrohre werden von vielen Herstellern für die *Aktivitäts-, Dosisleistungs-,* und *Kontaminationsmessung* angeboten. Mit Zählrohren kann keine oder kaum Gammastrahlung bestimmt werden, da die Effektivität zu gering ist. Das stellt eine Einschränkung dar.

In den großen Beschleunigerexperimenten werden *Proportional-* und *Driftkammern* eingesetzt, die auf dem Zählrohr basieren. Sie stellen Weiterentwicklungen dar, weisen sehr viele Drähte auf und können in größeren sensitiven Volumina den *Teilchenort* bestimmen.

13.5 Strahlungssensoren nach dem Anregungsprinzip

Die Strahlungssensoren nach dem Anregungsprinzip oder auch Anregungsdetektoren sind eine wichtige Detektorklasse. Das Prinzip besteht darin, dass ein physikalisches System durch ionisierende Strahlung angeregt wird und beim Übergang in den Grundzustand elektromagnetische Lumineszenzstrahlung ausgesendet wird. Diese Detektoren können grob in *Szintillations-Detektoren, Thermolumineszens-Detektoren* und *Tscherenkow-Detektoren* unterteilt werden.

Um einen Szintillationsdetektor aufzubauen, benötigt man einen *optischen Detektor* und einen *Szintillator.* Das ist ein Stoff, der beim Durchgang von ionisierender Strahlung angeregt wird und die Anregungsenergie in Form von Licht wieder abgibt. Den *Szintillationseffekt* nutzt man zur Messung der *Energie* und der *Intensität* ionisierender Strahlung. Der Szintillationsdetektor wird in Tab. 13.3 mit dem Gaszähler und dem Halbleiterzähler verglichen. Er liegt zwischen den beiden Detektoren. Es ist ein mittlerer Energieaufwand von etwa 35 eV für die Erzeugung eines Elektrons am Fotomultiplier nötig. Die erreichbaren Auflösungen liegen bei etwa 6 keV (bezogen auf 1 meV Primärenergie).

Die im Szintillator deponierte Energie kann mit dem Fotomultiplier, einer Fotodiode oder einem ladungsgekoppelten Bauelement (CCD) nachgewiesen werden. Das sind neben dem Fotomultiplier vorwiegend Halbleiterbauelemente, die im nachfolgenden Abschnitt beschrieben werden. Für den Aufbau eines *Anregungsdetektors* wird ein Szintillator konfiguriert, also im einfachsten Fall in einem lichtdichten Gehäuse mit Reflektor untergebracht. Abb. 13.19 zeigt das Prinzip. Die Halbleiterdetektoren wie PIN-Diode oder APD werden im nachfolgenden Abschnitt behandelt. Ein *Fotomultiplier* ist ein Vakuum-Fotobauelement, das auf dem Fotoeffekt basiert, d. h. die Photonen werden in Elektronen gewandelt und durch die im Bild angedeuteten Dynoden wird eine Ladungsvervielfachung erreicht. Der Fotomultiplier ist ein seit langem bekanntes Bau-

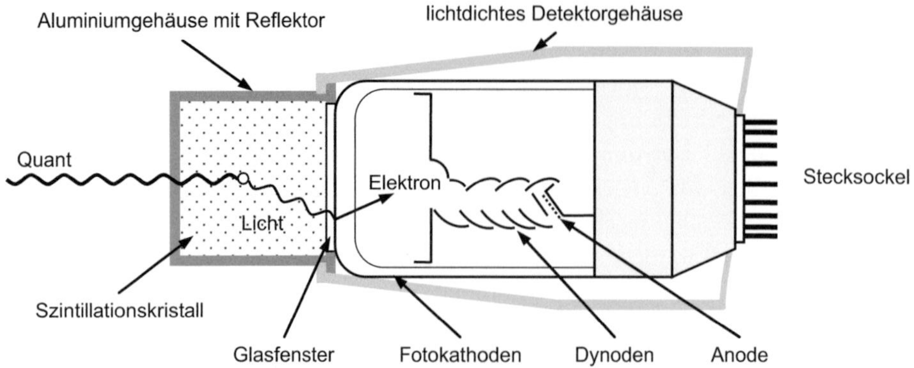

Abb. 13.19 Prinzipschaltbild eines Szintillationszählers

element und zählt zu den *empfindlichsten Detektoren.* Nachteilig sind die große Rauschrate, die Magnetfeldabhängigkeit und die Größe. Darüber hinaus benötigt man eine Hochspannung. Die optische Verbindung zwischen Eintrittsfenster des Fotomultipliers und dem Szintillator ist besonders wichtig: hier sollten möglichst wenige Photonen verloren gehen.

Es gibt eine Vielzahl von Szintillatoren, die in *anorganische* wie Natriumjodid oder *organische* wie beispielsweise Anthracen oder dotierte Kunststoffe eingeteilt werden können. Mit dem Szintillationseffekt können auch neutrale Teilchen indirekt, über Folgereaktionen und der Entstehung nachfolgender geladener Teilchen, nachgewiesen werden. Die Szintillatoren können auch in flüssiger oder gasförmiger Form verwendet werden. Die Zeitauflösung ist generell sehr gut und kann im Nanosekundenbereich (10^{-9} s) liegen. Es gibt eine Vielzahl von Dosimetern für die empfindliche Dosisleistungsmessung, die mit Szintillatoren aufgebaut werden können. Das Ansprechvermögen für Gammastrahlung ist gut, der Effekt kann also für die *Gammaspektroskopie* eingesetzt werden.

Die wichtigsten Vorteile sind:

- gute Lichtausbeute,
- kurze Abklingzeit des Lumineszenseffektes,
- gute Ankopplung an den Fotomultiplier möglich und
- vielseitig einsetzbar.

Die *Thermolumineszens-Detektoren* (TLD) basieren auf dem Thermolumineszens-Effekt. Man versteht darunter den Effekt, dass die auf einen Stoff einwirkende ionisierende Strahlung in Form von langlebigen Zuständen der Kristallelektronen gespeichert werden kann. Durch Erwärmen kann diese Energie wieder frei gesetzt werden. Dieses Messverfahren ist nur für die *relative Dosimetrie* geeignet und soll hier nicht näher diskutiert

Abb. 13.20 Thermolumineszens-Detektor. (Werkfoto: Nuklearmedizin KKH GM)

werden, ist aber auch für die Eichung und Kalibration wichtig. In Abb. 13.20 ist ein TLD-Detektor zu sehen.

Für den Teilchennachweis spielt der *Tscherenkow-Effekt* eine Rolle, insbesondere in der Hochenergiephysik. Tscherenkow-Strahlung entsteht, wenn sich *geladene Teilchen* in Materie mit *höherer Geschwindigkeit* als der *Phasengeschwindigkeit* elektromagnetischer Wellen in diesem Medium bewegen. Durch kurzzeitige *Polarisationseffekte* entsteht eine kegelförmige Wellenfront, die als *Tscherenkow-Licht* mit einem Fotomultiplier oder einem Halbleiterdetektor bestimmt werden kann. Es gibt weitere Detektoren, wie den *Übergangsstrahlungsdetektor,* der in der Hochenergiephysik bei großen Energien von Bedeutung ist.

13.6 Halbleitersensoren

Die Halbleitersensoren oder auch Halbleiterdetektoren nutzen die elektrischen Eigenschaften von Halbleitern aus, um ionisierende Strahlung nachzuweisen. Von großer praktischer Bedeutung sind der *Standard-pn-Übergang,* die *PIN-Diode* und die *Avalanche-Fotodiode.* Die Halbleitereigenschaften können im Rahmen des Bändermodells beschrieben werden. Die Strahlung kann im Halbleiter freie Elektron-Loch-Paare erzeugen, die in einem elektrischen Feld ausgelesen werden. Ein Elektron wird aus dem Valenzband ins Leitungsband gehoben: zurück bleibt im Valenzband ein *Defektelektron.* Das entsprechende Stromsignal wird verstärkt und kann weiter für die unterschiedlichsten Aufgaben zur Verfügung stehen. Die Halbleiterdetektoren sind häufig aus Silicium, GaAs oder Germanium, aber auch, je nach Anwendung, aus anderen Materialien wie Cadmium-Tellurid aufgebaut. Die Bandlücke bestimmt, wie viel Energie für die Erzeugung eines Elektron-Loch-Paares nötig ist.

Der Effekt kann im Standard-Halbleiter oder an einer Sperrschicht erfolgen, wie auch Abb. 13.21 zeigt. In der Regel wird monokristallines Silicium verwendet. Es kann aber auch amor phes Silicium ohne Kristallstruktur verwendet werden. Diese Detektoren werden durch Deposition aus der Gasphase auf einem Substrat abgeschieden. Das

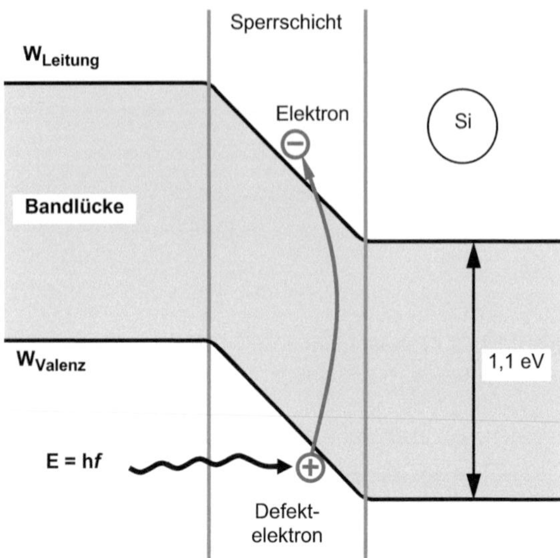

Abb. 13.21 Bändermodell eines pn-Übergangs

Empfindlichkeitsmaximum ist hier zum UV-Bereich hin verschoben, was beispielsweise für Szintillationsdetektoren günstig ist. Darüber hinaus können diese Detektoren in einem *großen Strahlenuntergrund* eingesetzt werden, da die Empfindlichkeit für Strahlenschäden (radiation damage) geringer ist.

In Halbleitern kann die Leitfähigkeit durch Dotieren in weiten Grenzen beeinflusst werden. Das wird gezielt ausgenutzt. In einer *Festkörper-Ionisationskammer*, die der Gaskammer nachempfunden ist, reichen im Halbleiter schon Energien in Höhe von 3 eV, um ein Elektron-Loch-Paar im Halbleiter zu erzeugen. Hier wird der Fotoeffekt am einfachen Halbleiter ohne pn-Übergang ausgenutzt. Die Energieauflösung in Halbleitern übertrifft die der Gas- oder Anregungsdetektoren bei weitem, weshalb sie häufig zur *Spektroskopie* eingesetzt werden. Bei entsprechender Segmentierung sind sie *ortsselektiv* und werden in der Forschung angewendet. Geladene Partikel erzeugen auch hier entlang ihrer Spur Ladungsträger, während Photonen an einem Punkt wechselwirken, also absorbiert werden. Silicium-Fotodioden zur Strahlungsdetektierung sind meist in Sperrrichtung betriebene PIN-Dioden. Der prinzipielle Verlauf einer Strom-Spannungs-Kennlinie ist in Abb. 13.22 dargestellt. Es ist eine Kennlinie mit bzw. ohne äußere Einstrahlung zu sehen. Der Betrieb im dritten oder vierten Quadranten ist möglich. In der überwiegenden Mehrzahl wird ein Betrieb im dritten Quadranten angestrebt. Der pn-Übergang ist in Rückwärtsrichtung vorgespannt, der Detektor hat damit eine sehr kleine Sperrschichtkapazität.

Die PIN-Diode ist einer der wichtigsten Halbleiterdetektoren. Sie besteht beispielsweise aus schwach n-leitendem oder intrinsisch leitendem Silicium-Grundmaterial, das auf der einen Seite üblicherweise mit einer hochdotierten p- und auf der anderen Seite mit einer entsprechend n-dotierten Implantation versehen ist. Eine intrinsisch leitende

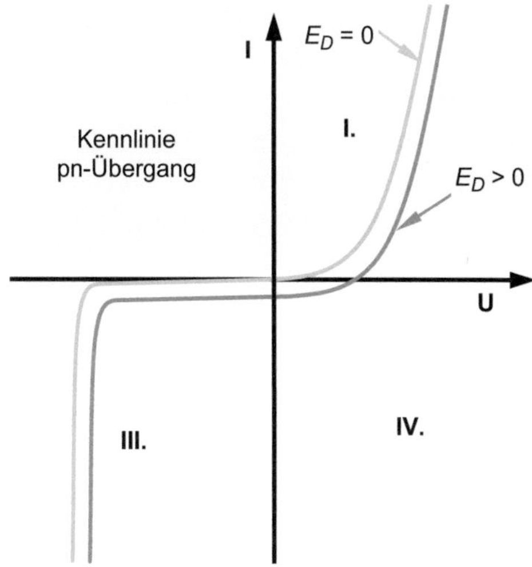

Abb. 13.22 Strom-Spannungs-Kennlinie einer Fotodiode

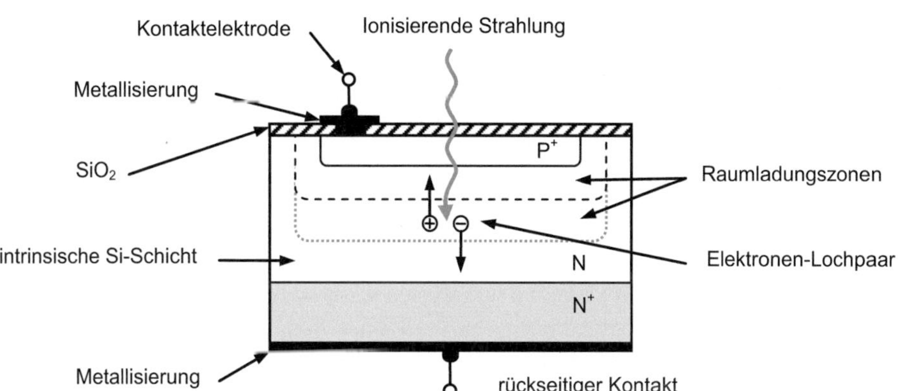

Abb. 13.23 Prinzipaufbau einer Si-PIN-Diode

Schicht ist eine nichtdotierte Halbleiterschicht, in der nur wenige Ladungsträger vorhanden sind, die beispielsweise durch thermische Prozesse erzeugt werden können. Zur Kontaktierung sind beide Bereiche mit Metallisierungen (z. B. aus Aluminium) versehen. Der prinzipielle Aufbau ist in Abb. 13.23 zu sehen. Die Sperrspannung erzeugt die Raumladungszone, sodass die Diode über ihre gesamte Tiefe verarmt ist. Dadurch wird die Kapazität minimal und man erhält ein großes strahlungsempfindliches Volumen. Die *Kapazität* sollte *möglichst klein* sein, was aus rauschtechnischen und dynamischen Gründen empfehlenswert ist.

Die Kapazität C von PIN-Dioden kann näherungsweise mit dem Plattenkondensatormodell berechnet werden. Sie hängt neben der Permittivitätszahl ε_r von der aktiven Fläche des Detektors A und der Tiefe der Raumladungszone d ab. Es gilt:

$$C = \varepsilon_0 \varepsilon_r A/d. \tag{13.11}$$

Die Kapazität C sollte sehr klein sein und liegt je nach Detektor im *pF-Bereich* oder darüber. Die Abhängigkeit von der Sperrspannung verläuft in Form einer Wurzelfunktion. In der Realität wird man einen Kompromiss zwischen dem Detektorvolumen, der Größe der Sperrspannung, der Sperrschichtkapazität und anderen Parametern finden müssen.

Ein wichtiges Kriterium einer PIN-Diode ist der *Dunkelstrom.* Er entsteht durch thermische Effekte und Oberflächeneffekte und nimmt exponentiell mit der Temperatur zu. Er sollte relativ klein sein. Da er von der Größe des *sensitiven Volumens* abhängt, sollte dieses nicht größer sein als für das Ansprechvermögen erforderlich. Darüber hinaus *rauschen* PIN-Dioden. Sie weisen im Wesentlichen Schrotrauschen und thermisches Rauschen auf. Dieses kann, ebenso wie der Dunkelstrom, durch Kühlung vermindert werden. Man kann PIN-Dioden in Kombination mit Peltier-Elementen wirkungsvoll kühlen. Da die angekoppelte Elektronik die Gesamtperformance der Mess-Schaltung bestimmt, wird häufig auch die erste Stufe der Elektronik, die besonders wichtig ist, mitgekühlt. Die *Optimierung* der gesamten Messkette kann heute durch den Einsatz von elektronischen Simulatoren wie PSPICE oder SABER wirkungsvoll unterstützt werden.

In Abb. 13.24 ist eine PIN-Diode für die Strahlungssensorik im TO-Gehäuse zu sehen. Diese Dioden können für den Nachweis von ionisierender Strahlung in Verbindung mit Szintillatoren eingesetzt werden. Sie besitzen eine wellenlängenoptimierte höhere Empfindlichkeit im blauen Spektralbereich. Sie können auch mit größeren Dicken bis zu etwa 0,5 mm hergestellt werden. Sie lassen sich dann mit einem Beryllium-Fenster lichtdicht abdecken und weisen die Strahlung durch Direktabsorption im Silicium nach. Die Dioden können in *verschiedenen Bauformen* gefertigt werden, bis hin zu Arrays oder anderen Strukturen.

Ein wichtiges Kriterium ist die *erreichbare Auflösung* eines Halbleiterdetektors, also etwa einer PIN-Diode. Durch die relativ kleinen Detektorvolumina sind PIN-Dioden nur sehr bedingt für Dosismessungen geeignet, weisen aber eine *gute Energieauflösung* und ein *gutes zeitliches Ansprechvermögen* auf. Die *Energieauflösung* eines Spektrometers wird als *Halbwertsbreite* eines *gemessenen Spektrums* definiert und hängt sehr stark von der nachgeschalteten Elektronik, der Kühlung, der Pulsform und der zeitlichen

Abb. 13.24 PIN-Diode für die Strahlungssensorik. (Werkfoto: Silicon-Sensor)

Auflösung ab. Die erreichbaren Werte liegen zwischen etwa 120 eV, was den unteren praktischen Bestwert darstellt und 1 keV für größere, einfache nicht gekühlte Systeme. Das gilt für Strahlungsenergien unter 10 keV. Sehr häufig wird das Fe55-Präparat eingesetzt, das einen radioaktiven Gamma-Strahler bei 5,9 keV darstellt.

In Abb. 13.25 ist eine solche Energieverteilung mit einer Auflösung von 150 eV zu sehen, was einen sehr guten Wert darstellt. Die Auflösung ist die volle Breite des Spektrums bei halber Höhe *(FWHM: full width at half maximum).* Das Spektrum weist noch eine zweite Linie bei 6,49 keV auf, die bei entsprechender guter Auflösung zusätzlich detektiert werden kann.

Des Weiteren müssen an dieser Stelle die mit *Lithium angereicherten* Silicium- und Germaniumdetektoren erwähnt werden. Wie schon oben beschrieben, lassen sich große Detektorvolumina in PIN-Dioden nur mit einigen Nachteilen herstellen. Durch den Einbau von Lithium-Ionen in Silicium lässt sich eine große Verarmungszone mit nahezu konstanter Feldstärke erzielen. In der Regel werden bei höheren Ansprüchen an die Auflösung diese Detektoren mit flüssigem Stichstoff betrieben. Das ist in der Handhabung etwas kompliziert. Deshalb ist die Bedeutung dieser Detektoren in den letzten Jahren zurückgegangen.

Halbleiterdetektoren können mit unterschiedlichen Empfindlichkeiten für den Nachweis der einzelnen Strahlenarten eingesetzt werden. Für den Nachweis von Gammastrahlung müssen speziell bei hohen Energien, und damit verringerter Absorptionswahrscheinlichkeit, möglichst dicke Detektoren mit den schon beschriebenen Nachteilen aus möglichst schweren Materialien eingesetzt werden. Setzt man leichte und dünnere Halbleiter ein, überwiegt die Compton-Streuung, was die Energieauflösung verschlechtert, weil ein Teil der Strahlung nicht absorbiert wird.

Betastrahlung bzw. *Elektronen* dringen tief in einen Detektor ein. Sie erzeugen entlang ihrer Bahn eine gleichmäßige Dichte von *Elektron-Loch-Paaren* gemäß der Bethe-Bloch Formel (Gl. (13.10)). Sie können relativ gut detektiert werden. *Neutronen* können

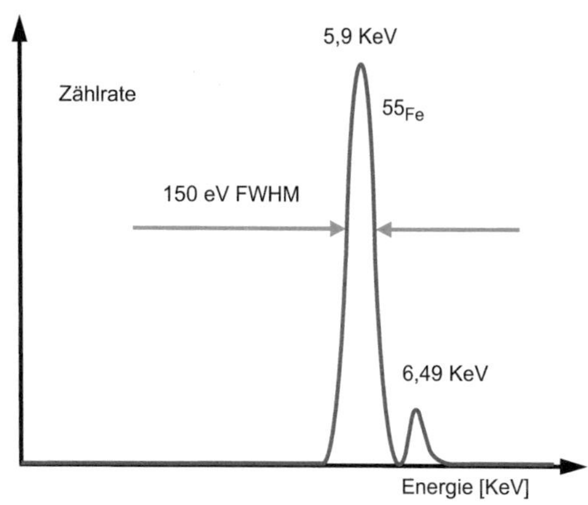

Abb. 13.25 Energieauflösung eines Halbleiterdetektors

durch *Rückstoß-Effekte* am Kern nachgewiesen werden. Halbleiterdetektoren sind zum Nachweis dieser Teilchen weniger geeignet. *Alpha-Teilchen* werden nur im *Mikrometer-Bereich* in den Detektor eindringen. Hier ist durch eine geeignete Konstruktion sicher zu stellen, dass diese überhaupt nachgewiesen werden können. Hochenergetisch andere geladene Teilchen wie beispielsweise *Pionen* oder *Protonen* erzeugen ebenfalls Elektron-Loch-Paare entlang ihrer Bahn und können detektiert werden.

Zur Detektion von *hochenergetischer Strahlung* bis hin zu einzelnen Quanten werden auch *Lawinenfotodioden* (Avalanche Photo Diode: APD) eingesetzt (Abb. 13.26). Sie sind auch für Messungen mit hoher Zeitauflösung geeignet. Der Entstehungsmechanismus der Elektron-Loch-Paare ist derselbe wie bei der PIN-Diode. Das Einsatzspektrum der APDs bezüglich des Strahlungsnachweises ist mit dem der PIN-Diode vergleichbar.

Durch höhere Feldstärken werden aber die Elektronen im Leitungsband so stark beschleunigt, das zahlreiche weitere Elektronen-Prozesse entstehen. Der *Lawinendurchbruch* ist mit einer *starken Trägermultiplikation* verbunden und ist eine von verschiedenen Durchbruchsszenarien in Halbleiterbauelementen. Unter einem *Durchbruch* eines pn-Übergangs versteht man einen *starken Anstieg des Sperrstroms* ab einer bestimmten Sperrspannung. Man unterscheidet im Wesentlichen in *Wärmedurchbruch, Zener-* und *Avalanchedurchbruch.* Der Lawineneffekt ist ein umkehrbarer Effekt, wenn die zulässige Gesamtverlustleistung des Bauelementes nicht überschritten wird. Beim Lawinendurchbruch steigt der Strom im Vergleich zum Zenerdurchbruch sehr stark mit der Spannung an. Der *Zenerdurchbruch* wird in der Elektronik in Form der Zenerdiode für die *Spannungsstabilisierung* eingesetzt. Bei steigender Temperatur setzt der Lawinendurchbruch im Gegensatz zum Zenerdurchbruch erst bei höherer Spannung ein. Der *Lawinendurchbruch* weist einen *positiven Temperaturkoeffizienten* auf, der *Zener-Durchbruch* hingegen einen *negativen* Temperaturkoeffizienten. Beide Effekte gehen teilweise ineinander über.

Ladungsträger, die vom Valenz- in das Leitungsband durch Strahlungseinwirkung gehoben werden, können durch Stoßionisation Valenzelektronen aus den ansonsten im Rahmen des Bändermodells unbeteiligten Atomen, herausschlagen und sie zusätzlich in das Leitungsband befördern. Durch die sehr hohe Feldstärke können diese wieder ionisieren. Es wächst die Anzahl freier Ladungsträger im Leitungsband lawinenartig mit einer exponentiellen Charakteristik an. Bei einer PIN-Diode wird dieser interne Ver-

Abb. 13.26 APD für die Strahlungssensorik. (Werkfoto: Silicon-Sensor)

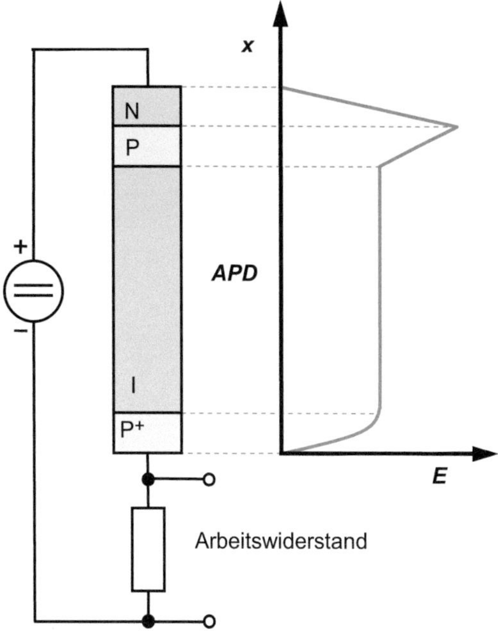

Abb. 13.27 Prinzipaufbau und Feldstärkeverlauf einer APD

stärkungseffekt folgendermaßen erreicht: Das Dotierungsprofil einer APD grenzt sich von dem einer PIN-Diode durch Einbau einer *weiteren p-Schicht* ab (Abb. 13.27). Das hat am pn-Übergang eine starke *lokale Erhöhung* der *Feldstärke* zur Folge. Durch diese Erhöhung können der schon beschriebene Prozess der Stoßionisation und der damit verbundene Lawinenprozess in Gang gebracht werden.

Abb. 13.28 zeigt die prinzipielle Kennlinie einer APD. Bei sehr kleinen Spannungen wirkt die APD wie eine PIN-Diode mit der Verstärkung von etwa 1. Bei weiterer Erhöhung der Spannung, aber unterhalb der Durchbruchspannung, tritt eine sperrspannungs- und temperaturabhängige *Verstärkung* auf. Sie kann zum Aufbau hochempfindlicher und proportionaler Fotodetektoren verwendet werden. Die Verstärkung liegt hier üblicherweise zwischen 10 und 1000. Dieser Bereich wird als *Anlauf-* oder *Proportionalbereich* bezeichnet. Die nachgeschaltete Elektronik kann ähnlich wie bei der PIN-Diode ein Ladungsverstärker oder ein Transimpedanzverstärker sein. Die Kennlinie ähnelt der eines Zählrohres.

Werden APDs *oberhalb* der *Durchbruchspannung* im sogenannten *Geiger-Modus* betrieben, erreichen sie eine Verstärkung von bis zu 10^6. Ein einzelnes Photon löst eine Lawine aus. Man bezeichnet das als *Quenching-Verhalten* oder *Quenchmode.* Die nachfolgende meist digitale Elektronik garantiert, dass die Diode nicht zerstört und anschließend wieder zurückgesetzt wird. Das kann auch durch sogenanntes analoges passives Quenching auf einfache Art und Weise erreicht werden, indem die APD über einen Vorwiderstand betrieben wird. In dem Moment, in dem der Strom lawinenartig

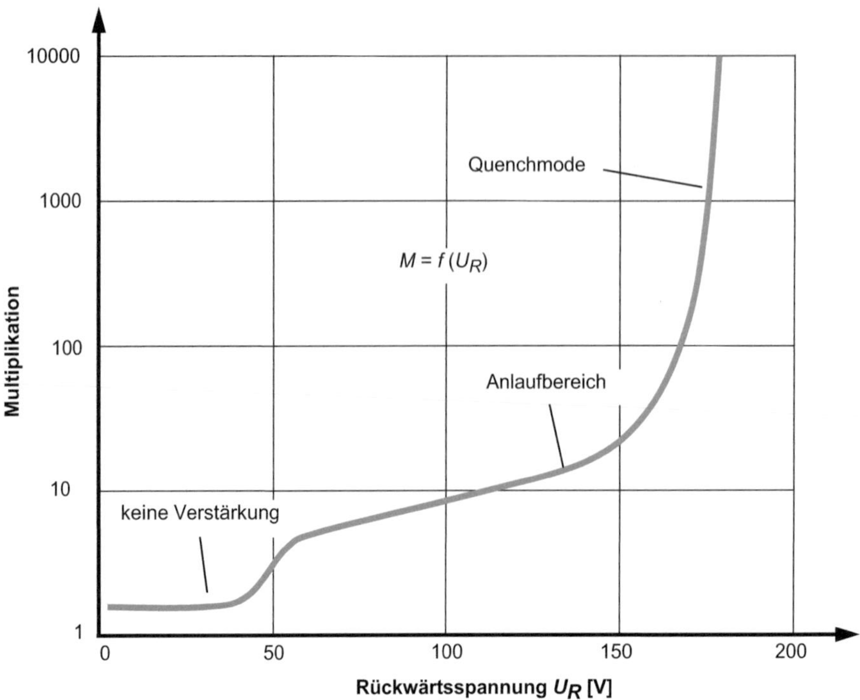

Abb. 13.28 Kennlinie einer APD

ansteigt, fällt an dem in Reihe geschalteten Vorwiderstand eine höhere Spannung ab, sodass die effektive Spannung an der APD geringer wird und die Lawine zum Erlöschen kommt.

Die APDs besitzen wegen des statistischen Lawinenprozesses eine *höhere äquivalente Rauschleistung* als PIN-Fotodioden. Es lassen sich dennoch bei sorgsamer Auswahl und gutem Aufbau rauscharme Fotoempfänger aufbauen. Ein entscheidender Faktor ist die Kühlung. Mit APDs lassen sich Detektoren aufbauen, die *einzelne Photonen* nachweisen können. Das Anwendungsspektrum reicht sehr weit. Im Wesentlichen trifft das bei den PIN-Dioden beschriebene Verhalten beim Strahlungsnachweis auch auf APDs zu. *Ionisierende Strahlung* kann auch bei den APDs direkt über die *Absorption am Kristallgitter* oder indirekt über *Szintillatoren* mit Strahlungsempfängern aus Silicium nachgewiesen werden. Dazu sind teilweise sehr große Absorptionsvolumina und extrem kleine Dunkelströme bei gleichzeitig stark ausgedehnter Raumladungszone erforderlich.

Zum Nachweis von Photonen können auch *ladungsgekoppelte Bauelemente* (CCD: Charge Coupled Device) eingesetzt werden. Die Grundlage für diese Detektoren ist das *MOS-Kondensator-Element.* Ein Silicium-Substrat kann durch eine isolierende Schicht von einer Gateelektrode getrennt werden. Durch Lichteinfall können Photonen über den beschriebenen fotophysikalischen Effekt erzeugt und nachgewiesen werden. Die ionisierende Strahlung muss also wie bei den Anregungsdetektoren vorher über einen Szintillator in Licht gewandelt werden. Der *Vorteil* der CCD-Strukturen liegt in ihrer *Pixelstruktur.* Sie sind allerdings *sehr langsame Strukturen,* da die einzelnen Pixel nicht adressierbar sind und über ein Protokoll und eine Analog-Pipeline ausgelesen werden müssen. Diesen Nachteil vermeiden *CMOS-Sensoren,* die in letzter Zeit in immer stärkerem Maße eingesetzt werden. Die *Halbleiter-Strahlungssensorik* entwickelt sich rasant weiter, was sehr stark durch die großen Beschleunigerexperimente am LHC (Large Hadron Collider) im europäischen Teilchenphysik-Zentrum CERN oder auch durch nationale Zentren wie das DESY in Hamburg befördert wird. Hier wird man insbesondere im Wechselwirkungsbereich der Kollisionszonen eine genaue Ortsinformation benötigen. Dies erreicht man durch *Streifen-* und *Pixeldetektoren,* die letztlich auf den beschriebenen Grundstrukturen wie PIN, APD, CCD oder CMOS basieren. In letzter Zeit kann insbesondere ein Verschmelzen der relativ alten Vakuumtechnologien wie dem Fotomultiplier mit der Halbleitertechnologie beobachtet werden. Das hat zu Sensoren mit völlig neuen Eigenschaften geführt, auf die hier nicht näher eingegangen werden soll.

In den einzelnen Abschnitten wurden schon eine Reihe von Anwendungen der ionisierenden Strahlung neben der wichtigen Dosismessung erwähnt. Hier sollen noch einige weitere Beispiele folgen. Die von der Firma Silicon Sensor entwickelte *intraoperative Gamma-Sonde* erlaubt eine genauere Entfernung von Tumoren, wie beispielsweise dem Mammakarzinom oder dem malignen Melanom. Der betroffene Patient bekommt ein Radionuklid gespritzt, das eine Energie von etwa 150 keV und einer Halbwertszeit von einigen Stunden besitzt. Mit der Sonde wird die im Tumor angereicherte Strahlungsaktivität gemessen. Der Chirurg ist damit imstande, über einen Rechner und eine Anzeigeeinheit zu sehen, wie dicht er am Tumor ist, bzw. ob noch Gewebe ausgeräumt werden muss. Damit kann der Tumor schonender und genauer entfernt werden. Darüber hinaus kann man häufig den sehr kleinen Wächter-Lymphknoten, wie beim Mammakarzinom finden und entfernen. Erst wenn das gelungen ist, kann der Patient als geheilt betrachtet werden. Abb. 13.29 zeigt einen intraoperativen Gamma-Finder. Das „Innenleben“ besteht aus einer PIN-Diode und einer nachfolgenden Elektronik,

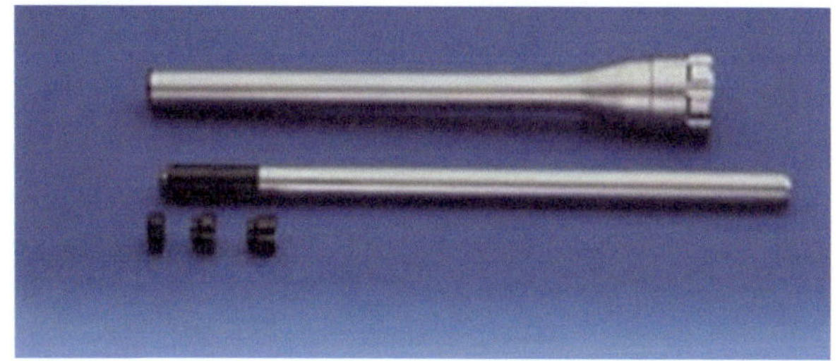

Abb. 13.29 Intraoperativer Gammafinder. (Werkfoto: Silicon-Sensor)

bestehend aus Verstärkern und Filtern. Im Bereich der Medizin werden insbesondere Halbleiterdetektoren in der Strahlentherapie und der Diagnostik eingesetzt.

In Abb. 13.30 sind zwei Monitorsonden zu sehen, die als *Spektroskopie-* und *Zählsensor* oder aber auch als *Monitorsensor* zur *integralen Intensitätsmessung* eingesetzt werden können. Sie detektieren Röntgenstrahlung und die Strahlenarten aus dem radioaktiven Zerfall, sowie Synchrotronstrahlung in verschiedenen Energiebereichen. Die Sensoren sind mit einer Elektronik ausgestattet, üblicherweise einem Transimpedanz- oder Ladungsverstärker.

Diese Sensoren haben folgende Eigenschaften:

Monitorsensor zur integralen Intensitätsmessung

- Messung im Strommode,
- Dosisleistungsmessung,
- direkt anschließbar an ein Spannungsmessgerät oder einen A/D-Wandler und
- mit AD-Wandlerkarte zum PC-Mess-System konfigurierbar.

Spektroskopie- und Zählsensor

- Messung im Spektral- und Zählmode mit Analog- und Digitalausgang,
- Dosismessung und Dosisleistungsmessung am Digitalausgang,
- direkt anschließbar an Zähler und Impulsdichtemesser,
- mit Zählerkarte zum PC-Mess-System konfigurierbar und
- mit MCA-Karte zum kompletten PC-Spektrometer konfigurierbar.

Diese und andere Geräte bzw. Detektoren können für folgende wichtige Messaufgaben in der Forschung oder der Industrie eingesetzt werden: Nukliderkennung und Nachweis, α-, β- und γ-Kernstrahlungsspektroskopie, Röntgendiffraktometrie, Schichtdickenmessungen, Koinzidenzmessungen, Kontaminationsmessungen, energiedispersive Dosis- und Dosisleistungsmessungen, Dosimetrie, Absorptionsmessungen, Dichtemessungen, Dickenmessungen, Flächenmassebestimmung, Schichtdickenmessungen,

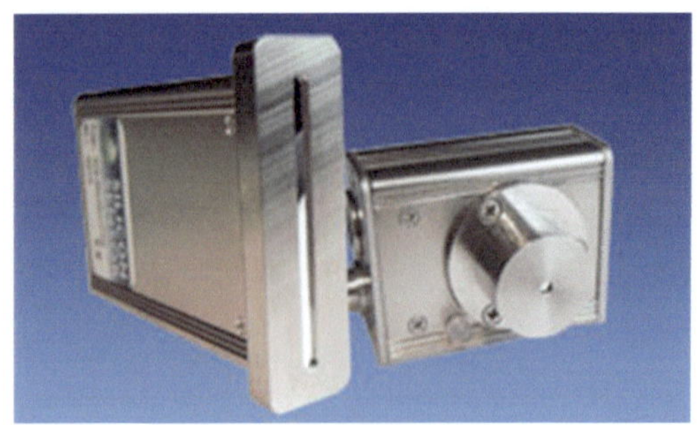

Abb. 13.30 Monitorsensoren. (Werkfoto: Silicon-Sensor)

Staubdichtemessungen, Nuklearmedizin, PET-Radiochemie, Gammasonden, Bohrlochsonden, Füllstandsmesstechnik, Dichtescanner, Materialtomografie, Koffer- und Containerinspektionsgeräte, Röntgen- und Synchrotronmessungen. Damit ist auch gleichzeitig ein großes Spektrum der Anwendungen aufgezeigt.

Weiterführende Literatur

Bundesamt für Strahlenschutz (BfS): http://www.bfs.de/bfs

Grupen, C.: Grundkurs Strahlenschutz: Praxiswissen für den Umgang mit radioaktiven Stoffen [Gebundene Ausgabe], 4., überarbeitete und ergänzte Aufl. Springer, Berlin (2008)

Kleinknecht, K.: Detektoren für Teilchenstrahlung [Broschiert], 4, überarbeitete Aufl. Vieweg+Teubner, Wiesbaden (2005)

Physikalisch-Technische Bundesanstalt (PTB): http://www.ptb.de/

Stolz, W.: Radioaktivität. Grundlagen – Messung – Anwendungen [Taschenbuch], 5., durchges. Aufl. Vieweg+Teubner, Wiesbaden (2005)

Tietze, U., Schenk, C., Gamm, E.: Halbleiter-Schaltungstechnik [Gebundene Ausgabe], 13., neu bearb. Aufl. Springer, Berlin (2009)

14 Fotoelektrische Sensoren

Martin Liess, Gert Schönfelder und Ekbert Hering

14.1 Strahlung

Unter Strahlung versteht man einerseits *Materiestrahlung*, also z. B. Alpha-, Beta-, Protonen- und Neutronenstrahlung und andererseits *elektromagnetische Strahlung*. Materiestrahlung wird im Allgemeinen indirekt nachgewiesen, also z. B. mittels eines Szintillators in Licht ungewandelt und dann als elektromagnetische Strahlung nachgewiesen. Daneben gibt es noch den Nachweis über die ionisierende Wirkung mithilfe eines Geiger-Müller-Zählrohrs.

Der Bereich elektromagnetische Strahlung erstreckt sich von seinen äußersten Rändern mit Photonenenergien von über 10^{12} eV für kosmische Gammastrahlung bis zu Radiowellen niedriger Frequenz mit Photonenergien von unter 10^{-10} eV. Dieser Abschnitt beschäftigt sich mit dem Bereich zwischen Röntgenstrahlung und dem fernen Infrarot.

Für diesen weiten Bereich an verschiedener elektromagnetischer Strahlung gibt es je nach Wellenlänge verschiedene grundlegende Messprinzipien, die mit Ausnahme der thermischen Detektoren ihrerseits wiederum je nach Unterwellenlängenbereich auf den *fotoelektrischen Eigenschaften* verschiedener Materialien beruhen (Abb. 14.1).

M. Liess (✉)
Hochheim am Main, Deutschland
E-Mail: Martin.Liess@hs-rm.de

G. Schönfelder
Aspect Systems GmbH, Dresden, Deutschland
E-Mail: gschoenfelder@t-online.de

E. Hering
Heubach, Deutschland
E-Mail: Ekbert.Hering@htw-aalen.de

E. Hering und G. Schönfelder (Hrsg.), *Sensoren in Wissenschaft und Technik*,
https://doi.org/10.1007/978-3-658-39491-2_14

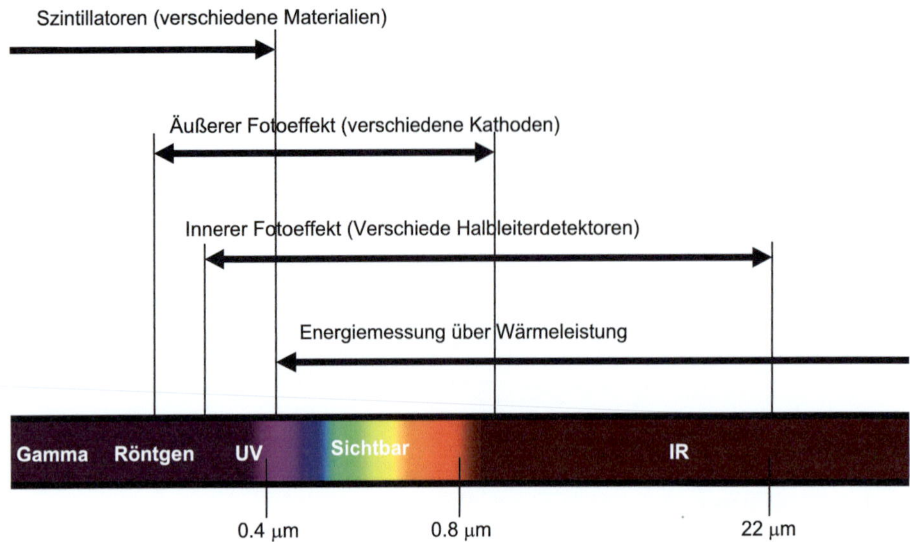

Abb. 14.1 Messprinzipien für verschiedene Bereiche optischer Strahlung

Bei Detektoren für optische Strahlung unterscheidet man *Photonendetektoren* und *thermische Detektoren.* Während thermische Detektoren unspezifisch die Energie der elektromagnetischen Strahlung messen, wird bei Photonendetektoren im Material des Detektors ein optischer oder fotoelektrischer Prozess von Photonen eines bestimmten Energiebereiches ausgelöst, mit dem das Licht nachgewiesen wird. Im Falle von *Szintillatoren* als Primärdetektor führt dieser Prozess zur Umwandlung von hochenergetischen, schlecht nachweisbaren Photonen in Lichtquanten im sichtbaren oder UV Bereich, die leicht (z. B. mit Fotodioden oder Fotomultiplier) nachweisbar sind.

14.2 Szintillatoren

Szintillatoren wandeln Strahlung, insbesondere auch elektromagnetische Röntgen- und Gammastrahlung in langwelligere Strahlung, meist UV oder sichtbares Licht um. Dies wird dann in einem weiteren Schritt – meist mit einer Lawinenfotodiode oder einem Fotomultiplier gemessen.

Als Materialien verwendet man anorganische Kristalle, Kunststoffe und manchmal (verflüssigte) Edelgase und Stickstoff. Kunststoffe erzeugen UV-Strahlung, die im Kunststoff selbst schnell wieder absorbiert wird. Sie sind daher im sichtbaren Spektralbereich mit fluoreszierenden Farbstoffen versehen, sodass die UV-Strahlung in sichtbares Licht umgewandelt wird, das dann mit einem Fotodetektor nachgewiesen werden kann.

Abb. 14.2 Fotodiodenzeilen auf beiden Seiten einer Platine, jeweils mit Szintillator unterschiedlicher Dicke beklebt. (Werkfoto: PerkinElmer Optoelectronics)

Die Abklingzeit der Lichtemission liegt je nach Material ungefähr zwischen 1 ns und 1 ps. Organische Szintillatoren reagieren im Allgemeinen schneller, altern aber aufgrund der Strahlung. Gase reagieren sehr schnell, altern nicht, haben allerdings (unverflüssigt) eine geringe Lichtausbeute. Gewünschte Eigenschaften wie

- einfache Handhabbarkeit,
- Langlebigkeit,
- günstiges Emissionsspektrum für den Nachweis,
- möglichst hohe Quantenausbeute und
- kurze Abklingzeit der Lichtemission

sind oft nicht alle miteinander vereinbar. Daher hängt die Wahl des Szintillators stark von der Anwendung ab.

Typische Anwendungen sind:

- röntgensensitive Zeilen in Gepäckprüfanlagen (Abb. 14.2),
- Flächensensoren für Materialprüfung und den Medizinbereich (Abb. 14.3) und
- Teilchendetektoren in der Forschung.

Röntgenstrahlung unterschiedlicher Härte trifft auf den dünnen Szintillator. Dabei wird der weichere Anteil größtenteils in Licht umgewandelt, das mit den Fotodioden auf der Oberseite nachgewiesen wird. Die härtere Röntgenstrahlung wird auf dem dickeren, unteren Szintillator in Licht umgewandelt und detektiert. Auf dieser Weise entsteht eine *Zweikanal-Röntgen-detektorzeile,* die in Gepäckprüfanlagen an Flughäfen eingesetzt wird.

Abb. 14.3 Digitaler Röntgenbildgeber, basierend auf einem Array aus Polysilicium-Fotodioden und einem Szintillator aus Gadoliniumoxosulfit (technische Anwendungen) oder Cäsiumjodit (hohe Empfindlichkeit und Auflösung im Medizinbereich). (Werkfoto: PerkinElmer Optoelectronics)

14.3 Äußerer Fotoeffekt

Reicht die Photonenenergie hf (h: Planksches Wirkungsquantum, *f*: Frequenz des Lichtes), um die Austrittarbeit *W* eines Leiters zu überwinden, so werden Elektronen aus dem Leiter befreit, die eine kinetische Energie E_{kin} von maximal $E_{kin} = hf - W$. Diese als *äußerer Fotoeffekt* (Fotoelektrischer Effekt, lichtelektrischer Effekt) bezeichnete Beobachtung wurde 1905 von Albert Einstein mithilfe der Quantentheorie erklärt. Er bildet die Grundlage für zahlreiche optische Sensoren.

14.3.1 Fotomultiplier

Auch im Deutschen wird im Allgemeinen der englische Ausdruck „Fotomultiplier" statt „Fotomultiplikator" benutzt. Mittels des äußeren Fotoeffektes befreien Lichtquanten in einer Fotokathode Elektronen. Diese werden im elektrischen Feld beschleunigt und erzeugen beim Auftreffen auf einer Elektrode, einer sogenannten *Dynode,* weitere Sekundärelektronen, die wiederum beschleunigt werden und auf weiteren Dynoden vervielfacht werden. Pro Dynode tritt eine Vervielfachung um einen Faktor 3 bis 10 auf, sodass bei einem Fotomultiplier mit 10 Dynoden pro nachgewiesenes Photon etwa 10 Mio. Elektronen erzeugt werden. Der so erzeugte vervielfachte Fotostrom kann entweder linear als Maß für das empfangene Licht ausgewertet werden, oder bei sehr geringer Beleuchtung können mittels der elektrischen Impulse die empfangenen Photonen gezählt werden.

Fotokathoden werden entweder *transmissiv* (Lichteinfall auf der Vorderseite, Sekundärelektronen verlassen die Kathode auf der Rückseite) im sogenannten *„Head-on Photomultipier"* oder *reflektiv* (Lichteinfall auf der Vorderseite, Sekundärelektronen verlassen die Kathode ebenfalls auf der Vorderseite) im sogenannten *„Side-on Photomultipier“* gebraucht. Die Quanteneffizienz ist für reflektive Fotokathoden etwas höher und liegt bei 30 % bis 35 % im Gegensatz zu transmissiven Fotokathoden mit ungefähr 20 % bis 25 % Ausbeute.

Je nach gewünschter spektraler Empfindlichkeit werden Kathodenmaterialien aus Cäsiumiodid, Cäsiumtellurid, und Alkalimetall-Legierungen verwendet. Die Fenster sind aus Magnesiumfluorid für UV-Strahlung bis 115 nm, Quarz oder UV-durchlässigem Glas. Je nach Kombination aus Eintrittsfenster und Kathode werden spektrale Empfindlichkeiten in verschiedenen Bereichen zwischen 115 nm bis 900 nm realisiert.

Da die Bahn von Elektronen durch ein Magnetfeld abgelenkt wird, verringert sich die Empfindlichkeit eines Fotomultipliers im Magnetfeld reversibel.

14.3.2 Channel-Fotomultiplier

Im *Channel-Fotomultiplier* wird ein schwach leitfähiger gebogener Kanal zur Vervielfachung der Elektronen anstelle einzelner Dynoden verwendet (Abb. 14.4 oben). Die Leitfähigkeit des Kanals wird erreicht, indem die Glasröhre aus Bleiglas mithilfe von Wasserstoff an der Oberfläche reduziert wird, bevor der Channel-Fotomultiplier in der

Abb. 14.4 *Oben:* Channel-Fotomultiplier-Röhre. Gebogener Kanal, Eintrittsfenster *(rechts)* und (transmissive) Fotokathode sind deutlich sichtbar. *Unten:* Channel-Fotomultiplier-Module mit Schutzgehäuse in verschiedenen Größen. (Werkfoto: PerkinElmer Optoelectronics)

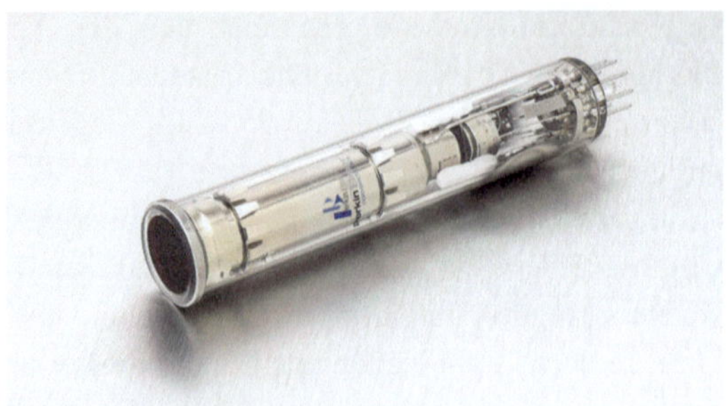

Abb. 14.5 Vidikon Bildaufnahmeröhre mit einer Speicherschicht aus SeAsTe. (Saticon©) (Werkfoto: PerkinElmer Optoelectronics)

Produktion evakuiert und versiegelt wird. Im Betrieb führt ein geringer Strom zu einem Spannungsabfall entlang des Kanals. Elektronen, die an der transmissiven Fotokathode erzeugt werden, werden entlang des Kanals beschleunigt und erzeugen Sekundärelektronen bei jedem Zusammenprall mit den Wänden des Kanals. Channel-Fotomultiplier zeichnen sich durch ein *niedrigeres Rauschen* (das Dynodenrauschen entfällt) und durch eine deutlich geringere Abhängigkeit der Verstärkung von einem externen Magnetfeld aus.

14.3.3 Bildaufnahmeröhren

Grundprinzip der Bildaufnahmeröhre (Abb. 14.5) ist die *Wandelung* des *optischen Bildes* in ein *elektrisches Bild* auf einer Speicherschicht sowie das Auslesen dieses Bildes mit einem Elektronenstrahl. Die Erzeugung des Bildes geschieht entweder mittels des äußeren Fotoeffektes beim Ikonoskop und beim Orthikon (beide heutzutage bedeutungslos) oder mittels des inneren Fotoeffektes (folgendes Kapitel) beim Vidikon, Endikon, Kvantikon oder Plumbikon. Beim *Vidikon* wird die halbleitende fotoempfindliche Schicht zur Erzeugung und Speicherung des elektrischen Bildes verwendet, die dann mit einem Elektronenstrahl lokal leitfähig gemacht und entladen wird. Diese Entladung wird kapazitiv abgegriffen und entspricht der Bildinformation auf der jeweiligen Position.

Vidikon-Bildaufnahmeröhren werden heute immer noch gefertigt, obwohl leistungsfähige CCD-Bildsensoren sie in vielen Bereichen abgelöst haben. Die Strahlungsfestigkeit prädestiniert Bildaufnahmeröhren jedoch immer noch für deren Einsatz unter extremen Bedingungen wie in kerntechnischen Anlagen und im Weltraum. Bildaufnahmeröhren eignen sich für den Wellenlängenbereich von etwa 350 nm bis 700 nm.

14.4 Innerer Fotoeffekt

Beim inneren Fotoeffekt werden in einem Halbleitermaterial Elektronen vom Valenz- in das Leitungsband angeregt. Dabei muss die Photonenenergie den Bandabstand, also die Energiedifferenz zwischen den Bändern überwinden. Durch die Anregung bleibt eine

Tab 14.1 Verschiedene Halbleitermaterialien und deren ungefähre Einsatzbereiche in Wellenlänge und Photonenenergie

Material	Detektierbare Wellenlänge λ/ µm		Detektierbare Photonenenergie W/eV	
	Min	Max	Min	Max
Verschiedene Legierungen aus Quecksilber-Cadmium-Teluride (MCT)	5,5	22	0,056	0,23
Indium-Antimonid (InSb)	1,5	5,5	0,23	0,83
Bleisulfid (PbS)	1,2	4	0,31	1,0
Indium-Arsenid (InAs)	1,2	3	0,41	1,0
Indium-Gallium-Arsesnid (InGaAs)	0,8	1,7	0,73	1,6
Germanium (Ge)	0,88	1,4	0,9	1,4
Silicium (Si) – Verschiedene Detektorgeometrien	0,3	1,1	1,1	4,1
Siliciumcarbid (SiC)	0,21	0,4	3,1	5,9

bewegliche positive Ladung im Valenzband zurück, während das energetisch angeregte Elektron sich frei im Leitungsband bewegen kann. Diese Ladungsträgerpaare können entweder in einer *Fotodiode* im elektrischen Feld getrennt werden und führen zu einem Fotostrom, oder direkt als freie Ladungsträger im *Fotowiderstand* den Widerstand des Halbleitermaterials zwischen zwei Elektroden verringern.

Die spektrale Empfindlichkeit einer Fotodiode oder eines Fotowiderstandes ergibt sich einerseits aufgrund des Bandabstandes des verwendeten Halbleitermaterials, da dieser die Mindestenergie der Photonen bestimmt. Andererseits müssen die Elektronen an der richtigen Stelle im Halbleiterbauteil angeregt werden (im Falle einer Fotodiode in der Verarmungsschicht), damit sie zum Stromfluss beitragen können. Für verschiedene zu detektierende Wellenlängenbereiche werden daher verschiedene Halbleitermaterialien verwendet (Tab. 14.1). Für den Nachweis von Photonen mit geringeren Energien müssen Halbleiterdetektoren je nach Anforderung an die Messung gekühlt werden. MCT-Detektoren werden immer (oft mit flüssigem Stockstoff) gekühlt.

14.4.1 Fotoleiter

Fotoleiter haben gegenüber Fotodioden zahlreiche Vorteile: Sie können (je nach Typ) mit bis zu 400 V betrieben und somit direkt am Netzstromkreis z. B. zur Steuerung eines Relais eingesetzt werden. Das Halbleitermaterial ist, je nach erforderlicher spektraler Empfindlichkeit, unterschiedlich dotiertes Cadmiumsulfid. Die spektrale Empfindlichkeit von Fotoleitern hat ein Maximum bei 500 nm bis 600 nm und ähnelt der Empfindlichkeit

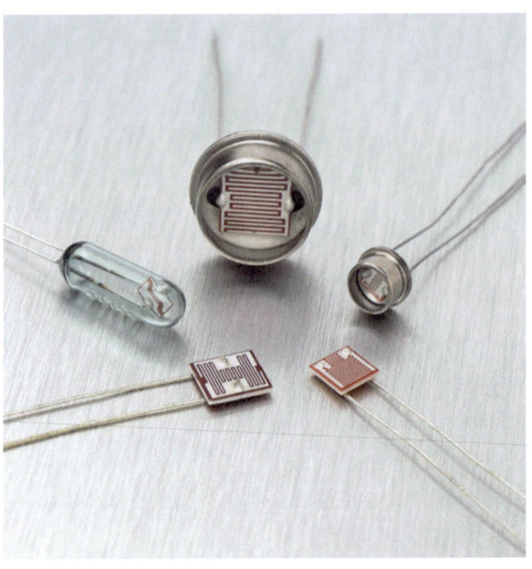

Abb. 14.6 Fotoleiter, basierend auf dem inneren Fotoeffekt. (Werkfoto: PerkinElmer Optoelectronics)

des menschlichen Auges. Sie eignen sich außerdem als optisch steuerbare Widerstände z. B. in analogen Optokopplern.

Die Reaktion von Fotoleitern auf die Beleuchtung wird durch Generation und Rekombination von Ladungsträgern bestimmt. Da die *Rekombinationsrate* durch das Massenwirkungsgesetz beschrieben wird und somit proportional zur Anzahl der positiven sowie proportional zur Anzahl der negativen Ladungsträger ist, verringert sich die durchschnittliche Lebenszeit der Ladungsträger mit ihrer Konzentration im Halbleiter. Umgekehrt erhöht sich die durchschnittliche Lebenszeit der Ladungsträger, wenn sich ihre Anzahl im Material verringert. Daher sind Fotoleiter sehr *nichtlinear* und reagieren auf *geringe Beleuchtungsstärken* sehr viel *empfindlicher* (oft gewünscht) und *langsamer.* So ist der Widerstand nach Beleuchtung nach 5 s anschließender absoluter Dunkelheit noch bis zu 3-mal höher als nach einer Sekunde.

Trotz des Nachteils der langsamen Reaktion bei niedrigen Beleuchtungsstärken gibt es zahlreiche Anwendungsgebiete für Fotoleiter. Wegen der Umweltschädlichkeit des Halbleitermaterials Cadmium-Sulfid und der Einführung entsprechender Selbstverpflichtungen der Industrie und Gesetzgebung[1] in vielen Ländern weltweit haben sie allerdings gegenüber Fotodioden an Bedeutung verloren. Abb. 14.6 zeigt einige Bauformen für Fotoleiter.

[1] Zum Beispiel in Europa: „Restriction of the use of certain hazardous substances in electrical and electronic equipment" (RoHS); in China: „Measures for Administration of the Pollution Control of Electronic Information Products" sog. „China-RoHS"; in Japan die selbstverpflichtung der Industrie, die sog. JGPSSI (Japan Green Procurement Survey Standardization Initiative). Weiter Initiativen bestehen weltweit, z. B. in Kalifornien und andern US-amerikanischen Staaten.

14.4.2 Fotodioden

Fotodioden enthalten einen pn-Übergang, der parallel zur Oberfläche der Diode angeordnet ist. Die stark dotierte oberste Ebene dient zur Ableitung der Ladungsträger zum metallisierten Rand der Diode und ist selbst nicht sehr lichtempfindlich. Darunter liegt die *Verarmungszone* (engl.: depletion layer), aus der durch ein elektrisches Feld alle Ladungsträger entfernt werden, wenn die Diode spannungsfrei oder in Sperrrichtung betrieben wird. Werden in der Verarmungszone durch Photonen Ladungsträger erzeugt, so fließen sie in Richtung Ober- und Unterseite der Diode ab und tragen zum Fotostrom bei. Abb. 14.7 zeigt eine Fotodiode.

Fotodioden kann man entweder spannungsfrei im *Kurzschluss* (fotovoltaischer Modus, engl.: photovoltaic mode) oder mit *negativer Vorspannung* (engl.: photoconductive mode) betreiben. Die entsprechenden Schaltungen zeigt Abb. 14.8. Der Vorteil am fotovoltaischen Modus ist die Tatsache, dass die einzige Energiequelle für einen möglichen Stromfluss aus dem zu messenden Licht stammt, und daher bei Abwesenheit von Licht kein Strom fließen kann. Damit ist der Nullpunkt offsetfrei und kann sehr genau gemessen werden. Diese Schaltung ist zur Messung sehr kleiner Lichtintensitäten mit geringer Frequenz geeignet. Beim Schaltungsentwurf verwendet man einen Operationsverstärker mit niedrigem Eingangsoffsetstrom (engl.: bias current), wie beispielsweise den OPA 128 von BurrBrown.

Wird die Fotodiode mit negativer Vorspannung betrieben, fließt immer ein temperaturabhängiger Sperrstrom. Damit ist der Nullpunkt nicht mehr genau definiert und geringe Lichtintensitäten niedriger Frequenz können nicht mehr so genau gemessen werden. Der Vorteil dieser Schaltung ist allerdings, dass sich aufgrund der Sperrspannung die Verarmungszone in der Diode vergrößert und sich damit die Diodenkapazität verkleinert. Signale hoher Frequenz können so besser gemessen werden.

PIN-Dioden

PIN-Fotodioden haben zwischen der p- und der n- dotierten Schicht noch eine undotierte, intrinsische Schicht. Damit *vergrößert* sich die *Verarmungszone* um die

Abb. 14.7 Silicium-Fotodiode. (Werkfoto: PerkinElmer Optoelectronics)

Abb. 14.8 Betriebsarten einer Fotodiode

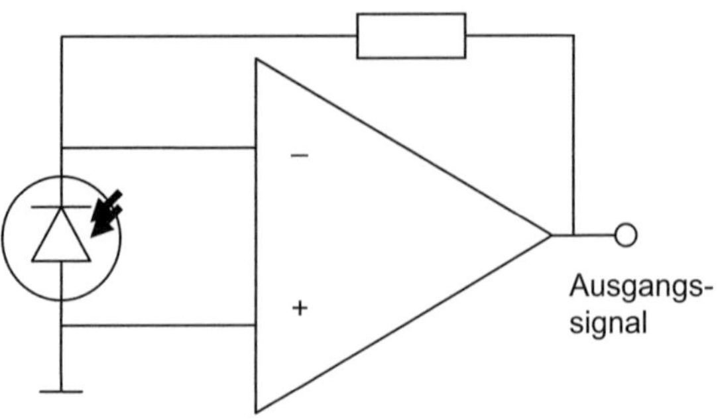

Betrieb mit negativer Vorspannung:

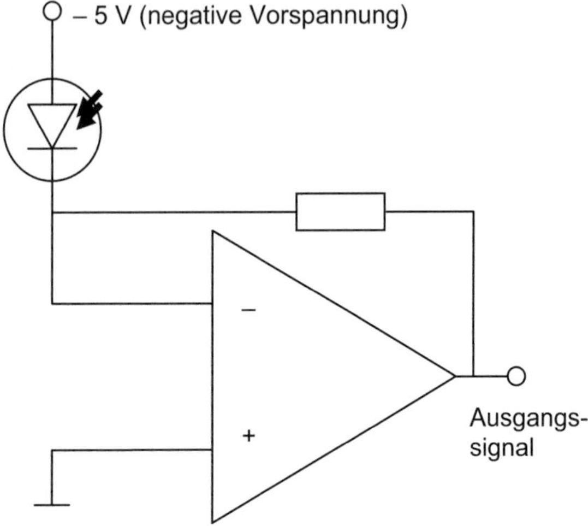

Dicke der intrinsischen Schicht. Vorteile sind die geringere Kapazität und damit die höhere Reaktionsgeschwindigkeit der Diode sowie die größere Dicke der lichtempfindlichen Schicht. Letzteres erhöht die Empfindlichkeit der Diode bei großen Wellenlängen, deren Eindringtiefe entsprechend größer ist.

Lawinen-Fotodioden

Bei Lawinen-Fotodioden (Abb. 14.9, kurz: *APD,* engl.: avalanche photodiodes) wird eine sehr hohe Sperrspannung in der Größenordnung von 150 V bis 400 V für Silicium-APDs und 40 V bis 90 V für InGaAs-APDs an die Diode angelegt. Dadurch werden von Lichtquanten erzeugte Elektronen im Bauteil derart beschleunigt, dass sie durch Stossionisation im Halbleitermaterial selbst wieder freie Elektronen erzeugen und damit den Fotostrom vervielfachen.

Abb. 14.9 InGaAs-APD mit angebauter Glasfaser *(links)*, Silicium-APD im Kunststoffgehäuse *(rechts)*. (Werkfotos: PerkinElmer Optoelectronics)

Die Spannung, ab der eine Ladungslawine nicht mehr von alleine zum Erliegen kommt, sondern zu einen kontinuierlichen Durchbruch führt, nennt man *Durchbruchspannung* (engl.: break down voltage). Oberhalb der Durchbruchspannung kann man geeignete Lawinen-Fotodioden im sogenannten *„Geigermodus"* betreiben, unterhalb werden sie im sogenannten *„linearen Modus"* betrieben. Die jeweilige Betriebsspannung bezieht sich auf die Durchbruchspannung. Da letztere temperaturabhängig ist, muss die Betriebsspannung der Lawinenfotodiode entsprechend ihrer Temperatur geregelt werden.

Lawinen-Fotodioden kann man im sogenannten *Geiger-Modus* (benannt nach dem Funktionsprinzip des Geiger-Müller Zählrohrs) betreiben und *einzelne Photonen zählen.* Dabei wird die Sperrspannung and der Diode so hoch eingestellt, dass ein einzelnes Photon einen dauerhaften Lawinendurchbruch in der Diode zünden kann. Dieser Lawinendurchbruch muss sofort durch Abschalten der Spannung gelöscht werden, damit das Bauteil nicht überhitzt. Mit jedem Lawinendurchbruch wird so ein einzelnes Photon gezählt. Der Geiger-Modus eignet sich zum Nachweis extrem *geringer Lichtmengen sehr niedriger Frequenz.*

Im sogenannten *linearen Modus* verstärkt der Lawineneffekt nur den Fotostrom der Diode, ohne dass ein kontinuierlicher Durchbruch erfolgt. Die Verstärkung des Fotostroms durch den linearen Lawineneffekt liegt im Größenordnungsbereich zwischen 1 und 500, abhängig von der Fotodiode (insbesondere dem verwendeten Halbleitermaterial), der Temperatur des Bauteils und der angelegten Sperrspannung. Dabei erreicht man für Silicium zwei bis *dreistellige Verstärkungen,* während für InGaAs lediglich ein- bis zweistellige Verstärkungen möglich sind (Abb. 14.9).

In linearen Modus lassen sich aufgrund des hohen Offsetstroms geringe Lichtmengen niedriger Frequenz schwer nachweisen, allerdings reagiert eine APD im linearen Modus extrem gut auf schnelle Änderungen der empfangen Lichtmenge. Schnelle, kleine Signale wie beispielsweise der bei einer Entfernungsmessung mit *LIDAR* (Light Detection and Ranging) am Messobjekt gestreute Laserblitz werden im linearen Modus mit einer APD zuverlässig detektiert.

14.4.3 Fototransistor, Fotothyristor und Foto-FET

Der *Fototransistor* nutzt den gleichen physikalischen Effekt wie die Diode – es werden Ladungsträger in einer Halbleiterschicht generiert. Die entstehenden Ladungsträger haben dabei die Funktion des Basisstroms. Durch die Verstärkungswirkung der Transistorstruktur lässt sich damit ein *höherer Ausgangsstrom* als mit einer Diode erzeugen. Der Nachteil ist die *niedrige Grenzfrequenz* im Bereich von kHz durch die hohen Sperrschichtkapazitäten.

Fototransistoren werden vor allem in Optokopplern zum Schalten digitaler Signale eingesetzt. Mit der Verstärkung wird dabei der niedrige Wirkungsgrad der Leuchtdioden kompensiert, sodass eine Stromübertragung von 1:1 möglich wird.

Beim *Fotothyristor* wird die eingebrachte Ladung zum Zünden des Bauelementes eingesetzt. Er wird vor allem in der Leistungselektronik angewandt. Der Vorteil besteht hier in der galvanischen Trennung von Steuer- und Lastkreis.

Beim *Foto-FET* ist die Gate-Elektrode als fotoempfindliche Schicht ausgebildet. Auch hier wird die Verstärkung des FET ausgenutzt, um größere Ströme zu schalten. Die verbreitetste Anwendung sind *optische Relais.* Der Einsatz von Foto-FETs erfolgt aber auch bei bildgebenden Systemen. Hier nutzt man die große Verstärkung des Bauelementes, um Kameras mit einer niedrigen Dunkelschwelle zu realisieren.

14.4.4 CMOS-Bildsensoren

Im Gegensatz zu den im Abschn. 14.5 beschriebenen CCD-Sensoren beruhen CMOS-Bildsensoren auf der Basis von Fotodioden. Diese werden in einer Zeile oder Matrix angeordnet und können durch eine Zeilen- und Spaltenadressierung direkt und in beliebiger Reihenfolge angesprochen werden. Eine komfortable Pixelzelle zeigt Abb. 14.10.

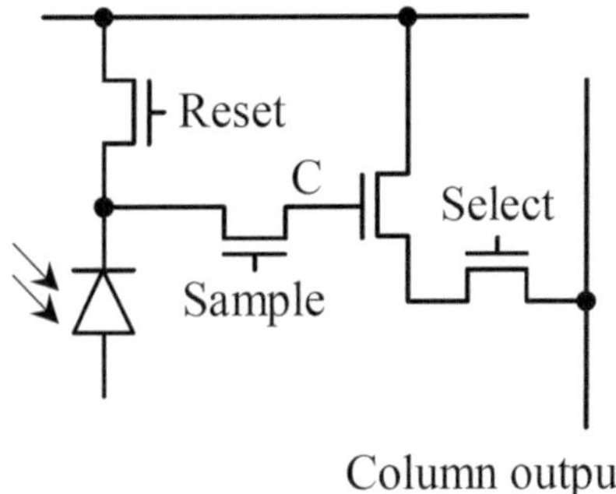

Abb. 14.10 Pixelschaltung eines CMOS-Sensors. (Werkfoto: Fillfactory IBIS5)

Die Sperrschicht der Fotodiode wird durch die einfallende Strahlung aufgeladen (Elementbetrieb). Nach der Belichtungszeit X wird diese Ladung über den „Sample-Transistor“ auf das Gate des dritten Transistors übertragen. Mit dem Signal „select“ (Zeilenleitung) wird der Speichertransistor auf die Spaltenleitung geschaltet, welche an einem Multiplexer endet. Nach der Abtastung der Ladung wird die Restladung auf der Fotodiode gelöscht, sodass ein neuer Belichtungszyklus beginnen kann. CMOS-Sensoren sind von ihren optischen Eigenschaften schlechter bis gleichwertig zu CCD-Sensoren, wenn man die hochdynamischen Sensoren nicht mit betrachtet. Der Vorteil liegt in der Integration von anderen logischen Komponenten auf einem Chip, wie AD-Wandler, Timing-Generatoren und der wahlfreie Zugriff auf die Pixel.

14.4.5 Hochdynamische CMOS-Bildsensoren

Das menschliche Auge kann in einem Bild eine *Dynamik* von bis zu *140 dB* verarbeiten. Das bedeutet, dass der hellste Punkt im Bild um den Faktor 10^7 mal heller ist als der dunkelste Punkt. Ein normaler CMOS- oder CCD-Sensor kann bedingt durch die verwendbaren elektrischen Schaltungen auf und um den Chip etwa 60 dB bis 70 dB abdecken. Dies kann bei ausgewählten wissenschaftlichen Sensoren bis auf 90 dB gesteigert werden.

Die Grundhelligkeit in einem Bild wird durch die Wahl der Belichtungszeit eingestellt. Es wird aber in vielen Anwendungen immer den Fall geben, dass Bildteile unter- oder überbelichtet sind. Dies ist besonders bei der Bilderfassung im natürlichen Umfeld der Fall. Typische Beispiele dafür sind Fahrassistenzsysteme aller Art oder die Schnittkantenmessung bei Mähdreschern. Die Bilddynamik wird hier vor allem beim Auftreten von Schlagschatten, Gegenlicht oder schnellen Helligkeitsänderungen (z. B. bei der Fahrt in oder aus einem Tunnel) beansprucht.

Da es beim CMOS-Sensor möglich ist, lineare und digitale Schaltungen mit zu integrieren, sind vor allem mit diesem mehrere Lösungen für den Bau von Bildsensoren mit erhöhter Dynamik entstanden. Die wichtigsten Ansätze dabei sind:

- *Logarithmische Kennlinie*
  Die vom sensitiven Element kommende Spannung wird durch einen Verstärker mit logarithmischer Kennlinie weiter verarbeitet. Damit sinkt die Verstärkung mit steigender Eingangsspannung.
- *Approximierte nichtlineare Kennlinie*
  Durch geschaltete Hilfsströme in Abhängigkeit vom Ladezustand des Sensorelementes wird die Steilheit der Ladung beeinflusst. Damit lässt sich die Übertragungskennlinie dem Zielprozess anpassen. Ein Vertreter dieser Sensorart war der LM9618 von National Semiconductor, dessen Kennlinie Abb. 14.11 zeigt. Mit diesem Prinzip werden im linearen Mode 62 dB erreicht, bei nicht linearer Kennlinie können 110 dB erfasst werden.

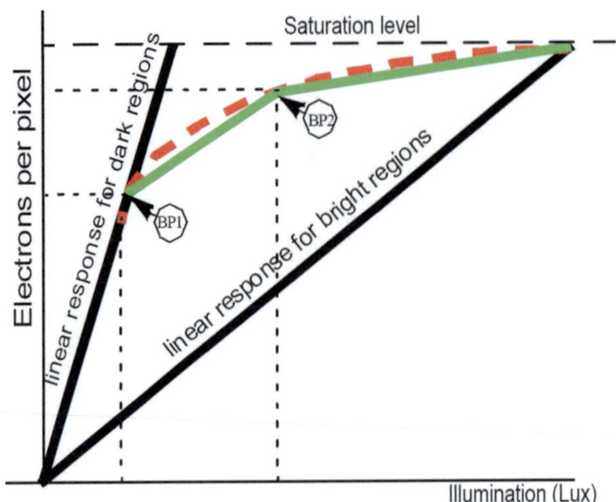

Abb. 14.11 Belichtungskennline des LM9618. (Quelle: NSC)

- *Mehrfachbelichtungen*
  Bei der Mehrfachbelichtung werden kurz hintereinander mehrere Bilder der gleichen Szene aufgenommen. Dabei hat jedes Bild eine andere Belichtungszeit. Diese Bilder werden anschließend „übereinander" gelegt und zu einem Bild mit größerer Dynamik verrechnet. Die technische Grenze bildet hier vor allem die Auslesegeschwindigkeit und Bewegungsdynamik des Objektes.
- *Gestufte Belichtung*
  Es wird mit einem einfachen Pixel die Strahlung erfasst, wodurch die Spannung ansteigt. Nach einer kurzen Belichtungszeit wird abgefragt, ob die Fotospannung den halben Arbeitsbereich überschritten hat. Ist dies der Fall, wird die Integration bei diesem Pixel beendet – die Zeitstufe wird beim Pixel gespeichert. Alle anderen Pixel integrieren weiter. Nach der 2-, 4-, 8- und 16-fachen Zeit wird dieser Vorgang wiederholt. Am Ende haben alle Pixel einen Spannungspegel, welcher durch die Integrationszeit dividiert werden muss, da das hellste Pixel zuerst fertig war (also durch 1) und das dunkelste Pixel am längsten gebraucht hat (durch 16). Einen Signalverlauf dazu zeigt Abb. 14.12.

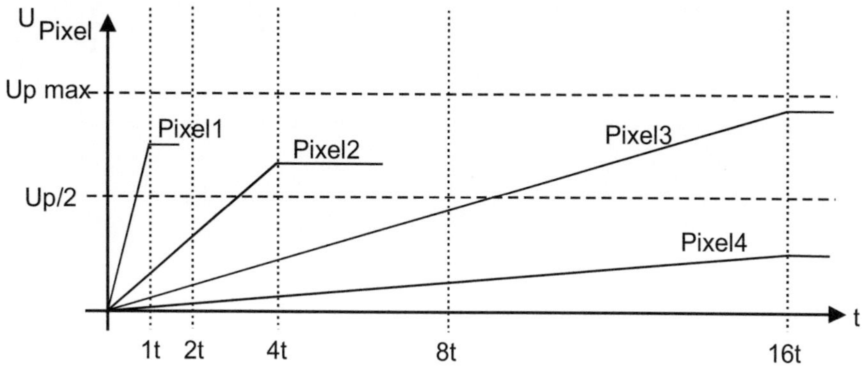

Abb. 14.12 Verlauf der Spannungen bei gestufter Belichtung. (Quelle: Silicon Vision – LARS)

14.5 CCD-Sensoren

„CCD" *(Charge Coupled Device)* beschreibt die Art des *kontrollierten Ladungstransportes* mithilfe wandernder elektrischer Felder in einer Halbleiterschicht. „CCD" ist aber zum Synonym für Bildsensoren geworden, bei denen die durch ein *optisches Bild erzeugte Ladungsverteilung* auf einem Siliciumchip mithilfe dieser Technik ausgelesen wird.

Beim CCD-Bildsensor wirkt mittels durchsichtiger Elektroden auf der Oberseite des Sensors ein elektrisches Feld auf eine Siliciumoberfläche. Durch Photonen erzeugte Ladungsträgerpaare im Silicium werden durch das Feld getrennt und bleiben im Potenzialgefälle unter der jeweiligen Elektrode gefangen, bis sie mittels der CCD-Technik ausgelesen werden. Zum Nachweisen werden die Potenziale an den Elektroden derart umgeschaltet, dass die Ladungen schrittweise weiterwandern, bis sie an geeigneter Stelle seriell ausgelesen werden können.

14.5.1 Zeilensensoren

Zur Verdeutlichung dient Abb. 14.13, welches den Anfang des Ladungstransfers darstellt. Im Teilbild A) wird die Ladung gesammelt. Dieser Zustand entspricht auch der Belichtungszeit. Durch das Zuschalten von P2 wird die Ladungswanne vergrößert und die Ladungsträger unter die Abdeckung gezogen (B). Mit dem Abschalten von P1 konzentriert sich die gesamte Ladung über der Elektrode an P2 (C). Dieser Vorgang wird fortgesetzt, bis die Ladung den Rand der Anordnung erreicht hat und dort ausgewertet wird. Da ein Vorbeiführen der Ladungen an den nachfolgenden optisch aktiven Flächen zu einer Veränderung der Ladung führt, erfolgt im ersten Schritt eine Verschiebung in einen parallel liegenden Pfad, welcher völlig abgedunkelt ist.

Das Blockschaltbild eines Zeilensensors in Abb. 14.14 zeigt deutlich die parallele Struktur zum Auslesen der Bilddaten. Zum Start der Bildaufnahme werden alle Pixel über

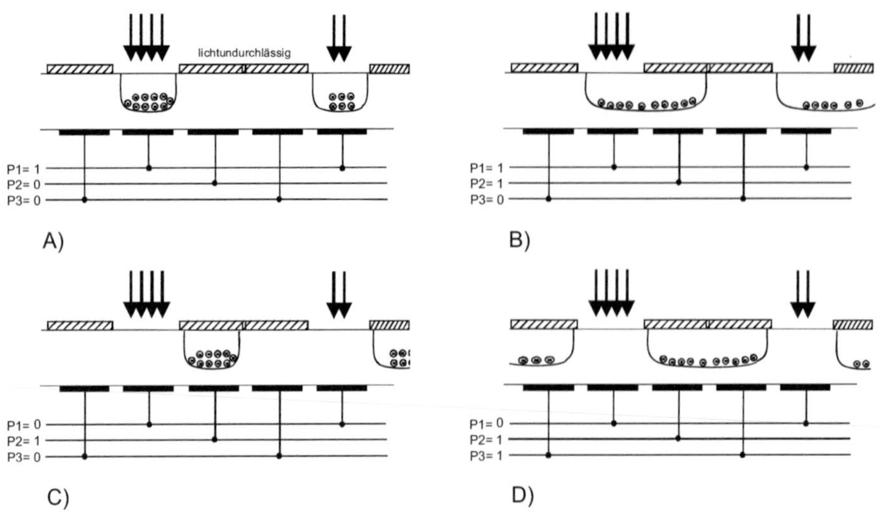

Abb. 14.13 Phasen eine Ladungsverschiebung im CCD-Sensor

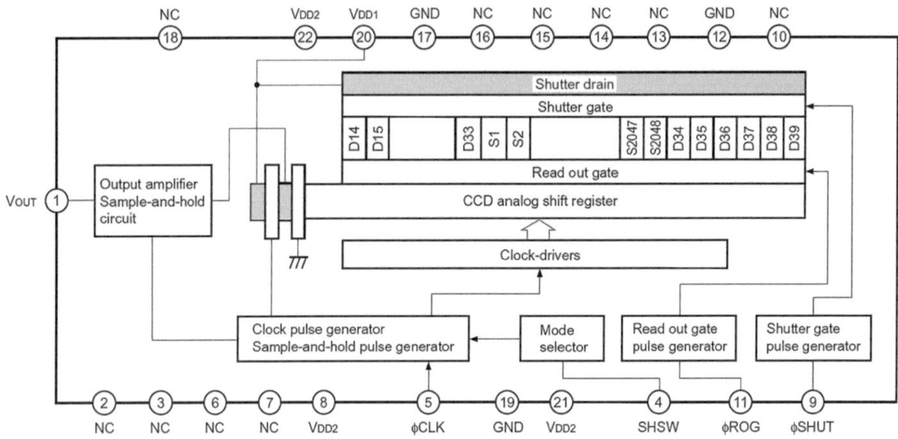

Abb. 14.14 Blockschaltbild eines Zeilensensors. (Quelle: Sony ILX751)

das shutter gate entladen. Danach beginnt die Belichtungszeit, welche mit der Ladungsübergabe aus den Pixeln in das analoge Schieberegister beendet wird. Von hier aus werden die Ladungen nach links zum Ausgang verschoben und dort verstärkt ausgegeben.

Zeilensensoren gibt es von 64 Pixel bis zu über 10.000 Pixel. Sie werden viel im industriellen Bereich angewandt, vor allem wo die zweite Dimension durch die Bewegung des Objektes selbst erzeugt wird (Abb. 14.15). Dazu zählen Transportprozesse aller Art, wie die Fadenüberwachung an Webmaschinen bis zur Fehleranalyse von Brettern bei der Möbelfertigung. Als Beispiel für statische Prozesse sei der Strichcodescanner genannt.

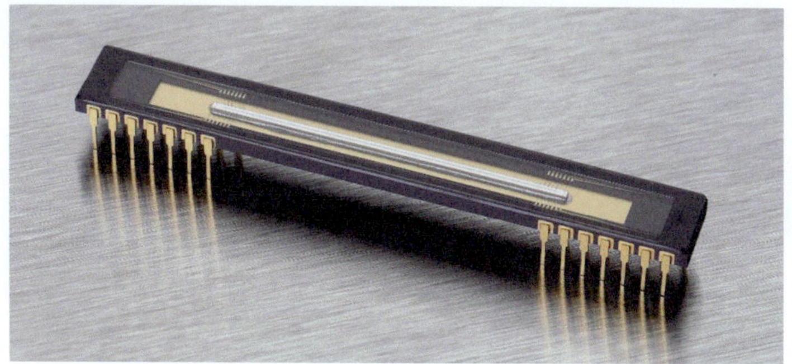

Abb. 14.15 CCD Zeilensensor für die Anwendung in der Spektroskopie. (Werkfoto: PerkinElmer Optoelectronics)

14.5.2 CCD-Matrixsensoren

Um statische, zweidimensionale Bilder zu erfassen, muss auch der Sensor zweidimensional werden. Dies erreicht man durch eine matrixförmige Anordnung der sensitiven Elemente, gekoppelt mit einer Ausleselogik nach dem CCD-Prinzip. Ein Beispiel dazu zeigt Abb. 14.16. Der Auslesevorgang erfolgt zuerst in das vertikale Register, welches 1 Zeile nach unten geschoben wird und im horizontalen Register nach links zum

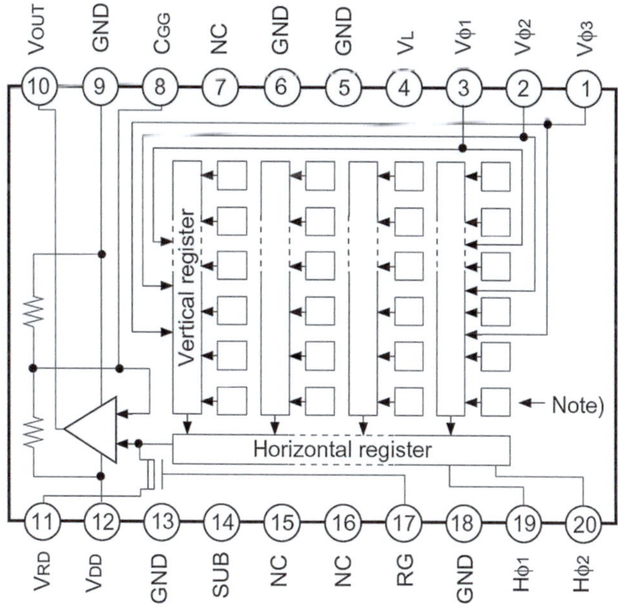

Abb. 14.16 Blockschaltbild eines CCD Matrixsensor. (Quelle: Sony ICX085AL)

Ausgang. Der Nachteil des CCD-Matrixsensor ist, dass immer nur *komplette Bilder* ausgelesen werden können. Die Abfrage eines Bildausschnittes ist dabei nicht oder nur unter erheblichen Aufwand in der Ansteuerung möglich.

14.6 Quantum Well Infrared Photodetector QWIP

Beim QWIP werden (Größenordnung 50) dünne Schichten aus einem Halbleiter mit geringerem Bandabstand zwischen Schichten aus einem Halbleiter mit größerem Bandabstand eingebettet. Dabei werden Halbleiterlegierungen verwendet, die eine Anpassung der Gitterkonstanten erlauben, beispielsweise GaAs/AlGaAs (Gallium-Arsenid: Niedriger Bandabstand, Aluminuim-Gallium-Arsenid: Höherer Bandabstand) oder GaInAs/InP (Gallium-Indium-Arsenid: Niedriger Bandabstand, Indium-Phosphid: Höherer Bandabstand).

In dem Material mit dem geringeren Bandabstand bilden sich sowohl für Elektronen *eindimensionale Quantentöpfe* im Leitungsband als auch eindimensionale Quantentöpfe für Löcher im Valenzband aus. Die Schichtdicke des Materials mit niedrigem Bandabstand entspricht der Breite des Quantentopfes und bestimmt damit die Lage der quantisierten Energieniveaus. Im Folgenden wird nur der Quantentopf für Elektronen, der im Leitungsband gebildet wird, betrachtet. Seine Breite wird meist so ausgelegt, dass sein erster angeregter Zustand auf dem Energielevel des Leitungsbandes des Materials mit dem größeren Bandabstand liegt (Abb. 14.17).

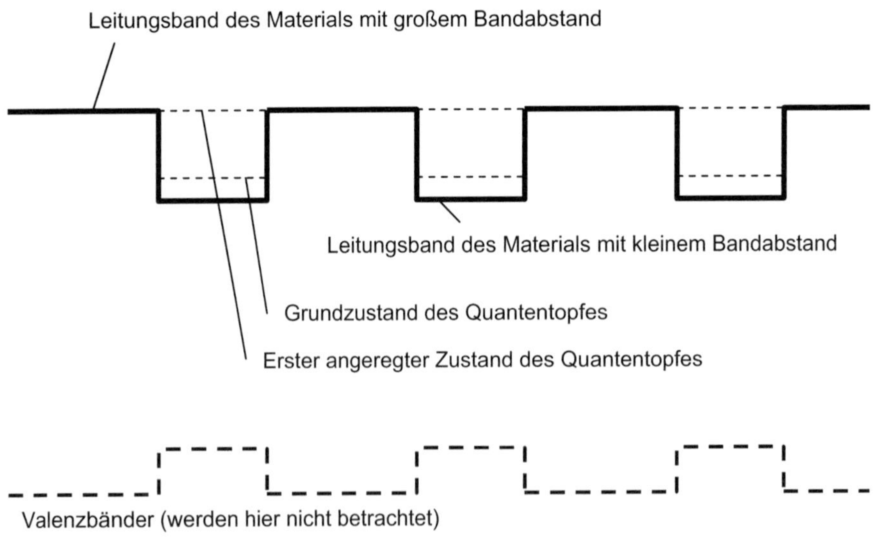

Abb. 14.17 Bandschema im QWIP

Das Halbleitermaterial wird so dotiert, dass die Grundzustände der Quantentöpfe mit Elektronen besetzt sind. Durch Photonen mit einer ausreichend hohen Energie können Elektronen vom Grundzustand in den ersten angeregten Zustand des Quantentopfes angehoben werden und sich dann im Halbleiter frei bewegen. Diese Fotoleitfähigkeit dient zur Detektion von *Infrarot-Lichtquanten.* QWIP-Detektorarrays werden im Allgemeinen als Arrays zur *Infrarotbildgebung (Thermografie)* mit hoher Auflösung verwendet. Entsprechend kann auch eine Fotoleitfähigkeit von Löchern im Valenzband erreicht werden. Aufgrund der niedrigeren Beweglichkeit der Löcher wird dieser Effekt allerdings meistens nicht verwendet.

14.7 Thermische optische Detektoren

Im Gegensatz zu den oben beschrieben Quantendetektoren reagieren thermische Detektoren nicht auf einzelne Photonen, sondern auf die Energie, die mit der optischen Strahlung transportiert wird. Die IR-Strahlung wird dabei auf einer Absorberfläche im Sensor in Wärme umgewandelt. Diese wird ihrerseits nachgewiesen und ermöglicht damit einen indirekten Strahlungsnachweis. Dadurch sind thermische Detektoren einerseits *wesentlich langsamer* und *weniger empfindlicher,* anderseits aber unabhängig von der Quantenenergie bzw. der Wellenlänge der Photonen. Ihr Signal ist proportional zur Gesamtenergie der gemessenen Strahlung und unabhängig von deren Wellenlänge. Insbesondere im Bereich des mittleren und fernen Infrarotes, in dem Quantendetektoren gekühlt werden müssen, werden oft thermische Detektoren verwendet, da diese nicht prinzipiell gekühlt werden müssen.

Anwendungen

Anwendungen thermischer Detektoren sind die *kontaktlose Temperaturmessung* und *IR-Bildgebung* im unteren Preissegment, *Gasdetektion, Spektrometrie* und überall dort, wo die intrinsischen Vorteile wie *große optische Bandbreite* und die Möglichkeit, auf

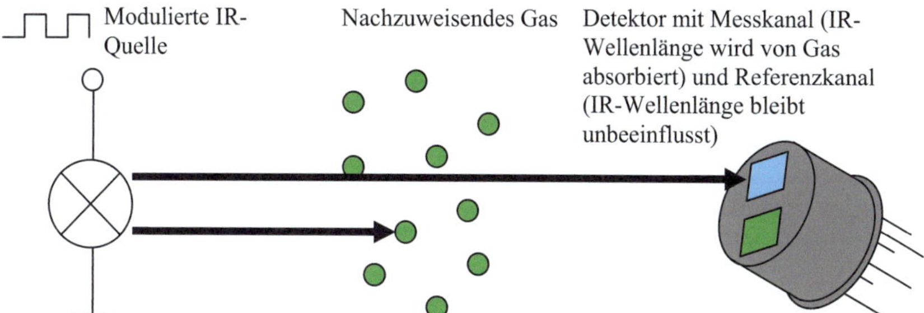

Abb. 14.18 Funktionsprinzip der fotoabsortiven Gasmessung mit thermischen Detektoren (pyroelektrische Detektoren oder Thermosäulen)

Abb. 14.19 Optische Gassensoren basierend auf thermischen IR-Detektoren. Links: für Anwendungen im Medizinbereich, rechts Low-Cost CO2-Sensor. (Werkfotos: PerkinElmer Optoelectronics)

Kühlung zu verzichten, die Nachteile wie langsame Reaktion und geringe Detektivität kompensieren. Vorteile thermischer IR-Detektoren sind:

- *Kühlung ist nicht prinzipiell notwendig* (in den meisten Fällen werden ungekühlte Detektoren verwendet).
- Empfindlichkeit ist *unabhängig* von der Wellenlänge,
- Passive Detektorprinzipien bei Thermosäulensensoren und pyroelektrischen Detektoren (Ausgangssignal ist Null bei Null Eingangssignal). Dies erlaubt einen *empfindlichen Nachweis kleiner Signale* (Abb. 14.19).

Nachteile sind:

- langsame Reaktion und
- geringe Detektivität.

Einen Überblick über typische Anwendungen gibt Tab. 14.2.

14.7.1 Thermosäulen

Ein moderner Thermosäulensensor (Abb. 14.20) basiert auf einer dünnen, schlecht Wärme leitenden Membran mit einer schwarzen Absorberschicht, die von der einfallenden IR-Strahlung erwärmt wird. Die Membran wird gehalten von einem Rahmen aus gut Wärme leitendem Silicium im thermischen Kontakt mit der Umgebung. Seine Temperatur wird durch mögliche IR-Absorption nicht nennenswert beeinflusst.

Tab. 14.2 Anwendungsgebiete thermischer IR-Detektoren

Anwendungen	Sensor	Kommentar
Temperaturmessung	Thermosäulen, pyroelektrische Detektoren (mit Unterbrecher)	Thermosäulen: Detaillierte Beschreibung in Abschn. 14.7.1 Pyroelektrische Detektoren: Da diese Detektoren keine konstanten Signale messen können, wird zur Temperaturmessung ein optisches Unterbrecherrad „Chopper" verwendet
Spektrometrie	Thermosäulen	Wegen ihrer wellenlängenunabhängigen Empfindlichkeit im (nahen,) mittleren und fernen IR
Wärmebildgebung	Grob: Thermosäulen, fein: Bolometer	Vorteilhaft wegen der Größe jedes Sensorelements sind Thermosäulenarrays größer 10 × 10 Bildpunkte nicht sinnvoll und Arrays größer 4 × 4 Bildpunkte kommerziell nicht verfügbar. Zur IR-Bildgebung werden typischerweise Mikrobolometerarrays verwendet
Personendetektion	Pyroelektrische Detektoren	Anwendungen: Gebäudeüberwachung, automatische Lichtschalter, automatische Wasserhähne
Gasmessung	Thermosäulen, pyroelektrische Detektoren	Beschreibung, Abb. 14.18

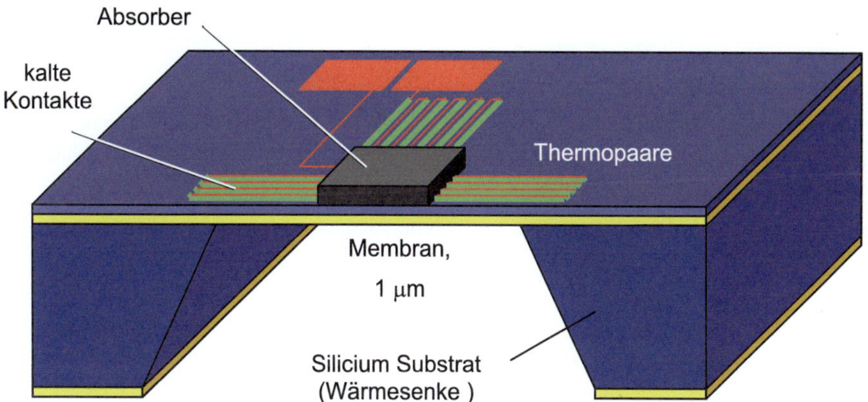

Abb. 14.20 Schematischer Schnitt durch einen MEMS-Thermosäulensensor

Abb. 14.21 Links Thermosäulensensor. Rechts: Thermosäulensensorarry aus 4×4 Detektoren (Mitte im Bild) mit ASIC zur Signalverarbeitung (unten im Bild). (Werkfotos: PerkinElmer Optoelectronics)

Zwischen Zentrum (Membran) und Peripherie (Silicium) sind zahlreiche (Größenordnung 100) Thermopaare so angebracht, dass die *warmen Kontakte* im Zentrum liegen, während die *kalten* Kontakte die Referenztemperatur der Peripherie bzw. der Umgebung messen (Abb. 14.20). Die mit der aufgenommenen IR-Strahlung transportierte Leistung wird im Absorber auf der Membran in Wärme umgewandelt, die sich aufgrund des thermischen Widerstandes der Membran in einen *Temperaturunterschied* zwischen den warmen und kalten Kontakten der Thermosäule umwandelt. Die *Thermosäule* wandelt ihrerseits diesen Temperaturunterschied in eine *Spannung* um (Abschn. 2.10).

Moderne Thermosäulensensoren (Abb. 14.21) werden in einem *MEMS-Prozess* hergestellt. Dabei wird mit anisotropen (alkalischen) Ätzen, oder mit „Reactive Ion Etching (RIE)" ein großflächiges Loch (1 mm^2) auf die Rückseite von Silicium geätzt. Auf der Vorderseite befinden sich eine Oberfläche aus Siliciumoxid/Siliciumnitrid und die Thermosäule. Die dünne Oxid/Nitrid- Membran bleibt nach dem Ätzen zurück. Auf ihr befinden sich die warmen Kontakte der Thermosäule, während sich die kalten Kontakte über dem zurückgebliebenen Silcium in der Peripherie neben dem Loch befinden. Typische Materialien für die Thermopaare sind Wismut/Antimon oder Polysilcium/Aluminium.

Bei Verwendung einer Thermosäule aus Polysilicium/Aluminium ist der Herstellungsprozess CMOS-kompatibel. Ein solcher Sensor erreicht typischerweise 55 V/W Empfindlichkeit bei einem Widerstand der Thermosäule von 75 kΩ.

14.7.2 Pyroelektrische Detektoren

Im Gegensatz zu einer Thermosäule reagiert ein pyroelektrischer Detektor (Abschn. 2.13) nicht auf ein kontinuierliches Signal, sondern auf die *Änderung* der empfangenen *IR-Strahlung*. Infrarotstrahlung wird absorbiert und erwärmt pyro-

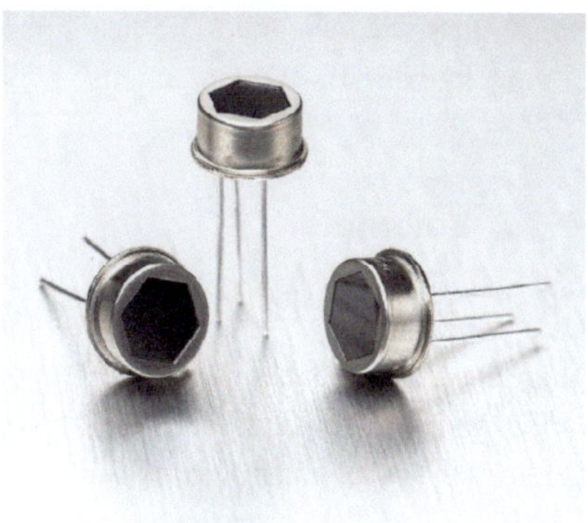

Abb. 14.22 Infrarotdetektor, basierend auf den pyroelektrischen Eigenschaften von PZT-Keramik. (Werkfotos: PerkinElmer Optroelektronics)

Abb. 14.23 Infrarotdetektor, basierend auf den pyroelektrischen Eigenschaften von Lithium-Tantalat. (Bildmaterial: PerkinElmer Optroelektronics)

elektrische Materialien, im Allgemeinen Blei-Zirkonium-Titanat (PZT-Keramiken) oder Lithium-Tantalat-Kristalle, die auf Erwärmung mit einer starken Änderung der elektrischen Polarisierung reagieren. Diese wird mithilfe von Elektroden auf dem Material kapazitiv abgenommen und verstärkt.

Abb. 14.22 zeigt einen solchen IR-Detektor. Durch die Elektroden werden mehrere Felder so definiert, dass ein sich auf dem Detektor bewegendes IR-Bild zu einem Signal führt. Derartige Sensoren werden im Allgemeinen in Bewegungsmeldern eingesetzt.

Das Modul enthält 4 Lithium-Tantalat Kristalle (Abb. 14.23), von denen jeweils zwei einem optischen Kanal zugeordnet sind. *Ein Kristall* ist jeweils mit einer *IR-Strahlung absorbierenden Oberfläche* versehen und dient dem *Strahlungsnachweis*. Der jeweils andere Kristall ist mit einer *IR-reflektierenden Beschichtung* versehen und dem IR-messenden Kristall entgegengeschaltet. Es dient zur *Kompensation* von *Umgebungs-*

temperaturschwankungen. Die gezeigten Sensoren enthalten jeweils zwei solche Kanäle für verschiedene IR-Wellenlängen.

14.7.3 Bolometer

Beim Bolometer wird *Infrarotstrahlung absorbiert* und erwärmt einen temperaturabhängigen Widerstand, beispielsweise einen Thermistor, der wiederum über die Änderung seines Widerstandes ein elektrisches Signal erzeugt. Im Gegensatz zu Thermosäulen oder pyroelektrischen Detektoren können Thermistoren sehr gut *miniaturisiert* werden, sodass eine große Anzahl von Thermistoren als Mikrobolometerarray zur Infrarotbildgebung *(Thermografie)* auf einem Sensor integriert werden können. Bolometerarrays können bei Raumtemperatur arbeiten, müssen allerdings temperaturstabilisiert werden und verwenden einen *optischen Chopper* (Shutter), um die Nullpunktdrift der Bildpunkte zu messen und ausgleichen zu können.

15 Signalaufbereitung und Kalibrierung

Gert Schönfelder

Sensoren wandeln die zu messende physikalische Größe in ein elektrisches Signal um. Dabei sind drei Punkte zu beachten:

1. Das Sensorsignal ist meist *sehr klein.* Es muss deshalb auf einen *Normpegel* verstärkt werden, damit es von einer Steuerung verarbeitet werden kann.
2. Es müssen Beeinflussungen von *Störgrößen* beachtet werden (z. B. Einfluss der Temperatur auf die Kennlinie eines Feuchtesensors).
3. Kennlinien müssen sehr oft *gefiltert* und *linearisiert* werden.

Eine Sonderstellung hat hier die *Temperaturmessung.* Es gibt Messelemente mit *ungestörtem* und *linearem* Charakter (z. B. PT100 und Thermoelement). Diese Elemente können oft direkt an spezielle Eingänge von Steuerungen angeschlossen werden. In diesem Sinne bilden sie einen *eigenen Signalstandard.*

15.1 Signalaufbereitung

Bei der Vielzahl an Sensorelementen wird das Ausgangssignal durch relativ wenige physikalische Effekte erzeugt, welche man wie folgt zusammenfassen kann:

- Erzeugung einer *Ladung* oder einer *Spannung* (z. B. Piezoeffekt, Thermoelement, Fotoelement).

G. Schönfelder (✉)
Aspect Systems GmbH, Dresden, Deutschland
E-Mail: gschoenfelder@t-online.de

E. Hering und G. Schönfelder (Hrsg.), *Sensoren in Wissenschaft und Technik*,
https://doi.org/10.1007/978-3-658-39491-2_15

- Veränderung eines *Widerstandes* oder eines *Leitwertes* (z. B. Dehnmess-Streifen, Fotowiderstand, Änderung des Kanalwiderstandes von FETs durch Ionen).
- Änderung der *Kapazität* oder der *Induktivität* und daraus folgend eines *Wechselspannungswiderstandes* (z. B. Feuchte, Abstand und Wege).

Bei den diskret arbeitenden Sensorsystemen existieren sehr viele und spezifische Methoden der Signalgewinnung. Das reicht von der reinen *Binärinformation* über die Bildung von *Impulsen* und *Impulsgruppen* bis zu *komplexen Datenmengen* bei der Bildauswertung. In dieser Gruppe hat die Zeit bzw. die Frequenz als informationstragende Größe eine große Verbreitung.

Die folgenden Abschnitte behandeln die grundsätzlichen Möglichkeiten der Signalaufbereitung. Diese Betrachtungen werden exemplarisch an einem resistiven Sensorelement ausgeführt, da in diesem Falle die Methoden sehr gut verdeutlicht werden können.

15.1.1 Analoge (diskrete) Signalaufbereitung

Die klassische, analoge Signalaufbereitung hat immer noch ihre Bedeutung, wenn es um *rauscharme Sensorsignale* geht. Durch die einfache Schaltungstechnik sind kaum zusätzliche Rauschquellen vorhanden. Auch bietet sich diese Methode an, wenn ein Signal in einer niederen Qualität, beispielsweise für Schaltzwecke, benötigt wird.

Bei der Schaltung in Abb. 15.1 wird das sensitive Element durch die Widerstände R1 bis R4 gebildet. Das verfügbare Ausgangssignal der Brücke wird mit dem Differenzver-

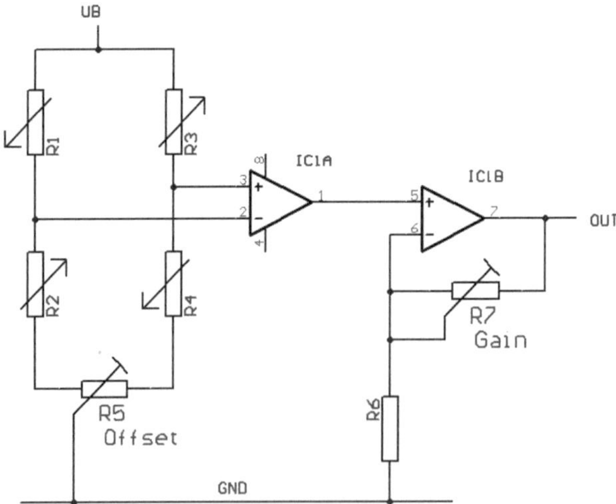

Abb. 15.1 Grundschaltung analoge Signalaufbereitung

stärker IC1A symmetrisch abgegriffen und mit IC1B asymmetrisch auf den Normpegel verstärkt. Der Nullabgleich erfolgt mit dem Widerstand R5, der Abgleich auf Vollausschlag mit dem Widerstand R7.

15.1.2 Signalaufbereitung mit Systemschaltkreisen

Im Zusammenhang mit häufig auftretenden Aufgabenstellungen wurden von der Industrie Systemschaltkreise entwickelt, welche die Ankopplung unterschiedlicher Sensorelemente erlauben und diese auf ein Normsignal umsetzen. In Abb. 15.2 wurde als Beispiel ein IC von Texas Instruments gewählt, welcher zur Umsetzung eines Thermowiderstandes auf ein Stromschleifensignal verwendet wird.

Wie für Systemschaltkreise typisch, beinhaltet dieser außer den Verstärkern auch die notwendigen Zusatzkomponenten, wie Stromquellen und Multiplexer. Im Beispiel werden die notwendigen Einstellungen in einem externen EEPROM gespeichert.

15.1.3 Signalaufbereitung mit ASICs

Bei Standardmessaufgaben wie Temperatur-, Druck- oder Wegmessungen bietet es sich an, Schaltkreise zu entwickeln, welche auf die spezifischen Messaufgaben der einzelnen Sensorelemente angepasst sind. Es entstehen hochkomplexe Bauelemente, welche durch eine große Anzahl einstellbarer Parameter den kompletten Aufgabenbereich von

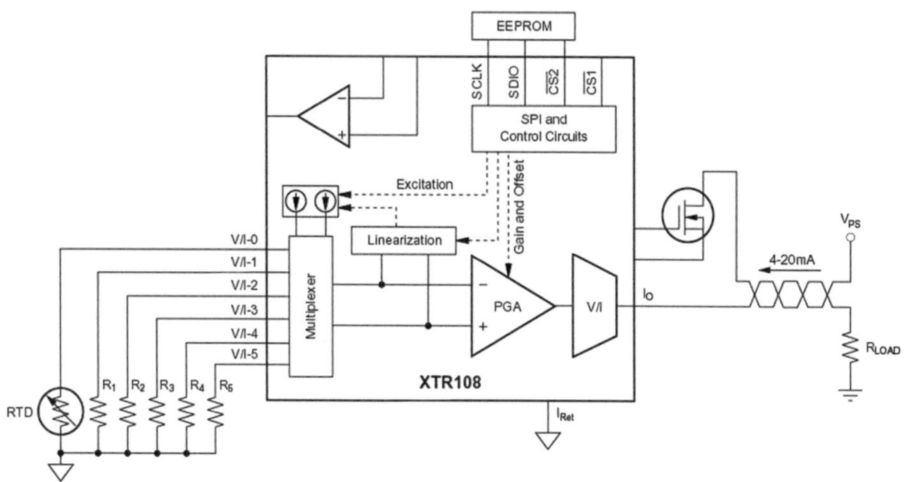

Abb. 15.2 Systemschaltkreis XTR108. (Quelle: Texas Instruments)

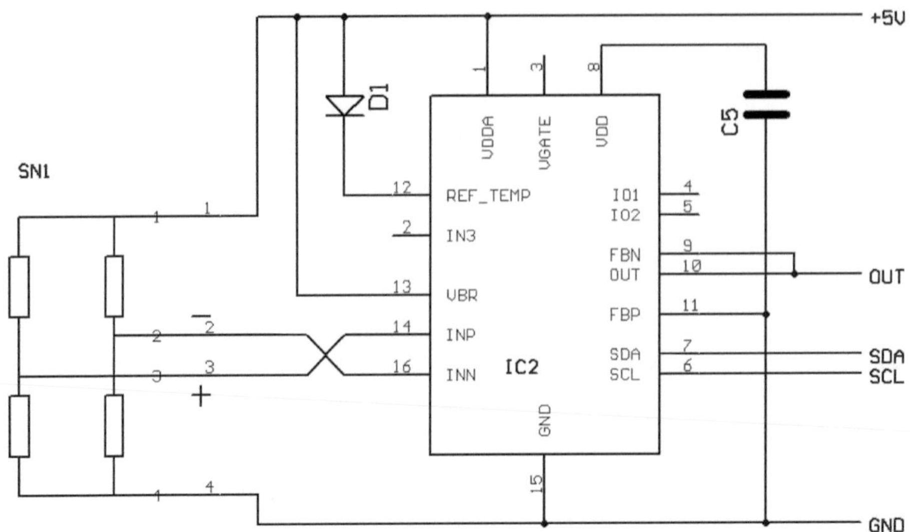

Abb. 15.3 ASIC für Drucktransmitter

der Signalerfassung, -aufbereitung und -korrektur bis zur analogen oder digitalen Datenausgabe abdecken.

Als Beispiel wurde der ZMD31050 herausgegriffen, der in Abb. 15.3 in der Prinzipschaltung für einen ratiometrischen Drucktransmitter dargestellt ist. Er verfügt über einen 16 Bit AD-Wandler, einen Eingangsfilter und einen 11 Bit DA-Wandler. Mit der Diode D1 wird die Temperatur der Brücke bestimmt, welche zur Kompensation der Druckkennlinie benötigt wird. Das Ausgangssignal wird durch das Lösen einer Gleichung dritten Grades mit beiden Eingangsgrößen errechnet.

15.1.4 Signalaufbereitung mit Mikrocontrollern

Eine Aufbereitung der Sensorsignale kann auch direkt mit einem Mikrocontroller erfolgen. Die wichtigste Anforderung ist dabei ein Analog–Digital-Wandler mit einer entsprechenden Genauigkeit und der Möglichkeit zur Ausgabe eines analogen Signals. Dies kann durch einen DA-Wandler oder eine PWM-Einheit realisiert werden. Diese Einheiten müssen dazu nicht zwingend im Controller integriert sein.

Wenn die Signalerfassung und Verarbeitung mit einem Prozessor erfolgt, dann ist diese immer im Zusammenhang mit einer Justage zu finden.

Der Vorteil dieses Verarbeitungsweges ist, dass auch mit analogen Mitteln nicht umsetzbare Kennlinien auf Ein- und Ausgangsseite realisiert werden können. Dies wird durch den Einsatz von Software ermöglicht. In Abb. 15.4 ist ein Schaltungsausschnitt

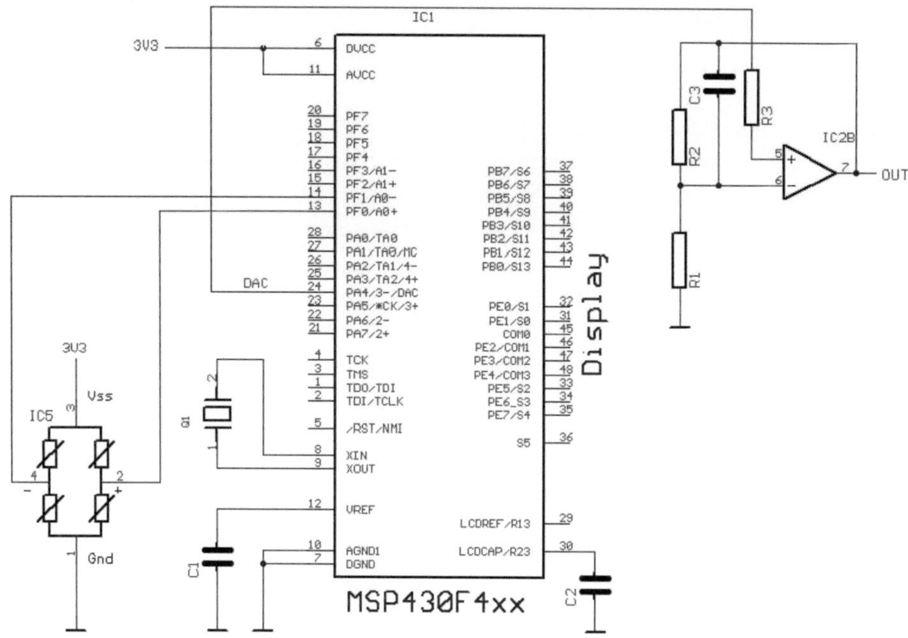

Abb. 15.4 Sensorschaltung mit Mikrocontroller

für einen Sensor mit einer Widerstandsbrücke gezeigt, welcher einen Spannungsausgang von beispielsweise 0 V bis 10 V realisiert.

Dieser Weg hat allerdings den Nachteil, dass die Signalverarbeitung mit Software immer langsamer ist als in einem analogen Signalpfad. Sie wird umso langsamer, je komplexer der Korrekturalgorithmus und die Signalaufbereitung wird (Abschn. 15.2.3).

15.2 Sensorkalibrierung

Der Begriff der Sensorkalibrierung hat sich im Sprachgebrauch zwar eingebürgert, ist aber im technischen Sinne falsch. Beim *Kalibrieren* wird die *Abweichung* einer Messgröße von einem *Standard* dokumentiert. Wenn das *Signal* eines Sensors auf einen *Sollwert* eingestellt wird, handelt es sich um ein *Justieren.* Die Sensorjustage hat die Aufgabe, durch technische oder mathematische Maßnahmen das Mess-Signal von Nichtlinearitäten und Störgrößen zu befreien. Die Hauptstörgröße ist meistens die Temperatur.

15.2.1 Passive Kompensation

Für einfache Anwendungsfälle, beispielsweise im Zusammenhang mit der Schaltung in Abb. 15.5, kann eine passiv kompensierte Messbrücke verwendet werden. Dieses kompensierte Sensorelement erzeugt dann ein definiertes Ausgangssignal und kann somit mit einem fest eingestellten einfachen Verstärker aufbereitet werden. Die Justage der Widerstände R1 bis R4 erfolgt dabei im Rahmen der Sensorherstellung. Abb. 15.5 zeigt das Schema.

Mit den Widerständen R3 und R4 erfolgt ein Nullabgleich der Brücke. Dabei ist, abhängig vom Vorzeichen des Offset, der eine oder der andere Widerstand zu verstimmen.

Aus dem Gesamtwiderstand der Brücke und der Widerstandsänderung durch die Messgröße ergibt sich eine *Steilheit,* welche in mV/V(Ub) angegeben wird. Dieses Verhältnis kann man durch die Widerstände R1 und R2 so verändern, dass die Steilheit einen definierten Wert annimmt. Dieser Zielwert ist dabei immer kleiner als die mögliche Steilheit. Der dafür bestimmte Widerstandswert wird auf R1 und R2 je zur Hälfte angewendet, damit die Ausgangsspannung der Brücke bei Ub/2 bleibt.

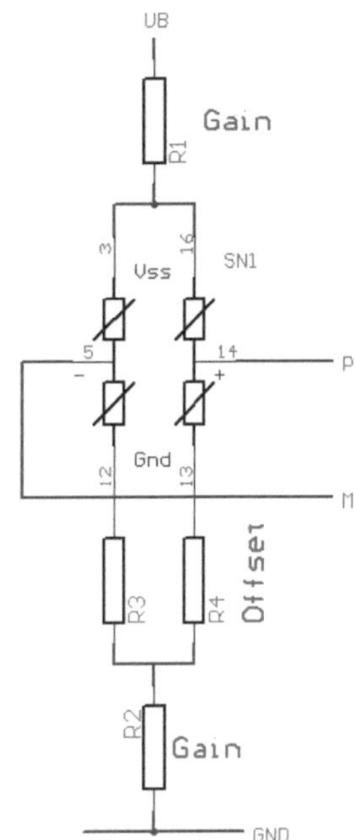

Abb. 15.5 Passiv kompensierte Messbrücke

15.2.2 Justage mit analoger Signalverarbeitung

Wenn die erforderlichen Korrekturmaßnahmen und Eigenschaften für ein Sensorelement bekannt sind, kann die erforderliche Gleichung als Folge linearer und nichtlinearer Verstärkerelemente nachgebildet werden. In Abb. 15.6 wird als Beispiel dafür ein älterer analoger ASIC herangezogen. Die gesamte Schaltung setzt sich aus Verstärkern und multiplizierenden DA-Wandlern zusammen. Im Ergebnis wird für das Nutzsignal eine lineare Kennlinie mit Offset- und Gainkorrektur realisiert, welche in einen zweiten Zweig durch die gemessene Temperatur mit einer Kennlinie 2. Grades beeinflusst wird.

Der Ablauf der Justage erfolgt in drei Schritten:

1. Bei Raumtemperatur erfolgt die Einstellung von Offset (linke zwei Stufen) und Gain (mittlere Stufe) als direkter Zusammenhang zwischen Eingangs- und Ausgangssignal.
2. Dann erfolgt der Abgleich bei einer höheren Temperatur bei Wiederholung der Eingangsbedingungen durch Änderung von Offset und Gain des Temperaturzweiges.
3. Dieser Vorgang wird bei einer niedrigeren Temperatur wiederholt.

Sollten höhere Genauigkeiten notwendig sein, so müssen diese Abgleiche mehrfach durchlaufen werden, da die Einstellungen der einzelnen Register nicht rückwirkungsfrei zu den anderen Einstellungen sind. Die gefundenen Einstellungen werden in einem Speicher im ASIC permanent hinterlegt. Der ASIC selbst arbeitet allgemein ratiometrisch, d. h., das Ausgangssignal verhält sich auch proportional zur Versorgungsspannung.

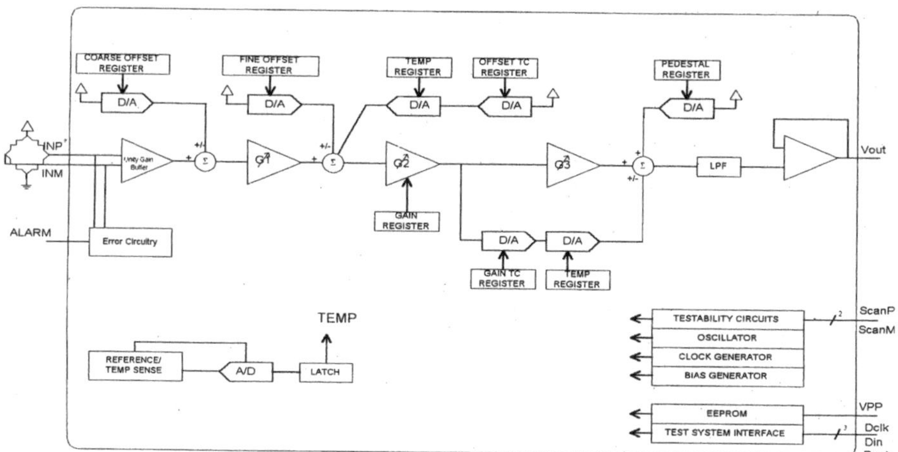

Abb. 15.6 ASIC mit analoger Signalverarbeitung (SCA2096)

15.2.3 Justage mit digitaler Signalverarbeitung

Bei der digitalen Signalverarbeitung existiert ein breites Spektrum von Lösungen. So gibt es zwischen dem ASIC mit rein analogem Signalpfad und der reinen Rechnerlösung ein breites Spektrum an ICs, welche mit einem analogen Front-End ausgestattet sind und intern über eine spezielle, fest programmierte Rechnerstruktur verfügen. Zu diesen zählt als Beispiel auch der in Abb. 15.7 gezeigte Schaltkreis, mit welchem eine arithmetische Justage realisiert wird.

Die Grundstruktur bei der digitalen Signalverarbeitung besteht immer aus einer Eingangsstufe mit Offsetkorrektur und einem hochauflösenden AD-Wandler und einer Ausgangsstufe als DA-Wandler. Dabei ist es unerheblich, ob dies durch separate Komponenten gebildet wird oder in einem ASIC oder Prozessorbaustein integriert ist. Den Startwert für die Verarbeitung bildet immer der Wert des Eingangswandlers, welcher durch eventuell auf weiteren Kanälen gemessenen Größen von Störsignalen ergänzt wird. Als Ergebnis der Operation muss ein Wert für den Ausgangs-DA-Wandler entstehen, für dessen Bestimmung es mehrere Methoden gibt.

Arithmetische Methode
Um diese Methode anwenden zu können, muss die *Korrekturfunktion* durch eine geschlossene mathematische Darstellung als *Gleichung* vorliegen. Der Prozessor arbeitet im Betrieb diese Rechenvorschrift zyklisch ab, unter Verwendung der Eingangsgrößen und der bei der Kalibrierung bestimmten Koeffizienten.

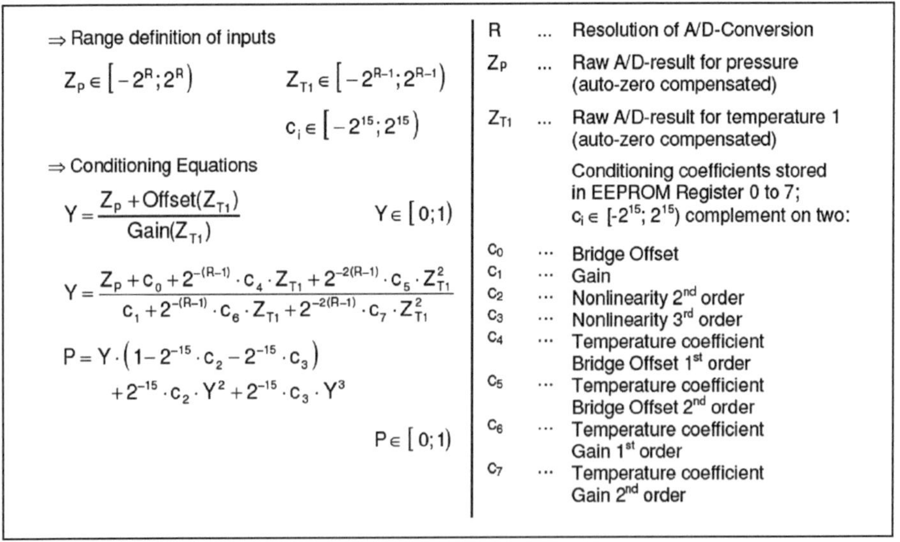

Abb. 15.7 Gleichungen zur Justage des ZMD31050

Für die Bestimmung der Koeffizienten ist entsprechend des Grades der Funktionen ein Gleichungssystem mit n Unbekannten zu lösen. Im Beispiel des ZMD31050 sind das 7 bis 9 Gleichungen wozu eine entsprechende Zahl von Messwerten notwendig ist. Diese Messwerte werden gewonnen, indem der komplette Transmitter z. B. auf unterschiedliche Temperatur/Druck-Kombinationen eingestellt wird und die zugehörigen AD-Werte für Druck und Temperatur ausgelesen werden. Die Lösung des Gleichungssystems erfolgt dann in einem externen Rechner, und die Ergebnisse werden im ASIC eingespeichert. Abb. 15.7 zeigt die Gleichungen des ZMD31050. Der rechnerische Aufwand kann hier leicht überschlagen werden.

Dieser Weg lässt in dem Beispielfall eine hohe Messrate zu (bis zu 4000 Messungen/s), da es sich um eine auf die Gleichung angepasste Rechnerstruktur handelt. Wird dieser Weg mittels allgemeiner Prozessoren beschritten, können sich sehr große Rechenzeiten ergeben, welche die Messrate drastisch senken. Etwas Zeit kann man durch den Verzicht auf eine Gleitpunktarithmetik gewinnen, was aber eine exakte Kenntnis der Messelemente und deren Streuung voraussetzt.

Kennlinien-Interpolation

Wenn der arithmetische Weg nicht begangen werden kann, weil beispielsweise keine geschlossene Gleichung erstellt werden kann, ist der Weg der Kennlinien-Interpolation möglich. Hier werden aus der Eingangskennlinie mehrere Stützstellen bestimmt. Die Positionen der Stützstellen (X-Achse) werden im Rechner hinterlegt und aus den Messwerten benachbarter Werte der Anstieg und Offset des Kennlinienbereiches zwischen beiden bestimmt. Durch Verwendung mehrerer Stützstellen kann der Kennlinienabschnitt auch durch eine Funktion höheren Grades dargestellt werden. Während der Ausführung des Programms wird bestimmt, zwischen welchen Stützstellen sich das Eingangssignal befindet und der entsprechende Koeffizientensatz für die Bearbeitung ausgewählt. Die Berechnung gestaltet sich dann relativ einfach.

Werden in die Verarbeitung noch Störgrößen einbezogen, so erweitert sich die Kennlinie zur Fläche oder zum Raum. Es wird dann für jede Richtung und jedes Stützstellenpaar ein Koeffizientensatz abgelegt und die Dimensionen sequenziell abgearbeitet.

Werden die Stützstellen eng angeordnet, dann reicht allgemein eine lineare Interpolation zur Bestimmung des Ausgangswertes.

Die Kennlinien-Interpolation ist in der Ausführung schneller als die arithmetische Methode, da sie auf einfacheren Operationen aufbaut. Der Nachteil besteht in der großen Anzahl von notwendigen Messpunkten und dem relativ großen Koeffizientenspeicher.

Look-up-Tabelle

Die schnellste und speicheraufwändigste Form ist die Korrektur der Daten über eine Look-up-Tabelle (LUT). Bei der einfachen Kennlinie werden dazu in einer Tabelle zu jedem möglichen Eingangswert ein entsprechender Ausgangswert hinterlegt. Diese

Zuordnung kann ebenfalls mehrdimensional erfolgen. Auf diese Weise kann man sehr hohe Genauigkeiten erzielen. Da dazu aber viele Tabellen erforderlich sind, wird häufig eine *reduzierte Tabelle* angelegt, in der Zwischenpositionen durch Interpolation gewonnen werden. Man kann dies auch als eine *Kennlinien-Interpolation* mit *hoher Stützstellenanzahl* betrachten.

Der eindeutige Vorteil liegt aber in der *Bearbeitungsgeschwindigkeit,* da es sich nur um Speicherzugriffe handelt. Wenn man bei der interpolierten LUT die Stützstellen auf binäre Werte legt, beispielsweise auf jeden vierten Eingangswert, dann lässt sich die Interpolation auf Addition, Subtraktion und Schiebeoperationen beschränken, sodass auch hier große Bearbeitungsgeschwindigkeiten erreicht werden.

15.3 Energiemanagement bei Sensoren

Nicht nur durch das gewachsenen Umweltbewusstsein ist Energiemanagement ein aktuelles Thema, sondern auch durch eine Vielzahl neuer Anwendungen. Sensorapplikationen werden heute zunehmend auch in mobilen und autarken Systemen eingesetzt, die mit Energie versorgt werden müssen. Um den Energieverbrauch möglich gering zu halten, muss der Stromverbrauch im Sensor möglichst gering sein.

Für ein Energiemanagement gibt es zwei grundlegende Wege: Entweder baut man einen *extrem stromsparenden* Sensor (z. B. die Verbrauchsmessung am Heizkörper) oder man *verringert* die *aktive Zeit* des Sensors. Vor allem die letztere Variante setzt einen Prozessor voraus, welcher diesen Steuervorgang realisiert.

Um einen energiearmen Sensor herzustellen, müssen mehrere Faktoren und Einflüsse beachtet werden. Bei den Betrachtungen wird davon ausgegangen, dass in der Signalverarbeitung ein Prozessorkern vorhanden ist.

Schaltungstechnische Maßnahmen und Ruhestrom

Der verwendete Prozessor muss selbst über ein internes Energiemanagement verfügen, d. h., dass die Peripherieeinheiten *schaltbar* sein müssen. Damit können nur die benötigten Teile aktiviert werden. Zudem soll der Strombedarf in einem Schlafmode möglichst gering sein, wobei Basisfunktionen in diesem Zustand noch aktiv sein müssen, wie die Uhr und eventuell ein Display. Diese konstruktiven Anforderungen gelten in gleichem Maße auch für die Außenbeschaltung. So müssen das Sensorelement, eventuelle externe Verstärker und die Bereiche der Datenkommunikation, ebenfalls schaltbar sein.

Die mit aktuellen Prozessoren erreichbaren Werte für den Ruhestrom liegen im Bereich weniger µA. Als Beispiel werden mit der Schaltung aus Abb. 15.4 im Ruhezustand bei laufendem Display 13 µA erreicht.

Messdauer und Aktivstrom

Die beiden Größen stehen in einem Zusammenhang, da sie sich unmittelbar beeinflussen. Bei CMOS-Schaltungen steht der *Stromverbrauch* immer im Zusammenhang mit der *Taktgeschwindigkeit.* Je schneller ein Prozessor arbeitet, umso höher ist sein Strombedarf. Dagegen steht aber, dass der Messvorgang bei einem schnelleren Prozessor schneller abgeschlossen ist. Der Energieverbrauch berechnet sich als Produkt aus Zeit und Strom. Es müssen also andere Kriterien gefunden werden, die eine schnelle Ausführung bei niederer Taktfrequenz ermöglichen. Dazu zählen beispielsweise:

- Der Einfluss der gewählten *Software* bzw. die *Programmiersprache.*
  Die Programmierung der Funktionen sollte in einer minimalistischen Form erfolgen. Der Einsatz der gängigen Hochsprachen ist dabei selten optimal, da zu viele unnötige Funktionen mitgeschleppt werden. Da die Aufgaben zur Signalverarbeitung kompakt sind, sollte man auch die Assemblerprogrammierung mit in Betracht ziehen.
- Der Einfluss der *Korrekturalgorithmen.*
  Wie in Abschn. 15.2 bereits erwähnt, nimmt man durch die Wahl des Korrekturweges einen starken Einfluss auf den Rechenaufwand und die Ausführungsgeschwindigkeit.
- Die Wahl des *Zahlenformates.*
  Eine Signalkorrektur im Gleitkommaformat zu rechnen, ist der einfachste Weg, aber auch der langsamste. Es ist deshalb zu überlegen, die Rechnungen ohne Gleitkomma im Integerformat auszuführen. Das erfordert allerdings mehr Aufwand, da im Vorfeld eine Abschätzung des Zahlenbereiches im Zusammenanhang mit der Abfolge der arithmetischen Operationen erfolgen muss.
- *Ort* der Verarbeitung.
  Es kann zugunsten der Aktivzeit auch ein Teil der Korrekturaufgaben in das übergeordnete Rechnersystem verlagert werden. Damit werden zeitaufwändige Funktionen an einen Ort ohne Energieprobleme delegiert.

Messzyklus

Die Häufigkeit der Messung beeinflusst die *Energiebilanz* ebenfalls, da damit das Verhältnis von Aktivzeit zu Ruhezeit bestimmt wird. Aus diesem Grund ist genau zu definieren, wie häufig im konkreten Fall gemessen werden muss. Das Intervall der Messungen kann dabei zwischen Sekunden bei technischen Anwendungen und Stunden bei klimatischen Sensoren liegen.

Abb. 15.8 zeigt den Energiebedarf eines digitalen Manometers für ein Jahr als Funktion des Messzyklus. Der Ruhestrom ist dabei 13 μA, der Aktivstrom 3,7 mA und die Aktivzeit 50 ms.

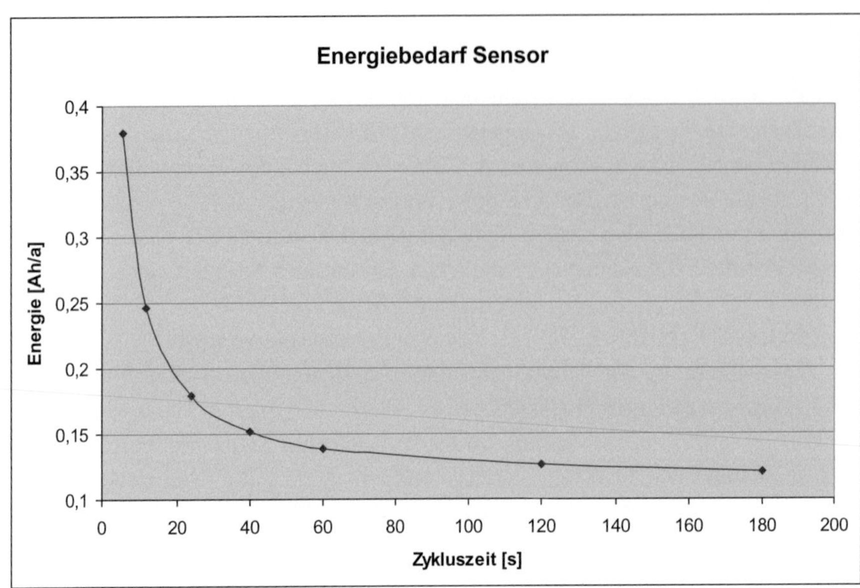

Abb. 15.8 Energiebedarf als Funktion der Aktivzeit

Weiterführende Literatur

Beschreibung EVAL-Kit zum ZMD31050: ZMD31050 Application Kit Description; Seite 27 über: http://www.zmd-gmbh.de/products.php

Datenblatt „Two-Wire Transmitter XTR108"; über: http://www.ti.com/

Datenblatt „ZMD31050" über: http://www.zmd-gmbh.de/products.php

Interface

16

Gert Schönfelder

Um die Messwerte der Transmitter zur Auswerteeinheit zu übertragen, werden *standardisierte Interfaces* verwendet. Diese erlauben dem Anwender eine einfache Anschaltung von Transmittern unterschiedlichster Hersteller. Die Möglichkeiten bei der analogen Signalübertragung basieren dabei auf wenigen physikalischen Größen. Die Übertragung auf digitaler Basis beschränkt sich auf die wesentlichsten Vertreter, welche für die Sensorik entscheidend sind.

16.1 Analoge Interfaces

Zur Signalübertragung in analoger Form finden *Spannung, Strom, Frequenz* oder *Pulsweite* Anwendung. Diese Ausgangsgrößen sind in der Praxis einfach zu beherrschen und lassen sich mittels zwei oder drei Anschlussleitungen übertragen. Bei den analogen Signalen erfolgt immer die *Abbildung der Messgröße* auf den *spezifizierten Signalbereich.* Dies kann bedeuten, dass beispielsweise ein Druck von 0 bar bis 20 bar oder eine Temperatur von – 20 °C bis 50 °C auf ein Signal von 0 V bis 10 V abgebildet wird. Damit ist der erste grundsätzliche Nachteil ersichtlich: Am anderen Ende der Leitung liegt keine Information mehr über die Messgröße vor.

Der zweite wesentliche Nachteil der analogen Transmitter ist die *Verkabelung* in einer *Stern-Topologie,* d. h. jeder Messwert wird einzeln zur Verarbeitungseinheit geführt. Der dadurch entstehende Verkabelungsaufwand ist bei dem zunehmenden Einsatz von Sensoren leicht vorstellbar.

G. Schönfelder (✉)
Aspect Systems GmbH, Dresden, Deutschland
E-Mail: gschoenfelder@t-online.de

E. Hering und G. Schönfelder (Hrsg.), *Sensoren in Wissenschaft und Technik,*
https://doi.org/10.1007/978-3-658-39491-2_16

Tab. 16.1 Eigenschaften analoger Übertragungswege

Informationsträger	Reichweite	Auflösung	Vorteile	Nachteile
Spannung	Mehrere Meter	Bis 16 Bit	Einfache Generierung relativ geringer Leistungsverbrauch	Spannungsabfall auf Übertragungsstrecke (Fehler durch Übertragung)
Strom 2-Leiter	Bis km	Bis 16 Bit	Große Übertragungsstrecke, da kein Fehler durch Übertragung Nur zweipoliger Anschluss	Hohe Verlustleistung Nur Sensoren mit geringem Eigenbedarf
Strom 3-Leiter	Bis km	Bis 16 Bit	Große Übertragungsstrecke, da kein Fehler durch Übertragung Mehr Strom für Sensorelement verfügbar	Hohe Verlustleistung
Frequenz	Medienabhängig	Bis 20 Bit	Hohe Dynamik der Messgröße Stabile Referenzgröße (Zeit) alternative Übertragungsmedien möglich	Hohe Übertragungsbandbreite erforderlich
Phase/PWM	Medienabhängig	Bis 12 Bit	Stabile Referenzgröße (Zeit) alternative Übertragungsmedien möglich	Hohe Übertragungsbandbreite erforderlich Fehler durch Laufzeit und Bandbreite

Die wichtigsten Eigenschaften der analogen Interfaces werden in Tab. 16.1 zusammen-gefasst.

Die analogen Größen Frequenz und Phase heben sich von Spannung und Strom dadurch ab, dass sie keine statische Signalübertragung darstellen. Sie sind in ihrer Auflösung zwar unendlich fein stufbar, was sie als analoges Signal kennzeichnet, verhalten sich aber bei der Übertragung wie ein Hochfrequenzsignal.

16.1.1 Spannungsausgang

Das Einheitssignal 0 V bis 10 V stellt den Grundtyp des Spannungsausgangs dar. Dieses ist unabhängig von der verwendeten Versorgungsspannung des Transmitters, welche typischerweise im Bereich von 15 V bis 30 V liegt. Der Lastwiderstand beträgt in der Regel mehr als 10 III.

Der Nachteil eines Spannungsausganges besteht vor allem darin, dass das Ausgangssignal durch lange Übertragungswege verfälscht wird, da deren Widerstand einen Spannungsabfall verursacht. In gleicher Weise kann eine Offsetspannung durch den vom Betriebsstrom verursachten Spannungsabfall auf der Masseleitung entstehen.

Der Vorteil dieses Interfaces liegt in der *einfachen Signalauswertung,* da sich dieser Spannungsbereich mit einfachen Mitteln digitalisieren und verarbeiten lässt.

Auf dem Markt existieren noch einige Sondervarianten, die sich im Bereich der Ausgangsspannung unterscheiden. So ist beispielsweise die Variante 0 V bis 5 V gelegentlich zu finden, welche dann mit einer geringeren Versorgungsspannung auskommt. Durch die Verschiebung des Nullpunktes auf beispielsweise 1 V können Probleme mit dem Nullpunkt umgangen werden, die bei einfachen Ausgangsstufen in den Transmittern entstehen können.

16.1.2 Ratiometrischer Spannungsausgang

Eine eigene Form stellt der ratiometrische Spannungsausgang dar. Er hat die Besonderheit, dass der Messwert einem *Prozentsatz der Versorgungsspannung* U_V zugeordnet wird. Dieser Transmittertyp wird allgemein mit 5 V betrieben. Der verfügbare Bereich der Ausgangsspannung liegt dann bei 5 % bis 95 % U_V (0,25 V bis 4,75 V) oder 10 % bis 90 % U_V (0,5 V bis 4,5 V). Damit sind Probleme der Ausgangsstufen im Bereich der Versorgungsspannung und Masse bereits umgangen.

Der Vorteil dieses Interfaces liegt in der *unkomplizierten Analog-Digital-Wandlung,* da hier die Versorgungsspannung als Referenz für den Wandler verwendet werden kann. Schwankungen in der Versorgungsspannung heben sich auf. Dieser Interfacetyp wird oft bei kompakten Systemen innerhalb von Geräten eingesetzt. Da er technisch einfach aufgebaut ist, handelt es sich um den preiswertesten Typ.

16.1.3 Stromausgang

Der wichtigste Vorteil dieses Interfacetyps sei vorangestellt: Er kann bei fast beliebig langen Leitungen eingesetzt werden. Der durch den Transmitter generierte Strom verursacht auf den Anschlussleitungen zwar einen Spannungsabfall und steigert dadurch die notwendige Versorgungsspannung des Systems; die Messgröße selbst wird aber davon nicht beeinflusst.

An der Steuerung, von wo aus die Speisung erfolgt, wird der fließende Strom über einem Widerstand, welchen man als *Bürde* bezeichnet, in eine Spannung gewandelt. Typische Werte für diesen Widerstand sind 100 Ω oder 200 Ω. Der maximale Wert liegt allgemein systembedingt bei 600 Ω.

In der Praxis kommen zwei Varianten des Strominterface zum Einsatz: eine Zweileiter- und eine Dreileiter-Beschaltung.

Zweileiterinterface
Beim Zweileiterinterface wird nur die Versorgungsspannung angeschlossen und der Stromverbrauch des Transmitters moduliert (Abb. 16.1 und 16.2). Da die Elektronik zur Signalverarbeitung einen Eigenverbrauch hat, kann der Strom für den kleinsten Messwert demzufolge nicht bei Null liegen. Als Standard hat sich hier ein Wertebereich von 4 mA bis 20 mA für den Messwert durchgesetzt. Dieser Typ lässt sich jedoch nur einsetzen, wenn die Elektronik mit dem verbleibenden Basisstrom von weniger als 4 mA auskommt.

Dreileiterinterface
Beim Dreileiterinterface erfolgt ein normaler Anschluss an eine Versorgungsspannung. Der stromtreibende Ausgang wird mit der Bürde nach Masse beschaltet (Abb. 16.3 und 16.4). Durch diese Anschlussversion kann der Transmitter selbst einen höheren Eigenverbrauch aufweisen. Hier hat sich als Standard der Strombereich von 0 bis 20 mA durchgesetzt. Es wird aber oft auch hier die Variante mit 4 mA bis 20 mA angeboten, um eine einheitliche Systemgestaltung zu gewährleisten.

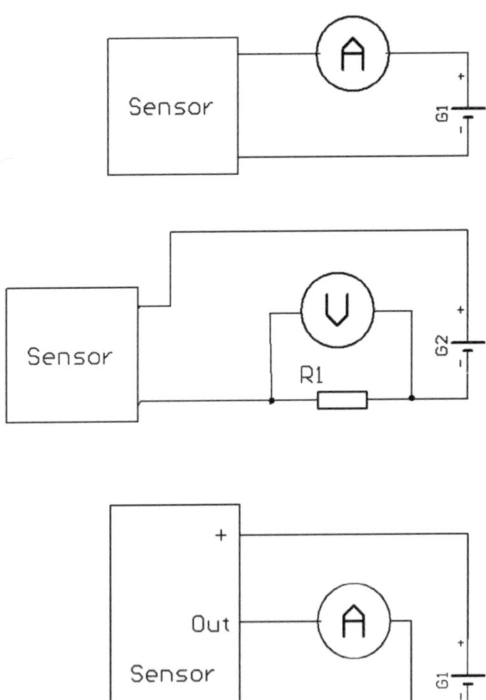

Abb. 16.1 Stromtransmitter mit Strom messung

Abb. 16.2 Stromtransmitter mit Spannungsmessung an Bürde

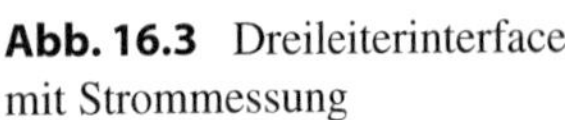

Abb. 16.3 Dreileiterinterface mit Strommessung

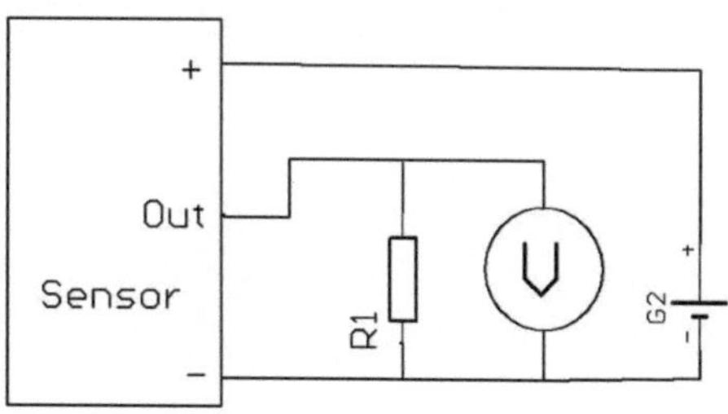

Abb. 16.4 Dreileiterinterface mit Spannungsmessung

16.1.4 Frequenzausgang und Pulsweitenmodulation

Die Verwendung zeitbasierter Größen hat den Vorteil, dass die einfache Übertragung durch eine einfache Digitalisierung und eine gute Auflösung begleitet wird. Eine Frequenzinformation lässt sich nach einer großen Übertragungsstrecke gut rekonstruieren.

Frequenzausgang

Bei einer Informationsübertragung mit einem analogen Signal besteht eine technisch bedingte Begrenzung der möglichen Auflösung des Mess-Signals (Abb. 16.5). Das kann beispielsweise an den Verlustwiderständen des Übertragungsweges oder am Signalrauschen liegen. Der ohmsche Verlust bei einer Übertragung eines frequenzmodulierten Signals ist durch einen Trigger am Endpunkt behebbar, da die Amplitude des Signals keinen Einfluss auf die Information hat. Damit entsteht auch kein Fehler durch Rauschen.

Aufgrund der beschriebenen Vorteile wird eine Frequenz als Informationsträger vor allem bei Sensoren mit einer hohen Dynamik eingesetzt. Ein Beispiel hierfür sind Lichtsensoren, welche eine Dynamik von 10^4 und mehr haben.

Pulsweitenmodulation

Bei der Pulsweitenmodulation *(PWM)* wird ein Rechtecksignal übertragen, bei dem das *Verhältnis* von *Periodendauer* (steigende Flanke bis steigende Flanke) und *High-*

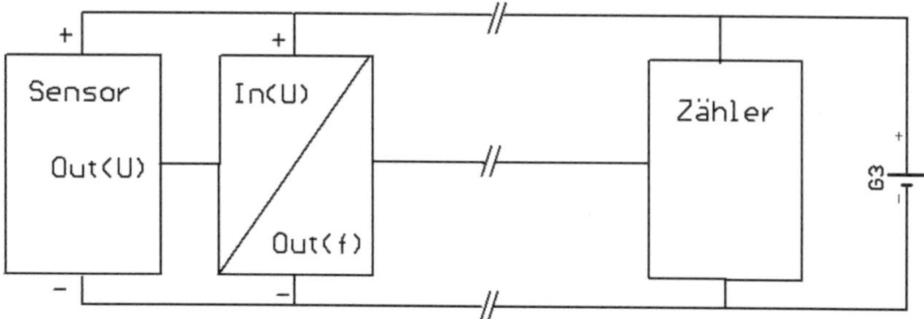

Abb. 16.5 Sensor mit Frequenzausgang durch U/f-Wandler

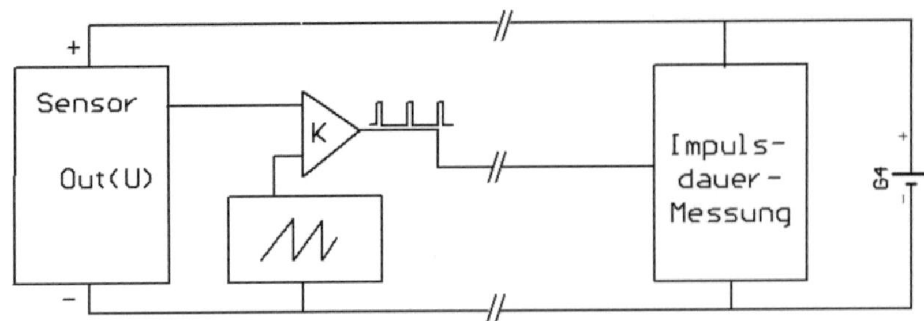

Abb. 16.6 Generierung eines PWM-Signales

Dauer (steigende Flanke bis fallende Flanke) als Informationsträger verwendet wird. Diese Signalform ist unabhängig von der verwendeten Frequenz und deren Stabilität (Abb. 16.6).

Der *Vorteil* dieses Interfaces liegt in der *einfachen Realisierung* von Sender und Empfänger. Die meisten Mikrocontroller verfügen über eine PWM-Einheit.

Der *Nachteil* liegt in den verwendeten *Rechtecksignalen,* da diese eine große Anzahl von Oberwellen erzeugen und damit hohe Anforderungen an den Übertragungsweg gestellt werden. Da die Zeit zwischen zwei Signalflanken die Information trägt, führen verschliffene Flanken, hervorgerufen durch begrenzte Bandbreiten, zu einem Übertragungsfehler. Dies wird besonders extrem, wenn kleine Signalwerte übertragen werden. Dann hat der verbleibende Nadelimpuls eine 1000mal größere erforderliche Bandbreite als die Arbeitsfrequenz. Aus diesen Gründen arbeiten PWM-Interfaces im Frequenzbereich von einigen 100 Hz bis zu wenigen kHz und verfügen üblicherweise über eine Auflösung von 10 Bit bis 12 Bit.

16.1.5 4-/6-Draht-Interface

Das 4- und 6-Draht-Interface nimmt in der Sensorik eine Sonderstellung ein, da es keinen Pegelbereichen zugeordnet ist, sondern eine Schaltungsmethode darstellt (Abb. 16.7). Es kommt vor allem im Zusammenhang mit passiven Messelementen vor (z. B. Temperatursensoren, Kap. 6).

Grundlage ist die *Trennung* von *Speise-* und *Messleitungen* an einem Sensorelement. Ziel ist dabei, den Spannungsabfall auf den Speiseleitungen für die Messung zu kompensieren, indem durch getrennte Messleitungen direkt am Sensorelement gemessen wird. Da die Messverstärker hochohmig sind, fließt auf den Messleitungen kein Strom und es entsteht somit kein Spannungsabfall. Dadurch ist es möglich, auch auf langen Leitungen sehr genau kleine Spannungen zu messen. Diese Schaltungstechnik wird deshalb eingesetzt, wenn sehr kleine Signale mit einer sehr hohen Auflösung gemessen und übertragen werden sollen. Es sind so Messauflösungen bis 24 Bit möglich, was beispielsweise beim Einsatz von Dehnmess-Streifen praktiziert wird.

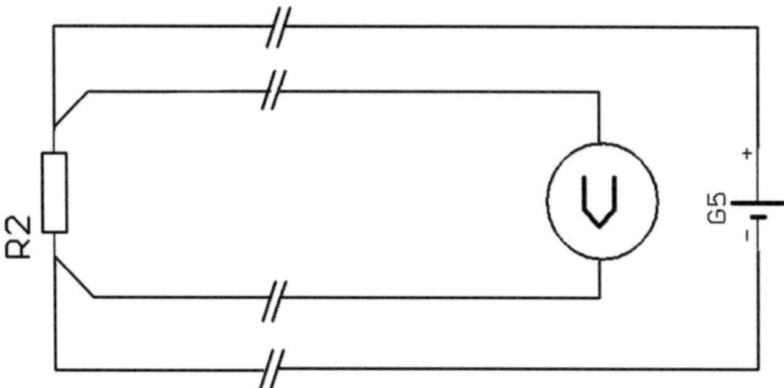

Abb. 16.7 Anordnung für ein Vierdrahtinterface

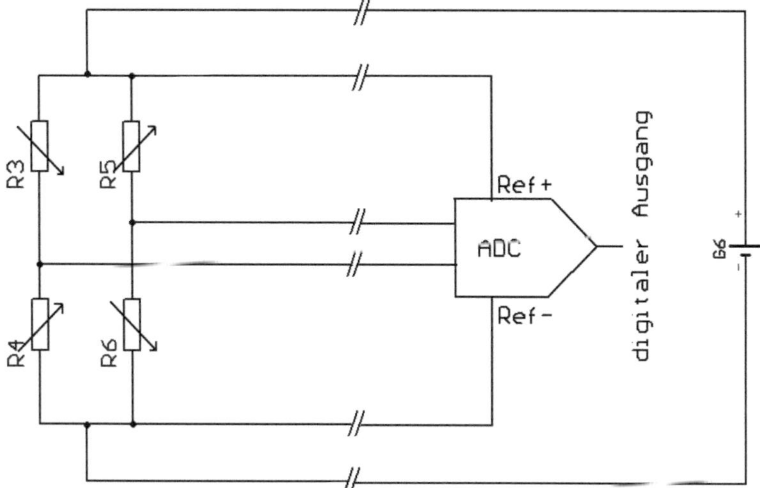

Abb. 16.8 Einsatz eines 6-Draht-Interface für Brückenanwendungen

Bei der 6-Draht-Schaltung kommen zu den Speiseleitungen und den Messleitungen zusätzlich Referenzleitungen hinzu, welche ebenfalls nicht belastet werden dürfen. Das ist notwendig, wenn bei einer Brückenschaltung die Spannung der Brücke und die Messgröße übertragen werden muss. Es wird dann die Brückenspannung als Referenzspannung für die AD-Wandlung verwendet (Abb. 16.8).

16.2 Digitale Interfaces

Beim digitalen Interface erfolgt die Übertragung zwar ebenfalls auf Basis von Spannungsoder Strommodulationen. Die freie Gestaltung des Protokolls erlaubt eine große Variantenvielfalt. Digitale Interfaces sind oft als Bus gestaltet, was die Verkabelung vereinfacht. In der Praxis kommen aber alle aus der Netzwerktechnik bekannten Strukturen, wie Stern-, Ring- und Bus-Topologie vor.

Der wesentlichste Vorteil der digitalen Interfaces ist die Übertragung *umfangreicherer Informationen* für jeden Sensor. So steht der Verarbeitungseinheit nicht nur der normierte Messwert zur Verfügung, sondern beispielsweise auch *Informationen* über den *Messbereich,* die *Messgrößen,* mögliche *Grenzwerte des Sensors* und viele weitere Informationen. Erst diese Informationen erlauben es, ein Netzwerk aus mehreren hundert Sensoren automatisch zu administrieren und zu warten.

Bei der digitalen Übertragung sollten auch Eigenschaften wie die gesicherte Datenübertragung, die Fehlerkorrektur und die bidirektionale Kommunikation mit dem Sensor erwähnt werden.

Tab. 16.2 gibt einen Überblick über ausgewählte Interfaces.

Tab. 16.2 Eigenschaften digitaler Übertragungswege

Interface	Reichweite	Datenrate	Vorteile	Nachteile
CAN	Bis 1500 m	Bis 1 MBit/s	Gute Reichweite Einfache Treiber In modernen Prozessoren implementiert	Umfangreiche Protokollsoftware erforderlich Vielzahl von Sub-Protokollen und Spezialversionen Lizenz erforderlich Kleine Datenpakete von 8 Byte
LON	Bis 2700 m	Bis etwa 1 MBit/s typ 78 kBit/s	Sehr große Netzwerke Hierarchisch strukturiert	Umfangreiche Protokollsoftware erforderlich hoher Hardwareaufwand Lizenz erforderlich – auch für Software je Knoten
HART	Mehrere 100 m	Etwa 100 Byte/s	Nur zwei Adern zum Anschluss Alte Verkabelung kann verwendet werden	Umfangreiche Protokollsoftware erforderlich Sehr langsam Nur Stern-Topologie Lizenz erforderlich
RS485	Mehrere km	1…15 MBit/s	Technische Basis für andere Interfaces Einfache Implementation (UART in CPUs meist vorhanden)	Keine standardisierte Software

(Fortsetzung)

Tab. 16.2 (Fortsetzung)

Interface	Reichweite	Datenrate	Vorteile	Nachteile
Profibus	Bis 9 km	1…12 MBit/s	Einfache Hardware Große Ausdehnung Hohe Datenrate	Umfangreiche Protokollsoftware erforderlich Kleine Datenpakete Lizenz erforderlich
IO-Link	20 m	4800 Bd 38.400 Bd 230.400 Bd	Verwendung einfacher (vorhandener) Kabel Mischbar mit „normalen" Sensoren	Nur Punkt-zu-Punkt-Verbindung Umfangreiche Protokollsoftware erforderlich Lizenz erforderlich
I2C	Board	Bis 400 kBit/s	Kein Overhead definiert – dadurch einfache Implementierung In vielen Mikrocontrollern implementiert Bus-Topologie	Nur lokaler Einsatz Lizenz erforderlich bei Hardwareimplementation
SPI	Board	Bis 10 MBit/s	Kein Overhead definiert – dadurch einfache Implementierung In vielen Mikrocontrollern implementiert Keine Lizenz erforderlich	Nur lokaler Einsatz Nur Punkt-zu-Punkt-Verbindung
IEEE 1451	Board	Ab 2 kBit/s	Von vielen Mikrocontrollern unterstützt, da SPI-basiert „Busfähige" SPI-Variante Lizenzfrei	Nur lokaler Einsatz Einfaches Protokoll muss implementiert werden

Der Hinweis in Tab. 16.2 auf erforderliche Lizenzen bezieht sich jeweils auf den Hersteller entsprechender Komponenten und nicht auf den Anwender.

Die digitalen Interfaces erfordern allgemein ein *umfangreiches Softwareprotokoll,* welches den Datenverkehr zwischen Sensor und Applikation absichert. Damit ist sowohl auf Transmitterseite als auch in der übergeordneten Steuerung eine entsprechende Rechnerstruktur erforderlich.

Die hier ausgewählten Typen stellen eine kleine Auswahl aus dem Anwendungsbereich der Sensorik dar.

16.2.1 CAN-Gruppe

Unter dem Oberbegriff „CAN" ordnen sich mehrere Übertragungsprotokolle ein. Der CAN-Bus selbst wird von ihnen zumeist lediglich als Datenübertragungs- und -sicherungselement eingesetzt. Analog zum ISO-OSI-Schichtenmodell spricht man von Higher-Level- oder Anwendungsschicht-Protokollen.

CAN
Das CAN-Protokoll ist im Standard ISO 11898 spezifiziert. Es handelt sich um ein *nachrichtenorientiertes Protokoll.* Prinzipiell sind alle Teilnehmer für den Buszugriff gleichberechtigt. Die Priorisierung der Nachrichten erfolgt über einen 11 Bit oder 29 Bit langen Identifier. Pro Übertragungspaket werden bis zu 8 Byte Nutzdaten transportiert. Die Ausdehnung des Netzes ist umgekehrt proportional zur Übertragungsgeschwindigkeit. Sie kann zwischen 100 m bei 500 kBit/s und 1500 m bei 50 kBit/s oder noch mehr betragen. Die Übertragungsgeschwindigkeit beträgt maximal 1MBit/s. Die Anzahl der Teilnehmer am Netz ist durch die gewählten Treiberbausteine begrenzt. Üblich sind heute 64 Teilnehmer pro Netz. Als Übertragungsmedium kommen häufig verdrillte Zweidrahtleitungen zum Einsatz. Auch Glasfaserleitungen werden gelegentlich eingesetzt.

Durch die Priorisierung mittels Identifier können trotz hoher Buslast wichtige Meldungen mit kurzer Latenz übertragen werden. Damit wird dem Systemintegrator die Fehlerbehandlung trotz Überlast ermöglicht.

CAN open
Die Anwendervereinigung CAN in Automation e. V. (CiA) spezifiziert mehrere Mechanismen zur Steuerung und Implementation von Netzwerkknoten. Mittels Netzwerkmanagement-Nachrichten werden die einzelnen Teilnehmer in ihrem Sende- und Empfangsverhalten justiert. Die zugehörigen Mechanismen sind in der Vorschrift CiA DS 301 zusammengefasst. Über das LSS-Verfahren (CiA DS 305) werden die einzelnen Teilnehmer in Bezug auf Übertragungsgeschwindigkeit und Identifier konfiguriert.

Ein elektronisches Datenblatt (electronic Datasheet, EDS) gibt Auskunft über die Funktionalität der einzelnen Teilnehmer. Es wird separat als Datei mitgeführt oder aus dem Gerät direkt ausgelesen.

Die einzelnen Anwendungsbereiche werden von sogenannten Geräteprofilen bedient. Für den Bereich der Sensorik ist das Profil CiA DS 404 festgeschrieben. Darin sind die konkreten Kenndaten zur digitalen Übermittlung der analogen Messwerte fixiert. Neben der Codierung der Messdaten sind auch Parameter zur digitalen Nachbearbeitung des Mess-Signals vorhanden. Eine grobe Übersicht der standardisierten Möglichkeiten zeigt Abb. 16.9.

Es existiert eine Vielzahl weiterer Geräte- und Anwendungsprofile. Durch die Anwendervereinigung werden ständig neue Profile definiert. Dies ermöglicht eine weite

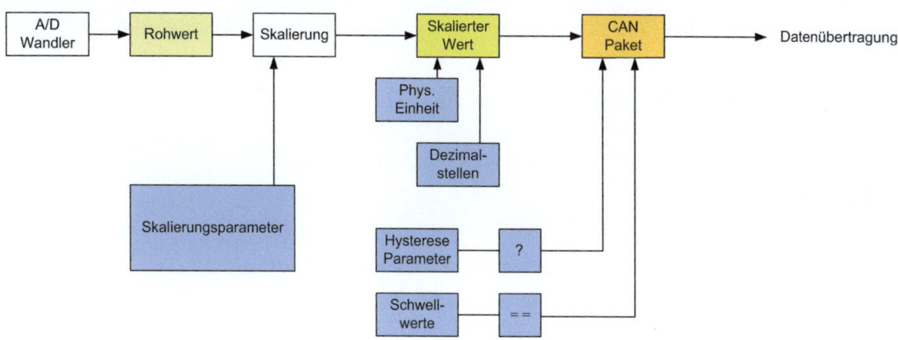

Abb. 16.9 Struktur eines CANopen-Sensors

Verbreitung und vergleichsweise universelle Einsatzmöglichkeiten des CANopen-Protokolls. Die Konformität eines Gerätes mit dem CANopen Protokoll wird von der CiA in einem Konformitätstest bestätigt.

SAE J1939

Die Society of Automotive Engineers (SAE) hat mit dem Protokoll J1939 ein CAN-basieren-des Anwendungsprotokoll, speziell für den Einsatz in Nutzfahrzeugen eingeführt.

Es setzt grundlegend den 29 Bit-CAN-Identifier ein. Die Übertragungsgeschwindigkeit ist momentan auf 250 kBit/s fixiert. Damit ergeben sich die physikalischen Randparameter des CAN-Netzwerkes automatisch. Die konkrete Identifier Zuordnung ist in einen automatischen Prozess eingegliedert, welcher von jedem Gerät unterstützt wird.

Durch die spezifische Ausrichtung auf den Nutzfahrzeugbereich ist eine Konformitätsprüfung seitens der SAE nicht vorgesehen. Die einzelnen Teilnehmer werden üblicherweise herstellerspezifisch konfiguriert. Auch die Codierung der Nutzdaten erfolgt nach Herstellervorgabe. Die Konformität mit dem ID-Vergabe Automatismus wird auf sogenannten „PlugFest"-Veranstaltungen nachgeprüft. Dort werden J1939 Geräte wahllos miteinander verbunden und in Betrieb genommen.

Aufsetzend auf die Funktionen des J1939 wurden weitere Funktionalitäten spezifiziert. Namhaft sind speziell für Nutzfahrzeuge im Bereich der Landwirtschaft der ISOBUS nach ISO11783, das „Truck & Trailer Interface" nach ISO 11992 und speziell für Fahrzeuge im maritimen Bereich der Aufsatz NMEA2000. Auch hier werden alle Teilnehmer herstellerspezifisch konfiguriert.

Weitere CAN-basierte Systeme

Durch die weite Verbreitung der CAN-Schnittstelle in einer Vielzahl Mikrocontroller und das vergleichweise leichte Handling haben sich auf dem Markt eine Vielzahl weiterer Protokolle etabliert. Auch nutzen viele Hersteller den CAN-Bus für proprietäre

Übertragungsprotokolle. Zu den populären, genormten Protokollen gehört noch das DeviceNet. Dieses wird von der Open DeviceNet Vendor Association (ODVA) gepflegt und verwaltet und ist zum Großteil im amerikanischen Wirtschaftsraum verbreitet.

16.2.2 LON

Der LON-Bus (local operating network) ist für den Anschluß großer Mengen von Sensoren und Aktoren ausgelegt. Das Netzwerk ist hierarchisch aufgebaut. Die Ebenen werden in Domains, Sub-Netze und Knoten unterteilt, wobei eine Domain 32.385 Knoten enthalten kann. Die Verbindung von bis zu 248 Domains in einem System ist möglich.

Die Gesamtausdehnung des Netzes kann einige km betragen. Die mögliche Übertragungsrate ist von der Topologie und Ausdehnung des Netzwerkes abhängig und kann zwischen 2 kBit/s und 1,25 MBit/s liegen.

Durch diese umfassende Struktur ist eine entsprechende Software in den Knoten erforderlich. Aus diesem Grund wurde von der Firma Echelon ein „Neuron"-Prozessor entwickelt, der diese Funktionen beinhaltet.

Die Belange des LON-Netzwerkes werden in Deutschland durch die LNO (www.lno.de) vertreten.

16.2.3 HART

Das HART-Interface stellt einen Kompromiss zwischen der analogen Welt und dem Wunsch nach mehr Informationen des Sensors dar. Die Basis bildet dabei ein Transmitter mit Strominterface, welches normalerweise als Zweileitersystem ausgeführt wird. Über diesen Pfad wird unverändert der analoge Messwert übertragen (Abb. 16.10).

Die *digitale Datenübertragung* erfolgt durch *Modulation* einer *Wechselspannung* auf den *analogen Stromwert.* Da diese Wechselspannung den Mittelwert Null hat, beeinflusst

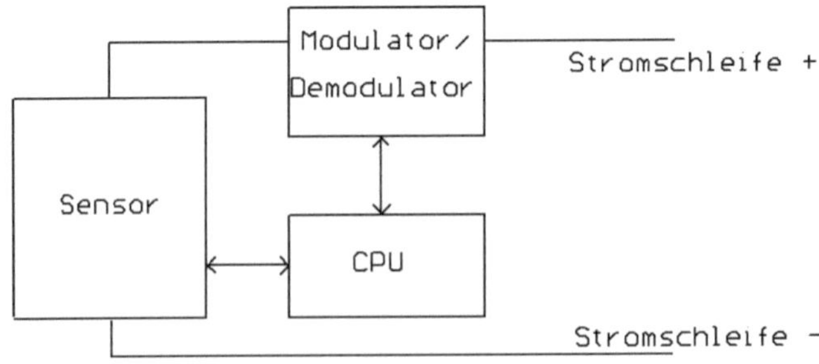

Abb. 16.10 Sensorstruktur für einen HART-Sensor

sie das analoge Messergebnis nicht. An beiden Enden der Übertragungsstrecke wird ein HART-Modem installiert, welches die Modulation vornimmt bzw. die Wechselspannung zur Analyse herausfiltert. Durch diesen Aufbau können Kommandos zum Sensor gesendet und auch eine Antwort von diesem generiert werden.

Bei dem Protokoll handelt es sich um ein *asynchrones Halbduplex-Verfahren.* Die Daten werden nach einem *Frequenz-Shift-Verfahren (FSK)* codiert, wobei der „0“ die Frequenz 2,2 kHz und der „1“ die Frequenz 1,2 kHz zugeordnet ist. Die Datenübertragung ist mit etwa 100 Byte/s relativ langsam. Die Übertragung erfolgt immer als *Punkt-zu-Punkt-Verbindung* (Stern-Topologie). Ein Betrieb als Bus ist möglich, wobei man dann allerdings auf den analogen Messwert verzichten muss. Die Belange der HART-Anwender werden durch die HART-Foundation international vertreten.

16.2.4 RS485

Die Datenübertragung nach RS485 stellt einen alten Standard dar, der mehr die physikalischen Bedingungen als Inhalt und Form der Übertragung definiert. Es handelt sich hier um eine *asynchrone* Übertragung im *Halb-Duplex-Verfahren,* d. h. es wird nacheinander vom Master gesendet oder empfangen. Als Bus dient eine verdrillte Zweidrahtleitung von 0,75 mm^2 Querschnitt, die an den Enden mit je 120 Ω abgeschlossen wird. Die Daten werden als differentielles Spannungssignal gesendet und sind dadurch resistent gegen Störungen. Es können typischerweise bis zu 32 Teilnehmer angeschlossen werden, die sich auf mehreren hundert Metern Buslänge verteilen können. Mit modernen Treiberschaltkreisen werden auch höhere Teilnehmerzahlen erreicht.

Dieses Interface wird in der Industrieautomatisierung angewendet und bildet auch die Grundlage für andere Interfaces, beispielsweise für den Profibus.

Bei der in Abb. 16.11 dargestellten Treiberstufe übernimmt der Widerstand R11 die Funktion des Leitungsabschlusses, welcher jeweils am Ende des Busses zu aktivieren ist. Sein Wert beträgt 120 Ω und entspricht damit dem Wellenwiderstand der verdrillten Zweidrahtleitung.

Bei ausgewählten Industrieanwendungen, z. B. einer S7 von Siemens, wird diese Ausgangsstufe zur Verbesserung der Pegel mit den Widerständen R9 und R10 modifiziert. In diesem Fall kommen R11 = 220 Ω und R9 = R10 = 390 Ω zur Anwendung. Der Abschlusswiderstand ist dann ebenfalls nahe 120 Ω.

16.2.5 IO-Link

Das IO-Link-Interface ist entstanden aus der Notwendigkeit, parametrierbare Sensoren, wie z. B. Druckschalter, über ihr *eigentliches Prozess-Interface* zu parametrieren, ohne Notwendigkeit einer zusätzlichen Schnittstelle oder von Bedienelementen am Sensor. In diesem Zusammenhang war eine bidirektionale Kommunikation mit der Steuerungs-

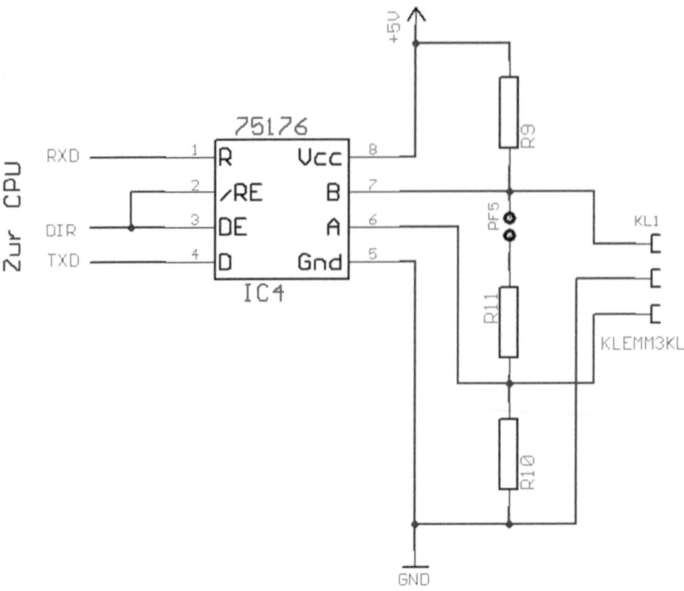

Abb. 16.11 Treiberstufe für ein RS485-Interface

ebene erforderlich, welche sich in logischer Konsequenz auch zur Kommunikation mit messenden Sensoren und Aktoren eignet.

Das Interface hat in seiner Dimensionierung den Vorteil, dass es auf die vorhandene dreipolige Verkabelung bei Sensoren aufsetzt. Bei Aktuatoren mit getrennt abschaltbarer Versorgung ist es die bestehende fünfpolige Verdrahtung. Die bidirektionale IO-Link Kommunikation eignet sich, wie bereits erwähnt, auch hervorragend zur Übertragung digitalisierter Messwerte. Damit ist ein kostengünstiger Umstieg von analogen auf digitale Sensoren möglich. Die Kommunikation ist wie die Versorgung auf die im Anlagenbau üblichen 24 V festgelegt, was aufgrund des hohen Pegels auch zu großen Störabständen führt. Ein IO-Link-Sensor verfügt mindest über die Versorgungsanschlüsse (Pin 1 und Pin 3) und einen kombinierten SignalEin/Ausgang (Pin 4). Der Sensor kann im sogenannten SIO-Modus, also dem Standard-IO-Modus betrieben werden. In diesem Fall verhält sich Pin 4 wie der Schaltausgang eines binären Sensors. Im IO-Link Modus übernimmt Pin 4 die bidirektionale Kommunikation mit 3 verschiedenen Baudraten. Die gebräuchlichsten Anschluss-Stecker sind M12-Steckverbinder (Abb. 16.12), es sind jedoch auch Steckverbinder M8 und M5 spezifiziert Die Verwendung von Pin 2 beim Sensor ist dem Hersteller freigestellt. Bei Aktuatoren mit getrennt abschaltbarer Versorgungsspannung werden hierfür Pin 2 und Pin 5 verwendet.

Beim IO-Link handelt es sich um eine *Punkt-zu-Punkt-Verbindung.* Die Integration in die verschiedenen Bussysteme erfolgt durch IO-Link Master, die typischerweise über mehrere IO-Link-Ports verfügen. Der IO-Link Master ist damit auch gleichzeitig ein Gateway von der IO-Link Kommunikation in das jeweilige Bussystem.

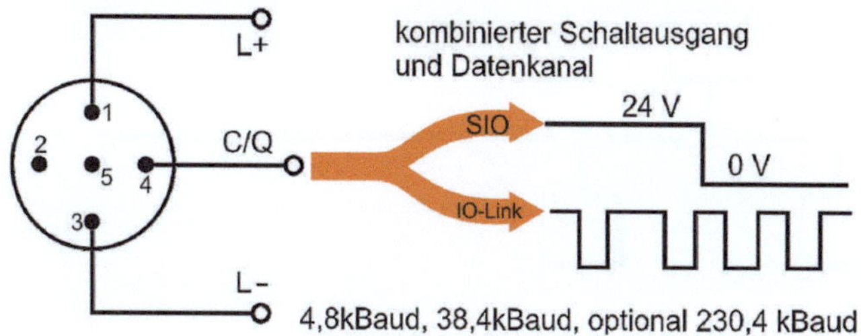

Abb. 16.12 Pinbelegung eines IO-Link Sensors mit M12-Steckverbinder. (Quelle: IO-Link Konsortium)

Die IO-Link Kommunikation zwischen IO-Link Master und IO-Link Device basiert auf dem Übertragungsformat einer UART und besteht aus einem Startbit, 8 Datenbit und Paritäts- und Stoppbit. Bei der Geschwindigkeit sind die Baudraten 4800, 38.400 und 230.400 festgelegt.

Beim Power-on eines IO-Link-Devices geht dieses immer zuerst in den Standard-IO-Mode (SIO). Dadurch ist gewährleistet, dass es sich jederzeit wie ein Standard binärer Sensor betreiben lässt. Ist in der Portkonfiguration des Masters für diesen Port SIO festgelegt, belässt der Master das Device im SIO-Mode und überträgt lediglich den Zustand des Schaltausgangs als 1 Prozessdatenbit. Wurde in der Portkonfiguration des Masters für diesen Port der IO-Link Kommunikationsmodus spezifiziert, führt der Master eine Aufweck-Prozedur (Wake up) mit dem IO-Link Device durch, um es so in den Kommunikationsmodus zu versetzen. Danach werden Gerätedaten ausgelesen (z. B. Geräteidentifikation, Diagnosedaten) und das Gerät wird bei Bedarf parametriert. Daran anschließend wird zum zyklischen Datenaustausch der Prozessdaten übergegangen. Der Master kann das Device nach erfolgter Parametrierung jederzeit in den SIO-Mode zurückversetzen. Sinnvoll ist das bei Devices, die lediglich ein Bit Prozessdaten haben welches einfach im SIO Mode übertragen werden kann. Wird die Kommunikation unterbrochen – z. B. durch Abziehen des Sensors – versucht der Master erneut, mittels der Aufweck-Prozedur eine Datenverbindung herzustellen.

In den Sensoren ist ein umfangreiches Softwaresystem zu implementieren, welches die notwendigen Datenstrukturen bereitstellt und die Kommunikationsregeln absichert. Zum Betrieb eines IO-Link-Devices ist eine Vendor-ID erforderlich, welche durch das IO-Link Konsortium vergeben wird.

16.2.6 Profibus

Der Profibus ist im industriellen Bereich weit verbreitet, da er sehr große Leitungslängen zulässt und einen einfachen physischen Anschluss erlaubt. Er basiert technisch auf dem RS485-Interface, welchem mehrere Softwareebenen nach dem OSI-Modell überlagert sind, um die Netzwerkfunktionalität zu sichern (Abb. 16.13).

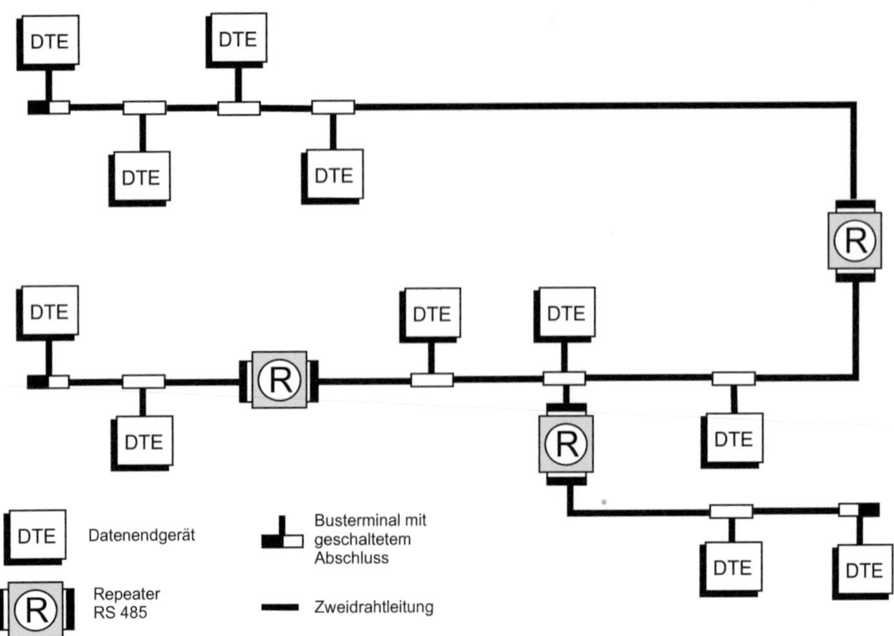

Abb. 16.13 Beispiel eines Profibus-Netzwerkes. (Quelle: M.Felser)

Die Übertragungsrate liegt typischerweise im Bereich von 1 MBit/s und kann bei verringerter Ausdehnung bis zu 12 MBit/s betragen. Es können an jedem Segment maximal 31 Teilnehmer angeschlossen werden, wobei sich das Netz über bis zu vier in Reihe liegende Segmente ausdehnen kann. Der maximale Abstand zwischen zwei Teilnehmern kann bis zu 1,2 km betragen, die Gesamtausdehnung des Netzes kann mittels Repeater bis über 9 km erreichen.

Die Belange der Profibus-Anwender werden durch die Profibus-Nutzer-Organisation (PNO) international vertreten.

16.2.7 I²C

Beim I²C, auch als I2C geschrieben, handelt es sich um ein *serielles, byteorientiertes Interface,* welches zur Verbindung von Schaltkreisen auf dem Board im Bereich der Audio- und Videotechnik entwickelt wurde. Es handelt sich hierbei um ein *synchrones Zweidraht-Interface,* welches aus einer Daten- und einer Taktleitung besteht. Beide Leitungen sind bidirektional nutzbar und können als Bus aufgebaut werden. Die Anzahl der möglichen Busteilnehmer wird durch den definierten Adressbereich von 7 Bit auf 128 begrenzt.

Durch die synchrone Datenübertragung stellt dieses Interface keine Anforderungen an die Stabilität von Takten, wodurch es sich auch gut für eine reine Softwareimplementation eignet. Viele Mikrocontroller bieten aber dieses Interface auch als

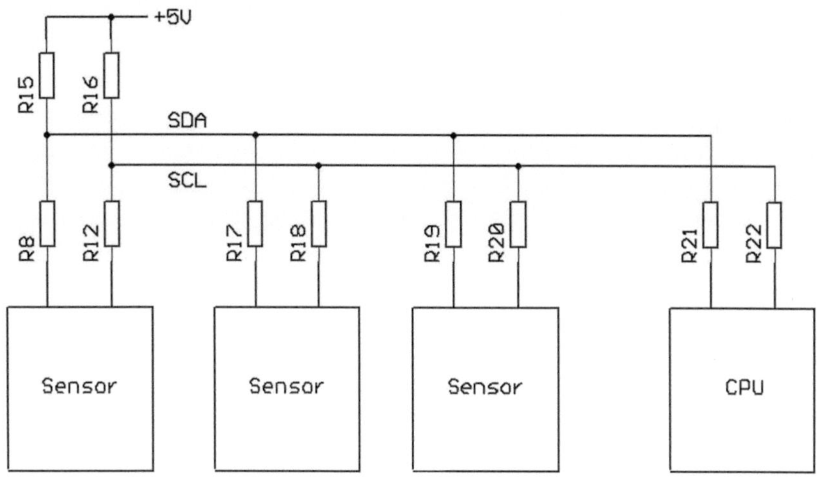

Abb. 16.14 Sensorsystem mit I2C-Bus

Hardwareeinheit an. Da dieser Bus ohne Treiberschaltkreise arbeitet, ist seine Übertragungslänge auf einige 10 cm beschränkt.

Beim I2C erfolgt die Datenübertragung mit einem einfachen Hardwareprotokoll mit bis zu 400 kBit/s. Der Datensatz wird dabei von einem Start- und Stopp-Signalspiel eingerahmt. Das erste Byte nach dem Start enthält die Zieladresse und als 8. Bit die Richtungsinformation in Form des Lese-Schreib-Bit. Die nachfolgenden Bytes enthalten die zu übertragenden Daten, deren Struktur vom jeweiligen Baustein bestimmt wird. Alle übertragenen Bytes werden durch ein Bestätigungsbit (ACK/NACK) quittiert. Theoretisch kann jeder Busteilnehmer als Master oder Slave arbeiten, praktisch werden aber die meisten Komponenten, wie Sensoren, AD-Wandler oder DA-Wandler als Slave konfiguriert (Abb. 16.14).

Da das Interface unaufwändig und stromsparend ist, wird es oft als Kommunikationsweg in hochintegrierten Sensorelementen verwendet.

Da die Ausgangsstufen eines I2C-Interface als open-Drain gestaltet sind, muss der Bus einen Arbeitswiderstand bekommen (R15 und R16 in Abb. 16.14). Die Widerstände an den Sensoren schützen die Ausgangsstufen vor allem für die Zeit der Richtungsumschaltung auf dem Bus. Dies ist vor allem notwendig, wenn auch die Sensorseite durch eine CPU dargestellt wird, welche im Sendefall eine vollwertige Gegentaktausgangsstufe auf den Bus schaltet.

16.2.8 SPI

Das SPI-Interface wurde ebenfalls für die Verbindung von Peripheriebausteinen mit einem Prozessor innerhalb eines Boards entwickelt. Der Ausgangspunkt war dabei der *schnelle Datenaustausch* über gekoppelte Schieberegister. Dabei wird auf jeglichen

Overhead in Hard-und Software verzichtet, wodurch auch hohe Datenraten erreicht werden.

Die Übertragung der Daten erfolgt synchron mittels Takt- und zweier Datenleitungen. Die Synchronisation des Datensatzes erfolgt durch eine vierte Leitung als CE (chip enable) oder SE (slave enable). Bei den beiden Datenleitungen führt eine vom Master zum Slave und die zweite zurück. Die Richtung der Leitungen bleibt dabei stabil, sodass Treiber eingesetzt werden können. Bei einem Master–Slave-Wechsel werden die Leitungen intern getauscht. Den Takt generiert immer der Master. Abb. 16.15 zeigt das Blockdiagramm eines SPI-Interfaces.

Das SPI-Interface lässt sich bei entsprechender Gestaltung der Ausgangsstufen auch als Bus aufbauen. In diesem Fall ist aber die Master–Slave-Struktur festzulegen. Ein Beispiel dafür ist das in Abschn. 16.2.9. beschriebene generische SPI.

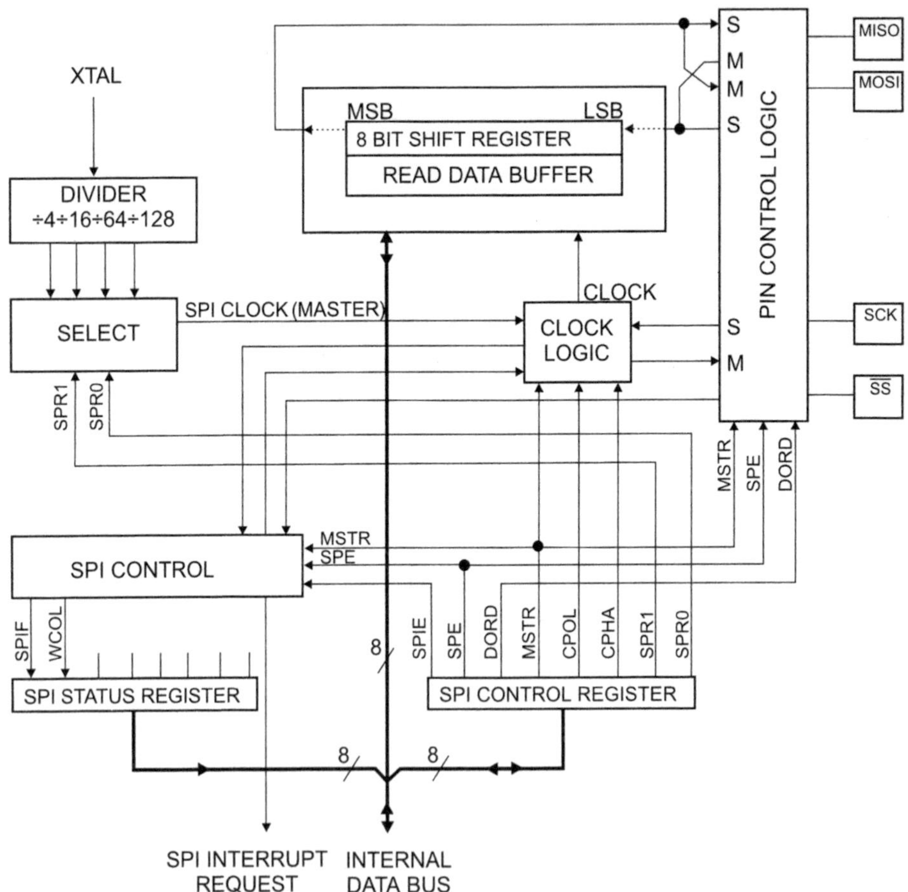

Abb. 16.15 Blockdiagramm eines SPI-Interface im Mikrocontroller (Quelle: Datenblatt ATmega128 von Atmel)

16.2.9 IEEE 1451

Der IEEE 1451 ist eine Familie von Standards, welche die Verbindung zwischen Sensor oder Aktor und einem Netzwerk definieren. Den Kern bildet dabei ein elektronisches Datenblatt, das TEDS (*Transducer Electronic Data Sheet*), welches unabhängig vom verwendeten Interface ist. Es setzt sich aus Informationen zur *Identifikation,* den *Kalibrierdaten,* dem *Messbereich* sowie herstellerspezifischen Daten zusammen. Es werden derzeit folgende sieben Unterstandards unterschieden:

IEEE 1451.0	Kommandos und Operationen sowie den TEDS als Basiskommunikation zwischen dem Transducer und einem Netzwerkknoten (NCAP – Network Capable Application Processor)
IEEE 1451.1	Beschreibung des Interfaces als Objekte für eine Client–Server-Struktur
IEEE 1451.2	Definiert ein Sensor-NCAP-Interface für eine Punkt-zu-Punkt-Verbindung auf Basis eines erweiterten SPI-Interface
IEEE 1451.3	Wie IEEE 1451.2, jedoch als Bus
IEEE 1451.4	Definiert den TEDS und die Kommunikation für den Fall analoger Sensoren, die keinen Prozessor enthalten
IEEE 1451.5	Beschreibt das Sensor-NCAP-Interface und TEDS, speziell für die Zusammenarbeit mit wireless-Standards
IEEE 1451.6	Beschreibt das Sensor-NCAP-Interface und TEDS für den speziellen Einsatz im Zusammenhang mit high-speed CANopen

Die Verfügbarkeit der Informationen aus dem TEDS ermöglicht es, große Bestände von Sensoren und Aktoren in einem *Netzwerk* zu *verwalten.* Die Möglichkeiten reichen dabei von *Funktionstests* und *Parametrierung* bis zur *Überprüfung von Verfallsdaten* (z. B. beim Verbrauch von Substanzen in Gassensoren) und Generierung von *Wartungsplänen.*

Es besteht außerdem der Vorteil, dass durch das standardisierte Interface die Fertigung der Systeme in die beiden Teile: *Sensoren* und *Netzwerkknoten* aufteilt. Damit vereinfacht sich für den Anwender die Lagerhaltung, da er nicht jeden Sensortyp für jeden Netzwerktyp benötigt, und für den Hersteller, da er nur noch einen Interfacetyp fertigen muss. Die nachfolgenden Standards sind typisch für Anwendungen in der Sensorik.

IEEE 1451.4

Den Kern beim IEEE 1451.4 bildet ein meist passives Messelement, beispielsweise eine resistive Brücke. Diesem Messelement wird ein Speicherschaltkreis zugeschaltet, welcher die zum Messelement relevanten Daten enthält. Um dafür keine zusätzlichen Leitungen einzusetzen, erfolgt die Umschaltung zwischen Messelement und Speicher beispielsweise durch Umpolung der Betriebsspannung. Der Standard definiert hier vor allem die Struktur der Daten im Speicher und deren Übertragung (Abb. 16.16). Die

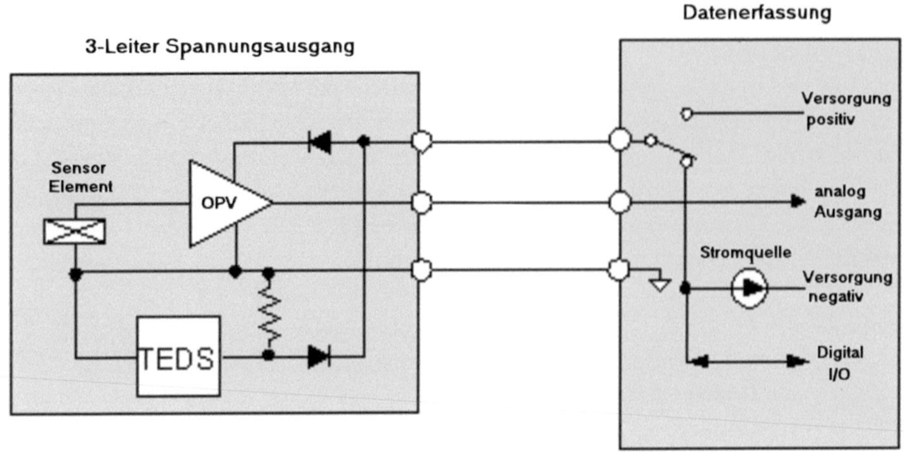

Abb. 16.16 Beispiel eines IEEE 1451.4, Class 1, Two-wire Interface. (Quelle: Steven Chan: „Update on the IEEE 1451 Smart Transducer Interface Standard"; AEPTEC Microsystems/3E Technologies)

Speichergröße ist dabei auf lediglich 256 Bit definiert. Der Einsatz erfolgt z. B. im Zusammenhang mit Dehnmess-Streifen (DMS).

IEEE 1451.2

Beim IEEE 1451.2 wird davon ausgegangen, dass sich am Sensorelement eine Controllerstruktur befindet. Diese erlaubt eine Datenübertragung mittels Protokoll und ist auch in der Lage, einen etwas umfangreicheren TEDS zu verwalten. Der Sensorteil wird als STIM *(Smart Transducer Interface Module)* bezeichnet. Dieser kommuniziert direkt oder über einen Bus mit dem NCAP *(Network Capable Application Processor),* welcher eine Umsetzung des IEEE-Protokolls auf das gewünschte Zielinterface vornimmt (Abb. 16.17).

Das verwendete Interface des STIM basiert auf einem erweiterten SPI-Interface. Mit den zusätzlichen vier Leitungen erfolgt unter anderem die Busarbitrierung. Es können am Bus sowohl Sensoren als auch Aktoren angeschlossen werden.

Der Standard enthält eine Kommandoliste, welche als Basis der Kommunikation dient. Über diese wird auf die Messdaten und die Objekte des TEDS zugriffen. Der TEDS ist hier sehr ausführlich und kann die Größe von mehreren Gigabyte in folgenden sieben Objekten annehmen:

• Meta-TEDS	Enthält globale Daten des Sensors,
• Adress-TEDS	Enthält adressspezifisch Datenformate und Zeitbedingungen,
• Meta-Ident-TEDS	Enthält Angaben zum Hersteller und Typbezeichnungen,
• Adress-Ident-TEDS	Enthält adressspezifische Herstellerangaben,

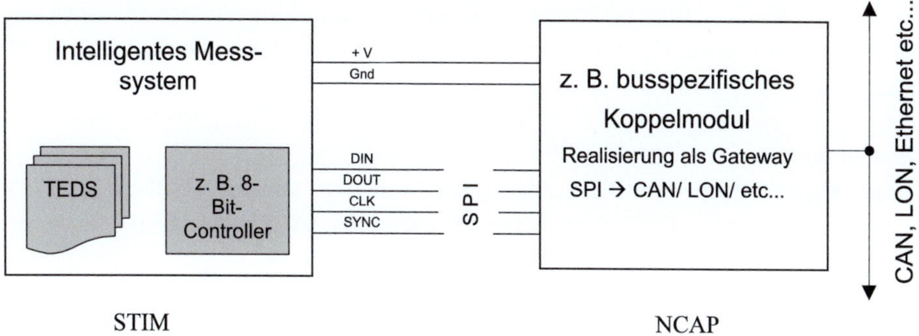

Abb. 16.17 Prinzip einer Sensorstruktur für ein IEEE 1451.2-interface (Quelle: Leitfaden generisches SPI-interface)

• Kalibrier-TEDS	Enthält Kalibriervorschrift(en),
• Kalibrier-Ident-TEDS	Enthält Beschreibung zu den Kalibrierdaten,
• End-User-TEDS	Enthält durch den Hersteller definierte Datenfelder

In einem STIM können mehrere Messkanäle implementiert sein, was dann zum mehrfachen Auftreten einzelner TEDS-Objekte führt.

Generisches SPI (gSPI)

Beim gSPI handelt sich um eine reduzierte Form des IEEE 1451.2. Abb. 16.18 zeigt einen gSPI-fähigen Drucksensor. Diese Implimentierung kann mit minimalen Ressourcen auskommen und ist trotzdem kompatibel zum Standard. Erreicht wurde die erforderliche Reduzierung durch eine Limitierung der Größe der TEDS-Objekte auf jeweils maximal 252 Byte. Dies ist in der Praxis ausreichend, da das meiste Volumen im TEDS durch beschreibende Texte entsteht, welche zudem in mehreren Sprachen hinter-

Abb. 16.18 gSPI-fähiger Drucksensor mit 8-Bit-Controller (Speicher 2 KB). Der Controller enthält das Interface und eine Kennlinienkorrektur. (Quelle: Prignitz Mikrosystemtechnik GmbH)

legt werden können. Eine praktische Implementierung benötigt danach für einen einkanaligen Sensor etwa 370 Byte, bei einem zweiten Kanal erhöht sich der Wert auf 480 Byte.

Quellenangabe

Dieses Kapitel wurde dem Buch „Messtechnik mit dem Atmega" (ISBN: 978-37723-5927-9) entnommen. Erschienen beim FRANZIS Verlag GmbH, 85540 Haar bei München.

Weiterführende Literatur

Bittkow, M: Wer ist der beste Bus? www.elektronik-kompendium.de

Drunk, G., Feinäugle, A.: IO-Link – die USB-Schnittstelle für die Sensor-Aktor-Ebene. www.xpertgate.de/magazin/report/Branchenreport-IO-Link.pdf

Felser, M.: PROFIBUS Kompetenzzentrum (PICC); Berner Fachhochschule (2007). http://www.profibus.felser.ch/einfuehrung/profidp.pdf

Informationen zum IEEE 1451. http://ieee1451.nist.gov/

IO-Link-Konsortium. http://www.io-link.com/de/index.php

Leitfaden „Generisches SPI-Interface", © AMA Fachverband für Sensorik e. V. (2004). http://www.ama-sensorik.de/download/AMA%20Leitfaden.pdf

Schäppi, Urs: Das HART Protokoll, Berner Fachhochschule Hochschule für Technik und Informatik HTI. https://prof.hti.bfh.ch/uploads/media/HART.pdf

Sicherheitsaspekte bei Sensoren 17

Sorin Fericean und Gert Schönfelder

17.1 Eigenschaften zur Funktionsüberwachung

Die Dezentralisierung der Datenverarbeitung erfordert die Übertragung und Erhöhung der Intelligenz auf der untersten Ebene, der Sensoren- und Aktuator-Ebene. Dies setzt zusätzliche Funktionen zur Parametrierung und Diagnose der Systeme von zentraler Stelle voraus.

Unabhängig vom Intelligenzgrad müssen die Sensoren für industrielle Anwendungen bestimmte Schutzfunktionen enthalten. Hier soll der Näherungsschalter NS als technisches Beispiel dienen. Diese Schutzfunktionen gelten aber grundsätzlich für alle Arten von Sensoren, unabhängig von ihrer Funktionalität und der Art ihres Ausgangssignales.

Hauptschutzfunktionen

Als Grundfunktion eines Sensors muss die Sicherung seines eigenen „Überlebens" sein. Dies ist unabhängig von seiner Funktionalität. Die wichtigsten Hauptschutzfunktionen bei Sensoren sind:

a) Die *Kurzschluss-Schutzfunktion* schützt den Sensor beim Auftreten eines Kurzschlusses im Ausgangskreis. In der Praxis findet man zwei Arten von solchen Schutzfunktionen. Die einfachste Variante enthält einen NTC-Heißleiter im NS-Aus-

S. Fericean (✉)
Balluff GmbH, Leonberg, Deutschland
E-Mail: Sorin.Fericean@balluff.de

G. Schönfelder
Aspect Systems GmbH, Dresden, Deutschland
E-Mail: gschoenfelder@t-online.de

E. Hering und G. Schönfelder (Hrsg.), *Sensoren in Wissenschaft und Technik*,
https://doi.org/10.1007/978-3-658-39491-2_17

gangskreis. Der Kurzschlusslaststrom erhöht rapide die Temperatur des NTC-Halbleiters. Sein Widerstand nimmt zu und begrenzt den Laststrom auf ungefährliche Werte. Der Nachteil ist der Widerstand des NTC im Lastkreis.

Die meist implementierte Lösung weist ein astabiles Verhalten auf. Im Kurzschlussfall wird der Ausgang sofort ausgeschaltet. Nach einer bestimmten Wartezeit (unter 100 ms) wird der Schaltausgang für eine kurze Prüfzeit (unter 100 us) wieder eingeschaltet, um festzustellen, ob der Kurzschlussfall weiterhin besteht. Die Zeit ist kurz genug, damit der NS den Störeinflüssen standhalten kann. Ist der Kurzschluss verschwunden bzw. wurde beseitigt, nimmt der NS unmittelbar seine normale Funktion wieder auf.

b) Die *Drahtbruch-Schutzfunktion* hat die Aufgabe, fehlerhafte Sensorfunktion bei der unerwünschten Unterbrechung einer oder mehrerer Sensorzuleitungen zu vermeiden. In solchen Havariefällen müssen parasitäre Versorgungspfade und dadurch mögliche falsche Schaltungen der Last verhindert werden.

   Ein Drahtbruch in der positiven Zuleitung oder in der Lastzuleitung bei dem plusschaltenden Ausgang bzw. der negativen Zuleitung oder in der Lastzuleitung bei dem minusschaltenden Ausgang führt zu einer intrinsischen Schutzfunktion: der Sensor bzw. die Last werden stromlos (Abb. 17.1).

   Im Gegensatz dazu könnte es vorkommen, dass bei der Unterbrechung der negativen Zuleitung bei dem plusschaltenden Ausgang der Sensor sich parasitär über die zwei intakten Zuleitungen versorgt und die Last fälschlicher Weise ansteuert. Gleiches gilt adäquat für den minusschaltenden Ausgang. Diese Gefahr wird durch die Implementierung einer Drahtbruch-Schutzfunktion beseitigt.

c) Die *Verpolungs-Schutzfunktion* verhindert eine Störung bzw. Zerstörung des NS als Folge von verpolten Anschlüssen zur Versorgungsquelle und/oder zur Last.

   Für ein System mit drei Anschlüssen gibt es 3! = 6 Anschlussmöglichkeiten. Diese sind für die plusschaltenden Schaltausgang in Abb. 17.2 dargestellt. Neben der richtigen Polung erkennt man 5 einfache bzw. doppelte Verpolfälle. Ein adäquater Schutz gewährleistet eine Absicherung gegen die Sensorzerstörung (minimale Anforderung) und – wenn möglich – auch vernachlässigbare Verpolströme.

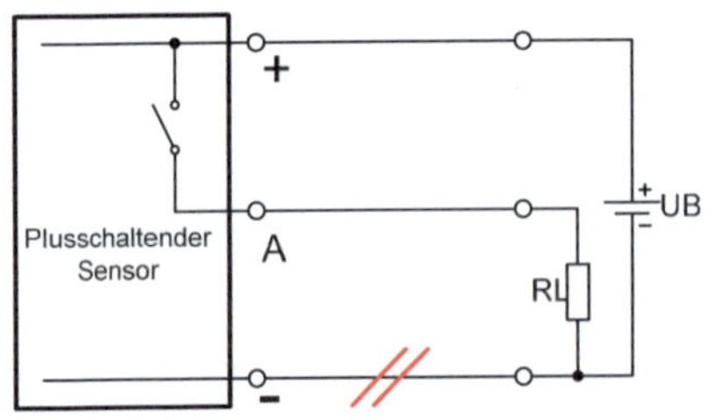

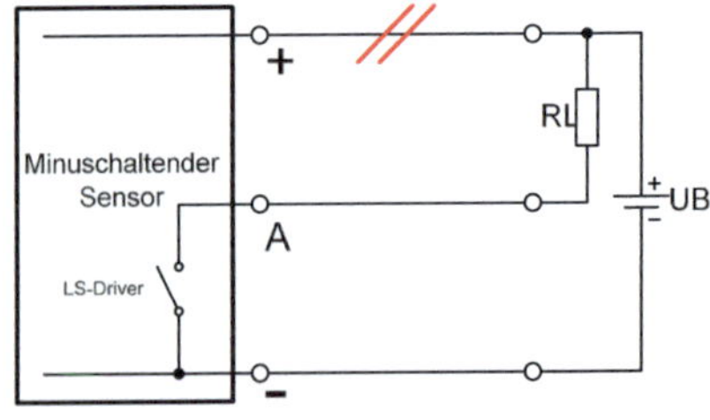

Abb. 17.1 Drahtbruchempfindliche Zuleitungen eines plus- bzw. minusschaltenden Ausgangs

0. Richtige Polung

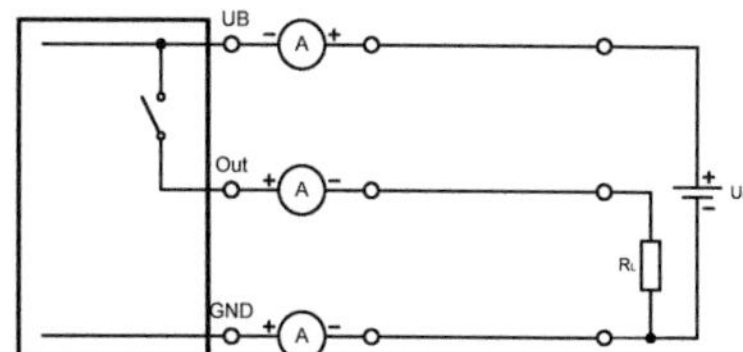

3. Mehrfache Verpolung

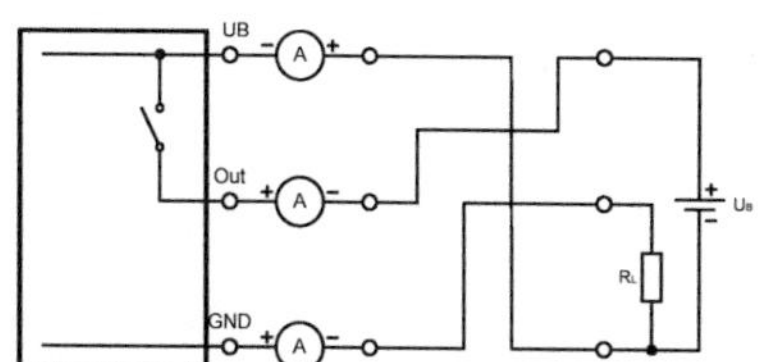

1. Einfache Verpolung

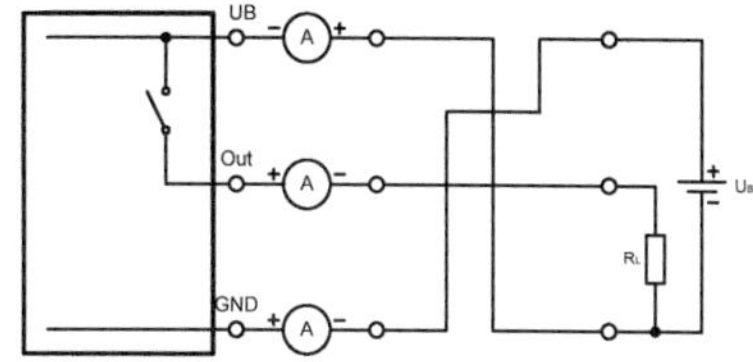

4. Einfache Verpolung

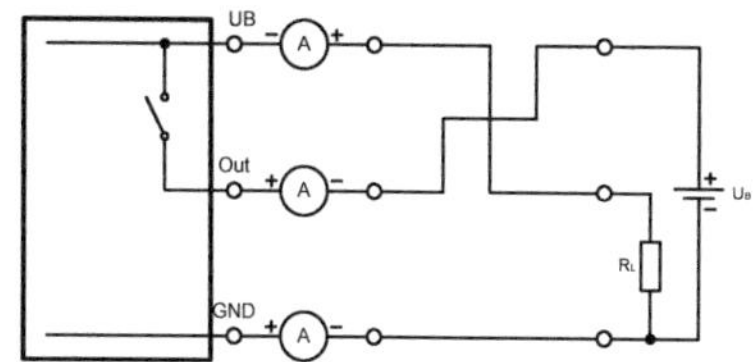

2. Einfache Verpolung

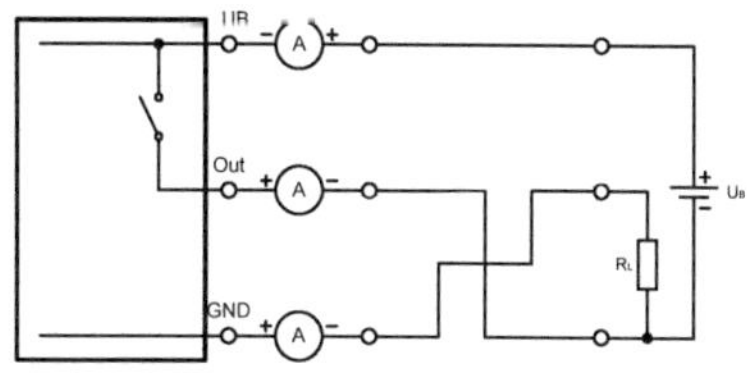

5. Mehrfache Verpolung

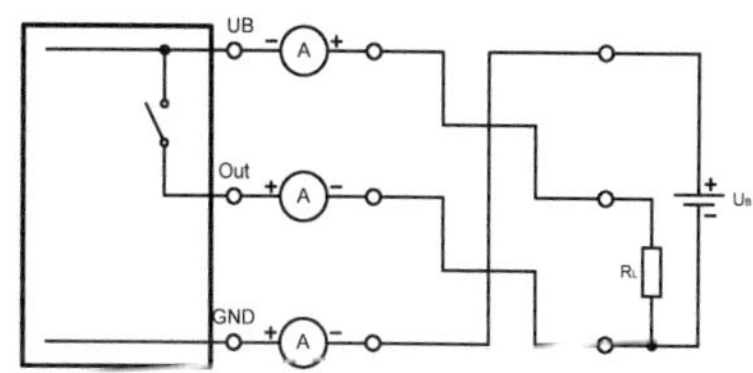

Abb. 17.2 Darstellung der richtigen bzw. verpolten Anbindungen eines plusschaltenden Schalters

Diagnose-Informationen

Das Konzept intelligenter Sensoren setzt die folgenden drei Diagnosefunktionen voraus:

a) *Überwachung* der vollständigen Funktionsfähigkeit des Sensors. Es wird nicht nur der Zustand des Sensorausgangs, sondern auch die Plausibilität des Zustandes gemeldet.
b) *Meldung eines aufgetretenen Sensorausfalls.* Ein Ausfall des Sensors soll eindeutig signalisiert werden. Es muss gesichert werden, das der angezeigte Ausgangszustand nicht durch einen defekten Sensor entstanden ist.
c) *Vorwarnfunktion.* Die Verringerung der Funktionsreserve beispielsweise infolge einer Verschmutzung oder einer Dejustage eines Sensors soll eine Warnmeldung auf der Steuerungsebene erzeugen.

Die ersten zwei Stufen beschreiben eine minimale Anforderung an *intelligente Sensoren mit Diagnosefunktion.* Die zusätzliche Implementierung der Vorwarnfunktion wird zunehmend gefordert. Die schaltungstechnische Implementierung dieser Funktionen in die moderne Sensorelektronik ist heutzutage unproblematisch.

Für die Ausgabe der Diagnoseinformation gibt es grundsätzlich zwei Möglichkeiten:

1. Verwendung eines *Extraausgangs* am Sensor. Die Ergebnisse der Diagnosefunktionen werden codiert und durch statische oder dynamische Signale ausgegeben. Die Ausführungen sind einfach zu realisieren und evaluieren. Nachteilig ist nur die Anwesenheit des zweiten Diagnoseausgangs und der zusätzlich steuerungsseitig notwendige Eingang.
2. *Mehrfache Funktionsbelegung* des einzigen herkömmlichen NS-Anschlusses. Diese Lösung setzt keinerlei Ergänzung oder Abweichung von der Standardausgangsausführung (nur drei Zuleitungen wie in Abb. 17.1) voraus und soll sowohl Standardanwendungen, als auch Einsätze mit zusätzlichen Diagnosemeldungen ermöglichen.

Eine bekanntes Diagnosekonzept verwirklicht die *Balluff Basis-Diagnoseausführung,* die in einer intelligenten patentgeschützten Art die ersten zwei Diagnoseanforderungen: Überwachung und Meldung Sensorausfall löst. Wie aus seinem Anschluss-Schaltbild hervorgeht (Abb. 17.3), hat der Näherungsschalter (NS) drei Norm-Anschlüsse. Spezifisch ist sein Ausgangssignal mit aufmodulierten Impulsen (Abb. 17.4). Wie ein klassischer NS liefert der Sensor ein Ausgangssignal mit zwei Pegeln. Neu ist die Anwesenheit von kurzen Impulsen mit 300 us Pulsdauer und 6,6 ms Wiederholperiode, überlagert vom statischen Ausgangssignal. Diese Pulse haben einen entgegengesetzten Pegel. Sie entstehen durch eine interne künstliche Betätigungssimulation im NS-Sensorelement, pflanzen sich durch den Sensor und seine Ausgangszuleitungen fort und können in der Applikation ausgewertet werden. Die Impulse sind vorhanden, solange der NS fehlerfrei funktioniert und erlöschen im Fehlerfall.

Vorteilhaft unterstützt der Sensor zwei mögliche Beschaltungen an seinem Ausgang:

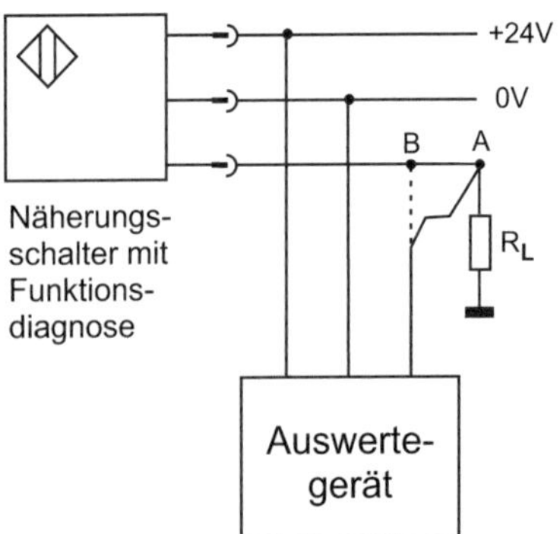

Abb. 17.3 Anschluss-Schaltbild des NS mit integrierter Funktionsdiagnose mit überlagerten Pulsen

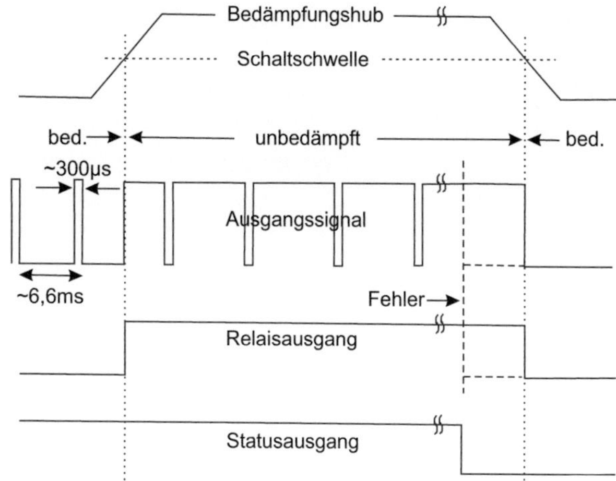

Abb. 17.4 Impulsdiagramme eines Näherungsschalters mit Funktionsdiagnose'

- Ein *herkömmlicher Verbraucher,* wie ein Relais, kann unmittelbar am Ausgang angeschlossen werden (Widerstandsymbol R_L in Abb. 17.3). Der Takt der überlagerten Impulse wurde so festgelegt, dass sämtliche Relais auf diese kurzen Pulse nicht reagieren; das Relais wertet nur die *statischen Pegel* aus.
- Möchte man die *Funktionsdiagnose* anwenden, so wird ein Auswertegerät zwischen dem NS und dem Verbraucher eingefügt (Abb. 17.3). Das Gerät wertet das komplexe Ausgangssignal des NS aus und liefert zwei statische Signale: ein *Sensorausgangssignal,* das dem Sensorbetätigungszustand entspricht sowie ein *Diagnoseausgangssignal,* dessen Zustand die Anwesenheit/Abwesenheit der überlagerten Pulse signalisiert und dadurch die Information Sensor funktionsfähig bzw. fehlerhaft liefert.

Ein höherwertiges Diagnosekonzept ist das *Balluff DSC-Konzept* (Dynamic Sensor Control), das eine Vollversion der Diagnose umfasst. Wie in Abb. 17.3 dargestellt, hat der DSC-fähige NS weiterhin nur drei Norm-Anschlüsse. Ferner weist sein Ausgangssignal aufmodulierten Impulse auf, die unterschiedliche Wiederholperioden haben. Als zusätzliche Informationen sind detailliertere Fehlerinformationen erhältlich, die durch Wiederholperioden codiert sind.

17.2 Elektromagnetische Verträglichkeit (EMV)

Im Zusammenhang mit einer immer komplexer und sensitiver werdenden Elektronik kommt die Frage nach dem Einfluss durch äußere Störungen. Ein Sensor soll einen ungestörten Messwert liefern in einer zunehmend gestörten Umgebung. Dazu zählen gewollte Störgrößen, wie sie durch Funkbetrieb entstehen, aber auch ungewollte, welche zwischen Schaltvorgängen und kosmischer Strahlung entstehen können.

Aus diesen Grundgedanken heraus beinhaltet die EMV zwei Fragerichtungen:

1. *Sicherung* und *Prüfung* eines Sensors gegen die Wirkung äußerer Störungen elektromagnetischer und elektrostatischer Herkunft (Immission) und
2. die *Vermeidung* und *Prüfung* eines Sensors gegen die Ausstrahlung solcher Felder (Emission).

Die Problemstellungen der EMV sind durch ein umfassendes Normenwerk geregelt. Es muss von dem betrachteten Sensorelement und den konkreten Anforderungen im Einsatz definiert werden, welche dieser Normen konkret anzuwenden sind.

Im nachfolgenden Abschnitt werden einige ausgewählte Zusammenhänge am Beispiel von Näherungsschaltern dargestellt.

Die Normvorgaben bzw. die typischen zeitaktuellen Werte (fett dargestellt) von diesen Kenngrößen für Sensoren sind in der Tab. 17.1 zu finden.

Vorspann
Der Nachweis der elektromagnetischen Verträglichkeit im akkreditierten EMV-Prüflabor enthält folgende Prüfungen:

- Störfestigkeit gegenüber *Entladung statischer Elektrizität* (ESD = Electrostatic Discharge),
- Störfestigkeit gegenüber *elektromagnetischen Feldern* (*RFI* = Radio Frequency Interference),
- Störfestigkeit gegenüber *schnellen, transienten Impulsen* (*Burst, EFT* = Electrical Fast Transient),
- Störfestigkeit gegenüber *Stoßspannungen (Surge),*
- Störfestigkeit gegenüber *leitungsgeführten Störgrößen, induziert durch hochfrequente Felder* und
- Störfestigkeit gegenüber *Magnetfeldern mit energietechnischen Frequenzen.*

- Die Prüfbedingungen in Bezug auf Betätigung, Versorgung oder Einbau sind sehr präzise spezifiziert. Zerstörungen des Sensors sind nicht erlaubt; für das Gesamtverhalten des Sensors gelten folgende drei Annahmekriterien (ANK):
  1. *Kriterium A:* während der Prüfung dürfen keine Fehlimpulse länger als 0,1 ms am Sensor-Ausgang auftreten.
  2. *Kriterium B:* während der Prüfung dürfen keine Fehlimpulse länger als 1 ms am Sensor-Ausgang auftreten.
  3. *Kriterium C:* wenn der Schaltzustand länger als 1 ms sich ändert oder ein Verlust des Verhaltens ein Sensor-Zurücksetzen verlangt.

Die hier angegebenen Prüfbedingungen sind beispielhaft für einen konkreten Einsatzfall. So ist bei der Surge-Prüfung ein Generator-Innenwiderstand von 500 Ω angegeben.

Tab. 17.1 Zusammenfassung der wichtigsten EMV-Anforderungen und –Testbedingungen (Normanforderungen an NS – siehe Abschn. 3.4.1 – sind mit fett und unterstrichen gekennzeichnet)

Störfestigkeit gegenüber:	Entstehung, Merkmale	Geltende Norm	Prüfaufbau bzw. Prüfsignalkenndaten und Prüfhäufigkeit	NormPrüfschärfegrade und Anforderung für NS
Entladung statischer Elektrizität (ESD)	Die Entladung entsteht bei Personen oder Gegenständen, die sich aufladen und beim Kontakt mit leitfähigen Materialien entladen	IEC 61000-4-2	• Kurzzeitige und einmalige Entladung im ns-Bereich mit Spannungen bis zu 30 kV • 10 Einzelimpulse im Abstand von 1 s • Direkt durch Kontaktoder Luftentladung bzw. indirekt durch Koppelplatte	Kontakt-/ Luftentladung: 1: 2 kV/2 kV **2: 4 kV**/4 kV **3:** 6 kV/**8 kV** 4: 8 kV/15 kV **ANK: B**
Elektro-magnetischen Feldern (RFI)	Elektromagnetische Strahlung von Funksendern, Mobiltelefonen, Radaranlagen und auch Geräten im Nahbereich	IEC 61000-4-3	• Schmales Frequenzband durchgestimmt bis 2,7 GHz, oft gerichtete Energie, frequenz- oder amplitudenmoduliert • Prüfstärke ≤ 100 V/m • AM-Modulation: 1 kHz, sinusförmig, 80 %	1: 1 V/m **2: 3 V/m** 3: 10 V/m **ANK: A**
Störfestigkeit gegenüber:	Entstehung, Merkmale	Geltende Norm	Prüfaufbau bzw. Prüfsignalkenndaten und Prüfhäufigkeit	NormPrüfschärfegrade und **Anforderung für NS**
Schnellen, transienten Impulsen (Burst)	Ein- und Ausschalten induktiver Lasten (z. B. Relais, Motoren). Energiearme Störungen mit breitbandigem Spektrum bis 300 MHz und Amplituden bis einige kV	IEC 61000-4-4	• Dreieckförmige Impulse mit 50 ns Breite • 5 kHz Wiederholrate ⇒75 Impulse/Paket • Paketbreite: 15 ms • Wiederholperiode der Pakete: 300 ms • Prüfspannung zw. geerdetem NS-Gehäuse und allen Leitungen kapazitiv eingekoppelt	1: 0,5 kV 2: 1,0 kV **3: 2,0 kV** 4: 4,0 kV **ANK: B**

(Fortsetzung)

Tab. 17.1 (Fortsetzung)

Störfestigkeit gegenüber:	Entstehung, Merkmale	Geltende Norm	Prüfaufbau bzw. Prüfsignalkenndaten und Prüfhäufigkeit	NormPrüfschärfegrade und Anforderung für NS
Stoßspannungen (Surge)	Blitzschlag, Kurzschlüsse und Schaltvorgänge in energiereichen Netzen Hohe Energien, Spannungen und Ströme Anstiegszeiten im µs-Bereich, breitbandiges Spektrum bis einige MHz	IEC 61000-4-5	• Dreieckförmige Impulse mit 50 µs Breite • Einzelne Impulse mit positiver und negativer Polarität sowie alternierende Pulsfolgen • Prüfspannung zwischen jeweiligen zwei NS-Anschlüssen angelegt • Generator-Innenwiderstand 500 Q	1: 0,5 kV **2: 1,0 kV** 3: 2,0 kV 4: 4,0 kV ANK: keine Zerstörung
Leitungsgeführten Störgrößen, induziert durch hochfrequente Felder (LGS)	Störimpulse, die dadurch entstehen, dass elektromagnetische Felder über Kabel eingestreut werden Schmales Frequenzband, frequenz- oder amplitudenmoduliert, Dauerstörung	IEC 61000-4-6	• Frequenzbereich: 150 kHz bis 80 MHz, in 1-%-Schritten • AM-Modulation: 1 kHz, sinusförmig, 80 % • Störungen über ein Kop-pel-/Entkoppel-Netzwerk eingekoppelt	1: 1Veff **2: 3Veff** 3: 10Veff **ANK: A**
Magnetfeldern mit energietechnischen Frequenzen	Entstehung durch Ströme in Stromanschlüssen, Stromschienen, Einrichtungen mit hoher Leistung Konstante Magnetfelder bis 100 A/m bzw. kurzzeitige Magnetfelder bis 1000 A/m	IEC 61000-4-8	• Feld durch eine Induktionsspule quadratisch 1 m × 1 m erzeugt • Frequenz 50 Hz	1: 1 A/m, dauernd 2: 3 A/m, dauernd 3: 10 A/m, dauernd **4: 30 A/m, dauernd** 5: 100 A/m, dauernd **ANK: A**

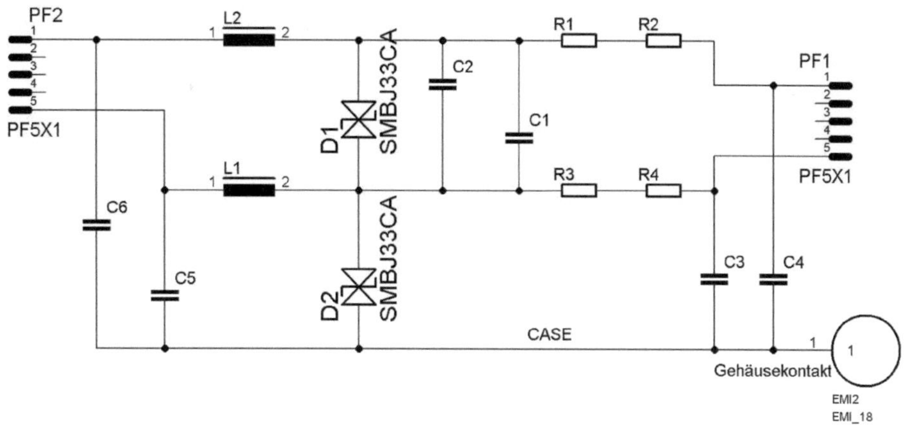

Abb. 17.5 EMV-Schutzschaltung für einen Zweileiter-Stromtransmitter

Dieser kann in anderen Applikationen auch nur 40 Ω oder 4 Ω betragen, was andere Schutzschaltungen erfordert. Die Abstimmung der Konstruktion und Prüfung muss deshalb immer im Zusammenhang mit dem Einsatzziel erfolgen.

Ein Beispiel für eine EMV-Beschaltung zeigt Abb. 17.5. Hier ist der einfache Fall einer Schutzschaltung für einen Zweileiter-Stromtransmitter dargestellt.

Auf der rechten Bildseite erfolgt der Anschluss der Versorgung – auf der linken Seite die Elektronik des Transmitters. Die Widerstände im Eingang begrenzen den Impulsstrom und bilden mit den Kondensatoren zusätzlich einen Tiefpass, welcher auch die Ansprechzeit der Supressordioden überbrückt. Die Diode D1 muss die gesamte Störenergie aufnehmen. Der dann fast unbelastete Pfad zum Transmitter wird durch einen weiteren Tiefpass gefiltert.

Hier im Beispiel hat die Diode D2 die Aufgabe die Funktion von D1 für die Isolation zum Gehäuse zu erbringen. Sollten hier als Isolationsspannung nicht nur 30 V sonder 500 V gefordert werden, so ergeben sich umfangreiche Änderungen in der Schaltung, da die Kondensatoren C3 bis C6 für diese Spannungen ausgelegt werden müssen. Zusätzlich ist eine sehr hochohmige Entladeschaltung vorzusehen, damit diese Kondensatoren nicht auf die Störspannung geladen stehen bleiben.

Die gesamte Schutzschaltung übertrifft im Aufwand schnell die des eigentlichen Sensors.

17.3 Funktionale Sicherheit (SIL)

Bei der Funktionalen Sicherheit geht es um die *Reduzierung von Risiken* bei der Nutzung technischer Einrichtungen. Ziel ist es dabei, das bestehende Risiko beim Betrieb einer Einrichtung abzuschätzen und es in Folge auf ein vertretbares Maß zu reduzieren. Ein Risiko ist dabei definiert als:

Risiko = Wahrscheinlichkeit des Eintretens eines gefährlichen Ereignisses * verursachte Kosten durch dieses Ereignis.

Die funktionale Sicherheit (SIL = Safety Integrity Level) umfasst mehrere Normenwerke, so beispielsweise:

DIN EN IEC 61508	Als Basisnorm,
DIN EN IEC 61511	Als spezifische Norm für die Prozessindustrie,
DIN EN IEC 62061	Als spezifische Norm zur Maschinensicherheit,
DIN EN IEC 61513	Als spezifische Norm für die Nuklearindustrie

Sie ist auf sicherheitsrelevante Systeme anzuwenden, wenn diese

- ein elektrisches Gerät,
- ein elektronisches Gerät oder
- ein programmierbares elektronisches Gerät

enthalten. Sie ist demzufolge für Sensoren im Sicherheitsbereich anzuwenden. Dabei sind die Betrachtungen immer für das gesamte System erforderlich, also vom Sensor über die Signalverarbeitung bis zum Aktor.

Die SIL-Stufen beschreiben *unterschiedliche Ausfallwahrscheinlichkeiten* für ein System. Dies reicht im einfachsten Fall von einem *sicherheitsorientierten Design* bis zum *mehrfach redundanten System* bei höchsten Anforderungen. Ein sicherheitsorientiertes Design beginnt mit der Einhaltung von Bauelementeparametern, Zuverlässigkeitsuntersuchungen von Komponenten und Technologie und einer Rückverfolgbarkeit der Produktion.

Die den SIL-Stufen zugeordneten Ausfallwahrscheinlichkeiten werden zusätzlich unterschieden nach hohen und niedrigen Anforderungen. Dabei bedeutet „niedrig“, dass die Sicherheitseinrichtung nicht öfter als einmal pro Jahr aktiv wird. Der Fall hoher Anforderungen bedeutet, dass die Sicherheitseinrichtung ständig oder öfter als einmal jährlich aktiv ist.

In Abb. 17.6 ist ein Risikograf für die Bestimmung des erforderlichen SIL-Level beispielhaft dargestellt. Er muss auf die jeweils konkrete Situation angepasst werden.

Dabei gelten die folgenden Zuordnungen:

- C Schadenausmaß
  - C1 leichte Verletzung einer Person oder kleiner schädliche Umwelteinflüsse.
  - C2 schwere, irreversible Verletzung einer/mehrerer Personen oder Tod einer Person oder vorübergehend größere schädliche Umwelteinflüsse.
  - C3 Tod mehrerer Personen oder lang andauernde größerer schädliche Umwelteinflüsse.
  - C4 katastrophenartige Umweltschäden, sehr viele Tote.

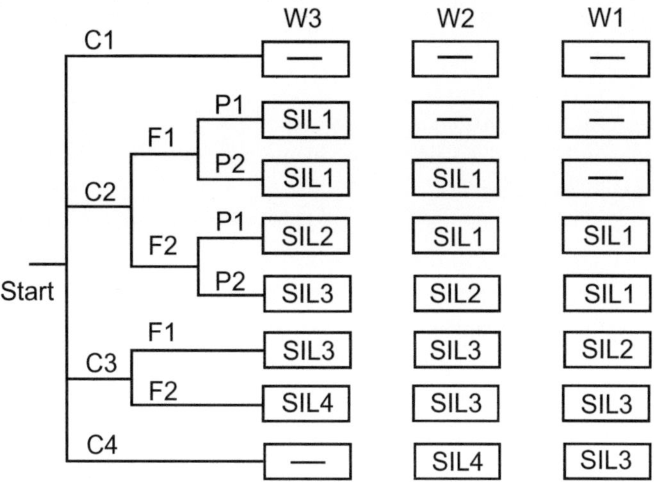

Abb. 17.6 Risikograf nach IEC 61508/61511

- F Aufenthaltsdauer
  - F1 selten bis öfter,
  - F2 häufig bis dauernd.
- P Gefahrenabwehr
  - P1 möglich unter bestimmten Bedingungen,
  - P2 kaum möglich.
- W Eintrittswahrscheinlichkeit
  - W1 sehr gering,
  - W2 gering,
  - W3 relativ hoch.

Aus dem bestimmten Sicherheitslevel ergeben sich dann technische Anforderungen für den Sensor. Das technische Produkt wird nach Abschluss des Verfahrens durch eine zugelassene Stelle zertifiziert. Eine Zulassung für den explosionsgefährdeten Bereich (ATEX) kann dabei auch Bestandteil einer SIL-Zulassung sein.

17.4 Sensoren in explosiver Umgebung (ATEX)

Werden Sensoren in einer *explosiven,* d. h. *zündfähigen* Umgebung eingesetzt, so gelten besondere Vorschriften. Es gibt an dieser Stelle eine große Schnittmenge mit den Anforderungen von SIL. Es geht aber nicht nur darum, das Risiko einer Schädigung von Personen und Anlagen zu minimieren, sondern dieses auszuschließen. Erreicht werden kann dies sowohl durch bautechnische Maßnahmen als auch mit entsprechend gestalteten elektronischen Mitteln.

Es existieren im Explosionsschutz zwei grundsätzlich unterschiedliche Betrachtungsweisen zur Lösung der Aufgabe:

1. Es ist durch die *Dimensionierung der Anordnung* sicher zu stellen, dass kein Funke entstehen kann oder keine Komponente sich so erhitzt, dass ein umgebendes Gemische explodiert, oder
2. wenn sich eine Funkenbildung oder ein Hotspot technisch nicht vermeiden lassen (z. B. in Leistungsschaltern), dann muss der Sensor so *gekapselt* werden, dass diese Zündquelle keine Auswirkungen auf die Umgebung hat. Dabei sind auch lokal begrenzte Explosionen denkbar.

Der nachfolgende Abschnitt gibt eine kurze Einführung in diese Problematik. Die ausführliche Darstellung der Anforderungen erfolgt auch hier in einem umfassenden Werk von Standards, welche inzwischen auf europäischer Ebene harmonisiert sind. Korrespondierende Standards finden sich beispielsweise im UL (USA) und im CSA (Canada). Eine europäische Zulassung wird auch in vielen außereuropäischen Ländern anerkannt oder kann dort als Grundlage für eine nationale Zulassung dienen.

17.4.1 Grundlagen des ATEX

Die umfangreichen Standards und begleitenden Bestimmungen im Rahmen der EG-Richtlinien zum Explosionsschutz und deren Umsetzung in Europanormen lassen sich in diesem Werk nicht abhandeln. Es werden aber einige Grundbegriffe vermittelt.

Im ersten Schritt erfolgt eine Einstufung der Einsatzumgebung nach der Häufigkeit und Art des Auftretens der Gefährdung. Es ergibt sich daraus eine *Gerätegruppe* und eine *Gerätekategorie,* wie sie in Tab. 17.2 zu finden sind.

Die Basisnorm bildet die *DIN EN 60079-0,* welche seit dem 01.12.2004 gilt. Auf ihr bauen mehrere Unternormen auf, welche die unterschiedlichen Zündschutzarten definieren.

Es wird damit eine *Risikoeinstufung* vorgenommen, aus der sich ein Katalog von konstruktiven Maßnahmen und elektrischen Dimensionierungen ableitet. Es wird dabei innerhalb der Kategorie nochmals in die *Zone x* und *Zone 2x* unterschieden. Dabei gilt Zonex für Luft, Gase und Dämpfe und die Zone 2x für Stäube. Aus dieser Unterscheidung leiten sich unterschiedliche Prüfanforderungen ab, da sich beispielsweise Staub auf einem Transmitter ablagern kann und dadurch Kurzschlüsse oder Brandherde entstehen können, wogegen ein Gasgemisch unmittelbar zu einer Explosion führt.

Als zweiter Schritt erfolgt die Zuordnung in eine *Zündschutzart.* Sie beschreibt bereits den für den Schutz beschrittenen Weg. Die Standards unterscheiden 11 verschieden Schutzarten, wobei für die Sensorik vor allem der Schutz durch *Eigensicherheit* und die *druckfeste Kapselung* von Bedeutung sind. Auf beide Schutzarten wird im nächsten Abschnitt genauer eingegangen.

Tab. 17.2 Zuordnung von Gerätegruppe und -kategorie

Gerätegruppe	Gerätekategorie	Wahrscheinlichkeit der EXAtmosphäre	Maß der zu gewährleisteden Sicherheit	Ausreichende Sicherheit bei	Zoneneinteilung
Gruppe II Alle Bereiche ausser Bergbau	1	Ständig, langzeitig oder häufig vorhanden	Sehr hoch	Schutz gegen zwei unabhängige Fehler	Zone 0 Zone 20
	2	Gelegentlich vorhanden	Hoch	Vermeiden von Zündquellen bei Betrieb und Betriebsstörungen	Zone 1 Zone 21
	3	Nur selten und dann kurzzeitig vorhanden	Normal	Normalbetrieb	Zone 2 Zone 22
Gruppe I Bergbau (besonders Grubengase und -stäube)	M1	Vorhanden	Sehr hoch	Schutz gegen zwei unabhängige Fehler	
	M2	Bei Auftreten der EX-Atmosphäre abschaltbar	Hoch	Zündquellen auch bei erschwerten Bedingungen unwirksam	

Als dritter Teil erfolgt die Einstufung der *thermischen Gefährdung.* Dabei werden Temperaturklassen definiert, die eine Temperaturgrenze festlegt, welche die Baugruppe auch im Störfall nicht überschreiten darf. Gemeinsam mit den drei Explosionsuntergruppen ergibt sich dann eine Matrix von Stoffen, die in der Umgebung auftreten dürfen. Für Sensoren sind dabei die Klassen T4, T5 und T6 von Bedeutung, welche einen Bereich bis zu 200 °C Oberflächentemperatur abdecken. Im Allgemeinen wird auf T4 zugelassen, da es nur einen Stoff gibt (Schwefelkohlenstoff), der eine T6 erfordert. Es muss aber darauf geachtet werden, ob ein Sensorprinzip intern höhere Temperaturen generiert, wie es gelegentlich bei Gas- oder Strömungssensoren vorkommt.

Aus diesen besprochenen Teilen setzt sich auch die Kennzeichnung einer Baugruppe für den Einsatz im explosionsgefährdeten Bereich zusammen:

EX 2G ia IIC T4

mit der Bedeutung

EX	Eine ATEX-Komponente. Früher auch EEX mit dem ersten,E' für europäisch, was entfällt, da es keine nationalen Varianten mehr gibt
2G	Gerätekategorie 2 für Gase
ia	Schutzart eigensicher mit gewährleistetem Schutz bei zwei unabhängigen Fehlern. Mit ‚ib' besteht der Schutz nur noch nach einem Fehler
II	Gerätegruppe II
C	Explosionsuntergruppe C bei Gasen
T4	Temperaturgruppe T4, was einer maximalen Oberflächentemperatur von 135 °C bis 200 °C entspricht

Die Prüfung und Bestätigung der Anwendbarkeit einer Baugruppe für den Einsatz im EXBereich erfolgt durch eine ermächtigte Einrichtung. Diese erteilt eine Prüfnummer und entsprechende Zertifikate. Die Fertigung von EX-Baugruppen erfordert zusätzlich eine zwingend notwendige QS-Zulassung, welche auf der ISO 9001-Zertifizierung aufsetzt.

17.4.2 Zündschutzart Eigensicherheit

Die Zündschutzart „Eigensicher" ist im Standard *DIN EN 60079–11* (alt DIN EN 50020) definiert. Sie beruht auf der *Vermeidung von Funken* bildenden Energiemengen und Spannungen im Sensor, sowie einer *Begrenzung* der auftretenden *Verlustleistungen.* Sie ist im Bereich der Sensoren häufig zu finden, da für diese die limitierten Energiemengen ausreichend sind.

Eine eigensichere Baugruppe tritt immer im Zusammenspiel mit einem zugeordneten Betriebsmittel auf. Die alleinige Eigensicherheit des Sensors ist nicht ausreichend – es ist eine gesicherte Datenübertragung und Speisung des Stromkreises erforderlich.

Die Speisung eines eigensicheren Stromkreises erfolgt über einen *Speisetrenner,* welcher eine Isolation des Datenkreises vornimmt und die mögliche auftretende Energie im Kreis begrenzt. Der einfachste Fall ist dabei ist der Einsatz eines *Zweileiter-Stromtransmitters,* welcher den Messwert auf das Betriebssignal im Bereich von 4 mA bis 20 mA moduliert. Es existieren damit keine gesonderten Datenleitungen, welche gesichert werden müssen.

Die Speisung besteht damit nur aus Zenerdioden und Widerständen, wie sie Abb. 17.7 zeigt. Sie wird auch als *Zenerbarriere* bezeichnet. Die drei Zenerdioden unterdrücken kurzzeitige Überspannungen und zerstören bei längeren Störungen die Sicherung. Die Parallelschaltung dient der Ausfallredundanz, falls eine Diode auf eine Überlastung mit einer Unterbrechung reagiert. Der Längswiderstand begrenzt den maximalen Stromfluss im System.

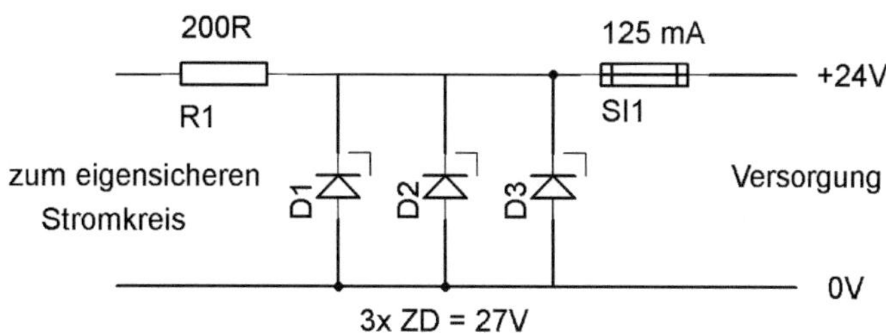

Abb. 17.7 Schaltung einer Zenerbarriere

Mit der angegebenen Dimensionierung der Zenerdioden können maximal 27 V auftreten. Der Widerstand von 200 Ω begrenzt den Ausgangsstrom auf 125 mA im Fall eines Kurzschlusses. Die verwendeten Bauteile dürfen dabei nur maximal 50 % ihrer zulässigen Verlustleistung ausschöpfen.

Bei dieser Anordnung handelt es sich um eine Speisung mit linearer Kennlinie.

Auf der Seite des Sensors ist ebenfalls dafür zu sorgen, dass mögliche Ausfälle von Bauteilen zu keinen unzulässigen Zuständen führen. Dies wird ergänzt durch die Forderung nach einer Isolation für 500 VAC zwischen Sensorsignal und Gehäuse.

Außerdem ist für die Elektronik selbst ein Isolationsabstand von mindestens 0,7 mm zwischen allen (kritischen) spannungsführenden Teilen zu gewährleisten. Da dies bei modernen Halbleiterbauelementen nicht möglich ist, sind diese in der Schaltung prinzipiell als Kurzschluss zu betrachten.

Ein zweiter Punkt zur Beschränkung der zündfähigen Energien geschieht durch die Vermeidung von Energiespeichern wie Induktivitäten und Kapazitäten. Diese unterliegen bei ihrem Einsatz starken Beschränkungen.

Abb. 17.8 zeigt einen Auszug der Ausgangsstufe eines Transmitters mit 4 mA bis 20 mA.

Der kritischste Strompfad (fett) ist der bei Kurzschluss von T2 oder dem OPV. In diesem Fall sind im Pfad nur noch die Widerstände R1 und R15 enthalten. Der Gesamtstrom im Kreis wird dann durch die maximalen 27 V Versorgung, den 200 Ω in der Zenerbarriere und den etwa 300 Ω im Sensor bestimmt. Dazu kommen noch 100 Ω

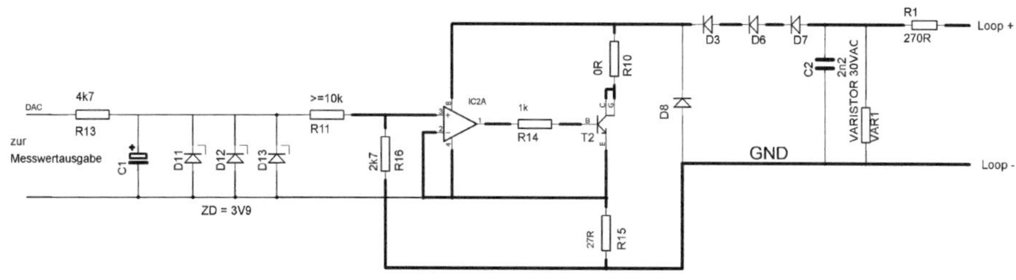

Abb. 17.8 Schaltung einer Ausgangsstufe für Stromschleife

als Messwiderstand zum Auskoppeln des Messwertes. Es ergeben sich damit ein Kurzschluss-Strom von 45 mA und eine anteilige Verlustleistung am Sensor von etwa 610 mW.

Der Filterkondensator C1 darf sich im Defektfall des OPV nicht auf eine gefährliche Spannung aufladen. Deshalb ist auch dieser mittels einer Zenerbarriere gesondert zu begrenzen. Bei den hier gewählten 3,9 V kann die Kapazität im uF-Bereich liegen. Im normalen Fall darf sie bei 27 V nur im Bereich von 50 nF liegen, wobei die Anschlusskabel mit einzurechnen sind.

17.4.3 Zündschutzart druckfeste Kapselung

Die Zündschutzart „druckfeste Kapselung" ist im Standard *DIN EN 60079–1* (alt DIN EN 50018) definiert. Hierbei wird der alternative Ansatz verfolgt, dass eine *Zündquelle vermieden* wird – und sollte sie auftreten, dies keine Auswirkungen auf die Umgebung hat.

Bei der druckfesten Kapselung wird davon ausgegangen, dass die *Elektronik* in einem *verschlossenen Behälter* untergebracht wird. Dieser darf keinen oder nur einen durch schmale Spalte entstehenden Austausch der Gase im Inneren mit der Umgebung haben.

Sollten sich dennoch im Inneren ein explosives Gemisch ansammeln, so muss der Behälter so sicher sein, dass er selbst durch die Explosion nicht zerstört wird und keinerlei Flammen oder heiße Gase austreten.

Die Eigenschaften der Elektronik sind dabei weitgehend untergeordnet. Es muss aber gegebenenfalls gesichert werden, dass nicht beim An- oder Abstecken von Kabeln Funken entstehen können.

Diese Zündschutzart eignet sich gut für Sensoren, da man in der Elektronik frei gestalten kann und die Sicherung bei Explosion bei den meist geringen Volumen gut zu beherrschen ist.

Weiterführende Literatur

BARTEC GmbH, Bad Mergentheim. http://www.bartec.de
Endress+Hauser. www.de.endress.com/SIL
Fritsch, A.: „Funktionale Sicherheit und Explosionsschutz"; Firmenschrift der Firma Stahl (2005)
Leuze Electronic: „Ex-Schutz Grundlagen". http://www.leuze.de/news/atex/p_05_de.html
Pepperl + Fuchs: „Handbuch Exschutz", Firmenschrift 2007. www.pepperl-fuchs.com

Messfehler, Messgenauigkeit und Messparameter 18

Gert Schönfelder

Die Messung von physikalischen, chemischen und biologischen Größen durch Sensoren unterliegen Abweichungen. Die *Abweichung d* ist die Differenz zwischen einem Messwert x_i und einem *wahren Wert* x_0. Diese Abweichung stellt einen Fehler dar. Es gilt:

$$d = x_i - x_0.$$

Der wahre Wert kann entweder eine *Normale* sein oder aber ein durch eine Vielzahl von Messungen ermittelter *wahrscheinlicher Wert.* Normale können vorgegebene Messgrößen sein oder sich aber auf die physikalischen Basisgrößen für Zeit (s), Länge (m), Masse (kg), elektrische Stromstärke (A), Temperatur (K), Lichtstärke (cd) oder die Stoffmenge (mol) beziehen. Auf diese Basiseinheiten des SI-Maßsystems (SI: Standard International) lassen sich alle physikalischen Messgrößen zurückführen.

Durch *statistische* Verfahren wird ein *wahrscheinlicher* Wert ermittelt. Unter gewissen Voraussetzungen ist dies der *arithmetische Mittelwert* (Abschn. 18.2).

18.1 Einteilung der Messfehler nach ihrer Ursache

Teilt man die Messfehler nach ihrer Ursache ein, so gibt es vier grundlegende Arten:

- den *systematischen* Messfehler,
- den *zufälligen* Messfehler,
- den *groben* Messfehler und
- den *methodischen* Messfehler.

G. Schönfelder (✉)
Aspect Systems GmbH, Dresden, Deutschland
E-Mail: gschoenfelder@t-online.de

E. Hering und G. Schönfelder (Hrsg.), *Sensoren in Wissenschaft und Technik,*
https://doi.org/10.1007/978-3-658-39491-2_18

Der *systematische Messfehler* hat seine Ursache in der Mess-Schaltung, dem Messverfahren, den Eigenschaften des Referenzmesspunktes und den Eigenschaften der verwendeten MessKomponenten. Ein *systematischer* Messfehler zeigt immer *Abweichungen in eine Richtung* (zu wenig oder zu viel; die Gauß'sche Verteilung trifft nicht zu). Er bringt unter gleichen Bedingungen reproduzierbare Ergebnisse. Deshalb kann er technisch in der Schaltung oder der Signalverarbeitung berücksichtigt werden und ist damit *korrigierbar.*

Das klassische Beispiel ist hier die Spannungsmessung an einer Quelle mit einem Innenwiderstand größer Null und einem Messgerät mit einem Innenwiderstand kleiner unendlich. Es zählen aber genauso die thermischen Eigenschaften der verwendeten Bauelemente dazu.

Diese Problemstellung wird oft vernachlässigt, da heutige Messgeräte über sehr hohe Eingangswiderstände verfügen. Im Bereich der Sensoren wird aber mit sehr praktischen Größen umgegangen. So hat eine Messbrücke einen Innenwiderstand von mehreren kΩ und der AD-Wandler als Messgerät wenige Hundert kΩ Eingangswiderstand. Diese Konstellation ergibt schnell systematische Fehler im Bereich von Prozent, welche beachtet werden müssen.

Der *zufällige Messfehler* tritt bei Messreihen auf und zeigt sich in schwankenden Messwerten. Hier liegt eine *Gauß'sche Verteilung* vor (Abschn. 18.2.1; Abb. 18.1). Die Ursache können statistisch verlaufende Vorgänge in Bauelementen oder der Umgebung sein (z. B. Strahlung oder Temperaturschwankungen). Ursache zufälliger Fehler sind auch wechselnde Messbedingungen, der Experimentator oder das Rauschen.

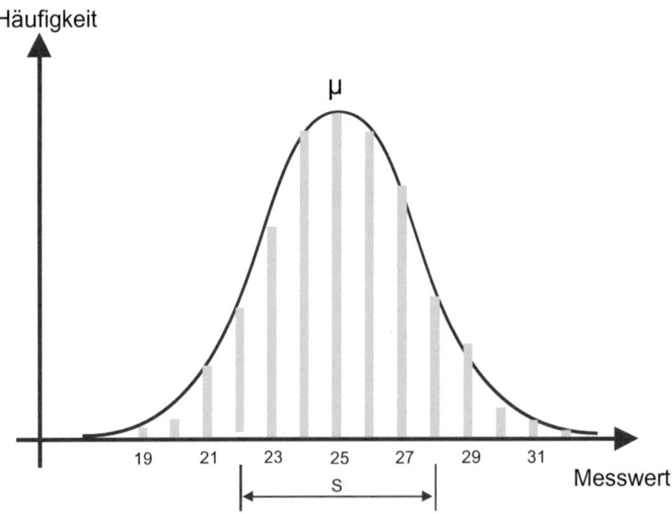

Abb. 18.1 Gauß'sche Glockenkurve der Häufigkeitsverteilung von Messwerten

Zufällige Messfehler lassen sich mit statistischen Methoden bestimmen und verringern. Soweit das Rauschen als Ursache bestimmt wird, können auch schaltungstechnische Maßnahmen, wie Filter oder rauscharme Komponenten, zur Verringerung beitragen.

Der *grobe Messfehler* zeigt sich in Form einzelner *Ausreißer* in einer Messreihe. Diese können durch externe Ereignisse verursacht werden, wie beispielsweise Schaltvorgänge in der Umgebung. Ihnen begegnet man am Besten mit einer *Filterung* der Messwerte, wobei sich der *Medianfilter* hier besonders anbietet.

Der *methodische Messfehler* zählt der Wirkung nach zu den systematischen Fehlern, verfügt aber über eine zufällige Komponente. Im Gegensatz zu diesem lässt er sich nicht ohne weiteres korrigieren. Der methodische Messfehler tritt vor allem im Bereich der Digitaltechnik auf. Zu ihm zählen außer dem *Quantisierungsfehler* auch *Fehler* bei der *Übertragung* der Messwerte. Der bekannteste Vertreter ist der *digitale Restfehler* (Abschn. 5.2). Er lässt sich exakt definieren, sein Auftreten unterliegt aber zufälligen Zusammenhängen. Eine Beseitigung ist nur mit unangemessen hohem Aufwand möglich.

18.2 Darstellung von Messfehlern

18.2.1 Arithmetischer Mittelwert, Fehlersumme und Standardabweichung

Für zufällige Fehler gelten folgende Zusammenhänge. Werden die Messwerte Xi nach ihrer *Häufigkeit* in einem *Histogramm* grafisch ausgewertet, so ergibt sich als Häufigkeitsverteilung die *Gauß'sche Verteilung* (Gauß'sche Glockenkurve; Abb. 18.1). Die Häufigkeiten sind symmetrisch zu einem am häufigsten gemessenen Wert, dem sogenannten *Erwartungswert* μ.

Der Erwartungswert μ als häufigster Messwert wird durch den *arithmetischen Mittelwert* bestimmt. Es gilt:

$$\overline{x} = \frac{1}{\mathrm{N}} \sum_{\mathrm{i}=1}^{\mathrm{N}} x_{\mathrm{i}}.$$

mit N: Anzahl der Messungen und x_i: Messwert der Messung i.

Als Fehler bezeichnet man die Abweichung d des aktuellen Messwertes x_i vom arithmetischen Mittelwert $\overline{x}$. Es gilt: $d = x_i - \overline{x}$.

Die *Fehlersumme* FS errechnet sich als Summe der *quadratischen Abweichungen* von einem Festwert x_0: $\mathrm{FS} = (x_i - x_0)^2$. Wird für den Festwert x_0 der arithmetische Mittelwert $\overline{x}$ eingesetzt, so ist die Fehlersumme *minimal* (FS_{min}). Es gilt:

$$FS_{min} = \sum_{i=1}^{N} (x_i - \bar{x})^2.$$

Die *Standardabweichung s* ist ein Maß für die Breite der Gauß'schen Glockenkurve. Sie errechnet sich zu:

$$s = \sqrt{\frac{FS_{min}}{N-1}}.$$

In einem Abstand *s* vom arithmetischen Mittelwert (Abb. 18.1) befinden sich etwa 2/3 aller Messwerte. Das bedeutet, dass eine *schmale* Glockenkurve mit einer kleineren Standardabweichung *genauere* Messwerte aufweist als eine *breite* Glockenkurve mit einer größeren Standardabweichung.

18.2.2 Absoluter Fehler

Für die Messung ist letztendlich von Interesse, welche Wirkung die Fehler auf das Ergebnis haben. Die Aussage, dass ein Fehler bei der Spannungsmessung von 2 mV vorliegt, stellt noch keine verwertbare Information dar. Es ist demzufolge notwendig, die Fehlergrößen in einen Bezug zur Messung zu stellen, um eine Aussage zum Mess-System zu erhalten. Der absolute Fehler F_{abs} gibt die Abweichung zwischen dem Soll-Messwert MW_{soll} und dem tatsächlichen Wert der Messgröße MW_{mess} an. Er trägt die Einheit der Messgröße. Er gilt nur für den bezeichneten Messpunkt. Ist sein Wert über die gesamte Kennlinie gleich, so liegt ihm ein Offsetfehler der Messanordnung zugrunde und es gilt:

$$F_{abs} = MW_{mess} - MW_{soll}.$$

Der absolute Fehler kommt seltener zur Anwendung, da er aufgrund seiner Bindung an den konkreten Messwert keine Vergleiche zulässt. Der Fehler von 100 mV stellt für einen Messwert von 100 V eine hohe und bei 5 V Messwert eine geringe Genauigkeit dar.

Ein Tachometer im Kraftfahrzeug hat üblicherweise einen voreingestellten absoluten Fehler von wenigen km/h. Dadurch wird sicher gestellt, dass man mit den größeren Winterreifen nicht die zulässige Geschwindigkeit überschreitet, da die Messung der Geschwindigkeit über die Drehzahl und nicht über den Reifenumfang erfolgt.

18.2.3 Relativer Fehler

Der häufig berechnete relative Fehler bezieht die Messabweichung auf den Messbereich. Dadurch erlaubt diese Fehlerdarstellung auch einen Vergleich unterschiedlicher Sensoren miteinander. Der Fehler besitzt keine Maßeinheit und wird praktisch in Prozent angegeben. Für den relativen Fehler sind drei Darstellungen gebräuchlich.

Relativer Fehler bezogen auf den Endwert

Der relative Fehler $F_{rel(FS)}$ kann auf den Maximalwert einer Messung MW_{max} bezogen werden. Das bedeutet z. B., dass eine Spannungsmessung mit einem Bereich von 10 V und einem absoluten Fehler von 100 mV einen relativen Fehler aufweist von:

$$F_{rel(FS)} = \frac{MW_{mess} - MW_{soll}}{MW_{max}} = \frac{0{,}1\ V}{10\ V} = 0{,}01 = 1\,\%\,FS$$

hat. Dieser Wert erscheint in den Datenblättern als 1 % F.S. (full scale) oder auch als 1 % EW (Endwert). Steht hinter der Prozentangabe keine weitere Bezeichnung, kann man immer von einem Bezug auf den Endwert ausgehen.

Außer diesen Angaben kann auch noch ein Bezug auf „die Spanne" erfolgen. Das bedeutet, dass der Fehler auf den *Bereich* und nicht auf den Endwert des Ausgangssignals bezogen wird. Als Beispiel: Bei einem Transmitter mit 4 mA bis 20 mA Ausgangsstrom ist der Maximalwert 20 mA, die Spanne ist jedoch nur 16 mA.

Relativer Fehler bezogen auf den Messwert

Der Nachteil des Bezuges auf den Endwert ist, dass der dabei verwendete relativer Fehler auch bei kleinen Messwerten gilt. Das bedeutet, die oben genannte Messung mit einem Messwert von 200 mV und dem gleichen absoluten Fehler von 100 mV kann dann bereits eine Abweichung von 50 % darstellen.

Aus diesem Grund wird bei anspruchsvolleren Messanordnungen der Fehler auf den *aktuellen Messwert* MW_{mess} bezogen, welcher dann in % MW angegeben wird.

$$F_{rel(MW)} = \frac{MW_{mess} - MW_{soll}}{MW_{mess}} = \frac{0{,}1\ V}{0{,}2\ V} = 0{,}5 = 50\,\%\,MW. \tag{18.1}$$

Aus dieser Formel ist ersichtlich, dass vor allem Offsetfehler hier zu drastischen Fehlerwerten führen. Der Umkehrschluss zu dieser Fehlerangabe ist aber auch, dass die Messanordnung eine erheblich höhere Präzision anbieten muss, als bei einer Fehlerangabe bezogen auf den Endwert.

Relativer Fehler bezogen auf den Kleinstwert (BFSL)

Beim relativen Fehler nach FS wird als Bezugsgröße eine *Referenzgerade* betrachtet, welche durch den Nullpunkt und Endwert der Sollgrösse geht. Damit entsteht der größte Fehler an den Punkten der größten Nichtlinearität der Messkennlinie.

Bei der *BFSL-Methode* (Best Fit Straight Line) wird die Referenzgerade so über die Messkennlinie gelegt, das die maximale positive und negative Abweichung *gleich groß* ist (Abb. 18.2).

In der Praxis ist der resultierende Fehlerwert um den Faktor 2 bis 4 kleiner als bei einer Angabe mit dem Bezug auf den Endwert. Die Ursache liegt darin, dass die Kennlinie so optimiert wird, dass die Abweichungen ein Minimum erreichen und der Offsetfehler nicht berücksichtigt wird. In der Anwendung setzt das voraus, dass die

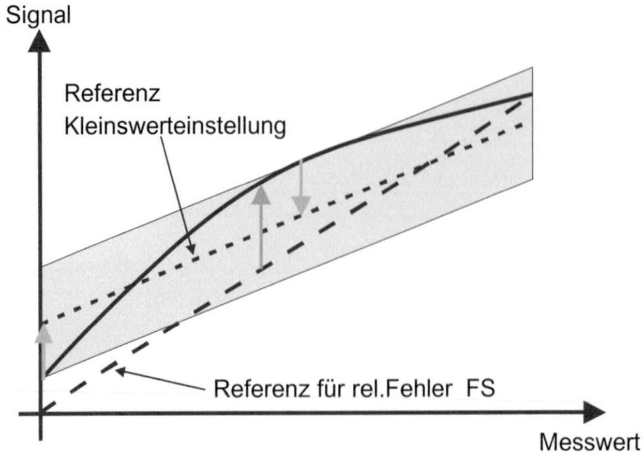

Abb. 18.2 Messfehler nach BFSL

nachfolgende Verarbeitungsstufe eine Anpassung an die gedachte Referenzkennlinie erlaubt.

Fehlerdarstellung in Datenblättern

Die Darstellung der Messfehler ist in der Praxis nicht eindeutig geregelt und jeder Hersteller versucht, seine Produkte in ein günstiges Licht zu setzen. Aus diesem Grund ist es oft schwierig, aus den Angaben im Datenblatt den tatsächlichen Fehler zu ermitteln.

Tab. 18.1 zeigt einen Auszug aus dem Datenblatt eines Drucktransmitters.

Diese Tabelle kann wie folgt interpretiert werden:

- Die Grundangaben gelten immer für Raumtemperatur und werden hier in den ersten drei Zeilen mit 0,1 % FS angegeben. Zum Nullpunktfehler erfolgt keine Angabe.
- Der Gesamtfehler im Bereich +10 °C bis +40 °C wird mit 0,15 %FS angegeben, was in diesem Temperaturbereich die Summe aller Fehler umfassen sollte.
- Unterschreitet man die Temperatur von −20 °C, so existiert gar keine Fehlerangabe mehr, da nur bis an diesen Punkt kompensiert wurde.
- Im Bereich von −20 °C bis +10 °C und von 40 °C bis 80 °C kommt ein Fehler von 0,1 %/10 K hinzu, sodass sich beispielsweise bei 70 °C ein Fehler von maximal 0,45 %FS ergibt.

Zu den Fehlerangaben in der Tabelle wäre noch der Einfluss der Betriebsspannung und der Belastung des Signalausganges auf die Messung zu ergänzen.

Bei der Auswahl eines Transmitters müssen die Datenblattangaben sehr gründlich mit den konkreten Einsatzbedingungen verglichen und bewertet werden. Es ist nicht

Tab. 18.1 Fehlerangaben in einem Datenblatt

Kennlinienabweichung*	%	der Spanne	< 0,10 (< 0,3 für Messbereiche > 1000 bar)
Hysterese	%	der Spanne	< 0,04
Reproduzierbarkeit	%	der Spanne	< 0,05
Stabilität pro Jahr	%	der Spanne	< 0,1 (bei Referenzbedingungen)
Zulässige Temperaturen			
_Mess-Stoff	°C		−40 … +105
_Umgebung	°C		−40 … +80
_Lagerung	°C		−40 … +85
Gesamtfehler bei +10 … +40 °C	%		< 0,15 (< 0,6 für Messbereiche größer 1000 bar)
Kompensierter Temperaturbereich	°C		−20 … +80
Temperaturkoeffizienten im kompensierten Temperaturbereich:			(Temperaturfehler im Bereich +10 … +40 °C im Gesamtfehler enthalten)
mittlerer TK	%	der Spanne	< 0,1 pro 10 K (des Nullpunktes und der Spanne)

* Einschließlich Linearität, Hysterese und Wiederholbarkeit, Grenzpunkteinstellung kalibriert bei senkrechter Einbaulage Druckanschluss nach unten

selten, dass die einzelnen Fehlerquellen, wie Offset, Gain, Linearität und Temperatur getrennt angegeben werden. Da man nicht weiß, ob die einzelnen Parameter voneinander abhängen, muss man sie linear addieren.

18.3 Messparameter

Die Ausgangssignale von Sensoren oder Sensorelementen bestehen aus einem Signal, welches von unterschiedlichsten Störungen und Fehleranteilen überlagert wird. Um diese in den Datenblättern mit auszuweisen, bedient man sich *statistischer Verfahren* zur Beschreibung der Eigenschaften.

Im folgenden Abschnitt werden einige wichtige Werte beschrieben. Als Beispiel für die Messungen werden hier Analog–Digital-Wandler verwendet.

18.3.1 Streuung von Messwerten

Durch das Rauschen einer Messanordnung steht der Messwert nicht fest, sondern er „bewegt" sich um den wahren Wert, den arithmetischen Mittelwert (Abschn. 18.1, Abb. 18.1).

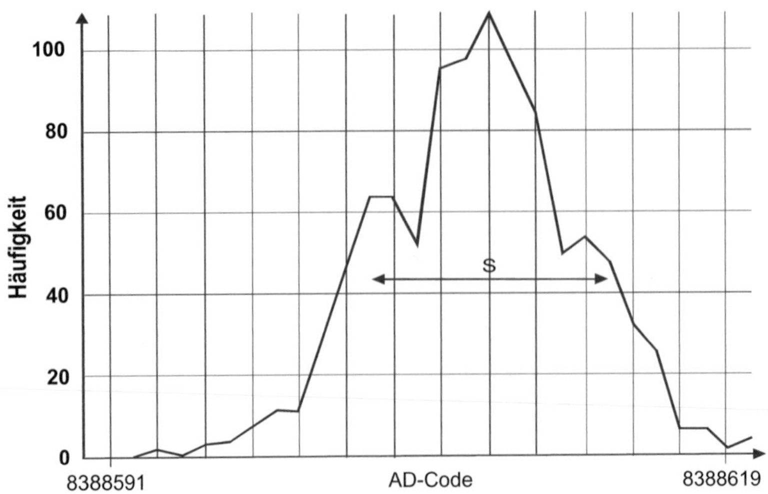

Abb. 18.3 Histogramm der Umsetzergebnisse bei 0 V Eingangssignal eines AD7791. (Quelle: Analog Devices)

Die grafische Darstellung der Messwerte über die Abtastungen in einem Histogramm ergibt dabei im Normalfall eine Gaussverteilung. In Abb. 18.3 wird dieses Histogramm für einen Wandler mit 24 Bit Auflösung gezeigt.

Das Messergebnis streut im verwendeten Beispiel über eine Breite von 28 Codestufen. Berechnet wird die *Streuung d* mit

$$d = \frac{1}{\mathrm{n}} \sum_{\mathrm{i}=1}^{\mathrm{n}} (x_{\mathrm{i}} - \overline{x})$$

mit

N Anzahl der Messwerte
x_{i} Messwert i
$\overline{x}$ arithmetischer Mittelwert aller Messwerte

Wird das Ergebnis auf die Auflösung des AD-Wandlers bezogen, so ergibt das einen Verlust von 4,5 Bit, weshalb im Datenblatt auch nur eine effektive Auflösung von 19,5 Bit angegeben wird.

18.3.2 Auflösung von Messwerten

Die Auflösung bezeichnet die kleinste unterscheidbare Änderung der Messgröße, die im Ausgangssignal nachgewiesen werden kann. Das wäre bei einem AD-Wandler theoretisch 1 Bitstufe. Die oben durchgeführten Betrachtungen zur Streuung können aber dazu führen, dass das kleinste unterscheidbare Signal auch größer als eine Bitstufe sein kann.

$$R_{\max} = \frac{\Delta x_{\min}}{x_{\max} - x_{\min}} \cdot 100\,\%$$

mit

R_{max} maximale Auflösung des Messbereiches/der Mess-Spanne
$x_{\max}$ größter Messwert
$x_{\min}$ kleinster Messwert
$\Delta x_{\min}$ kleinster nachweisbarer Unterschied

Mit den Werten des oben verwendeten Beispiels ergeben sich dann:

$$R_{\max} = \frac{28}{2^{24}-0} \cdot 100\,\% = 0{,}0001669\,\%. \tag{18.2}$$

Nicht weniger oft wird die Umkehrung dieser Rechnung benutzt, um aus vorgegebenen Messgrößen die erforderliche *Wandlerauflösung* zu bestimmen.

Bei sehr hohen Verhältnissen zwischen kleinst möglichem Messwert und Spanne wird der Wert auch in Form der *Messdynamik in dB* angegeben.

18.3.3 Signal-Rausch-Abstand und Dynamik von Messwerten

Die Messdynamik beschreibt grundsätzlich den gleichen Sachverhalt wie die Auflösung – es geht um das Verhältnis von kleinst möglichem zu größt möglichem Messwert. Dabei werden die Grenzen durch das *Signal-Rausch-Verhältnis (SNR)* beschrieben.

In Anlehnung an die Gl. (18.1) im Abschn. 18.2.2 lässt sich das Verhältnis von MessSpanne und kleinstem Messwert auch angeben durch

$$x_{\text{dyn}}[\text{dB}] = 20\lg\left(\frac{x_{\max} - x_{\min}}{\Delta x_{\min}}\right). \tag{18.3}$$

Mit den Werten aus dem Beispiel im vorherigen Abschnitt ergibt das eine Messdynamik von 115 dB Der theoretische Wert für einen 24 Bit AD-Wandler liegt bei 144,5 dB. Man verliert durch das Rauschen der Umsetzung einen grossen Teil der Mess-Stufen.

Da es zu aufwendig ist, die kleinste nachweisbare Messwertstufe zu bestimmen, kann man das auf den kleinsten überhaupt messbaren Wert reduzieren. Es wird davon ausgegangen, dass man *unterhalb* der Rauschbandes *nichts* mehr messen kann. Der erste detektierbare Wert muss demzufolge größer als der Rauschpegel sein. Damit ist der Rauschpegel gleich $\Delta x_{\min}$. Es lässt sich damit die Gleichung (18.2) abwandeln zu

$$\frac{S}{N}[\text{dB}] = 20\lg\left(\frac{U_{\text{spanne}}}{U_{\text{Rausch}}}\right),$$

wobei S/N das Signal-Rausch-Verhältnis,
U_{Spanne} der Messbereich und
U_{Rausch} die Rauschspannung ist

Das Ergebnis gibt Auskunft über die höchst mögliche Genauigkeit, mit der ein Signal gemessen werden kann.

Weiterführende Literatur

Beyer, M.: Wie genau ist Ihr Sensor? – Ein Wegweiser durch den Dschungel der Genauigkeitsangaben. WIKA-Sonderdruck aus MSR Magazin 4/2008 (2008)

Sensoren unter low power-Bedingungen 19

Gert Schönfelder

Der Einsatz und die Bedeutung von Sensoren nimmt in technischen Anwendungen ständig zu. In diesen Fällen spricht man von „Internet of Things" (IoT). Damit wird auch eine umfassende Vernetzung von Sensoren beschrieben sowie eine komplexe Software-Welt, welche die vorhandene Sensorik zu aussagefähigen Informationsstrukturen verbindet.

Den Kern des IoT bilden Sensoren aller Art. Sie sind in vielen Fällen *technisch autonom*. Das bedeutet, sie werden außerhalb technischer Einrichtungen direkt im Prozess installiert. Die dabei entstehenden Probleme sind unter anderem die Energieversorgung und der Datenaustausch.

Die hier angestellten Betrachtungen beziehen sich nicht nur auf strenge low power-Anwendungen. Sie gelten auch beispielsweise für Sensoren mit einer 4 mA- bis 20 mA-Schnittstelle, bei denen der verfügbare Arbeitsstrom streng begrenzt ist.

Dieses Kapitel befasst sich schwerpunktmäßig mit den Anforderungen zwischen Stromverbrauch, Datenmenge und Firmware.

19.1 Definition von low power

Vorangestellt sei, dass es keine eindeutige Definition von low power gibt. Für einen Steckverbinderhersteller sind das 5 A Kontaktstrom und für einen Sensoriker dagegen nur 5 µA. Der Praktiker versteht darunter „wenig Strom". Aber auch diese Definition beschreibt den Sensor ungenügend. Man muss sich als Erstes von der alleinigen

S. Gert (✉)
Dresden, Deutschland
E-Mail: gschoenfelder@t-online.de

E. Hering und G. Schönfelder (Hrsg.), *Sensoren in Wissenschaft und Technik*,
https://doi.org/10.1007/978-3-658-39491-2_19

Zielgröße Strom lösen. Die Eigenschaft *low power* wird aus dem Zusammenwirken von Strom und seinem Zeitverhalten innerhalb einer Baugruppe definiert.

Dies wird in den folgenden Abschnitten weiter ausgeführt.

19.2 Prozessanalyse und Sensordefinition

Die Entwicklung energiearmer Sensoren erfordert eine hohe Aufmerksamkeit bei der Berücksichtigung der Parameter, die den Energieverbrauch beeinflussen. Fragen zu messtechnischen Problemen, wie Messbereich und Umgebungsbedingungen, werden hier nicht betrachtet.

Definition der Messgröße und deren Eigenschaften
Es erfolgt zunächst eine genaue Beschreibung des Prozesses, in dem gemessen wird. Dazu zählen Informationen wie

- *Erfassung der Messgröße*. Welche *Messgröße* soll erfasst werden. Sind es mehrere, müssen diese gemeinsam betrachtet und deren mögliche Abhängigkeiten beschrieben werden.
- *Dynamik* der Messgröße. Dies wird durch die *Messrate* bestimmt. Sie gibt die *Messfrequenz* an, d. h., die Anzahl der Messungen pro Sekunde.
- *Erfassung* der Messgröße. Muss die Messgröße *kontinuierlich* erfasst werden oder ist eine *zeitdiskrete* Messung zulässig.
- *Zusätzliche Abhängigkeiten*. Es muss festgestellt werden, ob die Messgröße von weiteren Parametern abhängig ist. Beispielsweise muss zur Leistungsbestimmung der Strom und die Spannung gleichzeitig gemessen werden, wenn es sich um dynamische Signale handelt. Bei stabilen Werten kann auch zeitlich kurz hintereinander gemessen werden.
- *Zusatzinformationen*. Für den Sensorbetrieb sind eventuell zusätzliche Angaben für den Anwender erforderlich. Dies ist beispielsweise der Fall, wenn die *Kommunikation außerhalb* der Messaufgabe erfolgt.

19.2.1 Auswahl der Methode des Messverfahrens

Aus der Prozessbeschreibung und der gesuchten Größe wird ein Messverfahren gewählt. Die Wahl wird dabei nicht nur vom stationären Energieverbrauch des Verfahrens bestimmt. Das zeitliche Verhalten ist ebenso wichtig für den Energiebedarf, beispielsweise bei einem gepulsten Betrieb.

Da es für viele Messaufgaben fertige Schaltkreise gibt, sind die Fragestellungen auf diese anzuwenden. Ein wichtiger Parameter ist die *power up time,* welche einen Energieverbrauch ohne Funktion darstellt.

19.2.1.1 Örtliches Ziel der Messwerte

Nicht vernachlässigbar bei der Energiebilanz ist die Frage nach dem Verwendungszweck der Messdaten. Dazu gibt es folgende Möglichkeiten:

- *Lokale Darstellung (Display).*Ein LCD benötigt sehr wenig Strom und kann auch nur im Ablesefall aktiviert werden.
- Ablage der Daten im *lokalen Speicher (Datenlogger)*
- Der Energieaufwand ist vom Speichertyp abhängig, hat aber sehr kurze Schreibzeiten.
- *Kabelanbindung* zur Datenübertragung Ein Kabelinterface hat den Nachteil, dass die Bustreiber meist einen hohen Strom benötigen. Sie sind auch nicht schaltbar, da dies zur Abmeldung des Sensors im System führt. Durch nicht standardisierte Schaltungen kann man beispielsweise ein UART-Interface aufbauen, welches im Ruhezustand keinen Strom benötigt.
- *Funkübertragung* Hier entscheidet die erforderliche *Reichweite* über den Energiebedarf. Eine GSM-Verbindung (GSM: Global System for Mobile Communications; üblicher Mobilfunkstandard) kann bis zu 1,5 A benötigen, ein Bluetooth low energy (BLE) arbeitet im Bereich von 5 mA. Auch unterscheidet sich die Zeit zur Verbindungsherstellung stark.

19.2.1.2 Störverhalten

Im Zusammenhang mit der Datenübertragung ist die *Störsicherheit* zu betrachten. Bei einer üblichen Funkverbindung wird der Datensatz nach der Übertragung quittiert und gegebenenfalls wiederholt. Dies kann bei schlechtem Wetter zu langen Verbindungszeiten führen. Es kann zeitlich günstiger sein, an die aktuellen Daten noch die drei vorangegangenen Datenpakete anzuhängen und auf die Sendewiederholung zu verzichten.

19.2.1.3 Sensorinformationen

Im Rahmen der Digitalisierung werden auch an Sensoren höhere Anforderungen gestellt. Das betrifft zusätzliche Informationen zu den Eigenschaften und Aufenthaltsorten. Auch im Zusammenhang mit IoT, bei dem Sensoren mobil sind und die Verbindung zu den Bezugssystemen wechseln können, muss ein erhöhter energetischer Aufwand für diese Funktionen eingeplant werden.

Ein bereits sehr alter Standard zu diesem Thema ist der IEEE 1451, welcher unter anderem den *Electronic Transducer Data Sheet* (TEDS) definiert. Er definiert die informellen Eigenschaften für unterschiedliche Sensorklassen, vom passiven Sensorelement mit beigefügtem Speicherchip bis zum komplexen Sensorsystem (Abschn. 16.2.7).

Will man sich auf grundlegende Informationen beschränken, so zählen dazu unter anderem:

- Seriennummer
- Hersteller
- Sensorbezeichnung
- Messbereich, Messgröße
- Referenzwerte
- Aufenthaltsort/Position im System
- Datum letzte Kalibrierung

Diese Informationen bilden die Voraussetzung für den Betrieb großer Sensornetze.

19.3 Systemkomponenten

Nach den grundlegenden Definitionen werden die einzelnen Komponenten einer Sensorschaltung betrachtet. Die Entscheidung über die low power-Eigenschaften ergeben sich aus der Komponentenauswahl, der Schaltung und der Software. Auch kann davon ausgegangen werden, dass ein moderner Sensor einen Mikrocontroller als Kern besitzt. Die auch verbreiteten ASICs zur Signalkonditionierung lassen meist keinen Spielraum zur Energieoptimierung zu. Die erwähnten Eigenschaften sind in einem iterativen Prozess zu betrachten. So kann zum Beispiel ein spezifischer Schaltkreis eine bestimmte, abweichende Versorgungsspannung erfordern. Dies schließt ihn aus der Nutzung aus oder erhöht den technischen Aufwand.

19.3.1 Komponentenauswahl

19.3.1.1 Energieversorgung

Elektronische Bauteile können in einem relativ großen Bereich der Versorgungsspannung arbeiten. Die angebotenen Spannungen von Batterien und Akkumulatoren dagegen haben einen engen Bereich. Da bei einem energiesparenden Aufbau auch auf geringe Verluste geachtet werden sollte, ist der Einsatz von Spannungswandlern zu vermeiden. Diese haben vor allem im Bereich kleiner Spannungen einen schlechten Wirkungsgrad.

So bietet es sich an, einen Mikrocontroller an der Batterie oder dem Akkumulator direkt anzuschließen und zu betreiben. Ein MSP430 arbeitet bei 1,8 V bis 3,6 V, ein ATmega48V von 1,8 V bis zu 5,5 V. Es ist beim Einsatz einer Batterie also lediglich der *Verpolschutz* notwendig. Beim Einsatz von Akkumulatoren ist jedoch auf die Ladeschlussspannung zu achten.

19.3.1.2 Energieerzeugung

Bei räumlich abgelegenen Sensoren ist die Energieerzeugung zu berücksichtigen. Es gibt mehrere Möglichkeiten, geringe Energiemengen lokal zu erzeugen. Am häufigsten sind dies Solarsysteme, Wind- oder Thermogeneratoren. Aber auch wirkende mechanische

Kräfte können zur Energiegewinnung genutzt werden. In diesen Fällen erhöht sich der Aufwand für die Energiespeicherung. Die begrenzte Zahl der Ladezyklen von Akkumulatoren kann dabei von Nachteil sein.

19.3.1.3 Wahl einer CPU

Die Wahl einer CPU erfolgt zuerst nach der notwendigen Funktionalität. Jede in der CPU enthaltene Funktion ist grundsätzlich stromsparender als die gleiche Funktion in einem externen Bauteil. Dazu kommt, dass interne Funktionen meist abschaltbar sind. Die internen Funktionseinheiten sind in der Datenkommunikation schneller, da sie parallel stattfindet.

Ein wichtiger Gesichtspunkt ist das *Power down-Verhalten* (Herunterfahren) der CPU. Ein Parameter ist der Stromverbrauch je MHz. Das heißt, dass man bei geringen Messraten den Prozessor auch langsamer laufen lassen kann.

19.3.1.4 Auswahl des Sensors

Bei der Nutzung einfacher Sensorelemente, wie den Temperatursensor PT100 (Abschn. 6.3), kann man den Stromverbrauch und die Aktivierung über die Schaltung und die Software beeinflussen.

Oft werden aber auch komplexe Schaltkreise angeboten, welche die Messung durchführen und die Ergebnisse korrigieren. Es gibt dabei auch Schaltungen, beispielsweise für Hall-Sensoren, welche bereits eine Art low power-Mode selbst organisieren. Dabei fließen zum Zeitpunkt der Messung Ströme von wenigen mA mit einer anschließenden Ruhephase im Verhältnis von 1:1000. Dadurch reduziert sich der effektive Strom in den Bereich von µA. Sie sind damit aber nicht für einen geschalteten Betrieb geeignet.

Alle externen Komponenten müssen schaltbar sein, um ein *Energiemanagement* zu realisieren.

19.3.1.5 Aufbau eines Interface

Zum Thema Interface wurden oben bereits die grundlegenden Varianten genannt. Es besteht das allgemeine Problem, dass es schwer ist, ein Interface bei Nichtnutzung abzuschalten. Bei einfachen Interfacearten kann man die Treiberschaltung abschalten. Der Sensor ist aber dann anschließend nicht mehr erreichbar. Gleiches gilt auch für Funkmodule. Für diesen Fall bleibt nur eine Softwarelösung, die nach einer Datenübertragung einen Zeitslot für eine Serviceanfrage bereit hält.

Wenn es sich um komplexere Interfaces handelt, wie LAN oder WLAN, ist eine Deaktivierung immer mit einem Abmelden im Netzwerk verbunden. Dies ist nur dann sinnvoll, wenn man wenige Übertragungen der gesammelten Daten am Tag durchführt und dazu jedes Mal eine Anmeldung im System startet.

Eine stromsparende Möglichkeit ist der Einsatz spezieller Interfaces. So wird seit langem mit einem am I2C orientierten Interface gearbeitet, welches mit der invertierten Logik arbeitet. Im Ruhezustand befinden sich alle Signale auf 0, wodurch alle Querströme vermieden werden.

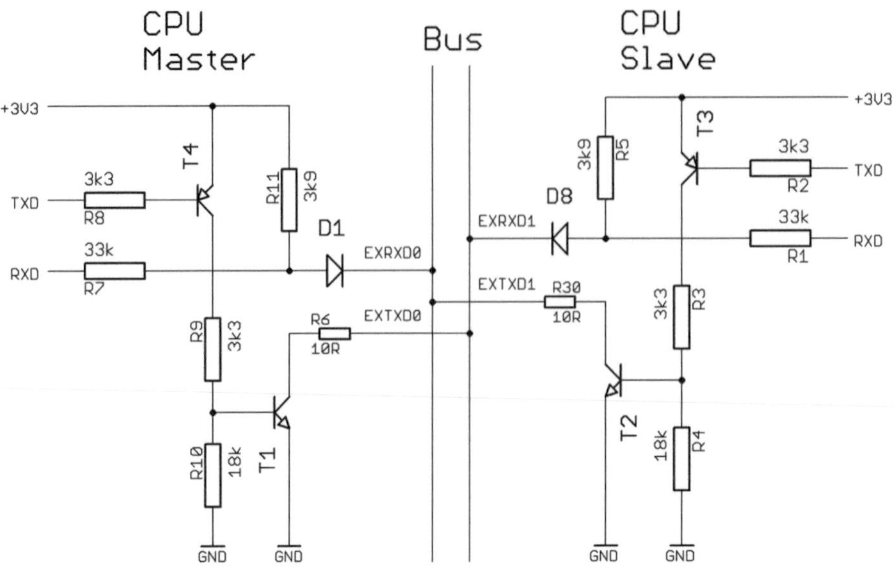

Abb. 19.1 Ruhestromfreies UART-Interface

Eine weitere Möglichkeit ist der Einsatz eines stromgetriebenen UART-Interface (UART: Universal Asynchronous Receiver Transmitter: Senden und Empfangen von Daten. Verwendung bei seriellen Schnittstellen).

Die in Abb. 19.1 gezeigte Schaltung erlaubt eine entkoppelte Übertragung von Daten. Selbst bei unterschiedlichen Versorgungsspannungen entstehen keine Querströme. Der Strombedarf der Schaltung im aktiven Zustand wird durch die Dimensionierung bestimmt. Mit diesem Interface kann auch ein UART-Bus aufgebaut werden.

19.3.2 Hardwarebetrachtungen

Es werden in diesem Abschnitt einige Komponenten und deren Einfluss speziell auf die Energiebilanz betrachtet.

19.3.2.1 Batterien und Akkumulatoren

Beim Einsatz von Batterien und Akkumulatoren in Sensoren sind zwei Besonderheiten zu beachten: Die empfindliche Reaktion gegenüber *Kälte* und *Entladeverhalten.*

Als Beispiel dient die Knopfzelle CR2025. Sie hat eine Kapazität von 165 mAh und eine Nennspannung von 3 V. Betreibt man diese bei −10 °C und entnimmt 3 mA, so sinkt deren Spannung auf 2,4 V ab. Erfolgt dies öfter, sinkt die reale Kapazität auf 40 %. Auch bei einer Belastung von nur 0,2 mA sinkt die Batteriespannung unter diesen Bedingungen bereits auf 2,75 V.

Ein wichtiges Kriterium ist somit der *maximale Entladestrom*. In Datenblättern wird deshalb außer dem mittleren Entladestrom auch der zulässige Spitzenstrom angegeben.

Die Erfahrungen haben ergeben, dass man eine Batterie mit etwa 33 % ihres Nennwertes verplanen sollte. In diese Betrachtung sind dann die Verluste durch Selbstentladung, Temperatureinflüsse und Belastungscharakteristik enthalten.

19.3.2.2 Zeitverhalten einzelner Verbraucher

Die Energiekalkulation basiert auf dem Stromverbrauch und dem zeitlichen Verhalten der einzelnen Komponenten. Die Hauptgrößen sind dabei *Arbeitsdauer* und *Messrate* eines Sensors. Da auch die Messung selbst aus einzelnen Phasen besteht, können diese auch separat betrachtet werden. Ein Beispiel dazu zeigt Abb. 19.2.

Der im Bild gezeigte Sensor ist ein Drucksensor mit Datenlogger. Die Messung erfolgt einmal stündlich. Der Ruhestrom des Systems liegt bei unter 2 µA. In diesem Zustand ist die Systemuhr und der Sekunden-Timer noch aktiv.

Man sieht deutlich die einzelnen Phasen der Messung. Die ersten 10 ms dienen dem Einschwingen der analogen Messstrecke. Danach erfolgen 8 Druckmessungen und 8 Temperaturmessungen. Es erfolgt eine kurze Zeit für die Datenverarbeitung. Dann werden die Ergebnisse im Speicher abgelegt (hier 16 Byte). In Abb. 19.2 ist deutlich zu

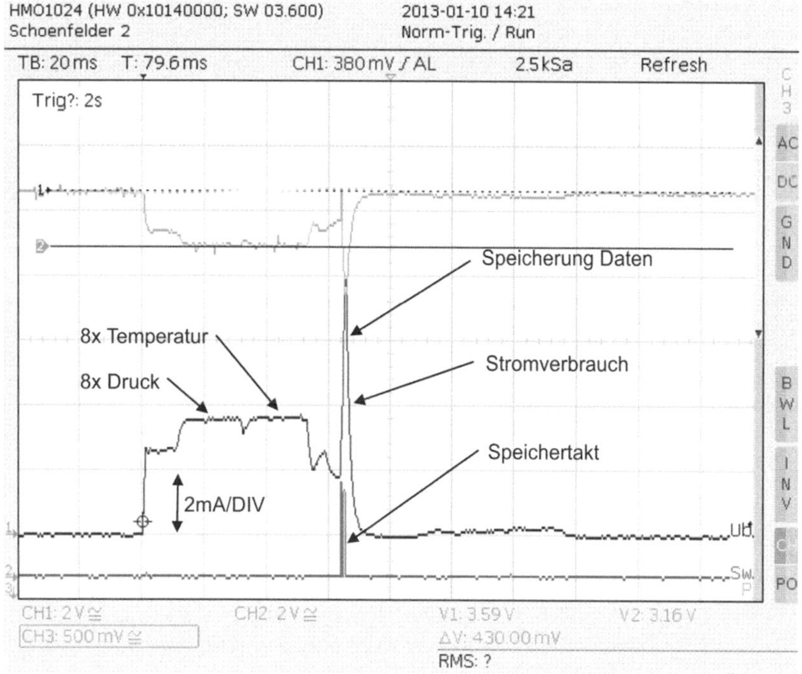

Abb. 19.2 Stromkennlinie eines autonomen Drucksensors

erkennen, dass der Speicher doppelt so viel Strom braucht wie die Messung, aber nur einen Bruchteil der Zeit.

Abb. 19.3 zeigt die Stromverteilung von einem 8-kanaligen Sensorsystem (Sensor 5 und 8 sind nicht belegt). Der Ruhestrom beträgt etwa 5 mA. In diesem Strom sind enthalten

- Der Verbrauch der Stromversorgung einschließlich der Ladeschaltung für den Backup-Akku. Die Versorgung erfolgt über den Datenbus mit 12 V.
- Der (immer aktive) Masterprozessor zur Datenorganisation und Datenspeicherung. Er hat auch die Aufgabe, nicht erwünschten Datenverkehr von den Sensoren fern zu halten.
- Die Interfacetreiber für den Sensorknoten (1,5 mA).

Der Messzyklus beträgt in diesem Fall 2 s. Die Messungen laufen synchronisiert ab, um keine Stromspitzen durch Zusammenfallen von Messungen zu erzeugen. Dadurch ist der maximale Strom auf den höchsten Einzelstrom begrenzt.

19.3.2.3 Zeitsteuerung

Low power-Sensoren sind normalerweise zeitgesteuert. Dafür ist eine Steuerung durch den Prozessor oder eine Uhr notwendig.

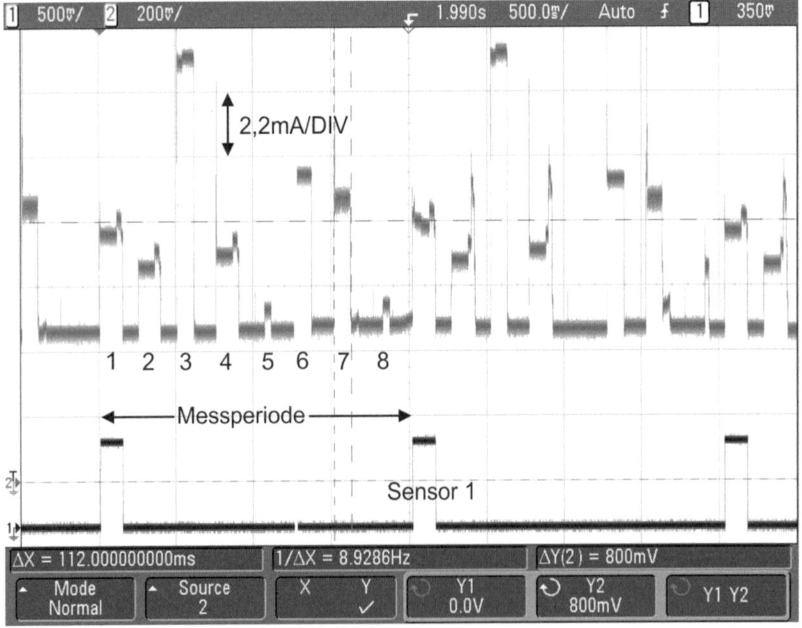

Abb. 19.3 Stromkennlinie eines Sensorsystems mit max. 8 Sensoren

Moderne Prozessoren verfügen über entsprechende Timer, Sekunden-Timer oder Echtzeituhren. Mit diesen kann ein Basistakt erzeugt werden, der die Messungen startet. Der Prozessor wird nach der Messung in den low power mode (LPM) geschaltet und verbleibt dort bis zum nächsten Start.

Es werden mehrere LPMs angeboten, welche vom Abschalten einzelner Funktionsblöcke, Stilllegen der Peripherie, Stilllegen der CPU bis zum kompletten Abschalten reichen. In letzterem Zustand kann der Prozessor nur noch durch eine externe Quelle geweckt werden, verbraucht aber nur Strom im Bereich von nA.

19.3.3 Firmware und Energieverbrauch

Eine Analyse des Einflusses der im Sensor installierten Firmware auf den Energieverbrauch erfolgt nur selten. Der Anteil an der Gesamtbilanz kann aber erheblich sein.

19.3.3.1 Softwareorganisation

Bei modernen Sensoren kann man davon ausgehen, dass im Kern eine Prozessorstruktur vorhanden ist. Diese übernimmt die Aufgaben: Messen, Datenkorrektur und Datenausgabe. Im Fall eines low power-Systems erweitert sich die Aufgabenstellung um das parallel laufende *Energiemanagement.*

Wenn man die zwei Einflussmöglichkeiten Strom und Zeit betrachtet, beeinflusst die Änderung des CPU-Taktes den Strombedarf. Das heisst, dass mit steigendem Takt auch der Strom steigt – aber das Programm braucht weniger Zeit. Der entscheidende Punkt ergibt sich damit durch notwendige Wartezeiten im Programm, welche untätig vergehen.

Um das Problem zu lösen, gibt es mehrere Möglichkeite:

- in einer Wartephase die CPU anhalten oder den Takt senken;
- den Systemtakt so niedrig zu wählen, dass kaum Wartezeiten auftreten;
- die entstehenden Wartezeiten mit anderen Aufgaben ausfüllen. So kann eine Pipeline-Struktur organisiert werden, die während der AD-Wandlung die Korrektur der vorangegangenen Messung durchführt.

Ein anderer Weg ist die *ablaufnahe Steuerung* der Funktionseinheiten der CPU. Zum Beispiel der AD-Wandler wird nur für die Zeit der Wandlung eingeschaltet. In der Phase der Datenkorrektur kann er abgeschaltet oder zumindest angehalten werden. Dabei ist das Einschwingverhalten der Referenz und des analogen Datenpfades zu beachten.

19.3.3.2 Optimierung der Rechenabläufe

Die für einen Messablauf benötigte Zeit wird meist durch die dynamischen Eigenschaften der Messung und der Schaltung bestimmt. Der am ehesten beeinflussbare Zeitanteil ist die Dauer der Datenkorrektur.

Die Optimierungsmaßnahmen fangen beim *Datenformat* an. Mikrocontroller verfügen meist über einen Hardwaremultiplikator, aber selten über eine Gleitkommaeinheit. Führt man Gleitkomma-Operationen mittels Software aus, ergeben sich schnell Zeiten im Bereich von einigen 100 µs je Operation. Eine Integer-Multiplikation dagegen wird in zwei bis drei Prozessortakten ausgeführt.

Die Gestaltung der *Datenkorrektur* selbst hat ebenfalls großen Einfluss auf die Rechenzeit (Kap. 15). Die Datenkorrektur kann durch Berechnung einer Gleichung, eine Kennlinieninterpolation oder mittels einer Look up-Tabelle erfolgen. Die Look up-Tabelle ist zwar am schnellsten, benötigt aber einen großen Speicher. Dieser verbraucht allerdings in Ruhe keinen Strom.

19.3.3.3 Optimierung der Datenübertragung

Da die Datenübertragung einen großen Teil der Energie verbraucht, ist das Ziel der Daten genau zu hinterfragen. Betrachtet wird beispielsweise eine Pegelmessstelle für Grundwasser. Die Pegelstände wurden bisher einmal am Tag – oder seltener – durch eine Person abgelesen. Durch die elektronische Messung soll der Pegel stündlich abgelesen werden. Dazu sind zwei Fragen zu klären: Welche Änderungen pro Zeit kann der Grundwasserpegel erreichen und welche Datenmenge kann die nachfolgende Kette verarbeiten. Das Ergebnis waren 24 Messungen pro Tag mit einer Datenübertragung alle 12 h. Diese Werte sind an die Situationen anpassbar, beispielsweise für den Fall von Hochwasser.

19.3.3.4 Auslagerung von Aufgaben

Eine weitere Möglichkeit der Energieeinsparung ist die Auslagerung von Aufgaben. Bei sehr komplexen Sensoren mit hohem Datenaufkommen, beispielsweise bei Bildsensoren oder bei einer aufwendigen Datenkorrektur kann es sinnvoll sein, diese Aufgabe zum Datenempfänger zu verlegen. Da dies meist ortsstabile Einrichtungen sind, ist hier die Energieversorgung kein Problem.

19.4 Energiekalkulation

Um über die energetische Verteilung der einzelnen Funktionen einen Überblick zu erhalten, empfiehlt sich die Erstellung einer *Energiebilanz*. Daraus kann man erkennen, wer die Hauptverbraucher sind und wie sich das System bei Änderungen verhält.

In Abb. 19.4 ist gut zu sehen, dass die für 100 ms aktive CPU 30 mal weniger Energie benötigt als im passiven Ruhezustand. Durch die Variation der Ströme und Zeiten kann man sehr schnell ein gewünschtes Optimum einstellen.

So bringt eine Verkürzung der CPU-Zeit auf 80 ms einen Laufzeitgewinn von 0,04 Jahren (14 Tage). Die Reduktion des Ruhestromes um 1 µA dagegen bringt einen Gewinn von 1,7 Jahren Laufzeit.

Energiebilanz Pegelsonde (Pegel und Temperatur)

Lebensdauer [a]	Lebensdauer [h]	Leistung [mWh]	Akkugroesse [mAh]	Energie/std. [mAh]
12,953	113468	0,031727	1000	**0,008813056**

Verbraucher	**Aktivzeit je Msg. [s]**	**Strom aktiv [mA]**	**Strom sleep [mA]**	**Messung/h**	**Energie/Std. [mAh]**
System sleep	3600,000		0,0030	1,0000	0,003000000
CPU	0,100	4,0000		1,0000	0,000111111
Sender aktiv	3,000	45,0000		0,1250	0,004687500
Sender sleep	3600,000		0,0010	1,0000	0,001000000
Datenlogger aktiv	0,005	10,0000		1,0000	0,000013889
Datenlogger startup	0,020	0,1000		1,0000	0,000000556

Abb. 19.4 Energiekalkulation für eine Pegelsonde mit Datenlogger

Literatur

Datenblatt CR2025; Panasonic https://www.mouser.de/datasheet/2/315/3626_fileversion-1627275.pdf

National Instruments An Overview of IEEE 1451.4 Transducer Electronic Data Sheets (TEDS) https://standards.ieee.org/wp-content/uploads/import/documents/tutorials/teds.pdf

AMA Fachverband für Sensorik e. V. Leitfaden „Generisches SPI-Interface", April 2004; www.AMA-Sensorik.de

Stichwortverzeichnis

E. Hering und G. Schönfelder (Hrsg.), *Sensoren in Wissenschaft und Technik*,
https://doi.org/10.1007/978-3-658-39491-2

E

F

G

Q

R

T

MIX
Papier aus verantwortungsvollen Quellen
Paper from responsible sources
FSC® C105338

If you have any concerns about our products, you can contact us on
ProductSafety@springernature.com

In case Publisher is established outside the EU, the EU authorized representative is:
Springer Nature Customer Service Center GmbH
Europaplatz 3, 69115 Heidelberg, Germany

Printed by Libri Plureos GmbH
in Hamburg, Germany